Große Dampfkraftwerke
Planung, Ausführung und Bau

Kraftwerksbeschreibungen und Ausführungsbeispiele
Lehre vom Kraftwerksbau · Kombinations- und Spezialtechnik
Bauelemente

Herausgegeben von

Dr.-Ing. E. h. **Karl Schröder**

Ehem. Direktor der Kraftwerksabteilung
der Siemens-Schuckertwerke AG, Erlangen

Dritter Band

Die Kraftwerksausrüstung

Teil B

Mit einem Anhang
Beispiele neuzeitlicher Kraftwerke

Springer-Verlag Berlin Heidelberg GmbH
1968

Die Kraftwerksausrüstung

Teil B

Dampf- und Gasturbinen, Generatoren

Leittechnik
(Automatisierung, Steuerung, Regelung, Überwachung)

Nebenanlagen, Hilfseinrichtungen, Unterhaltung

Mit einem Anhang

Beispiele neuzeitlicher Kraftwerke

Von

Karl Schröder

mit Beiträgen von

A. Abolins · H. Eichwald · W. Endler · L. von Enzenberg
K. Ertel · R. Friedrich · P. Haack · H.-G. Heitmann
W. Hochstetter · H. Kießling · R. Neugebauer · K. Nimes
A. Schneider · A. Stoll · K. Weinlich · G. Weydanz

Mit 766 Abbildungen

Springer-Verlag Berlin Heidelberg GmbH
1968

Additional material to this book can be downloaded from http://extras.springer.com.

Ursprünglich erschienen bei Springer-Verlag Berlin Heidelberg New York 1968
Softcover reprint of the hardcover 1st edition 1968
Library of Congress Catalog Card Number: 60 - 19085

ISBN 978-3-662-24064-9 ISBN 978-3-662-26176-7 (eBook)
DOI 10.1007/978-3-662-26176-7

Titel-Nr. 1331

Vorwort

Der Dritte Band „Kraftwerksausrüstung" mußte wegen der zu behandelnden Stofffülle in zwei Teilbände A und B unterteilt werden. Das gesamte Vorwort im Teil A gilt sinngemäß auch für den nunmehr vorliegenden Teil B.

Auch im Dritten Band wurde jedem Verfasser die Möglichkeit gegeben, seine Individualität zu wahren und in seinem eigenen Stil zu schreiben. Ich hoffe, daß durch dieses Teamwork, wie es sich auch in der Praxis des Kraftwerksbaues immer wieder bewährt, trotzdem ein in sich geschlossenes Werk entstanden ist.

Den wichtigsten Kraftwerksteilen, Kessel und Turbine, wurde ein ihrer Bedeutung entsprechender Umfang eingeräumt. Während die Behandlung der mit fossilen Brennstoffen betriebenen Dampferzeugeranlage in Teil A des Dritten Bandes insgesamt 232 Seiten mit 228 Abbildungen umfaßt, beherrscht die Behandlung des Turbosatzes mit 360 Seiten und 364 Abbildungen den Teil B noch stärker, weil es sich hier um eine diffizilere und mehr „in die Tiefe und Breite gehende" Technik handelt. Hierbei wurden der Verbrennungsturbine insgesamt 56 Seiten eingeräumt, da deren praktische Bedeutung in Strom- und Wärmeerzeugung — allein für sich und in Kombination mit Dampfturbinen — erheblich größer geworden ist. Die Einphasengeneratoren für den Einsatz in Bahnkraftwerken haben während der letzten Jahre insbesondere in Deutschland eine unerwartet große Leistungssteigerung erfahren. Es erschien darum erforderlich, auch auf diese Spezialmaschinen einzugehen.

Während die meisten der heutigen Kraftwerkselemente und -einrichtungen weitgehend in Konstruktion und Betrieb bewährt bzw. erprobt sind, ist das gesamte Gebiet der Leittechnik noch einer starken Wandlung und Entwicklung fähig. Der Begriff „Leittechnik" umfaßt Steuerung, Regelung, Automation und Überwachung von Einzelteilen und Gesamtanlage; er steht also für das nur schwer ins Deutsche übertragbare Wort „control". Es war selbstverständlich, daß der heutige Stand dieses großen zukunftssicheren Gebietes der automatischen Stromerzeugung eingehend geschildert werden mußte, obwohl es klar ist, daß die Entwicklung hier noch mindestens ein Jahrzehnt weitergehen dürfte.

Neben den den Kreisprozeß tragenden Kraftwerkselementen wird im vorliegenden Band auch eine Reihe von Fragenkomplexen behandelt, die üblicherweise in Büchern, Vorträgen und Aufsätzen weniger Beachtung finden, z. B. die verschiedenen Nebenanlagen (Brennstofflagerung und -zuführung, Entaschungsanlagen, Kühlwasseranlagen und mechanische Wasserreinigung) oder die Maschinenhaushebezeuge, deren ausführlichere Behandlung besonders erwünscht schien. Allgemeines Interesse dürfte auch der Teil „Hilfseinrichtungen" mit seinen Abschnitten Chemische Betriebsüberwachung, Feuerlöscheinrichtungen, Drucklufterzeugungsanlagen, Werkstätten und Lager finden. Das Kapitel über Unterhaltung, Schmiermittel und Reserveteile dürfte gleichfalls eine Lücke schließen.

Die diesen Teilen bei der Planung und im Betrieb zukommende Bedeutung mag den ihnen zugestandenen Umfang gerechtfertigt erscheinen lassen.

Mehr als 300 Schrifttumshinweise des vorliegenden Bandes ermöglichen eine weitere Vertiefung des Wissens.

Ich möchte den Mitverfassern und Mitarbeitern bei diesem Band, insbesondere Herrn Dr.-Ing. Werner Weingärtner für die Koordination der einzelnen Beiträge und Herrn Rudolf Scotti für die Koordination der Entwürfe und der Gestaltung der Zeichnungen sowie dem Springer-Verlag für die allzeit gute und verständnisvolle Zusammenarbeit und die hervorragende Ausstattung danken. Die Herren HELMUT HAMANN und HERBERT SCHUBERT haben mit ihrer Gruppe wiederum die gesamten klischeereifen Zeichnungen hergestellt. Ihrer Mühe und Geduld gilt meine Anerkennung und mein besonderer Dank. Mein Dank gebührt weiterhin allen Firmen, Institutionen und Einzelpersonen, die Ratschläge, Unterlagen usw. zur Verfügung gestellt haben.

Erlangen, im August 1968

Karl Schröder

Schlußwort zum Ersten bis Dritten Band

Die Buchreihe „Große Dampfkraftwerke", bestehend aus dem Ersten, Zweiten und Dritten Band, letzterer mit den Teilen A und B, soll einen umfassenden handbuchartigen Überblick über den derzeitigen Stand der Kraftwerkstechnik vermitteln. Am Anfang steht deshalb die Beschreibung von 98 Kraftwerksanlagen im Ersten Band, dem „Kraftwerksatlas". Im Zweiten Band, „Die Lehre vom Kraftwerksbau", wurden vier weitere, während des Erscheinens des Zweiten Bandes neu erstellte Kraftwerke einander gegenübergestellt und mit sechs besonders wichtigen im Ersten Band beschriebenen Anlagen verglichen. Abschließend enthält der vorliegende Band im Anhang noch die Beschreibung von 15 weiteren Kraftwerken, die den neuesten Stand der Kraftwerkstechnik repräsentieren. Hierbei konnten noch die Berichte zur VII. Volltagung der Weltkraftkonferenz in Moskau vom August 1968 ausgewertet werden.

Bei einem Vergleich der vor rund zehn Jahren entstandenen Kraftwerke mit solchen, die in den letzten zwei bis drei Jahren gebaut wurden bzw. noch im Bau sind, läßt sich feststellen, daß die Anlagen von 1958 mit denen von 1968 weitgehend gleichwertig sind. Die thermische Auslegung ist nahezu gleich geblieben. Die seinerzeitigen „Pionieranlagen" sind zur Regel geworden. So haben sich z.B. Blockgrößen über 300 MW bei einem Frischdampfzustand von 180 bzw. 250 ata und Temperaturen von 525 bis 540 °C weitgehend eingespielt. Sammelschienenkraftwerke werden kaum noch gebaut, desgleichen nur noch wenige Anlagen ohne (ein- oder zweifache) Zwischenüberhitzung.

Die dynamische und zum Teil recht stürmische Entwicklung des konventionellen Dampfkraftwerkes ist damit — so könnte man meinen — abgeklungen und in ruhigere Bahnen eingelaufen. Aber möglicherweise trügt hier der Schein, denn in der Technik gibt es keinen langen Stillstand. So können z.B. neue, preiswertere Werkstoffe die Temperaturgrenze verschieben und neue Verfahren z.B. in der Feuerungstechnik eventuell die Gestaltung der Dampferzeuger und damit wahrscheinlich auch das Bild der Gesamtanlage verändern.

Sieht man von derartigen einschneidenden Möglichkeiten ab, so ergibt sich auf jeden Fall eine weiterhin stetige Entwicklung in Richtung auf eine Erhöhung der Betriebssicherheit und Verfügbarkeit sowie der Anlagekostenverringerung. Nennenswerte Verbilligungen könnten sich hier u. a. durch eine konsequente Verfolgung der Monotechnik ergeben, d. h. durch den Einsatz nur eines Vollastelements je Block, also unter Verzicht auf Reserven. Weiterhin sollte man auf eine Zwischenlagerung von Brennstoffen und Betriebsstoffen verzichten bzw. diese auf ein Minimum beschränken. Durch solche Maßnahmen dürften sich gegenüber der herkömmlichen Bauweise Kostenersparnisse in der Größenordnung von 10% erzielen lassen. In Anbetracht der zunehmenden Vermaschung leistungsfähiger Verbundnetze dürfte ein Verzicht auf Reserven dieser Art in der Zukunft — wenigstens in den Industrieländern — zulässig sein.

Ein Wort noch zum Kernkraftwerk und seiner sich im Augenblick noch überstürzenden Entwicklung: Nach der Bewährung von Druckwasser- und Siedewasserreaktoren sowie gasgekühlten Reaktoren mit Graphitmoderator, die im Zweiten Band beschrieben sind, bahnt sich nunmehr eine neue Entwicklungsstufe an, die durch den Brutreaktor gekennzeichnet wird. Hier geht es darum, das für die Energieerzeugung mit den bisherigen Verfahren nicht ausnutzbare Uranisotop 238 (sowie Thorium 232) in spaltbares Plutonium 239 (bzw. Uran 233) zu überführen, um so der Menschheit auch diese bedeutsamsten Energievorräte der Erde zu erschließen und die Stromerzeugung noch weiter zu verbilligen. Der Gedanke, einen Teil C des Dritten Bandes mit dem Titel „Kernreaktoren und ihre Hilfsanlagen" herauszubringen, dürfte allerdings z.Z. noch verfrüht sein, da die Entwicklung, die recht heterogen begann, noch in vollem Gange ist und erst langsam eine natürliche Auslese technischer Entwicklungslinien erkennen läßt. Ich möchte jedoch hoffen, daß die Ausführungen in den bisherigen Bänden auch in dieser Hinsicht einiges Rüstzeug vermitteln.

Es sei weiterhin darauf hingewiesen, daß die im Zweiten Band behandelte „Lehre vom Kraftwerksbau" noch einer Ausweitung bedarf: Die „Philosophie" der zukünftigen optimalen Stromerzeugung und -verteilung ist noch nicht hinreichend in der Theorie durchgearbeitet und in der Praxis verfolgt. Auch eine weitergehende Erfassung aller vermaschten technischen und betriebswirtschaftlichen Gesetzmäßigkeiten, die zu optimalen Stromerzeugungskosten führen, wäre noch eine dankbare Aufgabe. Ein Kraftwerk ist ein geordnetes, koordiniertes und integriertes System von statischen und dynamischen Einflußgrößen und Vorgängen, von strömenden Medien und Energien in verschiedenem Zustandsniveau, deren Gesamtoptimierung bisher nur empirisch — auf Grund jahrzehntelanger Erfahrungen — gelungen ist.

Für eine Vertiefung der Kenntnisse in diesem weiten Bereich, in bezug auf die Gesamtanlagengestaltung und auf die Nachwuchsschulung für die Gesamtanlagen-Technik würde die Einrichtung von Lehrstühlen für den Kraftwerksanlagen-Bau und die optimale Energieversorgung von besonders großer volkswirtschaftlicher und technischer Bedeutung sein.

Zum Schluß möchte ich nochmals meinen allerherzlichsten Dank an alle Mitverfasser und Mitarbeiter, an alle Firmen, die mir geholfen haben, und an den Springer-Verlag wiederholen.

Erlangen, im August 1968

Karl Schröder

Inhaltsverzeichnis

Fünfter Teil

Die Dampfturbinenanlage

Sechster Teil

Die Gasturbinenanlage

Von Rudolf Friedrich

Siebenter Teil

Die Generatoren

Von Arnolds Abolins

Achter Teil

Leittechnik

Von Karl Ertel und Alfred Stoll

Neunter Teil

Nebenanlagen

Zehnter Teil

Hilfseinrichtungen

Elfter Teil

Wartung der Anlagen

Von Alfred Schneider

Anhang

Neuzeitliche Kraftwerksanlagen

Von Paul Haack

Inhalt der weiteren Bände

Erster Band:	**Kraftwerksatlas** mit Kennwerten von 200 Kraftwerken, 98 Kraftwerksbeschreibungen und 6 Ausführungsbeispielen. XVI, 1073 Seiten mit 978 Abbildungen.
Zweiter Band:	**Die Lehre vom Kraftwerksbau.** XVI, 740 Seiten mit 528 Abbildungen.
Dritter Band:	**Die Kraftwerksausrüstung.**
Teil A:	Brennstoff, Wasser, Dampferzeugung, Rohrleitungen, Elektrotechnik. XX, 744 Seiten mit 711 Abbildungen.

Fünfter Teil

Die Dampfturbinenanlage

A. Die Dampfturbinen

Von HEINZ KIESSLING und KARL WEINLICH

I. Allgemeines

Es ist nicht Zweck der nachfolgenden Ausführungen, Unterlagen für Berechnung und Konstruktion einer Turbine zu liefern. Dafür gibt es ganz ausgezeichnete Bücher wie das von TRAUPEL [*1*]. Hier soll im wesentlichen das behandelt werden, was der Kraftwerksbauer im Zusammenhang mit seiner Arbeit wissen sollte. Manche Probleme sind deshalb ausführlicher behandelt, z. B. das der Endschaufel, andere wurden nur kurz beschrieben. Besonderer Wert wurde auf die Teile gelegt, die Auswirkungen auf das ganze Kraftwerk oder auf andere Anlagenteile haben.

Die Dampfturbine erlangte in dem Augenblick praktische Bedeutung, als PARSONS 1884 das Prinzip der Mehrstufigkeit einführte. Damit konnte das große Gefälle eines Wasser-Dampf-Kreisprozesses bei mäßigen Umfangsgeschwindigkeiten mit gutem Wirkungsgrad umgesetzt werden. PARSONS verteilte in seiner Turbine das Gefälle gleichmäßig auf die Leitschaufel- und Laufschaufelkränze (Überdruckprinzip).

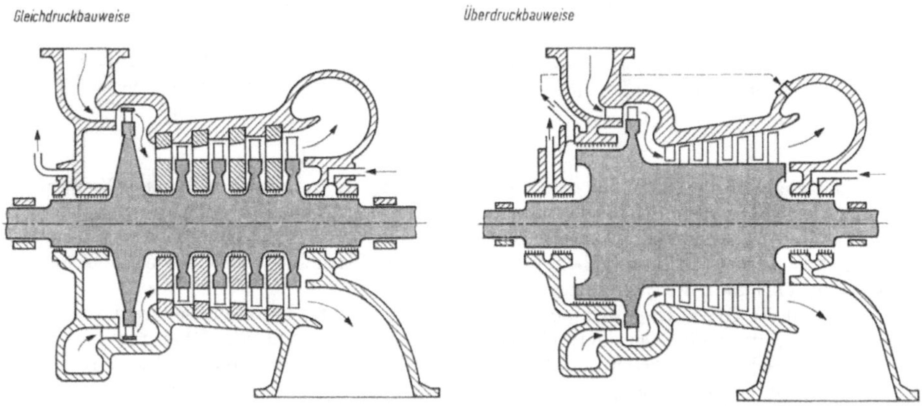

Abb. 1. Prinzipieller Aufbau von Turbinen der Gleichdruck- und Überdruckbauweise

RATEAU bereicherte das Prinzip der Mehrstufigkeit im Jahre 1902 um eine Variante, indem er das Gefälle jeder Stufe im Leitschaufelkranz vollständig in Geschwindigkeit umsetzte und den beschleunigten Dampf im Laufschaufelkranz nur noch umlenkte (Gleichdruckprinzip).

Beide wandten die axiale Bauart an, die auch heute vorherrscht. Der typische Aufbau beider Arten ist in Abb. 1 dargestellt. Bei gleichen Umfangsgeschwindigkeiten, jedoch größeren Richtungsänderungen und Dampfgeschwindigkeiten hat die RATEAUsche Turbine etwa halb so viele Stufen wie die PARSONSsche Turbine.

In der Gleichdruckturbine ist das Druckgefälle im Leitschaufelkranz also annähernd doppelt so groß wie das Gefälle der gesamten Stufe der Überdruckturbine. Um die Spaltverluste in tragbaren Grenzen zu halten, muß deshalb in der Gleichdruckturbine die Abdichtung zwischen dem Leitschaufelkranz und der Welle besonders wirksam sein. Dieser Forderung wird die Kammerstufenbauart gerecht. Im Gegensatz zur Trommelbauart, bei der die Laufschaufeln auf dem Umfang einer zylindrischen Trommel angeordnet sind, ist der Läufer bei der Kammerstufenbauart in einzelne Scheiben aufgelöst und die Welle so dünn, wie es mit Rücksicht auf Festigkeit und Schwingungen statthaft ist. Die Leitschaufelkränze tragen innen Zwischenböden. Dadurch erreicht man kleinere Dichtungsdurchmesser für

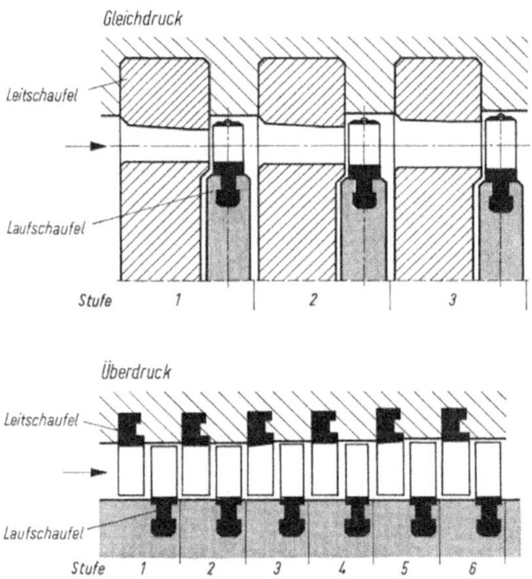

Abb. 2. Vergleich der Baulängen von Gleichdruck- und Überdruckbeschaufelungen

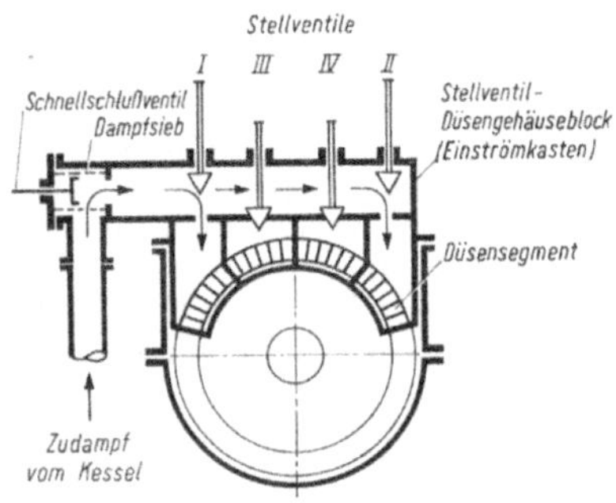

Abb. 3. Teilbeaufschlagung der Regelstufe

die Leitschaufelkränze als bei der Trommelbauart. So verbindet sich das Überdruckprinzip nach PARSONS mit der Trommelbauart und das Gleichdruckprinzip nach RATEAU mit der Kammerstufenbauart. Beide Bauarten werden seither mit leichten Abwandlungen mit Erfolg angewandt und stehen im Wettbewerb. Tatsächlich sind beide Bauarten zu einem hohen Grade der Vollkommenheit gelangt.

Obwohl die Gleichdruckturbine bei gleichem Gefälle und Durchmesser weniger Stufen benötigt, unterscheidet sich die Baulänge nicht wesentlich von der der Überdruckbauweise. Die Zwischenböden müssen nämlich aus Festigkeitsgründen sehr kräftig ausgeführt werden. Eine Gegenüberstellung zeigt Abb. 2.

Zur Regelung wird als erste Stufe bei beiden Bauarten ein Gleichdruckrad verwendet, das durch zuschaltbare Düsensegmente teilweise beaufschlagt wird, wie es Abb. 3 im Prinzip zeigt. Das Rad wird einkränzig als sog. A-Rad (Aktionsrad) oder zweikränzig als C-Rad (Curtisrad) ausgeführt. Auch die Wellendichtungen in Labyrinth-Bauweise sind beiden Bauarten gemeinsam.

Die Überdruckbeschaufelung führt während des Betriebes infolge der Reaktionskräfte zu einem beträchtlichen Axialschub auf die Welle, der durch den sog. Ausgleichskolben ausgeglichen werden muß. Er ist in Abb. 1 dargestellt.

Während der Dampf in der Axialturbine in Richtung der Turbinenachse strömt, fließt er in der Radialturbine radial zur Turbinenachse. Er tritt innen ein und strömt durch die gegenläufige Beschaufelung, die in konzentrischen Ringen ineinandergreift, radial nach außen. Dort sind auf den beiden Laufscheiben noch je einige Axialstufen in Doppelflußbauweise angeordnet. Die beiden Laufscheiben sitzen fliegend auf den Wellenenden der beiden angetriebenen Generatoren, die parallel geschaltet sind und daher zwangsläufig synchron laufen. Eine prinzipielle Gegenüberstellung von Radial- und Axialbauweise zeigt Abb. 4.

Bisher wurden 3000-tourige Kondensationsturbinen der Ljungström-Bauart nur mit verhältnismäßig kleiner Einheitenleistung gebaut. Die Beschaufelung dieser Maschinen arbeitet mit 50% Reaktion und vermeidet damit starke Umlenkungen. Da sich Leit- und Laufkranz einer Stufe gegeneinander bewegen, kann eine Stufe bei gleicher Umfangsgeschwindigkeit das vierfache Gefälle einer axialen Überdruckstufe bzw. das doppelte Gefälle einer axialen Gleichdruckstufe verarbeiten. Da die Laufzeuge von Ljungström-

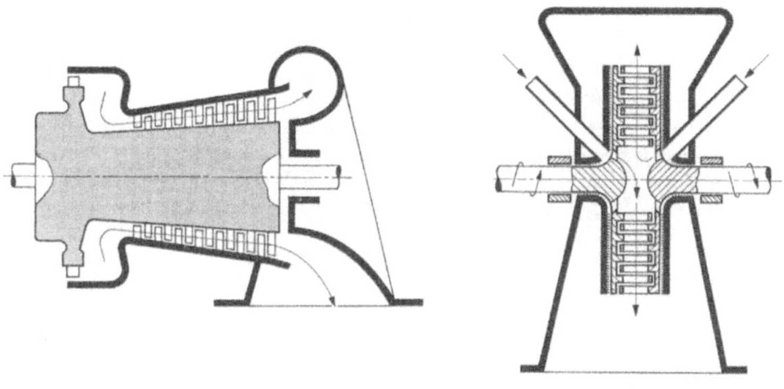

Abb. 4. Prinzipieller Aufbau von Turbinen der Axial- und Radialbauweise

Turbinen völlig kreissymmetrisch sind und die Teilfugen der Gehäuse dieser Turbinen längs ihrer Erstreckung keinen großen Druck- und Temperaturdifferenzen ausgesetzt sind, können ohne Einbuße an Betriebssicherheit sehr kleine Spiele ausgeführt werden. Andererseits ist der Leistungsbereich dieser Sonderbauart nach oben begrenzt und die Möglichkeit zur Anzapfung (zum Zwecke der Regenerativvorwärmung) konstruktiv beschränkt.

Insgesamt haben die Radialturbinen an Bedeutung verloren, nachdem man durch Entwicklung der Topfbauweise und der mehrschaligen Ausführung ihre Vorteile übernehmen und ihre Nachteile vermeiden konnte.

Die bis vor einigen Jahren gebaute Einfach-Radialturbine, bei der die Leitscheiben feststanden, wird nicht mehr gebaut.

Bei hohen Dampfzuständen kann das verfügbare gesamte Wärmegefälle mit Rücksicht auf zu lange Wellen nicht mehr in einem einzigen Gehäuse verarbeitet werden (Wärmedehnung, Schmiede- und Gußteile, kritische Drehzahl, Durchbiegung). Man teilt es auf und verarbeitet im HD- (= Hochdruck-) Gehäuse aus warmfestem Werkstoff einen Teil des Gefälles und in einem anderen oder mehreren MD- oder ND- (= Mitteldruck- oder Niederdruck-)Gehäusen aus entsprechend weniger hochwertigem Werkstoff den Rest des Wärmegefälles.

Um einen inneren Schubausgleich zu erreichen, schaltet man bei Überdruckturbinen meist zwei Gehäuse derart, daß die Hauptströmungsrichtungen des Dampfes in beiden Gehäusen gegeneinander gerichtet sind, falls sich dazwischen keine Regel- oder Absperrorgane sowie Speichervolumina wie Zwischenüberhitzer befinden.

Hohe Einheitenleistungen von Turbinen erfordern vor allem bei hohem Vakuum und Abdampfvolumen derart große Auslaßquerschnitte aus der Endstufe der Turbine, daß sie mit Rücksicht auf die derzeit erreichten Austrittsquerschnitte nur durch Unterteilung des Abdampfstromes in mehrere Flüsse ausführbar sind.

In doppelflutigen Gehäusen erreicht man durch symmetrischen Dampfstrom (entweder nach außen oder nach innen) einen gegenseitigen Schubausgleich der beiden Beschaufelungsteile.

Die bisher in Europa geforderten Einheitenleistungen konnten mit mehrflutigen 3000-tourigen Einwellen-Turbosätzen verwirklicht werden. Die Wellen der einzelnen Gehäuse der Gesamtturbine bilden einen einzigen Wellenstrang und treiben einen Generator an. In den USA war man gezwungen, schon zu einem früheren Zeitpunkt größere Einheiten zu bauen. Einer wesentlichen Vergrößerung der Austrittsquerschnitte standen jedoch Hindernisse im Wege (Festigkeitsgrenzen, Überschallgeschwindigkeit, Fächerung der Endschaufeln, zu große Länge der Turbosätze beim Anfügen weiterer doppelflutiger ND-Teile und dgl.). Deshalb entwickelte man Zweiwellen-Turbinen. Sie haben getrennte

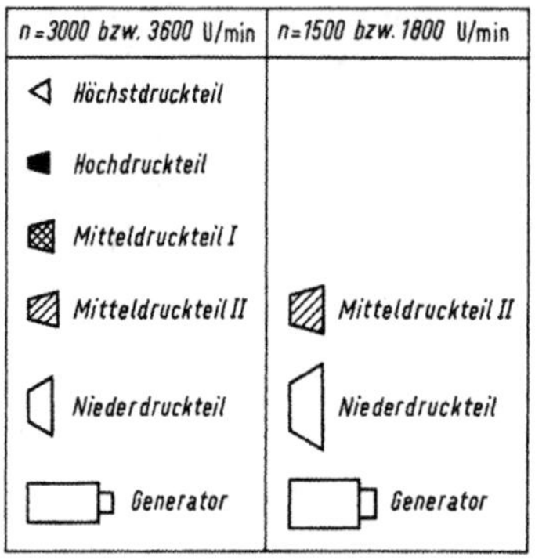

Abb. 5a. Bauelemente mehrgehäusiger Turbinen

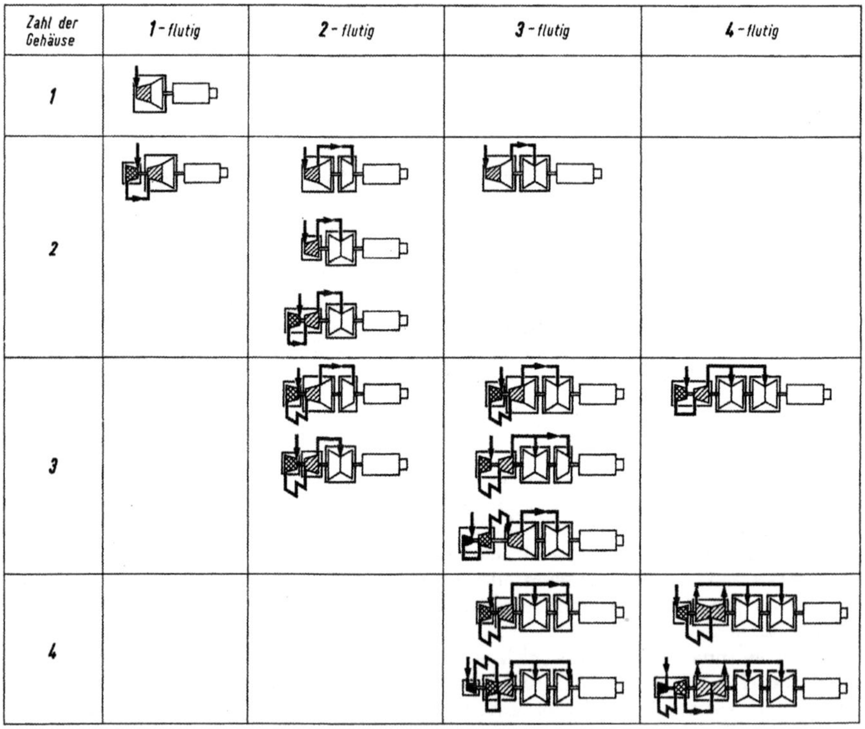

Abb. 5b. Anordnung der Bauelemente von Einwellen-Turbinen

ND-Teile, welche für 3600 oder aber für 1800 U/min ausgelegt sind und neben der 3600-tourigen, mehrgehäusigen HD-Turbine meist parallel zu dieser aufgestellt werden.

Bei der Lösung mit ungleichen Drehzahlen treibt der erste, 3000-tourige Wellenstrang einen zweipoligen, der zweite, niedertourige Wellenstrang einen vierpoligen Generator an.

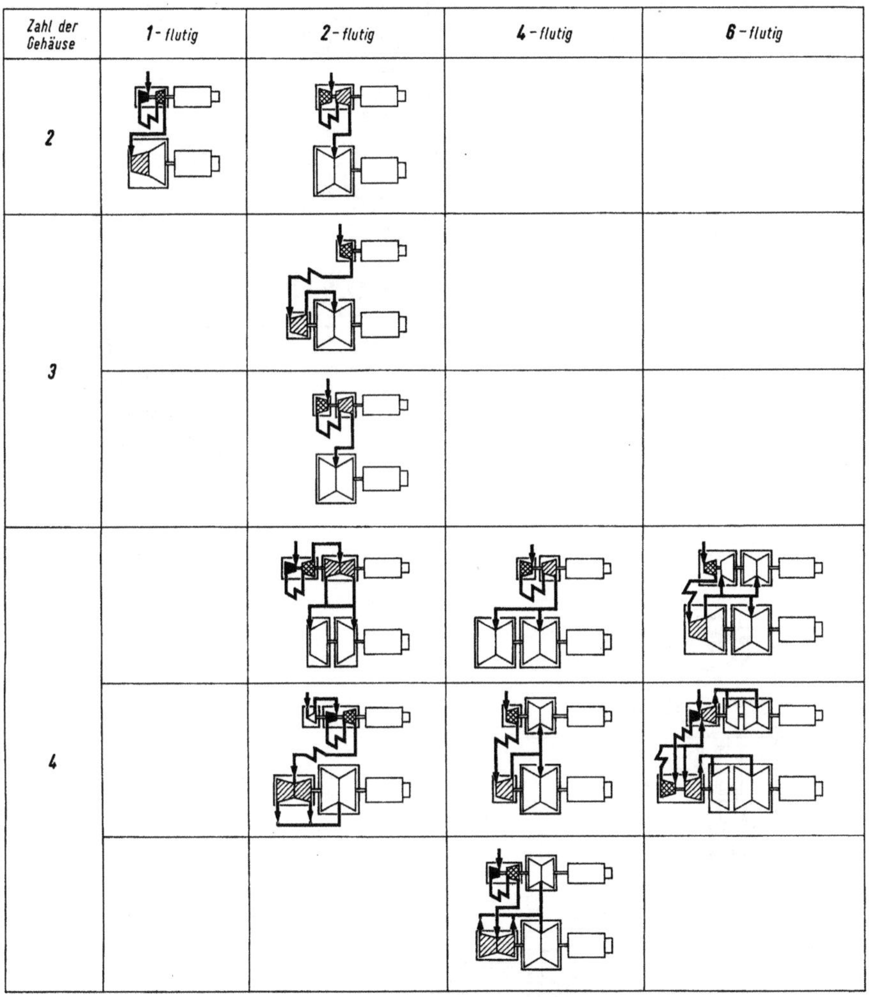

Abb. 5c. Anordnung der Bauelemente von Zweiwellen-Turbinen mit verschiedener Drehzahl der Wellen

Beide Generatoren sind elektrisch parallel geschaltet und laufen synchron. Bei gleicher Ausschöpfung der Materialfestigkeit ist durch den Übergang auf halbe Drehzahl eine Vergrößerung des Austrittsquerschnittes theoretisch auf den vierfachen Wert möglich. Für Kernkraftwerke werden wegen der niedrigen Dampfzustände Turbinen mit 1500 U/min verwendet.

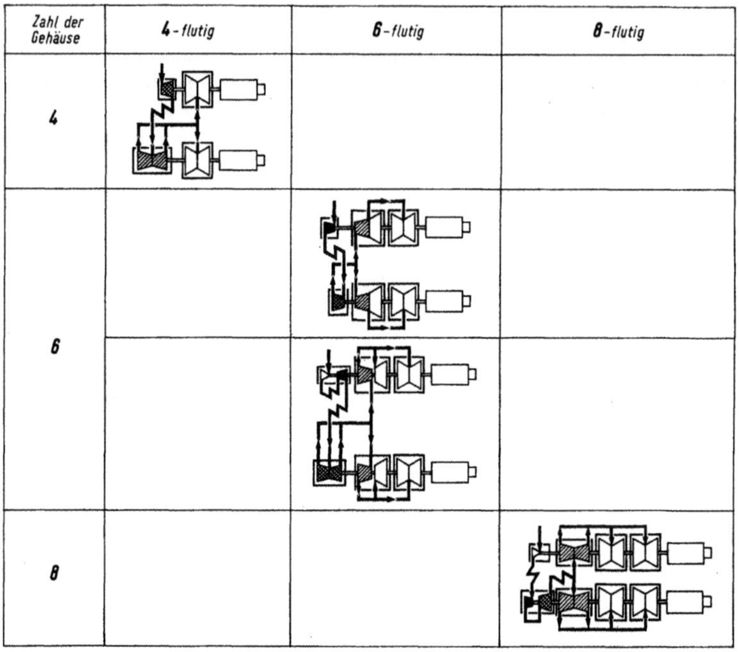

Abb. 5d. Anordnung der Bauelemente von Zweiwellen-Turbinen mit gleicher Drehzahl der Wellen

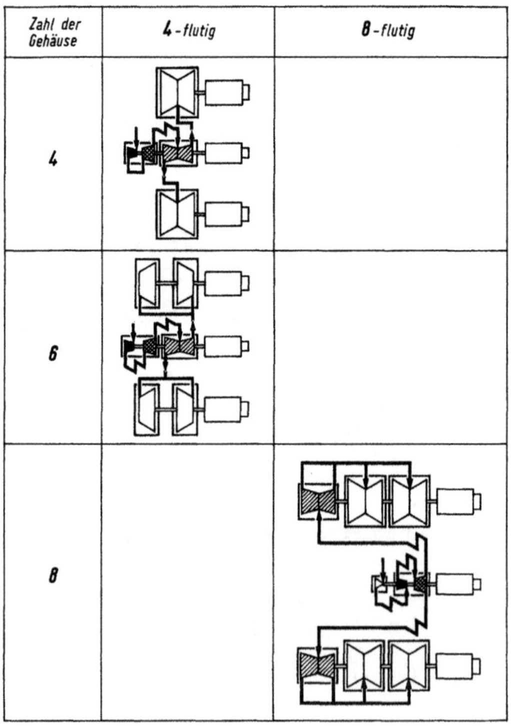

Abb. 5e. Anordnung der Bauelemente von Dreiwellen-Turbinen mit verschiedener Drehzahl der Wellen

Die Anordnung der HD-, MD- und ND-Gehäuse auf dem hochtourigen oder auf dem niedertourigen Wellenstrang kann speziellen Erfordernissen (Schubausgleich, Leistungsaufteilung, Koppelkritische usw.) entsprechend variiert werden, wie Abb. 5a bis e zeigt.

Man kann die Vielzahl der Turbinenbauarten weiter aufgliedern in Maschinen mit und ohne Zwischenüberhitzung, in axial geteilte und sog. Topfmaschinen mit vertikaler Teilfuge sowie in ein-, doppel- und dreischalige Maschinen entsprechend der Zahl von Gehäusen, welche den Läufer konzentrisch umgeben.

II. Elementare Stufentheorie

In der Dampfturbine wird das Arbeitsvermögen des Zudampfes bis auf den Energiegehalt des Abdampfes in mechanische Energie umgeformt und auf den Turbinenläufer übertragen.

Wie Abb. 6 für eine einzelne Stufe dieser Turbine zeigt, strömt der Dampf mit der Geschwindigkeit c_0 in das Leitrad ein und beschleunigt dort auf die Geschwindigkeit c_1. Diese wird dann im anschließenden Laufrad in Arbeit für die Drehung der Welle umgesetzt. Der Zustandsverlauf des Dampfes innerhalb der aus Leitrad und Laufrad bestehenden Stufe wird im is-Diagramm dargestellt. Mit Hilfe der sog. Geschwindigkeitsdreiecke erhält man die Zusammenhänge zwischen den absoluten und relativen Strömungsgeschwindigkeiten unter Berücksichtigung der Umfangsgeschwindigkeit. In Abb. 6 ist ein Beispiel für die Verhältnisse in der Stufe aufgezeichnet, und die grundlegenden Beziehungen zwischen den einzelnen Größen sollen nun für die Berechnung der Stufe abgeleitet werden.

a) Leitrad

Der Dampf strömt der Stufe mit der Geschwindigkeit c_0 zu und verläßt das Leitrad mit der Geschwindigkeit c_1. Da weder Wärme noch Arbeit auf diesem Wege nach außen übertragen werden, gilt

$$\frac{1}{A} i_1 + \frac{c_1^2}{2g} = \frac{1}{A} i_0 + \frac{c_0^2}{2g}. \tag{1}$$

Aus dem isentropen Stufengefälle H_{St} nach Abb. 6 erhält man mit Hilfe des Reaktionsgrades $\mathfrak{r}$ den im Leitrad verarbeiteten Gefälleanteil

$$H_{Le} = (1 - \mathfrak{r}) H_{St}. \tag{2}$$

Von dem gesamten zur Verfügung stehenden isentropen Gefälle einschließlich der Zuströmenergie $H_{Le}/A + c_0^2/2g$ wird aber infolge von Verlusten in der Düse nur der Anteil η_{Le} verarbeitet, und die Austrittsgeschwindigkeit c_1 kann unter Verwendung von Gl. (1) und (2) erhalten werden aus

$$\frac{c_1^2}{2} = \eta_{Le}\left[\frac{g}{A}(1 - \mathfrak{r}) H_{St} + \frac{c_0^2}{2}\right] = \frac{g}{A} H_{uLe} + \frac{c_0^2}{2} \tag{3}$$

mit

- c_1 absolute Austrittsgeschwindigkeit aus der Leitschaufel in m/s,
- H_{St} isentropes Stufengefälle, aus dem is-Diagramm zu entnehmen, in kcal/kg,
- c_0 absolute Zuströmgeschwindigkeit zur Leitschaufel in m/s (gegebenenfalls ist sie die Austrittsgeschwindigkeit aus der vorhergehenden Stufe),
- $\mathfrak{r}$ dimensionsloser Reaktionsgrad (er gibt an, welcher Anteil des isentropen Stufengefälles im Laufrad verarbeitet wird),
- η_{Le} dimensionsloser Leitradwirkungsgrad (er ist im wesentlichen abhängig von der Profilform der Schaufel und von den Strömungsverhältnissen im Leitrad),
- H_{Le} isentropes Leitradgefälle in kcal/kg.
- $H_{uLe} = i_0 - i_1$ tatsächliches am Umfang des Leitrades verarbeitetes Gefälle in kcal/kg,
- i_0, i_1 Enthalpien an den Stellen 0 und 1 in kcal/kg,
- g Erdbeschleunigung = 9,81 m/s²,
- A Wärmeäquivalent = 1/427 kcal/mkp.

b) Laufrad

Die in Abb. 6 abgebildeten Geschwindigkeitsdreiecke zeigen den Zusammenhang zwischen den Absolutgeschwindigkeiten c und den Relativgeschwindigkeiten des Laufrades w. Liegt also c_1 der Größe und Richtung nach fest, erhält man mit Hilfe der Umfangsgeschwindigkeit u_1 in Schaufelmitte die Relativgeschwindigkeit w_1 am Eintritt in das

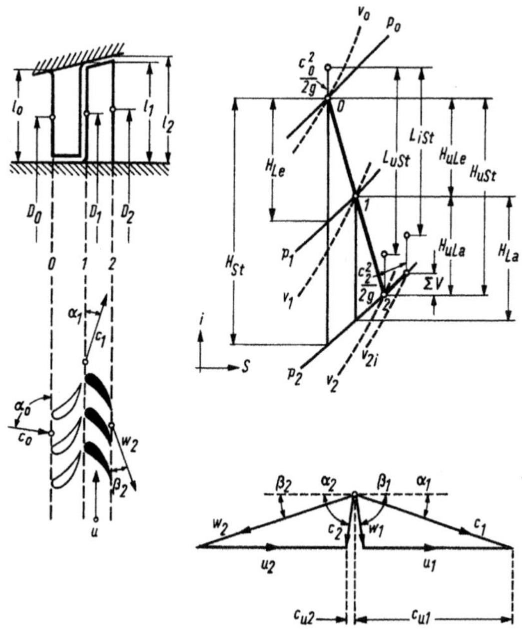

Abb. 6. Vorgänge in einer Turbinenstufe, prinzipieller Aufbau, Expansionsverlauf und Geschwindigkeiten

Laufrad. Auf dem Wege bis zum Austritt ändert sich diese Geschwindigkeit in w_2, und die Arbeit $u_2^2/2g - u_1^2/2g$ wird durch die Zentrifugalkraft an das Laufrad abgegeben. Es besteht also ähnlich Gl. (1) die Beziehung

$$\frac{1}{A}\, i_2 + \frac{w_2^2}{2g} = \frac{1}{A}\, i_1 + \frac{w_1^2}{2g} + \frac{u_2^2 - u_1^2}{2g}. \tag{4}$$

Obwohl H_{La} wegen der Divergenz der Isobaren im is-Diagramm nicht genau gleich $H_{St} - H_{Le}$ ist, soll innerhalb einer Stufe dieser Einfluß vernachlässigt werden, wodurch man erhält

$$H_{La} = H_{St} - H_{Le} = \mathfrak{r} \cdot H_{St}\,. \tag{5}$$

Auch im Laufrad wird nur ein Teil des zur Verfügung stehenden Gefälles $H_{La}/A + w_1^2/2g + u_2^2/2g - u_1^2/2g$ verwertet, und die relative Austrittsgeschwindigkeit w_2 kann aus den oben erwähnten Beziehungen erhalten werden:

$$\frac{w_2^2}{2} = \eta_{La}\left[\frac{g}{A}\,\mathfrak{r} \cdot H_{St} + \frac{w_1^2 + u_2^2 - u_1^2}{2}\right] = \frac{g}{A}\, H_{uLa} + \frac{w_1^2 + u_2^2 - u_1^2}{2} \tag{6}$$

mit

- w_2 relative Austrittsgeschwindigkeit aus der Laufschaufel in m/s,
- w_1 relative Eintrittsgeschwindigkeit in die Laufschaufel in m/s,
- u_2 Umfangsgeschwindigkeit in Schaufelmitte am Austritt aus der Laufschaufel in m/s,
- u_1 Umfangsgeschwindigkeit in Schaufelmitte am Eintritt in die Laufschaufel in m/s,

η_{La} dimensionsloser Laufradwirkungsgrad (er ist im wesentlichen abhängig von der Form des Schaufelprofils und von den Strömungsverhältnissen im Laufrad),
$H_{uLa} = i_1 - i_2$ tatsächliches am Umfang des Laufrades verarbeitetes Laufradgefälle in kcal/kg,
i_1, i_2 Enthalpien an den Stellen *1* und *2* in kcal/kg.

Das Geschwindigkeitsdreieck nach Abb. 6 ergibt aus w_2 mit Hilfe der Umfangsgeschwindigkeit u_2 die absolute Austrittsgeschwindigkeit c_2. Folgt eine weitere Stufe unmittelbar nach, dann ist c_2 die Eintrittsgeschwindigkeit für diese nächste Stufe.

c) Radverluste

Die Radwirkungsgrade η_{Le} und η_{La} ergeben sich durch verschiedene Verluste, und zwar durch

V_{Le} Leitradverlust in mkp/kg

und

V_{La} Laufradverlust in mkp/kg

Beide haben ihre Ursache in bestimmten Einzelerscheinungen, die durch folgende Teilverluste erklärt werden können:

V_P Profilverlust in mkp/kg

Er berücksichtigt die Strömungsverluste während der Durchströmung des Schaufelgitters entsprechend der REYNOLDSschen und der MACHschen Kennzahl durch Wandreibung, Ablösung, Verdichtungsstöße bei Überschallströmung, Mischung und Umlenkung. Auch die Dicke der Austrittskanten ist geringfügig von Einfluß. Bei langen Schaufeln mit unveränderlichem Profil tritt noch ein „Fächerverlust" auf, der durch Verwindung der Schaufel weitgehend in Grenzen gehalten werden kann.

V_{Se} Seitenwandverlust in mkp/kg

An der Ober- und Unterseite des Schaufelkanals werden ebenfalls Strömungsverluste des Dampfstrahles auftreten, die von der REYNOLDSschen Kennzahl abhängig sind. Im Axialspalt zwischen ruhendem Gehäuse und Laufschaufel erhöht sich der Verlust noch durch die Relativgeschwindigkeiten gegenüber dem Dampf. Der relative Verlust wird offenbar um so geringer, je länger die Schaufeln sind und kann normalerweise durch einen geringfügigen Zuschlag zu dem Profilverlust berücksichtigt werden. Bei sehr kurzen Schaufeln, besonders im HD-Teil, muß er aber besonders berechnet werden.

V_{Ra} Randverlust in mkp/kg

Laufschaufeln mit freien Enden ergeben dort eine Verwirbelung der Strömung, was einen zusätzlichen Verlust verursacht. Er ist abhängig von der Ausbildung des Endes, von der Durchsatzzahl φ [siehe Gl. (26)] und von der Schaufellänge.

V_{Zus} Zusatzverlust in mkp/kg

Manchmal sind aus Gründen der Festigkeit und der Vermeidung von Schaufelschwingungen strömungstechnisch störende Maßnahmen erforderlich, wie Verwendung von Binde- oder Dämpfungsdrähten. Der Einfluß auf den Radverlust wird durch diesen Zusatzverlust berücksichtigt.

Die vorerwähnten Verluste können nach theoretischen Überlegungen sowie nach Meßergebnissen an Modellen und ausgeführten Maschinen einzeln berechnet werden.

d) Stufenverluste

Außer den Radverlusten treten innerhalb der Stufe noch weitere Verluste auf:

V_{Sp} Spaltverlust in mkp/kg

Bei Leiträdern besteht zwischen der Innenseite des Schaufelkranzes und der Welle ein Spalt, bei Laufrädern zwischen der Außenseite des Schaufelkranzes und dem Gehäuse. Durch diesen Spalt fließt eine Leckdampfmenge, ohne entsprechende Arbeit abzugeben.

Der dadurch hervorgerufene Verlust ist abhängig vom Spaltquerschnitt, der Ausbildung des Spaltes und der Druckdifferenz. Das Verhältnis des Spaltes zur Schaufellänge spielt für den Anteil der Spaltdampfmenge zum gesamten Dampfstrom eine Rolle und somit für den relativen Verlust.

Legt man normale Werte für die Schaufeln zugrunde und vernachlässigt seltenere Ausführungsformen, dann läßt sich der relative Spaltverlust (bezogen auf das Gefälle von Leit- bzw. Laufrad) durch folgende Beziehungen bestimmen:

$$\zeta_{SpLe} = K_{Le} \frac{1}{Y^2 - 1} \cdot \frac{\delta}{D - l}, \quad (7)$$

$$\zeta_{SpLa} = K_{La} \frac{Y^2}{Y^2 - 1} \cdot \frac{\delta}{D + l} \quad (8)$$

mit

ζ_{SpLe} relativer Spaltverlust des Leitrades,
ζ_{SpLa} relativer Spaltverlust des Laufrades,

K_{Le}	K_{La}	Spaltverlustfaktor	$(\alpha_0, \beta_1 = 90°)$,
17	9	freie Schaufelenden	Gleichdruck $(\alpha_1 = 15°, \beta_2 = 25°,$
$10{,}6/\sqrt{z}$	$6{,}5/\sqrt{z}$	Labyrinthe	$c_{n1}/u_2 = 0{,}507,\ c_{n2}/u_2 = 0{,}45)$,
10	10	freie Schaufelenden	Überdruck $(\alpha_1 = \beta_2 = 18°,$
$9/\sqrt{z}$	$9/\sqrt{z}$	Labyrinthe	$c_{n1}/u_2 = c_{n2}/u_2 = 0{,}372)$,

z Anzahl der Labyrinthschneiden,
D mittlerer Schaufeldurchmesser in m,
l Schaufellänge in m,
$Y = \frac{(1 + l/D)}{(1 - l/D)}$, (9)
δ Spaltweite in m,
$\frac{\delta}{D - l}, \frac{\delta}{D + l}$ Verhältnis der Spaltweite zum Durchmesser des Spaltes.

V_R Radreibungsverlust in mkp/kg

An den Seiten von Laufradscheiben sowie an den Deckbändern von Laufschaufelungen und an den unter Leitraddeckbändern laufenden Trommelpartien entstehen Reibungsverluste des Dampfes. Sie sind abhängig von der Reynoldsschen Zahl und den Relativgeschwindigkeiten zwischen Rad und Dampf. Es gibt auch Radreibungsverluste, die nicht der Stufe zugeordnet werden, wie die der Stirnseiten von Trommelläufern.

Der relative Verlust kann aus Meßergebnissen berechnet werden nach der Beziehung

$$\zeta_R = \frac{2{,}54 \cdot C_M}{\varepsilon} \cdot \frac{(1 - l/D)^5}{(l/D)\varphi \cdot \psi} \quad (10)$$

mit

ζ_R relativer Radreibungsverlust für radiale Flächen (Durchmesser $D - l$),
ε Beaufschlagungsverhältnis wie Gl. (21),
φ Durchsatzzahl nach Gl. (26),
ψ Druckzahl nach Gl. (27),
C_M Momentbeiwert, er hängt ab von der R_e-Zahl an der Nabe und beträgt für

$R_e =$	$7 \cdot 10^4$	$2 \cdot 10^5$	$3 \cdot 10^6$	$1 \cdot 10^7$
$C_M =$	$4{,}4 \cdot 10^{-4}$	$2{,}6 \cdot 10^{-4}$	$1{,}5 \cdot 10^{-4}$	$1{,}2 \cdot 10^{-4}$

V_V Ventilationsverlust in mkp/kg

Er tritt nur bei Teilbeaufschlagung, also in großen Turbinen nur in der Regelstufe, auf. Der nicht beaufschlagte Teil des Laufradkranzes wirkt als Ventilator, und die erzeugte

Arbeit wirkt sich als Verlust aus. Er hängt von der Art und den Abmessungen der Schaufeln ab sowie vom Beaufschlagungsgrad.

$$\zeta_V = C\frac{1-\varepsilon}{\varepsilon\cdot\varphi\cdot\psi} + \frac{0{,}30\cdot z_b}{\varepsilon\sqrt{\psi}}\cdot\frac{b}{D} \tag{11}$$

mit

ζ_V	relativer Ventilationsverlust,	
b	axiale Breite des Schaufelkranzes in m,	
D	mittlerer Laufschaufeldurchmesser in m,	
z_b	Anzahl der Beaufschlagungselemente,	
C	Bremsbeiwert für freien Schaufelkranz	$C = 0{,}04 + 0{,}52\, l/D$,
	für abgedeckten Schaufelkranz	$C = 0{,}019 + 1{,}1\,(0{,}125 - l/D)^2$.

V_B Bremsverlust in mkp/kg

Bei Naßdampf entsteht ein direkter Verlust durch das Aufschlagen von Wassertropfen auf den Schaufelrücken und ein indirekter infolge Bremsung der Dampfströmung durch die Wassertropfen. Der Verlust wird beeinflußt durch den Wassergehalt und hat eine Abhängigkeit von der Druckzahl ψ [siehe Gl. (27)].

e) Stufenarbeit

Auf dem Umfang der Laufradschaufelmitte wird nun pro kg Dampf folgende Arbeit erzeugt:

$$L_{uSt} = \frac{1}{A} H_{uSt} + \frac{c_0^2 - c_2^2}{2g}\,. \tag{12}$$

Sie entspricht einem Umfangswirkungsgrad, der die Radverluste berücksichtigt.

$$\eta_{uSt} = \frac{L_{uSt}}{\frac{1}{A} H_{St} + \frac{c_0^2 - c_2^2}{2g}} \tag{13}$$

mit

η_{uSt} Umfangswirkungsgrad der Stufe.

Rechnet man aus Gl. (3) und (6) H_{uLe} und H_{uLa} in Abhängigkeit von den entsprechenden Geschwindigkeiten aus und setzt die Summe der beiden Gefälle als H_{uSt} in Gl. (12) ein, so erhält man die *Turbinenhauptgleichung*

$$L_{uSt} = \frac{1}{2g}\,(c_1^2 - c_2^2 + w_2^2 - w_1^2 + u_1^2 - u_2^2)\,. \tag{14}$$

Werden die Relativgeschwindigkeiten w_1 und w_2 aus den Geschwindigkeitsdreiecken durch die Absolut- und Umfangsgeschwindigkeiten ausgedrückt, so ergibt sich die *Eulersche Momentengleichung*

$$L_{uSt} = \frac{1}{g}\,(u_1\cdot c_{u1} - u_2\cdot c_{u2}) \tag{15}$$

mit

L_{uSt}	Umfangsarbeit in Schaufelmitte der Laufschaufel in mkp/kg,
c_{u1}	Umfangskomponente der absoluten Laufradeintrittsgeschwindigkeit in m/s,
c_{u2}	Umfangskomponente der absoluten Laufradaustrittsgeschwindigkeit in m/s.

Die Umfangsarbeit wird innerhalb der Stufe noch durch die Stufenverluste vermindert. Die tatsächliche „innere" Arbeit der Stufe ist dann

$$L_{iSt} = L_{uSt} - V_{Sp} - V_R - V_V - V_B\,. \tag{16}$$

Dabei ist angenommen, daß die Austrittsenergie in der nächsten Stufe verwertet wird und somit kein Austrittsverlust auftritt.

Aus den vorgenannten Überlegungen läßt sich nun der innere Wirkungsgrad der Stufe auf verschiedene Weise definieren, und es ist darauf zu achten, daß immer nur gleichartig definierte Wirkungsgrade miteinander verglichen werden.

Die folgende Beziehung ist dann vorteilhaft, wenn eine weitere Stufe nachfolgt, die Austrittsenergie also keinen Verlust darstellt:

$$\eta_{iSt} = \frac{L_{iSt}}{\frac{1}{A} H_{St} + \frac{c_0^2 - c_2^2}{2g}} . \tag{17}$$

Wird die Austrittsenergie jedoch nicht in einer weiteren Stufe ausgenützt, so kann definiert werden:

$$\eta_{iSt} = \frac{L_{iSt}}{\frac{1}{A} H_{St} + \frac{c_0^2}{2g}} . \tag{18}$$

Um eine ideelle Expansionslinie im *is*-Diagramm festzulegen und den Zustandsverlauf darzustellen, ist folgende Definition gebräuchlich:

$$\eta_{iSt} = \frac{L_{iSt}}{\frac{1}{A} H_{St}} . \tag{19}$$

Den Zusammenhang zwischen den Durchsatzmengen und den Abmessungen der Stufe erhält man aus der Kontinuitätsgleichung

$$G_s \cdot v = F \cdot w \tag{20}$$

mit

- G_s durchströmende Dampfmenge in kg/s,
- v spezifisches Volumen des Dampfes an der betrachteten Stelle in m³/kg,
- F freier Strömungsquerschnitt an der betrachteten Stelle in m²,
- w mittlere Dampfgeschwindigkeit senkrecht zum Strömungsquerschnitt F in m/s.

Mit den aus Gl. (3) und (6) erhaltenen Geschwindigkeiten ergeben sich für die Dimensionierung folgende Kontinuitätsgleichungen an den Stellen 0, 1 und 2 der Stufe:

$$G_s \cdot v_0 = k_0 \cdot \pi \cdot D_0 \cdot l_0 \cdot \varepsilon \cdot c_0 \cdot \sin \alpha_0 , \tag{21}$$

$$G_s \cdot v_1 = k_1 \cdot \pi \cdot D_1 \cdot l_1 \cdot \varepsilon \cdot c_1 \cdot \sin \alpha_1 , \tag{22}$$

$$G_s \cdot v_2 = k_2 \cdot \pi \cdot D_2 \cdot l_2 \cdot \varepsilon \cdot c_2 \cdot \sin \alpha_2 \tag{23}$$

mit

- k dimensionsloser Korrekturfaktor für das Durchflußverhalten durch das Schaufelgitter (Durchflußfaktor),
- D mittlerer Durchmesser der Stufe in m,
- l Schaufellänge in m,
- ε dimensionsloses Beaufschlagungsverhältnis $\gamma/360$, wenn γ den Beaufschlagungswinkel in Grad darstellt.

c, w, α, β können den Geschwindigkeitsdreiecken entnommen werden. Anstelle von v_2 müßte eigentlich v_{2i} nach Abb. 6 eingesetzt werden, doch ist der Unterschied normalerweise vernachlässigbar klein.

Hat man die Spaltverluste nach Gl. (7) und (8) erhalten, so lassen sich die Durchflußfaktoren errechnen aus

$$k_1 = 0{,}99 + K_1 \cdot \zeta_{SpLe} , \tag{24}$$

$$k_2 = 0{,}99 + K_2 \cdot \zeta_{SpLa} \tag{25}$$

mit

$K_1 = 0{,}17$ für $s/t = 1{,}38$ } Gleichdruck } freie Enden,
$K_2 = 0{,}21$ für $s/t = 1{,}26$ } Gleichdruck } freie Enden,
K_1 und $K_2 = 0{,}25$ für $s/t = 1{,}35$ Überdruck } freie Enden,
K_1 und $K_2 = 1{,}1$ für Labyrinthe bei Gleich- und Überdruck.

f) Kennwerte

Die folgenden dimensionslosen Kennwerte setzen sich immer mehr durch; sie werden auch bei Gasturbinen und Verdichtern angewendet.

Durchsatzzahl $$\varphi = \frac{G_s \cdot v_2}{u_2 \cdot \varepsilon \cdot D_2 \cdot l_2 \cdot \pi}\,, \tag{26}$$

Druckzahl $$\psi = \frac{H_{St}/A}{u_2^2/2g}\,, \tag{27}$$

Leistungszahl $$\lambda = \frac{L_u}{u_2^2/2g}\,. \tag{28}$$

Daneben findet man noch folgende Kennzahlen, vor allem in der älteren Literatur:

Laufzahl $$\frac{u}{c_1}\,, \tag{29}$$

Strömzahl $$\frac{\sqrt{2g \cdot H_{St}/A}}{u_2} = \frac{c_{01}}{u_2} = \sqrt{\psi}\,, \tag{30}$$

PARSONSsche Kennzahl $$K_p = \frac{u_2^2}{H_{St}} = \frac{2g}{A \cdot \psi} \tag{31}$$

mit

u mittlere Umfangsgeschwindigkeit der Laufschaufel in m/s,

$c_{01} = \sqrt{2g \cdot H_{St}/A}$ theoretische Geschwindigkeit, die bei verlustloser Umwandlung des Stufengefälles H_{St} erreicht würde, in m/s,

K_p PARSONSsche Kennzahl, auch Qualitätsziffer genannt, in m²kg/s²kcal.

Die Strömzahl und die PARSONSsche Kennzahl lassen sich durch die dimensionslose Druckzahl ausdrücken, weshalb sie durch diese ersetzt werden sollten.

REYNOLDSsche Kennzahl $$R_e = \frac{w_2 \cdot b''}{\nu}\,. \tag{32}$$

mit

w_2 relative Austrittsgeschwindigkeit aus der Laufschaufel in m/s,

b'' Profilbreite der Laufschaufel in m,

ν kinematische Zähigkeit des Dampfes mit der Geschwindigkeit w_2 in m²/s.

MACHsche Kennzahl $$M_a = \frac{w}{w_s} \tag{33}$$

mit

w Strömungsgeschwindigkeit in m/s,

$w_s = \sqrt{g\,(dP/d\varrho)}$ Schallgeschwindigkeit in m/s für dP (Druck) und $d\varrho$ (Wichte) entlang der Isentrope.

Für die ganze Turbine sind noch verschiedene andere Kennzahlen gebräuchlich:

PARSONSsche Kennzahl $$K_p = \frac{\Sigma u^2}{H} \tag{34}$$

mit

K_p Kennzahl in m²kg/s²kcal,

u mittlere Umfangsgeschwindigkeit der Laufschaufel in m/s,

H isentropes Gesamtgefälle in kcal/kg.

Sie leistet für die Beurteilung von Turbinen manchmal gute Dienste. Die Spaltverluste jedoch, die das Durchsatzvolumen beeinflussen, werden mit ihr nicht berücksichtigt.

MELANsche Kennziffer $$\xi = \frac{P_1 - P_2}{G_h \cdot H} \cdot 10^4 \tag{35}$$

mit

ξ Kennziffer in at h kg/t kcal,

P_1 Eintrittsdruck in die Turbine in ata,

P_2 Austrittsdruck aus der Turbine in ata,

G_h Dampf-Mengenstrom in t/h.

Diese Kennziffer ist besonders bei der Auslegung von HD-Teilen von Zwischenüberhitzungsturbinen und bei Gegendruckturbinen nützlich.

g) Stufenarten

Die bisherige Betrachtungsweise ist elementar. Es wurde angenommen, daß sich die Verhältnisse entlang der Schaufellänge nicht ändern und daß die Werte in Schaufelmitte für die ganze Stufe gelten. Auch wurde die reine Gleichdruckbauweise der reinen Überdruckbauweise gegenübergestellt. In Wirklichkeit handelt es sich in den Stufen um die räumliche Durchströmung eines rotierenden Schaufelgitters.

Eine umfassende Theorie der Strömungsverhältnisse in der Turbine liegt noch nicht vor. Im Augenblick ist der Turbinenbauer noch weitgehend auf Erfahrungen angewiesen. Anhand des ihm zur Verfügung stehenden Versuchsmaterials, sei es von ausgeführten Turbinen oder aus Laboratoriumsversuchen, kann er den Einfluß der geometrischen und strömungsmechanischen Parameter auf die verschiedenen Einzelverluste feststellen. Außerdem vermag er noch zu prüfen, wie weit diese Ergebnisse mit den Erkenntnissen aus der systematischen Forschung in Einklang stehen. Auf diese Weise erhält man eine halbempirische Turbinentheorie. Auch in der Aufteilung des Druckgefälles auf Leitschaufel- und Laufschaufelkranz stellen Gleichdruck- und Überdruckprinzip Extreme dar, zwischen denen sich die Stufenauslegung bewegen kann. Grundsätzlich ist es möglich, bei entsprechenden Umfangsgeschwindigkeiten und Richtungsänderungen der Dampfströmung in einer Überdruckstufe das gleiche Gefälle zu verarbeiten wie in einer Gleichdruckstufe. Mit dem Stufengefälle und seiner Verteilung auf Leitschaufel- und Laufschaufelkranz, den Umlenkwinkeln und der Umfangsgeschwindigkeit sowie der Wahl der Dichtungsdurchmesser sind die Variationsmöglichkeiten bei der Gestaltung der Stufe jedoch noch nicht erschöpft. Die gewünschten Beschleunigungen und Richtungsänderungen des Dampfes sind mit Schaufeln unterschiedlicher Form und Anordnung zu erreichen. Sie können schlank oder dick, stärker oder schwächer gewölbt, weiter oder enger gestellt, zylindrisch, vom Fuß zur Spitze verjüngt und verdrallt sein.

Es gibt also für die Gestaltung der Stufen von Dampfturbinen viele Freiheitsgrade.

Der Turbinenbauer hat die Aufgabe, die Auslegung und Ausführung von Stufen herauszufinden, die für die Gesamtanlage den besten Kompromiß darstellen.

Tabelle 1. *Kennzahlen von Turbinenstufen im Auslegungspunkt*

	Gleichdruck	Überdruck	C-Rad
Reaktionsgrad r	0,05 0,25	0,5	0,05 0,15
Durchsatzzahl φ	0,40 0,45 1,20	0,30 0,40 1,20	0,40 0,90
Druckzahl ψ	4 6	2 3	16 24
Leistungszahl λ	3,4 5,5	1,7 2,8	13 20
$\sin \alpha_1$	0,20 0,25 0,50	0,25 0,35 0,70	0,20 0,25
$\sin \beta_2$	0,3 0,40 0,70	0,25 0,35 0,70	—

Zur Orientierung sind in Tabelle 1 die Größenordnungen der verschiedenen Kennzahlen angegeben, wie sie praktisch für Ausführungen im Auslegungspunkt angewendet werden.

Abb. 7 zeigt Schaufelschnitte, Geschwindigkeitsdreiecke und Entspannungsschemata für die wichtigsten Arten normaler Beschaufelungen. Erreichbare innere Stufenwirkungsgrade sind in Abb. 8 angegeben.

Für den HD-Teil haben sich bei den verschiedenen Herstellern sehr ähnliche Auslegungen ausgebildet, die für den Optimalpunkt der Schaufelung etwa bei folgenden Werten liegen:

Gleichdruckstufe

$c_1/u_2 = 1{,}75$ bis $2{,}1$, $\quad c_{n2}/u_2 = (0{,}75$ bis $1{,}0)\,\frac{c_1}{u_2}\sin\alpha_1$,

$\alpha_1 = 12$ bis $16°$, $\quad \beta_2 = (1{,}4$ bis $1{,}9)\cdot\alpha_1$,

$r = 0{,}05$ bis $0{,}15$;

Überdruckstufe

$c_1/u_2 = w_2/u_2 = 1{,}1$ bis $1{,}3$, $\quad \alpha_1 = \beta_2 = 16$ bis $20°$,

$r = 0{,}5$;

C-Rad

$c_1/u_2 \approx 3{,}5$ bis $4{,}5$, $\quad w_2 \approx w_1$,

$c_3 \approx c_2$, $\quad w_4 \approx w_3$,

$\alpha_1 = 12$ bis $14°$, $\quad c_{n4} = (0{,}5$ bis $0{,}6)\cdot c_{n1}$.

Im folgenden werden noch die Stufenarten beschrieben, deren besondere Betriebsverhältnisse zusätzliche Überlegungen erfordern.

1. Regelstufe

Die meistens angewendete Düsengruppenregelung (Abb. 3) setzt eine der geforderten Turbinenleistung entsprechende, in mehreren einzelnen Düsengruppen nacheinander zuschaltbare Beaufschlagung der ersten Stufe der Turbine, der sog. Regelstufe, voraus. Für diese Stufe kommt nur das Gleichdruckprinzip in Frage. Andernfalls würde durch den Überdruck im Spalt nach den Düsen gegenüber dem Raum hinter der Laufschaufel der Dampf über die Schaufelkanten sofort auch seitlich in die benachbarten, nicht vom Dampf beaufschlagten Schaufelkanäle unkontrolliert abströmen und dabei das Regelrad abbremsen.

Als erste Stufe wird in Dampfturbinen ein einkränziges oder zweikränziges Regelrad verwendet.

Ein einkränziges Regelrad (auch Aktionsrad oder A-Rad genannt) — wie beispielsweise in den Turbinen Abb. 1 verwendet — ist identisch mit einer Gleichdruck- und Aktionsstufe, hat aber meist größeren Durchmesser als die nachfolgende Stufe, um ein größeres Gefälle verarbeiten zu können und Platz für die einzeln zuschaltbaren Düsensegmente zu schaffen.

Ein zweikränziges Regelrad (auch Curtisrad oder C-Rad genannt) arbeitet im wesentlichen ebenfalls nach dem Gleichdruckprinzip. Auch hier ist der Beaufschlagungsdurchmesser meist größer als der der nachfolgenden Stufe; unter der Voraussetzung gleicher Umfangsgeschwindigkeit (d.h. gleichen Durchmessers und gleicher Drehzahl) vermag dieses C-Rad jedoch das vierfache Wärmegefälle eines A-Rades zu verarbeiten (Abb. 9).

Der größte Teil des Gesamtgefälles der Regelstufe wird dabei in den Düsen verarbeitet. Die gegenüber einem A-Rad doppelt so hohe Austrittsgeschwindigkeit des Dampfes aus den Düsen ist nach Durchströmen des ersten Laufschaufelkranzes noch so hoch, daß der Dampf in einem feststehenden Umlenkkranz wiederum in die ursprüngliche Richtung gelenkt wird und einen zweiten Laufkranz beaufschlagt. Durch eine geringe Reaktion im ersten Laufrad, im Umlenkrad und im zweiten Laufrad gelingt es, den Wirkungsgrad eines C-Rades etwas anzuheben; beschleunigt man nämlich hierdurch den Dampfstrom in den Strömungskanälen, so wird deren Divergenz verringert und Ablösungserscheinungen vermieden.

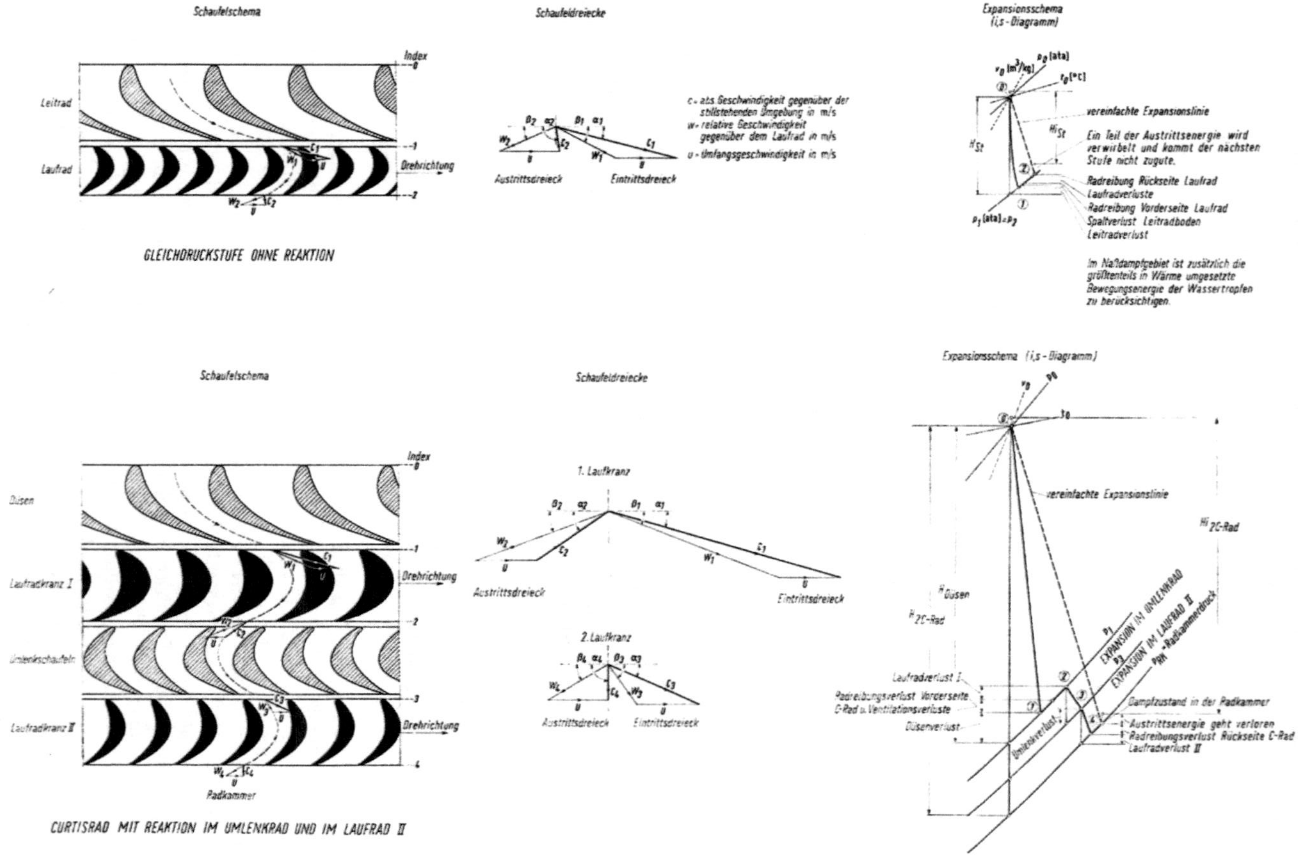

GLEICHDRUCKSTUFE OHNE REAKTION

CURTISRAD MIT REAKTION IM UMLENKRAD UND IM LAUFRAD II

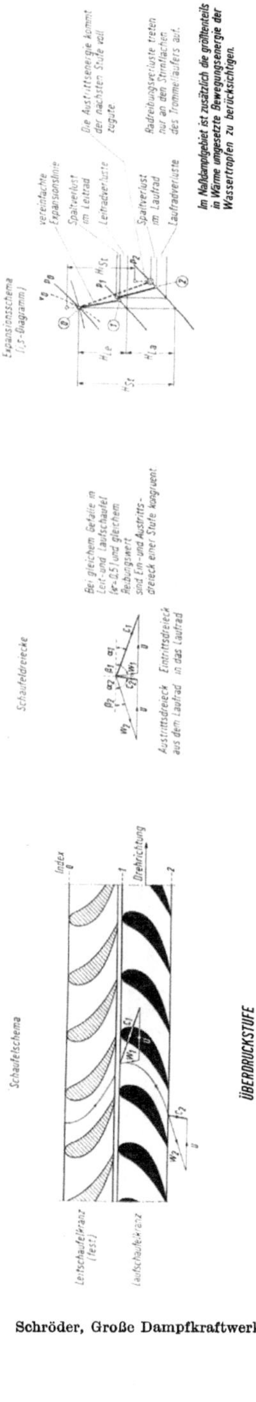

Abb. 7. Schaufelschemata, Geschwindigkeitsdreiecke und Expansionslinien von Einzelstufen der wichtigsten Bauarten

Die gesamte Reaktion im C-Rad wird zweckmäßigerweise dem Radkammerdruck p_{RK} angepaßt und bei $p_{RK} = 20$ ata bzw. 40 ata bzw. > 40 ata entsprechend einem Druckgefälle von 1 at bzw. 2 at bzw. 3 at gewählt.

Die Gesamtreaktion des C-Rades wird zweckmäßig verteilt, daß 25% auf das erste Laufrad, 35% auf das Umlenkrad und 40% auf das zweite Laufrad entfallen.

Die Wahl des Regelrades wird vom Zudampfzustand, vom gewünschten Teillastverhalten der stündlichen Dampfmenge, dem Material des Turbinengehäuses, der Zahl der nachzuschaltenden Stufen usw. bestimmt.

Während die Stellventil-Düsengehäuse für die hohe Temperatur und den hohen Druck des Zudampfes bemessen sein müssen, wird die Gehäusewand der Turbine mit erheblich verringerter Temperatur und verringertem Druck belastet. Material und Wandstärke des Gehäuses werden von diesem sog. Radraumzustand bestimmt.

Auch die dem Regelrad nachgeschaltete Beschaufelung ist nur mehr der reduzierten Temperatur ausgesetzt. Die Hochdruckwellendichtung hat gegen geringeren Druck im Radraum abzudichten und kann kürzer ausgeführt werden.

Die Zunahme des spezifischen Dampfvolumens bei der Entspannung im C-Rad ist verhältnismäßig groß und gestattet für den nachfolgenden Beschaufelungsteil gleich von der ersten Stufe an größere Schaufellängen mit geringeren Spaltverlusten.

Der Wirkungsgrad eines C-Rades ist auch unter Berücksichtigung der Verbesserung des nachgeschalteten Teiles der Turbine geringer als der eines A-Rades (siehe Abb. 10).

Ob man ein A-Rad oder ein C-Rad als Regelstufe verwendet, hängt von den in diesem Abschnitt eingangs genannten Einflüssen und vom beabsichtigten Bauaufwand ab, da ja für den Teil des Gesamtgefälles, der im Regelrad nicht verarbeitet wird, zusätzliche Turbinenstufen vorgesehen werden müssen.

2. Naßdampfstufen

Ein besonderes Problem stellen die Stufen im Naßdampfgebiet dar. Hat der Dampfzustand die Grenzlinie überschritten, so treten zusätzliche Verluste durch die Dampfnässe auf. Die Vorgänge sind sehr kompliziert und konnten erst in letzter Zeit genauer erforscht werden.

Im Sattdampfgebiet müßte der Dampf eigentlich seine Feuchtigkeit $(1 - x)$ dem jeweiligen Zustand entsprechend ausscheiden. Diese Ausscheidung tritt jedoch nach Überschreitung der Grenzlinie vorerst nicht ein, da der Dampf noch keine Kondensationskeime enthält. Er expandiert nach der gleichen Gesetzmäßigkeit wie oberhalb der Grenzlinie weiter und geht in einen unterkühlten Zustand über (Dampftemperatur niedriger als die zum

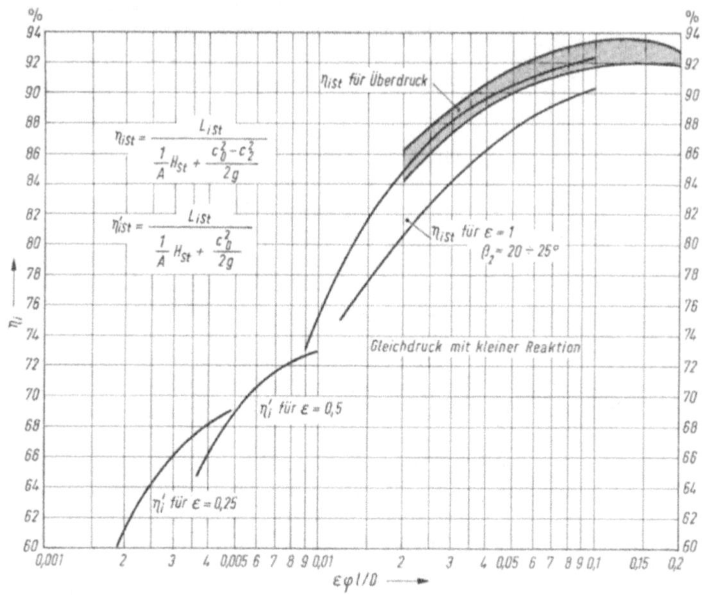

Abb. 8. Erreichbare Stufenwirkungsgrade von Dampfturbinen nach TRAUPEL

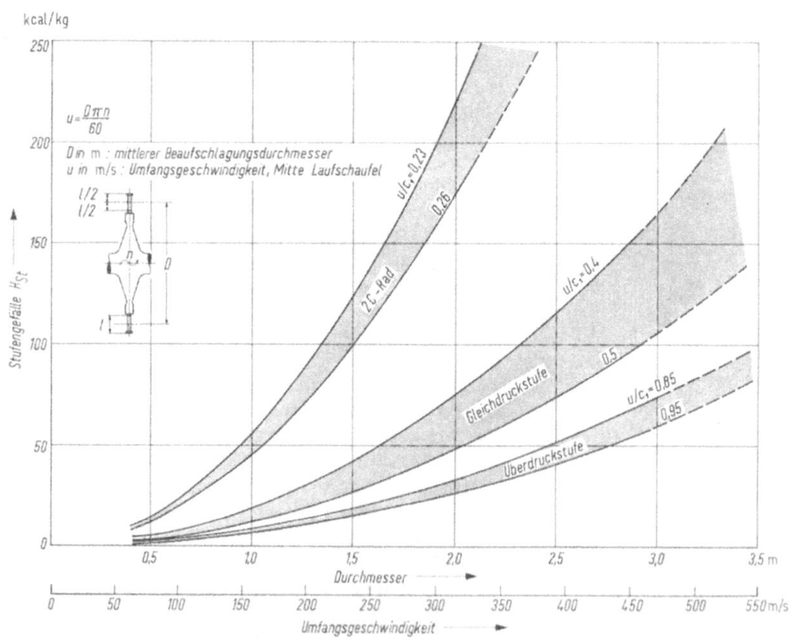

Abb. 9. In einer Stufe bei 3000 U/min verarbeitbares Wärmegefälle

Druck gehörende Sättigungstemperatur). Es entsteht ein labiler Zustand, der durch zufällige Bildung von Kondensationskeimen infolge der Molekularbewegung bei Erreichen einer entsprechenden Unterkühlung schlagartig zur Kondensation führt. Wie man aus der Theorie und aus Meßergebnissen festgestellt hat, erfolgt dieser „Kondensationsstoß" an den sog. „Wilsonlinien" in Abhängigkeit von der Schnelligkeit der Expansion.

$$S = \frac{1}{p} \cdot \frac{dp}{dt} = \frac{c_a}{p} \cdot \frac{\partial p}{\partial a} \tag{36}$$

mit

S relative Expansionsschnelligkeit in s^{-1},
dp/dt zeitliche Änderung des Druckes in kp/m^2s,
p Druck an der betrachteten Stelle in kp/m^2,
c_a Geschwindigkeitskomponente in axialer Richtung in m/s,
a Weg des Dampfteilchens in axialer Richtung in m.

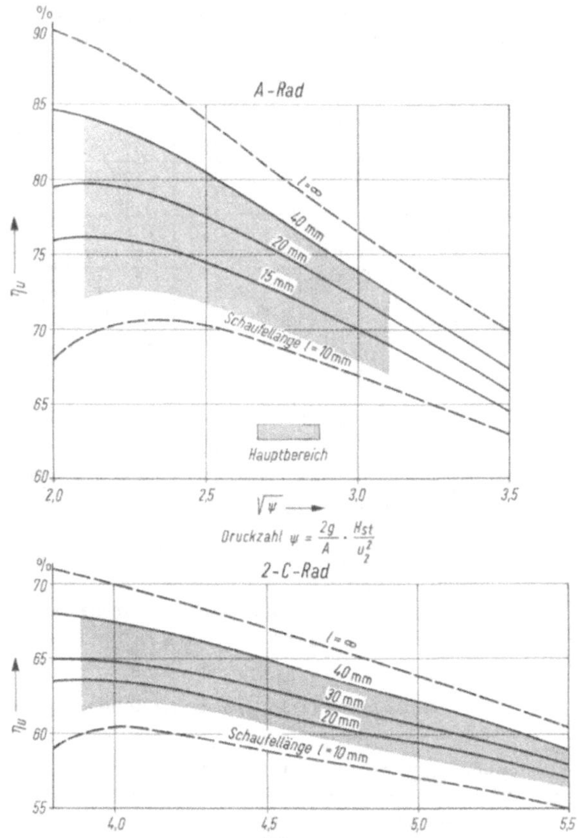

Abb. 10. Umfangswirkungsgrad von Regelrädern

Im technisch interessanten Bereich fallen die Wilsonlinien praktisch mit den Linien $(1-x) =$ const zusammen. Es besteht folgende Beziehung zwischen S und $(1-x)$:

S	=	10	100	1000	10 000 s^{-1}
$(1-x)$	=	0,023	0,026	0,030	0,037

Die Rechnung geht so vor sich, daß im *is*-Diagramm die Expansion festgelegt wird, ohne auf die oben geschilderten Erscheinungen Rücksicht zu nehmen. Zur Berechnung der Schaufelung nach Überschreiten der Grenzlinie bis zur Erreichung der Wilsonlinie werden jedoch die Zustände des unterkühlten Dampfes verwendet. Normalerweise liegen die Expansionsschnelligkeiten zwischen 100 und 1000 s^{-1}, und die Wilsonlinie entspricht etwa der Linie $(1 - x) = 0{,}03$. Wird diese Linie erreicht, so erfolgt der Kondensationsstoß, und die dabei auftretende Zustandsänderung ließe sich nach im Schrifttum angegebenen komplizierten Formeln bestimmen.

Näherungsweise erhält man jedoch den neuen Zustand dadurch, daß man entlang der Wilsonlinie auf die ursprünglich festgelegte Expansionslinie übergeht und die Berechnung nach den Zuständen des Naßdampfes weiterführt.

In den Augenblicken, wo sich die Dampfnässe durch Nebeltropfen bemerkbar macht, treten zusätzliche Bremsverluste auf. Sie werden zunächst dadurch verursacht, daß sich die Tropfen nicht mit der gleichen Geschwindigkeit wie der Dampf bewegen und daher auf den Schaufelrücken auftreffen. Zum anderen müssen die Wassertropfen durch Reibung zwischen den beiden Medien beschleunigt und mitgeschleppt werden. Diese Schleppverluste

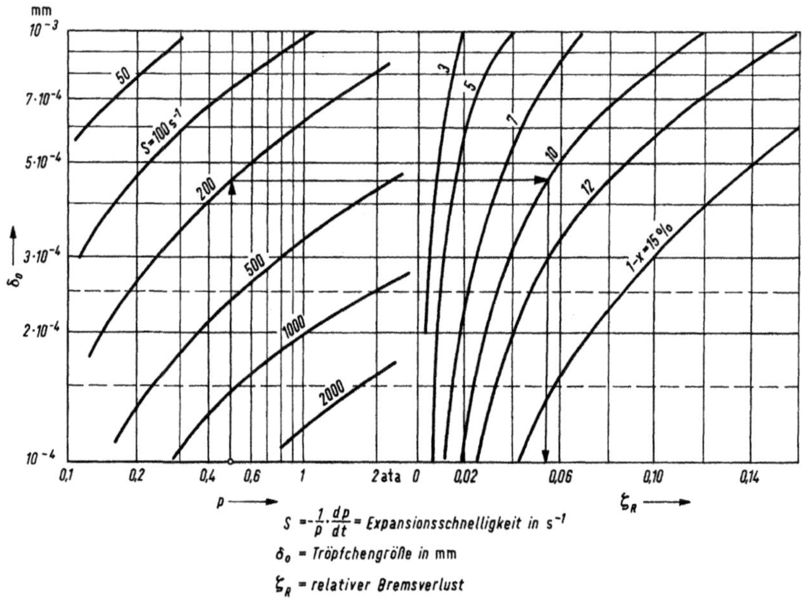

Abb. 11. Diagramm zur Bestimmung der Bremsverluste im Naßdampfgebiet

sind gewöhnlich in der gleichen Größenordnung wie die Bremsverluste. Zusätzliche Unterkühlungsverluste entstehen dadurch, daß sich nach der schlagartigen Kondensation kein vollständiges Gleichgewicht einstellt und eine weitere Unterkühlung auftritt. Auch das Abfließen des Wassers entlang der Laufschaufel und der Einfluß des Wasserfilmes auf die Strömung führen zu Verlusten. Alle diese Erscheinungen ergeben den sog. Bremsverlust, der mit Hilfe des Diagramms (Abb. 11) bestimmt werden kann. Der Druck p und die Dampfnässe $(1 - x)$ sollen dabei am Austritt aus dem Leitrad für im Gleichgewicht befindlichen Naßdampf gelten.

Die an den Schaufeln sich sammelnde Feuchtigkeit sucht man durch Zentrifugalwirkung auszuscheiden und in entsprechenden Schlitzen abzuführen (Abb. 12). Es ist jedoch nur möglich, einen Anteil β der Dampffeuchte $(1 - x)$ zu entfernen. Je größer die entstehenden Tröpfchen sind, desto größer ist der Anteil. Folgende Zusammenhänge zwischen der Tröpfchengröße δ_0 und β wurden ermittelt (Abb. 11):

$\delta_0 =$	$2\cdot10^{-4}$	$4\cdot10^{-4}$	$6\cdot10^{-4}$	$8\cdot10^{-4}$	10^{-3}	mm
$\beta =$	0,07	0,13	0,19	0,25	0,31	

Es kann also maximal folgende Menge pro kg Dampf abgeschieden werden:

$$(1 - x)_{\max} = \beta \cdot (1 - x)\,. \tag{37}$$

Dadurch vermindert sich die weiterfließende Dampfmenge, was bei der Berechnung der Schaufellängen berücksichtigt werden muß. Außerdem wird für die folgende Schaufel der Bremsverlust geringer. Berechnet man den Bremsverlust ohne Berücksichtigung der Ab-

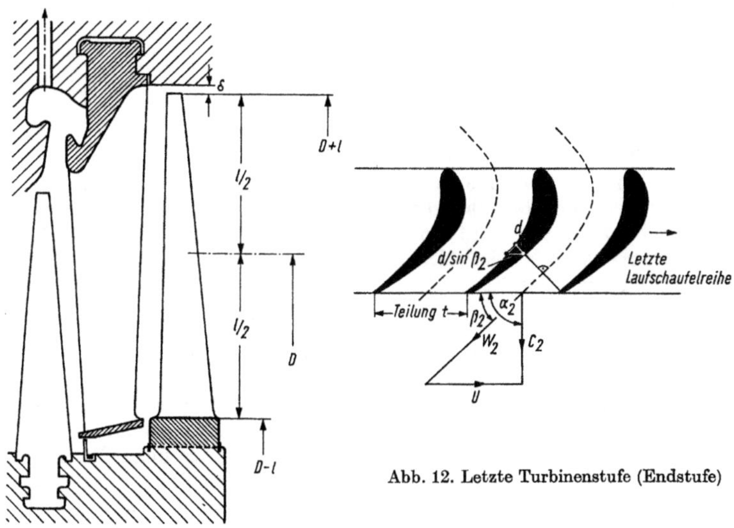

Abb. 12. Letzte Turbinenstufe (Endstufe)

scheidung, dann muß der erhaltene Verlust für maximal mögliche Abscheidung nach folgender Beziehung verringert werden:

$$\zeta_{B\max} = (1 - \gamma \cdot \beta) \cdot \zeta_B \tag{38}$$

mit

$\zeta_{B\max}$ relativer Bremsverlust bei maximaler Ausscheidung von Feuchtigkeit in der vorhergehenden Stufe,
ζ_B relativer Bremsverlust ohne Ausscheidung,
β maximaler Anteil der Feuchtigkeit, der abgeschieden werden kann, nach den obigen Werten,
γ Faktor in Abhängigkeit von $(1 - x)$:

$(1 - x) =$	0,03	0,05	0,08	0,10	0,12	0,14	0,16
$\gamma =$	0	0,3	0,85	1,2	1,5	1,8	2,0

Die Wasserabscheidung wirkt sich auch im Zustandsverlauf aus, und zwar tritt eine Verschiebung entlang der Isobare auf von der Feuchtigkeit vor der Abscheidung bis zum Wert, der nach der Abscheidung erreicht wird.

Die oben beschriebenen Beziehungen sind von besonderer Bedeutung für Turbinen in Kernkraftwerken.

3. Endstufe

Die Abmessungen der letzten Schaufel sind hauptsächlich durch die Fliehkraftbeanspruchung begrenzt. Das große Volumen, das Kondensationsturbinen in der Endstufe durchsetzen müssen, ergibt sehr lange Schaufeln, die stark verwunden werden müssen, um günstige Strömungsverhältnisse zu erhalten. Die Abmessungen sind auch für die Auslegung der ganzen Turbine wesentlich, und es müssen dafür noch einige Begriffe festgelegt werden (siehe Abb. 12).

$$F_{A\,ges} = D \cdot \pi \cdot l + (D + l + \delta) \cdot \pi \cdot \delta \tag{39}$$

mit

$F_{A\,ges}$ Gesamtaustrittsfläche in m^2 (Schaufelfläche einschließlich Spaltfläche),
D mittlerer Schaufeldurchmesser in m,
l Schaufellänge in m,
δ Spaltweite in m.

Dem unter dem Winkel β_2 mit der Geschwindigkeit w_2 austretenden Dampf steht aber nur ein geringerer freier Querschnitt zur Verfügung. Die Geschwindigkeit im Spalt c_1 liegt nicht erheblich unter w_2, weshalb der Spaltdampfstrom nicht besonders berücksichtigt wird.

$$F_A = \varepsilon' \cdot F_{A\,ges} \tag{40}$$

mit

F_A freier Austrittsquerschnitt in m^2,
$\varepsilon' = \tau \cdot \sin \beta_2$ Öffnungsverhältnis,
τ Verengungsfaktor.

Die Endstufen großer Maschinen sind fast durchweg für eine mittlere Reaktion $r = 0{,}5$ ausgelegt und weisen, gemittelt über die Schaufellänge, einen Wert von $\tau = 0{,}9$ und einen Winkel $\beta_2 = 40$ bis *42* bis 45° auf. Damit beträgt $\varepsilon' = 0{,}57$ bis *0,60* bis 0,63. Am Schaufelfuß ergibt sich praktisch ein Gleichdruckprofil, in der Mitte ein Überdruckprofil und an den Spitzen ein Überschallprofil.

4. Stufencharakteristik

Unter Benützung der bisher abgeleiteten Beziehungen ließe sich jeder einzelne Verlust bestimmen und so Stufe für Stufe der Turbine durchrechnen.

Das Verfahren ist umständlich und zeitraubend. Außerdem wird man aus wirtschaftlichen Gründen nicht jede einzelne Stufe genau den Erfordernissen anpassen, sondern der Turbinenhersteller wird eine Anzahl von Schaufeltypen entwickeln, die innerhalb einer Schaufelgruppe nur verschiedene Längen erhalten. Für jeden Typ bestimmt man nun aus Messungen die Abhängigkeit der Druckzahl und des Umfangswirkungsgrades von den Abmessungen der Stufe, wie es Abb. 13 an einem Beispiel zeigt. Unter der Annahme, daß sich die verschiedenen Korrekturen nicht gegenseitig beeinflussen, was mit genügender Genauigkeit zutrifft, berichtigt man die verschiedenen Faktoren durch Anwendung der Diagramme c, d und e der Abb. 13. Der Schaufeltyp ist für ganz bestimmte optimale Verhältnisse ausgelegt, d.h. für eine axiale Komponente der Strömungsgeschwindigkeit c_{n2} am Austritt der Laufschaufel. Weicht diese Geschwindigkeit ab, dann ist noch das Diagramm f der Abb. 13 zu berücksichtigen.

III. Turbinenberechnung

a) Turbinenverluste und Rückgewinn

Außerhalb der Stufen ist in der Turbine noch mit einigen zusätzlichen Verlusten zu rechnen:

V_D Eintrittsverlust in mkp/kg.

Er tritt durch Reibung und Wirbelung beim Durchströmen des Dampfes durch die Stell- und Absperrventile auf. Die dabei entstehende Drosselung vermindert das verfügbare Wärmegefälle. Man kann diesen Verlust durch große Querschnitte und damit kleine Geschwindigkeiten, strömungsgünstige Form der Ventile (Diffusorventile), möglichst sorgfältig gestaltete Umlenkungen und glatte Flächen verringern. Auch die Rohrreibungsverluste in den Überströmleitungen zwischen den einzelnen Gehäusen bei großen Turbinen gehören dazu.

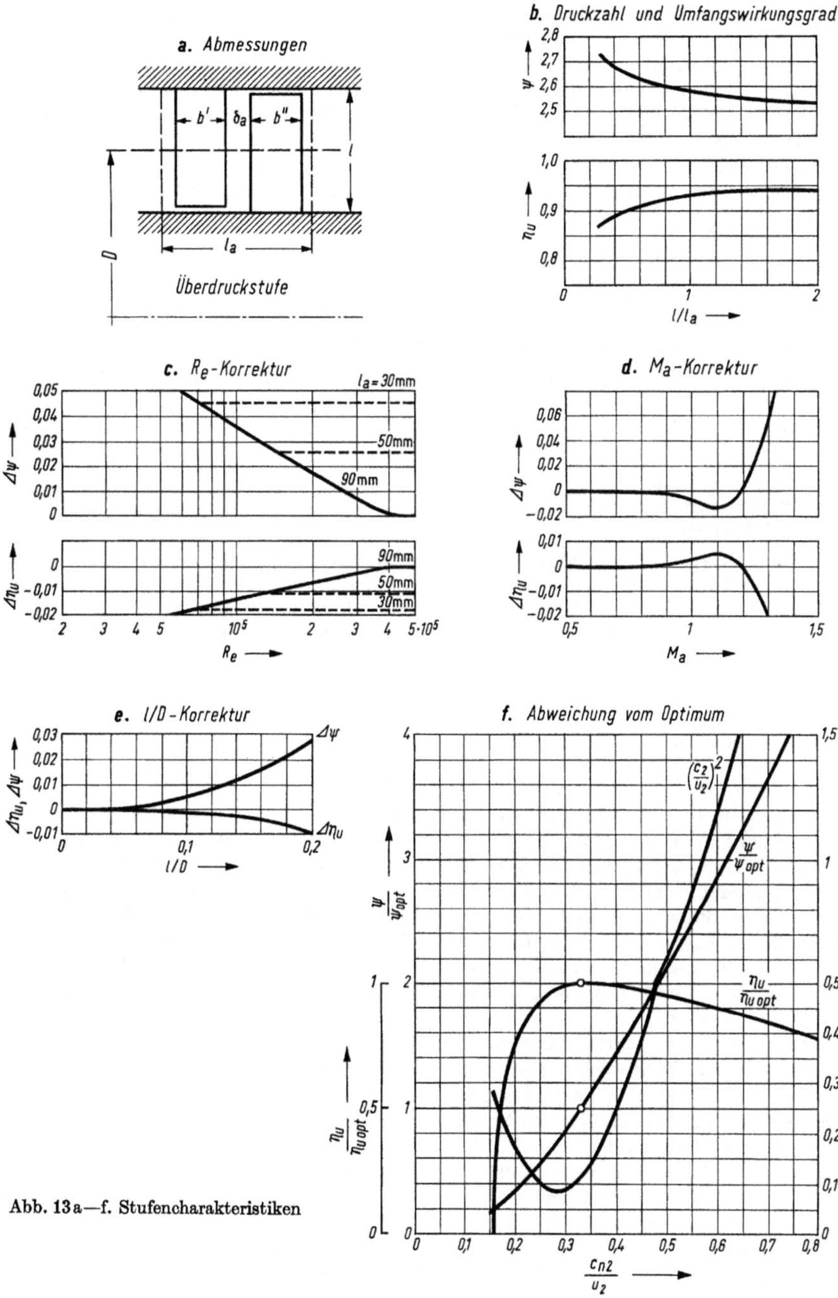

Abb. 13a—f. Stufencharakteristiken

V_A Austrittsverlust in mkp/kg

In vielstufigen Turbinen wird die Austrittsgeschwindigkeit der einen Stufe am Eintritt in die unmittelbar folgende zumindest zum größten Teil wieder ausgenützt. Bei Durchmessersprüngen und am Austritt der einzelnen Gehäuse tritt jedoch ein Austrittsverlust auf, der bei der vorhergehenden Stufe durch die Wirkungsgraddefinition nach Gl. (18) bereits berücksichtigt werden kann. Besonders groß ist der Austrittsverlust nach der letzten Laufschaufel.

Die mit großer Geschwindigkeit zum Kondensator abströmenden Dampfmengen verursachen einen beträchtlichen Anteil an den gesamten Turbinenverlusten, weshalb er gewöhnlich besonders berechnet wird. Er beträgt

$$V_A = \frac{c_2^2}{2g} \tag{41}$$

mit

V_A Austrittsverlust in mkp/kg,
c_2 absolute Austrittsgeschwindigkeit aus der Endschaufel in m/s.

Bezieht man diesen Verlust auf das Gesamtgefälle der Turbine, so ergibt sich

$$\zeta_A = \frac{A \cdot V_A}{H} \tag{42}$$

mit

ζ_A relativer Austrittsverlust,
H Gesamtgefälle der Turbine in kcal/kg,
$A = 1/427$ kcal/mkp.

In dem freien Austrittsquerschnitt der Endschaufel kann maximal nur die Schallgeschwindigkeit auftreten. Selbst wenn der Kondensatordruck weiter abgesenkt wird, erhöht sich die durchfließende Menge nicht. Es tritt lediglich nach dem engsten Querschnitt eine Nachexpansion unter zunehmender Strahlablenkung auf. Die maximale Schluckfähigkeit der Endschaufel ergibt sich zu

$$G_{s\max} = F_A \cdot w_s \cdot \gamma \tag{43}$$

mit

$G_{s\max}$ maximale Menge in kg/s,
w_s Schallgeschwindigkeit nach Abb. 15 oder nach Gl. (71) in m/s,
ϱ Wichte des Dampfes im engsten Querschnitt in kg/m³ nach Abb. 14.

Wie aus Abb. 14 und 15 hervorgeht, wird die Wichte und damit die Schallgeschwindigkeit mit höherem Abdampfdruck größer. Dieselbe Endstufe würde also, eingebaut in Turbinen gleichen Zudampfzustandes und Auslegung mit höheren Abdampfzuständen, also entsprechend geänderten Kondensatoren, bei gleicher Strömungsgeschwindigkeit des Dampfes durch die Endschaufel einen größeren Mengenstrom verarbeiten. Das Gefälle in der Turbine wird zwar dadurch geringer, die relative Abnahme des spezifischen Volumens wirkt sich jedoch viel stärker aus als die des Gefälles, wie Abb. 16 zeigt. Deshalb bedeutet in diesem Falle die höhere Auslegung des Abdampfzustandes auch eine größere mögliche Leistung der Turbine.

Legt man die letzte Stufe bei unverändertem Abdampfdruck für eine höhere Geschwindigkeit aus, so vergrößert sich natürlich der Mengenstrom, aber der Austrittsverlust wird größer, und damit verringert sich das Gefälle und der Gesamtwirkungsgrad der Turbine.

Der Schluckfähigkeit der letzten Stufe sind Grenzen gesetzt. Tritt nämlich an irgendeiner Stelle der Endschaufel oder des Abdampfteiles bis in den Kondensator Schallgeschwindigkeit auf, so führt dies zu einer Sperrung des Abdampfstromes, und eine weitere Erhöhung der Geschwindigkeit in diesem Querschnitt ist nicht mehr möglich. Denkt man sich den Volumenstrom durch die Gesamtaustrittsfläche $F_{A\,\mathrm{ges}}$ nach Gl. (39) axial strömend, dann ist nach dem augenblicklichen Stand der Erkenntnis seine maximal mögliche Axialgeschwindigkeit ungefähr das 0,8- bis 0,9fache der Schallgeschwindigkeit am Austritt der Endschaufel. Eine weitere Grenze ist durch die Festigkeit der Endschaufel gegeben.

Die Beanspruchung dieser Schaufel ist abhängig vom Mengenstrom des durch die letzte Stufe strömenden Dampfes. Bei höherem Abdampfdruck ergibt sich schon vor Erreichen der Sperrung ein Mengenstrom, der aus Festigkeitsgründen nicht überschritten werden

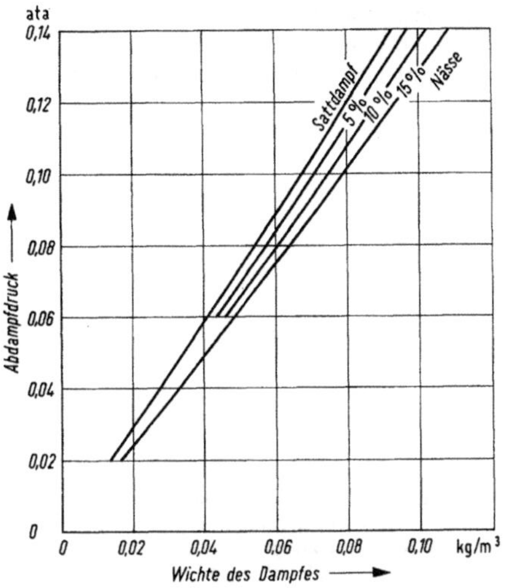

Abb. 14. Zusammenhang zwischen Abdampfdruck und Wichte des Dampfes

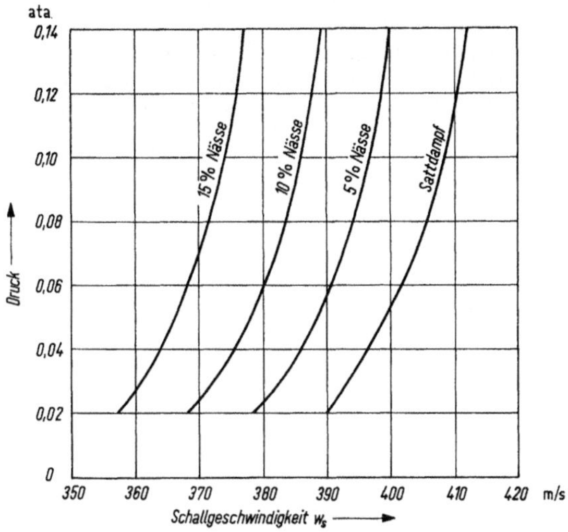

Abb. 15. Schallgeschwindigkeit am Turbinenaustritt

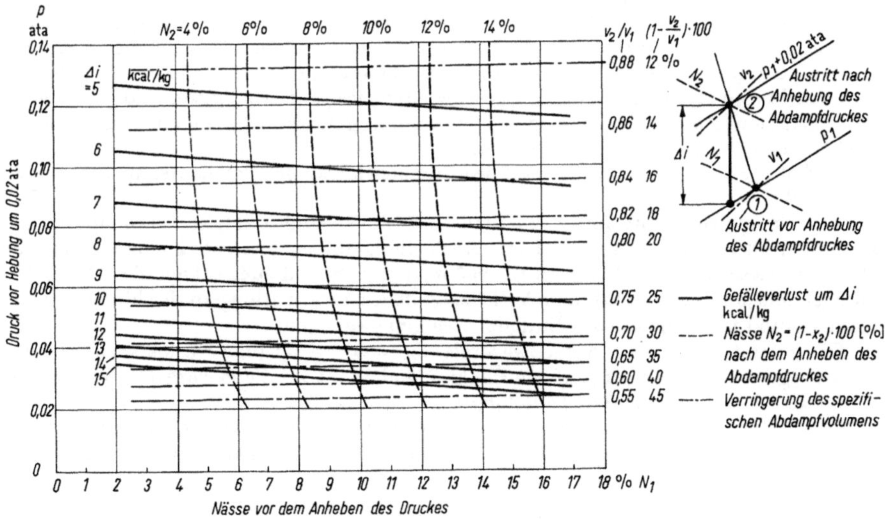

Abb. 16. Diagramm über die Änderung von spezifischem Volumen, Gefälle und Endnässe bei Anhebung des Abdampfdruckes

darf. Eine prinzipielle Darstellung der Verhältnisse zeigt Abb. 17. Hier ist angenommen, daß die gleiche Endstufe für verschiedene Auslegungen des Abdampfdruckes verwendet, die Endnässe aber immer gleich gewählt wird. Der Mengenstrom ist nun für verschiedene Axialgeschwindigkeiten als Parameter aufgetragen. Es zeigt sich, daß im unteren Druckbereich die Begrenzung des Mengenstroms durch die Sperrung infolge Erreichen von Schallgeschwindigkeit erfolgt, während bei höheren Abdampfdrücken die Festigkeit der Schaufeln maßgeblich wird. Ein solches Diagramm gilt nur für eine bestimmte Ausführung der Endstufe und ist von der Auslegung mit Rücksicht auf gute Strömungsführung und Festigkeit sowie vom gewählten Material abhängig.

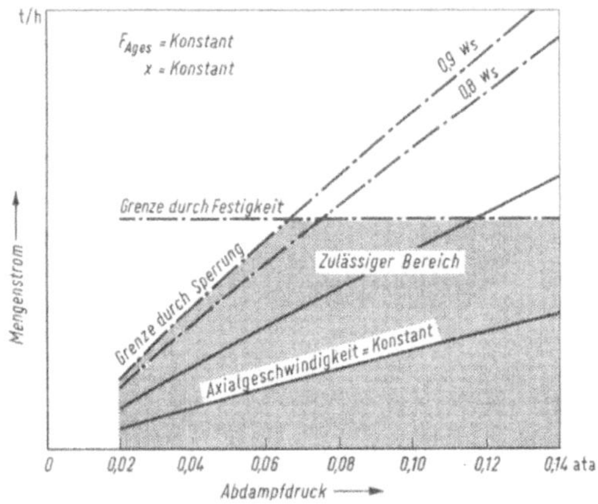

Abb. 17. Prinzipieller Zusammenhang zwischen Mengenstrom in der Endstufe und Abdampfdruck. Grenzen der Schluckfähigkeit

Es besteht noch die Möglichkeit, Gefällegewinn auszunützen oder bei fest gegebenem Vakuum die Verluste zu verringern durch strömungstechnisch günstige Formgebung der Abdampfführung in den Kondensator. Wird nämlich durch allmähliche Verzögerung wie in einem Diffusor die Austrittsgeschwindigkeit ohne starke Verwirbelung und Verluste in Druck umgesetzt, so rückt der Druck hinter der Beschaufelung näher an den Kondensatordruck heran und vergrößert so das in der Turbine verfügbare Gefälle um V_A'' (Abb. 18).

Je mehr sich die absolute Austrittsgeschwindigkeit c_2 der Schallgeschwindigkeit nähert, desto geringer sind die Gewinnmöglichkeiten durch günstige Abströmung, bis sie bei Erreichen dieser Grenze ganz verschwinden.

In Abb. 18 ist der Zustandsverlauf des Dampfes hinter der Beschaufelung schematisch dargestellt.

Aus der Austrittskante der letzten Laufschaufelreihe (Index 2) tritt der Dampf mit dem statischen Druck p_{hB}, einer relativen Geschwindigkeit w_2 (von rd. 380 m/s) und einer absoluten Geschwindigkeit c_2 (von rd. 265 m/s) in den Abdampfstutzen ein. Durch Vermischen mit dem Spaltdampf und Aufheizung durch Verwirbelung an der hinteren Trommelstirnwand tritt eine isobare Enthalpieerhöhung auf i_3 ein.

Die gesamte kinetische Austrittsenergie $V_A = A \cdot c_2^2/2g$ (hier rd. 8,4 kcal/kg) führt, im *is*-Diagramm aufgetragen, auf den Punkt *3'* und damit auf die Isobare des theoretischen Gesamtdruckes hinter der Beschaufelung $p_{ges} = p_{stat} + p_{dyn}$.

Die Austrittsgeschwindigkeit c_2 bzw. der Austrittsverlust V_A wird jedoch nicht verlustlos in Druck umgeformt. Man kann sich die mit Verlusten behaftete Umsetzung in drei Schritten vollzogen vorstellen:

Von Zustand *3* auf Zustand *3a* erfolgt eine isobare Aufheizung durch Verwirbelung eines Teiles der gesamten Austrittsenergie V_A. Dieser Anteil beträgt

$$V_A' = (1 - \eta)^2 \cdot V_A \,. \tag{44}$$

Vom Zustand *3a* erfolgt die verlustlose Umsetzung eines weiteren Teiles der gesamten Austrittsenergie in Druck:

$$V_A'' = \eta^2 \cdot V_A \,. \tag{45}$$

Dieser Zustandspunkt *3b* liegt auf der Isobare des Gesamtdruckes hinter der Beschaufelung.

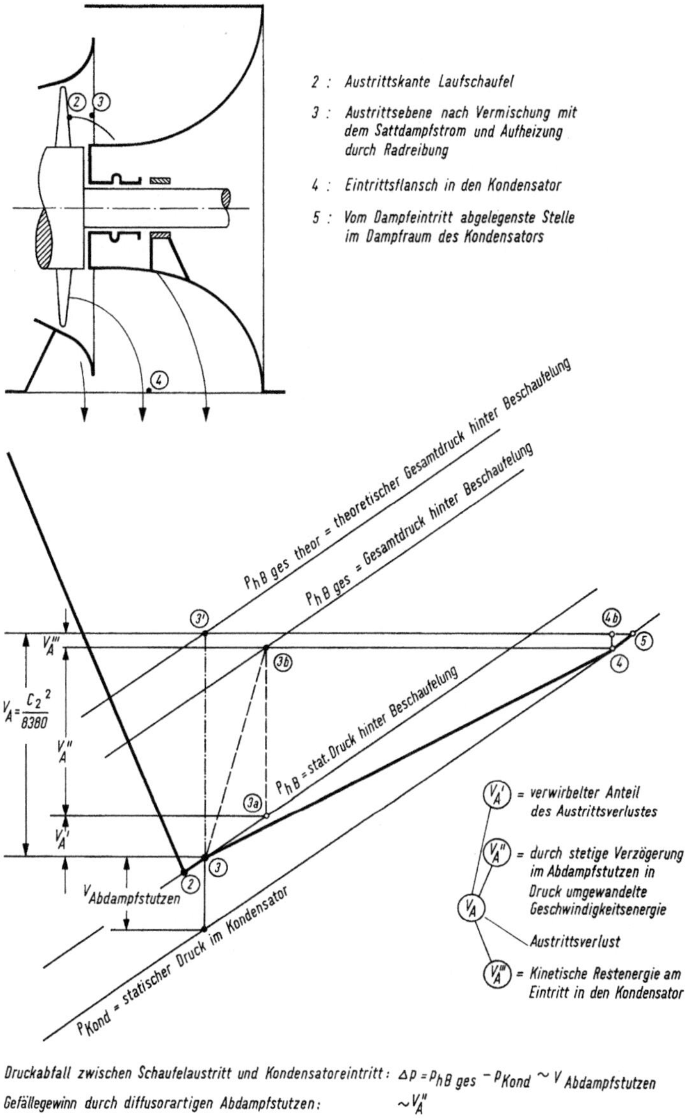

Abb. 18. Zustandsverlauf des Dampfes zwischen Endstufe und Kondensator

Von hier erfolgt durch den unvermeidlichen Druckverlust der Strömung zwischen Schaufelaustritt und Kondensatoreintritt eine Drosselung auf den Kondensatordruck und somit auf den Zustandspunkt *4*.

Der für die einzelnen Stromfäden sehr unterschiedliche Verlauf der Zustandsänderungen führt, auf diese Weise über den ganzen Querschnitt integriert, von Zustand *3* auf den Zustand *4* am Kondensatoreintritt. Hier herrscht durch die Querschnittszunahme eine Geschwindigkeit c_4 (von rd. 100 m/s), entsprechend einem Gehalt an kinetischer Energie von

$$V_A''' = \frac{A \cdot c_4^2}{2g} \quad \text{(hier rd. 1,2 kcal/kg)}\,. \tag{46}$$

Diese kinetische Restenergie V_A''' wird im Kondensator verwirbelt und damit der Zustandspunkt *5* erreicht, von dem ausgehend der Dampf gekühlt und niedergeschlagen wird.

Der Gefällegewinn durch günstige Ausbildung des Abdampfstutzens entspricht dem Betrage V_A''.

Bei strömungstechnisch schlechterer Gestaltung der Abdampfführung wäre nämlich auch dieser Anteil des Austrittsverlustes ebenso wie V_A' verwirbelt worden, und bei festliegendem Kondensatordruck p_{kond} sowie ebenfalls gegebenem Druckabfall $p = p_{h\,B\text{ges}} - p_{\text{kond}}$ würde das Turbinen-Nutzgefälle durch eine höher liegende Isobare abgeschnitten.

V_{We} Wellendichtungsverlust in mkp/kg

Durch die Labyrinthe der Wellendichtungen und die des Ausgleichskolbens fließen Dampfmengen, die teilweise ganz verloren gehen oder bei der Expansion keine Arbeit an die Welle abgeben. Sie sind abhängig von der Spaltgröße, die aber wieder durch die Wellendurchbiegung und das notwendige Lagerspiel begrenzt ist. Berücksichtigt wird der Verlust dadurch, daß die Mengen in die Berechnung der inneren Arbeit L_i eingehen.

Die Labyrinthe der Wellendichtungen und Ausgleichskolben werden von Dampf durchströmt, der dem Radraum entnommen wird. Nach Durchströmung von Labyrinthen wird

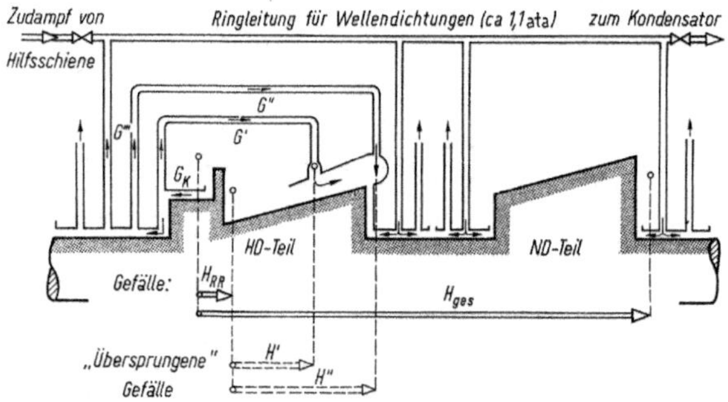

Abb. 19. Verbindungsleitungen zwischen den Wellendichtungen einer Turbine ohne Zwischenüberhitzung

er teilweise einer niedrigeren Stufe zugeführt, teilweise wird er kondensiert oder entweicht ins Freie. Ein Beispiel für ein solches System zeigt Abb. 19. Die verschiedenen Dampfmengen lassen sich für die meist üblichen Labyrinth-Anordnungen mit folgender Formel ermitteln:

$$G_{Sp} = f_{Sp} \cdot \Phi \sqrt{\frac{p_1}{v_1} \cdot g} \tag{47}$$

mit

- G_{Sp} Durchflußmenge durch die Spalten des Labyrinths in kg/s,
- f_{Sp} freie Spaltfläche in m²,
- p_1 Eintrittsdruck am Labyrinth in kp/m²,
- v_1 Eintrittsvolumen am Labyrinth in m³/kg,
- Φ Durchflußfaktor für übliche Labyrinthe mit z Spalten nach Abb. 20.

Der Durchmesser des Ausgleichskolbens wird vorerst angenommen und nach Durchrechnung der Stufen entsprechend den tatsächlich zu erwartenden Längskräften korrigiert (siehe auch Abschn. III c 4, S. 37).

μ Rückgewinn

Durch die Divergenz der Isobaren im *is*-Diagramm ist die Summe der einzelnen isentropen Stufengefälle größer als das isentrope Gesamtgefälle der Turbine, was durch den Rück-

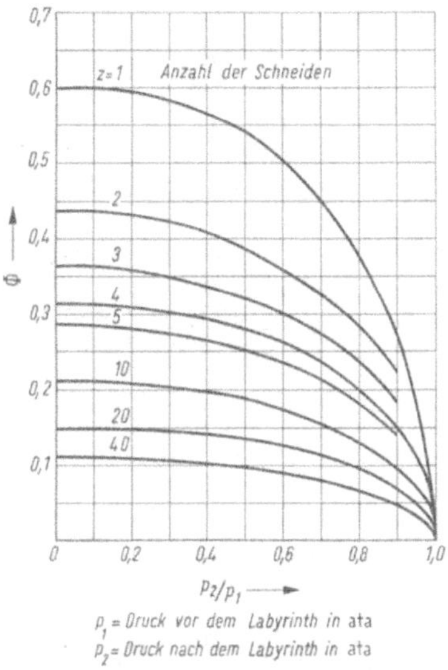

Abb. 20. Durchflußfaktor von Labyrinthen

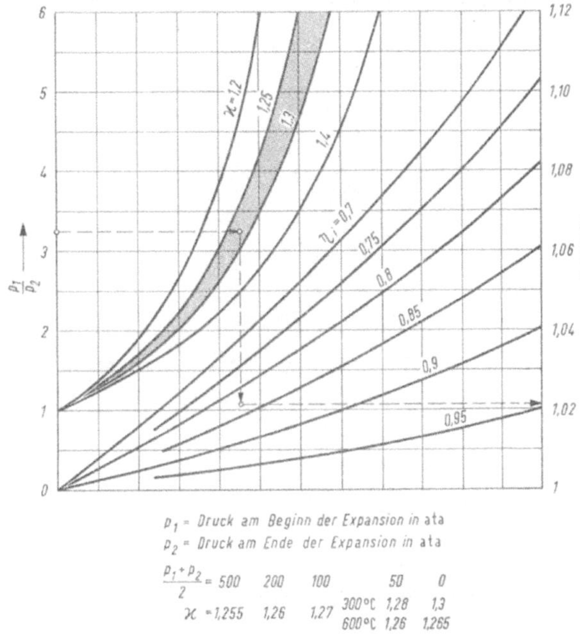

Abb. 21. Diagramm zur Bestimmung des Rückgewinnfaktors für unendlich viele Stufen

gewinnfaktor berücksichtigt werden kann. Je mehr Stufen für ein bestimmtes Gesamtgefälle vorgesehen sind, desto höher ist der Rückgewinn. In Abb. 21 ist der Rückgewinnfaktor für unendlich viele Stufen angegeben.

b) Wirkungsgrade von Turbinenanlagen

1. Definition der verschiedenen Prozeßwirkungsgrade

Nehmen wir an, eine Turbine mit Zwischenüberhitzung hätte den in Abb. 22 dargestellten idealisierten Zustandsverlauf. Von außen müßte dann pro kg Zudampf folgende Wärmemenge zugeführt werden:

$$W = (i_Z - i_{Sp}) + \gamma_{\ddot{U}} \cdot (i_{\ddot{U}h} - i_{\ddot{U}k}) \tag{48}$$

mit

- W der Turbine zugeführte Wärmemenge in kcal/kg,
- i_Z Enthalpie des Zudampfes in kcal/kg,
- i_{Sp} Enthalpie des Kesselspeisewassers in kcal/kg, entspricht der Vorwärmendtemperatur,
- $i_{\ddot{U}k}$ Enthalpie des Dampfes vor der Zwischenüberhitzung in kcal/kg, entspricht dem Austrittszustand aus dem ersten Gehäuse,

$i_{\ddot{U}h}$ Enthalpie des Dampfes nach der Zwischenüberhitzung in kcal/kg, entspricht dem Eintrittszustand in das zweite Gehäuse,
$\gamma_{\ddot{U}} = G_{\ddot{U}}/G_Z$ Anteil der Zwischenüberhitzungsdampfmenge an der Zudampfmenge,
G_Z Zudampfmenge in kg/s,
$G_{\ddot{U}}$ durch den Zwischenüberhitzer strömende Dampfmenge in kg/s.

Von der Zudampfmenge G_Z werden im Laufe der Entspannung die Anzapfmengen G_1, $G_2, \ldots G_n$ abgezweigt entsprechend den Anteilen $\gamma_1 = G_1/G_Z$, $\gamma_2 = G_2/G_Z, \ldots \gamma_n = G_n/G_Z$. Zwischen den Anzapfungen fließen die Mengen G_{12}, $G_{23}, \ldots G_{n\,(n+1)}$, beziehungsweise die

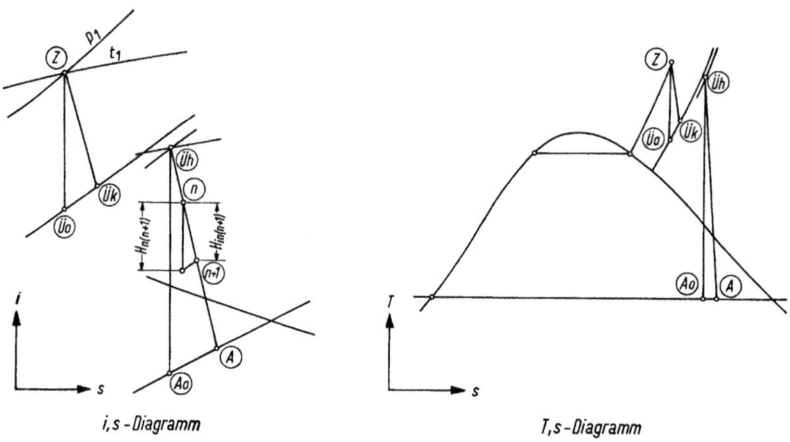

Abb. 22. Expansionsverlauf in einer Turbine mit Zwischenüberhitzung, dargestellt im *is*- und *Ts*-Diagramm

Anteile $\gamma_{12} = G_{12}/G_Z$, $\gamma_{23} = G_{23}/G_Z, \ldots \gamma_{n\,(n+1)} = G_{n\,(n+1)}/G_Z$. Dabei müßten die Beziehungen bestehen $G_{12} = G_Z - G_1$, $G_{23} = G_Z - G_1 - G_2$ usw. Dies stimmt jedoch nicht genau, weil für Wellendichtungen und Ausgleichskolben Dampfmengen benötigt werden, die entweder einer späteren Anzapfung wieder zugeführt werden oder ins Freie entweichen. Es sei nun angenommen, daß in den Mengen alle diese Abweichungen schon berücksichtigt sind und daß für die Festlegung der Expansionslinie alle Verluste einschließlich Auslaßverlust schon berücksichtigt wurden. Dann beträgt die innere Arbeit der Turbine, bezogen auf 1 kg Zudampf

$$L_i = H_{i01} + \gamma_{12} \cdot H_{i12} + \gamma_{23} \cdot H_{i23} + \cdots \gamma_{n(n+1)} \cdot H_{in(n+1)} \tag{49}$$

mit

L_i innere Arbeit der Turbine in mkp/kg,
$\gamma_{n(n+1)}$ zwischen den Anzapfungen n und $(n+1)$ strömender Anteil der Zudampfmenge,
$H_{in(n+1)}$ polytropes Gefälle zwischen der Anzapfung n und $(n+1)$ in kcal/kg.

Theoretisch könnte man mit der Turbine bei isentroper Entspannung pro kg Zudampf folgende Arbeit erhalten:

$$L_0 = (i_z - i_{\ddot{U}0}) + (i_{\ddot{U}h} - i_{A0}) = H_{01} + H_{12} + \cdots H_{n(n+1)} = H \tag{50}$$

mit

L_0 theoretische Arbeit bei isentroper Entspannung in kcal/kg,
$i_{\ddot{U}0}$ Enthalpie des Dampfes nach isentroper Entspannung auf den Eintrittsdruck des Zwischenüberhitzers in kcal/kg,
i_{A0} Enthalpie des Dampfes nach isentroper Entspannung vom Austrittsdruck des Zwischenüberhitzers auf den Kondensatordruck in kcal/kg,
H isentropes Gesamtgefälle in kcal/kg.

Mit Hilfe der Begriffe aus Gl. (48), (49) und (50) werden die thermischen Wirkungsgrade des Prozesses folgendermaßen definiert:

$$\eta_{th0} = \frac{L_0}{W} = \frac{H}{W} \tag{51}$$

mit

η_{th0} theoretischer thermischer Wirkungsgrad der Turbine,

$$\eta_{thi} = \frac{L_i}{W} \tag{52}$$

mit

η_{thi} theoretischer innerer Wirkungsgrad der Turbine;

daraus bildet man auch

$$\eta_G = \frac{L_i}{L_0} = \frac{L_i}{H} = \frac{\eta_{thi}}{\eta_{th0}} \tag{53}$$

mit

η_G Gütegrad der Turbine.

Durch die Bezugnahme auf von außen zugeführte Wärme sind die unvermeidlichen Prozeßverluste (Wärmeverlust an das Kühlwasser des Kondensators) berücksichtigt. Abb. 23 zeigt die Zusammenhänge, und mit Berücksichtigung der folgenden Einflüsse läßt sich der Gesamtwirkungsgrad der Anlage bestimmen.

Von der dem Kessel zugeführten Brennstoffwärme bis zu der an den Oberspannungsklemmen des Maschinenumspanners abgegebenen Nutzarbeit ergibt sich somit ein thermischer Gesamtwirkungsgrad von

$$\eta_{thGes} = \eta_K \cdot \eta_L \cdot \eta_{thi} \cdot \eta_m \cdot \eta_{Gen} \cdot \eta_E = \eta_K \cdot \eta_L \cdot \eta_{th0} \cdot \eta_G \cdot \eta_m \cdot \eta_{Gen} \cdot \eta_E \tag{54}$$

mit

η_m mechanischer Wirkungsgrad der Turbine,
η_K Kesselwirkungsgrad,
η_L Rohrleitungswirkungsgrad,
η_{Gen} Generatorwirkungsgrad,
η_E Eigenbedarfswirkungsgrad einschließlich der Verluste des Maschinenumspanners.

2. Definition der Turbinenwirkungsgrade

Schon bei der Definition der inneren Stufenwirkungsgrade nach Gl. (17), (18) und (19) wurde festgestellt, daß es verschiedene Möglichkeiten gibt und daß man bei Vergleichen sorgfältig darauf achten muß, dieselbe Definition zu verwenden. Zuerst soll der innere Turbinenwirkungsgrad gleich dem Gütegrad nach Gl. (53) festgelegt werden. Im Nenner steht dort die Arbeit einer idealen Turbine ohne Entnahmen bei isentroper Entspannung, während im Zähler die verschiedenen Entnahmemengen und die polytrope Entspannung berücksichtigt werden. Also

$$\eta_i = \frac{L_i}{H} = \frac{\Sigma \gamma_{n(n+1)} \cdot H_{in(n+1)}}{H} \tag{55}$$

mit

η_i innerer Wirkungsgrad der Turbine.

Diese Festlegung ist zweckmäßig in allen Fällen, wo der Prozeßwirkungsgrad nach Gl. (54) bestimmt werden soll in Zusammenhang mit den thermischen Wirkungsgraden nach Gl. (51) und (52).

Zur Beurteilung der inneren Vorgänge in der Turbine ist es offenbar am einfachsten, das polytrope und das isentrope Gesamtgefälle ins Verhältnis zu setzen:

$$\eta_i'' = \frac{\Sigma H_{in(n+1)}}{H} \tag{56}$$

mit

η_i'' strömungstechnischer innerer Wirkungsgrad der Turbine.

Damit erhält man eine Kennzahl für die strömungstechnische Qualität einer Maschine, und man verwendet sie, um den Zustandsverlauf im *is*-Diagramm vorausberechnen zu können und Näherungswerte für die Zustandsgrößen an den Anzapfstellen zu erhalten.

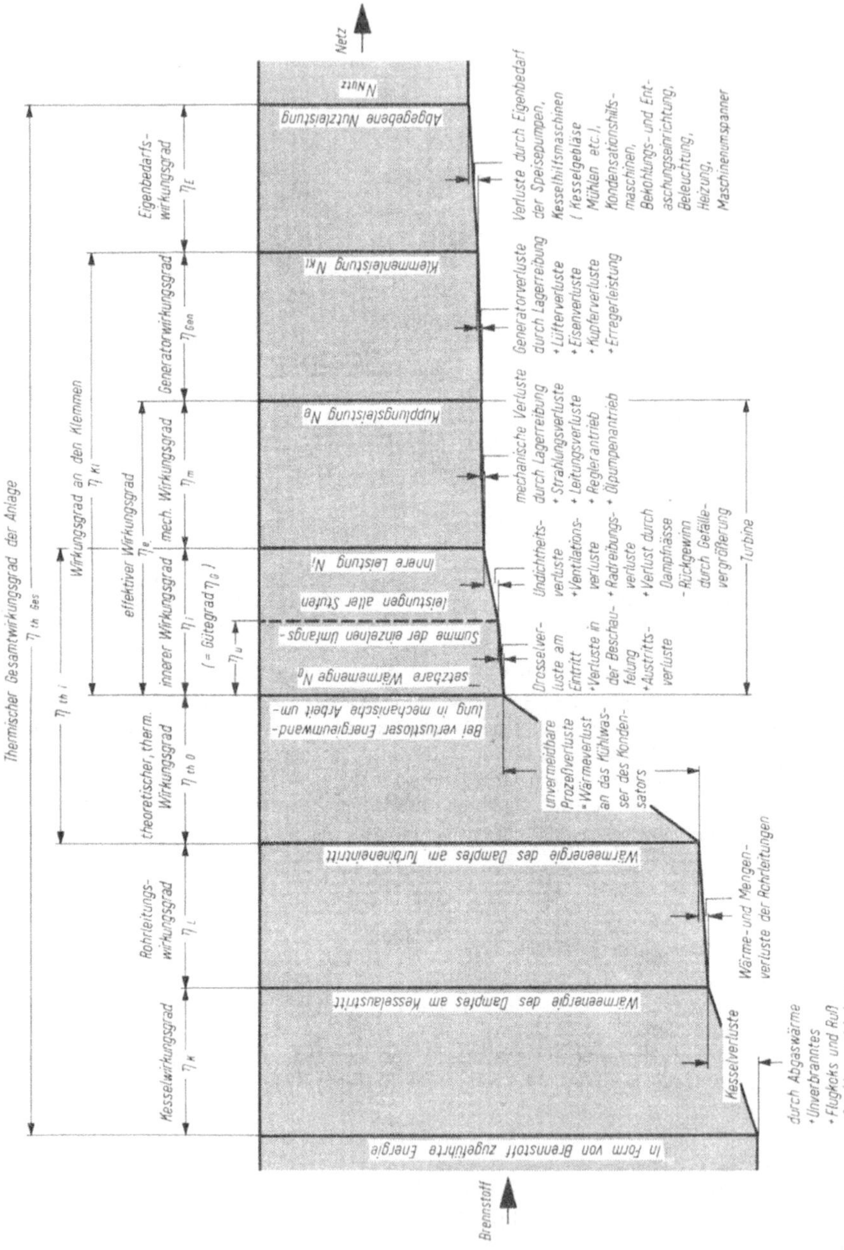

Abb. 23. Wirkungsgrade einer Dampfkraftanlage

Diese Betrachtungsweise gestattet jedoch keine Berücksichtigung der Anzapfmengen. Deshalb soll für eine andere Definition im Zähler die tatsächliche innere Arbeit L_i stehen, während im Nenner die Arbeit der Dampfmengen stehen soll, die sich bei einer isentrop arbeitenden Maschine ergeben würden:

$$\eta_{ie} = \frac{L_i}{\Sigma \gamma_{0n} \cdot H_{n(n+1)}} \tag{57}$$

mit

η_{ie} energetischer innerer Wirkungsgrad der Turbine,
$\gamma_{0n} = G_{0n}/G_Z$ Anteil der Zudampfmenge, der bei isentroper Entspannung durch den entsprechenden Turbinenteil fließen würde,
$H_{n(n+1)}$ isentropes Gefälle zwischen den Entnahmen n und $(n+1)$ in kcal/kg.

Dieser innere Wirkungsgrad hat eine unmittelbare energetische Bedeutung, aber den Nachteil, daß die Anzapfmengen bei gleichem Entnahmedruck in der wirklichen und der idealen Maschine verschieden ausfallen. Man vermeidet diesen Nachteil, indem man die Summe der inneren Arbeit der Turbine und der aus den Anzapfmengen theoretisch gewinnbaren Arbeiten der wirklichen und idealen Maschine vergleicht. Im Nenner ergibt sich dann gerade das Gesamtgefälle H wie bei den Definitionen nach Gl. (55) und (56):

$$\eta_{ith} = \frac{L_i + \Sigma \gamma_n \cdot H_{nA}}{H} \tag{58}$$

mit

η_{ith} thermodynamischer innerer Wirkungsgrad der Turbine,
$\gamma_n = G_n/G_Z$ Anteil der Anzapfmengen an der Zudampfmenge,
H_{nA} isentropes Gefälle von der Anzapfung bis zum Kondensatordruck in kcal/kg.

Damit erhält man ein einwandfreies Kriterium für die thermodynamische Hochwertigkeit der Turbine. Die Definitionen (57) und (58) können auch beibehalten werden, wenn die Turbine z.B. mit Wasserabscheidevorrichtungen zwischen einzelnen Stufen versehen ist und die dadurch bewirkte Entfeuchtung im *is*-Diagramm berücksichtigt wird. Die einzelnen Abschnitte H_n müssen nicht aneinander anschließen, sondern der Austrittszustand des vorausgehenden Abschnittes kann verschieden sein von dem Eintrittszustand des nächstfolgenden Abschnittes.

Zur Bestimmung der an der Kupplung der Turbine abgegebenen Leistung müssen die mechanischen Verluste berücksichtigt werden, und man erhält

$$\eta_e = \eta_i \cdot \eta_m \tag{59}$$

mit

η_e effektiver oder Kupplungswirkungsgrad der Turbine.

Sehr gebräuchlich ist auch der auf die Leistung an den Generatorklemmen bezogene Wirkungsgrad

$$\eta_{Kl} = \eta_e \cdot \eta_{Gen} = \eta_i \cdot \eta_m \cdot \eta_{Gen} \tag{60}$$

mit

η_{Kl} Klemmenwirkungsgrad der Turbine.

3. Anhaltswerte für Turbinenwirkungsgrade

Die Zahl der den Wirkungsgrad einer Dampfturbine beeinflussenden Größen ist derart groß, daß bei Neuentwürfen zunächst Erfahrungswerte ausgeführter gleicher oder ähnlicher Maschinen herangezogen werden. Auf diesen Werten aufbauend kann man unter Verwertung von Meßergebnissen an Versuchseinheiten und Einzelstufen einen neuen Wert ermitteln, der den wärmetechnischen und konstruktiven Gegebenheiten des neuen Entwurfs Rechnung trägt.

Bei der Durchrechnung der Anlage mit dem so ermittelten Wirkungsgrad erhält man ein genaues Bild über den Aufbau der Turbine, insbesondere der Beschaufelung, so daß man nunmehr die Einzelverluste berechnen kann. Ein Vergleich des sich hierbei ergebenden Wirkungsgrades mit dem ursprünglich angenommenen Wert bestätigt entweder die getroffene Abschätzung oder macht eine neuerliche Durchrechnung notwendig.

In Abb. 24 ist der innere Wirkungsgrad η_i nach Gl. (55) einer Kondensationsturbine ohne Zwischenüberhitzung bei Betrieb im Auslegungspunkt in Abhängigkeit vom stündlichen Eintrittsvolumen dargestellt. Der Austrittsverlust und der Verlust durch Endnässe sind darin nicht berücksichtigt.

Abb. 25 zeigt die Abhängigkeit des effektiven Wirkungsgrades η_e von der MELANschen Kennziffer für HD-Teile von Turbinen mit Zwischenüberhitzung. Die entsprechenden

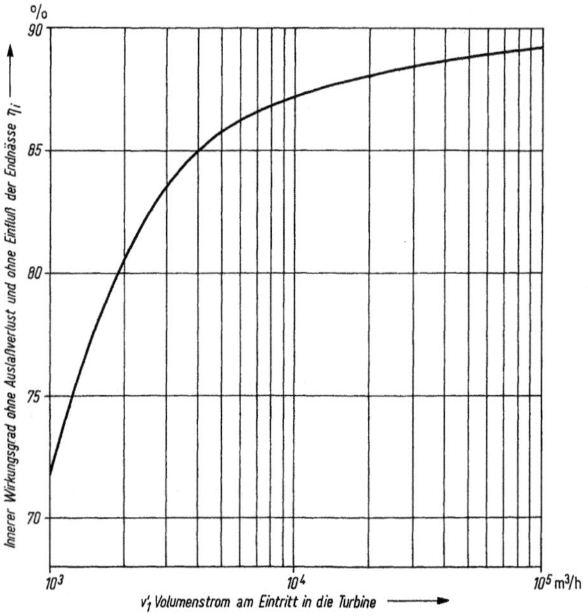

Abb. 24. Innerer Wirkungsgrad von Kondensationsturbinen nach SCHÄFF

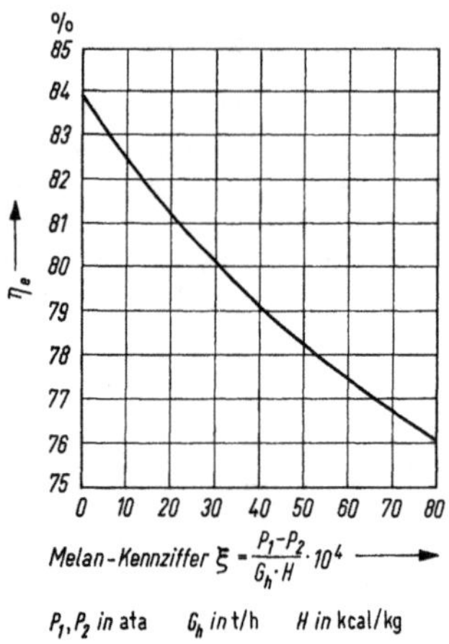

Abb. 25. Kupplungswirkungsgrad von Gegendruckturbinen nach MELAN

Werte für den MD- und ND-Teil erhält man aus Abb. 24 unter Berücksichtigung des mechanischen Wirkungsgrades η_m, wofür folgende Anhaltswerte angenommen werden können:

Maschinenleistung	20	50	100	200	MW
η_m ungefähr	99,6	99,8	99,82	99,84	%

Die so ermittelten Wirkungsgrade gelten lediglich für den Betrieb der Maschine im Auslegungspunkt, d.h. mit den Zudampfdaten sowie dem Dampfdurchsatz, welche der Berechnung zugrunde gelegt wurden.

Für den Betrieb mit davon abweichenden Leistungen rechnet man mit Überlast- bzw. Teillastzuschlägen.

c) Betriebsverhalten

1. Vergleich mit den Garantiedaten

Die Strömungskanäle einer Dampfturbine und damit die Schaufelformen, Winkel und Schaufellängen sind für den Auslegungs- oder Bestpunkt bemessen, entsprechend einer bestimmten Generatorleistung bei einem festgelegten Leistungsfaktor. Für das Arbeitsmedium sind Zudampfzustand, Zustand nach Zwischenüberhitzung und Gegendruck (bestimmt durch Kühlwassertemperatur und -menge) sowie Vorwärmendtemperatur Basis der Berechnung. Unter Voraussetzung dieser Bedingungen wird ein Wärmeverbrauch garantiert, dessen Definition gewöhnlich vertraglich festgelegt wird, z. B. nach folgender Formel:

$$w = \frac{G_Z\,(i_Z - i_{Sp}) + G_Ü\,(i_{Üh} - i_{Ük})}{N_{Kl}} \tag{61}$$

mit

- w Wärmeverbrauch in kcal/kWh,
- G_Z Zudampfmenge in kg/h,
- $G_Ü$ Dampfmenge durch den Zwischenüberhitzer in kg/h,
- i_Z Enthalpie des Zudampfes in kcal/kg,
- i_{Sp} Enthalpie des Kesselspeisewassers in kcal/kg,
- $i_{Üh}$ Enthalpie des zwischenüberhitzten Dampfes in kcal/kg,
- $i_{Ük}$ Enthalpie des Dampfes zum Zwischenüberhitzer in kcal/kg,
- N_{Kl} Klemmenleistung des Generators in kW.

Es ist üblich, diese Werte bei „ausgesteuerten Ventilpunkten" zu garantieren, d. h. jedes Stellventil der Turbine ist entweder voll offen oder voll geschlossen. Da in diesem Falle nicht immer die Leistungen der Garantiepunkte gefahren werden können, werden Abweichungen in einem festgelegten Bereich zugelassen.

Im Betrieb und bei den Abnahmeversuchen ist es nicht möglich, die Anlage genau nach den Garantiezuständen einzuregeln, weshalb für den Vergleich der gemessenen und der garantierten Werte Umrechnungskurven vereinbart werden, beispielsweise für die folgenden Parameter:

Zudampfdruck,
Zudampftemperatur,
Zwischenüberhitzungstemperatur (hängt vom Kessel ab),
Vorwärmendtemperatur (= Speisewasserendtemperatur),
Kühlwassertemperatur oder Gegendruck (entspricht selten der Auslegung, da durch Klima bedingt),
Druckverlust im Zwischenüberhitzer,
Einspritzwassermenge in den Zwischenüberhitzer,
Zusatzwassermenge.

Die Umrechnungskurven berücksichtigen nicht nur die Änderung des Gefälles in der Turbine, sondern auch die Änderungen des Turbinenwirkungsgrades und der Entnahmemengen durch veränderte Aufwärmspannen.

Will man von den Garantiedaten auf die Betriebsdaten schließen, so muß berücksichtigt werden, daß normalerweise ein Stellventil in gedrosselter Stellung steht, da die geforderte Leistung nicht immer mit einem Ventilpunkt übereinstimmt. Außerdem müssen sämtliche Abweichungen des Wärmeverbrauches nach den Umrechnungskurven addiert werden, um den Wert im Betrieb bei neuer sauberer Maschine zu erhalten. Abnutzungen, z. B. durch Erosion und Salzablagerungen, verschlechtern die Garantiewerte noch zusätzlich. Auch die Aufwärmung des Zusatzwassers muß berücksichtigt werden und gegebenenfalls Hilfsdampf, der dem Kreislauf entnommen wird.

2. Die Stufe im Betrieb

Bei Teilbelastung des Turbosatzes verschiebt sich der Druckverlauf in den Stufen. Die Regelstufe verarbeitet ein größeres Gefälle, und die Zuströmungen an den einzelnen Stufen ändern sich sowohl der Größe als auch der Richtung nach. Gegenüber der günstigsten Anströmung werden zusätzliche Verluste auftreten, die theoretisch nicht exakt berechnet werden können und heute aus Meßergebnissen an Schaufelgittern hergeleitet werden.

Die Vorgänge sind kompliziert und deshalb einer Rechnung schwer zugänglich. Um dies zu veranschaulichen, wollen wir eine Stufe ohne erweiterten Leit- und Laufschaufelkanal betrachten, bei der der Austrittsdruck abgesenkt wird:

Zuerst steigt die Austrittsgeschwindigkeit aus dem Leitrad c_1, bis am Eintritt des Leitrades c_0 die Schallgeschwindigkeit erreicht hat.

Sinkt der Austrittsdruck weiter, so bleibt die Durchsatzmenge am Eintritt des Leitrades unverändert, bis unter zunehmender Strahlablenkung am Austritt des Leitrades die Schallgeschwindigkeit erreicht wird.

Ein weiteres Absenken des Druckes ändert dann an den Verhältnissen von c_0 und c_1 nichts mehr. Es tritt nur eine weitere Strahlablenkung nach Austritt aus dem Leitrad auf.

Tritt in mehreren hintereinander geschalteten Stufen an keiner Stelle Schallgeschwindigkeit auf, so pflanzt sich eine Absenkung des Enddruckes durch die einzelnen Stufen unter Erhöhung der Durchflußgeschwindigkeit nach vorn hin fort. Ist aber in einem engsten Querschnitt eines Leit- oder Laufrades die Schallgeschwindigkeit erreicht, so bleiben auch bei weiterer Absenkung des Enddruckes der Druck, die Geschwindigkeit und die Durchflußmenge an dieser Stelle und in allen vorausgehenden Stufen unverändert.

3. Die Turbine im Betrieb

Ist eine Turbine im Auslegungspunkt für eine bestimmte Durchflußmenge mit entsprechendem Druckverlauf festgelegt, so werden sich die Parameter gegenseitig beeinflussen, wenn der Druck oder die Menge verändert wird. Aus der Erfahrung wurde das sog. „Kegelgesetz" ermittelt, das in vereinfachter Form lautet:

$$\frac{G'}{G} = \frac{p'_\alpha}{p_\alpha} \cdot \sqrt{\frac{1-(p'_\omega/p'_\alpha)^2}{1-(p_\omega/p_\alpha)^2}} \cdot \sqrt{\frac{T_\alpha}{T'_\alpha}} \tag{62}$$

mit

G	Durchflußmenge in kg/h,
p	Druck in kp/cm²,
T	absolute Temperatur in °K,
Index ′	Wert für Teillast,
Index α	Wert am Anfang der Stufengruppe,
Index ω	Wert am Ende der Stufengruppe,
ohne Index	Auslegungszustand.

Die obige Gleichung gilt unter Voraussetzung eines idealen Gases für vollbeaufschlagte Stufengruppen, wenn an keiner Stelle Schallgeschwindigkeit auftritt und die Drehzahl konstant bleibt.

Für die ganze Turbine mit Ausnahme des Regelrades kann man die Formel anwenden, wenn man annimmt, daß sich die Anzapfmengen proportional mit der Leistung ändern. Der Radkammerzustand muß zuerst vom Austrittsende her berechnet werden und wird dann für die Werte mit Index α eingesetzt.

Bei Kondensationsturbinen ist der Quotient p_ω/p_α vernachlässigbar klein, wodurch sich Gl. (62) weiter vereinfacht zu

$$\frac{G'}{G} = \frac{p'_\alpha}{p_\alpha} \cdot \sqrt{\frac{T_\alpha}{T'_\alpha}}\,. \tag{63}$$

Gewöhnlich sind auch die absoluten Temperaturen ungefähr gleich, so daß man sagen kann, daß sich die Dampfmengen ungefähr proportional mit dem Radkammerdruck ändern. Diese Beziehung verwendet man auch für Überschlagsrechnungen an Maschinen ohne Regelstufe, die mit Gleitdruck gefahren werden.

4. Schubverhältnisse

Durch die geänderte Druckverteilung in der Turbine bei vom Auslegungspunkt abweichenden Betriebsverhältnissen wird sich auch die Schubkraft in Längsrichtung der Welle ändern. Es genügt deshalb nicht, den Schub nur für einen Fall zu berechnen. Welche Einflüsse von Bedeutung sind, läßt sich anhand von Näherungsformeln zeigen. In Abb. 26 ist das Beispiel eines Laufrades dargestellt mit der für die Impulsbetrachtung gültigen gestrichelten Kontrollfläche. Vor dem Laufrad möge der Druck p_1 und nach dem Laufrad der Druck p_2 herrschen. In Wirklichkeit sind die Drücke in den verschiedenen Durchmessern nicht gleich, denn durch die Ejektorwirkung des Dampfstrahles im Bereich der Laufschaufel ist es möglich, daß in der Nähe der Labyrinthe vor dem Laufrad niedrigere Drücke herrschen als an den anderen Stellen. Für unsere prinzipielle Betrachtung ist jedoch die Annahme gleichen Druckes vertretbar und vorteilhaft. Der Schub eines Laufrades ergibt sich dann aus dem Druck p_1 multipliziert mit der Fläche zwischen D_S und D_{W1} abzüglich Gegendruck p_2 multipliziert mit der Fläche zwischen D_S und D_{W2}. Hinzu kommt noch die Differenz zwischen den eintretenden und austretenden Impulsen der Laufschaufel.

$$S_n = \frac{\pi}{4}\left[(D_S^2 - D_{W1}^2)\cdot p_1 - (D_S^2 - D_{W2}^2)\cdot p_2 + \frac{c_{n1}}{g\cdot v_1}(D_{S1}^2 - D_{N1}^2) - \frac{c_{n2}}{g\cdot v_2}(D_{S2}^2 - D_{N2}^2)\right] \quad (64)$$

mit

S_n Schub einer Einzelstufe in kp,
D Durchmesser nach Abb. 26 in m,
p_1 Druck vor der Laufschaufel in kp/m²,
p_2 Druck nach der Laufschaufel in kp/m²,
c_{n1} Axialkomponente der absoluten Eintrittsgeschwindigkeit in das Laufrad in m/s,
c_{n2} Axialkomponente der absoluten Austrittsgeschwindigkeit aus dem Laufrad in m/s,
v_1 spezifisches Volumen am Laufradeintritt in m³/kg,
v_2 spezifisches Volumen am Laufradaustritt in m³/kg,
$g = 9{,}81$ m/s².

Bei Gleichdruckbeschaufelungen ist p_1 und p_2 ungefähr gleich, wodurch sich die ersten beiden Klammerausdrücke gegenseitig aufheben, während bei Überdruckschaufeln c_{n1} und c_{n2} nicht sehr verschieden sind. Es verschwindet dann der Einfluß der beiden anderen

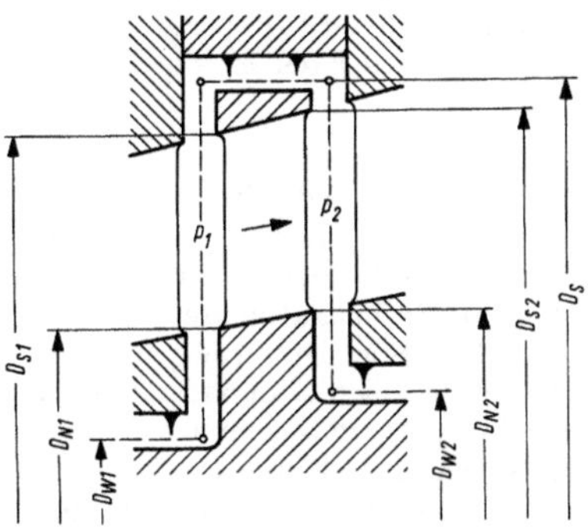

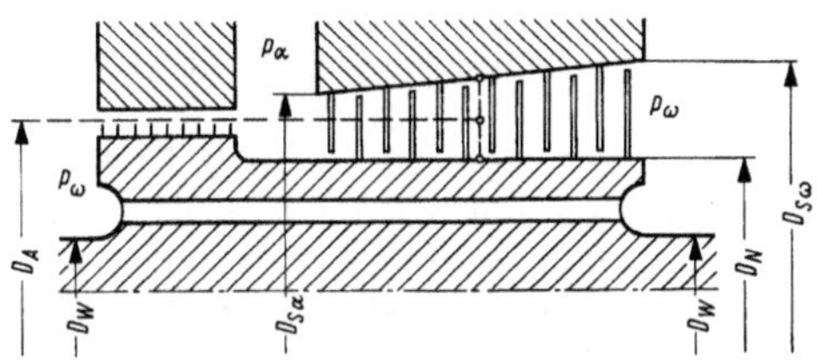

Abb. 27. Beispiel für die Bestimmung des Ausgleichskolbens

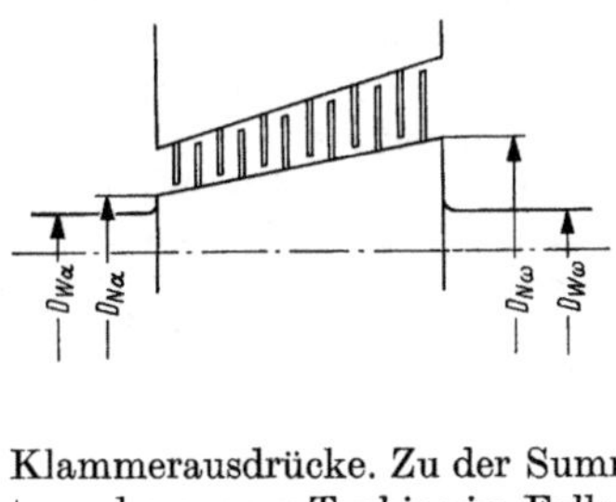

Abb. 26. Beispiel für die Berechnung des Längsschubes

Klammerausdrücke. Zu der Summe aller Einzelschübe der Schaufeln kommt bei Betrachtung der ganzen Turbine im Falle eines Trommelläufers noch der Druck auf die Stirnseiten dazu, so daß man beispielsweise für die in Abb. 26 dargestellte Anordnung schreiben müßte:

$$S = \sum_1^n S_n + \frac{\pi}{4}\left[(D_{N\alpha}^2 - D_{W\alpha}^2)\cdot p_\alpha - (D_{N\omega}^2 - D_{W\omega}^2)\cdot p_\omega\right] \quad (65)$$

mit

S Gesamtschub in kp,
D Durchmesser nach Abb. 26 in m,
p_α Druck vor der Beschaufelung in kp/m²,
p_ω Druck nach der Beschaufelung in kp/m²,
S_n Schub einer Stufe nach Gl. (64) in kp.

Solche Beziehungen ermöglichen die Berechnung der Längslager und der Ausgleichskolben. So würde die in Abb. 27 dargestellte Ausführung mit den vereinfachenden Annahmen $D_{W\alpha} = D_{W\omega} = D_W$ und $D_{N\alpha} = D_{N\omega} = D_N$ bei einem Trommelläufer mit Druckausgleich zwischen den beiden Stirnseiten der Trommel eine sehr einfache Formel zur Ermittlung des Ausgleichskolbens ergeben. Bei 50% Reaktion in der Laufschaufel ergäbe sich ein Gesamtschub von

$$S = \frac{\pi}{4}(p_\alpha - p_\omega)\left\{\frac{1}{2}\left[\left(\frac{D_{S\alpha} + D_{S\omega}}{2}\right)^2 - D_N^2\right] - (D_A^2 - D_N^2)\right\} \tag{66}$$

mit

S Gesamtschub in kp,
D_A Labyrinthspaltdurchmesser des Ausgleichskolbens in m,
D Durchmesser nach Abb. 27 in m,
p_α Druck vor der Beschaufelung in kp/m²,
p_ω Druck nach der Beschaufelung in kp/m².

In den Laufschaufeln wird nur die Hälfte der Druckdifferenz $p_\alpha - p_\omega$ wirken, weil die andere Hälfte von den Leitschaufeln aufgenommen wird. Diese Druckdifferenz kann näherungsweise bezogen werden auf einen mittleren Spitzendurchmesser $(D_{S\alpha} - D_{S\omega})/2$. D_A muß nun so gewählt werden, daß der Gesamtschub verschwindet. Das geschieht offenbar, wenn der Ausdruck in der geschweiften Klammer gleich Null wird. Der Durchmesser des Ausgleichskolbens ergibt sich gleich dem mittleren Durchmesser der mittleren Stufe.

d) Kreisprozeßrechnung

Mit der Entwicklung der Turbinentechnik stieg der Aufwand für die Berechnung der Maschine enorm an. Für größere und höher beanspruchte Turbinen wurden genauere und umständlichere Berechnungsverfahren notwendig. Bei der Lösung von Festigkeits- und Schwingungsproblemen haben sich programmgesteuerte Rechenautomaten mit ihrer sehr hohen Rechengeschwindigkeit und ihrem beträchtlichen Speichervermögen bereits bewährt. Die Lösung thermodynamischer Aufgaben mittels Rechenautomaten setzt die analytische Darstellung der Zustandsgrößen des Wasserdampfes voraus, um sie in den Speicher des Rechenautomaten einzugeben. Da die wärmetechnische Durchrechnung einer Dampfturbine bei Neukonstruktionen auf einigen Annahmen aufbaut, deren Richtigkeit sich erst nach einer Reihe von Rechenoperationen überprüfen läßt und auf diese Weise eine Wiederholung der Rechnung mit korrigierten Eingangsgrößen notwendig macht, ist gerade für diese Aufgaben der Rechenautomat besonders geeignet. Dem Konstrukteur bleibt die monotone Rechenarbeit und das Ablesen im *is*-Diagramm erspart.

Um die vielfältigen Zusammenhänge bei der Durchrechnung einer Dampfturbine aufzuzeigen, sei nachstehend der Rechnungsgang für den Auslegungs- oder Bestpunkt einer Turbine schrittweise dargestellt. Dieses Schema der schrittweisen Berechnung wird gezeigt am Beispiel einer Einwellen-Kondensationsmaschine mit einfacher Zwischenüberhitzung durch Rauchgase. Es kann sinngemäß auch auf andere Maschinen ohne bzw. mit mehrfacher Zwischenüberhitzung angewendet werden.

1. Vorarbeiten

Wahl des Zudampfzustandes und der ZÜ-Temperatur sowie Ermittlung des Kondensatordruckes unter Beachtung der geforderten Maschinenleistung und der speziellen Erfordernisse (Grundlastbetrieb, Spitzendeckung usw.).

Wahl der Endtemperatur des Speisewassers am Austritt aus dem letzten Vorwärmer und Ermittlung des optimalen Zwischendruckes, also des Trenndruckes zwischen HD- und MD-Teilen, Entwurf eines Wärmeschaltbildes.

2. Erste Näherungsrechnung

Ermittlung der Temperatur- und Druckverluste in den Zu- und Ableitungen sowie in den Überleitungen (nach Tabelle 2).

Tabelle 2. *Druckverlust und Temperaturabfall zwischen Kessel und Turbine*

Art der Verbindungsleitung	Anhaltswerte	
	Druckverlust	Temperaturabfall
Kesselaustritt bis Eintritt Hauptabsperr-Schnellschlußventil der Turbine	5 bis 10 at	rd. 5 °C
Austritt HD-Teil bis Eintritt ZÜ	entsprechend 1,3 kcal/kg Gefälleverlust	rd. 3 °C
Im rauchgasbeheizten ZÜ	4 bis 5% des Eintrittsdruckes in den ZÜ	
Austritt ZÜ bis Eintritt MD-Steuerventil	entsprechend 1,7 kcal/kg Gefälleverlust	rd. 5 °C
Austritt MD-Teil bis Eintritt ND-Teil (Überströmung)	rd. 2% des Austrittsdruckes aus dem MD-Teil	entsprechend Druckverlust (Drosselung)
Austrittskante Endschaufel bis Eintritt Kondensator	bei günstigen Abdampfstutzen durch Austrittsenergie gedeckt	

Abschätzen der Wirkungsgrade nach Abb. 24 und 25 unter Einbeziehen des zunächst geschätzten Auslaßverlustes und des Einflusses der Endnässe.

Feststellen des Generator-Wirkungsgrades für den zugrunde gelegten Leistungsfaktor.

Überschlägige Ermittlung des Zudampfbedarfes G_Z und der Kondensationsdampfmenge G_A für Betrieb der Maschine im Auslegungspunkt mit Hilfe der entsprechenden Gleichungen auf S. 137 des Zweiten Bandes:

$$G_Z = \frac{N_{Kl} \cdot 860\,(1 - f_2) \cdot f_1}{\eta_{Gen} \cdot \eta_m \cdot (f_1 \cdot H_{\mathrm{HD}} \cdot \eta_{i\,\mathrm{HD}} + H_{\mathrm{MD+ND}} \cdot \eta_{i\,\mathrm{MD+ND}})} \tag{67}$$

mit

G_Z Zudampfmenge in kg/h,
N_{Kl} Klemmenleistung in kW,
$f_1 = G_Z/G_A$ Verhältnis der Zudampfmenge zur Kondensationsdampfmenge (zu entnehmen aus Abb. 122, S. 138, im Zweiten Band),
$f_2 = N/N_A$ Leistungsanteil der ungesteuerten Anzapfungen an der Gesamtleistung (zu entnehmen aus Abb. 124, S. 139, im Zweiten Band),
H_{HD} isentropes Gefälle im HD-Teil in kcal/kg,
$H_{\mathrm{MD+ND}}$ isentropes Gefälle im MD- und ND-Teil der Turbine, d. h. nach Zwischenüberhitzung, in kcal/kg.

$$G_A = \frac{G_Z}{f_1}\,. \tag{68}$$

mit

G_A Kondensationsdampfmenge in kg/h.

Aufzeichnen des Expansionsverlaufes in der Turbine in ein Mollier-*is*-Diagramm (Abb. 28) unter Beachtung des Zusammenhanges zwischen innerem Gefälle H_i und isentropem Gefälle H jedes Turbinenteiles:

$$H_i = i_1 - i_3 = H \cdot \eta_i \text{ [kcal/kg]}\,. \tag{69}$$

Ablesen der Endnässe bzw. des Dampfgehaltes $x_{2'}$, und des spezifischen Austrittsvolumens $v_{2'}$. Berechnung des Abdampf-Volumenstromes

$$M_s = \frac{G_A \cdot v_{2'}}{3600} \tag{70}$$

mit

M_s Abdampf-Volumenstrom in m³/s, $v_{2'}$ spezifisches Austrittsvolumen in m³/kg.

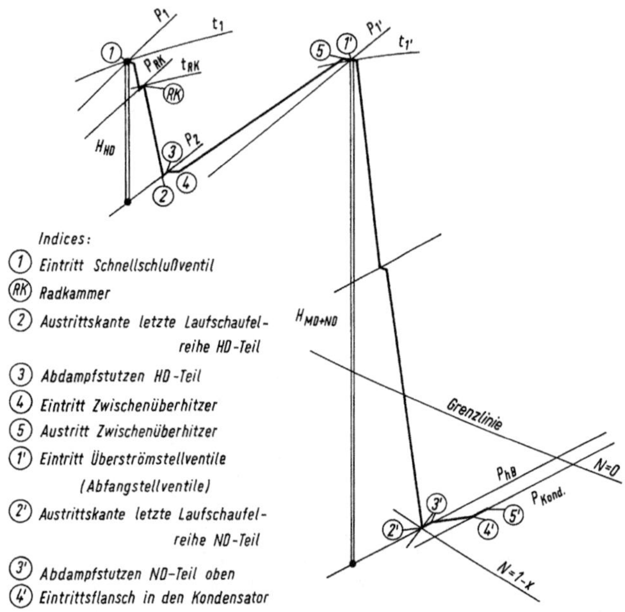

Abb. 28. Expansionsverlauf in einer Turbine mit Zwischenüberhitzung im *is*-Diagramm

Bestimmung der Schallgeschwindigkeit am Austritt aus der letzten Laufschaufelreihe (siehe auch Abb. 15):

$$w_s = \sqrt{g \cdot \varkappa \cdot p_{hB} \cdot v_{2'}} \tag{71}$$

mit

w_s Schallgeschwindigkeit in m/s,
$g = 9{,}81$ m/s²,
$\varkappa = 1{,}035 + 0{,}1 \cdot x_{2'}$,
p_{hB} absoluter Austrittsdruck in kp/m².

Berechnung der erforderlichen Gesamtaustrittsfläche senkrecht zur Maschinenachse:

$$F_{A\,\mathrm{ges}} = \frac{M_s}{(0{,}8 \text{ bis } 0{,}9)\, w_s} \tag{72}$$

mit

$F_{A\,\mathrm{ges}}$ erforderliche Gesamtaustrittsfläche in m² nach Gl. (39).

Auswahl des ND-Teiles der Turbine und der Zahl der Abdampfflüsse anhand der nach Austrittsquerschnitten geordneten Typenliste. Man strebt dabei einen knapp unter w_s liegenden Wert der Austrittsgeschwindigkeit an, um eine gute Füllung des Austrittsquerschnittes zu erreichen. Der Typensprung gestattet dies oft nicht ganz. Es bleibt dann die Möglichkeit, den Austrittsdruck durch andere Auslegung des Kondensators zu verändern.

Dabei ist die Änderung des Wärmeverbrauchs gegenüber der Änderung der Herstellungskosten für Turbine und Kondensationsanlage abzuwägen.

Die Geschwindigkeit in der Dampfableitung zum Kondensator, gemessen in der Ebene des Eintritts, soll unter 120 m/s liegen. Damit ergibt sich der erforderliche Mindestquerschnitt des Abdampfflansches zu

$$F_{AF} = \frac{G_A \cdot v_{4'}}{3600 \cdot c_A} \tag{73}$$

mit

F_{AF} Mindestquerschnitt am Eintritt in den Kondensator in m²,
c_A Dampfgeschwindigkeit am Eintritt in den Kondensator in m/s,
$v_{4'}$ spezifisches Volumen am Eintritt in den Kondensator in m³/kg.

Ermittlung der Anzapfdrücke für den ND-Teil aus den für jede Type gültigen „Druckgleichungen", welche den Anzapfdruck jeder einzelnen Entnahme einer bestimmten weiterfließenden Dampfmenge zuordnen.

Wahl der Turbinen-Modelle für HD- und MD-Teil anhand eines Kataloges bereits ausgeführter Maschinen. Mit der entsprechenden Type liegt der Stufensatz und damit der Durchmesser, die ungefähren Schaufellängen und die Stufenzahlen sowie der wichtige Kennwert Σu^2 bereits in engen Grenzen fest.

Ermittlung der Anzapfdrücke aus HD- und MD-Teil der Turbine in Anpassung an die konstruktiven Möglichkeiten, mit dem Ziele einer gleichen Aufwärmspanne in jeder Stufe der Vorwärmeranlage.

3. Vorwärmrechnung

Aufbauend auf den bisher ermittelten, geprüften und gegebenenfalls korrigierten Werten für die Wirkungsgrade erfolgt nun die im Zweiten Band auf S. 123/35 ausführlich beschriebene Vorwärmrechnung. Als Ergebnis dieses Rechenganges erhält man genauere Werte für den Verlauf von Druck, Temperatur, spezifischem Volumen und Dampfmengen vom Eintritt bis zum Austritt der Turbine (Abb. 29).

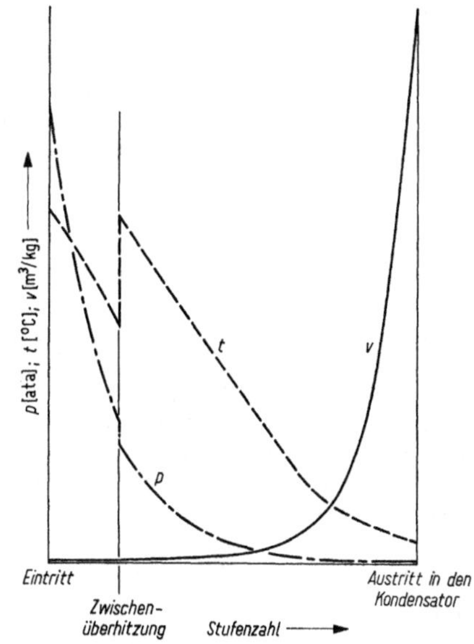

Abb. 29. Verlauf von Druck, Temperatur und spezifischem Volumen in einer Turbine mit Zwischenüberhitzung

4. Durchrechnung der Turbine

Aus den Vorarbeiten haben sich die Dampfzustände an den verschiedenen Stellen der Turbine, besonders an den Anzapfstellen, näherungsweise ergeben. Die Durchrechnung im einzelnen erfolgt nun schrittweise, vom Eintritt beginnend.

Normalerweise ist die Drehzahl der Turbine von vornherein bekannt und bestimmt das Verhältnis der Umfangsgeschwindigkeit zum Durchmesser nach der Beziehung

$$u = \frac{D \cdot \pi \cdot n}{60} \tag{74}$$

mit

u Umfangsgeschwindigkeit in Schaufelmitte in m/s,
D mittlerer Schaufeldurchmesser in m,
n Drehzahl der Turbine in U/min.

Um die Stufencharakteristik anwenden zu können, formen wir die Kontinuitätsgleichung um, indem $c_{n2} = c_2 \cdot \sin \alpha_2$ und die Durchsatzzahl φ nach Gl. (26) in Gl. (23) eingesetzt werden:

$$c_{n2} = \frac{\varphi \cdot u_2}{k_2} = \frac{\varphi}{k_2} \cdot \frac{D \cdot \pi \cdot n}{60} \tag{75}$$

mit

k_2 Durchflußfaktor.

Nunmehr kann die Regelstufe festgelegt werden. Einige Erfahrungszahlen erleichtern den Vorgang.

Die Umfangsgeschwindigkeit wird meist zwischen 120 und 160 m/s gewählt. Mit der gewöhnlich vorgegebenen Drehzahl ergibt sich aus Gl. (74) der mittlere Schaufeldurchmesser. Für Turbinen mit einer Drehzahl von 3000 U/min kann das Diagramm Abb. 9 verwendet werden, woraus auch das ungefähre Stufengefälle folgt. Die Kontinuitätsgleichung bzw. die Durchsatzzahl nach Gl. (26) erlauben dann die Berechnung der Schaufellänge, die nach Möglichkeit nicht unter 15 mm liegen soll. Man hat es in der Hand, die Beaufschlagung so zu wählen, daß günstige Verhältnisse entstehen. Das Stufengefälle des Regelrades liegt in der Größenordnung von 10 bis maximal 20% des Gesamtgefälles im HD-Teil. Manchmal ist der maximal mögliche Regelraddurchmesser auch konstruktiv gegeben.

Mit den obigen Hinweisen lassen sich die Durchsatzzahl φ und die Druckzahl ψ festlegen, und mit Hilfe der Abb. 10 oder einer Charakteristik der gewählten Schaufeltype nach Art der Abb. 13 erhält man den Umfangswirkungsgrad der Stufe. Berechnet man noch die Stufenverluste nach Gl. (7) bis (11), so erhält man den inneren Stufenwirkungsgrad

$$\eta_i = \eta_u - (\zeta_{SpLe} + \zeta_{SpLa} + \zeta_R + \zeta_V) \frac{\psi}{\psi + (c_0^2 - c_2^2)/u_2^2} \tag{76}$$

und damit den Dampfzustand am Ende der Stufe. Aus der Kontinuitätsgleichung (23) folgt dann die erforderliche Schaufellänge am Austritt der Laufschaufel.

Gerade bei der Regelstufe interessiert aber auch der Dampfzustand am Austritt der Leitschaufel, weil er maßgeblich ist für die Bemessung der HD-Wellendichtung oder des Ausgleichskolbens. Gleichdruckstufen haben eine geringe Reaktion, so daß es am zweckmäßigsten ist, von dem Endzustand am Austritt der Laufschaufel um das Laufradgefälle $H_{La} = \mathfrak{r} \cdot H_{St}$ zurückzurechnen und den Umfangswirkungsgrad der Laufschaufel zu schätzen. Da das Laufradgefälle im Verhältnis klein ist, wirkt sich eine Ungenauigkeit nicht so stark aus.

$$\eta_{iLa} = \eta_{uLa} - (\zeta_{SpLa} + \zeta_R + \zeta_V) \frac{\psi}{\psi + (c_0^2 - c_2^2)/u_2^2} \tag{77}$$

mit

η_{iLa} innerer Wirkungsgrad des Laufrades,
η_{uLa} Umfangswirkungsgrad des Laufrades.

Die nach dem Regelrad erfolgende Expansion wird nun in einzelne Teilstücke eingeteilt, so daß innerhalb eines jeden Teilstückes Beschaufelungen gleicher Charakteristik verwendet werden können. Alle Größen am Eintritt dieses Teilstückes sollen den Index α, alle Größen am Austritt den Index ω erhalten. Für diese beiden Stellen wird c_{n2}/u_2 gewählt, und aus der Charakteristik bestimmt man dann $(c_2/u_2)^2$ und ψ. Mit einem geschätzten k_2 folgt aus Gl. (75) auch φ. Damit und mit der Kontinuitätsgleichung (21) bei Beaufschlagung $\varepsilon = 1$ unter Berücksichtigung von Gl. (74) und (75) erhält man die Beziehungen:

$$G_s \cdot v_\alpha = \frac{60}{n} \cdot \varphi_\alpha \cdot l_\alpha \cdot u_\alpha^2 \,, \tag{78}$$

$$G_s \cdot v_\omega = \frac{60}{n} \cdot \varphi_\omega \cdot l_\omega \cdot u_\omega^2 \,. \tag{79}$$

Gewöhnlich ist n vorgegeben, und die Abmessungen der Stufengruppe können gewählt werden, um die folgenden Hilfsgrößen zu ermitteln:

$$E = 2\,\frac{D_\omega - D_\alpha}{D_\omega + D_\alpha}\,, \tag{80}$$

$$F = 2\,\frac{\psi_\omega - \psi_\alpha}{\psi_\omega + \psi_\alpha}\,, \tag{81}$$

$$\overline{u} = \frac{u_\alpha + u_\omega}{2}\,, \tag{82}$$

$$\overline{\psi} = \frac{\psi_\alpha + \psi_\omega}{2}\,, \tag{83}$$

$$K = 1 + \frac{E^2 + 2\,EF}{12}\,. \tag{84}$$

Das isentrope Stufengefälle der Stufengruppe von α bis ω erhält man aus

$$H_{\alpha\omega} = \frac{A}{2\,g\mu}\,(K \cdot z \cdot \overline{\psi} \cdot \overline{u}^2 + c_{2\omega}^2 - c_{2\alpha}^2) \tag{85}$$

mit

$H_{\alpha\omega}$ isentropes Gefälle der Stufengruppe in kcal/kg,
z Anzahl der Stufen in der Stufengruppe,
μ Rückgewinnziffer der Stufengruppe nach Abb. 21 (liegt gewöhnlich zwischen 1,01 und 1,02),
K Faktor nach Tabelle 3.

Tabelle 3. *Hilfsgröße K für die Berechnung einer Stufengruppe*

F \ E	0	0,2	0,4	0,6	0,8	0,9	1,0
—0,4	1	0,990	0,987	0,990	1,000	1,008	1,017
—0,2	1	0,997	1,000	1,010	1,027	1,038	1,050
0	1	1,003	1,013	1,030	1,053	1,068	1,083
+0,2	1	1,010	1,027	1,050	1,080	1,098	1,117
+0,4	1	1,017	1,040	1,070	1,107	1,128	1,150

Muß am Beginn der Stufengruppe die Geschwindigkeitsenergie $c_0^2/2g$ neu erzeugt werden, so entfällt in Gl. (85) der Ausdruck $c_{2\alpha}^2$. Dieser Ausdruck bezieht sich auf eine gedachte Stufe, die dem Anfang der Stufengruppe unmittelbar vorausgeht.

Aus Gl. (85) läßt sich bei gegebenem isentropen Gefälle der Stufengruppe die Anzahl der Stufen bestimmen. Die Ausgangsannahmen müssen solange abgeändert werden, bis sich dafür eine ganze Zahl ergibt. Die wichtigsten Werte für die konstruktive Durcharbeitung sind nun bekannt, und es können weitere Einzelheiten, wie Spiele, Schaufelbreiten, Durchmesser von Wellen und Ausgleichskolben usw. festgelegt werden. Damit ist es wieder möglich, den beschriebenen Rechnungsgang zu wiederholen und die damals angenommenen Werte (z.B. k_2) genauer zu bestimmen.

Aus den Charakteristiken läßt sich η_{uSt} für die erste und letzte Stufe der Stufengruppe ermitteln und mit den Stufenverlusten auch η_{iSt}. Daraus folgt ein mittlerer Wirkungsgrad der Stufengruppe

$$\eta_{i\alpha\omega} = \mu \cdot \frac{\eta_{iSt\alpha} + \eta_{iSt\omega}}{2} \tag{86}$$

mit

$\eta_{i\alpha\omega}$ mittlerer isentroper Wirkungsgrad der Stufengruppe,
$\eta_{iSt\alpha}$ innerer Wirkungsgrad der ersten Stufe der Stufengruppe,
$\eta_{iSt\omega}$ innerer Wirkungsgrad der letzten Stufe der Stufengruppe.

Nun liegt der Endpunkt der Entspannung fest, weil

$$H_{i\alpha\omega} = \eta_{i\alpha\omega} \cdot H_{\alpha\omega} \tag{87}$$

mit

$H_{i\alpha\omega}$ inneres Gefälle der Stufengruppe in kcal/kg.

Das Durchsatzvolumen ist nun auch genau bekannt, und die Schaufellängen können nochmals berichtigt werden. Sie werden gewöhnlich nur für die erste und letzte Schaufel der Stufengruppe errechnet, die übrigen werden interpoliert.

Als Hilfe für die erste Auslegung seien noch einige Richtwerte genannt. Kurze Schaufeln sollte man vermeiden. Folgende Werte werden empfohlen:

$$\text{Gleichdruck:}\quad l/D = (0{,}015) \text{ bis } 0{,}02\,,$$
$$\text{Überdruck:}\quad l/D = (0{,}03) \text{ bis } 0{,}05\,.$$

Für höchste Wirkungsgrade ist $l/D \geqq 0{,}1$ anzustreben, was zu kleineren Umfangsgeschwindigkeiten und hohen Stufenzahlen führt. Die Umfangsgeschwindigkeit sollte jedoch 75 m/s nicht unterschreiten.

Bei Gleichdruckturbinen in Kammerbauart können 20 bis 25 Stufen in einem Gehäuse untergebracht werden, meist aber nur 15, während bei der Trommelbauart 35 bis 40 Stufen in einem Gehäuse unterzubringen sind.

Endstufen von Kondensationsturbinen müssen ein großes Durchsatzvolumen bewältigen, was zu großen Umfangsgeschwindigkeiten und hohem l/D führt. Heutige Grenzwerte liegen bei 400 m/s und $l/D = 0{,}4$. Die Austrittsgeschwindigkeit sollte so gewählt werden,

Abb. 30. Dreiflutiges Niederdruckgehäuse mit gegossenem Einsatz und geschweißtem Außengehäuse (Werkbild Siemens)

daß $A \cdot c_2^2/2g$ nicht mehr als 2% des Gesamtgefälles bei 150 bis 300 m/s ausmacht. Kann das Volumen mit einer Flut nicht bewältigt werden, so ist auf mehrere parallele Fluten überzugehen (Abb. 30).

Ist das Schaufellängenverhältnis größer als $l/D = 0{,}15$, so ist der Änderung des Strömungszustandes vom Schaufelfuß bis zur Schaufelspitze durch den Einfluß der Fliehkraft Rechnung zu tragen. Dies geschieht durch Verwindung der Schaufeln und durch Berechnung der Schaufeln in mehreren Schaufelschnitten.

Die Expansionslinie, wie sie nach Abb. 28 festgelegt wurde, kann nun entsprechend den geschilderten Teilrechnungen berichtigt werden, woraus sich rückwirkend gegebenenfalls Korrekturen der zuerst angenommenen Werte ergeben. Sind die Abweichungen gering, genügen die Korrekturen. Bei sehr unterschiedlichen Ergebnissen muß die ganze Rechnung wiederholt werden. Immer mehr geht man dazu über, Computer für die Rechenarbeit heranzuziehen, wodurch die Methoden wesentlich verfeinert werden können, ohne daß der Aufwand für die dann sehr umfangreichen Rechnungen zu groß wird.

IV. Ausführung der Hauptteile

Trotz Heraufsetzung der Zudampfzustände, Anwendung von Zwischenüberhitzung, Anwendung mehrfacher Anzapfung und Übergang auf große Einheitenleistungen sind Konstruktionen entstanden, die ein hohes Maß an Betriebssicherheit und Zuverlässigkeit erreicht haben. Dieser jahrzehntelang dauernde Vorgang ergab sich durch das Zusammenwirken von Forschung, Entwicklung, Ausführung und Betrieb. Weil die theoretischen Zusammenhänge der Rechnung schlecht zugänglich waren, wurden sie in den Laboratorien ergründet, wie z. B. die der räumlichen Gitterströmung oder der Beanspruchung komplizierter Bauteile. Auf der anderen Seite erlauben heute elektronische Rechenmaschinen die Bestimmung von Daten, die bisher nur experimentell erfaßt werden konnten. Rationelle Fertigungsmethoden und neue Werkstoffe wirken sich auf Preis und Güte des Endproduktes aus, und die im Betrieb gewonnenen Erfahrungen werden wieder beim Bau weiterer Maschinen verwertet.

a) Fertigungsablauf

Die einzelnen Phasen der Fertigung brauchen nicht besonders beschrieben zu werden. Es ist nur wichtig, zu wissen, welche davon Einfluß auch auf andere Teile der Gesamtanlage haben oder von besonderer Bedeutung sind.

Meistens ist die Lieferzeit der großen Guß- und Schmiedestücke wesentlich für die erreichbare Lieferzeit ab Werk. Diese Teile müssen deshalb sehr früh bestellt werden, was natürlich nur bei schon vorhandenen Modellen möglich ist. Wird eine Neukonstruktion erforderlich, verlängert sich deshalb die Lieferzeit entsprechend. Während der Fertigung dieser großen Stücke können dann die anderen Teile vorbereitet werden.

Alle wesentlichen Teile werden schon vor der Bearbeitung entsprechend geprüft. Dies gilt besonders für den Läufer. Dem Schmiedestück werden Proben an verschiedenen Stellen der Oberfläche und des Innern zur Untersuchung entnommen. Der fertig zusammengebaute Läufer wird mit einer festgelegten Überdrehzahl geschleudert und dynamisch ausgewuchtet. Dann erfolgt der Zusammenbau auf dem Prüfstand. Normalerweise wird nur der Hochdruck- und Mitteldruckteil im Herstellerwerk einem Probelauf im Leerlauf unterzogen, während die Niederdruckteile erst auf der Baustelle zusammengefügt werden.

b) Normung

Früher wurden die Turbinen dem jeweiligen Verwendungszweck entsprechend angepaßt. Aber auch heute bedingen vielfältige Forderungen und weit gesteckte Anwendungsgrenzen zahlreiche Baugrößen, selbst wenn man Sonderfälle wie Heizkraftanlagen außer Betracht läßt. Andererseits ist die Aufgabenstellung an viele Bauelemente einer Turbine unabhängig von der Baureihe und Baugröße. Dies ermöglicht die Entwicklung von Bauelementreihen und den Einsatz gleicher oder ähnlicher Bauelemente in verschiedenen Baureihen. Da sich im Laufe der Zeit gewisse Normzustände des Zudampfes in Abhängigkeit von der Leistung der Einheit ergeben haben, die sogar weitgehend international genormt wurden, konnten auch die Bauelemente den zu erwartenden Anwendungsbereichen angepaßt werden. Ein Beispiel für die Kombinationsmöglichkeit verschiedener genormter Gehäuse ist bereits in Abb. 5 dargestellt. Damit können die großen Guß- und Schmiedeteile soweit genormt werden, daß ihre Bestellung zu einem frühen Zeitpunkt möglich ist.

Auch Einzelteile, wie Beschaufelungen, Flansche, Teilfugenschrauben, Wellendichtungen, Lager, Rohranschlüsse usw. können vereinheitlicht werden.

Die Regelung der Turbine ist ebenfalls aus Bauelementen zusammengesetzt, und Nebenanlagen wie Ölkühler, Behälter, Pumpen und Armaturen sind für bestimmte Anwendungsbereiche gleich.

c) Gehäuse

Die Gehäuse von Dampfturbinen müssen gegen inneren oder äußeren Überdruck abdichten und so gestaltet sein, daß sie die minimalen Spiele gegenüber dem Läufer bei allen Betriebszuständen erhalten. Sie sollen auch ein möglichst schnelles Anfahren erlauben. Diese Forderungen können durch verschiedene Ausführungen erfüllt werden.

1. Teilung axial oder radial

Der größte Teil aller Strömungsmaschinen wird mit axialer Teilfuge ausgeführt, d.h. das Gehäuse ist horizontal geteilt, so daß das Oberteil abgehoben werden kann, wodurch der Läufer sowie alle anderen Innenteile leicht zugänglich sind, wie es Abb. 30 zeigt. Der Flansch muß dicht halten, ohne daß eine zu starke Materialanhäufung notwendig wäre. Neben der Verbindung durch Teilfugenschrauben verwendet man deshalb auch Klammerverbindungen zwischen Ober- und Unterteil mit keilförmigem Sitzen der Klammern, welche durch verhältnismäßig schwache Schrauben befestigt werden. Auch Schrumpfringe wurden ausgeführt. Nötigenfalls sieht man auch eine Beheizung der Flansche durch Dampf oder Elektrizität vor, um einen schnelleren Temperaturausgleich zwischen Innen- und Außenseite zu erreichen.

Die Abdichtung erfolgt durchweg metallisch, d.h. die Teilfugen werden genau abgerichtet. Durch Aussparung einer innen liegenden Dichtleiste und einer außerhalb der Teilfugenschrauben liegenden Stützleiste aus jeder Teilfugenfläche wird bei einigen

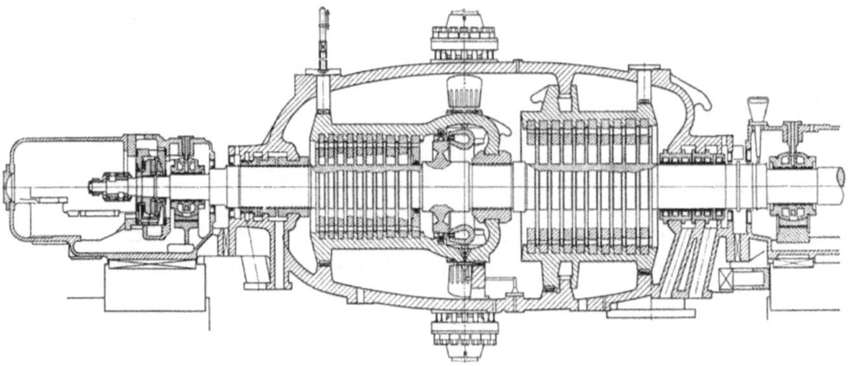

Abb. 31. Längsschnitt durch eine HD-Turbine mit Mitteneinströmung. Eintritt 158 ata/600 °C, Radkammer 118 ata/570 °C, Austritt Innengehäuse 65 ata/487 °C, Austritt Gehäuse 19 ata. Außengehäuse und Leitradboden-Träger aus niedrig legiertem ferritischem Werkstoff, Innengehäuse aus hoch legiertem Ferrit. Düsenkammern, Ventilgehäuse und Rohrvierlinge aus Austenit, Läufer aus geschmiedetem Chromstahl (hoch legierter Ferrit)

Konstruktionen die Flächenpressung vergrößert. Die Schrauben werden kräftig bemessen und oft als Dehnschrauben ausgebildet, gegebenenfalls mit Verlängerung des Schaftes durch eine Büchse. Stiftschrauben und Hohlschrauben erlauben eine schnellere Angleichung der Temperatur zwischen Bolzen und Flansch. Werden die Schrauben bei der Montage vorgewärmt, erhält man eine entsprechende Vorspannung. Um enge Teilungen zu erreichen, werden die Schrauben möglichst nahe an die innere Gehäusewand gerückt und mit Kappenmuttern versehen. Manchmal erreicht man mit einer leicht konischen Form des Gewindes ein gleichmäßiges Tragen aller Gewindegänge. Abb. 31 und 32 zeigt das Beispiel eines axial geteilten Hochdruckgehäuses.

Die Schwierigkeiten mit axial geteilten Gehäusen vergrößern sich im Bereich hoher Temperaturen und Drücke, und es entstand deshalb die Ausführung des HD-Teiles in Topfbauweise mit der Teilfuge senkrecht zur Achse. Sie ergibt gute Wärmeelastizität und günstige Anfahrbedingungen. Da der bei Teilfugengehäusen notwendige axiale Flansch mit seinen großen Massenanhäufungen, den daraus resultierenden Verformungen während der Anfahrperiode und den Dichtproblemen durch Schraubenrelaxation vermieden wird, sind kurze Anfahrzeiten und lange Revisionsintervalle möglich. Der am Abdampfende angeordnete Radialflansch ist von Dampf relativ geringen Druckes und geringer Temperatur beaufschlagt. Außerdem werden die Flanschschrauben durch einen Dichtring entlastet. Das Topfgehäuse muß bei senkrechter Lage der Welle montiert oder demontiert werden, was jedoch keine größeren Schwierigkeiten bereitet als bei axial geteilten HD-Gehäusen. Beispiele sind in Abb. 33, 34 und 35 dargestellt.

2. Einflutige oder mehrflutige Bauweise

Wenn die gesamte Dampfmenge das Gehäuse in einem Fluß durchströmt, spricht man von einer einflutigen Turbine.

Ist die Dampfmenge jedoch so groß, daß sich auch bei Aufteilung in zwei gleich große Teilströme noch genügend lange Schaufeln ergeben, so wird der Dampf in der Mitte des Gehäuses zugeführt und teilt sich nach beiden Seiten. Dadurch bleiben die Wellendichtungen und die Pratzen am Außengehäuse von der hohen Eintrittstemperatur unbeeinflußt.

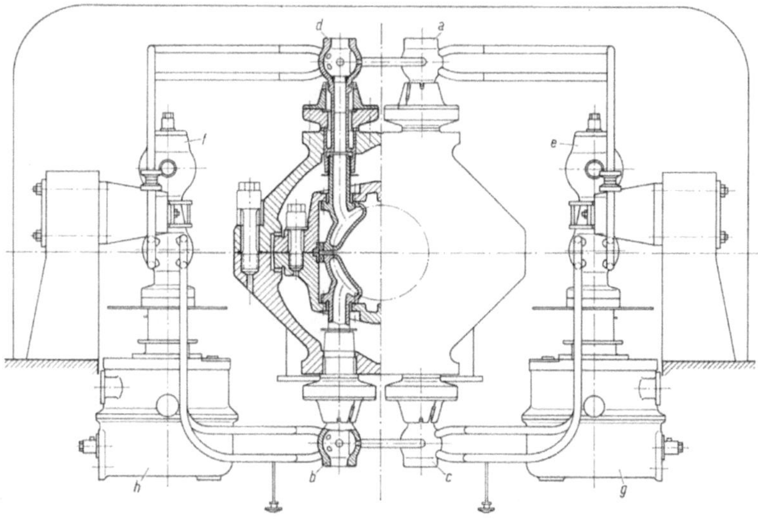

Abb. 32. Querschnitt durch die HD-Turbine, Abb. 31

a, b, c, d Stellventile *e, f* Schnellschlußventile *g, h* zugehörige Ölservomotoren

An den Wellendichtungen und Gehäusepratzen sind damit beim Anfahren kaum temperaturbedingte Verformungen zu erwarten, was die Wahl kleiner Radialspiele ermöglicht. Außerdem ist bei Gegendruckturbinen kein Schubausgleich erforderlich, da sich die beiden Teilschübe gegenseitig aufheben.

Diese Ausführung wird als zweiflutige Bauweise bezeichnet.

Niederdruckteile sind außer durch die Leistung auch durch das gewählte Vakuum bestimmt, und in einer Flut kann infolge des begrenzten Endquerschnittes oft nur ein Bruchteil der Dampfmenge verarbeitet werden. Deshalb muß man zu mehrflutigen Teilen übergehen, wie Abb. 30 z.B. einen dreiflutigen Niederdruckteil zeigt.

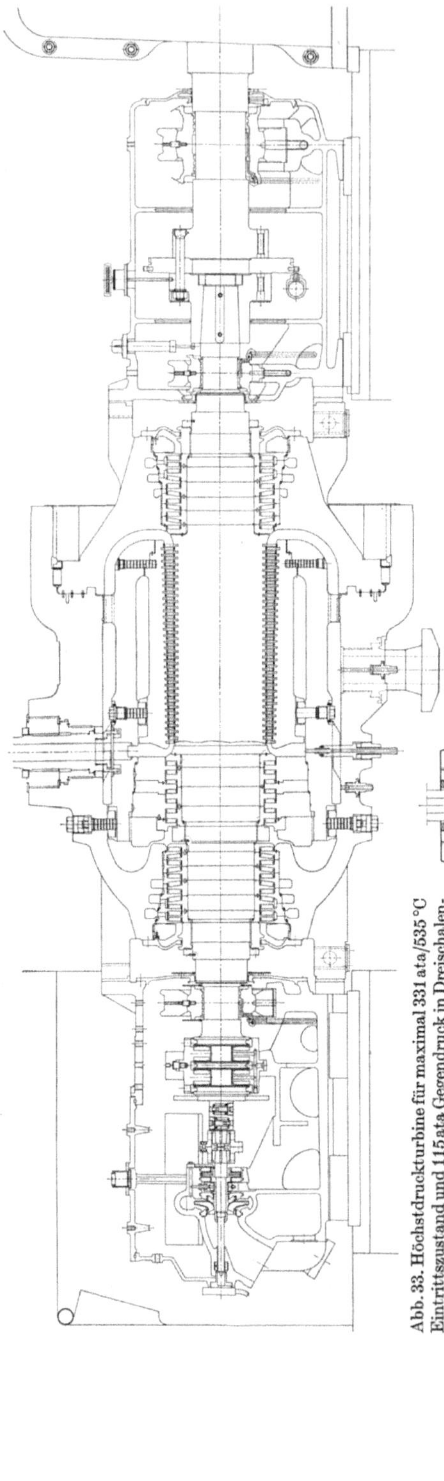

Abb. 33. Höchstdruckturbine für maximal 331 ata/535 °C Eintrittszustand und 115 ata Gegendruck in Dreischalenbauweise mit topfförmiger Außen- und Mittelschale. Werkstoffe durchweg ferritisch

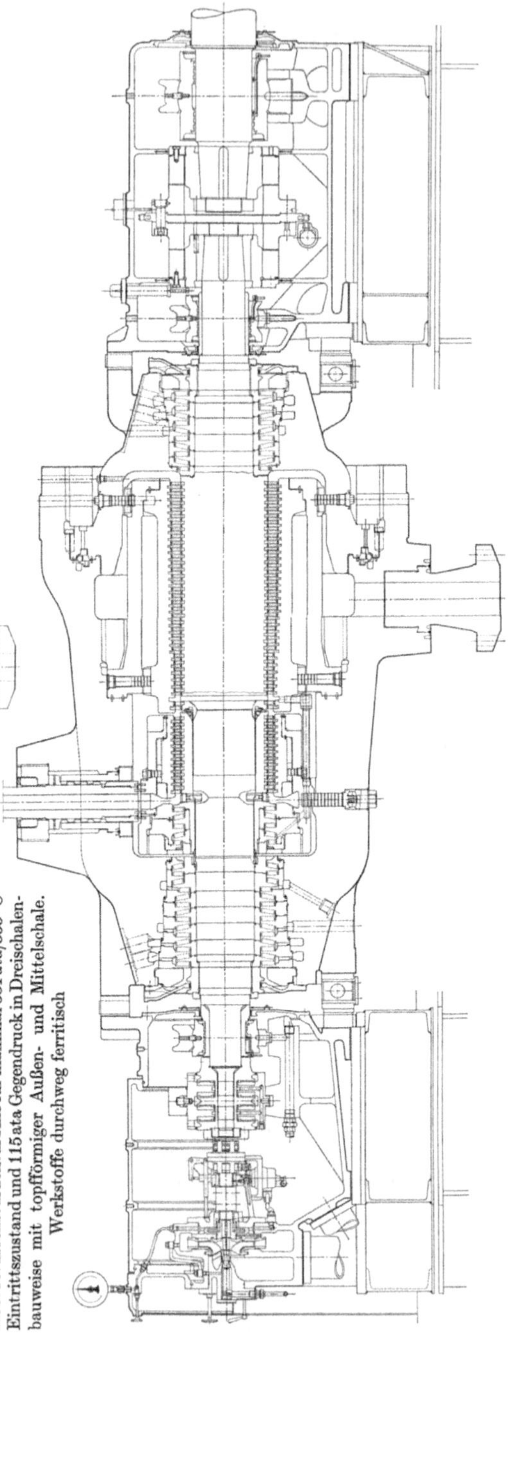

Abb. 34. Höchstdruckturbine für maximal 331 ata/620 °C Eintrittszustand und 115 ata Gegendruck in Dreischalen-Topfbauweise für Gleitdruckbetrieb ohne Regelstufe. Ferritische Welle (12 % Cr). Austenitische Wellenbuchse für die Beschaufelung des Eintrittsteiles. Austenitische Labyrinthdichtung mit Gewindering in der HD-Mittelschale (Topf) befestigt. HD-Leitschaufelträger (axial geteilt) mit Schrumpfring

3. Durchgehender oder Gegenfluß

Statt den Dampf in einem durchgehenden Fluß durch das Gehäuse zu leiten, kann er auch etwa in der Mitte des Gehäuses zugeführt werden und nach Durchströmung eines Innengehäuses umgelenkt werden, so daß er im Raum zwischen Innen- und Außengehäuse wieder zur Mitte zurückströmt und nach der anderen Seite expandiert. Diese Lösung gewährleistet eine intensive Aufwärmung des Außengehäuses schon während der Anfahr- und Belastungsperiode und ermöglicht kleine axiale Spalten in Schaufelung und Labyrinthen. Außerdem wird durch die intensive Dampfströmung am Außengehäuse eine

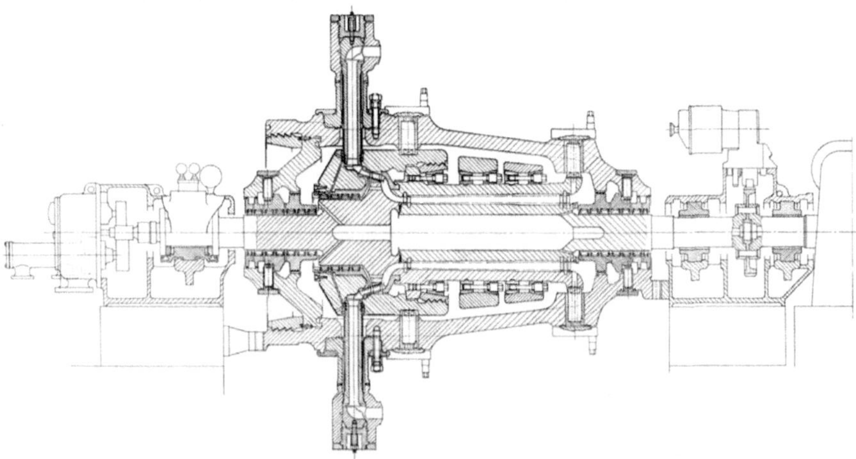

Abb. 35. Längsschnitt durch eine mehrschalige Überdruckturbine für 140 bis 300 ata/620 °C mit Topfgehäuse. Außengehäuse durch Deckel und Gewindering auf Eintrittsseite geschlossen. Einströmpartie des Innengehäuses als Topf, übriger Teil kreissymmetrisch und axial geteilt ausgeführt. Verspannung der Schalenhälften des Innengehäuses durch axial liegende Schrauben und keilförmige Ringsegmente gegen übergeschobene einteilige Ringe. Verbindung mit ungeteilter Einströmpartie durch Gewindering

gleichmäßige Aufwärmung von Gehäuseober- und -unterteil erzielt. Der Gegenfluß von der Mitte nach außen bewirkt bei Überdruckbeschaufelungen einen Schubausgleich. Die in der Mitte angeordnete Wellendichtung ist kein zusätzliches Bauelement. Sie müßte bei durchgehendem Fluß auf der Eintrittsseite hinzugefügt werden (siehe Abb. 31).

4. Ein-, zwei- oder dreischalige Bauweise

Ursprünglich hatte das Turbinengehäuse die Druck- und Temperaturbeanspruchung aufzunehmen und außerdem die Leitschaufeln zu tragen. Das führte zu sehr komplizierten Gußteilen. Deshalb sah man sog. Leitschaufelträger vor. Das sind Schalen, in die die Leitschaufeln eingesetzt werden und die nur an wenigen Punkten auf dem Außengehäuse abgestützt werden. Dadurch wird das Außengehäuse einfacher und kann mehr den Druckbeanspruchungen entsprechend geformt werden.

Ein weiterer Schritt war die Ausbildung des Leitschaufelträgers als Innengehäuse, das selbst so weit druckdicht ist, daß es einen Teil der Druck- und Temperaturbeanspruchungen übernehmen kann, das Außengehäuse also entlastet wird. Einige Ausführungen zeigen die Abb. 36, 37 und 38.

Innengehäuse und Leitschaufelträger sind wesentlich anderen Temperaturen als das Außengehäuse ausgesetzt. Will man große Kräfte infolge verhinderter Wärmedehnung vermeiden, so müssen die Innengehäuse und Leitschaufelträger so aufgehängt sein, daß sie sich frei dehnen können, ihre zentrische Lage zum Außengehäuse jedoch während aller Betriebsphasen beibehalten. Die Aufhängung eines Leitschaufelträgers in einem Topfgehäuse, die eines Innengehäuses und eines Leitschaufelträgers in einem axial geteilten Außengehäuse führt infolge der veränderten Bedingungen zu unterschiedlichen Lösungen. Am Beispiel der Aufhängung eines Innengehäuses in einem axial geteilten Außengehäuse (Abb. 39) kann man jedoch die wesentlichen Merkmale einer der konstruktiven Lösungen erkennen. Nocken am Innengehäuseoberteil stützen das Innengehäuse auf der Teilfuge des Außengehäuseunterteiles ab. In gleicher Weise dienen Nocken am Innengehäuseunterteil zum Abstützen des Innengehäuses gegenüber der Teilfuge am Außengehäuseoberteil (siehe Abb. 39, Einzelheit *B*). Die vertikale Mittenlage von Innen- und Außen-

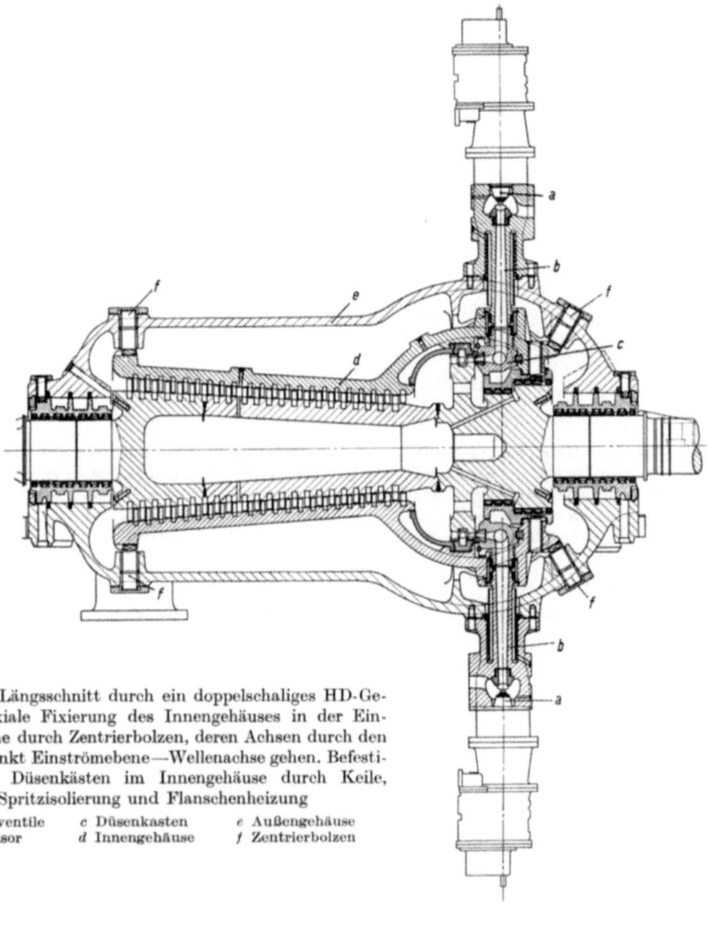

Abb. 36. Längsschnitt durch ein doppelschaliges HD-Gehäuse. Axiale Fixierung des Innengehäuses in der Einströmebene durch Zentrierbolzen, deren Achsen durch den Schnittpunkt Einströmebene—Wellenachse gehen. Befestigung der Düsenkästen im Innengehäuse durch Keile, Spritzisolierung und Flanschenheizung

a Stellventile *c* Düsenkasten *e* Außengehäuse
b Diffusor *d* Innengehäuse *f* Zentrierbolzen

gehäuse ist durch vier solcher Abstützungen nach oben und unten, je zwei in einer radialen Ebene am vorderen und hinteren Ende des Innengehäuses, sichergestellt. Bei unterschiedlicher Erwärmung ist jedoch eine Relativdehnung des Innengehäuses gegenüber dem Außengehäuse durch Gleiten der Nocken am Innengehäuse auf der Außengehäuseteilfuge möglich. Durch die Abstützung des Innengehäuses sowohl nach oben als auch nach unten in der gleichen horizontalen Ebene lassen sich praktisch spielfreie Passung an den Gleitflächen und damit kleine Radialspiele in der Beschaufelung verwirklichen. Die axiale Fixierung des Innengehäuses im Außengehäuse erfolgt in der Zentrierebene am Ende des Innengehäuses in unmittelbarer Nähe des Längslagers. Paßstücke zwischen den schon erwähnten Nocken am Innengehäuseunterteil und den entsprechenden Aussparungen im Außengehäuseunterteil übertragen den axialen Leitschaufelschub und die aus dem Dampfdruck auf das Innengehäuse resultierende axiale Kraft auf das Außengehäuse. In der

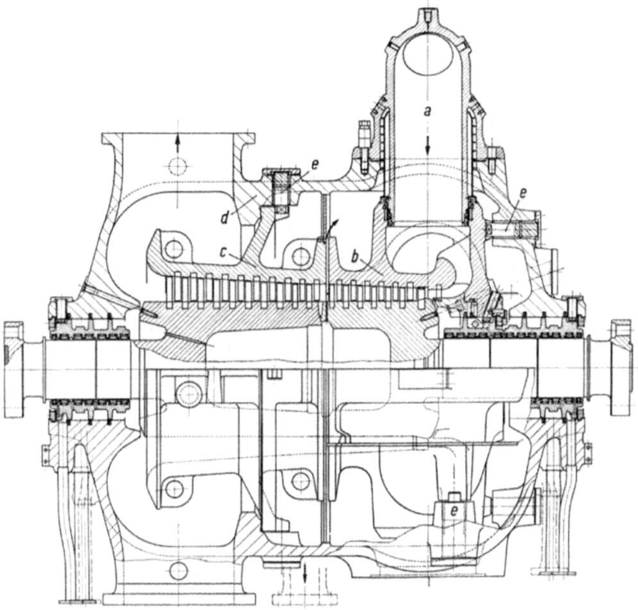

Abb. 37. Längsschnitt durch ein doppelschaliges MD-Gehäuse. Im vorderen Teil Innengehäuse, im hinteren Teil Leitschaufelträger. Um zu vermeiden, daß ein Teil des aus der ersten Leitschaufelreihe austretenden Dampfes direkt zur vorderen Wellendichtung strömt und dabei die Läufervorderseite durch Verwirbelung seiner Geschwindigkeitsenergie auf nahezu Eintrittstemperatur in das MD-Gehäuse bringt, leitet man in den Ringraum zwischen Wellendichtung des Innengehäuses und Trommelstirnfläche etwas noch nicht zwischenüberhitzten Abdampf aus dem HD-Gehäuse als Kühldampf ein. Durch einen axialen Schlitz zwischen Innengehäuse und Leitschaufelträger tritt Anzapfdampf in den Raum zwischen Innengehäuse und Außengehäuse ein und umströmt ersteres auf seinem Wege zum untenliegenden Austrittsstutzen der ungesteuerten Anzapfung. Spritzisolierung und Flanschenheizung

a Einleitung des zwischenüberhitzten Dampfes — *b* vorderes Innengehäuse — *c* hinterer Leitschaufelträger — *d* Außengehäuse — *e* Zentrierbolzen

anderen Zentrierebene ist auch in axialer Richtung ein Gleiten der Innengehäusenocken auf der Außengehäuseteilfuge möglich. Die Mittenlage von Innen- zu Außengehäuse wird in horizontaler Richtung durch eingesetzte Gleitsteine fixiert. Diese sind im Innengehäuse in Nuten angeordnet, im Außengehäuse greifen Zentrierbolzen in die Gleitsteine ein. Die Zentrierbolzen sind in exzentrisch gebohrten Buchsen geführt (siehe Abb. 39, Einzelheit *A*). Durch Verdrehen der Buchsen ist bei der Erstmontage wie auch bei späteren Revisionen eine beliebige Ausrichtung von Innen- zu Außengehäuse möglich. Die Relativdehnung zwischen Innen- und Außengehäuse bei unterschiedlicher Erwärmung erfolgt in axialer Richtung durch Gleiten zwischen Gleitstein und Innengehäusenut, in radialer Richtung außerdem zwischen Gleitstein und Zentrierbolzen oder zwischen Zentrierbolzen und exzentrisch gebohrter Buchse.

In Abschn. V b, S. 116, sind anhand von Ausführungsbeispielen verschiedener Firmen noch andere Möglichkeiten der konstruktiven Lösung zu finden.

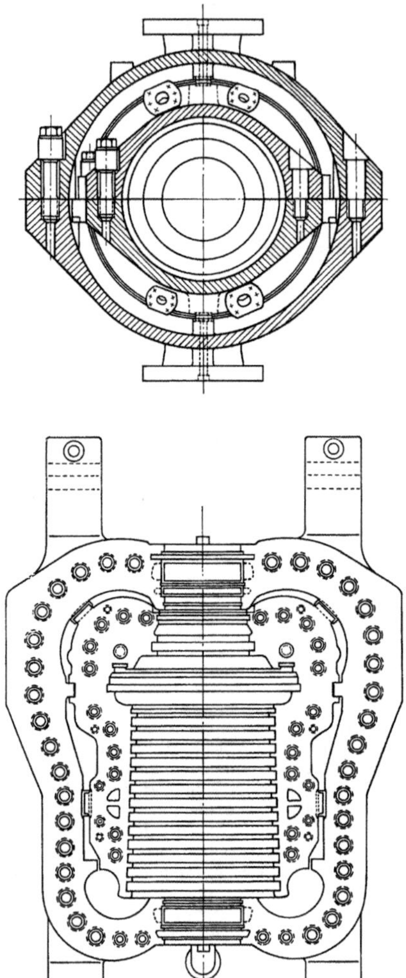

Abb. 38. Doppelschaliges axial geteiltes Gehäuse einer Gegendruckturbine

5. Eingegossene oder getrennte Einströmkästen

Bei niedrigen Zudampfzuständen wird der Einströmkasten und der HD-Teil der Turbine aus einem Stück gegossen, wie es Abb. 40 zeigt. Mit der Erhöhung von Druck und Temperatur des Zudampfes sind Düseneinsätze entwickelt worden, die vom Innengehäuse getrennt die Düsen der Regelstufe tragen. Ihnen wird der heiße Dampf direkt zugeleitet, wogegen die Gehäuse vom kälteren Radraumdampf beaufschlagt werden. Mit Rücksicht auf diese Temperaturdifferenz muß der Düsenkasten so befestigt werden, daß eine freie Wärmedehnung gegenüber dem Gehäuse gewährleistet ist.

In einem Falle (Abb. 41) sind Düseneinsätze von innen in entsprechend vorbereitete Bohrungen im Gehäuse eingesetzt und durch Gewinderinge gegen konische Abstützflächen vorgespannt. Düseneinsatz und Gehäuse werden durch eine lippenförmige Schweißung abgedichtet. Weitere Beispiele zeigen Abb. 42 und 43.

6. Geschweißte Gehäuse

Die Abdampfgehäuse großer Einheiten werden heute fast ausnahmslos geschweißt. Man erreicht damit eine ausreichende Steifigkeit bei gleichzeitiger Gewichtsersparnis. Die Leitschaufelträger bzw. Düsenböden dieser Abdampfgehäuse werden von einem meist gegossenen Gehäuseeinsatz aufgenommen, dessen Unterteil mit Pratzen im Außengehäuse aufliegt. Bei der in Abb. 30 gezeigten Ausführung sind die seitlichen Längsträger so ausgeführt, daß sich das gesamte Gehäuse nur unter dem vorderen und hinteren Lagerquerbalken auf das Fundament abstützt.

7. Rohrdurchführung und Verbindung

Die sonst bei kleinen Drücken verwendeten Rohrflansche haben bei hohen Drücken und Temperaturen den Nachteil, daß sie nach längeren Betriebszeiten infolge Relaxation der Schrauben undicht werden. Es wurden daher neuartige Rohrverbindungen geschaffen wie die in Abb. 44 gezeigte. Eine Gewindehülse, die sich gegen eine Schulter auf dem einen Rohrstück abstützt und auf ein Gegengewinde des anderen Rohrstückes aufgeschraubt wird, überträgt die aus dem inneren Dampfdruck resultierende axiale Kraft sowie die aus etwaigen Rohrleitungsschüben resultierenden Biegemomente. Zur Abdichtung dient der innere Dichtring, der durch den Dampfdruck elastisch aufgeweitet wird, so daß eine mit dem Dampfdruck steigende Dichtkraft entsteht. Ein zweiter, außen angeordneter Dichtring verhindert, daß der beim Anfahren mit niedrigem Dampfdruck auftretende Leckdampf nach außen gelangt. Der Raum zwischen beiden Dichtungen ist mit der Sammelleitung des Wellendichtungsdampfes verbunden, so daß dem inneren Dichtring während des

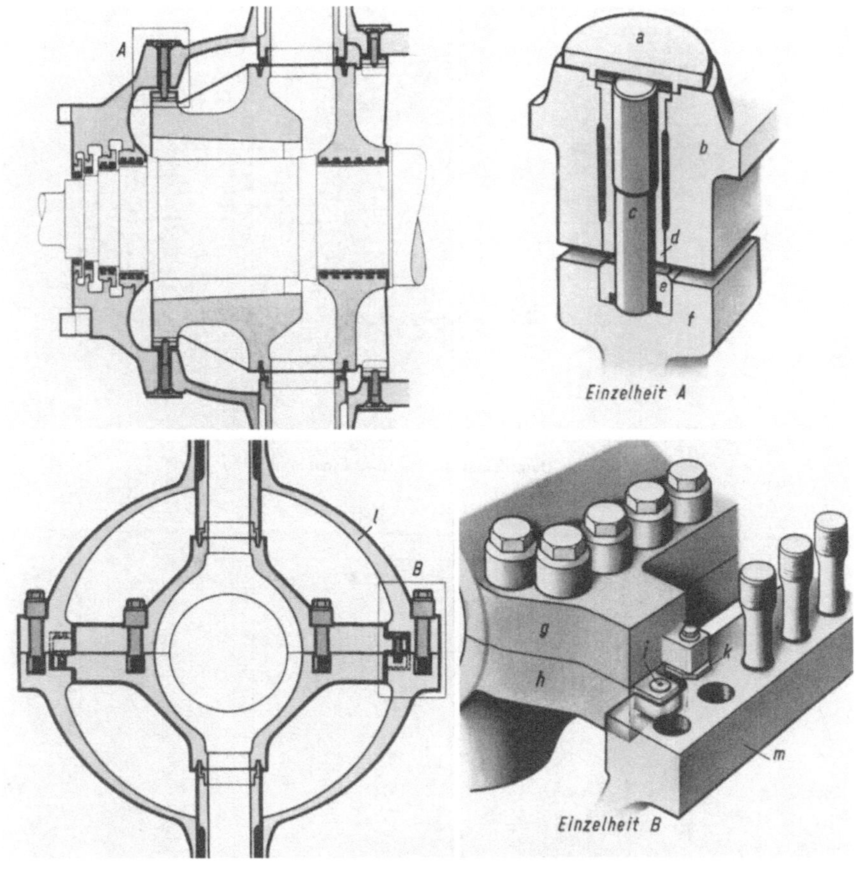

Abb. 39. Aufhängung und Zentrierung von Innengehäusen (Werkbild Siemens)

Einzelheit *A:*
a Flansch
b Außengehäuse
c Zentrierbolzen
d Buchse mit versetzter Bohrung
e Gleitstein
f Innengehäuse

Einzelheit *B:*
g Innengehäuseoberteil
h Innengehäuseunterteil
i Stützplatte gegen Teilfuge des Gehäuseoberteils
k Stützplatte gegen Teilfuge des Gehäuseunterteils
l Außengehäuseoberteil
m Außengehäuseunterteil

Betriebes eine ausreichende Druckdifferenz zur Abdichtung aufgezwungen wird. Durch den ringförmigen Schlitz außerhalb des äußeren Dichtringes wird auch beim Anfahren eine annähernd gleiche Temperaturverteilung in der Gewindehülse und dem durch die

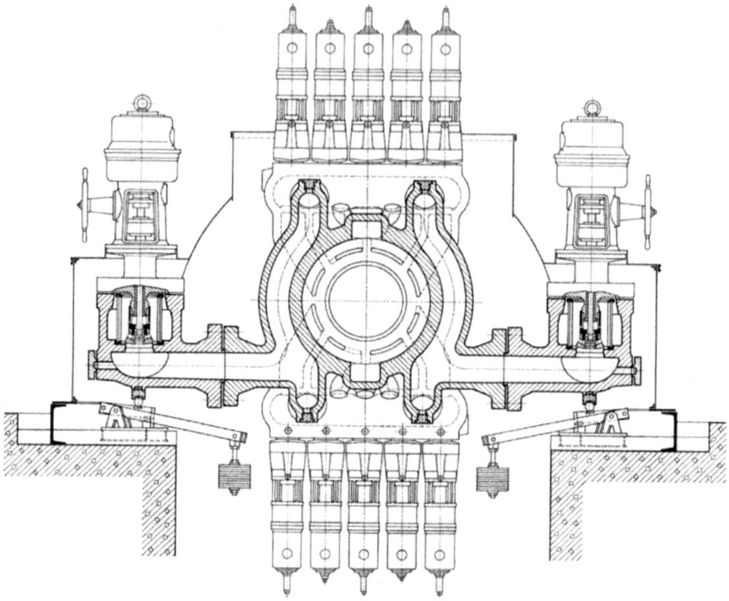

Abb. 40. Dampfeinströmung über Einströmkasten

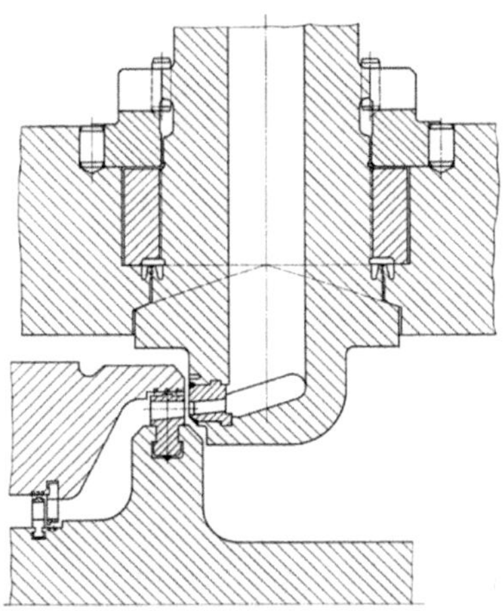

Abb. 41. Aufhängung von Düseneinsätzen

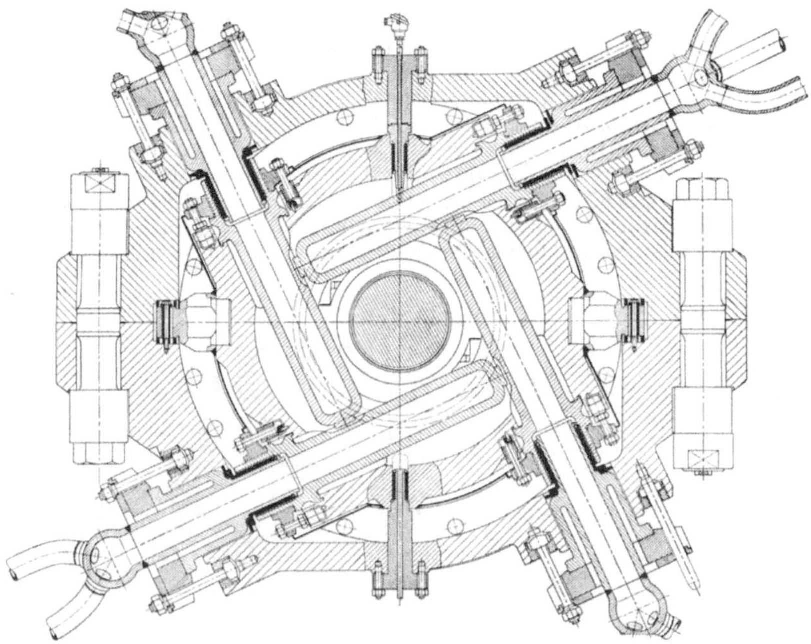

Abb. 42. Querschnitt durch die Einströmpartie in ein zweischaliges HD-Gehäuse mit Innentopf. Zudampfzustand 260 ata/605 bis 625 °C

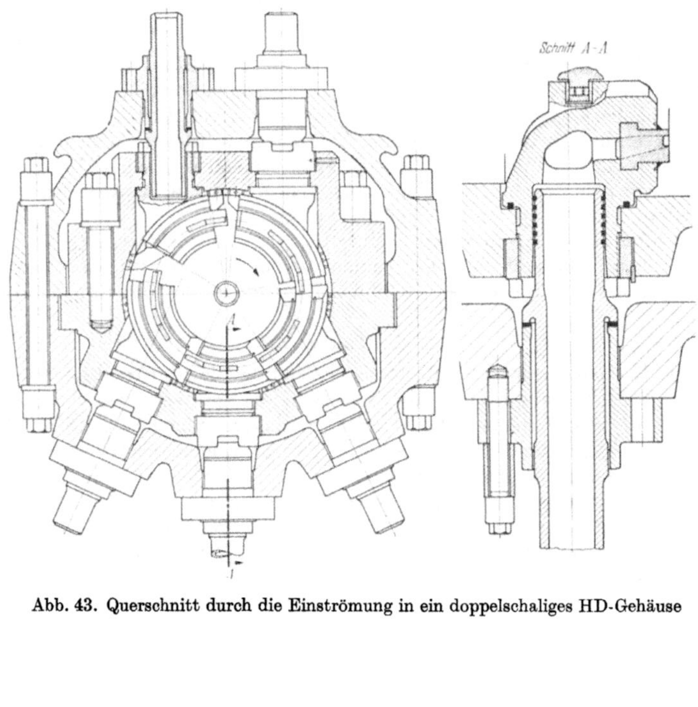

Abb. 43. Querschnitt durch die Einströmung in ein doppelschaliges HD-Gehäuse

Gewindehülse verspannten Teil der Rohrkupplung erzielt. Dadurch werden eine Überbeanspruchung der Gewindemutter während des Anfahrens und die daraus resultierende Minderung der Vorspannung vermieden.

Bei Doppelmantelgehäusen muß der heiße Dampf ohne wesentliche Aufwärmung des Außengehäuses durch dieses hindurch in das Innengehäuse eingeleitet werden. Abb. 45 zeigt das Beispiel der MD-Einströmung einer Turbine mit Zwischenüberhitzung. Doppelrohrförmige, am Außengehäuse angeschweißte Bauelemente verhindern die direkte Beaufschlagung des Außengehäuses durch den heißen Dampf und gewährleisten ausreichende Wärmeelastizität zwischen heißem Dampfleitungsrohr und kälterem Außengehäuse. Dagegen werden die Anschlußkräfte und Anschlußmomente der Rohrleitungen in das Außen-

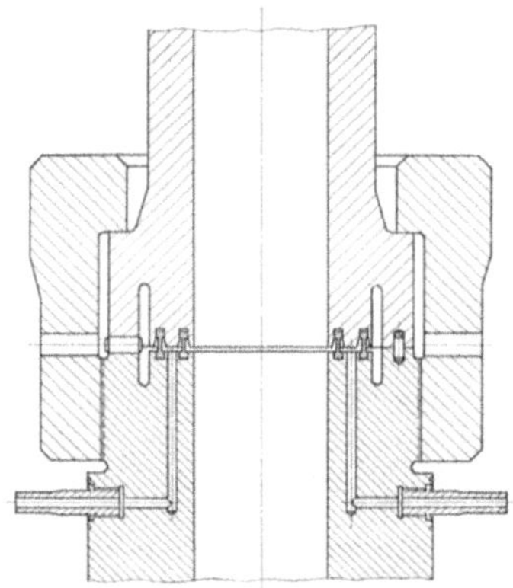

Abb. 44. Rohrkupplung

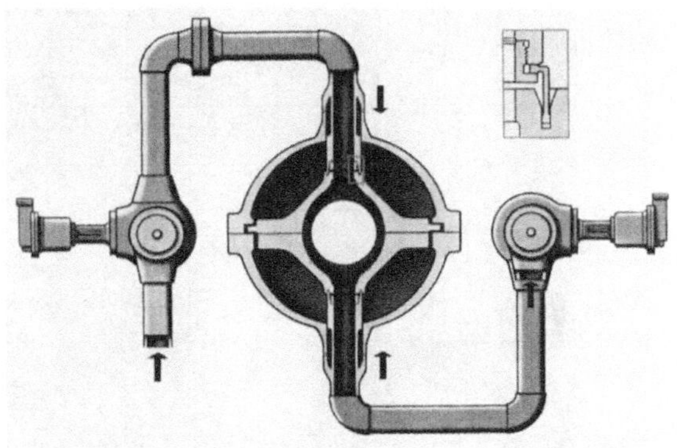

Abb. 45. Dampfdurchleitung durch ein Außengehäuse (Werkbild Siemens)

gehäuse geleitet. Der Raum zwischen Innen- und Außengehäuse wird gegen das Innere des Dampfzuführungsrohres durch die im Detail gezeichneten L-Ringe abgedichtet. Die durch elastische Aufweitung in radialer Richtung sowie durch Auftrieb und entsprechende Anpassung in axialer Richtung dichtenden L-Ringe gewährleisten eine freie radiale und axiale Verschiebung von Innen- und Außengehäuse zueinander. Solche L-förmigen Dichtringe sowie auch zylindrische Dichtringe der oben erwähnten lösbaren Rohrverbindung werden auch an anderen Stellen der Turbine verwendet.

Der Anschluß einer austenitischen Rohrleitung an ein ferritisches Gehäuse erfordert wegen der großen Verschiedenheit der beiden Ausdehnungskoeffizienten eine besondere Lösung, wie sie z.B. in Abb. 46 dargestellt ist. Eine andere Art der Rohrdurchführungen zeigt Abb. 47.

8. Auflagerung

HD- und MD-Gehäuse sind beispielsweise in Teilfugenmitte über Pratzen auf den zugehörigen Lagerböcken abgestützt. Nennenswerte Verlagerungen zwischen Wellen- und Gehäusemitte sind ausgeschlossen, da die Pratzenauflagen laufend durch Öl gekühlt werden und sich damit in gleichem Maße wie die Lagerunterstützungen dehnen. An axial geteilten Gehäusen sind die Pratzen meist am Gehäuseoberteil angeordnet. Für die Montage ist dann eine Hilfsabstützung am Gehäuseunterteil vorgesehen.

Die axiale Festlegung des gesamten Turbosatzes gegenüber den Grundplatten und dem Turbinenfundament geschieht im Bereich des ND-Teiles. Über Gehäuseführungen, die unter der Wellenmitte angeordnet sind, schieben die verschiedenen Lagerböcke beim Anfahren, Abfahren und bei Laständerungen auf den zugehörigen Grundplatten. Um mögliche Fundamentverformungen ausgleichen zu können, sind, wie als Beispiel Abb. 48 zeigt, zwischen den in das Fundament eingegossenen Sohlplatten und den eigentlichen Gleitplatten Abstützplatten vorgesehen. Diese können leicht herausgenommen werden,

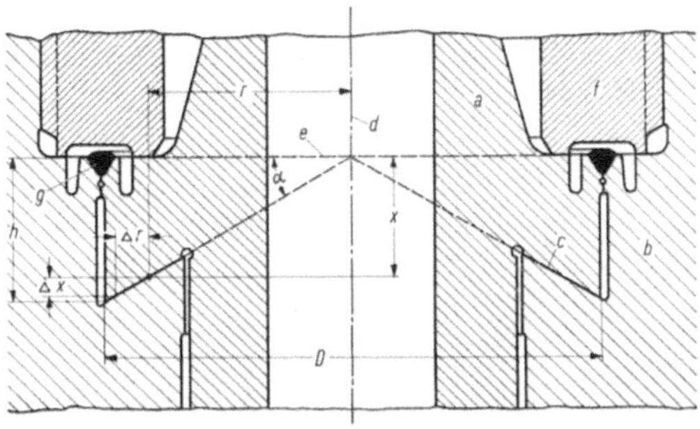

Abb. 46. Anschluß eines austenitischen Rohres an ein ferritisches Gehäuse. Infolge des Gleitens auf der Kegelfläche werden axiale Spannungen auf den Gewindering und auf die Schweißnaht vermieden

a Rohreinsatz, *b* Gehäuse, *c* Kegelfläche, *d* Rohrachse, *e* Ebene der Gewindering-Auflagerflächen, *f* Gewindering, *g* Schweißnaht, *h* Flanschhöhe, *r*, *x* Abstand von *d* bzw. von *e*, Δr, Δx Änderung des Abstandes für eine Temperaturänderung Δt

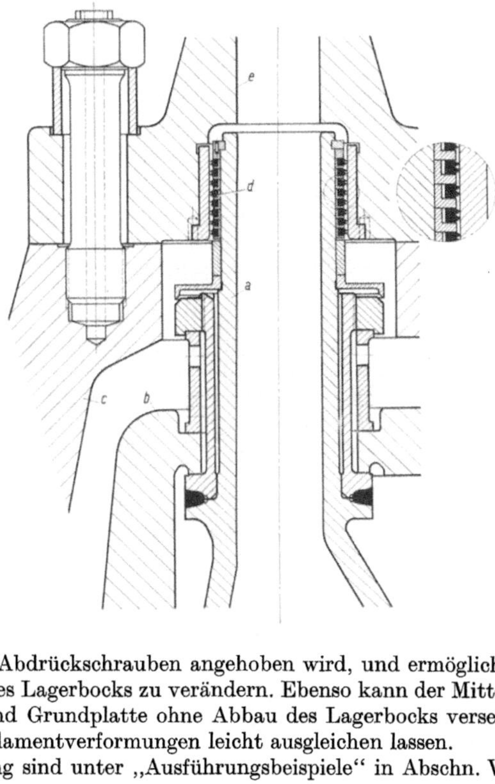

Abb. 47. Dampfdurchführung mit Kolbenring-Abdichtung bis maximal 545 °C, kurzzeitig 550 °C

a Rohreinsatz, *b* Innengehäuse, *c* Außengehäuse, *d* Kolbenringe, *e* Rohrleitung

wenn der Lagerbock mit Hilfe von Abdrückschrauben angehoben wird, und ermöglichen es, die Höhenlage der Gleitplatten des Lagerbocks zu verändern. Ebenso kann der Mittenführungskeil zwischen Lagerbock und Grundplatte ohne Abbau des Lagerbocks versetzt werden, wodurch sich seitliche Fundamentverformungen leicht ausgleichen lassen.

Andere Methoden der Abstützung sind unter „Ausführungsbeispiele“ in Abschn. Vb, S. 116, erklärt.

9. Werkstoffe

Die Wahl des Gehäusewerkstoffes erfolgt im wesentlichen nach der Dampftemperatur. Bis zu einer dauernden Betriebstemperatur von 540 °C können noch niedrig legierte ferritische Werkstoffe verwendet werden. Hoch legierte ferritische Werkstoffe mit 11 bis 12% Chrom halten dauernde Betriebstemperaturen bis 565 °C aus. Für höhere Temperaturen kommt austenitischer Werkstoff in Frage, der jedoch außerordentlich teuer und in größeren Stücken schwer gießbar ist.

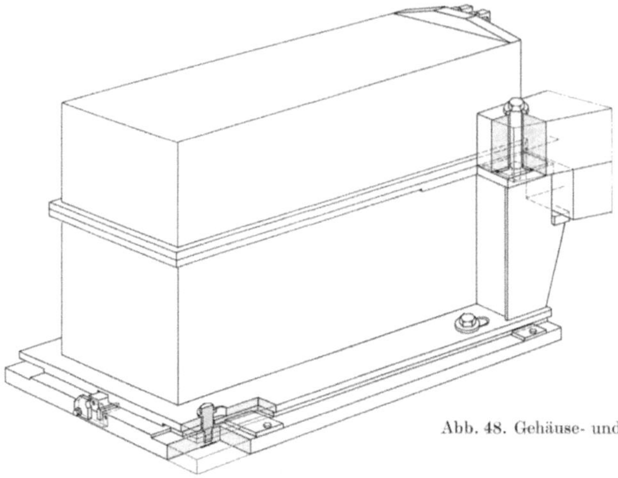

Abb. 48. Gehäuse- und Lagerbockabstützung

Man beschränkt den Einsatz von höher legiertem Material allein auf die Teile, die höheren Temperaturen ausgesetzt sind. Bei großen Abdampfgehäusen geht man weitgehend auf Schweißkonstruktionen über.

10. Wärmedämmung

Es gibt zwei hauptsächlich verwendete Arten der Wärmedämmung. Die Abdeckung durch Isoliermatten ist verhältnismäßig teuer und am Unterteil des Gehäuses schwer anzubringen, kann aber jederzeit, zum Beispiel bei Revisionen, abgenommen und wieder verwendet werden. Die Spritzisolierung ist billig und sicher in kurzer Zeit aufzubringen, muß jedoch bei Demontagen zerstört und nachher wieder erneuert werden.

d) Läufer

Die Laufschaufeln und die Läufer sind hoch beanspruchte Teile einer Dampfturbine. Durch das Bauprinzip der dem Regelrad nachgeschalteten Stufen wird die Läuferform weitgehend festgelegt.

1. Läufer von Gleichdruckturbinen

Durch die Anordnung von Leitschaufelböden haben Gleichdruckturbinen durchweg eine schlanke Welle, und die kritische Drehzahl liegt daher meist unter der Betriebsdrehzahl. Man unterscheidet folgende Bauweisen:

Einstückläufer. Bei Einstückläufern ist ein Lockerwerden der einzelnen Scheiben durch wechselnde Erwärmung im Betrieb nicht möglich, und man erreicht eine geringe axiale Baulänge.

Für mäßige Umfangsgeschwindigkeiten können die Scheiben der Einstückläufer mit gleicher Breite ausgeführt werden. Höhere Umfangsgeschwindigkeiten machen eine Verbreiterung der Scheiben zur Nabe hin erforderlich.

Aus einem Schmiedeblock aus legiertem Stahl werden die einzelnen Radscheiben herausgestochen. Die Übergänge von den Scheiben zur Welle werden sorgfältig gestaltet, um Kerbspannungen zu vermeiden. Danach wird der Läufer vergütet und spannungsfrei geglüht. Nach Fertigbearbeitung und Einsetzen der Laufschaufeln erfolgt eine Schleuderprobe mit mindestens 1,2facher Nenndrehzahl und schließlich die dynamische Auswuchtung.

Wellen mit aufgesetzten Radscheiben. Bei höheren Umfangsgeschwindigkeiten werden einzeln vorgeschmiedete, fertig bearbeitete und ausgewuchtete Scheiben auf eine in gleicher Weise vorbereitete Welle aufgezogen. Durch Formgebung der Scheiben in Anpassung an eine „Scheibe gleicher Festigkeit" mit stetiger Verdickung zur Welle hin und mit kräftiger Nabe wird eine gute Materialausnützung erreicht. Die Befestigung der Scheiben auf die Welle geschieht meistens durch Schrumpfsitz der einzelnen Scheiben direkt auf der treppenförmig abgesetzten Welle. Die Höhe der Schrumpfspannung und damit das übertragbare Drehmoment wird dabei durch entsprechende Spiele erreicht. Zur Sicherung werden Federn vorgesehen, die wegen der Durchbiegungsgefahr von Scheibe zu Scheibe um 180° versetzt sind. Axial erfolgt die Fixierung durch einen Wellenbund auf der einen Seite und eine Wellenmutter mit Sicherung gegenüber Lösen auf der anderen Seite unter Zwischenlage eines axial elastischen Ringes.

Die Verbindung kann auch durch Lippenschweißung an der Nabe erfolgen. Sie wird für Einzelräder angewendet, insbesondere für Regelräder auch von Überdruckturbinen.

Kombinierte Bauform. Bei ihr besteht der Läufer in einem Abschnitt aus einem Einstückläufer mit aus dem Vollen geschmiedeten Scheiben, auf dessen verlängertes Wellenende noch einige Radscheiben aufgesetzt sind.

2. Läufer von Überdruckturbinen

Durch den Entfall von inneren Wellendichtungen und die enge Folge von Leit- und Laufschaufeln können zylindrische oder konische Trommelläufer verwendet werden. Man unterscheidet hier folgende Bauweisen:

Massivläufer. Aus einem massiven, entsprechend der gewünschten Endform vorgeschmiedeten Block aus legiertem Stahl wird nach dem Vorschruppen, Vergüten und einer Reihe von Prüfungen der Läufer samt Ausgleichskolben, Regelrad und anderem herausgedreht. Nach einer Warmlaufprobe und Einsetzen der Laufschaufeln wird der Läufer bei mindestens 1,2facher Betriebsdrehzahl einer Schleuderprobe unterzogen und dann dynamisch ausgewuchtet.

Aus Einzelstücken zusammengesetzte Trommelläufer. Einzeln vorgeschmiedete Radscheiben mit breitem Radkranz und Hohltrommeln mit oder ohne Wellenstummel werden nach dem Fertigbearbeiten der Stirnflächen samt Zentrierbund und Vorbearbeiten des Umfanges zusammengesetzt. In vertikaler Stellung wird durch mehrere, am Umfang verteilte Schweißgeräte unter Schutzgas eine Grundnaht gelegt. Nach dem Aufbringen einiger weiterer Schweißraupen wird der Läufer in horizontaler Lage durch Schweißautomaten fertig geschweißt. Nach dem Glühen des Läufers wird er fertig gedreht, beschaufelt, geschleudert und dynamisch ausgewuchtet (Abb. 49).

Die Läufer der mehrgehäusigen Maschinen werden heute durchweg durch starre Kupplungen zu einem gemeinsamen Wellenstrang verbunden. Während die Querkräfte der Einzelläufer durch Querlager aufgenommen werden, wird die axiale Lage des Wellenstranges durch ein gemeinsames Längslager festgelegt.

3. Ausgleichskolben

Der Axialschub eines Läuferstranges entsteht durch Summierung aller an den Wellen, Laufscheiben, Trommeln, Laufschaufeln und Ausgleichskolben wirkenden Axialkräfte. Diese entstehen hauptsächlich durch die Druckunterschiede zwischen Ein- und Austrittsseite der Stufen. Ein geringer dynamischer Anteil durch die Änderung der Axialgeschwindigkeit in den Laufschaufeln kommt hinzu.

Der Axialschub einer Stufe wirkt in Richtung der Dampfströmung. Bei Gleichdruckturbinen und Turbinen mit nur geringer Reaktion wird der Axialschub durch das Längslager aufgenommen, das entsprechend bemessen wird. Bei Überdruckturbinen wird der Axialschub durch Gegeneinanderschalten von Beschaufelungsteilen und Ausgleichskolben weitgehend intern ausgeglichen. Der verbleibende Restschub wird von einem Längslager kompensiert. Der Ausgleichskolben wird im allgemeinen zwischen dem Regelrad und der vorderen Wellendichtung des HD-Gehäuses angeordnet. Seine der Wellendichtung zu-

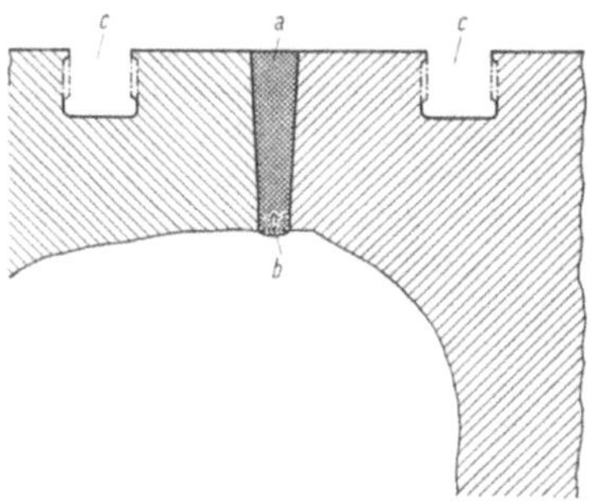

Abb. 49. Längsschnitt durch eine Läuferschweißnaht
a Schweißnaht *b* Zentrierung *c* Schaufeleindrehungen

gewandte Seite ist mit dem Gehäuseenddruck der Turbine verbunden. Die Mantelfläche des Ausgleichskolbens wird mit Labyrinthen abgedichtet. Um die Undichtigkeitsverluste durch diese Dichtungen des Ausgleichskolbens zu verringern sowie aus Platzgründen wird er vielfach gestuft ausgeführt, wobei der kleine Dichtungsdurchmesser auf die Hochdruckseite gelegt wird.

Bei Teillasten, abweichenden Betriebszuständen, oder bei versalzter Beschaufelung ändern sich die Schubkräfte und manchmal auch ihre Richtung.

e) Beschaufelung

1. Bauformen

Nach ihrem Einsatz in Regelstufen, HD-, MD- und ND-Teilen von Gleich- und Überdruckturbinen sind die Ausführungsformen der Schaufeln sehr verschieden.

Leitschaufeln. Die Leitschaufeln sind wegen fehlender Fliehkräfte geringeren Festigkeitsbeanspruchungen ausgesetzt. Sie werden, die ND-Schaufeln ausgenommen, zylindrisch, d.h. mit gleichem Profil vom Fuß bis zur Schaufelspitze, ausgeführt. Die Leitschaufeln (bzw. Düsen) vor Regelrädern werden wegen der hohen Beanspruchung meist aus dem Vollen gefräst. Teilweise verwendet man auch gefräste Düsen, die zu Düsensegmenten zusammengefügt oder zusammengeschweißt werden.

In den folgenden Stufen von Gleichdruckturbinen werden einzeln gefräste Düsen in die Zwischenböden eingesetzt oder eingeschweißt, weniger beanspruchte Leitschaufeln werden als Bleche in die Leitradbodenhälften mit eingegossen. Im ND-Teil sind die Leitschaufeln mit den Leitradböden zusammengegossen.

In die dem Regelrad folgenden Stufen von Überdruckturbinen werden gewöhnlich mit einem Hakenfuß versehene Leitschaufeln unter Verwendung gefräster, konischer Zwischenstücke in Nuten des Gehäuses bzw. der Innenschale eingesetzt. Die Leitschaufeln werden von kaltgezogenen Profilstangen geschnitten und gefräst.

Laufschaufeln. Die Laufschaufeln sind neben den Dampfkräften Fliehkräften ausgesetzt. Während die Laufschaufeln bei Gleichdruckturbinen ein hakenförmiges Profil haben, sind die Laufschaufelprofile von Überdruckturbinen ähnlich einem Tragflügel mit — besonders im HD-Teil — starker Abrundung der Eintrittskante ausgebildet und haben dieselbe Form wie die zugehörigen Leitschaufeln. Die hochbelasteten Laufschaufeln von Regelrädern werden gewöhnlich zusammen mit ihrem Fuß und dem Deckbandanteil aus einem Stück gefräst. Vielfach werden auch mehrere fertig gefräste Schaufeln samt Deckbandteil und Fuß miteinander verschweißt und als Zwillinge oder Drillinge auf den entsprechenden vorbearbeiteten Kranz des Regelrades befestigt.

Bei den Laufschaufeln der nachgeschalteten Stufen finden sich (mit Ausnahme der für geringer beanspruchte Laufschaufeln verwendeten Befestigungsform des angestauchten Laufschaufelfußes mit in Rillen des Läufers eingreifenden Zwischenstücken) durchweg aus prismatischen Stäben herausgefräste zylindrische Profilschaufeln mit aus dem Vollmaterial herausgearbeitetem Schaufelfuß. Dieser kann zu seiner Befestigung im Läufer ausgebildet sein

als einfacher oder doppelter Hammerfuß (bis zu mittleren Schaufellängen) (Abb. 50),
als Steckfuß mit zwei bis vier Gabeln und ein bis drei Bolzenreihen (für Regelräder sowie für Laufschaufeln von Endstufen) (Abb. 53),
als Tannenfuß (für die Laufschaufeln von Endstufen) (Abb. 52)
oder als Reiterfuß (vorzugsweise für die Scheiben von Gleichdruckturbinen).

Lange Laufschaufeln sowie die Laufschaufeln von Endstufen werden verwunden und zur Spitze hin verjüngt ausgeführt. Sie werden entweder mit dem Schaufelfuß zusammen aus dem Vollen gefräst oder im Gesenk geschlagen, entgratet und geschliffen.

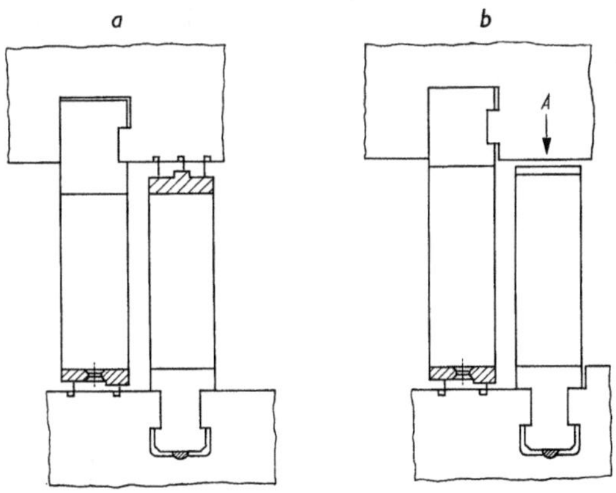

Abb. 50 a u. b. Spaltabdichtung bei Überdruckschaufeln
a) Laufschaufel mit Deckband
b) Laufschaufel mit Anschärfung am Schaufelende

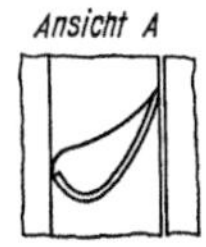

Deckbänder. Zur Verbesserung der Spaltabdichtung und zur Versteifung gegen Schwingungen kann man Deckbänder auf die Laufschaufel- und Leitschaufelkränze aufnieten. Diese Deckbänder werden durch Überdrehen zusätzlich mit radialen, manchmal auch axialen Spitzen versehen. Das Einteilen der Deckbänder in mehrere Bogensegmente verhindert Zusatzbeanspruchungen durch unterschiedliche Dehnung. Bei den Laufrädern von Regelstufen und auch bei sonstigen Trommelstufen wird die Deckbandpartie vielfach zusammen mit der Laufschaufel und ihrem Fuß aus einem Stück gefräst (Abb. 50). In die Gegenfläche des Gehäuses eingestemmte Dichtstreifen verbessern die Abdichtung der Radialspalte.

Anschärfung der Schaufeln am freien Ende. Bei längeren Laufschaufeln der letzten Stufen von MD- und ND-Teil erfolgt die Spaltabdichtung lediglich durch eine Anschärfung am Schaufelende auf der Profilrückenseite. Die technisch und wirtschaftlich sinnvolle Grenze zwischen der Anwendung von Deckbändern und Rückenanschärfung wird durch Versuche auf dem Stufenprüfstand ermittelt.

Binde- oder Dämpferdrähte. Zur Änderung der Eigenfrequenz von Schaufelpaketen oder zur Dämpfung der Schwingungen von Einzelschaufeln werden manchmal längere Schaufeln durch einen oder mehrere Drähte verbunden, die als Bindedrähte durch Bohrungen gesteckt und mit den Schaufeln hart verlötet werden oder als Dämpferdrähte ledig-

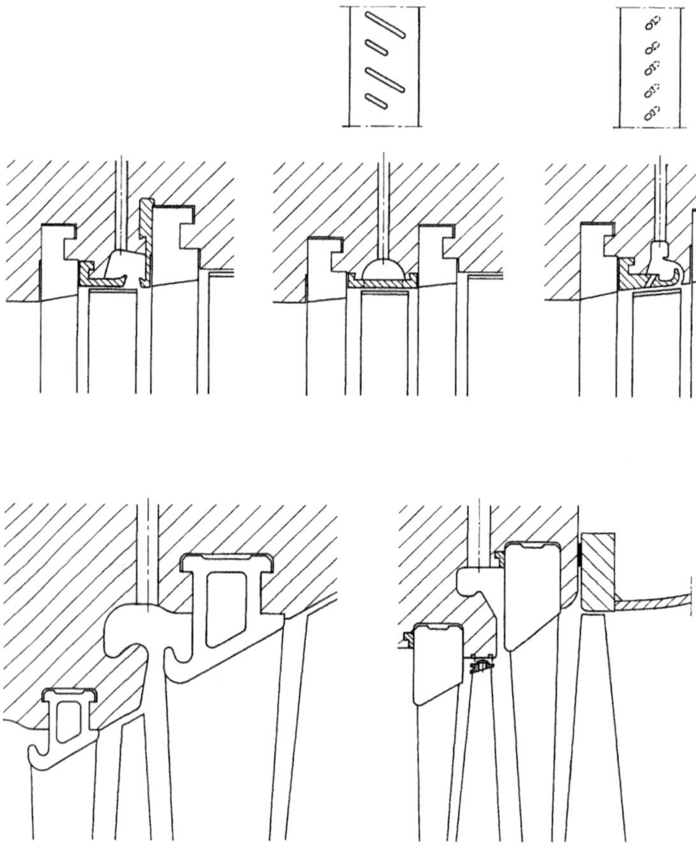

Abb. 51. Ausführung von Stufenentwässerungen

lich durch die Bohrungen gezogen werden, wo sie im Betrieb durch die Fliehkraft anliegen. Man ordnet diese Drähte möglichst an der Stelle eines Schwingungsbauches an.

Entwässerungen, Kantenschutz. Zur Abführung der im Naßdampfgebiet ausgeschiedenen und nach außen abgeschleuderten Wassertröpfchen wird das Gehäuse mit ringförmigen Auffangkanälen versehen, in denen das abgeschleuderte Wasser gesammelt und direkt zum Kondensator abgeführt wird (Abb. 51). Die im Bereich des Naßdampfes befindlichen Laufschaufeln werden zur Vermeidung von Erosionsangriffen der Wassertröpfchen an der Eintrittskante geschützt. Dies geschieht durch Oberflächenhärtung, durch Aufbringen von Stellit-Kanten und ähnlichen Maßnahmen.

Einbau. Die Schaufeln und Zwischenstücke werden durch eine Aussparung der Ringnut eingesetzt und am Umfang aufgereiht. Die entsprechend der Form der Läufernut gerundeten Tragflächen der Laufschaufelfüße werden oft durch Unterkeilen mit Stemmdraht zum Anliegen gebracht.

2. Gestaltung der Schaufeln

Die Gestaltung der Schaufeln und des Strömungskanales erfolgt durch Zusammenwirken von Berechnung und Versuch.

Kontur der Beschaufelung. Man bemüht sich, eine möglichst kontinuierliche Zunahme der Schaufellängen ohne Sprünge zu erreichen. Mit Rücksicht auf die Spaltverluste werden zu kleine Schaufellängen durch Wahl eines geringeren Beaufschlagungsdurchmessers oder bei Gleichdruckstufen auch durch Teilbeaufschlagung vermieden. Die radialen Spiele zwischen feststehenden und umlaufenden Teilen werden so klein gewählt, wie es die Verlagerungen und Verformungen bei den verschiedenen Betriebszuständen gestatten. Sie betragen bei starren Läufern rd. 1 bis 2‰ des Dichtungsdurchmessers. Sind die Schaufeln nicht angeschärft oder die Deckbänder nicht mit Dichtungsspitzen versehen, so müssen die Spiele größer gewählt werden.

Profilform. Aus den Schaufeldreiecken gehen die Ein- und Austrittswinkel der Beschaufelung im mittleren Beaufschlagungsdurchmesser hervor. Die Optimalwerte hierfür sind in Abschn. II g, S. 15, angegeben.

Grundsätzlich werden bei der Entwicklung der Profilform die Verluste möglichst klein gehalten, und es wird auf eine einfache Herstellbarkeit geachtet. Versuchsergebnisse an Einzelschaufeln und an Gittern werden berücksichtigt. Die gefundene Profilform wird sodann auf Festigkeit und Schwingungsverhalten überprüft. Die fertig bearbeiteten Schaufeln werden mit Lehren einer Kontrolle auf Maßhaltigkeit unterzogen. Von längeren Schaufeln bestimmt man die Eigenfrequenzen. Für verwundene und verjüngte Schaufeln wird die Profilform für mehrere Schnitte festgelegt.

Schaufelteilung. Die Schaufelteilung wird durch die Profilform und die Forderung nach günstiger Kanalform festgelegt. Bei zu großer Schaufelteilung wird der Dampf zu wenig geführt; umgekehrt wachsen die Reibungsverluste bei zu geringer Teilung an.

Festigkeit. Die zusammengesetzte Beanspruchung der Einzelschaufel durch Dampfkräfte, durch die Fliehkraft und durch Schwingungen ist am Übergang zum Schaufelfuß am größten. Zur Vermeidung von Kerbspannungen wird der Übergang vom Schaufelblatt zum Fuß einer Laufschaufel daher sorgfältig abgerundet, und die tragenden Flächen werden mit größtmöglicher Präzision bearbeitet. Schaufelfüße mit mehreren Stützflächen werden im Querschnitt abgestuft, um ein sattes Tragen aller Flächen zu erreichen. Besondere Aufmerksamkeit wird in Berechnung und Versuch den Übergangsstellen, den Einschnürungen am Schaufelfuß, den Auflageflächen und Bohrungen (mit Rücksicht auf Flächenpressungen) und den Bolzen gewidmet. Die Spannungsverteilungen an den Kerben werden mit Hilfe der Spannungsoptik ermittelt.

Als Schaufelmaterial wird für Leit- und Laufschaufeln legierter Stahl verwendet, der entsprechend dem Temperaturbereich ausgewählt wird. Im Hochtemperaturgebiet finden auch austenitische Stähle Anwendung.

Normprofile. In der praktischen Ausführung hat sich eine Normung der Schaufelprofile nach einer wohldurchdachten Serie als notwendig und zweckmäßig erwiesen. Hierdurch wird die Fertigung von einer übermäßig großen Zahl auszuführender Profile entlastet, während andererseits die Berechnung und Konstruktion nicht zu stark gebunden werden.

Für Gleichdruckturbinen sind wegen der Verschiedenheit der Profile für Leit- und Laufschaufeln getrennte Serien erforderlich.

Die Stufung erfolgt nach Profilformen, Profilbreiten und Austrittswinkeln.

Die Profilform wird dabei in einem verhältnismäßig weiten Bereich von α_1 und von c_0/u nicht geändert. Man paßt sich vielmehr durch Schwenken des ganzen Profiles um die Austrittskante an. Dies geschieht praktisch durch entsprechende Bearbeitung der Schaufelfüße und Zwischenstücke.

3. Die Endstufe

Die Abmessungen der letzten Laufschaufel bestimmen den Austrittsquerschnitt und damit weitgehend die in einer Einheit erreichbare Leistung einer Kondensationsturbine. Die Beanspruchungen der Endschaufel und ihrer Befestigung sind vielseitig. Sie entstehen hauptsächlich durch Fliehkräfte, Dampfkräfte und Schwingungen, wobei auch auf Kerbwirkungen und etwaige Wärmespannungen zu achten ist. Neben ausreichender Festigkeit gegen diese Beanspruchungen wird von den Endschaufeln eine möglichst gute Umsetzung der Strömungsenergie, ein hohes Schluckvermögen und ein niedriger Auslaßverlust bei einfacher Herstellbarkeit verlangt (Abb. 52).

Abb. 52. Die Endschaufeln einer Großturbine (Werkbild Siemens)

Form. Im Zuge der Entwicklung ist die freistehende Schaufel ohne Deckband und ohne Binde- oder Dämpferdrähte anzustreben. Der Bau dieser Schaufeln setzt jedoch eine große Treffsicherheit in der Berechnung voraus (Abb. 53). Durch sorgfältige Ausbildung wird eine einwandfreie Einspannung und damit eine Eingrenzung des Streubereiches der Eigenfrequenzen erreicht. Um bei der vom Schaufelfuß bis zur Schaufelspitze stark zunehmenden Umfangsgeschwindigkeit einen stoßfreien Eintritt und in jedem Schaufelschnitt gleichen Energieumsatz zu erreichen, wird das Schaufelblatt um seine Schwerachse verwunden. Unabhängig vom Bauprinzip der Turbine nimmt der Reaktionsgrad vom Fuß bis zur Schaufelspitze zu. Die Form der Schaufel entspricht dabei im Fußquerschnitt einem Gleichdruckprofil, das zur Spitze hin „aufgedreht" wird und dort ein etwas gekrümmtes Profil hat. Die Belastung der unteren Schaufelquerschnitte wird durch Verjüngung des Blattquerschnittes zur Spitze hin verringert (Abb. 53).

Bisher war es üblich, die Schaufeln starr auszuführen, die verbindende Schwerlinie der Einzelschwerpunkte jedes Schnittes möglichst radial zu stellen und zusätzliche Biegespannungen und Kippmomente durch die Fliehkraft zu vermeiden. Neuerdings wurden jedoch ND-Schaufeln entwickelt, die mit der Grundschwingung bei der Auslegungsdrehzahl unter der ersten oberen Harmonischen liegen. Sie werden als „biegeweich" oder auch als „weich" bezeichnet und sind nicht fest genug, um die Durchbiegung infolge der Dampfkräfte auszuhalten. Hier wird aber die sonst unerwünschte Fliehkraft ausgenützt, die Schaufel durch die Fliehkraftrückbiegung zu entlasten. Diese Rückbiegung hebt das Dampfbiegemoment fast auf.

Grundprinzipien der thermodynamischen Ausbildung. Für die Endstufen bestehen verschiedene Möglichkeiten der strömungstechnischen Ausbildung. Man strebt gleiches

Tabelle 4. *Möglichkeiten der strömungstechnischen Ausbildung von Endschaufeln*

	Type A	Type B	Type C
Bezeichnung	Wirbelfluß-Schauflung (free vortex blading) mit konstanter Axialkomponente der Geschwindigkeit über die ganze Schaufellänge	Wirbelfluß-Schauflung mit konstanter Mengenstromdichte über die ganze Schaufellänge	Endstufe mit zylindrischer Leitschaufel
Strömungsart am Laufschaufeleintritt	Wirbelfreie Potentialströmung (mit nach außen hyperbolisch abnehmender Umfangskomponente c_{1u} der Absolutgeschwindigkeit $c_{1u} \cdot r = \mathrm{const}_1$	Wirbelfreie Potentialströmung $c_{1u} \cdot r = \mathrm{const}_1$	Wirbelströmung (mit nach außen gegenüber A und B in geringerem Maße abnehmender Umfangskomponente c_{1u}) $c_{1u} \cdot r = \mathrm{const}_1$
am Laufschaufelaustritt	Wirbelfreie Potentialströmung $c_{2u} \cdot r = \mathrm{const}_2$ Bei der Endschaufel mit senkrechtem Austritt $c_{2u} = 0 = \mathrm{const}_2$	Wirbelfreie Potentialströmung $c_{2u} \cdot r = \mathrm{const}_2$ Bei der Endschaufel mit senkrechtem Austritt $c_{2u} = 0 = \mathrm{const}_2$	Wirbelfreie Potentialströmung $c_{2u} \cdot r = \mathrm{const}_2$ Bei der Endschaufel mit senkrechtem Austritt $c_{2u} = 0 = \mathrm{const}_2$
Schaufeldreiecke am Laufschaufeleintritt	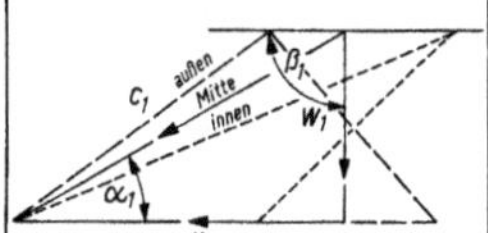	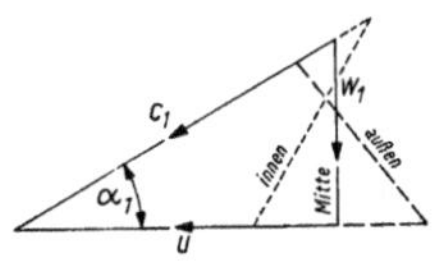	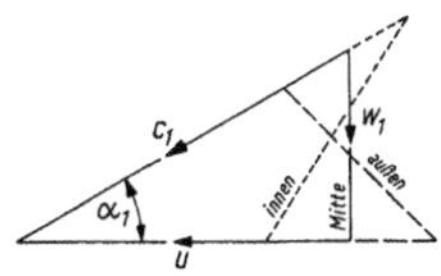
am Laufschaufelaustritt	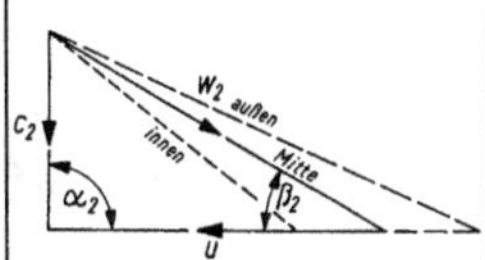	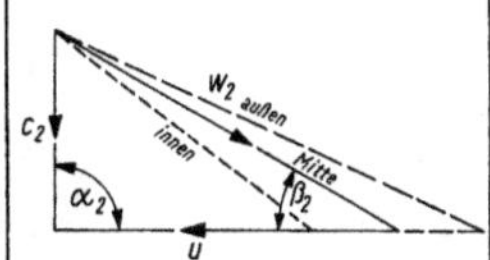	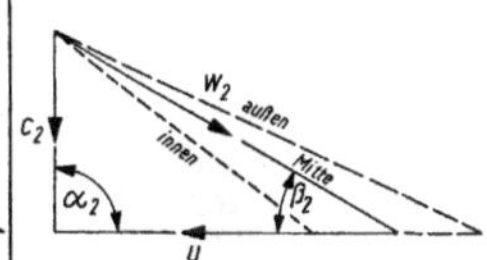
Axialkomponente der Strömungsgeschwindigkeit	In der ganzen Stufe konstant über die Schaufellänge	Am Eintritt in die Laufschaufel von innen nach außen etwas abnehmend Am Austritt aus der Laufschaufel konstant über die Schaufellänge	Am Eintritt in die Laufschaufel von innen nach außen abnehmend Am Austritt aus der Laufschaufel konstant über die Schaufellänge
Mengenstromdichte (sekundliches Durchsatzgewicht je Flächeneinheit $G_s/F = c_{ax}/v$) am Laufschaufeleintritt	Durch radialen Druckanstieg $dp/dr = \gamma/g \cdot c_u^2/r$ nach außen zunehmend	Konstant über die Schaufellänge	Nach außen etwas abnehmend
am Laufschaufelaustritt	Konstant über die Schaufellänge	Konstant über die Schaufellänge	Konstant über die Schaufellänge

Gefälle längs der Schaufel vom Eintritt bis zum Austritt der Stufe an (d.h. konstanten Energiezustand längs dem Leitschaufeleintritt und konstanten Austrittszustand längs dem Laufschaufelaustritt oder isoenergetische Strömung) und einen senkrechten Austritt aus der Laufschaufel. Die übrigen Charakteristika sind in Tabelle 4 aufgeführt.

Die Wirbelflußbeschaufelung (Typen A und B) hat den Vorteil, daß sie bei inkompressiblem Medium leichter durchzurechnen ist. Praktisch muß ein Kompromiß geschlossen werden.

Endnässe. Dem Einfluß der Dampfnässe wird durch rechnerische Ansätze und Verwertung von Ergebnissen aus Messungen Rechnung getragen. Der Wassergehalt des Naßdampfes verringert durch Reibungskräfte auf die Laufschaufeln den Wirkungsgrad der Turbine. Außerdem werden die Eintrittskanten der Schaufeln im Laufe der Zeit ausgewaschen. Man strebt durch Wahl des Zudampfzustandes und durch Entwässerungen die

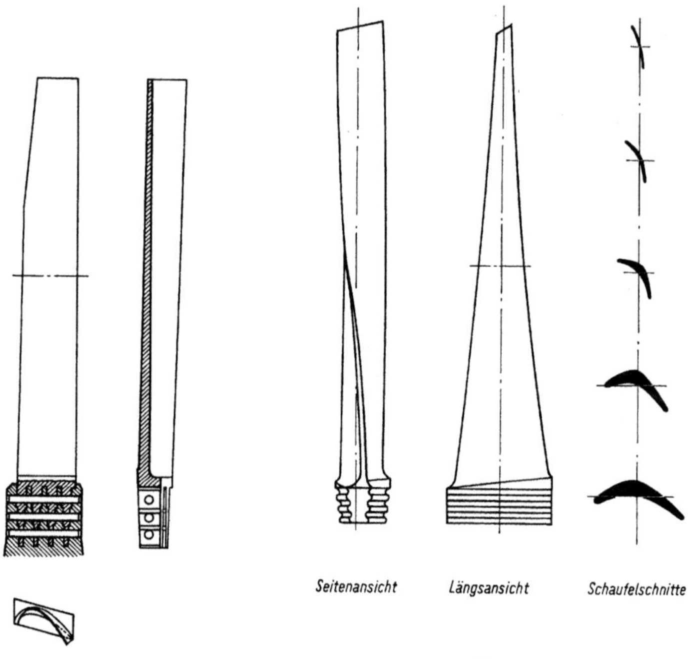

Abb. 53. Beispiele von Endschaufelausführungen

Endnässe des Abdampfes zu verringern. Zum direkten Schutz der Schaufeleintrittskanten dient das bereits erwähnte Härten der Oberfläche oder das Aufbringen von Stellit.

Weiterentwicklung. An der Weiterentwicklung der für die erreichbare Grenzleistung von Kondensationsturbinen entscheidenden letzten Laufschaufel wird von allen Turbinenherstellern gearbeitet. Von den verschiedenen Herstellern wurden 1965 die in Tabelle 5 aufgeführten Endschaufeln verwendet.

Das Ziel aller Bemühungen auf diesem Gebiet ist die Erreichung einer noch größeren Austrittsfläche bei guter Strömungsführung und ausreichendem Sicherheitsfaktor. Durch konsequente Anwendung der Erkenntnisse über die dreidimensionale Strömung sowie durch die in Richtung höherer Streckgrenzen und geringerer Dichten entwickelten Werkstoffe sind weitere Fortschritte zu erwarten.

Normung der ND-Teile. Mit Rücksicht auf eine wirtschaftliche Fertigung haben die Turbinenhersteller für die Endstufen samt davorliegenden ND-Stufen, ND-Gehäuse und ungesteuerten ND-Entnahmen Typenreihen mit bestimmten Abmessungen festgelegt. Durch die Kombination derartiger genormter ND-Teile zu mehrflutigen Anordnungen wird eine gestufte Reihe von Austrittsquerschnitten bereitgestellt.

Tabelle 5. *Endschaufeln verschiedener Hersteller*

Hersteller	Land	l mm	D mm	$F_{A ges}$ m²	l/D	u_a m/s	n U/min
AEG	Deutschland	850	2250	6,05	0,378	487	3000
AEI	Großbritannien	915	2500	7,20	0,366	536	3000
Alsthom	Frankreich	860	2400	6,50	0,358	511	3000
BBC	Schweiz	750	2550	6,01	0,294	518	3000
CEM	Frankreich	1000	2400	7,50	0,417	533	3000
Charkow	UdSSR	1050	2550	8,41	0,412	565	3000
EE	Großbritannien	914	2540	7,29	0,360	542	3000
Escher Wyss	Schweiz	712	2050	4,58	0,347	433	3000
Franco Tosi	Italien	1020	2200	6,90	0,464	505	3000
GE	USA	850	2300	6,25	0,370	595	3600
GEC	Großbritannien	965	2490	7,55	0,387	542	3000
Leningrad	UdSSR	960	2480	7,48	0,387	540	3000
MAN	Deutschland	750	2200	5,18	0,341	463	3000
Parsons	Großbritannien	914	2540	7,29	0,360	542	3000
Rateau	Frankreich	650	2050	4,18	0,317	424	3000
Schneider-Creusot	Frankreich	700	2100	4,61	0,333	440	3000
Siemens	Deutschland	820	2220	5,70	0,369	478	3000
Skoda	CSSR	840	2440	6,44	0,343	515	3000
VEB	Deutschland	650	2000	4,09	0,325	416	3000
Westinghouse	USA	787	2300	5,73	0,342	585	3600

f) Wellendichtungen

Die Durchtrittsstellen der Welle durch das Gehäuse oder zwischen Gehäuseteilen verschiedenen Druckes werden durch Wellendichtungen abgedichtet. Die durch diese strömende Dampfmenge geht für die Arbeitsleistung in der Turbine verloren (Abb. 19). Es finden ausschließlich berührungslose Labyrinth-Dichtungen Verwendung. Man unterscheidet axial und radial durchströmte Wellendichtungen. Im ersten Fall strömt der Dampf entlang der Welle, im zweiten in radialer Richtung mit meistens mehrfachen Umlenkungen (Abb. 54 und 55). In den Labyrinthen wird der Dampf durch mehrfache Drosselung in engen Ringspalten zwischen Welle und Dichtungsschale entspannt, wobei hinter jeder Engstelle noch eine Verwirbelung auftritt. Je größer die Anzahl der Dichtspitzen ist und je kleiner der Spalt gewählt werden kann, desto geringer ist die durchströmende Dampfmenge. Die Anzahl der Dichtspitzen hängt von der Größe des Druckgefälles ab, während der Spalt mit entsprechender Sicherheit gegen Anstreifen beim An- und Abfahren gewählt wird.

Beim Anfahren steht die Turbine zuerst vom Kondensator her unter Vakuum, und es würde über die Wellendichtungen Luft angesaugt werden. Um dies zu verhindern, ist die in Abb. 19 dargestellte Ringleitung für Wellendichtungen vorgesehen, die durch Regelventile mit der Zudampfseite und mit dem Kondensator verbunden ist. Sie sorgen für die Einhaltung eines Druckes von rd. 1,1 ata bei allen Betriebszuständen. Im Anfahrstadium wird also Dampf von der Zudampfseite zu den Wellendichtungen geleitet und ein Eindrin-

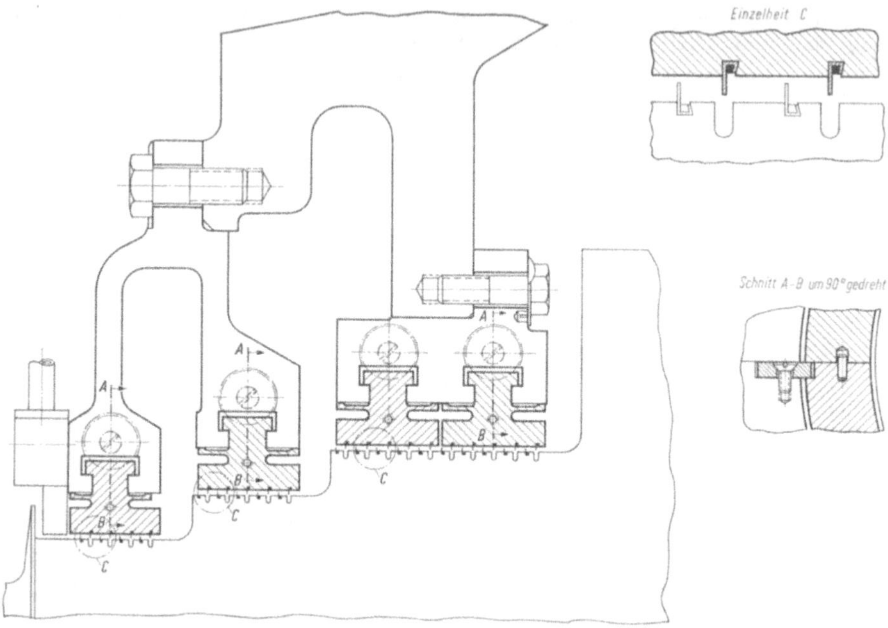

Abb. 54. Äußere Wellendichtung mit axialen Labyrinthen

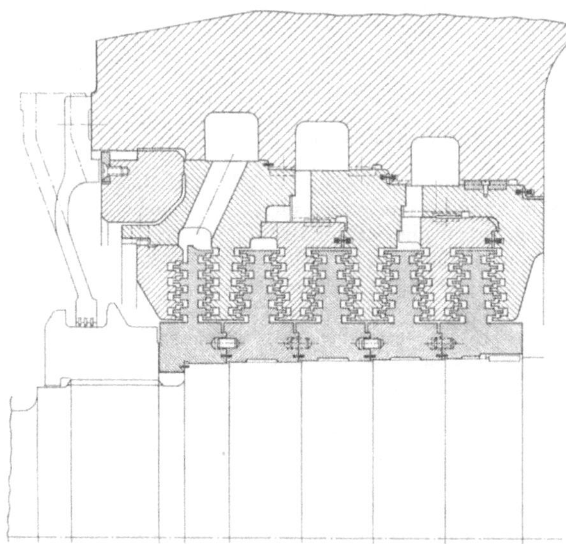

Abb. 55. Äußere Wellendichtung mit radialen Labyrinthen

gen von Luft verhindert. Während des Betriebes ist der Druck innerhalb der Turbine größer als der Druck in der Ringleitung. Deshalb muß das Regelventil zum Kondensator öffnen, um den Wellendichtungsdampf abzuleiten bzw. ein Ansteigen des Druckes in der

Ringleitung zu verhindern. Durch den nach außen führenden Teil der Wellendichtungen tritt nur ein leichter Dampfschleier aus, der durch einen Kamin in das Maschinenhaus gelangt oder in einem Leckdampfkondensator niedergeschlagen wird. Der Dampf von Wellendichtungen im höheren Druckbereich wird in eine entsprechende nachfolgende Stufe geleitet und dem Arbeitsdampf wieder beigemischt.

Die Ausgleichskolben werden grundsätzlich in gleicher Weise ausgeführt wie die Wellendichtungen.

Axial durchströmte Wellendichtungen. Die Welle oder eine auf sie aufgeschobene Büchse ist glatt oder mit Kammnuten versehen. Es werden auch Bleche mit Stemmdraht in vorgestochene Ringnuten der Welle eingestemmt. Da die vom Dichtungsdampf bespülten Bleche nur auf einer kleinen Fläche streifen können und ihr kleiner Querschnitt die Reibungswärme kaum transportiert, wird beim etwaigen Anstreifen eine einseitige Erwärmung der Welle und damit ein ernster Schaden vermieden. Zwischen den eingestemmten Blechen werden manchmal Entlastungsnuten eingestochen, um die durch das Einstemmen hervorgerufenen Spannungen auszugleichen und die Wärmebeanspruchung beim Anstreifen eines Bleches zu verringern (siehe Abb. 54). Die Wellendichtungen sind in zwei Hälften geteilt und entweder direkt im Gehäuse oder in getrennten Dichtungsschalen befestigt, die in das Gehäuse eingesetzt sind. Die Innenflächen einer Wellendichtung sind kammförmig ausgedreht oder ebenfalls mit Dichtblechen ausgerüstet.

Vielfach werden die Wellendichtungen axial in mehrere Gruppen geteilt, die einzeln in T-förmigen Ringnuten des Gehäuses oder der Dichtungsschale eingeschoben und gegen Mitdrehen gesichert sind. Manchmal sind die Dichtungen in Segmente unterteilt, die dann von einer gewellten Bandfeder gehalten werden. Die axiale Einstellung der feststehenden Kämme gegen die Spitzen auf der Welle geschieht durch Beilageringe. Manchmal stuft man die Labyrinth-Durchmesser nach außen ab, um einen allmählichen Übergang vom Trommelteil zum Wellenzapfen zu erreichen und die Dampfmenge zu verringern.

Radiale Wellendichtungen. Diese werden hauptsächlich bei hohen abzudichtenden Druckunterschieden angewendet, um den Lagerabstand mit Rücksicht auf Baulänge und kritische Drehzahl einzuhalten. Die Dichtung geschieht durch Bleche, die in tannenbaumförmige Ringscheiben eingestemmt sind. Die rotierenden und feststehenden Dichtungsringe werden nacheinander auf die Welle oder auf eine Laufbuchse aufgeschoben und gegen Drehen gesichert. Die Festscheiben werden im Gehäuse gehalten, die rotierenden mit einer Wellenmutter befestigt (siehe Abb. 55).

Lauf- und Festscheiben sind derart zentriert, daß sie auch bei Erwärmung und Ausdehnung ihre konzentrische Lage beibehalten.

g) Lager, Kupplungen, Dreheinrichtungen

1. Querlager

Dampfturbinen haben durchweg Gleitlager, die mit Drucköl versorgt werden. Jedes Querlager besteht aus den beiden Lagerschalen, einem unteren Einstellring und einem oberen Lagerbügel. Der untere Einstellring stützt sich auf den Lagerbock ab (Abb. 56). Die Lagerschalen, die aus Stahl bestehen, sind an den Gleitflächen mit einem Weißmetallausguß versehen. Das Schmieröl wird von beiden Seiten an die Lagerschale herangeführt und strömt zu den in die Teilfuge der oberen und der unteren Lagerschale eingefrästen Ölräumen, die zum Wellenzapfen hin offen sind. Das Öl wird aus den in den Weißmetallausguß eingearbeiteten Öltaschen heraus durch die Welle mitgerissen. Das Lager ist als Zweikeillager ausgebildet, d.h. im Ölfilm bilden sich durch geeignete Ausbildung der Spiele zwischen Wellenzapfen und Lagerbohrung zwei Öldruckkeile aus, die die Lage der Welle im Lager stabilisieren. Das Öl tritt seitlich aus der Lagerschale wieder aus, wird durch die Spritzbleche aufgefangen und nach unten in den Lagerbock abgeführt. Die Temperatur im Lagerkörper wird mittels eines Thermoelementes überwacht.

Die Fixierung beider Lagerschalen aufeinander erfolgt durch zwei Kegelstifte, während sie durch vier Zylinderschrauben miteinander verschraubt sind.

In die Ölabflußbohrungen werden von oben durch den Lagerdeckel hindurch Thermometer gesteckt. Meistens erfolgt die Messung der Lagertemperatur jedoch durch Thermoelemente in der Lagerschale. An der tiefsten Stelle der unteren Lagerschale wird durch besondere Bohrungen das Drucköl der Anhebeölpumpe zugeführt. Um ein unnötiges Herumschleudern des austretenden Öles im Lagergehäuse zu verhindern, sind an beiden Enden der Lagerschalen Ölabstreifbleche eingesetzt.

Die Sitze der Lagerschalen von Großmaschinen sind meist kugelförmig ausgebildet. Die Lager stellen sich damit nach der Welle ein. Die genaue Ausrichtung der Lager einer Turbine entsprechend der elastischen Linie des zusammengekuppelten Wellenstranges geschieht

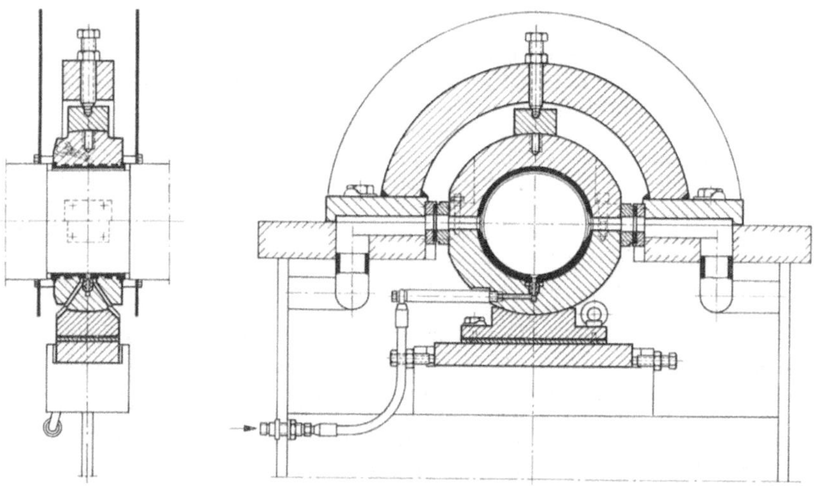

Abb. 56. Querlager

durch Paßsteine am unteren Einstellring. Der steif ausgeführte Lagerbügel ist mit diesem Einstellring und dem Lagerbock verschraubt und umschließt die beiden Lagerschalenhälften.

Der Lagerbock ist mit dem Turbinengehäuse durch die Gehäuseführung fest verbunden, wobei sich das Gehäuse jedoch radial frei dehnen kann. Gegenüber dem Grundrahmen sind die schiebenden Lagerböcke durch Paßfedern geführt und gegen Kanten und Abheben gesichert.

Der Wellendurchtritt durch das Lagergehäuse ist durch Spritzbleche mit Spitzendichtung gegen Ölaustritt oder Dampfschwadeneintritt abgedichtet.

2. Längslager

Der starr gekuppelte Wellenstrang einer Turbine wird gegenüber den Gehäusen durch ein einziges Längslager axial fixiert. Um die Relativdehnungen möglichst klein zu halten, ist dieses Lager meist zwischen HD- und MD-Gehäuse angeordnet. Das Längslager (auch Drucklager oder Blocklager genannt) wird für den maximalen, nicht ausgeglichenen Restschub bemessen. Dieser wechselt mit der Belastung der Turbine und bei Änderung des Dampfzustandes, und das Lager muß deshalb nach beiden Richtungen wirksam sein. Nach

Höhe der maximalen Belastung hat man Einring- und Zweiring-Längslager (Abb. 57 und 58) entwickelt.

Das Längslager hält den Wellenbund, der aus der Welle herausgearbeitet ist oder aus einer übergeschobenen Büchse besteht und den Schub der Welle auf ein Lagergehäuse überträgt, welches sich seinerseits auf den Lagerbock abstützt. Die axiale Ausrichtung im

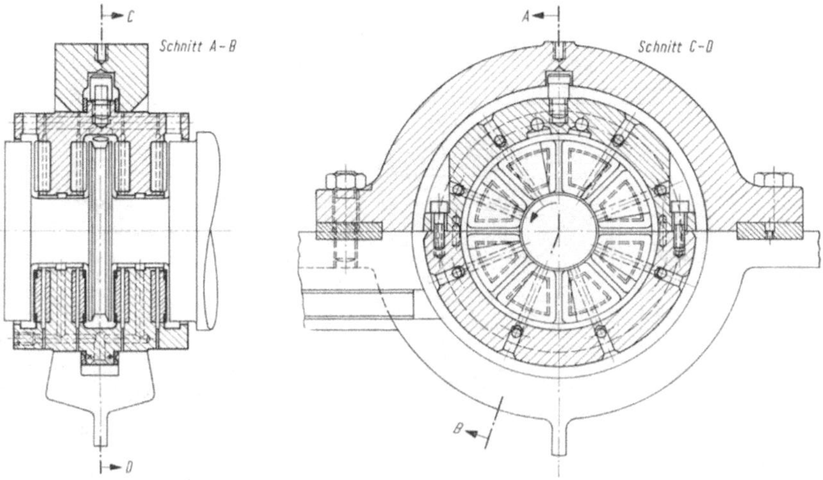

Abb. 57. Zweischeiben-Längslager, Schnitte

Lagergehäuse und damit die Einstellung der Axialspiele von Schaufeln und Wellendichtungen erfolgt durch Beilagen.

Die Übertragung des Schubes vom Wellenbund auf das Lagergehäuse geschieht über segmentförmige Druckklötze mit Weißmetallauflage, die eine Kippkante aufweisen. Entsprechend der Belastung können sich dadurch die einzelnen Druckklötze frei einstellen und einen tragfähigen Ölkeil bilden. Haltebolzen verhindern ein Herausfallen aus der Lagerschale. Ein gleichmäßiges Tragen aller Segmente wird durch elastische Ausbildung eines zwischengelegten Stützringes erreicht.

Das Öl wird durch Radialbohrungen der Lagerschale nach innen geführt, wo es sich auf die Gleitflächen der Druckklötze verteilt und nach außen abströmt. Der Ölaustritt ist oben. Die Temperatur wird in den Ablaufbohrungen gemessen.

In vielen Ausführungen findet man das Drucklager mit dem benachbarten Traglager kombiniert.

Abb. 58. Zweischeiben-Längslager (Werkbild Siemens)

3. Kupplungen

Die einzelnen Läufer von Großmaschinen werden heute starr miteinander gekuppelt. Die Ausrichtung der Lager erfolgt entsprechend der statischen Biegelinie des Wellenstranges. Die Kupplungsflansche sind entweder aus dem

Wellenmaterial geschmiedet oder auf die Welle aufgeschrumpft. In letzterem Falle werden zur Sicherung zusätzlich Paßfedern eingebaut. Ein Lösen der Kupplungshälfte von der Welle wird durch eine mit Gewindestift gesicherte Wellenmutter verhindert (Abb. 59).

Die Kupplungsflansche werden durch einen Bund oder durch eine zwischengelegte Scheibe gegeneinander zentriert. In gemeinsam aufgeriebene Bohrungen werden die Kupplungsbolzen eingesetzt. Die Kupplungsbolzen und die Muttern sind gegen Verdrehen

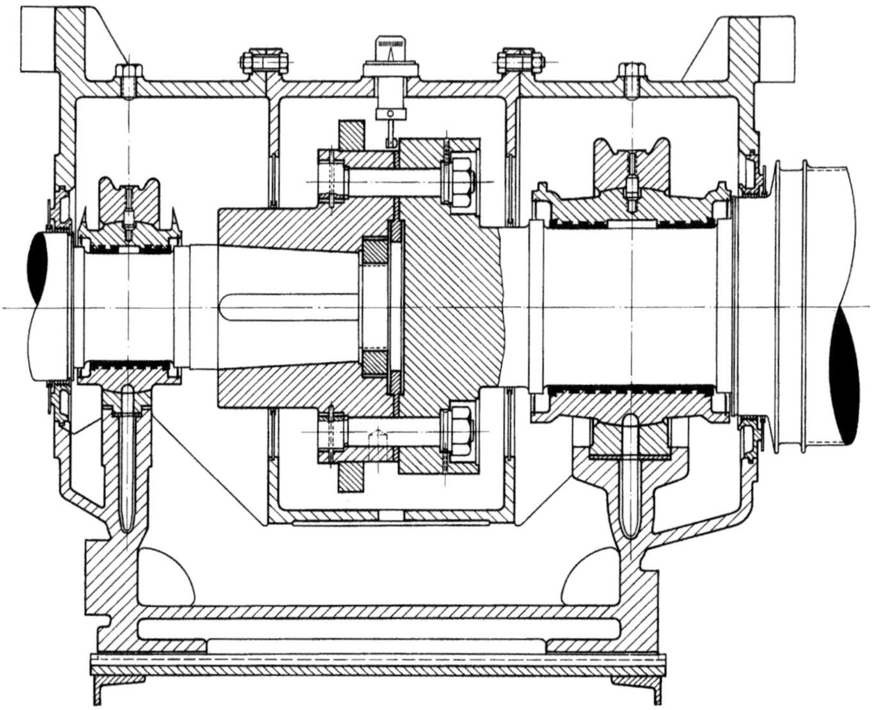

Abb. 59. Lager- und Kupplungsgehäuse

gesichert und die Öffnungen für die versenkten Muttern mit einem aufgeschraubten Ring abgedeckt. Zum Auseinanderdrücken der Wellen sind in einem Kupplungsflansch diametral zwei Gewinde für Abdrückschrauben vorgesehen. An eine der Kupplungen wird das Antriebsrad der Dreheinrichtung mit beidseitigem Zentrierbund eingespannt (Abb. 60).

4. Dreheinrichtung

Um ein Durchbiegen der Läufer durch einseitiges Erwärmen beim Anfahren oder durch einseitiges Abkühlen beim Abstellen zu verhindern und eine gleichmäßige Temperaturverteilung in den Gehäusen zu erreichen, wird eine Wellendreheinrichtung vorgesehen, welche den Wellenstrang in diesen Betriebsphasen mit niedriger Drehzahl antreibt.

Es gibt unterschiedliche Konstruktionen von Dreheinrichtungen. Bei der mechanischen treibt ein Elektromotor über ein Schneckengetriebe und eine Überholkupplung die Welle über ein zwischen zwei Kupplungshälften eingesetztes Antriebsrad an. Bei der hydraulischen wird von der Hilfsölpumpe ein einkränziges Gleichdruckturbinenrad mit Drucköl beaufschlagt, das zwischen zwei Kupplungshälften eingefügt ist (Abb. 61). Man kann auch

Kondensat durch Düsen auf die letzten Turbinenschaufeln spritzen und damit die Turbine antreiben. Wenn man die Kupplung zwischen Turbine und Generator als Läufer eines Wellenmotors ausbildet, läßt sich der Läufer direkt elektrisch antreiben. Schließlich läßt sich auch die Erregermaschine als Motor betreiben.

Vor dem Einschalten der Wellendrehvorrichtung bei Stillstand der Turbine wird die Welle durch Drucköl der Anhebeölpumpe angehoben, um das Losbrechmoment zu ver-

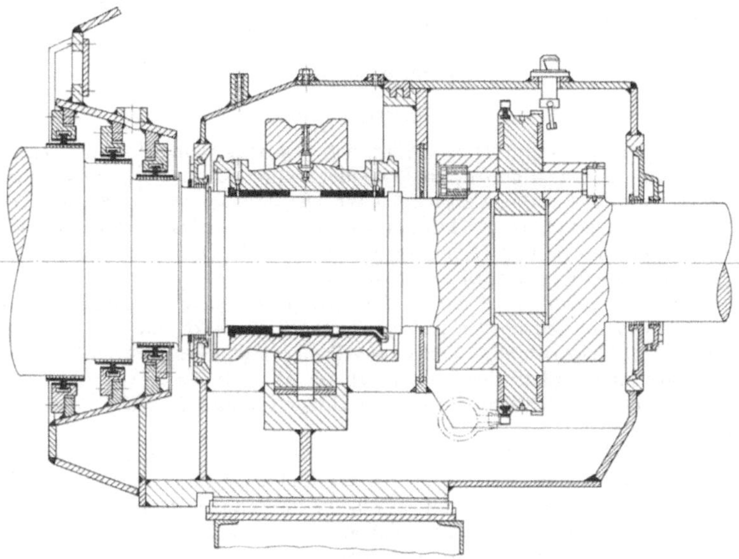

Abb. 60. Generatorseitige Kupplung mit hydraulischer Dreheinrichtung

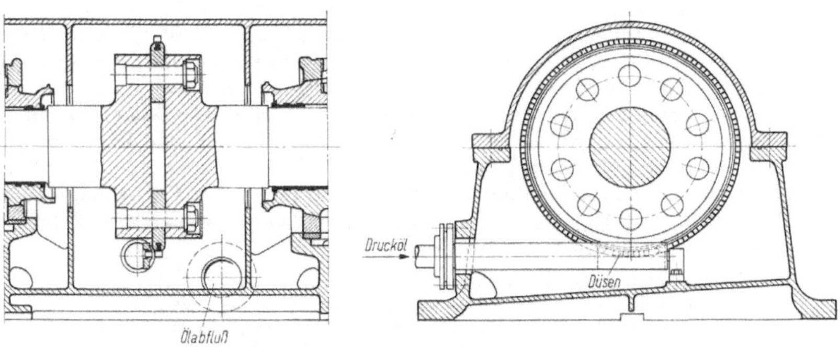

Abb. 61. Hydraulische Dreheinrichtung

ringern. Sie läuft unter 80 U/min der Welle dauernd und kann oberhalb dieser Drehzahl nach Ausbildung eines tragfähigen Schmierölfilmes wieder abgestellt werden. Beim Auslaufen des Turbosatzes wird die Dreheinrichtung noch vor dem Stillstand der Turbine in Betrieb genommen.

Während des Betriebes der Dreheinrichtung wird die Turbinendrehzahl durch einen besonderen Drehzahlanzeiger für niedrige Drehzahlen überwacht. Bei kürzeren Stillständen der Maschine bis zu etwa einer Woche bleibt die Dreheinrichtung durchlaufend in Betrieb. Bei längerem Stillstand wird sie abgeschaltet, sobald die Gehäusetemperatur unter etwa 100 °C abgesunken ist. Der Ölkühler bleibt während des Turnbetriebes eingeschaltet.

Knippeinrichtung. Zusätzlich zur Dreheinrichtung ist eine Knippeinrichtung eingebaut, mit der man den Läuferstrang von Hand drehen kann. Sie dient als Montagehilfe und zur Sicherheit bei Ausfall der Dreheinrichtung.

h) Regelung

1. Grundlagen

Die Leistung einer Dampfturbine ergibt sich aus dem Dampffluß und dem Wärmegefälle des Dampfes. Man kann die Leistung einer Dampfturbine beeinflussen, indem man sowohl den Dampfmengenstrom als auch das Wärmegefälle oder beides gleichzeitig ändert. Das Wärmegefälle ändert man durch Drosseln des Dampfes, den Dampffluß durch Verändern der Durchflußquerschnitte. Demnach unterscheidet man die Drosselregelung, die Füllungsregelung und die vereinigte Drossel-Füllungs-Regelung.

Bei der Drosselregelung wird der in die Turbine strömende Zudampf durch Querschnittsverengung mit Stellventilen gedrosselt. Dadurch senkt man den Dampfdruck in der Turbine und verkleinert infolgedessen das Wärmegefälle. Diese Art der Regelung bringt bei einem Dampffluß unterhalb der größten Schluckfähigkeit des Drosselventiles allerdings einen Drosselverlust mit sich. Der Vorteil der Drosselregelung liegt aber in der einfachen Ausführung.

Die Füllungsregelung wirkt durch Verändern der Strömungsquerschnitte, so daß der benötigte Dampf durch die Turbine strömen kann, ohne gedrosselt zu werden. Aus Konstruktionsgründen muß man sich damit begnügen, die Füllungsregelung nur bei der ersten Stufe der Turbine annähernd zu verwirklichen. Diese Regelstufe muß eine Gleichdruckstufe sein, damit Teilbeaufschlagung möglich ist.

Die meisten Dampfturbinen werden dadurch geregelt, daß man sowohl das Wärmegefälle als auch den Dampffluß nach Bedarf ändert. Dies erreicht man durch die vereinigte Drossel-Füllungs-Regelung, die als Düsengruppenregelung ausgeführt wird. Der Dampfeinlaßquerschnitt zur Regelstufe wird durch Zu- oder Abschalten einzelner Düsengruppen verändert. Vor jeder Düsengruppe ist ein Drosselventil angeordnet. Je nach Belastung der Turbine ist eine bestimmte Anzahl der Drosselventile mit ihren Düsengruppen geöffnet. Eine Drosselung tritt hierbei nur in dem Drosselventil auf, das noch nicht voll geöffnet hat; die anderen sind entweder offen oder geschlossen. Strömt der Dampf nur durch voll geöffnete Regelventile, so tritt keine zusätzliche Drosselung auf, und in diesen „Ventilpunkten" ist die reine Füllungsregelung verwirklicht.

Die allgemeinen regelungstechnischen Begriffe sind im Achten Teil, Abschn. B, S. 408, und in DIN 19226 festgelegt. Soweit erforderlich, werden sie zusätzlich erklärt. Weitere in der Abhandlung erwähnenswerte Begriffe sind:

X *Regelgröße* (Größe, die geregelt wird),

X_K *Sollwert* (am Sollwerteinsteller des Reglers eingestellter Betrag der Regelgröße),

$X_W = X - X_K$ *Regelabweichung* (Abweichung des Istwertes der Regelgröße vom Sollwert),

X_B *bleibende Regelabweichung* (im Beharrungszustand der Regelgröße vorhandene Regelabweichung; diese besteht im wesentlichen aus folgenden Anteilen: Meß- und Eichfehler, Losefehler, Reibungsfehler oder „Ansprechwert", Hysteresefehler),

x_A *Ansprechempfindlichkeit*, Unempfindlichkeitsgrad (Prozentsatz der Drehzahländerung Δn_A, bei der der Regler nicht anspricht),

$$x_A = \frac{\Delta n_A}{n} \cdot 100\,[\%] \tag{88}$$

(n Nenndrehzahl in U/min),

X_m *Überschwingweite* (größte Regelabweichung während eines Regelvorganges nach einer Störgrößenänderung; sie ist von Art und Betrag der Störgrößenänderung abhängig),
Y *Stellgröße* (Ausgangsgröße des Reglers; sie bestimmt die Wirkung des Stellgliedes),
Y_h *Stellbereich* (Bereich, innerhalb dessen die Stellgröße vom Regler eingestellt werden kann),
W *Führungsgröße* (Größe, die den Wert des Sollwertes bestimmt und die von der Regelung nicht beeinflußt wird),
Z *Störgröße* (außer der Führungsgröße auf den Regelkreis von außen kommende Größe, deren Änderung Regelvorgänge auslöst, die aber selbst von den Regelvorgängen nicht beeinflußt wird),
T_t *Totzeit* einer Regelstrecke (Zeit, die vergeht, bis sich eine Veränderung der Stellgröße am Meßort auszuwirken beginnt).

Die Regelung ist mit den Turbosätzen entwickelt und immer entsprechend dem neuen Stand verbessert und erweitert worden, um den Bedingungen des Betriebes der Turbine am Netz sowie während des Anfahrens und Abfahrens zu entsprechen. Bei allen Maschinen greifen die Regler auf die Stellventile ein, um eine Änderung der Leistung, der Drehzahl, der Frequenz usw. herbeizuführen. Im Schema Abb. 62 ist eine Anzahl von möglichen Einflüssen vereinfacht dargestellt. Bei diesem Beispiel können folgende Führungsgrößen wirksam werden:

Leistung oder Übergabeleistung,
Frequenz,
Drehzahl,
Vordruck oder Gegendruck,
Wandtemperatur.

Die Einflüsse können auch den Erfordernissen entsprechend beliebig kombiniert werden oder als Begrenzung gegen Gefahrenzustände aufgeschaltet werden.

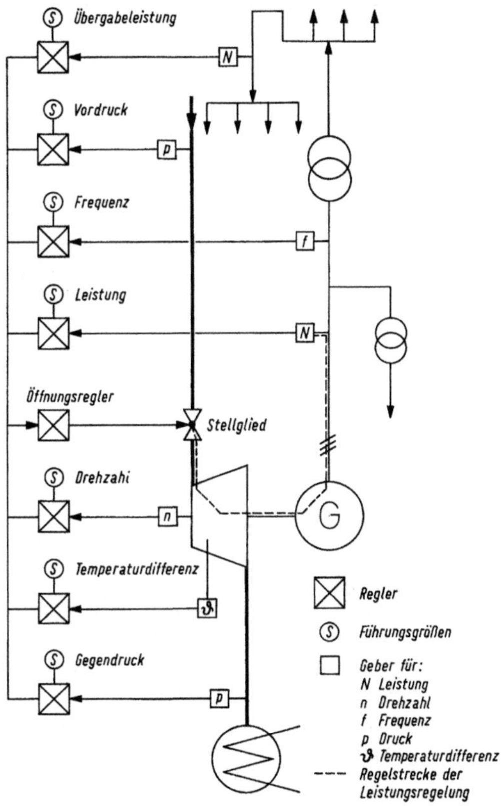

Abb. 62. Schema einer Dampfturbinenregelung

Aufgaben. In der Dampfturbine werden auf kleinem Raum große Energiemengen umgewandelt. Bei den hohen Drehzahlen haben die Turbinenläufer ein geringes Massenträgheitsmoment, wodurch die Drehzahl auf Belastungsänderungen sofort anspricht. Die Drehzahlregler müssen deshalb sehr empfindlich sein und außerordentlich schnell reagieren.

Eine der Hauptaufgaben der Dampfturbinenregelung ist es, die Drehzahl des Turbosatzes zu beherrschen. Die Dampfkraft allein wäre in der Lage, den Turbinenläufer etwa auf die doppelte Drehzahl zu bringen. Aus Festigkeitsgründen jedoch sollte nur eine 25%ige Überschreitung der Betriebsdrehzahl zugelassen werden. Es kommt sehr darauf an, die zugeleitete Energie — den Zudampfstrom — der jeweiligen Belastung des Stromerzeugers fortwährend anzupassen. Ein auftretender Unterschied von Kraft- und Lastmoment wirkt sich direkt in einer Änderung der Drehzahl aus. Regelt man also die Drehzahl der Dampfturbine, so beherrscht man damit den

Energiezustand des gesamten Turbosatzes. Aus diesem Grunde sind alle Dampfturbinen mit einer Drehzahlregelung ausgestattet.

Die Drehzahlregelung einer Dampfturbine muß im wesentlichen drei Funktionen erfüllen:

1. Das eigentliche genaue Einregeln auf eine konstante Turbinendrehzahl. Im Prinzip kommen folgende Arten der Regelung zur Anwendung:

a) Nach einem Regelvorgang stellt sich immer eine bleibende Veränderung der Regelgröße (bleibende Regelabweichung) ein. Dabei ist jedem Wert der Regelgröße ein bestimmter Wert der Stellgröße zugeordnet (Statik). Auf Grund dieser porportionalen Zuordnung ist der Drehzahlregler ein Proportional-Regler (P-Regler) mit folgenden kennzeichnenden Größen:

x_P *Proportionalbereich*, P-Bereich eines Reglers, bisher „Ungleichförmigkeit" (Bereich, um den sich die Regelgröße ändern muß, um bei einem P-Regler die Stellgröße über den Stellbereich zu ändern),

$x_{P\text{ges}}$ *gesamter P-Grad*

$$x_{P\text{ges}} = \frac{n_{\text{Leerlauf}} - n_{\text{Vollast}}}{n} \cdot 100\,[\%] \tag{89}$$

(n Nenndrehzahl in U/min),

$x_{P\text{örtl}}$ *örtlicher P-Grad*

$$x_{P\text{örtl}} = \frac{\Delta n}{n} \cdot \frac{N}{\Delta N} \cdot 100\,[\%] \tag{90}$$

(N Leistung in kW).

b) Die bleibende Abweichung kann beseitigt werden, wenn dem Regler zusätzlich ein integrales Verhalten auferlegt wird (PI-Regler). Ein proportional-integralwirkender Regler wird durch eine „nachgebende Rückführung" verwirklicht, d. h. durch eine Rückführung, die nach einer bestimmten, dem Zeitverhalten der Regelstrecke angepaßten Zeit aufhört, zu wirken. Im Verlauf einer bestimmten einstellbaren Zeit, der „Nachstellzeit", geht das proportionale Verhalten in ein integrales Verhalten über.

2. Das Ausregeln der Übergänge von einem Beharrungszustand in einen anderen (Stabilität der Regelung).

3. Das Abfangen des vorübergehenden Drehzahlanstieges in genügendem Abstand unter der Schnellschlußdrehzahl nach Vollastabschaltung des Turbosatzes. Diese Aufgabe verlangt das Aufschalten eines Differentialeinflusses auf den PI-Regler.

Einen proportional-integralwirkenden Regler mit Differentialeinfluß oder Vorhalt (PID-Regler) erhält man, wenn man die „nachgebende Rückführung" verzögert einsetzt. So wird das Stellglied zunächst abhängig von der Änderungsgeschwindigkeit der Regelabweichung (also abhängig vom Differentialquotienten) verstellt. Diese Abhängigkeit läßt sich durch die „Vorhaltzeit" einstellen. Nach Ablauf dieser Zeit geht die Stellgröße wieder auf den dem eingestellten P-Bereich entsprechenden Wert zurück und verändert sich dann weiter entsprechend der Nachstellzeit.

In den letzten Jahren sind die Anforderungen an die Regelung — vor allem an die dynamische Güte und die Empfindlichkeit der Regler — immer größer geworden. Zusätzliche Maßnahmen waren erforderlich, um bei den neuzeitlichen Turbosätzen großer Leistung die Überschwingweite der Drehzahl nach einer Vollastabschaltung unter der Ansprechgrenze des Drehzahlwächters zu halten.

Bei Grundlastbetrieb von Blockanlagen wird oft der Vordruck des Zudampfes durch Regeln des Dampfflusses in der Turbine auf gleicher Höhe gehalten. Bei sinkendem Zudampfdruck, d. h. bei sinkender Dampferzeugung, wird das Stellventil in Richtung „Schließen" bewegt. Dadurch wird der Dampffluß durch die Turbine verringert, bis sich der Vordruck auf den durch die Einstellung des Vordruckreglers bestimmten Wert eingespielt hat und der Regelvorgang beendet ist. Diese Regelungsart wird bei Drehzahlregelung im Falle der Unterschreitung eines bestimmten Grenzdruckes eingeschaltet.

Zwischenüberhitzungsturbinen stellen an die Regelung weitere Forderungen:

1. daß bei einer plötzlichen Entlastung sich der Dampf im Zwischenüberhitzer nicht in den MD- und ND-Turbinen entspannen darf, damit man keine unzulässige Drehzahlerhöhung erhält,

2. daß beim Anfahren im Leerlauf und bei Lastabschaltung ein Mindestdampfdurchsatz durch den Haupt- und Zwischenüberhitzer geleitet werden muß.

2. Bauglieder

Grundsätzlich lassen sich die Regelaufgaben durch mechanische, hydraulische oder elektrische Systeme und deren Kombination lösen. Man baute früher zunächst den mechanischen Regler, dann die kombinierten mechanisch-hydraulischen Regler; ihnen folgte der hydraulische Regler mit hydraulischen Umformern und Verstärkern, und die Zukunft wird den elektrischen Meßumformern und Verstärkern gehören.

Der hydraulische Regler ist heute noch der gebräuchlichste. Eine weitgehend hydraulische Steuerung gestattet recht elegante konstruktive Lösungen, da an die Hydraulik leicht auch andere Bauglieder der Regelung gestängelos angeschlossen werden können.

Regelungen mit weitgehend elektrisch betätigten Baugliedern sind vorhanden. Neben dem Vorteil der guten Kombinationsmöglichkeit weisen diese noch den der Trägheitslosigkeit auf. Dies ist besonders bei automatisch betriebenen Blockeinheiten wichtig.

Drehzahlmeßwerk. Mechanisch läßt sich die Drehzahl durch ein Fliehkraftpendel messen. Das Meßwerk ist entweder über ein Stirnradpaar mit der Turbinenwelle verbunden — seine Achse liegt dann waagerecht —, oder es wird von einer Schnecke auf der Turbinenwelle angetrieben und hat dann eine senkrechte Achse. Die Lage der Muffe auf der Meßwerkachse ist ein Maß für die Drehzahl der Turbine.

In hydraulischen Systemen liefert die mit der Hauptölpumpe auf der gleichen Welle angeordnete Regelölpumpe (*a* in Abb. 63) als Drehzahlmeßumformer für die Regelung einen mit der Drehzahl quadratisch veränderlichen Primäröldruck.

Elektrisch kann die Drehzahl durch eine Tachometer-Dynamomaschine gemessen werden. Heute wird der Drehzahl-Istwert jedoch aus der Frequenz eines digitalen Drehgebers gebildet. Dieser besteht aus einer unmagnetischen Scheibe, auf deren Umfang Permanentmagnete, radial gleichmäßig verteilt, mit wechselnder Polarität eingelassen sind. Die Scheibe ist normalerweise auf der Kupplung zwischen Hauptölpumpe und Turbinenwelle angeordnet. Mit Hall-Generatoren wird das magnetische Feld abgefragt und eine drehzahlproportionale Gleichspannung erhalten.

Druckmeßumformer. Als Geber für Druckimpulse dient ein federbelastetes Bourdon-Rohr oder ein Faltenbalg. Die Auslenkung verstellt ein mit Drucköl versorgtes Strahlrohr, dessen Austrittsöl einen Steuerkolben im Regelkreis verstellt. Zur elektrischen Übertragung des Drucksignales kann ein Potentiometer angeschlossen werden.

Temperaturmeßumformer. Die für die zulässigen Belastungsänderungen maßgeblichen Wandtemperaturen werden an der Innenoberfläche und etwa in Wandmitte der HD-Gehäuse mit Eisen-Konstantan-Mantelthermoelementen gemessen. Für jeden Wandtemperaturfühler sind zwei Temperaturmeßumformer erforderlich, die die Thermospannung in einen proportionalen Gleichstrom umwandeln.

Die Meßumformer, die mit Kompensationsleitungen an die Wandtemperaturfühler angeschlossen sind, enthalten zugleich die Vergleichsstelle und einen Trennverstärker, der die Eingangs- und Ausgangskreise galvanisch trennt, sowie eine Thermoelementbruch-Signaleinrichtung, die die Thermoelemente überwacht und eine Unterbrechung des Eingangskreises meldet.

Regler, Meßwertwandler (Verstärker). Die von den Meßumformern erhaltenen Signale müssen miteinander und mit den Führungsgrößen kombiniert und dann verstärkt werden, um die Stellgröße, den Hub der Stellventile, entsprechend diesen Forderungen zu verändern.

Im hydraulischen System geschieht dies durch entsprechende Regler-, Verstärker- und Folgekolben. Zum Ausschalten der Ruhereibung werden vielfach Unruhegeber für das Regelöl eingebaut, welche die Empfindlichkeit des ganzen Systems erhöhen. Tangential nach außen führende Bohrungen des Steuerschiebers werden vom Drucköl durchflossen und versetzen über die erzeugten Reaktionskräfte den Steuerschieber in Drehung. Damit

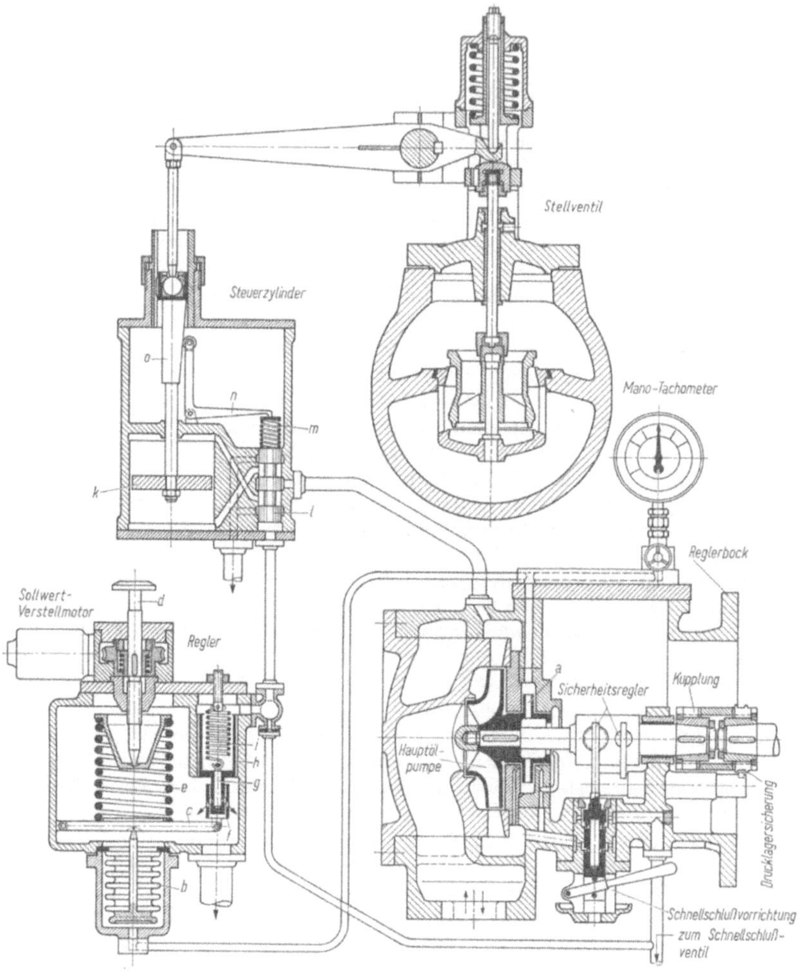

Abb. 63. Hydraulische Dampfturbinenregelung

a Regelkreisel
b Membrane
c Hebel der Steuerhülse
d Verstellspindel
e Feder für Hebel *c*
f Steuerhülse
g Folgekolben
h Federhülse
i Feder für Folgekolben
k Kolben
l Steuerschieber
m Feder für Steuerschieber
n Rückführhebel
o Rückführkonus

wird seine Ruhereibung aufgehoben. Eine Einfräsung am Umfang stellt bei jeder Drehung kurzzeitig eine Verbindung zwischen Ölkreis und Ölablauf her und bewirkt eine pulsierende Bewegung des Steuerkolbens, die sich auch auf die Stellventile auswirkt. In Abb. 63 ist ein solches Regelsystem dargestellt. Eine Belastungszunahme würde folgende Vorgänge auslösen:

Der vom Regelkreisel *a* erzeugte Öldruck (Primärkreis) sinkt infolge abnehmender Drehzahl.

Der drehbar gelagerte Hebel *c* mit der Steuerhülse *f* dreht sich unter Einwirkung der Regelfeder *e*, deren Kraft jetzt überwiegt, nach unten; der Abflußquerschnitt des Sekundärkreises, durch Steuerkanten der Hülse *f* und des Folgekolbens *g* gebildet, wird verengt.

Der Druck im Sekundärkreis steigt, wodurch der Folgekolben *g* gegen die Spannung der Feder *i* so weit nach unten bewegt wird, bis der wieder vergrößerte Ablaufquerschnitt das Gleichgewicht zwischen der Federspannung und dem Druck im Sekundärkreis herbeiführt.

Der Steuerschieber *l* wird durch den jetzt höheren Druck im Sekundärkreis gegen die Feder *m* verschoben, wodurch der über den Kraftkolben *k* des Steuerzylinders führende Ölkanal freigegeben wird.

Der Kolben *k* bewegt sich nach unten und öffnet die Stellventile so weit, bis die vermehrte Dampfzufuhr die Drehzahländerung wieder ausgeglichen hat bzw. die Turbine die größere Leistung erzeugt. (Der Drehzahlausgleich ist nicht vollkommen, da die Turbine bei größerer Belastung, dem P-Bereich des Reglers entsprechend, mit etwas geringerer Drehzahl laufen muß.)

Der Kraftkolben spannt bei seiner Bewegung über den Konus *o* und den Hebel *n* auch die Feder *m*, die den Steuerschieber *l* in seine Ausgangslage zurückdrückt und damit den Regelvorgang beendet.

Beim elektrischen Regler können alle Kombinationen und Einflüsse mit Hilfe elektrischer Elemente praktisch trägheitsfrei verarbeitet werden. Die Vorzüge der Hydraulik, der bewährten Folgekolbensysteme und Steuerzylinder mit rotierenden Steuerschiebern, die sowohl stetige als auch kurzzeitige Steuerung mit großen Stellkräften ermöglichen, führten zu einer Verbindung des elektrischen Reglers mit den hydraulischen Baugliedern über einen elektrohydraulischen Wandler. Dies hat außerdem den Vorteil, daß bei Ausfall des elektrischen Reglers die Turbine mit dem hydraulischen Drehzahlregler weiter betrieben werden kann. Ein solches Regelsystem für einen Turbosatz mit Zwischenüberhitzung ist in Abb. 64 dargestellt. Die HD- und MD-Stellventile werden über Folgekolben gesteuert, die von dem üblichen hydraulischen Regler betätigt werden können oder über den elektrohydraulischen Wandler vom elektrischen Öffnungsregler.

Sollwert-Verstelleinrichtung. Ein Turbosatz stellt sich im Alleinbetrieb nach der Kennlinie der Dampfturbinenregelung ein. Die Kennlinie stellt die Abhängigkeit der Drehzahl von der Belastung dar. Den idealisierten Verlauf einer Kennlinie zeigt Abb. 65. In Wirklichkeit wird durch das aufeinanderfolgende Öffnen der Stellventile ein arkadenförmiger Verlauf hervorgerufen.

Die Kennlinie verläuft im Leerlauf und im Überlastbereich steiler als in ihrem mittleren Bereich. Dadurch bekommt die Regelung im Leerlauf des Turbosatzes eine größere Stabilität, die besonders beim Synchronisieren notwendig ist. Im Überlastbereich wird der Turbosatz gegen weitere Belastungen weniger empfindlich. Wenn mehrere Maschinen ein Netz speisen, so sollen Belastungsstöße von den noch nicht voll belasteten Maschinen aufgenommen werden. Der gesamte P-Bereich von Grundlastmaschinen liegt im allgemeinen zwischen 4 und 6%, während Spitzenlastmaschinen 2,5 bis 3,5% aufweisen.

Um bei Parallellauf mehrerer Maschinen eine gewollte Leistungsverteilung zu erreichen, wird der Regelbereich dadurch verstellt, daß die Reglerkennlinie nach oben oder nach unten verschoben wird, wie das in Abb. 65 dargestellt ist. Am Regler der Abb. 63 geschieht das dadurch, daß mittels der Spindel *d* die Vorspannung der Feder *e* verändert wird. Die höchste Lage der Kennlinie liegt im Leerlauf bei 7% über der Nenndrehzahl, die tiefste Lage bei rd. 12% unter der Nenndrehzahl. Es wird verlangt, daß bei Einstellung des größten P-Grades die Vollast noch 1% über der Nenndrehzahl eingestellt werden kann.

Die Sollwerteinstellung kann auch durch einen Elektromotor von der Warte oder einer Regeleinrichtung geschehen. Ein allein laufender Turbosatz wird zum Beispiel in den

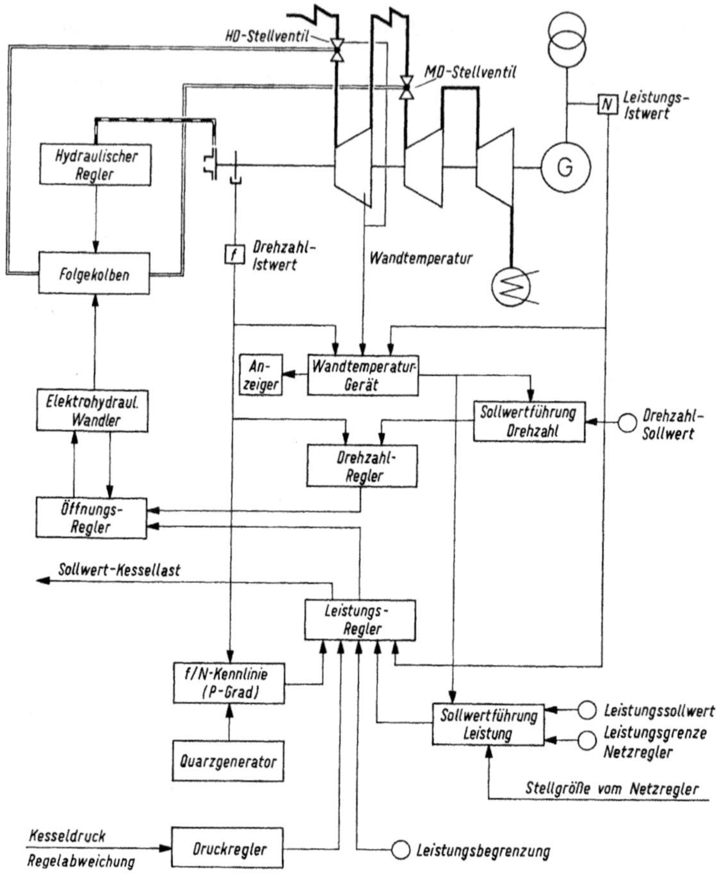

Abb. 64. Schema einer elektrohydraulischen Dampfturbinenregelung

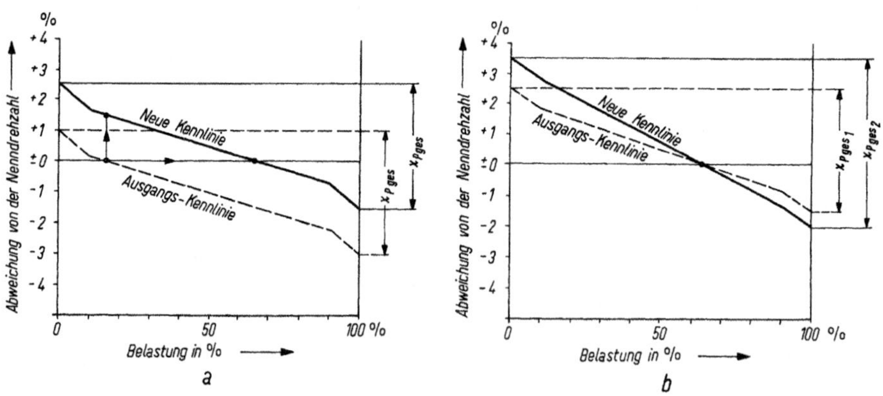

Abb. 65a u. b. Änderung der Reglerkennlinien

a) Parallelverschiebung (Änderung der Belastung) b) Drehung (Änderung des P-Bereiches)

meisten Fällen durch eine auf die Sollwert-Verstelleinrichtung wirkende Korrekturregelung geregelt.

Verstellung des P-Bereiches. Wenn zwei Turbogeneratoren parallel laufen, so haben sie stets gleiche Drehzahl. Sie ändert sich, wenn eine Laständerung eintritt. Die beiden Turbinen beteiligen sich an einer Laständerung jeweils nach dem Verlauf der Kennlinie ihrer Regler. Nimmt die Last zu, so wird die Maschine mit der flacheren Kennlinie den größeren Lastanteil aufnehmen. Durch Änderung der Übersetzung im Gestänge des Reglers oder der Rückführung kann man die Neigung der Kennlinie beeinflussen, wie es Abb. 65 zeigt. Am hydraulischen Regler der Abb. 63 geschieht das durch Verdrehen des Konus *o*, der in verschiedenen Meridianschnitten verschiedene Steigungen aufweist. Damit wird die Übersetzung des Rückführgestänges *n* geändert. Normalerweise liegt der Verstellbereich zwischen 2,5 und 8%.

Stellantriebe. Die Stellantriebe verstärken die Regelsignale und betätigen die Regelventile. Als Energiequelle für Stellantriebe wird allgemein Drucköl oder eine Druckflüssigkeit verwendet. Nach der Bauweise unterscheidet man Hub- oder Dreh-Stellantriebe je nachdem, ob der Öldruck auf einen Hubkolben wirkt und eine Kraft in Richtung von dessen Achse ausübt oder über Drehflügel ein Drehmoment auf eine Welle abgibt.

Vielfach werden die Ventile in Gruppen zusammengefaßt und von einer gemeinsamen Steuerwelle verstellt. Die Steuerwelle hebt die einzelnen Ventile mit Hilfe von Nocken oder Armen an. Die Reihenfolge des Öffnens und Schließens wird durch entsprechende Verstellung der Nocken gegeneinander oder Stellschrauben und Stelzen erreicht. Bei

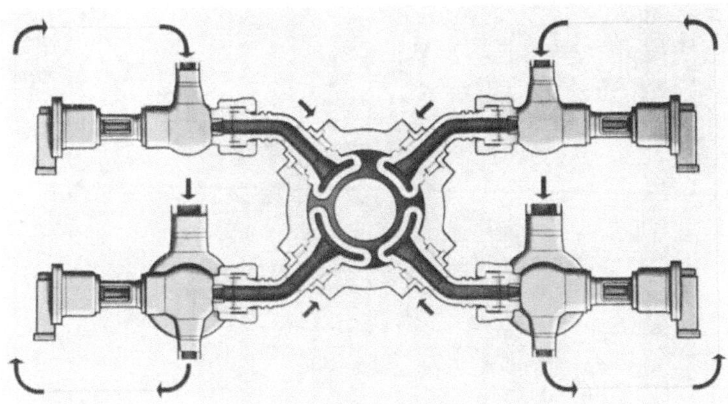

Abb. 66. Stellventilanordnung bei einem Topfgehäuse (Werkbild Siemens)

Einzelbetätigung jedes Stellventils durch einen zugeordneten Kraftkolben kann dieser direkt auf der Ventilspindel angeordnet sein. Werden die Ventile durch veränderlichen Regelöldruck betätigt, so öffnen diese nacheinander entsprechend der verschieden eingestellten Vorspannung von eingebauten Schließfedern.

Stellventile. In Anpassung an die Art der Belastungen erfolgt die Aufteilung in Düsengruppen. Nach Möglichkeit sieht man gleiche Ventile vor (Abb. 66). Die früher üblichen Doppelsitzventile wurden mit Rücksicht auf ihre Verziehungen bei höheren Temperaturen weitgehend durch Einsitz-Diffusorventile ersetzt. Die mit steigenden Drücken anwachsenden Stellkräfte werden durch verkleinerte Ventildurchmesser, Vorhubkegel und Entlastungsbohrungen in Grenzen gehalten (Abb. 67 bis 70). Durch Abbau der hohen Dampfgeschwindigkeit (140 bis 160 m/s) in einem entsprechend geformten Diffusor wird ein Teil des Druckverlustes wieder zurückgewonnen.

Drosselkonus und Drosselkragen eines Stellventiles werden derart geformt, daß ein möglichst linearer Zusammenhang zwischen Hub und Durchsatzmenge erreicht wird. Der Drosselkonus des ersten und des letzten Ventiles kann zur Erreichung eines erwünschten größeren örtlichen P-Grades bei Leerlauf und bei Vollast entsprechend ausgebildet werden. Um einen guten Übergang beim Zuschalten des nächsten Stellventiles zu erreichen, wird eine geringe Überdeckung angewendet. Zur Verringerung des Verschleißes werden die Ventilsitze meist gepanzert.

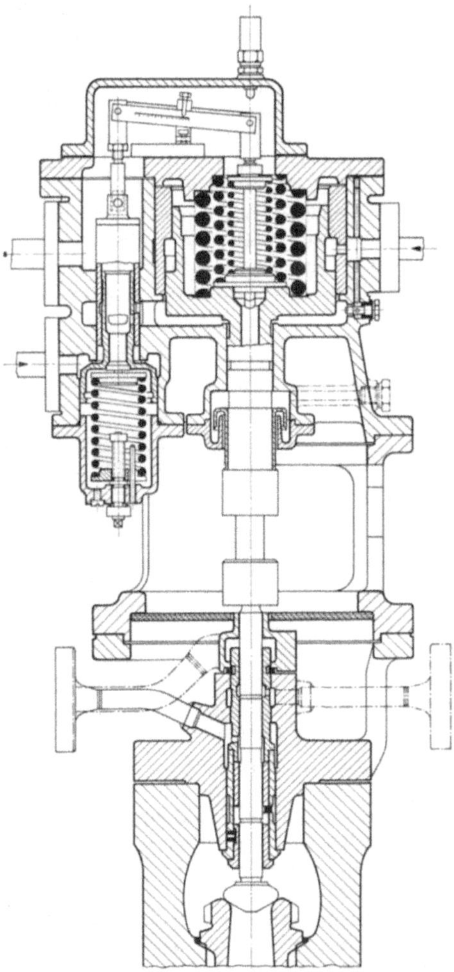

Abb. 67. Einsitz-Stellventil

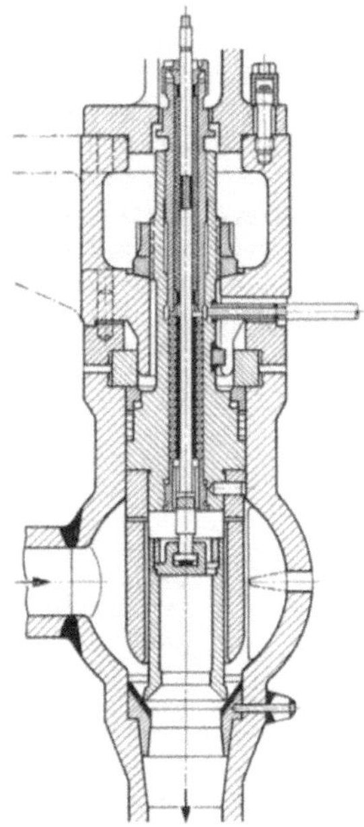

Abb. 68. Einsitz-Stellventil für 260 ata/650 °C mit Druckentlastung

Während die Einsitzventile in geschlossener Stellung durch den Dampfdruck gegen ihren Dichtsitz gepreßt werden, werden sie in geöffneter Stellung nach außen gedrückt. Dieser Auftrieb der Spindel wird durch Federkraft überwunden, so daß bei Regelvorgängen kein toter Gang auftritt. Das Schließen der Stellventile geschieht entweder zwangsläufig und kraftschlüssig vom Stellmotor aus unter Mitwirkung der beim Öffnen gespannten Feder oder durch diese Schließfeder allein.

Die Stellventilspindeln der Abb. 69 werden durch wechselweise außen und innen geführte Ringe abgedichtet. Richtig gewählte Dichtringe — lange Führungsflächen an der Spindel, kurze gegenüber dem äußeren Führungsteil — gewährleisten hohe Betriebssicherheit. Die geringen Spindelleckdampfmengen werden in das Wellendichtungsdampfsystem abgesaugt. Darüber hinaus sind die Stellventile mit einer wulstförmigen Dichtfläche auf der Rückseite des Ventilkegels in voll geöffneter Stellung gegen eine Dichtfläche des Führungsstücks gepreßt, das im Ventilgehäuse eingesetzt ist. Somit wird nur an den noch nicht voll geöffneten Ventilen Leckdampf abgesaugt. Alle Führungsflächen sowohl an der Spindel als auch in den Führungsbuchsen sind gepanzert. Vielfach werden die Stellventile mit den zugehörigen Schnellschlußventilen zusammengebaut (Abb. 69 und 70).

Bei Anlagen mit Zwischenüberhitzung sind vor dem MD-Teil Abfangventile erforderlich. Diese sind im normalen Betrieb voll geöffnet und drosseln im stationären Betrieb nur im Bereich kleiner Leistungen, greifen jedoch bei schnellen und größeren Lastabsenkungen vorübergehend ein. Hinsichtlich Zugänglichkeit und Sicherstellung der Vollast-

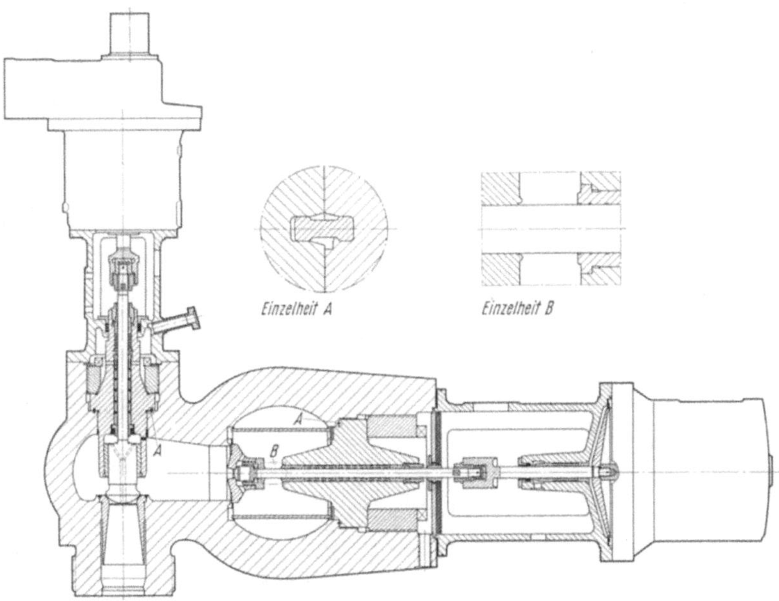

Abb. 69. Kombiniertes Schnellschluß-Stellventil

abschaltung ohne Erreichen der Schnellschlußdrehzahl gelten für diese Ventile die gleichen Überlegungen wie für die HD-Ventile. Sie sind daher meistens als kombinierte Schnellschluß-Stellventile ausgebildet (Abb. 71).

Zusätzliche Einrichtungen. Angefahren und auf Drehzahl gebracht wird die Turbine mit Hilfe der Anfahr- und Leistungsbegrenzungseinrichtung. Sie bewirkt beim Anfahren nach Öffnen des Hauptabsperr-Schnellschlußventiles ein allmähliches Öffnen der Stellventile, bis die Turbine auf rd. 85 bis 90% der Nenndrehzahl gebracht ist. Dann spricht der Drehzahlregler an und hält die Maschine auf Drehzahl.

Die Anfahreinrichtung wird in die Stellung „offen“ gebracht, und das Parallelschalten und Belasten geschieht durch die Sollwert-Verstelleinrichtung des Drehzahlreglers. Die Anfahreinrichtung kann auch als Leistungsbegrenzungseinrichtung benutzt werden. Das Öffnen der Stellventile wird dann auf einen einstellbaren Wert begrenzt. Dies kann auch mit einem Motor von der Warte aus oder von einem Regler geschehen, z. B. um die zulässige Laständerung mit Rücksicht auf die Wandtemperaturen zu begrenzen.

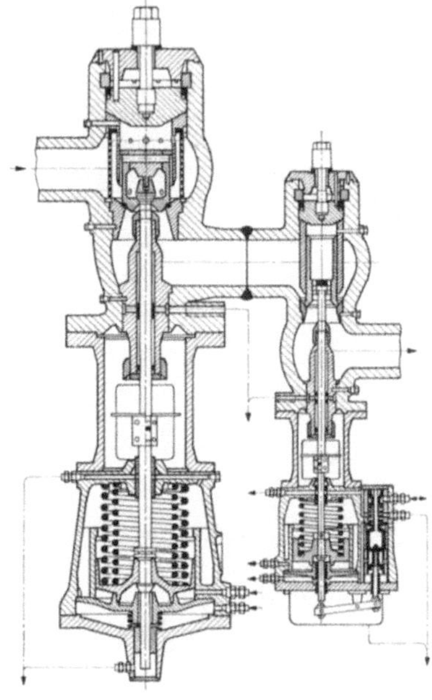

Abb. 70. Kombiniertes Schnellschluß- und Stellventil

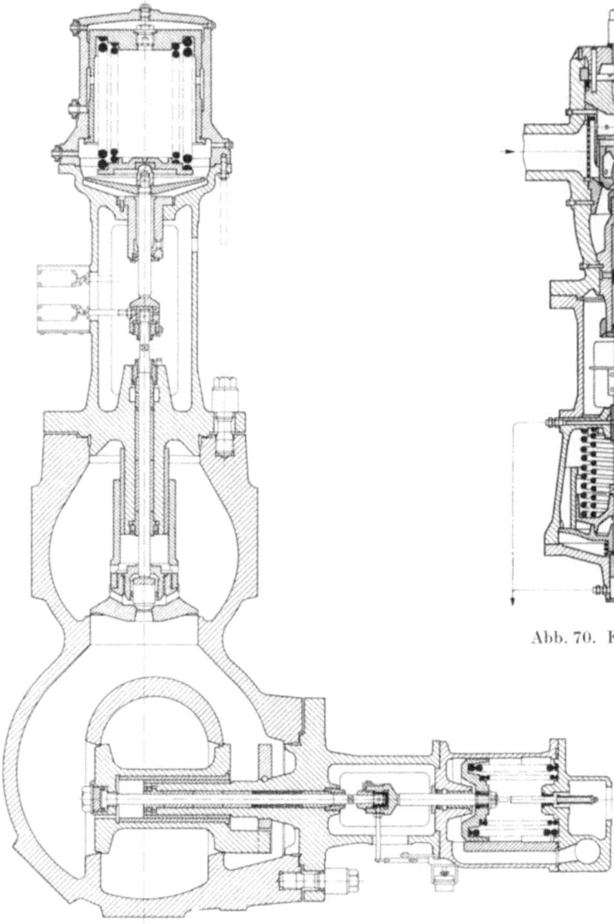

Abb. 71. Kombiniertes Schnellschluß-Abfangventil

Um die Turbine gegen übermäßige Schwankungen des Dampfdruckes zu schützen, wie sie auftreten können bei Störungen der Kesselfeuerung und Störungen im Netz, bei denen die Kesselregelung nicht schnell genug nachzuregeln vermag, wird manchmal ein Vordruckgrenzregler eingebaut. Dieser schließt die Stellventile bei einem bestimmten Mindestwert des Zudampfdruckes.

3. Plötzliche Entlastungsvorgänge

Die plötzliche Vollentlastung stellt an die Drehzahlregler höchste dynamische Anforderungen. Abb. 72 zeigt schematisch den zeitlichen Verlauf der Drehzahl und des Hubes der Stellventile während eines plötzlichen Entlastungsvorganges.

Der Turbosatz arbeitet bei Belastung mit der Nenndrehzahl n_N. Die Stellventile sind offen und lassen einen dem Belastungszustand entsprechenden Dampfstrom in die Turbine fließen. Die Regelung und der Maschinensatz befinden sich im Beharrungszustand. Bei Auslösen des Leistungsschalters geht die Belastung auf Null, und die Drehzahl beginnt zu steigen, und zwar so lange, bis die Stellventile geschlossen sind und der eingeschlossene Dampf soweit expandiert ist, daß die Restenergie zu einer weiteren Steigerung nicht mehr ausreicht.

Bei Schließbeginn der Regelventile ist die Drehzahl um den Wert Δn_A über die Ausgangsdrehzahl gestiegen. Bis dahin verstreicht die Totzeit T_t. Die Ventilgeschwindigkeit erreicht nach einem mehr oder weniger ausgebildeten Übergang einen konstanten Wert. Die Zeit, in der der Kraftkolben des Stellmotors mit höchster Geschwindigkeit seinen gesamten Hub zurücklegt, nennt man die Stellzeit T_s. Die Zeit vom Augenblick des Abschaltens bis zum Schließen der Stellventile ist die Schließzeit T_{sch}.

Beim Anstieg der Drehzahl wird zunächst der Proportionalbereich X_p durchlaufen. Bis die Stellventile die Leerlaufstellung erreicht haben, verstreicht die Nacheilzeit T_n. Während des Schließens der Stellventile nimmt der Drehzahlanstieg immer mehr ab. Dieser Anstieg hört jedoch noch nicht auf, wenn die Stellventile bereits geschlossen haben,

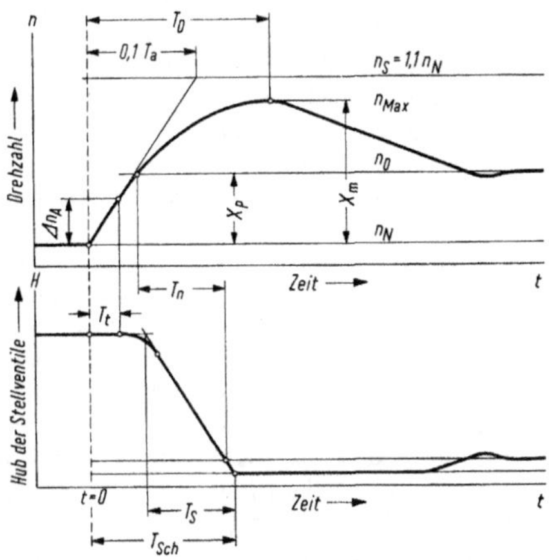

Abb. 72. Zeitlicher Verlauf der Drehzahl und des Stellventilhubes bei einem plötzlichen Entlastungsvorgang an einem Turbosatz. Lastabschaltung zur Zeit $t = 0$

n_N Nenndrehzahl bei Belastung
n_0 Leerlaufdrehzahl
n_{max} erreichte Höchstdrehzahl
n_S Schnellschlußdrehzahl
Δn_A Drehzahl-Ansprechempfindlichkeit
x_m Drehzahl-Überschwingweite
X_P Proportionalbereich
T_a Anlaufzeit
T_D Zeit von Abschaltung bis zur Höchstdrehzahl
T_{Sch} Schließzeit
T_S Stellzeit der Steuerung
T_t Totzeit
T_n Nacheilzeit

denn es befindet sich noch Dampf (sog. „Pufferdampf") unter Druck in der Turbine, in den Kammern und in den Anschlußleitungen. Sein Arbeitsvermögen treibt die Drehzahl noch höher, bis sie ihr Maximum x_m — die Überschwingweite — erreicht hat. Danach sinkt die Drehzahl entsprechend der Auslaufkurve des Maschinensatzes, bis die Stellventile wieder öffnen. Nach kurzem Einpendeln der Stellventile und der Drehzahl stellt sich der Beharrungszustand im Leerlauf ein.

Die Anlaufzeit T_a des Turboaggregates ergibt sich aus den Trägheitsmomenten und den Schwungmomenten der Läufer von Dampfturbine und Stromerzeuger. Sie gehört zu den wesentlichsten regeltechnischen Größen der Regelstrecke. Durch erhöhte Werkstoffausnutzung und durch Anwendung verhältnismäßig kleiner Durchmesser der Läufer ist die Anlaufzeit bei größeren Einheiten geringer geworden. Dadurch wurde die Regelbarkeit der Turbosätze schwieriger, und die Regler mußten diesen Verhältnissen angepaßt werden.

Die Anlaufzeit ist die Zeit, die benötigt wird, um den Läufer des Turbosatzes unter Einwirkung des Nenndrehmomentes von Null auf Nenndrehzahl zu beschleunigen, also

$$T_a = \frac{G \cdot D^2 \cdot n^2}{365 \cdot N} \tag{91}$$

mit

T_a Anlaufzeit in s,
G Gewicht des Läufers in t,
D mittlerer Trägheitsdurchmesser des Läufers in m,
n Nenndrehzahl in min^{-1},
N Nennleistung in kW.

4. Regelung einer Turbine mit Zwischenüberhitzung

Als Beispiel soll die Kombination eines elektrischen und hydraulischen Regelsystems der Firma Siemens beschrieben werden (Abb. 73, Farbtafel in der Tasche am Schluß des Buches).

Die Turbine hat einen normalen hydraulischen Regler *3.1*. Diesem parallel geschaltet ist ein elektrohydraulischer Turbinenregler, der über den Reglerverstärker *3.50* in die Turbinenregelung eingreift. Der jeweils nicht maßgebende Regler steht dabei in der maximalen Endstellung. Der Drehzahlregler wird nur für den An- und Abfahrvorgang sowie bei stoßartigen Entlastungen benötigt.

Die besonderen Betriebsverhältnisse bei Kondensationsturbinen mit Zwischenüberhitzung erfordern zusätzliche Regelorgane. Bei der Inbetriebsetzung des Hochdruckkessels *50.1* besteht die Notwendigkeit, sogleich mit einem erheblichen Dampfdurchsatz anzufahren und wegen der hohen Zwischenüberhitzertemperaturen die Zwischenüberhitzer *50.4* sofort mit Dampf zu beaufschlagen.

Solange der HD-Teil der Turbine nicht die gesamte vom Kessel gelieferte Dampfmenge schlucken kann, wird der nicht aufgenommene Dampf durch das Überströmventil *50.3* unmittelbar in den Zwischenüberhitzer *50.4* geleitet. Der Dampf aus dem Zwischenüberhitzer, der von dem mit Stellventilen *8.1* und Schnellschlußventilen *7.1* ausgestatteten MD-Teil nicht aufgenommen werden kann, wird durch Abblaseventile *15.1/15.2* in den Kondensator *20.1* geleitet.

Der MD-Teil muß mit eigenen Stellventilen ausgestattet sein, da bei einer Lastabschaltung auch nach dem Schließen der HD-Stellventile die im Zwischenüberhitzer gespeicherte Dampfmenge die Turbine über den MD-Teil weiter beschleunigen würde. Außerdem steigt bei plötzlichem Schließen der HD-Stellventile der Dampfdruck in der Zudampfleitung an, so daß das Überströmventil *50.3* öffnet und noch mehr Dampf in den MD-Teil der Turbine einströmen würde.

Angefahren und auf Drehzahl gebracht wird die Turbine mit Hilfe der Stellventile. Die Drehzahl-Verstelleinrichtung *3.8* steht hierbei auf „kleinste Drehzahl", sofern mit dem hydraulischen Regler gefahren werden soll. In diesem Falle steht der Drehzahl-Sollwert des elektrischen Reglers auf „maximal". Beim Anfahren mit dem elektrischen Regler steht dagegen die Drehzahl-Verstelleinrichtung *3.8* auf „maximal" und der Drehzahl-Sollwert des elektrischen Reglers auf „minimal". Die Schnellschluß- und Stellventile befinden sich in Schließstellung, da der Schnellschlußölkreis noch drucklos ist. Zuerst wird durch das Handrad oder den Motor der Anfahr- und Leistungsbegrenzungseinrichtung *3.10* (Drehen des Handrades im Uhrzeigersinn oder Betätigung des Motors in Richtung „zu") über ein Hebelsystem die Feder im Folgekolben *3.20* entspannt, so daß sich darin kein Sekundärhilfsöldruck aufbauen kann. Der Reglerverstärker *3.50* mit den Folgekolben *3.21* ist jetzt in der Stellung „Stellventile geschlossen". Beim Einklinken der Schnellschlußeinrichtung *2.1* kann sich dadurch kein Sekundäröldruck aufbauen.

Durch weiteres Verdrehen des Handrades wird der Schieber zur Anfahreinrichtung *3.9* weiter nach unten geschoben und dem Drucköl zuerst der Weg in den Anfahr- und anschließend in den Anfahrhilfsölkreis freigegeben. Das Anfahröl strömt über die Prüfschieber und drückt diese gegen die Federkraft nach unten. Das Anfahrhilfsöl hebt den

Kolben der Schnellschlußeinrichtung *2.1* an und öffnet so dem Schnellschlußöl den Weg zu den Prüfschiebern *5.2* und *7.2* der Schnellschlußventile. Der Schnellschlußölkreis ist damit geschlossen.

Das Schnellschlußöl kann jetzt über den Kolben *5.3* und *7.3* der Schnellschlußventile *5.1* und *7.1* strömen und diese dabei auf die als Kolbenteller ausgebildeten unteren Kolben *5.4* und *7.4* aufpressen. Die Betätigung der Anfahreinrichtung wird solange fortgesetzt, bis die untere Endlage erreicht ist.

Durch anschließendes Zurückdrehen des Handrades oder Betätigung des Motors in Richtung „offen" wird das Drucköl zuerst aus dem Anfahrhilfs- und danach aus dem Anfahrölkreis abgelassen. Die Kolben der Prüfschieber *5.2* und *7.2* werden durch Federkraft nach oben gedrückt, wodurch das Schnellschlußöl unter den Kolben *5.4* und *7.4* aufgebaut und über den Kolben *5.3* und *7.3* das Schnellschlußöl langsam abgelassen wird. Die entstehende Druckdifferenz läßt beide Kolben gemeinsam in die obere Endstellung fahren und öffnet damit die Schnellschlußventile. Die Schnellschlußeinrichtung *2.1* wird jetzt durch den Öldruck unter der Stufe des Differenzkolbens gehalten.

Ist die „Offen"-Stellung der Schnellschlußventile erreicht, so bewirkt ein weiteres Verdrehen des Handrades oder Betätigung des Motors in Richtung „auf" nach einem gewissen Totbereich ein Absenken von Schwinge *3.4* und Hülse *3.5*, worauf der steigende Sekundäröldruck über den Reglerverstärker *3.50* und die Folgekolben *3.21* die Stellventile allmählich öffnet. Dadurch wird die Turbine bis auf rd. 85 bis 90% der Nenndrehzahl gebracht. Nun spricht der Drehzahlregler *3.1* an und hält die Turbine auf Drehzahl. Die Anfahreinrichtung *3.10* wird hierauf in die Stellung „voll offen" gebracht. Zur Messung der Drehzahl dienen ein Manometer *43.6* und eine elektrische Drehzahlanzeige *1.9*.

Die weitere Drehzahlerhöhung, das Parallelschalten und Belasten der Turbine, geschieht über die Drehzahl-Verstelleinrichtung *3.8*. Durch Verdrehen des Handrades der Drehzahl-Verstelleinrichtung *3.8* oder Betätigen des zugehörigen Motors wird die Drehzahl-Verstellfeder *3.3* weiter gespannt, wodurch eine Drehzahlerhöhung entsteht. Da bei Verbundbetrieb die Drehzahl durch das Netz bestimmt wird, wirkt sich eine Betätigung der Drehzahl-Verstelleinrichtung *3.8* als Leistungsänderung der Turbine aus.

Die Anfahreinrichtung *3.10* greift mechanisch an die Reglermembran *3.2* des Drehzahlreglers *3.1* an, so daß sie gleichzeitig als Leistungsbegrenzung benutzt werden kann, d.h. das Öffnen der Stellventile *6.1* und *8.1* wird auf einen einstellbaren Wert begrenzt. Dies geschieht von Hand über einen Motor mit der Anfahr- und Leistungsbegrenzungseinrichtung *3.10*.

Wird die Turbine mit dem elektrohydraulischen Regler angefahren, so wird zunächst der Sollwert des elektrischen Drehzahlreglers auf Minimum gestellt, so daß dieser bereits bei Turndrehzahl das Hochfahren des Turbosatzes übernimmt. Die Anfahreinrichtung *3.10* wird nach dem Öffnen der Schnellschlußventile in die Stellung „offen" gebracht. Durch langsames Erhöhen des Drehzahl-Sollwertes des elektrischen Reglers wird danach die elektrische Drehzahlregelung in Eingriff gebracht, der Turbosatz bis auf Nenndrehzahl gefahren und anschließend synchronisiert.

Bei Festdruckbetrieb würde nach dem Parallelschalten der Turbosatz über den Drehzahlregler bis auf rd. 15 bis 20% der Nennleistung belastet werden (im Rahmen der zulässigen Laständerungsgeschwindigkeit). Die weitere Belastung würde durch den elektrischen Leistungsregler, der nach vorherigem Abgleich zugeschaltet wird, erfolgen. Die Belastung erfolgt durch Erhöhen des Leistungs-Sollwertes im Rahmen der zulässigen Lastabänderungsgeschwindigkeit. Der Drehzahl-Sollwert wird auf dem einer Leistung von rd. 15 bis 20% entsprechenden Wert blockiert.

Bei Lastabwurf, d.h. bei plötzlicher Trennung des belasteten Turbosatzes vom Netz, wird dieser vor Erreichen der Schnellschlußdrehzahl abgefangen. Als bleibende Drehzahlabweichung wird sich ein Wert einstellen, der dem P-Bereich des Drehzahlreglers und dem vorgegebenen Drehzahl-Sollwert entspricht. Bei Festdruckbetrieb würde dieser Wert annähernd bei Nenndrehzahl liegen, da beim Belastungsvorgang das Zuschalten der

Leistungsregelung bei kleiner Last vorgenommen wird. Selbstverständlich kann der Drehzahl-Sollwert nach einer Lastabschaltung auf Nenndrehzahl herabgesetzt werden. Die Drehzahlregelung kann entweder hydraulisch oder elektrohydraulisch erfolgen.

Die Hauptölpumpe *1.1* versorgt den Lager- und Regelölkreis mit Drucköl, während als Impulsgeber für die Regelung der Regelkreisel *1.2* einen der Drehzahl entsprechenden Primäröldruck liefert, der durch das Manometer zur Drehzahlanzeige *43.6* kontrolliert werden kann. Dieser Primäröldruck wirkt auf die Reglermembran *3.2* des Drehzahlreglers *3.1* gegen die Drehzahl-Verstellfeder *3.3*, die mittels der Drehzahl-Verstelleinrichtung *3.8* vorgespannt wird. Der Hub der Reglermembran *3.2*, der durch die Anfahr- und Leistungsbegrenzungseinrichtung *3.10* begrenzt werden kann, wird über die Schwinge *3.4* auf die Hülsen *3.5* der Hilfsfolgekolben *3.20* übertragen, deren Kolben *3.6* durch eine Feder *3.7* gegen den Öldruck gehalten wird. Entsprechend der Überdeckung der Schlitze in Kolben und Hülse strömt Öl ab, und es stellt sich ein der Federvorspannung entsprechender Öldruck ein. Dieser Sekundärhilfsöldruck wirkt als Impuls über den Regelschieber des Reglerverstärkers *3.50*. Der Kolben dieses Reglerverstärkers nimmt eine dem Sekundärhilfsöldruck entsprechende Stellung ein und betätigt über Hebel und Balken die Hülsen der Folgekolben. Durch eine Rückführung wird die Stellung des Regelschiebers und des Kolbens des Reglerverstärkers *3.50* stabilisiert.

Wie bereits für den Hilfsfolgekolben *3.20* aufgeführt, stellt sich in den Folgekolben des Reglerverstärkers *3.50* ein der Stellung der Hülsen und der zugeordneten Federspannung entsprechender Sekundäröldruck ein. Jede Änderung der Stellung der Schwinge *3.4* bewirkt eine proportionale Änderung der Sekundäröldrücke in den Folgekolben des Reglerverstärkers. Die Sekundärölkreise sowie der Sekundärhilfsölkreis werden über Drosseln aus dem Schnellschlußölkreis gespeist.

Die Folgekolben im Reglerverstärker bewirken durch die Änderung ihres Sekundäröldruckes letztlich die Verstellung der ihnen zugeordneten Stellventile oder Stellorgane.

Die Drehzahl der Turbine wird digital erfaßt. Am hochdruckseitigen Wellenende der Turbine ist hierzu auf der Turbinenwelle ein Drehzahlgeber *1.9* angebracht.

Das Verbindungsglied zwischen dem elektrischen und hydraulischen Teil der Regelung ist der elektrohydraulische Umformer. Dieser besteht aus dem Reglerverstärker *3.50* und einem Tauchspulsystem *3.51*. An die Tauchspule, die vom elektrischen Regler angesteuert wird, ist eine Steuerhülse angekuppelt. Die Steuerhülse bestimmt die Lage des Regelschiebers im Sinne eines Folgekolbens. Die weitere Wirkungsweise entspricht der des hydraulischen Reglers. Zur Rückführung für den elektrischen Regler sind am Kolben des Reglerverstärkers *3.50* zwei Differentialtrafos *3.52* angeordnet. Dadurch wird der Regelungsvorgang stabilisiert.

Wie bereits erwähnt, ist ein wechselweiser Übergang von der einen zur anderen Regelung auch während des Betriebes möglich, da bei beiden Regelungen der Regelschieber des Reglerverstärkers *3.50* wirksam ist.

Wenn die Turbine mit dem hydraulischen Regler gefahren wird, steht der Drehzahl-Sollwert des elektrischen Reglers auf „maximale Drehzahl", wodurch die elektrohydraulische Regelung nicht zum Eingriff kommt. Zum Hereinnehmen wird der Drehzahl-Sollwert des elektrischen Reglers langsam so weit herabgesetzt, bis die Sekundäröldrücke geringfügig fallen. Wenn dies der Fall ist, ist der elektrohydraulische Regler in Tätigkeit. Anschließend wird die Drehzahl-Verstelleinrichtung *3.8* des hydraulischen Reglers *3.1* auf „maximale Drehzahl" gestellt. Der elektrohydraulische Regler ist danach voll in Betrieb und kann den gesamten Leistungsbereich durchfahren. Der hydraulische Regler wirkt dabei als Drehzahlgrenzregler für den Fall, daß der elektrische Regler ausfällt. In diesem Störungsfall kann die Turbine sofort mit dem hydraulischen Regler weiterbetrieben werden. Der Übergang erfolgt in sinngemäß umgekehrter Weise. Zunächst wird die Drehzahl-Verstelleinrichtung *3.8* so lange in Richtung „weniger" betätigt, bis die Sekundäröldrücke geringfügig fallen. Der hydraulische Regler hat dann übernommen. Anschließend wird der Drehzahl-Sollwert des elektrischen Reglers auf „maximal" gestellt. Der hydraulische

Regler ist danach voll in Betrieb und kann den gesamten Leistungsbereich durchfahren.

Das Schnellschlußöl wird über die Schnellschlußeinrichtung *2.1* dem Druckölkreis entnommen und fließt außer zu den Sekundärölkreisen auch zu den Schnellschlußventilen *5.1* und *7.1*. Die Schnellschlußeinrichtung dient zum schnellen Abbau des Öldruckes im Schnellschlußölkreis. Fällt der unter der Stufe des Differenzkolbens der Schnellschlußeinrichtung *2.1* anstehende Druck unter einen einstellbaren Wert, so wird der Kolben durch Federkraft nach unten bewegt, öffnet dem Schnellschlußöl den Weg in den Ablauf und sperrt die Druckölzufuhr ab.

Fällt der Druck im Schnellschlußölkreis unter einen bestimmten Wert, so werden oberer und unterer Kolben der Schnellschlußventile *5.1* und *7.1* durch Federkraft auseinandergedrückt, und die Schnellschlußventile schließen schlagartig. Gleichzeitig werden auch die Stellventile sowie die Anzapf-Schnellschlußventile geschlossen, da die Sekundärölkreise vom Schnellschlußölkreis gespeist werden. Bei einer Schnellschlußauslösung schließen also sämtliche Absperr- und Regelorgane der Turbine.

Beim An- und Abfahren sowie bei gewissen Betriebsstörungen wird der den Zwischenüberhitzer durchströmende Dampf über die Abblase-Absperrventile *15.1* und die Abblase-Regelventile *15.2* in den Kondensator geleitet. Diese Ventile werden durch den Abblase-Verhältnisdruckregler *15.51* und den Abblase-Grenzdruckregler *15.52* gesteuert.

5. Regelung von Turbinen im Verbundnetz

Während im Sammelschienenkraftwerk früher die Regelung von Kesseln und Turbinen getrennt erfolgte, wurde bei Blockkraftwerken die Turbine und der Kessel von Anfang an im Verbund geregelt.

Vordruckregelung (Überströmregelung). Aus verschiedenen Gründen (siehe Achter Teil, Abschn. B, S. 412) wird die Vordruckregelung oder Grenzdruckregelung angewendet. Durch Einwirkung auf die P-Wertverstellung wird hier die Dampfeintrittsmenge in die Turbine derart geregelt, daß der Druck vor der Turbine unabhängig von der Belastung des Blockes konstant gehalten wird. Durch automatische Verstellung des Sollwertes des Vordruckreglers in Abhängigkeit von den Laständerungen im Netz können derart geregelte Sätze auch zum Ausfahren der Spitzen herangezogen werden. Im Beharrungszustand wird der Druckregler wieder auf seinen Ausgangswert zurückgestellt.

Zur Vermeidung übermäßiger Wärmespannungen in der Turbine bei Laständerungen werden Begrenzungseinrichtungen für die Laständerungsgeschwindigkeit erforderlich.

Gleitdruckregelung. Im reinen Gleitdruckbetrieb eines Dampferzeugers bleiben die Stellventile der Turbine ständig geöffnet, und die Lastschwankungen werden durch Änderung des Zudampfdruckes mit der Feuerung von der Dampferzeugerseite her geregelt.

In diesem Falle kann eine Leistungsänderung nur mit der Geschwindigkeit erfolgen, die der Kessel einschließlich der Feuerung zuläßt. Will man schnelle Lastschwankungen ausgleichen, so muß man die Stellventile der Turbine im Beharrungszustand in einer wählbaren Drosselstellung (z. B. 90% Leistung) halten. Ändert sich die Last innerhalb des Bereiches, den die Wandtemperaturen der Turbine zulassen, so wird die Turbinenleistung durch entsprechende Verstellung des Ventilhubes sofort angeglichen, bis der Kessel sich auf den neuen Zustand eingestellt hat. Die Stellventile kehren dann wieder in die gewählte Drosselstellung zurück.

Netzregelung. Die Verteilung von Belastungsschwankungen bei möglichst konstant zu haltender Netzfrequenz allein über die Drehzahlkennlinien ist nicht möglich, da die Unempfindlichkeit vor allem der älteren Maschinen größer ist als die von Maschinen in neueren Kraftwerken. Man schaltet deshalb jeder Turbine oder auch einer Gruppe von Turbinen einen elektrischen Frequenzleistungsregler vor. Die Frequenz geht mit dem Unempfindlichkeitsgrad $x_A = 0$ als Regelimpuls in diesen Regler ein. Der Regler wirkt dann direkt auf die P-Wertverstellung oder auf die Leistungsbegrenzungsvorrichtung der Turbinen.

Vom Gebietslastverteiler oder automatisch durch eine Netzkennlinienregelung können dem Frequenzleistungsregler weitere Aufgaben, beispielsweise die der Übergabeleistungsregelung übertragen werden.

i) Überwachung des Betriebes

Die heute üblichen hohen Einheitenleistungen führen im Falle einer Betriebsstörung zu großen Verlusten. Deshalb sind Überwachungs-, Sicherheits- und Schutzeinrichtungen erforderlich. Insbesondere dürfen bei Änderungen des Betriebszustandes die Wärmespannungen, Dehnungen und Schwingungen die zulässigen Werte nicht übersteigen. Die laufende Überwachung der für die Betriebssicherheit maßgebenden Größen erlaubt bei genauer Kenntnis der noch zulässigen Grenzwerte ein reibungsloses und gefahrloses Anfahren, Belasten und Entlasten der Turbine.

Durch automatische Registrierung der wichtigen Einflußgrößen kann die Tendenz zu gefährlichen Betriebszuständen rechtzeitig erkannt werden. Außerdem sichern diese Aufzeichnungen die Einhaltung der Betriebsvorschriften des Lieferanten. In zunehmendem Maße läßt man Überwachungseinrichtungen direkt in die Regelung eingreifen, um das Entstehen gefährlicher Betriebszustände bereits im Beginn sowohl zu melden als auch durch Eingriff in die Regelung auszugleichen, bevor ein Abschalten der Maschine notwendig wird.

Die Elektronik spielt bei den Überwachungseinrichtungen eine große Rolle. Sie arbeitet trägheitsfrei, ist sehr empfindlich und erleichtert den Anschluß einer Fernanzeige oder eines Schreibgerätes. Allgemein fordert man von diesen Zusatzgeräten große Unempfindlichkeit gegen äußere Einflüsse, gegen Schwankungen der Netzspannung und Alterung der Bauglieder sowie eine einfache Wartung. Die Entwicklung der Überwachungs- und Sicherheitseinrichtungen führt zu einer vollautomatischen Bedienung eines Blockes bei allen Betriebszuständen. Die logischen Schaltschritte werden in dieses Überwachungs- und Bedienungsgerät für sämtliche Betriebsfälle eingespeichert sein und durch Überwachungsimpulse abgerufen und an die ausführenden Servo-Motoren weitergegeben werden. Durch den vollautomatischen Betrieb wird die Bedienung eines Blockes einfacher, wirtschaftlicher und sicherer werden.

Mit dem Übergang zur Blockbauweise wurden die früher getrennten Kessel-, Maschinen- und Elektrowarten zu einer zentralen Warte zusammengefaßt, von der aus der gesamte Block überwacht, gesteuert und geregelt wird (vgl. auch Dritter Band, Teil A, Vierter Teil, Abschn. D, S. 684 ff.).

Der Anfahrvorgang wird teilweise mit Hilfe eines in die Stirnseite der Turbinenverkleidung eingebauten Überwachungsschrankes kontrolliert. Dieser kann auch neben der Turbine im Maschinenhaus oder in der zentralen Warte aufgestellt werden. Auf diesem Anfahrpult sind sämtliche zum An- und Abfahren benötigten Instrumente zusammengefaßt. Das Belasten des Turbosatzes geschieht vom Anfahrpult aus unter laufender Beobachtung der Charakteristiken von Kessel und Turbine. Immer häufiger wird jedoch das An- und Abfahren der Turbine von der Warte aus vorgenommen, wo auch die entsprechenden Instrumente, teils schreibend, teils anzeigend, untergebracht werden. Im normalen Fahrbetrieb mit geringen Lastschwankungen sorgen Überwachungsinstrumente für das rechtzeitige Erkennen von Veränderungen, für eine Signalisierung oder über eine Sicherheits- bzw. Schutzeinrichtung für einen Eingriff in die Regelung.

Der Einsatz von Vielfachschreibern zur Registrierung der zur Überwachung wichtigen Daten hat sich sehr bewährt. Es werden bis zu 12 Aufschreibungen auf einem Streifen aufgenommen.

Bei einer Störung, welche einen Lastabwurf zur Folge hat, wird vom gleichen Impuls ein langsam mitlaufender Störschreiber automatisch auf Schnellvorschub geschaltet, wodurch die Aufschreibungen des Störvorganges, des Öldruckes, des Ventilhubes, der Drehzahl usw. gedehnt werden. Mit akustischen Signalen und Leuchtmeldetafeln wird dem Bedienungspersonal von den Überwachungsinstrumenten das Eintreten eines Störfalles sowie gleichzeitig dessen Ursache gemeldet.

1. Überwachungseinrichtungen

Überwachungseinrichtungen sollen es ermöglichen, den jeweiligen Betriebszustand der Turbine zu kontrollieren. Die den Betriebszustand kennzeichnenden Größen sollen angezeigt werden, um sie mit den Normalwerten zu vergleichen. Betriebswidrige Zustände können dadurch vom Betriebspersonal rechtzeitig erkannt und beseitigt werden, d.h. möglichst vor dem Ansprechen einer Sicherheits- und Schutzeinrichtung. Hierzu sollten entsprechende Meldungen — soweit sinnvoll — das Erreichen von Grenzwerten anzeigen. Das Beispiel eines Schemas für Überwachungseinrichtungen an einem Turbosatz zeigt Abb. 74.

Drehzahlüberwachung. Die Drehzahl muß beim Betrieb mit der Dreheinrichtung, beim Anfahren, beim Synchronisieren, während des Betriebes, bei Überdrehzahl und beim Auslaufen überwacht werden. Dazu werden Tachometer verschiedener Bauarten verwendet, z. B. mechanische, hydraulische oder Wirbelstrommeßwerke, Zungenfrequenzmesser, Tacho-Generatoren oder digitale Meßeinrichtungen. Die Anzeige der Drehzahl erfolgt an der Turbine und bei fernbedienten Anlagen in der Warte; gegebenenfalls wird der Meßwert, insbesondere in Störungsfällen, geschrieben. Oft werden Tachometer mit zwei umschaltbaren Meßbereichen verwendet.

Überwachung von Druck und Druckverlauf. In einer Turbine wird der Zudampfdruck stufenweise auf den Kondensatordruck abgebaut. Die Turbine kann durch Über- oder Unterschreiten zulässiger Grenzwerte von Zudampfdruck, Radraumdruck, Anzapfdruck oder Kondensatordruck gefährdet werden.

Zum Aufrechterhalten des Kondensatorvakuums müssen die Wellendichtungen durch Sperrdampf gegen Lufteintritt gesichert werden. Der Druck im Sperrsystem wird daher durch geeignete Instrumente überwacht.

Die wesentlichen Betriebsdrücke einer Turbine müssen mit Druckmeßgeräten ständig überwacht werden. Das Erreichen von Grenzwerten wird gegebenenfalls optisch und akustisch gemeldet, damit das Bedienungspersonal eingreifen und die Störung beseitigen kann.

Veränderungen des Druckverlaufes in der Turbine bewirken meist eine Veränderung des Axialschubes und damit eine Längslagerbelastung. Der Druckverlauf in der Turbine wird gestört

durch Verschmutzung der Beschaufelung,
durch Schäden an der Beschaufelung,
durch Verändern der Dampfströme in einzelnen Stufen.

Der Druckverlauf in der Turbine wird daher ständig durch Messung geeigneter Stufendrücke (Radraum-, Anzapfdrücke) überwacht.

Für die Drucküberwachung einer Turbine werden Druckmeßwerke verschiedener Bauart verwendet, z.B. Rohr-, Platten-, Kapselfedermanometer, Faltenbalgmeßrohre, Kolbenmanometer, Ringwaagen und U-Rohre. Die Ausführung wird der Druckstufe und dem Meßzweck angepaßt (siehe auch Achter Teil, Abschn. B IIc1, S. 467/69).

Die Stufendrücke einer Turbine stehen unabhängig vom Dampfstrom in einem etwa konstanten Verhältnis zueinander. Daher kann das Verhältnis zweier Stufendrücke zum Beurteilen des Druckverlaufes herangezogen werden. Zum Überwachen soll daher der Soll-Stufendruckverlauf für verschiedene Dampfströme in Diagrammform vorliegen. Abweichungen des gemessenen Verlaufs vom Sollverlauf lassen auf eine gestörte Druckverteilung schließen.

Bei einer anderen Form der Überwachung wird der Druckverlauf in der Turbine über ein parallel zu ihr mit Meßdampf durchströmtes System von Blenden nachgebildet. Man geht dabei von der Voraussetzung aus, daß der Druckverlauf im Blendensystem dem ungestörten Druckverlauf in der Turbine entspricht. Die Differenz zwischen dem Blendenzwischendruck und dem entsprechenden tatsächlichen Stufendruck wird durch ein Differenzdruckmanometer gemessen. Dieser Differenzdruck ist ein Maß für den auftretenden Schub.

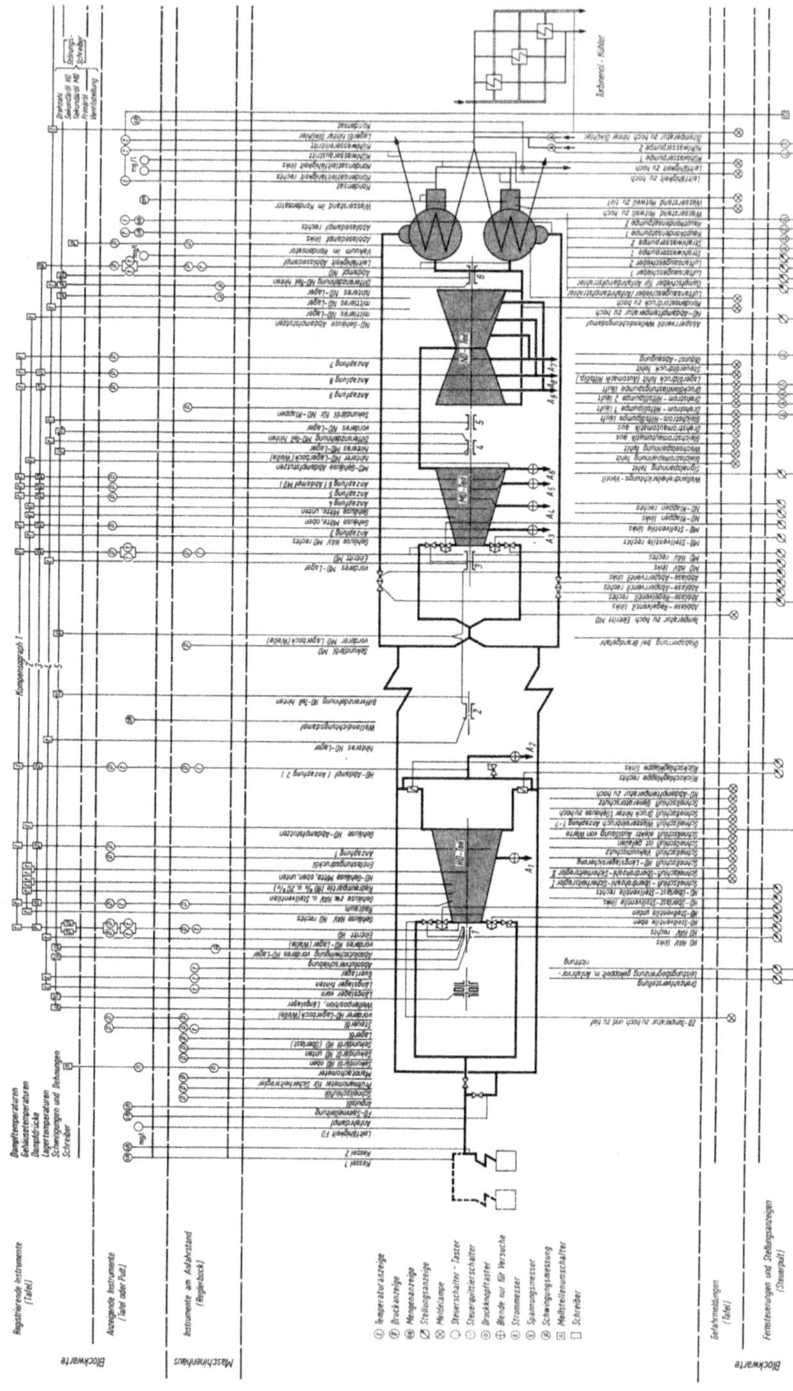

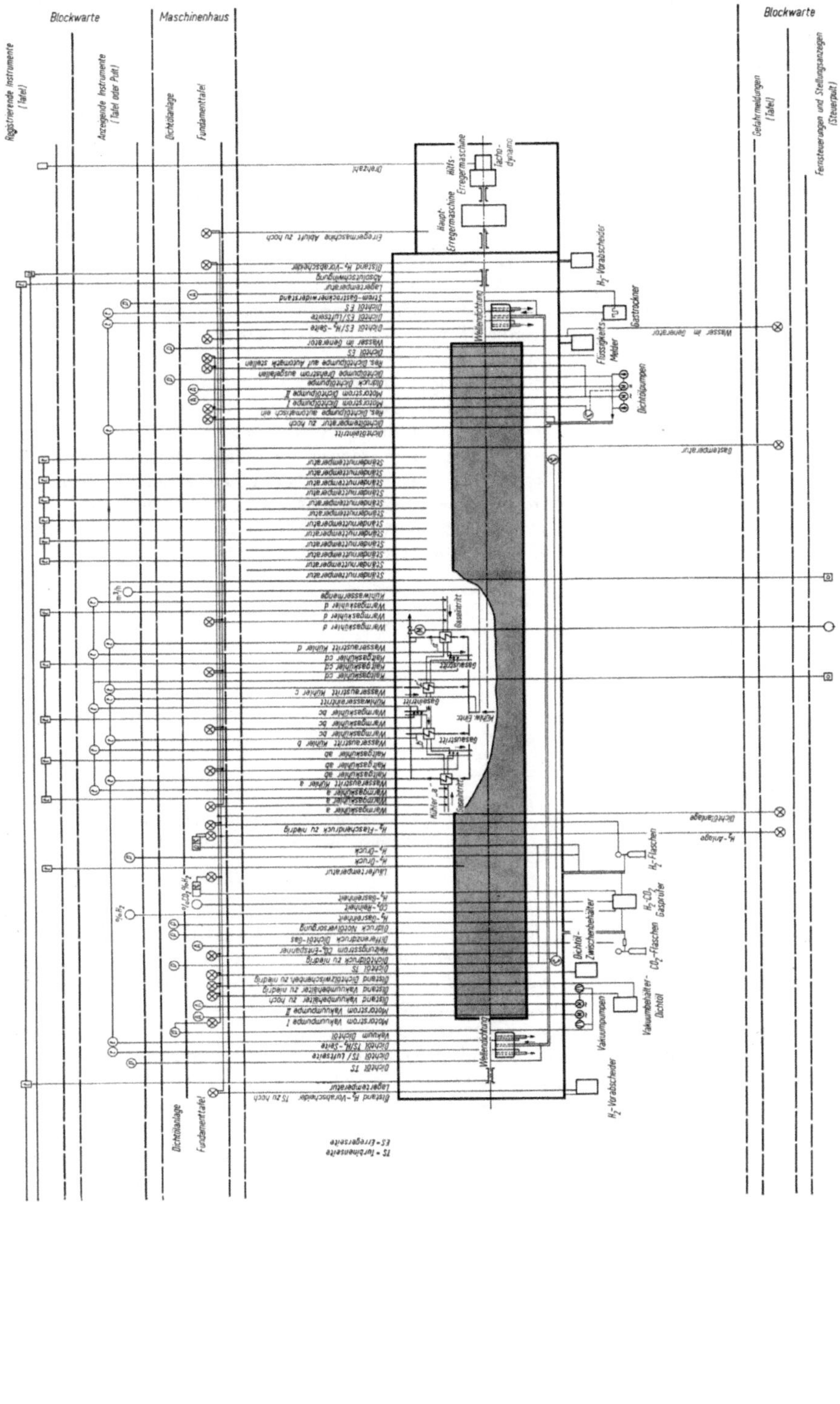

Abb. 74. Schema der Überwachung eines Turbosatzes mit Zwischenüberhitzung

Überwachung der Dampftemperatur. Übertemperatur von Zudampf und ZÜ-Dampf setzt die Festigkeitswerte der Werkstoffe herab und vermindert somit die Sicherheit und die Lebensdauer z.B. der Einlaßorgane, Gehäuse, Läufer usw. Schnelle Temperaturänderungen bewirken thermische Spannungen, die sich der Grundbeanspruchung überlagern und somit auch eine Überbeanspruchung der Werkstoffe ergeben können. Außerdem führen schnelle Temperaturänderungen durch das unterschiedliche Ausdehnungsverhalten von Gehäuse und Läufer zu Relativdehnungen, die unter Umständen die Anlage gefährden können.

Übertemperatur im Abdampfteil kann hervorgerufen werden durch

zu kleinen Dampfstrom in den Endstufen und dadurch bedingte hohe Ventilationswärme,

zu hohen Abdampfdruck,

fehlendes Einspritzwasser bei ND-Umleit-Einrichtungen oder ND-Einspritzungen.

Durch Übertemperaturen sind die Walzstellen der Kondensatorrohre, gegebenenfalls die Dichtungen im Abdampfgehäuse und unter Umständen die Endstufenbeschaufelung gefährdet. Ferner können zulässige Temperaturgrenzen des Materials überschritten werden oder Dehnungen im Abdampfteil auftreten, die die Turbine gefährden. Schnelle Temperaturänderungen können bei schnellem Übergang von Leerlauf auf Lastbetrieb entstehen. Der zeitliche Verlauf der Abdampftemperatur wird deshalb überwacht.

Da ein Überschreiten der zulässigen Zudampf- bzw. ZÜ-Temperatur meist nur kurzzeitig auftritt und kurzzeitige Überschreitungen in gewissen Grenzen auch vertraglich zugelassen werden, genügt zur Überwachung der Temperaturen neben dem normalen Anzeigegerät ein Schreiber. Eine Grenzwertmeldung wird zusätzlich vorgesehen.

Schnelle Temperaturänderungen sollen möglichst am Ort der maximalen Auswirkung oder am Ort der maximalen Gefährdung erfaßt werden. Vorteilhaft ist es, wenn die Aus-

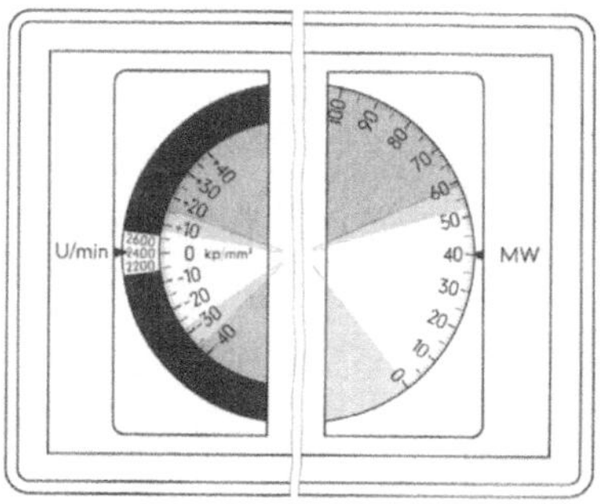

Abb. 75. Anzeigeeinrichtung eines Wandtemperaturgerätes (Werkbild Siemens)

wirkung der Temperaturänderung auf die gefährdeten Stellen unmittelbar beobachtet werden kann. Dazu kann z.B. eine Temperaturdifferenzmessung in der gefährdeten Gehäusewand dienen oder ein Gerät, das solche Teile thermisch nachbildet, die nicht unmittelbar gemessen werden können (z.B. Läufer).

Überwachung von Überlast und schnellen Laständerungen. Zur Überwachung der Last genügen normalerweise die üblichen Leistungsanzeiger. Laständerungen bewirken bei Festdruckbetrieb Temperaturänderungen in der Turbine. Es können deshalb die Überwachungseinrichtungen des vorstehenden Abschnitts angewandt werden. Erfaßt man außer der Temperaturdifferenz die Meßwerte, die für die zulässigen Laständerungen einer Turbine maßgeblich sind, in einer Rechenschaltung, so läßt sich ein Anzeigegerät anschließen, das beim Anfahren die zulässige momentane Spannungsänderung und im Betrieb die zulässige momentane Leistungsänderung anzeigt. Ein solches Gerät wurde z.B. von Siemens entwickelt und wird dort Wandtemperaturgerät (WT-Gerät, Abb. 75) genannt. Wie in

Abb. 64 gezeigt, kann es auch im Zusammenhang mit einer elektrischen Turbinenregelung verwendet werden und erlaubt bei automatischem Betrieb des Turbosatzes die gefahrlose Ausnutzung der zulässigen Beanspruchungsgrenzen.

Überwachung der Turbinenläufer- und Turbinengehäuselage (siehe auch Achter Teil, Abschn. B II c 8, S. 496/500). Die Aufgabe dieser Überwachungseinrichtungen ist es, die jeweilige Lage des Turbinengehäuses absolut und des Turbinenläufers relativ zum Gehäuse zu messen und dadurch zu prüfen, ob deren Lagen noch zulässig sind. Das Längslager nimmt den Axialschub des Läufers auf. Je nach der Schubrichtung liegt der Wellenbund vorn oder hinten im Längslager an. Die Bewegungsmöglichkeit ist durch das axiale Spiel im Längslager gegeben. Die jeweilige Lage kann relativ zum Lager oder Lagergehäuse gemessen werden. Bei mehrgehäusigen Dampfturbinen ist der Einbauort des Längslagers und die Lage des Festpunktes am Fundament für die Größe der relativen Läuferdehnung von maß-

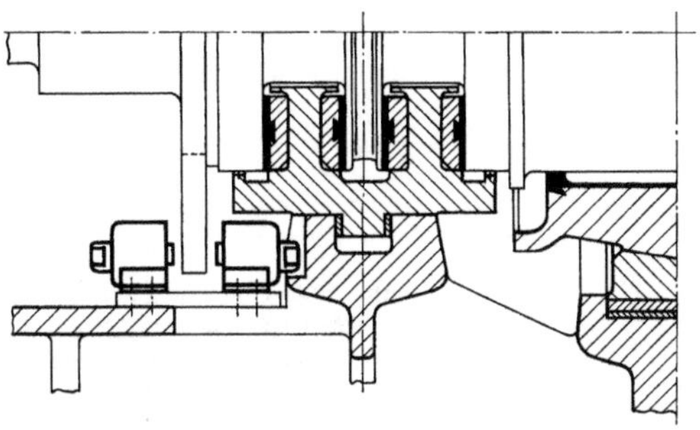

Abb. 76. Messung der Wellenlage

gebender Bedeutung. Die Meßwertgeber sind unmittelbar am Längslager oder in geringem axialem Abstand angebracht (siehe Abb. 76). Sie arbeiten mechanisch (Berührung), hydraulisch oder elektrisch (berührungslos). Das Meßergebnis läßt erkennen:

die Schubrichtung des Läufers,
die Verlagerung durch Abnutzung des Längslagers,
etwaige elastische Eigenschaften des Längslagers.

Bei gleichen Betriebszuständen müssen immer wieder die gleichen Läuferlagen angezeigt werden. Abweichungen davon lassen auf Veränderungen im Strömungsteil der Dampfturbine oder im Längslager schließen. Auch eine zunehmende Ölaufwärmung im Längslager kann auf eine Unregelmäßigkeit hinweisen.

Im Läufer und im Turbinengehäuse treten beim Anwärmen, Abkühlen sowie bei Last- und Dampftemperaturänderungen Längenänderungen auf. Diese sind infolge unterschiedlichen Temperaturzustandes und unterschiedlicher Werkstoffe bei Läufer- und Turbinengehäuse verschieden. Der Läufer hat seinen Festpunkt im Längslager. Im allgemeinen ändert sich die Dehnung des Läufers bei Temperaturänderungen zeitlich anders als die des Gehäuses. Infolgedessen werden die Axialspiele der Schaufeln und der Wellendichtungen überwacht, wenn die Gefahr besteht, daß die axialen Spiele überschritten werden. Die relative Dehnung wird gewöhnlich an der Stelle gemessen, an der die größten Relativdehnungen zwischen Läufer und Turbinengehäuse zu erwarten sind, gewöhnlich an einem Wellenbund (Abb. 77). Während man für gelegentliche Kontrollen durch einen Mechanismus einen Gleitstein an einen Bund der Turbinenwelle andrückt (Abb. 77a), wird für eine Daueranzeige ein an die Druckölversorgung der Lager angeschlossener Gleitstein verwendet (Abb. 77b). Die stark übersetzte Anzeige des Meßwertes erfolgt bei dieser mechanischen Ausführung unmittelbar an der Meßstelle. Eine elektrische Messung für Fernanzeige und Registrierung erfolgt berührungsfrei durch Induktion (siehe Abb. 77c und Achter Teil, Abschn. B II, S. 462ff.).

Wenn der Turbinenläufer bei warmer Maschine längere Zeit nicht gedreht worden ist oder wenn er thermisch ungünstig beeinflußt wird, kann eine Läuferverkrümmung eintreten, die besonders beim Anfahren Bedeutung hat. Dann muß die Dreheinrichtung genügend lange betrieben oder die Turbine ausreichende Zeit mit niedriger Drehzahl gefahren oder der Läufer gegebenenfalls mehrmals von Hand gedreht werden, bis die Ver-

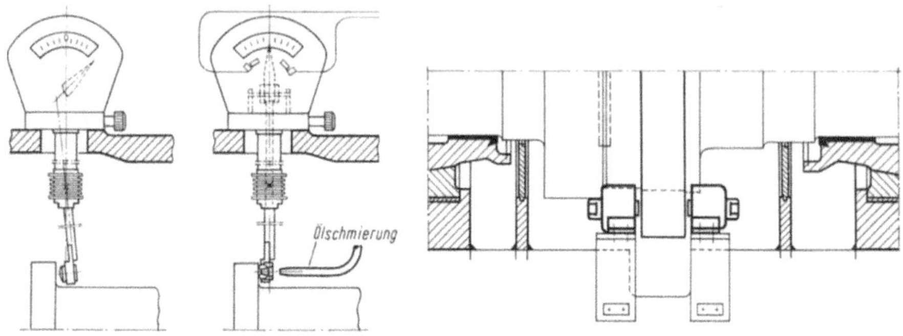

a b c

Abb. 77a—c. Messung der axialen Differenzdehnung
a) Taststift nur während der Meßdauer angelegt
b) Dauernd anliegender Taststift
c) Elektrische Messung

krümmung wieder innerhalb zulässiger Grenzen liegt. Die Aufgabe einer Einrichtung für das Überwachen der Exzentrizität ist es, eine solche Läuferverkrümmung festzustellen. Die Läuferverkrümmung wird in Sonderfällen innerhalb der Dampfturbine gemessen. Die Exzentrizität, aus der auf die Läuferverkrümmung geschlossen wird, kann an einer dafür geeigneten Stelle außerhalb des Turbinengehäuses gemessen werden. Die Meßfühler und Meßleitungen müssen öl-, temperatur- und feuchtigkeitsbeständig ausgeführt werden.

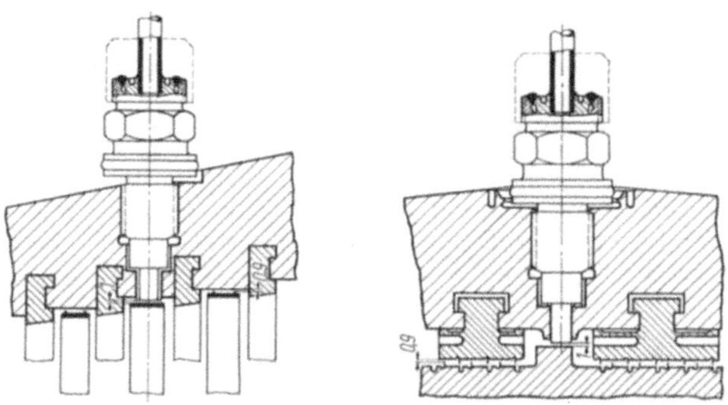

Abb. 78. Induktive Messung des Radialspieles

Radiale Spiele können in Sonderfällen unmittelbar, im allgemeinen mittelbar überwacht werden, um Verlagerungen und Verformungen von Läufern und Gehäusen rechtzeitig anzuzeigen. Beim Anwärmen, Abkühlen, bei einem längeren Stillstand der Turbine, bei rascher Temperaturänderung sowie Isolierungsfehlern am Gehäuse kann zwischen Gehäuseober- und -unterteil eine Temperaturdifferenz auftreten, die zur Gehäuseverkrümmung und dadurch zur Veränderung der radialen Spiele führt. Aus der Temperaturdifferenz zwischen Gehäuseober- und -unterteil in der gleichen Querschnittsebene kann mittelbar auf die Änderung der radialen Spiele der Beschaufelung infolge Gehäuseverkrümmung geschlossen werden. Die unmittelbare Messung kann erfolgen zwischen den Enden der Schaufeln und dem Gehäuse und zwischen Turbinenwelle und Turbinengehäuse (Abb. 78).

Die absolute axiale Dehnung der Gehäuse wird zum Überwachen des Erwärmungszustandes der Dampfturbine gemessen. Auf Grund der Meßergebnisse kann ferner festgestellt werden, ob die Gleitfähigkeit der Lagergehäuse bzw. der Gehäuseabstützungen vorhanden ist und ob die Gehäuse sich gleichmäßig ohne Verkanten verschieben. Bei mehrgehäusigen Dampfturbinen summieren sich die Axialverschiebungen der einzelnen Gehäuse, wenn sie über die Lagergehäuse und die Gehäuseführungen miteinander ver-

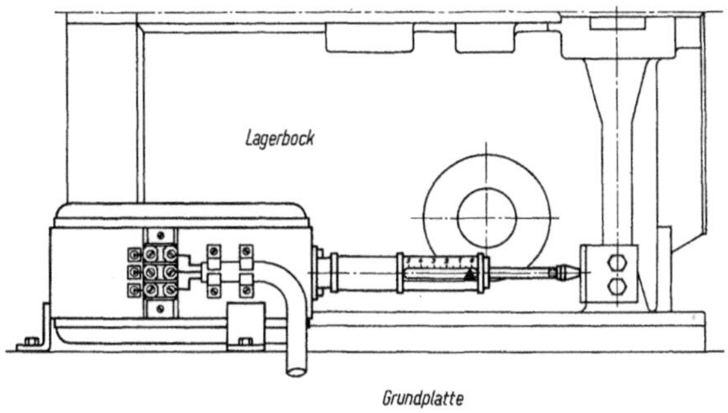

Abb. 79. Messung der axialen Absolutdehnung

bunden sind. Die absolute axiale Dehnung der Turbinengehäuse wird relativ zum Fundament der Dampfturbine gemessen. Gewöhnlich kann sie direkt an der Maschine abgelesen werden (Abb. 79) und wird auch fernübertragen.

Überwachung des Laufzustandes. Der Laufzustand und seine zeitlichen Veränderungen werden durch Messen der Schwingungen an den Lagergehäusen, aber auch an dem Turbinenläufer überwacht.

Die Schwingungen der Lagergehäuse werden vorzugsweise in axialer, horizontaler und vertikaler Richtung gemessen und enthalten folgende Einflüsse:

die Masse und Steifigkeit des Lagergehäuses,
die Auflage und Befestigung des Lagergehäuses,
die Art und Eigenschaften des Fundamentes,
die Ausführung der Lagerschalen,
den hydromechanischen Aufbau des Ölfilms.

Zum Beurteilen der Laufgüte dient als maßgebende Größe die Schwinggeschwindigkeit oder Schwingschnelle. Es kann aber auch der Schwingweg (Amplitude) herangezogen werden, wobei die Frequenz zu beachten ist. Allmählich oder plötzlich auftretende Änderungen lassen auf Abweichungen vom Normalzustand schließen (z.B. Unwucht, Läuferverkrümmung, Anstreifen, Schaufelschaden, Veränderungen an Lagern oder am Fundament). Beim Anfahren und Abstellen sowie bei Last- und Temperaturänderungen ist das Überwachen des Laufzustandes besonders wichtig.

Die Schwingungen des Turbinenläufers können durch Relativ- oder Absolut-Schwingungsmessungen unmittelbar an dem Turbinenläufer gemessen werden. Im Gegensatz zu den Schwingungen, die an den Lagergehäusen gemessen werden, liegen für die Schwingungen, die am Turbinenläufer gemessen werden, noch keine allgemeingültigen Beurteilungsmaßstäbe vor. Es ist zu beachten, daß die Schwingungen des Turbinenläufers meist um ein Vielfaches größer sind als die Schwingungen der Lagergehäuse. Bei Vergleichsmessungen sind daher die gleichen Meßstellen zu wählen (Abb. 80 und 81).

Überwachung von Rückströmungen und Flüssigkeitsständen. Ungewollte Rückströmungen von Wasser oder von Dampf können in der Dampfturbine Schäden durch Wasserschlag, Wärmeschock oder Überdrehzahlen hervorrufen. Sie können folgende Ursachen haben:

a) Bei Bruch speisewasserführender Rohre in Speisewasservorwärmern dringt Wasser in den Dampfraum des Vorwärmers, bringt den Wasserstand schnell zum Steigen und kann über die Anzapfleitung in die Turbine gelangen.

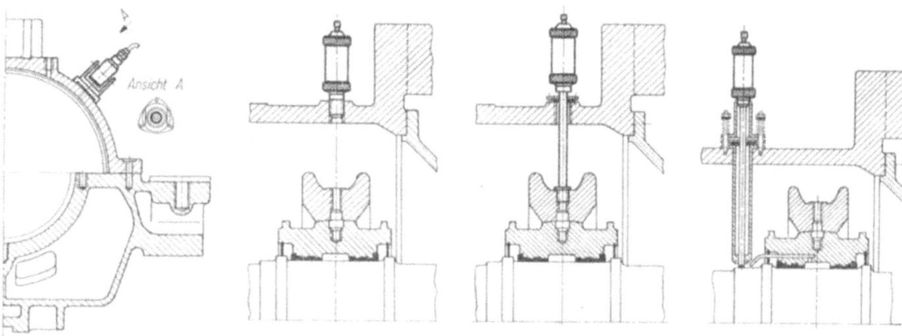

Abb. 80. Induktive Messung von Absolutschwingungen

b) Durch Versagen des Kondensatablaufs in Speisewasservorwärmern steigt der Wasserstand langsam an. Durch Abdecken der Heizfläche wird der Kondensatanfall zwar vermindert, das Eindringen von Kondensat in die Anzapfleitung der Turbine ist jedoch nicht mit Sicherheit auszuschließen, vor allem, wenn Kondensat aus Vorwärmern höheren Druckes zufließt.

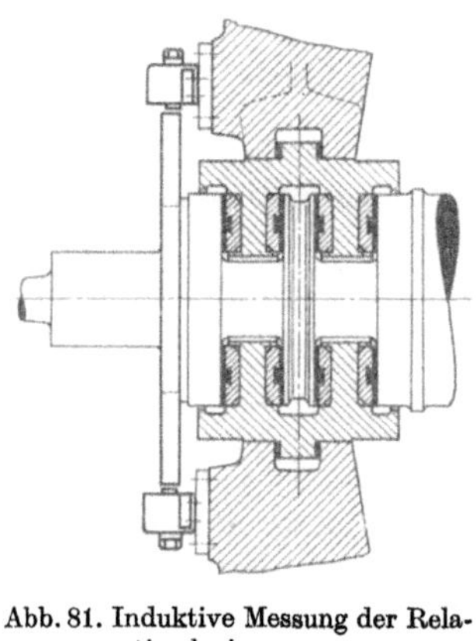

Abb. 81. Induktive Messung der Relativschwingungen

c) Bei Auslösen des Schnellschlusses oder bei Lastverminderung kann das siedende Heizkondensat heftig ausdampfen und Dampf unter Mitreißen von Wasser über die Anzapfleitung in die Turbine eindringen. Bei Schwebeentgasern kann bei Lastverminderung zusätzlich über die Heizdampfleitung Speisewasser in die Anzapfung zurückgesaugt werden, wenn diese unter dem Speisewasserspiegel mündet.

d) Bei Lastverminderung oder nach Auslösen des Schnellschlusses kann Dampf aus angeschlossenen Dampfnetzen zurückströmen.

e) Bei geringem Dampfstrom im HD-Teil kann sich die Strömung in der kalten ZÜ-Leitung umkehren. Rückströmender Dampf niedrigerer Temperatur kann den HD-Teil der Turbine gefährden.

f) Wenn Entwässerungen verschiedener Druckstufen der Turbine in eine gemeinsame Leitung münden, kann Wasser in eine niedrigere Druckstufe der Turbine eintreten.

Die Überwachung erfolgt vorwiegend durch Messen des Wasserstandes im Vorwärmer. Hierzu dienen Wasserstandsanzeiger und Niveauwächter, die das Überschreiten von Grenzwerten melden.

Überwachung der Ölversorgung. Die Drücke, Temperaturen und Flüssigkeitsstände der Ölversorgung einschließlich der Fördereinrichtungen für Steuerflüssigkeiten werden überwacht. Das Erreichen von Grenzwerten wichtiger Größen wird gemeldet.

Der Druck jedes Systems (Schmierölkreislauf, Schnellschluß-, Steueröl oder Steuerflüssigkeitskreislauf, Drucköl zum Wellenanheben, Treiböl für ölhydraulische Dreheinrichtungen usw.) wird durch entsprechende Manometer an geeigneter Stelle gemessen. Insbesondere wird der Öldruck vor und hinter Filtern und Kühlern gemessen, um das Überschreiten von Druckdifferenzen, das auf verminderte Durchlässigkeit infolge Verschmutzung schließen läßt, zu melden. Die Temperaturen vor und hinter dem Ölkühler sowie die Temperaturen, die die Erwärmung jedes Lagers kennzeichnen, werden gemessen und gegebenenfalls aufgezeichnet und die Grenzwerte gemeldet.

Der Ölstand im Behälter wird durch Schwimmer, Schaugläser oder andere geeignete Geräte angezeigt. Durch Einsatz von Niveauwächtern können Grenzwerte gemeldet werden.

Weitere Überwachungseinrichtungen. Außer den bereits genannten Instrumenten sind weitere Überwachungseinrichtungen zweckmäßig, um Betriebsabläufe zu verfolgen und rechtzeitig den Beginn einer Störung erkennen zu können.

Eine Stellungsanzeige erhalten alle wichtigen Stellarmaturen am Bedienungs- und Einbauort. Für von Hand fernbetätigte Stellarmaturen und andere Stellglieder sind in wichtigen Fällen Stellungsfernanzeigen, für Absperrarmaturen Endstellungsanzeigen, manchmal auch Lauffernanzeigen vorgesehen.

Die Sollwert-Verstelleinrichtungen von Reglern besitzen eine örtliche und, soweit fernbetätigt, eine Stellungsfernanzeige.

Wichtige Antriebsmotoren werden mit einem Strommesser, mindestens jedoch mit einer Meldelampe am Bedienungsort, ausgerüstet.

2. Sicherheitseinrichtungen

Sicherheitseinrichtungen sollen die betriebswidrigen Zustände der Turbine erfassen und beseitigen, ohne daß dabei der Betrieb unterbrochen wird, oder bei einer Störung die Ausweitung des betriebswidrigen Zustandes unterbinden, bis durch Beseitigung der Störung der normale Betriebszustand wieder hergestellt ist. Sie werden dort angewendet, wo Überwachungseinrichtungen nicht mehr ausreichen oder die Zeit fehlt, um auf Grund von Anzeigewerten oder Signalen von Hand einzugreifen.

Sicherheitseinrichtungen sind normalerweise in Aufbau und Wirkungsweise mit Reglern identisch. Bei störungsfreiem Betrieb befinden sie sich in einer oberen oder unteren Grenzstellung und sind außer Eingriff. Sie greifen erst ein, wenn die von ihnen wahrgenommene Größe die den Normalbetrieb charakterisierenden Grenzen überschreitet und bleiben so lange im Eingriff, bis die verursachende Störung verschwunden ist.

Auch Regler können Sicherheitseinrichtungen darstellen, wenn ihr einstellbarer oberer bzw. unterer Sollwert die noch zulässigen Grenzwerte nicht über- bzw. unterschreitet. Sie werden als mechanische, elektrische, hydraulische oder pneumatische Systeme oder auch als deren Kombinationen ausgeführt und können so angeordnet sein, daß sie in den Wirkungsablauf vorhandener Regelsysteme eingreifen.

Sicherheitseinrichtungen müssen so ausgelegt und eingestellt sein, daß sie zeitlich vor der entsprechenden Schutzeinrichtung eingreifen und damit deren Auslösen möglichst verhindern.

Drehzahl-Sicherheitseinrichtungen. Im Alleinbetrieb oder bei Trennung vom Netz muß die Turbine gegen einen unzulässigen Drehzahlanstieg gesichert werden, ohne daß die Auslösedrehzahl des Drehzahlwächters erreicht und damit die Turbine stillgesetzt wird. Diese Aufgabe übernimmt der Drehzahlregler der Turbine als erste Absicherung gegen Überdrehzahl. Drehzahlregler können mit Zusatzeinrichtungen ausgerüstet werden, die bewirken, daß das Schließen der Stellventile über die Drehzahlregelung wesentlich verkürzt wird.

Wenn eine plötzliche Lastabsenkung eintritt, muß der Turbinenregler sehr schnell reagieren, besonders wenn die Anlaufzeit des Läufers klein ist, wenn die Turbine im Parallelbetrieb mit dem Netz in Vordruckregelung gefahren wird oder wenn sie mit Gleitdruckregelung betrieben wird. Die letztgenannten Regelungen können dem Schließen der Stellventile sogar entgegenwirken und die Wirkung des Drehzahlreglers im Lastabsenkungsfall verzögern. Auch wenn die Unempfindlichkeit des Reglers klein ist und wenn der einstellbare P-Bereich klein ist, besteht die Gefahr, daß die Drehzahlregelung die Maschine nicht mehr abfangen kann, falls eine große Last abgeschaltet wird. Deshalb wird ein sog. Leistungssprungrelais vorgesehen, das im Falle einer plötzlichen Lastabschaltung über einen einstellbaren Bereich und bei Unterschreitung einer einstellbaren Restleistung über ein Magnetventil ein Schließen der Stellventile bewirkt, bevor die Drehzahl wesentlich erhöht wurde.

Ähnliches erreicht man, wenn die Änderungsgeschwindigkeit der Drehzahl auf den Drehzahlregler aufgeschaltet wird oder wenn der Sollwert des Drehzahlreglers plötzlich um den P-Grad vermindert wird.

Längerer Betrieb mit abgesenkter Drehzahl kann unter Umständen die Beschaufelung einer Turbine gefährden, wenn die Eigenfrequenzen der Schaufeln im Bereich abgesenkter Betriebsfrequenzen liegen. Es werden gewöhnlich Unterfrequenz-Relais vorgesehen, die die Generatoren bei Erreichen einer vorgegebenen Unterfrequenz vom Netz trennen. Der Turbosatz versorgt dann bei Blockanlagen nur mehr den Eigenbedarf, und die Drehzahl kann wieder erhöht werden.

Sicherheitseinrichtungen gegen Druckänderungen. Die Sicherheitseinrichtungen müssen die Turbine gegen unzulässigen Druckanstieg absichern. Sie sind in Aufbau und Wirkungsweise Druckregler, die in die Regelung der Turbine eingreifen. Zu den Sicherheitseinrichtungen zählen auch Sicherheitsventile.

Sicherheitseinrichtungen gegen zu niedrigen Zudampfdruck werden vorgesehen, wenn die Turbine bei unzulässigem Drucksturz durch einen möglichen Temperatursturz gefährdet ist.

Besitzt die Turbine ein Schluckvermögen, welches wesentlich größer ist als der Dampfstrom, der bei Nennleistung durchgesetzt wird, oder ist mit stärkerer Versalzung zu rechnen, so muß ein Radraum-Druckbegrenzer in die Regelung eingreifen.

Zum Sperren der Wellendichtungen gegen Lufteinbruch dient ein Wellendichtungssystem. Die äußeren Ringkammern sämtlicher äußeren Wellendichtungen einer Turbine sind durch eine Sammelleitung verbunden. In diese münden auch die Leckdampfleitungen der Ventilspindeln. Durch eine Automatik wird der Druck in dieser Verbindungsleitung durch gegenläufige Betätigung einmal eines Ventiles für Sperrdampfzuführung und zum anderen eines Ventiles für die Sperrdampfabsaugung in den Kondensator konstant gehalten. Im Falle einer Störung kann diese zentrale Bedampfung der Wellendichtungen auch von Hand betätigt werden (Abb. 19).

Sicherheitseinrichtungen gegen Temperaturänderungen. Da die Zudampf- bzw. Zwischenüberhitzungstemperatur von der Kesselregelung konstant gehalten wird, werden besondere Sicherheitseinrichtungen an der Turbine normalerweise nicht vorgesehen. Bei Turbinen mit HD-Umleiteinrichtung müssen der Abdampfteil der Turbine und der Kondensator gegen Einströmen von Heißdampf geschützt werden. Dies geschieht durch Schließen der ND-Umleiteinrichtung bei fehlendem Einspritzwasser und bei zu hohen Abdampftemperaturen.

Sicherheitseinrichtungen gegen Überlast und schnelle Laständerungen. Bei Turbinen mit großer Überlastungsmöglichkeit wird neben der normalen Leistungsmessung eine Öffnungsbegrenzung (z.B. Radraumdruckbegrenzer) zur Sicherung gegen Überlastung vorgesehen.

Bei der Verwendung von elektrischen Drehzahl- und Leistungsreglern oder bei automatischen Anlagen kann die Hochfahr- und Laständerungsgeschwindigkeit gesteuert werden.

Damit die Kesselregelung bei schnellen Laständerungen nicht überfordert wird, werden im Bedarfsfalle Vordruckbegrenzer vorgesehen.

Sicherheitseinrichtungen gegen Rückströmungen und Überflutungen. Unzulässiges Ansteigen des Wasserstandes im Vorwärmer kann verhindert werden durch Öffnen eines Notablaufs bzw. Anbringen einer Ablaufschleife zum Kondensator, durch Speisewasserumschaltung auf eine Umführung oder durch Gesamtumführung eines Vorwärmerstranges.

Unzulässiges Rückströmen von Dampf muß durch Rückschlagarmaturen verhindert werden. Nach dem Schließen der Zudampfzufuhr zur Turbine besteht die Gefahr, daß aus dem Anzapfnetz Dampf in die Maschine zurückströmt und diese auf Überdrehzahl bringt. Um dies zu vermeiden, werden (mit Ausnahme der Vakuumanzapfungen) mit Servokraft betätigte Anzapf-Schnellschlußventile eingebaut, welche last- und schnellschlußabhängig sind. Diese Ventile sind aus Gründen der Entlastung meist doppelsitzig ausgeführt (Abb. 82).

Vielfach wird eine Rückschlagklappe mit Schwimmerkörper in das Gehäuse des Anzapf-Schnellschlußventils mit eingebaut. Diese schließt unabhängig vom Anzapf-Schnellschlußventil bei etwaigen Rückströmen von Dampf oder Wasser und Erreichen eines bestimmten Pegelstandes sowie bei Nachlassen des Anzapfdruckes. Die Durchführung der Welle des daran angebrachten Gegengewichtes ist als Stopfbuchse ausgebildet und mit der Leckdampf-Absaugeleitung der Wellendichtungen verbunden.

Die Anzapf-Schnellschlußventile sind von Hand mittels eines Handrades oder mittels Magnetventil von der Warte aus hydraulisch zu bedienen. Die Bedienungssäule samt eingebautem Kraftkolben ist in den meisten Fällen auf dem Maschinenhausflur aufgestellt. Eine Hubskala an der Handradsäule ermöglicht die Kontrolle des Ventilstandes.

Hydraulisch betätigte Anzapf-Schnellschlußventile öffnen mit Kraftkolben gegen eine Feder. Der Hub wird dabei durch die Spindel des Handrades begrenzt. Bei Absinken des Öldruckes unter dem Kraftkolben schließt die vorher gespannte Feder das Ventil. Die Spindel des Kraftkolbens betätigt die Spindel des Anzapf-Schnellschlußventils über gelenkig verbundene Zwischenstücke. Die Gängigkeit kann durch einen Ölumschaltschieber mit Handrädchen an der Handradsäule überprüft werden, welcher die Ölzufuhr unter den Kolben absperrt und das eingeschlossene Öl abfließen läßt. Bei Abfallen des Druckes im Schnellschlußölkreislauf bewirkt eine Feder im Umschaltschieber eine Verstellung des Steuerkolbens und damit ein Schließen des Anzapf-Schnellschlußventils.

Ein den Ölumschaltschiebern aller Anzapf-Schnellschlußventile einer Turbine vorgeschalteter gemeinsamer Hilfsschieber gestattet durch Federvorspannung die Einstellung eines Grenzwertes der Leistung, unterhalb derer sämtliche Absperr-Schnellschlußventile geschlossen werden. Als Impuls dient hierbei der lastabhängige Sekundäröldruck der vorgeschalteten Stellventile.

Sicherheitseinrichtungen für die Ölversorgung. Die Ölversorgung einer Dampfturbine bzw. eines Turbosatzes ist derart zu sichern, daß sie beim An- und Abstellen des Turbosatzes unabhängig von der unmittelbar angetriebenen Hauptölpumpe gewährleistet ist. Die Lagerölversorgung der Turbinenanlage muß darüber hinaus auch während des Drehbetriebes gesichert sein. Ein Leistungsbetrieb nur mit Vollasthilfsölpumpe ist im allgemeinen nicht vorgesehen, da ein weiterer Lastbetrieb mit beschädigter Hauptölpumpe mit Rücksicht auf mögliche Folgeschäden vermieden werden soll. Die Hilfsölpumpen müssen bei absinkendem Öldruck oberhalb eines für den Turbosatz noch nicht gefährlichen Grenzwertes selbsttätig eingeschaltet werden. Die dazu erforderliche Einrichtung soll auch während des Betriebes kontrollierbar sein.

3. Schutzeinrichtungen

Schutzeinrichtungen setzen die Turbine selbst oder Anlagenteile, die die Turbine gefährden, außer Betrieb, sobald Betriebszustände auftreten, die die Anlage gefährden und von den Sicherheitseinrichtungen nicht mehr in den zulässigen Grenzen gehalten werden.

Außer durch selbsttätig arbeitende Schutzeinrichtungen kann die Anlage auch willkürlich von Hand durch Betätigen einer Notauslösung stillgesetzt werden. Bei fernbedienten Anlagen ist auch eine Fernauslösung möglich.

Schutzeinrichtungen sind im Prinzip Schalter und bestehen aus Wächter, Auslöse- und Schaltgerät. Als Schaltgeräte an Dampfturbinen dienen im allgemeinen Schnellschlußventile und -klappen. Schutzeinrichtungen lösen stets bei einem fest eingestellten Wert aus und dürfen nicht mehr selbsttätig zurückschalten.

Die Anzahl der Schutzeinrichtungen nimmt in letzter Zeit laufend über den nachstehend beschriebenen Umfang hinaus zu. Maßgebend dafür ist, daß bei schnelleren automatischen Betriebsabläufen ein Handeingriff auf Grund von Überwachungseinrichtungen immer fragwürdiger wird. Außerdem steigt der zu schützende Anlagenwert mit steigender Blockgröße und rechtfertigt entsprechende Aufwendungen, die das Betriebspersonal von unzumutbarer Verantwortung entlasten.

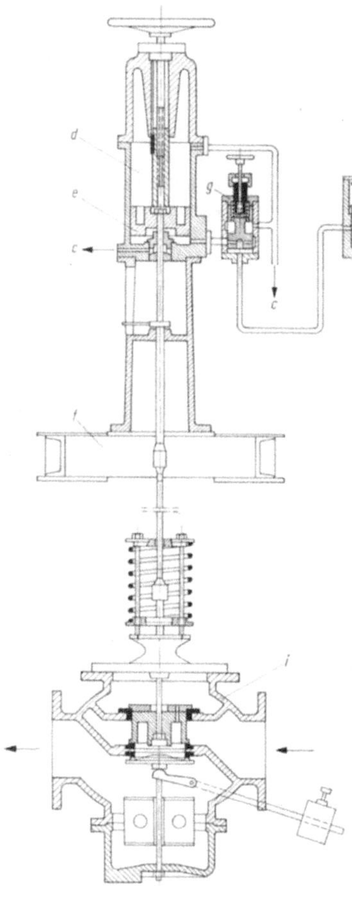

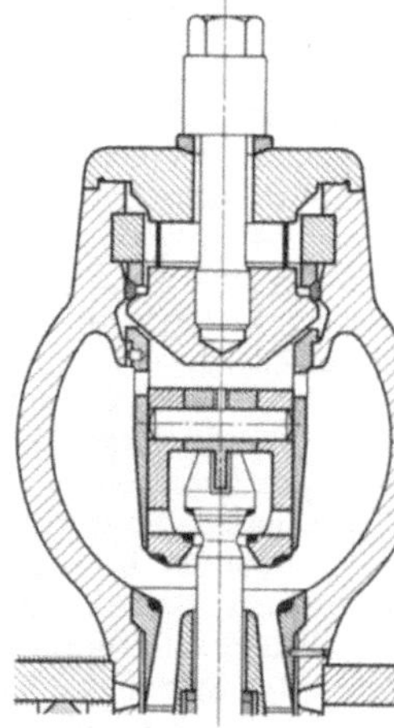

Abb. 83. Schnellschlußventil mit Vorhubkegel

Abb. 82. Anzapf-Schnellschlußventil mit Rückschlagklappe

a Schnellschlußöl
b Sekundäröl
c Ölablauf
d Handradsäule
e Kolben
f Fußplatte
g Umschaltschieber
h Hilfsschieber
i Anzapfschnellschlußventil

Schnellschlußeinrichtung. Durch die Schnellschlußeinrichtung wird das sofortige Schließen der Hauptabsperr-Schnellschlußventile, der Anzapf-Schnellschlußventile und der Stellventile bewirkt. Der Schieber der Schnellschlußeinrichtung schließt den Schnellschlußölkreis gegen Federkraft zum Ablauf hin ab. Öffnet man mittels dieser Einrichtung den Schnellschlußölkreis, so bricht der Druck darin sofort zusammen. Bei Absinken des die Federkraft im Normalfall überwindenden Öldruckes löst die Einrichtung selbsttätig aus. Die Auslösung kann auch von Hand erfolgen, indem durch eine Klinke der Dichtkolben verschoben und die Abflußöffnung freigegeben wird.

Die Auslösung des Schnellschlusses kann ferner durch ein Magnetventil geschehen, welches in den Druckölzufluß zur Schnellschlußeinrichtung eingebaut ist. Beim Ansprechen des Magnetventiles wird dieser Druckölzufluß abgesperrt und der Schnellschlußölkreis mit dem Ablauf verbunden.

Hauptabsperr-Schnellschlußventile. Als schnellwirkende Absperrorgane sind in die Zudampfleitung und die ZÜ-Heißleitung zur Turbine Schnellschlußventile eingebaut. Sie sperren beim Ansprechen eines Wächters in kürzester Frist die weitere Dampfzufuhr zur Turbine ab. Die Steuerung des Schnellschlußventiles im normalen Betriebsfall geschieht durch einen Prüfschieber, dessen Steuerkanten durch ein kleines Handrad verstellt werden können. Es hat sich als zweckmäßig erwiesen, den Generator, wenn eben möglich, erst durch ein Rückleistungsrelais vom Netz zu trennen und den Entregungsschalter zu betätigen, um bei einer etwaigen Undichtheit der Stell- und Schnellschlußventile — z.B. durch einen Fremdkörper im Sitz — ein Beschleunigen der Turbine zu verhindern. Im Normalfall erfolgt die Trennung über ein Langzeitrelais mit einer Verzögerung von rd. 15 s nach einem Störfall, d.h. bei Ansprechen der Schnellschlußventile über ein Kurzzeitrelais mit einer Verzögerung von rd. 2 bis 3 s. Die Versorgung des Eigenverbrauches des Blockes wird dabei automatisch auf die Anfahrschiene umgeschaltet.

Das Hauptabsperr-Schnellschlußventil ist stets als Einsitzventil ausgeführt (Abb. 82 bis 85). Zur Verringerung der Öffnungskräfte ist vielfach ein kleiner Vorhubkegel eingebaut, der zuerst öffnet und dann über eine Schulter den Hauptkegel anhebt. In geöffneter Stellung dichtet eine Anlagefläche über dem Ventilkörper gegen das Ventilgehäuse und entlastet die Stopfbuchse (Abb. 83 und 85).

Die Ventilspindel wird in zwei Endbüchsen geführt, zwischen denen sich die Labyrinthdichtung und eine mit der Ringleitung der Wellendichtungen verbundene Absaugestelle befindet. Die Labyrinthdichtung wird metallisch ausgeführt und besteht beispielsweise aus innen und außen abwechselnd anliegenden Stahllabyrinthbuchsen und Stahlringen.

Bei geschlossenem Schnellschlußventil befindet sich der Glockenkolben zunächst in seiner oberen Endlage (Abb. 85), die innenliegende Feder ist entspannt, Federteller und Glockendeckel befinden sich unten.

Zum Öffnen wird mittels des Prüfschiebers Schnellschlußöl über den Glockenkolben geleitet und dieser gegen die Federkraft nach unten auf den Glockendeckel gedrückt. Wird nun der Prüfschieber mit einem kleinen Handrad oder hydraulisch von der Anfahreinrichtung her verstellt, so wird Drucköl unter den nun zu einer Einheit mit dem Glockenkolben gewordenen Glockendeckel geleitet und gleichzeitig dem Öl über dem Glockenkolben allmählich der Weg zum Ablauf freigegeben. Der von unten anstehende Überdruck hebt die Einheit Glockenkolben — Deckel samt darin gespannter Feder und samt Ventilspindel, Vorhubkegel und Hauptkegel an, bis die obere Endlage erreicht ist.

Durch an den oberen und unteren Zylinderraum angeschlossene Manometer sowie durch eine Hubanzeige kann der Öffnungsvorgang verfolgt werden.

Durch das Auslösen des Schnellschlusses bricht der Druck im Schnellschlußölkreis zusammen, und die gespannte Feder zwischen Glockenkolben und Glockendeckel drückt über den Federteller die Spindel samt Ventil und Glockendeckel schlagartig zu. Das hierbei verdrängte Öl kann über den Glockendeckel in die Glocke abströmen. Erst unmittelbar vor dem Aufsetzen wird durch Ölverdrängung unter dem Glockendeckel die Bewegung abgebremst.

Zur Überprüfung des einwandfreien Arbeitens des Schnellschlußventils kann der angebaute Prüfschieber benutzt werden.

Überdrehzahl-Schutz. Wird ein Drehzahlanstieg — beispielsweise nach einer plötzlichen Entlastung des Generators — nicht rechtzeitig durch die Regelung abgefangen, so sprechen bei 10 bis 12% Überdrehzahl ein oder beide Drehzahlwächter an, die den Schnellschluß der Maschine auslösen. Der Drehzahlwächter besteht z. B. aus einem durch Federkraft in Ruhestellung gehaltenen Bolzen mit exzentrischem Schwerpunkt, der in den vorderen Wellenzapfen diametral eingesetzt ist, oder aus einem Schwungring, dessen Schwerpunkt ebenfalls außermittig liegt. Bei Zunahme der Fliehkraft durch Erhöhung der Drehzahl bewegt der Bolzen oder Schwungring sich gegen die einstellbare Federkraft nach außen und betätigt eine Klinke, welche den Schieber in der Schnellschlußeinrichtung umsteuert und damit den Schnellschlußkreis öffnet.

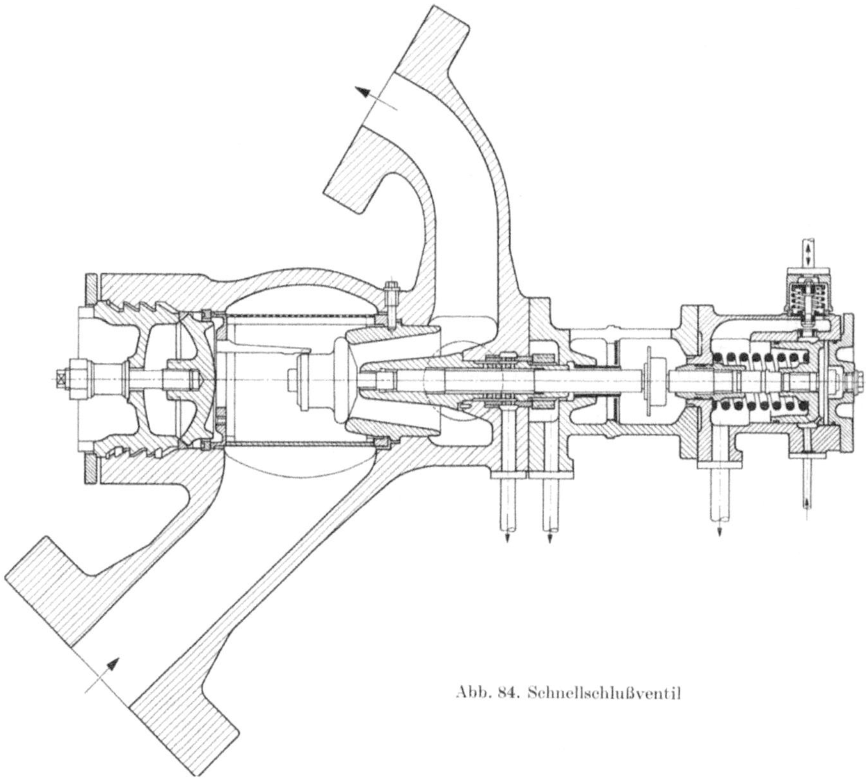

Abb. 84. Schnellschlußventil

Bei Großmaschinen werden meist zwei derartige, voneinander unabhängige Überdrehzahl-Schutzeinrichtungen eingebaut, deren Funktionieren durch eine Prüfvorrichtung kontrolliert werden kann.

Längslager-Sicherung (Wellenlage-Wächter). Die Längslager-Sicherung wirkt bei axialer Verschiebung der Welle über vorgegebene Maße hinaus auf Meldung und Schnellschluß.

Kondensator-Schutzeinrichtung (vgl. auch Abschn. B II g 2, Kondensatorschutz, S. 192). Steigt der Druck im Kondensator auf etwa 0,6 at an, so besteht eine Gefährdung durch zunehmende Erwärmung und Bersten des Kondensators. Die Kondensator-Schutzeinrichtung wirkt beim Überschreiten festgelegter Kondensatordrücke auf Meldung und

Schnellschluß. Üblicherweise ist dieser Einrichtung ein Begrenzer vorgeschaltet, der auf die Regelung einwirkt.

Schutz gegen Rückströmen. Dieser Schutz wirkt bei steigendem Wasserstand in Vorwärmern und bei Strömungsumkehr in Anzapfleitungen nacheinander auf Meldung, Notablauf aus Vorwärmern, Umschaltung im Wasserkreislauf, Anzapfventile, gegebenenfalls auf den Antrieb der Speisepumpe und auf den Schnellschluß der Turbine.

Druckwächter für Schmieröl. Die Öldruckwächter wirken beim Unterschreiten festgelegter Schmieröldrücke nacheinander auf Meldung, automatischen Anlauf der Hilfsölpumpen und den Schnellschluß.

Druckwächter für Dichtöl wasserstoffgekühlter Generatoren. Die Öldruckwächter wirken beim Unterschreiten eines festgelegten Dichtöldruckes auf Meldung und automatischen Anlauf der Hilfsdichtölpumpe. Bei Generator-Wellendichtungen, die sich bei sinkendem Öldruck nicht abheben, wirken Öldruckwächter gewöhnlich auf den Schnellschluß.

Rückleistungs-Schutz. Der Rückleistungs-Schutz wirkt beim Überschreiten einer festgelegten Rückleistung unverzögert auf Meldung bei offenen Schnellschlußventilen mit langer Kommandozeit auf den Generatorschalter und bei geschlossenen Schnellschlußventilen mit kurzer Kommandozeit auch auf die Entregung. Hierdurch wird verhindert, daß die Turbine vom Generator unerwünscht lange geschleppt wird und daß der Turbosatz nach dem Öffnen des Leistungsschalters infolge ungenügender Dampfabsperrung hochläuft.

Von Hand betätigter Notauslöser. Notauslöser, üblicherweise örtlich an der Turbine und in den Warten angeordnet, wirken im Hinblick auf die Gefahr des Hochlaufens nur auf den Schnellschluß und auf Meldung.

Generatorschutz. Auch bei gewissen Fehlern auf der elektrischen Seite — z. B. an Generator, Transformatoren und Schaltanlagen — kann es zu einer Schnellschlußauslösung kommen (siehe Dritter Band, Teil A, Vierter Teil, Abschn. E, S. 702ff.).

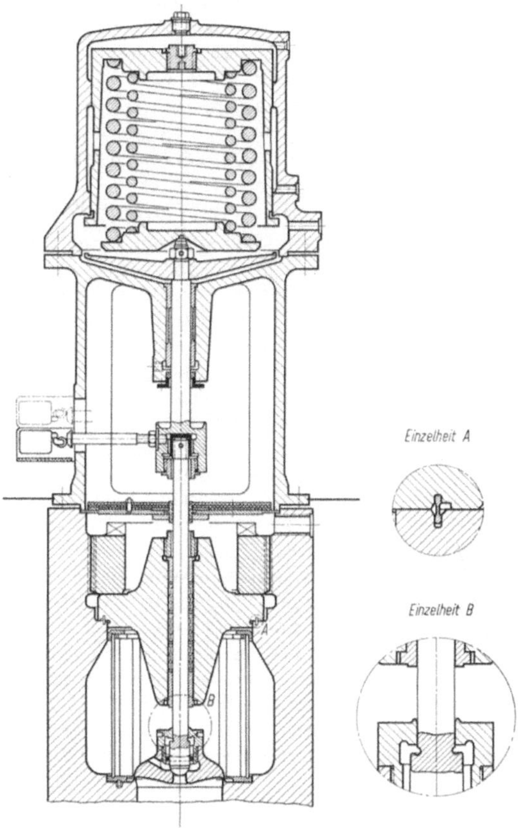

Abb. 85. Schnellschlußventil mit Vorhubkegel

4. Prüfeinrichtungen

Prüfeinrichtung für die Schnellschlußventile. Bei entsprechend abgesenkter Leistungsabgabe der Turbine können durch eine Prüfeinrichtung die Schnellschlußventile während des Betriebes nacheinander mit Hilfe in den Regelölkreis eingeschalteter Prüfschieber geschlossen und wieder geöffnet werden. Hierdurch wird vom Prüfschieber Drucköl über den Glockenkolben geleitet und der Druckölabfluß unter dem Glockendeckel allmählich freigegeben. Bei langsamer Betätigung des Prüfschiebers bleiben Glockenkolben und Glockendeckel als Einheit miteinander verbunden. Anschließend wird das Hauptabsperr-Schnellschlußventil durch Druckumkehr auf der Ober- und Unterseite des Kraftkolbens wieder geöffnet.

Prüfeinrichtung der Überdrehzahl-Sicherung. Die Prüfung des Sicherheitsreglers geschieht von Zeit zu Zeit durch langsames Steigern der Drehzahl bis auf die Ausklink-Drehzahl und dazwischen mehrfach mit Hilfe einer Prüfeinrichtung, welche eine Kontrolle ohne Drehzahlsteigerung erlaubt.

Der Bolzen der Überdrehzahl-Sicherung wird dabei durch in Wellenmitte eingeleitetes Drucköl und allmähliche Drucksteigerung zum Ausschlag gebracht. Das ordnungsgemäße Funktionieren kann man durch Ablesen des Manometerdruckes bei Auslösung des Schnellschlusses prüfen. Eine mit dem Einschalten des Öldruckrelais gekoppelte Einrichtung hält den Schnellschluß-Ölkreis geschlossen, wodurch die Auslösung des Schnellschlusses während der Prüfung verhindert wird.

Automatische Prüfeinrichtungen. Im Zuge der Automatisierung des Betriebes wurden automatische Prüfeinrichtungen entwickelt, die kurze Prüfzeiten und einen stets gleichbleibenden Ablauf des Prüfvorganges gewährleisten.

5. Weitere Einrichtungen

Dampfsieb. Um vom Dampfstrom mitgeführte Fremdkörper und Schweißperlen aus dem Kessel und den Rohrleitungen von den Ventilen und der Beschaufelung der Turbine fernzuhalten, wird unmittelbar vor der Turbine ein Dampfsieb eingebaut. Vielfach wird dieses Sieb in dem Hauptabsperr-Schnellschlußventil eingebaut. Als Siebe werden gelochte Hohlzylinder oder Wickelzylinder verwendet (Abb. 86).

Einrichtung zum Anfahren und zur Leistungsbegrenzung. Um den Turbosatz aus dem Turnbetrieb stetig und allmählich auf volle Drehzahl hochzufahren, bis die Synchronisierung erfolgen kann und die Leistungsregelung durch die Drehzahl-Verstelleinrichtung übernommen wird, und um die Belastung des Turbosatzes zu begrenzen, wurden Anfahr- und Leistungsbegrenzungseinrichtungen entwickelt. Sie sind von Hand an der Maschine oder elektrisch von der Warte aus zu bedienen.

Die Beschreibung einer solchen Einrichtung wurde bereits in Abschn. IV h 2 und 4, S. 83 und 86, gegeben.

Vakuumbrecher. Zur Herabsetzung der Auslaufzeit nach dem Schließen der Dampfzufuhr zur Turbine kann ein Vakuumbrechventil eingebaut werden, das im Schnellschlußfall eingeschaltet werden kann und Luft in den Kondensator einströmen läßt.

Entwässerungen. Um das beim Anfahren der Turbine in den zunächst kalten Rohrleitungen und Gehäusen sich niederschlagende Kondensat abzuführen, sind in den angeschlossenen Dampfleitungen und am Turbinengehäuse Entwässerungen vorgesehen, die so lange offengehalten werden, bis der austretende Dampf nicht mehr naß ist und Niederschläge an den Wandungen nicht mehr auftreten können.

Sicherung der Turbine im Stillstand. Um Stillstandskorrosionen durch in der Maschine verbleibende Dampfschwaden zu verhindern, werden vor längeren Stillstandsperioden die einzelnen Gehäuse mit Heißluft ausgetrocknet. Zum Anschluß des fahrbaren Heißluftgerätes und für den Austritt der Schwaden sind an geeigneten Stellen jedes Gehäuses Anschlüsse vorgesehen.

Gegen das Eindringen von Dampfschwaden in eine stillstehende Maschine werden an den angeschlossenen Leitungen nach Möglichkeit jeweils zwei hintereinander geschaltete Schieber mit dazwischenliegender Entlüftung vorgesehen.

Bei langen Stillstandszeiten werden die Dampfleitungen an der Maschine blindgeflanscht. Nach dem Aufdecken behandelt man die Maschine mit Konservierungsöl.

k) Ölversorgung

Die Lager eines Turbosatzes werden (meist zusammen mit seinen Regeleinrichtungen) zentral mit Öl versorgt. Das Öl wird dabei im Kreislauf geführt, gereinigt und gekühlt. Es wurden Sonderöle für Dampfturbinen entwickelt, die den vielfältigen Ansprüchen dieses Betriebes genügen.

In einigen Fällen wird für die Regulierung ein eigener Kreislauf eingerichtet, in dem eine nicht brennbare Flüssigkeit anstelle von Öl verwendet wird. In den Ölkreislauf sind einzelne Elemente eingeschaltet, die nachstehend näher beschrieben sind.

1. Ölbehälter

Der Ölbehälter aus Stahlblech wird meist unter dem Maschinenhausflur aufgehängt. Sein Fassungsvermögen ist so bemessen, daß die gesamte Ölmenge etwa achtmal in der Stunde umläuft, damit im Öl gelöste Luft, eingedrungenes Wasser, Schmutzteilchen, Schlamm oder Abrieb sich ausscheiden und absetzen können. Ein eingebautes Ölsieb hält mit dem Rücklauföl eingetretene gröbere Verunreinigungen zurück. An der tiefsten Stelle des geneigten Bodens sind ein Ablaßhahn für ausgeschiedenes Wasser sowie ein Anschluß für eine Ölreinigungsanlage vorgesehen. Einbezogene vertikale Trennwände sorgen für die Ausscheidung der gelösten Luft, die durch ein Öldunstgebläse auf dem Deckel des Ölbehälters abgesaugt und über einen Ölabscheider ins Freie geführt wird. Bei Ausfall des Gebläses wird eine Dunsthaube auf dem Ölbehälter geöffnet. Ein Ölstands-Anzeiger gibt im Maschinenhaus den Ölpegel an. Vielfach ist zur Fernübertragung oder Auslösung eines Warnsignales bei niedrigem Ölstand ein Niveauwächter vorgesehen. Zur regelmäßigen Überprüfung des Öles auf seinen Alterungsgrad durch Analyse sowie durch Kontrolle der Verseifungs- und Neutralisationszahl können mit einem hierfür bestimmten Hahn Proben entnommen werden. Zur Reinigung des Ölsiebes und zur Wartung der auf den Ölbehälterdeckel aufgebauten Hilfseinrichtungen ist der Maschinenhausflur über dem Bereich des Ölbehälters meistens durch abnehmbare Platten abgedeckt.

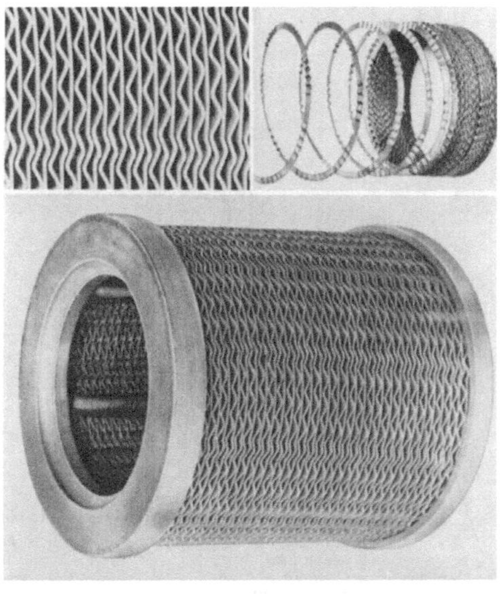

Abb. 86. Siebkörper eines Dampfsiebes (Werkbild Siemens)

Manchmal ist ein Saugölbehälter vorgesehen, der mit dem Ölbehälter kommunizierend verbunden und direkt unter der Hauptölpumpe aufgehängt ist. Diese Anordnung gestattet eine freiere Wahl der Anordnung des Ölbehälters. Das Tauchrohr der Hauptölpumpe wird unten durch ein Rückschlagventil abgeschlossen, das beim Stillstand der Maschine ein Zurückfließen des in der Saugleitung stehenden Öles verhindert und das Wiederanfahren erleichtert. Auf den Deckel des Saugölbehälters ist eine Dunsthaube aufgesetzt. Andere Hersteller bedienen sich einer Vorpumpe vor der Hauptölpumpe und setzen den Ölbehälter auf den Kellerflur.

2. Ölpumpen

Im Normalbetrieb, d.h. vom Erreichen einer bestimmten Drehzahl an, übernimmt die direkt von der Turbinenwelle angetriebene Hauptölpumpe die Förderung der gesamten für die Schmierung und oft auch für die Regulierung benötigten Ölmenge auf einen Druck von rd. 5 bis 8 atü, wie er im Regelölkreis gebraucht wird. Diese Hauptölpumpe ist als Kreisel-, seltener als Zahnradpumpe ausgebildet und in den vorderen Lager- und Reglerbock eingebaut.

Zur Versorgung der Steuerung und der Lager während des Anfahrens und Abstellens sowie im Falle einer Betriebsstörung an der Hauptölpumpe werden verschiedene Hilfsöl-

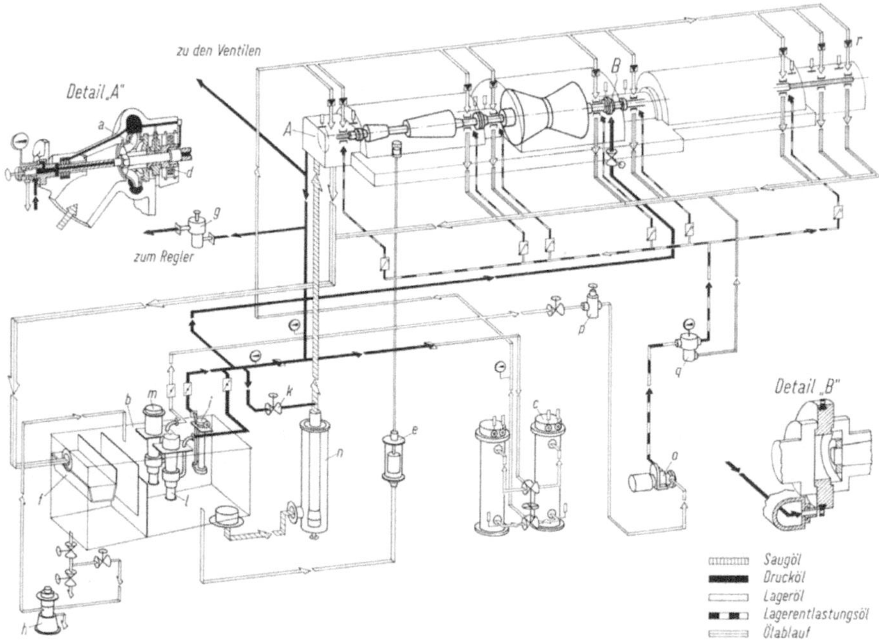

Abb. 87. Ölschema eines Turbosatzes

a Hauptölpumpe
b Ölbehälter
c Ölkühler
d Regelölpumpe
e Ölstandsanzeiger
f Ölsieb
g Spaltfilter für Reglerölkreislauf
h Ölzentrifuge
i Vollasthilfsölpumpe (Dampfantrieb)
k Ventil
l Vollasthilfsölpumpe (Drehstromantrieb)
m Lagerhilfsölpumpe (Gleichstromantrieb)
n Saugölbehälter
o Hochdruckpumpe für Lagerentlastungsöl
p Filter für Lagerentlastungsöl
q Überdruckventil
r einstellbare Drosseln

pumpen vorgesehen, deren Zuschaltung meist über gestaffelt eingestellte Druckwächter automatisch geschieht.

Der Drehstrommotor einer Vollast-Hilfsölpumpe wird vielfach ebenfalls auf den Deckel des Ölbehälters gestellt und treibt eine Tauchpumpe im Ölbehälter an. Ein Öldruckschalter oder ein Kontakt-Manometer vor der Drossel im Druckölkreis setzt diese Ölpumpe in Betrieb (Abb. 87).

Beim Anfahren fördert diese Hilfsölpumpe auch in die Saugleitung der Hauptölpumpe, um deren Ansaugverhältnisse zu verbessern. Sie kann mit einer bei absinkendem Öldruck automatisch betätigten Umschaltvorrichtung eingeschaltet werden. Es besteht auch die Möglichkeit, eine Vollast-Dampfhilfsölpumpe zu nehmen. Sie besteht aus einer einstufigen Dampfturbine, die auf den Deckel des Ölbehälters aufgebaut ist und über eine senkrechte Welle eine Tauchpumpe im Ölbehälter antreibt. Die im Auspuffbetrieb arbeitende Turbine wird über ein Reduzierventil vom Zudampfnetz her versorgt.

Bei Ausfall aller anderen Hilfsölpumpen schaltet ein nach der Öldrossel und nach dem Ölkühler eingebauter eigener Druckwächter eine von der Notstrom-Batterie (vgl. auch Dritter Band, Teil A, Vierter Teil, Abschn. B V, S. 649 ff.) des Kraftwerkes gespeiste Notölpumpe mit Gleichstrommotor automatisch zu. Sie ist nur für den Notauslauf bemessen, um die Kapazität der Batterie klein halten zu können. Manchmal wird ein Ölkessel auf dem Kesselhaus vorgesehen, dessen statischer Öldruck die Lager beaufschlagt.

Die Automatik der Hilfsölpumpen meldet die jeweilige Betriebsweise und signalisiert, wann der Öldruck der vorgeordneten Pumpe wieder ausreichend ist und die nachgeordneten Hilfsölpumpen abgeschaltet werden können.

Zur Verringerung des Losbrechmomentes der Läufer beim Anfahren aus dem Stillstand wird durch eine Hochdruck-Zahnrad- oder Verdrängerpumpe in die unteren Querlagerschalen Öl eingepreßt und die Welle in den Lagern leicht angehoben. Die Anhebepumpe wird von einem Drehstrommotor angetrieben. Sie wird von der Druckleitung zu den Lagern über einen Spaltfilter mit Öl versorgt und fördert in eine vom Lagerölkreis völlig getrennte besondere Ölleitung. Um Druckstöße beim Einschalten der Pumpe zu vermeiden, ist in die Druckleitung ein federbelastetes Überdruckventil eingebaut. In die einzelnen Stichleitungen zu den Lagern sind je ein Drosselventil und ein Manometer eingebaut, um den jeweils unterschiedlichen Entlastungsöldruck von 50 bis 180 atü an jedem Lager einstellen zu können. Zusätzliche Rückschlagventile in der Hochdrucköleitung verhindern im Normalbetrieb das Abströmen des Lageröles durch die Entlastungsbohrungen.

3. Ölkühler

Dem Öl wird im Ölkühler die während seines Kreislaufes aufgenommene Reibungs- und Leitungswärme entzogen. In den meisten Fällen werden zwei Vollast-Ölkühler aufgestellt, die wahlweise in den Ölkreislauf eingeschaltet werden, so daß jeweils ein Ölkühler während des Betriebes gereinigt werden kann.

In der Ausführung eines Herstellers schalten z. B. mechanisch gekoppelte Drehschieber beim Stillsetzen eines Kühlers zwangsläufig den zweiten zu und machen eine Fehlbedienung unmöglich. Das Öl wird oben in den aus Stahlblech geschweißten zylindrischen Ölkühler eingeleitet, umströmt das Kühlrohrbündel und tritt unten aus. Durch Zwischenbleche, die das Öl abwechselnd innen durch ein mittiges Loch und außen durch eine Ringfläche durchströmen lassen, wird eine intensive Querströmung zu den Rohren erreicht (Abb. 88). Vom Ölraum führt an der höchsten Stelle ein Entlüftungshahn und an der tiefsten Stelle ein Ablaßhahn nach außen.

Wie beim Kondensator werden aus Messing gefertigte Kühlrohre vom Wasser durchströmt, das von der Kühlwasserdruckleitung abgezweigt wird. Sie sind an beiden Enden in die Rohrböden eingewalzt; dabei ist der Flansch des oberen Rohrbodens fest eingespannt, während das Rohrbündel samt Rohrboden und aufgeschraubter unterer Wasserkammer frei im Ölraum hängt und den Wärmedehnungen folgen kann. Zum Ablassen des Kühlwassers ist die untere Wasserkammer durch den Boden des Ölraumes nach unten gezogen und mit einem Deckel verschlossen. Diese Durchführung ist mit einer Stopfbuchspackung gegen Ölaustritt abgedichtet. Ein- und Austritt des Kühlwassers erfolgen in der oben aufgeschraubten Wasserkammer. Durch Querwände in der oberen Wasserkammer und der unteren Umkehrkammer zwingt man das Kühlwasser, das Rohrbündel in vier Wegen zu durchströmen. Die Ein- und Austrittsstutzen für Öl und Wasser sind mit Thermometern und zur Fernkontrolle teilweise mit Thermoelementen versehen. Im Ölkühler ist der Öldruck höher als der Wasserdruck, um bei einem Rohrbruch ein Zusammenbrechen der Schmierfähigkeit des Öles zu verhindern.

4. Ölreinigung

In den Regelölkreis und in die Leitung zur Anhebeölpumpe sind Spaltfilter eingebaut (Abb. 87). Mit einem Handknebel werden in kurzen Zeitabständen die zurückgehaltenen Verunreinigungen abgestreift und mit einer Ablaßschraube von Zeit zu Zeit abgelassen.

Zur Filterung des Ölinhaltes von Großmaschinen wird vielfach ein Feinfilter aufgestellt (siehe Erster Band, S. 890, Abb. 91). Hinter dem Ölkühler wird dauernd ein kleiner Teilstrom des Lageröles im Nebenschluß abgezweigt und nach weiterer Kühlung in einem kleinen Zusatzölkühler durch in Rahmen gespannte Filterpapiere zur Grobfilterung und anschließend durch Kartons zur Feinfilterung gepreßt. Das Filter wird meist auf dem Maschinenhausflur neben der Turbine aufgestellt. Fremdstoffe, Wasser und infolge der zusätzlichen Kühlung auch ausfallende Alterungsstoffe des Öles werden in einem derartigen Filter zurückgehalten, während das Reinöl in den Ölbehälter zurückfließt.

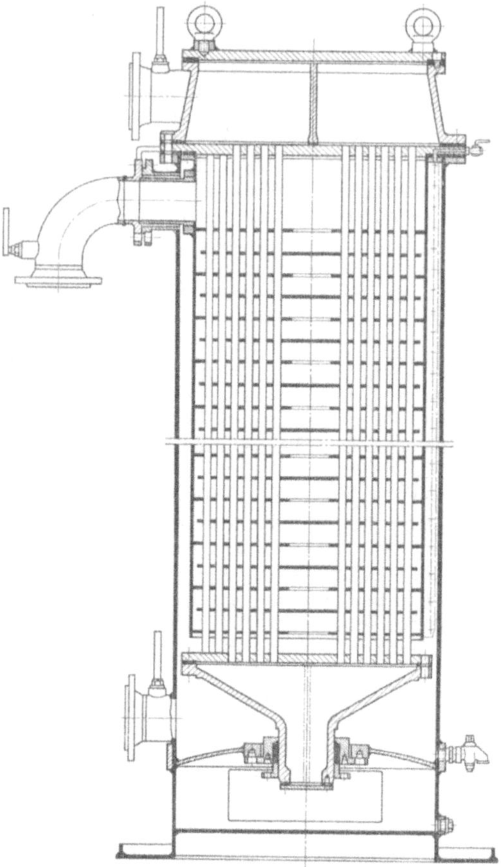

Abb. 88. Längsschnitt durch einen Ölkühler

Vielfach wird in Kraftwerken mit mehreren Turbosätzen eine fahrbare, von einem Elektromotor angetriebene Ölzentrifuge zur turnusmäßigen Reinigung des Ölinhaltes der einzelnen Maschinen während des Betriebes verwendet. Das zu reinigende Öl wird an der tiefsten Stelle des Ölbehälters entnommen, der darunter aufgestellten Zentrifuge zugeleitet und mit hoher Drehzahl geschleudert. Dabei werden unerwünschte Bestandteile wie Wasser, Abrieb, oxydiertes Öl auf Grund ihres größeren spezifischen Gewichtes vom Reinöl getrennt und abgeführt. Das Reinöl wird durch eine mit der Zentrifuge meist zusammengebaute Pumpe über einen freien Auslauf wieder in den Ölbehälter gefördert.

Die Hauptölpumpe und die Volllast-Hilfsölpumpen fördern in eine gemeinsame Druckleitung. Von hier wird das Regelöl unter Zwischenschaltung eines Spaltfilters und das Antriebsöl für die hydraulische Wellendrehvorrichtung noch vor dem Durchfluß durch den Ölkühler und die Öldrossel abgezweigt (Abb. 87). Das Lagerschmieröl wird im Ölkühler rückgekühlt und durch Drosseln auf rd. 0,8 bis 1,7 atü gebracht. Von den Verbrauchsstellen strömt das Öl durch reichlich bemessene Ablaufleitungen wieder in den Ölkühler zurück. Zur Vermeidung der Brandgefahr werden für die Ölleitungen nahtlose Rohre verwendet und Flanschverbindungen soweit als möglich vermieden. Durch überlegte Führung der Leitungen werden Dampf- und Ölleitungen nach Möglichkeit getrennt.

l) Werkstoffe

Die heute im Dampfturbinenbau gebräuchlichen Temperaturen haben ein grundsätzlich anderes Werkstoffverhalten zur Folge, als es bei mäßigen Temperaturen zu erwarten ist: Zwischen ertragener Spannung und Dehnung besteht über längere Zeit kein linearer Zusammenhang mehr.

Bei höheren Temperaturen treten auch schon bei mäßigen Spannungen im Laufe der Zeit zunehmende plastische Verformungen auf, die nach Entlastung nicht mehr zurückgehen. Man muß bei höheren Temperaturen daher die zulässige Beanspruchung des Werkstoffes nach der Zeit bemessen, nach welcher ein Bruch zu erwarten ist oder nach der ein bestimmtes Maß an plastischer Verformung erreicht ist (vgl. auch Zweiter Band, Erster Teil, Abschn. A V, S. 66/72).

Für den Konstrukteur ergibt sich daraus die Folgerung, die hohen Temperaturen ausgesetzten Bauteile nach der in Aussicht genommenen Lebensdauer zu konstruieren und die zulässigen Formänderungen hierbei zu berücksichtigen. In der Abschätzung des einzusetzenden Sicherheitsfaktors (rd. 1,5) ist darauf Rücksicht zu nehmen, daß bei unvermeidlichen Temperaturschwankungen im Toleranzfeld der Kesselregelung zeitweilig Temperaturerhöhungen im Rahmen der Vereinbarungen auftreten können.

In Anpassung an die höheren Temperaturen wurden zusätzliche Kriterien für die Verwendbarkeit von Werkstoffen geschaffen. Im Bereich hoher Temperaturen verwendet man folgende Begriffe:

> die Zeitstandfestigkeit $\sigma_{B/100\,000}$; dies ist diejenige Beanspruchung, welche bei einer bestimmten Temperatur nach 100 000 Stunden, d. h. nach rd. 12 Jahren den Bruch herbeiführt;
>
> die Zeitdehngrenze $\sigma_{1/100\,000}$; dies ist die Beanspruchung, welche bei einer bestimmten Temperatur und einer Versuchsdauer von 100 000 Stunden eine bleibende Dehnung von 1% herbeiführt;
>
> die Warmstreckgrenze σ_{02}; dies ist die Beanspruchung, die bei kurzzeitiger Belastung (Schockversuch) bei einer bestimmten Temperatur eine bleibende Dehnung von 0,2% zur Folge hat.

Im Bereich hoher Temperaturen wird gute Zunderbeständigkeit wichtig, auch die Beibehaltung der Kerbschlagzähigkeit im Betrieb nach langer Belastung und die Beständigkeit des Gefüges. Ferner verlangt man Widerstandsfähigkeit gegen chemische Angriffe durch Verunreinigungen des Dampfes.

Die Werkstofftechnik hat für die gesteigerten Ansprüche geeignete Legierungen entwickelt, die sowohl in Laborversuchen als auch im praktischen Betrieb erprobt wurden. Die meistverwendeten Legierungsbestandteile sind Molybdän und Vanadium zur Erhöhung der Warmfestigkeit. Die Zunderfestigkeit wird durch Zulegieren von Chrom heraufgesetzt. Silizium und Aluminium ergeben einen schützenden, gut haftenden und porenfreien Oxidüberzug. Die Dauerstandfestigkeit von Austeniten wird durch stabilisierende Zulegierung von Molybdän oder Tantal und Niob erhöht. Durch letztere Legierungsbestandteile wird außerdem der interkristallinen Korrosion begegnet. Die Auswahl der Werkstoffe geschieht entsprechend dem Temperaturverlauf in der Turbine.

Unlegierte ferritische Stähle sind wegen ihrer niedrigen Zunderbeständigkeit nur bis zu Temperaturen von rd. 440 °C brauchbar. Niedrig legierte ferritische Stähle können je nach Beanspruchung bis rd. 540 °C verwendet werden. Hoch legierte ferritische Stähle können bis 565 °C dauernd und 580 °C kurzzeitig und austenitische Stähle bis rd. 655 °C eingesetzt werden. Dabei sind zeitlich begrenzte Abweichungen nach den IEC-Regeln zulässig.

Bei Verwendung austenitischen Stahles erfordern dessen niedrigere Wärmeleitfähigkeit, welche im Gegensatz zum ferritischen Stahl mit steigender Temperatur zunimmt, sowie der mit steigender Temperatur wachsende, erheblich höhere Temperatur-Ausdehnungs-Koeffizient besondere konstruktive Lösungen. Da Austenite außerdem schlecht gießbar und schwer spanabhebend zu bearbeiten sind und ihr Preis um ein Vielfaches höher ist als der von normalem Maschinenbaustahl, ist man bemüht, mit niedrig legierten Werkstoffen auszukommen und ihren Einsatz, wenn erforderlich, auf den Einströmteil zu begrenzen.

Bei der Konstruktion von Maschinen für hohe Betriebstemperaturen ist neben den statischen und dynamischen Beanspruchungen den Wärmespannungen erhöhte Aufmerksamkeit zuzuwenden. Diese entstehen durch Temperaturunterschiede vorwiegend beim Anfahren, bei raschem Lastwechseln und beim Abstellen. Beim Überschreiten eines bestimmten Temperaturgradienten, der auch von der Konstruktion abhängt, kann die Warmstreckgrenze überschritten werden, was bleibende Verformungen zur Folge hat und bei Wiederholungen zu Schädigungen des Werkstoffes führt, die an Rissen erkennbar werden. Verunreinigungen des Dampfes durch Salze begünstigen Korrosionen und Rißbildungen.

m) Schwingungen

Den Gefahren, die durch Schwingungen hervorgerufen werden, ist bei der Konstruktion mit besonderer Aufmerksamkeit Rechnung zu tragen. Schwingungen sind immer mit Wechselbeanspruchungen verbunden, die sich den anderen Spannungen überlagern. Schaufeln und Wellen (Rotoren) sind die Bauteile, die am häufigsten durch Schwingungen gefährdet sind.

1. Schaufelschwingungen

Eine an ihrem Fuß eingespannte Laufschaufel wird statisch durch ihre Fliehkraft belastet. Außerdem unterliegt sie einer mittleren Biegebelastung durch Dampfkräfte, die der Leistung der Stufe und dem Druckgefälle entsprechen. Die hinter einem Schaufelgitter bestehende Strömung ist aber nicht gleichmäßig, sondern mit Ablösungswirbeln und Strömungsschatten durchsetzt, in denen andere Geschwindigkeiten und andere Drücke herrschen. Der mittleren Dampfbelastung der Schaufel ist daher eine Schwingungsbelastung überlagert, deren Frequenz hauptsächlich durch die Drehfrequenz der Welle und außerdem durch die Teilung im vorhergehenden Gitter bestimmt ist.

Besondere Beachtung verdienen die Regelstufen, deren Dampfbelastung durch die breiten Lücken zwischen den einzelnen Segmenten sehr großem Wechsel unterworfen ist. Die Frequenzen der Erregerkräfte werden hier durch die Breite und den gegenseitigen Abstand der Beaufschlagungselemente bestimmt. Auch durch Gehäuserippen oder ungleichmäßige Druckverteilung, beispielsweise an Entnahmestellen oder in der Abströmung hinter der betrachteten Schaufelreihe, können periodische Erregerkräfte hervorgerufen werden. In allen Fällen sind die Frequenzen der Erregung ein ganzzahliges Vielfaches der Frequenz der Drehzahl.

Die Schwingungen der Dampfturbinenschaufeln können als Biegeschwingungen in Richtung der Hauptträgheitsachsen des Profilquerschnittes oder als Torsionsschwingungen um die Schaufellängsachse auftreten. Dabei sind auch Schwingungen höherer Ordnung möglich. Die Eigenfrequenzen, insbesondere der längeren Endschaufeln, können mit modernen Rechenverfahren sehr genau berechnet werden. Um gefährliche Resonanzschwingungen zu vermeiden, müssen die Eigenfrequenzen der Schaufeln unter Berücksichtigung der Streuung der Werte bei der Schaufelherstellung und beim Einbau der Schaufeln in die Welle einen Abstand von mindestens 5 Hz von den ganzzahligen Vielfachen der Betriebsfrequenz einhalten. Sind die Schaufeln einer Reihe mit Deckband oder Draht versehen, so werden hierdurch die Eigenfrequenzen erhöht. Auch durch Änderung der Profilbreite kann die Eigenfrequenz beeinflußt werden.

Durch Änderung der Teilung und Frequenz der zu vermutenden erregenden Ursache kann man die Erregerfrequenz ändern. Liegen die Eigenfrequenzen der Schaufeln über der sechsten Harmonischen der Betriebsfrequenz, so wird im allgemeinen angenommen, daß die Schaufel nicht durch Wechselspannung gefährdet ist. Von sehr großer Bedeutung ist der Abfall der Wechselfestigkeit der Schaufelwerkstoffe bei Korrosionsermüdung.

Bei Entwicklungsversuchen und bei Serienprüfungen werden verschiedene Einrichtungen verwendet, mit denen eingespannte oder in die Turbine eingebaute Schaufeln mit beliebig einstellbarer Frequenz erregt werden. Damit werden Resonanzstellen und unter Umständen auch der Verlauf von Knotenlinien festgestellt.

2. Läuferschwingungen

Die Wellen der verschiedenen Turbinengehäuse und der Generatorläufer sind in der Regel starr zu einem Läuferstrang zusammengekuppelt. Durch die versteifende Wirkung der starren Kupplung verändern sich die kritischen Drehzahlen der einzelnen Wellen. Entscheidend für die Beurteilung des zu erwartenden Laufes der Anlage sind die kopplungskritischen Drehzahlen. Zu jeder dieser Drehzahlen gehört eine charakteristische Schwingungsform des Läufers.

Auch der Ölfilm in den Lagern hat Einfluß auf das Schwingungsverhalten der Welle, und zwar gibt es zwei verschiedene Erscheinungen: das Resonanzverhalten beim Durchfahren einer kritischen Drehzahl und die Grenzdrehzahl, bei der Lagerinstabilität eintritt. Bei der kritischen Drehzahl schwingt die Welle mit ihrer Drehfrequenz, bei der Lagerinstabilität hingegen handelt es sich um drehzahlfremde Schwingungen. Deren Frequenz ist entweder annähernd gleich der halben Drehfrequenz oder bei Betriebsdrehzahlen oberhalb der doppelten kritischen Drehzahl gleich der kritischen Drehzahl.

Bei der Berechnung des Schwingungsverhaltens eines Wellenstranges und der kritischen Drehzahl muß die Ölfilmelastizität berücksichtigt werden. Das geschieht durch Einführen von Federkonstanten des Ölfilms. Außerdem wirkt der Ölfilm dämpfend auf die durch Unwuchten erregten Wellenschwingungen. Diese Eigenschaft des Ölfilms wird durch Dämpfungskonstanten beschrieben.

Die einzelnen Läufer werden zwar dynamisch ausgewuchtet, doch treten im Betrieb zusätzliche Unwuchten auf. Wegen unvermeidlicher Unregelmäßigkeiten in der Beschaufelung ist die vektorielle Summe aller Tangialkräfte des Dampfes auf den Läufer nicht Null, so daß eine Dampfkraft entsteht, die wie eine Unwucht wirkt. Wegen geringfügiger Unterschiede in der Wärmeausdehnung des Materials krümmt sich der Turbinenläufer mit zunehmender Temperatur. Dadurch entsteht ebenfalls eine Unwucht. Im Betrieb ist also immer mit einer Unwucht zu rechnen, die größer ist als die nach dem Auswuchten in der Fabrik verbleibende Restunwucht. Liegen die kopplungskritischen Drehzahlen des Läuferstranges jedoch genügend weit von der Betriebsdrehzahl entfernt, so bleibt die Laufruhe in den zulässigen Grenzen.

V. Große Einheiten

Wie im Zweiten Band, Erster Teil, Abschn. K I, S. 397ff., bereits erwähnt und näher begründet, besteht eine deutliche Tendenz, die Leistung einer Stromerzeugungseinheit zu erhöhen. Im Durchschnitt steigt in den industrialisierten Ländern der Strombedarf um rd. 7% pro Jahr. Außerdem werden Verbraucher und Erzeuger durch immer größere Stromverteilungsnetze miteinander verbunden. Die Verhältnisse in diesem Netz und die absolute Zuwachsrate des Strombedarfs bestimmten die optimale Leistung einer Einheit. Sie ist abhängig von der Verbrauchsdichte, der Größe des Netzes, von der Lage der Einspeisepunkte und der Betriebsweise der Verbraucher. Im allgemeinen werden 6 bis 10% der installierten Netzleistung für den größten einspeisenden Turbosatz als zulässig erachtet.

Die Zudampfzustände werden mit größerer Leistung gewöhnlich höher, wie Abb. 497 im Zweiten Band, Anhang, Abschn. D III c, S. 668, zeigt. In Deutschland hat sich für einen Turbosatz von 150 MW Leistung in Verbindung mit einem Bensonkessel ein Zudampfzustand von 181 ata/525 bis 540 °C mit einfacher Zwischenüberhitzung auf 525 bis 540 °C eingeführt. Bei größeren Einheiten um 300 MW bleiben die Temperaturen im gleichen Bereich, und der Druck wird gewöhnlich in den überkritischen Bereich angehoben, also auf über 225 at. Dabei geht man von der im unteren Leistungsbereich üblichen Düsengruppenregelung der Turbine auf Drosselregelung über. Das hat folgende Gründe:

1. Kleine Maschinen können bei hohem Druck nicht mit Drosselregelung konstruiert werden, weil sonst die Schaufellängen in den ersten Stufen zu klein würden. Es kann angenommen werden, daß im Auslegungspunkt die Verschlechterung des Wärmeverbrauches durch Übergang auf die Drosselregelung mehr als aufgehoben wird durch die Verringerung von Verlusten, die durch die Düsengruppen bedingt sind, z.B. Ventilationsverluste, Umlenkverluste und Austrittsverluste.

2. Die Anzahl der Stellventile kann verringert werden. Dadurch wird die Anlage vereinfacht, und man ist freizügiger in der Anordnung der Ventile.

3. Durch den Fortfall des Regelrades und die volle Beaufschlagung schon der ersten Stufe ergibt sich eine gleichmäßigere Wärmebeanspruchung des Hochdruckteiles. Besonders für den stabilen Lauf der Welle ist diese Tatsache wichtig.

4. Wird die Anlage mit Gleitdruck gefahren, so fällt die Zwischenüberhitzungstemperatur des Kessels im Teillastbereich weniger ab, wodurch der Wärmeverbrauch verbessert wird.

5. Bei Gleitdruckbetrieb können infolge der geringen Temperaturschwankungen und der gleichmäßigen Wärmebelastung des Hochdruckteiles wesentlich größere Laständerungen und Laständerungsgeschwindigkeiten zugelassen werden.

Die Zudampftemperaturen werden im allgemeinen nicht mehr über 540 °C vor der Turbine erhöht. Damit kann der Block ohne Verwendung von austenitischem Material gebaut werden. Außer den höheren Kosten für dieses Material ergeben die größeren Abmessungen der austenitischen Einzelteile von großen Blocks unverhältnismäßig größere Schwierigkeiten bei der Verarbeitung als bei kleineren Einheiten, und es lohnt sich nicht mehr, diese Nachteile in Kauf zu nehmen.

Große Turbineneinheiten erhält man durch Kombination verschiedener bereits für kleinere Einheiten erprobter Elemente auf einer, zwei oder drei Wellen, wie das in Abb. 5 gezeigt wurde.

a) Grenzleistungen

Durch die ständige Vergrößerung des Strombedarfes in den immer weiträumiger werdenden Netzen erreichen die erforderlichen günstigsten Größen einer Einheit bald 1000 MW und darüber. So ist in den USA bereits ein Turbosatz mit 1130 MW in Auftrag und soll 1969 in Betrieb gehen (Abb. 108). Ein weiterer Turbosatz mit 1300 MW Leistung ist bestellt (Abb. 109). Der Wirkungsgrad der Anlage wird durch die große Einheitenleistung nicht wesentlich besser, aber die spezifischen Herstellungskosten verringern sich erheblich. Man hat rd. 15 bis 20% Verminderung festgestellt, wenn die Leistung verdoppelt wird und die Vergrößerung zu einem großen Teil geometrisch erfolgt. Wenn man jedoch parallel schalten muß, weil Einzelteile die Grenze ihrer Leistungsfähigkeit erreicht haben, vermindert sich die Kostendegression. Bei der Turbine wird die Leistung bei gleichem Kondensatordruck und gleicher Drehzahl durch den größtmöglichen Durchsatz des ND-Teiles bestimmt, der wieder abhängig ist von der Länge der Endschaufel. Bei Überschreiten dieses Durchsatzes müssen also mehrere ND-Teile parallel geschaltet werden. Man kann auf einer Welle bis zu drei doppelflutige ND-Teile unterbringen, ohne daß der Turbosatz zu lang wird und ohne daß durch die Differenzdehnungen unwirtschaftliche Axialspiele erforderlich wären.

Gegenwärtig ist die Größe des Austrittsquerschnittes einer Endstufe am wesentlichsten für die Begrenzung der Leistung einer Einheit (siehe Abschn. IV e 3, S. 64). Dort ist angegeben, welche Probleme in bezug auf Durchströmung und Festigkeit beim Entwurf der Endschaufel gelöst werden müssen. Sind diese Möglichkeiten zur Vergrößerung des Austrittsquerschnittes erschöpft, so gibt es noch folgende Maßnahmen, um die Grenzleistung einer Turbine zu erhöhen:

1. Erhöhung des Zudampfdruckes. Infolge des größeren Gefälles wird die Dampfmenge zum Kondensator geringer.

2. Übergang zu mehrfacher Zwischenüberhitzung und Vermehrung der Anzapfungen. Das Verhältnis von Zudampfmenge zu Kondensatmenge wird größer, womit sich auch die Dampfmenge zum Kondensator verringert.

3. „Anheben" des Kondensatordruckes. Das Abdampfvolumen ist stark abhängig vom Abdampfdruck; wie Abb. 16 zeigt, ergibt sich jedoch eine Verminderung des Gefälles und damit ein höherer Wärmeverbrauch. Dies ist in Sonderfällen wirtschaftlicher, als einen weiteren ND-Teil vorzusehen. Außerdem verringert sich die Endnässe. Abb. 89 gibt einen Begriff von der Änderung der Grenzleistung mit dem Abdampfdruck. Wie bereits in Abb. 17 dargestellt, gilt dies nicht für höhere Abdampfdrücke, weil dann die Festigkeitsgrenze der Schaufeln eher erreicht wird.

4. Verringerung der Drehzahl. Wählt man statt des üblichen zweipoligen Generators einen vierpoligen, oder nur für den ND-Teil bei Zweiwellenanordnung, dann läßt sich der Austrittsquerschnitt bei geometrisch ähnlicher Ausführung auf das Vierfache vergrößern.

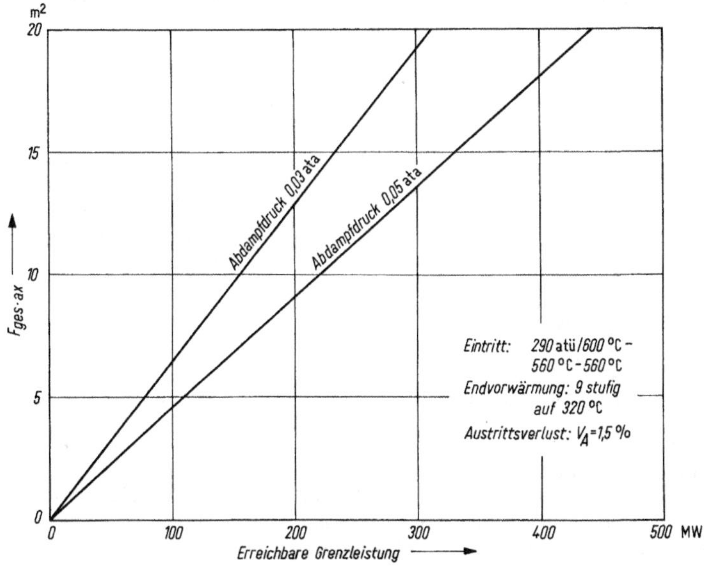

Abb. 89. Erreichbare Grenzleistung eines Turbosatzes

5. Abzweigung eines Teildampfstromes zur Speisepumpenturbine. Wird der Zudampf für diese Turbine aus der Überströmleitung zwischen MD- und ND-Teil genommen, dann wird der ND-Teil mengenmäßig entlastet.

Die größten Einheiten wurden in den USA vorerst als Zweiwellenmaschinen gebaut unter Ausnutzung der oben beschriebenen Möglichkeit 4. Eine gewisse Rolle hat auch die Entwicklung auf der Generatorseite gespielt, denn die Grenzleistung eines Generators war vorerst kleiner als die der Turbine und konnte erst später gesteigert werden. In Europa ist die Erhöhung des Bedarfs langsamer vor sich gegangen als in den USA, und es konnten für die in Frage kommenden Größen bis 500 MW meistens Einwellenmaschinen beibehalten werden. Auch in den USA ist man bestrebt, große Leistungen auf einer Welle zu verwirklichen, wobei die vorliegenden Erfahrungen und Erkenntnisse mit bewährten Bauelementen verwendet werden. So erscheint eine Einwellenmaschine mit 1000 MW Leistung und genügender Betriebssicherheit auch in Europa realisierbar.

Bei gleicher mechanischer Beanspruchung sind die Schaufelquerschnitte von 60 Hz-Maschinen im Verhältnis $(50/60)^2$ kleiner, wodurch sich die Schluckfähigkeit um rd. 30% verringert. Daraus ergibt sich in den USA eher die Notwendigkeit, Zweiwellenmaschinen mit langsamlaufender Welle (1800 U/min) zu verwenden.

b) Ausführungsbeispiele

Es folgen nun Beispiele von ausgeführten und projektierten Turbinen mit großer Leistung. Dabei werden die konstruktiven Besonderheiten jedes Herstellers sichtbar und die allgemeine Tendenz, die sich in der Ausführung von großen Einheiten abzeichnet.

In den USA analysiert man die bisherige Entwicklung und versucht, die zukünftigen Verhältnisse vorauszubestimmen. Die Herstellung großer Einheiten erfordert ja entsprechende Fabrikationseinrichtungen und vorausschauende Entwicklungsarbeiten, die sinnvoll nur vorbereitet werden können, wenn man sich darüber im klaren ist, was in Zukunft zu erwarten ist. So wurde bei der Weltkraftkonferenz 1966 ein Diagramm veröffentlicht, das in Abb. 90 dargestellt ist. Es gilt natürlich nur für die USA, denn in den

	Bauart	Leistung einer Einheit MW	Flutzahl	Endschaufellänge mm
A	3600 U/min Einwellenmaschine	575	4	725
		750	4	790
		750	6	725
		1100	6	790
B	3600/1800 U/min Mehrwellenmaschine	750	2	1320
		900	4	1020
		1100	4	1120
		1500	4	1320
		1500	6	1120
		2000	6	1320
C	1800 U/min Einwellenmaschine Kernkraftwerk	800	4	1120
		1000	4	1320
		1000	6	1120
		1500	6	1320

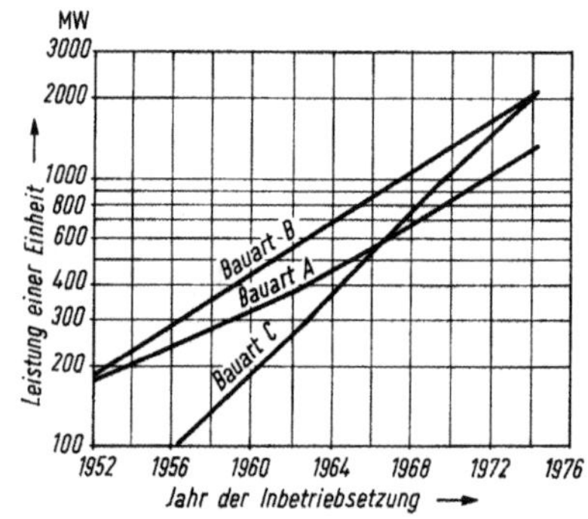

Abb. 90. Voraussichtliche Entwicklung der Leistungen einer Einheit in USA nach einem Bericht von der Weltkraftkonferenz Tokio 1966

anderen Staaten wird es in den nächsten Jahren kaum erforderlich sein, auf Mehrwellenmaschinen überzugehen. Das Schaubild gibt aber einen Anhalt dafür, mit welchen Tendenzen auch in Europa in ferner Zukunft gerechnet werden muß und welche Maschinentypen schon jetzt für die zukünftige Entwicklung vorbereitet werden sollten.

1. 150 MW-Turbinen verschiedener Bauweise

Bauweise der AEG (Abb. 91)

Leistung	150 MW
Zudampfdruck	181 ata
Zudampftemperatur	535 °C
Zwischenüberhitzungstemperatur	535 °C
Kühlwassereintrittstemperatur	18 °C
Endvorwärmung bei 150 MW	240 °C

Stufenaufbau:

HD/MD-Gehäuse	25 Stufen (1 + 12 + 12), 4 Anzapfungen in den Stufen 13, 18, 22 und 25
ND-Gehäuse	2×5 Stufen, 4 Anzapfungen in den Stufen 1, 2, 3 und 4
Länge der Endschaufel	750 mm
Mittlerer Durchmesser der Endstufe	2150 mm

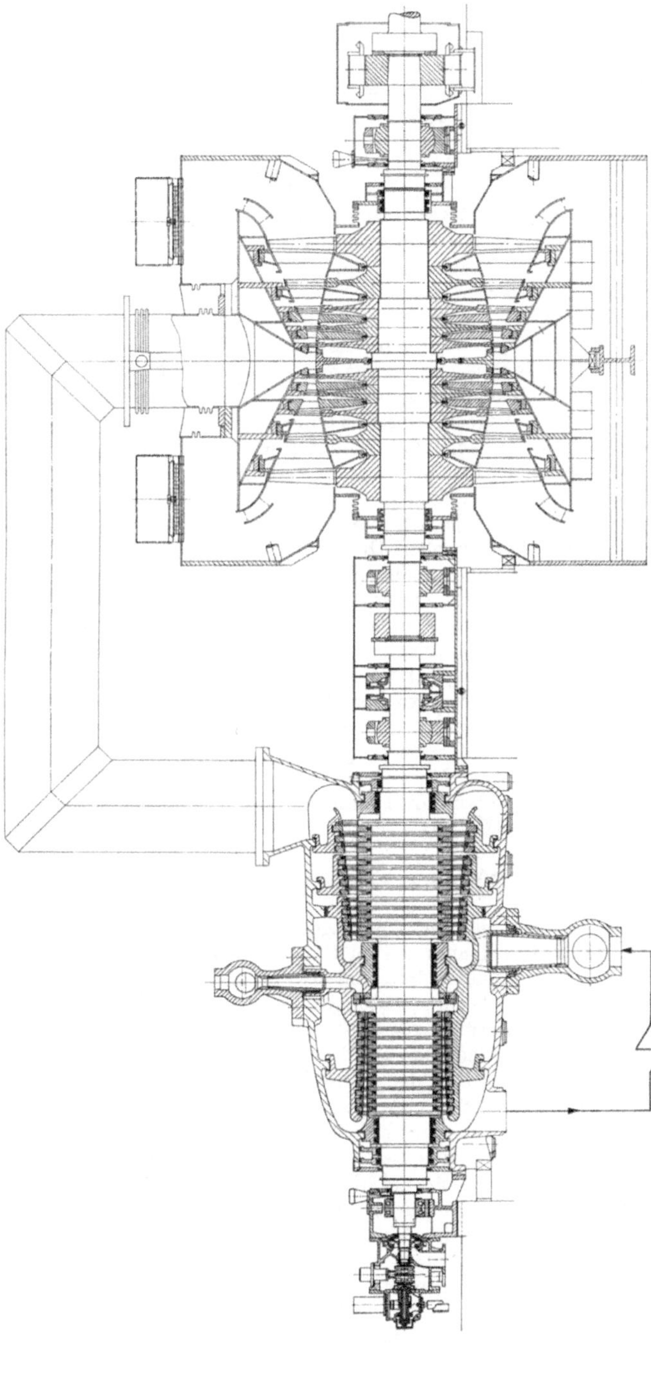

Abb. 91. Längsschnitt einer 150 MW-Dampfturbine der AEG

Konstruktiver Aufbau: Zweigehäusige Turbine, horizontal geteilt, mit starr gekuppeltem Wellenstrang.

Das erste Gehäuse ist ein kombinierter HD/MD-Teil in zweischaliger Kompaktbauweise. Zudampf und ZÜ-Dampf werden jeweils in der Mitte zugeführt, wodurch eine symmetrische Temperaturverteilung über das gesamte Gehäuse erreicht wird. Lager und Wellendichtungen sind so den hohen Temperaturen entzogen. Über zwei Schnellschluß- und vier Stellventile gelangt der Zudampf in die HD-Stufengruppe, die in einem horizontal geteilten Innengehäuse untergebracht ist. Der heiße ZÜ-Dampf strömt über zwei Schnellschluß- und zwei Abfangventile in die MD-Stufengruppe und expandiert bis auf den Überströmdruck zum ND-Teil. Das Gehäuse liegt mit Pratzen in Teilfugenhöhe auf zwei Lagerböcken auf. Der Läufer ist aus einem Stück geschmiedet. Die Radscheiben werden aus dem vollen Schmiedestück herausgedreht.

Das zweite Gehäuse ist ein zweischaliger geschweißter Niederdruckteil. Durch eine Überströmleitung gelangt der Dampf in das Innengehäuse und expandiert bis auf den Kondensatordruck. Die Innen- und Außengehäuse sind direkt auf das Fundament abgestützt. Die äußeren Wellendichtungen sind an den Lagerböcken angeflanscht und über Kompensatoren mit dem Außengehäuse verbunden. Hierdurch wird erreicht, daß eventuelle Verschiebungen der Außengehäuse ohne Einfluß auf die Lage von Wellendichtungen und Wellen zueinander sind. Die Schaufeln der ND-Teile sind in Radscheiben befestigt, die auf den Wellen aufgeschrumpft sind.

Die Leitschaufeldeckel sind in Schweißkonstruktion ausgeführt, wobei profilierte gezogene Düsenstege eingesetzt werden. Die Leitschaufeln der letzten beiden ND-Stufen bestehen aus verwundenen, mit radialen Schlitzen versehenen Hohlprofilen. Im Innern der Profile herrscht Unterdruck. Dadurch kann der sich auf der Leitschaufeloberfläche bildende Kondensatfilm über die Schlitze zum Teil abgesaugt werden. Die Maßnahme bewirkt neben der konventionellen Stufenentwässerung mittels Fangnasen an den Düsendeckeln eine weitere Verringerung der Dampfnässe.

Für die Laufschaufeln in Gleichdruckbauweise werden Laminarprofile verwendet, die bereits bei mittleren Schaufelhöhen verwunden ausgeführt werden. Im allgemeinen kommen bei normalen Beanspruchungen Hammerkopffüße zur Anwendung. Bei Stufen höherer Belastung werden Reiterfüße vorgesehen und bei den beiden letzten ND-Stufen die Steckfußbefestigung. Alle Laufschaufeln bis auf die letzten beiden ND-Stufen erhalten Deckbänder mit angearbeiteten Spitzen. Im HD/MD-Gehäuse sind entsprechend diesen Spitzen federnde Segmente mit einem Steg angeordnet, die mit den Deckbändern zusammen eine zusätzliche Dichtung mit labyrinthartiger Wirkung bilden. Hierdurch werden die Spaltverluste wesentlich verringert.

Jeder Läufer ist zweifach gelagert. Die Lagerböcke stehen direkt auf dem Fundament und sind dadurch den Wärmedehnungen der Gehäuse entzogen. Der Außenlagerbock folgt den temperaturbedingten Längenänderungen des HD/MD-Gehäuses.

Alle äußeren und inneren Wellendichtungen sind federnd ausgeführt. Hierdurch wird die Unempfindlichkeit der Maschine gegen eventuelles Anstreifen wesentlich erhöht. Diese Ausführung der Wellendichtungen bewirkt durch kleinere Radialspiele eine Verringerung der Wellendichtungsverluste. Über den Laufschaufeln im HD/MD-Teil sind labyrinthartige Abdichtungen vorgesehen, deren Ausführung und Funktion der der federnden Wellendichtungen ähnelt. Deckbänder mit angedrehten Spitzen dichten gegen federnde Segmentringe zwischen den Düsendeckeln ab. Die Laufschaufeln der ersten ND-Stufen haben ebenfalls Deckbänder, jedoch sind die Abdichtungen nicht federnd.

Die Ölversorgung der Maschine mit Steuer-, Lager- und Dichtöl (für den Generator) erfolgt im Normalfall durch die im Außenlagerbock angeordnete und über eine Zahnkupplung von der Turbinenwelle direkt angetriebene einstufige Kreiselölpumpe. Das zur Schmierung und Kühlung der Lagerstellen erforderliche Öl wird in einer Ölturbine, die ihrerseits eine einstufige Vorpumpe für die Hauptölpumpe antreibt, teilweise entspannt und über Ölkühler den Lagern zugeführt.

Zum Drehen des Laufzeuges ist ein luftgekühlter Wellenmotor vorgesehen. Es handelt sich dabei im Prinzip um einen vielpoligen Asynchronmotor mit Käfigläufer. Die Kupplung zwischen Turbine und Generator ist gleichzeitig der Läufer des Wellenmotors. Zur Belüftung des Wellenmotors ist ein gesonderter Lüfter in der Podestverschalung der Turbine angeordnet.

Regelung: Die Turbine ist mit einer elektrohydraulischen Regelung ausgerüstet. Hier erfolgt die Drehzahlerfassung elektronisch über eine digitale Drehzahlmeßeinrichtung. Parallel zur elektrohydraulischen Regelung ist die mechanisch-hydraulische Regelung angeschlossen. Die Sollwert-Verstellung des Drehzahlmeßwerkes ist in seine Endstellung (Regelventile ganz auf) gefahren, damit die mechanisch-hydraulische Regelung nur bei einem eventuellen Ausfall der elektrohydraulischen Regelung eingreift.

Schutz- und Überwachungseinrichtungen: Das Auslösen des Schnellschlusses erfolgt im einzelnen bei sinkendem Druck von Lager- und Steueröl, unzulässiger Längslagerabnutzung und Überschreitung des maximal zulässigen Kondensatordruckes. Außerdem kann eine Fernbetätigung über Hubmagnet oder eine Handauslösung und eine Betätigung durch andere gewünschte Auslöseimpulse durchgeführt werden.

Verschalung: Die Verschalung ist freitragend ausgeführt und wird aus Zincorblech mit Profilen punktgeschweißt hergestellt.

Instrumentenpult: Ein Instrumentenpult wird normalerweise nicht vorgesehen, weil das An- und Abfahren und die Überwachung des Betriebes üblicherweise von der Warte erfolgt.

Bauweise der BBC (Abb. 92)

Leistung	150 MW
Zudampfdruck	181 ata
Zudampftemperatur	535 °C
Zwischenüberhitzungstemperatur	535 °C
Kühlwassertemperatur	18 °C
Endvorwärmung bei 150 MW	240 °C
Stufenaufbau:	
HD-Gehäuse	23 Stufen (15 + 8), 1 Anzapfung in der Stufe 15
MD-Gehäuse	17 Stufen (6 + 5 + 4 + 2), 3 Anzapfungen in den Stufen 6, 11 und 15
ND-Gehäuse	2×7 Stufen, 2 Anzapfungen in den Stufen 2 und 6
Länge der Endschaufel	600 mm
Mittlerer Durchmesser der Endstufe	2100 mm

Konstruktiver Aufbau: Dreigehäusige Turbine, horizontal geteilt, mit starr gekuppeltem Wellenstrang.

Das erste Gehäuse ist ein Hochdruckteil in einflutiger Bauweise mit einem horizontal geteilten Außenmantel. In diesem Außenmantel wird ein ebenfalls horizontal geteilter Innenmantel, der die Leitschaufeln trägt, eingesetzt. Eine solche Doppelmantel-Konstruktion ermöglicht es, die Turbine mit verhältnismäßig geringen Wandstärken und kleinen Abmessungen der Flansche auszuführen. Die Gehäusehälften des Außenmantels werden in der Flanschpartie durch Dehnungsschrauben miteinander verbunden. Der Innenmantel wird mit Schrumpfringen zusammengehalten. Dadurch entfällt die Flanschpartie mit ihren großen Massen, und das Gehäuse ist vollkommen rotationssymmetrisch.

Der Axialschub wird durch einen Ausgleichskolben aufgehoben. Dampfzuführung und Abdampf liegen auf entgegengesetzten Seiten. Der im Hochdruckteil entspannte Dampf umströmt den Innenmantel und kühlt ihn dadurch. Der Festpunkt des Innenmantels liegt dampfeintrittsseitig, so daß sich der Innenmantel zum Abdampfteil hin frei dehnen kann.

Die Zudampfzuführung erfolgt über zwei hydraulisch betätigte Hauptabsperrventile und vier seitlich neben der Turbine angeordnete Zudampfstellventile. Dabei sind je zwei Stellventile und ein Hauptabsperrventil zu einem Ventilblock vereinigt. Über vier Einströmleitungen gelangt der Dampf von den Stellventilen vor die Beschaufelung. Die Dampfdurchführung durch die Gehäuse ist wärmeelastisch mit beweglichen Kolbenringen ausgeführt. Nachdem der Dampf den HD-Teil durchströmt hat, gelangt er zum Zwischenüberhitzer des Kessels. Von dort strömt er über die kombinierten Schnellschluß-Abfangventile, die seitlich neben der Turbine angeordnet sind, vor die Beschaufelung des MD-Teiles. Nach der Entspannung im MD-Teil gelangt der Dampf über ein Überströmrohr zu dem doppelflutigen Niederdruckteil.

Der MD-Teil wird ebenfalls in einflutiger Doppelmantelbauart ausgeführt. Hier werden jedoch sowohl der Innen- als auch der Außenmantel, die auch beide horizontal geteilt sind, mit Dehnungsschrauben zusammengehalten. Der Axialschub wird bei diesem Teil durch einen zweistufigen Ausgleichskolben aufgehoben.

Die Strömung bei dem doppelflutigen Niederdruckteil erfolgt divergent von der Mitte nach außen. Dadurch kann der Läufer kurz gehalten werden. Da bei dieser Konstruktion die Wellendichtungen im Vakuumgebiet liegen, sind die Dampfverluste gering.

Das Niederdruckgehäuse ist eine Schweißkonstruktion, in das ein gegossener Leitschaufelträger eingehängt wird. Der Niederdruckteil ist doppelflutig ausgeführt, so daß der bei den Überdruckschaufeln auftretende axiale Schub ausgeglichen wird.

Läufer und Beschaufelung: Die Turbine ist als axiale Überdruck-Turbine gebaut. Die Überdruck-Schaufeln werden zum Teil mit angestauchtem T-Fuß, überwiegend aber aus dem Vollen gearbeitet. Zur Wirkungsgradverbesserung werden Schaufeln mit angefrästen Deckplatten verwendet.

Die Läufer sind aus mehreren einzelnen Scheiben zusammengeschweißt. Wenn man berücksichtigt, daß bei den ND-Teilen, vor allem bei größeren Turbineneinheiten, die ND-Wellen einen großen Durchmesser erhalten, ergibt diese Konstruktion kleinere Abmessungen der einzelnen Teile, was für das Durchschmieden vorteilhaft ist. Hinzu kommt, daß die Massen der einzelnen Läuferscheiben den Massen des Innenmantels bzw. des Leitschaufelträgers weitgehend angeglichen werden können, so daß die Aufwärmung im Läufer und im Schaufelträger gleichmäßig erfolgt und dadurch die Relativdehnung gering bleibt.

Die Abdichtung der Wellen und Ausgleichskolben erfolgt mit Labyrinthdichtungen. Schmale, abgekantete und vorgerollte Blechstreifen werden in Nuten der Welle eingesetzt und mit Stemmdraht gehalten. Diese Dichtungsstreifen sind außen angeschärft.

Kupplung und Lagerung: Die drei Turbinenläufer und der Generatorläufer werden starr miteinander gekuppelt. Zwischen den einzelnen Gehäusen befindet sich jeweils nur *ein* Lager. Die Querlager sind Gleitlager mit Weißmetallausguß. Das Lager zwischen HD- und MD-Teil ist ein kombiniertes Quer- und Längslager.

Wellendreheinrichtung: Um ein ungleichmäßiges Abkühlen der Wellen und Gehäuse und damit einseitige Verkrümmung zu verhüten, muß der Läufer vor dem Anfahren und nach dem Abstellen gedreht werden. Dies geschieht mit der Wellendreheinrichtung, die auf dem vorderen Lagerbock aufgebaut ist. Diese Wellendreheinrichtung schaltet sich beim Hochfahren der Turbine von selbst aus und greift bei Auslaufen der Turbine automatisch ein. Die Kupplung zwischen Turbinenwelle und Drehwerk erfolgt drehzahlabhängig mit einer Schlingfeder.

Regelung: Die verwendete ölhydraulische Turbinensteuerung arbeitet nach dem hydraulischen Ruhestromprinzip. Das Steuerölsystem ist von dem Lagerölsystem getrennt. Als Steueröl wird eine schwer entflammbare Steuerflüssigkeit verwendet. Auch eine elektrohydraulische Regelung kann vorgesehen werden.

Da die großen Turbosätze heute so instrumentiert sind, daß sie von der Warte aus an- und abgefahren und betrieben werden, erhält der Turbosatz nur ein Notanfahrpult, mit dem normalerweise nur die Schnellschlußprobe vor Ort durchgeführt werden sollte.

Verschalung: HD-Teil und MD-Teil erhalten eine geschweißte Turbinenverschalung.

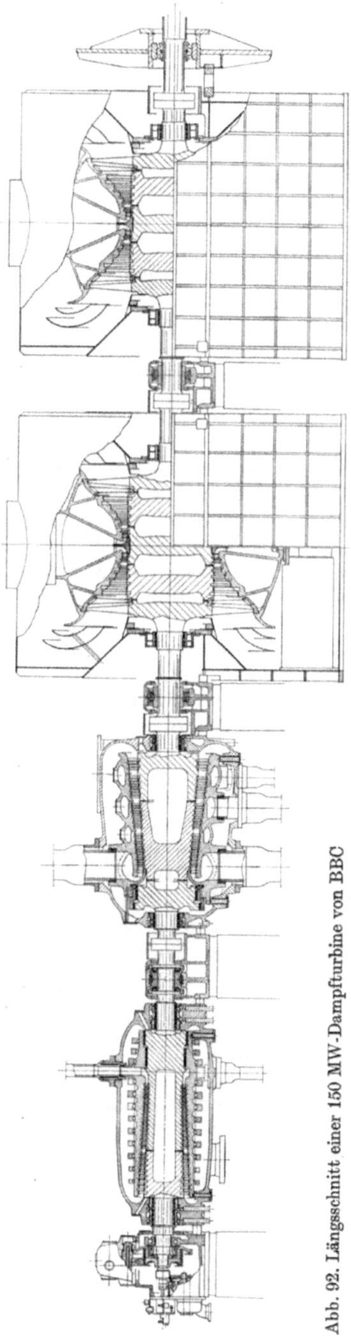

Abb. 92. Längsschnitt einer 150 MW-Dampfturbine von BBC

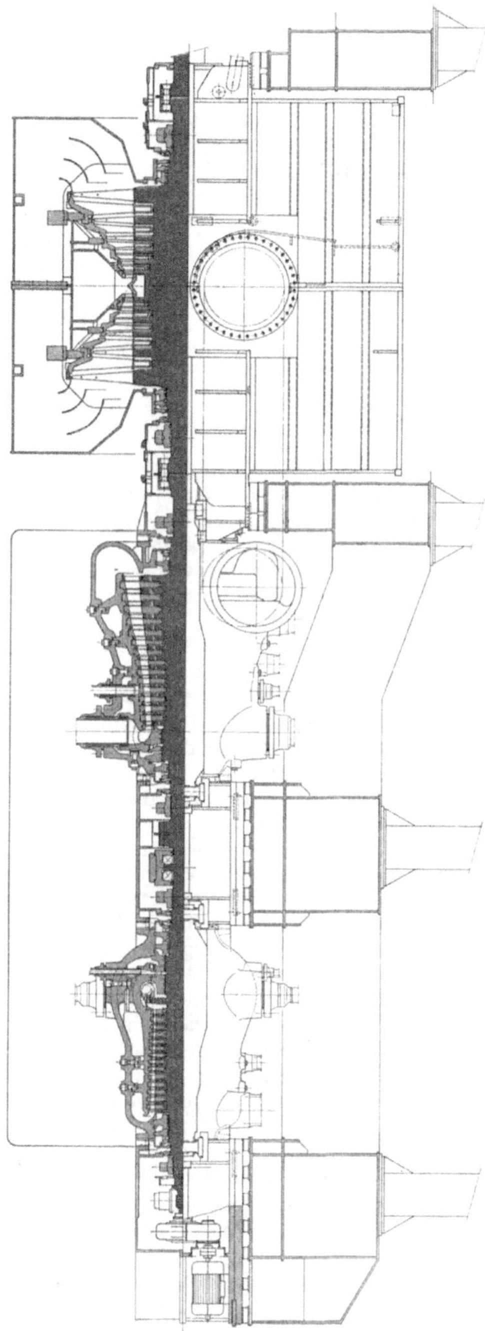

Abb. 93. Längsschnitt einer 150 MW-Dampfturbine der MAN

Bauweise der MAN (Abb. 93)

Leistung	150 MW
Zudampfdruck	186 ata
Zudampftemperatur	530 °C
Zwischenüberhitzungstemperatur	530 °C
Kühlwassereintrittstemperatur	10 °C
Endvorwärmung bei 150 MW	251 °C

Stufenaufbau:

HD-Gehäuse	15 Stufen (1 + 14), 2 Anzapfungen in den Stufen 1 und 15
MD-Gehäuse	15 Stufen, 4 Anzapfungen in den Stufen 4, 8, 12 und 15
ND-Gehäuse	2×6 Stufen, 2 Anzapfungen in den Stufen 2 und 4
Länge der Endschaufel	785 mm
Mittlerer Durchmesser der Endstufe	2185 mm

Konstruktiver Aufbau: Die Turbine ist in dreigehäusiger axialer Gleichdruck-Bauart ausgeführt und direkt mit dem Generator gekuppelt. Die Turbinenstufen arbeiten mit geringer Reaktion. Zum Ausgleich der geringen Druckdifferenzen zwischen Laufrad-Vorder- und -Hinterseite sind die Radscheiben des HD- und MD-Läufers mit Ausgleichsbohrungen versehen. Die Dampfströmung von HD- und MD-Teil ist entgegengesetzt. Der ND-Teil ist durch die zweiflutige Ausführung schubausgeglichen, so daß sich eine Durchbohrung der Laufradscheiben hier erübrigt.

HD-, MD- und ND-Läufer sind Einstückläufer, d.h. Welle, Radscheiben und Kupplungsflansch sind jeweils aus einem Schmiedeblock herausgearbeitet. Der HD-Läufer trägt an seinem einen Ende die Übertragungselemente der Wellendreheinrichtung, den Drehzahlwächter sowie den Antrieb für Hauptölpumpe und Drehzahlregler. An seinem anderen Ende ist die Spurscheibe für das Axiallager angeordnet. Der Läuferstrang umfaßt drei Turbinenläufer, Induktor und Erregerwelle, die starr gekuppelt und in je zwei Lagern gelagert sind. Die Läuferlage wird durch ein gemeinsames Drucklager zwischen HD- und MD-Teil bestimmt.

Entsprechend den Beanspruchungen sind HD- und MD-Gehäuse aus warmfestem Stahlguß, das ND-Gehäuse aber als Schweißkonstruktion ausgeführt. Alle Gehäuse haben in der Höhe der Drehachse horizontale Teilflächen. HD- und MD-Gehäuse sind in Zweischalenbauweise ausgeführt, wobei die Innenschale in Innengehäuse und Leitschaufelträger unterteilt ist. Diese Anordnung vermindert die mechanischen und thermischen Spannungen und ergibt eine gute Wärmeelastizität.

Die inneren Gehäuseteile sind frei beweglich, jedoch zentrisch geführt in das jeweilige äußere Gehäuse eingebaut. Sie liegen in Teilfugenhöhe in den Außengehäusen auf, wodurch Wärmedehnungen keinen Einfluß auf die Höhenlage der Gehäuse haben. Die inneren Gehäuse-Unterteile werden nur während der Montage mit Hilfe kleiner Montagepratzen und Stellschrauben im Außengehäuse abgestützt. Im fertig montierten Zustand werden sie nur von den Gehäuseflansch-Schrauben über ihre Gehäuseoberteile und den angegossenen Pratzen getragen.

Die Innengehäuse liegen jeweils auf vier Innenpratzen des Außengehäuses auf. In axialer Richtung sind die Innengehäuse beiderseits in vertikalen Nuten des Außengehäuses genau in der jeweiligen Einströmebene fixiert und durch Längskeile oben und unten geführt.

Leitschaufelträger und Wellendichtungsträger des Hoch- und Mitteldruckteiles sind wärmebeweglich, zentrisch geführt und dampfdicht in Ringnuten der Außengehäuse eingesetzt.

Der Zudampf tritt durch besondere Dampfdurchführungen in die vier getrennt in das Innengehäuse eingesetzten Düsengehäuse ein. Jedes Düsengehäuse trägt ein Düsensegment und kann sich nach allen Richtungen hin frei ausdehnen. Das HD-Innengehäuse ist also nur mit Dampf in Berührung, der schon in der Düse auf tiefere Temperatur abgekühlt wurde. Der zwischenüberhitzte Dampf tritt über je eine Durchführung im Ober- und Unterteil direkt in das MD-Innengehäuse ein, das zusammen mit dem inneren Wellendichtungsträger den Einströmkanal bildet. Die erste Anzapfung des MD-Teiles wird durch zwei symmetrisch angeordnete und mittels Kolbenringen abgedichtete Rohrleitungen aus dem Innen- und Außengehäuse herausgeführt.

Die HD- und MD-Dampfdurchführungen sind besonders wärmeelastisch ausgebildete Flanschrohrverbindungen, die am Außengehäuse angeschraubt sind und in das HD-Düsengehäuse bzw. MD-Innengehäuse ragen. Die Durchtrittsstellen haben eine Kolbenring-Abdichtung aus verschleiß- und zunderbeständigem Stellit. Zum Schutz des Außengehäuses vor zu rascher örtlicher Aufheizung sind die Durchführungsrohre mit einem Strahlungsschirm umgeben.

HD- und MD-Außengehäuse liegen mit je vier Auflagepratzen auf den Lagergehäusen auf. Die Pratzen wachsen aus den Teilfugenflanschen der Gehäuse-Unterteile und haben kugelig gelagerte schräge Gleitflächen, die die horizontalen und vertikalen Ausdehnungen ausgleichen.

Die Teilflächenflansche sind schmal gehalten. Ihre Innenkonturen sind glatt verlaufend ohne Vorsprünge, so daß über den gesamten Flansch eine gleichmäßige Dichtpressung vorhanden ist. Die Teilflächenschrauben sind Stiftschrauben mit langem Dehnschaft.

Das vollkommen geschweißte ND-Gehäuse besteht aus dem Außen- oder Abdampfgehäuse und dem Innengehäuse. Unter- und Oberteil wurden aus Transportgründen quer zur Turbinenachse geteilt. Das Außengehäuse ist innen durch Rohr- und Profilstreben versteift und stützt sich an seiner Längs- und Stirnseite auf den im Fundament verankerten Grundplatten ab.

Das ND-Innengehäuse ist wärmebeweglich in das Außengehäuse eingesetzt und umschließt die zwei Dampffluten, die Dampfeinströmkanäle sowie die Anzapfkanäle.

Der Festpunkt für die Wärmedehnung der Gehäuse liegt in der Höhe der ersten ND-Flut und ist durch Querkeile in der Auflageebene auf den Grundplatten bestimmt. Das MD-Gehäuse ist durch Querkeile mit dem ND-Gehäuse verbunden und dehnt sich in Richtung HD-Teil. Die geschweißten Vorder- und Zwischenlagergehäuse sind fest mit dem Fundament verschraubt und machen die Wärmebewegungen der Gehäuse nicht mit. Längsstangen in Teilfugenhöhe verbinden HD- und MD-Gehäuse.

Das Längslager im Zwischenlagergehäuse ist axial verschiebbar und hängt mit zwei Laschen am HD-Gehäuse, so daß der Läufer allen Absolutdehnungen der Gehäuse folgen kann. Durch eine Dehnungsmeßeinrichtung kann die Stangenkraft gemessen werden.

Jedes Querlager ist als Gleitlager mit horizontal geteilter Lagerschale ausgeführt und in einem Lagerträger kugelig gehalten und gegen axiale Verschiebung gesichert. Alle Lager sind mit einer hydraulischen Wellenanhebe-Einrichtung ausgerüstet, die das Anfahren der Turbine erleichtert.

Das Längslager ist ein doppelt wirkendes Einscheiben-Kippsegment-Drucklager. Die Druckklötze stützen sich dabei auf ineinandergreifende Ausgleichsglieder im Lagergehäuse ab. Das Drucklager hat ebenfalls Druckölschmierung.

Beschaufelung: Die einzelnen HD-Düsenkanäle sind aus dem Vollen herausgearbeitet und direkt in die Düsengehäuse eingesetzt. Die Leiträder sind in Schweißkonstruktion ausgeführt und horizontal geteilt. Sie bestehen für HD- und MD-Teil aus einzelnen, allseitig bearbeiteten Leitschaufeln, die sowohl untereinander als auch mit dem Leitradboden verschweißt sind. Die Leiträder der ND-Stufen haben Leitschaufeln aus rostfreiem Stahlblech, die stumpf zwischen einen Stahlguß-Außenring und einen geschweißten Leitradboden eingeschweißt sind. Alle Leiträder sind dampfdicht in das jeweilige Gehäuse eingesetzt.

Die aus rostfreiem Stahl hergestellten Laufschaufeln werden mittels Steckfuß und Niet mit dem Läufer verbunden. Die HD- und MD-Laufschaufeln erhalten angefräste Deckplatten. Sie sind so eingebaut, daß die Deckplatten fest aneinanderliegen und somit einen gegen Schwingungserregung unempfindlichen geschlossenen Schaufelkranz ergeben. Die Laufschaufeln der letzten Niederdruckstufen erhalten einen frei eingelegten Dämpfungsdraht, der sich unter dem Einfluß der Fliehkraft fest an die Schaufel legt. Die Laufschaufeln der Endstufe erhalten zusätzlich im äußeren Drittel ihrer Blattlänge einzeln eingesetzte, leicht gekrümmte Stahlstücke, die untereinander vorgespannt sind. Die Verspannkraft erhöht sich bei rotierendem Läufer.

Die Wellendichtungen der Gehäuse sowie der Leiträder sind berührungsfreie Labyrinthdichtungen axialer Kammnut-Bauart. Die Dichtbleche im feststehenden Teil kämmen mit Nuteindrehungen im Läufer. Durch die Anwendung federnder Dichtsegmente wird die Betriebssicherheit erhöht.

Die Schnellschluß- und Stellventile befinden sich beiderseits der Turbine, jeweils neben dem zugehörigen Gehäuse. Kurze, symmetrisch angeordnete Einströmleitungen verbinden die Stellventile mit dem Turbinengehäuse. Für den Zudampf ist je ein Ventilgehäuseblock mit einem Schnellschlußventil und zwei Stellventilen vorgesehen, für den ZÜ-Dampf je ein Schnellschluß- und ein Stellventil. In jedem Schnellschlußventil-Gehäuse befindet sich ein Dampfsieb. Die Ventilgehäuse sind auf Pendelstützen gelagert und können den Wärmebewegungen der Turbinengehäuse folgen. Die Schnellschlußventile sind entlastete Einsitzventile und haben im Hauptkegel ein Vorhub-Ventil zur Verringerung der Öffnungskraft. Die Stellventile sind als nicht entlastete Einsitzventile ausgebildet. Die Spindelabdichtung der Schnellschluß- und Stellventile erfolgt durch verschleißfeste, entlastete Metallringe. Bei vollkommen geöffnetem Ventil schließt ein Zweitsitz die Ventilspindeldurchführung vollständig ab.

Die Überströmleitungen vom MD- zum ND-Teil befinden sich rechts und links der Turbine über Flur und sind mit Dehnungskompensatoren versehen. Die Abstützung erfolgt ebenfalls mit Pendelstützen.

Regelung: Der Turbosatz ist normalerweise mit einer mechanisch-hydraulischen Drehzahlregelung ausgerüstet, kann aber auch mit elektrohydraulischer Regelung versehen werden. Hierbei wird von einem Fliehkraftregler die Drehzahl der Turbine gemessen, mit dem Sollwert verglichen und durch einen Weg-Druck-Umsetzer in einen Öldruck bestimmter Größe umgewandelt. Dieser Impulsöldruck steuert den Zu- und Abfluß des Drucköles zu den Kraftzylindern der einzeln betätigten Stellventile. Hierzu ist jeder Kraftzylinder mit einem federbelasteten Empfängerkolben ausgerüstet und so eingestellt, daß die Stellventile nacheinander öffnen.

Wie die Stellventile werden auch die Schnellschlußventile durch Drucköl geöffnet. Die Schnellschluß-Impulsübertragung erfolgt ebenfalls hydraulisch.

Das hydraulische Sicherheits- und Prüfsystem sichert die Turbine gegen nicht zulässige Betriebszustände und ermöglicht eine Überprüfung sämtlicher Sicherheitseinrichtungen einschließlich der Schnellschlußventile während des Betriebes bei Teillast.

Die Dampfversorgung der Wellendichtungen ist vollautomatisch und arbeitet mit hydraulisch betätigten Regeleinrichtungen. Der anfallende Leckdampf aus den HD- und MD-Wellendichtungen und Ventilspindeldichtungen wird druck- und temperaturgeregelt den beiden ND-Wellendichtungen zugeführt. Der überschüssige Leckdampf gelangt in eine entsprechende ND-Anzapfung oder in einen Leckdampfkondensator. Der Schwadendampf, ein Dampf-Luft-Gemisch, wird in einen besonderen Schwadenkondensator abgesaugt.

Die Ölversorgung der Turbine erfolgt bei Normalbetrieb über die von der Turbine angetriebene Hauptölpumpe, eine Kreiselpumpe, der das Öl über eine Zubringerpumpe zugeführt wird. Ein Teil des von der Hauptölpumpe geförderten Ölstromes wird über während des Betriebes umschaltbare Filter den Regel- und Sicherheitseinrichtungen zugeführt, während der andere Teilstrom in einer Ölturbine auf den Lageröldruck entspannt wird und über umschaltbare Ölkühler zu den Lagern fließt. Die bei der Entspannung in der Ölturbine freiwerdende Energie wird zum Antrieb der Zubringerpumpe ausgenutzt. Für den Anfahr- und Turnbetrieb sind jeweils eine drehstrombetriebene Hilfsölpumpe vorgesehen. Bei einem Netzzusammenbruch übernimmt eine Gleichstrom-Notlaufpumpe die Schmierung der Lager für das Auslaufen der Turbine. Die Hilfsölpumpen und das Zubringeraggregat sind als Tauchpumpe auf den Ölbehälter montiert.

Wellendreheinrichtung: Die Dreheinrichtung ist im vorderen Lagergehäuse angeordnet. Der Läufer wird von einem Elektromotor über ein Getriebe und eine vollsynchronisierte und selbstschaltende Überholkupplung angetrieben. Der Motor kann dadurch unabhängig von der Läuferdrehzahl ein- und ausgeschaltet werden. Die Dreheinrichtung ist dadurch auch für automatischen Betrieb geeignet.

Wärmedämmung: Zur Verminderung der Wärmestrahlungsverluste sind HD- und MD-Gehäuse, alle Ventilgehäuse sowie die Frischdampf- und ZÜ-Einströmleitungen mit einer Spritzasbest-Isolierung versehen. Die Überströmleitungen zum ND-Gehäuse sind mattenisoliert. Mit Ausnahme des Vorderlagergehäuses und des ND-Gehäuses ist die Turbine vollständig verkleidet.

Bauweise von Siemens (Abb. 94)

Leistung	150 MW
Zudampfdruck	181 ata
Zudampftemperatur	535 °C
Zwischenüberhitzungstemperatur	535 °C
Kühlwassereintrittstemperatur	18 °C
Endvorwärmung bei 150 MW	240 °C
Stufenaufbau:	
HD-Gehäuse	28 Stufen
MD-Gehäuse	26 Stufen (8 + 6 + 7 + 5), 3 Anzapfungen in den Stufen 8, 14 und 21
ND-Gehäuse	2×11 Stufen (4 + 3 + 2 + 2), 3 Anzapfungen in den Stufen 4, 7 und 9
Länge der Endschaufel	750 mm
Mittlerer Durchmesser der Endstufe	2150 mm

Konstruktiver Aufbau: Dreigehäusige Turbine, erstes Gehäuse vertikal, die anderen horizontal geteilt, mit starr gekuppeltem Wellenstrang.

Das erste Gehäuse ist ein HD-Teil in Topfbauweise mit axial geteiltem Leitschaufelträger. Diese Ausführung ist wärmeelastisch und ergibt günstige Anfahrbedingungen. Da der bei Teilfugengehäusen notwendige axiale Flansch vermieden ist, sind kurze Anfahrzeiten und lange Revisionsintervalle möglich. Der am Abdampfende angeordnete Radialflansch ist von Dampf relativ geringen Druckes und geringer Temperatur beaufschlagt. Außerdem werden die Flanschschrauben durch einen Dichtring entlastet.

Der Zudampf gelangt über zwei Schnellschluß- und vier Stellventile zu den vier Düseneinsätzen. Je ein Schnellschlußventil ist mit einem Stellventil zusammengebaut, während das zweite zugehörige Stellventil in der Rohrleitung zur entsprechenden Düsengruppe angeordnet ist.

Die Laufschaufeln sind im HD-Teil mit den Deckbändern aus einem Stück gefräst und in einen Volltrommelläufer eingesetzt. Radiale Wellendichtungen bestehen aus feststehenden und umlaufenden Ringen, in die wechselweise dünne Dichtbänder eingestemmt sind. Diese Bänder können sich bei einem möglichen Anstreifen leicht abschleifen. Die radiale Anordnung der Dichtspitzen erlaubt, eine große Anzahl von Dichtspalten auf gegebener Länge unterzubringen, was im HD-Teil wesentlich ist. Es ist eine Möglichkeit vorgesehen, den Läufer bei geschlossenem Gehäuse nachzuwuchten.

Der Abdampf des HD-Topfgehäuses wird nach Zwischenüberhitzung über zwei kombinierte Schnellschluß-Abfangventile dem MD-Gehäuse zugeleitet.

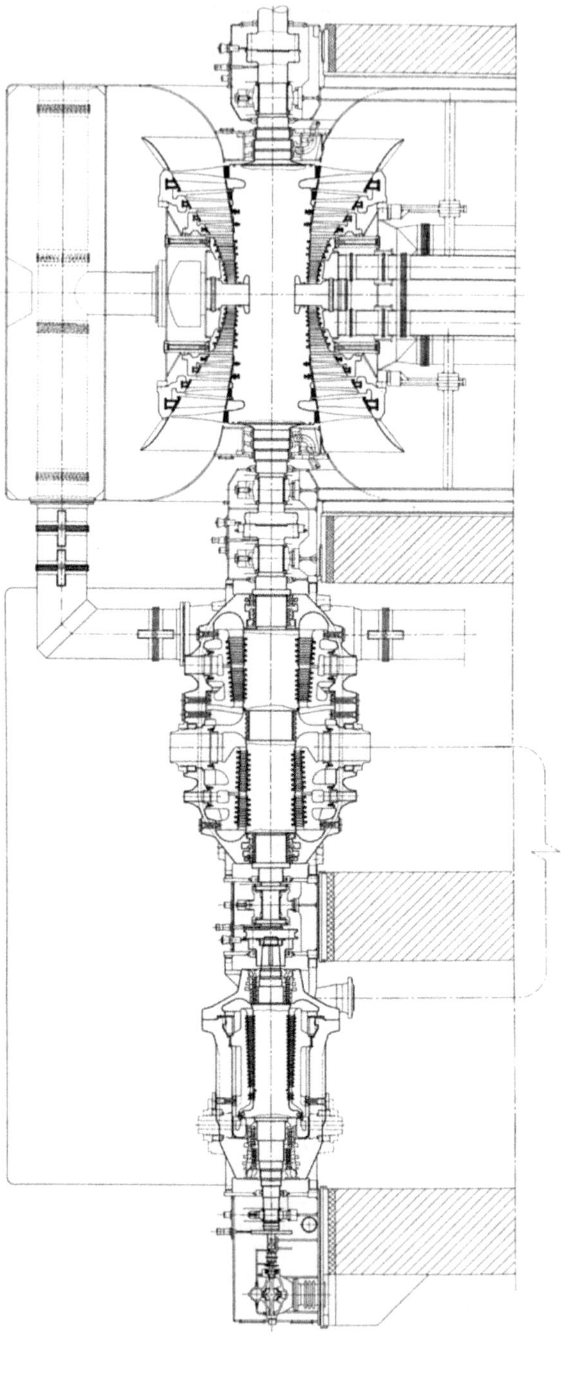

Der MD-Teil ist als Doppelmantelgehäuse mit axial geteiltem Innen- und Außengehäuse ausgeführt. Der Dampf wird etwa in der Mitte des Gehäuses zugeführt. Dadurch bleiben die Wellendichtungen und die Pratzen am Außengehäuse von der hohen Zwischenüberhitzungstemperatur unbeeinflußt. Die Dampfzuführung erfolgt in wärmeelastischer Bauart mit Winkelringdichtung. Nach Durchströmen des Innengehäuses wird der Dampf umgelenkt, durchströmt den Raum zwischen Innen- und Außengehäuse und tritt dann in den Leitschaufelträger ein. Er sorgt dabei für eine gleichmäßige Durchwärmung des Gehäuses auch beim Anfahren.

Auch die ersten Schaufeln des MD-Teiles sind wie im HD-Teil mit angefrästen Deckbändern versehen, während die weiteren Schaufeln eine Anschärfung auf der Profilrückenseite erhalten.

Die Abdampfstutzen zum ND-Teil sind vollkommen symmetrisch angeordnet, wodurch Radialspielveränderungen und Reaktionskräfte vermieden werden.

Der doppelflutige ND-Teil besitzt ein axial geteiltes geschweißtes Außengehäuse. Darin sind zwei ineinander zentrisch und wärmeelastisch aufgehängte Innengehäuse ebenfalls in Schweißkonstruktion enthalten. Das innere Innengehäuse trägt die ersten vier relativ heißen Leitschaufelstufen, wogegen im äußeren Innengehäuse nur die vergleichsweise kalten letzten Leitschaufelstufen angeordnet sind.

Die ersten Laufschaufeln des ND-Teiles sind mit den Deckbändern aus einem Stück gefräst, die mittleren mit Rückenanschärfung am Schaufelende. Die langen ND-Schaufeln sind frei schwingend ausgeführt. Binde- und Dämpferdrähte sowie genietete oder verschweißte Deckbänder sind vermieden. Vor der Endschaufel ist zur Vermeidung von Erosionen ein axialer Spalt zwischen Leit- und Laufschaufel vorgesehen.

HD- und MD-Gehäuse sind in Teilfugenmitte über Pratzen auf den zugehörigen Lagerböcken abgestützt. Nennenswerte Verlagerungen zwischen Wellen- und Gehäusemitte sind ausgeschlossen, da die Pratzenauflagen laufend durch Öl gekühlt werden und sich damit in gleichem Maße wie die Lagerunterstützungen dehnen. An axial geteilten Gehäusen sind die Pratzen nur am Gehäuseoberteil angeordnet. Für die Montage ist eine Hilfsabstützung am Gehäuseoberteil vorgesehen.

Die Axialfixierung des gesamten Turbosatzes gegenüber den Grundplatten und dem Turbinenfundament geschieht im Bereich des ND-Teiles. Über Gehäuseführungen, die unter der Wellenmitte angeordnet sind, schieben die verschiedenen Lagerböcke beim Anfahren, Abfahren und bei Laständerungen auf den zugehörigen Grundplatten.

Zwischen HD- und MD-Teil ist ein kombiniertes Quer- und Längslager vorgesehen, das die axiale Lage des ganzen Wellenstranges bestimmt. Ein zweites Lager entfällt dadurch in diesem Bereich.

Eine hydraulische Dreheinrichtung erlaubt Turndrehzahlen bis ungefähr 150 U/min. Ein Schaufelrad, das zwischen den Kupplungshälften des MD- und ND-Teiles sitzt, wird von einer Düsengruppe beaufschlagt, der Lageröl von der Hilfsölpumpe zugeführt wird. Die Dreheinrichtung kann dadurch unabhängig von der Turbinendrehzahl zu- und abgeschaltet werden. Zur Überwindung des Losbrechmomentes im Stillstand ist eine hydraulische Wellenanhebeeinrichtung vorgesehen.

Regelung: Es kann eine hydraulische oder eine kombinierte elektrohydraulische Regelung vorgesehen werden. In beiden Fällen erhalten die Stellventile Einzelantriebe durch hydraulische Stellzylinder, so daß die Anordnung der Ventile ohne Rücksicht auf die Antriebe gewählt werden kann. Das Öl für die Lagerschmierung und für die Stellzylinder wird gemeinsam von der Hauptölpumpe bzw. im Notfall von den Hilfsölpumpen geliefert. Das Signal für die Drehzahl wird durch eine mit der Hauptölpumpe auf der gleichen Welle angeordnete Regelölpumpe erhalten, die einen mit der Drehzahl quadratisch veränderlichen Öldruck liefert. Bei der elektrohydraulischen Regelung ist zusätzlich ein digitaler Drehzahlgeber vorgesehen. Alle Regelungsteile sind in einem besonderen Reglerschrank zusammengefaßt.

Schutz- und Überwachungseinrichtungen: Die Schnellschlußauslösung wird durch Absenken des Druckes im Schnellschlußölkreis bewirkt. Die Druckabsenkung kann hervorgerufen werden durch Handbetätigung eines Hebels, durch Fernbetätigung eines Magnetventils und durch Öffnen eines Hilfsölkreises über den Überdrehzahlwächter, die Längslagersicherung oder die Kondensatorschutzeinrichtung.

Verschalung: Die Turbine einschließlich der Schnellschluß- und Stellventile erhält eine gemeinsame Verschalung, die eine Wärme- und Schallabschirmung und ein gefälliges Aussehen des Turbosatzes bewirkt.

2. Turbinen mit zweifacher Zwischenüberhitzung

Turbine der MAN (Abb. 95)

Leistung	220 MW
Zudampfdruck	250/270 ata
Zudampftemperatur	530 °C
1. Zwischenüberhitzungstemperatur	540 °C
2. Zwischenüberhitzungstemperatur	540 °C
Kühlwassereintrittstemperatur	10 °C
Endvorwärmung bei 220 MW	263 °C
Zahl der Anzapfungen	8

Die Bauweise ist ähnlich der 150 MW-Turbine nach Abb. 93. Wegen des größeren Gefälles ist ein weiteres HD-Gehäuse vorgesehen. Das ebenfalls größere Abdampfvolumen verlangt einen vierflutigen ND-Teil. Durch Anwendung der Drosselregelung entfallen die Düsen.

Die Dampfzuführung erfolgt mittels zweier kombinierter Schnellschluß- und Stellventile in den HD-Teil, dasselbe ist für die erste Zwischenüberhitzung vorgesehen. Nach der zweiten Zwischenüberhitzung sind vier kombinierte Ventile vor dem MD-Teil erforderlich.

Turbine von Siemens (Abb. 96)

Leistung	300 MW
Zudampfdruck	250/270 ata
Zudampftemperatur	540 °C
1. Zwischenüberhitzungstemperatur	540 °C
2. Zwischenüberhitzungstemperatur	540 °C
Zahl der Anzapfungen	8
Endschaufellänge	750 mm

Es ist keine Regelstufe vorgesehen. Die Dampfzuführung erfolgt über vier kombinierte Schnellschluß-Stellventile. Nach der ersten Zwischenüberhitzung sind zwei kombinierte Schnellschluß-Abfangventile vorgesehen, nach der zweiten Zwischenüberhitzung vier.

Der MD-Teil erhält zwei Mitteneinströmungen für die beiden Zwischenüberhitzungen in das Innengehäuse. Die letzten Schaufeln des zweiten Teiles sitzen in einem Leitschaufelträger. Beide Einströmungen werden dampfdicht und wärmeelastisch durch das Außengehäuse geführt. Der vierflutige ND-Teil erhält einen gemeinsamen Außengehäuseunterteil.

3. Einwellenturbinen über 300 MW Leistung (Abb. 97)

Turbine der English Electric (Abb. 98)

Leistung	375 MW
Zudampfdruck	247 ata
Zudampftemperatur	594 °C
Zwischenüberhitzungstemperatur	566 °C
Druck im Kondensator	0,044 ata
Drehzahl	3000 U/min
Endvorwärmung bei 375 MW	263 °C

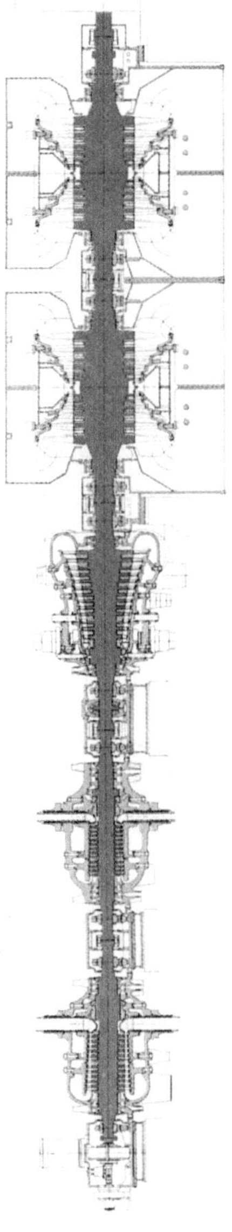

Abb. 95. Längsschnitt einer 220 MW-Dampfturbine mit zweifacher Zwischenüberhitzung der MAN

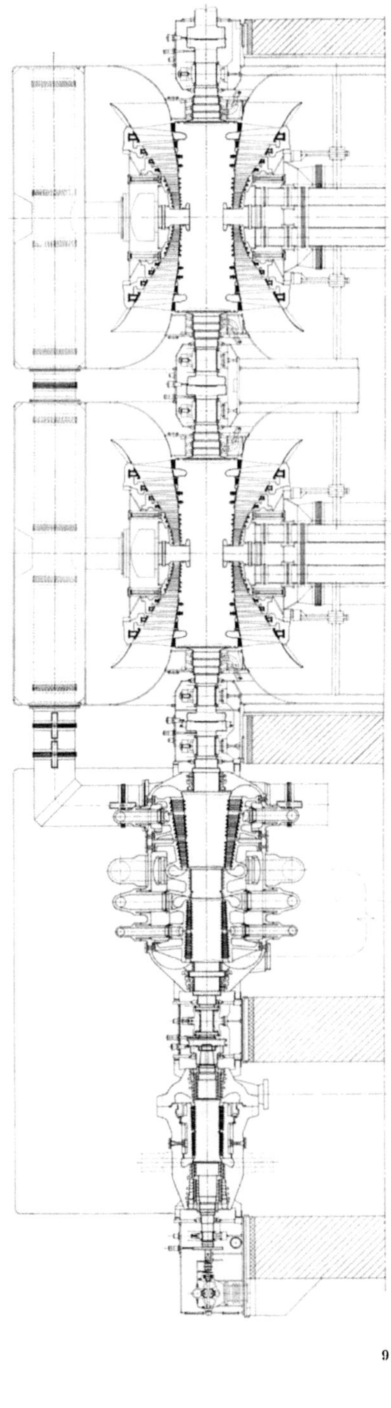

Abb. 96. Längsschnitt einer 300 MW-Kondensationsturbine mit zweifacher Zwischenüberhitzung von Siemens. Zudampfzustand 250 ata, 540/540/540 °C

Zahl der Anzapfungen	8
Länge der Endschaufel	914 mm
Mittlerer Durchmesser der Endstufe	2540 mm
Stufenaufbau:	
HD-Teil	A-Rad + 4 + 4 Gleichdruckstufen, Zwischenüberhitzung
MD-Teil	4 + 4 Gleichdruckstufen
ND-Teil	4 × 5 Stufen

Konstruktiver Aufbau: Doppelschaliges, axial geteiltes HD-Gehäuse mit Mitteneinströmung. Im vorderen Teil ferritisches Innengehäuse. Die Stellventile sind neben der Maschine aufgestellt. Zwei Abströmungen führen nach unten. Die Gehäuse sind gegenüber den Lagerböcken oben und unten gegen Seitenverschiebungen fixiert. Düsenkästen sind im Innengehäuse wärmeelastisch aufgehängt.

Abb. 97. Ansicht einer 300 MW-Kondensationsturbine (Werkbild Siemens)

Das Innengehäuse liegt in Teilfugenebene mit Pratzen auf dem Unterteil des Außengehäuses auf und wird an seinem Austrittsende durch Radialbolzen zentriert. Axial ist das Innengehäuse in der Ebene der Einströmrohre im Außengehäuse fixiert. Die Einströmrohre sind an das Außengehäuse angeflanscht und mit Kolbenringen axial beweglich im Innengehäuse geführt. Ein langes, elastisches Übergangsstück gleicht die Temperaturdifferenz zwischen Einströmrohr und Außengehäuse aus. Im hinteren Teil des HD-Gehäuses sind die besonders massiven Leitradböden direkt in das Gehäuse eingesetzt.

Das MD-Gehäuse ist doppelschalig, axial geteilt mit Innengehäuse im Vorderteil und direkt in das Gehäuse eingesetzten massiven Leitradböden im hinteren Teil. Die MD-Stellventile befinden sich neben der Maschine. Je zwei Einströmungen sind oben und unten angeordnet. Zwei Abströmungen befinden sich seitlich unten. Die Gehäuse sind gegenüber den Lagerböcken oben und unten gegen seitliche Verschiebungen fixiert.

Zwei identische doppelflutige ND-Gehäuse haben je zwei Einströmungen seitlich unten und Abströmungen nach außen. Die Gehäuse samt Leitradträgern und Anzapf-Ringkanälen sind gegossen ausgeführt. Leitbleche dienen zur Verbesserung der Abströmung.

Die HD- und MD-Läufer sind aus einem Stück gefertigt. Regelrad und Radscheiben sind aus dem Vollen gearbeitet; Kupplung bzw. Kupplungsflansche sind aufgezogen.

Die ND-Läufer haben auf abgesetzte Wellen aufgezogene Radscheiben mit starker Verdickung zur Nabe hin. Die Kupplungsflansche sind aufgezogen.

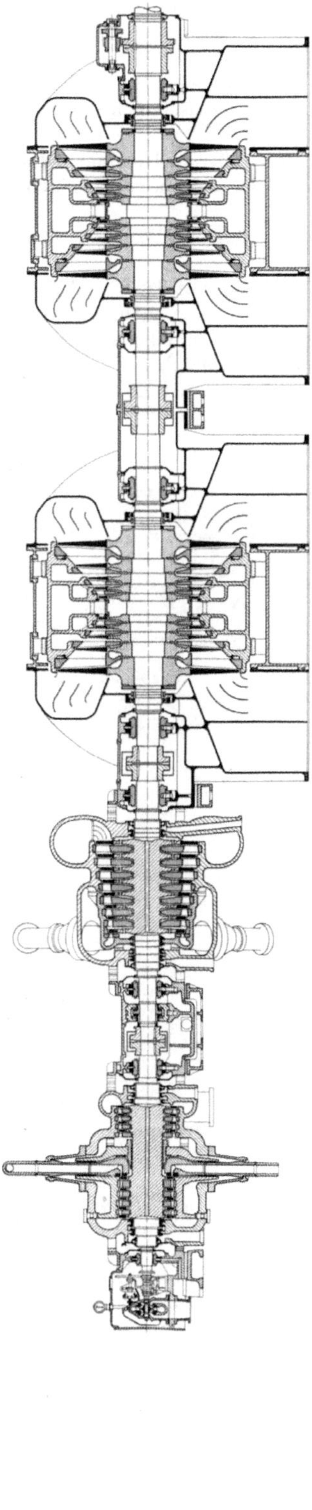

Abb. 98. Längsschnitt einer 375 MW-Dampfturbine mit Zwischenüberhitzung von English Electric. Zudampfzustand 247 ata, 594/566 °C

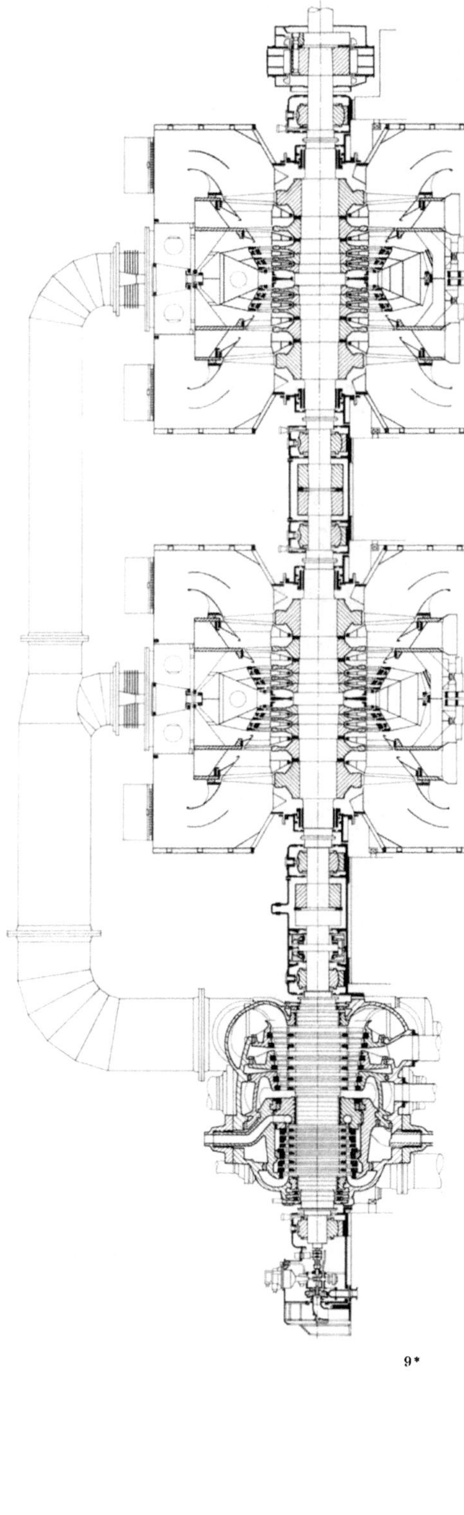

Abb. 99. Längsschnitt einer 600 MW-Einwellenturbine mit Zwischenüberhitzung der AEG. Zudampfzustand 250 bis 265 ata, 550 °C. Endstufenlänge 1000 mm

Es besteht völliger Schubausgleich durch das Gleichdruckprinzip und Ausgleichsbohrungen in den Radscheiben von HD- und MD-Läufer sowie durch Symmetrie in den ND-Gehäusen. Ein Einscheiben-Längslager vor dem MD-Läufer legt den Läufer axial fest. Jeder Läufer hat zwei Außenlager mit kugeligem Sitz der Lagerschalen.

Eine motorgetriebene mechanische Wellendreheinrichtung ist zwischen hinterem ND-Gehäuse und Generator angeordnet.

Ein mechanisch-hydraulischer Regler befindet sich am vorderen Turbinenende. Es besteht ein gemeinsames Schmier- und Regelölsystem. Hubservomotoren betätigen die Stellventile.

Axiale Labyrinthdichtungen dichten gegen Leckdampf. Die äußeren Wellendichtungen sind mit auswechselbaren Ringen versehen.

600 MW-Turbinen von AEG und Siemens. Die großen deutschen Turbinenhersteller haben bereits 600 MW-Turbinen fertigungsreif entwickelt, und die Abb. 99 und 100 zeigen Beispiele für die gewählten Ausführungen, die thermodynamisch und konstruktiv voneinander abweichen. Grundsätzlich wurden jedoch in allen Fällen möglichst viele, bereits bei kleineren Einheiten bewährte Bauelemente beibehalten. Sinngemäß gelten also auch für diese Einheiten die Beschreibungen der 150 MW-Turbinen nach Abb. 91 bis 94.

Abb. 100. Modell einer 600 MW-Einwellenturbine (Werkbild Siemens)

832 MW-Turbinen von Westinghouse und General Electric (Abb. 101 und 102). Die derzeit größten in Auftrag befindlichen Einwellenmaschinen sind für eine Drehzahl von 3600 U/min ausgelegt und haben einen vierflutigen Niederdruckteil mit Endschaufeln von 838 mm Länge. Der Zudampfzustand beträgt 245 ata/557 °C. Es sind zwei Zwischenüberhitzungen auf 551 °C und 565 °C vorgesehen. Der Gegendruck im Kondensator beträgt 0,064 ata. Insgesamt 6 Anzapfungen sorgen für die Aufwärmung des Speisewassers auf 286 °C.

Entwurf einer 1000 MW-Turbine von Siemens. Nach dem gegenwärtigen Stand der Entwicklung kann unter weitestgehender Verwendung bereits bewährter Bauteile eine Einwellenturbine mit 1000 MW Leistung gebaut werden. Einen derartigen Entwurf zeigen Abb. 103 und 104. Das HD-Gehäuse ist in Topfbauweise vorgesehen, die Beschaufelung einflutig ohne Regelstufe. Jedes der vier HD-Schnellschlußventile ist mit je einem Stellventil in einem gemeinsamen Ventilgehäuse untergebracht und über kurze Krümmer mit dem Turbinengehäuse verbunden. Die Ventile sind über Flur leicht zugänglich neben der Maschine angeordnet.

Das MD-Gehäuse ist axial geteilt mit Innengehäuse und Leitschaufelträgern ausgeführt. Auf Grund der doppelflutigen Beschaufelung wurden am Austritt des MD-Gehäuses verhältnismäßig kleine Wellendurchmesser möglich. Die vier MD-Schnellschlußventile sind in gleicher Weise wie die HD-Schnellschlußventile mit je einem Abfangventil jeweils in einem Gehäuse angeordnet und über Rohrkrümmer mit dem MD-Gehäuse verbunden.

Die drei doppelflutigen ND-Läufer mit 1150 mm langen Endschaufeln sowie die drei doppelflutigen Innengehäuse sind in ein geschweißtes Außengehäuse eingelagert. Das zweischalige Innengehäuse ist wärmebeweglich ausgeführt und besteht aus einer Außenschale mit zentrisch eingehängter Innenschale.

Die aus einem Stück geschmiedeten Läufer sind starr gekoppelt. Der Festpunkt des axial gekoppelten Gehäusestranges liegt im Bereich der vorderen Stirnwand des ersten doppelflutigen ND-Teiles. Das Längslager für die Festlegung des Wellenstranges ist mit einem Querlager kombiniert und liegt zwischen HD- und MD-Teil. Damit ergeben sich die günstigsten Verhältnisse bezüglich der Relativdehnungen zwischen Welle und Gehäuse. Ein elektrischer Turbinenregler erhöht die Sicherheit beim Abfangen der Turbine nach einer Vollastabschaltung.

Dem Entwurf wurde eine achtstufige Speisewasservorwärmung auf 275 °C zugrunde gelegt.

Abb. 105 zeigt, wie groß die Baulänge einer solchen Turbine im Vergleich zu kleineren Einheiten wäre.

4. Große Zweiwellenturbinen

900 MW-Turbine von Westinghouse (Abb. 106). Der Zudampfzustand beträgt 247 ata/538 °C mit einfacher Zwischenüberhitzung auf ebenfalls 538 °C. Die beiden Kondensatoren des vierflutigen ND-Teiles werden vom Kühlwasser hintereinander durchströmt und haben ein Vakuum von 0,055 und 0,076 ata. Der HD-Teil hat eine Drehzahl von 3600 U/min, der ND-Teil 1800 U/min.

1130 MW-Turbine von General Electric (Abb. 107 und 108). Die derzeit größte in Auftrag befindliche Zweiwellenmaschine hat einen Zudampfzustand von 247 ata/538 °C und eine einfache Zwischenüberhitzung auf 538 °C. Hoch- und Niederdruckteil laufen mit verschiedenen Drehzahlen, nämlich 3600 und 1800 U/min. Der Niederdruckteil ist vierflutig und mit 1300 mm langen Endschaufeln ausgerüstet. Die beiden kühlwasserseitig hintereinander geschalteten Kondensatoren stehen unter einem Vakuum von 0,051 und 0,074 ata. Es sind 8 Anzapfungen vorgesehen.

1300 MW-Turbine von BBC (Abb. 109). Die größte derzeit bestellte Turbine soll BBC für die Tennessee Valley Authority nach den USA liefern, und zwar nach folgenden Auslegungsdaten:

Gesamtleistung	1300 MW
Drehzahl beider Wellen	3600 U/min
Zudampfzustand	247 ata/538 °C
Zwischenüberhitzung auf	41,3 ata/538 °C
Vakuum	0,069 ata
Endschaufellänge	790 mm

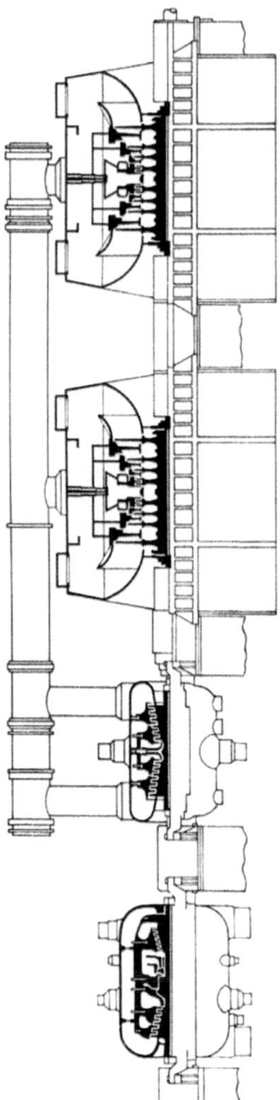

Abb. 101. Längsschnitt einer 832 MW-Einwellenturbine von Westinghouse

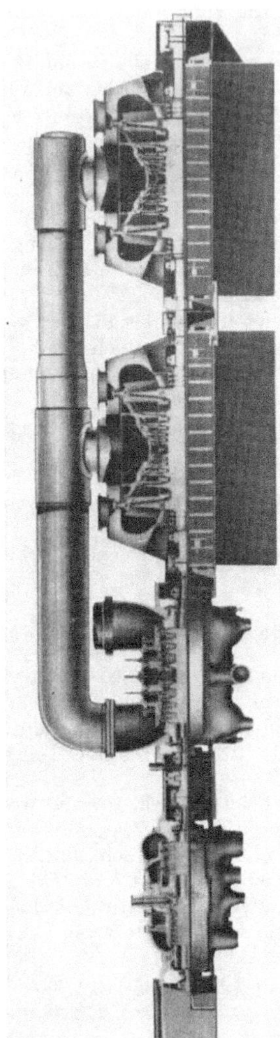

Abb. 102. Längsschnitt einer 832 MW-Einwellenturbine (Werkbild General Electric)

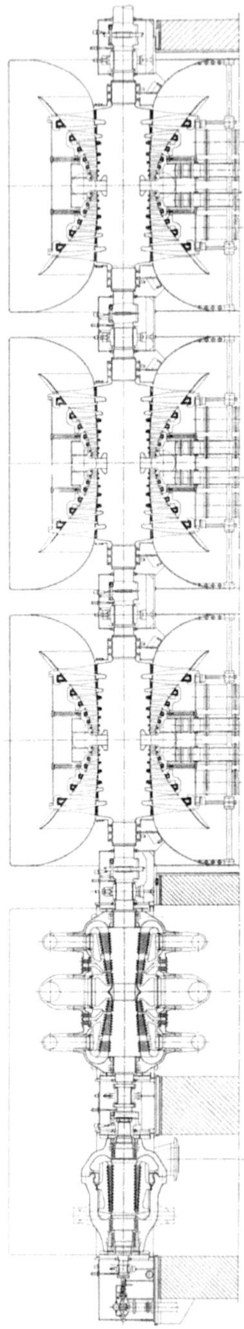

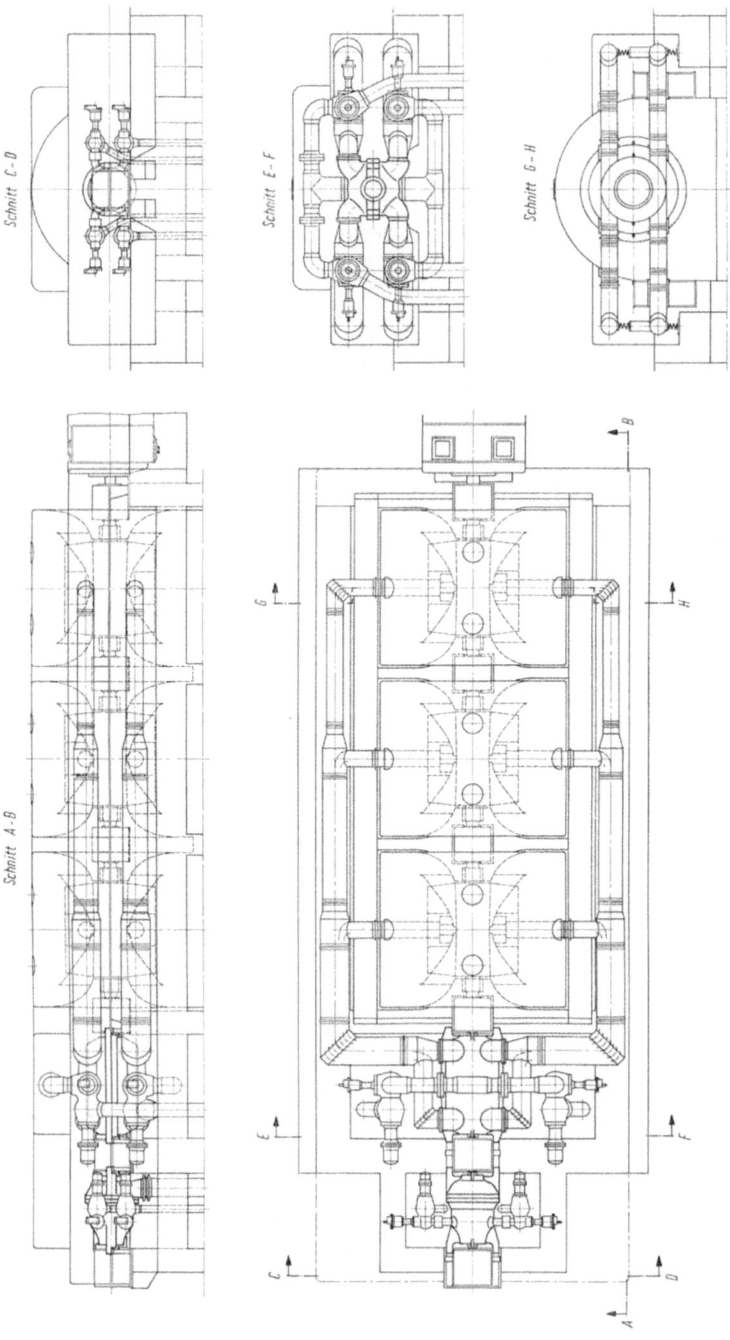

Abb. 104. Gesamtanordnung der in Abb. 103 dargestellten Dampfturbine

Das Schnittbild Abb. 109 zeigt die beiden Wellen, die als sog. Cross-Compound-Anlage geschaltet sind. Auf dem einen Wellenstrang ist der doppelflutige HD-Teil in Doppelmantelausführung mit einem geschrumpften Innenmantel und zwei doppelflutige ND-Teile angeordnet. Auf dem anderen Wellenstrang sitzt das doppelflutige und doppelmantelige MD-Gehäuse und zwei weitere doppelflutige ND-Teile. Die Leistung jedes Wellenstranges ist etwa gleich.

Bemerkenswert ist, daß auch drei Antriebsturbinen mit je 6,7 MW Leistung für die Kesselgebläse bestellt wurden (Zudampf 7,35 ata/309 °C, Vakuum 0,086 ata, Drehzahl 8700 U/min) und zwei Antriebsturbinen für 50% Kesselspeisepumpen mit einer Leistung von je 21,5 MW (Zudampf und Vakuum wie Kesselgebläse, Drehzahl 5200 U/min).

c) Dampfturbinen für Kernkraftwerke

Die bisher für den Kraftwerksbetrieb entwickelten Reaktoren gestatten noch keine hohen Dampfeintrittszustände an der Turbine. Es wird auch noch einige Zeit dauern, bis man Reaktoren zur Betriebsreife entwickelt hat, die eine heute für fossile Brennstoffe übliche Auslegung von Turbinen erlauben. Diesen Bedingungen konnte man jedoch durch verschiedene konstruktive und schaltungstechnische Maßnahmen Rechnung tragen, so daß mit den niedrigen Dampfzuständen gegenwärtig Wirkungsgrade erzielt werden können, die die Stromerzeugungskosten bei Leichtwasserreaktoren konkurrenzfähig machen. Dabei sind folgende Gesichtspunkte von Bedeutung.

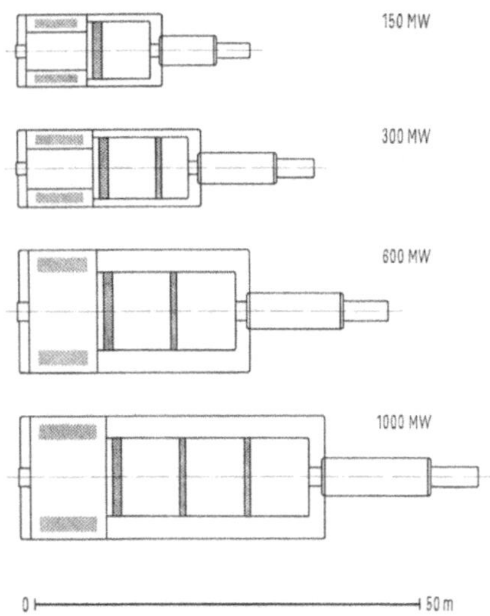

Abb. 105. Vergleich der Baulängen von Einwellenturbosätzen

1. Die niedrige Enthalpie des Zudampfes ergibt sowohl am Eintritt als auch am Austritt der Turbine große Volumina. So hat zum Beispiel die Turbine eines Druckwasserreaktors bei einem Zudampfzustand von 50 ata/261 °C ein um 60% größeres Austrittsvolumen als eine herkömmliche Turbine mit 250 ata/535 °C, wenn die Turbinenleistung und der Abdampfdruck gleich angenommen werden.

2. Da der Zudampf nicht überhitzt ist, ergäbe sich bei normaler Expansion eine unzulässig hohe Endnässe. Deshalb muß man die Nässe des aus dem ersten Gehäuse austretenden Dampfes mit Hilfe von Wasserabscheidern verringern und anschließend mittels eines Teilstromes des Zudampfes überhitzen.

3. In Kernkraftwerken werden für den kommerziellen Einsatz große Einheiten erforderlich, um die hohen spezifischen Herstellungskosten zu senken. Kleinere Einheiten dienen nur Versuchszwecken.

4. Korrosionen und Erosionen durch die Dampfnässe bedingen besondere konstruktive Maßnahmen zur Entwässerung und zum Schutz der Schaufeloberflächen.

5. Durch die größeren Volumina ergeben sich große Abmessungen von Gehäusen und Überströmleitungen. Im Schnellschlußfalle expandieren die darin eingeschlossenen Dampfmengen weiter und können zu unzulässigen Drehzahlerhöhungen führen. Manchmal müssen darum in den Überströmleitungen zusätzliche Abfangarmaturen (gewöhnlich Klappen) vorgesehen werden.

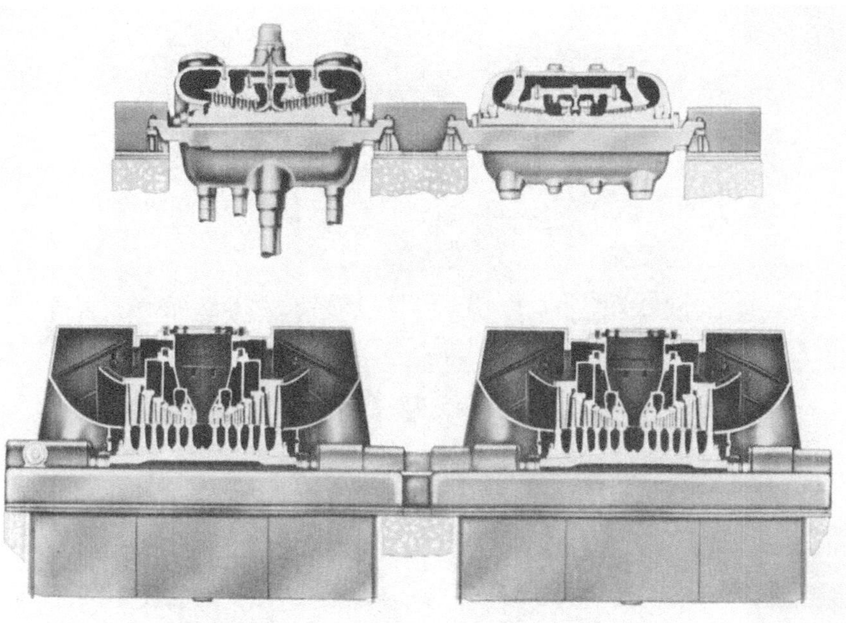

Abb. 106. Längsschnitt einer 900 MW-Zweiwellenturbine mit Zwischenüberhitzung (Kraftwerk Keystone 1 und 2) (Werkbild Westinghouse)

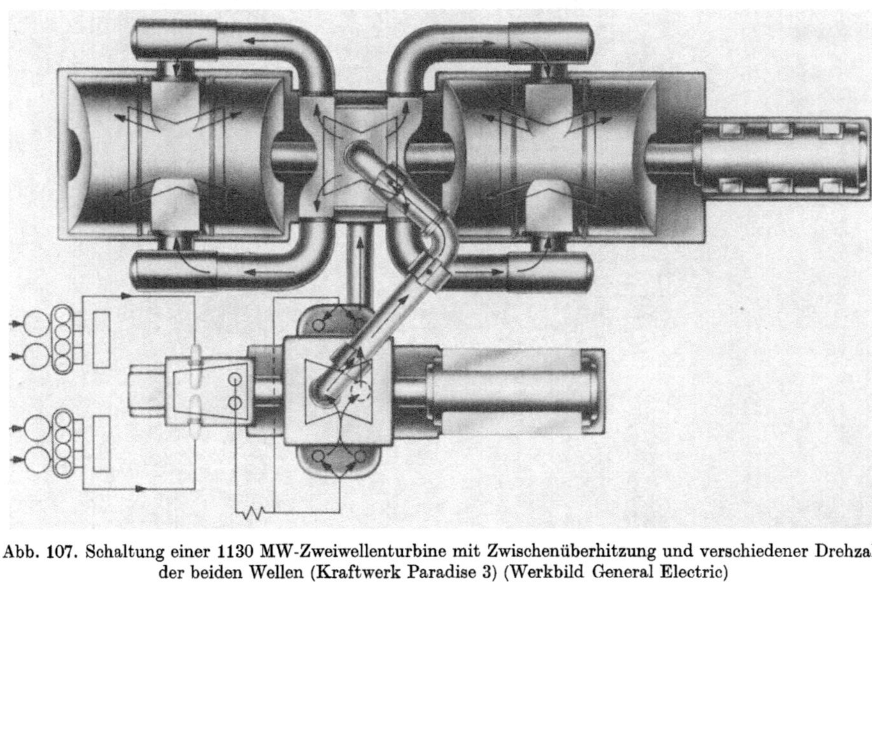

Abb. 107. Schaltung einer 1130 MW-Zweiwellenturbine mit Zwischenüberhitzung und verschiedener Drehzahl der beiden Wellen (Kraftwerk Paradise 3) (Werkbild General Electric)

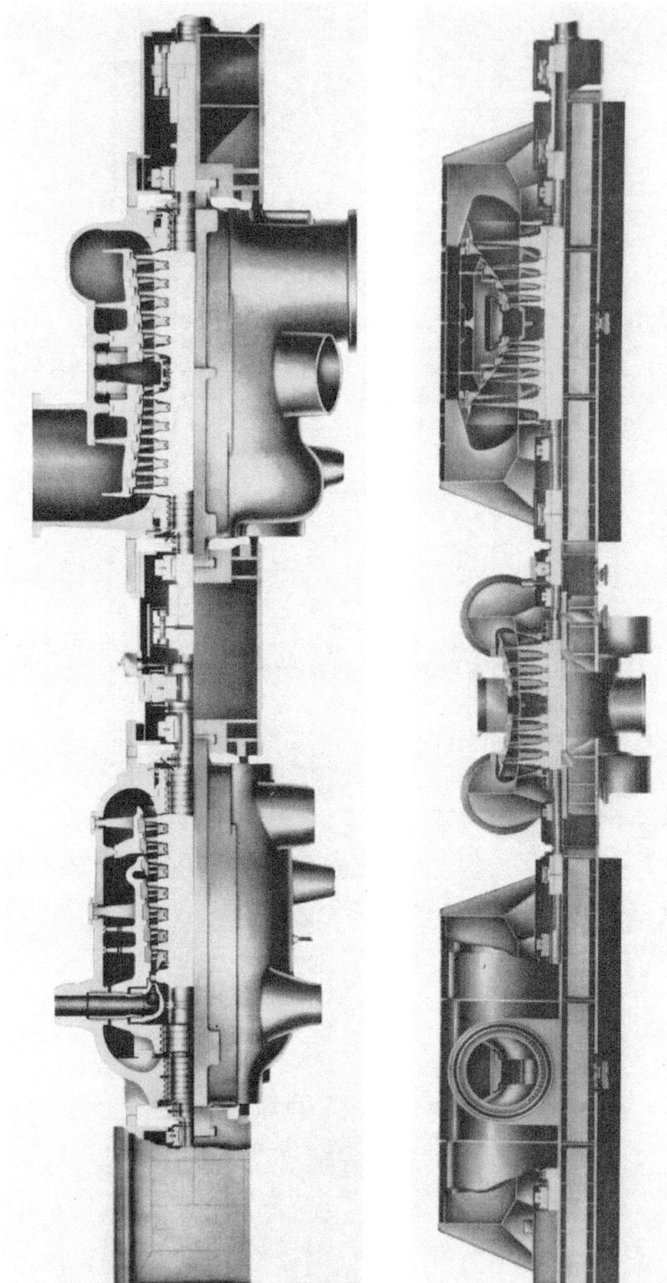

Abb. 108. Längsschnitt der in Abb. 107 dargestellten 1130 MW-Zweiwellenturbine (Werkbild General Electric)

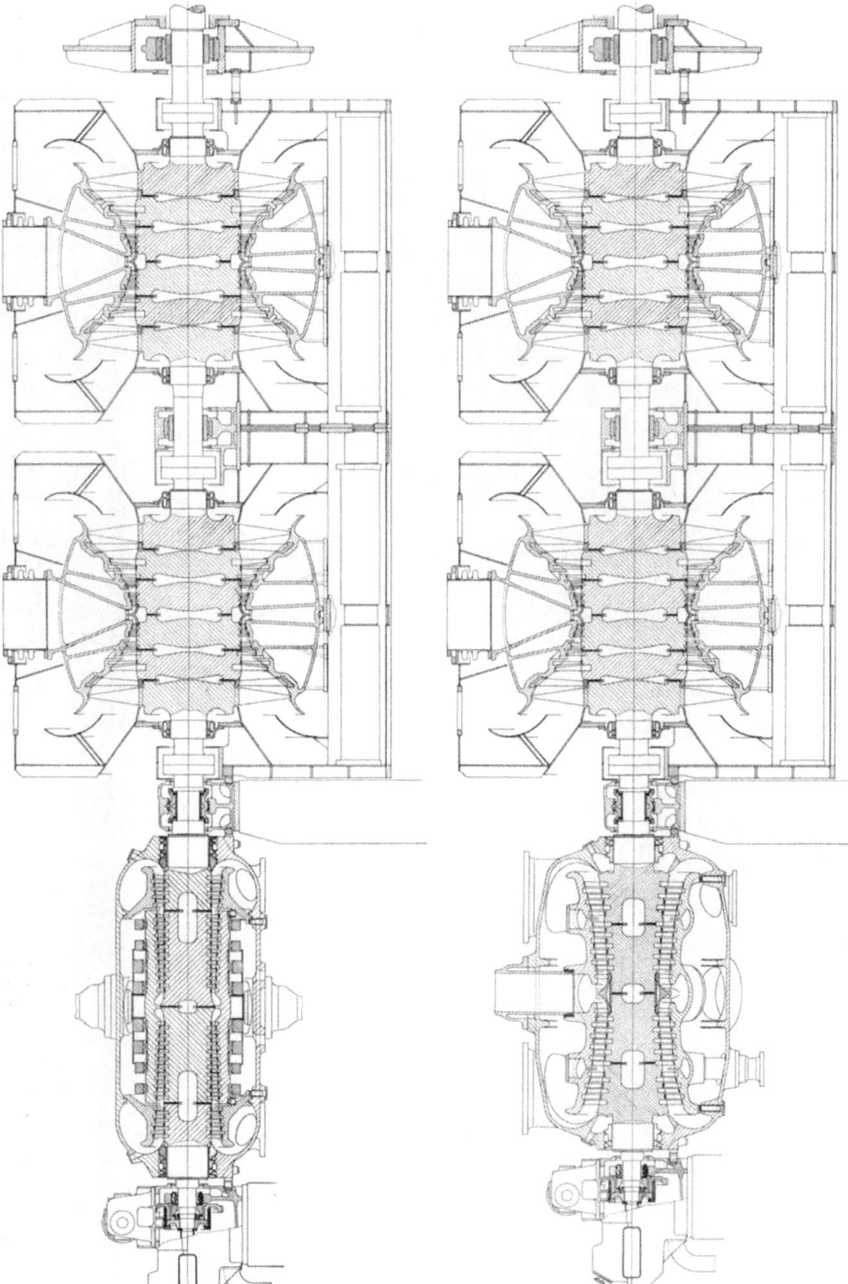

Abb. 109. Längsschnitt einer 1300 MW-Zweiwellenturbine mit Zwischenüberhitzung und gleicher Drehzahl der beiden Wellen von BBC

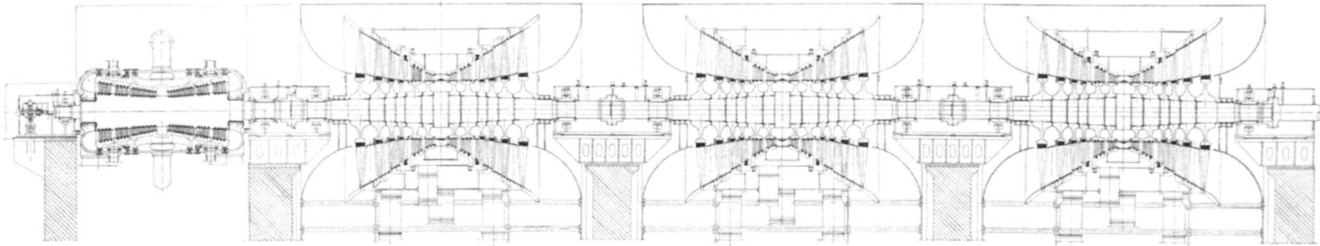

Abb. 110. Längsschnitt einer 1000 MW-Sattdampfturbine mit Zwischenüberhitzung durch Zudampf für ein Kernkraftwerk. Zudampfzustand 50 ata, 261/225 °C. Speisewassertemperatur 205 °C. Kondensatordruck 0,025 ata. Drehzahl 1500 U/min (Entwurf von Siemens)

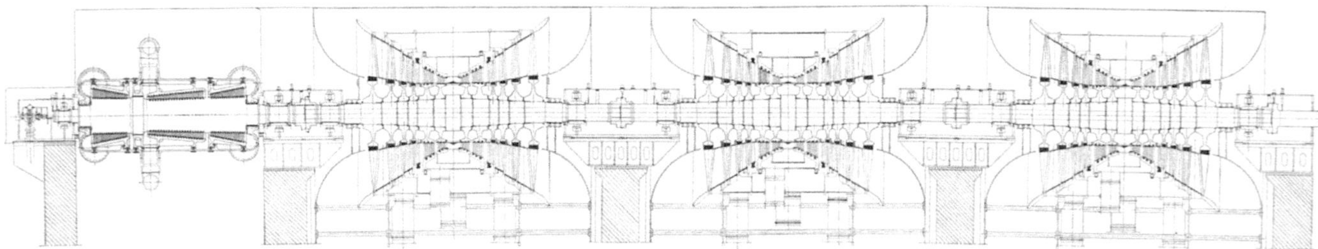

Abb. 111. Längsschnitt einer 1000 MW-Sattdampfturbine ohne Zwischenüberhitzung für ein Kernkraftwerk. Zudampfzustand 107 ata, 535 °C. Speisewassertemperatur 115 °C. Kondensatordruck 0,025 ata. Drehzahl 1500 U/min (Entwurf von Siemens)

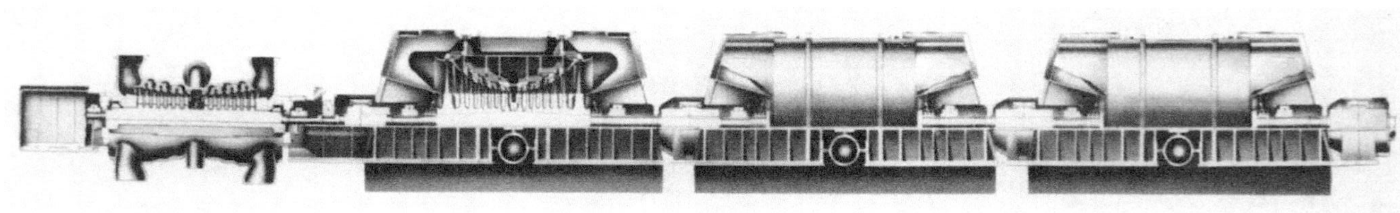

Abb. 112. Längsschnitt einer 1132 MW-Sattdampfturbine mit 1800 U/min für ein Kernkraftwerk. Zudampfdruck 68 ata. Gegendruck 0,07 ata (Werkbild General Electric)

Nach diesen Gesichtspunkten wurden die in Abb. 110 und 111 dargestellten Turbinen entworfen, wobei die Leistung in beiden Fällen 1000 MW beträgt. Im ersten Falle sollen die folgenden Auslegungsdaten für einen Druckwasser- oder Siedewasserreaktor gelten:

Zudampfdruck	50 ata,
Zudampftemperatur	261 °C trocken gesättigt,
Zwischenüberhitzungstemperatur	225 °C,
Speisewassertemperatur	205 °C.

Die große Leistung kann auf einer Welle nur dadurch erreicht werden, daß die Drehzahl mit 1500 U/min gewählt wird und ein sechsflutiger ND-Teil möglich ist. Sowohl das erste Gehäuse als auch die drei ND-Gehäuse werden zweiflutig von der Mitte nach außen durchströmt, wodurch sich die Schübe ausgleichen. Die ND-Stufen haben Stufenentwässerungen, beispielsweise nach Art der in Abb. 51 gezeigten. Die hohl ausgebildeten Leitschaufeln besitzen eine Schlierenabsaugung durch Löcher an der Hinterseite. Das darüberfließende Wasser wird durch diese Löcher ins Innere der Schaufel abgesaugt.

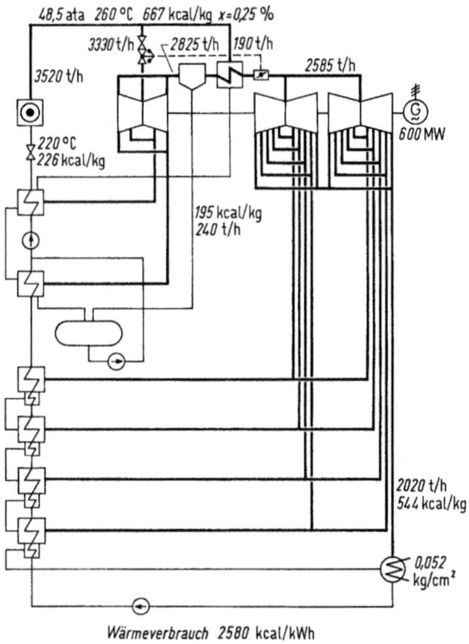

Abb. 113. Wärmeschaltplan für den Kreislauf eines Kernkraftwerkes mit Siedewasserreaktor

Handelt es sich um einen CO_2-gekühlten Reaktor ohne Zwischenüberhitzer, dann sieht die Turbine mit 1000 MW Leistung wie Abb. 111 aus und hätte folgende Auslegungsdaten:

Zudampfdruck	107 ata,
Zudampftemperatur	535 °C,
Speisewassertemperatur	115 °C.

Vergleicht man diese Turbine mit Abb. 110, so zeigt sich, daß lediglich das erste Gehäuse anders aussieht. Allerdings entfällt auch die Zwischenüberhitzung.

Der Wärmeschaltplan für eine Turbine ähnlich der Abb. 112 ist in Abb. 113 dargestellt. Nach dem ersten Gehäuse wird der Dampf in besonderen Abscheidern entwässert und anschließend überhitzt. In den Überströmleitungen sind Absperrklappen vorgesehen, die im Schnellschlußfalle gleichzeitig mit dem Schnellschlußventil schließen und damit die Drehzahlerhöhung verringern. Alle diese Einrichtungen mit den zugehörigen Verbindungsleitungen benötigen viel Platz, und die zweckmäßigste Anordnung bedarf einiger Überlegungen. Als Beispiel zeigt Abb. 114 einen Turbosatz mit 315 MW Leistung einschließlich der in der Umgebung der Maschine angeordneten Einrichtungen und Abb. 115 das Modellbild eines 640 MW-Turbosatzes.

Schrifttum

[1] TRAUPEL, W.: Thermische Turbomaschinen, Bd. I, 2. Aufl., Berlin/Heidelberg/New York: Springer 1966.
[2] Siemens-Z. Bd. 41 (1967), Beiheft „Dampfturbinen großer Leistung".
[3] TRASSL, W.: Drosselregelung für Dampfturbinen großer Leistung? Brennstoff Wärme Kraft Bd. 16 (1964), S. 23/26.
[4] TRASSL, W.: Die Entwicklung zur 1000 MW-Einwellenturbine. Siemens-Z. Bd. 40 (1966), S. 183/87.
[5] TRASSL, W.: Dampfturbinen für Kernkraftwerke. Energie u. Technik Jg. 18, Sept. 1966, S. 344/50.

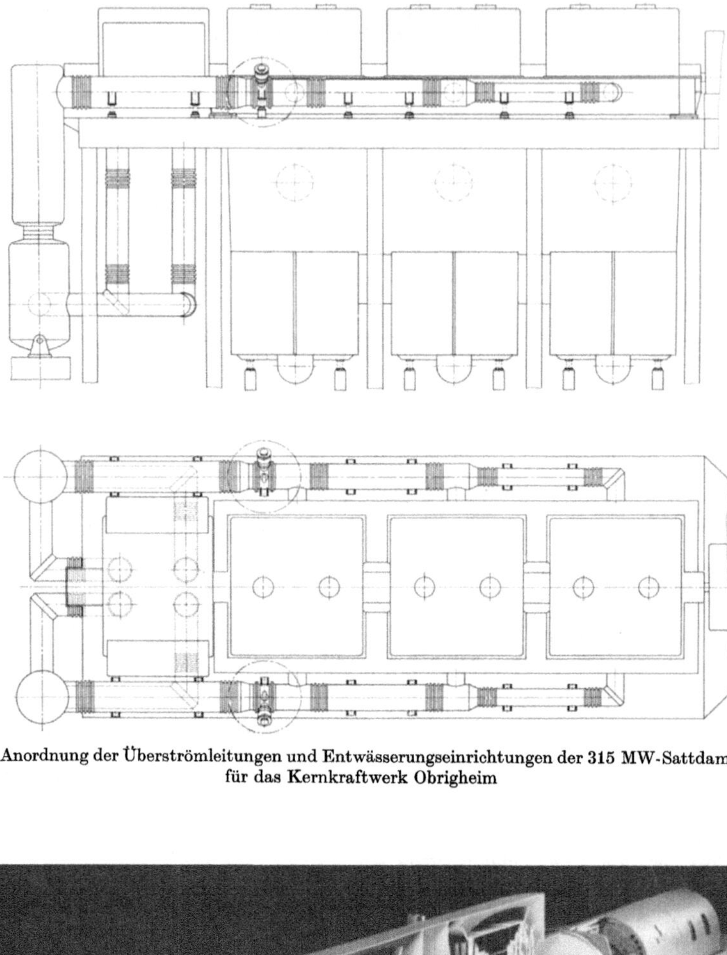

Abb. 114. Anordnung der Überströmleitungen und Entwässerungseinrichtungen der 315 MW-Sattdampfturbine für das Kernkraftwerk Obrigheim

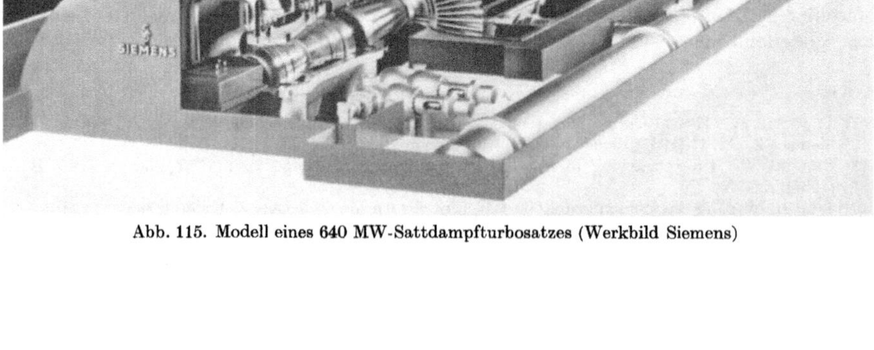

Abb. 115. Modell eines 640 MW-Sattdampfturbosatzes (Werkbild Siemens)

[6] BRENNECKE, C., u. R. SCHINN: Dampfturbinen für hohe Dampftemperaturen und Dampfdrücke. VDI-Z. Bd. 99 (1957), S. 1241.
[7] MATSUMOTO, E.: General Report, Electricity-Thermal World Power Conference, Tokyo 1966.
[8] PETOW, W.: Wirkungsweise neuzeitlicher Dampfturbinenregelungen und Regelverhalten bei Vollastabschaltungen. Elektrizitätswirtsch. Bd. 60 (1961), S. 592/605.
[9] VDEW: Technische Richtlinien für Überwachungs-, Sicherheits- und Schutzeinrichtungen an Dampfturbinenanlagen, 1967.
[10] DIN 19 226: Regelungstechnik, Benennungen, Begriffe, Jan. 1954.
[11] SCHRÖDER, K.: Wärmekraftwerke für das kommende Elektrizitätszeitalter. Siemens-Z. Bd. 40 (1966), S. 379/90.
[12] DIN 4305: Dampfturbinen, Benennungen der Baugruppen und Bauteile der Turbine und der Kondensationsanlage, Entwurf Mai 1966.
[13] GOERK, E.: Dampfturbinen großer Leistung. Siemens-Z. Bd. 40 (1966), S. 96/102.
[14] FREWER, H.: Strukturwandel in der Elektrizitätswirtschaft durch den Einsatz von Kernkraftwerken. Siemens-Z. Bd. 40 (1966), S. 147/60.
[15] AEG-Dampfturbinen, Turbogeneratoren, Berlin/Frankfurt (Main), Juni 1963.
[16] LUDEWIG, M.: Die Großturbinenfamilie der AEG. AEG-Mitt. Bd. 55 (1965), S. 65/81.
[17] Dampfturbinen für hohe Temperaturen und Drücke. BBC-Mitt. Bd. 53 (1966), S. 161/70.
[18] REUTER, H.: Dampfturbinen-Bauarten. BBC-Nachr. Bd. 53 (1966), S. 438/45.

B. Die Kondensatoren

Von LEONHARD VON ENZENBERG

I. Grundlagen

a) Aufgabe der Kondensationsanlage

Aufgabe der Kondensationsanlage mit allen ihren Hilfsmaschinen ist es, den Abdampf der Turbine unter möglichst hohem Vakuum, d.h. bei möglichst tiefem Druck- bzw. Temperaturniveau zu kondensieren und das Kondensat in den Speisewasserbehälter weiterzufördern. Die Kondensation erfolgt in einem dampfseitig unter Vakuum stehenden Wärmetauscher, Kondensator genannt, in dem das Kühlmittel (Wasser, Luft) dem Abdampf nur soviel Wärme entzieht, daß er sich in Kondensat verwandelt. Eine weitere Unterkühlung des Kondensates soll vermieden werden. Im Kondensator beginnt somit die Wasserphase des Wasser-Dampf-Kreislaufes. Durch die Verlängerung des in der Turbine ausnützbaren Wärmegefälles in das Vakuumgebiet hinein trägt der Kondensator zwar besonders wirksam zur Erhöhung des Gesamtwirkungsgrades bei, dennoch bleibt er stets Träger des größten Wärmeverlustes, der im Kondensationskraftwerk auftritt.

Je nach Auslegung sind im Kondensator (einschließlich Speisepumpenturbinenkondensator, falls vorhanden) 60 bis 75% des erzeugten Frischdampfstromes zu kondensieren. Je kleiner der im Kondensator abzuführende Wärmestrom für eine bestimmte Turbinenleistung ist, desto größer ist der thermische Wirkungsgrad. Deshalb ist man bestrebt, zur Erzielung eines niedrigen spezifischen Wärmeverbrauches den Kondensationsverlust durch Wahl hoher Dampfzustände, Anwendung von Zwischenüberhitzung, verfeinerte Wärmeschaltung, hohe Maschinenwirkungsgrade, hohe Ausnutzung des Vakuums usw. möglichst klein zu halten. Turbinenanlagen mit niedrigem spezifischem Wärmeverbrauch haben daher verhältnismäßig kleinere Abdampfmengenströme als Anlagen mit hohem spezifischem Wärmeverbrauch (Abb. 116).

Die Kondensation des Turbinenabdampfes ist aber nicht die einzige Aufgabe des Kondensators einer modernen Anlage. Die europäische Kraftwerkspraxis sieht in nahezu allen Fällen auch die Einführung des Umleitdampfes, der beim Anfahren und Abstellen eines Blockes sowie bei plötzlichen Lastabsenkungen anfällt, aus der heißen ZÜ-Leitung nach entsprechender Reduzierung und Kühlung in den Turbinenkondensator vor, um Kondensatverluste bzw. auch das Ansprechen der Sicherheitsventile zu vermeiden. Wird der in den Kondensator abgeleitete Umleitdampfstrom nicht begrenzt, so kann dieser z.B. bei einer Vollastabschaltung um den Betrag des zur Kühlung erforderlichen Einspritzwasser-

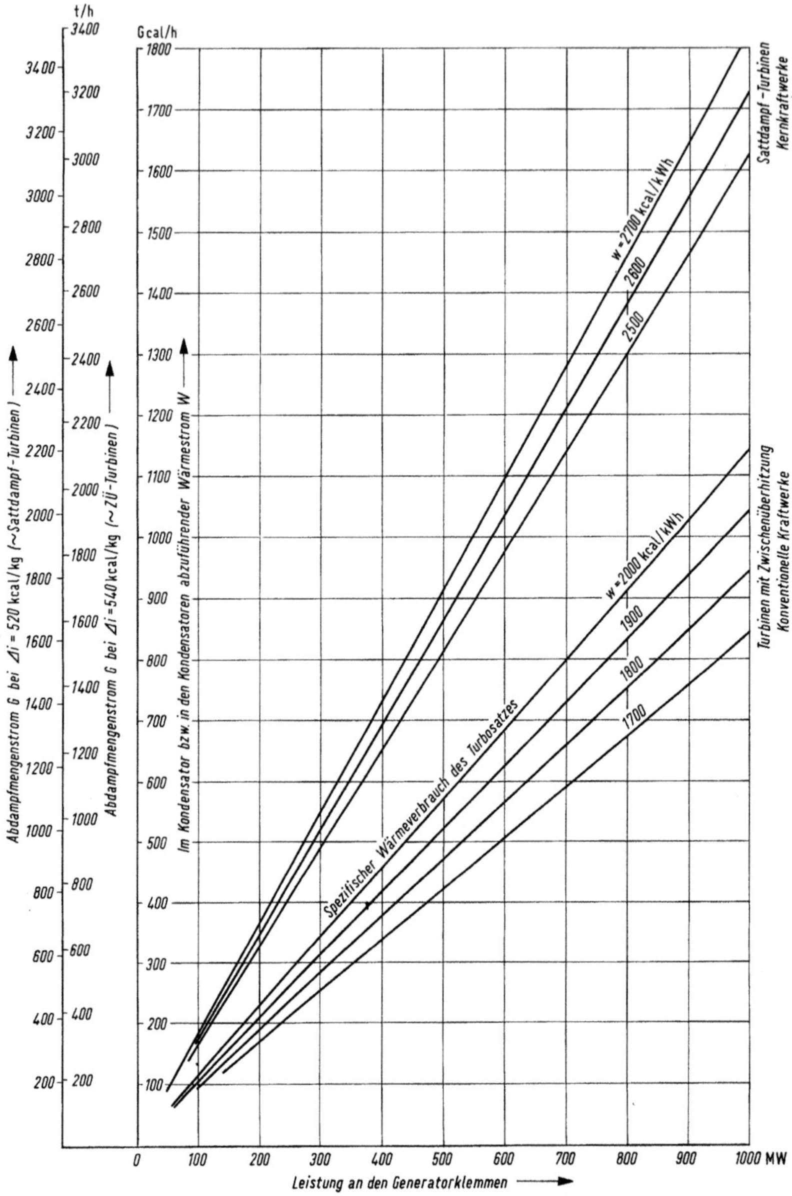

Abb. 116. Abdampfmengenstrom und abzuführender Wärmestrom in Abhängigkeit von der Leistung und dem spezifischen Wärmeverbrauch des Turbosatzes. Das Diagramm gilt für folgende mittlere Verhältnisse: dem Speisewasser zugeführte Pumpenleistung 2,8% der Klemmenleistung bei ZÜ-Turbinen, 1,4% der Klemmenleistung bei Sattdampfturbinen, Wärmeverlust der Vorwärmanlage 3‰, Generatorwirkungsgrad × mechanischer Wirkungsgrad der Turbine 0,974 bei 100 MW, 0,983 bei 1000 MW, dazwischen lineare Zunahme. Bei Anlagen mit Speisepumpenturbinen ist zur Leistung an den Generatorklemmen noch die Leistung der Speisepumpenturbine hinzuzuzählen. Falls letztere eine Kondensationsturbine mit eigenem Kondensator ist, beinhalten W und G auch deren Abdampfmengen- bzw. Wärmestrom

stromes größer sein als der maximale Frischdampfstrom. Das bedeutet, daß in diesem Fall der Kondensator vorübergehend die gesamte Wärmeleistung des Kessels aufzunehmen hat, die annähernd doppelt so groß ist wie die Wärmeleistung des Kondensators bei Vollastbetrieb. Die Einrichtungen zum Abblasen des Umleitdampfes in den Kondensator werden heute bei einheimischen Anlagen meistens für diesen extremen Betriebsfall ausgelegt. Will man nur die Kondensatverluste während des Anfahrvorganges vermeiden, so genügt eine Auslegung für etwa 40% des maximalen Frischdampfstromes (Kesselmindestdampfstrom und Einspritzwasserstrom abzüglich Vorwärmdampfstrom).

Auch bei Kernkraftwerken wird die Umleitstation zum Kondensator für 30 bis 100% des bei Nennlast erzeugten Dampfstromes ausgelegt.

Darüber hinaus dient der Kondensator auch noch als Sammelbehälter für Entwässerungskondensate der Turbine, zur Entlüftung eines Teiles der Vorwärmanlage und oft auch zur Aufnahme des Nebenkondensates der unteren Vorwärmstufen sowie des Zusatzwassers.

In der amerikanischen Kraftwerkspraxis wird häufig auf Speisewasserbehälter und Entgaser im Vorwärmerstrang verzichtet. Als Speisewasserbehälter und Entgaser dienen in diesen Fällen entsprechend groß ausgebildete Kondensatsammelbehälter und erforderlichenfalls zwischen Kondensator und Sammelbehälter angeordnete Entgasungseinrichtungen.

Der moderne und wirtschaftliche Kraftwerksbetrieb stellt an die Kondensationsanlage folgende Anforderungen:

1. Der Reinheitsgrad des Dampfes soll auch im Kondensat erhalten bleiben. Andererseits darf bei radioaktivem Dampf (Siedewasserreaktor) die Umgebung nicht verseucht werden. Daher ist eine scharfe Trennung zwischen Dampf bzw. Kondensat und Kühlmittel erforderlich. Der Wärmeaustausch muß in Oberflächenkondensatoren vorgenommen werden (eine Ausnahme bildet das Verfahren von HELLER, Abschn. IV, S. 218).

2. Hohes Vakuum. Die Konstruktion des Kondensators und die Auslegung der Hilfseinrichtungen zu seiner ständigen Entlüftung sollen die Erzeugung des vollen, durch Kühlmitteltemperatur, Kühlmittelaufwärmung und Soll-Grädigkeit bestimmten Vakuums ermöglichen. Gute Dichtheit und saubere Wärmeaustauschflächen bilden hierfür die wesentlichsten Voraussetzungen.

3. Warmes Kondensat. Die Kondensattemperatur soll nicht unter der Sattdampftemperatur des in den Kondensator eintretenden Dampfes liegen, d.h. eine Kondensatkühlung soll nicht stattfinden, um einen weiteren Wärmeverlust sowie eine Sauerstoffanreicherung des Kondensates zu vermeiden.

4. Sauerstofffreies Kondensat. HD-Anlagen stellen hohe Ansprüche an die Reinheit des Speisewassers. Je niedriger der Sauerstoffgehalt des Kondensates ist, desto vollkommener läßt sich die Entgasung durchführen und desto geringer ist die Korrosionsgefahr in den ND-Vorwärmern. Wird kein Speisewasserentgaser vorgesehen, wie dies in Amerika vielfach üblich ist, so muß bereits im Kondensator für eine möglichst gute Entgasung gesorgt werden. Der Sauerstoffgehalt wird gewöhnlich in

$\gamma/l = 10^{-6}$ g/l bzw. kg Wasser,

cc per liter (cm³/l), wobei 1 cm³/l = 1330 γ/l bei 20 °C, 760 mm QS,

ppm (parts per million), wobei 1 ppm = 1000 γ/l,

ppb (parts per billion), wobei 1ppb = 1 γ/l, wenn unter „b" die amerikanische billion (10^9) verstanden wird,

angegeben. Die zulässigen Werte liegen je nach Art der Anlage zwischen 6 und 30 γ/l. Amerikanische Firmen rechnen bei Anlagen ohne Entgaser mit einem Sauerstoffgehalt von rd. 0,005 cm³/l = rd. 6,7 γ/l. Im allgemeinen kann vorausgesetzt werden, daß mit gut ausgebildeten Kondensatoren ohne besondere Einbauten im Hotwell ein Sauerstoffgehalt von 10 bis 20 γ/l unter bestimmten Bedingungen erreicht wird. Die untere Nachweisgrenze für die Bestimmung des Sauerstoffgehaltes liegt bei 5 γ/l mit einer Toleranz von $\pm$ 2 γ/l.

5. Kühlung des Dampf-Luft-Gemisches. Durch undichte Flanschen, Stopfbuchsen, Armaturen und dergleichen und durch den Abdampf in den Kondensator gelangte Luft (gegebenenfalls auch nicht kondensierbare Gase) soll zusammem mit dem unvermeidlichen

Dampfanteil in der Luftkühlzone des Kondensators soweit unterkühlt werden, daß sich ein wirtschaftliches Verhältnis zwischen dem Aufwand zur Erzielung des Kühleffektes (einschließlich Aufwand für das Luftabsaugeaggregat) und der Absaugeleistung für das Dampf-Luft-Gemisch ergibt. Je tiefer die Kühlung, d.h. je größer der Unterschied ist zwischen der Sättigungstemperatur, die dem Absolutdruck des Dampf-Luft-Gemisches entspricht (Druck am Eintrittsstutzen des Kondensators, vermindert um den Druckverlust des Kondensators einschließlich Luftkühlzone), und der Lufttemperatur, desto geringer sind der mitgeführte Dampfanteil und der Leistungsbedarf für die Luftabsaugung.

Normalerweise befinden sich etwa 10% der gesamten Kühlfläche des Kondensators in der Luftkühlzone.

Im allgemeinen kann bei Auslegungsleistung mit einer Unterkühlung von 3 bis 4 grd gerechnet werden. Für die Auswahl von Luftabsaugeaggregaten wird in den USA eine Unterkühlung von 4,17 grd (7,5 °F) zugrunde gelegt, wobei angenommen wird, daß der Druck am Absaugestutzen des Dampf-Luft-Gemisches gleich dem am Dampfeintrittsstutzen des Kondensators ist.

b) Bestandteile einer Kondensationsanlage

Der Begriff „Kondensationsanlage" schließt alle Teile ein, die zur Erfüllung der oben erwähnten Aufgaben erforderlich sind (Abb. 117).

Zu den maschinenbaulichen Einrichtungen gehören:

Kondensator(en), gegebenenfalls mit Einrichtungen für die Einleitung des Umleitdampfes und Kondensatentgasung,
Kühlwasserpumpen bzw. Ventilatoren bei Luftkondensation,
Kondensatpumpen,
Luftabsaugeaggregate,
} Kondensationshilfsmaschinen
verbindende Rohrleitungen und Armaturen.

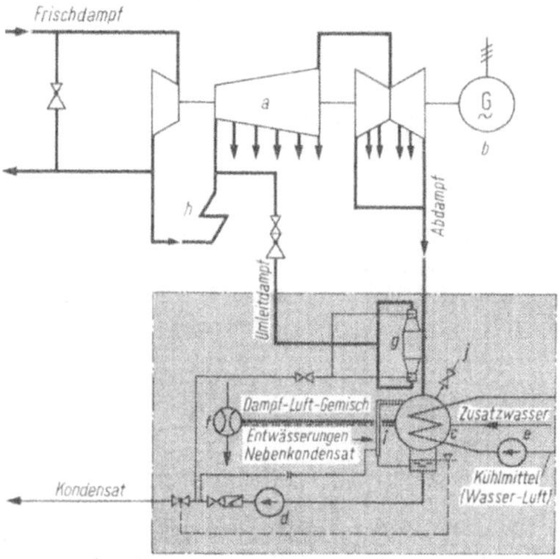

Abb. 117. Schema einer Kondensationsanlage
a Turbine
b Generator
c Kondensator
d Kondensatpumpe
e Kühlwasserpumpe (Ventilator)
f Strahler oder Luftpumpe
g Entspannungseinrichtung
h Zwischenüberhitzer
i Ausdampfrohr
j Vakuumbrecher

Bei großen Turbinenanlagen werden aus Reserve- oder wirtschaftlichen Gründen meistens zwei Voll- oder Halblast-Kühlwasserpumpen, zwei Voll- oder Halblast-Kondensatpumpen und zwei Vollast-Luftabsaugeaggregate vorgesehen. Zum schnelleren Evakuieren des Kondensators beim Anfahren dient meistens noch ein besonderes Luftabsaugeaggregat, das als Anfahraggregat bzw. Anfahrstrahler bezeichnet wird. Zur Herstellung des Kraftschlusses in der Kühlwasserleitung kann unter Umständen auch noch eine Luftabsaugepumpe benötigt werden.

Zu den elektrotechnischen Einrichtungen gehören:

Antriebsmotoren für Kondensat-, Kühlwasser- und Luftabsaugepumpen, gegebenenfalls auch für die Ventilatoren (vgl. auch Dritter Band, Teil A, Vierter Teil, Abschn. B III, S. 625), Betriebs-, Überwachungsinstrumente und elektrische Sicherheitseinrichtungen, Kondensatablaufregler, diverse Einrichtungen für Fernbedienung und gegebenenfalls auch für automatische Bedienung der Hilfsmaschinen.

c) Kondensationsmöglichkeiten

Nach Art des Kühlmittels unterscheidet man:

1. Wassergekühlte Kondensationsanlagen. Diese stellen den weitaus größten Anteil der bei Dampfkraftwerken verwendeten Ausführungen. Die Notwendigkeit der Trennung von Kühlwasser und Kondensat bedingt in diesem Falle grundsätzlich die Verwendung von Oberflächenkondensatoren. Wird die Kondensationsanlage direkt mit Kühlwasser aus Flüssen oder Seen versorgt, so spricht man von *Frischwasserkühlung*[1]. Ist man hingegen infolge Wassermangels genötigt, das Kühlwasser im Kreislauf durch Rückkühlanlagen (Kühltürme, Teiche mit Sprühdüsenkühlung und dergleichen) zu führen, so wird von *Kondensationsanlagen für Rückkühlbetrieb*[1] gesprochen. Im Hinblick auf die Auslegung der Kondensationsanlage kommt der Unterschied zwischen beiden Verfahren am deutlichsten in der Höhe der mittleren Jahrestemperatur des Kühlwassers zum Ausdruck, die — mitteleuropäische klimatische Verhältnisse vorausgesetzt —

bei Frischwasserkühlung	8 bis 15 °C,
bei Anlagen für Rückkühlung mit Ventilatorkühlern	17 bis 22 °C,
bei Anlagen für Rückkühlung mit Naturzugkühlern	20 bis 27 °C

beträgt.

2. Luftgekühlte Kondensationsanlagen. Dampfkraftwerke, die weder mit ausreichendem Kühlwasserstrom für die Kondensation des Turbinenabdampfes noch mit billigem Zusatzwasser für Rückkühlbetrieb versorgt werden können, werden heute in zunehmendem Maße mit Luftkondensationsanlagen ausgerüstet. Hierfür kommen zwei Ausführungen in Frage:

luftgekühlte Oberflächenkondensatoren (direkte Kondensation),

wassergekühlte Einspritzkondensatoren mit Rückkühlung des Kühlwassers in luftgekühlten Oberflächen-Wärmetauschern (indirekte Kondensation).

II. Wassergekühlte Oberflächenkondensatoren

a) Grundsätzlicher Aufbau

Wassergekühlte Oberflächenkondensatoren bestehen aus einem zylindrischen Blechmantel, der beiderseits durch Rohrböden abgeschlossen ist und durch einen Stutzen mit dem Abdampfteil der Turbine verbunden wird. Der Querschnitt des Mantels ist bei kleinen Kondensatoren meistens kreisförmig, bei großen rechteckig oder oval, kann aber auch eine beliebige andere Form aufweisen. In den Rohrböden sind die Kühlrohre befestigt (Abb. 118).

An die Böden werden — falls Kühlwassereintritt und -austritt nicht auf der gleichen Kondensatorseite liegen — beiderseits Wasserkammern mit abnehmbaren Deckeln angebaut. Die Kammern dienen zur Aufnahme der Kühlwasseranschlüsse und zur Führung des Wassers durch die Rohrbündel. Liegen die Kühlwasseranschlüsse auf der gleichen Seite, so braucht der gegenüberliegende Rohrboden nur durch einen Deckel mit eingebauten Umlenkkammern abgeschlossen zu sein. Mantel, Rohrböden und Wasserkammern werden entweder miteinander verschraubt oder verschweißt. Dampf- und Wasserraum können aber auch durch einen gemeinsamen Mantel abgeschlossen sein, in den die Rohrböden eingeschweißt werden. Die Kondensatordeckel sind in der Regel mit Mannlöchern

[1] Die Kühlwasseranlagen selbst werden im Neunten Teil, Abschn. D, S. 608, behandelt.

ausgestattet, die eine Kontrolle des Zustandes der Rohre sowie der Wasserkammern erleichtern und nötigenfalls die Durchführung kleinerer Arbeiten gestatten. An der tiefsten Stelle des Kondensatormantels ist der Kondensatsammelbehälter angebracht.

Der Kondensatorraum ist mit Abdampf ausgefüllt, während das Kühlwasser je nach Ausführung in den Kühlrohren den Kondensator ein- oder mehrmals in Längsrichtung durchströmt. Die Zahl, die angibt, wie oft der Kondensator vom Kühlwasser in Längsrichtung durchströmt wird bzw. wieviel Rohrbündel in Flußrichtung hintereinander geschaltet sind, wird als Wegezahl bezeichnet. Man spricht von Kondensatoren mit einem Wasserweg, mit zwei Wasserwegen usw.

Große Kondensatoren europäischer Herstellerfirmen haben in der Regel zwei Wasserwege. Amerikanische Firmen bevorzugen wegen der anders gearteten Verhältnisse (niedri-

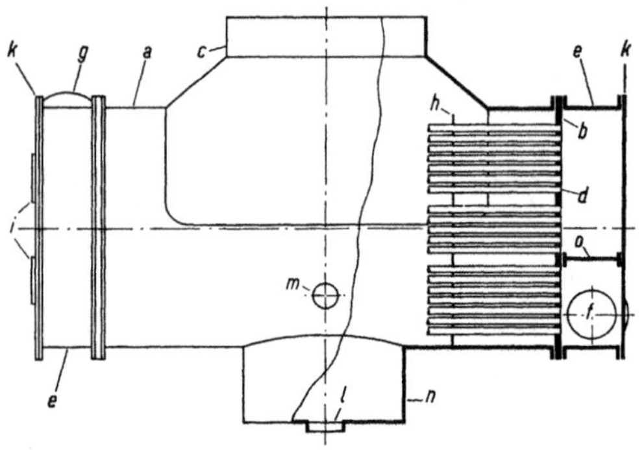

Abb. 118. Bauteile eines Oberflächenkondensators

a Kondensatormantel
b Rohrboden
c Dampfeintrittsstutzen (Dampfdom)
d Kühlrohre
e Wasserkammer
f Kühlwassereintrittsstutzen
g Kühlwasseraustrittsstutzen
h Rohrstützwand
i Mann- oder Schauloch
k Kondensatordeckel
l Kondensataustrittsstutzen
m Luftaustrittsstutzen
n Kondensatsammelbehälter (Hotwell)
o Trennwand

gere Brennstoffkosten usw.) Kondensatoren mit nur einem Wasserweg. Geradzahlige Wegezahlen erfordern nur eine Wasserkammer, da Kühlwassereintritt und -austritt auf der gleichen Kondensatorseite liegen, ungeradzahlige dagegen zwei.

Die Kühlrohre werden im Kondensatorraum durch Stützwände getragen, deren Abstände voneinander sowie von den Rohrböden so gewählt werden sollen, daß die Rohre nicht in Schwingungen geraten, die zu Schwingungsbrüchen führen können. Die Abstände betragen etwa das 35- bis 50fache des Rohraußendurchmessers.

Ein oder mehrere im ersten Wasserweg, d.h. in jenem mit der niedrigsten Temperatur liegende Rohrbündel dienen zur Kühlung des abzusaugenden Dampf-Luft-Gemisches. Die Luftkühlzone ist gegen den Abdampfstrom hin durch Bleche abgeschirmt (Ausnahme Radialkondensator). Vereinzelt wird auch ein vom Kondensator getrennter Luftkühler vorgesehen. Durch die Kühlung des Dampf-Luft-Gemisches und die damit verbundene teilweise Kondensation des Dampfes werden der Gewichtsanteil des Dampfes im abgesaugten Gemisch und das Luftvolumen verkleinert, da sich der Partialdruck des Dampfes erniedrigt und der der Luft erhöht. Das Dampf-Luft-Gemisch wird nach Durchströmen der Kühlzone von der Luftpumpe abgesaugt.

b) Berechnung

1. Wärmemenge

Kondensatoren werden in der Regel für den bei Bestlast der Turbine zu kondensierenden Abdampfmengenstrom ausgelegt. Der abzuführende Wärmestrom beträgt

$$W = G(i - t_k)\,. \tag{1}$$

W Wärmestrom in kcal/h,
G Abdampfmengenstrom in kg/h,
i Enthalpie des Abdampfes in kcal/kg,
t_k Kondensattemperatur in °C (≈ Wärmeinhalt des Kondensates).

Bei guten Kondensatoren kann vorausgesetzt werden, daß das Kondensat nicht unterkühlt wird, so daß

$$t_k = t_s\,, \tag{2}$$

wenn mit t_s die Sattdampftemperatur am Eintritt in den Kondensator bezeichnet wird. t_k kann auch um einige Zehntel bis etwa 1 Grad größer sein als t_s, wenn im Kondensator eine Umsetzung von Geschwindigkeitsenergie des Abdampfes in Druckenergie stattfindet (Staudruck).

Die Auslegung des Kondensators für den Abdampfmengenstrom bei Bestlast bedeutet nicht, daß nicht auch wesentlich größere Dampfmengenströme kondensiert werden können. So ist z.B. bei Umleitbetrieb der Dampfstrom in den Kondensator mitunter doppelt so groß wie bei Bestlastbetrieb. Jede Erhöhung des Wärmestromes erfordert jedoch ein größeres Temperaturgefälle für den Wärmeaustausch und wirkt sich daher in einer Verschlechterung des Vakuums aus (siehe Abschn. d, Betriebsverhalten bei Abweichungen vom Auslegungszustand, S. 170).

2. Wärmedurchgang

Die stündlich durch Rohre (gegebenenfalls mit einem inneren Belag) hindurchströmende Wärmemenge kann man aus folgender Gleichung ermitteln:

$$W = \frac{r\pi l}{\dfrac{1}{\alpha_w d_1} + \dfrac{1}{2\lambda_1}\ln\dfrac{d_i}{d_1} + \dfrac{1}{2\lambda}\ln\dfrac{d_a}{d_i} + \dfrac{1}{\alpha_D d_a}} \cdot \Delta t_m \quad [\text{kcal/h}]\,. \tag{3}$$

Darin bedeuten:

- r Anzahl der Rohre,
- l Rohrlänge in m,
- α_w Wärmeübergangszahl auf der Wasserseite in kcal/m² grd h,
- α_D Wärmeübergangszahl auf der Dampfseite in kcal/m² grd h,
- λ_1 Wärmeleitfähigkeit des Belages in kcal/m grd h,
- λ Wärmeleitfähigkeit des Rohrmaterials in kcal/m grd h,
- d Durchmesser entsprechend Abb. 119 in m,
- Δt_m mittlere logarithmische Temperaturdifferenz in grd.

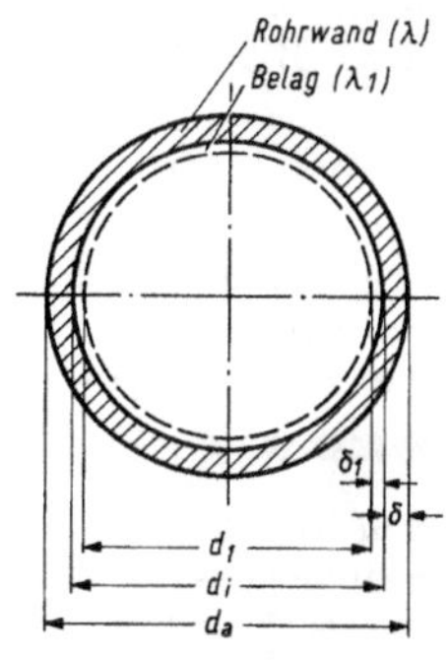

Abb. 119. Kühlrohr mit innerem Belag

Da die Rohrwandstärke δ [m] der Kondensatorrohre im Vergleich zum Rohrdurchmesser sehr klein ist und der Einfluß eines Belages (Verschmutzung) auf den Wärmedurchgang durch einen Reinheitsfaktor (auch Verschmutzungsfaktor genannt) berücksichtigt wird, kann man für die Berechnung von Kondensatoren ohne nennenswerten Fehler die einfachere, für den Wärmedurchgang durch ebene Wände gültige Formel verwenden:

$$W = k \cdot F \cdot \Delta t_m \quad [\text{kcal/h}]\,. \tag{4}$$

- k Wärmedurchgangszahl in kcal/m² grd h,
- F Kühlfläche in m².

$$\frac{1}{k} = \frac{1}{\alpha_w} + \frac{\delta}{\lambda} + \frac{1}{\alpha_D}\,. \tag{5}$$

Die Wärmeübergangszahl α_D ist einer exakten Vorausberechnung schwer zugänglich. Grundsätzlich bestehen zwei Möglichkeiten der Kondensation:

Filmkondensation unter Bildung einer Wasserhaut, wobei $\alpha_D = 10\,000$ bis $14\,000$ kcal/m² grd h,

Tropfenkondensation unter Bildung von Tröpfchen, bei der $\alpha_D = 30\,000$ bis $40\,000$, aber auch bis $100\,000$ kcal/m² grd h beobachtet wurden.

Bei Kondensatoren für Dampfturbinenanlagen werden erfahrungsgemäß nur die niedrigeren, für Filmkondensation geltenden α_D-Werte erreicht. Da die Wärmedurchgangszahl k hauptsächlich von der kleineren Wärmeübergangszahl α_w bestimmt wird, ist deren Ermittlung größere Bedeutung beizumessen als der Bestimmung von α_D. Die Wärmeübergangszahl auf der Wasserseite α_w nimmt mit der Geschwindigkeit und der Temperatur des Kühlwassers zu, mit dem lichten Rohrdurchmesser ab. Sie kann für saubere Rohre auf Grund von Versuchen nach folgender Gleichung bestimmt werden:

$$\alpha_w = a \frac{v^n}{d^m} (1 + b \cdot t_m) \quad [\text{kcal/m}^2 \text{ grd h}] . \tag{6}$$

v Kühlwassergeschwindigkeit in m/s,
t_m mittlere Kühlwassertemperatur in °C,
a, b, n, m Konstanten nach Tabelle 6.

Tabelle 6. *Konstanten in Gl. (6)*

Konstanten	Nach Hütte, 27. Aufl., S. 593	Nach SCHACK: Der industrielle Wärmeübergang, 6. Aufl., 1962, S. 178
a	1755	2030
b	0,015	0,014
n	0,87	0,85
m	0,13	0,10

Wird die Wärmedurchgangszahl k nach Gl. (5) aus den Einzelwiderständen ermittelt, so ist es sinnvoll, die Verschmutzung der Rohre auf der Wasserseite dadurch zu berücksichtigen, daß man bei der Berechnung der Kühlfläche die für saubere Rohre geltende Wärmeübergangszahl α_w mit einem entsprechenden Reinheitsfaktor $\varphi < 1$ multipliziert. Alle Firmen, die für die Berechnung von Kondensatoren erfahrungsgemäß festgelegte Wärmedurchgangszahlen verwenden, berücksichtigen die Verschmutzung durch Multiplikation des für saubere Rohre geltenden k-Wertes mit einem Reinheitsfaktor $\varphi' < 1$, der z. B. in den USA (k-Werte entsprechend Abb. 121) meistens mit

$\varphi' = 0{,}85$ bei Rohren aus Messing, Aluminiumbronze oder Kupfernickel-Legierung bzw. mit

$\varphi' = 0{,}90$ bei Rohren aus nichtrostendem Stahl

angenommen wird. Der höhere Reinheitsfaktor für Stahlrohre wird damit begründet, daß diese sauberer gehalten werden müssen, um Lochfraß zu vermeiden. Aus der Wärmedurchgangsformel ergibt sich, daß für gleichen Verschmutzungsgrad $\varphi' > \varphi$ ist.

Abb. 120 zeigt die Wärmeübergangszahl α_w in Abhängigkeit von der Kühlwassergeschwindigkeit v und der mittleren Kühlwassertemperatur Δt_m unter Zugrundelegung von Gl. (6) für die Konstanten nach „Hütte“ und „SCHACK“ unter Berücksichtigung eines Reinheitsfaktors von $\varphi = 0{,}65$.

Das Glied δ/λ ist bei dünnwandigen Kondensatorrohren im Vergleich zu den beiden anderen, den Wärmedurchgangswiderstand noch bestimmenden Gliedern $1/\alpha_w$ und $1/\alpha_D$

Tabelle 7. *Wärmeleitfähigkeit bei 20 °C, z. T. nach DIN 1785*

Material		Wärmeleitzahl λ [kcal/ m grd h]
Kupfer	SD-Cu	187
Kupfer	SB-Cu	144
Sondermessing	CuZn28Sn	93,5
Sondermessing	CuZn20Al	86,4
Aluminiumbronze	CuAl5As	72
Stahl	St 35.8	45
Kupfernickellegierung	CuNi10Fe	39,6
Kupfernickellegierung	CuNi20Fe	28,8
Kupfernickellegierung	CuNi30Fe	25,2
Nichtrostender Stahl	X5CrNi189	12,6
Nichtrostender Stahl	X5CrNiMo1812	12,6

sehr klein (Wandstärke $\delta = 1$ mm bei den von europäischen Herstellerfirmen im allgemeinen verwendeten Kondensatorrohren). Die Wärmeleitfähigkeit ist vom Rohrmaterial und geringfügig auch von dessen Temperatur abhängig (Tabelle 7).

Für mittlere Verhältnisse von

$\alpha_D = 12\,000$ kcal/m² grd h,

$\alpha_w = 6\,300$ kcal/m² grd h (4100 kcal/m² grd h bei $\varphi = 0{,}65$),

$\delta = 0{,}001$ m,

$\lambda = 93{,}5$ kcal/m grd h

ergibt sich beispielsweise ein Wärmedurchgangswiderstand $1/k$, der sich entsprechend Gl. (5) aus

rd. 33 (25)% Widerstand beim Wärmeübergang von Dampf an das Rohr,

rd. 4 (3)% Widerstand beim Wärmedurchgang durch die Rohrwand,

rd. 63 (72)% Widerstand beim Wärmeübergang von Rohrinnenwand an das Kühlwasser zusammensetzt (eingeklammerte Werte gelten für einen auf α_w bezogenen Reinheitsfaktor von $\varphi = 0{,}65$).

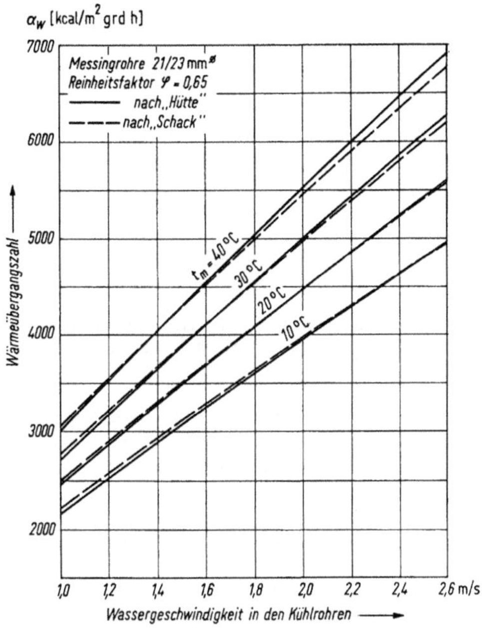

Abb. 120. Wärmeübergangszahlen α_w von Rohrwand an Kühlwasser

Eine exakte Vorausberechnung der mittleren, für die ganze Kühlfläche geltenden Wärmedurchgangszahl auf theoretischem Wege ist selbst bei Anwendung von Werten, die durch sorgfältigste Versuche an einzelnen Rohren bestimmt worden sind, nicht möglich, da die Vorgänge im Kondensator sehr verwickelt und die Versuchsbedingungen nicht an jeder Stelle erfüllt sind. Vor allem kann nicht immer vorausgesetzt werden, daß die Sattdampftemperatur über der gesamten Kühlfläche konstant ist. Örtliche Temperaturabsenkungen beeinträchtigen den Wärmeaustausch und belasten den mittleren k-Wert, da für die Berechnung eine konstante Kondensationstemperatur angenommen wird.

Luftgehalt, Strömungswiderstände im Dampfraum, ungleichmäßige Dampfverteilung, verschiedene Wassergeschwindigkeiten usw. können nicht unerhebliche Abweichungen von dem theoretisch ermittelten k-Wert zur Folge haben. Die praktisch erreichbare mittlere Wärmedurchgangszahl ist infolge dieser Einflüsse stets kleiner als die theoretische, wie umfangreiche Versuche bestätigt haben. Wird bei der Berechnung der Kühlfläche von theoretischen k-Werten ausgegangen, so findet diese Erkenntnis Berücksichtigung durch einen entsprechenden Zuschlag bzw. auch in der Wahl des Faktors φ.

Die europäischen Hersteller von Kondensatoren rechnen mit Wärmedurchgangszahlen, die entweder aus den Einzelwiderständen abgeleitet, aus eigenen Messungen ermittelt oder den Standards for Steam Surface Condensers, Fifth Edition, Heat Exchange Institute, New York, entnommen sind. Letztere sind für neue und saubere Rohre aus CuZn 28 Sn mit einer Wandstärke von 1,24 mm in Abb. 121 rechts wiedergegeben. Die korrigierte Wärmedurchgangszahl für die Berechnung der Außenkühlfläche erhält man durch Multiplikation des k-Wertes aus Abb. 121 rechts mit dem Reinheitsfaktor φ' (siehe S. 150), dem Temperatur-Korrekturfaktor (Abb. 121 links) und dem Korrekturfaktor aus Tabelle 8.

Der Umstand, daß jede Herstellerfirma einerseits eine andere Bauart, insbesondere eine andere Rohranordnung verwendet, die eine mehr oder weniger wirksame Ausnutzung der Kühlfläche gestattet — dadurch aber auch einen höheren oder niedrigeren k-Wert

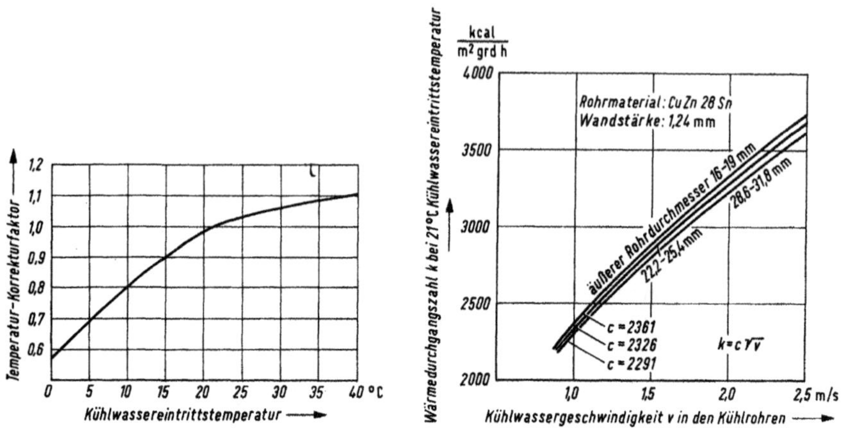

Abb. 121. Wärmedurchgangszahlen für neue und saubere Kondensatorkühlrohre nach den „Standards for Steam Surface Condensers", Fifth Edition, Heat Exchange Institute, New York

ergibt —, und andererseits die Zuverlässigkeit ihrer auf die Konstruktion abgestimmten Berechnungswerte auf Grund eigener Erfahrungen nachzuweisen vermag, rechtfertigt bis zu einem gewissen Grad Unterschiede in der Annahme der k-Werte bzw. in der Art der Berücksichtigung der verschiedenen Einflüsse. Hierin liegt schließlich auch der Grund, daß selbst gleiche Auslegungsdaten und Kühlrohre nicht immer zu gleichen Kühlflächen bei den verschiedenen Fabrikaten führen müssen.

Tabelle 8. *Korrekturfaktoren für Wärmedurchgangszahlen aus Abb. 121 bei Verwendung anderer Materialien und Wandstärken* (nach Standards des Heat Exchange Institute, Fifth Edition)

BWG ...... Wandstärke [mm]	24 0,56	22 0,71	20 0,89	18 1,24	16 1,65	14 2,11	12 2,77
CuZn28Sn SB-Cu Aluminium }	1,06	1,04	1,02	1,00	0,96	0,92	0,87
CuZn20Al CuAl5As Muntzmetall }	1,03	1,02	1,00	0,97	0,94	0,90	0,84
CuNi10Fe	0,99	0,97	0,94	0,90	0,85	0,80	0,74
CuNi30Fe	0,93	0,90	0,87	0,82	0,77	0,71	0,64
Kohlenstoffstahl	1,00	0,98	0,95	0,91	0,86	0,80	0,74
X10Cr13	0,88	0,85	0,82	0,76	0,70	0,65	0,59
X5CrNi189 u. X5CrNiMo1812	0,83	0,79	0,75	0,69	0,63	0,56	0,49
X8Cr17	0,78	0,76	0,74	0,69	0,65	0,60	0,54
Titan	0,85	0,81	0,77	0,71	—	—	—

Die experimentell ermittelten Wärmedurchgangszahlen gelten genauso wie die aus den Einzelwiderständen abgeleiteten unter der Voraussetzung, daß der Berechnung die mittlere logarithmische Temperaturdifferenz zugrunde gelegt wird.

3. Temperaturdifferenz

Die mittlere logarithmische Temperaturdifferenz Δt_m [grd] trägt dem nicht linearen Verlauf der Temperatur des Kühlwassers beim Durchströmen des Kondensators Rechnung.

Der Temperaturverlauf ist schematisch folgender (Abb. 122):

Die mittlere logarithmische Temperaturdifferenz ist

$$\Delta t_m = \frac{t_a - t_e}{\ln \dfrac{t_s - t_e}{t_s - t_a}} \text{ [grd]}. \tag{7}$$

Hierin bedeuten:

t_s Sattdampftemperatur des zu kondensierenden Abdampfes im Kondensator in °C, [1]

t_e Kühlwassereintrittstemperatur in °C, t_a Kühlwasseraustrittstemperatur in °C.

Da der Wärmestrom proportional der Temperaturdifferenz ist, kondensiert an den Rohren mit kaltem Kühlwasser entsprechend mehr Dampf als an den Rohren mit warmem. Die spezifische Dampfbelastung der Kühlfläche innerhalb eines Kondensators ist daher unterschiedlich.

Die Differenz zwischen Sattdampftemperatur und Kühlwasseraustrittstemperatur wird bezeichnet als „Grädigkeit des Kondensators"

$$\Delta t_2 = t_s - t_a \text{ [grd]}. \tag{8}$$

Der (Anfangs)-Temperaturabstand ist

$$\Delta t_1 = t_s - t_e \text{ [grd]}. \tag{9}$$

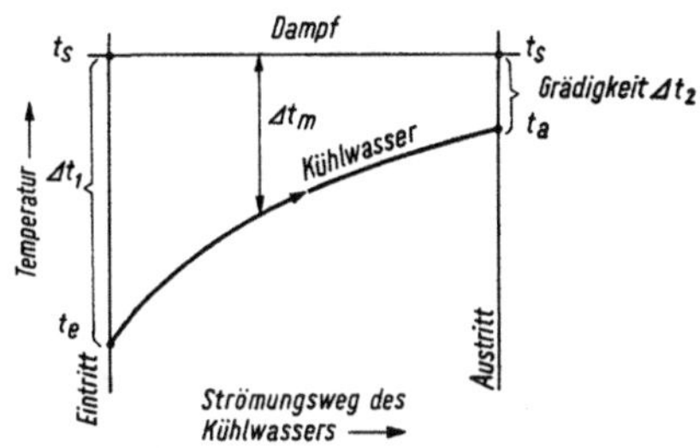

Abb. 122. Temperaturverlauf von Dampf und Kühlwasser im Kondensator

4. Kühlfläche

Nach der Wärmedurchgangsformel für Rohre [Gl. (3)] ergibt sich die Kondensatorgröße aus der Rohrlänge und Rohrzahl. Eine Definition der Kühlfläche erübrigt sich dabei, da die Kühlfläche in dieser Gleichung nicht enthalten ist. Da Kondensatoren jedoch nach der Wärmedurchgangsformel für ebene Wände [Gl. (4)] berechnet werden, die Rohroberfläche aber innen und außen verschieden ist, muß die Kühlfläche näher definiert werden. Es ist üblich, entweder mit der Innenkühlfläche oder mit der Außenkühlfläche zu rechnen. Bei der Ermittlung der Kühlfläche mit Wärmedurchgangszahlen, die aus den Einzelwiderständen bestimmt worden sind, wird die Oberfläche mit der niedrigeren Wärmeübergangszahl, d.h. die Innenkühlfläche eingesetzt. Alle experimentell ermittelten Wärmedurchgangszahlen werden hingegen auf die Außenkühlfläche bezogen. Grundsätzlich gilt also, daß sich F und k in den Berechnungsformeln immer auf die gleiche Kühlfläche beziehen müssen. Bei nicht näher definierten Angaben über Kondensatorkühlflächen sind in der Regel die Außenkühlflächen gemeint. Die Kühlfläche kann aus folgenden Beziehungen ermittelt werden:

$$F = \frac{W}{k \cdot \Delta t_m} \text{ [m}^2\text{]}, \tag{10}$$

$$F = \frac{Q}{k} \cdot \ln \frac{t_s - t_e}{t_s - t_a} = \frac{Q}{k} \cdot \ln \frac{\Delta t_1}{\Delta t_2} \text{ [m}^2\text{]}. \tag{11}$$

Gl. (11) ergibt sich aus Gl. (10) und (7) unter Berücksichtigung, daß bei Wasser mit der spezifischen Wärme von rd. 1 kcal/kg grd

$$W = Q \cdot (t_a - t_e) \text{ [kcal/h]}, \tag{12}$$

worin

Q Kühlwasserstrom in kg/h.

[1] Das Heat Exchange Institute definiert den absoluten Kondensatordruck als den absoluten statischen Druck, der 1 ft über dem Rohrbündel vorhanden ist. Dementsprechend ist auch die Sattdampftemperatur auf diese Stelle bezogen.

Aus Gl. (12) folgt weiter die wichtige Beziehung, daß die Kühlwasseraustrittstemperatur

$$t_a = t_e + \frac{W}{Q},$$

oder, da entsprechend Gl. (1) und (2)

$$W = G \cdot (i - t_s) = G \cdot \Delta i \quad [\text{kcal/h}]\,,$$

$$t_a = t_e + \frac{\Delta i}{q} \quad [°\text{C}]\,, \tag{13}$$

wenn

$$q = \frac{Q}{G}\,. \tag{14}$$

Das Kühlwasservielfache q gibt somit das Mengenverhältnis zwischen Kühlwasserstrom und Abdampfmengenstrom an oder anders ausgedrückt, den Kühlwasserstrom in t/h $\approx$ $\approx$ m³/h für 1 t/h Abdampfmengenstrom; ferner bedeutet Δi die abzuführende Wärmemenge je kg Dampf in kcal/kg.

Durch Umformung erhält man aus Gl. (11) ferner

$$F = \frac{Q}{k} \cdot \ln \frac{\frac{\Delta i}{q} + \Delta t_2}{\Delta t_2} \quad [\text{m}^2]\,. \tag{15}$$

Abb. 123 zeigt das Ergebnis einer Auswertung der erwähnten Berechnungsformeln unter Zugrundelegung der in Abb. 120 dargestellten Wärmeübergangszahlen (nach „Hütte") und einer mittleren Wärmeübergangszahl $\alpha_D = 12\,000$ kcal/m² grd h, wobei die k-Werte auf die Innenfläche bezogen worden sind. Die ermittelten Kühlflächen sind mit einem Sicherheitszuschlag von 6% versehen und auf Außenkühlfläche umgerechnet.

Das Nomogramm gestattet die Ermittlung der gesamten erforderlichen Außenrohroberfläche f zwischen den Innenflächen der Rohrböden einschließlich der durch Zwischenböden abgedeckten Kühlfläche sowie einschließlich der zur Kühlung des Dampf-Luft-Gemisches eingebauten Kühlfläche für 1 t/h Abdampfmengenstrom in Abhängigkeit von

dem Kühlwasservielfachen q,

der Grädigkeit Δt_2,

der Kühlwassereintrittstemperatur t_e und

der Wassergeschwindigkeit v in den Kühlrohren.

Für einen Abdampfmengenstrom von G[t/h] ist die Kühlfläche $F = G \cdot f$ [m²]. Der reziproke Wert von f gibt die Kühlflächenbelastung in t/h m² an.

Das Nomogramm gilt für:

$\Delta i = 540$ kcal/kg (guter Mittelwert für Kondensationsturbosätze mit Zwischenüberhitzung),

Kühlrohre mit 23 mm äußerem Durchmesser und 1 mm Wandstärke (lediglich bei den Stahlrohren X 5 CrNi 189 und X 5 CrNiMo 1812 ist eine Wandstärke von 0,7 mm vorausgesetzt).

Beispiel 1:

Abdampfmengenstrom G	= 500 t/h,
je kg abzuführende Wärme Δi	= 540 kcal/kg,
Kühlwasservielfaches q	= 72,
Kühlwassereintrittstemperatur t_e	= 11 °C,
Grädigkeit Δt_2	= 3,5 grd.

Sattdampftemperatur im Kondensator [Gl. (16)] daher $t_s = 11 + 540/72 + 3{,}5 = 22$ °C, entsprechend einem absoluten Druck von 0,027 at.

Rohrmaterial	CuZn28Sn,
Kühlwassergeschwindigkeit v	= 1,8 m/s.

Ergebnis: $f = 34{,}2 \frac{\text{m}^2}{\text{t/h}}$.

Außenkühlfläche $F = 500 \cdot 34{,}2 = 17\,100$ m².

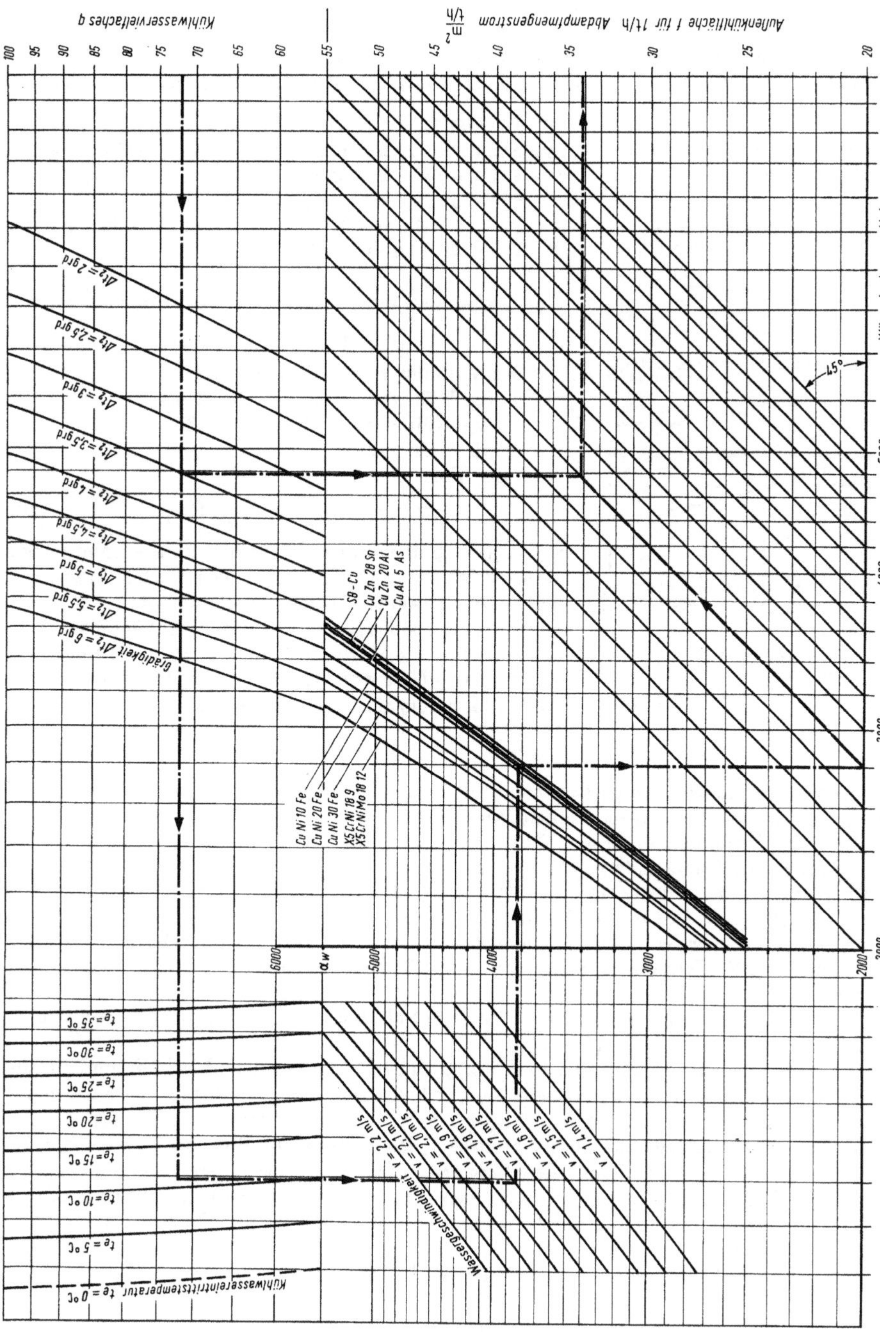

Abb. 123. Nomogramm zur Ermittlung der Kühlfläche von Kondensatoren

Sinngemäß läßt sich die erreichbare Grädigkeit oder das Vakuum ermitteln, wenn G, F, Q, t_e und v bekannt sind.

Weicht die abzuführende Wärmemenge Δi von 540 kcal/kg ab, so ist die aus Abb. 123 gewonnene Kühlfläche noch mit dem Korrekturfaktor β aus Abb. 124 zu multiplizieren.

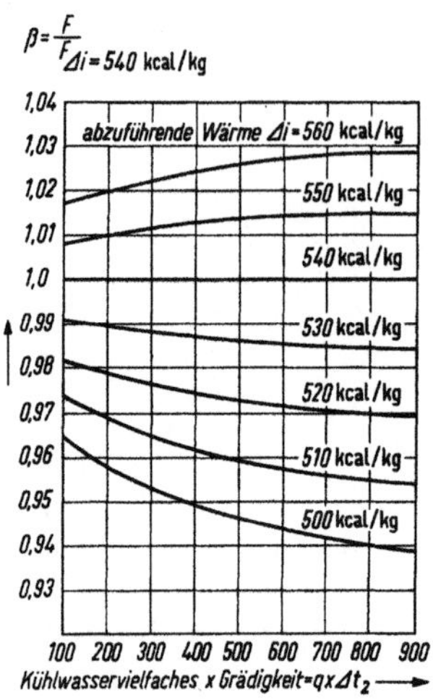

Abb. 124. Korrekturfaktor β für Kühlfläche aus Abb. 123, wenn Δi von 540 kcal/kg abweicht

Beispiel 2:

Angaben wie für Beispiel 1, jedoch $\Delta i = 520$ kcal/kg.

$t_s = 11 + 520/72 + 3{,}5 = 21{,}72$ °C entsprechend 0,0265 at,

$q \cdot \Delta t_2 = 72 \cdot 3{,}5 = 252$; aus Abb. 124: $\beta = 0{,}977$.

$F = 0{,}977 \cdot 17\,100 = 16\,707\ \text{m}^2$.

c) Richtlinien für die Auslegung von Kondensatoren

1. Die Höhe des Vakuums

Das Vakuum wird bestimmt durch
- die Kühlwassereintrittstemperatur t_e,
- das Kühlwasservielfache q und
- die Grädigkeit Δt_2

nach der Formel

$$t_s = t_e + \frac{\Delta i}{q} + \Delta t_2 \quad [°\text{C}], \tag{16}$$

wobei jeder Sattdampftemperatur t_s ein bestimmter, der Dampftafel (siehe Dritter Band, Teil A, S. 307) zu entnehmender absoluter Druck zugeordnet ist.

Die Abb. 125 zeigt das Vakuum in Abhängigkeit von den vorgenannten drei Größen für $\Delta i = 540$ kcal/kg. Für andere Werte von Δi erhält man das Vakuum aus Abb. 125, indem man aus der Formel

$$t_a = \frac{\Delta i}{q} + t_e \quad [°\text{C}] \tag{17}$$

die Kühlwasseraustrittstemperatur ermittelt und von diesem Wert ausgehend eine Senkrechte zu der betreffenden Grädigkeitskurve zieht.

Im Dampfturbinenbau ist es üblich, das Vakuum in
- absoluten Atmosphären (at) oder in
- Torr (1 Torr = 1 mm QS bei 0 °C = 0,0013595 at) oder in
- bar (1 bar = 1,0197 at) oder in
- Prozenten der technischen Atmosphäre (1 at = 735,56 mm QS) oder in
- inches QS (Vakuum in inches QS = 28,96 · Vakuum in at)

anzugeben.

Für ein Vakuum von x at errechnet sich das Vakuum in Prozenten aus der Beziehung: Vakuum in Prozenten $= 100\,(1 - x)$.

Abweichend hiervon kann das Vakuum auch in Prozenten der physikalischen Atmosphäre (760 mm QS) ausgedrückt sein. Ferner kann als Bezugsgröße z.B. bei Messungen und Anzeigen auch der tatsächliche Luftdruck dienen. Die Verwendung der Maßeinheit „bar" könnte schließlich auch dazu verleiten, das Vakuum in Prozenten von 1 bar = = 750,06 mm QS zu definieren. Um Mißverständnisse zu vermeiden, empfiehlt es sich daher, das Vakuum stets in absoluten Größen anzugeben, wobei man sich auf at oder bar beschränken sollte. (Bezüglich der Maßeinheiten siehe auch Zweiter Band, Anhang, Abschn. B, S. 642.)

Für das in Abb. 125 aufgeführte Beispiel ergibt sich ein Vakuum von

0,0265 at (97,35%) bei $\Delta t_2 = 3$ grd,
0,0221 at (97,79%) bei $\Delta t_2 = 0$ grd.

Das Verhältnis $\frac{\text{tatsächliches Vakuum}}{\text{Vakuum bei } \Delta t_2 = 0 \text{ grd}} \cdot 100$ (im vorstehenden Beispiel 99,55%) wird im Kondensatorbau auch als Gütegrad bezeichnet. Da eine Grädigkeit von 0 grd eine unendlich große Kühlfläche erfordern würde, kann der Gütegrad von 100% bei Oberflächenkondensatoren nicht erreicht werden.

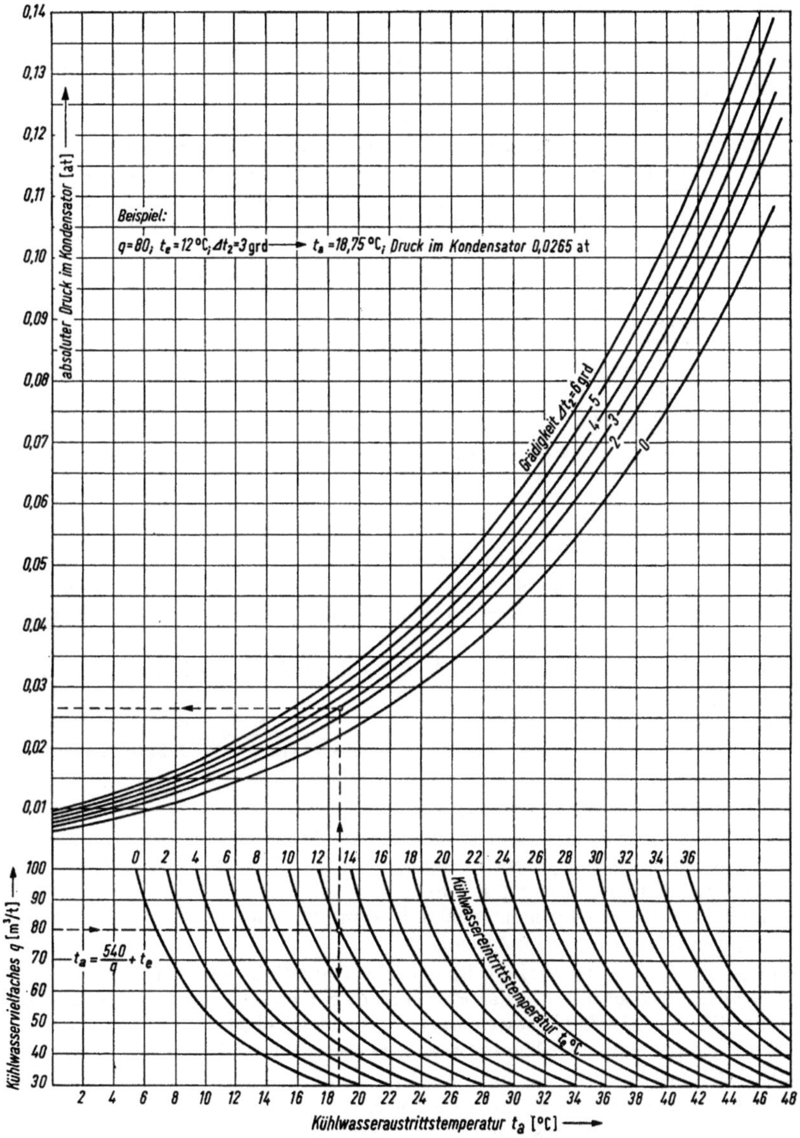

Abb. 125. Druck im Kondensator als Funktion der Kühlwassereintrittstemperatur, des Kühlwasservielfachen und der Grädigkeit

Das Verhältnis $\frac{t_a - t_e}{t_s - t_e} \cdot 100$ (im vorstehenden Beispiel 69,2%) stellt ferner den Ausnutzungsfaktor dar.

Die drei das Vakuum bestimmenden Auslegungsgrößen werden für eine wirtschaftlich optimale Auslegung durch Optimierungsberechnungen ermittelt. Grundsätzlich gilt für den wirtschaftlich optimalen Temperaturabstand $\Delta t_1 = t_s - t_e$, der bei gegebener Kühlwassereintrittstemperatur t_e das Vakuum bestimmt:

Je billiger der Brennstoff, desto größer Δt_1,
je niedriger die Benutzungsstunden, desto größer Δt_1,
je kürzer die Abschreibungszeit, desto größer Δt_1,
je höher der Zinsfaktor, desto größer Δt_1.

Für die mittleren Kühlwassereintrittstemperaturen der drei vorherrschenden Kühlmethoden sind in Tabelle 9 die Vakua in at in Abhängigkeit vom Kühlwasservielfachen zusammengestellt. Die kleineren Werte gelten für Grädigkeiten von rd. 2,5 grd, die größeren für rd. 5 grd. Allen Werten liegt ein mittleres Δi von 540 kcal/kg zugrunde.

Tabelle 9. *Vakua bei Frischwasser- und Kühlturmkühlung*

Kühlwasser-vielfaches	Vakua in at bei		
	Fluß- und Seewasser 12 °C	Ventilatorkühler 20 °C	Naturzugkühler 24 °C
40	—	0,061 bis 0,07	0,07 bis 0,086
50	—	0,05 bis 0,06	0,065 bis 0,074
60	0,03 bis 0,035	0,047 bis 0,054	0,059 bis 0,068
70	0,028 bis 0,032	0,044 bis 0,051	0,055 bis 0,063
80	0,026 bis 0,03	—	—
90	0,025 bis 0,029	—	—

2. Die Kühlwassergeschwindigkeit

Der Wärmeübergang in den Kühlrohren ist sehr stark von der Kühlwassergeschwindigkeit abhängig (Abb. 126). Je größer die Kühlwassergeschwindigkeit gewählt wird, desto kleiner wird die Kühlfläche.

Mit steigender Wassergeschwindigkeit in den Kühlrohren erhöhen sich aber auch
der Durchflußwiderstand,
die Pumpenleistung,
die Herstellungskosten der Kühlwasserpumpensätze einschließlich elektrotechnischem Teil.

Der Durchflußwiderstand nimmt mit
der Wassergeschwindigkeit entsprechend $v^{1,73}$ bis v^2 zu,
der Rohrlänge direkt proportional zu,
der Wegezahl mehr als proportional zu,
der lichten Rohrweite entsprechend $d_i^{-1,0}$ bis $d_i^{-1,16}$ ab,
der Wassertemperatur geringfügig ab.

Obwohl sich für gleiche Verhältnisse gleiche Durchflußwiderstände ergeben müßten, ist das Berechnungsverfahren in der Praxis nicht einheitlich. Durch Versuche bestätigte Richtwerte für mittlere Kühlwassertemperaturen zeigt Abb. 127.

Hinsichtlich der wirtschaftlich optimalen Wassergeschwindigkeit gelten grundsätzlich folgende Zusammenhänge:

Je teurer der Brennstoff, desto kleiner v,
je höher die Benutzungsstunden, desto kleiner v,
je länger die Abschreibungszeit, desto kleiner v,
je niedriger der Zinsfaktor, desto kleiner v,

je billiger die Kühlfläche, desto kleiner v,
je niedriger der Pumpenwirkungsgrad, desto kleiner v,
je kürzer die Kühlrohre, desto kleiner v,
je größer die Wegezahl, desto kleiner v,
je teurer die Pumpenantriebe, desto kleiner v.

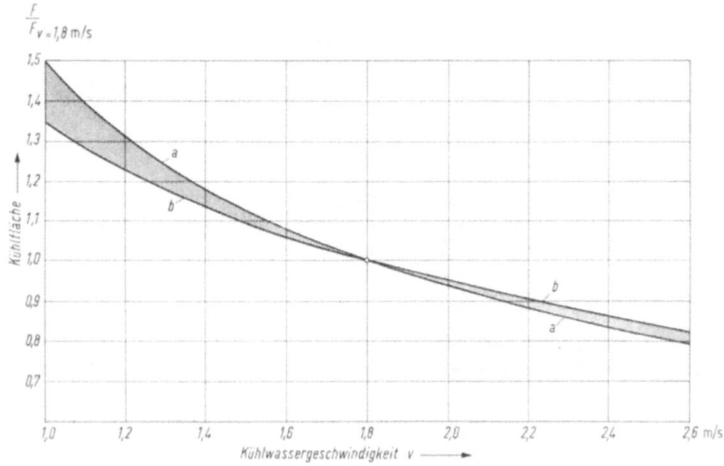

Abb. 126. Einfluß der Kühlwassergeschwindigkeit auf die Größe der Kühlfläche
a für *k*-Werte entsprechend Abb. 123 *b* für *k*-Werte entsprechend Abb. 121

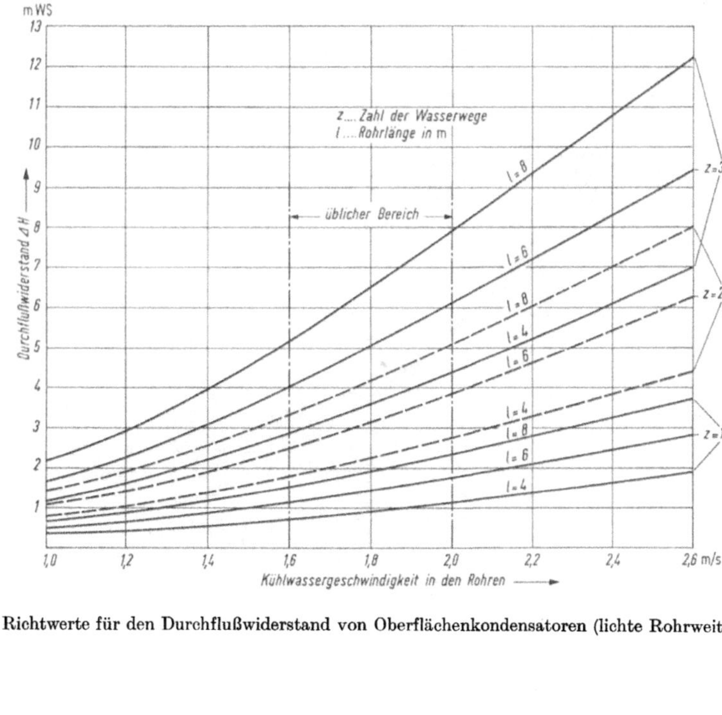

Abb. 127. Richtwerte für den Durchflußwiderstand von Oberflächenkondensatoren (lichte Rohrweite 21 mm)

In der europäischen Praxis werden Kondensatoren in der Regel für Wassergeschwindigkeiten von 1,5 bis 2 m/s ausgelegt. In den USA wählt man im allgemeinen Wassergeschwindigkeiten von

1,5 bis 2,1 m/s für Salz- und Brackwasser,
2,1 bis 2,4 m/s für Frischwasser in Messingrohren,
2,4 bis 3 m/s für Rohre aus nichtrostendem Stahl.

Meistens werden in den USA aber auch Kühlrohre mit etwas größerem lichten Durchmesser verwendet als bei uns (siehe S. 185).

Niedrige Wassergeschwindigkeiten begünstigen ungleichmäßige Wasserverteilung, Ablagerungen von Schlamm- und Schmutzteilchen.

Hohe Wassergeschwindigkeiten können Erosionen an der Einströmseite der Kühlrohre verursachen.

Über den Einfluß des Rohrmaterials auf die Wahl der Wassergeschwindigkeit gibt DIN 1785 Aufschluß.

Die Anwendbarkeit der Reinigungsverfahren mit kugelförmigen Reinigungskörpern oder Bürsten (Abschn. h, S. 193) setzt einen Durchflußwiderstand pro Wasserweg von mindestens 0,5 bzw. 0,6 m WS bei 21 mm Rohrinnendurchmesser und daher entsprechende Mindestwassergeschwindigkeiten voraus.

3. Die Grädigkeit

Die Summe aus Kühlwasseraufwärmspanne und Grädigkeit bestimmt bei gegebener Kühlwassereintrittstemperatur das Vakuum [Gl. (16)]. Das gleiche Vakuum kann daher

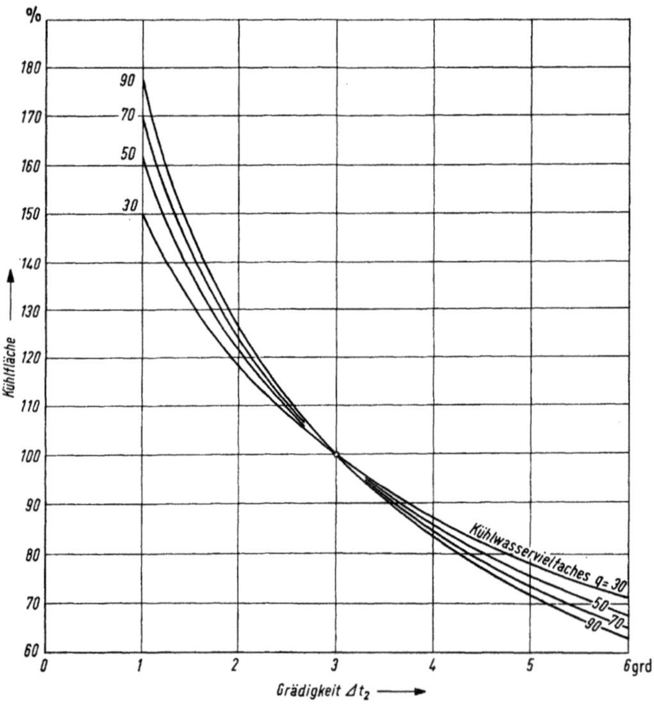

Abb. 128. Der Einfluß der Grädigkeit auf die Größe der Kühlfläche

mit großer Aufwärmspanne (kleinem q) und kleiner Grädigkeit oder mit kleiner Aufwärmspanne (großem q) und großer Grädigkeit erreicht werden. Für eine hohe Ausnutzung des theoretisch möglichen Vakuums muß daher die Grädigkeit möglichst klein gewählt werden. Mit abnehmender Grädigkeit steigt jedoch der Kühlflächenbedarf stark an, wie Abb. 128 zeigt.

Für die Wahl der wirtschaftlich optimalen Grädigkeit gilt grundsätzlich:

Je teurer der Brennstoff, desto kleiner Δt_2,
je höher die Benutzungsstunden, desto kleiner Δt_2,
je länger die Abschreibungszeit, desto kleiner Δt_2,
je niedriger der Zinsfaktor, desto kleiner Δt_2,
je größer die statische Förderhöhe für die Kühlwasserpumpen (z. B. Kühltürme), desto kleiner Δt_2,
je höher die kühlwasserstromabhängigen Herstellungskosten, desto kleiner Δt_2.

Die Grädigkeiten ausgeführter Anlagen liegen in Europa im Mittel zwischen 2,5 und 3,5 grd. Amerikanische Anlagen weisen im Durchschnitt höhere Werte auf, da die geringeren Brennstoffkosten keine so hohe Ausnutzung des Vakuums erfordern. Dementsprechend ist auch der Temperaturabstand Δt_1 in den USA meistens höher. Grädigkeiten unter 2 grd kommen praktisch nicht in Frage. Die amerikanischen Standards begrenzen die Grädigkeit auf einen Kleinstwert von 2,8 grd.

4. Das Kühlwasservielfache

Mit zunehmendem Kühlwasservielfachen wird die Aufwärmspanne des Kühlwassers verringert (Abb. 129),
eine Verbesserung des Vakuums ermöglicht oder
eine Verringerung des Kühlflächenbedarfs bei konstantem Vakuum erreicht.

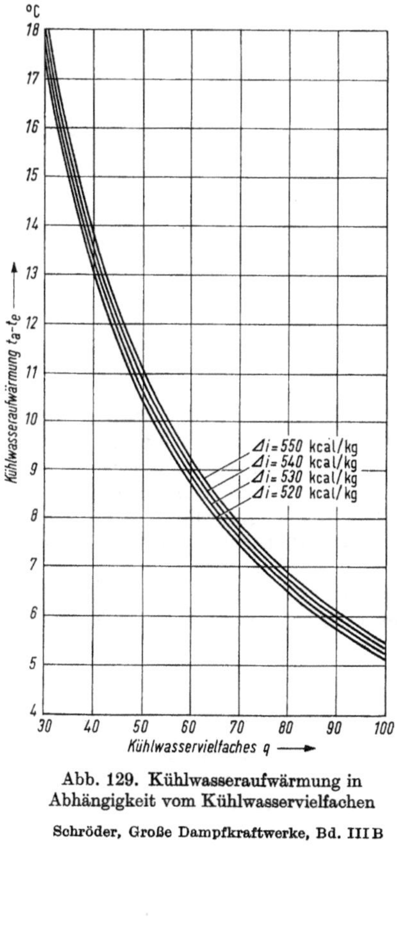

Abb. 129. Kühlwasseraufwärmung in Abhängigkeit vom Kühlwasservielfachen

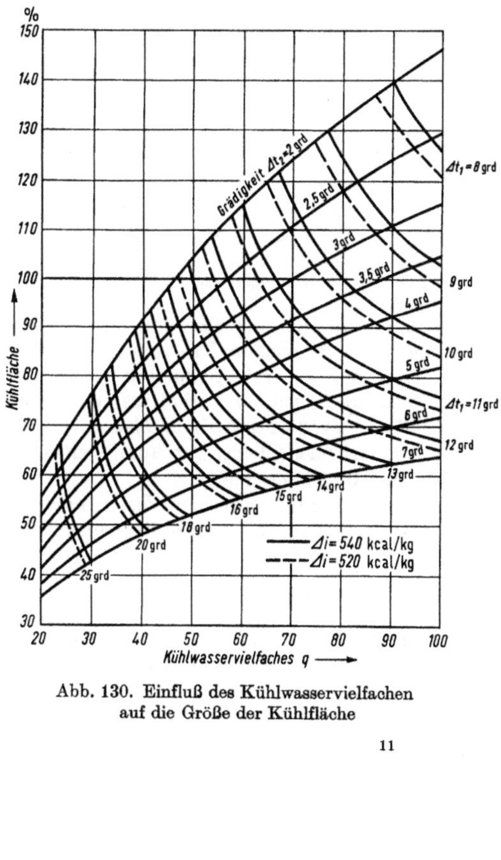

Abb. 130. Einfluß des Kühlwasservielfachen auf die Größe der Kühlfläche

Den Einfluß des Kühlwasservielfachen auf die Größe der Kühlfläche bei konstantem Vakuum Δt_1 oder bei konstanter Grädigkeit Δt_2 zeigt Abb. 130 für $\Delta i = 540$ kcal/kg bzw. 520 kcal/kg und $k = \text{const.}$

Große Kühlwasserströme erfordern aber
hohen Leistungsbedarf für die Kühlwasserpumpen,
hohe Herstellungskosten für die Kühlwasserversorgung bzw. für den Kühlwasserkreislauf.

Für die Wahl des wirtschaftlich optimalen Kühlwasservielfachen gilt grundsätzlich:

Je teurer der Brennstoff, desto größer q,
je höher die Benutzungsstunden, desto größer q,
je länger die Abschreibungszeit, desto größer q,
je niedriger der Zinsfaktor, desto größer q,
je größer die statische Förderhöhe für die Kühlwasserpumpen, desto kleiner q,
je höher die kühlwasserstromabhängigen Herstellungskosten, desto kleiner q.

Bei europäischen Verhältnissen gelten im allgemeinen folgende Richtwerte für das Kühlwasservielfache q:

70 bis 85 für Frischwasserkühlung (niedrige Förderhöhen),
40 bis 60 für Rückkühlung (hohe Förderhöhen und mit dem Wasservielfachen zunehmende Herstellungskosten für Kühltürme).

5. Wegezahl und Kühlrohrlänge

Die gestreckte Rohrlänge

$$L = l \cdot z \quad [\text{m}],^1 \tag{18}$$

l tatsächliche Rohrlänge in m,
z Wegezahl,

ist bereits durch das Verhältnis $\Delta t_1/\Delta t_2$ und durch die Kühlwassergeschwindigkeit v nach folgenden Formeln festgelegt:

$$L = \frac{900\,000 \cdot s \cdot d_i}{\frac{k}{v}} \cdot \ln \frac{\Delta t_1}{\Delta t_2} \quad [\text{m}] \quad (k\text{-Wert auf Innenfläche bezogen}) \tag{19}$$

oder

$$L = \frac{900\,000 \cdot s \cdot d_i^2}{\frac{k}{v} \cdot d_a} \cdot \ln \frac{\Delta t_1}{\Delta t_2} \quad [\text{m}] \quad (k\text{-Wert auf Außenfläche bezogen}), \tag{20}$$

s etwaiger Sicherheitszuschlag auf Kühlfläche.

Umgekehrt gilt, daß eine vorgeschriebene Rohrlänge bereits das Verhältnis $\Delta t_1/\Delta t_2$ und damit bei gegebenem Vakuum den Kühlwasserstrom und die Grädigkeit nahezu festlegt, da v nur in verhältnismäßig engen Grenzen wählbar ist. Die Konstruktion des Kondensators (günstiges Verhältnis von Länge zur Breite bzw. zum Durchmesser) sowie die Zahl und Größe der Turbinenniederdruckteile und die Art der Anordnung des Kondensators (Quer- oder Längsaufstellung) schreiben häufig die Einhaltung gewisser Grenzen für die Kühlrohrlänge vor.

Da nur ganzzahlige Wegezahlen möglich sind, ist z so zu wählen, daß l innerhalb der konstruktiv möglichen Grenzen liegt und L mit dem wirtschaftlich optimalen Wert möglichst gut übereinstimmt.

Grundsätzlich gilt:

je größer die Grädigkeit, desto kleiner L, desto kleiner z,
je größer die Leistung, desto größer der Kondensatorquerschnitt, desto kleiner z.

[1] Unter L und l sind die wirksamen Rohrlängen innerhalb der Rohrböden zu verstehen.

Für ein konstantes Verhältnis zwischen Kühlrohrlänge und Kondensatordurchmesser verringert sich die Wegezahl mit etwa $G^{-1/3}$ (G = Abdampfmengenstrom).

Für große Einheiten kommen heute praktisch nur noch zwei- und einwegige Kondensatoren in Frage. In den USA werden einwegige Ausführungen bevorzugt.

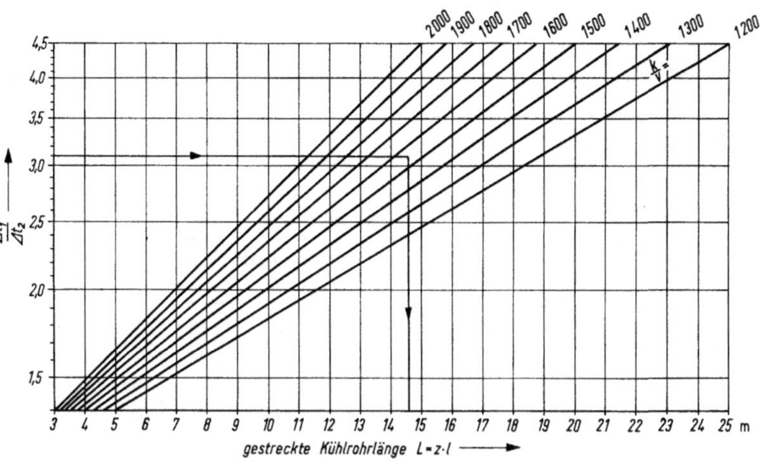

Abb. 131. Erforderliche gestreckte Kühlrohrlänge L für Turbinenkondensatoren [entsprechend Gl. (19) für $d_i = 21$ mm, $s = 1{,}06$, k auf Innenfläche bezogen]. Soll dieses Diagramm auch für die Ermittlung von L nach Gl. (20) mit $s = 1{,}00$ verwendet werden, so ist als Parameter $1{,}06\,(d_a/d_i)\,(k/v)$ einzusetzen

6. Die wirtschaftlich optimalen Auslegungsgrößen

Im allgemeinen wird die wirtschaftlich optimale Auslegung heute mit Hilfe entsprechend programmierter elektronischer Rechenanlagen bestimmt.

Im folgenden sind Endformeln und Diagramme gezeigt, die es gestatten, die wirtschaftlichen Optimalwerte für die Wassergeschwindigkeit in den Kühlrohren, das Kühlwasservielfache und die Grädigkeit in Abhängigkeit von Kostengradienten zu berechnen oder abzulesen. Der Genauigkeitsgrad dieser Berechnungsmethode hängt davon ab, wie genau die einzelnen Kostengradienten ermittelt werden. Der Einfachheit halber ist angenommen, daß die günstigste Kühlwasserauslegungstemperatur bereits bekannt ist, andernfalls müßten die Optimalwerte für verschiedene Kühlwassertemperaturen ermittelt und anschließend das absolute Optimum bestimmt werden.

Werden die Änderungen der Herstellungskosten und der kapitalisierten, d.h. auf Gegenwart bezogenen Brennstoffkosten mit den Auslegungsvariablen im Bereich der optimalen Auslegung durch die Gradienten der einzelnen Teilkosten erfaßt, so müssen im optimalen Auslegungspunkt die partiellen Ableitungen dieser Kosten nach den Auslegungsvariablen gleich Null sein. Die sich daraus ergebenden Beziehungen sind für zwei Berechnungsgrundlagen in Tabelle 10 angegeben. Die wirtschaftlich optimalen Auslegungsgrößen sind mit * gekennzeichnet.

Alle mit Zahlenindizes versehenen p-Werte in diesem Abschnitt sind Kostengradienten, durch die die Änderungen der Herstellungs- und kapitalisierten Brennstoffkosten bei Abweichungen vom optimalen Auslegungspunkt erfaßt werden sollen. Die einzelnen Kostengradienten sind in Tabelle 11 näher definiert.

Tabelle 10. *Wirtschaftlich optimale Auslegungsgrößen*

Berechnungsgrundlagen	I	II
Wärmedurchgangszahl k [kcal/m² grd h]	wie für Abb. 123, umgerechnet auf Außenfläche und $s = 1{,}06$	proportional $\sqrt{v}$ entspr. „Heat Exchange Institute“
Umlenkwiderstand in Wasserkammern H_1 [m WS]	$H_1 = \frac{v^2}{9{,}81}(z-1)\zeta$ (21)	
Durchflußwiderstand pro m Rohrlänge [—]	$H_2 = \frac{v^2 \varepsilon}{19{,}62\, d_i}$ (22)	
Rohrreibungszahl	$\varepsilon = 0{,}0216 + \frac{0{,}0018}{\sqrt{v d_i}}$ für $d_i = 21$ mm	$\varepsilon =$ konstant (unabhängig von v)
Gesamter Durchflußwiderstand H [m WS]	$H = H_1 + H_2 z l$	
Hilfsgröße H_3	$H_3 = 2{,}45 \frac{d_i^2}{d_a} \cdot v H_2 = 0{,}125\, \varepsilon \frac{d_i}{d_a} v^3$ (23)	
Wassergeschwindigkeit v^* [m/s]	Aus Abb. 132 für $\zeta = 1$, $d_i/d_a = 21/23$ mm CuZn 28 Sn oder CuZn 20 Al	(24) $v^* = \sqrt[3]{\frac{p_1 \eta}{p_2} \cdot \frac{1}{0{,}625\, \varepsilon \frac{d_i}{d_a} + \frac{d_i^2 \zeta (z-1)}{d_a z l}}}$
$\frac{\Delta t_1^*}{\Delta t_2^*}$	$\frac{\Delta t_1^*}{\Delta t_2^*} - \ln \frac{\Delta t_1^*}{\Delta t_2^*} - 1 = \frac{k}{367\,000} \cdot \frac{H_1 + H_0 \frac{p_3}{p_2}}{\frac{p_1 \eta}{p_2} + H_3}$ (25) Lösung aus Abb. 133	
$\Delta t_1^* \, \Delta t_2^*$	$\Delta t_1^* \, \Delta t_2^* = \frac{p_2 (G \Delta i)_0}{p_4 \eta} \frac{1}{k} \left(\frac{p_1 \eta}{p_2} + H_3 \right)$ (26)	
Vakuum Δt_1^* [grd]	$\Delta t_1^* = \sqrt{\Delta t_1^* \, \Delta t_2^* \frac{\Delta t_1^*}{\Delta t_2^*}}$ (27)	
Grädigkeit Δt_2^* [grd]	$\Delta t_2^* = \frac{\Delta t_1^*}{\Delta t_1^* / \Delta t_2^*}$ (28)	
Kühlwasservielfaches q^*	$q^* = \frac{\Delta i}{\Delta t_1^* - \Delta t_2^*}$ (29)	

Weiterhin bedeuten in Tabelle 10:

η Wirkungsgrad der Kühlwasserpumpensätze einschließlich Antriebsmotoren und Eigenbedarfstransformator,

H_0 statische Förderhöhe einschließlich der Strömungswiderstände außerhalb des Kondensators in mWS,

$(G \cdot \Delta i)_0$ im Kondensator bei Auslegungsleistung abzuführender Wärmestrom in kcal/h, bezogen auf $\Delta t_1 = 0$.

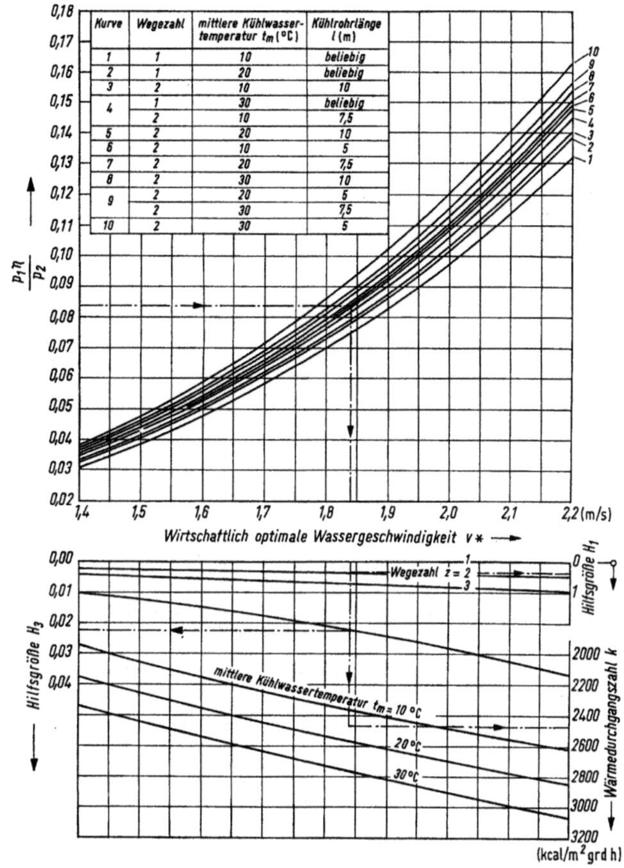

Abb. 132. Wirtschaftlich optimale Wassergeschwindigkeit für Kühlrohre 21/23 mm ⌀ aus CuZn 28 Sn oder CuZn 20 Al nach Berechnungsgrundlagen I der Tabelle 10

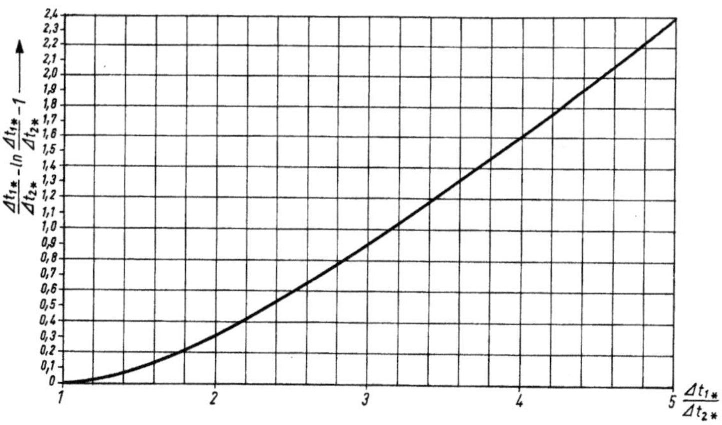

Abb. 133. Hilfsdiagramm zur Lösung von Gl. (25) der Tabelle 10

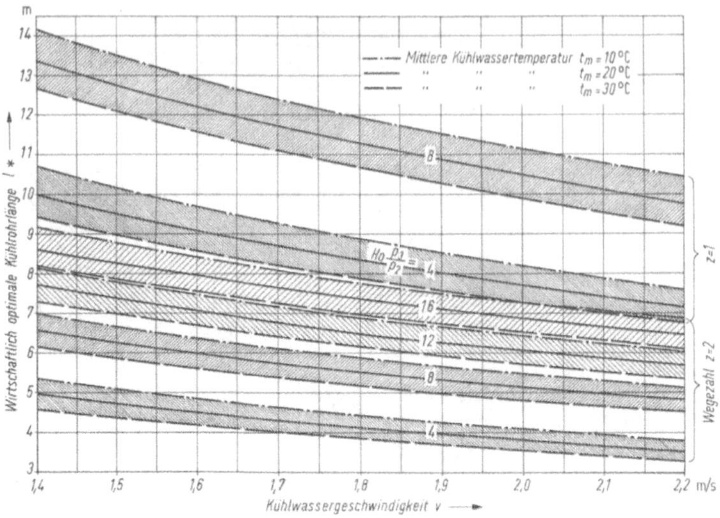

Abb. 134. Wirtschaftlich optimale Kühlrohrlänge (wenn frei wählbar) nach Berechnungsgrundlagen I der Tabelle 10. Dieser Abbildung kann auch die für Abb. 132 benötigte Rohrlänge entnommen werden

Tabelle 11. *Für die Ermittlung der wirtschaftlich optimalen Auslegungsgrößen nach Tabelle 10 erforderliche Kostengradienten*

Kostengradient	Der nebenstehende Kostengradient erfaßt im Bereich der optimalen Auslegung die Änderung der
p_1 [DM/m²]	Herstellungskosten (Kondensator gegebenenfalls mit Fundament und Gebäudeanteil) mit der äußeren Kühlfläche. $p_1 = 120$ bis 150
p_2 [DM/kW]	kapitalisierten Brennstoffkosten für die Kühlwasserpumpe(n) $p_{2,1}$ und der Herstellungskosten (Kühlwasserpumpensätze gegebenenfalls mit elektrotechnischem Teil) $p_{2,2}$ mit der Pumpenleistung. $p_2 = p_{2,1} + p_{2,2}$
p_3 [DM/kW]	$p_3 = p_2 + p_{2,3} = p_2 + \frac{367\,\eta}{H_0}\,p'_{2,3}$
$p'_{2,3}\left[\text{DM}\Big/\frac{\text{m}^3}{\text{h}}\right]$	Herstellungskosten (Kühlwasserleitungen, Pumpensätze, Einlaufbauwerk) mit dem Kühlwasserstrom.
p_4 [DM/grd]	Herstellungskosten und kapitalisierten Brennstoffkosten mit Δt_1. $p_4 = p_{4,1} + p_{4,2} + p_{4,3} + p_{4,4}$
$p_{4,1}$ [DM/grd]	kapitalisierten Brennstoffkosten mit Δt_1.
$p_{4,2}$ [DM/grd]	Herstellungskosten (Turbinenniederdruckteil gegebenenfalls mit Fundament- und Gebäudeanteil) mit Δt_1, sofern der Optimierung nicht bereits ein bestimmtes Turbinenmodell zugrunde gelegt werden soll.
$p_{4,3}$ [DM/grd]	Herstellungskosten (dampftechnischer Teil usw.) infolge der Wärmeverbrauchsänderung mit Δt_1. z. B. $p_{4,3} = \omega \cdot 0{,}5 \cdot$ Kraftwerkskosten
$p_{4,4}$ [DM/grd]	kapitalisierten Brennstoffkosten für sonstigen wärmeverbrauchsabhängigen Eigenverbrauch mit Δt_1. $p_{4,4} = (0{,}03$ bis $0{,}05)\ p_{4,1}$

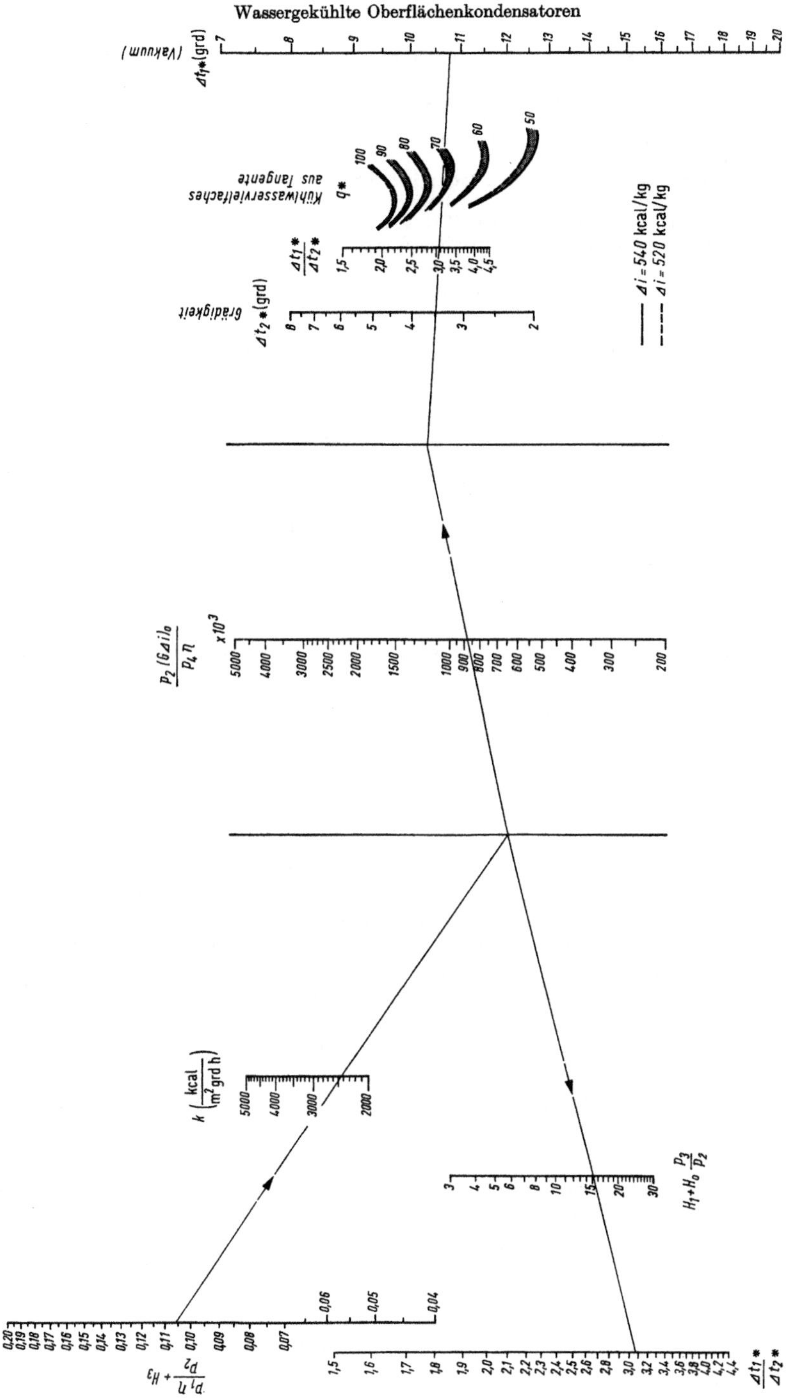

Abb. 135. Nomogramm zur Ermittlung der wirtschaftlich optimalen Auslegungsvariablen entsprechend Berechnungsgrundlagen I und II der Tabelle 10

Hinweise für die Ermittlung der Kostengradienten und des Wärmestromes:

$$p_{2,1} = \sum_{x=1}^{n} a^x p_{wx} w_{mx} h_{tx} \quad [\text{DM/kW}]\,, \tag{30}$$

a reziproker Zinsfaktor (Beispiel 8% Zins: $a = 1/1{,}08$),
n Abschreibungsjahre,
p_{wx} Wärmepreis des Brennstoffes im Jahr x in DM/kcal,
$w_{mx} = w_{4/4} \cdot b_{2x}$ mittlerer Wärmeverbrauch Brennstoff/Generatorklemme im Jahr x in kcal/kWh,
$w_{4/4}$ Bestlast-Wärmeverbrauch Brennstoff/Generatorklemme in kcal/kWh,
b_{2x} Faktor für mittleren Wärmemehrverbrauch gegenüber $w_{4/4}$ im Jahr x,
h_{tx} tatsächliche Betriebsstunden im Jahr x in h.

Kommt für die Dauer h_{tx1} mit w_{mx1} 100% Kühlwasserpumpenleistung und für die Dauer h_{tx2} mit w_{mx2} 50% zum Einsatz, so gilt sinngemäß:

$$p_{2,1} = \sum_{x=1}^{n} a^x p_{wx} (w_{mx1} h_{tx1} + 0{,}5\, w_{mx2} h_{tx2}) \quad [\text{DM/kW}]\,.$$

$$p_{4,1} = \omega \cdot N_{\max} \sum_{x=1}^{n} a^x p_{wx} h_x w_{nmx} \quad [\text{DM/grd}]\,, \tag{31}$$

$w_{nmx} = w_{n4/4} \cdot b_{1x}$ mittlerer Nettowärmeverbrauch Brennstoff/Transformatorklemme im Jahr x in kcal/kWh,
$w_{n4/4}$ Bestlast-Nettowärmeverbrauch Brennstoff/Transformatorklemme in kcal/kWh,
b_{1x} Faktor für mittleren Wärmemehrverbrauch gegenüber $w_{n4/4}$ im Jahr x,
$N_{\max} \cdot h_x$ erzeugte Netto-Kilowattstunden im Jahr x,
ω prozentuale Wärmeverbrauchsänderung mit Δt_1 in grd^{-1}.

Vom Prozeß her betrachtet ist bei konstantem Turbinenwirkungsgrad:

$$\omega = \frac{(w_{4/4}\eta_k - 860)\,\eta_{i_{ND}} \eta_m \eta_g}{860\,\Delta i} \left(\frac{\Delta H}{\Delta t_s} - \frac{H_{A \to t_s}}{i_A - t_s}\right) [\text{grd}^{-1}]\,, \tag{32}$$

η_k Kesselwirkungsgrad (einschließlich Wärmeverlust Vorwärmer und Rohrleitungen von rd. 0,3%),
$\eta_{i_{ND}} \eta_m \eta_g$ innerer, mechanischer Turbinen- und Generatorwirkungsgrad,
Δt_s eine das optimale Vakuum t_s [°C] einschließende, beliebige Sattdampftemperaturdifferenz in grd,
ΔH Änderung des isentropen Wärmegefälles durch Δt_s in kcal/kg,
$H_{A \to t_s}$ isentropes Wärmegefälle zwischen unterster Vorwärmanzapfung und t_s in kcal/kg,
i_A Enthalpie des Anzapfdampfes in kcal/kg.

In guter Näherung ist:

$$\omega = 3{,}4 \cdot 10^{-6} (w_{4/4}\eta_k - 860)\, \eta_{i_{ND}} \eta_m \eta_g \, [\text{grd}^{-1}]\,. \tag{33}$$

Die prozeßbedingte prozentuale Wärmeverbrauchsänderung bei Vakuumänderung ist daher bei Anlagen mit niedrigem Wärmeverbrauch (Zwischenüberhitzung) kleiner als bei Anlagen mit hohem Wärmeverbrauch (ohne Zwischenüberhitzung).

Der Einfluß der $\eta_{i_{ND}}$-Änderung auf ω muß individuell berücksichtigt werden. Für eine nicht modellgebundene Betrachtungsweise sind die Werte aus Gl. (32) oder (33) um rd. 10% zu verkleinern, um dem Einfluß der Nässeänderung auf den Turbinenwirkungsgrad Rechnung zu tragen.

$$G\,\Delta i = N_{4/4} \left(w_{4/4}\eta_k - 860 \frac{\eta_{sp}}{\eta_m \eta_g}\right) [\text{kcal/h}]\,, \tag{34}$$

$$\eta_{sp} = 1 - \frac{\text{dem Speisewasser zugeführte Speisepumpenleistung}}{\text{innere Turbinenleistung}}\,.$$

Praktisch ist $\eta_{sp} \approx \eta_m \eta_g$.

Für Anlagen mit Speisepumpenturbinen erhält man den gesamten abzuführenden Wärmestrom, wenn man zu $N_{4/4}$ die Speisepumpenleistung hinzuzählt.

Die Veränderlichkeit von $G\,\Delta i$ mit Δt_1 ist berücksichtigt, wenn man den aus

$$(G\,\Delta i)_0 = N_{4/4} (w_{0_{4/4}} \eta_k - 860) \quad [\text{kcal/h}] \tag{35}$$

und

$$w_{0_{4/4}} = w_{4/4} (1 - \omega\,\Delta t_1) \quad [\text{kcal/kWh}] \tag{36}$$

errechneten fiktiven Wärmestrom für $\Delta t_1 = 0$ in Gl. (26) einsetzt.

Rechenbeispiel:

Gegeben:

Nennleistung	N_{max}	$= 200\,000$ kW,
Bestlast	$N_{4/4}$	$= 180\,000$ kW,
Kühlwassertemperatur	t_e	$= 12$ °C,
Wärmeverbrauch Brennstoff/Klemme (bei $\Delta t_1 = 10{,}7$ grd)	$w_{4/4}$	$= 2050$ kcal/kWh,
Wärmeverbrauch netto (bei $\Delta t_1 = 10{,}7$ grd)	$w_{n4/4}$	$= 2158$ kcal/kWh,
Kesselwirkungsgrad bei $N_{4/4}$	η_k	$= 0{,}92$,
Kraftwerkskosten		10^8 DM,
Statische Förderhöhe	H_0	$= 7{,}5$ mWS,
Vollast-Kühlwasserpumpensätze mit Wirkungsgrad	η	$= 0{,}80$,
Wegezahl	z	$= 2$,
Kühlrohre aus CuZn 28 Sn oder CuZn 20 Al mit	d_i/d_a	$= 21/23$ mm,
Kondensationswärme	Δi	$= 540$ kcal/kg,
Brennstoffpreis	p_w	$= 7{,}5 \cdot 10^{-6}$ DM/kcal,
Abschreibungszeit	n	$= 15$ Jahre
Zinssatz		8%,
Berechnungsgrundlagen in Tabelle 10		I,

Jahr x	1 bis 5	6 bis 10	11 bis 15
Σa^x ($a = 1/1{,}08$)	3,99	2,7	1,86
Vollastbenutzungsstunden/Jahr h_x	6000	5000	4000
Tatsächliche Betriebsstunden/Jahr h_{tx}	8000	7500	7000
b_{1x}	1,02	1,03	1,06
b_{2x}	1,02	1,03	1,05

$\omega = 0{,}0028$ grd^{-1}, d. h. 1% w-Zunahme pro 3,57 grd Vakuumsverschlechterung,

$p_1 = 128$ DM/m²,

$p_{2,2} = 200$ DM/kW,

$p_{2,3} = 30 \text{ DM} \Big/ \frac{\text{m}^3}{\text{h}}$.

$p_{4,2} = -275\,000$ DM/grd,

$p_{4,3} = 0{,}5 \cdot$ Kraftwerkskosten DM/grd.

Gesucht: Die wirtschaftlich optimalen Auslegungsgrößen

Gl. (30): $p_{2,1} = p_w w_{4/4} \sum_{x=1}^{15} a^x h_{tx} b_{2x} = 1025$ DM/kW,

$p_2 = p_{2,1} + p_{2,2} = 1225$ DM/kW,

$p_{2,3} = p'_{2,3} \frac{367\eta}{H_0} = 1175$ DM/kW,

$p_3 = p_2 + p_{2,3} = 2400$ DM/kW,

$$\left.\begin{array}{l} \frac{p_1 \eta}{p_2} = 0{,}084 \\ \frac{p_3}{p_2} H_0 = 14{,}7 \end{array}\right\} \text{aus Abb. 132 und 134:} \quad \underline{v^* = 1{,}84 \text{ m/s.}}$$

aus Abb. 132 $k = 2470$ kcal/m² grd h,

aus Abb. 132 oder Gl. (21), (23): $H_1 = 0{,}34$, $H_3 = 0{,}022$,

aus Abb. 135 oder Gl. (25) $\Delta t_1^* / \Delta t_2^* = 3{,}08$,

aus Abb. 131 oder Gl. (20): $L^* = 14{,}5$ m, $\underline{l^* = 7{,}25 \text{ m.}}$

Gl. (31): $p_{4,1} = \omega w_{n4/4} N_{\max} p_w \sum_{x=1}^{15} a^x h_x b_{1x} = 420\,000$ DM/grd,

$p_{4,2} = -275\,000$ DM/grd,

$p_{4,3} = 0{,}5 \cdot 0{,}0028 \cdot 10^8 = 140\,000$ DM/grd,

$p_{4,4} = 0{,}045\, p_{4,1} = 18\,900$ DM/grd,

$p_4 = p_{4,1} + p_{4,2} + p_{4,3} + p_{4,4} = 303\,900$ DM/grd,

Gl. (36): $w_{04/4} = w_{4/4}\,(1 - \omega\,\Delta t_1) = 1989$ kcal/kWh,

Gl. (35): $(G\,\Delta i)_0 = N_{4/4}\,(w_{04/4}\eta_k - 860) = 174\,500\,000$ kcal/h,

$\frac{p_3 (G\,\Delta i)_0}{p_4 \eta} = 878\,000$ kcal grd/kWh,

aus Abb. 135 oder Gl. (26), (27), (28), (29): $\Delta t_1^* = 10{,}74$ grd,

$\Delta t_2^* = 3{,}49$ grd,

$q^* = 74{,}5.$

Bemerkenswerte Zusammenhänge: Die wirtschaftlichen Optimalwerte v^*, $\Delta t_1^*/\Delta t_2^*$ und damit die Kühlrohrlänge L^* oder l^* ändern sich bei gleichbleibenden Randbedingungen mit dem Vakuum nur unwesentlich. Diese Größen können daher auch ermittelt werden, wenn p_4 und der genaue Abdampfmengenstrom unbekannt sind.

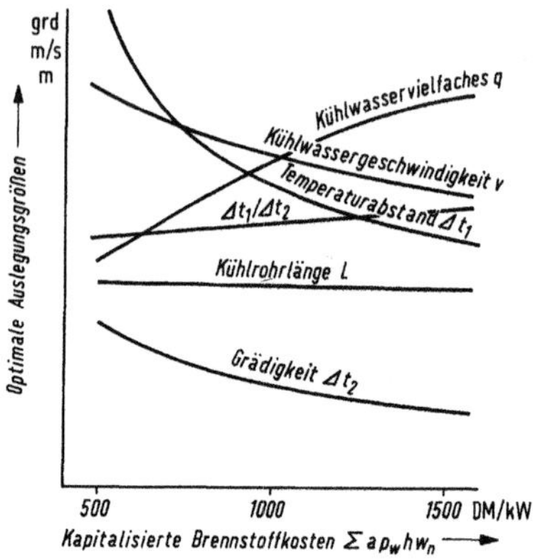

Abb. 136. Einfluß der kapitalisierten Brennstoffkosten auf die optimalen Auslegungsgrößen

Wird bereits eine bestimmte Kühlrohrlänge vorgeschrieben, so läßt sich $\Delta t_1/\Delta t_2$ nicht mehr optimieren. Die Auslegungsvariablen sind in diesem Fall von der statischen Förderhöhe fast unabhängig. Abweichungen des zunächst angenommenen Wärmeverbrauches von dem sich ergebenden gehen in das Ergebnis mit der zweiten bis dritten Wurzel ein, so daß deren Einfluß gering ist und sich eine Wiederholung der Rechnung meistens erübrigt.

Die optimalen Auslegungsgrößen ändern sich mit den kapitalisierten Brennstoffkosten in der Tendenz entsprechend Abb. 136.

d) Betriebsverhalten bei Abweichungen vom Auslegungszustand

1. Teil- und Überlast bei konstanter Wassermenge und konstanter Kühlwassereintrittstemperatur

Ändert sich die Wärmebelastung des Kondensators, so ändern sich auch die Temperaturdifferenzen Δt_1 zwischen Sattdampf und Kühlwassereintritt sowie die Grädigkeit Δt_2 theoretisch nach den Gleichungen

$$\Delta t_1 = \frac{W}{Q}\left(\frac{1}{e^{F \cdot k/Q} - 1} + 1\right), \tag{37}$$

$$\Delta t_2 = \frac{W}{Q(e^{F \cdot k/Q} - 1)} \tag{38}$$

direkt proportional mit dem Wärmestrom W, da alle anderen Größen dieser Gleichungen — abgesehen von einer ganz geringfügigen Änderung des k-Wertes infolge der Änderung der mittleren Wassertemperatur (bei der amerikanischen Berechnungsmethode wird dieser Einfluß nicht berücksichtigt) — konstant bleiben.

Dementsprechend ist auch das Verhältnis

$$\frac{\Delta t_1}{\Delta t_2} = e^{k \cdot F/Q} \tag{39}$$

konstant ($k \cdot F/Q$ ist dimensionslos, da zu Q eigentlich noch die spezifische Wärme des Wassers gehört, die wegen ihrer Größe von rd. 1 kcal/kg grd grundsätzlich nicht angeschrieben wurde).

Das Vakuum bzw. die Sattdampftemperatur t'_s bei dem Wärmestrom W' erhält man somit aus

$$t'_s = \Delta t_1 \frac{W'}{W} + t_e. \tag{40}$$

Vernachlässigt man die Änderung von Δi bei Teil- und Überlast, so ist der Wärmestrom proportional dem Abdampfmengenstrom, d.h.

$$\frac{W'}{W} = \frac{G'}{G}. \tag{41}$$

Voraussetzung für die direkt proportionale Änderung der Temperaturdifferenzen Δt_1 und Δt_2 mit dem Wärmestrom ist ausreichende Luftabsaugeleistung auch bei dem höheren Teillastvakuum. Die Standards des Heat Exchange Institute berücksichtigen den vakuumbegrenzenden Einfluß der nach ihren Richtlinien ausgelegten Luftabsaugeaggregate in den Vakuumkurven für Teillast dadurch, daß sie eine Mindestgrädigkeit von 2,8 grd nicht unterschreiten und von der Kühlwassereintrittstemperatur abhängige Grenzvakua für unbelasteten sowie belasteten Zustand festlegen, deren dazwischenliegender Bereich durch eine Gerade verbunden wird (siehe Abb. 138).

2. Teil- und Überlast bei konstanter Wassermenge, aber veränderter Kühlwassereintrittstemperatur

Ändert sich die Kühlwassereintrittstemperatur, so ändern sich die Wärmedurchgangszahlen und damit trotz gleicher Wärmebelastung auch die Grädigkeit. Mit zunehmender Kühlwassereintrittstemperatur verringert sich die Grädigkeit. Abb. 137 zeigt den Grädig-

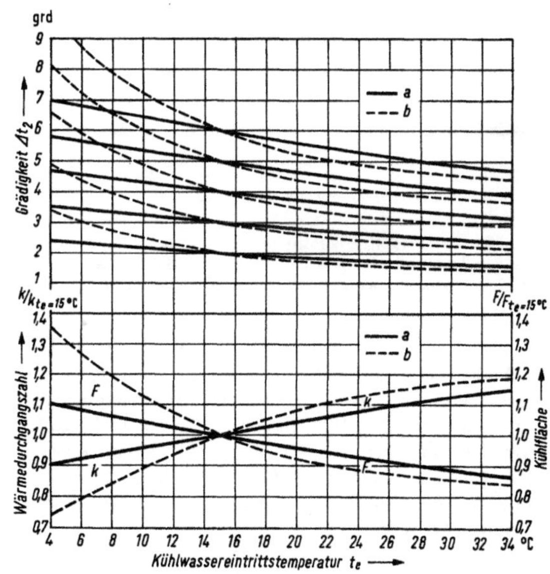

Abb. 137. Einfluß der Kühlwassereintrittstemperatur auf die Grädigkeit, die Wärmedurchgangszahl und die Größe der Kühlfläche bei konstanter Wärmebelastung

a für *k*-Werte entsprechend Abb. 123
b für *k*-Werte entsprechend Abb. 121

keitsverlauf in Abhängigkeit von der Kühlwassereintrittstemperatur bei konstanter Wärmebelastung des Kondensators für übliche Verhältnisse.

Der ermittelte Grädigkeitsverlauf wird dabei durch den der Berechnung zugrunde gelegten Verlauf des k-Wertes bestimmt.

Die Vakuumkurven für Teil- und Überlast bei veränderten Kühlwassereintrittstemperaturen erhält man aus den Temperaturlinien unter Berücksichtigung der Grädigkeitsänderung, wie aus Abb. 138 ersichtlich ist.

Da die Vakuumänderung auch bei gleicher Wärmebelastung eine Änderung des Abdampfvolumenstromes und damit eine Änderung des dampfseitigen Strömungswiderstandes im Kondensator zur Folge hat, kann eine entsprechende Korrektur des Vakuumverlaufes insbesondere bei tiefer Kühlwassertemperatur erforderlich sein. Die Vakuumkurven sind um so steiler, je größer der Temperaturabstand Δt_1 für den Auslegungspunkt gewählt wird.

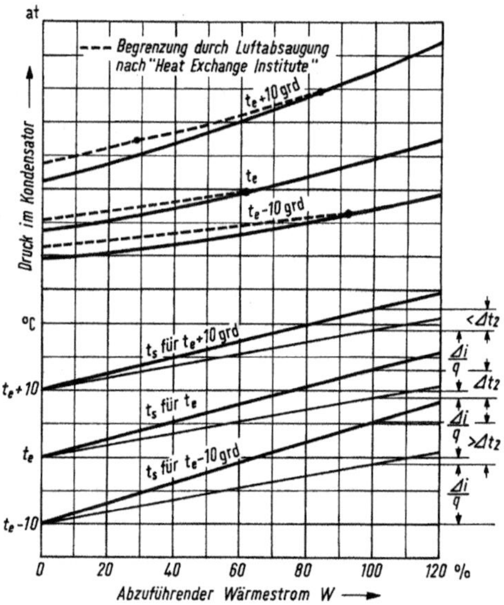

Abb. 138. Sattdampftemperatur und Druck im Kondensator für Teil- und Überlast bei veränderter Kühlwassereintrittstemperatur, aber konstantem Kühlwasserstrom

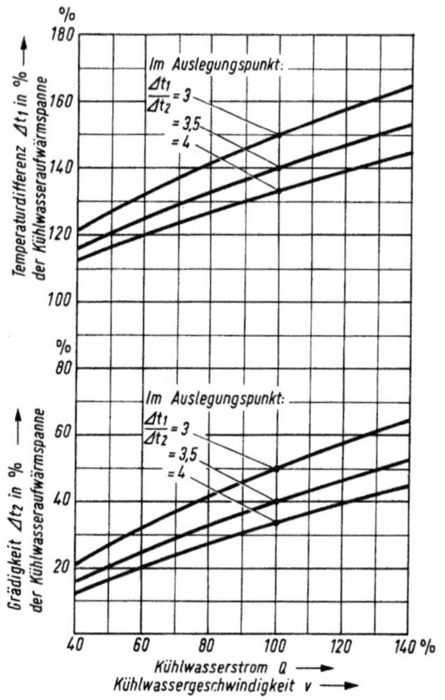

Abb. 139. Anfangstemperaturdifferenz und Grädigkeit (bezogen auf Kühlwasseraufwärmspanne) in Abhängigkeit vom Kühlwasserstrom

3. Vakuum bei verändertem Kühlwasserstrom

Ändert sich der Kühlwasserstrom, so ändern sich die Kühlwasseraufwärmspanne, die Wassergeschwindigkeit, die mittlere Wassertemperatur und die Grädigkeit. Unter den in den Standards des Heat Exchange Institute getroffenen Voraussetzungen, daß die Änderung der mittleren Wassertemperatur nicht berücksichtigt zu werden braucht und der k-Wert sich mit der Wurzel aus der Wassergeschwindigkeit ändert, ergibt sich die in der Abb. 139 dargestellte Abhängigkeit der Grädigkeit Δt_2 bzw. der Anfangstemperaturdifferenz Δt_1 und damit des Vakuums vom Kühlwasserstrom.

Die Kühlwasseraufwärmspanne erhält man aus W/Q [Gl. (12)]. Für die Voraussetzungen, die der Abb. 123 zugrunde gelegt wurden, würde der Kurvenverlauf in Abb. 139 etwas flacher sein.

Für den Fall, daß der Kühlwasserstrom proportional dem Wärmestrom geändert wird (konstante Aufwärmspanne), ist der Verlauf der Temperaturdifferenzen Δt_1 und Δt_2 aus Abb. 139 unmittelbar zu erkennen.

Mit Hilfe des Kühlwasserstromes kann das Vakuum in bestimmten Grenzen verändert werden. Sind regelbare oder mehrere Kühlwasserpumpen vorgesehen, so wird von dieser Möglichkeit im Interesse einer optimalen Betriebsweise weitgehend Gebrauch gemacht.

Abb. 140 zeigt, wie der Kühlwasserstrom verändert werden müßte, um bei Kühlwassertemperaturen, die nach oben oder unten von der Auslegungstemperatur abweichen, das Auslegungsvakuum ohne Änderung der Wärmebelastung des Kondensators konstant zu halten.

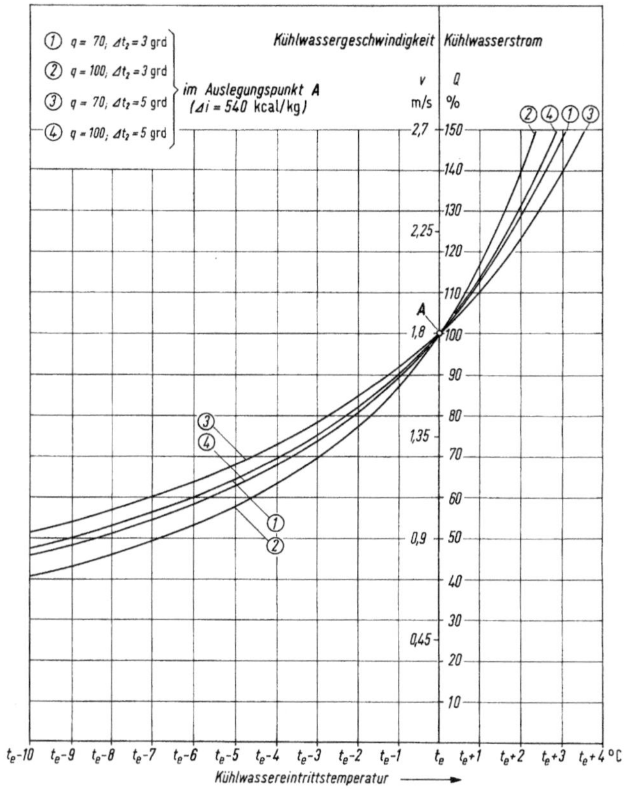

Abb. 140. Kühlwasserstrom für konstantes Vakuum bei konstanter Wärmebelastung, jedoch veränderter Kühlwassereintrittstemperatur

Gestattet die Turbine nur die Ausnutzung eines bestimmten Vakuums, so ist eine Verringerung des Kühlwasserstromes bei tiefen Kühlwassertemperaturen angebracht. Eine Verminderung des Leistungsbedarfes für die Kühlwasserförderung kann dabei jedoch nur durch eine regelbare Kühlwasserpumpe oder durch Teillastpumpen erzielt werden. Die Möglichkeit für eine Erhöhung des Kühlwasserstromes über den Auslegungswert hinaus ist nur selten gegeben.

e) Ausführungsbeispiele

1. Rohranordnung

Theorie und Praxis zeigen, daß nicht mit jeder beliebigen Rohranordnung derselbe Effekt erzielt wird. So kann z.B. bei gleichen Betriebsbedingungen ein Kondensator mit kleiner Kühlfläche und vorteilhafter Rohranordnung wirksamer sein als ein Kondensator

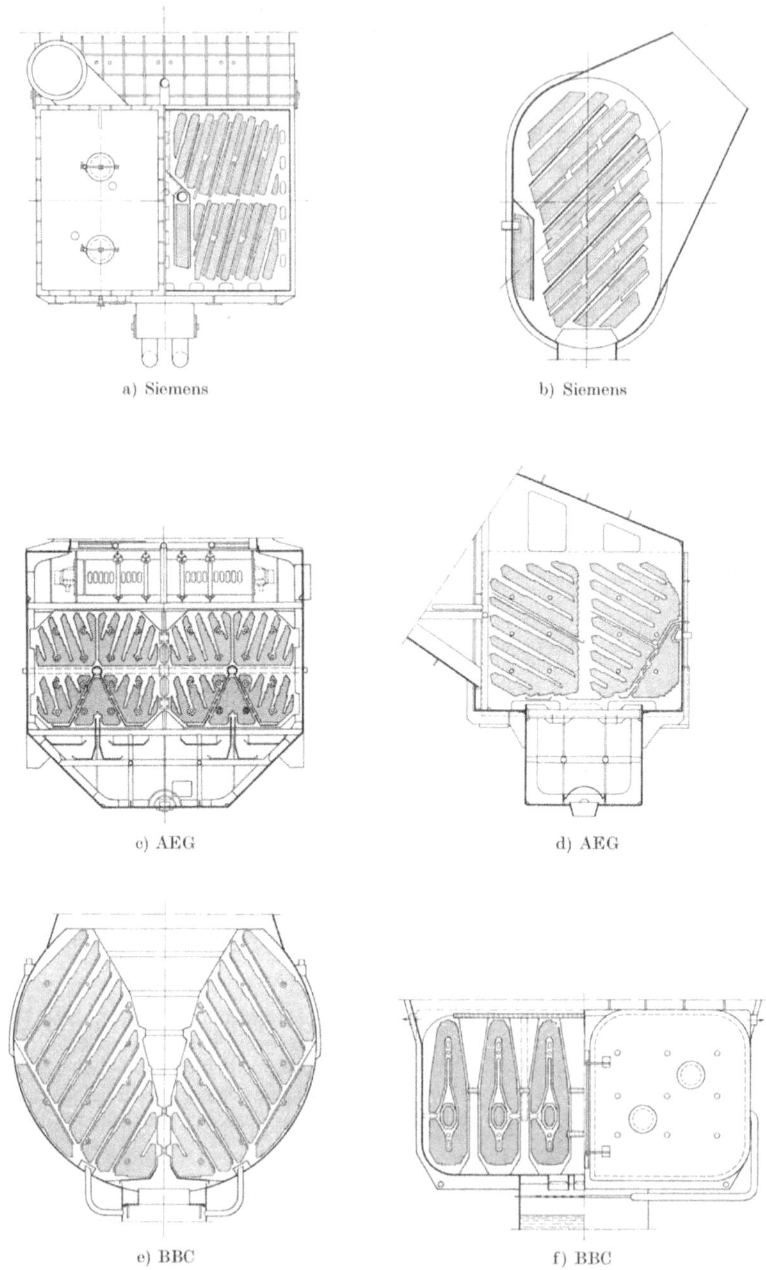

a) Siemens b) Siemens

c) AEG d) AEG

e) BBC f) BBC

Abb. 141. Charakteristische Rohranordnungen verschiedener Herstellerfirmen

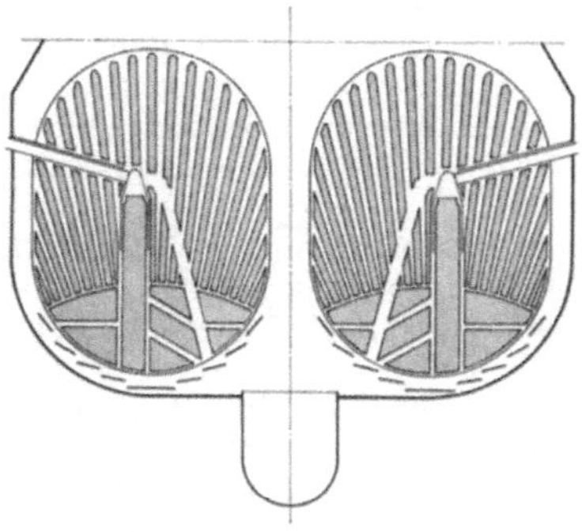

g) MAN

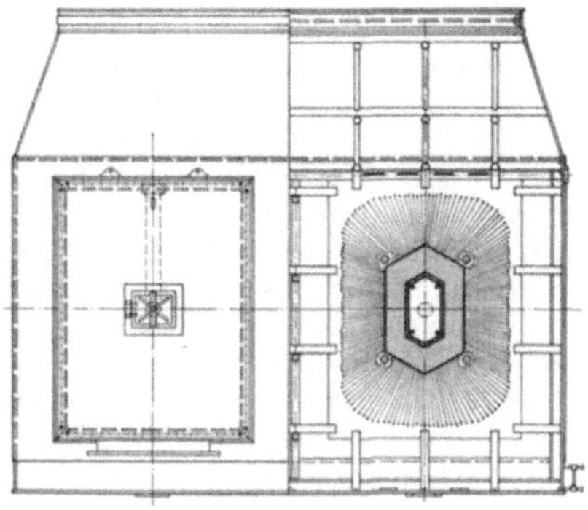

h) Westinghouse

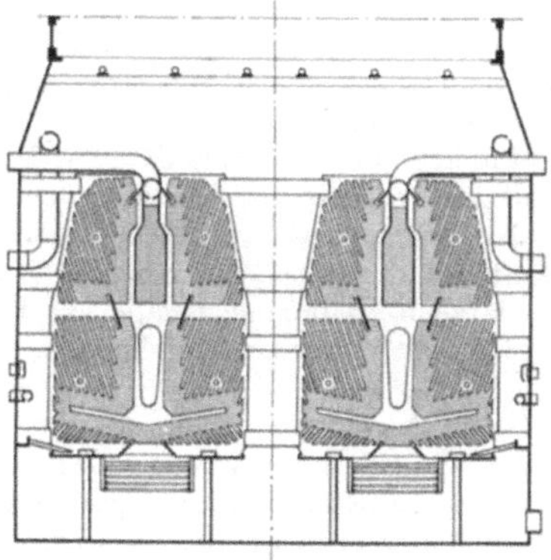

i) Worthington

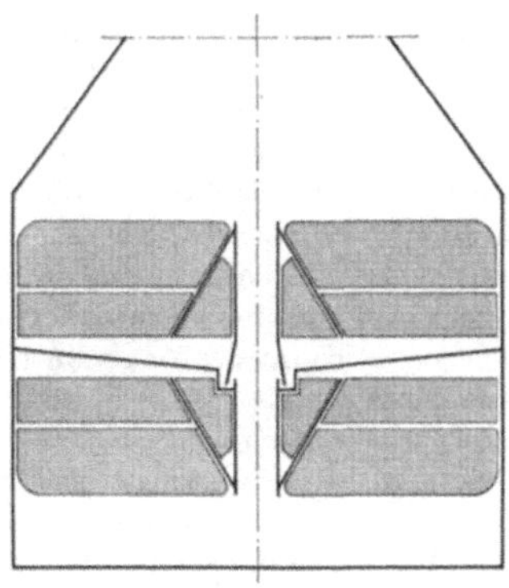

k) Foster Wheeler

Abb. 141 (Fortsetzung). Charakteristische Rohranordnungen verschiedener Herstellerfirmen

mit großer Kühlfläche, aber unzweckmäßiger Rohranordnung. Günstige Verhältnisse ergeben sich, wenn die Kühlrohre im Kondensator so angeordnet sind, daß

der Abdampf möglichst viele Rohre unmittelbar beaufschlagen kann,
der Strömungswiderstand auf der Dampfseite möglichst gering ist (Gassen, weite Rohrteilung) und
das ablaufende Kondensat über möglichst wenige Rohre fließt.

Abb. 141 zeigt charakteristische Rohranordnungen verschiedener Herstellerfirmen. Die besonderen Merkmale der einzelnen Ausführungen sind:

Abb. 141a: Weitgehende Auflockerung der Kühlfläche in einzelne schmale Rohrbündel mit durchgehenden Dampfgassen. Der Abdampf gelangt ohne nennenswerten Druckverlust in den unteren Teil des Kondensators, daher praktisch gleicher Druck im ganzen Dampfraum. Das ablaufende Kondensat aus den Rohrbündeln wird durch Leitbleche (Resektoren), die die ganze Länge des Kondensators durchziehen, zum Kondensatsammelbehälter geführt, ohne mit den Kühlrohren nochmals in Berührung zu kommen. Dadurch werden dicke Wasserfilme, die infolge der schlechten Wärmeleitfähigkeit des Wassers den Wärmeübergang erschweren, auf den unteren Kühlrohren vermieden. Außerdem bleibt die Temperatur des Kondensates nahezu erhalten. Gegebenenfalls findet eine Aufwärmung des Kondensates auf dem Wege über die dampfbeheizten Leitbleche statt, so daß eine Unterkühlung praktisch ausgeschlossen ist. Die durchgehenden, mit den Rohrböden und Stützwänden verbundenen Kondensatableitbleche erübrigen die Verwendung von Zugankern. Das Dampf-Luft-Gemisch wird in zwei Luftkühlzonen, die in den ersten Wasserweg mit der tiefsten Wassertemperatur eingebaut und durch Bleche abgeschirmt sind, vor seiner Absaugung gekühlt.

Abb. 141b: Auch beim Ovalkondensator sind im wesentlichen die gleichen Merkmale der Rohranordnung verwirklicht. Die großen Ausnehmungen in den Stützwänden sorgen für vollkommenen Druckausgleich über die Kondensatorlänge. Die zweite Kondensatorhälfte wird spiegelbildlich ausgeführt.

Abb. 141c: Durch die strahlenförmige Anordnung der Kühlrohre wird eine gleichmäßige Dampfverteilung über die ganze Kühlfläche erreicht. Leitbleche zwischen den Rohrbündeln sind vermieden, da sie bei dieser Anordnung ein Hindernis für die freie Entfaltung der Dampfströmung bilden könnten. Die strahlenförmige Anordnung gibt dem Dampf die Möglichkeit, ohne großen Druckverlust bis zur Luftkühlzone vorzudringen. Der untere Teil des Kondensators wirkt als Mischkondensator. Ein Teil des Dampfes kondensiert an den Stellen des abfließenden, kalten Kondensates, das vor Eintritt in den Hotwell über mehrere Überläufe geführt wird. Die weite Mittelgasse und die Mischkondensation sorgen für warmes und sauerstofffreies Kondensat. Die mit versetzt angeordneten Blechen abgedeckte Luftkühlzone liegt im ersten Wasserweg.

Abb. 141d: Auch die Rohrteilung der Doppelkondensatoren (nur eine Symmetriehälfte ohne Zwischenstück abgebildet) weist strahlenförmige, von der seitlich liegenden Luftkühlzone (erster Wasserweg) ausgehende, gegen die Strömungsrichtung sich erweiternde Dampfgassen auf. Zwei durchgehende Kondensatableitbleche zwischen den beiden Wasserwegen leiten das von den darüberliegenden Rohrbündeln ablaufende Kondensat seitlich weg. Auch dieser Kondensator ist im Hotwell mit Überläufen zur besseren Entgasung des Kondensates ausgerüstet.

Abb. 141e: Die breite, nach oben stark erweiterte Mittelgasse des einwegigen, zweiteiligen Kondensators führte bei der Herstellerfirma zu der Bezeichnung OV-Bauform. Die tief in das Rohrfeld eindringenden Dampfgassen gewährleisten eine gute Dampfverteilung. Das in den Rohrbündeln abtropfende Kondensat wird über Kondensatleitbleche abgeführt. Das Luftkühlerbündel ist zum Dampfraum hin abgedeckt. Die abzusaugende Luft wird im Querstrom durch den Luftkühler zu dem Absaugeflansch geführt.

Abb. 141f: Diese Abbildung zeigt einen einwegigen, mit geteilten Wasserkammern ausgerüsteten Kondensator in Teilbündel-Bauform. Zur Verarbeitung großer Abdampfvolumina sind die Rohre in mehreren vertikalen Teilbündeln angeordnet. Die schmal gehaltenen Teilbündel sind durch breite, durchgehende Dampfgassen, die eine gute Beaufschlagung aller Rohre gewährleisten, getrennt. In jedem Teilbündel ist zentral ein ummantelter Luftkühler angeordnet, durch den die nicht kondensierbaren Gase im Gegenstrom zum Kühlwasser abgesaugt werden.

Abb. 141g: Der zweiwegige Kondensator ist in zwei spiegelbildlich zueinander angeordnete Rohrfelder unterteilt. Der Turbinenabdampf gelangt durch die breite Mittelgasse bis in den Hotwell. Die oberen Rohrfelder weisen strahlenförmige, sich nach innen verjüngende Rohrgassen auf, die dem Abdampf den Zutritt zu den tieferen Rohrreihen erleichtern. Die Luftkühlzone befindet sich annähernd in der Mitte der Rohrfelder, damit eine gleichmäßig gute Entlüftung durch möglichst kurze Strömungswege erzielt wird.

Abb. 141h: Das Radialflußprinzip wird auch bei rechteckiger Grundform angewendet. Der Abdampf hat von allen Seiten freien Zutritt zum äußeren Rohrfeld, das aus strahlenförmig angeordneten Kühlrohren besteht. Das innere Rohrfeld ist dichter berohrt und dient gleichzeitig zur Kühlung der Luft, die aus der Mitte abgesaugt wird.

Abb. 141i: Die gezeigte Rohranordnung wird für ein- und zweiwegige Ausführungen verwendet. Tiefe Rohrgassen und allseitige Beaufschlagung des Rohrfeldes sorgen für wirkungsvolle und gleichmäßige Ausnützung der Kühlfläche. Die Luft wird aus dem in der Mitte des oberen Rohrfeldes liegenden und nur von unten zugänglichen Luftkühler abgesaugt. Die breite Dampfgasse zwischen beiden Kondensatorhälften ist „venturiförmig" ausgebildet und ermöglicht die Umsetzung von Geschwindigkeits- in Druckenergie.

Abb. 141k: Die vier Rohrfelder sind bei dieser geteilten zweiwegigen Ausführung der äußeren rechteckigen Form des Kondensators angeglichen. Sie werden vertikal und horizontal durch breite Zwischenräume getrennt. Sowohl die beiden oberen als auch die beiden unteren Felder sind verschieden berohrt. Die vier äußeren Abschnitte weisen leicht geneigte Rohrgassen auf, die dem Dampf den Zutritt zu den innenliegenden, dichter berohrten Abschnitten erleichtern. Die beiden unteren Rohrfelder werden durch den vertikalen Zwischenraum mit Dampf versorgt. Das Kondensat des oberen Rohrfeldes wird über Leitbleche zur Kondensatormitte geführt und fließt von dort über die Seitenwände eingebauter Auffangrinnen ab. Die Luftkühlzone ist durch Bleche abgeschirmt.

2. Bauformen

In der Mehrzahl der Fälle werden die Kondensatoren im Maschinenhauskeller innerhalb oder außerhalb der Säulen des Turbinenfundamentes aufgestellt. Sind die Kühlrohre quer zur Turbinenachse gerichtet, so spricht man von einer Queraufstellung. Verlaufen sie parallel zur Turbinenachse, so spricht man von einer Längsanordnung des Kondensators.

Beide Anordnungen sind üblich. Entscheidend für die Art der Aufstellung können u. a. der in jedem Fall erforderliche Raum für das Ausziehen der Kühlrohre und die maximale Herstellungslänge der Kühlrohre sein. Queraufstellung kommt im allgemeinen mit Rücksicht auf den Ausziehraum für einflutige Turbinen oder wegen der Kühlrohrlänge für Turbinen mit 4 bis 6 Abdampffluten in Frage. Im letzteren Fall werden mehrere Teilkondensatoren nebeneinander quer zur Turbinenachse angeordnet (Abb. 142).

Für außerhalb der Fundamentsäulen liegende Kondensatoren kommen praktisch nur zwei spiegelbildliche Ausführungen in Längsanordnung in Frage (Abb. 143).

Diese Anordnung ermöglicht

- niedrige Kellerhöhen,
- kurze Anzapfleitungen mit geringen Strömungsverlusten zu den Vakuum- bzw. ND-Vorwärmern,
- raumsparende Unterbringung der Vorwärmer zwischen den Kondensatoren,
- glatte Gehäuseformen durch untenliegende Dampfüberströmleitungen zwischen MD- und ND-Teil bei kleinen Leistungen und
- das Reinigen eines Kondensators während des Betriebes wie bei geteilten Ausführungen.

Während bei dieser Anordnung die stehende Ovalform für die Kondensatoren sehr geeignet ist, wird für alle anderen Anordnungen bei großen Einheiten die rechteckige Form bevorzugt. Runde Kondensatoren (Abb. 144) bieten zwar in fertigungstechnischer Hinsicht Vorteile, erfordern aber große Kellerhöhen und werden nur noch für kleine Leistungen oder paarweise für mittlere Leistungen verwendet. Auch die liegende Ovalform (Abb. 145) mit der geringeren Höhe wird durch die rechteckige Form verdrängt. Letztere ermöglicht auch eine große Oberfläche des Kondensatspiegels (Abb. 146 und 147), der sich über die gesamte Grundfläche erstrecken kann. Ein großer Kondensatspiegel ist insbesondere bei Anlagen ohne Speisewasserbehälter erwünscht, da diese einen großen Hotwell benötigen.

Turbinen mit vielen Abdampffluten auf einer Welle können auch mit längs angeordneten Kondensatoren ausgerüstet werden, wenn zur Verkürzung der Rohrlänge eine Wasserkammer eingeschaltet wird. Abb. 148 zeigt die Kondensatoren einer 1000 MW-Zweiwellenturbine mit drei doppelflutigen ND-Teilen auf einer Welle.

Der Abdampfstrom der sechs Endstufen wird auf zwei in Längsrichtung miteinander verschweißte, einwegige Kondensatoren verteilt. Das Kühlwasser durchströmt die Kondensatoren von außen nach innen und tritt durch die gemeinsame, in der Mitte liegende Wasserkammer aus.

Turbinen mit mehreren Abdampffluten bieten die Möglichkeit, jeder Flut bzw. jeder Doppelflut einen eigenen Kondensator zuzuordnen. Werden die einzelnen Kondensatoren wasserseitig in Serie geschaltet, so kann man durch die abnehmende Kühlwassertemperatur entgegen der Flußrichtung eine stufenweise Vakuumverbesserung von Kondensator zu

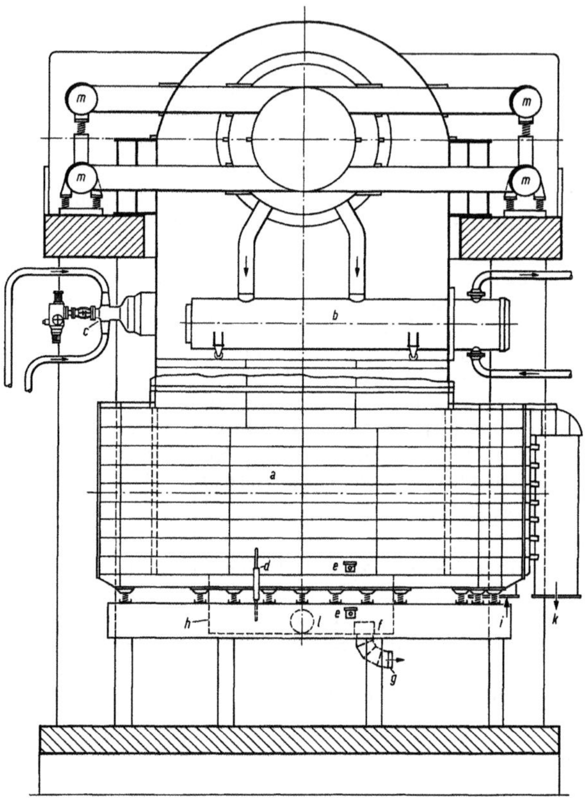

Abb. 142. Zweiwegiger Kastenkondensator in Queraufstellung mit eingebautem Vakuumvorwärmer. Drei solche Kondensatoren befinden sich beispielsweise unter den drei Doppelfluten einer 300 MW-Sattdampfturbine eines Kernkraftwerkes (Siemens)

a Kondensator
b Vakuumvorwärmer
c Abblaseventil für Umleitdampf
d Wasserstandsanzeiger
e Niveauwächter
f Kondensatsieb
g Kondensataustrittsstutzen
h Kondensatsammelbehälter
i Kühlwassereintrittsstutzen
k Kühlwasseraustrittsstutzen
l Mannloch
m Dampfüberströmleitungen

Kondensator erreichen. Die einzelnen Kondensatoren werden zweckmäßigerweise zu einem dampfseitig entsprechend unterteilten Kondensator zusammengefaßt.

Verteilt man den gesamten Abdampf auf zwei oder drei wasserseitig hintereinander geschaltete und dampfseitig getrennte Kondensatoren (bzw. Sektionen) gleicher Kühlfläche und gleicher Wassergeschwindigkeit so, daß jeder die gleiche Wärmeleistung zu übertragen, d.h. praktisch auch die gleiche Dampfmenge zu kondensieren hat, so erzielt

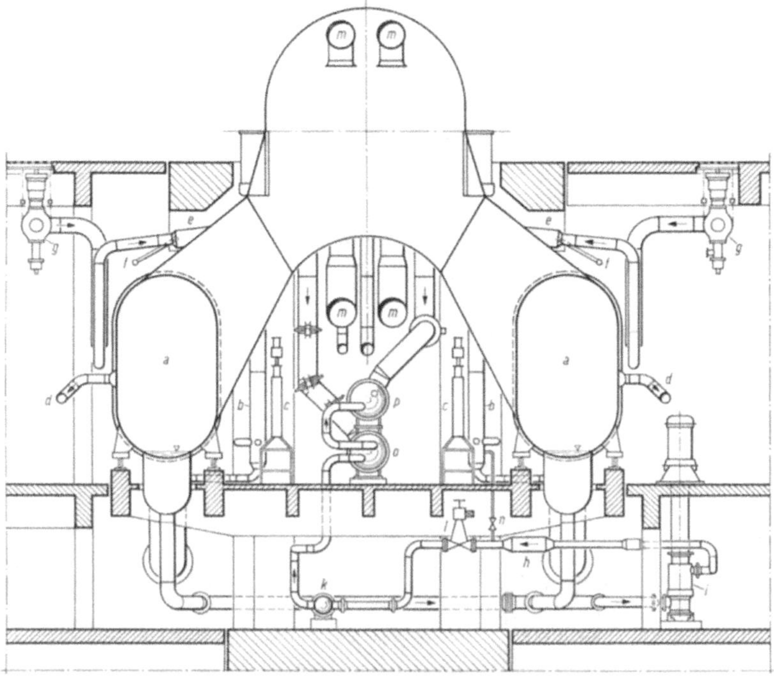

Abb. 143. Ausführungsbeispiel für Kondensatoren in spiegelbildlicher Längsanordnung (Siemens)

a Kondensatoren
b Ausdampfrohre
c Entwässerungsstationen
d Luftabsaugeleitungen
e Entspannungseinrichtungen für Umleitdampf
f Einspritzwasserleitungen
g kombinierte Abblaseregel- und Abblaseschnellschlußventile
h Schwadendampfkühler
i Kondensatpumpe
k Kondensatkühler
l Kondensatablaufregelventile
m Dampfüberströmleitungen
n Kondensatrückführleitung
o Vakuumvorwärmer
p Niederdruckvorwärmer

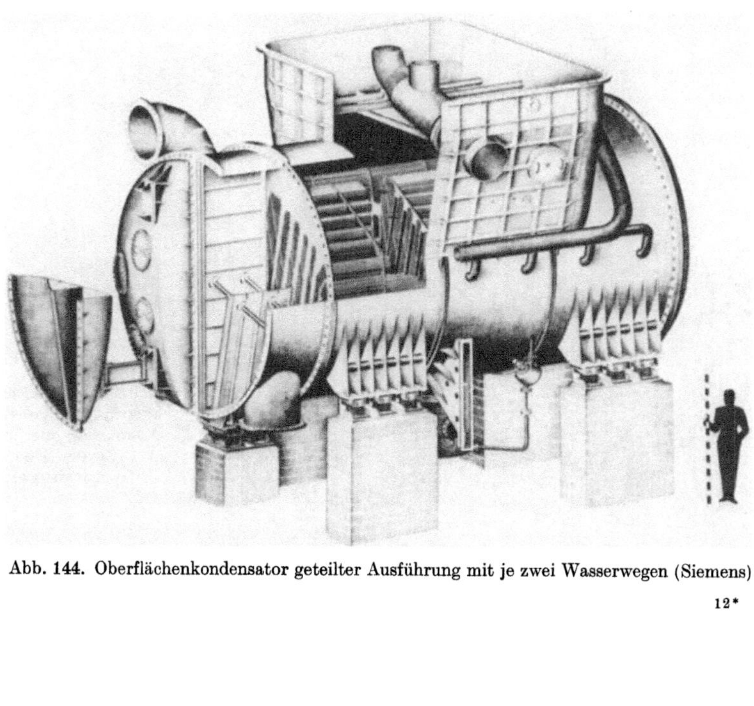

Abb. 144. Oberflächenkondensator geteilter Ausführung mit je zwei Wasserwegen (Siemens)

Abb. 145. Oberflächenkondensator mit einem Wasserweg, Kühlfläche 9200 m² (Worthington)

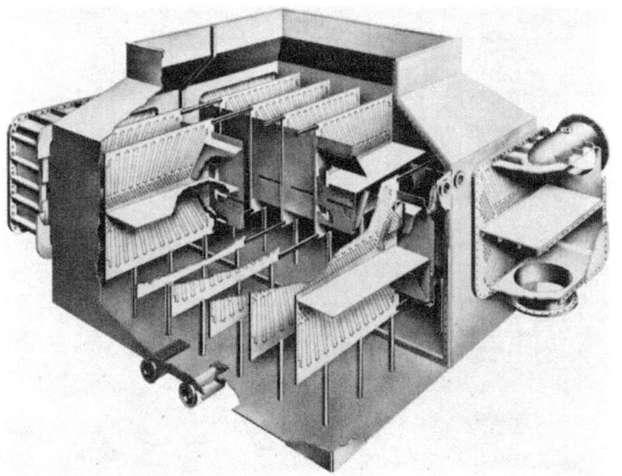

Abb. 146. Oberflächenkondensator geteilter Ausführung mit zwei Wasserwegen (Foster Wheeler)

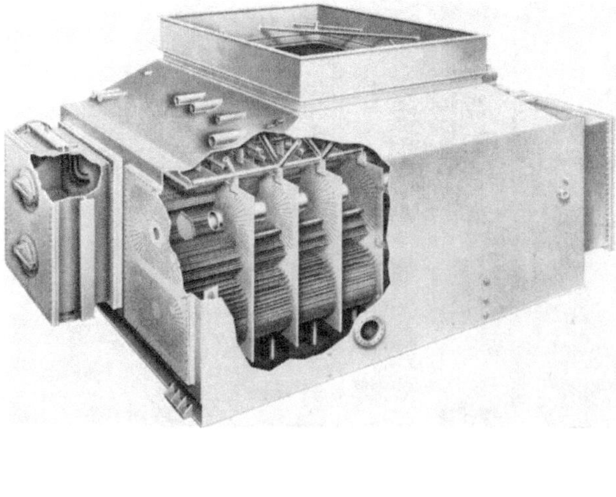

Abb. 147. Oberflächenkondensator geteilter Ausführung mit zwei Wasserwegen (Westinghouse)

man gegenüber der Kondensation ohne dampfseitige Trennung bei sonst gleichen Verhältnissen die in Abb. 149 für ein Beispiel angegebene mittlere Vakuumverbesserung in Grad Sattdampftemperatur. Die Wärmedurchgangszahl wurde dabei als konstant angenommen, da ihre Abhängigkeit von der Kühlwasseraufwärmung ohnehin oft vernachlässigt wird und dieser Einfluß je nach absoluter Höhe der Kühlwassertemperatur verschieden wäre. Der erreichbare Gewinn durch die Vakuumabstufung ist um so größer, je kleiner das Kühl-

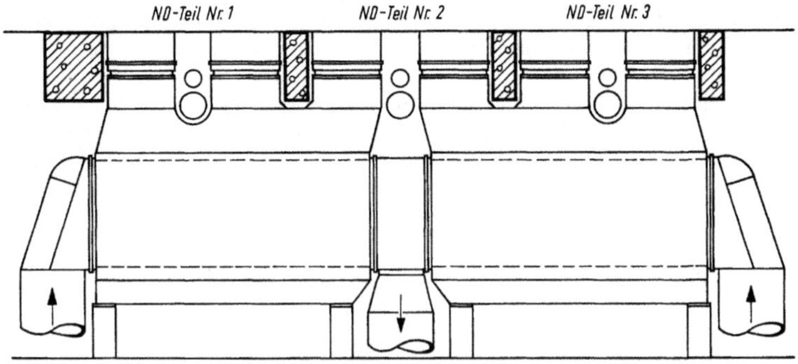

Abb. 148. Kastenkondensatoren in Längsaufstellung mit gemeinsamer Kühlwasser-Austrittskammer (Foster Wheeler) für 1000 MW-Zweiwellenturbosatz mit drei doppelflutigen ND-Teilen auf einer Welle (Kraftwerk Ravenswood der Consolidated Edison Comp. of New York). Kühlrohrlänge jedes Kondensators 13,7 m, Kellerhöhe rd. 16 m, gesamte Kühlfläche 43 600 m²

wasservielfache, d.h. je größer die gesamte Aufwärmung ist. Wie aus dem abgebildeten Beispiel hervorgeht, hat die letzte Sektion in Flußrichtung des Wassers bei der Vakuumabstufung ein schlechteres Vakuum als bei der Kondensation ohne Trennung der Dampfräume.

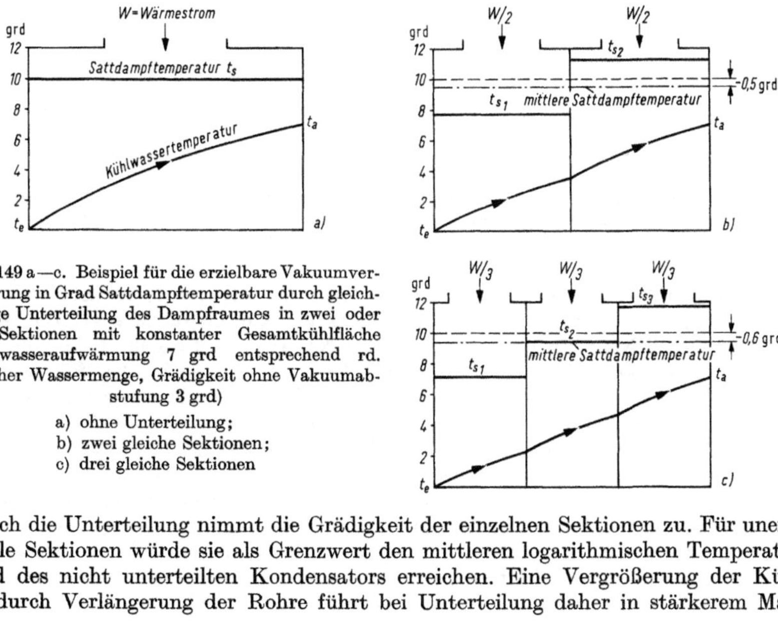

Abb. 149 a—c. Beispiel für die erzielbare Vakuumverbesserung in Grad Sattdampftemperatur durch gleichmäßige Unterteilung des Dampfraumes in zwei oder drei Sektionen mit konstanter Gesamtkühlfläche (Kühlwasseraufwärmung 7 grd entsprechend rd. 77facher Wassermenge, Grädigkeit ohne Vakuumabstufung 3 grd)

a) ohne Unterteilung;
b) zwei gleiche Sektionen;
c) drei gleiche Sektionen

Durch die Unterteilung nimmt die Grädigkeit der einzelnen Sektionen zu. Für unendlich viele Sektionen würde sie als Grenzwert den mittleren logarithmischen Temperaturabstand des nicht unterteilten Kondensators erreichen. Eine Vergrößerung der Kühlfläche durch Verlängerung der Rohre führt bei Unterteilung daher in stärkerem Maße zu einer mittleren Vakuumverbesserung als ohne Unterteilung. Aus diesem Grunde wäre es gerechtfertigt, bei Anwendung der Vakuumabstufung eine größere Gesamtkühlfläche vorzusehen. Die mittlere Temperaturabsenkung für das abgebildete Beispiel würde sich durch diese Maßnahme weiter erhöhen. In diesem Zusammenhang sei noch erwähnt, daß die Vakuumabstufung bei Einspritzkondensatoren (Grädigkeit ungefähr Null) zu einer wesentlich größeren mittleren Vakuumverbesserung führt, da die Unterteilung keine Vergrößerung der Grädigkeit der einzelnen Sektionen zur Folge hat. Durch die Aufteilung in zwei Vakuumstufen würde in diesem Fall bei einer Kühlwasseraufwärmung von insgesamt ebenfalls 7 grd eine mittlere Absenkung der Sattdampftemperatur um 1,75 grd erzielt werden (siehe auch S. 220).

Abb. 150 zeigt den Querschnitt eines in drei Sektionen unterteilten Kondensators einer 565 MW-Zweiwellenturbine mit drei doppelflutigen ND-Teilen. Jede Sektion kondensiert den Abdampfstrom des darüber befindlichen ND-Teiles. Die Kühlflächen der

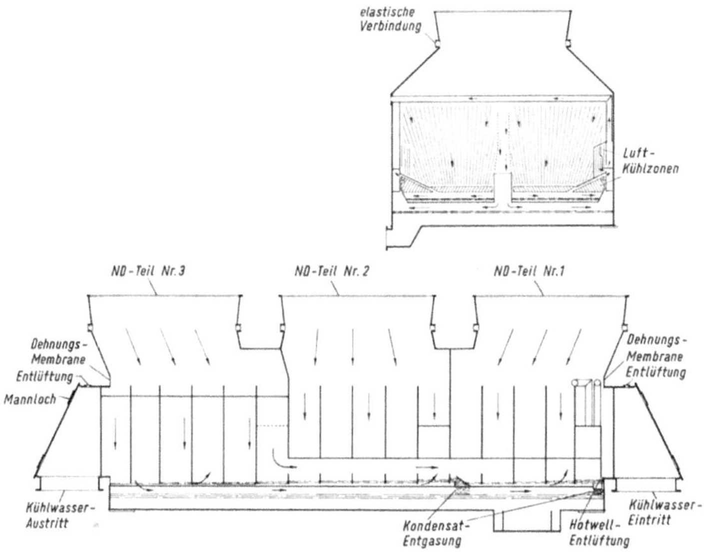

Abb. 150. Oberflächenkondensator (Ingersoll Rand) einwegiger, wasserseitig geteilter Ausführung mit drei Dampfräumen von unterschiedlichem Druck (Multipressure condenser) einer 565 MW-Turbine im Kraftwerk Mt. Storm der Virginia Electric and Power Company

einzelnen Sektionen haben hier verschiedene Größen. In Richtung des Kühlwasserflusses gezählt, wird für den ND-Teil Nr. 1 ein höheres Vakuum als für den ND-Teil Nr. 2 und für den ND-Teil Nr. 2 ein höheres als für den ND-Teil Nr. 3 erzielt. Durch die höheren Vakua für die Abdampfströme der ND-Teile Nr. 1 und Nr. 2 wird der Wärmeverbrauch der Anlage gegenüber der Ausführung mit einem für alle Abdampfströme gemeinsamen Kondensator vermindert. Der abgebildete Kondensator ist auch wasserseitig geteilt. Ein weiterer Vorteil der Vakuumabstufung wird darin gesehen, daß das Kondensat durch die stufenweise Ableitung über Kaskaden vom warmen Ende zum kalten Ende des Kondensators und durch wiederholtes Aufkochen des abfließenden Kondensates mit Abdampf des auf den höchsten Druck arbeitenden ND-Teiles intensiver entgast werden kann. Ein Sauerstoffgehalt von weniger als $5\,\gamma/l$ zwischen 30% und 100% Last soll dadurch erreicht werden. Jede Sektion ist mit einer Luftkühlzone ausgestattet. Das Dampf-Luft-Gemisch wird zur Luftkühlzone der unter tiefstem Druck stehenden Sektion geführt und von dort abgesaugt.

Die Vielfalt der Ausführungsmöglichkeiten für Turbinenkondensatoren veranschaulicht Abb. 151, die mehrere Ausführungen amerikanischer Firmen zeigt.

Ein weiteres Beispiel für die Anordnung der Kondensatoren großer Turbosätze mit seitlichem Dampfaustritt ist in Abb. 152 dargestellt.

Seitlich angeordnete Kondensatoren werden auch bei der von der Associated Electrical Industries Ltd. entwickelten und in Abb. 153 gezeigten Ausführung verwendet.

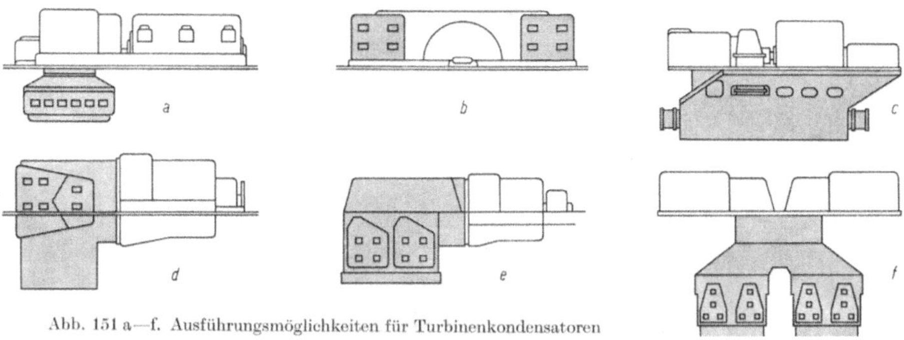

Abb. 151 a—f. Ausführungsmöglichkeiten für Turbinenkondensatoren

a) Unterfluranordnung (Kellerhöhe 4,5 m für 6000 m² Kühlfläche)
b) Überfluranordnung für eine Turbine mit seitlichem Dampfaustritt
c) Kondensator dient als Fundament für Turbine und Generator
d) Überfluranordnung für Turbine mit axialem Abdampfstutzen
e) kompakte, raumsparende Anordnung für eine Turbine mit axialem Abdampfstutzen (Kühlfläche rd. 10000 m²)
f) Doppelkondensator (Kühlfläche rd. 20 000 m² für zwei gegeneinandergeschaltete Turbinen)

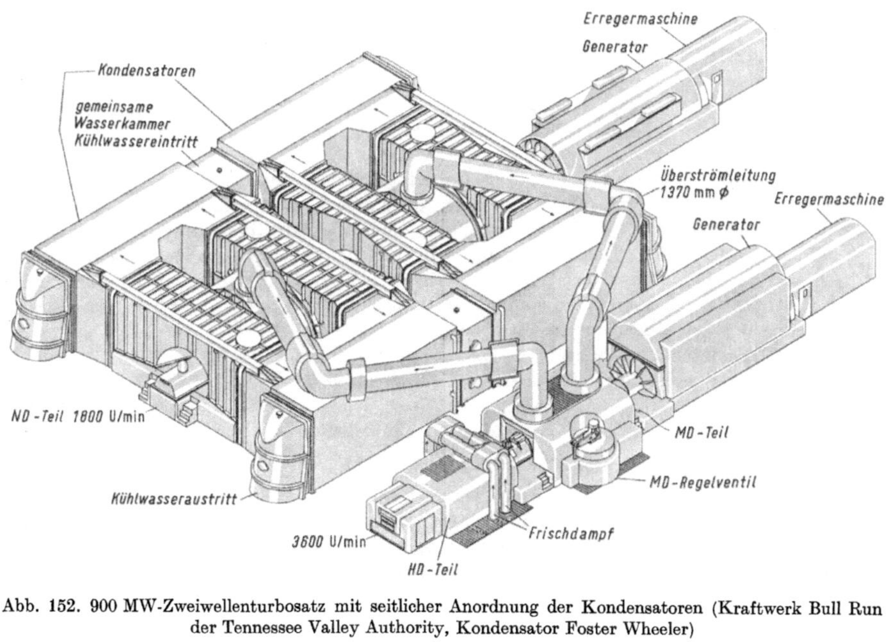

Abb. 152. 900 MW-Zweiwellenturbosatz mit seitlicher Anordnung der Kondensatoren (Kraftwerk Bull Run der Tennessee Valley Authority, Kondensator Foster Wheeler)

Innengehäuse und Läufer sind durch einen abnehmbaren Deckel zugänglich. Entsprechende Schächte ermöglichen direkten Zugang zu den Lagern. Bei dieser Ausführung ist weder ein ND-Außengehäuse noch ein Abdampfstutzen erforderlich. Die Kühlflächen sind symmetrisch zu den ND-Innengehäusen angeordnet. Die Mittellinie der Kondensatoren liegt ungefähr auf Höhe der Turbinenwelle.

Eine ebenfalls sehr kompakte Ausführung für niedrige Kellerhöhen ist in Abb. 154 dargestellt. Die Rohrbündel der seitlich neben den ND-Innengehäusen liegenden Kondensatoren verlaufen parallel zur Turbinenachse. Auf jeder Turbinenseite wird das Kühlwasser

Abb. 153. Kondensatoren und Niederdruckteile einer 500 MW-Turbine in kombinierter Ausführung (Associated Electrical Industries Ltd.)

den Rohren in der mittleren, für Vorder- und Hinterteil gemeinsamen Wasserkammer zu- und über je eine vorn und hinten befindliche Wasserkammer abgeführt. Die gesamte Vakuum-Baueinheit stützt sich auf zwei seitlichen Betonwänden ab, die parallel zur Turbinenachse verlaufen. Der Bauaufwand der kompakten Vakuum-Baueinheit mit den seitlich hochgezogenen Kondensatoren ist geringer als bei der Anordnung der Turbine auf einem Tischplattenfundament mit quergestellten Kastenkondensatoren, da das Fundament niedriger ausgeführt werden kann.

Weitere Oberflächenkondensatoren sind im Ersten Band auf S. 677, 678, 833 und 1043 sowie im Zweiten Band auf S. 222 schematisch abgebildet.

f) Konstruktive Einzelheiten

1. Befestigung der Kühlrohre

Die Kühlrohre werden heute meist an beiden Enden in die Bohrungen der Rohrböden fest eingewalzt (Abb. 155a,b,c,e,f). Diese Art der Befestigung hat sich als die wirtschaftlichste und auch im Hinblick auf die Dichtheit als vollkommen zuverlässig erwiesen. Die Kräfte, die zum Verschieben der Rohre in den Einwalzstellen erforderlich wären, sind etwa viermal größer als die größten Kräfte, die im Betrieb infolge der Dehnungsdifferenzen zwischen Mantel, Zugankern bzw. Kondensatableitblechen und den Kühlrohren auftreten können. Stopfbuch-

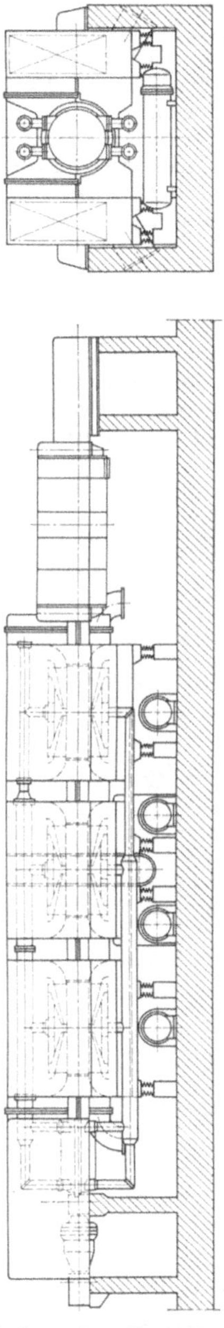

Abb. 154. Kondensatoren in Kompakt-Bauweise für niedrige Kellerhöhen (Siemens)

sen (Abb. 155d) werden nur noch von wenigen Firmen oder in besonderen Fällen angewendet, da sie im allgemeinen wegen ihrer Vielzahl, der großen Rohrteilung und der stets erforderlichen Zuganker die Herstellung verteuern, ohne entscheidende Vorteile zu bieten. Erweiterte Querschnitte am Eintritt entsprechend Abb. 155a tragen zur Verminderung des Strömungswiderstandes bei, werden aber aus fertigungstechnischen Gründen nicht grundsätzlich vorgesehen.

Eine zusätzliche, vor allem in den USA bereits angewandte Möglichkeit für die Befestigung und Abdichtung ist das Verschweißen der Rohrenden mit den Rohrböden (Abb. 155f). Das Verschweißen setzt jedoch eine geeignete Werkstoffpaarung zwischen Kühlrohren und Rohrböden voraus, die auch durch Plattieren der Rohrböden mit entsprechendem Material erreicht werden kann (Abb. 155e).

In Einzelfällen werden die Kühlrohre an beiden Enden in zwei nebeneinander liegende Rohrböden eingewalzt. Der Zwischenraum kann dann mit Kondensat aufgefüllt werden, das unter einem Druck gehalten wird, der höher ist als der Kühlwasserdruck, um eine Verunreinigung des Dampfkondensates durch Kühlwasser bei Leckagen zu vermeiden. Diese Sicherheitsmaßnahme, die nur von wenigen Herstellern angewendet wird, hat sich nicht allgemein durchgesetzt.

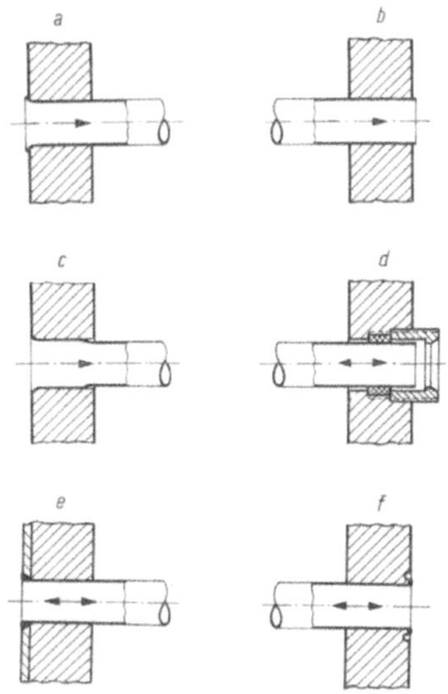

Abb. 155 a—f. Beispiele für die Befestigung der Kühlrohre in den Rohrböden

Übliche Rohrabmessungen von Kondensatorkühlrohren:

In Deutschland: Außendurchmesser 23 mm, Wandstärke 1 mm. Der Dampfströmung besonders stark ausgesetzte Rohre werden bisweilen mit Wandstärken von 1,25 mm oder 1,5 mm ausgeführt. Für Stahlrohre ist eine Wandstärke von 0,7 mm üblich.

Bei großen Anlagen kann es vorkommen, daß die Kondensatorberechnung mit 23 mm-Rohren eine im Vergleich zum ND-Teil der Turbine zu kurze Rohrlänge ergibt. Da eine geeignete Rohrlänge durch Änderung der Auslegung oder durch Übergang auf einwegige Ausführung nicht immer zu erreichen ist, kommen für große Einheiten auch größere Rohre mit z. B. 26/28 mm Durchmesser in Betracht [siehe Gl. (19) und (20), S. 162].

In den USA: Außendurchmesser 5/8″, 3/4″, 7/8″, 1″, 1 1/8″ und 1 1/4″, Wandstärken abgestuft zwischen 0,022″ und 0,109″ (siehe Tabelle 8, S. 152).

2. Elastische Verbindung im Kondensatorstutzen und Federfüße

Durch Temperaturänderungen hervorgerufene Wärmedehnungen in vertikaler Richtung werden entweder durch eine elastische Verbindung zwischen Turbinenabdampfflansch und dem im Fundament verankerten Kondensator oder durch federnde Auflage des Kondensators bei starrer Verbindung mit der Turbine aufgenommen.

Elastische Verbindungen zwischen Turbine und Kondensator haben zur Folge, daß das Turbinen-ND-Gehäuse bei evakuiertem Kondensator durch den Vakuumsog (maximal 10 000 kp/m² Abdampfstutzenquerschnitt) zusätzlich belastet wird. Das ND-Gehäuse, dessen Auflage und das Turbinenfundament müssen daher so bemessen sein, daß sie diese zusätzliche Belastung aufnehmen können.

Bei starrer Verbindung zwischen Turbine und Kondensator wird der Vakuumsog durch den Auftrieb des Kondensators kompensiert, so daß nach außen keine zusätzlichen Kräfte wirksam werden. Die federnde Auflage des Kondensators bei starrer Verbindung mit der Turbine gestattet daher eine leichtere Dimensionierung von ND-Teil und Fundament. Die Federfüße sind so bemessen und eingestellt, daß sie das Gewicht des Kondensators im Betriebszustand aufnehmen. Sie sind für die zusätzliche Belastung bei der Druckprobe nach unten und für die Entlastung bei wasserseitiger Entleerung nach oben arretierbar (Abb. 156).

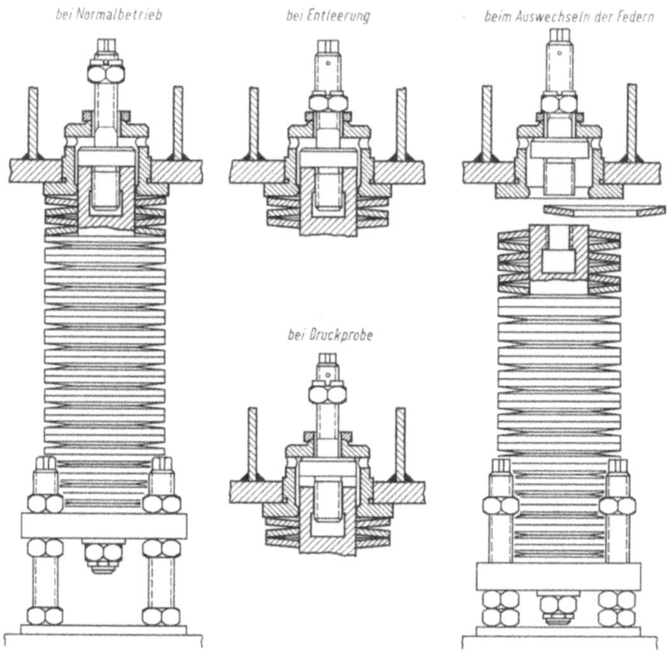

Abb. 156 a. Beispiel für die Ausführung der Federfüße (MAN)

Bei Turbosätzen mit seitlich angeordneten Kondensatoren bietet die Federauflage den Vorzug, daß sie auch die im Betrieb auftretenden seitlichen Verschiebungen aufnehmen kann. Hierfür eignen sich besonders Schraubenfedern.

Eine elastische Verbindung zwischen Turbine und Kondensator wird bei kleinen Kondensatoren mit runden Abdampfflanschen durch Kompensatoren (Wellrohre, Dehnungsfalten) erreicht. Für große Kondensatoren mit rechteckigen Stutzen haben sich die Verbindungen der in Abb. 157 gezeigten Ausführung bewährt.

Ist die Auftriebskraft des mit der Turbine elastisch verbundenen Kondensators größer als das Eigengewicht, so muß für eine entsprechende Verankerung im Fundament gesorgt werden.

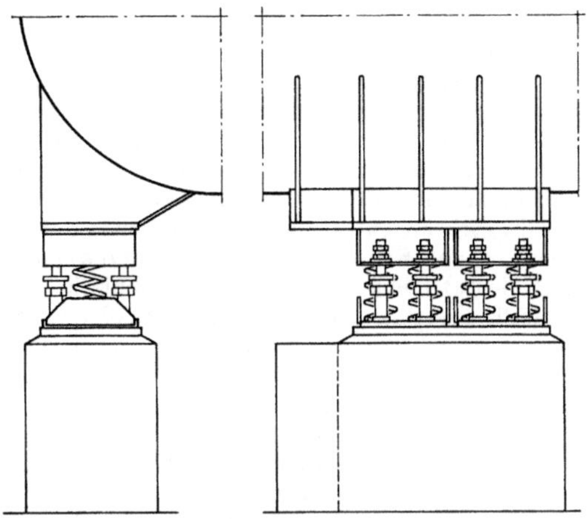

Abb. 156 b. Beispiel für die Ausführung der Federfüße (Siemens)

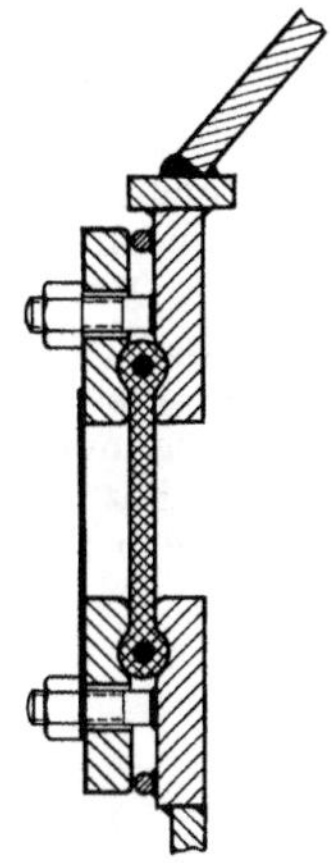

Abb. 157. Elastische Verbindung zwischen Turbine und Kondensator mit Hilfe eines Spezialgürtels aus Gummi (USA)

3. Dehnungsfalten

Kondensatoren, die auf Grund ihrer Betriebsbedingungen größeren Temperaturdifferenzen zwischen Mantel und Kühlrohren ausgesetzt sein können (Heizkondensatoren), werden mitunter zur Aufnahme der Differenzdehnungen mit Dehnungsfalten im Kondensatormantel ausgestattet (Abb. 158a—d).

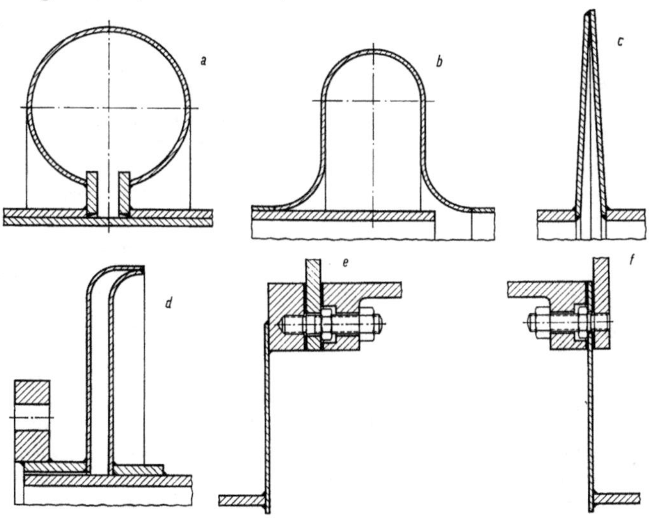

Abb. 158 a—f. Dehnungsfalten und Membranen

Differenzdehnungen lassen auch die Ausführungen entsprechend Abb. 158e u. f zu, die jedoch eine breite, rohrfreie Zone am Umfang des Kondensatormantels voraussetzen. Vereinzelt werden zur Erhöhung der Elastizität auch mehrmals gegenüber der Mittellinie ausgebogene Kühlrohre verwendet. Weiterhin können die Rohrböden mit der Stirnfläche des Kondensatormantels durch Dehnungsfalten elastisch verbunden sein (Ausführung Associated Electrical Industries Ltd.).

4. Nachwärm- und Entgasungseinrichtungen

Obwohl Luft und nicht kondensierbare Gase ständig aus dem Kondensator abgesaugt werden, bleibt immer noch eine geringe Menge Sauerstoff und nicht kondensierbarer Gase, wie CO_2 und Ammoniak, im Kondensat gelöst, die um so größer ist, je mehr das Kondensat unterkühlt wird. Die Forderung nach geringem Sauerstoffgehalt wird daher weitgehend bereits durch die Maßnahmen zur Vermeidung unterkühlten Kondensates erfüllt. Die Wirkung der am häufigsten vorgesehenen Einrichtungen beruht im wesentlichen auf der Wiedererwärmung unterkühlten Kondensates auf Sättigungstemperatur durch innige Berührung mit Abdampf. Das Turbinenkondensat fließt entweder durch Siebbleche oder über mehrere in den Dampfraum des Hotwells übereinander eingebaute Kaskadenbleche. Große Fallhöhen mit vielen Überläufen erhöhen ihre Wirksamkeit. Der gelöste Sauerstoff wird der Luftkühlzone zugeführt und von der Luftpumpe abgesaugt (Abb. 159).

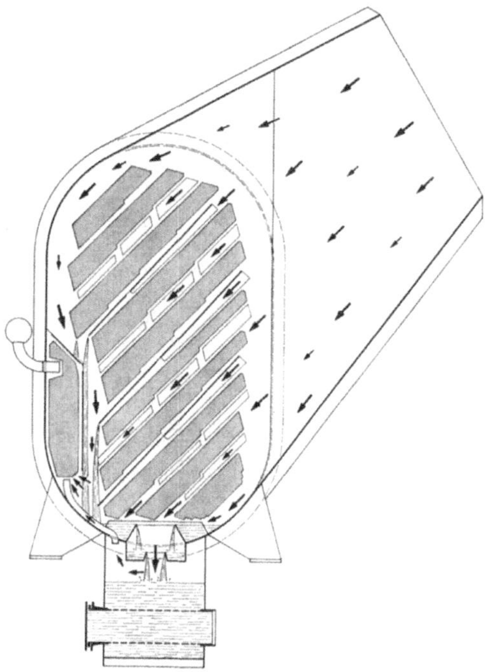

Abb. 159. Kondensator mit Nachwärmeinrichtung (Siemens)

Bei Kondensatoren, die bereits auf Grund ihrer günstigen Rohranordnung ohne Kondensatunterkühlung arbeiten, kommt derartigen Nachwärm-Einrichtungen praktisch nur dann eine Bedeutung zu, wenn sie gleichzeitig zur Aufwärmung und damit auch in beschränktem Ausmaß zur Entgasung von Zusatzwasser dienen. Vorteilhaft ist eine Zusatzwassertemperatur, die um einige Grad höher ist als die Sattdampftemperatur im Kondensator.

Eine wesentliche Verbesserung des Entgasungseffektes wird erreicht, wenn das Kondensat oder Zusatzwasser nicht nur allmählich auf Sättigungstemperatur aufgewärmt, sondern durch Anzapfdampf zum Kochen gebracht wird (Abb. 160).

Auch wärmeres Anzapfdampfkondensat, das unter dem Kondensatspiegel zugeführt wird, trägt zur Entgasung des Kondensates bei. Von beiden Verfahren wird nur selten Gebrauch gemacht, da die Verwendung von Anzapfdampf eine Verschlechterung des Wärmeverbrauches zur Folge hat und dem Anzapfdampfkondensat — sofern es nicht in die Kondensatdruckleitung gepumpt wird — meistens Gelegenheit gegeben ist, in einem besonderen Ausdampfgefäß auf Sättigungstemperatur abzukühlen. Außerdem verlangen wirksame Entgasungseinrichtungen große Bauhöhen, die nicht immer verwirklicht werden können.

Bezüglich des Sauerstoffgehaltes wird auf Abschn. I a, S. 145, verwiesen. Die Erfahrung zeigt, daß der Sauerstoffgehalt unter einer bestimmten Teillast häufig ansteigt und in Abhängigkeit von der Last annähernd einen hyperbolischen Verlauf nimmt (Abb. 161).

Über die Kondensatentgasung bei Kondensatoren mit mehreren Druckstufen siehe Abschn. II e 2, S. 182.

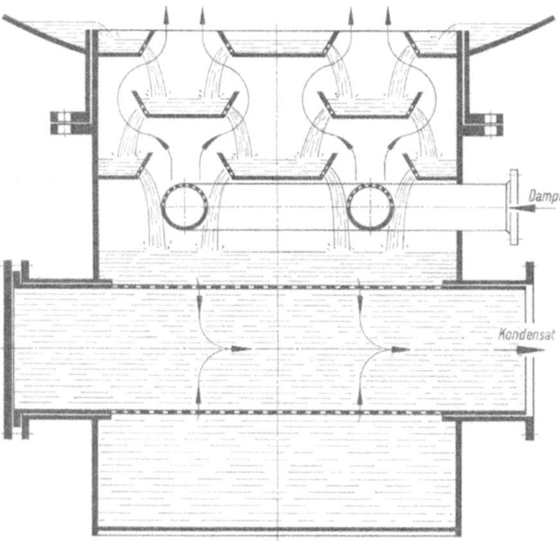

Abb. 160. Kondensatsammelbehälter mit Entgasungseinrichtung (Siemens)

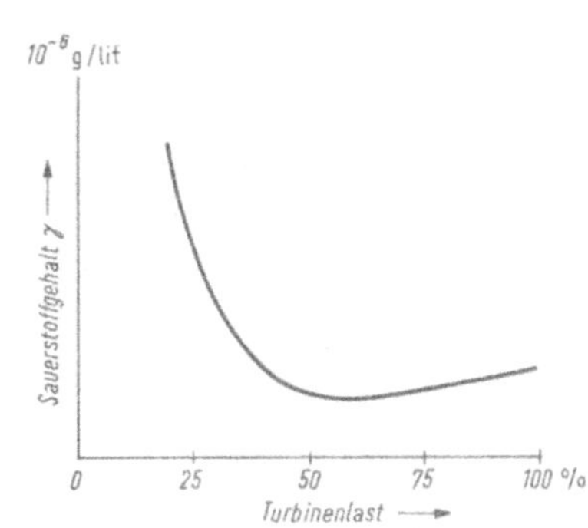

Abb. 161. Charakteristischer Verlauf des Sauerstoffgehaltes im Kondensat in Abhängigkeit von der Turbinenlast

5. Entspannungseinrichtungen für Umleitdampf

Druck und Temperatur des Umleitdampfes aus der heißen ZÜ-Leitung müssen vor Eintritt in den Kondensator soweit vermindert werden, daß der Kondensator nicht gefährdet ist. Die Entspannung des Umleitdampfes vom ZÜ-Druck auf Kondensatordruck wird im Regelventil der ND-Umleitstation sowie in Düsen oder Blenden, bisweilen auch noch in einem zwischen Einströmkasten und Kondensatorstutzen eingebauten Siebblech vorgenommen. Entspannungsdüsen und Blenden werden, wenn möglich, paarweise gegeneinander angeordnet und entweder an den Kondensatorstutzen an- oder in diesen eingebaut. Zur Kühlung des Dampfes dient Kondensat aus der Kondensatdruckleitung oder aus einer geeigneten Druckstufe der Kondensatpumpe, das nur während des Abblasebetriebes in die Entspannungsrohre, Blenden oder Düsen durch eine Reihe am Umfang verteilter Bohrungen eingespritzt wird. Einige Ausführungen sind in Abb. 162 und 163 gezeigt. Eine weitere ist im Ersten Band, im Dritten Teil unter Ausführungsbeispiele auf S. 678 abgebildet.

Automatische Sicherheitseinrichtungen verhindern die Zufuhr von Umleitdampf bei nicht aufnahmebereitem Kondensator (z.B. bei Ausfall der Kondensateinspritzung, oder bei stark angestiegenem Kondensatordruck, z.B. als Folge des Ausfalles der Kühlwasserpumpe).

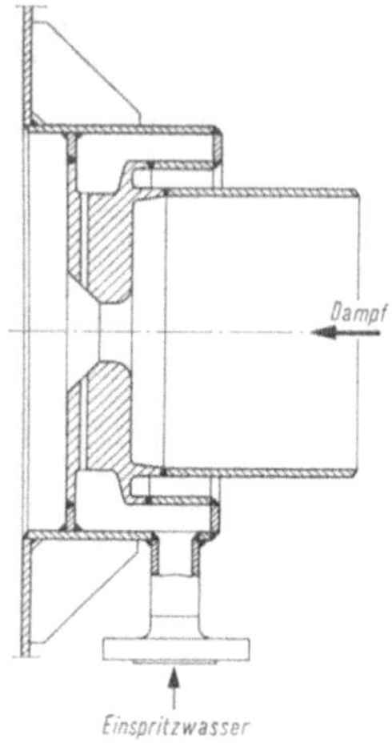

a) Siemens

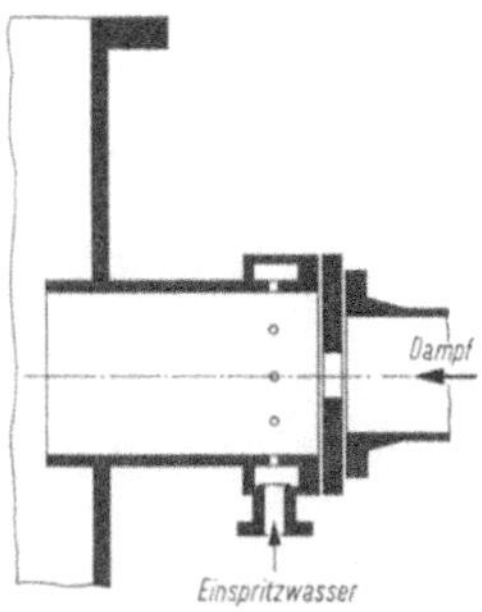

b) MAN

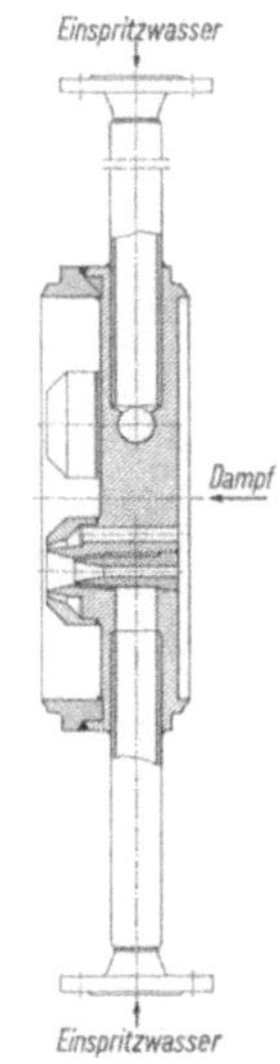

d) Spuhr & Co.

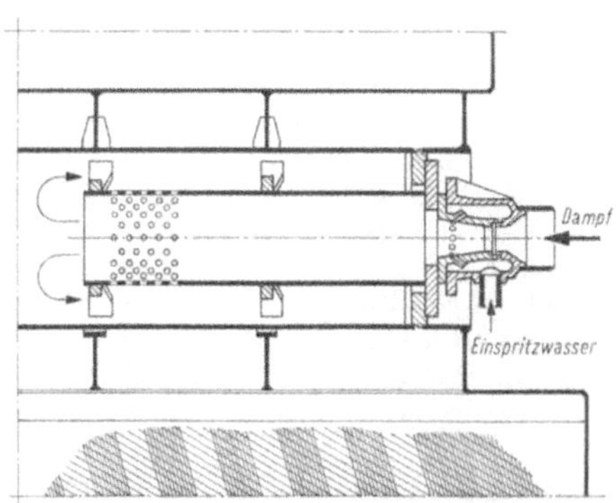

c) AEG

Abb. 162 a—d. Entspannungseinrichtungen für Umleitdampf

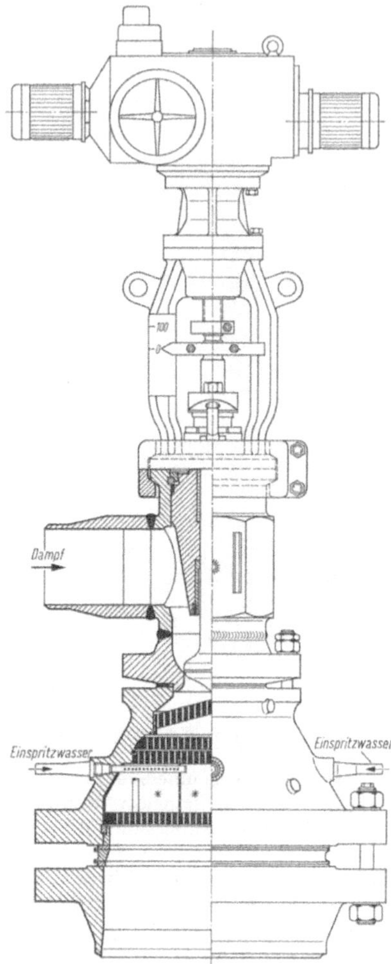

* ausgefüllt mit Raschig-Ringen und Supersätteln

Abb. 163. Elektrisch gesteuertes Abblaseregelventil mit Viellochdrosselscheiben zur Entspannung des Umleitdampfes (Siemens, Ventil und Drosselscheiben Welland & Tuxhorn)

6. Armaturen

Sämtliche unter Vakuum stehenden Schieber, Rückschlagklappen und Ventile der Kondensationsanlage sollen so ausgeführt und eingebaut sein, daß Lufteinbrüche mit Sicherheit vermieden werden. Bewährt haben sich Einschweißarmaturen mit Sperrwasserstopfbuchsen. Für Turbinenanlagen, die direkt mit Reaktordampf versorgt werden, verwendet man Ventile mit Faltenbalgen.

7. Vakuumbrecher

Der Vakuumbrecher verkürzt die Auslaufzeit der Turbine durch raschen Abbau des Vakuums. Dieser wird durch Öffnen eines Ventiles herbeigeführt, das Luft in den Kondensator einströmen läßt. Kurze Auslaufzeiten sind erwünscht, wenn verhindert werden soll, daß

große Mengen kalter Luft über die Stopfbuchsen angesaugt werden (zusätzliche Relativdehnungen durch Abkühlung der Stopfbuchsenpartien),

der Turbosatz während des Auslaufens lange im Bereich kritischer Drehzahlen verweilt oder

der Umfang möglicher Folgeschäden im Notfall vergrößert wird.

Eine der vielen Ausführungen zeigt Abb. 164. Ein vakuumdichter Abschluß wird durch eine Wasservorlage erreicht.

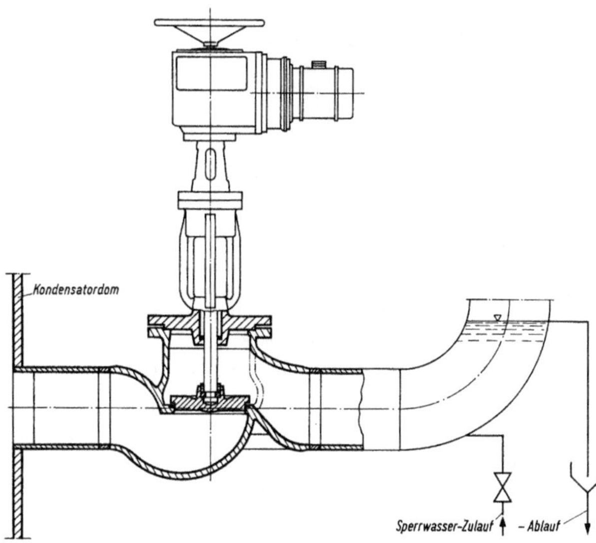

Abb. 164. Ausführungsbeispiel für einen Vakuumbrecher (Siemens)

g) Sicherheitseinrichtungen

Zum Schutz des Kondensators und des Abdampfteiles der Turbine gegen Überdruck dienen folgende Einrichtungen:

1. Vakuumabhängiger Entlastungsregler

Die angelsächsische Planung sieht häufig einen Regler vor, der bei ansteigendem Kondensatordruck vor Ansprechen des Kondensatorschutzes eine Entlastung der Turbine durch stetiges Schließen der Regelventile herbeiführt. Dadurch soll vor allem die Beanspruchung der Endschaufeln vermindert werden. Die Bedeutung dieser Einrichtung ist umstritten. Deutsche Betreiber und Hersteller von Dampfturbinen schreiben eine solche Einrichtung nicht vor.

2. Kondensatorschutz

Der Kondensatorschutz besteht aus einer hydraulischen oder einer elektrischen Einrichtung (Kontaktvakuummeter), die den Schnellschluß der Turbine bei stark angestiegenem Kondensatordruck (z. B. 0,7 at) auslöst. Aus Sicherheitsgründen werden meistens zwei voneinander unabhängige Einrichtungen vorgesehen.

3. Notauspuffventil

Notauspuffventile werden nur bei kleinen Anlagen vorgesehen. Für große Leistungen sind sie nicht gebräuchlich, da die großen Dampfmengenströme zu nicht mehr vertretbaren Querschnitten für Ventil und Notauspuffleitung führen würden. Das Ventil wird

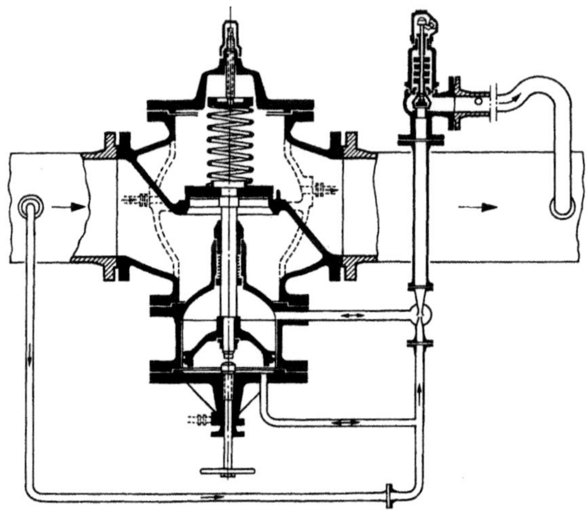

Abb. 165. Notauspuffventil mit Hilfssteuerung (Bopp & Reuther)

durch Federkraft oder durch die eigene Gewichtsbelastung in Schließstellung gehalten und durch eine Wasservorlage abgedichtet. Der Ansprechdruck liegt bei 1,05 bis 1,2 at. Volle Öffnung des Ventils bei niedrigem Druckanstieg kann durch eine Hilfssteuerung erreicht werden, die nach dem Ejektorprinzip arbeitet (Abb. 165).

4. Berstscheiben

Berstscheiben werden in der Regel auf dem geschweißten Abdampfstutzen der Turbine angeordnet. Sie sind daher weniger als Sicherheitseinrichtungen, sondern als definierte Bruchstellen anzusehen. Bei besonders günstiger Anordnung des Kondensators in der

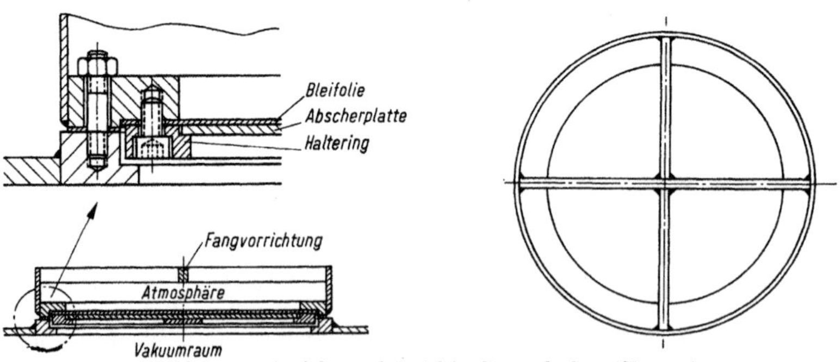

Abb. 166 a. Ausführungsbeispiel für Berstscheiben (Siemens)

Nähe der Außenwände des Gebäudes kann es daher zweckmäßiger sein, die Berstscheiben auf dem Kondensatorstutzen oder auf dem Kondensatormantel anzubringen und eine Auspuffleitung ins Freie vorzusehen. Die Berstscheibe besteht aus einer dünnen Bleifolie, die bei einem Kondensatordruck von etwa 2,5 at abgeschert wird.

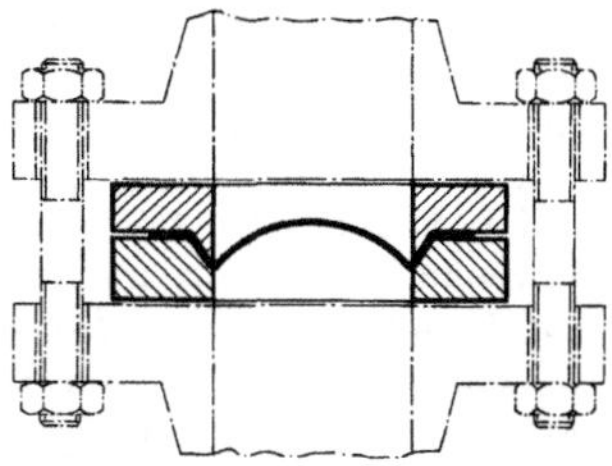

Abb. 166 b. Ausführungsbeispiel für Berstscheiben (MAN)

5. Verriegelungen für Umleitdampf

Sie sorgen dafür, daß kein Umleitdampf in den Kondensator geführt werden kann, wenn die Temperatur des Umleitdampfes infolge unzureichender Kühlung zu hoch ist oder der Kondensator nicht genügend evakuiert ist. Ferner begrenzen sie den größten Umleitdampfstrom, wenn nötig, auf den zulässigen Wert.

h) Möglichkeiten zur Reinigung und Reinhaltung der Rohre

1. Geteilte Kondensatorausführung

Bei geteilten Ausführungen wird das Kühlwasser vor Eintritt in den Kondensator in zwei meist mengengleiche Wasserströme aufgeteilt, die sich erst wieder nach dem Verlassen des Kondensators vereinigen. Je zwei Schieber am Ein- und Austritt, geteilte Wasserkammern und getrennte Kondensatordeckel ermöglichen das Reinigen einer Kondensatorhälfte auf der Wasserseite auch während des Betriebes bei Belastungen unter rd. 60% der Vollast. Das Reinigen der Rohre geschieht je nach Art und Grad der Verschmutzung mit mechanischen Mitteln (Nylon-, Perlonbürsten, Gummikugeln, die mit Hilfe von Druckwasserpistolen durch die Rohre gedrückt werden) oder mit chemischen Mitteln (verdünnte Säuren mit entsprechenden Inhibitoren).

2. Doppelkondensatoren

Analog dem Verfahren bei der geteilten Ausführung kann auch bei Doppelkondensatoren jeder Kondensator im allgemeinen während des Betriebes gereinigt werden. Eine Blockierung der Federfüße des zu reinigenden Kondensators vermeidet die Schubkraft auf den Abdampfstutzen durch die mit der wasserseitigen Entleerung herbeigeführte Gewichtsentlastung.

3. Taprogge-Selbstreinigungsverfahren

Kugelförmige und elastische Reinigungskörper mit einem Übermaß von 1 bis 3 mm gegenüber dem Rohrinnendurchmesser werden in den Kühlwasserstrom eingeschleust und von diesem infolge der Druckdifferenz zwischen Ein- und Austrittskammer des Kondensators durch die Kühlrohre hindurchgedrückt. Über eine Auffangvorrichtung in der Kühlwasseraustrittsleitung gelangen die Reinigungskörper mit einem geringen Teil des Kühlwassers durch eine Rückführeinrichtung wieder in die Eintrittsleitung, so daß der Kreislauf geschlossen ist. Bei den sich ständig wiederholenden Durchgängen der Reinigungskörper werden laufend alle Schmutzteilchen von der Rohroberfläche entfernt.

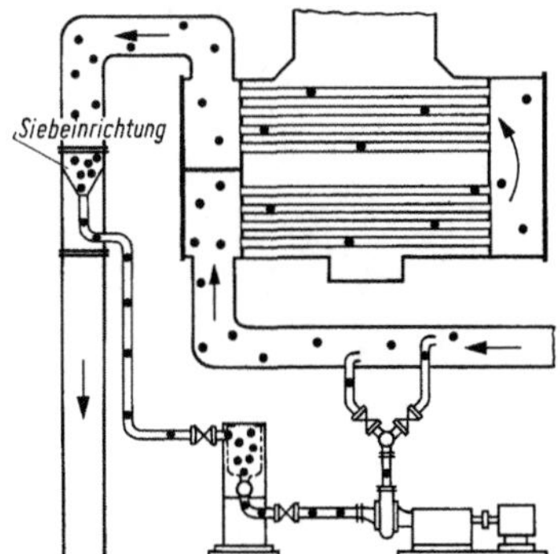

Abb. 167. Schema für das Taprogge-Selbstreinigungsverfahren

Da das spezifische Gewicht der Reinigungskörper gleich dem des Wassers ist, werden die Kugeln mit dem Kühlwasserstrom gleichmäßig auf alle Rohre verteilt. Werden Reinigungskörper in einer Menge von 6 bis 10% der Rohrzahl des Kondensators in Umlauf gesetzt, so wird bei einer Umlaufzeit von 20 bis 30 Sekunden jedes Rohr im Mittel alle 5 Minuten gereinigt. Normalerweise werden als Reinigungskörper Schwammgummikugeln verwendet. Für Rohre mit stark verschmutzter und rauher Innenfläche können elastische Kugeln mit einer Korundschicht beigemischt werden. Zur Erzielung eines gleichmäßigen Reinigungseffektes sind täglich 2 bis 6% der in Umlauf befindlichen Reinigungskörper nachzufüllen bzw. zu ersetzen.

4. MAN-Reinigungsverfahren

Bei diesem Verfahren ist jedes Rohr mit einer Bürste und an beiden Enden mit Auffanghülsen ausgerüstet. Durch kurzzeitige Umkehrung des Kühlwasserstromes in den Kühlrohren (je nach Verschmutzung täglich dreimal oder öfter) gelangt jede Bürste an das Rohrende und wieder in ihre Ausgangsstellung. Der Reinigungsvorgang dauert je nach Größe der Anlage 15 bis 30 Sekunden. Bürsten und Auffanghülsen bestehen aus Kunst-

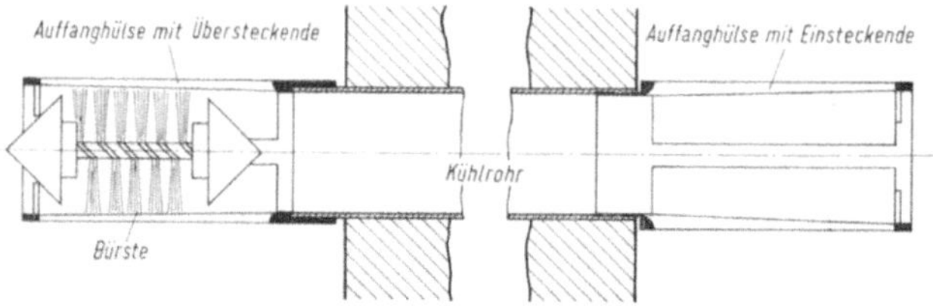

Abb. 168. Befestigungsmöglichkeiten für die Auffanghülsen des MAN-Reinigungsverfahrens in den Kühlrohren

stoff mit einer Temperaturbeständigkeit von rd. 100 °C. Zwei Befestigungsmöglichkeiten für die Hülsen in den Rohren sind in Abb. 168 gezeigt.

Der Kühlwasserstrom zum Kondensator bleibt während der Umkehrung bei Verwendung entsprechender Umschaltvorrichtungen (siehe auch Umkehrspülverfahren) erhalten. Der Reinigungsvorgang läßt sich in die Vollautomatik des Kraftwerkes einbeziehen. Dieses Reinigungsverfahren ist auch für Rohre mit nicht kreisförmigem Querschnitt und für innen berippte Rohre geeignet.

5. Umkehrspülverfahren

Eine in den USA häufig angewendete Methode zur Reinigung der Kühlrohre und Wasserkammern ist die Umkehrspülung. In die Rohrleitungen oder in die Wasserkammern eingebaute Umschaltvorrichtungen erlauben, den Kühlwasserstrom so umzulenken, daß

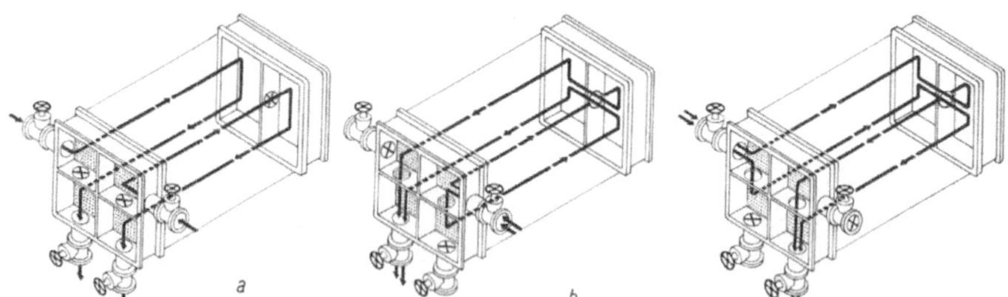

Abb. 169 a—c. Umkehrspülung mit Hilfe eingebauter Umschaltvorrichtungen
a) normaler Durchfluß in einem Kondensator mit geteilten Wasserkammern, Trennwände verschlossen
b) Umkehrspülung in zwei Sektionen bei Betrieb mit einer Kühlwasserpumpe, Trennwände geöffnet
c) Umkehrspülung der anderen Sektionen bei Betrieb der anderen Kühlwasserpumpe, Trennwände geöffnet

die Kühlrohre in beiden Richtungen durchströmt werden können. Die Umkehrspülung bewirkt eine Reinigung der Kühlrohre, vor allem aber eine Säuberung der von Ablagerungen verstopften Rohreintrittsquerschnitte. Abb. 169 zeigt eine Ausführung mit inneren Umschaltvorrichtungen.

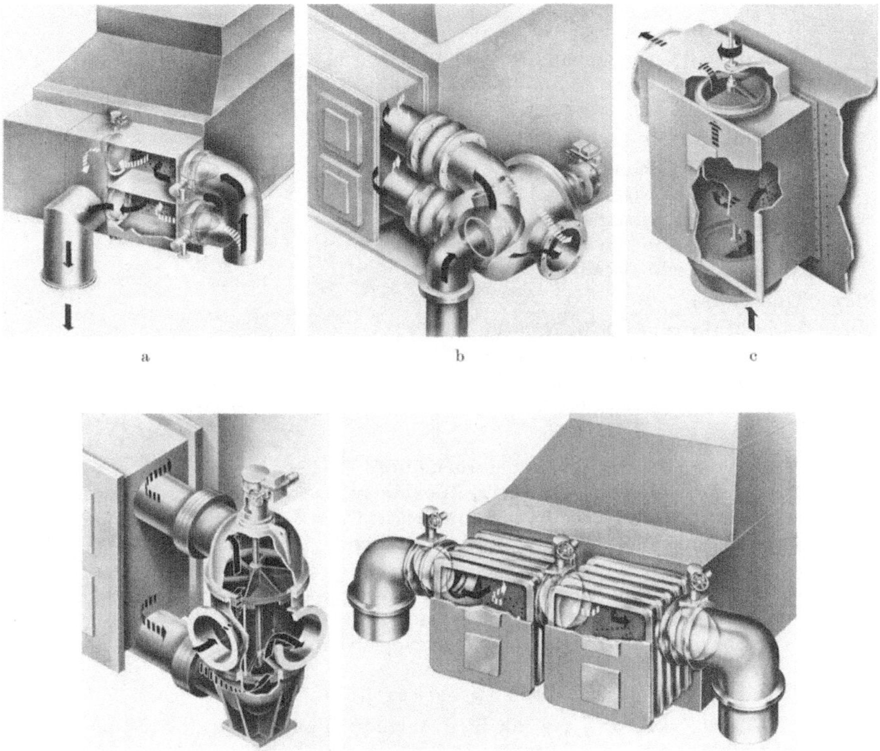

a b c

Abb. 170 a—e. Ausführungsbeispiele für die Umkehrspülung (Westinghouse)

In Abb. 170 sind mehrere Ausführungen der Firma Westinghouse dargestellt. Bei den Systemen a, b, c und d der Abb. 170 können alle Rohre in umgekehrter Richtung durchströmt werden, bei dem System e ist die Umkehrung jedoch nur in einem Teil der Rohre möglich.

i) Werkstoffe

Der Wahl der Werkstoffe für die wasserführenden Teile der Kondensationsanlage kommt im Kondensatorbau eine große Bedeutung zu, da Beschaffenheit und Wirkung des Kühlwassers von Fall zu Fall sehr unterschiedlich sind. Nach der Art des Kühlwassers wird im Hinblick auf die Materialauswahl grundsätzlich unterschieden zwischen:

Seewasserausführung und
Süßwasserausführung.

1. Seewasserausführung

Seewasserausführung wird gewählt für:

Seewasser (Meerwasser),
Brackwasser,
aggressives Flußwasser.

Übliche Werkstoffe sind
für die Rohrböden:

Muntzmetall CuZn 40 nach DIN 17 660,
Sondermessing CuZn 40 Sn (Naval Brass) nach DIN 17661,
Flußeisen mit Schutzschicht,

für die Wasserkammern und Deckel:

Flußeisen mit Schutzschicht,
Gußeisen ohne Schutzschicht,
Gußeisen mit Schutzschicht,
korrosionsbeständige Bleche (in den USA),
Kunststoff (sehr selten),

für die Kühlrohre:

CuZn 20 Al (früher SoMs 76) nach DIN 1785,
CuZn 28 Sn (früher SoMs 71) nach DIN 1785 (z. T. für Brackwasser verwendet),
nichtrostender austenitischer Stahl X 5 CrNiMo 1812 (ASTM.A. Type 316),
CuNi 10 Fe nach DIN 1785,
CuNi 30 Fe nach DIN 1785.

Die Werkstoffe können geschützt werden durch:

Anstriche (kombinierte Polyester, Epoxidharz, Teer-Epoxidharz, Bitumen),
Beschichtungen mit Kunstharzen (Duroplaste wie z. B. Säkaphen, Sekurit, Plastocor),
Kombinationen von Kunstharzen mit Metall- oder anderen Zusätzen (z. B. Moelleritverfahren),
Metallspritzschichten z. B. aus Al, Zn, Messing, nichtrostendem Stahl, meistens jedoch versiegelt mit Epoxidharzen und ähnlichem,
Beschichtungen mit Gummi oder Thermoplasten wie PE und PVC.

2. Süßwasserausführung

Süßwasserausführung wird gewählt für Landanlagen mit

Rückkühlanlagen,
nicht aggressivem Flußwasser,
nicht aggressivem Binnenseewasser.

Übliche Werkstoffe sind
für die Rohrböden:

Flußeisen mit und ohne Schutzschicht,
Muntzmetall (in den USA),

für die Wasserkammern und Deckel:

Flußeisen mit und ohne Schutzschicht,

für die Kühlrohre:

CuZn 28 Sn (früher SoMs 71) nach DIN 1785,
CuZn 20 Al (früher SoMs 76) nach DIN 1785,
nichtrostender austenitischer Stahl X 5 CrNi 189 (ASTM.A. Type 304),
SB-Cu nach DIN 1785.

Der Arsen- und Phosphor-Gehalt in den Messinglegierungen, der eine Entzinkung weitgehend verhindert, wird von deutschen Herstellern auf zusammen maximal 0,035% begrenzt, wobei der Phosphorgehalt 0,010% nicht überschreiten soll. Größere Werte erhöhen die Anfälligkeit für interkristalline Korrosion auf der Kühlwasserseite.

Messingrohre sollten dort nicht eingebaut werden, wo infolge Anwesenheit von größeren Mengen Ammoniak die Möglichkeit des Auftretens von allgemeiner Korrosion gegeben ist. Nahezu alle Turbinenkondensate enthalten heute als Folge der Hydrazindosierung Ammoniak. Im allgemeinen liegt jedoch der Ammoniakgehalt so niedrig, daß keine Schäden entstehen. Da die Konzentration in der Luftkühlzone etwas größer sein kann, werden dort manchmal Rohre aus CnNi 30 Fe verwendet.

k) Maßnahmen zur Verhütung von Korrosionen

Die unterschiedlichen elektrochemischen Potentiale verschiedener im Kondensatorbau verwendeter Metalle (Elektroden) erzeugen in Verbindung mit dem Kühlwasser (Elektrolyten) galvanische Ströme, die zur Korrosion führen können. Es bilden sich neben den Lokalelementen sog. Makroelemente. Die Korrosionsgefahr ist um so größer, je höher der Potentialunterschied der Metalle und die elektrische Leitfähigkeit des Wassers sind. Deshalb ist auch die Korrosion bei Seewasser größer als bei Süßwasser, bei kaltem kleiner als bei warmem Wasser. Der im Wasser vorhandene Sauerstoff wirkt als Depolarisator und begünstigt die Ausbildung einer elektrischen Spannung zwischen den Elektroden. Die elektrischen Ströme bewirken einen Ladungsaustausch, wobei die positiv geladenen Ionen des unedleren Metalls (Anode) in das umgebende Wasser wandern. Andererseits wird das edlere Metall auf Kosten des unedleren kathodisch vor Korrosion geschützt. Die Korrosionsbeständigkeit der Metalle hängt auch von ihrer Beschaffenheit ab. Während Gußeisen mit 2% Ni sich bei Seewasser als verhältnismäßig beständig erweist, wird ungeschütztes Flußeisen sehr leicht angegriffen.

1. Schutzschichten

Schutzschichten oder -anstriche erfordern eine einwandfreie, sandgestrahlte und trockene Metalloberfläche. Sie sind um so wirksamer, je geringer ihre Leitfähigkeit ist und je besser sie die Feuchtigkeit von der Metalloberfläche abhalten. Gute Schutzschichten gestatten die Verwendung von Flußeisen auch für Seewasser-Kondensatoren.

2. Metallplatten

Eine bei Seewasser häufig angewendete Schutzmaßnahme ist der Einbau von Platten aus unedlerem Metall wie gegossenem Zink, Magnesium oder Weicheisen[1]. Sie werden gut leitend an den Rohrböden befestigt. Nach gewissen Zeitabständen ist eine Erneuerung der Metallplatten, der sog. Opferanoden, erforderlich. Der Einbau von Metallplatten ist auch bei Flußeisen, das durch Schutzanstriche gegen Seewasser geschützt wird, zu empfehlen, da selbst kleinste Poren in der Schutzschicht Korrosionsangriffspunkte bilden können.

3. Gleichstrom

Allein oder als Ergänzung zu dem Schutz durch Anstriche oder Schichten kann Gleichstrom verwendet werden, der so gerichtet ist, daß er den Korrosionsströmen entgegenwirkt. Ist die Gleichstromdichte (z.B. bezogen auf 1 m²) an der nicht isolierten Oberfläche wenigstens so groß wie die Dichte der Korrosionsströme, so hört die Auflösung des Metalls auf, die Oberfläche hat vollen Korrosionsschutz. Während bei dem Cumberland-Verfahren der Gleichstrom mit Hilfe von Umformern erzeugt wurde, werden heute meistens Silizium-Gleichrichter verwendet. Der Gleichstrom bewirkt auch eine

Reduktion des die Korrosion begünstigenden Sauerstoffes vor dem zu schützenden Werkstoff,

Bildung von schützenden Deckschichten auf dem zu schützenden Werkstoff und geringe Anhebung des pH-Wertes.

---

[1] Auf die gleiche Weise werden auch die Anlagen für die mechanische Wasserreinigung geschützt (vgl. Neunter Teil, Nebenanlagen, Abschn. E II, S. 629).

Diese Wirkungen werden auch trotz eines Schutzanstriches erreicht, da schon kleine Poren im Anstrich eine Stromführung gestatten.

Der Gleichstrom wird über geeignete Anoden wie z. B. platinierte Titanstäbe (früher auch Magnesium-, Zink- oder Graphitanoden) vom Pluspol des Gerätes dem Wasser zugeführt.

Alle Teile der zu schützenden Metallkonstruktion werden mit dem Minuspol verbunden. Der Strom verteilt sich von den Anoden auf die gesamte vom Wasser benetzte

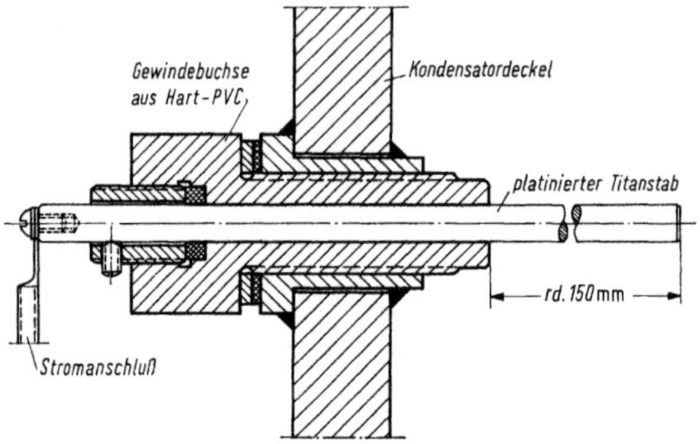

Abb. 171. Ausführungsbeispiel für eine Anode, bestehend aus einem platinierten Titanstab (Siemens)

Metallfläche. Die Anoden werden allmählich verbraucht und müssen nach einer gewissen Betriebszeit durch neue ersetzt werden. Die durchschnittliche Lebensdauer beträgt etwa 2 bis 4 Jahre. Sie ist sehr stark von den Betriebsverhältnissen sowie von der Belastung abhängig.

III. Luftgekühlte Oberflächenkondensatoren

a) Anwendung

Luftgekühlte Kondensationsanlagen werden vorgesehen, wenn weder Frischwasser für die Kondensation des Turbinenabdampfes noch Zusatzwasser für Kühlturmbetrieb in ausreichender Menge vorhanden ist oder wenn die Kosten für die Beschaffung und Aufbereitung des Zusatzwassers über dem durchschnittlichen Niveau liegen.

Das Kriterium für die wirtschaftliche Überlegenheit luftgekühlter Kondensationsanlagen bildet im allgemeinen der sog. Grenzwasserpreis, der sich aus einer Vergleichsrechnung zwischen Kühlturmbetrieb und Betrieb mit einer Luftkondensationsanlage für gegebene Betriebsverhältnisse ermitteln läßt. Dabei kann der Zusatzwasserbedarf für Kühltürme mit etwa 120% des Abdampfmengenstromes, d.h. je nach Kühlwasservielfachem mit etwa 2 bis 3% des umlaufenden Wasserstromes angenommen werden. Er setzt sich zusammen aus dem Wasserverlust durch

Verdunstung (rd. $60/q$ bis $80/q$%, wobei q = Kühlwasservielfaches),
Versprühung (rd. 0,2%) und
Abschlämmung (rd. 0,5 bis 1%, abhängig von Beschaffenheit des Zusatzwassers und zulässigem Eindickungsgrad).

Der Grenzwasserpreis in DM/m^3 ist um so niedriger, je kleiner die Mehrkosten (Herstellungs- und Brennstoffkosten) der Luftkondensationsanlage gegenüber der Kühlturmanlage sind. Liegt der Zusatzwasserpreis über dem Grenzwasserpreis, so ist die Luftkondensation dem Kühlturm wirtschaftlich überlegen.

Vergleichsrechnungen zwischen beiden Kühlsystemen setzen jedoch voraus, daß jedes System zunächst für sich unter Berücksichtigung der Last- und Temperaturänderungen sorgfältig optimiert wird, da beide Systeme sowohl verschiedene optimale Auslegungszustände haben als auch unterschiedliches Betriebsverhalten zeigen. Bezieht sich der

Vergleich auf Anlagen, für die auch verschiedene Standorte in Frage kommen, so sind auch die unterschiedlichen Transportkosten für den Brennstoff und die Übertragungskosten für die elektrische Energie zu berücksichtigen (siehe auch Abschn. IV a, S. 219).

Optimierungsberechnungen dieser Art sind heute mit Hilfe entsprechend programmierter Rechenanlagen verhältnismäßig schnell durchzuführen. Neben wirtschaftlichen Überlegungen können bei der Beurteilung der beiden Kühlsysteme noch folgende Besonderheiten der Luftkondensation eine Rolle spielen:

keine Beeinträchtigung der Umgebung durch Schwadenbildung (andererseits läßt sich bei Luftkondensatoren ein gewisser Geräuschpegel durch die Ventilatoren nicht vermeiden), keine Gefahr der Verunreinigung des Kondensates durch Kühlwasser, geringerer Geländebedarf durch die Möglichkeit, die Luftkondensationsanlage auf dem Maschinenhausdach anzuordnen.

Luftgekühlte Oberflächenkondensatoren sind für Leistungen bis zu 300 MW geplant. Der Anwendbarkeit für wesentlich größere Leistungen sind vor allem durch die großen Abmessungen der Abdampfleitungen konstruktive Grenzen gesetzt.

b) Grundlagen

Die Kondensationswärme des Turbinenabdampfes wird im Kondensator durch die Kühlluft abgeführt (Abb. 172).

Nimmt man an, daß an jeder Stelle der Kühlfläche die gleiche Sattdampftemperatur und die gleiche Wärmedurchgangszahl vorhanden sind und sich die Wärmeaustausch-

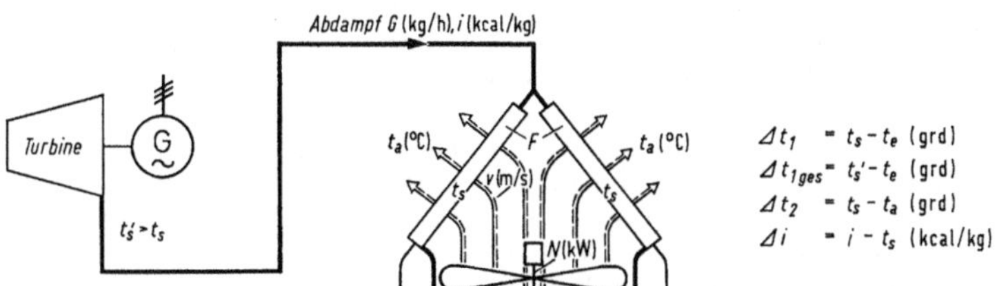

Abb. 172. Schema einer Luftkondensationsanlage

fläche in Strömungsrichtung der Luft nicht ändert (gleiche Rippenteilung), so sind entsprechend dem Berechnungsverfahren für wassergekühlte Kondensatoren (S. 148 bis 156) der Wärmestrom

$$W = G \cdot \Delta i = k \cdot F \cdot \Delta t_m = Q \cdot c_p\,(t_a - t_e) \quad \text{[kcal/h]} \tag{10a}$$

mit

c_p spezifische Wärme der Luft (rd. 0,24 kcal/kg grd)

und die mittlere Temperaturdifferenz

$$\Delta t_m = \frac{t_a - t_e}{\ln \dfrac{\Delta t_1}{\Delta t_2}} \text{ [grd]}. \tag{7a}$$

Bei Kondensatoren, die aus dampfseitig parallel geschalteten Rippenrohren bestehen, ändern sich sowohl die Sattdampftemperatur auf Grund des Druckverlustes als auch die Wärmedurchgangszahl, insbesondere infolge des Kondensatfilmes entlang der Rohre, wobei diese Änderungen je nach Lage der Rohre im Kondensator und je nach Betriebsbedingungen verschieden sind. Die vorstehenden Beziehungen sind dann nur für eine Stelle im Kondensator gültig, die den Mittelwert des gesamten Wärmetauschers repräsentiert. Mit den Betriebsbedingungen kann sich jedoch auch diese Stelle verschieben.

Setzt man voraus, daß

$$\frac{\Delta t_1}{\Delta t_2} = e^{k \cdot F/Q \cdot c_p} = C, \tag{42}$$

also konstant ist, so ergibt sich der Kühlluftmengenstrom zu

$$Q = \frac{G}{\Delta t_1} \frac{\Delta i}{c_p(1 - 1/C)} \text{ [kg/h]}; \tag{43}$$

er ist also proportional $G/\Delta t_1$. Wird die Kühlfläche aus gleichen Kühlelementen zusammengesetzt und proportional dem Luftmengenstrom verändert (gleiche Anströmgeschwindigkeit), so besteht Proportionalität zwischen F und Q. Die Größen k und c_p können dabei als konstant angesehen werden, so daß die Voraussetzungen für die Gl. (42) und (43) erfüllt sind. Somit können die Kühlfläche, der Luftstrom, der Leistungsbedarf der Ventilatoren, der Preis und der Grundflächenbedarf für die Kondensationsanlage in erster Annäherung in Abhängigkeit von dem Verhältnis $G/\Delta t_1$ ausgedrückt werden.

Bei luftgekühlten Kondensatoren ist es nicht üblich, den Begriff der Grädigkeit (Δt_2) anzuwenden. Deshalb sei hier lediglich erwähnt, daß die Grädigkeit für eine bestimmte Ausführung und Auslegung der Kühlelemente nach Gl. (42) proportional dem Temperaturabstand Δt_1 ist, der neben dem Abdampfmengenstrom die Auslegung der Luftkondensationsanlage im wesentlichen bestimmt.

Die Temperaturerhöhung der Luft durch die Ventilatoren ist praktisch vernachlässigbar.

Große Luftkondensatoren können nicht unmittelbar an den Turbinenabdampfstutzen angeschlossen werden. Es sind daher mehr oder weniger lange Abdampfleitungen und Dampfverteilungsleitungen zu den einzelnen Teilkondensatoren erforderlich, deren Druckverlust das ausnutzbare Vakuum am Turbinenabdampfflansch gegenüber dem Vakuum im Kondensator etwas herabsetzt. Je nach Größe und Länge der Leitungen kann im Auslegungspunkt mit einem Druckverlust von 75 bis 150 mm WS in der Verbindungsleitung zwischen Turbine und Kondensationsanlage gerechnet werden. Der weitere Druckabfall innerhalb der Kondensationsanlage, insbesondere in den Dampfeinströmungen zu den Kühlrohren, ist für die Ermittlung der Kühlfläche und für das Betriebsverhalten von wesentlicher Bedeutung. Der Druckverlust ändert sich mit der Dampfgeschwindigkeit und dem spezifischen Dampfgewicht. Liegt der Kondensator geodätisch höher als die Turbine, so tritt durch das Gewicht der Dampfsäule noch eine geringe zusätzliche Druckerhöhung am Turbinenabdampfflansch auf. Andererseits kommt der Höhenunterschied auf der Kondensatseite der Kondensatpumpe zugute, deren Förderhöhe entsprechend kleiner sein kann.

Für die Ausführung und Auslegung der Kühlelemente einer Herstellerfirma gelten folgende Zusammenhänge:

Leistungsbedarf der Ventilatoren an der Kupplung zwischen Getriebe und Motor

$$N_V = (160 \text{ bis } 170) \cdot \frac{G}{\Delta t_1} \text{ [kW]}^1, \tag{44}$$

wenn die erforderliche Gesamtdruckdifferenz des Ventilators mit 15 mm WS, der Ventilatorwirkungsgrad mit 70% und der Getriebewirkungsgrad mit 97% angenommen werden.
Der Grundflächenbedarf der Kondensatoren bei der Dachbauweise (siehe Abb. 180) beträgt

$$(135 \text{ bis } 145) \cdot \frac{G}{\Delta t_1} \text{ [m}^2\text{]}^1. \tag{45}$$

Der Richtpreis (Preisbasis 1968) der gesamten Luftkondensationsanlage einschließlich Ventilatoren, Abdampfleitungen, Stahlbetonunterbau und Montage beläuft sich für deutsche Verhältnisse je nach Größe der Anlage auf

$$(850\,000 \text{ bis } 1\,100\,000) \cdot \frac{G}{\Delta t_1} \text{ [DM]}^1. \tag{46}$$

[1] für $\Delta i = 540$ kcal/kg und G in t/h.

c) Optimale Auslegung

Betrachtet man zunächst die Luftkondensationsanlage für sich allein, so gilt sinngemäß wie bei wassergekühlten Kondensatoren, daß ein bestimmter Abdampfmengenstrom bei einem bestimmten Temperaturabstand Δt_1 grundsätzlich noch die Wahl des Luftstromes und der Luftgeschwindigkeit offen läßt.

Mit steigendem Luftstrom nimmt bei gleichbleibender Luftgeschwindigkeit

die Kühlfläche quer zur Strömungsrichtung der Luft proportional zu,
der Grundflächenbedarf bei der Dachbauweise proportional zu,
die Kühlfläche in Strömungsrichtung der Luft mehr als verkehrt proportional ab,
der gesamte Kühlflächenbedarf weniger als verkehrt proportional ab,
der Leistungsbedarf der Ventilatoren je nach Größe der dynamischen Druckhöhe zur Erzeugung der Luftgeschwindigkeit im Ringquerschnitt der Ventilatoren eher etwas zu,
die Ventilatorzahl bzw. die Ventilatordurchmesser entsprechend der Q-H-Kurve weniger als proportional zu.

Große Luftströme führen daher zu einer Verbilligung des eigentlichen Kondensators, jedoch zu einer Verteuerung der sonstigen Anlageteile. Eine Verringerung des Grundflächenbedarfes bei der Dachbauweise wird durch Vergrößerung der Kühlfläche in Strömungsrichtung der Luft (Anordnung mehrerer Rippenrohre hintereinander) erreicht. Dabei muß auch die Luftgeschwindigkeit entsprechend erhöht werden, damit für das letzte Rippenrohr noch ein ausreichender Temperaturabstand (Grädigkeit) vorhanden ist. Diese Maßnahme ist nur begrenzt ausführbar, da der Druckverlust mit Rücksicht auf die Ventilatoren nicht beliebig erhöht werden kann.

Für eine wirtschaftliche Auslegung sind daher die einzelnen Größen unter Berücksichtigung der technischen Möglichkeiten optimal aufeinander abzustimmen.

Liegen die Kühlelemente, aus denen die Kühlfläche zusammengesetzt werden soll, in ihrer Ausführung einschließlich Zahl der hintereinander angeordneten Rohre fest und ordnet man diesen Kühlelementen einen bestimmten Luftmengenstrom zu, so ist entsprechend Gl. (42) das Verhältnis $\Delta t_1/\Delta t_2$ konstant. Die Kühlfläche und damit annähernd auch die Kosten der Luftkondensationsanlage sowie der Leistungsbedarf der Ventilatoren und der Kühlluftmengenstrom ändern sich dann verkehrt proportional mit dem Temperaturabstand Δt_1 [Gl. (43) bis (46)]. Der abzuführende Wärmestrom (wenn die Änderung von Δi vernachlässigt wird, auch der Abdampfmengenstrom) verändert die Kühlfläche direkt proportional.

Bei der Ermittlung des optimalen Temperaturabstandes Δt_1 sind alle Einflüsse zu berücksichtigen, die der Temperaturabstand auf Anlage- und Betriebskosten ausübt. Von besonderer Wichtigkeit sind dabei auch die Auswirkungen auf die Betriebskosten für alle Betriebsverhältnisse, die vom Auslegungspunkt abweichen. Da die Lufttemperaturen viel größeren Schwankungen unterworfen sind als die Wassertemperaturen, sind auch die daraus resultierenden Vakuumänderungen entsprechend größer. Auch die lastabhängige Vakuumänderung ist bei Luftkondensationsanlagen größer als bei wassergekühlten Kondensatoren (siehe Abschn. II d, S. 172). Darüber hinaus ist noch die Beeinflussung durch die Regelmöglichkeit der Luftkondensationsanlagen zu berücksichtigen (siehe Abschn. III i, S. 213). Die Erfassung aller dieser Einflüsse ist mit Hilfe einer entsprechend programmierten Rechenanlage möglich. Eine wichtige Grundlage für die Optimierung bilden Angaben über den Zusammenhang zwischen der Lufttemperatur und der Turbinenlast.

Die hohen Herstellungskosten der Luftkondensatoren, die durch die niedrigen Wärmedurchgangszahlen (entsprechend hohen Kühlflächenbedarf) bedingt sind und die gesamten Kraftwerkskosten anteilig wesentlich stärker belasten als wassergekühlte Kondensatoren, verlangen eine Reduzierung durch Wahl eines höheren Temperaturabstandes. Hinzu kommt, daß die spezifische Wärme der Luft mit rd. 0,24 kcal/kg grd nur etwa ein Viertel der spezifischen Wärme des Wassers beträgt und sich die Luft daher bei gleichem Mengenstrom und gleicher Wärmeaufnahme etwa viermal stärker erwärmt als Wasser. Auch dieser Unterschied erfordert bei Luftkondensatoren einen höheren Temperaturabstand, da das „Luftvielfache" aus wirtschaftlichen Gründen nicht viermal größer gewählt werden kann als das übliche Wasservielfache.

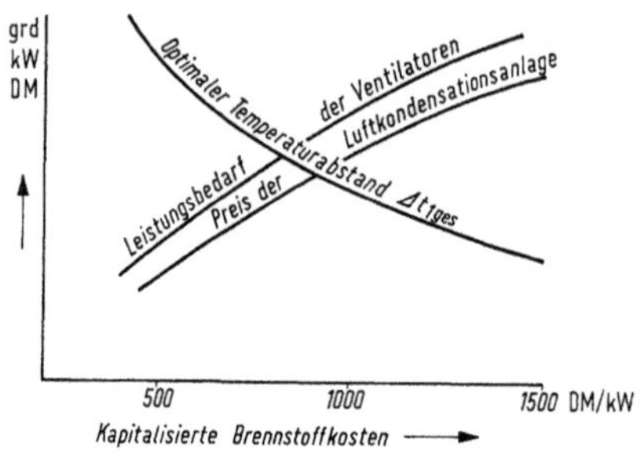

Abb. 173. Einfluß der kapitalisierten Brennstoffkosten auf die optimale Auslegung von Luftkondensationsanlagen

Der gesamte Temperaturabstand zwischen Sattdampf am Turbinenabdampfflansch und Kühllufteintritt Δt_{1ges} ausgeführter und geplanter Anlagen liegt zwischen etwa 25 und 35 grd. Grundsätzlich gilt, daß Δt_{1ges} um so größer gewählt werden kann, je niedriger die kapitalisierten Brennstoffkosten, d.h.

je billiger der Brennstoff,
je niedriger die Benutzungsstunden,
je kürzer die Abschreibungszeit und
je höher die Zinsfaktoren

sind (Abb. 173).

Das erreichbare Vakuum in at für verschiedene Temperaturabstände in Abhängigkeit von der Kühllufteintrittstemperatur zeigt Abb. 174.

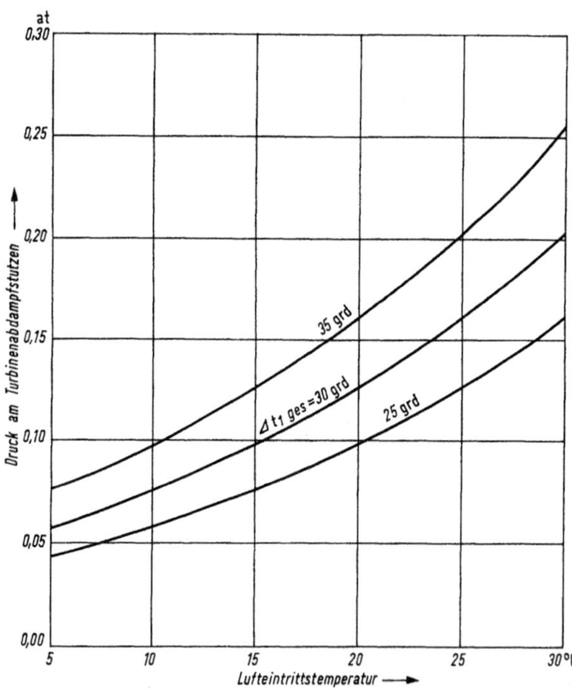

Abb. 174. Druck am Turbinenabdampfstutzen in Abhängigkeit von der Lufteintrittstemperatur für übliche Anfangstemperaturabstände

Die mittlere Lufttemperatur in Deutschland liegt bei etwa 10 °C. Über die Häufigkeit der Lufttemperaturen in Europa gibt die Jahreshäufigkeitskurve in Abb. 175 Aufschluß.

Der hohe Kostenanteil für die Luftkondensationsanlage rechtfertigt in stärkerem Maße als bei wassergekühlten Kondensatoren einen Mehrkostenaufwand zur Senkung des im Kondensator abzuführenden Wärmestromes. Dieser kann durch alle Maßnahmen reduziert werden, die gleichzeitig der Verbesserung des spezifischen Wärmeverbrauches dienen, wie z. B. Anwendung von Zwischenüberhitzung, hohe Dampfzustände, hohe Endvorwärmung in bezug auf den Wärmeverbrauch des Turbosatzes usw. Dieser Kostensteigerung steht eine bei Luftkondensationsanlagen entsprechend große Kostenersparnis für die Kondensationsanlage und eine Senkung der Brennstoffkosten durch niedrigeren Wärmeverbrauch gegenüber. Die Anschaffungskosten für die Luftkondensationsanlage ermäßigen sich pro Prozent Wärmeverbrauchsverbesserung nach Gl. (46) und Gl. (34) um (0,0157 bis 0,0204) $\cdot N_{4/4} \cdot w_{4/4} \cdot \eta_k / \Delta t_1$ [DM].

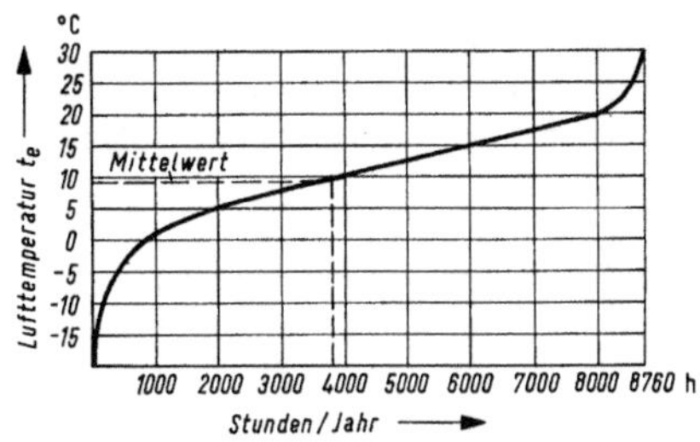

Abb. 175. Jahreshäufigkeitskurve der Lufttemperaturen in Europa

d) Betriebsverhalten bei Abweichungen vom Auslegungszustand

Ändert sich die Lufteintrittstemperatur bei gleicher Dampfbelastung des Kondensators und konstantem Kühlluftmengenstrom (kg/h), so ändert sich auch die Sattdampftemperatur im Kondensator (in den Kühlrohren) annähernd um den gleichen Betrag wie die Lufteintrittstemperatur. Für eine genaue Berechnung ist jedoch wie bei wassergekühlten Kondensatoren der Einfluß der Wärmedurchgangszahl noch zu berücksichtigen. Diese verringert sich mit sinkender und erhöht sich mit steigender Lufttemperatur. Dementsprechend nimmt der Temperaturabstand Δt_1 mit sinkender Lufteintrittstemperatur etwas zu und mit steigender etwas ab.

Bei gleichbleibender Ventilatordrehzahl und unveränderter Einstellung der Ventilatoren ändern sich mit der Kühllufttemperatur auch der Luftmengenstrom und die Leistungsaufnahme der Ventilatoren, da diese annähernd konstanten Luftvolumenstrom fördern. Steigende Lufttemperaturen haben daher eine Verringerung des Luftmengenstromes etwa im Verhältnis der absoluten Temperaturen (°Kelvin), eine Verminderung der Leistungsaufnahme der Ventilatoren, eine Vergrößerung der Luftaufwärmspanne und eine entsprechende Vergrößerung des Temperaturabstandes Δt_1 zur Folge.

Beide Einflüsse, nämlich die Änderung der Wärmedurchgangszahl und die Änderung des Luftmengenstromes mit der Kühllufttemperatur haben gegenläufige Auswirkungen und kompensieren sich daher zum Teil.

Die Änderung der Sattdampftemperatur bzw. des Vakuums im Turbinenabdampfstutzen ist jedoch sowohl in positiver als auch in negativer Richtung infolge des Einflusses des Druckverlustes in den Dampfleitungen und insbesondere auch in den Einströmungen zu den Kühlelementen geringer. Steigende Lufttemperaturen führen zu einer Verminderung, fallende zu einer Erhöhung des Druckverlustes. Abb. 176 zeigt in der Tendenz den Verlauf der Sattdampftemperatur im Turbinenabdampfstutzen und im Kondensator in Abhängigkeit von der Lufteintrittstemperatur. Ein divergenter Verlauf der Temperaturdifferenz zwischen beiden Stellen ergibt sich auch bei konstantem Druckverlust durch die Charakteristik der Sattdampfkurve.

Bei Kondensatoren mit dampfseitig parallel geschalteten Rippenrohren bringt der veränderte Verlauf der Sattdampftemperatur entlang der Rohre bei steigendem Vakuum (sinkenden Kühllufttemperaturen), der durch die höheren Druckverluste verursacht wird, eine weitere Vergrößerung des Temperaturabstandes Δt_1 mit sich.

Die Grenze für das maximal erreichbare Vakuum (bzw. die zugehörige Sattdampftemperatur t_s) bildet entweder die Saugleistung der Luftpumpe, die aus wirtschaftlichen Gründen nur für das höchste in der Turbine ausnützbare Vakuum ausgelegt wird, oder der dampfseitige Druckverlust.

Ändert sich die Wärmebelastung des Kondensators bei gleichbleibender Lufteintrittstemperatur und konstantem Kühlluftmengenstrom, so ändert sich der Temperaturabstand

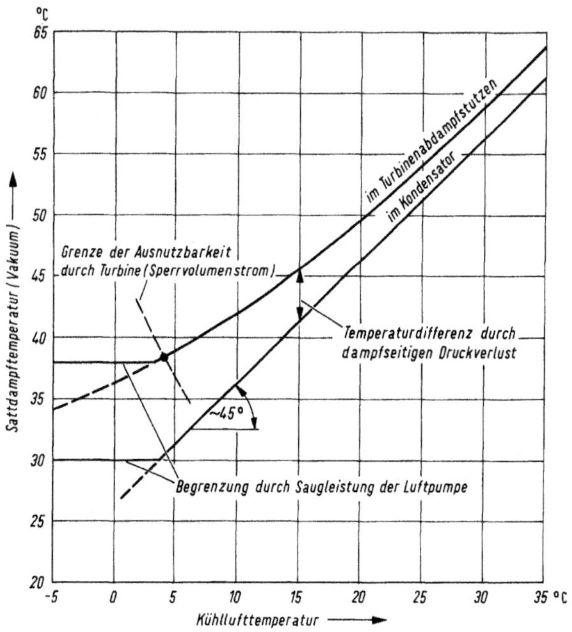

Abb. 176. Beispiel für den Verlauf der Sattdampftemperatur (des Vakuums) im Turbinenabdampfstutzen und im Kondensator in Abhängigkeit von der Lufteintrittstemperatur bei konstanter Wärmeleistung

Δt_1 im Kondensator wie bei wassergekühlten Kondensatoren annähernd proportional mit dem Wärmestrom. Da Δt_1 im Auslegungspunkt größer ist als bei wassergekühlten Kondensatoren, verlaufen die Vakuumkurven für Teil- und Überlast bei Luftkondensationsanlagen wesentlich steiler. Auch hierbei ist der Vakuumverlauf im Turbinenabdampfstutzen in Abhängigkeit vom Abdampfmengenstrom infolge des sich ändernden, dampfseitigen Druckverlustes etwas anders als im Kondensator selbst. Die Änderung des dampfseitigen Druckverlustes ist jedoch geringer, da die Zunahme des spezifischen Dampfvolumens bei Teillast mit einer Verringerung des Dampfmengenstromes verbunden ist. Die Änderungen des Luftmengenstromes und der Wärmedurchgangszahl infolge der veränderten Aufwärmspannen sind praktisch vernachlässigbar.

Alle übrigen Abweichungen vom Auslegungszustand sind bei konstanter Ventilatordrehzahl praktisch Kombinationen der vorgenannten Betriebsfälle. Ermittelt man die Vakua für mehrere Lufteintrittstemperaturen bei konstantem Abdampfmengenstrom und für mehrere Abdampfmengenströme bei konstanter Lufteintrittstemperatur, so erhält man Kurvenscharen, die es gestatten, das erreichbare Vakuum für jeden beliebigen Betriebszustand abzulesen. Abb. 177 zeigt eine solche Betriebscharakteristik für ein bestimmtes Ausführungsbeispiel.

Der große Bereich möglicher Vakuumänderungen bei Luftkondensatoren muß insbesondere in der Auswahl des Turbinenniederdruckteils berücksichtigt werden. Während die Saugleistung der Luftpumpe und der dampfseitige Druckverlust der Luftkondensationsanlage den möglichen Abdampfdruck nach unten begrenzen, wird der ausnutzbare Abdampfdruck durch die Turbine festgelegt. Jeder Niederdruckteil kann nur einen bestimmten maximalen Abdampfvolumenstrom durchsetzen, der von seiner Größe und der Schallgeschwindigkeit des Abdampfes abhängig ist. Sobald der sog. Sperrvolumenstrom erreicht ist, führt eine weitere Vakuumverbesserung zu keiner Leistungssteigerung, sondern sogar zu einer Verschlechterung des Wärmeverbrauches. Die Begrenzungskurven liegen in der Betriebscharakteristik auf verschiedener Höhe; entscheidend ist die oberste.

Die vorstehenden Zusammenhänge setzen voraus, daß alle Ventilatoren mit Auslegungsdrehzahl laufen und dementsprechend auch die gesamte Kühlfläche zur Kondensation des Turbinenabdampfes zur Verfügung steht. Luftkondensationsanlagen bieten jedoch auch die Möglichkeit, das Vakuum durch Veränderung des Kühlluftstromes zu beeinflussen. Von dieser Regelmöglichkeit wird sowohl im Hinblick auf eine möglichst wirtschaftliche Betriebsweise (Verringerung der Ventilatorleistung) als auch im Interesse einer betriebs-

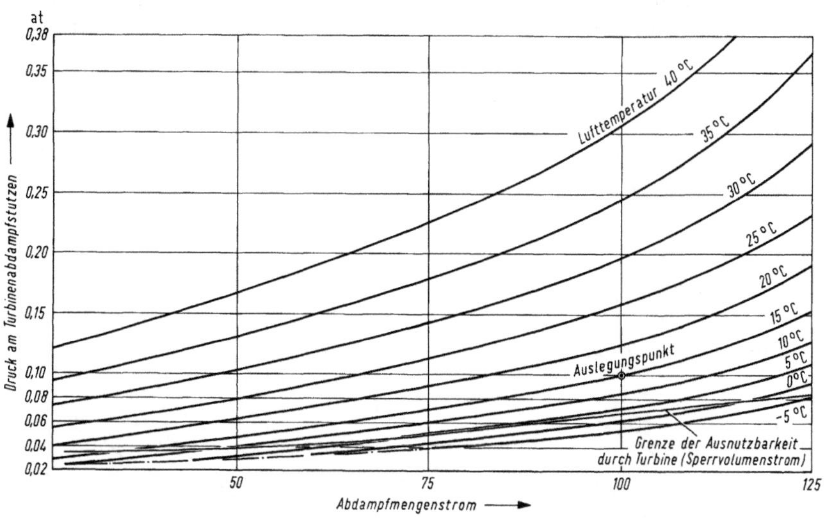

Abb. 177. Beispiel für die Betriebscharakteristik einer Luftkondensationsanlage bei Einsatz aller Ventilatoren mit voller Drehzahl

sicheren Fahrweise (Vermeidung des Einfrierens) Gebrauch gemacht. Bezüglich der verschiedenen Regelmöglichkeiten wird auf Abschn. i, S. 213, verwiesen. Grundsätzlich gilt, daß durch Verringerung des Kühlluftstromes eine Einsparung an Eigenbedarfsleistung für die Luftkondensationsanlage auf Kosten des Vakuums erreicht werden kann.

Wird der Kühlluftstrom bei sonst gleichen Verhältnissen durch Abschalten einzelner Ventilatoren reduziert und verbleiben noch x [%] Lüfter in Betrieb, so erhöht sich der Temperaturabstand theoretisch von Δt_1 annähernd auf $100\,\Delta t_1/x$. Praktisch ist mit einer geringeren Erhöhung zu rechnen, da Kondensatoreinheiten mit stillstehenden Ventilatoren sich ebenfalls noch in geringem Maße an der Wärmeabfuhr beteiligen. Die Betriebsweise mit Dephlegmatoren (siehe Abschn. f, S. 208) kann weitere Abweichungen von dieser Grundbeziehung zur Folge haben.

e) Vakuumvergleich zwischen Luftkondensationsanlagen und Kühlturmanlagen

Beide Systeme stehen häufig im Wettbewerb, so daß die grundsätzlichen Unterschiede hinsichtlich der Auslegung und der Änderung des Vakuums bei Abweichungen vom Auslegungszustand von Interesse sind.

Bei Luftkondensatoren ist die am trockenen Thermometer abgelesene Lufttemperatur (Trockenlufttemperatur) für den Wärmeaustausch maßgebend, während bei Kühltürmen die am feuchten Thermometer ermittelte Temperatur (Feuchtlufttemperatur) das Temperaturniveau für den Wärmeaustausch bestimmt. Beide Temperaturen sind nur bei 100% relativer Luftfeuchtigkeit gleich. Je niedriger die relative Luftfeuchtigkeit ist, desto tiefer liegt die Feuchtlufttemperatur unter der Trockenlufttemperatur.

Der Abstand zwischen Sattdampftemperatur im Kondensator und Feuchtlufttemperatur setzt sich bei Kühlturmanlagen zusammen aus

dem Kühlgrenzabstand,
der Kühlzonenbreite (Kühlwasseraufwärmung) und
der Kondensatorgrädigkeit.

Optimierungsberechnungen zeigen, daß für gleiche Betriebsverhältnisse der wirtschaftlich optimale Abdampfdruck bei Luftkondensationsanlagen höher liegt als bei Naturzug- oder Ventilatorkühltürmen. Es ist daher nicht angebracht, den Vakuumvergleich bei Ab-

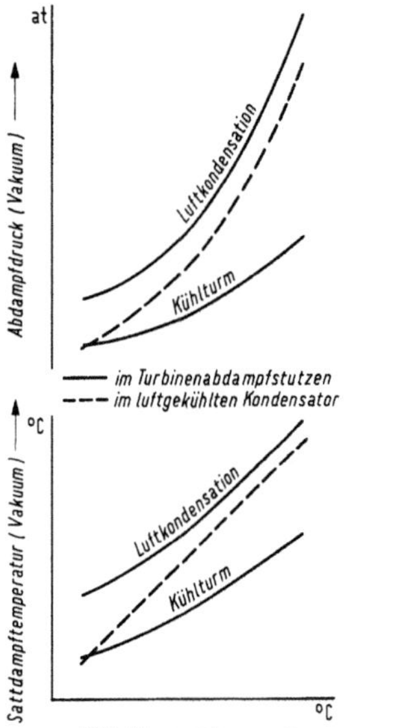

Abb. 178. Vakuumvergleich zwischen Luftkondensations- und Kühlturmanlagen bei konstanter Wärmeleistung (Turbinenlast), jedoch veränderter Lufteintrittstemperatur (durchschnittlicher Zusammenhang zwischen Feucht- und Trocken-Lufttemperatur angenommen)

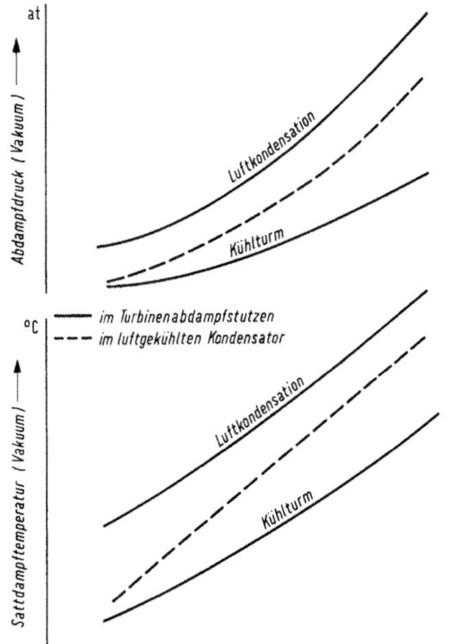

Abb. 179. Vakuumvergleich zwischen Luftkondensations- und Kühlturmanlagen bei Teil- und Überlast für gleiche (Trocken-) Lufttemperaturen

weichungen vom Auslegungszustand auf gleiches Auslegungsvakuum abzustellen. Geht man daher von der Voraussetzung aus, daß für eine gegebene Trockenlufttemperatur mit einer entsprechend dem relativen Feuchtigkeitsgrad darunterliegenden Feuchtlufttemperatur die Luftkondensationsanlage für einen höheren Abdampfdruck bzw. für eine höhere Sattdampftemperatur im Turbinenabdampfstutzen ausgelegt ist als die Kühlturmanlage, so ändert sich die Sattdampftemperatur bei der Luftkondensationsanlage mit der Umgebungslufttemperatur etwas stärker als bei der Kühlturmanlage. Der steilere Verlauf (Abb. 178) der Vakuumkurve bei der Luftkondensationsanlage gegenüber der Kühlturmanlage in Abhängigkeit von der Lufttemperatur ist auf folgende Einflüsse zurückzuführen:

Die Feuchtlufttemperatur ändert sich selbst bei konstanter relativer Feuchtigkeit in geringerem Maße als die Trockenlufttemperatur. Meistens ist die relative Feuchtigkeit bei tiefen Temperaturen (Winter) höher als bei hohen Temperaturen (Sommer), so daß der Unterschied dann noch größer wird. Der Kühlgrenzabstand vergrößert sich mit sinkender und verkleinert sich mit steigender Feuchtlufttemperatur. Auch die Grädigkeit des wassergekühlten Kondensators nimmt bei sinkender Wassertemperatur zu und bei steigender ab (siehe Abb. 137).

Ein etwas steilerer Verlauf der Vakuumkurve ergibt sich bei der Luftkondensationsanlage auch in Abhängigkeit von der Turbinenlast (Abb. 179), da der Temperaturabstand Δt_1 im Auslegungspunkt bei der Luftkondensationsanlage größer ist als bei der Kühlturmanlage und der Kühlgrenzabstand sich weniger als direkt proportional mit der Last ändert, so daß auch die Änderung des Abstandes zwischen Sattdampftemperatur im Kondensator und Feuchtlufttemperatur nicht ganz proportional der Last ist.

f) Aufbau und Schaltung der Luftkondensatoren

Luftkondensatoren für große Turbosätze werden aus mehreren Einheiten gleicher Ausführung nach dem Baukastenprinzip zusammengesetzt. Die geringste Grundfläche beansprucht die sog. Dachbauweise, bei der die Ventilatoren an der Basis eines Dreiecks angeordnet werden, dessen Schenkel die Kühlelemente bilden. Der halbe Querschnitt einer solchen Kondensatoreinheit ist in Abb. 180 (linke Hälfte) gezeigt.

Der Abdampf wird der Kondensatoreinheit durch die im Scheitelpunkt des Dreiecks liegende Dampfleitung zugeführt. Von dort verteilt er sich auf die einzelnen Kühlelemente, die durch geschweißte Kästen an die Dampfleitung angeschlossen sind und im Kreuzstrom zur Kühlluft vom Dampf durchströmt werden. Das Kondensat wird in den beiden unteren Leitungen gesammelt und der Kondensatpumpe zugeführt. Vorhandene Luft und ein dem Partialdruck entsprechender Dampfanteil (siehe Abb. 202) werden am Ende der Kühlelemente von der Luftpumpe abgesaugt. Zur weiteren Kühlung der abgesaugten Luft werden bei reinen Kondensatoreinheiten separate Luftkühlelemente an der Stirnseite des Luftkondensators vorgesehen.

Während bei wassergekühlten Kondensatoren der Dampf praktisch von allen Seiten Zugang zur Kühlfläche hat, gelangt er bei innen beaufschlagten Rippenrohren nur durch die im Querschnitt festliegenden Einströmöffnungen der Rohre zur Kühlfläche. Die feste Zuordnung von Strömungsquerschnitt zu Kühlfläche hat eine entsprechende Druck- bzw. Sattdampftemperatur-Absenkung am Eintritt und entlang der Rohre auf Grund der Strömungswiderstände zur Folge. Diese wirken sich um so stärker aus, je größer das Dampfvolumen oder die Wärmeleistung der Kühlfläche ist. Die Druck- und Temperaturabsenkung ist daher bei tiefen Lufttemperaturen größer als bei hohen, bei großem Temperaturabstand zwischen Dampf und Kühlluft größer als bei kleinem. Da sich vorhandene Luft in den Zonen niedrigen Dampfdruckes konzentriert, nimmt der Luftgehalt im Dampf-Luft-Gemisch gegen das Rohrende hin zu. Die Partialdruckabsenkung des Dampfes, die durch niedrige Lufttemperaturen noch begünstigt wird, und die Kühlung des am kälteren Rohrboden abfließenden Kondensates bewirken eine Kondensatunterkühlung, die bei tiefen Lufttemperaturen zum Einfrieren des Kondensates führen kann. Besonders gefährdet sind hierbei, wie in Abschn. g, S. 210, unter Kühlelemente noch näher erläutert wird, die unteren Rohrreihen mit dem größten Temperaturabstand, wenn keine besonderen Vorkehrungen getroffen werden.

Um diese Nachteile zu vermeiden, sieht eine Herstellerfirma in der Luftkondensationsanlage außer Kondensatoreinheiten auch noch sog. Dephlegmatoreinheiten (Gegenstromkondensatoren) vor, die in Dampfströmungsrichtung den Kondensatoreinheiten nachgeschaltet werden und den restlichen Dampf kondensieren. Diese Dephlegmatoreinheiten sind im Aufbau den Kondensatoreinheiten ähnlich (Abb. 180, rechte Hälfte).

Der Unterschied besteht im wesentlichen darin, daß der Abdampf den Kühlelementen von unten zugeleitet und die Luft am oberen Ende der Elemente abgesaugt wird. Der Abdampf strömt somit in den Kühlelementen gegen den Kondensatstrom. Dadurch werden bei richtiger Dimensionierung eine Kondensatunterkühlung und die Gefahr des Einfrierens vermieden. Die Dephlegmatoren wirken bis zu einem gewissen Grad selbstregelnd,

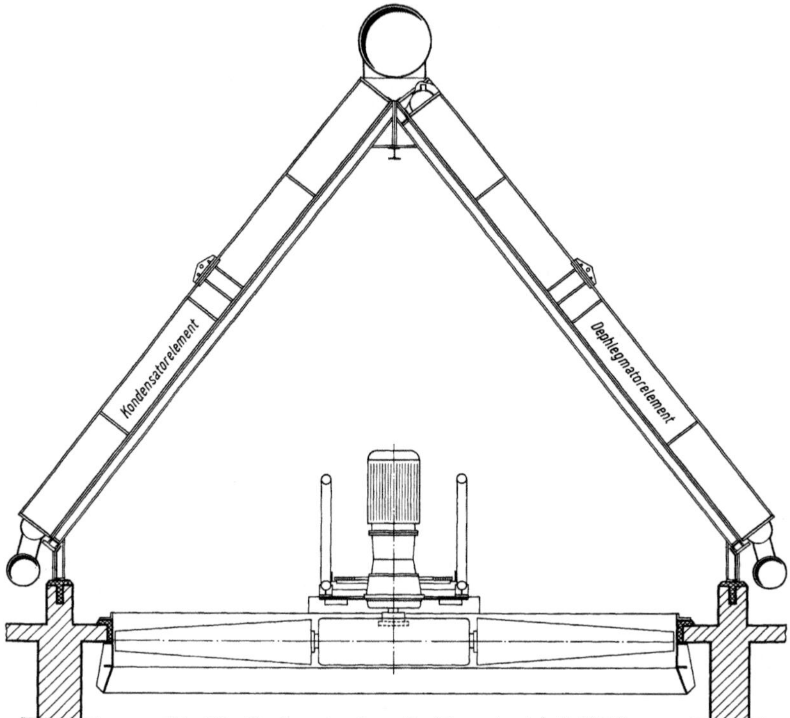

Abb. 180. Kondensator- bzw. Dephlegmatoreinheit (GEA)
Bei Kondensatoreinheiten sind beide Schenkel mit gleichen Kondensatorelementen, bei Dephlegmatoreinheiten mit gleichen Dephlegmatorelementen ausgerüstet

da der abfließende Kondensatstrom in den Kühlrohren bei starker Beaufschlagung die Dampfzufuhr drosselt. Die Wärmedurchgangszahl wird durch das abfließende Kondensat verschlechtert.

Kondensationsanlagen mit Kondensator- und Dephlegmatoreinheiten (Abb. 181) werden so bemessen, daß bei maximalem Abdampfmengenstrom das „Kondensationsende" etwa im oberen Drittel der Dephlegmatoren liegt. Die noch verbleibende Kühlfläche dient zur Luftunterkühlung.

Grundsätzlich besteht auch die Möglichkeit, die Dephlegmatoren so auszuführen und zu schalten, daß sie wahlweise kondensatorisch oder dephlegmatorisch eingesetzt werden können (GEA-Patent). Für die Umschaltung sind Absperrklappen in der Dampfleitung und in den Luftsaugeleitungen erforderlich. Bei kondensatorischem Betrieb der Dephlegmatoren wird die Luft unten abgesaugt. Die Verwendung als Kondensatoren bringt durch die bessere Ausnutzung der Kühlfläche, die größeren Einströmquerschnitte (keine Drosselung durch Kondensat) und das höhere Druckniveau (Parallelschaltung) eine Erhöhung der Kondensationsleistung mit sich, die im Sommer von Vorteil sein kann.

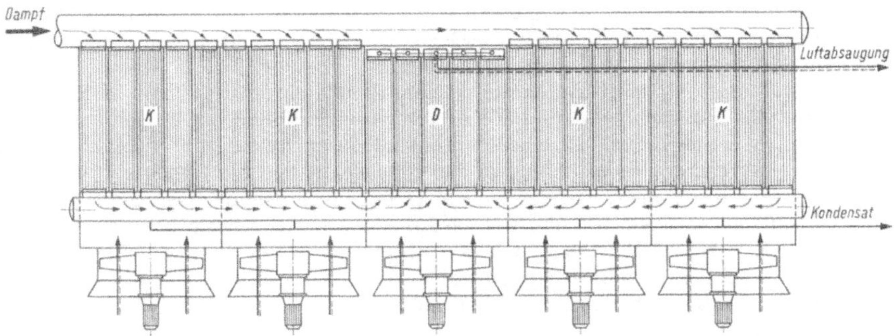

Abb. 181. Teilabschnitt einer Luftkondensationsanlage, bestehend aus Kondensator(K)- und Dephlegmator(D)-Einheiten (GEA)

Eine andere Ausführung in flacher Dachbauweise mit beiderseits nur leicht geneigten Rohren zeigt Abb. 182. Auch hier wird der Dampf den Kühlelementen durch eine in der Mitte liegende Dampfleitung zu- und das Kondensat durch seitlich angeordnete Rohre abgeführt. Die vier übereinanderliegenden Rohrreihen münden jedoch auf der Austrittsseite nicht in eine gemeinsame Kammer, sondern in getrennte Sammelrohre. Jedes Sammelrohr ist über eine Wasserschleife mit der gemeinsamen Kondensatleitung verbunden. Dadurch wird sichergestellt, daß sich in jedem Sammelrohr der Enddruck einstellen kann, der sich auf Grund der unterschiedlichen Druckverluste in den übereinanderliegenden Rohrreihen ergibt. Da die untere Rohrreihe den größten Temperaturabstand zur Kühlluft hat, wird in dieser am meisten Dampf kondensiert, so daß auch der Enddruck dieser Reihe am niedrigsten ist. Der höchste Enddruck stellt sich am Austritt der oberen Rohrreihe ein. Gegenüber der Ausführung mit gemeinsamer Austrittskammer wird auf diese Weise auch bei

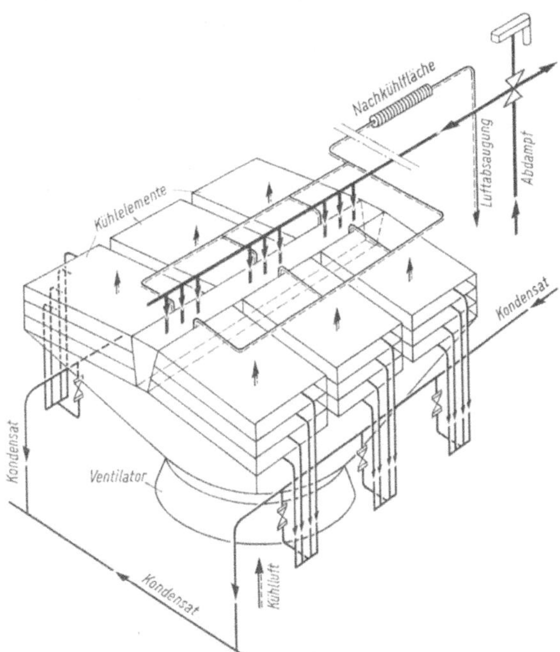

Abb. 182. Schematische Darstellung einer Luftkondensatoreinheit nach System Lummus

Rohren mit gleicher Rippenteilung in Strömungsrichtung der Luft eine bessere Ausnutzung der Kühlfläche der unteren Rohrreihen gegen das Rohrende hin erreicht. Zur Luftabsaugung sind in gewissen Abständen jeweils vier schräg übereinanderliegende Rohre vorgesehen, die vom Dampf-Luft-Gemisch in umgekehrter Richtung, d.h. gegen die Dampfverteilungsleitung hin durchströmt werden. Die vier Rohrenden münden dort in Kammern, die mit der Luftabsaugeleitung verbunden sind. Unterschiedliche Drücke in den übereinanderliegenden Rohrreihen setzen jedoch voraus, daß kein Druckausgleich durch die Rohre für die Luftabsaugung stattfindet.

Die Kondensattemperatur am Austritt des Luftkondensators liegt unter der Sattdampftemperatur des Turbinenabdampfes. Diese Temperaturdifferenz ergibt sich aus dem unvermeidlichen Druckverlust zwischen Turbinenabdampfstutzen und Kondensatspiegel sowie aus einer echten Unterkühlung in den Kühlelementen, die jedoch bei Anwendung von Dephlegmatoren nicht vorhanden ist. Durch Aufwärmung des Kondensates mit Turbinenabdampf in einem Mischvorwärmer kann dieser Wärmeverlust vermieden und der Sauerstoffgehalt reduziert werden. Für die Entgasung des Kondensates in dem Mischvorwärmer ist ein Anschluß an die Luftsaugeleitung erforderlich. Die Kondensatunterkühlung kann auch durch Einführen des Kondensates in die Abdampfleitung rückgängig gemacht werden.

g) Kühlelemente

Der Wärmeaustausch zwischen Dampf und Luft wird wesentlich durch die Wärmeübergangszahl auf der Luftseite beeinträchtigt, da diese nur wenige Prozent der Wärmeübergangszahl auf der Dampfseite beträgt. Deshalb ist es erforderlich, die Kühlfläche auf der Luftseite durch Rippen zu vergrößern. Je nachdem, ob die Luft durch die Rohre oder um die Rohre strömt, werden die Rippen innen oder außen vorgesehen. In Längsrichtung innenberippte Rohre wurden bisher nur bei kleinen Anlagen verwendet. Für die vorher gezeigten Bauformen sind die Rohre auf der Außenseite mit Querrippen versehen. Das richtige Verhältnis von Rippenhöhe zu Rippenteilung sowie die Rippendicke und die Güte der metallischen Verbindung zwischen Kernrohr und Rippen sind dabei entscheidend für Leistung und Anlagekosten derartiger Wärmetauscher.

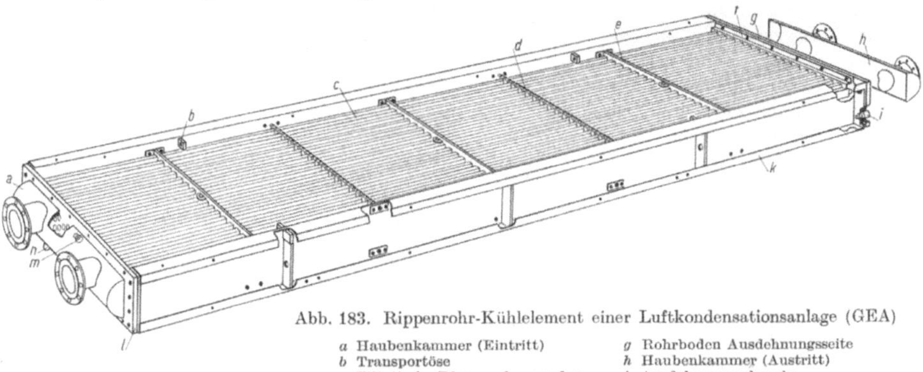

Abb. 183. Rippenrohr-Kühlelement einer Luftkondensationsanlage (GEA)

a Haubenkammer (Eintritt)
b Transportöse
c Elliptische Rippenrohre an den Enden rund aufgedornt
d Zuganker und Distanzbleche
e Tragkamm
f Verkleidungskamm
g Rohrboden Ausdehnungsseite
h Haubenkammer (Austritt)
i Ausdehnungsschraube
k Seitenwand
l Rohrboden Festseite
m Entlüftung
n Entleerung

Mehrere versetzt nebeneinander und hintereinander angeordnete Rippenrohre werden in einem Kühlelement zusammengefaßt (Abb. 183).

Die Rohre des abgebildeten Kühlelementes haben elliptischen Querschnitt (siehe auch Erster Band, Dritter Teil, Ausführungsbeispiele, S. 989), der den Strömungswiderstand herabsetzt. Gleichzeitig wird ein kleiner hydraulischer Durchmesser geschaffen, der sich günstig auf den Wärmeübergang auswirkt. Die Kühlfläche wird durch die Rippen auf das Zehn- bis Zwanzigfache vergrößert. Die Rohre bestehen aus verzinktem Stahl und sind an den Enden in rechteckige Böden eingeschweißt. Auf die Rohrböden sind Sammelkammern aufgeschweißt, die mit den Dampf-, Kondensat- oder Luftleitungen verbunden werden. Das Kühlelement wird durch Zuganker und seitlich angebrachte Begrenzungswände aus abgekantetem Stahlblech versteift.

Die Hintereinanderschaltung der Rohre in Strömungsrichtung der Luft hat zur Folge, daß der Temperaturunterschied zwischen dem Dampf und der sich erwärmenden Luft von Rohr zu Rohr kleiner wird. Werden drei Rohre hintereinander geschaltet, so könnte bei gleicher Kühlfläche der Rohre daher das untere Rohr mehr Wärme, das obere Rohr weniger Wärme als das mittlere abführen. Da aber die Rohrquerschnitte gleich sind, ändern sich die Dampfmengenströme in den einzelnen Rohren nicht im gleichen Verhältnis wie die übertragbaren Wärmeströme. Die Folge ist eine zunehmende Unterkühlung vom oberen zum unteren Rohr, insbesondere dann, wenn für die übereinanderliegenden Rohre eine gemeinsame Austrittskammer vorgesehen wird.

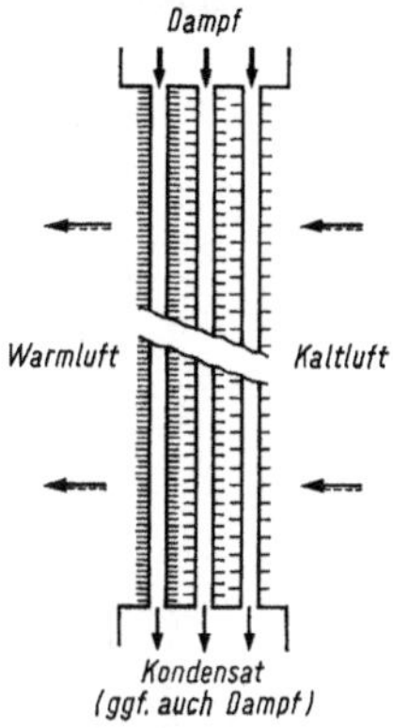

Abb. 184. Schematische Darstellung eines Kühlelementes mit verschiedener Rippenteilung (GEA-Patent)

Aus diesem Grunde werden zur Kompensation der unterschiedlichen Temperaturdifferenzen von einer Herstellerfirma die Rohre mit verschiedenen Kühlflächen ausgeführt (Abb. 184). Das untere Rohr erhält eine weitere, das obere eine engere Rippenteilung als das mittlere. Diese Abstufung der Rippenteilung wird sowohl bei Kondensator- als auch bei Dephlegmatoreinheiten vorgenommen.

Neben der gezeigten Ausführung werden auch runde Rippenrohre aus verzinktem Stahl oder wegen der höheren Leitfähigkeit runde Stahlrohre mit Aluminiumrippen vorgesehen, wobei auf konstruktive Maßnahmen zur Ablösung der Grenzschicht zugunsten des Strömungswiderstandes verzichtet wird.

h) Ventilatoren

Luftkondensatoren benötigen Ventilatoren für große Förderströme bei verhältnismäßig kleiner Gesamtdruckdifferenz. Um den Leistungsbedarf niedrig zu halten, werden Ausführungen mit hohen Wirkungsgraden über den ganzen Betriebsbereich verlangt. Für den Leistungsbedarf der Kondensatoren sind aber nicht nur der Förderstrom und der Durchflußwiderstand der Kühlelemente, sondern auch die Strömungsverhältnisse maßgebend. Diese können zahlenmäßig in dem sog. Einbauwirkungsgrad erfaßt werden, der angibt, wieviel Prozent der theoretisch zur Verfügung stehenden Gesamtdruckdifferenz ausgenutzt werden. Die Einbauverluste lassen sich klein halten, wenn die Strömungsquerschnitte so gewählt werden, daß keine wesentlichen Geschwindigkeitsänderungen auftreten.

Die Ventilatoren können mit verschiedener Flügelzahl, mit verstellbaren Laufradflügeln sowie mit oder ohne Austrittsleitrad ausgeführt werden. Für Luftkondensationsanlagen von Wärmekraftwerken werden überwiegend Ventilatorräder ohne Leitrad mit 4 bis 6 Flügeln, die im Stillstand verstellbar sind, verwendet. Polumschaltbare Drehstrommotoren (vgl. auch Dritter Band, Teil A, Vierter Teil, Abschn. B III, S. 625) haben bisher für die Kühlluftregelung ausgereicht. Ventilatorflügel, die eine kontinuierliche Regelung zulassen, haben sich aus preislichen Gründen bei großen Luftkondensatoren noch nicht durchgesetzt. Große Ventilatoren über 5 m Durchmesser mit hohlen Tragflügelprofilen werden aus Stahlblech oder aus Kunststoff hergestellt.

Da die Drehzahl entscheidenden Einfluß auf die Geräuschentwicklung des Ventilators und die Belastung der Flügel hat, wird eine Umfangsgeschwindigkeit an der Flügelspitze von 50 bis 60 m/s meistens nicht überschritten. Die Grundfrequenz des Geräusches ist neben der Drehzahl auch der Flügelzahl direkt proportional. Die Begrenzung der Umfangsgeschwindigkeit bedingt, daß die Auslegungsdrehzahlen mit steigendem Ventilatordurchmesser abnehmen. Die Förderströme der Ventilatoren mit Durchmessern von 2,5 bis 7 m liegen etwa zwischen 10 m³/s und 600 m³/s bei Gesamtdruckdifferenzen bis zu 20 mm

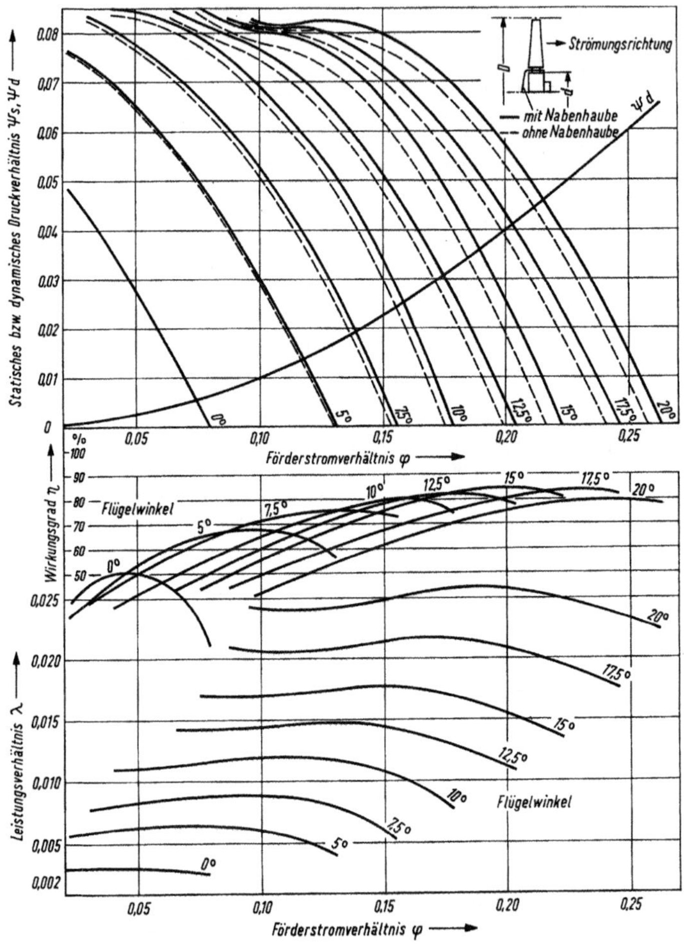

Abb. 185. Dimensionsloses Kennlinienfeld für sechsflügelige Ventilatoren mit einem Nabenverhältnis von 28% (Siemens)

WS. Die Gesamtdruckdifferenz setzt sich zusammen aus der statischen Druckdifferenz und dem dynamischen Druck. Letzterer ergibt sich aus der Luftgeschwindigkeit ($\varrho v^2/2$) im Ringquerschnitt des Ventilators.

Das dimensionslose Kennlinienfeld für sechsflügelige Ventilatoren mit einem Nabenverhältnis von 28% zeigt Abb. 185.

Hierin bedeuten:

$\psi_d = \frac{p_d}{(\varrho/2)\, u^2}$ dynamisches Druckverhältnis,

$\psi_s = \frac{p_s}{(\varrho/2)\, u^2}$ statisches Druckverhältnis,

$\varphi = \frac{Q_L}{F_v \cdot u}$ Förderstromverhältnis,

$\lambda = \frac{\varphi \psi_g}{\eta_v}$ Leistungsverhältnis,

p_d dynamischer Druck in kp/m² oder mm WS,

p_s statischer Druck in kp/m² oder mm WS,

$p_g = p_d + p_s$ Gesamtdruckdifferenz in kp/m² oder mm WS,

$\psi_g = \psi_d + \psi_s$,

$\varrho = \frac{\gamma}{g}$ in kp s²/m⁴,

γ Wichte der Luft in kp/m³,

g Erdbeschleunigung (9,81 m/s²),

u Umfangsgeschwindigkeit des Laufrades an den Flügelspitzen in m/s,

F_v Ringquerschnitt des Ventilators zwischen Nabe und Flügelspitze in m²,

Q_L Luftstrom in m³/s,

η_v Ventilatorwirkungsgrad,

$\frac{d}{D}$ 100 Nabenverhältnis in %.

Abb. 186. Ventilator mit fünf während des Stillstandes verstellbaren Flügeln (Werkbild Siemens)

Die Ausführung eines fünfflügeligen Ventilators zeigt Abb. 186.

Die Leistung des Ventilators ergibt sich aus

$$N_L = \frac{p_g \cdot Q_L}{102 \eta_v} \text{ [kW]}. \tag{47}$$

Die Ventilatorräder werden durch vertikal angeordnete Motoren häufig polumschaltbarer Ausführung entweder über Stirnradgetriebe oder direkt angetrieben.

i) Regelmöglichkeiten

Soll die Leistung des Luftkondensators den wechselnden Betriebsverhältnissen angepaßt werden, so geschieht dies am zweckmäßigsten durch Veränderung des Kühlluftstromes. Man kann grundsätzlich unterscheiden zwischen Regelung durch

stufenlose Änderung des Luftstromes,
stufenweise Änderung des Luftstromes.

Regelmöglichkeiten für stufenlose Änderung des Luftstromes sind:

Die *Drosselung* des Luftstromes durch Verstellklappen und dergleichen. Dieses Verfahren kommt bei großen Ventilatoren praktisch nicht in Frage, da durch die Drosselung keine Leistungseinsparung zu erzielen ist. Außerdem ist der Einstellbereich bei Verwendung von Axialventilatoren verhältnismäßig klein, da sie sich nur bis auf etwa 70% des freiblasend geförderten Luftstromes drosseln lassen.

Die *Drehzahländerung* durch Schleifringläufermotoren, hydraulische Getriebe oder Leonard-Umformer. Während sich bei den erstgenannten, preislich günstigeren Antriebslösungen der Wirkungsgrad der Leistungsübertragung mit abnehmender Drehzahl verschlechtert (Leistungsaufnahme sinkt etwa nur mit der zweiten Potenz der Ventilatordrehzahl), kommen Leonard-Umformer, die nicht mit diesem Nachteil behaftet sind, wegen der hohen Herstellungskosten kaum in Betracht.

Die *Flügelverstellung* bei Axialventilatoren. Diese ermöglicht eine nahezu verlustlose Regelung über einen großen Bereich, kommt aber aus preislichen Gründen praktisch nur für kleine Anlagen mit einem Ventilator oder wenigen Ventilatoren in Frage, da hierbei eine Regelung durch Abschalten von Ventilatoreinheiten nicht oder nur begrenzt möglich ist.

Regelmöglichkeiten für stufenweise Änderung des Luftstromes sind:

Polumschaltbare Motoren, die eine Reduzierung der Ventilatordrehzahl je nach Polzahlverhältnis (8/4 oder 6/4) auf etwa 50% oder etwa 67% ermöglichen. Da sich der Strömungswiderstand fast quadratisch und die Förderhöhe quadratisch mit der Drehzahl ändern, nimmt der Förderstrom annähernd proportional mit der Drehzahl ab. Der Leistungsbedarf sinkt ohne Berücksichtigung der Wirkungsgradänderung bei halber Drehzahl auf 12,5%, bei zwei Drittel Drehzahl auf 29,63%. Mit Rücksicht auf den niedrigen Leistungsbedarf bei reduzierter Drehzahl sind speziell für Ventilatorantriebe polumschaltbare Motoren mit annähernd gleichem Leistungsverhältnis entwickelt worden. Diese Regelmöglichkeit wird bei großen Anlagen häufig vorgesehen.

Zu- und Abschalten einzelner Ventilatoreinheiten. Dieses Verfahren kann praktisch immer angewendet werden, wenn eine ausreichende Zahl von Ventilatoren vorhanden ist, um eine entsprechend feinstufige Regelung vornehmen zu können. Es sind hierfür außer Giebelwänden zwischen den Ventilatoreinheiten keine zusätzlichen Aufwendungen erforderlich.

Alle Regelarten können mit einer Vollautomatik ausgestattet werden, die das Vakuum mit der Belastung und der Außenlufttemperatur derart aufeinander abstimmt, daß die Leistungsabgabe und die Leistungsaufnahme der Ventilatoren in einem optimalen Verhältnis zueinander stehen bzw. der Wärmeverbrauch des Kraftwerkes sich im möglichen Minimum bewegt.

Kombinationen aus Durchflußkondensatoren und Dephlegmatoreinheiten werden so geregelt, daß sich das „Kondensationsende“ stets in der Dephlegmatorkühlfläche befindet. Da alle Kondensatoreinheiten voll mit Dampf beaufschlagt sind, wird eine Eisbildung mit Sicherheit vermieden. Das „Kondensationsende“ kann durch Messung der Warmlufttemperatur festgestellt und überwacht werden.

k) Ausführungsbeispiele

1. Anordnung neben dem Maschinenhaus

Abb. 187 zeigt einen Teilabschnitt von zwei Luftkondensatoren für je 36 MW-Turbosätze mit folgenden Auslegungsdaten:

Leistung	29/36 MW,
Dampfzustand Turbineneintritt	141 at/525 °C,
Zwischenüberhitzung	520 °C,
Speisewasserendtemperatur	228 °C,
Abdampfmengenstrom	68/86 t/h,
Abdampfdruck bei 68 t/h	0,06 at,
Kühllufttemperatur	14 °C,
Temperaturabstand $\Delta t_{1\,\mathrm{ges}}$	21,8 grd,
Ventilatorzahl	16,
Ventilatordurchmesser	5,5 m,
Luftstrom	16×210 m³/s,
Ventilatorantrieb	Drehstrommotor und Getriebe,
Ventilatordrehzahl	123 U/min,
Strömungswiderstand	14,25 mm WS,
installierte Leistung der Motoren	800 kW,
Leistungsbedarf der Ventilatoren	656 kW,
Zahl der Kühlelemente	160,
Durchmesser der Abdampfleitung	2600 mm,
Grundfläche der Luftkondensationsanlage	1440 m².

Weitere Daten s. Erster Band, Dritter Teil, Ausführungsbeispiele, S. 987/90.

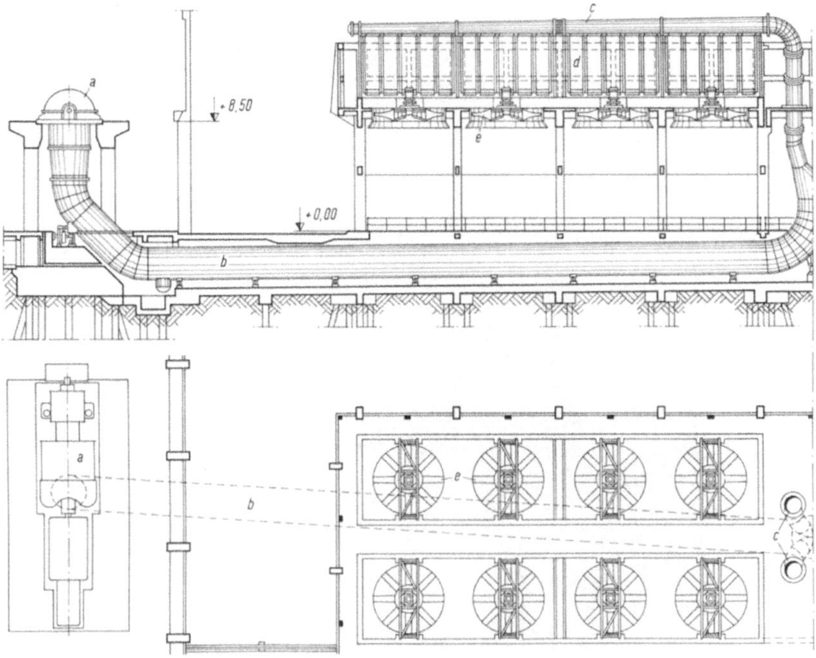

Abb. 187. Grundriß und Längsschnitt eines Teilabschnittes der Luftkondensationsanlage im Kraftwerk Città di Roma, Italien

a Turbosatz
b Abdampfleitung
c Dampfverteilerleitung
d Kühlelemente
e Ventilatoren

Ein weiteres Beispiel für die Anordnung der Luftkondensationsanlage auf dem Gelände neben dem Maschinenhaus ist in Abb. 188 dargestellt.

Die technischen Daten dieser Anlage sind:

Leistung	36/42 MW,
Dampfzustand Turbineneintritt	141 at/525 °C,
Zwischenüberhitzung	520 °C,
Speisewasserendtemperatur	238 °C,
Abdampfmengenstrom	79,5/90,8 t/h,
Abdampfdruck	0,058/0,073 at,
Kühllufttemperatur	10 °C,
Temperaturabstand $\Delta t_{1\,\text{ges}}$	25,2/29,4 grd,
Ventilatorzahl	9,
Ventilatordurchmesser	6,5 m,
Ventilatorantrieb	polumschaltbare Motoren,
installierte Motorleistung	675 kW,
Leistungsbedarf bei voller Ventilatordrehzahl	576 kW,
Durchmesser der Abdampfleitung	2600 mm,
Stützenhöhe der Tischplatte	6,2 m,
Grundfläche der Luftkondensationsanlage	1035 m².

Abb. 188. Luftkondensationsanlage im Kraftwerk Hausham, Oberbayern (Werkbild GEA)

2. Anordnung auf dem Maschinenhausdach

Platzmangel, die günstigeren Strömungsverhältnisse und wirtschaftliche Gründe führen in steigendem Maße zur Aufstellung der Luftkondensationsanlage auf dem Maschinenhausdach.

Abb. 189 zeigt die Kondensationsanlage für zwei 40/48 MW-Entnahme-Kondensations-Turbosätze ohne Zwischenüberhitzung mit folgenden Daten:

Dampfzustand Turbineneintritt	110 at/525 °C,
Speisewasserendtemperatur	211 °C,
Abdampfmengenstrom	je 110/130 t/h,
Abdampfdruck bei 110 t/h	0,09 at,
Kühllufttemperatur	15 °C,
Temperaturabstand Δt_{1ges}	28,4 grd,
Ventilatorzahl	12,
Ventilatordurchmesser	6,5 m,
Ventilatorantrieb	polumschaltbare Motoren,
installierte Motorleistung	888 kW,
Leistungsbedarf bei voller Ventilatordrehzahl	756 kW,
Durchmesser der Abdampfleitung	3000 mm,
Grundfläche der Luftkondensationsanlage	1200 m²,
freie Pfeilerhöhe über Maschinenhausdach	16 m.

Die erforderliche Grundfläche für die Luftkondensationsanlage ist häufig größer als die Grundfläche des Maschinenhausdaches. Deshalb sind oft Auskragungen oder Erweiterungen mit zusätzlichen Stützkonstruktionen nötig.

Abb. 189. Luftkondensationsanlage auf dem Maschinenhausdach im Volkswagenwerk Wolfsburg (Werkbild GEA)

In Abb. 190 ist eine Anlage für einen 146/160 MW-Turbosatz mit nachstehenden Auslegungsdaten dargestellt:

Dampfzustand Turbineneintritt	181 at/525 °C,
Zwischenüberhitzung	525 °C,
Vorwärmstufen	6,
Speisewasserendtemperatur	247 °C,
Abdampfmengenstrom	314 t/h,
Abdampfdruck	0,10 at,
Kühllufttemperatur	15 °C,
Temperaturabstand Δt_{1ges}	30,4 grd,

Ventilatorzahl	40,
Ventilatordurchmesser	5,6 m,
Ventilatorantrieb	polumschaltbare Motoren, 1480/980 U/min,
Ventilatordrehzahl	rd. 220/146 U/min,
installierte Motorleistung bei 1480 U/min	2800 kW,
installierte Motorleistung bei 980 U/min	880 kW,
Leistungsbedarf bei voller Ventilatordrehzahl	rd. 2300 kW,
Durchmesser der Abdampfleitung	2×3600 mm.

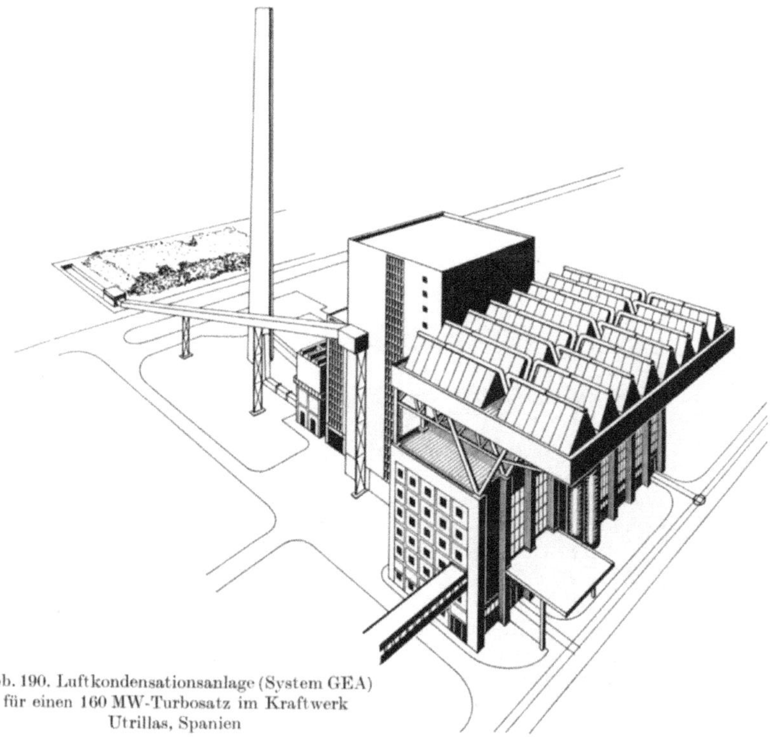

Abb. 190. Luftkondensationsanlage (System GEA) für einen 160 MW-Turbosatz im Kraftwerk Utrillas, Spanien

IV. Einspritzkondensatoren mit luftgekühlten Wärmetauschern (System Heller)

a) Anwendung

Die Voraussetzungen für die Anwendung dieses Systems sind im allgemeinen die gleichen wie für luftgekühlte Kondensatoren:

nicht ausreichende Wassermenge am Aufstellungsort für Kühlturmbetrieb oder
über dem Grenzwasserpreis liegende Kosten für die Beschaffung und Aufbereitung des Zusatzwassers oder
Beeinträchtigung der Umgebung durch Dampfschwaden sowie erhöhte Luftfeuchtigkeit bei Kühlturmbetrieb.

Die Herstellungskosten für dieses indirekte Kondensationsverfahren sind erfahrungsgemäß bei gleicher Auslegung höher als für die direkte Kondensation in luftgekühlten

Kondensatoren. In beiden Fällen wird die Kondensationswärme an die Umgebungsluft abgeführt. Der Abdampfdruck bzw. der Temperaturabstand zwischen Sattdampftemperatur im Turbinendampfstutzen und Kühlluft wird annähernd auf gleicher Höhe gewählt wie bei Luftkondensatoren. Die höheren Herstellungskosten, die auch hier in erster Linie von der Höhe des Temperaturgefälles abhängen, würden trotz des geringeren Leistungsbedarfes bei Verwendung von Naturzug-Kühltürmen sogar einen etwas größeren Temperaturabstand rechtfertigen.

In wirtschaftlicher Hinsicht ist daher das indirekte Verfahren genauso wie das direkte der Frischwasserkondensation unterlegen. Andererseits bieten aber beide luftgekühlten Systeme die Möglichkeit, Kraftwerke in ausgesprochenen Trockengebieten zu errichten. Dadurch können unter Umständen andere Kosten eingespart werden, wie z. B. Transportkosten für den Brennstoff durch die Möglichkeit der Aufstellung in einer wasserarmen Gegend des Brennstoffvorkommens oder Energie-Übertragungskosten durch Aufstellung von Atomkraftwerken in wasserarmen Verbraucher-Schwerpunkten, wobei die Transportkosten für den Brennstoff keine Rolle spielen. Bei der Betrachtung der Gesamtkonzeption unter Einschluß der Standortfrage sind daher die wirtschaftlichen Voraussetzungen für die Wahl luftgekühlter Kondensationsanlagen oft gegeben. Dies beweisen auch die bereits erstellten Anlagen und das zunehmende Interesse an der luftgekühlten Kondensation.

Hinsichtlich ihrer betrieblichen Eignung bestehen heute praktisch keine entscheidenden Bedenken mehr, da insbesondere bei luftgekühlten Kondensatoren genügend Betriebserfahrungen vorliegen und auch die gemachten Erfahrungen mit dem indirekten Kühlsystem beweisen, daß alle anfänglich bedenklich erscheinenden Einflüsse auf den Betrieb sicher zu beherrschen sind. Praktisch volle Vakuumdichtheit des großen Dampfraumes bei der direkt luftgekühlten Kondensation und vereisungsfreier Betrieb bei beiden Systemen sind durch Konstruktion, Regelmöglichkeiten und andere Maßnahmen, auf die noch eingegangen wird, gewährleistet.

Das indirekte Kondensationsverfahren mit Einspritzkondensator und luftgekühltem Wärmetauscher hat wahrscheinlich mehr Chancen, bei Turbosätzen mit Leistungen über 300 MW angewendet zu werden, als das direkte, da Luftkondensatoren Abdampfleitungen mit sehr großen Durchmessern erfordern. Mit wachsender Leistung werden die Abdampfvolumenströme so groß, daß es Schwierigkeiten bereiten kann, auch bei Aufteilung in zwei oder mehrere Stränge die umfangreichen Abdampfleitungen unterzubringen und zu verlegen.

b) Arbeitsprinzip

Der Turbinenabdampf wird in einem unmittelbar an den Abdampfstutzen der Turbine angeschlossenen Kondensator, Misch- oder Einspritzkondensator genannt, durch eingespritztes Umlaufwasser kondensiert (Abb. 191).

Infolge der Vermischung von Kondensat und Umlaufwasser muß letzteres die Qualität des Kondensates aufweisen. Ein dem Abdampfmengenstrom entsprechender Teilstrom des Gemisches wird von der Kondensatpumpe aus dem Kondensator abgesaugt und zum Speisewasserbehälter gefördert. Der übrige, dem eingespritzten Umlaufwasser mengengleiche Teilstrom fließt der Umlaufwasserpumpe zu. Diese fördert das Umlaufwasser durch den luftgekühlten Wärmetauscher, der am Fuße eines Kühlturmes angeordnet ist, und von dort wieder zurück zu den Einspritzdüsen des Kondensators. Der Kühlturm wird zum Unterschied von Rückkühlanlagen auch als trockener Kühlturm bezeichnet. Um zu vermeiden, daß Luft durch schadhafte Stellen in den Kühlkreislauf eindringen kann, wird dafür gesorgt, daß auch an der höchsten Stelle des Wärmetauschers ein geringer Überdruck herrscht. Das Druckgefälle, das sich aus dem geodätischen Höhenunterschied zwischen dem höchsten Punkt des Wärmetauschers und dem Kondensator sowie aus dem Druckunterschied zwischen diesen beiden Stellen ergibt, vermindert um den Druckverlust in dem dazwischenliegenden Leitungsabschnitt einschließlich Einspritzdüsen, wird normalerweise in einer Wasserturbine (Francis-Turbine) ausgenutzt. Ein großer Teil der aufgewendeten Pumpenenergie kann auf diese Weise wieder zurückgewonnen werden. Kühlwasserpumpe, Antriebsmotor und Wasserturbine werden zweckmäßigerweise miteinander gekuppelt. Abb. 192 zeigt schematisch den Druckverlauf des Umlaufwassers im System.

Das Mengenverhältnis zwischen Umlaufwasser und Abdampf beträgt rund 40 bis 70 und entspricht ungefähr dem Kühlwasservielfachen, das für Kühlturmanlagen gewählt wird (siehe S. 158). Demzufolge ergeben sich auch ungefähr die gleichen Aufwärmspannen.

Im Kondensator kann bei idealen Verhältnissen annähernd das Vakuum erreicht werden, das dem Sättigungsdruck der Kühlwasseraustrittstemperatur entspricht. Erfahrungsgemäß läßt sich jedoch auch bei Mischkondensatoren dieser Art eine geringe Grädigkeit

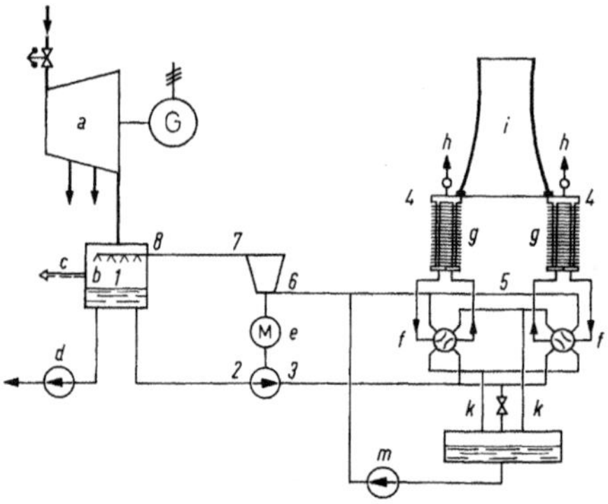

Abb. 191. Schema einer indirekt luftgekühlten Kondensationsanlage (System Heller)

a Turbine
b Einspritzkondensator
c Luftabsaugung
d Kondensatpumpe
e Pumpen-Turbinen-Satz für Umlaufwasser
f Umschaltorgan (Schaltung nach English Electric Comp.)
g Rippenrohr-Wärmetauscher
h automatische Entlüftungs- bzw. Belüftungsventile
i Kühlturm
k Entleerungsleitungen
l Kondensatsammelbehälter
m Füllpumpe

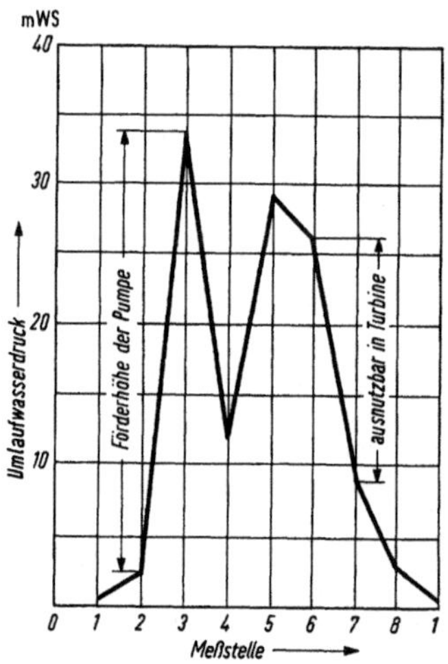

Abb. 192. Druckverlauf des Umlaufwassers (Meßpunkte siehe Abb. 191)

nicht ohne weiteres vermeiden. Ihre Größe hängt vor allem von der Anordnung und Wirkung der Sprühdüsen, von der Art und Weise der Luftabsaugung, d.h. letzten Endes von der Ausführung des Einspritzkondensators ab. Messungen an einigen bisher in Betrieb befindlichen Anlagen haben Grädigkeiten von 0 bis 0,3 grd ergeben. Die Ausnutzbarkeit des Vakuums bis zum Sättigungsdruck der Kühlwassereintrittstemperatur ist ein Vorteil des Mischkondensators gegenüber dem Oberflächenkondensator, da letzterer stets mit einer Grädigkeit behaftet ist. Durch den Fortfall der Kühlfläche wird der Mischkondensator außerdem wesentlich kleiner und billiger als der Oberflächenkondensator.

Wie bei wassergekühlten Oberflächenkondensatoren ist auch bei Einspritzkondensatoren eine zweistufige Aufwärmung des Umlaufwassers in zwei Kondensatoren mit verschiedenem Vakuum grundsätzlich möglich. Um das Umlaufwasser vom Kondensator mit hohem Vakuum in den Kondensator mit niedrigem Vakuum zu führen, ist entweder ein entsprechender Höhenunterschied oder eine weitere Pumpe erforderlich. Die erzielbare mittlere Vakuumverbesserung durch die Vakuumabstufung ist bei Einspritzkondensatoren wegen des fehlenden Einflusses der Grädigkeit wesentlich größer als bei Oberflächenkondensatoren (siehe S. 182).

Für die luftseitige Durchströmung der Kühlelemente des Wärmetauschers sorgt entweder ein Naturzug-Kühlturm durch seine Kaminwirkung oder ein Ventilatorkühlturm durch seine Zwangsbelüftung. Der natürliche Luftzug ermöglicht Luftgeschwindigkeiten vor den Kühlelementen von etwa 1,5 m/s und in den Kühlelementen von etwa 2,5 m/s. Naturzugtürme sind in der Anschaffung teurer als Ventilatortürme, unter Berücksichtigung der Leistungseinsparung durch den Fortfall der Ventilatoren jedoch oft wirtschaftlicher. Sie werden daher bei großen Einheiten im allgemeinen bevorzugt eingesetzt. Ventilatortürme können mit einem oder mehreren Ventilatoren ausgestattet werden. Es stehen heute Ventilatoren mit Durchmessern bis zu 25 m zur Verfügung.

c) Maßnahmen gegen die Einfriergefahr

Lufttemperaturen unter dem Gefrierpunkt erfordern sowohl bei Betrieb als auch im Stillstand besondere Vorkehrungen, um Betriebsstörungen und Schäden durch Einfrieren des Umlaufwassers in den Kühlelementen oder in den Leitungen zu verhindern. Zu diesem Zweck wird unter dem Niveau des Wärmetauschers ein Sammelbehälter für das Umlaufwasser vorgesehen, in den bei Einfriergefahr das Umlaufwasser der gefährdeten Kühlelemente abgelassen werden kann. Der Sammelbehälter ist so groß bemessen, daß er bei Betriebsstillstand mindestens den Wasserinhalt der Kühlelemente aufnehmen kann. Meistens wird der Wärmetauscher in mehrere Kühlsektoren unterteilt. Den einzelnen Sektoren sind je ein Umschaltorgan (Mehrwege-Drehschieber) oder Absperrklappen in den separaten Umlaufwasser-Zu- und -Ablaufleitungen zugeordnet, die zum Absperren, Füllen und Entleeren der Sektoren dienen. Die Kühlelemente können verhältnismäßig schnell entleert werden, da die Zu- und Ablaufleitungen gleichzeitig umschaltbar sind und die Belüftung der Sektoren durch automatische, über Schwimmer gesteuerte Belüftungsventile auf den oberen Wasserkammern der Kühlelemente sichergestellt ist. Eine bestimmte Entleerungsgeschwindigkeit soll andererseits nicht überschritten werden, um zu verhindern, daß ein Wasserfilm durch die kalte Belüftungsluft an der gekühlten Rohroberfläche festfriert. Der Entleerungsvorgang muß im Falle eines Turbinenschnellschlusses bei Lufttemperaturen unter dem Gefrierpunkt automatisch ablaufen.

Füllpumpen fördern bei Bedarf das Umlaufwasser wieder zurück in den Kreislauf, und zwar in die Zulaufleitung zum Kondensator oder in einen Zwischenbehälter, aus dem es durch den Unterdruck dem Kondensator zuläuft. Dadurch wird das Füllwasser entgast, bevor es in weitere Anlageteile gelangt. Das Auffüllen der Kühlsektoren bei Frost muß rasch und mit warmem Wasser durchgeführt werden, damit die verhältnismäßig kleinen Rohre in der großen Kühlfläche nicht zufrieren. Zum Aufwärmen wird ein Teil des Umlaufwassers gegebenenfalls unter Umgehung der Kühlelemente im Kurzschluß geführt. Einer Sauerstoffanreicherung des Wassers im Sammelbehälter kann durch ein Stickstoffpolster, das den Raum über dem Wasserspiegel einnimmt, entgegengewirkt werden. Die Berührung des Wassers mit Luft ist jedoch beim Auffüllen und Entleeren durch die geöffneten Ent- bzw. Belüftungsventile nur dann zu vermeiden, wenn diese Ventile durch eine Ausgleichsleitung mit dem Stickstoffpolster des Sammelbehälters verbunden werden.

Alle Umschaltvorgänge können durch entsprechende Einrichtungen für Fernbedienung und Fernüberwachung von der Warte aus durchgeführt werden.

Maßnahmen zur Vermeidung tiefer Wassertemperaturen sind im folgenden Abschnitt erwähnt.

d) Betriebsverhalten und Regelmöglichkeiten

Der Temperaturabstand zwischen Sattdampf im Kondensator und Kühlluft setzt sich zusammen aus

der Temperaturdifferenz zwischen Umlaufwasser am Austritt des Wärmetauschers und der Kühlluft und
der Aufwärmspanne des Umlaufwassers sowie
einer eventuellen Grädigkeit im Kondensator.

Bei konstanter Wärmeleistung (konstante abzuführende Wärme pro Zeiteinheit) und konstantem Umlaufwasserstrom sowie unverändertem Kühlluftmengenstrom ändert sich die Sattdampftemperatur im Kondensator annähernd um den gleichen Betrag wie die Kühllufteintrittstemperatur. Eine geringe Abweichung von diesem Zusammenhang bringt lediglich die Änderung der Wärmedurchgangszahl im Wärmeaustauscher mit sich. Die Wärmedurchgangszahl ist bei tiefen Luft- und Wassertemperaturen niedriger als bei hohen. Daher nimmt der Temperaturabstand mit sinkender Temperatur etwas zu und mit steigender etwas ab. Konstanter Luftmengenstrom ist bei trockenen Naturzug-Kühltürmen annähernd vorhanden, während bei Ventilatorkühltürmen mit ungefähr gleichbleibendem Luftvolumenstrom gerechnet werden kann. Bei Ventilatorkühltürmen wird daher der Einfluß der Änderung der Wärmedurchgangszahl auf den Temperaturabstand Δt_1 zum Teil durch die Änderung der Luftaufwärmung kompensiert.

Ändert sich die Wärmeleistung bei sonst gleichen Betriebsbedingungen, so ändert sich auch bei dem indirekten Kondensationsverfahren der Temperaturabstand zwischen Abdampf und Kühlluft annähernd direkt proportional mit der Wärmeleistung, wenn man Ventilatorkühltürme mit praktisch konstantem Luftstrom verwendet.

Bei Naturzug-Kühltürmen verringert sich der Luftstrom mit abnehmender Teillast wegen der schwächeren Kaminwirkung. Der Luftmengenstrom ändert sich dabei etwa mit der dritten Wurzel aus der Wärmeleistung ($W^{1/3}$), die Luftaufwärmung mit etwa $W^{2/3}$ und der Temperaturabstand je nach Abhängigkeit der Wärmedurchgangszahl von dem Luftmengenstrom nach einer Kurve, die etwas steiler verläuft als $W^{2/3}$. Selbstventilierte Trockentürme ergeben daher ein schlechteres Teillastvakuum, aber ein besseres Überlastvakuum als zwangsbelüftete. Eine Abschwächung der Vakuumänderung am Turbinenabdampfstutzen durch den Einfluß des dampfseitigen Druckverlustes wie bei Luftkondensatoren tritt hier nicht auf. Andererseits hat hierbei jedoch die Änderung der Wärmedurchgangszahl durch die Änderung der Umlaufwassertemperatur eine geringfügige Abweichung im gleichen Sinne, aber in geringerem Ausmaß zur Folge.

Eine Beeinflussung des Vakuums ist durch folgende Maßnahmen möglich:

Veränderung des Umlaufwasserstromes bei regelbaren Pumpen- und Wasserturbinen. Durch Verwendung von zwei Sätzen wird die Regelfähigkeit erhöht. Auch bei verändertem Umlaufwasserstrom wird das Kühlsystem im höchsten Punkt durch Leitschaufelverstellung der Wasserturbine unter Überdruck gehalten. Bei gleicher Wärmeleistung führt eine Verringerung des Umlaufwasserstromes zwar zu einer entsprechenden Erhöhung der Aufwärmspanne des Umlaufwassers, aber in wesentlich geringerem Maße zu einer Erhöhung des gesamten Temperaturabstandes zwischen Abdampf und Kühlluft, da die Abkühlung im Wärmetauscher größer wird. Soll die Umlaufwassermenge in einem großen Bereich verändert werden, so müssen auch die Einspritzdüsen zumindest gruppenweise zu- und abschaltbar sein, damit ihre Wirkung nicht zu sehr beeinträchtigt wird bzw. der Druck vor den Düsen nicht zu sehr vom optimalen Wert abweicht. Die Einfriergefahr wird durch Reduzierung des Umlaufwasserstromes erhöht, durch Erhöhung vermindert.

Veränderung der Wärmeaustauschfläche durch Zu- und Abschalten einzelner Kühlsektoren. Das Abschalten von Sektoren durch wasserseitige Entleerung hat eine Erhöhung der Wassertemperatur in den verbleibenden Kühlsektoren und eine entsprechende Erhöhung des Abdampfdruckes zur Folge. Sofern den abgeschalteten Kühlsektoren nicht ein eigener Strömungsquerschnitt für die Luft im Kühlturm zugeordnet ist, tritt durch die Abschaltung eine Verminderung der Luftströmung auch in den in Betrieb befindlichen Kühlsektoren auf, da die Auftriebswirkung durch die eindringende Kaltluft vermindert wird. Dieser Einfluß setzt dann die Kühlleistung noch weiter herab.

Verminderung des Kühlluftstromes durch Verschließen der Einströmquerschnitte einzelner Kühlelemente mit Hilfe von Jalousien oder durch Verstellung der Laufschaufeln bzw. durch Reduzierung der Ventilatordrehzahl bei Ventilatortürmen.

Umkehr der Strömungsrichtung des Umlaufwassers durch die Kühlelemente. Normalerweise findet der Wärmeaustausch im Kreuzgegenstrom statt, d.h. das Umlaufwasser fließt an der Innenseite der Elemente nach oben und an der Außenseite nach unten. Durch Umstellung auf Kreuzgleichstrom wird die Wärmeleistung des Wärmetauschers verschlechtert. Diese Umschaltung erfordert jedoch wieder zusätzliche Einrichtungen.

Darüber hinaus sind Kombinationen der einzelnen Maßnahmen möglich.

e) Ausführungsbeispiele

1. Einspritzkondensatoren

Im Einspritzkondensator (Mischkondensator) wird der Turbinenabdampf durch eingespritztes Umlaufwasser von Kondensatqualität kondensiert. Düsen oder entsprechende Formstücke mit zwei gespreizten Rohrmündungen in Verbindung mit Prallblechen versprühen das Wasser möglichst gleichmäßig im Dampfraum. Gegebenenfalls wird die

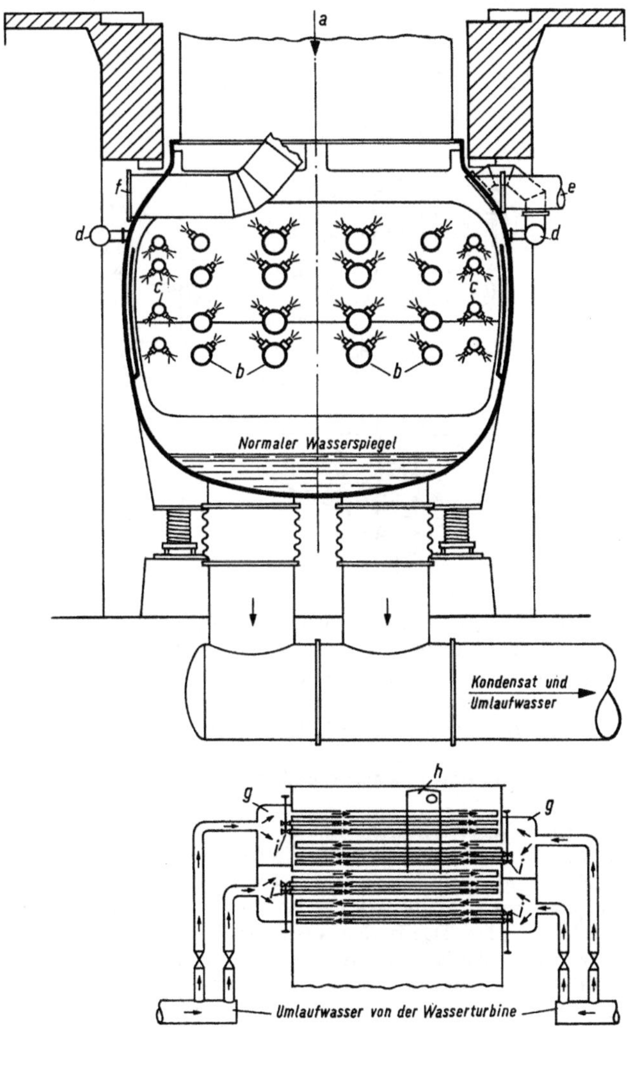

Abb. 193. Einspritzkondensator (English Electric Comp.) eines 120 MW-Blockes (Central Electricity Generating Board) im Kraftwerk Rugeley, England

a Dampfeintritt
b Haupt-Sprühdüsenrohre
c Hilfs-Sprühdüsenrohre
d Luftabsaugeleitung
e Notauspuffleitung
f Anzapfdampfleitung
g Wasserkammer
h Luftabsaugekammer
i Schaltventile für Hilfs-Sprühdüsenrohre

Verweilzeit des Wassers im Dampfraum noch durch Wasserableitbleche erhöht. Die Düsen bzw. die Formstücke für die Wassereinspritzung sind gruppenweise zu- und abschaltbar, damit auch bei verändertem Umlaufwasserstrom eine gute Sprühwirkung erzielt werden kann.

Abb. 193 zeigt den Einspritzkondensator eines 120 MW-Blockes. Das Umlaufwasser wird dem Kondensator durch Wasserkammern auf beiden Seiten zugeführt und durch axiale, mit Düsen versehene Rohre im Dampfraum versprüht. Die Düsen bestehen aus nichtrostendem Eisen und sind für eine niedrige Druckhöhe ausgelegt. Der Kondensatormantel ist innen beiderseits mit Schutzblechen ausgekleidet, um eventuelle Beschädigungen durch das Sprühwasser zu verhindern. Die Luft wird aus einer quer im Kondensator angeordneten Kammer mit Hilfe von konventionellen Dampfstrahlern abgesaugt.

Für jede der vier Düsengruppen ist eine Absperrklappe vorgesehen, die hydraulisch geöffnet und über Hebelgewichte hydraulisch kontrolliert geschlossen werden kann. Die

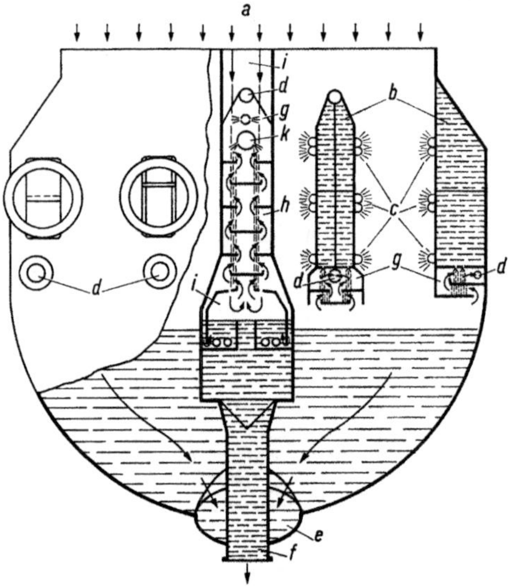

Abb. 194. Einspritzkondensator (Maschinenfabrik Láng, Budapest) eines 150 MW-Blockes (Preußische Bergwerks- und Hütten-AG, Steinkohlenbergwerke Ibbenbüren). Lieferant der Luftkondensationsanlage: GEA-Gesellschaft für Luftkondensation mbH in Lizenz von Transelektro, Budapest

a Dampfeintritt
b Wasserkammern
c Düsen (gespreizte Rohrmündungen) mit Prallblechen
d Luftabsaugerohre
e Umlaufwasseraustritt
f entgastes Kondensat
g Nachkühler
h Entgaser
i Schacht für Entgasungsdampf
k Kondensateintritt

Schließzeit läßt sich so einstellen, daß Wasserschläge im Kreislauf vermieden werden. Mit Hilfe dieser Absperrklappen soll sichergestellt werden, daß der Kondensator nicht mit Wasser aus den Kühlern aufgefüllt wird, wenn eine Umlaufwasserpumpe ausfällt.

Jede Düsengruppe besitzt außerdem noch Düsenrohre, die durch gekuppelte, innerhalb der Wasserkammern liegende Ventile je nach Bedarf zu- oder abgeschaltet werden können.

Eine weitere Ausführung, die für einen 150 MW-Block verwendet wurde, ist in Abb. 194 dargestellt.

Dieser Einspritzkondensator ist in der Mitte zusätzlich noch mit einem Entgaser ausgerüstet, dem ein Teil des Umlaufwassers unter Umgehung der Wasserturbine direkt zugeführt wird. Der entgaste Wasserstrom entspricht etwa dem maximalen Abdampfmengenstrom. Auf diese Weise soll der Sauerstoffgehalt des Kondensates unter 15 γ/l gehalten werden. Das Umlaufwasser wird aus vier vertikal angeordneten Wasserkammern über Prallbleche in den Dampfraum gespritzt. Es wird dem Kondensator je zur Hälfte auf den Stirnseiten zugeführt. Jeder Zulaufleitung sind diametral gegenüberliegende Abschnitte in den mittleren und je ein Abschnitt in den seitlichen Wasserkammern zugeordnet, so daß auch bei Betrieb mit nur einem Pumpensatz eine beidseitige Beaufschlagung des Dampfraumes durch Kühlwasser gewährleistet ist. Das Dampf-Luft-Gemisch wird vor seiner Absaugung durch kaltes Umlaufwasser gekühlt, das über Rieselbleche, die unterhalb der Wasserkammern angeordnet sind, abläuft.

2. Kühlelemente

Die Wärmedurchgangszahlen für Wärmeaustauschflächen zwischen Wasser und Luft sind naturgemäß niedriger als zwischen Dampf und Luft oder Dampf und Wasser. Der Unterschied zwischen Wasser und Luft oder Dampf und Luft ist jedoch bei gleichen Luftgeschwindigkeiten nicht groß, da in beiden Fällen der Wärmedurchgang im wesentlichen durch die niedrigere Wärmeübergangszahl auf der Luftseite bestimmt wird und bei dampfseitig parallel geschalteten Rohren auch nur mit einer dampfseitigen Wärmeübergangszahl in der Größenordnung von 4000 kcal/m^2 grd h gerechnet werden kann. Sofern für das indirekte Kondensationsverfahren ebenfalls die Dachbauweise mit Ventilatoren angewendet wird, ist der Kühlflächenbedarf etwa der gleiche wie bei direkt luftgekühlten Kondensatoren.

Naturzug-Kühltürme erfordern jedoch größere Kühlflächen, da die Luftgeschwindigkeiten und damit die Wärmedurchgangszahlen kleiner sind. Es werden Wärmetauscher verlangt, die bei niedriger Luftgeschwindigkeit und geringem luftseitigen Strömungswiderstand einen möglichst hohen Wärmedurchgang erzielen. Die nach dem sogenannten Forgó-System hergestellten Rippenrohr-Wärmetauscher sind speziell für diese Anforderungen entwickelt worden. Die Kühlelemente bestehen aus vertikalen Rippenrohren, deren Rippen quer zur Luftströmung in schmale Streifen unterteilt sind. Dadurch werden dicke Grenzschichten, die den Wärmedurchgang verschlechtern, auf der Rippenoberfläche vermieden, da sich die Grenzschicht von neuem bilden muß. Die Wärmedurchgangszahlen dieser Ausführung liegen je nach Luftgeschwindigkeit, bezogen auf die gesamte Rippenoberfläche, zwischen 30 und 50 kcal/m^2 grd h. Abb. 195 zeigt ein Kühlelement dieser Ausführungsform. Die Distanzringe legen den Abstand zwischen den einzelnen Rippenblechen fest.

Abb. 195. Rippenrohr-Kühlelement für Umlaufwasser (English Electric nach Lizenz von Transelektro)

Eine gute mechanische Verbindung zwischen Kernrohr und Rippe kann u. a. durch Aufdornen der Rohre nach dem Aufsetzen der Rippenbleche erreicht werden. Kernrohre, Rippen und Distanzringe werden aus 99,7%igem Aluminium hergestellt. Die Rippenrohre werden von einem starren, feuerverzinkten Stahlrahmen zusammengehalten. Zur Erhöhung der Korrosionsbeständigkeit wird eine Schutzschicht durch das sogenannte MBV-Verfahren aufgebracht. Sämtliche Berührungsstellen zwischen Aluminium und anderem Metall sind entsprechend isoliert oder mit einem Schutzbelag versehen. Der Rahmen eines Kühlelementes hat die Abmessungen von etwa 5 m × 2,5 m. Zwei bzw. drei aufeinander angeordnete Kühlelemente bilden eine Kühlsäule. Die Kühlsäulen selbst sind am Umfang des Kühlturms zickzackförmig angeordnet. Um eine tangentiale Durchströmung der Kühlelemente bei Wind zu vermeiden, sind in der Symmetrieachse zwischen den Kühlsäulen Blechwände eingebaut.

Je drei von den sechs in Strömungsrichtung der Luft hintereinander angeordneten Rohren der Abb. 195 gehören zu einem Wasserweg.

3. Kühltürme

Abb. 196 zeigt die Gesamtansicht des Kühlturmes der 120 MW-Anlage im Kraftwerk Rugeley mit folgenden Hauptdaten:

Kühlturmleistung	148 Gcal/h,
Abmessungen der Kühlelemente	5 m × 2,5 m × 0,15 m,
Material der Kühlelemente	Aluminium,
Zahl der Kühlelemente	648,
Zahl der Kühlsektoren	6,
Zahl der Kühlsäulen	216,
Wassergeschwindigkeit	1,17 m/s,
Luftgeschwindigkeit	1,46 m/s,
gesamte Rippenrohrkühlfläche (Luftseite)	607 000 m²,
Höhe der Kühlsäulen	15 m,
Luftstrom	10 820 m³/s,
Luftaufwärmung	12,7 grd,
Gesamthöhe des Kühlturmes	107 m,
Durchmesser am Fuß	99 m,
Halsdurchmesser	62,5 m,
Austrittsdurchmesser	66,5 m,
Wanddicke des Stahlbetons	127 mm,

Abb. 196. Heller-Kühlturm im Kraftwerk Rugeley, England (Werkbild English Electric)

Abb. 197. Heller-Kühlturm im Kraftwerk Ibbenbüren, Deutschland (Werkbild GEA)

Abdampfmengenstrom	262 t/h,
Abdampfdruck	0,045 at,
Luftauslegungstemperatur	11 °C,
Umlaufwassertemperatur Eintritt Kondensator	21,8 °C,
maximaler Umlaufwasserstrom	16 900 m³/h,
Wasserabkühlung	8,8 grd,
Durchmesser der Hauptumlaufwasserleitung	1780 mm,

Wasserinhalt des Systems	1910 m^3,
Umlaufwasserpumpen	zwei je 8600 m^3/h, 1104 kW,
Wasserturbinen	zwei: 8500 m^3/h, 250 kW
	und 8400 m^3/h, 223 kW,
Frischdampfzustand	105 at/538 °C,
Zwischenüberhitzung	538 °C,
Speisewasserendtemperatur	224 °C.

Die Verteilerstation für das Umlaufwasser befindet sich im Kühlturm. Ein weiteres Ausführungsbeispiel ist in Abb. 197 dargestellt.

Die Hauptdaten dieser 1967 in Ibbenbüren in Betrieb genommenen Anlage sind:

Kühlturmleistung	162,5 Gcal/h,
Abmessungen der Kühlelemente	4,9 m $\times$ 2,5 m $\times$ 0,15 m,
Material der Kühlelemente	Aluminium,
Zahl der Kühlelemente	498,
Zahl der Kühlsektoren	4,
Zahl der Kühlsäulen	166,
Durchmesser der Kühlrohre	15 mm,
Wandstärke der Kühlrohre	1 mm,
Zahl der Wasserwege	2,
hintereinander liegende Rohre	6,
gesamte Rippenrohrkühlfläche	540 000 m^2,
Höhe der Kühlsäulen	15 m,
Luftstrom	9700 m^3/s,

Abb. 198. Teilansicht der Beton-Tragkonstruktion des in Abb. 197 dargestellten Kühlturmes (Werkbild GEA)

Gesamthöhe des Kühlturmes	99,5 m,
Durchmesser am Fuß	80,5 m,
Austrittsdurchmesser	55,34 m,
Wanddicke des Stahlbetons	etwa 130 mm,
Abdampfmengenstrom	304 t/h,
Abdampfdruck	0,042 at,
Luftauslegungstemperatur	1,5 °C,
Temperaturabstand Δt_{1ges}	28 grd,
maximaler Umlaufwasserstrom	15 300 m^3/h,
Durchmesser der Hauptumlaufwasserleitung	1500 mm,
Umlaufwasserpumpen	zwei je 7650 m^3/h, 818 kW,

Wasserturbinen	zwei je 7500 m³/h, 276 kW,
Frischdampfzustand	186 at/525 °C,
Zwischenüberhitzung	525 °C,
Speisewasserendtemperatur	287 °C.

In diesen Kühlturm sind keine Zwischenwände eingebaut. Die gesamten Kühlelemente sind jedoch mit verschließbaren Jalousien versehen.

Die in Beton ausgeführte Tragkonstruktion des Kühlturms zeigt Abb. 198.

f) Voraussichtliche Entwicklung

Die Erfahrungen an mehreren kleinen und zwei großen Anlagen (Kraftwerk Rugeley 120 MW, Ibbenbüren 150 MW) und das durch weitere Bestellungen (z. B. Grootvlei 200 MW) sowie durch die rege Projekttätigkeit erwiesene Interesse an indirekt gekühlten Kondensationsanlagen berechtigen zu der Annahme, daß dieses Verfahren die Erwartungen der Projekteure und die Anforderungen der Betreiber erfüllt. Da keine konstruktive Begrenzung durch Abdampfleitungen vorliegt und auch für große Anlagen weitgehend bereits erprobte Bauelemente verwendet werden können, ist mit dem Bau wesentlich größerer Einheiten zu rechnen. Die Anwendung dieses Verfahrens setzt neben den wirtschaftlichen Erfordernissen auch ausreichende Grundfläche voraus. Der Platzbedarf für

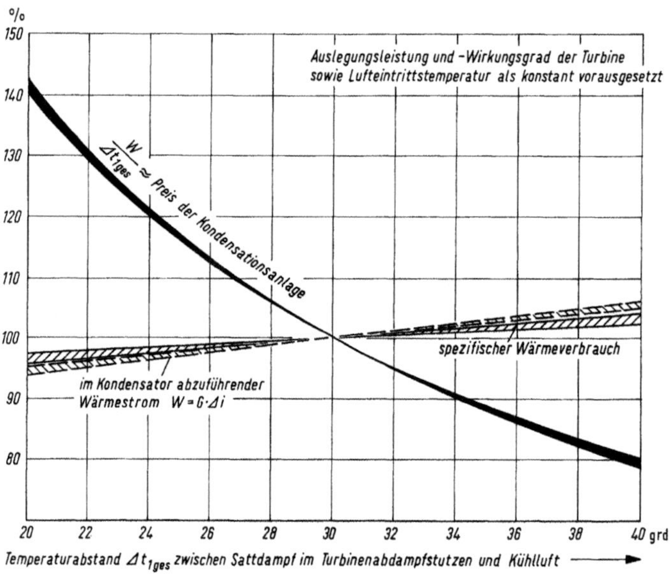

Abb. 199. Prozentuale Änderung des spezifischen Wärmeverbrauches, des abzuführenden Wärmestromes W und des für den Preis der Kondensationsanlage in erster Linie maßgebenden Quotienten $W/\Delta t_{1\text{ges}}$ mit dem Temperaturabstand $\Delta t_{1\text{ges}}$

den trockenen Kühlturm ist größer als für einen Naß-Kühlturm gleicher Leistung. Ein kleiner Grundflächenbedarf für das gesamte Kraftwerk würde sich jedoch durch die später erläuterte Ausführung nach Abb. 200 ergeben.

Die wirtschaftlichen Voraussetzungen für den Einsatz des indirekten Kondensationsverfahrens nehmen mit steigender Wasserknappheit und wachsendem Interesse an der Stromerzeugung im Verbraucher-Schwerpunkt zu.

Eine wesentliche Verminderung der Herstellungskosten sowohl für die Kondensationsanlage als auch für die Turbine kann auf Kosten des Wärmeverbrauches durch weitere Vergrößerung des Temperaturgefälles für den Wärmeaustausch erzielt werden. Dies gilt grundsätzlich für jedes Kondensationsverfahren. Bei luftgekühlten Kondensationsanlagen ist aber die absolute Kostenänderung wegen des von Natur aus großen Kostenaufwandes entsprechend hoch. Der Wärmeverbrauch ändert sich prozentual mit dem Temperaturabstand bei gegebener Luftauslegungstemperatur in geringerem Maße als der im Kondensator abzuführende Wärmestrom (Abb. 199). Beide Änderungen sind aber im Vergleich zur prozentualen Kostenänderung, die annähernd durch das Verhältnis zwischen Wärmeleistung und Temperaturabstand erfaßt werden kann, wesentlich niedriger. Kraftwerke,

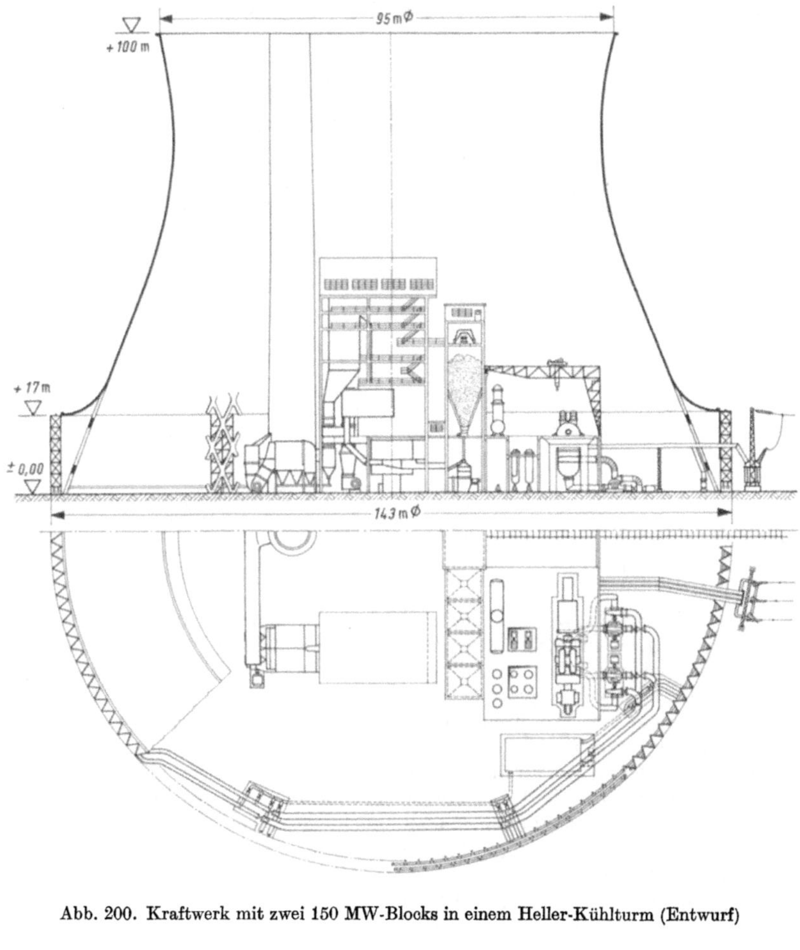

Abb. 200. Kraftwerk mit zwei 150 MW-Blocks in einem Heller-Kühlturm (Entwurf)

die mit billigem Brennstoff versorgt werden, können daher eine Wärmeverbrauchsverschlechterung zugunsten einer relativ großen Einsparung an Herstellungskosten in Kauf nehmen. Diese Voraussetzungen wären an und für sich bei Kernkraftwerken gegeben.

Die Schlußfolgerung, daß Kernkraftwerke mit Sattdampfprozeß bei gleicher Leistung wegen des größeren Abdampfmengenstromes auch mehr Kühlwasser benötigen als konventionelle Kraftwerke und damit der Luftkondensation mehr Aussichten bieten, muß auch bei begrenzter Wasserführung nicht zutreffen. Die größere Abdampfmenge kann nämlich bei einem entsprechend kleineren Kühlwasservielfachen auch mit der für konventionelle Kraftwerke ausreichenden Wassermenge kondensiert werden. Ein Vorteil für die Kondensation durch Luft bietet sich in diesem Zusammenhang nur dann, wenn gleichzeitig Einschränkungen hinsichtlich der zulässigen Kühlwasseraufwärmung vorliegen.

Abschließend sei noch erwähnt, daß auch Vorschläge für die Aufstellung von Kraftwerken innerhalb des Kühlturmes bestehen. Abb. 200 zeigt einen Kühlturm, der zwei 150 MW-Blocks einschließt. Die gesamte Verlustwärme des Kraftwerkes kann dabei zur Erhöhung der Kaminwirkung ausgenutzt werden. Andererseits sind besondere Maßnahmen für die Belüftung der Maschinen- und Kesselhäuser usw. erforderlich.

V. Kondensationshilfsmaschinen

a) Aggregate für die Luftabsaugung

Trotz aller Sorgfalt, die mit dem Bestreben nach absoluter Dichtheit sämtlicher unter Vakuum stehenden Anlageteile eines Turbosatzes von Konstruktion, Werkstatt und Montage aufgewendet wird, sind Lufteinbrüche, wie die Erfahrung zeigt, in keinem Fall

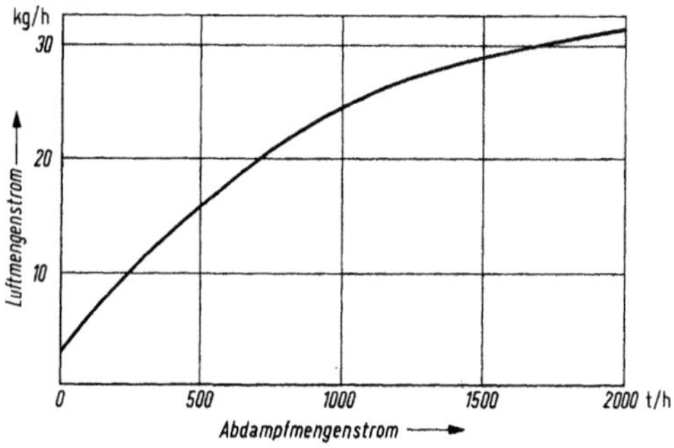

Abb. 201. Richtwerte für den aus Turbinenkondensatoren abzusaugenden Luftstrom

gänzlich zu verhindern. Sie werden hauptsächlich durch Undichtigkeiten im Vakuumgebiet liegender Teilfugen, Flanschverbindungen, Armaturen, Stopfbuchsen und dergleichen verursacht. Ein meist nur unbedeutend geringer Teil an Luft und nicht kondensierbaren Gasen gelangt durch den Dampfstrom in den Kondensator.

Eine rechnerische Vorausbestimmung des Luftmengenstromes ist wegen der Vielzahl unbekannter Einflußgrößen nicht möglich. Für die Auslegung der Luftabsaugeaggregate werden daher aus Messungen an ausgeführten Anlagen gewonnene Erfahrungswerte verwendet. Allgemein gültige Werte lassen sich jedoch auch aus Versuchsmessungen nicht ableiten. Richtwerte für die abzusaugenden Luftmengenströme gibt Abb. 201 in Abhängigkeit vom Abdampfmengenstrom, durch den bis zu einem gewissen Grad der Einfluß der Kondensatorgröße erfaßt wird.

Der Zusammenhang zwischen Druckanstieg und Leckluftmengenstrom bei abgestellter Luftpumpe kann näherungsweise durch folgende Beziehung ausgedrückt werden:

$$H_g \approx 10{,}5 \frac{L}{V} \text{ [mm QS/min]}. \tag{48}$$

L Luftmengenstrom in kg/h,
V Dampfvolumen des Kondensators in m^3.

Eine genauere Ermittlung des Leckluftmengenstromes kann u.a. auch durch lineare Extrapolation des gemessenen Druckanstieges bei Einleitung von zusätzlicher Luft durch geeichte Düsen verschiedenen Durchmessers vorgenommen werden. Da Dampf und Luft im Kondensator ein Gemisch bilden, wird mit dem Luftstrom gleichzeitig auch stets ein bestimmter Dampfstrom abgesaugt, der um so geringer ist, je tiefer das Gemisch gegenüber der Sättigungstemperatur des Abdampfes in der Kühlzone abgekühlt wird (Abb. 202).

Bei einer Unterkühlung von 4,5 grd wird z.B. rund doppelt soviel Dampf wie Luft abgesaugt.

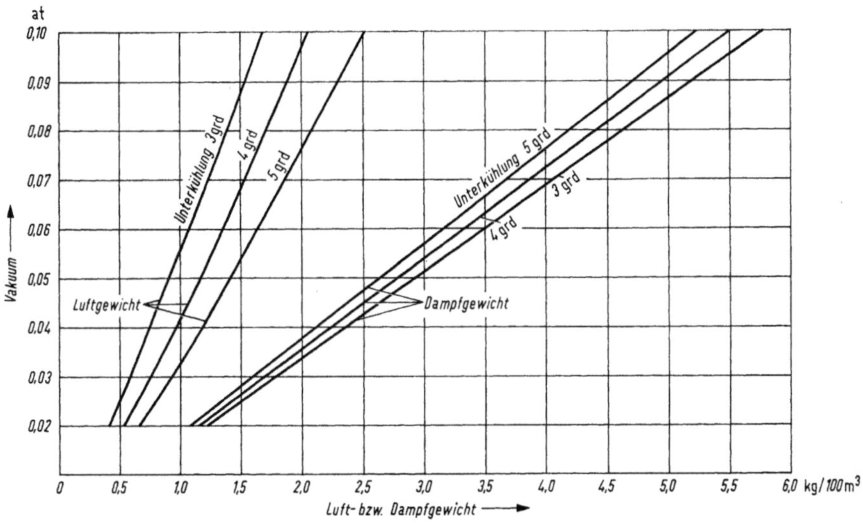

Abb. 202. Luft- bzw. Dampfgewicht in 100 m³ Dampf-Luft-Gemisch

Für das Evakuieren des Kondensators und der Turbine vor dem Anfahren wird je nach geforderter Evakuierungszeit und Eignung das Betriebsaggregat (eventuell auch das Reserveaggregat) oder ein besonderes Anfahraggregat verwendet.

1. Wasserstrahler

Dem Kühlwasserzufluß oder einem Strahlwasserbecken entnommenes Treibwasser wird von einer Pumpe mit einem Druck von 3 bis 4 atü durch die Treibdüse des Wasserstrahlers (Abb. 203) gedrückt, die es mit hoher Geschwindigkeit bei niedrigem Druck verläßt.

Das mitgerissene Dampf-Luft-Gemisch wird in der nachgeschalteten Fangdüse und dem anschließenden Diffusor unter gleichzeitiger Kondensation des Dampfes auf atmosphärischen Druck verdichtet. Der Wasserstrahler mündet unter dem Wasserspiegel des Kühlwasserablaufkanals oder Strahlwasserbeckens. Bei Frischwasserbetrieb wird das Treibwasser meistens vom Kühlwasserzulauf in den Kühlwasserablauf geführt. Dadurch erhöht sich der Kühlwasserbedarf der Anlage um den Betrag des Treibwasserstromes. Bei Rückkühlbetrieb wird ein Strahlwasserbecken für geschlossenen Kreislauf vorgesehen (Abb. 204).

Der Wasserinhalt des Strahlwasserbeckens wird in der Stunde etwa 30mal umgewälzt. Zur Kühlung des Wassers, dessen Temperatur möglichst tief unter der Kondensattemperatur gehalten werden soll, wird laufend Frischwasser in einer Menge von etwa 10% des Treibwassermengenstromes auf der Saugseite zu- und auf der gegenüberliegenden

Seite des Beckens durch eine Überlaufleitung abgeführt. Ein Unter- und ein Überlauf im Becken begünstigen die Ausscheidung der Luft, die durch eine Entlüftung in die Atmosphäre entweichen kann. Das Kondensat des abgesaugten Dampfes geht verloren.

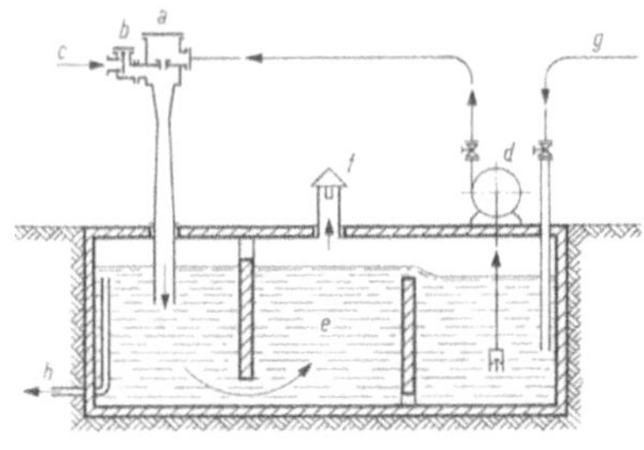

Abb. 204. Schaltschema für einen Wasserstrahler mit geschlossenem Kreislauf

a Wasserstrahler
b Rückschlagklappe
c Luftsaugeleitung
d Strahlwasserpumpe
e Strahlwasserbecken
f Entlüftung
g Zusatzwasserleitung
h Überlaufleitung

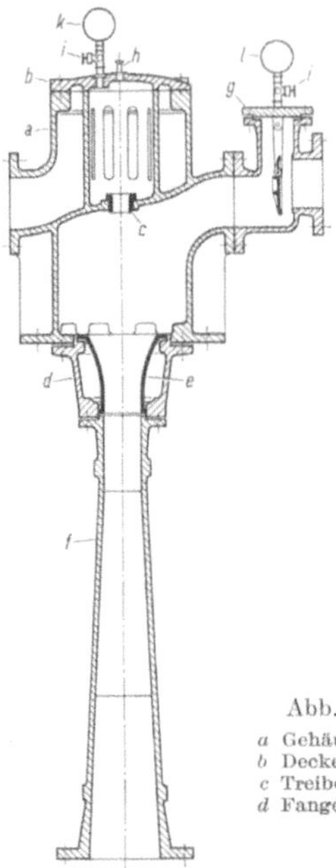

Abb. 203. Ausführungsbeispiel für einen Wasserstrahler (AEG)

a Gehäuse
b Deckel
c Treibdüse
d Fangdüsengehäuse
e Fangdüse
f Diffusor
g Rückschlagklappe
h Entlüftungsventil
i Manometerventil
k Mano-Vakuummeter
l Vakuummeter

2. Dampfstrahler

Auch der Dampfstrahler arbeitet nach dem Ejektorprinzip. Als Treibmittel dient überhitzter Dampf von normalerweise 10 bis 16 at. In den letzten Jahren sind auch Dampfstrahler entwickelt worden, die mit Treibdampf von 3 bis 4 at arbeiten (bei der im

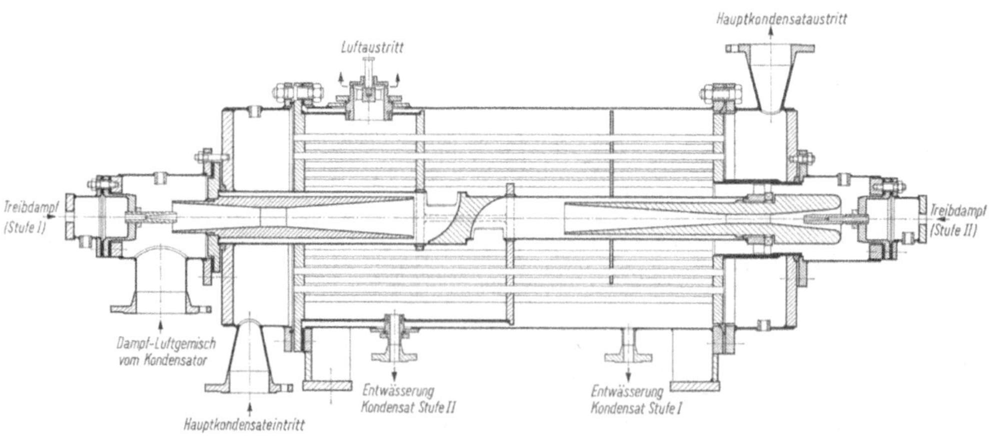

Abb. 205. Dampfstrahler in Tandem-Ausführung (Siemens)

nächsten Abschnitt beschriebenen Kombination wird sogar Dampf von rd. 1 at verwendet). Die Verdichtung des abgesaugten Dampf-Luft-Gemisches wird gewöhnlich zweistufig (bisweilen auch dreistufig) vorgenommen. Jede Stufe besteht aus einer Düse mit Diffusor und einem Kühler (Abb. 205).

Die Kühler dienen zur Kondensation des Treibdampfes, dessen Kondensat aus der ersten Stufe über eine Wasserschleife und aus der zweiten Stufe über ein Schwimmerventil dem Kondensator zugeführt wird. Als Kühlmittel wird Turbinenkondensat verwendet. Das Kondensat des mit der Luft abgesaugten Dampfes bleibt dem Kreislauf erhalten. Für Hochdruckanlagen mit Zwischenüberhitzung sind Dampfstrahler weniger geeignet, da ihre Versorgung mit Dampf konstanten und geeigneten Druckes im allgemeinen unwirtschaftlich und mit zusätzlichem Aufwand verbunden ist.

Zum Evakuieren vor dem Anfahren werden mitunter noch einstufige auf Auspuff arbeitende Anfahrstrahler verwendet.

3. Elmo-Vakuumpumpen und Kombinationen mit Luftstrahlern oder Dampfstrahlern

Die Elmopumpe ist eine Wasserringpumpe einfacher Bauart, die wegen ihrer hohen Betriebssicherheit, ihrer Eignung für schnelles Evakuieren, ihres geringen Leistungs- und Platzbedarfes zur Entlüftung von Turbinen-Kondensatoren in Verbindung mit einem Luft- oder zwei Dampfstrahlern häufig verwendet wird (Abb. 206).

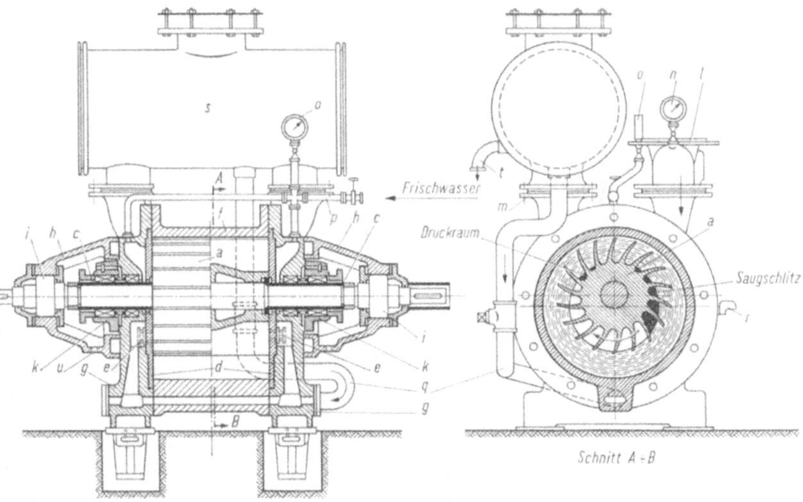

Abb. 206. Schnitt durch eine Elmo-Luftpumpe (Siemens)

a Laufrad, *b* Welle, *c* Schonbuchsen } Läufer
d Steuerscheiben
e Ventilgehäuse mit Kugeln
f Mittelkörper
g Seitenschilde
h Lagerkörper
i Wälzlager
k Doppelstopfbuchsen mit Sperrwasseranschluß
l Saugverteilungsrohr
m Druckstutzen
n Vakuummeter
o Mano-Vakuummeter
p Frischwasserleitung mit Armaturen
q Umlaufwasserleitung mit Einstellventil
r automatisches Ablaßventil
s Wasserabscheider bei Vakuumpumpen
t Kühlwasserabfluß
u Leckwasserabfluß

In dem teilweise mit Wasser gefüllten Pumpengehäuse wird durch die Drehung des exzentrisch angeordneten Laufrades ein umlaufender Wasserring gebildet, der innen zwischen den Laufradschaufeln vom abgesaugten Dampf-Luft-Gemisch ausgefüllte Zellen abgrenzt, die sich mit der Drehung vergrößern und wieder verkleinern. Die in den Laufradzellen sich bewegenden Wassersäulen wirken wie Kolben: sie saugen die Luft an und verdichten sie anschließend auf Atmosphärendruck. Die verdichtete Luft verläßt das Laufrad in axialer Richtung durch einen Druckschlitz. Beim Anfahren wird das größere Fördervolumen durch zusätzlich vorhandene Kugelventile ausgeschoben. Zur Kühlung des durch den Kompressionsvorgang, durch die Kondensation des Dampfanteiles und durch die mechanischen Verluste sich erwärmenden Betriebswassers wird laufend etwas Frischwasser mit einem Überdruck von 2 bis 3 mWS zu- und eine entsprechende Menge aus dem Wasserabscheider abgeführt. Durch eine elektrische Verriegelung läßt sich sicherstellen, daß der Motor erst eingeschaltet werden kann, wenn das Frischwasserventil geöffnet ist. Bei einer Kühlwassertemperatur von 15 °C kann die Elmopumpe allein ein Vakuum von 96% erreichen. Für höhere Vakua wird der Elmopumpe ein Luftstrahler (zweistufige Verdichtung der Luft) oder ein zweistufiger Dampfstrahler (dreistufige Verdichtung der Luft) vorgeschaltet, der das abgesaugte Dampf-Luft-Gemisch vorverdichtet.

Der Luftstrahler arbeitet mit Umgebungsluft, die in einer Treibdüse (Abb. 207) auf Vakuumdruck entspannt und in dem anschließenden Diffusor zusammen mit dem im Saugraum aufgenommenen Dampf-Luft-Gemisch auf den Ansaugdruck der Elmopumpe verdichtet wird.

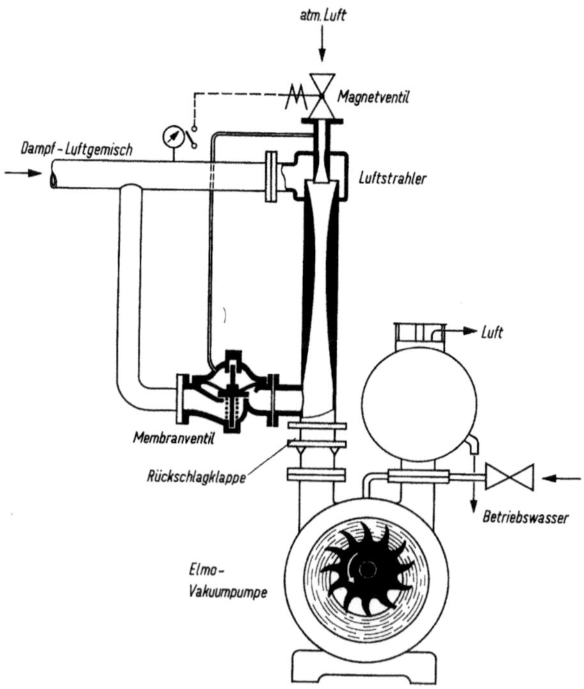

Abb. 207. Elmopumpe mit aufgebautem Luftstrahler (Siemens)

Das Verdichtungsverhältnis des Luftstrahlers beträgt rd. 1 : 2,5, d.h., bei 0,04 at Ansaugdruck beträgt der Druck am Eintritt der Elmopumpe rd. 0,1 at. Beim Anfahren ist das Magnetventil am Lufteintritt des Strahlers geschlossen, der Strahler somit außer Funktion. Die Elmopumpe saugt das Dampf-Luft-Gemisch über den Mischraum des Strahlers und das in die Bypaß-Leitung eingebaute, durch Federkraft in Offenstellung gehaltene Membranventil an. Erst bei hohem Vakuum wird das Magnetventil durch ein Kontaktmanometer geöffnet und der Luftstrahler somit automatisch in Betrieb genommen. Gleichzeitig schließt der von oben auf die Membran wirkende atmosphärische Luftdruck das Membranventil. Um plötzliche Lufteinbrüche in den Kondensator von der Pumpenseite her in Störungsfällen zu verhindern, wird das Magnetventil bei Stromausfall automatisch geschlossen. Die Rückschlagklappe verhindert den Lufteinbruch über die Elmopumpe selbst.

Die beiden Dampfstrahlerstufen werden mit Dampf von rd. 1 at aus der Sammelleitung des Stopfbuchsendampfes versorgt. Bei Betrieb der Turbine im oberen Leistungsbereich steht Überschußdampf aus den Hoch- und Mitteldruckstopfbuchsen zur Verfügung, so daß die Dampfstrahler in der Mehrzahl der Fälle ohne nennenswerten, zusätzlich zu bewertenden Energieverbrauch arbeiten. Das abzusaugende Gemisch wird von der ersten Dampfstrahlerstufe angesaugt und auf den zwei- bis dreifachen Druck verdichtet. Im ersten Abschnitt des nachgeschalteten Oberflächenwärmetauschers (Abb. 208) kondensiert der größte Teil des Dampfes. Die zweite Stufe verdichtet die verbleibende, verminderte Gemischmenge wiederum auf den zwei- bis dreifachen Wert, so daß sich ein Ansaugedruck für die Elmopumpe von 0,15 bis 0,20 at ergibt.

Der nach der Kondensation im zweiten Abschnitt des Wärmetauschers noch verbleibende Dampfanteil des Gemisches wird in der Elmo-Wasserringpumpe kondensiert. Diese braucht daher nur noch die reine Luft auf atmosphärischen Druck zu verdichten. Das Betriebswasser der Elmopumpe wird im geschlossenen Kreislauf im dritten Abschnitt des

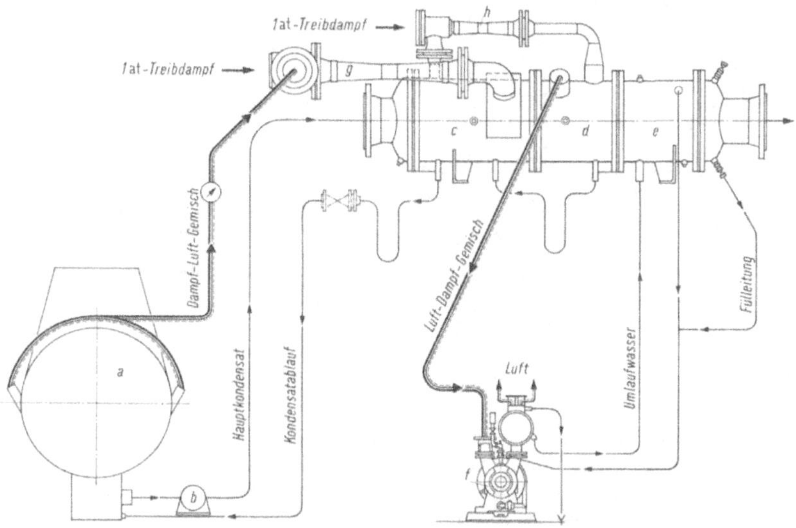

Abb. 208. Kombination aus Elmopumpe und zwei Dampfstrahlern (Körting-Siemens-Satz)

a Hauptkondensator
b Kondensatpumpe
c Kühler für erste Stufe
d Kühler für zweite Stufe
e Kühler für Umlaufwasser
f Elmopumpe
g Dampfstrahler für erste Stufe
h Dampfstrahler für zweite Stufe

„Dreifachwärmetauschers" gekühlt, der in die Hauptkondensatleitung eingeschaltet ist. Für den Umlauf des Betriebswassers sorgt der Unterdruck am Eintrittsstutzen der Elmopumpe. Dadurch werden dem Speisewasserkreislauf nicht nur die Wärmemengen des Treibdampfes der Strahler und des mit angesaugten Dampfteiles wieder zugeführt, sondern über den Wasserring auch etwa 90% der mechanischen Antriebsleistung der Elmopumpe. Die Kombinationen mit Elmopumpen sind für Vakua über 99% anwendbar und zeichnen sich gegenüber den herkömmlichen Strahlersystemen durch ihren geringen Energieverbrauch auch bei hohem Vakuum aus.

4. Sperrschieberpumpen

Das abzusaugende Dampf-Luft-Gemisch tritt durch den Saugstutzen *g* (Abb. 209) in die Pumpe ein und gelangt durch den Saugkanal des Flachschiebers *f* in den Schöpfraum *d*.

Der Schieber *f* ist mit einem zylindrischen Kolben *b* fest verbunden und gleitet zwischen den in dem Gehäuse *a* drehbaren Lamellen *e* hin und her. Der Kolben *b*, der von einem in Pfeilrichtung drehbaren Exzenter *c* mitgenommen wird, gleitet längs der Gehäusewand *a*. Dabei schiebt er die im Raum *m* befindliche Gasmenge vor sich her, bis sie durch das ölüberlagerte Ventil *l* ausgestoßen wird. Die Ölüberlagerung des Ventils *l* dient zur Abdichtung des Ventiles, zum Auffüllen des Raumes unter dem Ventil und als Ölvorrat zum Betrieb der Pumpe.

Die Entlüftung großer Kondensatoren mit niedrigem Teildruck von einigen Torr wird mit einem Pumpenaggregat vorgenommen, das aus Roots-Gebläse, Zwischenkondensator und einstufiger Sperrschieberpumpe besteht. Das Roots-Gebläse erhöht die Förder-

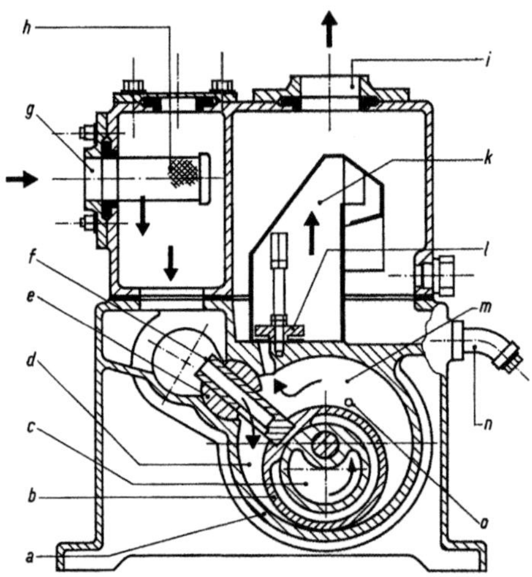

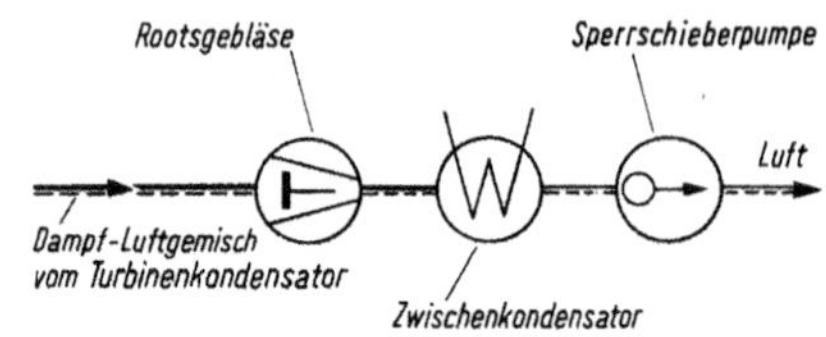

Abb. 210. Anordnung für die Luftabsaugung durch Roots-Gebläse und Sperrschieberpumpe

Abb. 209. Schnitt durch eine Sperrschieberpumpe (Leybold)

a	Gehäuse	*i*	Auspuffstutzen
b	zylindrischer Kolben	*k*	Ölfänger
c	Exzenter	*l*	ölüberlagertes Druckventil
d	Schöpfraum (Luft strömt ein)	*m*	abgesperrter Schöpfraum
e	Lamellen	*n*	Ölablaß
f	Flachschieber	*o*	Gasballastkanal
g	Saugstutzen		
h	Schmutzfänger		

leistung der Sperrschieberpumpe bei hohem Vakuum. Es verkürzt somit auch die Auspumpzeit und ermöglicht durch die Verdichtung des Gemisches (höheres Temperaturniveau) die Verwendung von Kühlwasser aus der Hauptkühlwasserleitung für die Kondensation im Zwischenkondensator (Abb. 210).

Der Zwischenkondensator hat die Aufgabe, den Partialdruck des Wasserdampfes an der Saugseite der Sperrschieberpumpe so weit herabzusetzen, daß in dieser keine Kondensation stattfinden kann. Der Energieverbrauch der Kombination Roots-Gebläse — Zwischenkondensator — Sperrschieberpumpe ist niedrig. Die Evakuierungszeiten dieses vornehmlich für den Betrieb geeigneten Pumpensystems sind jedoch verhältnismäßig lang. Anlagen, für die kurze Evakuierungszeiten erforderlich sind, werden daher zusätzlich mit einem Anfahraggregat ausgerüstet.

b) Kondensatpumpen

1. Auslegung

Die Kondensatpumpe fördert das Kondensat aus dem Kondensatsammelbehälter des Kondensators durch die Niederdruckvorwärmer in den Speisewasserbehälter. Sie wird in der Regel als Vollastpumpe ausgelegt. Dabei muß sie in der Lage sein, den Kondensatstrom zu fördern, der unter ungünstigsten Betriebsverhältnissen maximal anfallen kann. Bei Anlagen, die mit Umleitstationen für den vollen Frischdampfstrom ausgerüstet sind, ergibt sich der ungünstigste Betriebsfall nach einer Vollastabschaltung. In diesem Fall ist nämlich der Kondensatanfall um den Betrag der Einspritzwasserströme in der Hochdruck- und Niederdruck-Umleitstation, abzüglich des noch für die Vorwärmung aus der kalten ZÜ-Leitung abgezweigten Dampfstromes, größer als der maximale Frischdampfstrom. Mit

Rücksicht auf diesen Betriebsfall muß die Kondensatpumpe annähernd doppelt so viel Kondensat fördern können, wie für normalen Vollastbetrieb erforderlich ist. Da jedoch nach einer Vollastabschaltung der Druck im Speisewasserbehälter absinkt, wird die Förderhöhe für die Kondensatpumpe niedriger als bei Turbinen-Vollastbetrieb. Sie ist daher entsprechend der Q-H-Kurve in der Lage, mehr Kondensat zu fördern. Außerdem kann vorübergehend das Fassungsvermögen des Kondensatsammelbehälters bzw. auch das Speichervermögen des Speisewasserbehälters in Anspruch genommen werden, so daß dieser extreme Betriebsfall nicht unbedingt zu einer größeren Pumpentype führen muß. Der größere Förderstrom verlangt aber eine höhere Antriebsleistung und eine größere geodätische Zulaufhöhe, was bei der Auswahl des Motors und bei der Planung berücksichtigt werden muß.

Soll das Kondensat durch eine Entsalzungsanlage geführt werden, so wird zwischen zwei geeigneten Druckstufen eine Zwischenentnahme vorgesehen, in die auch der Wasserstoffkühler des Generators und der Schwadendampfkondensator eingeschaltet werden können.

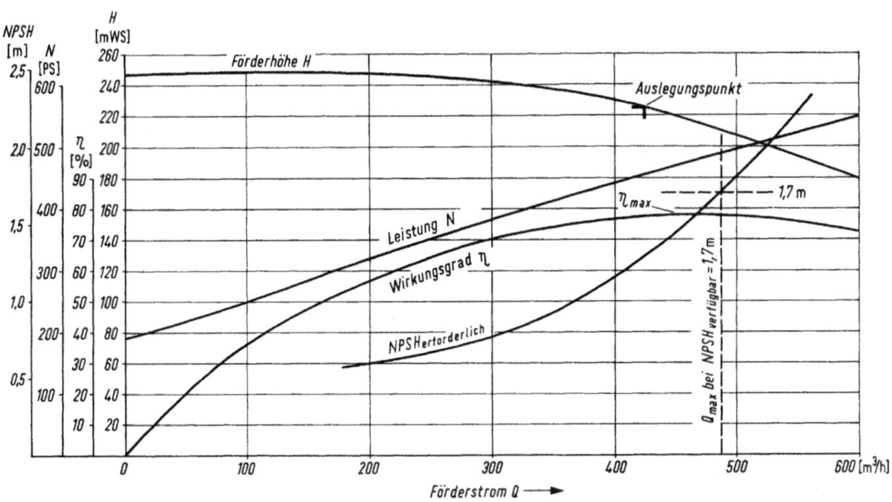

Abb. 211. Kennlinien einer Kondensatpumpe (Beispiel)

Die Auslegungsförderhöhe der Kondensatpumpe setzt sich zusammen aus

der maximalen Druckdifferenz zwischen Speisewasserbehälter-Entgaser und Kondensator,

dem geodätischen Höhenunterschied zwischen Entgaser und Kondensatspiegel,

den Durchflußwiderständen der Vorwärmer, Kühler, Armaturen, Rohrleitungen usw. sowie

der Geschwindigkeitshöhe, die durch die üblichen Sicherheitszuschläge mehr als gedeckt ist.

Die niedrigen spezifischen Drehzahlen (große Förderhöhe im Vergleich zum Förderstrom) führen bei der Kondensatpumpe grundsätzlich zu mehrstufigen Ausführungen mit radialen Schaufelkanälen, die durch Kennlinien entsprechend oder ähnlich Abb. 211 gekennzeichnet sind.

Eine stabile Kennlinie liegt vor, wenn mit abnehmendem Förderstrom die Förderhöhe stetig zunimmt. Fällt sie bei niedrigen Förderströmen wieder ab, so ist dies bei Kondensatpumpen im allgemeinen kein Nachteil. Es muß dabei nur berücksichtigt werden, daß das Zuschalten der Reservekondensatpumpe nicht möglich ist, solange die Null-Förderhöhe dieser Pumpe unter der Förderhöhe der in Betrieb befindlichen liegt, da sonst letztere die Rückschlagklappe der Reservepumpe zudrückt.

Der große Leistungsbedarf bei geringer Förderhöhe verlangt ein Anfahren gegen entsprechenden Druck (Wassersäule bis zum Speisewasserbehälter oder gedrosselten Druckschieber), um eine Überlastung bzw. Überdimensionierung des Antriebsmotors zu vermeiden.

Kondensatpumpen fördern Wasser, das auf Höhe des Kondensatspiegels Verdampfungstemperatur hat. Deshalb müssen sie stets unter dem Niveau des Kondensatspiegels angeordnet sein. Ist die geodätische Zulaufhöhe (Höhenunterschied zwischen Kondensatspiegel und Pumpensaugstutzen) nicht ausreichend, tritt durch Dampfbildung Kavitation mit den bekannten zerstörenden Auswirkungen und eine Begrenzung des Förderstromes ein. Die erforderliche geodätische Zulaufhöhe setzt sich zusammen aus

der erforderlichen ,,Net Positive Suction Head" (NPSH ,,erforderlich"), ein Begriff, der anstelle der Bezeichnungen Zulaufhöhe, Saughöhe und Haltedruck heute allgemein verwendet wird und

der Verlusthöhe zwischen Hotwell und Saugstutzen der Pumpe, d.h. im wesentlichen in der Zulaufleitung.

Die NPSH ,,erforderlich" ist neben der Formgebung des Einlaufes der Pumpe vor allem von der Gestaltung der Laufradeintrittsgeometrie, der Drehzahl und dem Förderstrom abhängig. Sie ist definiert als die Energiehöhe (= Druckhöhe plus Geschwindigkeitshöhe) in m, die über dem Dampfdruck des Kondensates bei Betriebstemperatur am Saugstutzen der Pumpe mindestens vorhanden sein muß, damit die Pumpe einwandfrei betrieben werden kann.

Die NPSH ,,verfügbar" soll immer größer sein als die NPSH ,,erforderlich", damit eine Sicherheit gegen Temperaturschwankungen und Unzulänglichkeiten in der Druckverlustrechnung der Zulaufleitung gegeben ist.

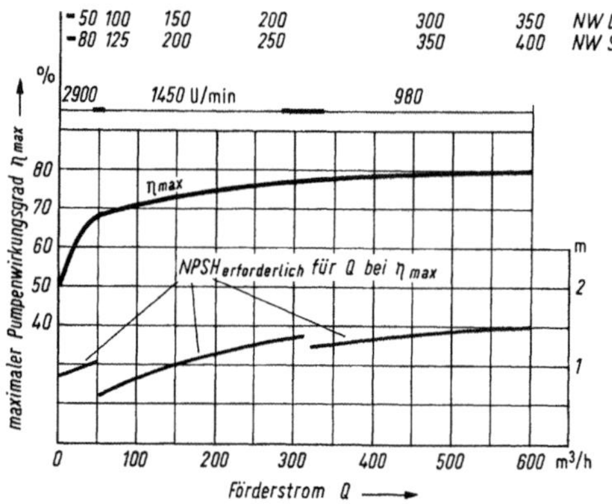

Abb. 212. Richtwerte für Maximalwirkungsgrade, übliche Drehzahlen, Nennweiten und NPSH ,,erforderlich" von Kondensatpumpen. Die angegebenen NPSH ,,erforderlich"-Werte beziehen sich jeweils auf den Förderstrom bei η_{max} und stellen Mindestwerte dar

Die NPSH ,,erforderlich" nimmt mit dem Förderstrom progressiv zu (siehe Abb. 211). Die geodätische Zulaufhöhe muß daher für den maximal benötigten Förderstrom bemessen sein.

Abb. 212 enthält Richtwerte über die NPSH ,,erforderlich" für Kondensatpumpen mit doppelflutiger Einlaufstufe oder erweitertem Eintrittsquerschnitt. Die angegebenen Werte beziehen sich jeweils auf den Förderstrom, bei dem die Pumpen das Wirkungsgradmaximum haben. Darüber hinaus gibt diese Abbildung Aufschluß über durchschnittliche Maximalwirkungsgrade, übliche Drehzahlen und Nennweiten (siehe auch Dritter Band, Teil A, Zweiter Teil, Abschn. A, S. 240).

2. Ausführungsbeispiele

Abb. 213 zeigt eine mehrstufige Kondensatpumpe mit doppelflutiger Einlaufstufe.

Durch die parallel geschalteten Einlaufstufen werden die erforderliche geodätische Zulaufhöhe bzw. bei gegebenem NPSH „verfügbar“ die Kavitationsgefahr verringert sowie Lufteinbrüche sicher verhindert, da auch die saugseitige Stopfbuchse unter dem Überdruck der ersten Stufe steht. Bei geringen Kellerhöhen, die keine ausreichende Zulauf-

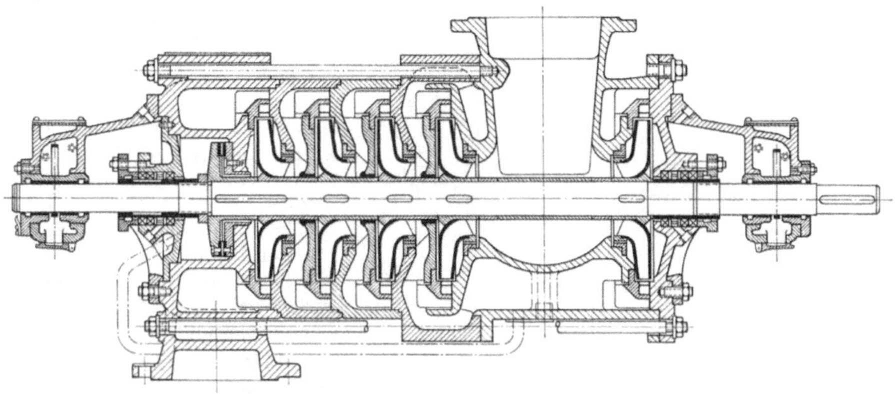

Abb. 213. Kondensatpumpe mit doppelflutiger Einlaufstufe

höhe für Horizontalpumpen gestatten, verwendet man vorteilhaft vertikale Kondensatpumpen (Abb. 214), die in entsprechende Vertiefungen der Kellersohle eingebaut werden.

Das gesamte Pumpengehäuse hängt in einem geschweißten Topf, der nach oben durch eine Flanschverbindung luftdicht abgeschlossen ist. Das untere Pumpenhauptlager ist wassergeschmiert, das obere ist als Wälzlager ausgebildet und nimmt auch das Gewicht des Läufers auf.

Die Pumpengehäuse werden aus Grauguß, mitunter auch aus Stahlguß ausgeführt. Für die Laufräder verwendet man geschweißten rostfreien Stahl (Remanit), Bronze, Grau- oder Chromstahlguß. Die Leiträder bestehen ebenfalls aus Bronze, Grau- oder Stahlguß.

3. Regelung von Kondensatpumpen

Die kontinuierliche Kondensatförderung setzt voraus, daß der Förderstrom zum Speisewasserbehälter dem Kondensatanfall im Hotwell angepaßt wird. Folgende Regelungsverfahren werden angewendet:

Drosselregelung. Der Förderstrom der Kondensatpumpe wird durch ein Regelventil in der Kondensatdruckleitung in dem Maße gedrosselt, daß der Wasserstand im Hotwell innerhalb eines gewissen Regelbereiches erhalten bleibt. Die Regelung des Wasserstandes übernimmt gewöhnlich ein elektrisch oder pneumatisch wirkender Kondensatablaufregler, der das Regelventil mit Hilfe eines Stellantriebes betätigt. Die Pumpe arbeitet in ihrem ganzen Lastbereich kavitationsfrei. Voraussetzung hierfür ist jedoch, daß die Zulaufhöhe bei maximalem Förderstrom ausreicht, um Dampfbildungen im Laufradeintritt zu vermeiden. Der Leistungsbedarf nimmt mit sinkendem Förderstrom entsprechend der Leistungskennlinie ab. Diese Art der Regelung wird am häufigsten angewendet. Unzulässige Erwärmungen der Pumpe bei längerem Betrieb gegen geschlossenes Regelventil können durch eine Kondensatrückführleitung zum Kondensator verhindert werden. Diese ist stets erforderlich, wenn in die Kondensatleitung ein Dampfstrahler eingeschaltet ist, um die anfallende Wärme des Dampfstrahlers auch bei unbelasteter Turbine abführen zu können.

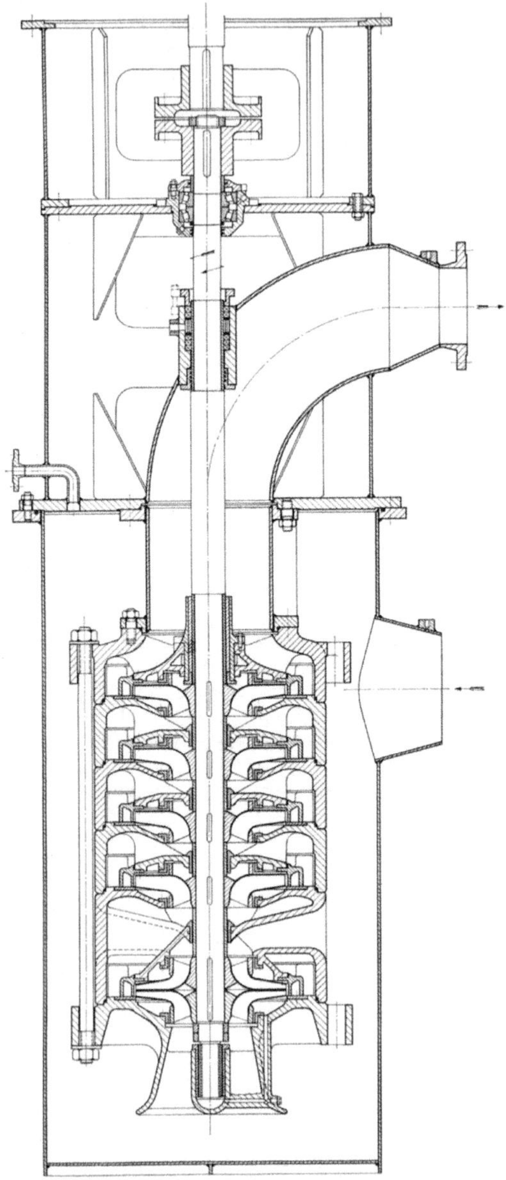

Abb. 214. Vertikale Kondensatpumpe

Häufig wird in die Kondensatrückführleitung lediglich eine Drossel eingebaut, die für einen Mindestförderstrom von rd. 2% bei geschlossenem Regelventil dimensioniert ist. Bewährt haben sich auch Freilaufrückschlagventile in der Kondensathauptleitung, die bei abnehmendem Förderstrom von einem bestimmten Mengenstrom an (10 bis 20% des Auslegungsstromes) automatisch einen entsprechenden Kondensatstrom in die Rückführleitung umleiten (s. Dritter Band, Teil A, Zweiter Teil, Abschn. A, S. 263).

Umlaufregelung. Abweichend von der Drosselregelung wird das Regelventil nicht in der Kondensatdruckleitung, sondern in einer Rückführleitung zum Kondensator angeordnet. Während bei der Drosselregelung fallender Wasserstand im Hotwell eine Bewegung des Regelventils in Schließrichtung zur Folge hat, wird bei der Umlaufregelung das Regelventil im Falle sinkenden Wasserstandes in Öffnungsrichtung bewegt. Der Überschußförderstrom fließt im Teillastbereich in den Kondensator zurück. Die Pumpe arbeitet bei Teillast stets rechts des Auslegungspunktes der *Q*-*H*-Kurve mit hohem Leistungsbedarf. Der Pumpenförderstrom steigt mit sinkender Turbinenlast. Da der Bedarf an Zulaufhöhe mit dem Förderstrom zunimmt, kann bei Turbinenteillast jener Punkt erreicht werden, in dem die Zulaufhöhe nicht mehr ausreicht. Sinkt die Teillast weiter ab, arbeitet die Pumpe im Kavitationsgebiet. Das Bypaßregelventil muß für den größten Durchfluß ausgelegt werden. Da es dadurch für kleine Umlaufströme regelunempfindlich wird, ist unter Umständen die Anordnung mehrerer Regelventile erforderlich.

Kombinierte Drossel-Umlaufregelung. Die Regelventile in der Kondensatdruckleitung und in der Rückführleitung werden durch einen Regler in Abhängigkeit vom Wasserstand im Hotwell so gesteuert, daß im oberen Lastbereich der Turbine nur die Drosselregelung

(Regelventil in Rückführleitung geschlossen) und im unteren Lastbereich auch die Umlaufregelung wirksam ist (Regelventil in Kondensatdruckleitung bei unbelasteter Turbine geschlossen).

Selbstregelung. Die Pumpe arbeitet ohne Kondensatablaufregelung. Der Kondensatspiegel fällt mit sinkendem Förderstrom. Hauptvorteile der Selbstregelung sind ihre Einfachheit und der geringe Leistungsbedarf insbesondere bei Teillast, Hauptnachteil ist die meistens geringere Lebensdauer der stets im Grenzgebiet der Kavitation laufenden Pumpe. Begleiterscheinungen dieser Regelung sind manchmal auch pulsierende, mit starkem Schlagen verbundene Wasserspiegelschwankungen.

Drehzahlregelung. Der Wasserstand bzw. die Zulaufhöhe wird innerhalb eines gewissen Regelbereiches durch einen Regler, der die Drehzahl der Pumpe verändert, gehalten. Im Bereich der Regelbarkeit der Drehzahl arbeitet die Pumpe stets mit gutem Wirkungsgrad und kavitationsfrei. Dieser Vorteil rechtfertigt den Mehraufwand für diese Regelung jedoch meistens nicht.

Schrifttum

[1] DIETZEL, F.: Dampfturbinen, Berechnung, Konstruktion, Kondensation, Regelung und Betriebsverhalten, Braunschweig: Westermann 1950.

[2] HELLER, L.: Kühlwasserprobleme der Dampfkraftwerke. Energietechnik Bd. 3 (1953), S. 79/84.

[3] BAEHR, H. D.: Wärmeübergangs- und Wärmedurchgangszahl für Wasserdampf-Kondensatoren. BWK-Arbeitsblatt 35. Brennstoff Wärme Kraft Bd. 5 (1953), H. 5, S. 15/16.

[4] SCHROEDER, F. K.: Der Einfluß der Meßfehler bei der Bestimmung der Wärmedurchgangszahl für Oberflächenkondensatoren. Brennstoff Wärme Kraft Bd. 5 (1953), S. 154/56.

[5] PYLE, F. B.: How to check your condenser losses. Power Bd. 97 (1953), S. 78/81.

[6] ZABEL, H.: Die Entwicklung des AEG-Kondensators im Dampfturbinenbau. AEG-Mitt. Bd. 44 (1954), S. 5/6.

[7] SKROTZKI, B. B. A.: Heat Exchangers. Power Bd. 98 (1954), H. 6, S. 75/106.

[8] FEIST, H. W.: Condenser Hotwell Level Control. Power Engng. Bd. 58 (1954), H. 12, S. 76/78.

[9] Test Code for Steam-Condensing Apparatus. American Society of Mechanical Engineers, 1955.

[10] KECK, I. W.: Could your main condenser pass this aptitude test to-day? Power Engng. Bd. 59 (1955), H. 5, S. 92/94.

[11] KATZ, W.: Kondensator- und Vorwärmerkorrosion. Brennstoff Wärme Kraft, Bd. 7 (1955), S. 439/45.

[12] FONG, I. F.: Handy Way to Size Surface Condensers. Power 99 (1955), H. 11, S. 90/91.

[13] Technische Richtlinien für die Bestimmung der Wärmedurchgangszahl von wassergekühlten Oberflächenkondensatoren, 1. Ausg., herausgegeben von der Vereinigung Deutscher Elektrizitätswerke (VDEW), Frankfurt a. M., 1956.

[14] SCHROEDER, F. K.: Die Bewertung von wassergekühlten Oberflächenkondensatoren für Dampfturbinenanlagen mit Hilfe der Wärmedurchgangszahl. Elektrizitätswirtsch. Bd. 55 (1956), S. 211/14.

[15] Technische Richtlinien für Abnahme- und Betriebsversuche an luftgekühlten Kondensatoren für Wasserdampf, 1. Ausg., herausgegeben von der Vereinigung Deutscher Elektrizitätswerke (VDEW), Frankfurt a. M., 1956.

[16] NOTHING, F. W.: Korrosion, Rißbildung und Erosion an der Außenfläche von Kondensatorrohren aus Kupferlegierungen. Z. f. Technik, Industrie u. Handel Bd. 10 (1956), S. 520/23, 1033/38.

[17] HELLER, L., u. L. FORGÓ: Erfahrungen mit einer luftgekühlten Kraftwerks-Kondensationsanlage. Allg. Wärmetechnik Bd. 7 (1956), S. 97/103.

[18] SCHAAF, E.: Zur Betriebsüberwachung von Dampfturbinen-Kondensatoren. Brennstoff Wärme Kraft Bd. 9 (1957), S. 57/61.

[19] MURIN, E. A.: Luft-Dampfgemisch-Kühler für Kondensatoren von Dampfturbinen. Elektr. Stanzii Bd. 28 (1957), H. 5, S. 27/31.

[20] SCHUPP, F.: Wirtschaftliche Entlüftung, Vorwärmung und Entgasung im Kondensationsbetrieb. Brennstoff Wärme Kraft Bd. 9 (1957), S. 320/23.

[21] THEES, R.: Entlüften von Turbinenkondensatoren mit Gasballastpumpen. Brennstoff Wärme Kraft Bd. 9 (1957), S. 315/19.

[22] THEES, R.: Entlüften von Turbinenkondensatoren mit Rootspumpen. Brennstoff Wärme Kraft Bd. 10 (1958), S. 225/28.

[23] URBANEK, J.: Über die Abträglichkeit des Dampfwiderstandes im Kondensator. Die Schwerindustrie der Tschechoslowakei. Skoda-Mitt. Bd. 1 (1958), S. 23/39.

[24] GLUSMAN, I. S.: Automatische Regelung der Förderleistung von Kondensatpumpen. Elektr. Stanzii Bd. 29 (1958), H. 7, S. 26/28.

[25] Heat Exchange. Power Bd. 102 (1958), H. 10, S. 244/47, mit weiteren Hinweisen auf amerikanische Fachliteratur.

[26] LENZ, H.: Neuzeitliche Kondensations- und Speisewasser-Vorwärmanlagen für Dampfturbinen großer Leistung. BBC-Mitt. Bd. 45 (1958), S. 335/63.
[27] NEWSON, I. C.: An engineering application of reinforced resign (Anwendung von Kunststoffen für Wasserkammern und Deckel). Engineer Bd. 207 (1959), H. 5379, S. 343/45.
[28] SCHROEDER, F. K.: Lufteinbruch in Dampfturbinenkondensatoren. Elektrizitätswirtsch. Bd. 58 (1959), S. 184/89.
[29] RAESFELD, A., u. F. SCHULENBERG: Luftkühlung bei Kondensation in Dampfkraftwerken und in der Verfahrenstechnik. Siemens-Z. Bd. 33 (1959), S. 126/37.
[30] JASZAY, T.: Luftkondensationsanlage „System Heller", Akadémiai Nyomda, Budapest, 1959.
[31] Dry cooling towers and jet condensing plant. Engineer Bd. 208 (1959), H. 5419, S. 729/31.
[32] HELLER, L., u. L. FORGÓ: Das Luftkondensationsverfahren „System Heller" bei Atomkraftwerken. Allg. Wärmetechnik Bd. 9 (1959), S. 139/41.
[33] ASQUITH, W.: Entlüften von Dampfturbinenkondensatoren. Siemens-Z. Bd. 34 (1960), S. 150/65.
[34] WEHRBERGER, F.: Kraftwerk Nord der Volkswagen AG in Wolfsburg, Braunschweig: Vieweg 1962.
[35] CHRIST, A.: Dampfgassen und Entlüftungsstellen in Kondensatoren. Escher-Wyss-Mitt. Bd. 33 (1960), S. 89/93.
[36] BIRD, P. H., u. S. C. MCKENZIE: The dry cooling tower condensing plant. Steam Engineer Bd. 9 (1960), S. 263/68.
[37] SCHEM, O.: Luftabsaugung bei Dampfturbinenkondensatoren mit einer Kombination aus zwei Dampfstrahlern und einer Elmopumpe. Siemens-Z. Bd. 34 (1960), S. 753/58.
[38] Know your condenser. Seven helpful articles on steam surface condenser operation authored by experts at Allis-Chalmers. Power Engng. Bd. 65 (1961), Sonderdruck (26 Seiten).
[39] Luftkondensator, System Condair. Brennstoff Wärme Kraft Bd. 68 (1961), S. 149/50.
[40] SCHROEDER, F. K.: Erfahrungen mit Kondensationsanlagen. Allg. Wärmetechnik Bd. 12 (1961), S. 29/36, 57/67.
[41] HEEREN, H.: Über einige Neuerungen bei Kondensationsanlagen. Allg. Wärmetechnik Bd. 12 (1961), S. 95/100.
[42] BAKAY, Á.: Recent development in the air-cooled condensing equipment „System Heller" and the slotted-rib heat exchangers „System Forgó". Komplex bulletin Bd. 5 (1961), S. 11.
[43] FORGÓ, L.: Ein neuer Wärmeübertrager aus Aluminium. Allg. Wärmetechnik Bd. 10 (1961), S. 149/56.
[44] ZABEL, H.: Luftabsaugung von Oberflächenkondensatoren von Dampfturbinen mit neuzeitlichen Wasserstrahlpumpen. VDI-Z. Bd. 104 (1962), S. 1199/1202.
[45] MIESCH, H.: Die optimale Auslegung von Kondensatoren. Escher-Wyss-Mitt. Bd. 35 (1962), S. 13/18.
[46] HELLER, L., u. L. FORGÓ: Recent operational experiences concerning the Heller System of Air Condensation for Power Plants, Paper 154 presented at 6th World Power Conference, Melbourne: Australian National Committee, October 1962.
[47] NOTHING, F. W.: Kondensatorrohrkorrosion und Werkstoffe. Z. f. Technik, Industrie u. Handel Bd. 16 (1962), S. 1089/96, 1196/99.
[48] OPLATKA, G.: Luftgekühlte Kondensationsanlagen. BBC-Mitt. Bd. 49 (1962), S. 312/19.
[49] RETI, R.: Dry cooling towers. Proc. Amer. Power Conf. Bd. 25 (1963), S. 432/42.
[50] RITCHINGS, F. A., u. A. W. LOTZ: Economics of closed versus open cooling water cycles. Proc. Amer. Power Conf. Bd. 25 (1963), S. 416/31.
[51] BARSNESS, E. J.: Calculation of the performance of surface condensers by digital computer. ASME Paper No. 1963-PWR-2.
[52] DIEHL, H.: Einsatz von Luftkondensatoren im Industriekraftwerk. Energie Bd. 15 (1963), S. 463/68.
[53] ASQUITH, W.: Kondensationsanlagen für große Turbosätze. Siemens-Z. Bd. 16 (1963), S. 846/53.
[54] HELLER, L., u. L. FORGÓ: Betriebserfahrungen und weitere Entwicklungsergebnisse mit dem Heller-System bei Luftkondensation für Kraftwerksanlagen. Energietechnik Bd. 13 (1963), S. 552/57.
[55] BÖHM, E., u. F. AHREM: Das 40 MW-Zwischenüberhitzer-Blockkraftwerk Hausham II der Oberbayerischen AG für Kohlenbergbau München. Sonderdruck aus Energie Bd. 15 (1963), H. 10, S. 3/9.
[56] COSTARD, G.: Günstigste Bemessung der Kondensationsanlage von Dampfturbinen. Siemens-Z. Bd. 38 (1964), S. 82/87.
[57] MATTHAEI, G. A., u. G. IDE: Erfahrungen mit einer neuartigen Luftpumpenkombination für Turbinenkondensatoren. Energie Bd. 16 (1964), H. 12, S. 10/14.
[58] HARRIS, L. S., u. A. S. FISCHER: Characteristics of Steam Jet Vacuum Pumps. J. Engng. for Industry Bd. 86 (1964), S. 358/64.
[59] KELP, F.: Besonderheiten luftgekühlter Kraftwerke. Elektrizitätswirtsch. Bd. 63 (1964), S. 824/31.
[60] DALTRY, J. H.: Dry cooling tower plant. Energy International Bd. 6 (1965), H. 15, S. 8/12.
[61] CHRISTOPHER, P. J.: The dry cooling tower system at the Rugeley power station of the Central Electricity Generating Board. Engl. Electr. J. Bd. 20 (1965), H. 1, S. 22/33.
[62] ASQUITH, W.: Nomogramm zur Bestimmung der Kühlfläche von wassergekühlten Oberflächenkondensatoren. Mitt. Ver. Großkesselbes. 1965, H. 95, S. 131/35.
[63] Standards for Steam Surface Condensers, Fifth Edition, Heat Exchange Institute, New York, 1965.

[64] KRISCHKE, H.: Die Luftkondensationsanlage im englischen Kraftwerk Rugeley. Brennstoff Wärme Kraft Bd. 17 (1965), S. 457/59.

[65] MENNECKE, W., u. R. ALTENBERGER: Wirtschaftlichkeitsvergleich zwischen einer Luft- und einer Wasserkondensationsanlage. Energietechnik Bd. 15 (1965), S. 542/48.

[66] PALMER, W. E., u. E. H. MILLER: Why Multipressure Surface Condenser-Turbine Operation. Proc. Amer. Power Conf. Bd. 27 (1965).

[67] STOKER, R. J., u. R. W. MINICH: Surface Condenser Steam Dome Geometry. ASME Paper No. 65-PWR-11.

[68] DIN 1785: Rohre aus Kupfer und Kupfer-Knetlegierungen für Kondensatoren und Wärmetauscher, Entwurf Jan. 1966.

[69] SCHULENBERG, F. J.: Finned Elliptical Tubes and their Application in Air-cooled Heat Exchangers. Transactions of ASME, J. Engng. for Industry Bd. 88 (1966), 179/86.

[70] HEEREN, H.: Progress in the design and operation of condensers in power stations. MAN-Sonderdruck S.A. 034222/E 1966.

[71] OPLATKA, G.: Wirtschaftlichkeit der luftgekühlten Kondensation einer 750 MW-Anlage. BBC-Mitt. Bd. 53 (1966), H. 3, S. 235/38.

[72] DIN 4305 Blatt 2: Benennungen der Baugruppen und Bauteile der Kondensationsanlage, Entwurf Mai 1966.

[73] BERMAN, L. D.: Some Problems of Designing Condensers for Large Turbines. Combustion Bd. 38 (1967), H. 7, S. 28/34.

[74] FORGÓ, L.: Die Ursachen für schlechte Wärmeübertragung in Rohrbündel-Wärmetauschern bei kondensierendem Sattdampf. Brennstoff Wärme Kraft Bd. 19 (1967), S. 20/23.

[75] HELD, H. D., u. W. BUJAK: Die Einsatzmöglichkeiten für Kondensatorrohre aus Edelstahl in amerikanischer Sicht. Energie Bd. 19 (1967), H. 1, S. 17/21.

[76] ENGELKE, W.: Anordnung von Niederdruckteilen und Kondensatoren für Dampfturbinen großer Leistung. Siemens-Z. Bd. 41 (1967), Beiheft „Dampfturbinen großer Leistung“, S. 86/89.

[77] STOKER, R. J., u. E. F. SEAVEY: The Selection of Large Steam Surface Condensers. Combustion Bd. 39 (1967), H. 3, S. 21/25.

Sechster Teil

Die Gasturbinenanlage

Von RUDOLF FRIEDRICH[1]

In einem Leistungsbereich, der heute bereits 100 MW übersteigt, dringt in zunehmendem Umfang auch die Gas- oder besser Verbrennungsturbine in die Energieerzeugung und damit auch das Kraftwerk ein. Zwar steht die Verbrennungsturbine im Vergleich zur Dampfturbine noch in den Anfängen ihrer Verwirklichung und Entwicklung; doch läßt sich aus den physikalischen Bedingungen und Gegebenheiten eindeutig ableiten, daß sie die Bedeutung der Dampfturbine als Grundausrüstung des großen Wärmekraftwerkes

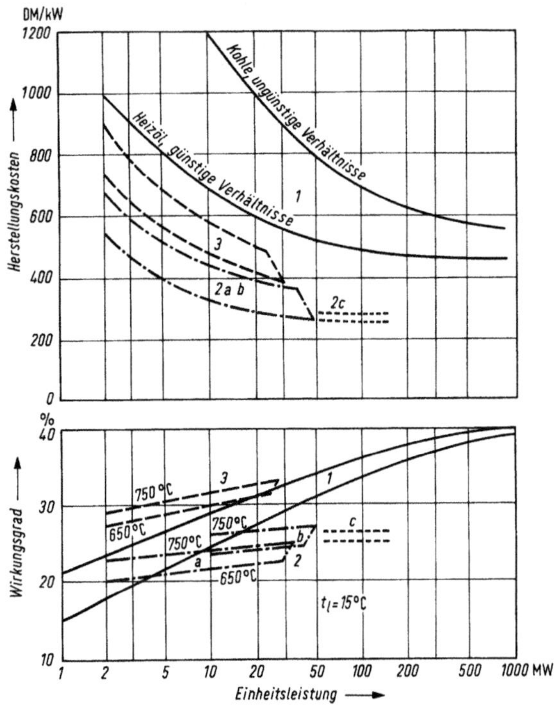

Abb. 215. Spezifische Herstellungskosten und Wirkungsgrad bezogen auf Leistung an Generatorklemmen, abhängig von der Einheitsleistung

1 Dampfturbinen-Kraftwerke (nach Zweiter Band, S. 669)
2 Gasturbinen - Kraftwerke ohne Luftvorwärmer
  a übliche Bauart;
  b übliche Bauart mit höherem Druckverhältnis (einwellig und mehrwellig);
  c Kombination mit Flugtriebwerken
3 Gasturbinen-Kraftwerke mit Luftvorwärmer

keinesfalls schmälern oder gar erschüttern wird, weil ihre Einheitsleistung wesentlich hinter der Leistung von Dampfturbineneinheiten zurückbleibt. Wird beispielsweise atmosphärische Luft als Arbeitsmittel der Verbrennungsturbine angewendet, so verhalten sich die Grenzleistungen von Dampfturbine und Verbrennungsturbine nahezu wie 10 : 1. Die

[1] o. Professor Dr.-Ing. RUDOLF FRIEDRICH, Lehrstuhl und Institut für Thermische Strömungsmaschinen, Universität Karlsruhe.

Tabelle 12. *Gegenüberstellung der Arbeitsbedingungen von Dampf- und Verbrennungsturbinen*

	Dampf-Turbine	Verbrennungs-Turbine
Arbeitsmittel	Wasser—Dampf—Wasser (zweimaliger Wechsel des Aggregatzustandes)	gasförmig
Wärmezuführung	Zum großen Teil als Verdampfungswärme bei nur mäßiger Temperatur, z. B. 310 °C (bei 100 ata), 364 °C (bei 200 ata)	Günstiger, da bei höherer Temperatur; etwa zwischen 250 und 750 °C (also bei $t_{z_m} \approx 500$ °C) für Anlagen ohne Luftvorwärmung, etwa zwischen 370 und 750 °C (also bei $t_{z_m} \approx 560$ °C) für Anlagen mit Luftvorwärmung
Wärmeabführung	In idealer Weise bei gleichbleibend tiefer Temperatur durch Kondensation des Dampfes; beispielsweise bei $t = 30$ °C ($p = 0{,}043$ ata)	Bei Temperaturen erheblich über der Umgebungstemperatur: für Anlagen ohne Luftvorwärmung beginnend bei etwa 420 °C (also $t_{a_m} \approx 220$ °C); für Anlagen mit Luftvorwärmung und gegebenenfalls externer Abwärmenutzung beginnend bei etwa 280 bis 160 °C (also $t_{a_m} \approx 150$ bis 90 °C)
Zustandsgrößen des Arbeitsmittels	Eintritt: z. B. 200 ata; 535 °C, Austritt: 0,04 ata; 29 °C	Eintritt: z. B. 6 ata; 750 °C (einwellig), 18 ata; 650 °C (zweiwellig) Austritt: 1,05 ata; 420 °C (einwellig), 1,05 ata; 320 °C (zweiwellig)
Arbeitsgefälle (Enthalpiedifferenz)	$\Delta i_s \approx 400$ kcal/kg	$\Delta i_s \approx 80$ kcal/kg (einwellig), $\Delta i_s \approx 120$ kcal/kg (zweiwellig)
Volumen	z. B. Eintritt $v_E = 0{,}016$ m³/kg, Austritt $v_A = 35{,}5$ m³/kg, $v_A/v_E = 2200$	z. B. (einwellig): Eintritt $v_E = 0{,}5$ m³/kg, Austritt $v_A = 2$ m³/kg, $v_A/v_E = 4$
Mengenstrom	Arbeitsmittel: 2,8 bis 3,5 kg/kWh, Kühlwasser: 150 bis 240 l/kWh, Luft für Kesselfeuerung: rd. 4,5 kg/kWh	Arbeitsmittel: 18 bis 28 kg/kWh, Kühlwasser: 10 bis 34 l/kWh, (rd. 75 l/kWh für geschlossenen Kreislauf)
Hilfsantriebsleistung	Für Kondensat- und Speisewasserpumpe und Verbrennungsluft- oder Saugzuggebläse rd. 3 bis 5% der Nutzleistung	Für Verdichtung des Arbeitsmittels etwa 160 bis 200% der Nutzleistung
Grenzleistungen	einwellig 600 (1000) MW	einwellig 30 (60) MW, mehrwellig 50 (100 bis 200) MW

Ursache dafür sind die erheblichen Abweichungen in den Enthalpiedifferenzen und der große Unterschied im Leistungsverbrauch für die Speisewasserpumpe des Dampfkreisprozesses einerseits und den Luftverdichter der Verbrennungsturbinenanlage andererseits.

Während die Dampfturbine mit einem Zwischenmedium arbeitet — wie es der Wasserdampf ist —, das vor der Inbetriebnahme im Dampferzeuger gewonnen werden muß, sind das Arbeits- und Treibmittel der Verbrennungsturbine unmittelbar die heißen, unter

Druck stehenden Verbrennungsgase, die erst während der Inbetriebnahme im Verdichter auf Druck und in der Brennkammer auf hohe Temperatur gebracht werden. Die Umsetzung der zur Verfügung stehenden Enthalpiedifferenz in der eigentlichen Turbine der Verbrennungsturbinenanlage in mechanische Energie zum Antrieb eines Generators entspricht dem Geschehen in der Dampfturbine.

Eine Gegenüberstellung (s. a. [*1*]) der wesentlichen Kennzeichen von Dampfturbine und Verbrennungsturbine bringt Tabelle 12.

Herstellungskosten und Wirkungsgrad sind bei Dampfturbinen und Verbrennungsturbinen in ähnlicher Weise von der Leistungsgröße, dem Brennstoff und den örtlichen Verhältnissen abhängig[1]. Die Wirkungsgrade erreichen zur Zeit für Verbrennungsturbinen mit Eintrittstemperaturen von 15 °C in den Verdichter und 750 °C in die Turbine, jedoch *ohne* Luftvorwärmung Werte von 20 bis 27%, für Verbrennungsturbinen mit den gleichen Eintrittsverhältnissen und *mit* Luftvorwärmung 28 bis 35%. Ein Vergleich in den Herstellungskosten und thermischen Wirkungsgraden (Abb. 215) weist auf die sinnvollen Anwendungsgebiete der Verbrennungsturbine; sie liegen für Anlagen mit niedrigen Herstellungskosten und hohem Wärmeverbrauch bei kurzer jährlicher Betriebszeit und für aufwendigere Anlagen mit Luftvorwärmung und mittleren Leistungsgrößen auch bei längerer Betriebszeit oder gar Dauereinsatz.

A. Grundlagen der Verbrennungsturbine[2]

Das grundlegende Arbeitsverfahren umfaßt die folgenden Zustandsänderungen (vgl. *Ts*-Diagramm Abb. 216):

Ansaugen und Verdichten der Verbrennungs- und Kühlluft aus der Atmosphäre (*1—2* in Abb. 216),
Erhitzen der verdichteten Luft (*2—3*),
Entspannen des heißen Druckluft-Brenngas-Gemisches (*3—4*),
Abkühlen des Treibmittels (bei gleichbleibendem Druck) auf die Ansaugtemperatur (*4—1*).

Die letzte Zustandsänderung erfolgt bei dem offenen Prozeß derart, daß das Arbeitsmittel in die Atmosphäre ausströmt und kühle Frischluft angesaugt wird.

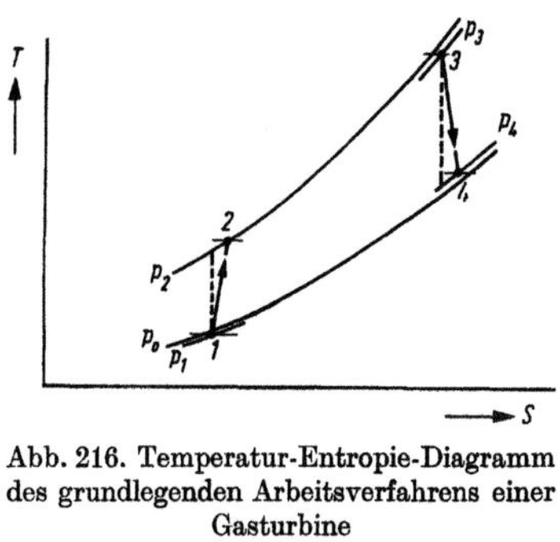

Abb. 216. Temperatur-Entropie-Diagramm des grundlegenden Arbeitsverfahrens einer Gasturbine

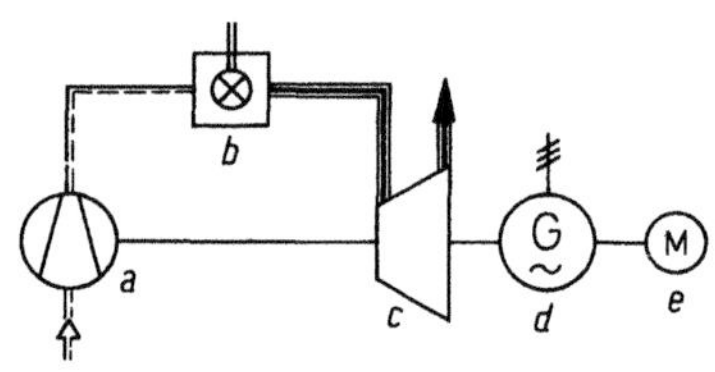

Abb. 217. Schema des einfachsten Gasturbinen-Prozesses

a Verdichter
b Brennkammer
c Turbine
d Generator
e Anfahrmotor

Die Teilvorgänge Verdichten, Erhitzen und Entspannen werden im Gegensatz zum Verbrennungsmotor in drei verschiedenen maschinellen Einrichtungen (siehe Abb. 217 und 218) — dem Verdichter *a*, der Brennkammer *b* und der Turbine *c* — durchgeführt.

Das ermöglicht, da die Brennkammer keine Abschlußorgane aufweist und die Verbrennung unter gleichbleibendem Druck abläuft, eine stetige Strömung und gleichmäßige Leistungsabgabe.

[1] Vgl. Zweiter Band, S. 668ff.
[2] Vgl. auch Zweiter Band, S. 430/34, 606/15, 671/73 und 676/78.

Der Wirkungsgrad und die spezifische Leistung, das ist die Leistung je Massenstrom-Einheit, sind abhängig vom Druckverhältnis des Verdichters, der Temperatur vor Eintritt in die Turbine, ferner den Einzelwirkungsgraden des Verdichters, der Brennkammer und

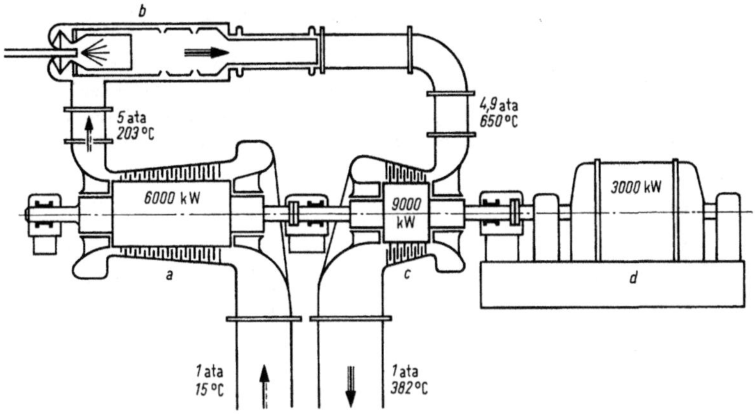

Abb. 218. Gasturbinen-Anlage einfachster Bauart
a Verdichter *b* Brennkammer *c* Turbine *d* Generator

der Turbine und schließlich auch von den Druckverlusten der Anlage und der Ansaugtemperatur der Luft.

Legt man zunächst bestimmte Ansaugverhältnisse (z.B. 15 °C und 1,013 bar = 1,033 ata) der Umgebungsluft zugrunde und setzt für die Wirkungsgrade von Verdichter, Brennkammer und Turbine sowie die Druckverluste der Anlage bestimmte, vorerst vom

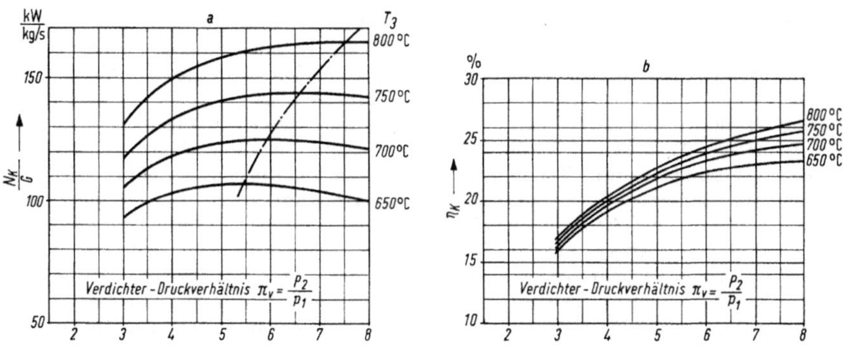

Abb. 219 a u. b. Spezifische Leistung (a) und Kupplungswirkungsgrad (b) abhängig vom Druckverhältnis für einwellige Gasturbinen ohne Luftvorwärmung

Verdichter-Wirkungsgrad	$\eta_V = 0{,}88$	Summe der Druckverluste	$\Sigma\,\Delta P/P = 0{,}04$
Turbinen-Wirkungsgrad	$\eta_T = 0{,}877$	Ansaugtemperatur der Luft	$t_1 = 15$ °C
Brennkammer-Wirkungsgrad	$\eta_{BK} = 0{,}97$		

Druckverhältnis unabhängige Werte ein, so sind Leistung und Wirkungsgrad einer einfachen Verbrennungsturbine nur noch von den zwei wichtigen Auslegungsgrößen, dem Druckverhältnis des Verdichters und der Temperatur vor der Turbine T_3 abhängig (Abb. 219).

Diese Darstellung läßt erkennen, daß die größte Leistungsdichte solcher Anlagen (ohne Luftvorwärmung) bei einem niedrigeren Druckverhältnis liegt, als es der höchste Wirkungsgrad verlangt. Beispielsweise wird die größte Leistung je kg/s Luftmengenstrom für eine Turbineneintrittstemperatur von 650 °C (unter den obengenannten Annahmen) bei einem Druckverhältnis von $\pi = 5{,}4$ erreicht, der höchste Wirkungsgrad jedoch erst oberhalb $\pi = 8$.

Bei dem bisher beschriebenen einfachsten Gasturbinenprozeß verläßt das entspannte Treibmittel die Turbine mit einer beachtlich hohen Temperatur, beispielsweise mit 382 °C (vgl. Abb. 218). Das ist die natürliche Folge des — im Vergleich zur Dampfturbine — sehr geringen Arbeitsgefälles. Es liegt daher nahe, diese Abgaswärme zu nutzen. Das kann zum

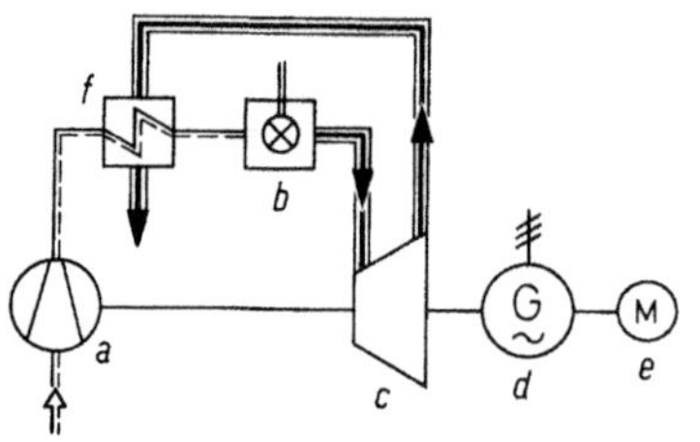

Abb. 220. Schema der Gasturbine mit Luftvorwärmung

a Verdichter
b Brennkammer
c Turbine
d Generator
e Anfahrmotor
f Wärmeübertrager

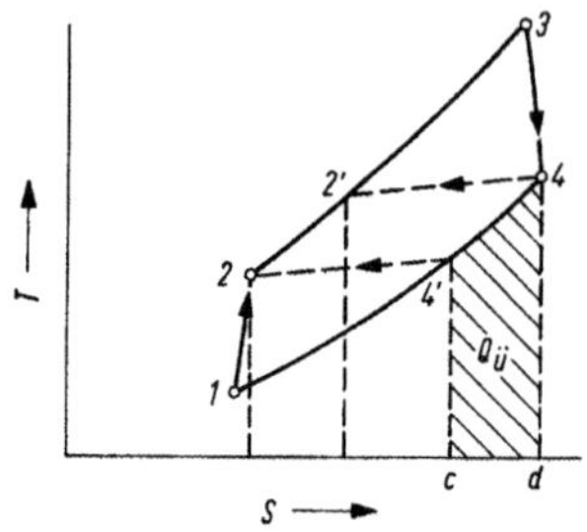

Abb. 221. Temperatur-Entropie-Diagramm für Gasturbine mit Luftvorwärmung

großen Teil innerhalb des Gasturbinenprozesses geschehen, indem die im Abgas enthaltene Wärme an die verdichtete Luft vor ihrem Eintritt in die Brennkammer übertragen wird. Zu diesem Zweck ist zwischen Verdichter *a* und Brennkammer *b* (siehe Abb. 220) der Wärmeübertrager (Luftvorwärmer) *f* eingefügt.

Welcher Teil der Abgaswärme an die aus dem Verdichter kommende Luft übertragen werden kann, ist in dem *Ts*-Diagramm (Abb. 221) zu erkennen, und es ist offensichtlich, daß der Anteil (Fläche *c4′4d*) kleiner wird, wenn — bei gleichem Verhältnis der Temperaturen vor Turbine und Verdichter — das Druckverhältnis steigt.

Auch für diesen, durch den Wärmeübertrager erweiterten Prozeß lassen sich unter den oben getroffenen Annahmen Leistung und Wirkungsgrad in Abhängigkeit von Druckverhältnis des Verdichters und Temperatur vor der Turbine errechnen (Abb. 222). Dafür wurde ein Wärmeübertragungsgrad von 80% angenommen[1].

Die größte Leistungsdichte wird bei nahezu den gleichen Druckverhältnissen erreicht wie für die einfache Anlage ohne Luftvorwärmung (vgl. Abb. 219). Dagegen liegen die besten Wirkungsgrade jetzt bei erheblich niedrigeren Druckverhältnissen, beispielsweise bei $\pi = 3{,}8$ für eine Turbineneintrittstemperatur von 650 °C. Die Ursache hierfür ist die bereits angedeutete Gesetzmäßigkeit, daß sich mit steigendem Druckverhältnis die Endtemperaturen von Verdichtung und Entspannung (siehe Punkte *2* und *4* in Abb. 221) immer mehr nähern und die Möglichkeit, die Abgaswärme intern, d.h. im Gasturbinenprozeß selbst auszunutzen, immer geringer wird.

Beachtenswert ist ferner, daß bereits mit der bisher behandelten einfachen Anlage bei Einschaltung eines Luftvorwärmers für die heute verwirklichten Turbineneintrittstemperaturen von 650 bis 750 °C praktisch Kupplungswirkungsgrade von 30 bis 34% erreicht werden können und erreicht worden sind.

[1] Den Wärmeübertragungsgrad kann man für Verbrennungsturbinen — mit etwa gleichem Produkt aus Mengenstrom und spezifischer Wärme ($\dot{m} \cdot c$) für das wärmeaufnehmende und das wärmeabgebende Arbeitsmittel — ermitteln aus $\eta_{W\ddot{U}} \approx (T_2' - T_2)/(T_4 - T_2)$ (vgl. Abb. 221).

Naturgemäß sind die Einzelwirkungsgrade von Verdichter, Turbine, auch Brennkammer und Wärmeübertrager von bedeutendem Einfluß auf Wirkungsgrad und Leistung. Für bestimmte Druckverhältnisse, nämlich $\pi = 6$ bei Anlagen ohne, und $\pi = 5$ bei Anlagen mit Luftvorwärmung, ergibt sich der in Abb. 223 gezeigte Zusammenhang zwischen Anlagenwirkungsgrad und Wirkungsgrad von Verdichter und Turbine[1].

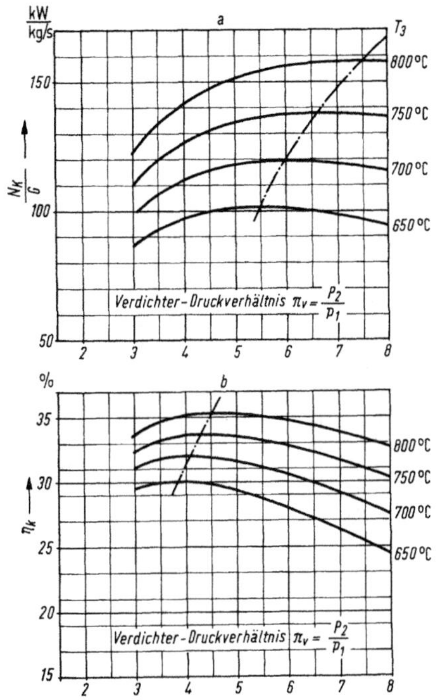

Abb. 222a u. b. Spezifische Leistung (a) und Kupplungswirkungsgrad (b) abhängig vom Druckverhältnis für einwellige Gasturbinen mit Luftvorwärmung

Verdichter-Wirkungsgrad	η_V	$= 0{,}88$
Turbinen-Wirkungsgrad	η_T	$= 0{,}877$
Brennkammer-Wirkungsgrad	η_{BK}	$= 0{,}97$
Wärmeübertragungsgrad	$\eta_{W\ddot{U}}$	$= 0{,}80$
Summe der Druckverluste	$\Sigma \Delta P/P$	$= 0{,}07$
Ansaugtemperatur der Luft	t_1	$= 15$ °C

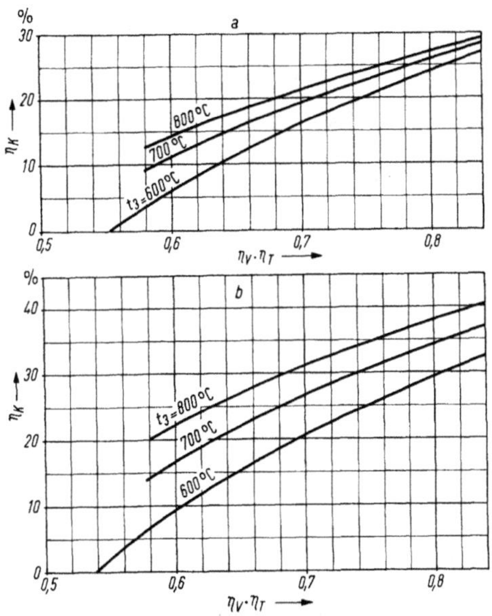

Abb. 223a u. b. Kupplungswirkungsgrad einwelliger Gasturbinen abhängig vom Wirkungsgrad des Verdichters und der Turbine

a) Anlagen ohne Luftvorwärmer. Druckverhältnis 6, Summe der Druckverluste 3%
b) Anlagen mit Luftvorwärmer. Druckverhältnis 5, Summe der Druckverluste 6,5%

Rohrleitungen und Einbauten verursachen Druckverluste des strömenden Arbeitsmittels: Vor dem Verdichter sind es die Zuströmleitung mit Krümmer, ein unter Umständen erforderlicher Luftfilter und Schalldämpfer; zwischen Verdichter und Turbine ein Luftvorwärmer und die Brennkammer; nach der Turbine neben den Rohrleitungen gegebenenfalls der vom Abgas durchströmte Teil des Luftvorwärmers, Abhitzekessels oder eines sonstigen Apparates zur Abwärmeverwertung. In welchem Maße Leistung und Wirkungsgrad der Gasturbinenanlage vom Druckverlust betroffen werden, zeigt beispielsweise Abb. 224.

[1] Für diese Auftragung wurde angenommen, daß die Einzelwirkungsgrade von Verdichter und Turbine jeweils einander gleich sind. Die tatsächlichen Unterschiede sind im allgemeinen nur gering (<1 bis 2%) und bei dieser Darstellung vernachlässigbar.

Weicht bei einer bestimmten Anlage der Druckverlust von dem der Berechnung zugrunde liegenden Wert ab, so ist der Einfluß auf die Leistung stärker als in Abb. 224 dargestellt, da sich, entsprechend der prozentualen Druckverluständerung, auch die Durchströmmenge der Anlage ändert.

Auch die Temperatur der Umgebung, aus der bei der sog. offenen Verbrennungsturbine die Luft angesaugt wird, beeinflußt stark Leistung und Wirkungsgrad. Sie verändert das

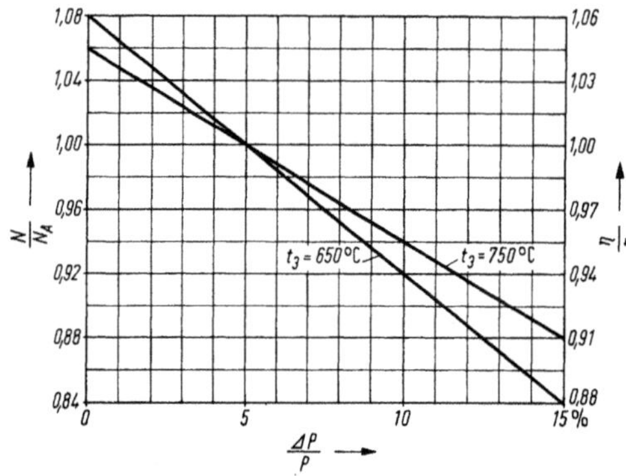

Abb. 224. Einfluß eines Druckverlustes auf Leistung und Wirkungsgrad (N_A bzw. η_A Auslegungswerte mit $\Delta P/P = 5\%$)

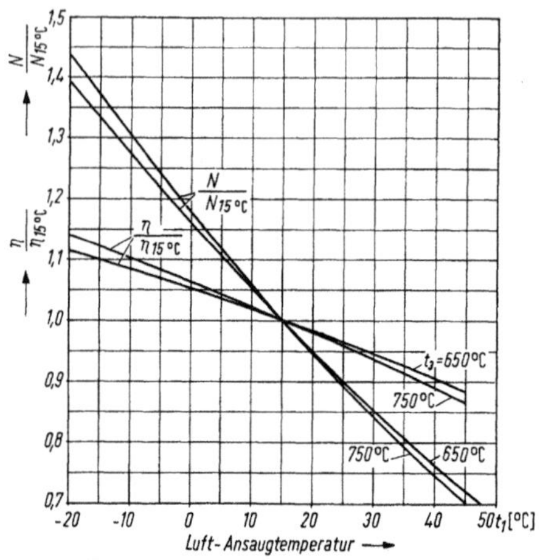

Abb. 225. Einfluß der Luft-Ansaugtemperatur auf Leistung und Wirkungsgrad (Einwellige Anlage ohne Luftvorwärmer; t_3 Turbinen-Eintrittstemperatur)

Verhältnis der Temperaturen T_3 zu T_1, zwischen denen der Arbeitsprozeß verläuft, und den bei gleicher Drehzahl durch die Maschine fließenden Mengenstrom.

Die relative Änderung von Leistung und Wirkungsgrad mit der Änderung der Umgebungslufttemperatur zeigt für die einfache Anlage ohne Luftvorwärmer Abb. 225. Beispielsweise steigen bei einer Abkühlung der atmosphärischen Luft von 15° auf 5 °C die Leistung um rd. 11% und der Wirkungsgrad um rd. 4%.

B. Wesentliche Eigenheiten der Verbrennungsturbine

I. Schaltungsmöglichkeiten

Der Begriff Gas- oder Verbrennungsturbine umfaßt eine Vielzahl von Schaltungsmöglichkeiten.

Ausgehend von der beschriebenen einfachen Maschine (vgl. Abb. 217) lassen sich — freilich zumeist mit zunehmendem Aufwand an Herstellungskosten und Raum — Anlagen bauen, die speziellen Anforderungen des Betriebes in besonderer Weise Rechnung tragen.

a) Die Teilung der Turbine in Verdichter-Antriebsturbine und Nutzleistungs-Turbine (Abb. 226) schafft eine in ihrer Drehzahl freie Verdichtergruppe, die — vergleichbar dem Kessel einer Dampfturbine — das Antriebsmittel der Nutzleistungs-Turbine bereitstellt. Daraus ergeben sich gute Anpassung an den Leistungsverbraucher (z. B. Pumpe, Kompressor) und bessere Teillastwirkungsgrade.

b) Die Unterteilung der Verdichtung auf zwei oder mehr Maschinen mit Zwischenkühlung und der Entspannung auf mindestens zwei Turbinen mit Zwischenerhitzung erhöht die spezifische Leistung und den thermischen Wirkungsgrad. Derartige Schaltungen werden in der Regel mehrwellig ausgeführt. Ein Beispiel mit Zweiwellenanordnung und von der Niederdruckwelle angetriebenem Generator zeigt Abb. 227.

c) Eine indirekte Erhitzung des Treibmittels (Abb. 228) schafft die Möglichkeit, auch feste Brennstoffe, die sonst an der Turbinenbeschaufelung Erosion hervorrufen würden, oder heiße drucklose Abgase für die Energieerzeugung zu verwenden. Die Turbine wird hierbei ebenso wie der Verdichter nur von Luft durchströmt.

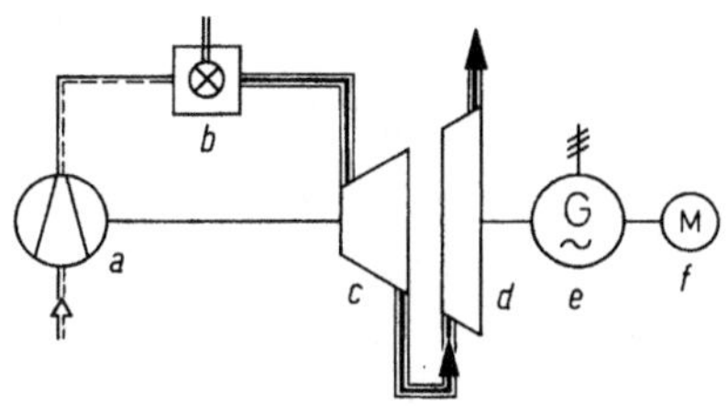

Abb. 226. Gasturbine mit getrennter Nutzleistungs-Turbine

a Verdichter, *b* Brennkammer, *c* Verdichterantriebs-Turbine, *d* Nutzleistungs-Turbine, *e* Generator, *f* Anfahrmotor

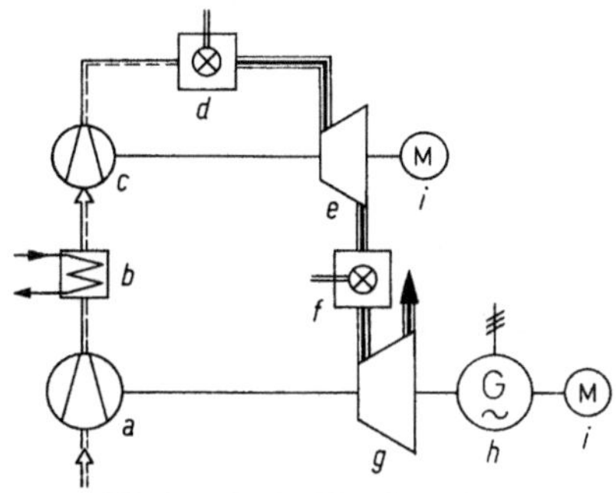

Abb. 227. Zweiwellige Gasturbine

a ND-Verdichter, *b* Zwischenkühler, *c* HD-Verdichter, *d* HD-Brennkammer, *e* HD-Turbine, *f* ND-Brennkammer, *g* ND-Turbine, *h* Generator, *i* Anfahrmotor

d) Wird die Verbrennungsluft dem Lufterhitzer durch ein besonderes Gebläse zugeführt, so bleibt das Treibmittel auch nach der Entspannung frei von Verbrennungsgasen und kann wieder vom Verdichter der Anlage angesaugt werden (Abb. 229). In diesem Fall spricht man von einem geschlossenen Prozeß. Das im Kreislauf umgewälzte Arbeitsmittel

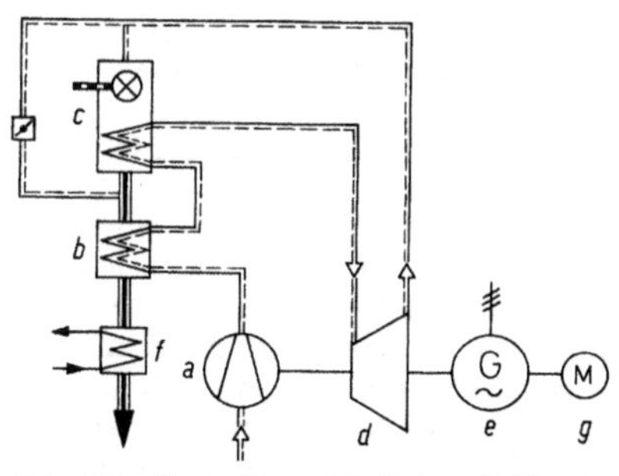

Abb. 228. Gasturbine mit indirekter Erhitzung des Treibmittels

a Verdichter, *b* Luftvorwärmer, *c* Lufterhitzer, *d* Turbine, *e* Generator, *f* Wasser-Erwärmer, *g* Anfahrmotor

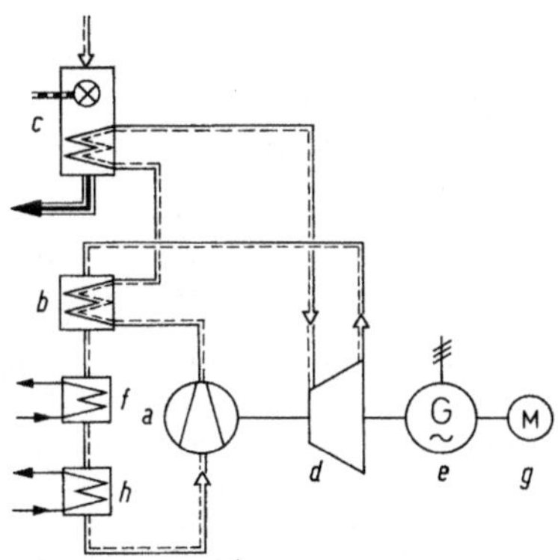

Abb. 229. Gasturbine mit geschlossenem Kreislauf

a Verdichter, *b* Luftvorwärmer, *c* Lufterhitzer, *d* Turbine, *e* Generator, *f* Wasser-Erwärmer, *g* Anfahrmotor, *h* Nachkühler

ist unabhängig von der umgebenden Atmosphäre, und man kann den Anfangsdruck des Prozesses, der bisher stets bei 1 ata lag, in vernünftigen Grenzen frei wählen. Allerdings muß die Luft, bevor sie wieder in den Verdichter *a* eintritt, in einem Nachkühler *h* auf möglichst niedrige Temperatur gebracht werden, da die aufzuwendende Verdichtungsarbeit mit der Eintrittstemperatur zunimmt.

e) Die Abgase der im offenen Prozeß arbeitenden Gasturbine enthalten — trotz ihrer Vermischung mit dem Brenngas — noch so viel unverbrauchte Luft, d.h. O_2, daß sie anschließend als heiße Brennluft dienen können. Es ist daher beispielsweise möglich und sinnvoll, eine Gasturbine dem Kessel einer Dampfkraftanlage vorzuschalten, wie es stark vereinfacht in Abb. 230 dargestellt ist.

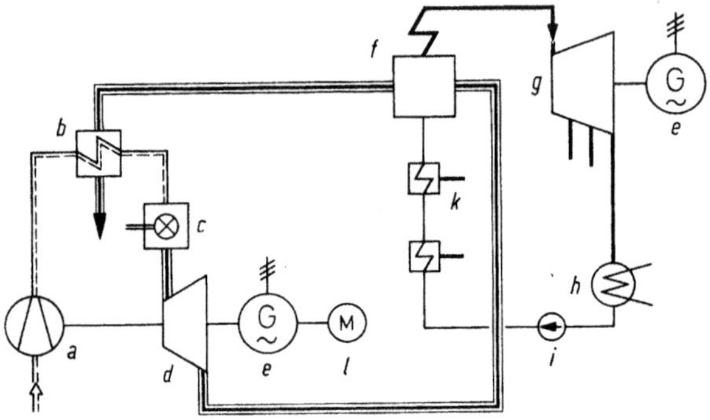

Abb. 230. Gasturbine einer Dampfkraftanlage vorgeschaltet

a Verdichter
b Luftvorwärmer
c Brennkammer
d Turbine
e Generator
f Dampfkessel
g Dampfturbine
h Dampfkondensator
i Speisewasserpumpe
k Regenerativ-Vorwärmer des Speisewassers
l Anfahrmotor

Auch hier gibt es eine Reihe von Variationen[1]. Besonders reizvoll ist die Kombination bei Verwendung eines Dampferzeugers mit Druckfeuerung, wobei Kesselbrennraum und Gasturbinen-Brennkammer eine Einheit werden.

II. Leistungsgröße

In der Leistungsgröße je Maschineneinheit sind — wie bereits in der Einleitung gesagt und kurz begründet wurde — der Gasturbine erheblich engere Grenzen gesteckt als der Dampfturbine. Bei Industriegasturbinen der einwelligen Bauart liegt der Druck des Arbeitsmittels vor Eintritt in die Turbine bei 4 bis 8 ata; mehrwellige Anlagen erreichen 16 bis 25, in Projekten auch 60 bis 120 ata. Da der Gegendruck von der äußeren Umgebung mit etwa 1 ata vorgegeben ist, steht also der Gasturbine im allgemeinen ein Entspannungs-Druckverhältnis von nur 6 bis 25, in besonderen Fällen vielleicht auch 60 zur Verfügung. Die Dampfkraftanlage dagegen gewinnt ihr Treibmittel im Kessel mit beispielsweise 150 oder auch 300 ata und kann — dank der Änderung des Aggregatzustandes im Kondensator — mit Entspannungs-Enddrücken von 0,04 ata rechnen.

Ferner wird bei der Gasturbine die Leistung zur Erzeugung des Treibmitteldruckes als mechanische Arbeit aufgebracht, und von der bei der Entspannung gewonnenen Leistung werden 60 bis 65% für die Verdichtung verbraucht. Die spezifische Leistung der Gasturbine steigt daher verhältnismäßig wenig, wenn man das Druckverhältnis erhöht; denn zugleich wächst der Leistungsbedarf des Verdichters erheblich (Abb. 231).

Große Nutzleistungen fordern daher bei der Gasturbine hohe Temperaturen vor der Turbine und vor allem große Mengenströme, und hierfür liegt die natürliche Grenze in der Beanspruchung der Laufschaufeln. Die z.Z. größte eingesetzte Gasturbineneinheit der stationären Bauart hat eine Leistung von 43, maximal 54 MW bei einem Luftmengenstrom von 254 (285) kg/s oder 914 (1026) t/h und einem Druckverhältnis von 12,3. Diese Anlage arbeitet mit Zwischenkühlung bei der Verdichtung, mit 730 °C Gaseintrittstemperatur, jedoch ohne Zwischenerhitzung und erreicht — entsprechend der Kurve *b* in Abb. 231 — eine spezifische Nutzleistung von rd. 184 kW je kg/s Luftmengenstrom.

[1] Über die kombinierten Gas- und Dampfkraftwerke ist ausführlich im Zweiten Band, S. 429/48, berichtet worden, vgl. auch Anhang, S. 698 (Kraftwerk Hohe Wand).

Geht man zur Zwischenerhitzung bei ein- oder zweifacher Zwischenkühlung sowie zu einem Druckverhältnis von 35 über, so könnten bei gleichem Luftmengenstrom bereits 65 bis 75 MW Nutzleistung erzeugt werden.

Weitere Erhöhungen der Einheitsleistung sind möglich, wenn eine gesonderte Nutzleistungsturbine vorgesehen wird. Dies kann in zweifacher Weise geschehen (Abb. 232):

Nach der Schaltung A ist der Mengenstrom für Verdichter *a*, Verdichterantriebs-Turbine *c* und Nutzleistungs-Turbine *d* gleich; die Turbine *d*, die allein den Generator antreibt, ist der Turbine *c* nachgeschaltet. Die aus Verdichter *a*, Brennkammer *b* und

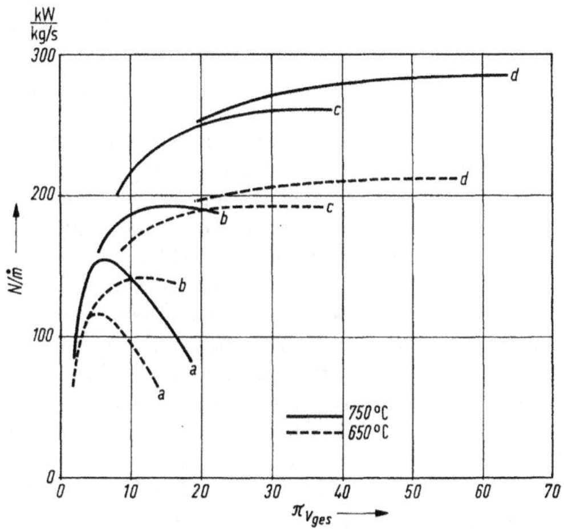

Abb. 231. Spezifische Leistung ein- und mehrwelliger Gasturbinen, abhängig vom Druckverhältnis. Turbineneintrittstemperatur 650 °C und 750 °C

a einfache einwellige Anlagen
b einwellige Anlagen mit Zwischenkühlung
c zweiwellige Anlagen mit Zwischenkühlung und Zwischenverbrennung
d zweiwellige Anlagen mit zweifacher Zwischenkühlung und einfacher Zwischenverbrennung

Turbine *c* gebildete Gruppe entspricht dem Dampferzeuger der Dampfturbinen-Anlage, kann daher als Treibgaserzeuger bezeichnet werden und ist — da vom Generator mechanisch getrennt — in der Wahl ihrer Betriebsdrehzahl frei.

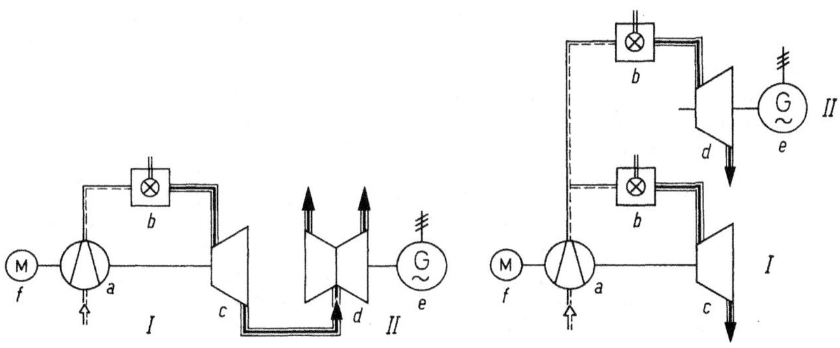

A. mit Gefälle-Teilung B. mit Mengen-Teilung

Abb. 232 A u. B. Schaltungen für große Leistungen

I Treibgaserzeuger-Gruppe *a* Verdichter *c* Verdichterantriebs-Turbine *e* Generator
II Nutzleistungs-Gruppe *b* Brennkammer *d* Nutzleistungs-Turbine *f* Anfahrmotor

Bei einer unter 3000 (bzw. 3600) U/min liegenden Drehzahl für die Treibgaserzeuger-Gruppe läßt sich der Mengenstrom und damit die Leistung ganz wesentlich steigern, ohne daß die Beanspruchung der Schaufeln unzulässig wird. Die ein- bis höchstens dreistufige Nutzleistungs-Turbine kann leicht und mit Vorteil zweiflutig ausgebildet werden.

Anlagen dieser Schaltung werden z. Z. mit Flugtriebwerken als Treibgaserzeuger gebaut, wobei für Leistungen von etwa 60 bis 150 MW vier bis zehn Flugtriebwerke das Arbeitsmittel der Nutzleistungs-Turbine liefern.

Nach der Schaltung B (Abb. 232) arbeiten die Turbinen *c* und *d* parallel, also zwischen den gleichen Druckgrenzen. Der erheblich größere Mengenstrom des Verdichters *a* wird auf die beiden Turbinen aufgeteilt, und zwar derart, daß die Turbine *c* genau den Leistungsbedarf des Verdichters deckt. Auch bei dieser Schaltung ist die Drehzahl der Treibgaserzeuger-Gruppe unabhängig von dem Generator und für große Leistungen zweckmäßig unter 3000 U/min. Grundsätzlich kann auch hier die Nutzleistungs-Turbine, die nun ein größeres Gefälle als vorher verarbeitet, zweiflutig ausgeführt werden.

III. Brennstoff

Zur Erhitzung der Luft wird der Brennstoff unmittelbar in den Treibmittelstrom zwischen Verdichter und Turbine eingeführt und darin zur Verbrennung gebracht. Eine solche Lösung ist bestechend einfach; jedoch gelangen dabei Ascheteilchen oder Rückstände aus der Verbrennung zusammen mit der verdichteten Luft in die Turbine und können an deren Beschaufelung Ablagerungen und Korrosion verursachen. Daher werden die Brennstoffe für offene Gasturbinen mit direkter Erhitzung des Treibmittels nach Aschegehalt und -zusammensetzung beurteilt, und vom Brennstoff hängt auch die zulässige Betriebstemperatur ab: Bei gasförmigen, von Verunreinigungen freien Brennstoffen und destillierten Ölen bestimmen allein die thermisch-mechanische Beanspruchung der Laufschaufeln und die Zeitstandfestigkeit des Werkstoffes, wie hoch die Treibmitteltemperatur beim Eintritt in die Turbine sein darf. Für die heute zur Verfügung stehenden metallischen Werkstoffe und Konstruktionen liegen diese Temperaturen je nach der für die Schaufeln gewählten Lebensdauer bei etwa 750 bis 850 °C.

Bei Verbrennung schwerer Heizöle bilden sich Aschen, die als wesentliche Bestandteile Vanadium, Natrium und Kalium enthalten. Sie können im Verein mit dem hohen Sauerstoffüberschuß jeder Verbrennungsturbine und dem Schwefel des Öles eine korrosive Zerstörung der Schaufeln herbeiführen. Für diese Zerstörung sind chemische Verbindungen verantwortlich (z. B. V_2O_5, Na_2SO_4, K_2SO_4), deren Schmelzpunkte — die offensichtlich mit der Korrosionswirkung in Zusammenhang stehen — bei Temperaturen liegen, wie sie an der Turbinenbeschaufelung beim Beginn oder auch während der Entspannung des Verbrennungsgases herrschen.

Das für die Korrosion anscheinend einflußreiche V_2O_5 schmilzt bei 670 °C, und sein Schmelzpunkt kann durch Verbindung mit Natrium erheblich erniedrigt werden. Die große Vielfalt der schweren Heizöle in ihrer Aschezusammensetzung, die verschiedenen Möglichkeiten für die Bildung von korrosiven chemischen Verbindungen und Komplexen, das unterschiedliche Verhalten der metallischen Werkstoffe und der Einfluß, den der örtliche und zeitliche Verbrennungsverlauf nehmen kann, machen es verständlich, daß trotz zahlreicher Forschungsarbeiten [2] diese für den Einsatz der Gasturbine bedeutsame Frage bis jetzt noch nicht befriedigend gelöst ist. Zwar ist erwiesen, daß eine Vorbehandlung des Öles und Zusätze (beispielsweise die anorganischen Oxide MgO, Al_2O_3, CaO, SiO_2) das Auftreten von Teilschmelzen der Ölasche zu höheren Temperaturen verschieben oder die Bildung unerwünschter chemischer Verbindungen verhindern können; jedoch sind bei den in Betrieb stehenden Anlagen offensichtlich auch die Betriebsweise (ob Dauerbetrieb oder häufiges An- und Abfahren) und Regelvorgänge, insbesondere betriebliche Temperaturschwankungen, von Einfluß. Zur Zeit ist es noch üblich und notwendig, die Turbineneintrittstemperatur bei Schwerölverbrennung je nach Aschegehalt und -zusammensetzung erheblich niedriger zu legen, als es die thermisch-mechanische Beanspruchung der Schaufeln erfordert. Verbrennungsturbinen, deren Brennstoff schweres Heizöl ist, laufen bei Temperaturen zwischen 620 und 650 °C, und die Wirtschaftlichkeitsuntersuchungen werden bei Projekten oft auch einen Vergleich mit nicht korrosiven Brennstoffen einschließen.

Feste Brennstoffe, insbesondere Kohle, verursachen bei unmittelbarer Verbrennung im Luftstrom und den hohen Strömungsgeschwindigkeiten starke Erosion an den Schaufeln. Die bisherigen Bemühungen, in der relativ kleinen Brennkammer der Gasturbine eine möglichst vollständige Verbrennung zu erreichen und vor allem das heiße Brenngas zuverlässig von allen Festteilchen über 5 μ Größe zu reinigen, haben zu ersten Erfolgen geführt [*3*, *4*], und in den USA wurde 1962 ein Eisenbahnzug in Betrieb genommen, den neben einer Diesellokomotive mit 2000 PS Antriebsleistung eine zweite Lokomotive antreibt, die mit einer 5000 PS-Kohlegasturbine ausgerüstet ist.

Natürlich wäre es möglich, die Kohle vor ihrer Verbrennung in der offenen Gasturbine zu vergasen. Im allgemeinen wird dadurch jedoch die Gasturbinenanlage wirtschaftlich zu stark belastet.

Bei der *indirekten* Erhitzung des Turbinentreibmittels, für die allerdings ein dem Kessel der Dampfkraftanlage entsprechender Luftkessel benötigt wird, gelangen die Verbrennungsgase nicht in die Turbine, und es ist daher durchaus möglich, feste Brennstoffe einzusetzen. Ausführungen *offener* Anlagen mit indirekter Verbrennung sind bisher nur versuchsweise und in kleinem Maßstab verwirklicht worden [*5*]. Dagegen stehen mehrere Turbinenanlagen mit *geschlossenem* Kreislauf, wie sie von Escher Wyss entwickelt wurden, in erfolgreichem Einsatz [*6*].

C. Ausführungen der Hauptbauteile

Für die Auslegung und Berechnung der Verbrennungsturbine sind zunächst die Entscheidungen hinsichtlich des Schaltschemas zu treffen und die beiden wichtigsten Größen, das Verdichtungsdruckverhältnis und die Turbineneintrittstemperatur, zu wählen. Dafür sind Leistungsgröße, voraussichtliche Betriebsweise (hauptsächlich Zahl der Starts und Stunden im Jahr) sowie Lastbereich, verfügbarer Brennstoff, atmosphärische Verhältnisse des Aufstellungsortes, Verfügbarkeit von Kühlwasser, schließlich räumliche Verhältnisse sowie Höhe der Abschreibungs- und Verzinsungssätze von Bedeutung und die bisherigen Ausführungen und Darstellungen hilfreich.

Der Mengenstrom ergibt sich aus der geforderten Leistung und der mit den Annahmen errechneten spezifischen Leistung als $\dot{m} = N/(N/\dot{m})$. Damit lassen sich die Abmessungen und die Beschaufelung von Verdichter und Turbine berechnen, wobei freilich ebenfalls zahlreiche Entscheidungen nötig sind, um eine vernünftige Abstimmung der vielen Einflußgrößen zu erreichen.

I. Verdichter und Turbine[1]

Für die Verdichtung werden in dem Leistungsbereich, der für das Kraftwerk von Interesse ist, heute nahezu ausschließlich Axialverdichter eingesetzt. Verdichter mit radialer Hauptströmungsrichtung gehören im allgemeinen zu Verbrennungsturbinen für Leistungen unter 100 bis 500 kW.

a) Berechnung

Die Arbeitsweise des Axialverdichters besteht darin, daß das Arbeitsmedium — in gleicher Weise wie bei der Turbine — abwechselnd durch umlaufende und feststehende Schaufelgitter geführt wird. Die Schaufelprofile sind so gestaltet, daß der Arbeitsstrom umgelenkt und — bei etwa gleichbleibender Axialkomponente der Geschwindigkeit — beim Axialverdichter vom Eintritt in das Schaufelgitter bis zum Verlassen des Gitters verzögert wird (Abb. 233). Im umlaufenden Schaufelkranz der dargestellten Anordnung wird die Relativgeschwindigkeit von w_1 auf w_2 erniedrigt, im anschließenden feststehenden Leitkranz die Absolutgeschwindigkeit von c_2 auf c_1 verzögert. Dieser Verzögerung entsprechend wird der Druck des Arbeitsmittels von p_1 auf p_2 bzw. von p_2 auf p_3 erhöht. Der

[1] Schrifttum [*7*, *8*].

geschilderte Vorgang wiederholt sich in jeder aus Lauf- und Leitschaufelkranz gebildeten Stufe, wobei angenommen werden kann, daß die Austrittsgeschwindigkeit aus der einen Stufe gleich ist der Eintrittsgeschwindigkeit in die folgende Stufe und im allgemeinen die absoluten Zu- und Abströmgeschwindigkeiten einer Stufe in Größe und Richtung übereinstimmen (also $c_3 = c_1$).

Die Forderungen, die der Axialverdichter einer stationären Verbrennungsturbine im allgemeinen zu erfüllen hat, sind:

hervorragender Wirkungsgrad,
großer Mengenstrom,
hinreichend breiter stabiler Arbeitsbereich,
nicht zu große Stufenzahl, d.h. relativ hohe Drucksteigerung je Stufe,
mäßige Abmessungen.

Bei der Verwirklichung dieser Wünsche müssen verschiedene Grenzen beachtet werden:

1. Die Höhe der Strömungsgeschwindigkeit beim Eintritt in die Beschaufelung, genauer das Verhältnis der relativen Profil-Anströmgeschwindigkeit zur örtlichen Schallgeschwindigkeit, die Machzahl, darf gewisse Werte nicht übersteigen. Für stationäre Ausführungen

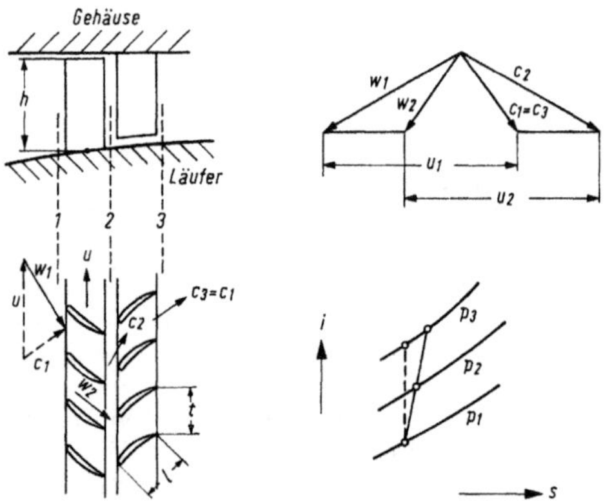

Abb. 233. Normalstufe (Lauf- und Leitschaufelkranz) eines Axialverdichters mit Dreieck der mittleren Geschwindigkeiten und Verlauf der Zustandsänderung im Enthalpie-Entropie-Diagramm

liegen diese Werte bisher mit hinreichendem, vom Profil und der örtlichen Übergeschwindigkeit abhängigem Abstand unter der Machzahl 1, um die beobachtete erhebliche Zunahme der Profilverluste zu vermeiden. Daraus ergibt sich die höchstzulässige Umfangsgeschwindigkeit[1].

2. Die Auftriebsbeiwerte der Schaufelprofile oder das Verhältnis von Austritts- zu Eintrittsgeschwindigkeit im Verzögerungsgitter, d.h. die Belastbarkeit der Schaufelgitter, sind begrenzt. Die Höchstwerte der Profil-Belastung treten im allgemeinen an der Nabe auf, wo die Umfangsgeschwindigkeit am niedrigsten ist. Die Stufendruckverhältnisse liegen zwischen 1,12 und 1,2 (für ortsbewegliche Verdichter bis 1,4) und der isentrope Stufenwirkungsgrad zwischen 88 und 94% (für die hohen Stufendrücke bei etwa 85%).

3. Das Nabenverhältnis, das ist das Verhältnis von Innen- zu Außendurchmesser des Schaufelkranzes, $\nu = D_i/D_a$, muß für die *erste* Stufe eines Verdichters eine Mindestgröße [$\nu \geqq 0{,}5$ (0,45)] haben, oder das Verhältnis der radialen Schaufelerstreckung zum mittleren Beschaufelungsdurchmesser der Stufe, $h/D_m = (1-\nu)/(1+\nu)$ muß unter einem Grenzwert

[1] Diese Grenze wurde in neuerer Zeit für die Verdichter von Fluggasturbinen durch die Entwicklung „transsonischer" Eintrittsstufen mit entsprechend geeigneten Profilen überschritten, wobei die Laufschaufelspitzen im Machzahlbereich von 1,2 bis zu 1,4 arbeiten [9]. Diesem Vorstoß wird vermutlich auch der stationäre Axialverdichter — wenn auch in einigem Abstand — folgen, besonders sobald die damit noch verknüpfte Minderung des Wirkungsgrades verringert ist.

von $h/D_m \leqq 1/3$ $(1/2{,}64)$ liegen, da die Bedingungen für den inneren Profilschnitt der Schaufel die Leistung der Stufe begrenzen.

Auch für die *letzte* Stufe kann das Nabenverhältnis nicht beliebig groß, d.h. beliebig nahe an 1 gewählt werden; mit Rücksicht auf die Wandgrenzschicht und die Spaltverluste wählt man für die letzte Stufe eines Axialverdichters zweckmäßig $\nu \leqq 0{,}86$ $(0{,}88)$ bzw. $h/D_m \geqq 1/13$ $(1/16)$.

4. Das Teilungsverhältnis t/l, der in Umfangsrichtung gemessene Abstand zweier Schaufelprofile t in Beziehung zur Sehnenlänge des Profils l, ist eine Größe, die sich über dem Radius der Beschaufelung in der Regel stark ändert, und zwar nach außen zunimmt. Für ein über dem Radius gleichbleibendes Teilungsverhältnis müßte die Profilsehne proportional dem Radius zunehmen, während Festigkeitsüberlegungen und das erforderliche Schwingungsverhalten langer Schaufeln oft eine Abnahme der Sehnenlänge im äußeren Schaufelbereich erzwingen. Bei stationären Unterschall-Axialverdichtern liegen die Teilungsverhältnisse etwa zwischen 0,65 und 1,6 (1,8).

5. Die Sehnenlänge des Schaufelprofils bzw. das Verhältnis der Sehnenlänge l zur radialen Erstreckung des Schaufelprofils h ist auf Grund verschiedener Überlegungen zu wählen. Zwar muß eingestanden werden, daß der Einfluß der Profil-Sehnenlänge oder des Höhen-Verhältnisses h/l auf die Rand- und Spaltverluste noch nicht klar erkannt ist; jedoch ist einerseits zu bedenken, daß der ebene Profilwiderstand und die Ablösung der Strömung und damit der Profilverlust von der Reynolds-Zahl und der relativen Rauhigkeit k/l abhängen und bei gegebener Geschwindigkeit eine untere Grenze für die Sehnenlänge des Schaufelprofils empfehlen. Eine Hilfe bedeutet hierbei der in Turbomaschinen zu erwartende relativ hohe Turbulenzgrad der Strömung, der im Sinne einer Erhöhung der rechnerischen Reynolds-Zahl wirkt.

Andererseits ist es aus konstruktiven Gründen erwünscht, die axiale Breite der Schaufeln klein zu wählen, um auch bei größerer Stufenzahl die Gesamtlänge des Läufers und den Lagerabstand in mäßigen Grenzen zu halten und vielleicht ein Durchfahren der kritischen Drehzahl zu vermeiden.

Weitere wichtige Merkmale der Auslegung sind der Reaktionsgrad, das ist ein Ausdruck für die Aufteilung der Enthalpiedifferenz auf Lauf- und Leitschaufelkranz[1], und der Querschnittsverlauf im Meridianschnitt eines vielstufigen Axialverdichters.

Durch die Wahl des Reaktionsgrades lassen sich

- die mit Rücksicht auf die Schallgeschwindigkeit zulässige Umfangsgeschwindigkeit der Laufschaufeln,
- das Stufendruckverhältnis,
- der Mengenstrom je Einheit der Querschnittsfläche,
- in beschränktem Maße auch der Verlauf der Druck-Volumenkennlinie

beeinflussen.

Bei ausgeführten Axialverdichtern liegt der Reaktionsgrad in der Nähe von 0,5 bis etwa 1, auch über 1. Bei einem Reaktionsgrad >1 erfolgt in dem Leitschaufelkanal eine Beschleunigung der Strömung mit entsprechender Absenkung des statischen Druckes; die Verzögerung der Strömung und damit die erwünschte Druckerhöhung geschieht allein im Laufschaufelgitter.

Die Auslegung mit dem Reaktionsgrad 0,5 führt zu einer spiegelbildlich gleichen Beschaufelung für Lauf- und Leitkranz und hoher Umfangsgeschwindigkeit bei vorgegebener Grenzmachzahl.

[1] Der Reaktionsgrad ist das Verhältnis von Enthalpiedifferenz des Laufschaufelkranzes zu Enthalpiedifferenz der Stufe, das ist Lauf- und Leitschaufelkranz zusammen.

Der meridiane Querschnittsverlauf durch die Beschaufelung wird durch die Dichteänderung des Strömungsmittels bestimmt und läßt sich durch die Wahl der Axialgeschwindigkeitskomponente und entsprechende Einstellung der Schaufelprofile in gewissen Grenzen beeinflussen. Zur Vereinfachung in der Berechnung oder Konstruktion und Fertigung wählt man für einen kennzeichnenden Durchmesser der Beschaufelung einen konstanten Wert und legt sämtliche Stufen eines Verdichters entweder mit dem gleichen Außen- oder mittleren oder Innendurchmesser für den Strömungskanal aus (Abb. 234). Konstanter Läufer-*Außen*durchmesser (Abb. 234a) bietet Vorteile in der Fertigung und gleichbleibend hohe Umfangsgeschwindigkeiten, führt jedoch bei höherem Druckverhältnis dazu, daß die Axialkomponente der Geschwindigkeit von der ersten bis zur letzten Stufe stark abnehmen muß, damit die Nabenverhältnisse in vernünftigen Grenzen bleiben.

Gleicher *Innen*durchmesser (Abb. 234c) vereinfacht die Berechnung, weil etwa gleiche Geschwindigkeitsdreiecke an der Profilnabe vorliegen, und ergibt eine günstige Schaufelhöhe am Austritt aus dem Verdichter. Für bestimmtes Druckverhältnis ist die Zunahme des Nabenverhältnisses vom Eintritt bis zum Austritt aus der Beschaufelung am geringsten. Diese Bauart ermöglicht daher höhere Druckverhältnisse in *einem* Gehäuse als die vorhergehenden. Jedoch sind, weil die Umfangsgeschwindigkeit von der ersten zur letzten Stufe abnimmt, für ein bestimmtes Druckverhältnis mehr Stufen nötig.

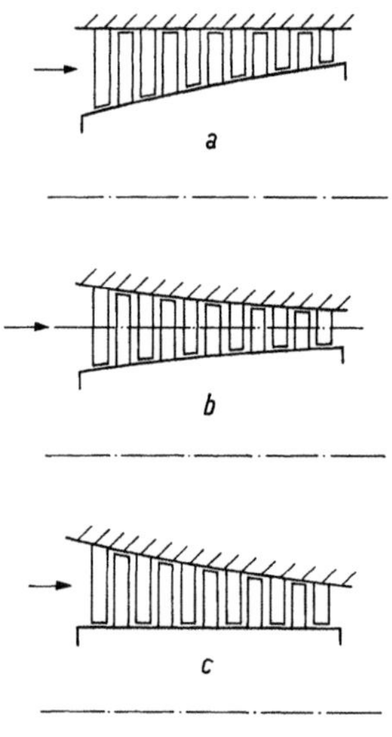

Abb. 234a—c. Meridianschnitt durch die Beschaufelung eines Axialverdichters
a) Außen-Durchmesser konstant
b) Mittlerer Durchmesser des Schaufelkanals gleichbleibend
c) Innen-Durchmesser konstant

Bei der Berechnung der einzelnen Stufen muß für die Beschaufelung auf Werte zurückgegriffen werden, die bis heute hauptsächlich nur experimentell gewonnen werden konnten: Die Formgebung der Schaufelprofile für eine bestimmte Umlenkung bzw. für erwünschte Abströmwinkel sowie die Annahmen der Verluste für bestimmte Leit- und Laufschaufeln beruhen in der Regel auf Messungen an ausgeführten Maschinen oder Versuchsrädern.

Theoretisch arbeiten Verdichter und Turbine in gleicher Weise (Abb. 235), und ihre Berechnung kann in entsprechender Art erfolgen. Das Drehmoment in Umfangsrichtung des Schaufelkranzes entspricht dem Unterschied des Drallstroms am Eintritt und Austritt des Schaufelgitters

$$M_u = \dot{m}\,(r_1 \cdot c_{1_u} - r_2 \cdot c_{2_u}),$$

und die auf die Mengeneinheit bezogene Leistung am Umfang ist

$$L_u = \frac{M_u \cdot \omega}{\dot{m}} = \omega\,(r_1 \cdot c_{1_u} - r_2 \cdot c_{2_u}) \approx u \cdot \Delta c_u\,,$$

da zumeist $u_1 \approx u_2$ gesetzt werden kann.

Die eigentliche *Turbine* der Verbrennungsturbinenanlage [*10*] entspricht weitgehend der Dampfturbine, verarbeitet — verglichen mit der Dampfturbine — nur eine geringe Enthalpiedifferenz und hat daher relativ wenig (2 bis 8) Stufen und mäßige Volumenzunahme. Für Leistungen oberhalb etwa 200 kW wird sie im allgemeinen als axial durchströmte Maschine der Überdruck- oder auch Gleichdruckbauart ausgeführt, während kleine Verbrennungsturbinen mit Erfolg die radial von außen nach innen durchströmte Zentripetal-Turbine verwenden. Hinsichtlich der Auslegung und Berechnung der Turbine kann daher weitgehend auf den Fünften Teil, Die Dampfturbinen, S. 22, verwiesen werden.

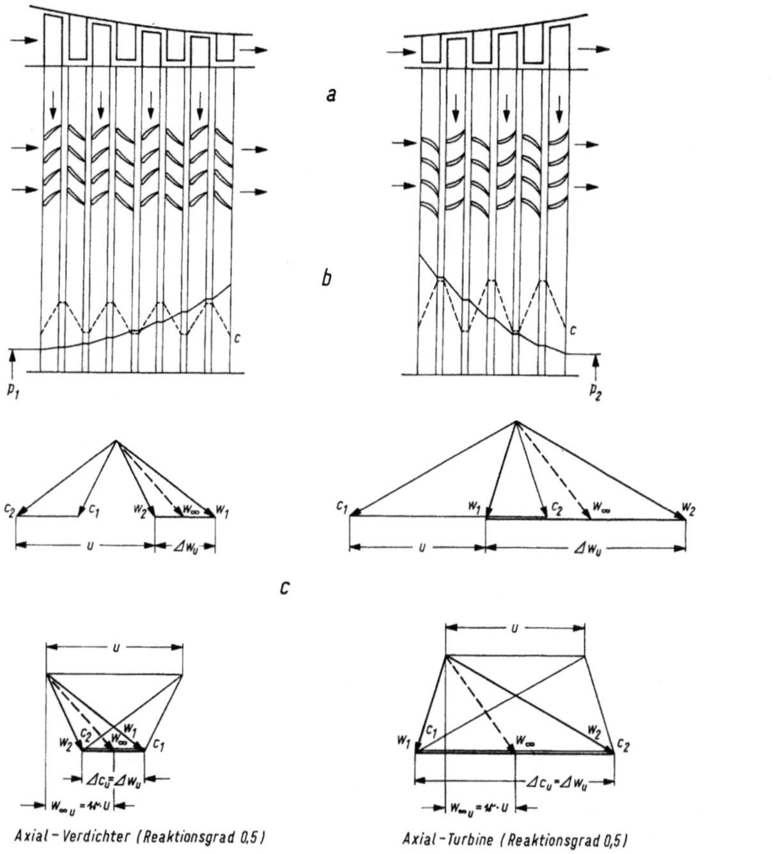

Abb. 235a—c. Vergleich der Strömungsmaschinen einer Verbrennungsturbine: Axialverdichter und Axialturbine
a) Beschaufelung
b) Verlauf von Druck und Geschwindigkeit
c) Geschwindigkeits-Dreiecke in zwei gleichwertigen Darstellungen

b) Konstruktion

An einigen Beispielen soll die Konstruktion von Verdichter und Turbine einer Verbrennungsturbinenanlage erläutert werden.

1. Verdichter und Turbine

In Abb. 236 sind die Läufer von Verdichter *a* und Turbine *b* aus Scheiben, die zwei oder drei Laufschaufelreihen tragen, zusammengeschweißt [*11*]. Den Vorteil dieser Bauart sieht man vor allem für den Turbinenläufer darin, daß die einzelnen Scheiben aus legiertem Werkstoff gut durchgeschmiedet werden können, sich leicht und zuverlässig kontrollieren lassen und der Läufer gegenüber dem Massivläufer geringere Wärmespannungen im Betrieb erfährt.

Der axiale Austritt der Gase aus der Turbine schafft die Voraussetzung für einen guten Diffusor, der einen hohen Anteil der kinetischen Austrittsenergie wieder in Druck umsetzt und damit für die Energieerzeugung nutzbar macht.

Verdichter- und Turbinenläufer sind einander so zugeordnet, daß ihr Axialschub gegeneinander wirkt und nur ein geringer Rest von dem zwischen beiden Läufern angeordneten Axialdrucklager aufgenommen zu werden braucht. Eine Wellenschaltvorrichtung zwischen Verdichter und Generator dreht den Läufer nach Abstellen der Anlage in bestimmten Zeitabständen um 180° zum Schutz gegen ein Verkrümmen der Welle als Folge ungleicher Temperaturen beim Abkühlen.

In Abb. 237 [*12*] sitzen die Laufschaufeln von Verdichter *a* und Turbine *b* in geschmiedeten massiven Zylindern, und die Leitschaufeln sind in besondere Innengehäuse eingebaut. Diese Leitschaufelträger können sich frei ausdehnen und werden in ein oder zwei

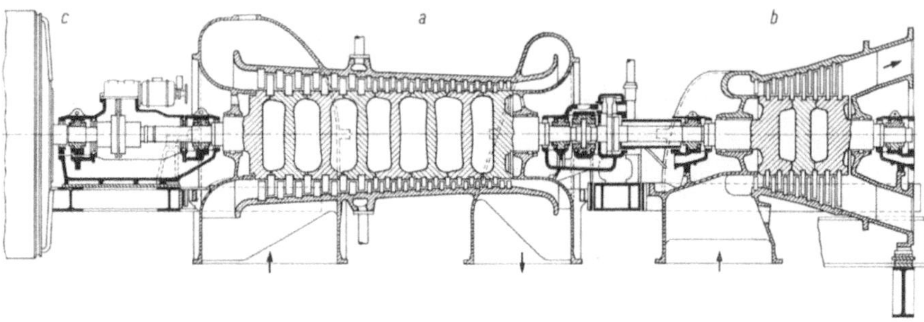

Abb. 236. Verdichter und Turbine einer Gasturbinen-Anlage (Brown-Boveri)
a Verdichter *b* Turbine *c* Generator

Ebenen im Außengehäuse gehalten. Die starr gekuppelte Läufergruppe wird in nur drei Gleitlagern geführt. Das Schnittbild läßt auch das doppelwandige Turbineneinströmgehäuse erkennen, das innen die heißen Gase führt; zwischen dem dünnen Einsatz- und dem Außengehäuse strömende Druckluft kühlt das den Druck aufnehmende Außengehäuse. Diese Kühlluft wird vor der ersten Schaufelreihe (innen und außen) dem Arbeitsstrom wieder zugeführt und kühlt auf diese Weise auch die besonders gefährdeten Bereiche der Beschaufelung. Bemerkenswert ist ferner die sorgfältige Ausbildung des Diffusors am Verdichteraustritt, wiederum mit dem Ziel, die kinetischen Ausströmverluste möglichst klein zu halten.

In einer anderen Ausführung (Abb. 238) [*13*] ist der Verdichterläufer — im Gegensatz zu den vorher gezeigten Beispielen — für alle Stufen mit gleichem Außendurchmesser versehen und als Hohltrommel mit einseitig angeschweißter Flanschwelle konstruiert. Der Turbinenläufer wurde aus einem vollen Schmiedestück hergestellt; für alle fünf Stufen ist die Schaufelzahl gleich, so daß die Befestigungsnuten der Schaufeln für alle Stufen in *einem* Bearbeitungsgang gefräst und die Schaufeln selbst axial, also ohne Teilungssprung eingesetzt werden können. Zur Heißgasführung im Einströmteil der Turbine dient ein geschweißtes Einsatzgehäuse aus zunderbeständigem Blech. Die Innenseite des druckfesten Außengehäuses ist mit Isolierstoff belegt. Zwischen Verdichter und Turbine erkennt man die Läuferdrehvorrichtung mit Elektromotor und Untersetzungsgetriebe.

Eine weitere Konstruktion von Verdichter und Turbine zeigt Abb. 239. Beide Läufer sind aus einzelnen Scheiben zusammengebaut, jedoch nicht verschweißt, sondern über Stirnverzahnungen zentriert und durch einen zentralen Zuganker zusammengespannt. Die Stirnverzahnung erlaubt eine freie radiale Ausdehnung der einzelnen Scheiben bei unterschiedlichen Temperaturen. Jede Scheibe trägt nur *einen* Laufschaufelkranz und ermöglicht ein axiales Einschieben der Laufschaufeln — wie es bei der Turbine (Abb. 240) ausgeführt ist — oder das Einstechen seitlicher Nuten zur Befestigung der Schaufeln im Laufrad, beispielsweise durch einen Draht beim Verdichter (Abb. 241). Auch hier sitzen

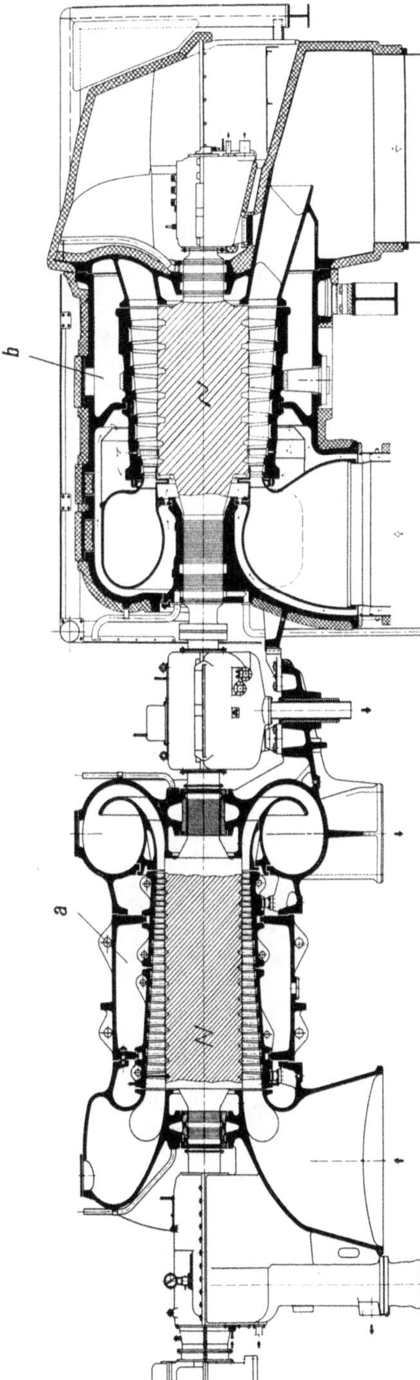

Abb. 237. Verdichter und Turbine einer Gasturbinen-Anlage (Gebr. Sulzer)
a Verdichter *b* Turbine

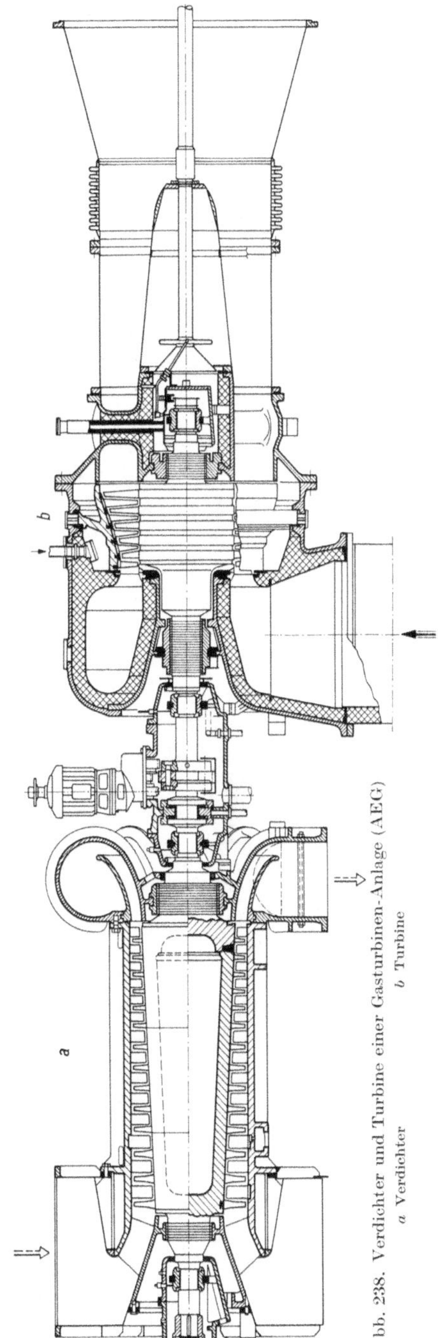

Abb. 238. Verdichter und Turbine einer Gasturbinen-Anlage (AEG)
a Verdichter *b* Turbine

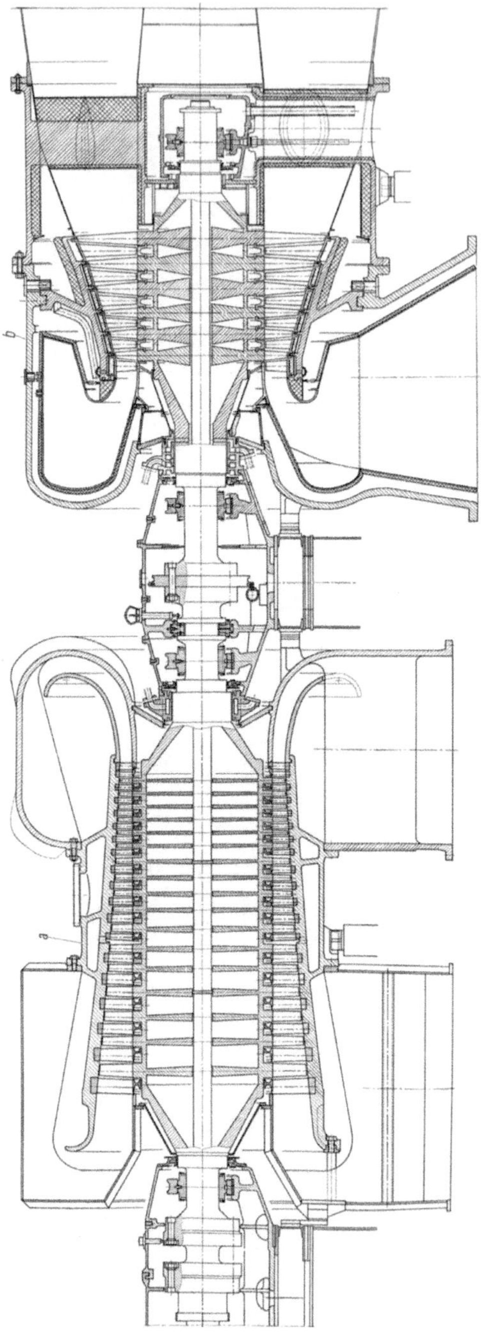

Abb. 239. Verdichter und Turbine einer Gasturbinen-Anlage (Siemens)
a Verdichter *b* Turbine

Abb. 241. Verdichter-Laufrad (Ausschnitt) mit Schaufelbefestigung durch seitlich eingelegten Draht (Werkbild Siemens)

Abb. 240. Turbinen-Laufrad (Ausschnitt) mit axial eingesetzten Schaufeln (Werkbild Siemens)

die Leitschaufeln der Turbine in einem besonderen, gegen das Außengehäuse wärmeisolierten Leitschaufelträger. Verdichter und Turbine haben strömungstechnisch günstig gestaltete Austrittsdiffusoren.

Die Herstellung läßt sich verbilligen, und die Längenabmessungen werden kleiner, wenn Verdichter- und Turbinenläufer als *ein* Teil hergestellt oder zusammengebaut werden und in nur zwei Lagern ruhen. So zeigt Abb. 242 den Läufer einer Gasturbine, die im

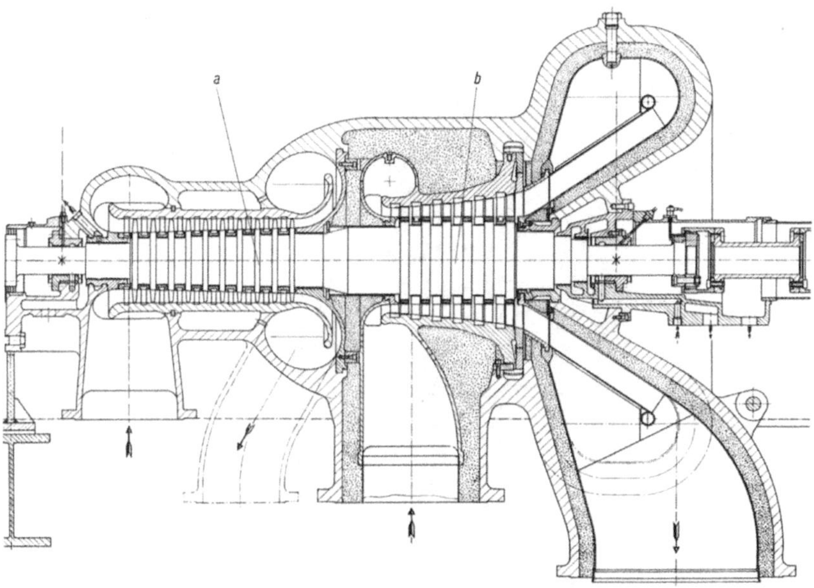

Abb. 242. Verdichter und Turbine einer Gasturbine mit geschlossenem Kreislauf (Heißluftturbine) (Escher Wyss)
a Verdichter *b* Turbine

geschlossenen Kreislauf arbeitet [*14*] und bei welcher der Läufer eines 10stufigen Axialverdichters mit dem einer 6stufigen Axialturbine aus einem Stück gefertigt ist. Für Betriebssicherheit und Wartung ist es von Vorteil, daß die mittleren, also die in dem hohen Temperaturbereich liegenden Traglager entfallen.

Abb. 243. Verdichter- und Turbinenläufer einer 3 MW-Gasturbine (Werkbild Sulzer)

Eine Konstruktion mit 10stufigem Axialverdichter und 3stufiger Axialturbine ist in Abb. 243 wiedergegeben [*15*]. Dieser Läufer wird ebenfalls von zwei Lagern getragen; jedoch liegt das Turbinenlager auf der Eintrittsseite, der Turbinenläufer ist also fliegend angeordnet. Diese Konstruktion wurde offenbar gewählt, um unter weitestgehender Verwendung aller Bauteile die letzte, also dritte Turbinenstufe auch als getrennte Nutz-

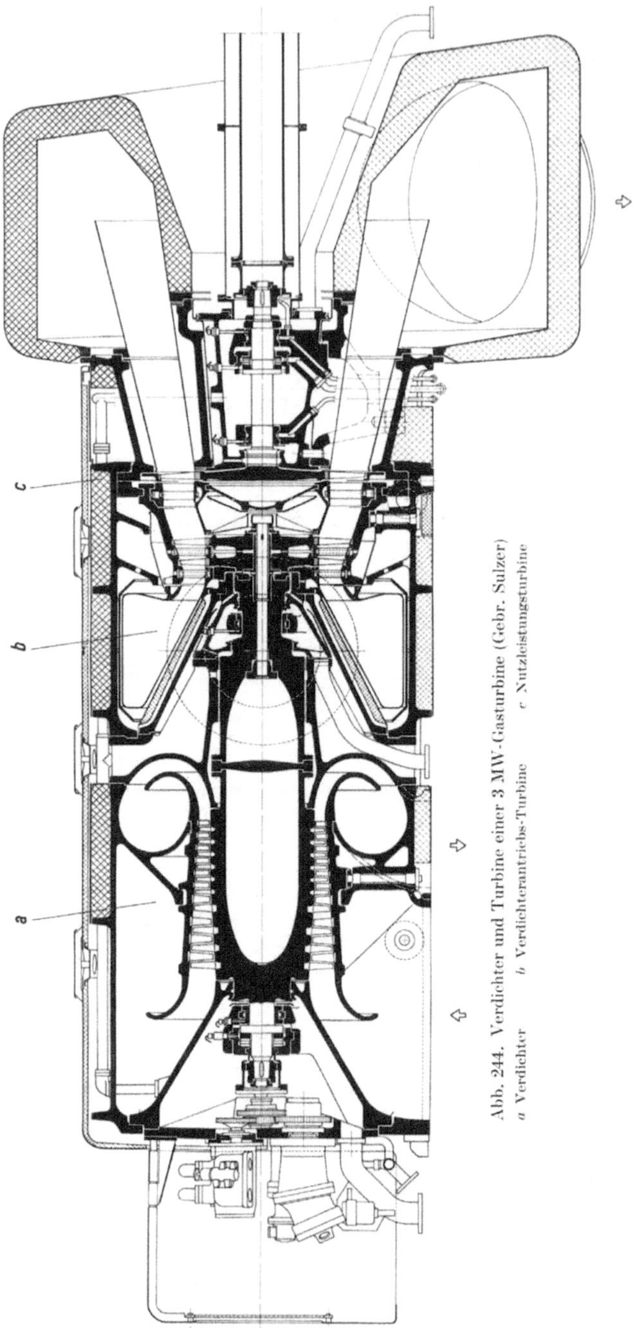

Abb. 244. Verdichter und Turbine einer 3 MW-Gasturbine (Gebr. Sulzer)
a Verdichter *b* Verdichterantriebs-Turbine *c* Nutzleistungsturbine

leistungsturbine einbauen zu können (Abb. 244), die dann ebenfalls fliegend nur auf der Austrittsseite gelagert ist; die Verdichter-Antriebsturbine erhält zwei Stufen.

Aus 17stufigem Verdichter und 6stufiger Turbine ist der Läufer einer anderen Gasturbine (Abb. 245) zusammengebaut [*16*]. Die einzelnen Scheiben sind — wie bei der Ausführung nach Abb. 239 — mit Hilfe einer Stirnverzahnung gegeneinander zentriert und durch einen mittigen Zuganker zusammengehalten. Der Rotor läuft oberhalb seiner kritischen Drehzahl, ist jedoch nur in zwei Außenlagern geführt. Beim Durchfahren der kritischen Drehzahl wurden in vertikaler Richtung maximale Amplituden von 0,17 mm festgestellt.

2. Getrennte Nutzleistungsturbine

Die Aufteilung des Entspannungsgefälles auf zwei Turbinen, von denen die eine nur den Verdichter antreibt und die andere die Nutzleistung abgibt, lohnt den erhöhten Herstellungsaufwand, wenn bessere Teillastwirkungsgrade erwünscht sind oder die angetriebenen Arbeitsmaschinen, z. B. eine Pumpe oder ein Kompressor, in ihrer Drehzahl unabhängig vom Antriebsaggregat sein sollen. Die aus Verdichter, Brennkammer und Verdichterantriebsturbine bestehende Gruppe liefert — dem Kessel einer Dampfturbine vergleichbar — der Nutzleistungsturbine das Treibmittel. Verdichterantriebsturbine und Nutzleistungsturbine haben nur wenige Stufen und können — auf getrennten Wellen — unmittelbar hintereinander liegend in einem Gehäuse untergebracht werden. Die Konstruktion einer solchen Turbinengruppe gibt Abb. 246 wieder [*17*]:

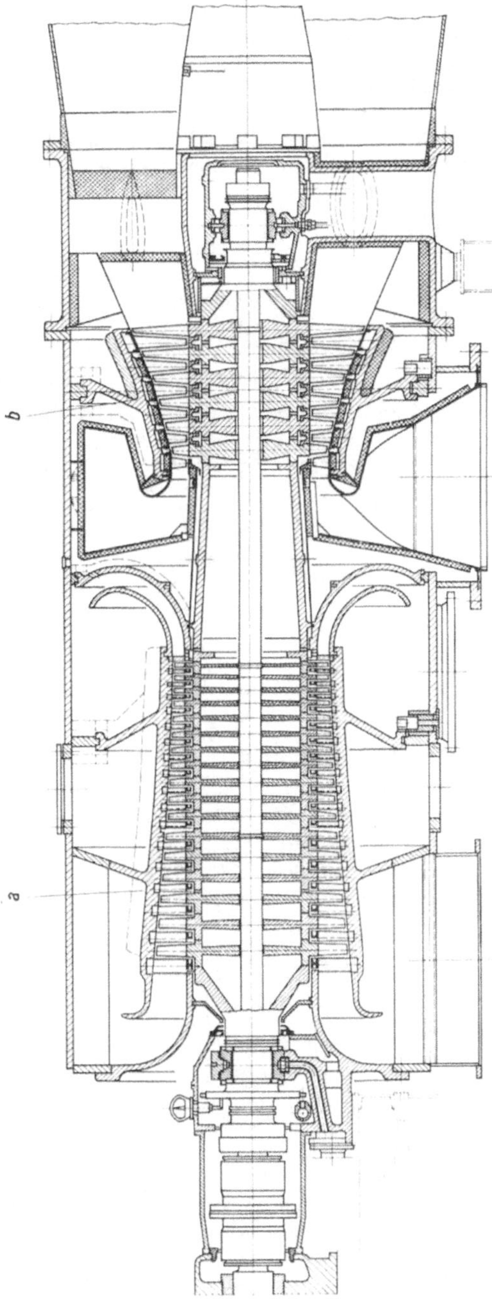

Abb. 245. Verdichter und Turbine einer 11 MW-Gasturbine (Siemens)
a Verdichter *b* Turbine

Die 3stufige, den Verdichter antreibende Turbine *a* läuft bei Nennlast mit einer Drehzahl von 5200 U/min, während die 2stufige Nutzleistungsturbine *b* den Generator stets mit 3000 U/min antreibt. Das Arbeitsmittel tritt in die Nutzleistungsturbine beispielsweise mit einem Druck von 1,7 ata und einer Temperatur von 490 °C, so daß für diese Turbine keine besonderen Maßnahmen erforderlich sind.

Durch ein Leitrad mit verstellbaren Schaufeln am Eintritt in die Nutzleistungsturbine kann der Druck zwischen beiden Turbinen und damit die Aufteilung des Arbeitsgefälles verändert und die Leistung in günstiger Weise dem Bedarf angepaßt werden, weil der

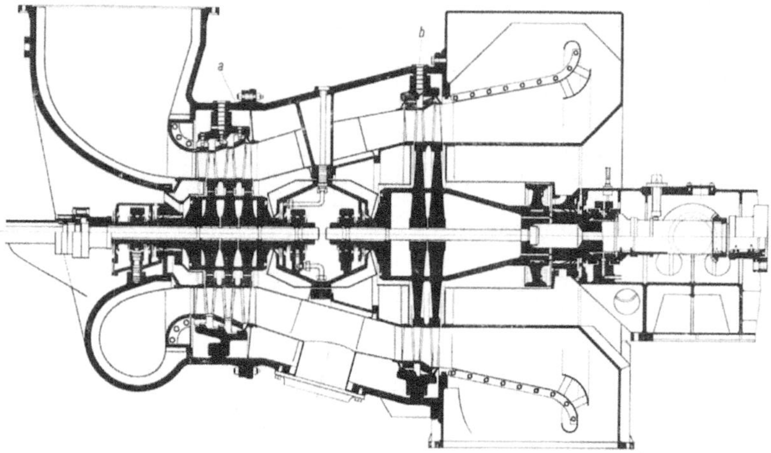

Abb. 246. Turbinengruppe einer Gasturbinen-Anlage (Siemens)
a Verdichterantriebs-Turbine
b Nutzleistungsturbine

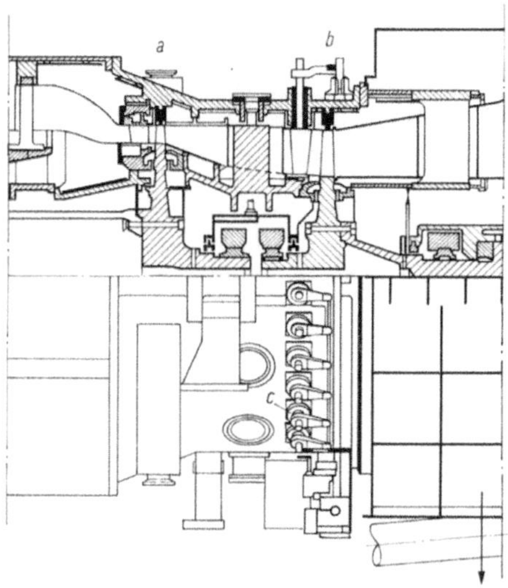

Abb. 247. Turbinengruppe einer Gasturbinen-Anlage (General Electric)
a Verdichterantriebs-Turbine
b Nutzleistungstubine
c verstellbare Leitschaufeln

vorgegebene Zusammenhang zwischen Treibmitteltemperatur und Drehzahl des Verdichterantriebssatzes gelöst wird. Daher kann auch die zum Start dieser Gruppe notwendige Leistung geringer sein als bei feststehenden Leitschaufeln. Eine bewährte Konstruktion zeigt Abb. 247 [*18*] mit einstufiger Verdichterantriebs-Turbine *a* und einstufiger Nutzturbine *b*.

3. Kühlung der Turbine

Wie früher herausgestellt wurde, ist die Anwendung hoher Treibmitteltemperaturen in der Turbine bei der Verbrennungsturbinenanlage besonders reizvoll und lohnend: Sie verspricht sowohl eine erhebliche Steigerung der Leistungsdichte, d.h. Erniedrigung der spezifischen Herstellungskosten, als auch eine Verbesserung des thermischen Wirkungsgrades, also Minderung der Brennstoffkosten. Ein gangbarer Weg ist die Kühlung der Turbinenschaufeln. Sie ist bei Fluggasturbinen eine entscheidende Maßnahme zur Bewältigung der dort gebräuchlichen Maximaltemperaturen von 1000 °C und darüber und findet auch bei den für lange Betriebszeiten konstruierten stationären Gasturbinen sinnvolle Anwendung. Dabei kommt es darauf an,

die dem heißen Gasstrom unmittelbar ausgesetzten Bauteile zu schützen, damit sie über lange Zeit ohne Schaden ihre Aufgabe erfüllen und unter Umständen aus geringerwertigen, also billigeren Werkstoffen hergestellt sein können,

und eine bessere, d.h. mehr ausgeglichene Temperaturverteilung in den Bauteilen zu erreichen.

Große Temperaturunterschiede, beispielsweise im inneren und äußeren Bereich einer Laufscheibe, ergeben hohe zusätzliche Wärmespannungen, im Steg eines zweiteiligen Leitschaufelträgers auch gefährliche Verformungen.

Als Kühlmittel dient im allgemeinen Luft, die an geeigneter Stelle des Verdichters entnommen wird. Ein sparsamer Gebrauch ist aus zwei Gründen geboten:

Einmal wird die Leistung der Anlage der entnommenen Kühlluftmenge entsprechend gemindert, selbst wenn man den Kühlstrom ganz oder teilweise wieder in den Arbeitsstrom einführt;

zum anderen bedeutet die Kühlung eine thermodynamische Verschlechterung des Prozesses.

Bei stationären Anlagen beschränkt sich die Kühlung in der Regel auf den Fußbereich der Lauf- und Leitschaufeln sowie die Stirnfläche der ersten Laufscheibe. Bei verschiedenen Konstruktionen wird auch die erste Leitschaufel hohl ausgeführt und luftgekühlt; eine Innenkühlung der *Lauf*schaufeln, die bei Fluggasturbinen häufig anzutreffen ist, wird bei Kraftwerksanlagen bisher vermieden.

Abb. 248. Kühlung von Läufer und Gehäuse einer Gasturbine (Westinghouse)

Auf die Einleitung einer Kühlluftschicht am inneren und äußeren Umfang der ersten Schaufelreihe wurde schon in Abschn. 1, S. 260, hingewiesen. Dazu dient beispielsweise die Luft, die zuvor den Ringraum im Eintrittsgehäuse zwischen dem gasführenden Einsatz und dem Außengehäuse ausfüllte (vgl. Abb. 237).

Ein Beispiel für die Kühlluftführung um die Schaufelfüße zeigt Abb. 248 [*19*]. Vom Verdichterende entnommene Luft umströmt den äußeren Scheibenkranz und die Laufschaufelfüße der ersten Stufen; ein Teilstrom der Kühlluft schirmt das Außengehäuse gegen die hohe Temperatur des Gasstromes ab und kühlt die Tragringe der Leitschaufeln. Für eine derartige Kühlung können bei Höchsttemperaturen von 750 bis 800 °C etwa 1,5 bis 2% des gesamten Luftmengenstromes ausreichend sein.

II. Einrichtung zur Erhitzung des Treibmittels

a) Brennkammer

Die Einrichtung zur Erhitzung des Arbeitsmittels ist für Anlagen mit offenem Kreislauf — bei denen also das entspannte Treibmittel in die Atmosphäre ausströmt und neue Frischluft aus der Umgebung angesaugt wird — sehr viel einfacher als der Kessel der Dampfkraftanlage. Der gasförmige oder flüssige Brennstoff wird fein verteilt in den Luftstrom eingeführt und mit mäßigem Luftüberschuß von 10 bis 50%, also einer Luftzahl $\lambda = 1{,}1$ bis 1,5, verbrannt. Die Temperatur der heißen Verbrennungsgase wird durch Zumischung größerer Mengen verdichteter Luft, etwa des 3- bis 6fachen der Verbrennungsluftmenge, so weit herabgesetzt, daß sie die Beschaufelung der anschließend durchströmten Turbine nicht schädigen oder gar zerstören.

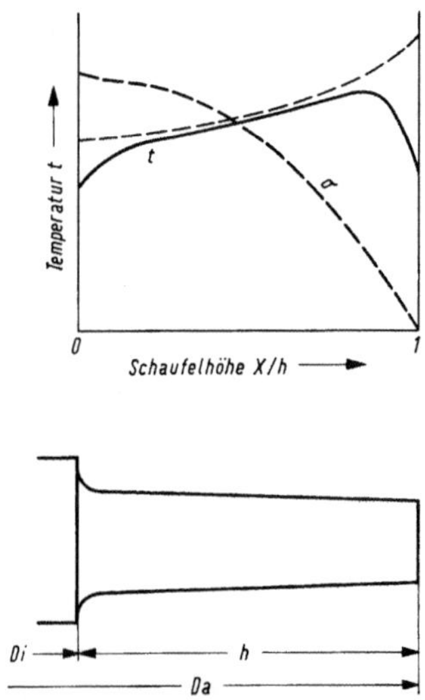

Abb. 249. Spannungsverlauf und Temperaturverteilung über der Höhe einer Turbinenschaufel

Kennzeichnend für die Güte einer Brennkammer sind:

eine möglichst vollkommene und in den weiten Grenzen zwischen Leerlauf und Vollast stabile Verbrennung, wozu die gute Mischung von Brennstoff und Verbrennungsluft eine wesentliche Voraussetzung ist;

eine möglichst gleichmäßige Temperaturverteilung am Austritt aus der Brennkammer, insbesondere im Schaufeleintritts-Querschnitt;

Örtliche Übertemperaturen können die Lebenszeit der betroffenen Bauteile ganz erheblich herabsetzen und Schäden herbeiführen. Bei einer mittleren Temperatur von 750 °C vor der Turbine wurden bei stationären Anlagen in der Eintrittsebene örtliche Abweichungen von ± 10 bis 20 °C erreicht.

Die möglichst gleichmäßige Ausnutzung des Schaufelwerkstoffes legt es nahe, in der *radialen* Richtung der Durchströmebene eine solche Temperaturverteilung anzustreben, daß möglichst in jedem Profilschnitt der Schaufel die örtlich vorherrschende Temperatur der vorliegenden mechanischen Beanspruchung angepaßt ist. Das führt dazu, daß die Gastemperatur vom Schaufelfuß (innen) zur Schaufelspitze (außen) zunehmen darf. Durch geeignete Führung der Kühlluft kann man sich einer derartigen, gewünschten Verteilung nähern, wie sie z. B. Abb. 249 schematisch zeigt, wobei freilich Messungen und Änderungen am Original noch nicht ersparbar sind. In Umfangsrichtung, d. h. auf gleichen Radien sollten möglichst gleiche Temperaturen herrschen.

ein mäßiger Druckverlust.

Ein nennenswerter Druckverlust in der Brennkammer ist unvermeidlich; denn im Bereich der Zündung muß durch Flammenhalter die Geschwindigkeit der Verbrennungsluft auf einen Bruchteil verringert werden; zugleich soll eine Rückströmung heißer Verbrennungsgase herbeigeführt werden, um der Zündzone durch Konvektion Wärme zuzuführen. Schließlich läßt sich nur bei Inkaufnahme eines strömungsbedingten Druckverlustes die gewünschte gute Vermischung von heißem Brenngas und Sekundär-(Kühl-)Luft bewirken. Ein Druckverlust von 1% in der Brennkammer ruft einen Leistungsverlust von etwa 1,0 bis 1,5% hervor, und die Brennkammer stationärer Verbrennungsturbinen erreicht (in Abhängigkeit vom Brennstoff, von Brennkammergröße und -anordnung) auf den herrschenden statischen Druck bezogen Druckverluste von 3 bis 1,5%.

Die Konstruktion der Brennkammer ist grundsätzlich derart, daß ein Innenzylinder den eigentlichen Brennraum umschließt und den äußeren druckfesten Mantel gegen die

Strahlung der Flamme schützt. In dem Ringraum zwischen beiden Zylindern strömt verdichtete Luft. Nach Abschluß der Verbrennung im Primärteil des Innenzylinders tritt die Sekundärluft in den Innenraum ein und vermischt sich mit den heißen Brenngasen.

In Abb. 250 [*11*] ist der Primärteil des Brennkammereinsatzes aus einzelnen Stahlplatten gebildet, die auf ihrer der Flamme abgekehrten Seite mit Rippen versehen sind und durch Luft gekühlt werden. Die Platten sind in einem Blechring eingehängt und können sich frei ausdehnen. Der Durchmesser dieser so gebildeten Auskleidungsringe nimmt in Strömungsrichtung stufenweise zu; dadurch entstehen Ringspalte, durch die Kühlluft

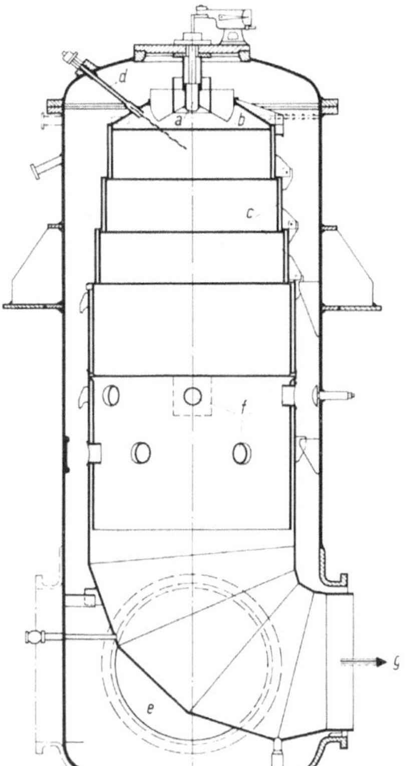

A. Längsschnitt durch Brennkammer

B. Stahlplatte des Einsatzkörpers (*c*) mit Kühlrippen

Abb. 250 A u. B. Brennkammer für Heizöl (Brown Boveri)

a Brennstoffdüse für Öl
b Drallschaufelring für Brennluft
c Einsatz aus einzelnen Stahlplatten
d Zündstab
e Lufteintritt
f Öffnungen für Sekundärluft
g Austritt des Verbrennungsgas-Luftgemisches

in den Innenraum längs der dem Brennraum zugewandten Plattenseite strömt. Im unteren Teil der Brennkammer tritt die Sekundärluft durch mehrere große Bohrungen in den Heißgasstrom ein, um dessen Temperatur möglichst gleichmäßig auf den gewünschten bzw. durch die Brennstoffart erforderlichen Wert zwischen 625 und 780 °C vor Turbineneintritt abzusenken. Der Brennstoff (im vorliegenden Fall Heizöl) wird fein verteilt durch die oben in der Mitte sitzende Düse eingespritzt und mit der Verbrennungsluft vermischt. Die Verbrennungsluft tritt in den Brennraum durch einen Drallschaufelring, der die Düse konzentrisch umgibt.

Die Brennkammer läßt sich relativ leicht für zwei verschiedene Brennstoffe — z.B. Erdgas und Leichtöl — einrichten, indem in der Mitte des Brennkammerdeckels ringförmig um die Ölzerstäubungsdüse Austrittsöffnungen für das Gas vorgesehen werden. Brennergeschränk und Regelung können dafür ausgelegt werden, daß nicht nur während des Betriebes von einem auf den anderen Brennstoff umgeschaltet, sondern auch über lange Zeit mit jedem beliebigen Mischungsverhältnis der beiden Brennstoffe gefahren werden kann.

Eine Brennkammer für gasförmigen und flüssigen Brennstoff ist in Abb. 251 [*20*] wiedergegeben. Ihr grundsätzlicher Aufbau entspricht der Darstellung in Abb. 250. Offensichtlich wird der glatte, rippenlose Innenblechmantel auf höherer Temperatur gehalten,

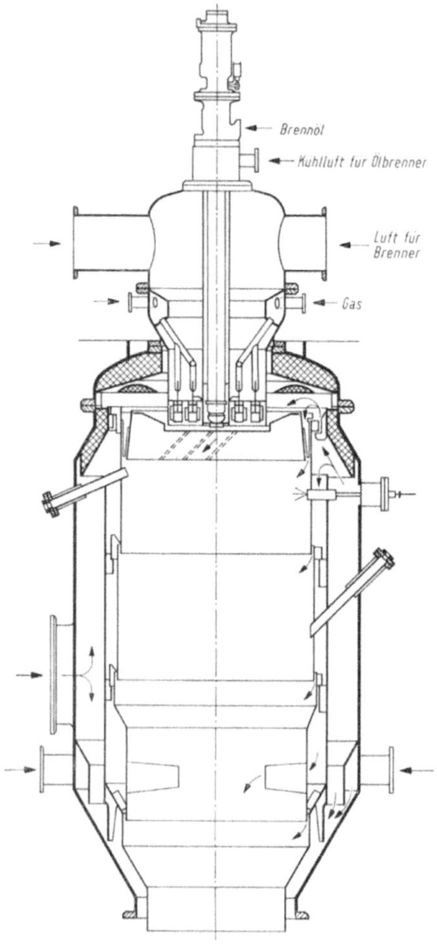

Abb. 251. Brennkammer für gasförmigen und flüssigen Brennstoff (Gebr. Sulzer)

und ein zusätzlicher Strahlungsschirm aus Stahlblech schützt den druckfesten Außenmantel vor unzulässiger und ungleichmäßiger Aufheizung.

Bei der Brennkammer nach Abb. 252 [*21*] ist der Primärteil, in dem die Verbrennung abläuft, mit Ziegeln aus hochhitzebeständigem Ausmauerungswerkstoff (z.B. Al_2O_3 + SiO_2) ausgekleidet. Eine solche Wand verträgt höhere Temperaturen als eine Stahlwand, und die Verbrennung kann mit geringerem Luftüberschuß durchgeführt werden. Das gibt einen besseren Ausbrand und eine Wärmespeicherung bei plötzlichen Änderungen der Brennstoffzufuhr als Sicherung gegen ungewolltes Verlöschen der Flamme. Bei großen Brennstoffmengen kann die für eine vollständige Verbrennung notwendige Länge der Brennkammer dadurch verkürzt werden, daß man den Brennstoff durch mehrere auf dem Brennkammerdeckel verteilte Düsen einführt. Beispielsweise wird bei der in Abb. 252 gezeigten Brennkammer die Brennstoffmenge von 9 t/h Heizöl durch sechs Düsen eingespritzt.

Einen Blick in den mit Keramikziegeln ausgekleideten Brennraum einer einwelligen 25 MW-Verbrennungsturbine vermittelt die Aufnahme Abb. 253. Sein Innendurchmesser beträgt rd. 2,5 m. In der Brennkammerdecke sind sechs Drallschaufelkränze für die Zu-

Abb. 253. Flammrohr einer Brennkammer mit sechs Brennern und feuerfester Steinauskleidung für 25 MW-Gasturbine (Werkbild Siemens)

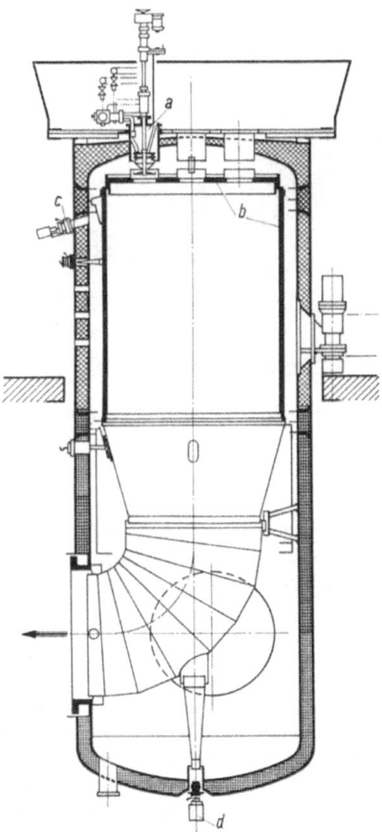

Abb. 252. Brennkammer mit feuerfester Steinauskleidung für Erdgas und leichtes Heizöl (Siemens)

a Brenner — *c* Flammenwächter
b Flammrohr — *d* Fernsehkamera

führung der Primärluft zu erkennen, in deren mittlere Öffnung je eine Düse für 1,5 t/h Heizöl oder die gleichwertige Erdgasmenge eingeführt wird.

Die Verbrennungseinrichtung einer amerikanischen Gasturbine (Abb. 254) [*19*] hat mehrere, beispielsweise sechs Brennrohre, die in einem gemeinsamen Druckgehäuse ringförmig um die Turbomaschinen am Ende des Verdichters angeordnet sind, ähnlich wie es für Flugtriebwerke üblich geworden ist.

Um die gemeinsame Länge von Verdichter und Turbinenläufer trotz der dazwischenliegenden Brennkammer möglichst kurz zu halten, wurden die Brennkammerrohre schräg eingesetzt und über die letzten Stufen des Verdichters zurückgeschoben und eine Umkehr des Luftstroms in Kauf genommen. Das Brennrohr aus hochhitzebeständigem Metall hat über den Umfang verteilt Bohrungen und Schlitze; durch die Bohrungen tritt die Verbrennungsluft in den Brennraum, während die Schlitze vorwiegend einen Kühlluftschleier an der Innenwand bilden sollen. Zur Abkühlung der heißen Verbrennungsgase tritt

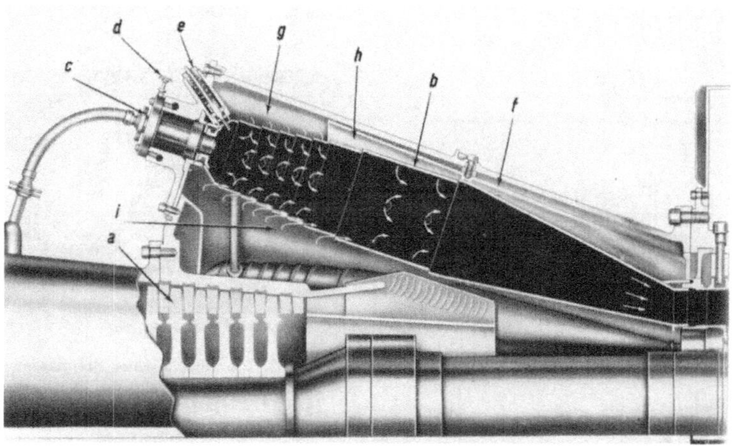

Abb. 254. Brennrohr einer ringförmig angeordneten Mehrrohr-Brennkammer (Westinghouse)

a Verdichter, *b* Brenner, *c* Brennstoffdüse, *d* Brennstoff-Ausgleichventil, *e* Zündkerze (zurückziehbar), *f* Strahlungsschutz, *g* Primärluft, *h* Sekundärluft, *i* Kühlluft

Sekundärluft durch Bohrungen im hinteren Teil der Brennkammer ein. Ein Strahlungsschutzschirm soll die Aufwärmung des Außengehäuses niedrig halten. Die einzelnen Brennrohre enden in Ringsegmenten, die sich vor der Turbinenbeschaufelung zu einem geschlossenen Ringquerschnitt vereinen.

b) Lufterhitzer

Für die indirekte Erhitzung einer im geschlossenen Kreislauf arbeitenden Gasturbine tritt an die Stelle der Brennkammer der Lufterhitzer [*6*, *22*]. Dies ist ein aus Brennkammer, Strahlungsteil und Konvektionsteil gebildeter Kessel, durch dessen Rohre die verdichtete Arbeitsluft geführt wird. Die Rohre des Konvektionsteils, in welche die vom Verdichter kommende Luft eintritt, werden höchstens Temperaturen von etwa 560 °C ausgesetzt und können aus ferritischem Werkstoff hergestellt sein; jedoch erhält der Strahlungsteil in der Regel Rohre aus austenitischem Werkstoff. Auch wird in ihm zur Herabsetzung der Rohrwandtemperatur die Luft meist im Gleichstrom zu den Rauchgasen geführt. Die Arbeitsluft erfährt in den Rohren einen durch Strömungsverluste bedingten Druckabfall von 3 bis 6% des Luftdruckes beim Eintritt in den Lufterhitzer. Die höchste Rohrwandtemperatur liegt etwa 50 bis 60 °C über der höchsten Lufttemperatur, die am Ende des Strahlungsteils erreicht wird.

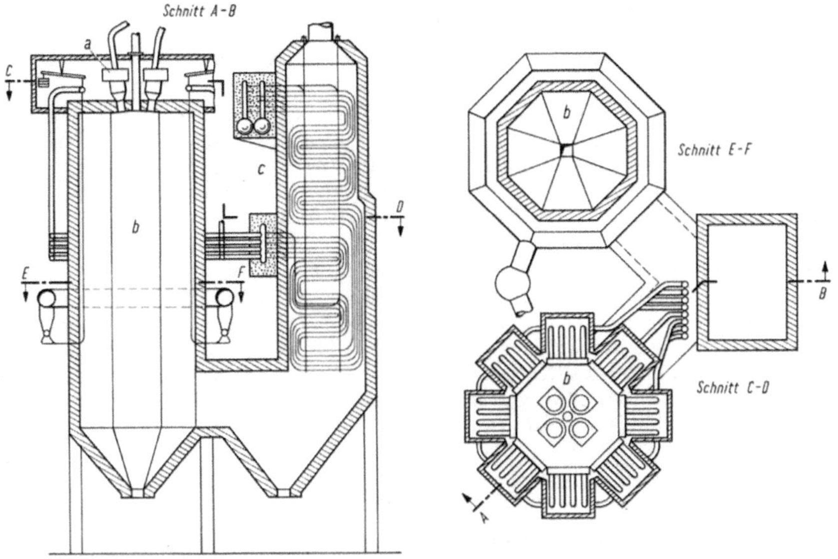

Abb. 255. Lufterhitzer mit Kohlenstaubfeuerung für 14 MW-Heißluftturbine (Gutehoffnungshütte)
a Wirbelbrenner *b* Strahlungsteil *c* Konvektionsteil

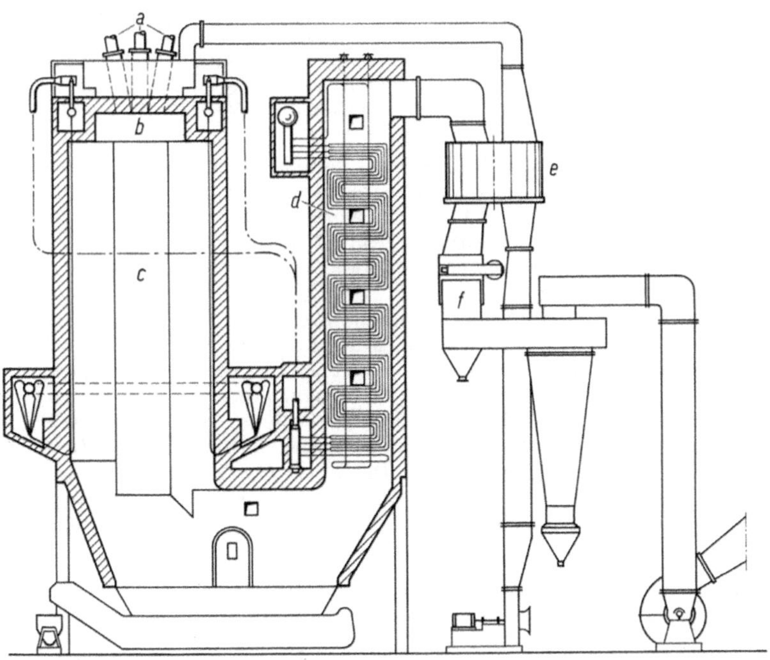

Abb. 256. Lufterhitzer mit Grubengas- und Kohlenstaub-Feuerung (Gutehoffnungshütte)
a Brenner *b* Zündmuffel *c* Strahlungsteil *d* Konvektionsteil *e* Brennluft-Vorwärmer *f* Grubengas-Vorwärmer

Die Abgase durchströmen nach dem Konvektionsteil noch einen Ljungström-Vorwärmer für die Verbrennungsluft und treten mit 160 bis 190 °C ins Freie aus.

Die Brenner, bei den ausgeführten Anlagen meist für Kohlenstaub eingerichtet und als Wirbelbrenner ausgeführt, sind in die Decke der Brennkammer eingebaut.

Einen Lufterhitzer mit achteckiger Brennkammer, vier Brennern für Steinkohlenstaubfeuerung und zur Erhitzung von 465 t/h Luft zeigt Abb. 255. Die Luft tritt mit rd. 37 ata und 419 °C in den Kessel ein und wird auf 710 °C erhitzt. Um bei dieser Größe stabile Kohlenstaubverbrennung zu erreichen, wurden zwei parallel arbeitende Brennkammern mit Strahlungsteil *einem* Konvektionsteil zugeordnet.

In Abb. 256 ist ein Lufterhitzer für 240 t/h Luftmengenstrom und gemischte Verbrennung von Steinkohle und Grubengas dargestellt. Der wiederum achteckige Brennraum ist mit einer Zündmuffel von 2,8 m Innendurchmesser und fünf Brennern für Grubengas und Kohlenstaub ausgestattet. Das Grubengas ist in seiner Zusammensetzung naturgemäß Schwankungen unterworfen, enthält im Mittel 37% CH_4 und hat dann einen unteren Heizwert von rd. 3200 kcal/Nm³. Es wird vor seiner Einleitung in die Brennkammer durch das Rauchgas auf 160 °C vorgewärmt, während die Brennluft in einem Ljungström-Regenerator durch die heißen Abgase auf rd. 440 °C erwärmt wird[1].

III. Blockbauart

Das Bestreben, die Gasturbinenanlage zu einem Block zu vereinen, lag bei kleinen und transportablen Aggregaten naturgemäß von Anfang an vor und ist auch für Anlagen größerer Leistung deutlich erkennbar. Es kommt äußerlich vor allem darin zum Ausdruck, daß die Brennkammer den Turbomaschinen möglichst eng angegliedert oder gar in ihre Konstruktion einbezogen wird. Zu den Ersparnissen an Raum und Gewicht durch kürzeste Verbindung und einfachste Rohrleitungsführung, auch niedrigeren Herstellungskosten kommt der Vorteil, daß die Anlage im Herstellerwerk fertig montiert zum Versand gebracht und am Einsatzort rasch und von angeleiteten Hilfskräften aufgestellt werden kann.

Die Gasturbine in Abb. 257 [*23*] hat zwei parallel arbeitende Brennkammern, die schräg nebeneinander auf dem Turbineneintrittsstutzen stehen und denen die verdichtete Luft in zwei mit Kompensatoren versehenen Rohren zugeführt wird. Bemerkenswert ist auch die Konstruktion des Verdichters, der sieben Axial- und eine Radialstufe hat, sowie der besonders gedrängte Zusammenbau von zweistufiger Verdichterantriebs- und zweistufiger Nutzleistungsturbine.

Bei dem 15 MW-Block (Abb. 258) [*24*] ist die Brennkammer, die sonst seitlich neben der Turbine steht, über den Turbomaschinen liegend angeordnet. Die verdichtete Luft wird durch zwei kurze Rohrstücke von beiden Seiten in die Brennkammer eingeführt, das heiße Brenngas-Luft-Gemisch durch einen 90°-Krümmer aus der Brennkammer in das Turbinengehäuse geleitet. Der 19stufige Axialverdichter (Druckverhältnis 7) und die 7stufige Axialturbine ruhen auf einem stabilen Rahmen, an dem auch alle Rohrleitungen und elektrischen Kabel fest verlegt sind. Die ganze Gasturbinen-Zentrale verläßt in Blöcken fertig montiert das Werk. Sie benötigt keine Unterkellerung und kann am Einsatzort rasch auf einer Betonplatte, auch im Freien aufgestellt und mit einer Haube verkleidet werden.

---

[1] Nähere Ausführungen über Brenner sind im Dritten Band, Teil A, S. 45ff., über Wärmeübertrager im Dritten Band, Teil A, S. 171/77 sowie S. 276ff., zu finden. Für die Rohrleitungen, die bei Verbrennungs-Turbinenanlagen wegen der großen Mengenströme einen bedeutenden Einfluß haben, die zwar keinen so hohen Innendrücken ausgesetzt sind wie bei Dampfturbinen-Anlagen, jedoch gleichfalls eine sehr sorgfältige Planung und Kompensation erfordern, sei auf die entsprechenden Abschnitte (S. 502ff.) in Teil A des Dritten Bandes verwiesen. Auch für Absperrorgane, Wärmeisolierung und Schalldämpfung gilt ähnliches wie bei Dampfkraftanlagen und sind nähere Informationen dem Dritten Band, Teil A, zu entnehmen.

Bei dem Hochdrucksatz einer zweiwelligen Gasturbine (Abb. 259) [*25*] ist die Einzelbrennkammer in das Austrittsgehäuse des Verdichters und den Eintritt der Turbine einbezogen und hängt unter den Turbomaschinen. Die auffallende Länge dieser Brennkammer erinnert daran, daß bei dem unmittelbaren Anschluß der Brennkammer an den Turbineneintrittsstutzen eine gleichmäßige Temperaturverteilung vor der Turbinenbeschaufelung schwerer zu erreichen ist als bei der Zwischenschaltung eines Überströmrohres.

Noch weiter in der Richtung zu einer Baueinheit führt die Anwendung einer Ring- oder einer Vielrohr-Brennkammer zwischen Verdichteraustritt und Turbineneintritt. Diese Konstruktion ist vom Flugtriebwerksbau abgeleitet und ein Kennzeichen der in großer Zahl gelieferten Industrie-Gasturbinen amerikanischen Ursprungs.

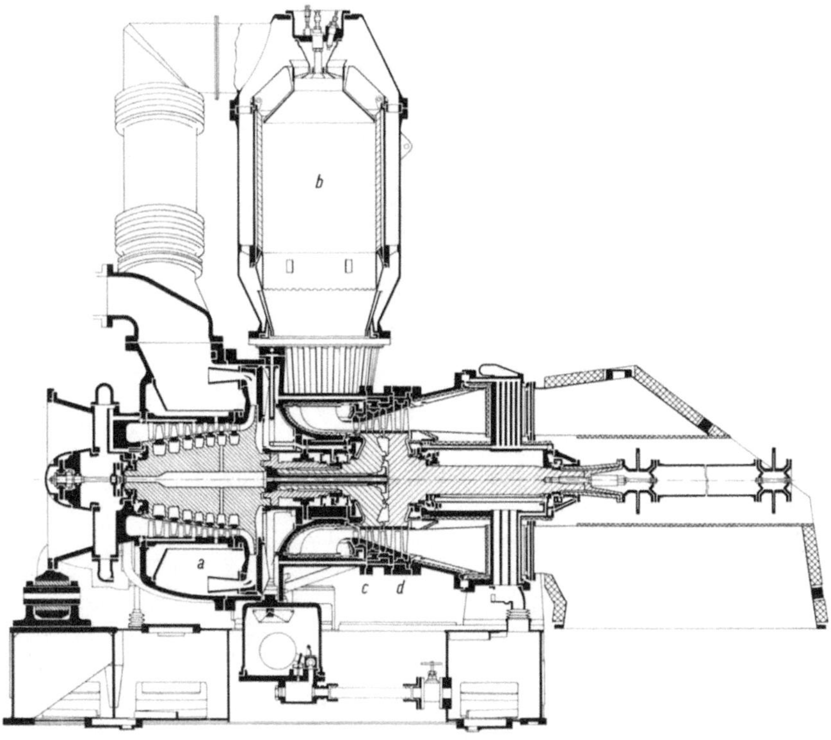

Abb. 257. 2 MW-Gasturbine (English Electric)

a Verdichter *b* Brennkammer *c* Verdichterantriebs-Turbine *d* Nutzleistungsturbine

Abb. 260 zeigt einen Schnitt durch eine 12 MW-Gasturbine dieser Bauart [*26*]. Der Läufer mit 14stufigem Verdichter und 5stufiger Turbine ruht in zwei Außenlagern. Die einzelnen Scheiben der Turbine sind über eine Bogenverzahnung zentriert und durch Bolzen zusammengehalten. Sechs Rohr-Brennkammern sind ringförmig um den Verdichteraustritt angeordnet; sie liegen zur Hauptachse geneigt, sind gut zugänglich und leiten das Treibgas auf kürzestem Wege der Turbine zu.

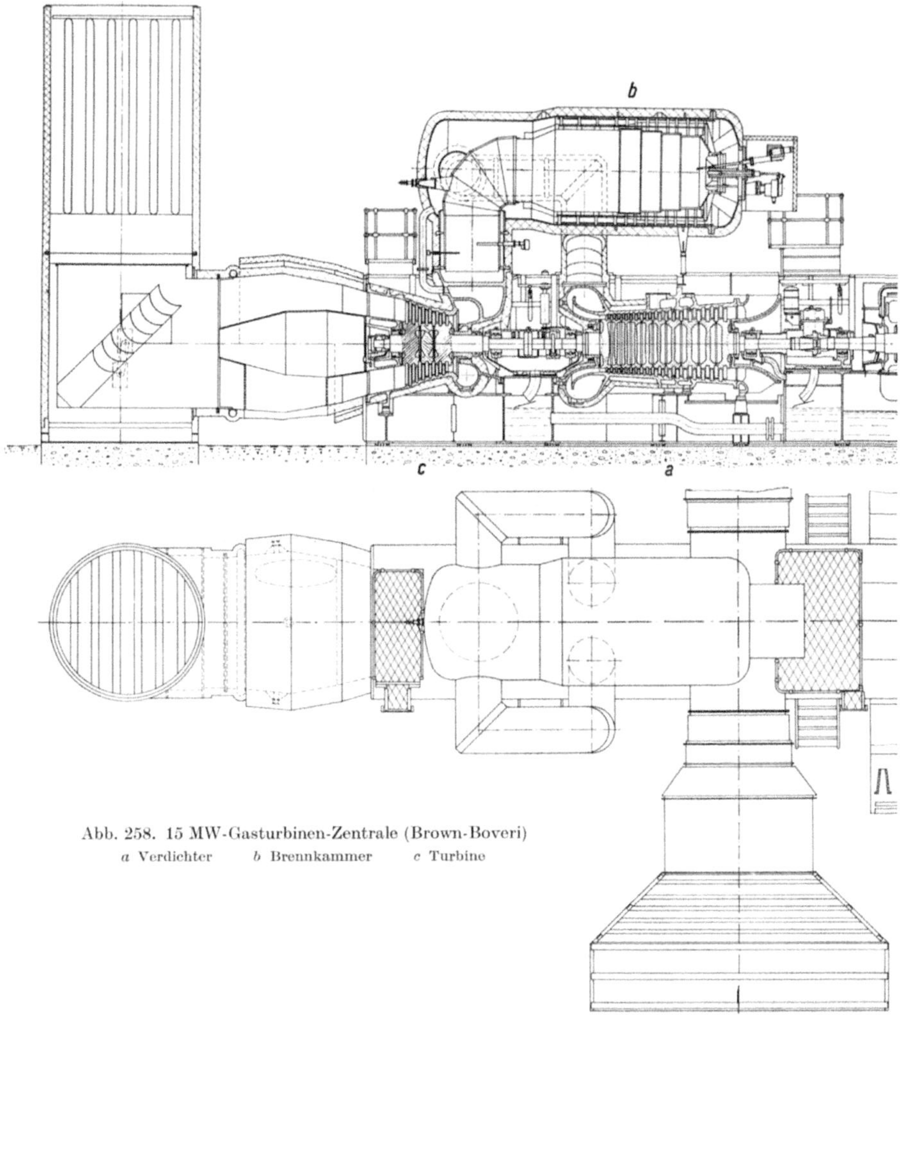

Abb. 258. 15 MW-Gasturbinen-Zentrale (Brown-Boveri)
a Verdichter *b* Brennkammer *c* Turbine

Einen ähnlichen Aufbau hat die 15/17 MW-Gasturbine in Abb. 261 [*27*, S. 181]. Der ebenfalls aus einzelnen Scheiben zusammengebaute gedrungene Läufer trägt 16 Verdichterschaufelreihen mit gleichbleibendem Außendurchmesser. Für die Reihen 9 bis 16 bleibt die Schaufelhöhe konstant; in diesem Teil nimmt die Axialgeschwindigkeit der Dichtezunahme entsprechend ab. Vor der 4. und vor der 10. Stufe sowie am Ende des Verdichters wird Luft zur Kühlung der Turbine entnommen.

Die Turbine verarbeitet das Druckverhältnis von rd. 7 in nur 2 Stufen. Die hohe Stufenbelastung muß gewiß mit einem Verzicht auf höchsten Wirkungsgrad bezahlt werden; sie drängt aber den Bereich hoher Temperatur sehr zusammen, so daß die Wahl einer

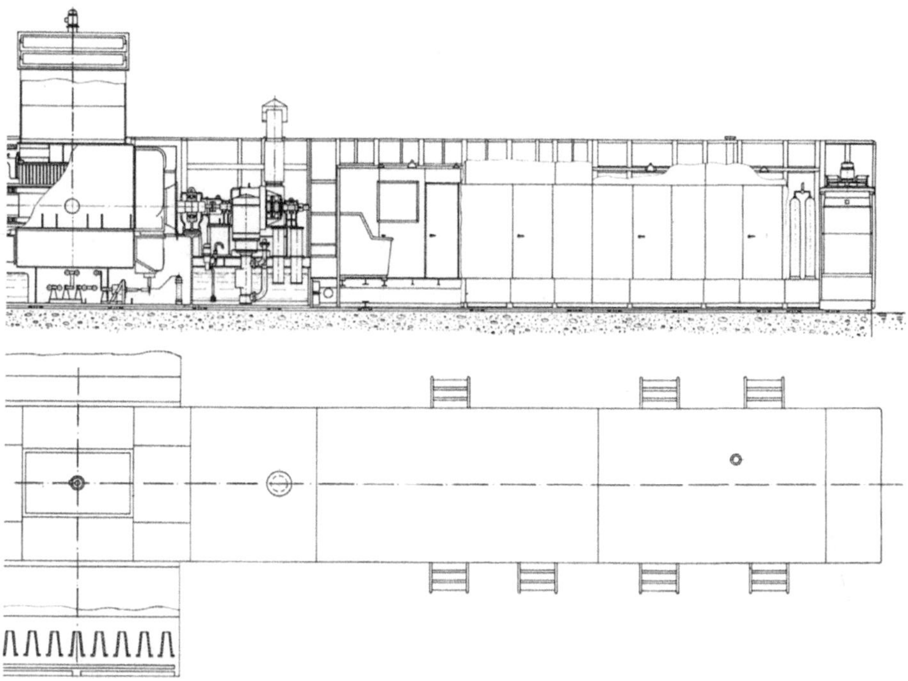

(zu Abb. 258)

höheren Turbineneintrittstemperatur möglich scheint. Ferner ist der größere Teil des Stufengefälles in die Leitschaufeln verlegt (Reaktionsgrad $< 0{,}5$) in dem Bestreben, bei bestimmter Eintrittstemperatur in die Turbine, d.h. in den ersten Leitschaufelkranz, an den Laufschaufeln eine möglichst niedrige Temperatur zu haben.

Zehn Rohrbrennkammern liegen achsparallel um den Verdichter, wobei zur äußersten Verkürzung des Verdichter-Turbinenläufers eine zweimalige Umlenkung der verdichteten Luft in Kauf genommen wurde.

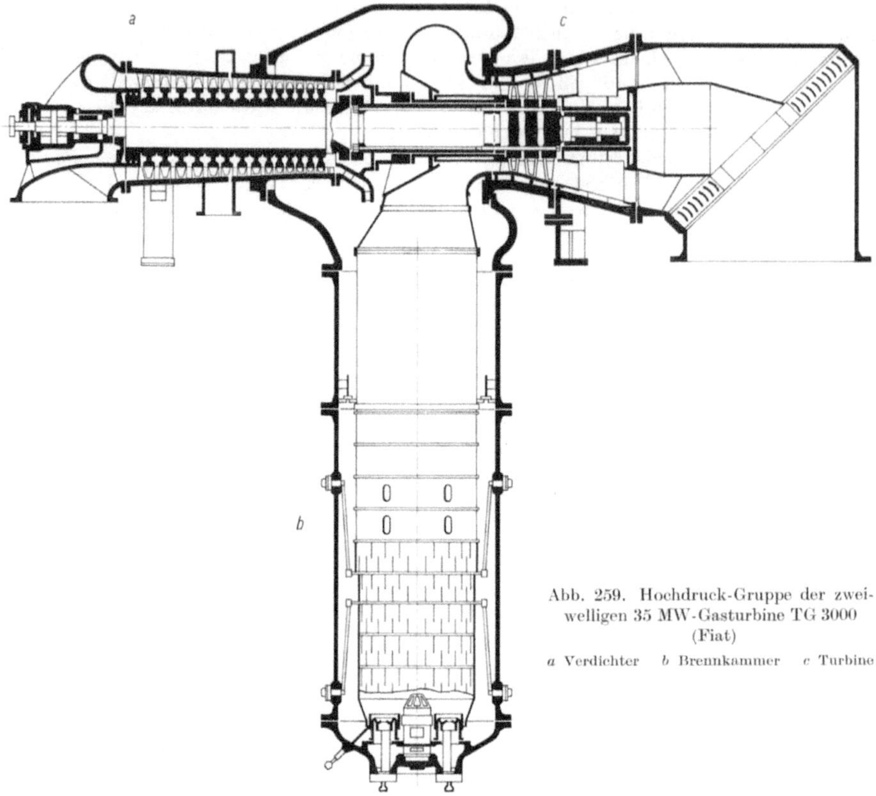

Abb. 259. Hochdruck-Gruppe der zweiwelligen 35 MW-Gasturbine TG 3000 (Fiat)
a Verdichter *b* Brennkammer *c* Turbine

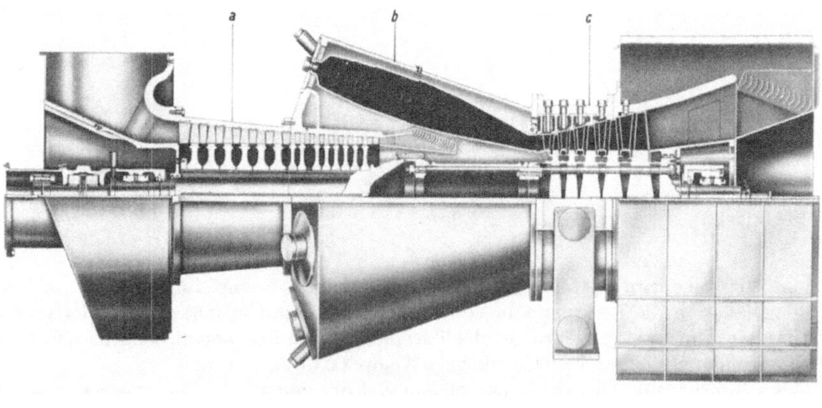

Abb. 260. 12 MW-Gasturbine (Westinghouse)
a Verdichter *b* Brennkammer *c* Turbine

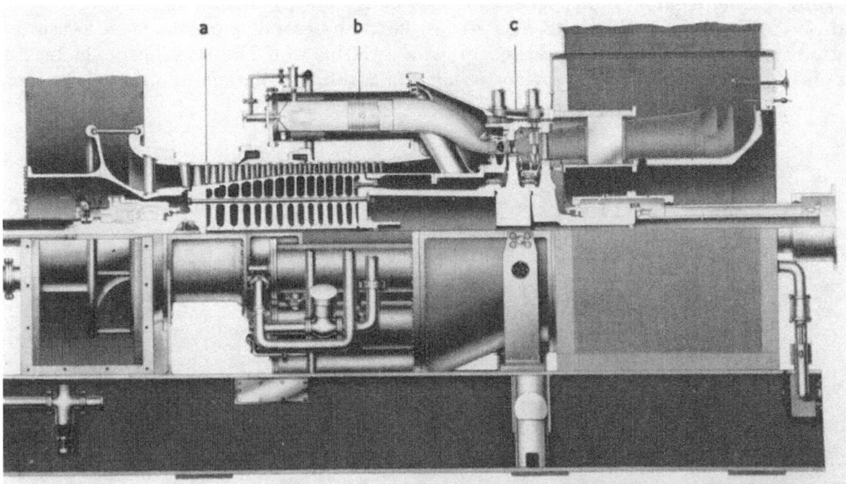

Abb. 261. 15/17 MW-Gasturbine (General Electric)
a Verdichter *b* Brennkammer *c* Turbine

IV. Gasturbinen mit Treibgaserzeuger

Die Aufgabe der Verdichtung und Erhitzung des Treibmittels kann einer besonderen Maschine übertragen werden; die Nutzleistung wird dann in einer eigenen Turbine gewonnen, die nur mäßigen Drücken und Temperaturen ausgesetzt ist und mechanisch unabhängig allein die Arbeitsmaschinen (z. B. einen Generator oder Kompressor) treibt.

a) Als Treibgaserzeuger dient bei zahlreichen Industrieanlagen der Freikolbengenerator [*28*], ein nach dem Dieselprinzip arbeitender Freiflugkolben-Verdichter, der auf Vorschläge von JUNKERS und PESCARA zurückgeht und vor allem in Frankreich in jahrzehntelanger Entwicklung zur Einsatzreife gebracht wurde. Die Einheitsleistung der Freikolbenverdichter ist relativ klein, und es müssen für Nutzleistungen über 700 kW mehrere Treibgaserzeuger zusammenarbeiten, um das Treibmittel für die Nutzleistungsturbine zu liefern. Vorherrschend sind daher Anlagen im Leistungsbereich zwischen 0,6 und 6 MW mit ein bis acht Freikolben-Gaserzeugern. Eine ungewöhnlich große derartige Anlage von 20, maximal 26 MW betreibt seit 1965 die Electricité de France in Chartres [*29*]: Zwölf Zwillings-Freikolben liefern das Treibgas für die dreistufige Nutzleistungsturbine (Abb. 262), das bei 20 MW Nutzleistung mit einem Druck von 4,1 ata und einer Temperatur von 440 °C eintritt.

b) In größerer Zahl sind zuerst vor allem in England Gasturbinenanlagen erstellt worden, bei denen Flugtriebwerke das heiße Druckgas zum Antrieb der Nutzleistungsturbine liefern [*27*, S. 116/18, S. 124/27, S. 159/60, S. 214/21, S. 226/29]. Bei Fluggasturbinen, die als Strahltriebwerk arbeiten, erzeugt die Turbine lediglich die Leistung, die der Verdichter zu seinem Antrieb braucht; eine mechanische Leistung wird also nach außen nicht abgegeben. Die Gase verlassen die Turbine mit einem Druck, der höher ist als der Atmosphärendruck und der in der anschließenden Düse — unter Umständen mit Nachverbrennung — zur Erzeugung einer hohen Strahlaustritts-Geschwindigkeit genutzt wird. An die Stelle dieser Austrittsdüse kann nun für stationäre Zwecke eine Nutzleistungsturbine treten, die die potentielle bzw. kinetische Energie des Treibmittels in mechanische Leistung zum Antrieb eines Generators oder Kompressors umsetzt.

Eine solche Kombination eignet sich bevorzugt als Notstrom- und Reserve-Anlage und für die Erzeugung von Spitzenlaststrom; sie kann besonders rasch angefahren werden und gibt auch nach langem Stillstand in etwa zwei bis fünf Minuten ihre volle Leistung her. Infolge der hochentwickelten Fertigung von Strahltriebwerken und der bescheidenen

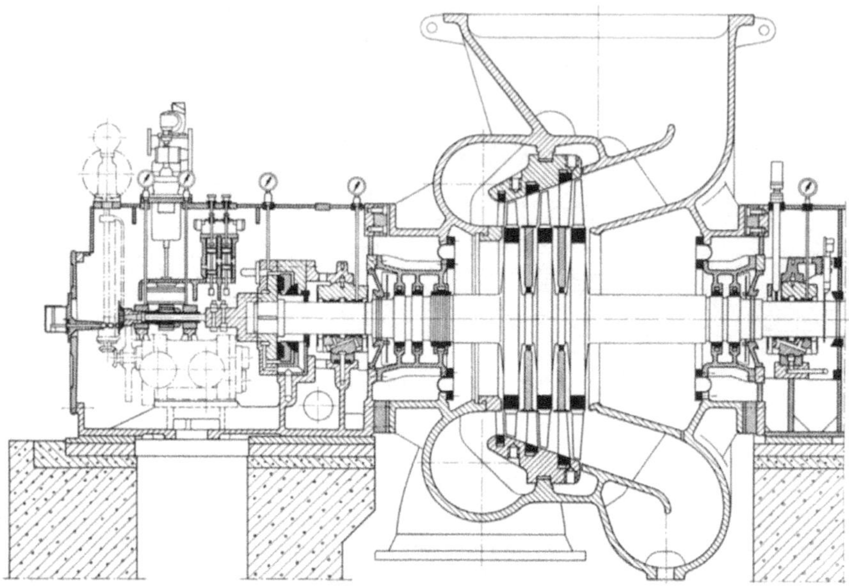

Abb. 262. Nutzleistungsturbine der 20/26 MW-Freikolben-Gasturbinenanlage Chartres der Electricité de France (Alsthom)

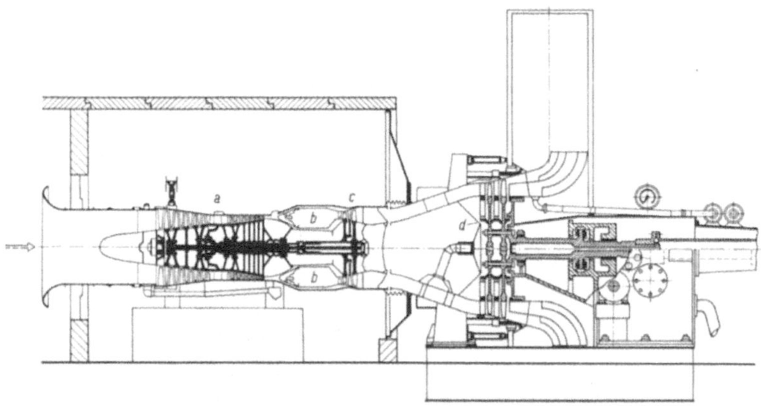

Abb. 263. 17,5/20 MW-Strahltriebwerks-Turbinenanlage (Bristol Siddeley)

a Verdichter }
b Brennkammer } des Strahltriebwerks
c Turbine }
d Nutzleistungsturbine

Anforderungen an Fundament und Gebäude sind die Herstellungskosten erheblich geringer als die von Dampfturbinen (siehe Abb. 215). Bei der kurzen Betriebszeit fällt der höhere Wärmeverbrauch nicht ins Gewicht. Freilich sind Flugtriebwerke nicht für beliebige Brennstoffe eingerichtet und erfordern besondere Schallabwehr-Maßnahmen.

In Abb. 263 ist eine zweistufige Nutzleistungsturbine *d* gezeigt, die das restliche Druckgefälle eines großen Strahltriebwerkes (*a*, *b*, *c*) ausnutzt und eine Leistung von 17,5 MW abgibt [*30*]. Das Treibgas hat bei seinem Eintritt in diese Turbine bei Nennleistung einen Druck von rd. 2,2 ata und eine Temperatur von 580 °C. Für größere Leistungen werden mehrere derartige Anlagen mit je einer Nutzleistungsturbine aneinandergereiht und treiben einen großen Generator (siehe auch [*31*]), oder es beaufschlagen mehrere (bis zu zehn) Strahltriebwerke gemeinsam eine große Nutzleistungsturbine [*32*].

D. Anwendungsgebiete

I. Notstromerzeugung und Lastspitzendeckung

Diese Einsatzart verlangt eine rasche Betriebsbereitschaft und geringe Herstellungskosten. Die Zahl der Benutzungsstunden im Jahr ist relativ klein, und der Anteil der konstanten Kapitalkosten muß niedrig sein. Dagegen ist ein mäßiger thermischer Wirkungsgrad zulässig; denn die Brennstoffkosten sind der geringen Betriebsstundenzahl proportional.

Für solche Zwecke ist die Gasturbine der einfachsten konventionellen Bauart ohne Luftvorwärmung oder in der Kombination mit einem bzw. mehreren Flugtriebwerken vorteilhaft. Ihre Herstellungskosten sind mit etwa 260 bis 350 DM/kW (je nach Leistungsgröße) die niedrigsten aller Wärmekraftmaschinen. Nach den bisherigen Erfahrungen sind die Bedienungs-, Wartungs- und Instandsetzungs-Kosten dieser einfachsten Gasturbine keinesfalls höher als bei der Dampfturbine oder dem Dieselmotor. Werden sie für einen Vergleich von Gas- und Dampfturbine vorsichtig als gleich hoch angenommen und werden für die Dampfturbinenanlage spezifische Herstellungskosten von 450 DM/kW bei einem Wärmeverbrauch von 2600 kcal/kWh (d.h. einem Wirkungsgrad von 33%) den Werten der Gasturbinenanlage von 280 DM/kW und 3600 kcal/kWh (also 23,8% Wirkungsgrad) gegenübergestellt, so ist bei einem jährlichen Kapitaldienst von 14% und einem Brennstoffpreis von 10 DM/10^6 kcal (das sind etwa 100 DM/t Heizöl oder 75 DM/t Kohle) die Gasturbine der Dampfturbine wirtschaftlich überlegen, solange die Zahl der jährlichen Betriebsstunden nicht über 2400 steigt. Hat unter sonst gleichbleibenden Voraussetzungen die Dampfturbine nur einen Wärmeverbrauch von 2260 kcal/kWh (entsprechend 38% thermischem Wirkungsgrad), so liegt die Betriebsstundenzahl für wirtschaftliche Gleichwertigkeit immer noch bei 1770. Die ohne Zweifel höheren Anfahrverluste der Dampfturbine weiten den günstigen Betriebsbereich der Verbrennungsturbine noch etwas aus.

II. Langzeit- oder Dauerbetrieb

Für mittlere Leistungen etwa zwischen 1,5 und 25 MW und langzeitigen oder Dauerbetrieb ist die Verbrennungsturbine am Platz, wenn der Anschluß an ein Stromversorgungsnetz nicht möglich oder zu kostspielig ist oder Brennstoff günstig zur Verfügung steht.

Das gilt beispielsweise für Erdölfelder, Öl- oder Gasfernleitungen, ferner für chemische Betriebe oder Hüttenwerke, wo Brennstoffe anfallen, die für einen weiten Transport nicht geeignet sind.

In derartigen Fällen liegt es nahe, der Verbrennungsturbine einen Luftvorwärmer beizufügen, um mit der angebotenen Brennstoffmenge eine möglichst große Leistung zu gewinnen. Der thermische Wirkungsgrad erreicht dann Werte, die je nach der vom Brennstoff her zulässigen Turbineneintrittstemperatur und der Leistungsgröße zwischen 26 und 34% liegen.

Ist jedoch ein etwaiger Brennstoffüberschuß nicht unterzubringen oder läßt sich die im Abgas enthaltene Wärme extern absetzen, so kann auch hier die einfache Anlage ohne Luftvorwärmung die beste Lösung sein.

III. Heizkraftwerke

Für die gleichzeitige Gewinnung elektrischer Energie und nutzbarer Wärme ist die Verbrennungsturbine dank ihrer großen Abgasmengen und hohen Abgastemperaturen gut geeignet, besonders, wenn das Verhältnis von elektrischer Leistung zur Wärmeabgabe, die Stromkennzahl, verhältnismäßig groß und größer als bei Gegendruck-Dampfturbinen sein soll.

Bei Gasturbinen mit *offenem* Kreislauf ist die Anpassung an den veränderlichen externen Wärmebedarf einfach, wenn man die Verbrennungsturbine zugleich mit einem Luftvorwärmer ausstattet. Dieser führt dem Gasturbinenprozeß jeweils die Wärme zu, die extern nicht unterzubringen ist; er kann bei hohem externem Wärmebedarf teilweise oder ganz umgangen werden. Die Höhe der elektrischen Energieerzeugung wird von dem Maße der Wärmeabgabe nicht beeinträchtigt.

Gasturbinen mit *geschlossenem* Kreislauf geben im Vorkühler und in dem normalerweise in die Verdichtung eingeschalteten Zwischenkühler Heizwärme ab. Die Heizwärmeabgabe kann hier dadurch gesteigert werden, daß man die Temperatur der Luft vor Eintritt in die Verdichter im Vorkühler und Zwischenkühler weniger absenkt und mit der Eintrittstemperatur der Luft auch die Austrittstemperatur aus den Verdichtern erhöht. Naturgemäß fallen bei dieser Maßnahme Leistung und Wirkungsgrad der Gasturbine, und zwar um rd. 1 bzw. 0,5 % je Grad Erhöhung der Lufteintrittstemperatur.

IV. Gas-Dampfkraftwerke

Durch zweckmäßige Zusammenschaltung einer Verbrennungsturbine mit einer Dampfturbine läßt sich der thermische Wirkungsgrad gegenüber einer reinen Dampfkraftanlage ohne wesentliche Erhöhung der spezifischen Herstellungskosten deutlich verbessern. Freilich muß beachtet werden, daß der Dampfprozeß durch Einschränkung der regenerativen Speisewasservorwärmung und Erhöhung der Abgasverluste nicht zu stark betroffen wird. Auch ist Voraussetzung, daß bei einer solchen kombinierten Anlage die Betriebssicherheit nicht beeinträchtigt wird, und es ist empfehlenswert und durchführbar, daß sowohl die Gasturbine als auch die Dampfturbine für sich allein betrieben werden kann, falls der andere Teil nicht betriebsbereit ist.

Zwei Hauptschaltungen für die Kombination sind möglich:

1. Die Gasturbine ist dem Dampfprozeß vorgeschaltet; das in der Turbine entspannte Arbeitsmittel dient dem Dampferzeuger als vorgewärmte Brennluft.

2. Die Entspannungsturbine ist dem Kessel nachgeschaltet; ihr Treibmittel ist das Abgas des mit Druckfeuerung arbeitenden Dampferzeugers.

Der thermische Gewinn solcher Kombinationen ist um so größer, je weniger die Verbesserungsmöglichkeiten des Dampfprozesses (Zwischenüberhitzung, vielfache Regenerativvorwärmung) ausgeschöpft sind und je höher die Temperatur vor Eintritt in die Gasturbine ist.

Erfahrungen mit kombinierten Gas-Dampfkraftwerken, die der Hauptschaltung 1 entsprechen, liegen vor [*51*, *52*, *53*].

Eine erhebliche Minderung der Herstellungskosten verspricht die Schaltung 2 mit Druckverbrennung[1].

---

[1] Siehe auch Zweiter Band, S. 439f.

E. Ausführungsbeispiele

I. Lastspitzendeckung

a) Kraftwerk Berlin-Steglitz der Berliner Kraft- und Licht (BEWAG)-AG

50 MW Nennleistung [*33*]. 2 Gasturbinen je 25 MW (Brown Boveri) (Abb. 264). Inbetriebnahme: 1960.

Der Aufbau entspricht dem Schaltschema Abb. 227: Offener Kreislauf; 2wellige Anlage mit Zwischenkühlung bei der Verdichtung, mit Zwischenverbrennung bei der Entspannung; keine Luftvorwärmung.

Brennstoff:	Schweröl
thermischer Wirkungsgrad:	garantiert 25,7% bei Luftansaugtemperatur 0 °C
Drehzahl des Hochdruckteiles:	4500 U/min
Drehzahl des Niederdruckteiles:	3000 U/min
Luftmengenstrom:	160 kg/s
Gesamt-Druckverhältnis der beiden Verdichter:	17
HD- und ND-Turbinen-Eintrittstemperatur:	630 °C
ND-Turbinen-Austrittstemperatur:	300 bis 320 °C

Die Maschinen erreichen aus dem kalten Zustand in 8 Minuten die Nenn-Drehzahl und in weiteren 10 bis 12 Minuten ihre volle Leistung.

Abb. 264. Kraftwerk Steglitz der Berliner Kraft- und Licht (BEWAG)-AG. Zwei 25 MW-Gasturbinen (Werkbild Brown Boveri)

Der Brennstoff enthält Schwefel, Vanadium und Natrium. Zur Erhöhung des Asche-Schmelzpunktes wird Siliziumdioxid (als Perolin 602 GT oder Aerosil) dem Brennstoff zugesetzt.

Zur Beseitigung von Ablagerungen auf der Turbine wird — wenn die Leistung einen deutlichen Abfall zeigt — Wasser mit einigen Atmosphären Überdruck in die auf rd. 100 °C abgekühlte Turbine eingespritzt. Diese Maßnahme wird nach einer Zeit nötig, die je nach Aschegehalt des Brennstoffes und der Zusatzmittel zwischen rd. 300 und 2000 Betriebsstunden liegt.

Mit Rücksicht auf die bewohnte Umgebung sind Schalldämpfer in die Luftansaug- und Abgaskanäle eingebaut und hat das Maschinenhaus keine Fenster.

Die mittlere Betriebszeit liegt bei 1100 bis 1200 Stunden im Jahr, wozu die Maschinen etwa 300 mal angefahren wurden [*34*].

b) Gasturbinenzentrale Weinfelden der Nordostschweizerischen Kraftwerke AG

Dieses Kraftwerk mit 22 MW Leistung hat neben der Deckung von Lastspitzen die Aufgabe, als Ergänzung der Wasserkraftwerke jahreszeitlich bedingte Energieausfälle zu überbrücken [*35*].

Inbetriebnahme: Winter 1959/60.

Hauptkennzeichen: 2 Gasturbinen je 11 MW (Gebrüder Sulzer) (Abb. 265).

Bauart: Offener Kreislauf, einwellig mit Luftvorwärmer (Schaltschema Abb. 266).

Abb. 265. Kraftwerk Weinfelden der Nordostschweizerischen Kraftwerke AG. Zwei 11 MW-Gasturbinen (Werkbild Sulzer)

Brennstoff:	schweres Heizöl (Aschegehalt $\leq$ 0,05%)
thermischer Wirkungsgrad:	27,5% bei Luftansaugtemperatur 5 °C
Drehzahl:	3000 U/min
Luftmengenstrom:	120 kg/s
Druckverhältnis des Verdichters:	4,5
Turbineneintrittstemperatur:	625 bis 650 °C
Turbinenaustrittstemperatur:	360 bis 370 °C

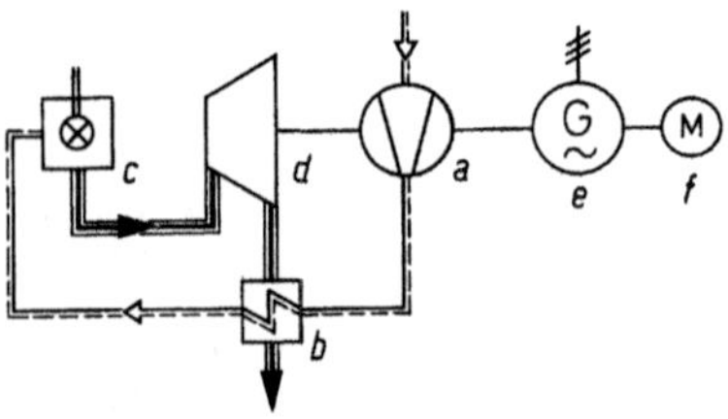

Abb. 266. Schaltschema der 11 MW-Gasturbinen im Kraftwerk Weinfelden

a Verdichter
b Luftvorwärmer
c Brennkammer
d Turbine
e Generator
f Anfahrmotor

Der vielstufige Axialverdichter und die Turbine mit starr gekuppelten Massivläufern wurden bereits in Abb. 237 gezeigt. Der Luftvorwärmung dienen vier parallel arbeitende Rekuperatoren; sie sind im Keller des Maschinenhauses neben- und übereinander liegend angeordnet.

Die Stromerzeugungskosten dieser Anlage betrugen im Durchschnitt über fünf Jahre, in denen etwa 155 000 MWh erzeugt wurden, 4 Pf/kWh [*36*].

c) Kraftwerke Västervik und Sundsvall der Staatlichen Elektrizitäts-Behörde, Schweden

Jedes der beiden Kraftwerke hat eine Leistung von 43 MW [*37*] und dient zur Lastspitzendeckung, zur Reserve bei Ausfall von Wasserkraft und als Phasenschieber. Installiert ist je eine Stal-Laval-Gasturbine von 43 MW (Abb. 267) [*38*].

Inbetriebnahme: 1959 bzw. 1962.

Bauart: Offener Kreislauf, 3wellige Anlage; zwei Verdichter mit Zwischenkühlung; getrennte Niederdruck-Nutzturbine zum Generatorantrieb (Schaltschema Abb. 268).

Abb. 267. Kraftwerk Västervik (Schweden). 43 MW-Gasturbine (Werkbild Stal-Laval)

Brennstoff:	schweres Heizöl
thermischer Wirkungsgrad:	25,8% bei Luftansaugtemperatur 5 °C
Drehzahlen:	
ND-Verdichter und MD-Turbine	3100 U/min
HD-Verdichter und HD-Turbine	3700 U/min
Nutzleistungsturbine und Generator	3000 U/min
Luftmengenstrom:	254 kg/s
Gesamtdruckverhältnis:	12
Turbineneintrittstemperatur:	710 °C

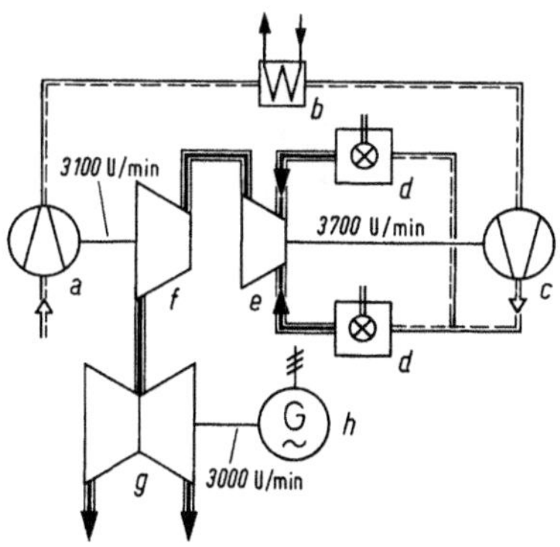

Abb. 268. Schaltplan der 43 MW-Gasturbine Västervik

a ND-Verdichter
b Zwischenkühler
c HD-Verdichter
d Brennkammern
e HD-Turbine
f MD-Turbine
g Doppelfluß-ND-Turbine
h Generator

Den Leistungsbedarf des 10stufigen Niederdruckverdichters und des 13stufigen Hochdruckverdichters decken die 2stufige Hochdruck- und die ebenfalls 2stufige Mitteldruckturbine. Die getrennte Nutzleistungsturbine stellt den Niederdruckteil dar; sie ist doppelflutig und hat 2×3 Stufen. Bei einer größten Schaufellänge von 354 mm und einem Außendurchmesser des letzten Rades von 1881 mm beträgt die axiale Austrittsfläche $2 \times 1,7 = 3,4\ m^2$.

Zwei parallel arbeitende Brennkammern stehen zu beiden Seiten der Verdichtergruppen. Zum Anfahren wird $^1/_2$ Minute lang Druckluft aus einem Vorratsbehälter in den Hochdruckverdichter eingeblasen und dieser als Turbine angetrieben. Diese Art des Startens mittels Luft sowie die konstruktive Maßnahme, horizontale Teilfugen bei den Turbomaschinen zu vermeiden, sind wohl die wesentliche Ursache dafür, daß diese große Anlage in 10 Minuten, im Notfall sogar in 5 Minuten, vom kalten Zustand auf Vollast gebracht werden kann. Als Schutz gegen Korrosion an den Schaufeln werden dem Brennstoff SiO_2- oder Magnesium-Präparate zugesetzt.

Ablagerungen an den Schaufeln werden durch eine eingebaute Wascheinrichtung entfernt, wenn der Leistungsabfall ein bestimmtes Maß erreicht hat.

d) Spitzenkraftwerk Croydon B bei London der Central Electricity Generating Board (CEGB), Großbritannien

140 MW in zwei Anlagen je 70/80 MW.

Inbetriebnahme: 1965.

Bauart: Vier Olympus-Zweiwellen-Flugtriebwerke arbeiten je auf eine Nutzleistungsturbine. Diese ist im Gegensatz zu der 17,5 MW-Anlage (Abb. 263) rechtwinklig zur Triebwerksachse gestellt, und der Treibgasstrom wird im Turbineneintrittsgehäuse um 90° umgelenkt. Alle vier Nutzleistungsturbinen sind miteinander gekuppelt und treiben gemeinsam einen Generator (Hersteller Bristol Siddeley) (Abb. 269) [*39*].

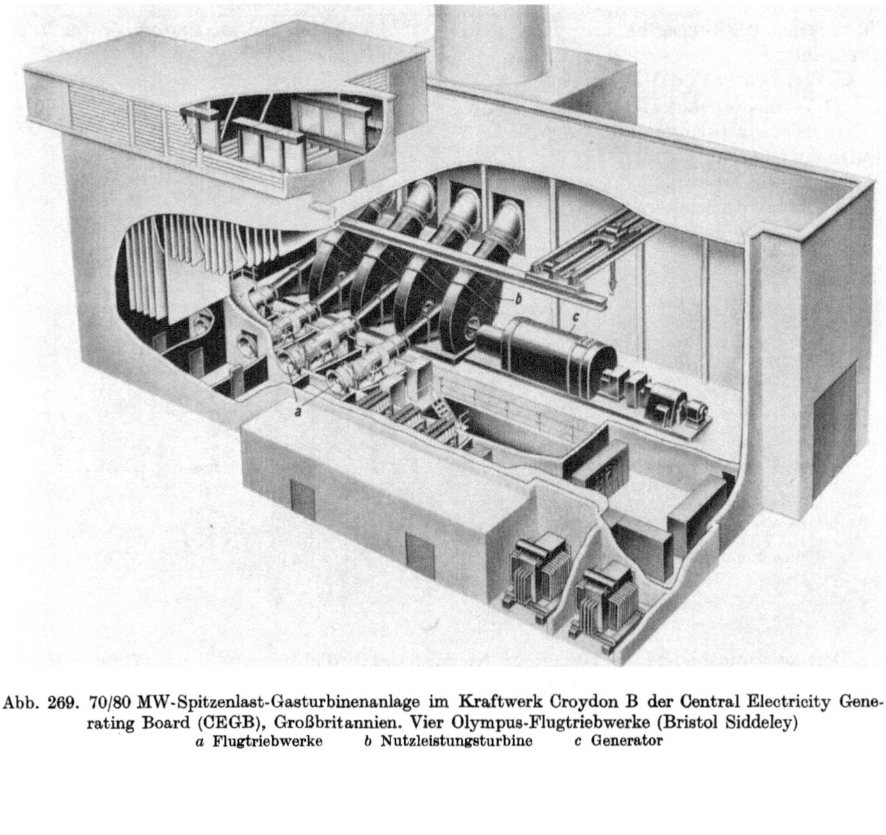

Abb. 269. 70/80 MW-Spitzenlast-Gasturbinenanlage im Kraftwerk Croydon B der Central Electricity Generating Board (CEGB), Großbritannien. Vier Olympus-Flugtriebwerke (Bristol Siddeley)
a Flugtriebwerke *b* Nutzleistungsturbine *c* Generator

Brennstoff:	Dieselöl
thermischer Wirkungsgrad:	26%
Drehzahl der Nutzleistungsturbinen:	3000 U/min
Luftmengenstrom:	4 × 102 kg/s
Turbineneintrittstemperatur im Treibgaserzeuger:	800 °C
Druckverhältnis für Nutzleistungsturbine:	2,3
Eintrittstemperatur Nutzleistungsturbine:	580 bis 630 °C

Die Maschinen können automatisch angefahren und auch bei sinkender Frequenz auf das Netz geschaltet werden. Die Regelanlage sorgt für eine möglichst gleichmäßige Belastung aller vier Treibgaserzeuger. Zur Reinigung der Verdichterbeschaufelung von Staub, der mit der angesaugten Luft eintritt und die Leistung merklich mindern kann, wird von Zeit zu Zeit bei Leerlaufdrehzahl ein Gemisch von destilliertem Wasser und Kerosin eingesprüht.

e) Spitzenkraftwerk Early bei Reading der Central Electricity Generating Board (CEGB), Großbritannien

112/120 MW in zwei Anlagen von je 56/60 MW Nutzleistung [*40*, *41*].

Bauart: Zweimal zwei Avon-Flugtriebwerke beaufschlagen mit ihrem heißen Treibgas zwei Nutzleistungsturbinen, die von beiden Seiten den 60 MW-Generator antreiben (Schaltschema Abb. 270) (Hersteller English Electric/Rolls Royce).

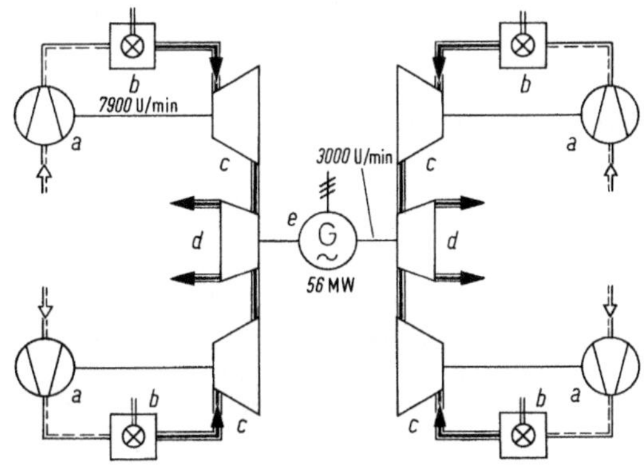

Abb. 270. Schaltplan der 56/60 MW-Gasturbinengruppe im Spitzenkraftwerk Early der Central Electricity Generating Board (CEGB), Großbritannien. Vier Flugtriebwerke (English Electric/Rolls Royce)

a Verdichter, *b* Brennkammer, *c* Turbine } Flugtriebwerk
d Nutzleistungsturbine
e Generator

Brennstoff:	Dieselöl
thermischer Wirkungsgrad:	26,5% bei 15 °C Lufteintrittstemperatur
Luftmengenstrom:	81,8 kg/s
Druckverhältnis des Flugtriebwerks:	9,4
Drehzahl des Treibgaserzeugers:	7900 U/min
Temperatur am Eintritt in Nutzleistungsturbine:	587 °C

Die Nutzleistungsturbine liegt in der Mitte der beiden Gaserzeuger, und der Treibmittelstrom zur Nutzturbine wird um 180° umgeleitet (Abb. 271). Dadurch können die Abgase verlustarm axial abgeführt werden; ferner ist die 2stufige Nutzturbine mit fliegend gelagertem Scheibenläufer von der Austrittsseite leicht zugänglich.

Durch eine Spezialkupplung wird es möglich, daß der Generator zur Spannungshaltung als leerlaufender Synchronmotor allein fährt; zur Übernahme der Spitzenlast werden die Nutzleistungsturbinen mit Hilfe der Gaserzeuger auf die Synchron-Drehzahl gebracht, bei der die Kupplung automatisch die Verbindung mit dem Generator herstellt.

Abb. 271. 28/30 MW-Spitzenlast-Gasturbinengruppe im Kraftwerk Early der Central Electricity Generating Board (CEGB), Großbritannien. Zwei Avon-Flugtriebwerke (Werkbild English Electric/Rolls Royce)

a Flugtriebwerke
b Nutzleistungsturbine
c Generator

II. Langzeit- oder Dauerbetrieb

a) Kraftstation der Mene Grande Oil Co., San Tome, Venezuela

5 Gasturbinen von je 5 MW (Westinghouse) zur Stromerzeugung (Abb. 272) [*42*]. Inbetriebnahme: 1954—1959.

Bauart: Offener Kreislauf; einwellig; kein Luftvorwärmer.

Brennstoff:	Erdgas
thermischer Wirkungsgrad:	19,4% bei 26,7 °C Luftansaugtemperatur
Drehzahl der Turbine:	5740 U/min

Abb. 272. Kraftwerk der Mene Grande Oil Co., San Tome, Venezuela. Fünf Gasturbinen je 5 MW (Werkbild Westinghouse)

Drehzahl des Generators:	3600 U/min
Luftmengenstrom:	53 kg/s
Druckverhältnis:	6
Turbineneintrittstemperatur:	730 °C

Die Gasturbinen sind von der einfachen in den USA üblichen Bauart, ähnlich Abb. 260. Die Zahl der Laufstunden jeder dieser fünf Turbinen lag bis Oktober 1966 zwischen 52 000 und 81 000.

b) Gichtgasturbine der Dortmund-Hörder Hüttenunion

Zum Antrieb eines Hochofenwindverdichters für eine Luftlieferung von 180 000 Nm^3/h mit 2,3 ata bzw. eine äquivalente Leistung von 6500 kW (Siemens) (Abb. 273) [*43*].

Inbetriebnahme: Dezember 1960.

Abb. 273. Gichtgasturbine der Dortmund-Hörder Hüttenunion zur Lieferung von 180 000 Nm^3/h Luft mit 2,3 ata ($N \sim 6500$ kW) (Werkbild Siemens)

Bauart: Offener Kreislauf, einwellige Gasturbine mit Luft- und Gichtgasvorwärmung (Schaltschema Abb. 274).

Brennstoff:	Gichtgas mit einem unteren Heizwert von 950 $kcal/Nm^3$
thermischer Wirkungsgrad, bezogen auf die adiabate Verdichtung der Nutzluft:	23,4%
Wirkungsgrad, bezogen auf die Leistung an der Kupplung der Turbine:	29,3% bei einer Luftansaugtemperatur von 15 °C
Drehzahl der Hauptwelle:	3962 U/min
Mengenstrom der Turbine:	70 kg/s
Druckverhältnis:	3,6
Turbineneintrittstemperatur:	680 °C

Das als Brennstoff dienende Gichtgas wird auf einen Druck verdichtet, der etwa 0,2 at über dem in der Brennkammer herrschenden Druck liegt. Als Folge seines geringen Heizwertes sind die erforderliche Gichtgasmenge und die zur Verdichtung aufzuwendende Leistung beträchtlich (rd. 1700 kW). Der Gichtgaskompressor muß einen noch größeren Mengenstrom verdichten als bei Normalbetrieb gebraucht wird, um den Brennstoffmehrbedarf beim Beschleunigen der Anlage, bei einer Temperaturerhöhung der angesaugten Luft oder einer Minderung des Gichtgasheizwertes zu decken. Der jeweils nicht zur Verbrennung benötigte Gichtgasmengenstrom wird in einer Entspannungsturbine mit verstellbaren Leitschaufeln ausgenutzt; dadurch wird die für ihn aufgewendete Verdichtungsarbeit wenigstens zum Teil zurückgewonnen.

Die Anlage hat trotz einer durch einschneidende Betriebsumstellungen erzwungenen Stillstandszeit von rund $1^1/_2$ Jahren bis Ende 1967 24 043 Betriebsstunden hinter sich gebracht.

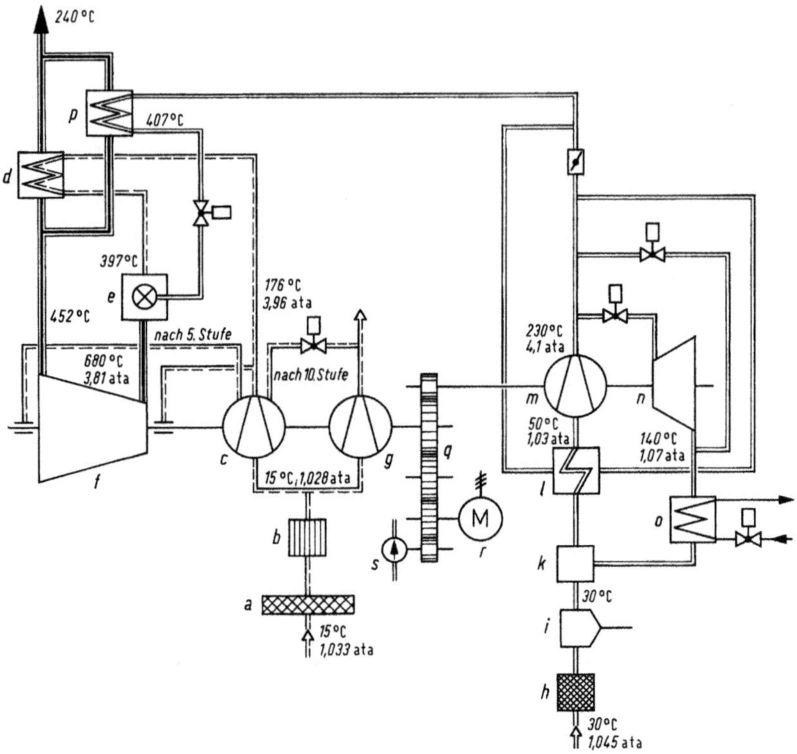

Abb. 274. Schaltplan der Gichtgasturbinen-Anlage der Dortmund-Hörder Hüttenunion zur Erzeugung von Hochofenwind

a Luftfilter
b Schalldämpfer
c Brennluftverdichter
d Luftvorwärmer
e Brennkammer
f Turbine
g Windverdichter
h Gichtgasfilter
i Wasserabscheider
k Mischer
l Gichtgastrockner
m Gichtgasverdichter
n Entspannungsturbine
o Gichtgaskühler
p Gichtgasvorwärmer
q Getriebe
r Anfahrmotor
s Hauptölpumpe

c) Erdgas-Kompressorstation Ticleni, Rumänien

Drei Gasturbinen je 2400 kW (Gebr. Sulzer) (Abb. 275) [*44*].
Antrieb von Gasverdichtern einer Fernleitung.

Fördermenge:	je 700 000 $Nm^3/24$ h
Förderdruck:	7 ata
Brennstoff:	Erdgas

Die Gasturbinen sind von der Blockbauart (Abb. 244) mit je zwei zu beiden Seiten der Turbomaschinen stehenden Brennkammern; offene Bauart; getrennte Nutzleistungsturbine; keine Luftvorwärmung.

Drehzahl der Gaserzeuger-Gruppe:	7200 U/min
Drehzahl der Nutzturbine:	6060 U/min
Luftmengenstrom:	30 kg/s
Druckverhältnis:	3,9
Turbineneintrittstemperatur:	760 °C
thermischer Wirkungsgrad:	19%

Abb. 275. Erdgaskompressor-Station Ticleni, Rumänien. Drei Gasturbinen je 2,4 MW (Werkbild Sulzer)

Über die Welt verteilt gibt es heute schon eine größere Zahl von Gasturbinen verschiedener Hersteller, die länger als 100 000 Stunden im Betrieb stehen [*45*].

III. Heizkraftwerke

a) Heizkraftwerk Vahr der Stadtwerke Bremen AG

Elektrische Leistung 50 MW; Wärmeleistung 60, maximal 95 Gcal/h (das sind 70, maximal 105 MW) [*46*].

Abb. 276. Heizkraftwerk Vahr der Stadtwerke Bremen AG. Zwei 25 MW-Gasturbinen (Brown Boveri)

Für den Stadtteil Neue Vahr im Osten Bremens wurde in Deutschland das erste Gasturbinen-Heizkraftwerk zur öffentlichen Energieversorgung gebaut. Es ist ausgerüstet mit zwei Gasturbinen von je 25 MW (Brown Boveri) (Abb. 276).

Inbetriebnahme: 1959/60.

Bauart: Offener Kreislauf; zweiwellige Anlage mit Zwischenkühlung und Zwischenverbrennung; keine Luftvorwärmung.

Brennstoff:	schweres Heizöl
thermischer Wirkungsgrad:	24,5% bei einer Luftansaugtemperatur von 1,5 °C
Drehzahl des Hochdruckteiles:	4500 U/min
Drehzahl des Niederdruckteiles:	3000 U/min
Luftmengenstrom:	160 kg/s
Gesamtdruckverhältnis:	17
Turbineneintrittstemperatur:	630 °C
Temperatur der Abgase aus Niederdruckturbine:	310 °C

Den Grundriß des Kraftwerkes stellt Abb. 277 dar.

Jede Maschine gibt in einem Zwischenkühler und dem Abgaswärmetauscher 30 Gcal/h Heizwärme ab, die als Heißwasser von etwa 130 °C zur Verfügung steht. Zwei Gleichdruckverdrängungsspeicher von je 300 m³ dienen zum Ausgleich zwischen Wärmeerzeugung und

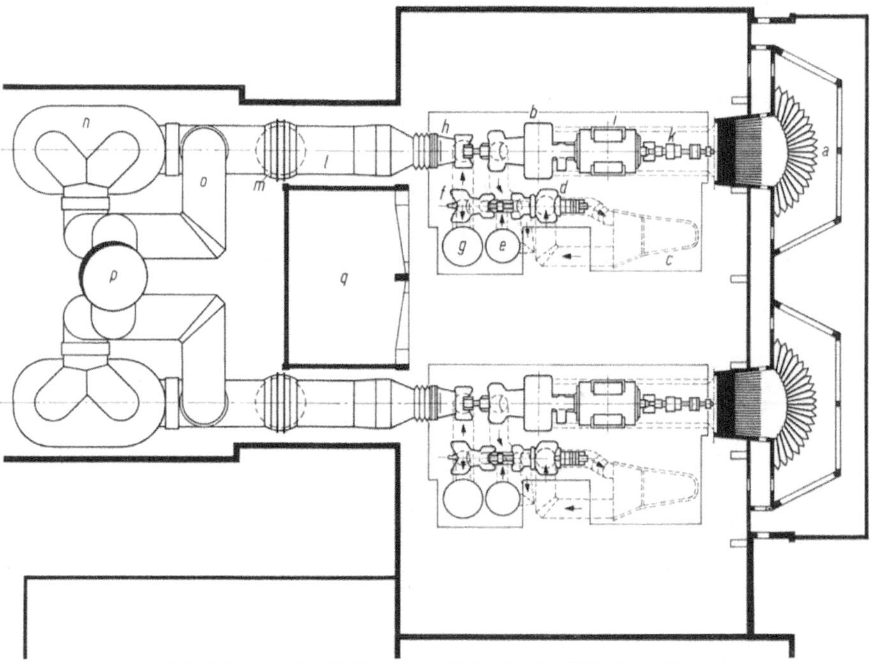

Abb. 277. Grundriß Heizkraftwerk Vahr. Zwei 25 MW-Gasturbinen

a Luftansaugkammer mit Schalldämpfer
b ND-Verdichter
c Zwischenkühler
d HD-Verdichter
e HD-Brennkammer
f HD-Turbine
g ND-Brennkammer
h ND-Turbine
i Stromerzeuger
k Anfahrmotor
l Abgasleitung
m Heizölvorwärmer
n Abhitzkessel
o Umgehungsleitung
p Schornstein
q Warte

-verbrauch. Kurzzeitige Wärmespitzen bis zu 24,4 Gcal/h können durch vier ölgefeuerte Kessel gedeckt werden; ferner kann Nachtstrom eines Laufwasserkraftwerkes für die Wärmeerzeugung von 10,5 Gcal/h in Elektro-Kesseln ausgenutzt werden.

Die jährliche Betriebszeit lag im Durchschnitt der letzten fünf Jahre bei 1300 bzw. 1600 Stunden, die durchschnittliche Laufzeit je Start etwas über 6 Stunden [*34*].

b) Heizkraftwerk der Stadtwerke Oberhausen

Elektrische Leistung 12,5 MW; Wärmeleistung 17, maximal 24 Gcal/h (das sind 20, maximal 28 MW) [*47*].

In diesem Kraftwerk steht die bisher größte installierte Heißluftturbine (Gutehoffnungshütte) (Abb. 278) [*48*].

Inbetriebnahme: 1960.

Abb. 278. Heizkraftwerk Oberhausen. 12,5 MW-Heißluftturbine (Gutehoffnungshütte). Maschinenhaus (links Niederdruckverdichter, in der Mitte Hochdruckverdichter und Turbine, rechts Untersetzungsgetriebe zum Generator)

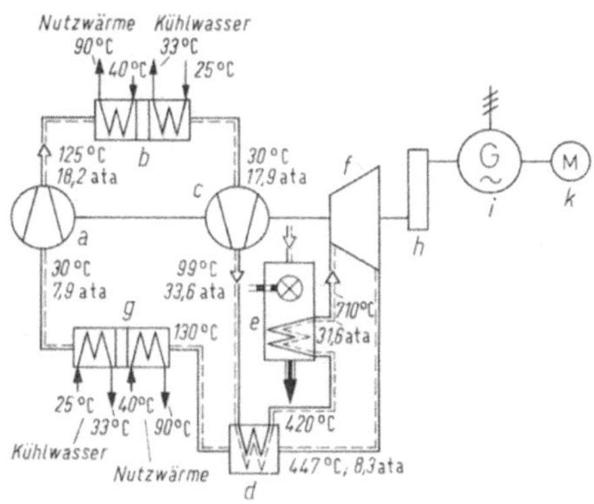

Abb. 279. Schaltplan der Heißluftturbine Heizkraftwerk Oberhausen

a ND-Verdichter	*f* Turbine
b Zwischenkühler	*g* Vorkühler
c HD-Verdichter	*h* Getriebe
d Luftvorwärmer	*i* Stromerzeuger
e Lufterhitzer	*k* Anfahrmotor

Bauart: Geschlossener Kreislauf; einwellige Anlage; Verdichtung aufgeteilt auf zwei Gehäuse mit Zwischenkühler; Luftvorwärmung; indirekte Erhitzung der Treibluft im Lufterhitzer mit zwei parallel geschalteten Strahlungsteilen (Schaltschema Abb. 279).

Brennstoff:	Steinkohlenstaub
thermischer Wirkungsgrad, bezogen auf elektrische Klemmenleistung:	29% bei Verdichtereintrittstemperatur von 15 °C
Drehzahl der Gasturbine:	6600 U/min
Drehzahl des Generators:	3000 U/min
Luftmengenstrom:	129 kg/s

unterer Kreislaufdruck: 7,9 ata	also Druckverhältnis: 4,25
oberer Kreislaufdruck: 33,6 ata	Turbineneintrittstemperatur: 710 °C

Das Heißwasser wird mit 90 °C in das Heizungsnetz eingespeist; die Rücklauftemperatur beträgt 40 °C.

Die in dem Zwischenkühler und im Vorkühler abgegebene Heizwärme kann von 17 auf 24 Gcal/h gesteigert werden, wenn man eine höhere Verdichtereintrittstemperatur zuläßt. Allerdings sinkt dabei die elektrische Leistung auf 11,8 MW ab. Zur Anpassung von Wärmeanfall und Wärmeabgabe wurde ein Warmwasserspeicher von 200 m³ Inhalt aufgestellt.

Insgesamt lief die Anlage bis Frühjahr 1967 42 000 Stunden und gab dabei durchschnittlich 9 MW elektrische Leistung und 13 Gcal/h Wärme ab. Die längste ununterbrochene Laufzeit erreichte 5160 Stunden.

c) Heizkraftwerk Sendling der Stadtwerke München

Elektrische Leistung 50 MW; Wärmeabgabe 48 bis 96, maximal 140 Gcal/h; also Wärmeleistung 56 bis 112, maximal 162 MW. Zwei Gasturbinen von je 25, maximal 32 MW (Siemens) (Abb. 280) [*49*].

Inbetriebnahme: erster Satz 1962/63, zweiter Satz Dezember 1964.

Bauart: Offener Kreislauf; einwellige Anlage mit Luftvorwärmung.

Abb. 280. Heizkraftwerk Sendling der Stadtwerke München. Zwei 25 MW-Gasturbinen (Werkbild Siemens)

Brennstoff:	Erdgas, aushilfsweise leichtes Heizöl, auch beide Brennstoffe in beliebigem Mischungsverhältnis
thermischer Wirkungsgrad, bezogen auf elektrische Klemmenleistung:	32,4 % bei einer Luftansaugtemperatur von 5 °C
Drehzahl des Gasturbinensatzes:	3000 U/min
Luftmengenstrom:	184 kg/s
Druckverhältnis:	6
Turbineneintrittstemperatur:	720 °C
Temperatur der Abgase aus Turbine:	395 °C
Temperatur der Abgase aus Luftvorwärmer:	rd. 257 °C

Bei vollbeaufschlagtem Luftvorwärmer werden im Heißwasserwärmetauscher einer Anlage 24 Gcal/h abgegeben. Durch Umgehung des Luftvorwärmers kann die Heizleistungsabgabe ohne Beeinträchtigung der elektrischen Leistung bis auf 48 und durch Zusatzverbrennung im Wasserwärmetauscher auf maximal 70 Gcal/h gesteigert werden (Schaltschema Abb. 281).

Bei vollständig umgangenem Luftvorwärmer und ohne Zusatzfeuerung werden bei einer Stromkennzahl von etwa 520 kWh/Gcal (0,447 kW elektrische Leistung je kW Nutzwärmeleistung) nahezu 80% der Brennstoffenergie in elektrische Energie und Nutzwärme umgesetzt.

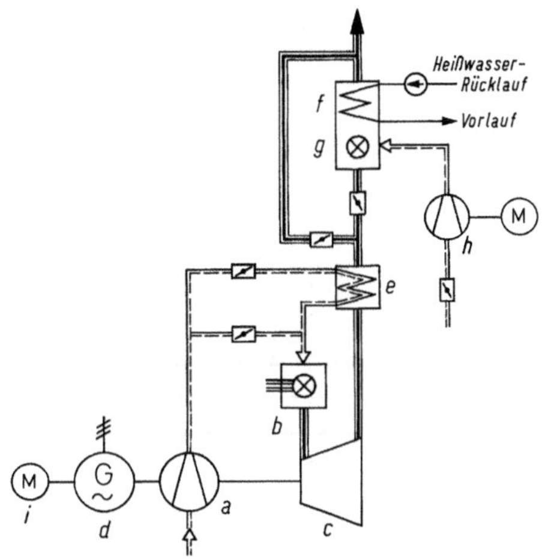

Abb. 281. Schaltplan der einwelligen 25 MW-Gasturbine für Heizkraftwerk Sendling

a Verdichter
b Brennkammer für Erdgas und Heizöl
c Turbine
d Stromerzeuger
e Luftvorwärmer
f Wassererhitzer
g Zusatzbrenner
h Zusatzgebläse
i Anfahrmotor

Beide Maschinen liefen im Jahre 1965 über 4000 Stunden:

Maschine I: 4530 Stunden mit 154 Inbetriebsetzungen, also im Durchschnitt 24,7 Stunden je Start.

Maschine II: 4027 Stunden mit 321 Inbetriebsetzungen, also durchschnittlich 12,5 Stunden je Start.

Einerseits wurde eine Maschine über 480 Stunden ohne Unterbrechung eingesetzt, andererseits an 30 Tagen je zweimal zum Auffangen von Belastungsschwellen in Betrieb genommen.

1966 war die Gasturbine I trotz 4581 Jahresbetriebsstunden stärker zur Übernahme der Belastungsschwellen herangezogen und wurde an 80 Tagen zweimal in Betrieb gesetzt. Bei Turbine II waren es 1966 bei 4393 Jahresbetriebsstunden 25 Tage mit zweimaligem Anfahren, andererseits 484 Stunden längster ununterbrochener Betrieb.

d) Heizkraftwerk Toplana Novi Beograd, Jugoslawien

Elektrische Leistung 105 MW; Heizwärme 140 Gcal/h [*50*]. Drei Gasturbinen mit je 35 MW (Fiat) (Abb. 282 und 283).

Bauart: Offener Kreislauf; zweiwellige Anlage mit Zwischenkühlung und Zwischenverbrennung; keine Luftvorwärmung (Schaltschema entspricht Abb. 227).

Brennstoff:	Erdgas, destillierter Brennstoff oder Schweröl
thermischer Wirkungsgrad, bezogen auf elektrische Leistung:	26,5% bei 0 °C Lufteintrittstemperatur

gesamte Wärmeausbeute unter Einbeziehung der Nutzwärme:	67%
Luftmengenstrom:	181 kg/s
gesamtes Verdichtungsverhältnis:	16,5
Eintrittstemperatur in HD- und in ND-Turbine:	730 °C
Temperatur der Abgase aus Turbine:	425 °C

Jeder Turbine ist ein Kessel für die Erwärmung von Wasser zur Fernheizung nachgeschaltet. Die Abgase der Turbine können auch direkt in den Kamin geleitet werden,

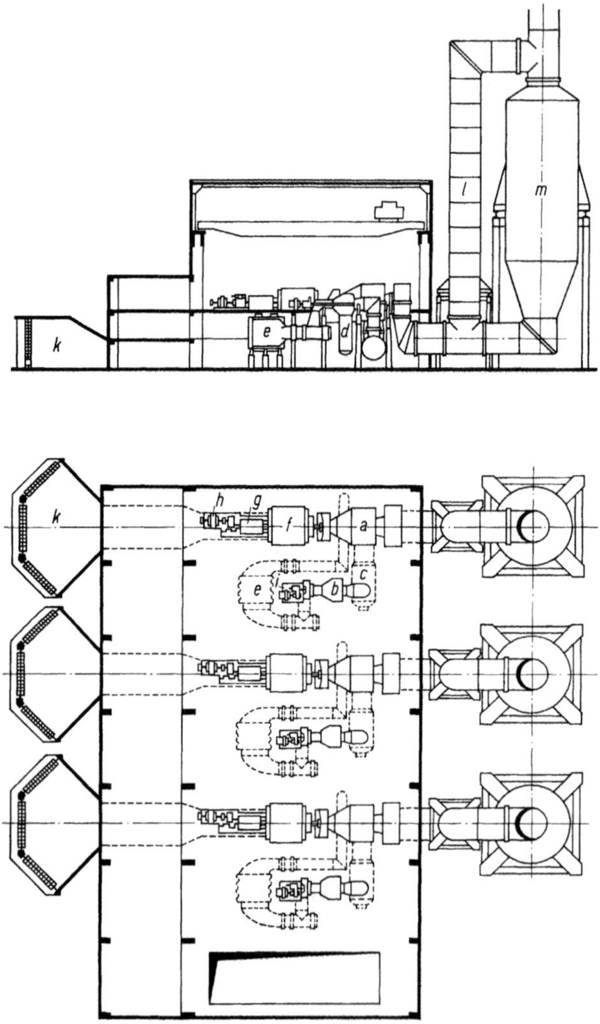

Abb. 282. Heizkraftwerk Belgrad. Drei 35 MW-Gasturbinen (Fiat)

a ND-Teil
b HD-Teil
c ND-Brennkammer
d HD-Brennkammer
e Luft-Zwischenkühler
f Generator
g Erreger
h Anlaßmotor für ND-Teil
i Anlaßmotor für HD-Teil
k Luftfilter
l Abgas-Nebenleitung
m Abhitzekessel

wenn (während des Sommers) keine Heizwärme benötigt wird; andererseits können die Kessel auch mit eigener Feuerung betrieben werden.

Für die Erwärmung des Wassers wird auch ein Teil der Wärme genutzt, die in dem Zwischenkühler zwischen HD- und ND-Verdichter der verdichteten Luft entzogen wird.

Es ist wert, darauf hinzuweisen, daß in den Heizkraftwerken die Gasturbinen oft einerseits im Winter — dem Wärmebedarf entsprechend — in langzeitigem oder Dauerbetrieb stehen, andererseits im Sommer zur Spitzenlastdeckung nur wenige Stunden am Tage betrieben werden.

Abb. 283. Maschinenhalle des Heizkraftwerkes Belgrad. Drei zweiwellige Gasturbinen von je 35 MW (Werkbild Fiat)

Schrifttum

[1] Dettmering, W.: Die Gasturbine im Wettbewerb mit der Dampfturbine in stationären Anlagen. Techn. Überwach. Bd. 4 (1963), S. 7/15.

[2] Nelson, H. W., u. a. (Battelle Memorial Institute): Corrosion and deposits in coal- and oilfired boilers and gas turbines. American Society of Mechanical Engineers, 1959.

[3] Scollon, T. R., H. Perry, E. P. Shoub u. J. P. McGee: Bureau of Mines Coal-Fired Gas Turbine Research Project. Combustion Bd. 33 (1961), Nr. 6, S. 35/37; Auszug Brennstoff Wärme Kraft Bd. 14 (1962), S. 298.

[4] Nabors, W. M., D. C. Strimbeck, R. W. Cargill u. J. Smith: Bureau of Mines Progress in Developing the Coal-Burning Gas Turbine Power Plant. J. Engng. for Power Bd. 87, April 1965, S. 215/22.

[5] Mordell, D. L.: An experimental coal-burning gas turbine. Proc. Inst. Mech. Eng. Bd. 169 (1955), S. 163/80. — Probeläufe der kanadischen Versuchs-Heißluftturbine mit Kohlenfeuerung und äußerer Verbrennung. Oil Engine and Gas Turbine Bd. 22 (1954), Nr. 253, S. 114/16; Brennstoff Wärme Kraft Bd. 7 (1955) S. 527. — Leist, K.: Die kohlegefeuerte Verbrennungskraftanlage als offene Luftturbine mit Abgasheizung. MTZ Bd. 16 (1955), S. 166/74.

[6] Bammert, K., Th. Geissler u. E. Nickel: Die Verfeuerung von Kohlenstaub in Gasturbinenanlagen mit geschlossenem Kreislauf. Brennstoff Wärme Kraft Bd. 14 (1962), S. 537/45.

[7] Traupel, W.: Thermische Turbomaschinen, Bd. I, 2. Aufl., Berlin/Heidelberg/New York: Springer 1966.

[8] Eckert, B., u. E. Schnell: Axial- und Radial-Kompressoren, 2. Aufl., Berlin/Göttingen/Heidelberg: Springer 1961.

[9] Dittié, B.: Axial-Kompressoren, insbesondere Transsonic- und Überschall-Verdichter. Industrie-Anz. Nr. 86, Ausg. „Industrielle Energie", 2. Heft, 27. Okt. 1964.

[10] Cordes, G.: Strömungstechnik der gasbeaufschlagten Axialturbine, Berlin/Göttingen/Heidelberg: Springer 1963.

[11] Pfenninger, H.: Entwicklung und Gestaltung von Gichtgasturbinen-Anlagen auf Grund der thermodynamischen Theorie und der technischen Leistungsgrenzen. Stahl u. Eisen Bd. 79 (1959), S. 1555/67.

[12] Strub, R. A.: Field experience on industrial gas turbine installations. Bericht B 12, CIMAC, London 1965.

[13] Franzke, H. H.: Probleme bei der Verbrennung von schwerem Heizöl in einer Gasturbinenanlage offenen Kreislaufes. MTZ Bd. 27 (1966), S. 82/89.

[14] TAYGUN, F.: Die Heißluftturbine als reiner Stromerzeuger und als Heizkraftwerk. Escher Wyss Mitt. Bd. 35 (1962), S. 29/36.
[15] STRUB, R. A., u. H. CANONICA: Recent development work on a single and split shaft 3000 kW gas turbine. Bericht B 2, CIMAC, Kopenhagen 1962.
[16] 11 MW-SSW-Gasturbine. MTZ Bd. 25 (1964), S. 167.
[17] Eine Gasturbinen-Anlage der Siemens-Schuckertwerke. MTZ Bd. 20 (1959), S. 214.
[18] STARKEY, N. E., u. K. E. GILBERT: Design and test of a large two-shaft gas turbine. ASME Paper No. 64-GTP-21.
[19] SAWYER, R. T. (Hrsg.): Annual Gas Turbine Catalog 1965, S. 260/61.
[20] Sulzer-Gasturbinen. MTZ Bd. 18 (1957), S. 180/83.
[21] SCHMOCH, O.: Gas turbine with utilization of exhaust heat for district heating. ASME Paper No. 66-GT/CMC-61.
[22] BAMMERT, K., u. E. NICKEL: Design of Combustion Chambers of Heaters for Transmission of the Primary Heat of Closed-Cycle Gas Turbines. ASME Paper No. 66-GT/CLC-1.
[23] A British Long-Life Gas Turbine of Advanced Design. English Electric 3000 b.h.p. engine now in batch production. Oil Engine and Gas Turbine Bd. 24 (1956), Nr. 273, S. 30/35.
[24] PFENNINGER, H.: Entwicklung und Gestaltung einer neuen 15 MW-Gasturbinenzentrale. Brown Boveri Mitt. Bd. 52 (1965), S. 214/31.
[25] MANCUSO, N.: Centrales avec turbines à gaz pour la production combinée d'énergie électrique et de chaleur. Bericht 46, II B-4, Weltkraftkonferenz, Teiltagung Lausanne 1964. — CONGIU, A.: Development and Operating Results of a 37-42 MW Compounds Cycle Gas Turbine. Bericht B 8, CIMAC, London 1965.
[26] STEPHENS, J. O.: Technical advancement of the industrial gas turbine since 1946. Bericht B 4, CIMAC, Kopenhagen 1962.
[27] SAWYER, R. T. (Hrsg.): Annual Gas Turbine Catalog 1966.
[28] World Wide Listing. Free Piston Gas Generators. Annual Gas Turbine Catalog 1966, S. 80/81.
[29] CHAMBADAL, P.: Progrès récents dans le domaine des générateurs de gaz à pistons libres. Bericht 12 II B/3, Weltkraftkonferenz, Lausanne 1964. — CHAMBADAL, P.: Nouvelles réalisations d'Electricité de France dans le domaine des turbines à gaz. Bericht B 10, CIMAC, London 1965.
[30] Hams Hall Gas Turbine. Steam Engineer Bd. 32 (1962), Nr. 373, S. 78/80.
[31] WHEATON, T. R.: The Pratt & Whitney aircraft powered 121 MW-electrical peaking unit. ASME Paper No. 64-WA/GTP-6.
[32] Amerikanische Gasturbinenanlage für 100 MW. Brennstoff Wärme Kraft Bd. 14 (1962), S. 600.
[33] Gasturbinen-Kraftwerk Steglitz in Betrieb. Energie Bd. 12 (1960), S. 377.
[34] BOLLIGER, H. R.: Gasturbinen für Spitzenlast-Erzeugung. Schweiz. Bauztg. Bd. 84 (1966), S. 197/202.
[35] DÜBI, F.: Gasturbinenzentrale Weinfelden der Nordostschweizerischen Kraftwerke AG. Sulzer Techn. Rundsch. 1960, Nr. 3.
[36] WAGENBACH, F.: Betriebserfahrungen und Anwendungsgebiete der Gasturbinen. MTZ Bd. 27 (1966), S. 102/06.
[37] GASPAROVIC, N.: 40 MW-Gasturbinenanlage in Västervik und Sundsvall. Brennstoff Wärme Kraft Bd. 14 (1962), S. 587/92.
[38] ÖHQUIST, H.: Betriebserfahrungen mit zwei großen Gasturbosätzen. Elektrizitätswirtsch. Bd. 63 (1964), S. 835/40.
[39] SNELL, W. U.: A new approach to the industrial gas turbine. De Ingenieur 1964, Nr. 14. — DALE, L. C. L., D. A. DEWISON u. A. W. PARFITT: The applications of gas turbines to electricity generation. Steam Engineer Bd. 32 (1963), Nr. 380, S. 333/37. Übersetzung in: Arch. Energiewirtsch. Bd. 18 (1964), Nr. 4, S. 153/61.
[40] RIZK, W.: Some large gas turbine developments in Great Britain — past, present, and future. ASME Paper No. 66-GT-108.
[41] FLETCHER, A. H.: The Avon aircraft engine and its industrial power applications. Proc. Inst. Mech. Eng. Bd. 177 (1963), Nr. 38, S. 1068/74.
[42] HONAKER, C. M., u. D. F. BRUCE: 25 000 kW Mene Grande Gas Turbine Installation. ASME Paper No. 59-A-191.
[43] FRIEDRICH, R.: Gasturbine für ein Hüttenwerk. Siemens-Z. Bd. 35 (1961), S. 828/30.
[44] ZERLAUTH, F., u. J. VON SALIS: Gasturbinenanlagen in Rumänien und Pipelinestationen. Sulzer Techn. Rundsch. 1963, S. 149/54.
[45] CARAMEROS, A. H.: 100 000 hours with gas turbines. ASME Paper No. 66-GT-88.
[46] STORCH, H.: Das Gasturbinen-Heizkraftwerk Vahr. BBC-Nachrichten Bd. 41 (1959), S. 512/14. — BRANDES, A.: Betriebserfahrungen mit den Gasturbinen des Kraftwerks Vahr. Brennstoff Wärme Kraft Bd. 13 (1961), S. 542/46.
[47] DEUSTER, G.: Die Heißluftturbine in der Heizkraftwirtschaft und das Heizkraftwerk Oberhausen. Schweiz. Bauztg. Bd. 80 (1962), S. 571/78.
[48] HOLZAPFEL, H.: Heißluftturbinen-Anlage mit geschlossenem Kreislauf als Heizkraftwerk für die Stadt Oberhausen. MTZ Bd. 23 (1962), Nr. 10, S. 375/83.

[49] BACHL, H., u. C. DICHTEL: Die Kraftwerke Leitzach und Sendling der Elektrizitätswerke München. Brennstoff Wärme Kraft Bd. 13 (1961), S. 308/13.
[50] MANCUSO, N.: Gas turbines and waste heat boilers. ASME Paper No. 66-GT/CMC-62.
[51] GOEBEL, K.: Das Gasturbinen-Dampfturbinen-Kraftwerk „Hohe Wand". Siemens-Z. Bd. 40 (1966), S. 102/12.
[52] GEORGE, T. H.: Betriebserfahrungen mit der ersten großen kombinierten Dampf-Gasturbinenanlage. Arch. f. Energiewirtsch. 1966, S. 518/29.
[53] COX, R., L. HENSON u. C. JOHNSON: Operation of San Angelo Power Station and Gas Turbine Cycle. West Texas Utilities Co., American Power Conference April 1967.

Siebenter Teil

Die Generatoren

Von Arnolds Abolins

A. Allgemeines

Die von einer Dampf- oder Gasturbine angetriebenen Synchrongeneratoren formen die ihnen zugeführte mechanische Energie in elektrische um. Der rotierende Teil, der Läufer, trägt eine mit Gleichstrom gespeiste Wicklung zum Erzeugen des magnetischen Feldes. Dieses mit dem Läufer rotierende Feld induziert in der feststehenden ein- oder dreiphasigen Wicklung im Ständer eine elektrische Wechselspannung. Schließt man an die Ständerwicklung Verbraucher an, so fließt ein elektrischer Strom, der zusammen mit dem Magnetfeld ein Drehmoment erzeugt. Im stationären Betrieb ist dieses Drehmoment nahezu gleich dem mechanisch von der Turbinenwelle eingeleiteten. Die umgesetzte Leistung S ist proportional der Polpaarzahl p, dem Magnetfeld Φ, der Ständerdurchflutung Θ und der Drehzahl n (Bedeutung der verwendeten Formelzeichen s. S. 358):

$$S = k \cdot p \cdot \Phi \cdot \Theta \cdot n\,. \qquad (1)$$

Der Koeffizient k berücksichtigt die Umrechnung der elektrischen und mechanischen Größen sowie die zeitliche Verschiebung zwischen dem Feld und der Durchflutung.

Man unterscheidet Dreiphasen- (Drehstrom-) und Einphasengeneratoren. Die ersteren versorgen die öffentlichen und industriellen Netze. In zweipoliger Ausführung beträgt bei 50 Hz Netzfrequenz die Antriebsdrehzahl 3000 U/min, bei 60 Hz 3600 U/min. Die Einphasengeneratoren dienen der elektrischen Zugförderung. Da man am Anfang die Wechselstrom-Bahnmotoren der E-Lokomotiven mit Strömen niedrigerer Frequenz speisen mußte, bürgerte sich in Deutschland eine Frequenz von 16 2/3 Hz ein; diese wurde auch von der Bundesrepublik Deutschland bei der Elektrifizierung der hochbelasteten Strecken nach dem Zweiten Weltkrieg beibehalten. Andere Länder bauten zur gleichen Zeit ihr Bahnnetz auch mit 50 Hz-Einphasenstrom aus, da inzwischen die anfänglichen Schwierigkeiten im Bereich des Antriebs der Fahrzeuge überwunden waren.

Im folgenden sollen wegen ihrer weitaus größeren Bedeutung vorzugsweise die Drehstrom-Synchrongeneratoren behandelt werden; in einem Schlußabschnitt werden die Besonderheiten des Einphasen-Synchrongenerators erörtert.

B. Die Drehstromgeneratoren

I. Aufbau und Ausführungen

a) Grundeigenschaften [1]

Die Turbogeneratoren werden im allgemeinen hochtourig, also zweipolig, als Vollpoltype, ausgeführt. Vierpolige Maschinen werden häufig als Getriebegeneratoren in Schenkelpolbauart mit Leistungen bis zu 20 MVA für Industrie-Kraftwerke eingesetzt. Sie sind in diesem Leistungsbereich preisgünstiger als die zweipoligen Turbogeneratoren.

---

[1] Schrifttum [*1 bis 4*].

Mit Vollpolläufern baut man sie für Zweiwellensätze und in der jüngsten Zeit für Kernkraftwerke auch als Einwellensätze hinauf bis zu größten Leistungen. Sie sind aufwendiger an Material, da bei gleicher Länge, gleicher magnetischer Induktion der Grundwelle und gleich großem Strombelag der Läufer des vierpoligen Generators größer sein muß als der des zweipoligen. Unter obigen Bedingungen ist

$$d_{4\text{pol}} = \sqrt{2} \cdot d_{2\text{pol}} . \tag{2}$$

Andererseits lassen sich die mechanischen Probleme, wie Beherrschung der Fliehkräfte, Laufruhe usw. bei 1500 U/min einfacher lösen als bei 3000 U/min. Dies war hauptsächlich der Grund, warum bis Ende der zwanziger Jahre die größeren Einheitsleistungen vier- und sogar sechspolig ausgeführt wurden (Abb. 284).

Bei den heute gegebenen Materialien ist eine Vergrößerung der magnetischen Induktion praktisch nicht möglich. Damit bedingt ein größerer magnetischer Fluß gleichzeitig größeres Volumen des Turbogenerators. Zur Steigerung der Typenleistung bei gegebener Bau-

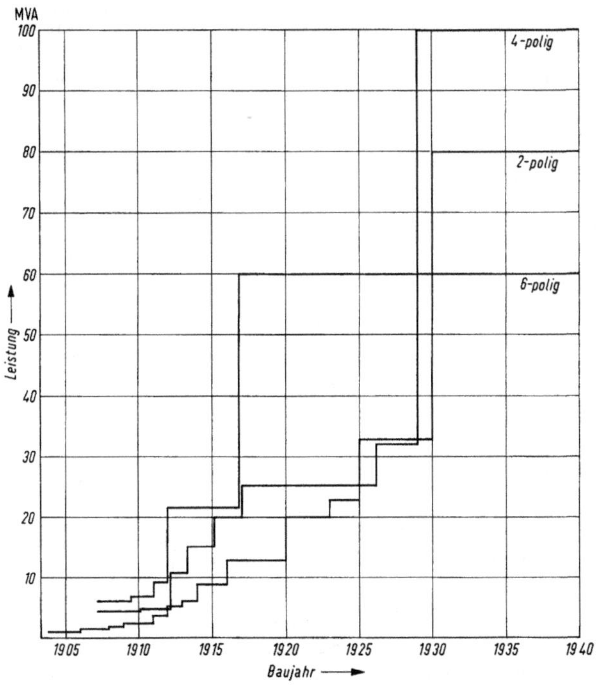

Abb. 284. Größte Leistungen von Turbogeneratoren mit Luftkühlung

größe wird daher die Ständerdurchflutung vergrößert. Die Vergrößerung der Durchflutung wird auch auf den Läufer übertragen, da der Strom im Ständer zum Teil gegen das Magnetfeld wirkt. Der Läuferstrom muß verstärkt werden, um die Spannung an den Klemmen zu halten. Die größere Ständerdurchflutung bringt eine Erhöhung der Verluste mit sich. Im Läufer treten Stromwärmeverluste durch den Erregerstrom auf. Sie wachsen quadratisch mit dem Strom. Ebenso quadratisch mit dem Strom wachsen die Verluste in der Ständerwicklung und die Zusatzverluste in den massiven Konstruktionsteilen im Raume der Ständerwickelköpfe und an der Läuferoberfläche. Die Abführung der Stromwärmeverluste ist deshalb eines der Hauptprobleme des Turbogeneratorenbaues. Die verschiedenen Bauformen sind im wesentlichen durch die Kühlungsarten der Ständer- und Läuferwicklung bedingt. Kosten der Ausführung, Platz- und Transportfragen sowie Gesichtspunkte des Betriebes beeinflussen die Wahl der Kühlungsart.

b) Kühlungsarten und übliche Leistungsbereiche[1]

Die Kühlungsarten unterscheiden sich nach der Art des im Generator umgewälzten Kühlmittels und der Art der Wärmeabfuhr aus dem Wicklungskupfer im Ständer und Läufer. Als Kühlmittel der Großgeneratoren werden Luft, Wasserstoff und Flüssigkeiten allein oder kombiniert eingesetzt. Als Flüssigkeit wird hierbei überwiegend Wasser benutzt. Zum Rückkühlen der umlaufenden Kühlmittel dient allgemein Wasser.

Tabelle 13. *Eigenschaften von Kühlmitteln, bezogen auf die Werte von Luft*

Kühlmittel Art	Kühlmittel Zustand	Dichte	Wärmeleitfähigkeit	Wärmeinhalt je Raumeinheit bei gleicher Temperatur	Wärmeübergangszahl bei turbulenter Strömung im Rohr (Richtwerte[2])	Wärmeabfuhr vom Rohr (Richtwerte[2])
Luft	760 mm Hg, 20 °C	1	1	1	1	1
Wasserstoff	0,035 atü (1 psig)	$\frac{1}{14,4}$	7,3	1	1,5	1
Wasserstoff	1 atü (15 psig)	$\frac{2}{14,4}$	7,3	2	2,5	2
Wasserstoff	2 atü (30 psig)	$\frac{3}{14,4}$	7,3	4	3,4	3
Wasserstoff	3 atü (45 psig)	$\frac{4}{14,4}$	7,3	4	4,3	4
Öl		750	~ 5,3	1500	6	15
Wasser		860	~23	3800	18	40

[2] Die Wärmeübergangszahlen von langsam fließenden Flüssigkeiten (0,5 bis 2 m/s) müssen mit den Werten der rasch strömenden Gase (30 bis 80 m/s) verglichen werden. Bei der Wärmeabfuhr muß die maximal zulässige Temperatur des Kühlmittels (Wasser 80 °C, Gas 110 °C) berücksichtigt werden.

Einige Eigenschaften der üblichen Kühlmittel sind in Tabelle 13 zusammengestellt. Bei der Bewertung der Wirksamkeit der einzelnen Kühlmittel, die zur Kühlung der Generatoren benutzt werden, müssen außer ihren rein physikalischen Eigenschaften auch die technischen Möglichkeiten ihres Einsatzes berücksichtigt werden. So strömt z.B. der Wasserstoff mit 50facher Geschwindigkeit des Wassers durch die Kühlkanäle; die maximal zulässigen Temperaturen des Kühlmittels liegen bei Gaskühlung höher als bei Flüssigkeiten u.ä. Die in Tabelle 13 eingetragenen Verhältniswerte der Wärmeabfuhr gelten für ein vom Kühlmittel durchströmtes Rohr. Bei Kühlung einer Wicklung sind noch weitere Einflüsse, wie z. B. die Längen der Strömungswege oder die Zusatzverluste in der Wicklung, wichtig, die gegebenenfalls die rein physikalisch gegebene Überlegenheit der Flüssigkeits- gegenüber der Gaskühlung abschwächen.

Die Wärmeabfuhr aus dem Kupfer kann indirekt oder direkt erfolgen. In Abb. 285 sind die Temperaturen der einzelnen Teile sowie die Strömung der Wärme bei der indirek-

[1] Schrifttum [*5 bis 11*].

ten und der direkten Leiterkühlung der Ständerwicklung zusammengestellt. Dabei wurden die Ströme in den einzelnen Gitterstäben bei der indirekten Kühlung, der direkten Kühlung mit Wasserstoff und der direkten Kühlung mit Wasser wie 1 zu 1,5 zu 2, die Spannung der direkt gekühlten Wicklungen doppelt so hoch wie bei der indirekten Kühlung angenommen.

Bei indirekter Leiterkühlung muß die gesamte in der Wicklung durch die Verluste erzeugte Wärme durch die Nutisolation abfließen. Das Temperaturgefälle zwischen dem Kupfer und der Nutwand beträgt 50° oder über 60% der Gesamterwärmung über dem Kaltgas.

Durch die höhere Strombelastung ist die bei der direkten Kühlung aus einer Ständernut abzuführende Wärmemenge viel größer. Außerdem liegen üblicherweise zwei Gitterstäbe in einer Isolationshülse. Die Aufteilung der Temperatur und die der Wärmeströme ist

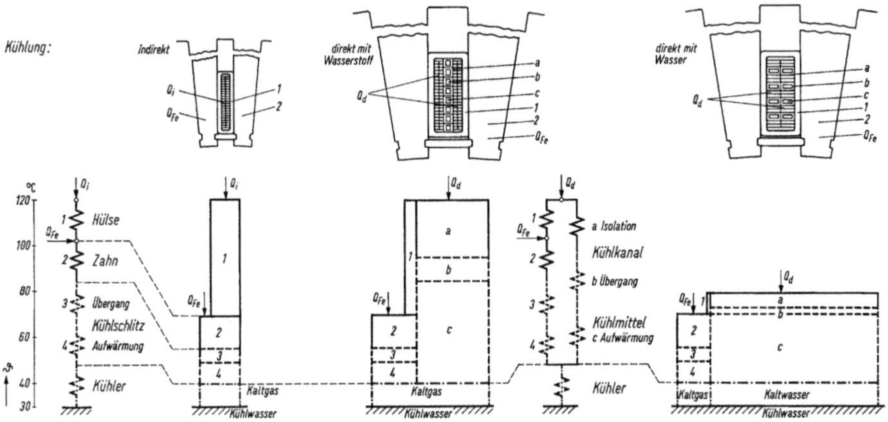

Abb. 285. Wärmebild des Turbogenerators bei verschiedener Kühlung der Ständerwicklung

grundsätzlich anders als bei der indirekten Kühlung. Den größten Anteil an der Erhöhung der Kupfertemperatur hat nämlich dann die Erwärmung des Kühlmittels. Durch die Nutisolation fließt nur noch ein unbedeutender Teil — etwa 10 bis 15% — der Wärme ab. Damit fällt die thermische Begrenzung in der Hülsendicke bzw. in der Höhe der Spannung, die man mit der Leistung wachsen läßt[1]. Bei den heutigen Großgeneratoren wird sie zwischen 20 und 25 kV, in Deutschland normalerweise zu 21 kV, gewählt.

Die Kühleigenschaften von Wasserstoff sind wesentlich besser als die von Luft. Deshalb und wegen der viel kleineren Gasreibungsverluste wurde er in den USA zur Kühlung der 60 Hz-Generatoren bereits Anfang der dreißiger Jahre eingeführt. In Europa kam die Wasserstoffkühlung erst um 1950. Mit steigendem Druck wird die Kühlwirkung noch intensiver, so daß Drücke bis zu 4 atü benutzt werden. Die dabei erreichbare Steigerung der Typenleistung zeigt Abb. 286. Nachteilig sind die mit dem Druck steigenden Gasreibungsverluste, die bei Normaldruck wesentlich kleiner als bei Luft sind (Abb. 287). Die beste Wärmeabfuhr erhält man bei der direkten Leiterkühlung. Sie erfolgt bei der Ständerwicklung mit Wasserstoff oder Flüssigkeit. Die reine Wasserstoffkühlung braucht wegen der kleineren Wärmekapazität des Wasserstoffes einen größeren Kühlmitteldurchsatz und entsprechend mehr Platz in der zu kühlenden Wicklung als bei Kühlung mit Wasser. Bei Großgeneratoren oder unter schwierigen Transportverhältnissen ist daher die Kühlung

[1] Vgl. auch Dritter Band, Teil A, Tabelle 40, S. 587.

mit Wasser von Vorteil. Die reine Wasserstoffkühlung ist jedoch einfacher in der Ausführung.

Die Läuferwicklung wird z. Z. direkt nur mit Wasserstoff gekühlt. Es wird jedoch überall intensiv an direkter Kühlung der Läuferwicklung mit Wasser gearbeitet. Einige Generatoren mit wassergekühlten Versuchsläufern sind bereits in Betrieb.

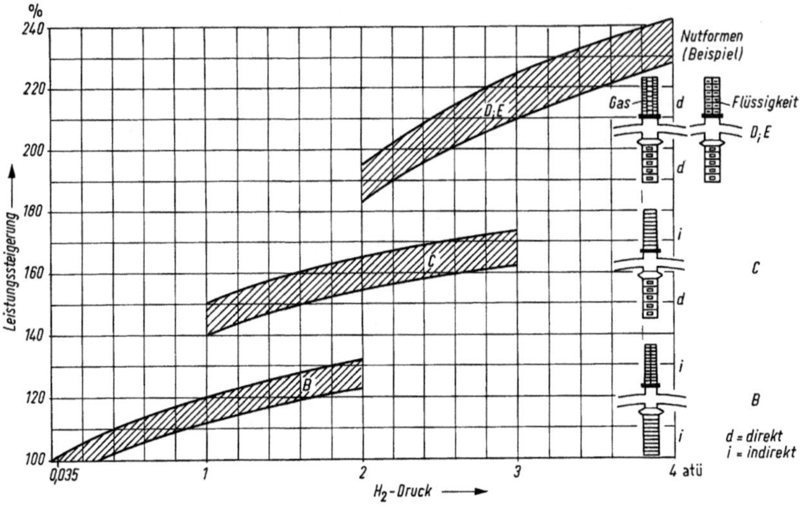

Abb. 286. Mögliche Leistungssteigerung von wasserstoffgekühlten Turbogeneratoren bei verschiedenem Wasserstoffdruck

B indirekte Kühlung im Ständer und Läufer
C indirekte Leiterkühlung im Ständer, direkte Leiterkühlung im Läufer
D, E direkte Leiterkühlung im Ständer und Läufer

Anmerkung: Der Generator ist in der obigen Darstellung für den niedrigsten Wasserstoffdruck seines Typenbereichs optimal ausgelegt.

Durch die verschiedene Wahl des Kühlmittels und der Kühlungsart ergeben sich einige typische heute bekannte Kombinationen für die Ausführung des Generators [*12*] (Tabelle 14). Bei den Typen A, B und C (Abb. 288a) wird die Luft bzw. der Wasserstoff gewöhnlich durch zwei auf der Welle montierte Lüfter umgewälzt. Die Wirkung des Läufers als Fliehkraftlüfter verstärkt die Kühlung der Läuferwicklung. Der Typ D wird mit eingebautem mehrstufigem Verdichter, die Typen E und F werden mit Lüftern und Flüssigkeitspumpen ausgerüstet (vgl. Abb. 288b—d). Die Prototypen der nach Kühlschema D und E gebauten Turbogeneratoren zeigen die Schnittbilder zweier 400 MVA-Generatoren (Abb. 289 und 290).

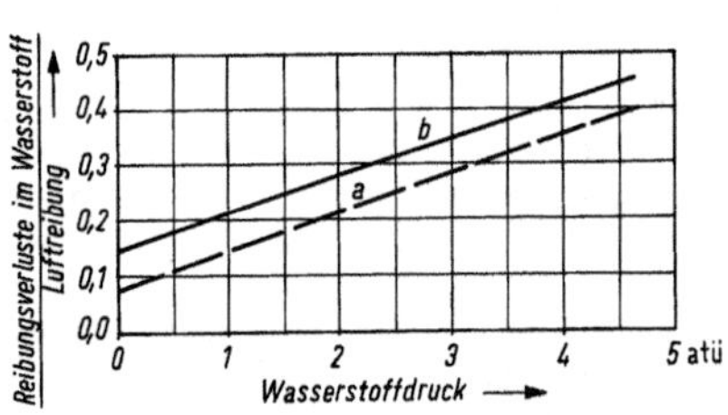

Abb. 287. Gasreibungsverluste im Wasserstoff, bezogen auf Luftreibung in Abhängigkeit vom Wasserstoffdruck

a reiner Wasserstoff
b praktischer Betrieb mit 1 bis 2 % Luft im Wasserstoff

Tabelle 14. *Kühlungsarten und Kühlmittel von Turbogeneratoren*

Typ	Kühlungsart		Kühlmittel		
	Ständer	Läufer	Ständerwicklung	Läufer	Ständereisen
(A)	(i)	(i)	(L)	(L)	(L)
B	i	i	H_2	H_2	H_2
C	i	d	H_2	H_2	H_2
D	d	d	H_2	H_2	H_2
E	d	d	F	H_2	H_2
F	d	d	F	F	F, Gas oder Luft

i = indirekte Kühlung; die Kupferverlustwärme geht durch die Wicklungsisolierung
d = direkte Kühlung; die Kupferverlustwärme geht vom Wicklungskupfer unmittelbar an das Kühlmittel (z. B. im Hohlleiter)
L = Luftkühlung (nur zum Vergleich)
H_2 = Wasserstoffkühlung
F = Flüssigkeitskühlung

Der Aufwand und die Kühlungsintensität wachsen im allgemeinen miteinander (Tabelle 15).

Tabelle 15. *Zusatzgeräte und -teile bei verschiedenen Kühlmitteln und Kühlungsarten. Typen nach Tabelle 14*

Kühlungsart		1	2	3	4
	Ständer	indirekt mit H_2	direkte Leiterkühlung mit H_2	direkte Leiterkühlung mit Flüssigkeit	direkte Leiterkühlung mit Flüssigkeit
	Läufer	indirekt mit H_2, direkt mit H_2 Typ B und C	direkte Leiterkühlung mit H_2 Typ D	direkte Leiterkühlung mit H_2 Typ E	direkte Leiterkühlung mit Flüssigkeit Typ F
Gasgrunddruck		bis 2 atü (B) bis 4 atü (C)	3 bis 4 atü	3 bis 4 atü	Luft bei atmosphärischem Druck oder Wasserstoff mit 0 bis 1 atü
Geräte des Gaskreislaufes		Geräte zum Füllen, Entleeren und Überwachen einschließlich CO_2-Teil, Wellendichtungen, Dichtölgeräte, Gastrockner, innere Lüfter zum Umwälzen des Kühlmittels. Entfallen — bis auf die Lüfter — wenn bei Typ F Luft als Kühlmittel verwendet wird.			
Geräte des Flüssigkeitskreislaufes		—	—	Flüssigkeitsgerät (Filter, Ionentauscher, Pumpen, Kühler, Regelgeräte), Zuführungen zur Wicklung, Flüssigkeitsüberwachung	wie 3, und zusätzlich für die Läuferwicklung: Pumpen, Zuführungen, Regelgeräte, Überwachung des Flüssigkeitskreislaufes; gegebenenfalls eigene Filter und Kühler
Thermische Überwachung		Temperatur der Ständer- und Läuferwicklung, des Kalt- und Warmgases, Lager- und Wellendichtung usw.	wie 1, und Ständerwarmgastemperatur am Austritt aus der Wicklung	wie 1, und Flüssigkeitstemperatur am Austritt aus der Wicklung	wie 3

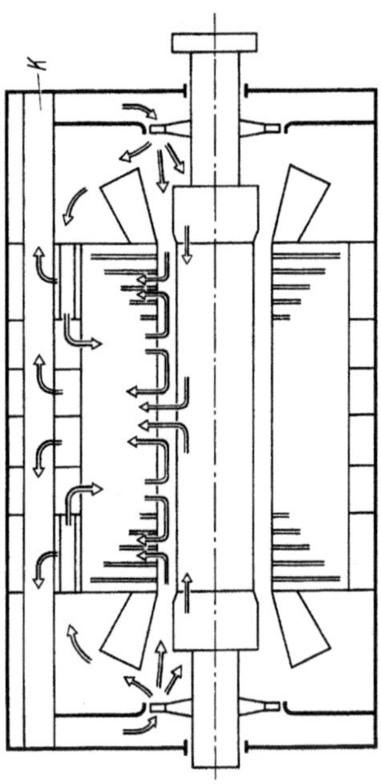

Abb. 288a. Kühlschema für Typ A, B und C
K Kühler

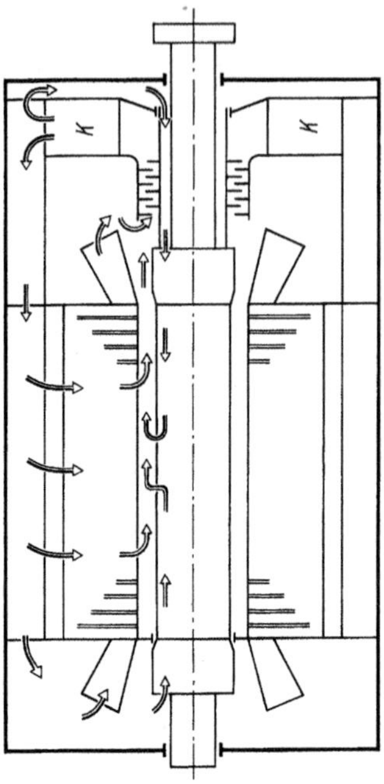

Abb. 288b. Kühlschema für Typ D
K Kühler

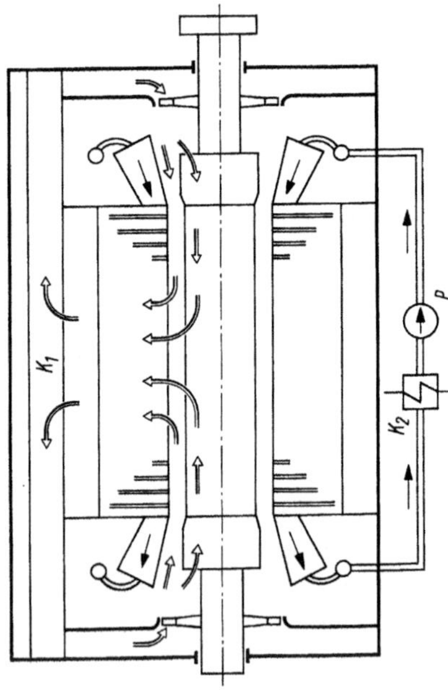

Abb. 288c. Kühlschema für Typ E
K_1 Kühler für den Wasserstoff
K_2 Kühler für das Kühlwasser
P Pumpe

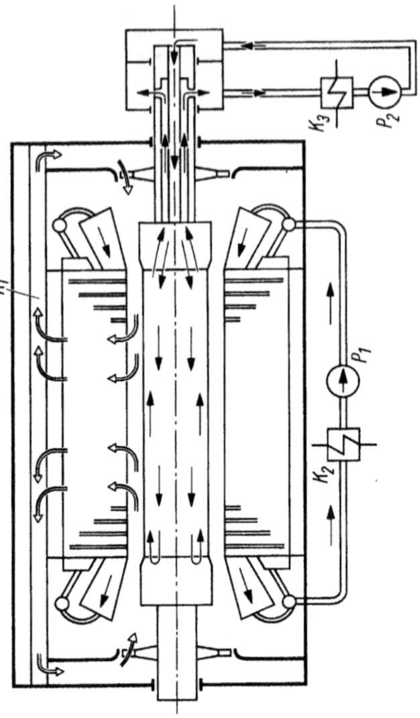

Abb. 288d. Kühlschema für Typ F
K_1 Kühler für Luft, Wasserstoff oder ein anderes Gas
K_2, K_3 Kühler für das Kühlwasser der Ständer- und der Läuferwicklung
P_1, P_2 Kühlwasserpumpen

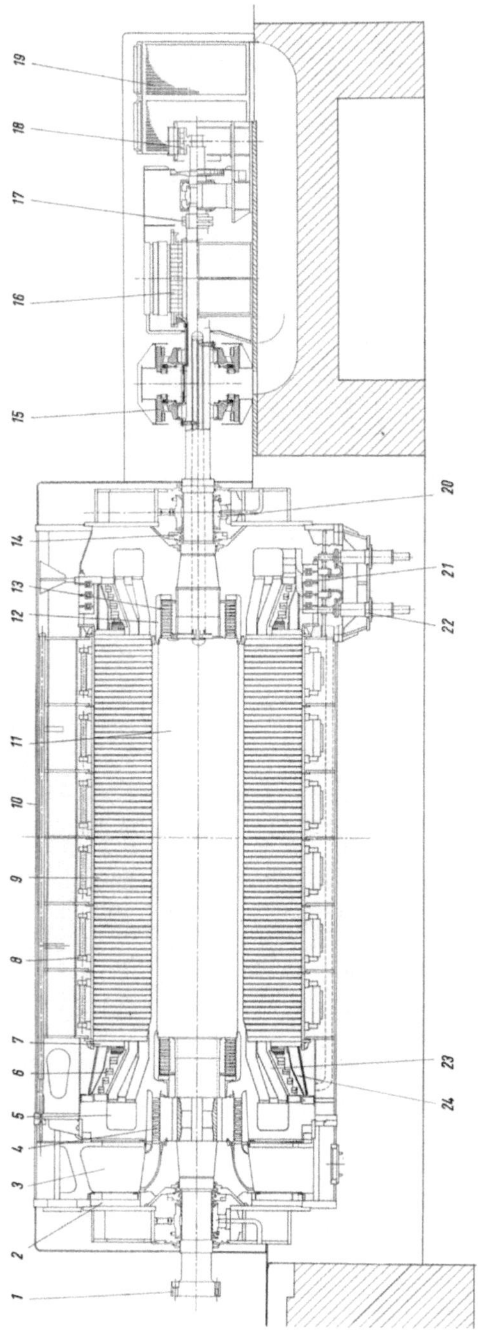

Abb. 289. Typ D — Längsschnitt eines 400 MVA-Drehstrom-Turbogenerators der Siemens AG

1 Kupplung
2 Gehäuseschild
3 Kühler
4 mehrstufiger Verdichter
5 Umlenkkappen
6 Abschirmung
7 Druckplatte
8 federnde Aufhängung des Blechpaketes
9 Blechpaket
10 Gehäusemantel
11 Läufer
12 Läuferkappe
13 Wickelköpfe der Läuferwicklung
14 Wellenabdichtung
15 Gleichrichterräder
16 Haupterregermaschine
17 Hilfsschleifringe für Läufererdschlußschutz
18 Hilfserreger mit Permanentmagnetpolen
19 Kühler für Erregermaschinen
20 Lagerschale
21 Ringleitungen
22 Stromdurchführungen
23 Wickelköpfe der Ständerwicklung
24 Träger der Ständerwickelköpfe

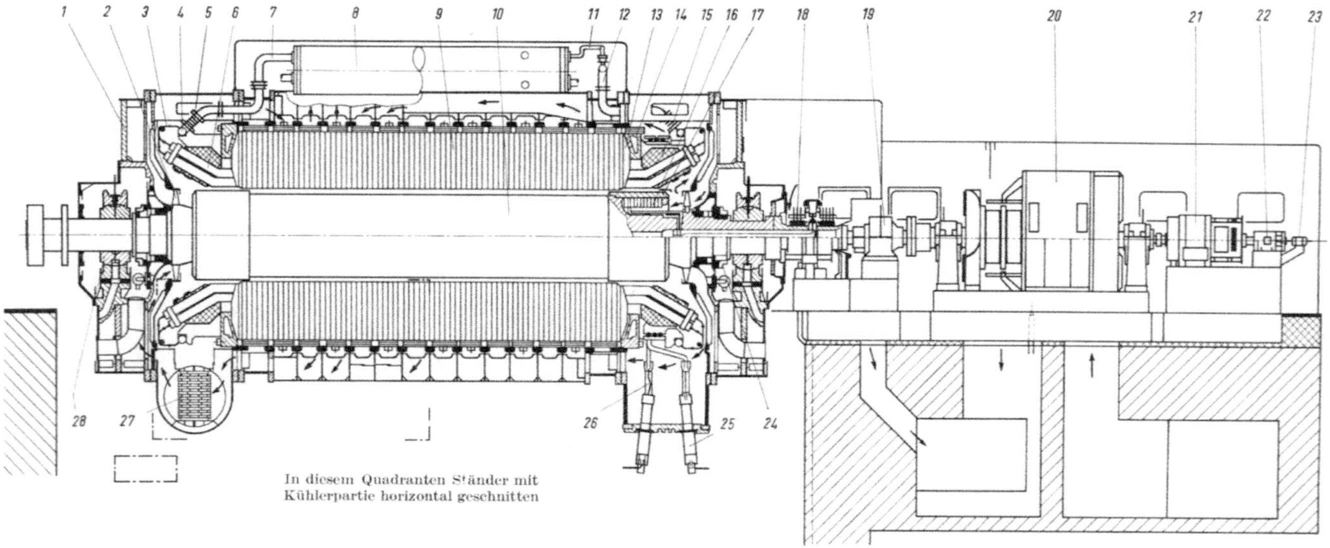

Abb. 290. Typ E — Längsschnitt eines 400 MVA-Drehstrom-Turbogenerators der AEG

1 Lagerschild-Oberteil
2 Axiallüfter
3 Schlauchleitung
4 Wassersammelrohr
5 Kompensator
6 Ständerwicklung
7 Wasserabflußleitung
8 Wasserbehälter
9 Blechpaket
10 Induktor
11 Entlüftungsleitung
12 Wasserzuflußleitung
13 Druckfinger
14 Preßdeckel
15 Stützring
16 Induktorspulen
17 Induktorkappe
18 Schleifringe mit Bürstenhalter und Bürsten
19 Getriebe
20 Haupterregermaschine
21 Amplidyne
22 Grunderregermaschine
23 Drehzahlgeber
24 Wellendichtung
25 Hauptstromdurchführung
26 Schlauchleitung
27 Wasserstoffkühler
28 Lager

In der geschichtlichen Entwicklung brachte der Übergang von Luft- auf Wasserstoffkühlung und besonders die Einführung der direkten Leiterkühlung eine mehrfache Steigerung der ausführbaren Leistung oder eine Erhöhung der Ausnutzung, d.h. Verkleinerung der Baugröße bei vorgeschriebener Typenleistung. Im Elektromaschinenbau wird im all-

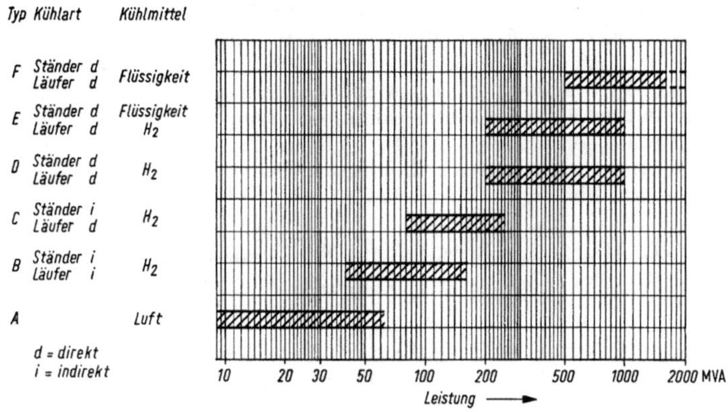

Abb. 291. Kühlungsarten von Turbogeneratoren und zugehörige Leistungsbereiche

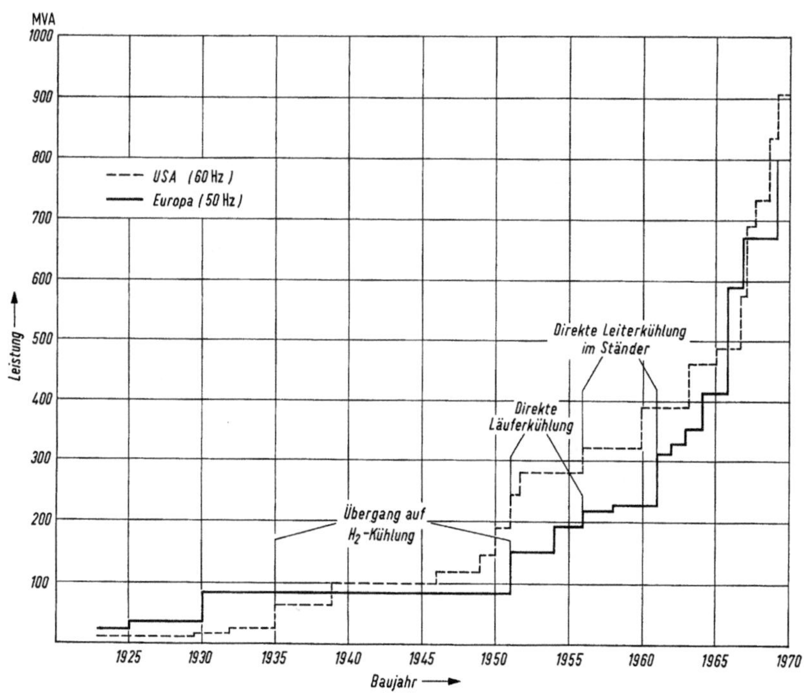

Abb. 292. Größte Leistungen zweipoliger Turbogeneratoren

gemeinen die Ausnutzung durch die Ausnutzungszahl C angegeben, welche dem auf die Läuferoberfläche bezogenen Drehmoment, dem spezifischen Drehschub, proportional ist:

$$C = \frac{S}{D^2 \cdot l \cdot n}. \tag{3}$$

Ihr Wert liegt bei indirekt gekühlten Generatoren zwischen 8 und 12, bei direkt gekühlten zwischen 18 und 25 kVA min/m³. Der Einsatz von Wasser für die Kühlung von Läufer- und Ständerwicklungen, gegebenenfalls auch des Blechpaketes und der massiven Konstruktionsteile im Raum der Wickelköpfe der Ständerwicklung wird nochmals eine sprunghafte Erhöhung der Typenleistung bringen und die thermischen Grenzen praktisch beseitigen. Bei so intensiv gekühlten Maschinen sind Ausnutzungszahlen von 30 bis 40 zu erwarten [*13*]. Der Einsatz der verschiedenen Typen ist in Abb. 291 dargestellt, wobei die Ausführungen der Firmen stark variieren. Die Entwicklung der größten Einheitsleistung von Turbogeneratoren in Abhängigkeit von der Zeit zeigt Abb. 292.

II. Allgemeine Beschreibung des Drehstromgenerators

a) Hauptteile [1]

Der Generator besteht aus dem Läufer mit der Feldwicklung und dem Ständer mit Blechpaket und Ständerwicklung. In seinem Gehäuse sind meistens auch die Kühler zur Rückkühlung des umlaufenden Kühlmittels eingebaut. Zu einem betriebsfertigen

Abb. 293. 400 MVA-Turbogenerator mit direkt über ein Getriebe angekuppelter Erregermaschine auf dem Prüfstand (Werkbild Siemens)

Abb. 294. Ein 400 MVA-Turbogenerator im Kraftwerk (Werkbild Siemens)

[1] Schrifttum [*14, 15*].

Generator gehören des weiteren Zubehörteile für die Kühlung und Überwachung, soweit sie vom Generator getrennt aufgestellt sind, und die Erregeranordnung mit Regeleinrichtungen. Die Erregung wird entweder von der durch die Turbinenwelle angetriebenen Erregermaschine, von Erregerumformern oder direkt vom Eigenbedarfsnetz geliefert. Die in Europa übliche Ausführung ist die direkt oder über ein Getriebe angetriebene Erregermaschine. Abb. 293 zeigt einen 400 MVA-Generator mit Getriebe-Erregermaschine auf dem Prüfstand.

Die äußere Form des im Kraftwerk aufgestellten Generators ist durch die Schweißkonstruktion des Gehäuses und die Abdeckung der Erregermaschine bestimmt (Abb. 294).

b) Läufer

Die Drehzahl von 3000 U/min bei Generatoren für 50 Hz begrenzt den Läuferdurchmesser, da z.B. bei dem größten z.Z. ausgeführten Durchmesser von 1150 mm die Zentrifugalbeschleunigung

$$a = r \cdot \omega_n^2 \tag{4}$$

an der Oberfläche bei der Schleuderdrehzahl von 3600 U/min (1,2 n_1) rd. 8000 g beträgt. Das zum Leistungsumsatz notwendige Volumen des Läufers muß deshalb bei einer für eine bestimmte Kühlart gegebenen Ausnutzung durch entsprechende Länge des Ballens erreicht werden. Die Notwendigkeit präziser Auswuchtung wächst mit der Länge des Läufers. Das größte ausgeführte Verhältnis zwischen der Länge des Ballens zu seinem

Abb. 295. Versandfertiger Läufer eines 400 MVA-Turbogenerators (Werkbild Siemens)

Durchmesser beträgt 6,5. Mit dem obengenannten Durchmesser von 1150 mm und hoher Ausnutzungsziffer zwischen 25 und 30 wäre damit eine Typenleistung von rund 800 MVA erreichbar. Für größere Leistungen von 1200 bis 1600 MVA werden z.Z. Läuferdurchmesser von 1200 bzw. 1250 mm erwogen.

Der Läufer wird normalerweise als Monoblock-, seltener auch als zusammengesetzter Läufer gebaut. Abb. 295 zeigt den versandfertigen Läufer für einen 400 MVA-Turbogenerator.

Wegen der im Betrieb und besonders bei Überdrehzahl auftretenden Beanspruchungen wird für den Läufer legierter Nickel-Chrom-Molybdän-Stahl von hoher Festigkeit verwendet. Mit Ultraschallprüfungen und Hohlbohrproben wird sichergestellt, daß nur einwandfreie Schmiedestücke verwendet werden.

Der Läuferballen ist in der Wicklungszone anders genutet als in den Polzonen. Die dadurch entstehenden unterschiedlichen Trägheitsmomente in der Polachse und in der Achse senkrecht dazu können Schwingungen mit doppelter Drehfrequenz anregen. Um dies zu vermeiden, werden in den Polzonen Schlitze quer zur Längsachse eingefräst und dadurch die Trägheitsmomente in beiden Richtungen ausgeglichen.

Rund zwei Drittel des Ballenumfanges werden mit eingefrästen Nuten versehen, in die die Läuferwicklung eingelegt wird (Abb. 296). Die Nutteilung in der bewickelten Zone ist bei kleineren Generatoren gleich, bei großen ist sie neben dem Pol größer. Oft werden die Nuten neben dem Pol flacher ausgeführt als in der Neutralen (Abb. 297). Beide Maßnahmen erleichtern dem magnetischen Fluß den Weg durch den Ballen und ermöglichen eine höhere Ausnutzung des magnetischen Materials.

Die Läuferwicklung besteht aus mehreren konzentrischen Spulen mit in Reihe geschalteten Einzelwindungen, die gegeneinander durch dünne Zwischenlagen isoliert sind. Die Spulen liegen in Nutkästen aus Mikafolium oder Glashartgewebe. Zur Erhöhung der

Abb. 296. Läufer eines 312 MVA-Turbogenerators auf der Fräsbank (Werkbild Siemens)

elektrischen Festigkeit der Kriechwege wird zwischen dem Keil und der Spule ein stärkerer Isolationsstreifen eingelegt. Die Nuten sind durch Keile aus unmagnetischem Stahl, Sondermessing oder Aluminiumlegierungen verschlossen. Sie nehmen die Fliehkräfte der in der Nut liegenden Wicklung auf.

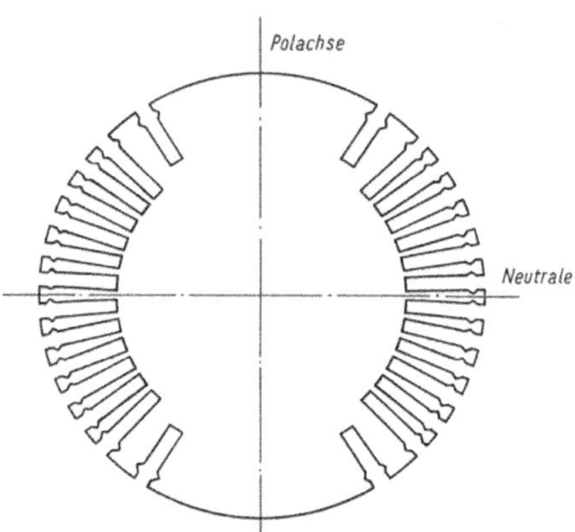

Abb. 297. Nutung des Läuferballens für Großturbogeneratoren

Die hohen Fliehkräfte pressen die Wicklung so stark gegen die Keile, daß sie in einem großen Teil des Ballens als fest eingespannt gilt und sich bei Erwärmung nicht ausdehnen kann. Es entstehen im Kupfer der Läuferwicklung Wärmespannungen, die zur plastischen Verformung führen können, wenn die Festigkeit des Kupfers zu gering ist. Um dies zu vermeiden und den Leitern eine hohe thermische Dauerstandfestigkeit zu geben, wird die Läuferwicklung aus silberlegiertem Kupfer — mit normalerweise 0,1% Silberzusatz — ausgeführt.

Die Wickelköpfe der Läuferwicklung werden durch Kappen aus unmagnetischem Stahl gehalten. Sie sind gegen die Kappe isoliert.

Die Läuferkappen sind der mechanisch am höchsten beanspruchte Teil des Turbogenerators [*16*]. Sie müssen die Fliehkräfte der Läuferwickelköpfe und die durch ihre eigene Masse erzeugten aufnehmen. Hinzu kommt die Schiebebeanspruchung durch Wärmedehnung der Läuferspulen. Die Schiebung der Läuferwicklung macht eine feste mechanische Verbindung der Kappen mit dem Ballen notwendig. Bei kleineren bis mittleren Maschinen werden die Kappen an beiden Enden, d. h. auf den Ballen und — über einen Einsatzring — auf die Welle aufgeschrumpft. Abb. 298a zeigt einen Längsschnitt der so aufgeschrumpften Läuferkappe mit den Wickelköpfen der Läuferwicklung und den Anschluß zu den Stromzuleitungen. Durch den doppelten Schrumpfsitz müssen die aus der Durchbiegung der Welle resultierenden Spannungen von Kappe und Einsatzring elastisch aufgenommen werden. Die Beanspruchung der Kappe durch diese Einflüsse wächst mit der Länge des Läufers. Die an beiden Enden aufgeschrumpfte Kappe wird deshalb nur bis zu einem Verhältnis der Länge des Ballens zu seinem Durchmesser von etwa 3,5 ausgeführt.

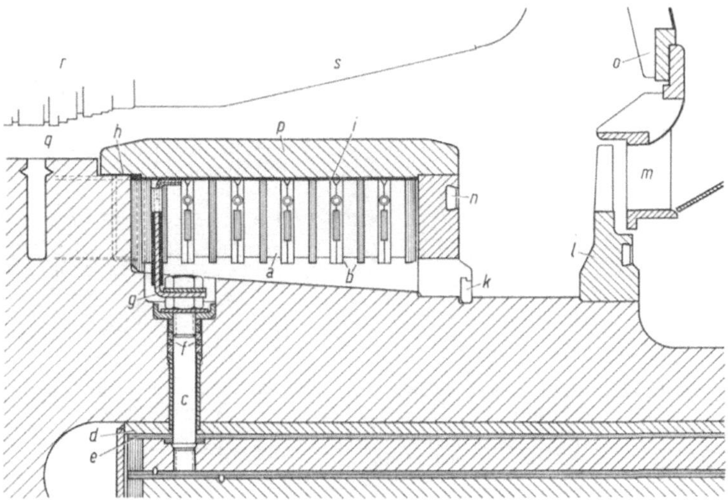

Abb. 298a. Schnitt durch einen Läuferwickelkopf mit an beiden Enden aufgeschrumpfter Läuferkappe

a Läuferwicklung
b Distanzstücke
c Zuleitungsbolzen
d Zuleitungshülse
e Isolation
f Dichtung
g Anschlußstück
h isolierter Kappensitz
i Isoliermantel
k Riegel
l Axiallüfter
m Vorleitgitter
n Tariernut
o Einsatzdeckel
p Läuferkappe
q Luftspalt
r Blechpaket
s Ständer-Wickelkopf

Bei größeren Längen wird die Kappe üblicherweise fliegend auf dem Ballen geschrumpft (Abb. 298b). Gegen die Verschiebung wird sie z. B. mit einem Sprengring im Schrumpfsitz abgesichert. Die nur am Ballen geschrumpfte Kappe ist frei von den Bewegungen der Welle. Abb. 298c zeigt die fliegend aufgeschrumpfte Kappe eines 400 MVA-Turbogenerators.

Die Abmessungen des Ballens und der Wellenenden werden so gewählt, daß die Betriebs- und Schleuderdrehzahl in einem Bereich liegen, der frei von kritischen Drehzahlen ist. Im allgemeinen liegt bei kleineren und mittleren Generatoren die Betriebsdrehzahl zwischen der ersten und der zweiten kritischen Drehzahl

$$n_{1Kr} : n_{2Kr} \sim 1 : 2{,}4 \,. \tag{5}$$

Bei großen Maschinen mit langen Läufern liegt die Betriebsdrehzahl über der zweiten kritischen. Diese Läufer sind besonders dynamisch biegeweich. Sie werden, um einen ruhigen Lauf im Betrieb zu erreichen, in 5 bis 7 Ebenen ausgewuchtet [*17*, *18*].

Der Erregerstrom wird der Läuferwicklung über Zuleitungen in der Bohrung des erregerseitigen Wellenendes zugeführt. Auf der Seite des Ballens wird die Zuleitung durch radiale Stromführungsbolzen mit der Erregerwicklung verbunden. Am Wellenende wird der Erregerstrom der rotierenden Welle meistens über Schleifringe oder — besonders in der letzten Zeit und bei großen Einheiten — über mitrotierende Gleichrichterbrücken mit Siliziumdioden zugeführt. Die Schleifringe liegen gewöhnlich auf der Erregerseite der Maschine außerhalb des Lagers. Sie sind isoliert auf der Welle aufgeschrumpft und mit ähnlichem Stromführungsbolzen wie auf der Ballenseite mit den Stromzuleitungen in der Wellenbohrung verbunden. Die Stromführungsbolzen sind gasdicht in der Welle eingebaut.

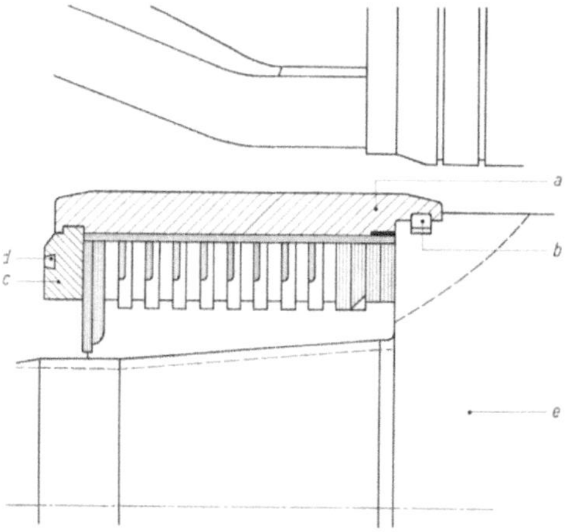

Abb. 298b. Schnitt durch einen Läuferwickelkopf mit fliegender Kappe

a Läuferkappe, *b* Sprengring, *c* Einsatzring, *d* Tariernut, *e* Welle

Abb. 298c. Aufgeschrumpfte Läuferkappe (Werkbild Siemens)

a Läuferkappe, *b* Einsatzring, *c* Tariernut, *d* Welle

Die Schleifringe werden aus Stahl ausgeführt. Ihre Oberfläche ist gerillt. Dadurch wird gleichmäßigere Stromverteilung auf die Kohlebürsten sowie gleichmäßigere Abnutzung der Schleifringe und der Bürsten erreicht. Zur Verstärkung der Kühlung sind die Schleifringe mit vielen Ventilationsbohrungen versehen. Eine intensive Kühlung ist notwendig, da sie durch die Reibungs- und Stromübergangsverluste spezifisch hoch belastet sind. Abb. 299 zeigt die Schleifringe eines 200 MVA-Turbogenerators.

Abb. 299. Schleifringe eines 200 MVA-Turbogenerators mit direkter Kühlung der Läuferwicklung (Werkbild Siemens)

a Schleifring, *b* Anschlußstück, *c* Kontaktmutter, *d* Spiralnut, *e* Kühllöcher

Die normale Stromdichte bei Kohlebürsten beträgt 10 A/cm². Für hochausgenutzte Großgeneratoren mit Erregerströmen bis zu 5000 A und mehr benötigt man eine große Schleifringfläche und Bürstenbrücken mit vielen Bürsten. Daraus ergibt sich der Wunsch nach bürstenlosen Erregersystemen, wie sie in Abschn. IV, S. 339ff., näher besprochen werden.

c) Ständer

Den Schnitt durch den Ständer eines 400 MVA-Turbogenerators von BBC mit wassergekühlter Ständerwicklung zeigt Abb. 300.

Der elektrisch aktive Teil wird von dem geschweißten Gehäuse getragen. Er besteht aus einem geschichteten Blechpaket und der dreiphasigen zweipoligen Ständerwicklung, die in den Nuten des Blechpaketes eingebaut ist.

Die Ständerwicklung wird normalerweise als gesehnte Zweischichtwicklung mit zwei Stäben in der Nut ausgeführt. Der Wickelkopfteil der Stäbe ist wegen der zweipoligen Ausführung lang und bedarf einer entsprechenden Versteifung, um den Stromkräften im

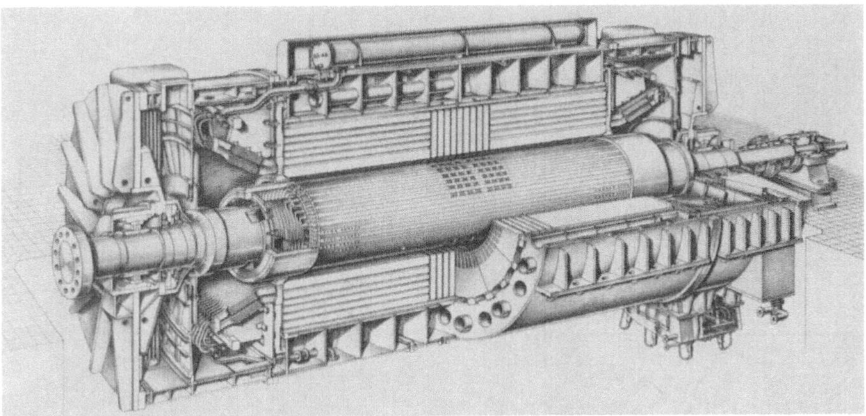

Abb. 300. Schnitt durch einen 400 MVA-Turbogenerator von BBC mit wassergekühlten Hohlleitern in der Ständerwicklung

Kurzschluß standhalten zu können [*19*]. Die radial wirkenden Kräfte werden von Platten aus Hartpapier, die auf den an der Druckplatte angeschweißten Trägern befestigt sind, und einem kräftigen Ring aus mit Epoxydharz gebundenen Glasfasern unter den Wickelkopfnasen aufgenommen (Abb. 301a). Gegen die axialen Kräfte wirkt die feste Verschnürung der gegeneinander distanzierten Wickelköpfe (Abb. 301b).

Eine flache Ausführung des Wickelkopfes verringert die Zusatzverluste in den massiven Bauteilen im Wickelkopfraum (Abb. 302). Geschaltet ist die Ständerwicklung in Stern oder bei größeren Generatoren in Doppelstern. Dreieckschaltung wird wegen der Ausgleichsströme der durch drei teilbaren Harmonischen vermieden. Die Verbindungen zwischen den einzelnen Spulen werden durch Ringleitungen hergestellt. Die Wicklungsanfänge und -enden der einzelnen Phasen werden über gasdichte Stromdurchführungen an der Unterseite des Generators herausgeführt (Abb. 303). (Vgl. auch Dritter Band, Teil A, Vierter Teil, Abschn. A III, S. 590ff. und Abschn. A V, S. 596ff.)

Die Stäbe sind aus einer großen Anzahl isolierter, rechteckiger Teilleiter aus hochleitfähigem Kupfer nach DIN 46 433 aufgebaut. Um die Wirbelstromverluste im Kupfer klein zu halten, wird die Dicke der Teilleiter klein gewählt. Sie beträgt bei kleinen bis mittleren Generatoren rd. 2,5 bis 2 mm, bei großen geht man mit ihr bis 1,5 mm und in Sonderfällen auf noch weniger herunter. Da das Nutenquerfeld und die Wirbelstromverluste an der Nutöffnung am stärksten sind, werden bei Großgeneratoren oft die oberen Stäbe mit dünneren Teilleitern als die unteren ausgeführt.

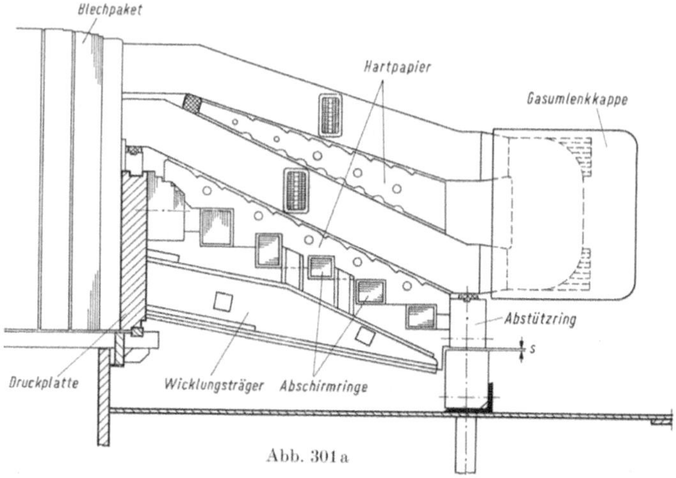

Abb. 301 a

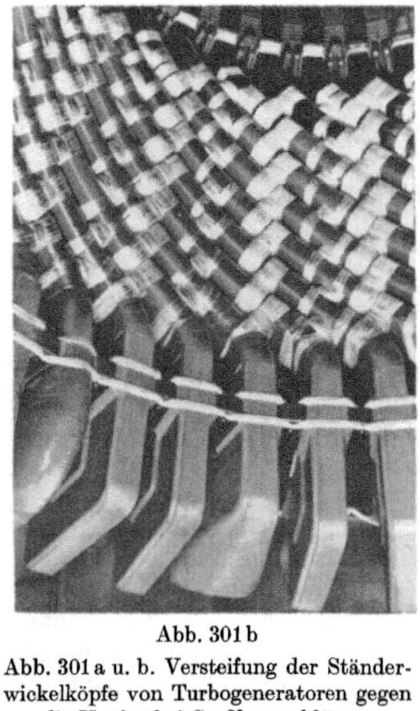

Abb. 301 b

Abb. 301 a u. b. Versteifung der Ständerwickelköpfe von Turbogeneratoren gegen die Kräfte bei Stoßkurzschlüssen

Abb. 302. Eingelegte Ständerwicklung mit flachem Wickelkopf bei einem 312 MVA-Turbogenerator (Werkbild Siemens)

Die Stäbe sind im Nutteil bei allen, im Wickelkopf bei mittleren und großen Maschinen verdrillt, da sonst die Streufelder in der Nut und im Wickelkopf zu ungleicher Stromverteilung im Stab führen. In der Nut ist die 360°-Verdrillung üblich. Im Wickelkopfteil sind die Ausführungen der einzelnen Firmen unterschiedlich. Die bekanntesten und am meisten verbreiteten sind die sog. Verröbelung auch im Wickelkopf oder die Aufteilung der Teilleiter im Wickelkopf in voneinander isolierte Bündel, die beim Übergang von Ober- zu Unterlage so geschaltet werden, daß sie innerhalb des Stranges alle Lagen in der Stabhöhe durchlaufen sowie die Durchschaltung der isolierten Teilleiter auf der ganzen Länge des Stranges mit einer oder mehreren Umkehrstellen. Die Bündelverdrillung oder Durchschaltung von einzelnen Teilleitern ist schwierig bei Flüssigkeitskühlung, wo die Hohlteilleiter dicht und ohne Verstopfung der Kühlkanäle verbunden werden müssen. In der neueren Zeit findet man deshalb bei flüssigkeitsgekühlten Stäben die 540°-Verdrillung [*20*]. Sie bietet den Vorteil, daß man die Stäbe an der Verbindungsstelle zwischen Ober- und Unterschicht ohne merkliche Erhöhung der Zusatzverluste kurzschließen darf, d.h. Kammern für Flüssigkeitszu- und -abfuhr dürfen fest angelötet werden. Abb. 304 zeigt

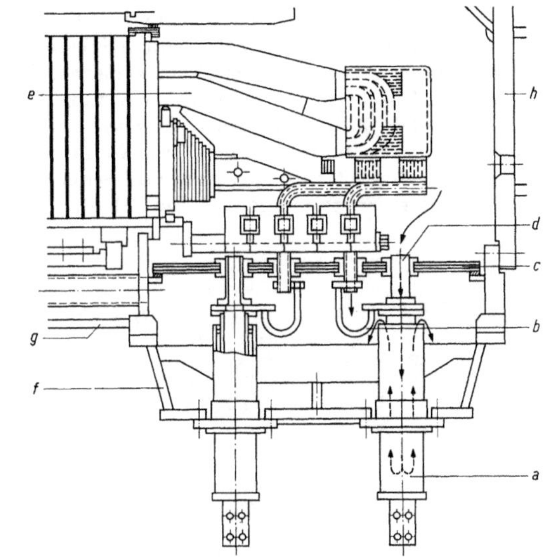

Abb. 303. Anordnung der Stromdurchführungen

a Stromdurchführung
b elastisches Kupferband
c Trennwand
d Gaseintrittsstutzen
e Ständerwicklung
f Stromdurchführungskasten
g Gehäusemantel
h Lagerschild

→ Gasströmung

das Prinzipielle dieser Verdrillungsart. Durch die um 180° größere Umdrehung in der Nut gegenüber der üblichen 360°-Verdrillung werden die durch die Streufelder in den Wickelköpfen induzierten Spannungen gegeneinander geschaltet. Sie heben sich gegenseitig auf, wenn das Feld in der Höhe des Stabes konstant ist. In Wirklichkeit ist das Streufeld im

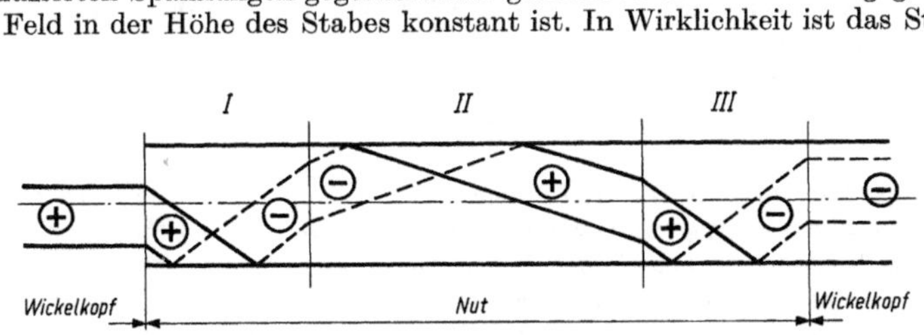

Abb. 304. Vereinfachte Darstellung der 540°-Verdrillung eines Ständerstabes

Wickelkopf unterschiedlich sowohl der Stärke als auch der Phase nach. Deshalb ist der Ausgleich der induzierten Spannungen unvollkommen, jedoch noch allgemein ausreichend für mittlere Stabhöhen und Strombeläge. Bei Kühlung mit Wasser, wo die Gefahr, daß Heißpunkte durch ungleiche Stromverteilung entstehen können, nicht vorhanden ist, ist der 540° verdrillte Stab unbegrenzt einsetzbar. Allein die Bewertung der Verluste ist dann maßgebend dafür, ob kompliziertere und teurere Verdrillungsarten statt 540° zu wählen sind.

Die üblichen Ständerspannungen zwischen 10 und 25 kV bedingen eine sorgfältige Isolierung der Wicklung [*21, 22*]. Die gängigen Isolationsarten benutzen hierzu Naturglimmerblättchen oder auch, besonders in der neueren Zeit, Feinglimmer. Als Träger dienen üblicherweise Papier, Vlies oder Glasgewebe; als Binder werden praktisch nur noch Kunstharze verwendet. Bei indirekter Kühlung der Ständerwicklung wird der Stab im geraden Nutteil oft mit Breitbahn-Mikafoliumhülse umbügelt und in Warmpressen ausgebacken. Die Wickelköpfe werden mit Lackglasseiden- und Glimmerbatistbändern isoliert und mit Isolierlacken getränkt und gespritzt. Die direkt gekühlten Ständerstäbe werden, bevor sie isoliert werden, bereits einbaufertig abgebogen. Zu ihrer Isolierung benutzt man Bänder, die durchgehend im Nutteil und im Wickelkopf aufgewickelt werden. Der bewickelte Stab wird evakuiert, mit Kunstharz getränkt und im Ofen ausgehärtet.

Im Nutteil werden die Stäbe mit halbleitender Schicht als Außenglimmschutz, am Nutausgang mit Endenglimmschutz versehen. Letzterer, der aus Widerstandslack aufgebaut wird, steuert das Potential am Nutaustritt.

Nach VDE 0530 ist die Isolationsklasse B mit einer Grenztemperatur von 130 °C im heißesten Punkt für Turbogeneratoren vorgeschrieben.

Das Blechpaket wird aus einzelnen Segmenten aus Dynamoblech von 0,5 mm oder auch 0,35 mm Stärke aufgebaut, im Gehäuse aufgehängt und durch Bolzen zusammen-

Abb. 305. Schichten des Ständerblechpaketes eines Turbogenerators (Werkbild Siemens)

gespannt (Abb. 305). Die Bleche sind gegeneinander isoliert, um die Eisenverluste und Heißpunkte im Blechpaket, an den Zähnen oder am Rücken des Joches zu vermeiden. Meistens werden Bleche mit einer Verlustziffer V_{10} von 1,5 W/kg und 1,1 W/kg bei 10 000 Gauß verwendet.

Der magnetische Zug des Läufers an dem Blechpaket

$$F = \frac{\pi \cdot r \cdot l}{2} \cdot B_1^2 \tag{6}$$

beträgt bei großen Turbogeneratoren einige hundert Tonnen. Er zieht das Blechpaket in der Polachse etwas zusammen und zwingt es beim Umlaufen zu 100 Hz-Schwingungen [*23*]. Wird das Blechpaket, wie bei kleinen bis mittleren Generatoren üblich, in am Gehäuse befestigten Schwalbenschwanzschienen aufgehängt, so wird die 100 Hz-Schwingung auch auf das Gehäuse und weiter auf das Fundament übertragen. Das Joch des Blechpaketes muß stark genug sein, um diese Schwingungen, die Geräusche und Vibrationen des Fundamentes verursachen, klein zu halten. An beiden Enden des Generators sind die Schwingungen des Gehäusemantels kleiner als in seiner Mitte. Die Vibrationen des Fundamentes können verkleinert werden, wenn der Generator nicht auf der ganzen Länge, sondern nur an allen vier Ecken auf dem Fundamentbalken aufliegt. Man erreicht damit gewissermaßen eine Entkoppelung des Fundamentes; das vom Gehäusemantel abgestrahlte Geräusch bleibt jedoch erhalten. Bei Großgeneratoren gelingt es nicht mehr, allein durch die Stärke des Joches die Geräusche und Schwingungen genügend zu unterdrücken, da sonst das Blechpaket zu schwer und nicht mehr transportabel wird. Bei diesen Maschinen wird es über Federn mit dem Gehäuse verbunden, die nur in geringem Umfang die Schwingungen des Blechpaketes an das Ständergehäuse weiterleiten. Abb. 306a zeigt eine Skizze der federnden Aufhängung des Blechpaketes, Abb. 306b den Einbau der Federn.

Das Gehäuse besteht aus Spanten, Rippen und dem äußeren Mantel. Bei Wasserstoffkühlung ist es druckfest ausgeführt; während der Fertigung wird es mit Wasser mit 10 atü abgepreßt. Auf der Stirnseite ist es durch Schilde abgeschlossen. Bei luftgekühlten Generatoren haben die Endschilde nur die Aufgabe, die umlaufende Kühlluft zu leiten, so daß sie leicht gebaut sein können. Die Lagerung des Läufers erfolgt in Stehlagern. Bei wasser-

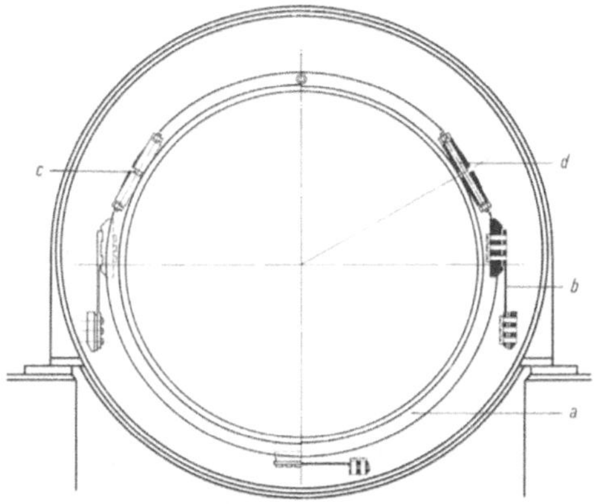

Abb. 306a. Skizze der federnden Aufhängung des Ständerblechpaketes

a Ringkörper *c* Spannschloß
b Blattfeder *d* Spannbolzen

Abb. 306b. Einbau der Federn (Werkbild Siemens)

stoffgekühlten Generatoren herrscht die Schildlagerausführung mit schweren Schildern vor. Die Lager sitzen im Schildunterteil außerhalb des Wasserstoffraumes. Die Lauffläche der Lager ist aus Weißmetall. Zum Anfahren ist meistens eine Druckölentlastung vorhanden, während im Betrieb das Lageröl der Turbinen-Lagerölleitung entnommen wird. Bei Spülölschmierung beträgt der Öldruck vor dem Lager 1 bis 2 atü. Zur Vermeidung von Lagerströmen sind die Lager isoliert.

d) Kühltechnisch bedingte Ausführungen

Verschiedene Einzelheiten der Wicklungen und des Gehäuses hängen von dem verwendeten Kühlsystem ab, das durch das Kühlmittel und die Kühlungsart bedingt ist. Betroffen werden die Elemente des Kühlkreislaufes, der Lüfter, Kühler usw. und die Wicklungen [*24*, *25*]. Die Ausführung der Wicklungen im Ständer und im Läufer unterscheidet sich bei der indirekten und direkten Leiterkühlung stark. Abb. 307 zeigt einige Querschnitte durch die Nuten der indirekt (*a*) und der direkt mit Wasserstoff (*b*) und Flüssigkeit (*c*) gekühlten Ständerwicklungen. In der neueren Zeit werden für die direkt mit Wasserstoff gekühlte Wicklung immer mehr statt einer zwei Reihen von Kühlkanälen vorgesehen und der mit Flüssigkeit gekühlte Stab teils aus Hohl-, teils aus Massivteilleitern ausgeführt. Bei der Kühlung mit Wasserstoff vermindert man damit die Temperaturdifferenz zwischen Kupfer und Kühlmittel und erreicht einen größeren Strom in gleich großer Nut. Die Ausführung des flüssigkeitsgekühlten Stabes aus hohlen und massiven Teilleitern ermöglicht die Reduzierung der Zusatzverluste in der Ständerwicklung.

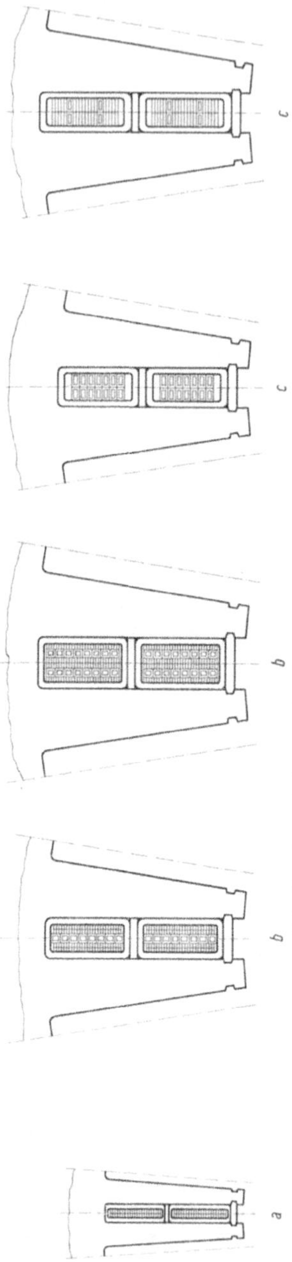

Abb. 307. Querschnitte von Ständernuten bei verschiedenen Kühlungsarten

a indirekte Kühlung *b* direkte Kühlung mit Wasserstoff *c* direkte Kühlung mit Wasser

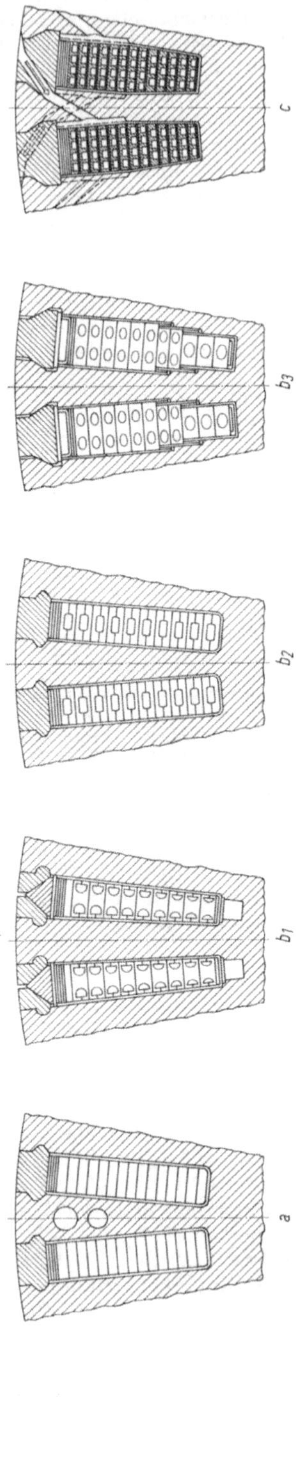

Abb. 308. Querschnitte von Läufernuten bei verschiedenen Kühlungsarten

a indirekte Kühlung *b* direkte Kühlung mit axialer Gasströmung *c* direkte Kühlung mit Gaseintritt von der Läuferoberfläche aus

Außer den dargestellten Formen werden bei der direkten Kühlung noch verschiedene andere Varianten der Kühlkanalanordnung ausgeführt. Der Isolationsaufbau ist bei der direkten Leiterkühlung schwieriger als bei der indirekten, da in jedem Fall besondere Ein- und Austrittsöffnungen für das Kühlmittel im Leiter vorhanden sein müssen.

Den Querschnitt durch die Läufernuten der gängigsten Ausführungen der Läuferwicklungen bei indirekter und direkter Leiterkühlung zeigt Abb. 308. Bei der indirekten Kühlung (*a*) werden die Verluste über die Ballenoberfläche und axiale Kanäle in den Zähnen oder am Nutgrund abgeführt. Die Leiter der direkt gekühlten Wicklung (*b*) sind hohl. Der Wasserstoff tritt durch Öffnungen in den Wickelköpfen der Läuferwicklung in die Hohlleiter ein, durchströmt sie in axialer Richtung und tritt in Ballenmitte durch radiale Kanäle in den Luftspalt aus. An der Austrittsstelle ist die Temperatur des Leiters um die Erwärmung des Wasserstoffes höher als am Eintritt. Lange Läufer werden deshalb

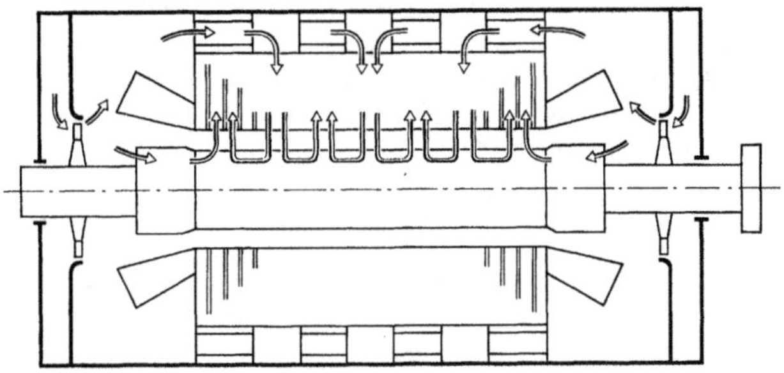

Abb. 309. Belüftungsschema bei Wasserstoffzufuhr zum Läufer vom Luftspalt aus (pick-up-Belüftung)

mit einem Kanal am Nutengrund versehen (b_1). Über diesen Kanal wird der Wicklung im Ballenteil zusätzlich kalter Wasserstoff zugeführt, wodurch die Erwärmung in Ballenmitte vermindert wird.

Eine interessante Methode, die Läuferwicklung zu kühlen, ist die Wasserstoffzufuhr von der Läuferoberfläche aus [*26, 27*]. Das Belüftungsschema zeigt Abb. 309. Das Blechpaket ist in Zonen eingeteilt, die abwechselnd den Wasserstoff dem Luftspalt zu- und abführen. In der Zufuhr-Zone tritt der Wasserstoff auch in den Läufer ein. Er verteilt sich und strömt in den Hohlleitern der Läuferwicklung nach links und rechts und dann in den benachbarten Abluftzonen in den Luftspalt hinaus. Schaufelförmige Tangentialkanäle im Ballen erzeugen bei Rotation den Staudruck, der den Wasserstoff entgegen der Fliehkraft

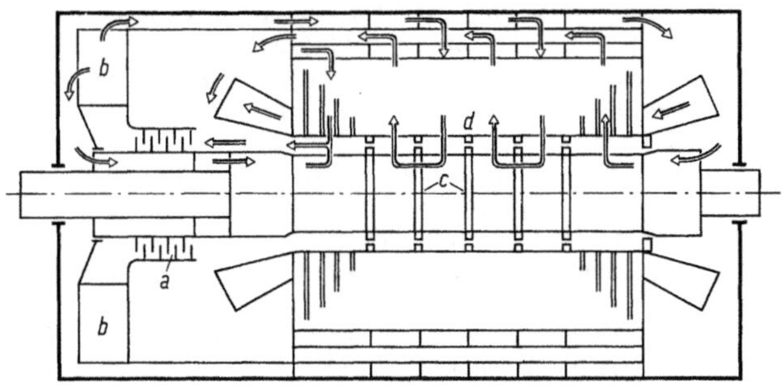

Abb. 310. Belüftungsschema bei Wasserstoffzufuhr zum Läufer vom Luftspalt aus mit mehrstufigem Gebläse

a Gebläse
b Kühler
c aufgeschrumpfte Ringe
d Abdichtungssegmente

in die Läuferwicklung hineindrückt. Auch in der Austrittszone sind tangentiale Kanäle im Ballen vorgesehen, nur in umgekehrter Richtung wie in der Eintrittszone. Werden die Zu- und Abfuhrzonen im Luftspalt mit Barrieren voneinander getrennt, so kann für diese Belüftungsart des Läufers zusätzlich der mehrstufige Verdichter, der für die wasserstoffgekühlte Ständerwicklung benötigt wird, benutzt werden (Abb. 310). Die Abdichtung der einzelnen Zonen im Luftspalt erfolgt mit auf dem Läufer aufgeschrumpften Ringen aus unmagnetischem Stahl und Segmenten aus Kunststoff über den Nutenverschlußkeilen im Ständer. Der Überdruck in den Eintrittszonen ist so groß, daß der Läuferballen keine besonderen Staukanäle mehr benötigt.

Die Kühlungsart, bei der Wasserstoff dem Läufer aus dem Luftspalt zugeführt wird, ist gleich wirksam, unabhängig von der Länge des Ballens. Bei langen Läufern wird lediglich eine größere Anzahl der Belüftungszonen gewählt. Je kürzer die einzelnen Zonen, um so gleichmäßiger ist die Erwärmung der Läuferwicklung. Nach VDE 0530 ist für Läufer mit mehrzonig gekühlter Wicklung eine höhere, aus der Widerstandszunahme ermittelte, mittlere Erwärmung zulässig.

e) Kühlungsintensität und Baugröße

Durch die Kühlungsintensität kann man die für eine bestimmte Leistung notwendige Baugröße stark beeinflussen [*28*]. Von der Baugröße hängen aber außer den Gewichten auch die Verluste und die elektrischen Betriebsgrößen ab. Die wichtigsten qualitativen Zusammenhänge sind dabei:

Baugröße nimmt ab: Gewichte nehmen ab,
stromabhängige Verluste und Zusatzverluste nehmen zu,
stromunabhängige Verluste (Eisen- und Reibungsverluste) nehmen ab,
Wirkungsgrad nimmt ab,
Stoßstrom nimmt ab,
Erregerbedarf nimmt zu,
zulässige Schieflast nimmt ab,
Reaktanzen nehmen zu.

Die Auswahl der richtigen Baugröße, d.h. des geeigneten Kühlsystems, wird demnach zusätzlich durch mehrere Einflußgrößen bestimmt, deren Bedeutung nach den Gegebenheiten des Kraftwerkes und des Netzes verschieden sind, wobei die Herstellungskosten eine Rolle spielen.

f) Gewichte der Hauptteile

Die Gewichte des Generators variieren bei den verschiedenen Ausführungen stark. Sie nehmen ab, wenn die Intensität der Kühlung wächst [*29*]. Eine allgemeine Angabe ihrer Größe darf nur als angenäherter Anhaltswert aufgefaßt werden. Abb. 311 zeigt auf die Leistung bezogene Gesamtgewichte von Turbogeneratoren verschiedener Kühlarten. Im Vergleich zu Luftkühlung haben die mit Wasser gekühlten Hochleistungsgeneratoren nur noch ein Fünftel des Leistungsgewichtes. Das Gewicht der aktiven Teile, worunter man das Kupfer der Wicklungen, das Ständerblechpaket und den Läuferballen versteht, beträgt im Mittel rund zwei Drittel des Gesamtgewichtes. Unter Generatoren gleicher Kühlungsart schwankt dieses Verhältnis nur wenig.

Besonders wichtig sind die Transport- und Krangewichte. Die bei den verschiedenen Kühlarten etwa zu erwartenden Transportgewichte sind ebenfalls in Abb. 311 über der Leistung aufgetragen. Bei erschwerten Transportbedingungen werden das Blechpaket mit der eingebauten Ständerwicklung und das Außengehäuse getrennt transportiert. Damit kann das Transportgewicht um rd. 15%, bei allerdings rd. 8% höheren Herstellungskosten reduziert werden. Im Kraftwerk wird dann das Blechpaket in das Gehäuse eingeschoben und mit ihm zusammengebaut. Die Krangewichte sind praktisch gleich den Transportgewichten; das gilt auch für den getrennten Transport. Die für getrennten Transport gebauten Ständer sind schwerer als die komplett transportablen. In Deutschland liegt die Grenze des komplett transportablen Ständers bei etwa 1000 MVA (Abb. 312).

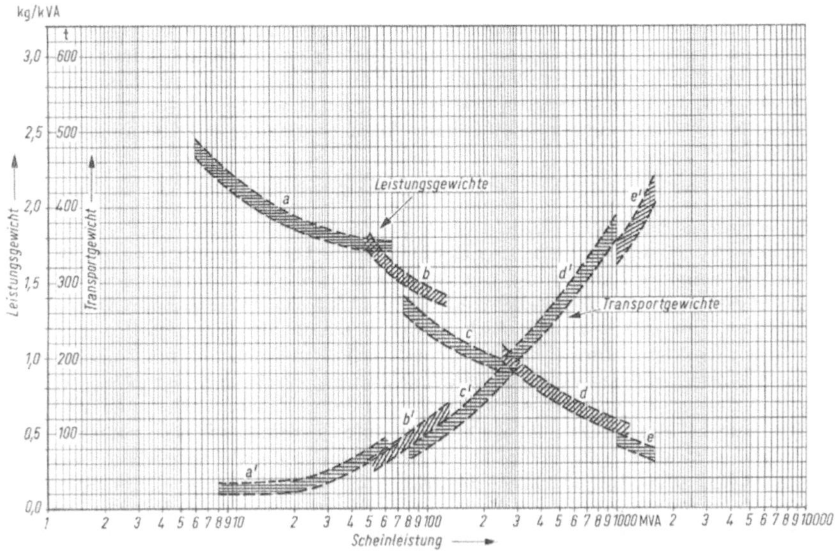

Abb. 311. Leistungs- und Transportgewichte in Abhängigkeit von der Leistung und Kühlung

Leistungsgewichte:
a indirekte Kühlung der Ständer- und Läuferwicklung mit Luft, Typ A
b indirekte Kühlung der Ständer- und Läuferwicklung mit Wasserstoff, Typ B
c indirekte Kühlung der Ständer- und direkte Kühlung der Läuferwicklung mit Wasserstoff, Typ C
d direkte Kühlung der Ständerwicklung mit Wasserstoff oder Wasser, direkte Kühlung der Läuferwicklung mit Wasserstoff, Typ D und E
e direkte Kühlung der Ständer- und Läuferwicklung mit Wasser, Typ F
Transportgewichte: *a'*, *b'*, *c'*, *d'*, *e'* Kühlungsarten wie oben

Abb. 312. Transport eines 400 MVA-Turbogenerators (Werkbild Siemens)

g) Verluste und Wirkungsgrad

Nach VDE 0530 werden die Verluste eines Synchrongenerators in stromunabhängige sowie stromabhängige Verluste, ferner in lastabhängige Zusatzverluste und Verluste im Erregerkreis eingeteilt. Zur Bestimmung des Wirkungsgrades sind die Verluste an der Maschine im möglichst betriebsnahen Zustand zu messen. Der Wirkungsgrad wird indirekt aus der Gesamtsumme der Verluste und der abgegebenen Wirkleistung bestimmt:

$$\eta = 1 - \frac{\Sigma \text{ Verluste}}{P + \Sigma \text{ Verluste}}. \qquad (7)$$

Die einzelnen Verluste werden üblicherweise mit einem geeichten Antriebsmotor im Prüffeld des Herstellerwerkes gemessen oder auch kalorimetrisch bestimmt. Das letzte Verfahren wird meistens in Kraftwerken angewandt. Kalorimetrisch können sowohl die Einzel- als auch die Gesamtverluste bestimmt werden. Dazu benötigt man die Durchflußmenge des Kühlmittels und seine Erwärmung. Dann ist die über das Kühlmittel abgeführte Verlustleistung

$$P = c_p \cdot \varrho \cdot V \cdot \Delta\vartheta \,. \tag{8}$$

Die stromunabhängigen Verluste eines Turbogenerators setzen sich zusammen aus Lagerreibungs-, Gasreibungs- und den Eisenverlusten. Die Lagerreibungsverluste wachsen mit dem Gewicht des Läufers und mit der Drehzahl. Zu diesen Verlusten gehören auch die Reibungsverluste der Wellendichtringe bei Kühlung mit Wasserstoff (Abb. 313).

Die Gasreibungsverluste sind stark von dem Druck des Wasserstoffes und von der Kühlungsart des Generators abhängig. Grundsätzlich unterscheidet man hier zwei Typen von Generatoren, und zwar: mit Niederdrucklüftern auf beiden Seiten und mit mehrstufigem Axial- oder Radialgebläse auf einer Seite der Maschine. Die erste Kühlungsart wird für indirekt oder direkt mit Wasser, die letzte für direkt mit Gas gekühlte Ständerwicklungen angewandt. Naturgemäß hat der mehrstufige Verdichter größere Gasreibungsverluste als ein Lüfter. Da jedoch mit dem Einsatz des Verdichters auch die Typenleistung beträchtlich gesteigert wird, steigt der prozentuale Anteil der Gasreibung gegenüber den indirekt gekühlten Generatoren nur unwesentlich (Abb. 314). Mit wassergekühlter Ständerwicklung und direkt gekühlter mehrflutiger Läuferwicklung kommt man für Leistungen hinauf bis zu 800 MVA noch ohne mehrstufigen Verdichter aus. Die Gasreibungsverluste dieser Maschinen betragen 40 bis 50% von denen mit dem Verdichter. Am günstigsten sind in dieser Hinsicht die auch im Läufer mit Wasser gekühlten Generatoren, die als Zusatzkühlmittel Wasserstoff mit nur noch niedrigem Druck benötigen. Die Gasreibungsverluste solcher Maschinen gehen auf 10 bis 20% der rein gasgekühlten zurück.

Da die Werte der magnetischen Induktion im Ständerblechpaket allgemein nur wenig variieren, sind die Eisenverluste nur noch von der Güte des verwendeten Dynamobleches und des Gewichtes des Ständerblechpaketes abhängig. Sie wachsen mit der Größe des Generators (Abb. 315).

Die übliche Blechqualität für Generatoren bis zu einer Leistung von 200 MVA ist 1,5 W/kg. Darüber hinaus werden bis rd. 400 MVA 1,5 und 1,1 W-Bleche verwendet, für noch größere Leistungen nur 1,1 W-Bleche. Die einfach kornorientierten Bleche bringen gegenüber den 1,1 W-Blechen keine Senkung der Eisenverluste, da im Ständer der magnetische Fluß in Zähnen und im Joch etwa senkrecht zueinander steht und infolgedessen das kornorientierte Blech auch in der Querrichtung durchfließen muß. Die größeren Verluste in der Querrichtung und an den Flußumlenkungsstellen heben den Gewinn an Verlusten in der Längsrichtung, z. B. im Joch, auf. Einsatz von kornorientierten Blechen wird daher nur bei Orientierung in beiden Richtungen oder bei Flächenorientierung interessant, sofern der Mehrpreis in wirtschaftlich vertretbarem Verhältnis zu den eingesparten Verlusten steht. Die stromunabhängigen Verluste nehmen mit steigender Intensität der Kühlung, d.h. mit höherer Ausnutzung des aktiven Materials ab.

Als stromabhängige Verluste werden nach VDE 0530 die Stromwärmeverluste in der Ständerwicklung bezeichnet. Sie wachsen mit der Intensität der Kühlung. Ebenso wachsen die lastabhängigen Zusatzverluste, die sich aus den Zusatzverlusten im Blechpaket, in massiven Konstruktionsteilen, an der Ballenoberfläche und in den Wicklungen zusammensetzen. Die stromabhängigen Verluste und die Zusatzverluste werden zusammen während der Kurzschlußprüfung gemessen und oft auch als Kurzschlußverluste bezeichnet. Abb. 316 zeigt die Summe der stromabhängigen Verluste und der Zusatzverluste in Abhängigkeit von der Leistung. Da diese Verluste im Vergleich zu den stromunabhängigen groß sind, werden bei großen Generatoren viele zusätzliche Maßnahmen getroffen, um insbesondere die Zusatzverluste zu senken [*30, 31*]. Die gängigsten davon sind: Anwendung von un-

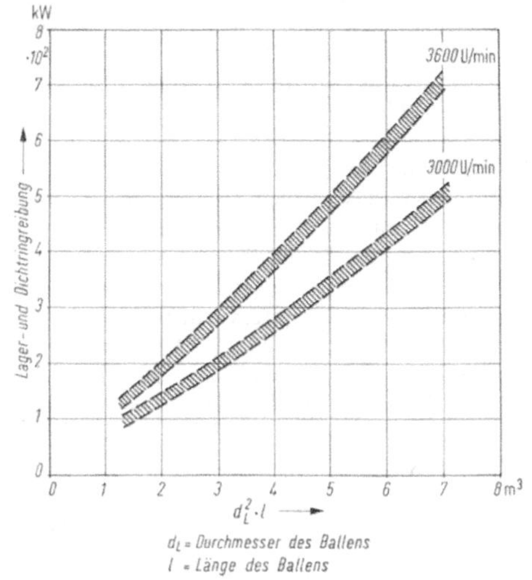

Abb. 313. Reibungsverluste der Lager und der Dichtungsringe von Turbogeneratoren in Abhängigkeit vom Volumen des Läuferballens

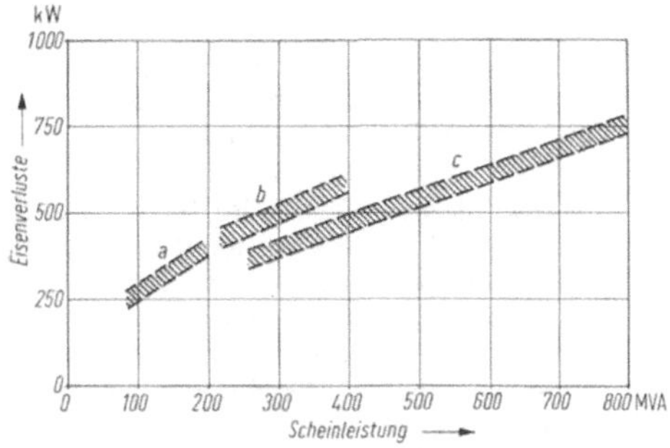

Abb. 315. Eisenverluste von Turbogeneratoren in Abhängigkeit von der Leistung und Blechqualität

a indirekt gekühlte Ständerwicklung, 1,5 W-Bleche, Typ B und C
b direkt mit Gas oder Wasser gekühlte Ständerwicklungen, 1,5 W-Bleche, Typ D und E
c direkt mit Gas oder Wasser gekühlte Ständerwicklungen, 1,1 W-Bleche, Typ D und E

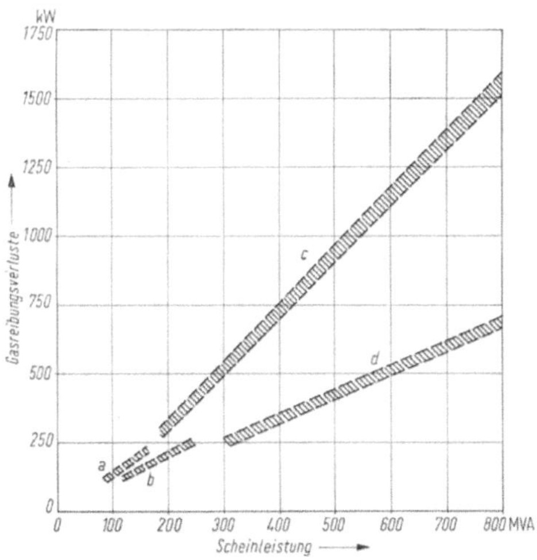

Abb. 314. Gasreibungsverluste von Turbogeneratoren in Abhängigkeit von der Kühlart und Leistung

a indirekte Kühlung der Ständer- und Läuferwicklungen, 1 atü H_2-Druck, Typ B
b indirekte Kühlung der Ständer-, direkte Kühlung der Läuferwicklung, 2 atü H_2-Druck, Typ C
c direkte Kühlung der Ständer- und Läuferwicklungen, 3 atü H_2-Druck, Typ D
d direkte Kühlung der Ständerwicklung mit Wasser, direkte mehrflutige Kühlung der Läuferwicklung mit Wasserstoff, Druck 4 atü, Typ E

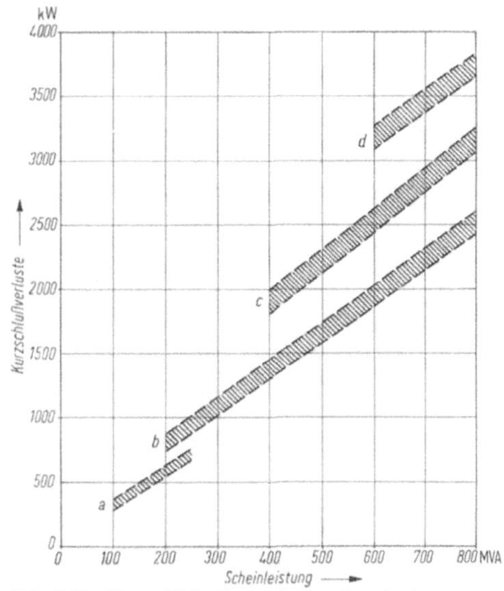

Abb. 316. Stromabhängige und Zusatzverluste von Turbogeneratoren in Abhängigkeit von der Leistung und Kühlung

a indirekte Kühlung der Ständerwicklung, $C \sim 10$ bis 15, Typ B und C
b direkte Kühlung der Ständer- und Läuferwicklung mit Wasserstoff, $C \sim 20$ bis 25, Typ D
c direkte Kühlung der Ständerwicklung mit Wasser, mehrflutige Kühlung der Läuferwicklung mit Wasserstoff, $C \sim 20$ bis 25, Typ E
d direkte Kühlung der Ständer- und Läuferwicklung mit Wasser, $C \sim 30$ bis 40, Typ F

magnetischem Material für die Konstruktionsteile im Bereich der Ständerwickelköpfe, Abschirmung der Druckplatten, Ausführung der Ständerwickelköpfe mit flachem Winkel gegen die Maschinenachse, entsprechende Wahl des Verhältnisses zwischen Ständernutteilung und Luftspaltbreite, um die Pulsationsverluste an der Läuferoberfläche zu senken, Ausführung der Ständerwicklung mit dünnen, isolierten Teilleitern und volle Verdrillung auch der Ständerwickelköpfe.

Der flüssigkeitsgekühlte Stab ist ungünstig in bezug auf die Zusatzverluste. Wegen der Kanäle für die Flüssigkeit müssen die Hohlteilleiter relativ dick ausgeführt werden, wodurch hohe Zusatzverluste direkt im Ständerkupfer entstehen. Sie können nicht etwa durch Einbau größerer Kupfermengen ausgeglichen werden, da die Stromwärmeverluste wohl mit dem Gewicht des Kupfers abnehmen, die Zusatzverluste jedoch mit der Tiefe der Nut zunehmen. Die Nut und Teilleiterbreite beeinflussen die Zusatzverluste nur wenig; sie nehmen aber quadratisch mit der Teilleiterdicke zu. In Abb. 317 sind die Verlustkurven für vier Teilleiter unterschiedlicher Dicke in Abhängigkeit von der Zahl der Teilleiter übereinander aufgetragen. In der Nut wurden vier Teilleiter nebeneinander liegend angenommen. Bei konstanter Dicke der Teilleiter verlaufen die optimalen Werte sehr flach.

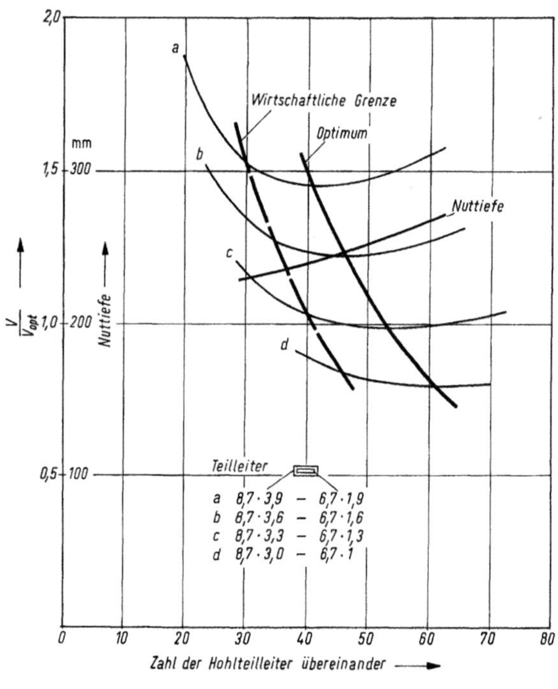

Abb. 317. Σ Verluste und Nuttiefe in Abhängigkeit von der Dicke und der Zahl der Teilleiter übereinander

Es lohnt sich nicht, die optimale Nuttiefe zu wählen. Die wirtschaftliche Grenze dürfte bei etwa 75% der optimalen Werte liegen.

Um die Zusatzverluste in der Ständerwicklung zu reduzieren, wird bei der Kühlung mit Wasser oft nur ein Teil der Teilleiter hohl ausgeführt [*32*]. Die massiven Teilleiter liegen zwischen den Hohlteilleitern. Sie werden entsprechend dünn gewählt mit den üblichen 10 bis 20% Zusatzverlusten im Kupfer der Ständerwicklung. Die so aufgebauten Ständerstäbe haben merklich geringere Zusatzverluste als diejenigen, welche nur aus Hohlteilleitern bestehen. Ausnutzungsbegrenzend für sie ist der Wärmefluß durch die

Teilleiterisolation und damit das Temperaturgefälle zwischen den Massiv- und den Hohlteilleitern.

Zu den Verlusten im Erregerkreis gehören die Stromwärmeverluste in der Feldwicklung sowie die in den Bürsten und Zuleitungen. Wird die Erregermaschine von der Hauptwelle angetrieben, müssen auch ihre Verluste sowie die des Getriebes, der Selbsterregungs- und der Regelgeräte berücksichtigt werden. Die Lager-, Luft- und die Bürstenreibungsverluste der Erregermaschine werden allerdings nach VDE 0530 zu den entsprechenden Verlusten des Generators addiert. Die Summe der Verluste in der Erregermaschine, in Getriebe und Geräten ist klein im Vergleich zu den Stromwärmeverlusten in der Feldwicklung. Diese Verluste, ähnlich wie die stromabhängigen Verluste und die Zusatzverluste, wachsen stark mit der Ausnutzung. Sie sind außerdem vom Leistungsfaktor und von der benötigten Leerlauferregung abhängig. Abb. 318 zeigt die Erregerverluste in Abhängigkeit von der Leistung mit den Parametern Läuferstrombelag, cos φ und C. Um diese

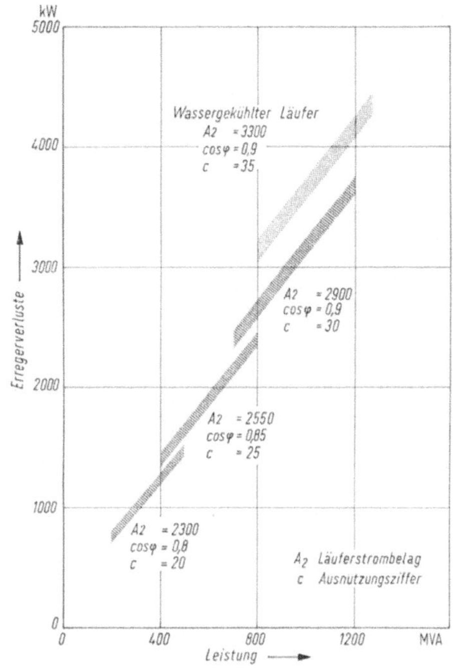

Abb. 318. Erregerverluste von Turbogeneratoren in Abhängigkeit von der Leistung und dem Läuferstrombelag

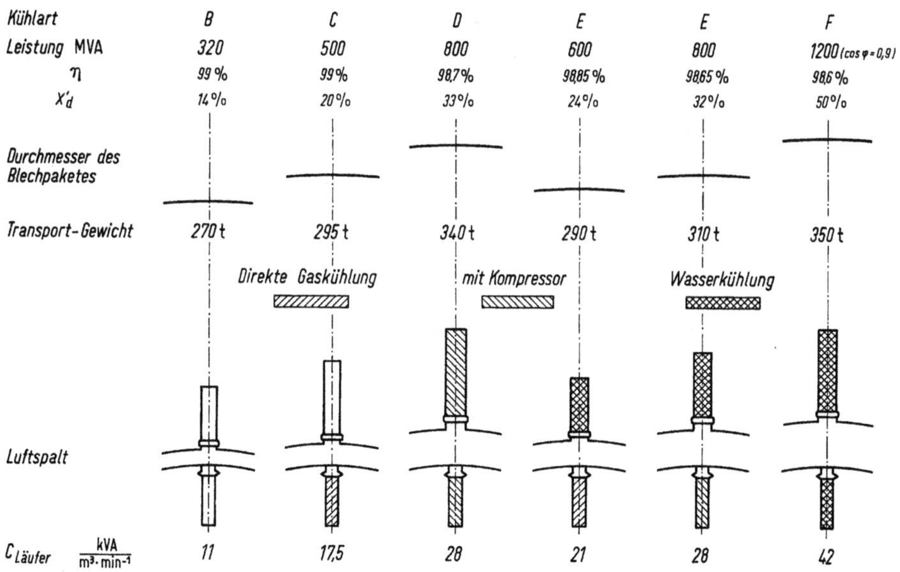

Abb. 319. Einfluß der Kühlsysteme auf die Bemessung von Turbogeneratoren

Verluste zu senken, wird bei großen, hochausgenutzten Generatoren möglichst $\cos \varphi = 0{,}9$ gewählt.

Der Wirkungsgrad sinkt gewöhnlich mit zunehmender Ausnutzung, da die stromabhängigen, die Zusatz- und die Erregerverluste stärker wachsen, als die Typenleistung steigt. Mit den bereits erwähnten, mit Kosten verbundenen Maßnahmen kann man jedoch auch den Wirkungsgrad der stark ausgenutzten Generatoren hochhalten (Abb. 319).

h) Besonderheiten der Wasserstoffkühlung

Der Betrieb des Generators mit Wasserstoff bedingt einige Zusatzeinrichtungen [*14*, *33*]. Das mit Wasserstoff gefüllte Gehäuse wird durch radiale oder axiale Drucköl-Wellendichtungen gegen die Umgebung gasdicht abgeschlossen. Abb. 320a zeigt die gesamte Wasserstoff-Wellendichtung, Abb. 320b den Schnitt durch den Dichtungsring. Der kleine Spalt zwischen der rotierenden Welle und dem feststehenden Dichtungsring wird vom Dichtöl durchströmt und damit abgedichtet. Der Öldruck muß stets über dem Wasserstoffdruck liegen, um den Gasaustritt zu verhindern. Das Dichtöl fließt im Kreislauf durch die Wellendichtung und ein besonderes Dichtölgerät, das die notwendigen Pumpen, Filter, Kühler, Vakuumkessel, Melde- und Meßinstrumente usw. enthält. Abb. 321 zeigt ein vereinfachtes Schema des Dichtölkreislaufes, Abb. 322 das Dichtölgerät. Es wird normalerweise im Fundament unter dem Generator aufgestellt. Als Dichtöl wird die gleiche Ölart wie für die Lager verwendet.

Das Füllen und Entleeren des Generators mit Wasserstoff und die Überwachung der Eigenschaften des Gases im Generator erfolgen mit verschiedenen Hilfseinrichtungen, wie

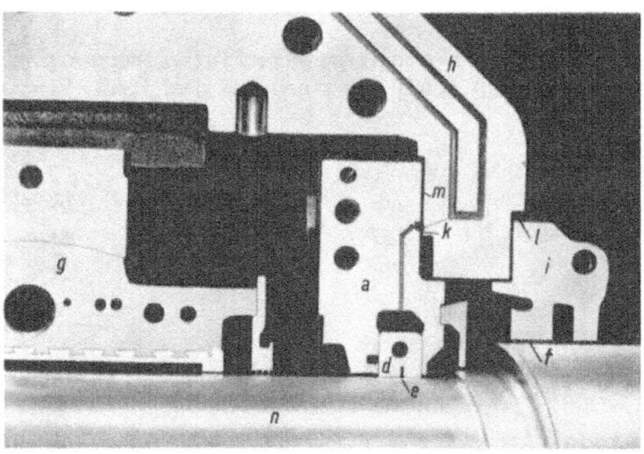

Abb. 320a. Wasserstoff-Wellendichtung (Werkbild Siemens)

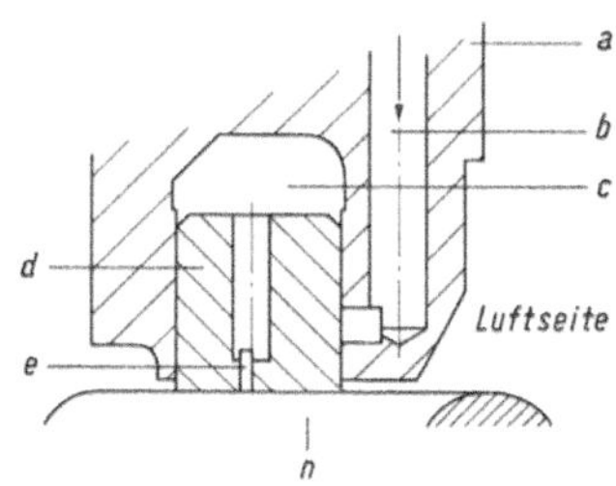

Abb. 320b. Schnitt durch den Dichtring

a Dichtungsringhalter
b Ölzuführung zur Druckölnut
c Dichtringkammer
d Dichtungsring
e Ringnut
f Dichtungsbänder
g Lagerschale
h Lagerschild
i Ölschneidenhalter
k Gummidichtung
l Isolierung
m Polpyritdichtung
n Welle

Ventilen, Druckminderern, Gastrocknern, Meß- und Überwachungsinstrumenten, die meistens in einem Ventilschrank zusammengefaßt sind (Abb. 323). Da ein Wasserstoff-Luft-Gemisch zwischen 4 und 75% explosibel ist, wird beim Füllen und Entleeren neutrale Kohlensäure (CO_2) gewissermaßen als Puffer verwendet. Beim Füllen des Generators wird die in diesem befindliche Luft zunächst durch Kohlensäure verdrängt und anschließend die Kohlensäure durch den Wasserstoff; beim Entleeren wird in umgekehrter Reihenfolge verfahren. Im Betrieb wird die Reinheit des Wasserstoffes ständig überwacht und stets über mindestens 90% gehalten.

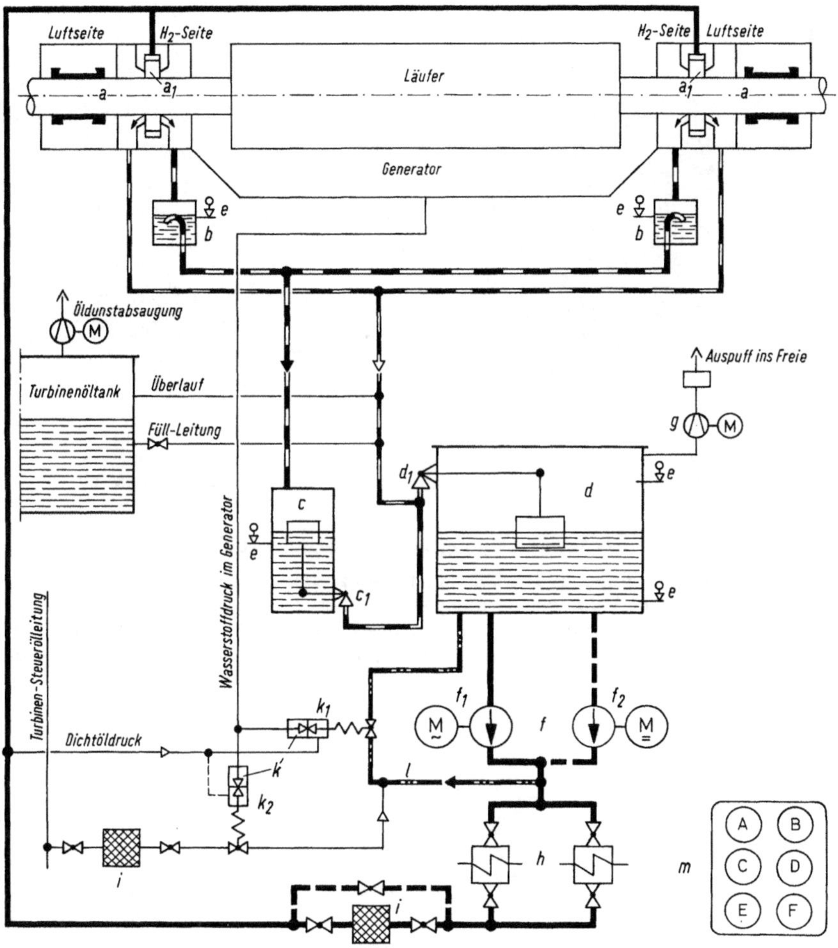

Abb. 321. Vereinfachtes Dichtölschema

a Wellendichtung
b Wasserstoff-Vorabscheider
c Zwischenölbehälter
d Vakuumkessel
e Ölstandsmelder
f Dichtölpumpen
g Vakuumpumpe
h Dichtölkühler
i Dichtölfilter
k Druckdifferenzventile
l Nebenweg
m Instrumententafel
a_1 Dichtring
c_1 Schwimmerventil am Zwischenölbehälter
d_1 Schwimmerventil am Vakuumkessel
f_1 Drehstrompumpe
f_2 Gleichstrompumpe
k_1 Betriebsventil
k_2 Notventil

Anzeigen der Instrumententafel:

A Dichtöldruck Turbinenseite
B Dichtöldruck Erregerseite
C Vakuum im Vakuumkessel
D Dichtöldruck an der Pumpe
E Steueröldruck
F Wasserstoffdruck im Generator

Abb. 322. Dichtölgerät
(Werkbild Siemens)

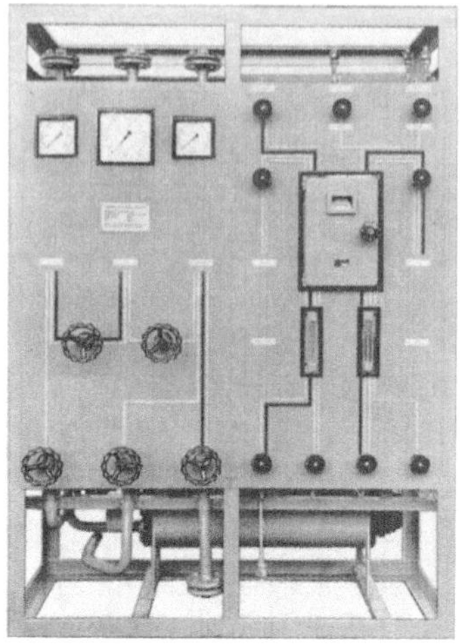

Abb. 323. Ventilschrank
(Werkbild Siemens)

i) Zusatzeinrichtungen bei Flüssigkeitskühlung

Bei Flüssigkeitskühlung sind außer den Umwälzpumpen stets Filter zur Reinhaltung der Flüssigkeit sowie Aufbereitungsanlagen, Kühler, Behälter, Regelventile usw. notwendig [*34*]. Abb. 324 zeigt das Prinzipschema des Wasserkreislaufes einer direkt gekühlten Ständerwicklung. Bei Verwendung von Wasser muß besonders auf seine Reinheit geachtet werden, da jede Verunreinigung den elektrischen Widerstand des Wassers stark herabsetzt

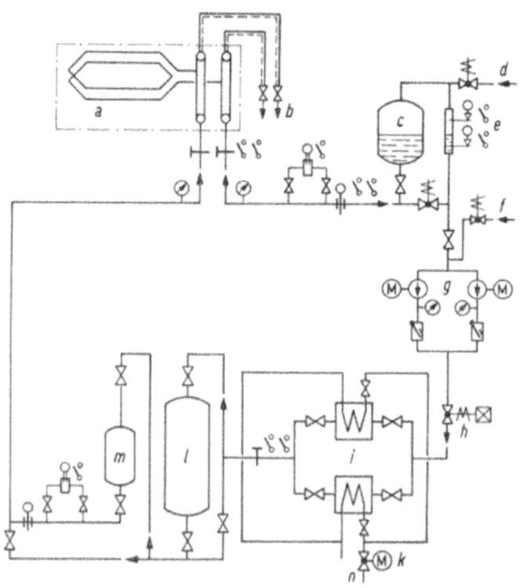

Abb. 324. Rohrleitungsschaltplan des Wasserkreislaufes der Ständerwicklung

a Generator
b Entlüftung
c Wasserausdehnungsbehälter
d Stickstoffanschluß
e Leckanzeigerohr
f Kondensateinspeisung
g Pumpen
h Anfahrventil
i Kühler
k Regelventil
l Aktivkohlefilter
m Ionenaustauscher
n Kühlwasseranschluß

und außerdem gegebenenfalls chemische Korrosionen in den Teilen des Wasserkreislaufes ermöglicht, die bei der erwünschten langen Lebensdauer sorgfältig vermieden werden müssen. Der völlig dichte, in sich abgeschlossene Kühlwasserkreislauf wird üblicherweise erstmals mit luftgesättigtem Turbinenkondensat gefüllt. Der damit im Wasser enthaltene Sauerstoff bewirkt eine Oxydation der Kupferoberfläche. Die Oxidschicht bildet einen Schutz gegen die Kupferlöslichkeit im Wasser, die dadurch auf ein Minimum herabgesetzt wird. Das frisch eingefüllte Wasser wird zum Teil über einen Ionenaustauscher, über das sog. „Mischbettfilter" geleitet und vollkommen entsalzt. Die Leitfähigkeit des vollentsalzten Reinstwassers beträgt weniger als 0,10 μS/cm. Das Mischbettfilter wird so lange eingeschaltet, bis die ganze Wasserfüllung die erwünschte Betriebsleitfähigkeit des Wassers von 1 bis 3 μS/cm erreicht hat. Im Betrieb genügt es, nur etwa 1% des Gesamtwasserflusses über das Mischbettfilter zu leiten, um die obigen Werte beizubehalten.

III. Betriebseigenschaften des Drehstromgenerators und ihre Bewertung

a) Elektrische Betriebswerte des ungestörten Betriebes

Der Betrieb des Generators am Netz ist durch die Abgabe einer bestimmten Wirk- und Blindleistung bei vorgeschriebener Klemmenspannung gekennzeichnet. Während die Wirkleistung durch den Turbinenregler gesteuert wird, regelt man die Blindleistung durch die Erregung des Generators. Die Größe der abzugebenden oder aufzunehmenden Blind-

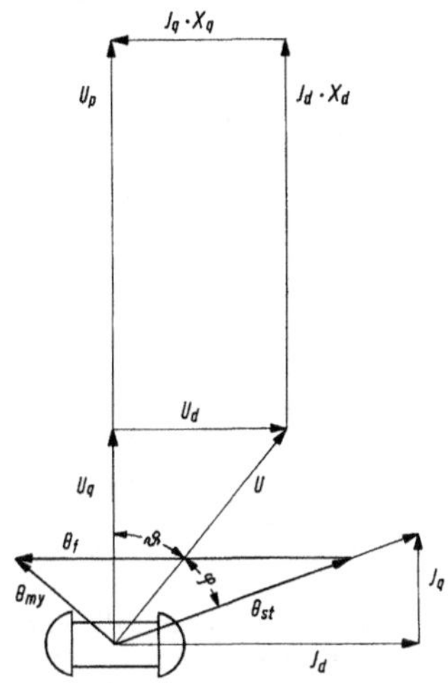

Abb. 325. Zeigerbild des Turbogenerators mit Durchflutungsdreieck

U	Sternspannung
U_d	Längsspannung
U_q	Querspannung
U_p	Polradspannung
X_d, X_q	synchrone Längs- und Querreaktanz
J	Strom in der Drehstromwicklung
J_d	Längsstrom
J_q	Querstrom
ϑ	Polradwinkel
φ	Phasenwinkel
Θ_{st}	Ständerdurchflutung
Θ_{my}	Magnetisierungsdurchflutung
Θ_f	Läuferdurchflutung

leistung beeinflußt stark die Bemessung des Generators [*35*, *36*]. Das vereinfachte Zeigerdiagramm (Abb. 325), nach der Zwei-Achsen-Theorie dargestellt, zeigt den Zusammenhang zwischen der Läufer-, Ständer- und der zur Erzeugung des magnetischen Feldes benötigten Durchflutung. Die Ständerdurchflutung Θ_{st} ist proportional der abgegebenen Scheinleistung. Die Größe des Luftspaltes bestimmt die Magnetisierungsdurchflutung Θ_{my}. Die Läuferdurchflutung Θ_f setzt sich geometrisch zusammen aus der Ständer- und der Magnetisierungsdurchflutung. Bei konstanter Läuferdurchflutung kann die Ständerdurchflutung und damit auch die abgegebene Scheinleistung vergrößert werden, wenn entweder der Phasenwinkel φ oder die Magnetisierungsdurchflutung oder beide gleichzeitig verkleinert werden. Verkleinerung des Phasenwinkels φ bedeutet Betrieb mit größerem $\cos\varphi$; Verkleinerung des Luftspaltes vermindert die für den magnetischen Kreis benötigte Durchflutung. Anstatt der Magnetisierungsdurchflutung spricht man vom Leerlaufkurzschlußverhältnis K_c. Es ist das Verhältnis des Kurzschlußstromes bei Leerlauferregung für Nennspannung zum Nennstrom (Abb. 326)

$$K_c = \frac{J_{Ko}}{J_N} = \frac{J_{fo}}{J_{fk}}. \tag{9}$$

Den reziproken Wert des ungesättigten Leerlaufkurzschlußverhältnisses bezeichnet man als Synchronreaktanz X_d:

$$X_d = \frac{J_N}{J^{\bullet}_{Ko}} = \frac{J_{fk}}{J_{fg}}. \tag{10}$$

Sowohl cos φ als auch das Leerlaufkurzschlußverhältnis sind in VDE 0530 in Abhängigkeit von der Leistung vorgeschlagen. Für Großgeneratoren sind cos $\varphi = 0{,}9$ und ein Leerlaufkurzschlußverhältnis von 0,35 vorgesehen. Den Einfluß vom Leistungsfaktor und Leerlaufkurzschlußverhältnis auf die Typenleistung eines Generators zeigt Abb. 327.

Die Änderung des Leistungsfaktors cos φ und des Leerlaufkurzschlußverhältnisses K_c bleiben nicht ohne Einfluß auf das Verhalten des Generators im Betrieb. Mit größer

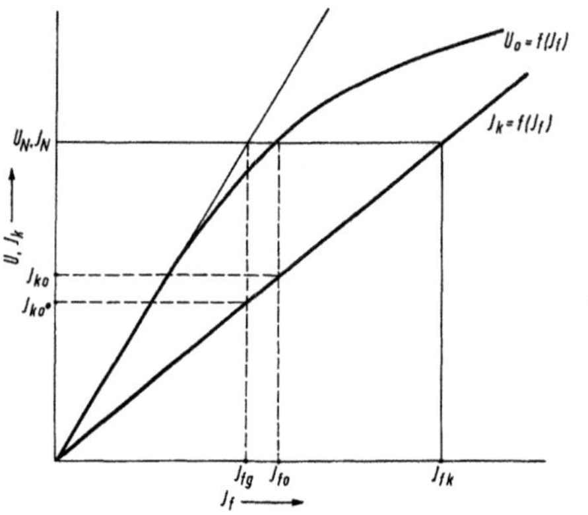

Abb. 326. Leerlauf- und Kurzschlußkennlinie

J_{fo}	Erregerstrom im Leerlauf bei Nennspannung
J_{fg}	Erregerstrom im Leerlauf bei Nennspannung für die Luftspaltkennlinie
J_{fk}	Erregerstrom bei Nennstrom im dreipoligen Kurzschluß
J_{Ko}, $J^{\bullet}_{Ko}$	Ständerströme im dreipoligen Kurzschluß bei Erregung mit J_{fo} bzw. J_{fg}

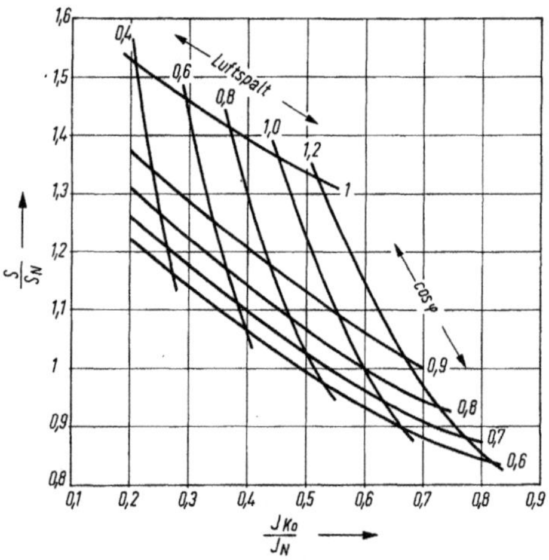

Abb. 327. Einfluß des Leerlaufkurzschlußverhältnisses und des Leistungsfaktors auf die ausnutzbare Leistung bei unverändertem Läufer

werdendem cos φ nimmt die abgegebene Blindleistung (Übererregung) des Generators ab. Sie wächst langsam mit kleiner werdendem K_c. Die Aufnahmefähigkeit von Blindleistung (Untererregung) ist dem Leerlaufkurzschlußverhältnis K_c proportional. Für Generatoren, die z. B. über lange Leitungen mit den Verbrauchern verbunden sind, ist die bei cos $\varphi = 0$ untererregt aufgenommene Blindleistung eine wichtige Größe. Wird sie überschritten, so ist der Läuferstrom Null, und die Maschine geht in den Bereich der Selbsterregung über. Die Spannung wird alsdann durch die aufgenommene Blindleistung bestimmt. Bei starken, dicht besetzten Netzen dürfte dagegen die aufgenommene Blindleistung nur untergeordnete Bedeutung haben.

Die statische Überlastbarkeit des Generators nimmt zu mit dem Leerlaufkurzschlußverhältnis. Für die Stabilität des Betriebes ist jedoch nicht die statische Überlastbarkeit allein maßgebend; vielmehr ist die transiente Stabilität von Bedeutung [*37*, *38*]. Stark vereinfacht zeigt Abb. 328 die statische und transiente Stabilitätsgrenze eines 600 MVA-Turbogenerators, bemessen für $K_c = 0{,}4$ und cos $\varphi = 0{,}85$. Im ganzen schraffierten Feld ist grundsätzlich ein stabiler Betrieb möglich. Voraussetzungen dazu sind ein schneller Regler und eine schnelle und für die benötigte Leistung dimensionierte Erregeranordnung, die imstande sind, den durch die Selbstkompoundierung im Läufer erzeugten Strom in so kurzer Zeit zu übernehmen, daß ein Absinken des magnetischen Feldes in der Längsachse verhindert wird. Praktisch wird man wohl niemals bis zur transienten Stabilitätsgrenze gehen, da bei einem solchen Betrieb die Gefahr besteht, daß ein Laststoß den Generator aus dem Synchronismus werfen kann. Die Möglichkeit jedoch, auch Polradwinkel über 90° noch stabil fahren zu können, garantiert einen sicheren Betrieb mit Winkeln von nahezu 90°, da Laststöße noch ohne Kippen abgefangen werden können.

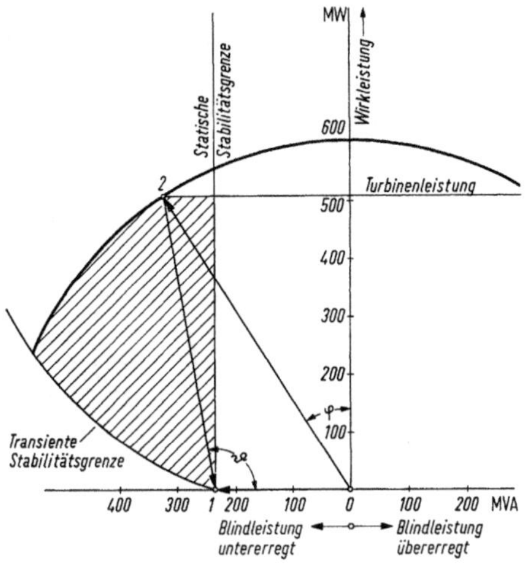

Abb. 328. Statische und transiente Stabilitätsgrenze eines 600 MVA-Turbogenerators, bemessen für $K_c = 0{,}4$ und $\cos\varphi = 0{,}85$

01 Magnetisierungsdurchflutung
02 Ständerdurchflutung
21 Läuferdurchflutung

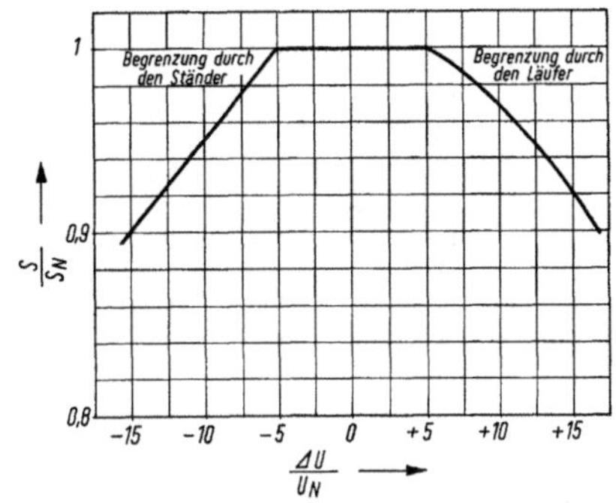

Abb. 329. Einfluß des geforderten einstellbaren Spannungsbereiches $\Delta U/U_N$ auf die nutzbare Leistung eines Generators

Bei Nennleistung, Nenndrehzahl und Nennleistungsfaktor muß die Klemmenspannung der Maschine gewöhnlich in einem Bereich von $\pm 5\%$ von der Nennspannung einstellbar sein. Ein größerer Spannungsregelbereich verringert die Modelleistung, da der Generator magnetisch und elektrisch nicht voll ausgenutzt werden kann (Abb. 329).

b) Elektrische Betriebswerte bei Ausgleichsvorgängen[1]

Bei plötzlichem Kurzschluß tritt während des Überganges zum Dauerkurzschluß ein Strom auf, der den Dauerkurzschlußstrom weit überschreitet. Am größten ist er bei direktem Klemmenkurzschluß. Der Stoßkurzschlußstrom setzt sich aus einem schnell (subtransient) und einem langsam (transient) abklingenden Wechselstromanteil zusammen, dem ein Gleichstromglied überlagert ist (Abb. 330). Der zeitliche Verlauf des Stoßkurzschlußstromes wird durch folgende Gleichung gegeben:

$$i_{K(t)} = \sqrt{2} \cdot \Big[(J_K'' - J_K') \cdot e^{-t/T_d''} \cdot \cos\omega t + (J_K' - J_K)\, e^{-t/T_d'} \cdot \cos\omega t + J_K \cos\omega t - J_K''\, e^{-t/T_a} \Big]. \tag{11}$$

Das Gleichstromglied klingt langsamer ab als der subtransiente, aber viel schneller als der transiente Stromanteil. Der erste Spitzenwert des Stoßkurzschlußstromes ist maßgebend für die dynamische Beanspruchung der Anlagenteile. (Vgl. auch Dritter Band, Teil A, Vierter Teil, Abschn. A I, S. 587ff.)

[1] Schrifttum [*39, 40*].

Aus dem Oszillogramm des Stoßkurzschlußstromes werden mehrere Kenngrößen von Synchronmaschinen ermittelt, und zwar: die Subtransient- und Transient-Reaktanz und die Subtransient-, Transient- und Zeitkonstante des Gleichstromgliedes (siehe VDE 0530, Teil 4).

Die Subtransient-Reaktanz X_d'' ergibt sich aus der Streureaktanz der Ständer-, Feld- und Dämpferwicklung und anderer dämpfend wirkender Metallteile, z. B. des massiven Läuferballens. Sie ist der Quotient aus Nennspannung U_N und Anfangs-Kurzschluß-wechselstrom J_K'', beide je Strang gerechnet. Der prozentuale Wert von X_d'' liegt zwischen 10 und etwa 25%. Bei hochausgenutzten Generatoren sind noch höhere Werte denkbar.

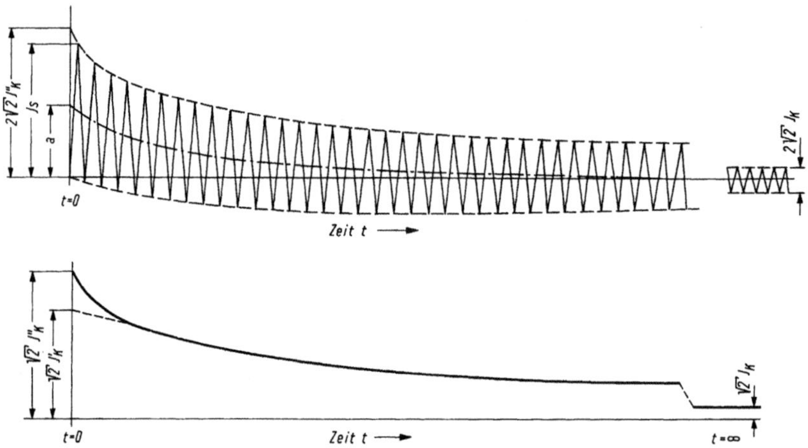

Abb. 330. Bestimmung der dynamischen Kenngrößen des Turbogenerators aus dem Stoßkurzschlußversuch bei Leerlauferregung

J_S Stoßkurzschlußstrom
J_K'' Anfangs-Kurzschlußwechselstrom
J_K' Anfangswert des transient abklingenden Stoßkurzschlußstromes plus Dauerkurzschlußstrom
a Anfangswert des Gleichstromanteiles
J_K Dauerkurzschlußstrom

Die transiente Reaktanz X_d' wird durch die Streureaktanz von Ständer- und Erregerwicklung bestimmt. Sie ist der Quotient aus Nennspannung U_N und dem durch Extrapolation auf den Schaltaugenblick bestimmten langsam abklingenden Wechselstromanteil des Stoßkurzschlußstromes. Bei Vollpolläufern ist X_d' etwa 20 bis 40% größer als X_d''. Die transiente Reaktanz ist nach dem Abklingen des Gleichstromgliedes für den Verlauf des Stoßkurzschlußstromes maßgebend und deshalb für die Einstellung von Schutzrelais mit Impedanzmessung usw. wichtig. Sie beeinflußt auch wesentlich die dynamische Stabilität des Netzes. (Vgl. auch Dritter Band, Teil A, Vierter Teil, Abschn. E III, S. 717ff.)

Für das Abklingen der Stoßkurzschlußströme sind die entsprechenden Zeitkonstanten kennzeichnend, die subtransiente Zeitkonstante T_d'' für das anfängliche rasche Abklingen des Stoßkurzschluß-Wechselstromes, die transiente Zeitkonstante T_d' für das folgende langsame Abklingen des Wechselstromes und die Gleichstromzeitkonstante T_a für das Abklingen des Gleichstromgliedes. Die Größenordnung dieser Zeitkonstanten ist:

$$T_d'' = 20 \text{ bis } 50 \text{ ms},$$
$$T_d' = 1 \text{ bis } 2 \text{ s},$$
$$T_a = 200 \text{ bis } 500 \text{ ms}.$$

Gleichzeitig mit dem Stoßkurzschlußstrom im Ständer treten auch im Läufer zusätzliche Ströme auf, die zusammen mit dem Strom im Ständer abklingen. Der zeitliche Verlauf des Stromes in der Feldwicklung ist bei dreipoligem Kurzschluß:

$$i_f(t) = J_{f0}\left[1 + \frac{X_d - X_d'}{X_d'}\left(e^{-\frac{t}{T_d'}} - (1 - K_D)\,e^{-\frac{t}{T_d''}} - K_D\,e^{-\frac{t}{T_a}}\cos\omega t\right)\right]. \qquad (12)$$

Der Koeffizient K_D berücksichtigt die Dämpfung durch den massiven Ballen, die Keile und — wenn vorhanden — die Dämpferwicklung. Er variiert von 0,7 bis praktisch 0 bei sehr guter Dämpferwicklung.

Die Stoßkurzschlußströme im Ständer und Läufer entwickeln zusammen mit dem magnetischen Feld im Luftspalt große Drehmomente. Die Wellen und Fundamente des Turbosatzes werden für diese Momente dimensioniert. Die größten Beanspruchungen im Wellenstrang treten auf beim zweipoligen Klemmenkurzschluß im Spannungsnulldurchgang.

$$\begin{aligned} m_{KII} = \frac{M_{KII}}{M_N} &= \frac{2\,U^2}{X_d'' + X_2}\cdot\left(A\cdot F\cdot\sin\omega t - \frac{1}{2}F^2\sin 2\,\omega t\right) + \\ &+ K\cdot\left(\frac{U\cdot\sqrt{3}}{X_d'' + X_2}\right)^{1,8}\cdot\left(\frac{2A}{\sqrt{2}}^{1,8} + F^{1,8}\right)\cdot(1 - \cos\omega t). \end{aligned} \qquad (13)$$

Der Koeffizient K wird aus den im zweipoligen und dreipoligen Kurzschluß gemessenen Verlusten berechnet; A und F sind die Abklingfunktionen des Gleichstromgliedes und des

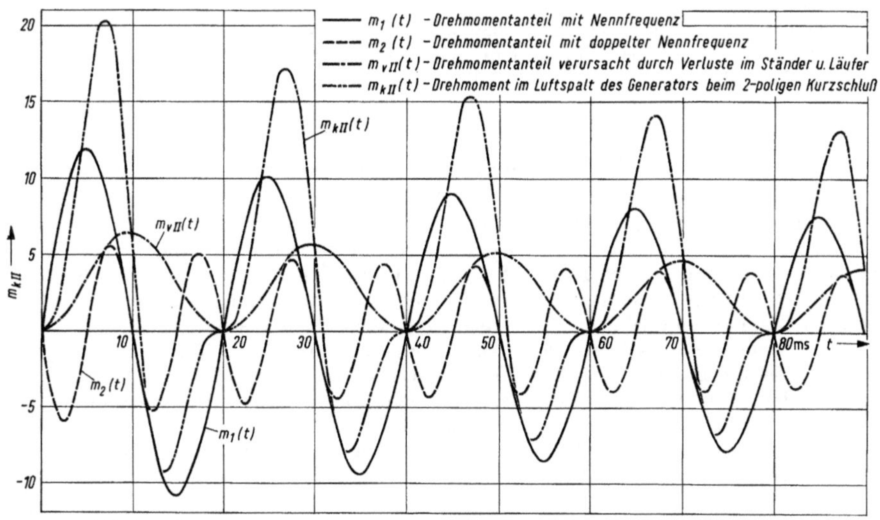

Abb. 331. Zeitlicher Verlauf des Drehmomentes m_{KII} beim zweipoligen Stoßkurzschluß

Stoßkurzschluß-Wechselstromes. Das zweipolige Kurzschlußmoment setzt sich zusammen aus einem Anteil mit Nennfrequenz, einem Anteil mit doppelter Nennfrequenz und einem Anteil, gegeben durch die Verluste im Ständer und Läufer (Abb. 331).

Bei einer plötzlichen Entlastung des Generators springt die Spannung auf einen Wert, der dem resultierenden Feld im Luftspalt entspricht und steigt anschließend sehr rasch (etwa mit T_d'') um einen Teil der Streuung der Läuferwicklung weiter [*41*]. Sie erreicht einen Wert, der etwa der geometrischen Summe aus U_N und $J_N \cdot X_d'$ entspricht und üblicherweise als Spannungssprung ΔU nach Lastabwurf bezeichnet wird (Abb. 332).

Dieser Spannungssprung ΔU kann vom Regler nicht verhindert werden. Gleichzeitig sinkt der Erregerstrom auf den Wert J_f' ab, der für die Erregung des Längsfeldes benötigt wird. Greift nun der Regler nicht ein, so steigt der Erregerstrom wieder an und erreicht seine vor der Entlastung vorhandene Größe J_{fN}. Die Spannung wächst mit dem Erregerstrom und nimmt auf der Leerlaufkennlinie den Wert $U_{\max}$ entsprechend der Erregung

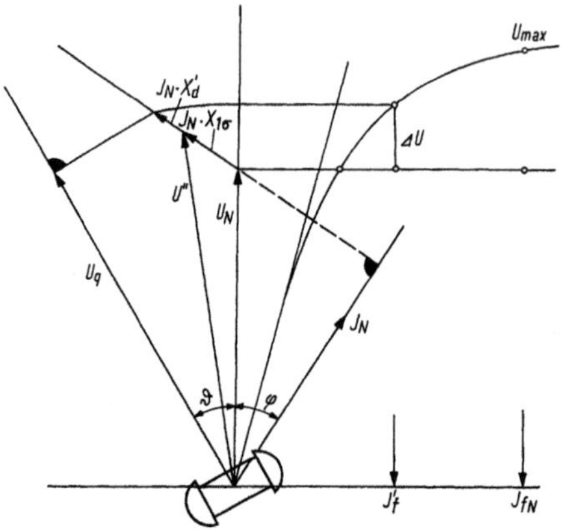

Abb. 332. Spannungsverlauf bei plötzlicher Entlastung des Generators

U'' vom resultierenden Luftspaltfeld induzierte Spannung
U_q vom Gesamtfeld der Längsachse induzierte Spannung
ΔU Spannungssprung nach plötzlicher Entlastung
J_f' Erregerstrom zur Erregung des Gesamtfeldes in der Längsachse
$U_{\max}$ maximale Spannung bei J_{fN} und konstanter Drehzahl

vor der Entlastung an. Nach VDE 0530 soll $U_{\max}$ bei Nenndrehzahl und Nennerregung für $\cos\varphi = 0{,}8$ den Wert $1{,}5\,U_N$ nicht überschreiten. (Vgl. auch Dritter Band, Teil A, Vierter Teil, Abschn. E III, S. 724.) Der Spannungsanstieg nach dem Sprung geschieht langsam mit der Leerlaufzeitkonstante. Er kann durch schnelle Regler vermieden werden.

c) Kennwerte für die zulässigen Störungen des Normalbetriebes durch Schieflast, Oberwellen und asynchronen Betrieb

Wird die Ständerwicklung nicht symmetrisch belastet, so entsteht eine inverse Durchflutung, die gegen den Läufer umläuft und in der Läuferoberfläche Ströme erzeugt wie bei einem Asynchronmotor mit Kurzschlußläufer. Diese Ströme haben die doppelte Nennfrequenz. Sie fließen — wenn keine Dämpferwicklung vorhanden ist — axial in den Keilen und den Zähnen und schließen sich ringförmig über die Ballenendzonen bzw. Läuferkappen, wenn diese blank auf dem Ballen aufgeschrumpft sind. Wegen der doppelten Frequenz ist die Eindringtiefe dieser Ströme gering; die Ballenendzonen können bei entsprechender Größe und Dauer der Schieflast sehr warm werden. Die dauernd zulässige Schieflast beträgt deshalb nach VDE 0530 für Turbogeneratoren bis 100 MVA 10%. (Vgl. auch Dritter Band, Teil A, Vierter Teil, Abschn. E II, S. 704ff.) Kurzzeitig sind größere Werte zulässig (Abb. 333). Von IEC wird hierfür ein Wert von

$$s^2 \cdot t \leq 30 \tag{14}$$

empfohlen, wobei s die auf Nennleistung bezogene Schieflast und t die Zeit der unsymmetrischen Belastung in Sekunden bedeutet. Für größere Generatoren wird die Schieflast vereinbart. Wird eine größere Schieflast als 10% gefordert, so muß man gegebenenfalls eine Dämpferwicklung im Läufer vorsehen. Wann eine Dämpferwicklung gebraucht wird, hängt außer der Schieflast auch von der Größe und Ausnutzung des Generators ab.

Die Schieflasttüchtigkeit der Generatoren kann im Prüffeld bei Dauerfahrt im zweipoligen Kurzschluß nachgewiesen werden [*42*]. Die Schieflast im zweipoligen Kurzschluß beträgt

$$s = \frac{J_{K\,2\,\mathrm{pol}}}{\sqrt{3} \cdot J_N}. \tag{15}$$

Bei unsymmetrischer Belastung ist die Schieflast einfach zu bestimmen, indem man die drei ungleichen Ströme zu einem Dreieck zusammensetzt und über der längsten Dreieckseite ein gleichseitiges Dreieck errichtet (Abb. 334). Die Verbindungsstrecke zwischen den Spitzen des gleichseitigen und des „schiefen" Dreiecks stellt den Einphasenstrom dar. Dieser, dividiert durch $\sqrt{3}$ und auf Nennstrom bezogen, ergibt die relative Schieflast. Dieses vereinfachte Verfahren gilt nur ohne Nullsystem.

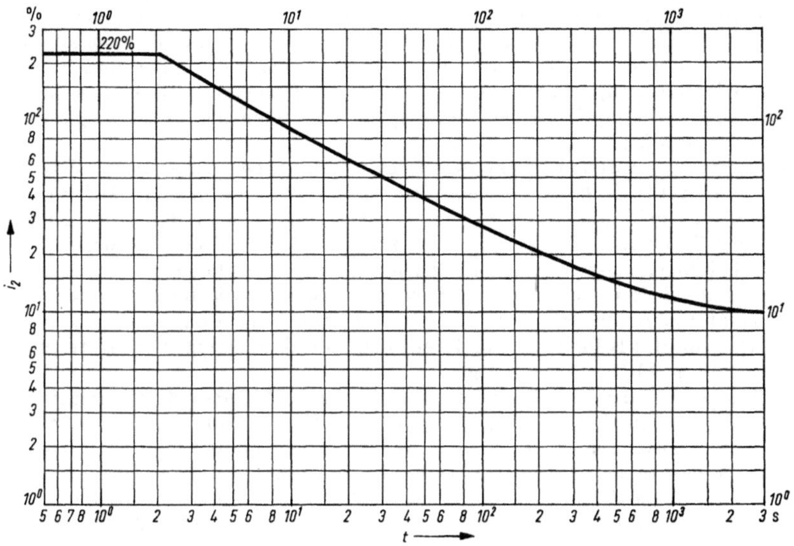

Abb. 333. Beispiel für die zulässige prozentuale Schieflast von Turbogeneratoren in Abhängigkeit von der Zeit. Dimensionierung für 10% Dauerwert

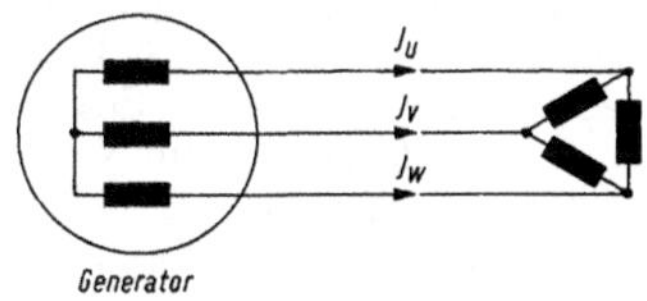

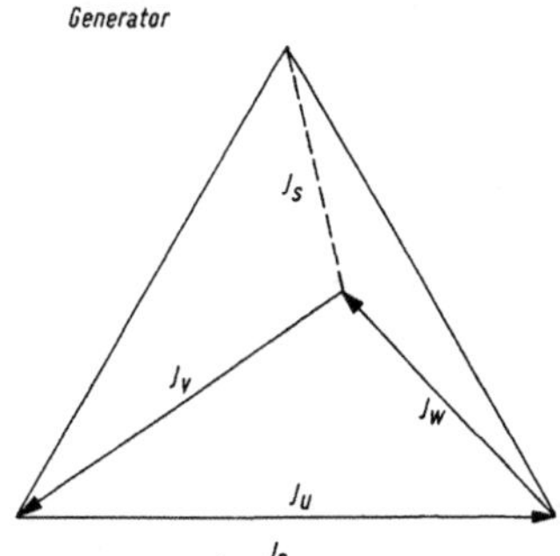

Abb. 334. Bestimmung der Schieflast von Turbogeneratoren

Bei asynchronem Betrieb eines Turbogenerators fließen die Ströme im Läufer in den gleichen Bahnen wie bei der Schieflast [*43 bis 45*]. Ihre Frequenz ist jedoch wegen des kleinen Schlupfes sehr niedrig, und sie können für sich viel mehr Querschnitt beanspruchen als die Ströme der Schieflast. Dennoch ist normalerweise kein asynchroner Dauerbetrieb mit Nennleistung zulässig. Was man zulassen kann, hängt wiederum von der Bemessung, Ausnutzung und Größe der Maschine ab. Als Richtwerte für wasserstoffgekühlte Turbogeneratoren können genannt werden: rd. 25% der Nennleistung dauernd und 50% für einige Minuten, wobei die zulässige asynchrone Belastung mit der Größe des Generators abnimmt. Auf keinen Fall ist bei einem normal gebauten Turbogenerator ein asynchroner Anlauf aus dem Stillstand zulässig.

Oberwellen im Ständerstrom durch Gleichrichterbelastung wirken wie Schieflast, da sich ihre Felder asynchron zum Läufer bewegen [*46, 47*]. Die Größe der Oberwellen wird maßgebend durch die Schaltung der Gleichrichter und durch ihre Aussteuerung beeinflußt. Reine Gleichrichterbelastung in 12pulsiger Schaltung mit voller Gleichrichter-Aussteuerung belastet den Läufer etwa so wie eine 20%ige Schieflast.

d) Übertemperaturen der Generatorteile

Die elektrischen und mechanischen Verluste in der Maschine verursachen Übertemperaturen, die sich aus der Größe der Verluste und den auf dem Wege des Wärmeflusses vorhandenen Wärmeleitwerten ergeben. Alle Übertemperaturen im Turbogenerator werden relativ klein gehalten; für Teile mit großen spezifischen Verlusten wird entsprechend intensive Kühlung vorgesehen. Die elektrischen Verlustquellen liegen im stromdurchflossenen Kupfer der Wicklungen, dem Ständerblechpaket und den massiven Bauteilen in der Nähe der Wicklungen. Die mechanischen Verlustquellen befinden sich in den Lagern und den Kühlmittelkreisläufen.

Die Übertemperaturen im Wicklungskupfer dürfen wegen der begrenzten Wärmefestigkeit der elektrischen Isolierstoffe bestimmte Grenzwerte, die in den VDE-Regeln 0530 festgelegt sind, nicht überschreiten. Als Übertemperatur wird dabei der Unterschied zwischen der Temperatur des betreffenden Maschinenteils und des der Maschine zuströmenden Kühlmittels definiert. Für Luft und Wasserstoff als Kühlmittel wird eine maximale Temperatur des kalten Gases von 40 °C zugrunde gelegt. Die für die Wicklungen von Turbogeneratoren zulässigen Über- und Grenztemperaturen sind, außer der Isolationsklasse, noch von der Kühlungsart und dem Kühlmittel abhängig. Ihre Werte und Meßmethoden sind in VDE 0530 festgelegt.

Die Temperatur der Ständerwicklung wird mittels Widerstandsthermometern überwacht, die in der Zwischenlage zwischen Ober- und Unterstab in der Nut eingebaut sind und an der wärmsten Stelle liegen sollen [*48*]. Bei den indirekt gekühlten Wicklungen messen die Widerstandsthermometer Werte, die unter der Temperatur des benachbarten Kupfers liegen, da die Wärme vom Wicklungskupfer zum Blechpaket fließt und der Durchgang durch die Isolation einen Temperaturabfall ergibt. Die Minderanzeige wächst mit der Isolationsdicke und den abzuführenden Verlusten. Sie kann bis zu 20 °C betragen. Bei den direkt gekühlten Wicklungen kann der Meßwert des Widerstandsthermometers über oder unter der Kupfertemperatur liegen, da die Wicklungstemperatur sogar unter der Eisentemperatur liegen kann. Da aber hier der Unterschied zwischen der maximalen Kupfertemperatur am Kühlmittelaustritt und der Temperatur des Kühlmittels nicht groß ist, wird die Temperatur des austretenden Kühlmittels überwacht.

Die Läufertemperatur wird als Mittelwert aus der Widerstandszunahme der Läuferwicklung bei Erwärmung bestimmt. Auch hier ist ein Zuschlag, der von der Kühlart und der Größe des Generators abhängt, zur Bestimmung der maximalen Kupfertemperatur nötig, die stets mehr oder weniger über der mittleren liegt.

e) Grenzbelastungsdiagramm

Die abgegebene Wirkleistung des Generators, die durch die Dampfzufuhr in der Turbine gesteuert wird, und die abgegebene Blindleistung, die von der Erregung abhängt, können innerhalb bestimmter Grenzen verändert werden. Diese Grenzen werden in einem Leistungsdiagramm (Wirkleistung als Ordinate, Blindleistung als Abszisse) anschaulich für eine Klemmenspannung dargestellt, so daß die Betriebsführung ein einfaches Hilfsmittel für die Einhaltung der zulässigen Betriebszustände hat (Abb. 335).

Als Grenzen treten dabei die zulässige Läufererwärmung bei übererregtem Betrieb, Kurve *1—2*, die Ständererwärmung bei Betriebszuständen mit einem Leistungsfaktor ($\cos \varphi$) nahe 1, Kurve *2—3*, und eine Stabilitätsgrenze bei untererregtem Betrieb, Kurve *3—4*, auf. Die Stabilitätsgrenze bei untererregtem Betrieb ist willkürlich mit 70° Polradwinkel eingezeichnet. Der Generator kann — wie bereits geschildert — auch mit größeren Polradwinkeln stabil gefahren werden. Maßgebend dafür ist die Stabilitätsuntersuchung des Netzes. Bei starker Untererregung und großer Blindleistungsaufnahme muß noch auf die Erwärmung in den massiven Bauteilen des Wickelkopfraumes geachtet werden. Durch den Antrieb des Generators durch eine Dampfturbine ist der Betrieb im Motorbereich, in den der Generator ohne Dampfzufuhr in der Turbine übergeht, wegen der unzulässigen Erwärmungen in der Turbine ausgeschlossen. Der Betriebsbereich ist deshalb auf die obere Halbebene in Abb. 335 begrenzt.

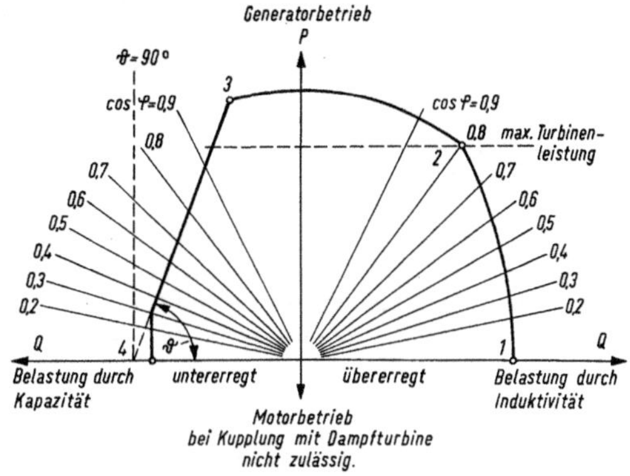

Abb. 335. Grenzbelastungsdiagramm eines Turbogenerators bei Nennspannung. Vereinfachte Darstellung

Zweig	Läuferstrom	Ständerstrom	Polradwinkel ϑ
1 – 2 Maximale Blindleistung übererregt bis Nennpunkt	Nennstrom	kleiner als Nennstrom	kleiner als Grenzwert
2 – 3 Nennpunkt bis Grenzwert des Polradwinkels (70° als Grenze gezeichnet)	kleiner als Nennstrom	Nennstrom	kleiner als Grenzwert
3 – 4 Grenzwert des Polradwinkels	kleiner als Nennstrom bis auf 10% des Leerlauferregerstromes	kleiner als Nennstrom	Grenzwert (Beispiel 70°)

Das Grenzbelastungsdiagramm entspricht einem Diagramm des Ständerstromes bei konstanter Klemmenspannung. Für eine andere Klemmenspannung gilt ein anderes Diagramm. Ändern sich die Erwärmungsbedingungen, z. B. bei verschiedenen Wasserstoffdrücken, so verschieben sich die Grenzen für den rechten und oberen Zweig.

IV. Erregung, Spannungsregelung und Entregung des Drehstromgenerators[1]

a) Aufgaben der Erreger- und Entregungseinrichtungen

Der Generator benötigt in jedem Betriebszustand eine bestimmte Gleichstromerregung, die von einer Erregereinrichtung geliefert wird. Der Erregerstrom wird dabei so gesteuert, daß wichtige Betriebswerte des Generators, wie Klemmenspannung, Leistungsfaktor usw., auf einen vorgegebenen Wert geregelt werden. Die Generatorklemmenspannung bildet die wichtigste Regelgröße. Blindstrom, Leistungsfaktor und Erregerstrom sowie Polradwinkel werden häufig als Hilfsregelgrößen verwendet, um die Stabilität des Betriebes zu erhöhen oder eine geforderte Blindlastverteilung zu sichern.

Die Gleichstrom-Erregerleistung, die bei Nennbetrieb des Generators benötigt wird, hängt von der Größe und Ausführung des Synchrongenerators ab. Wie Abb. 318 zeigt, kann sie mehrere tausend kW erreichen. Darüber hinaus soll die Erregereinrichtung bei Laständerungen den Erregerstrom schnell dem neuen Lastzustand anpassen können. Je

[1] Unter Mitwirkung von Werner Hochstetter und Karl Nimes.

nach der gewünschten Regelgeschwindigkeit und der wirksamen Zeitkonstante der Synchronmaschine muß hierzu die Erregerspannung vorübergehend Werte, die erheblich über der Nennerregerspannung liegen, bzw. bei Lastabschaltungen sehr niedrige oder gar negative Werte annehmen.

Der zeitliche Verlauf der Erregerspannung bei Laständerungen muß also den dynamischen Anforderungen genügen, und die Erreger- und Spannungsregelungseinrichtung ist danach auszuwählen und zu bemessen.

Schaltungsgemäß eng verknüpft mit der Erregereinrichtung ist die Entregungseinrichtung, die in bestimmten Fehlerfällen, angeregt vom Generatorschutz, die Aufgabe hat, die Klemmenspannung oder den Kurzschlußstrom möglichst schnell abzubauen, um größere Zerstörungen an der Fehlerstelle zu vermeiden.

b) Erregereinrichtungen

Abhängig von Leistung, konstruktiven Gesichtspunkten und dynamischen Anforderungen werden verschiedene Erregereinrichtungen verwendet [*49, 50*]. Eine Zusammenfassung der wichtigsten Schaltungen zeigt Abb. 336.

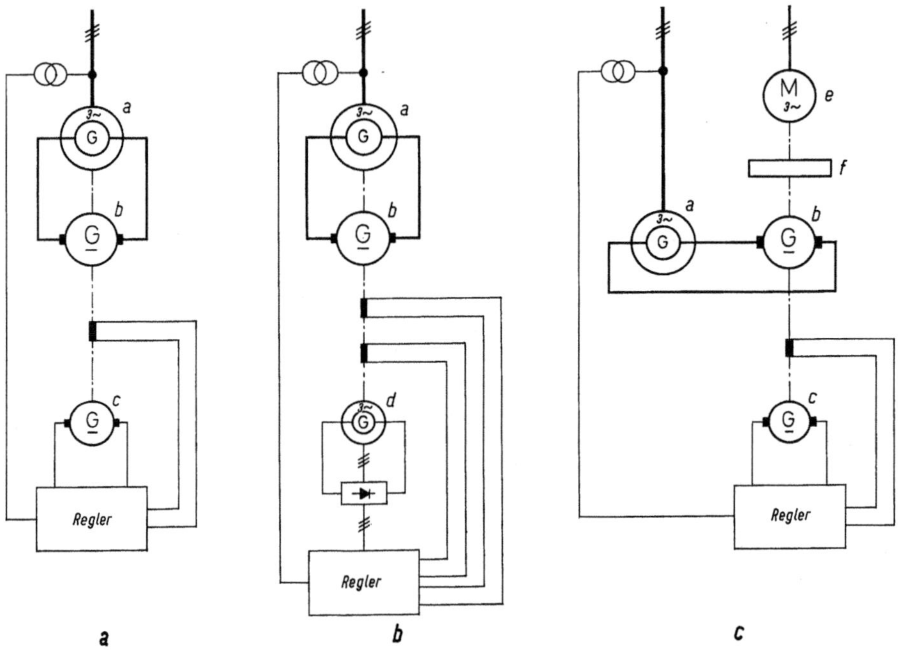

Abb. 336 a—c. Gleichstrom-Erregermaschinen

a) Direkt gekuppelte Gleichstrom-Haupt- und Gleichstrom-Hilfserregermaschine mit Transistorregler
b) Direkt gekuppelte Gleichstrom-Erregermaschine und Drehstrom-Hilfserregermaschine mit Transduktorregler
c) Erregerumformer am Drehstromhilfsnetz mit Transistorregler

Abb. 336 a—i. Beispiele verschiedener Erregereinrichtungen

a Synchrongenerator
b Gleichstrom-Haupterregermaschine
c Gleichstrom-Hilfserregermaschine
d Drehstrom-Hilfserregermaschine mit Konstantspannungsgerät
e Asynchronmotor
f Schwungrad
g Drehstrom-Haupterregermaschine
h stationärer Gleichrichter
i Permanentpol-Hilfserregermaschine
k rotierende Gleichrichter
l Drehstrom-Erregermaschine mit Konstantspannungsgerät
m Thyristorstromrichter
n Erregertransformator
o Übertrager-Drossel
p Transduktor-Verstärker
q Gleichrichter
r Stromtransformator
s Drossel

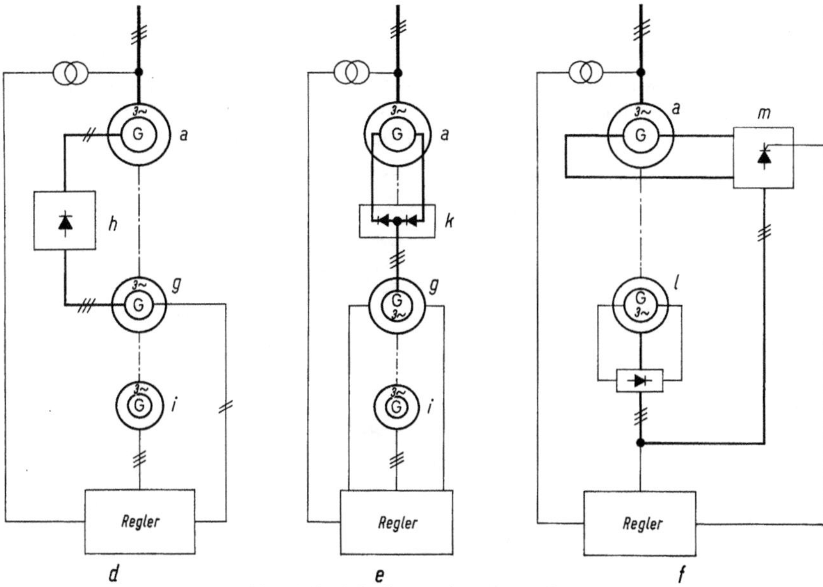

Abb. 336 d—f. Drehstrom-Erregermaschinen

d) Stationäre Halbleitergleichrichter, direkt gekuppelte Drehstrom-Haupterregermaschine, Permanentpol-Hilfserregermaschine und Transduktorregler e) Rotierende Halbleitergleichrichter, Drehstrom-Erregermaschine mit Außenpolen, Permanentpol-Hilfserregermaschine und Transduktorregler f) Thyristorstromrichter mit Konstantspannungs-Erregermaschine

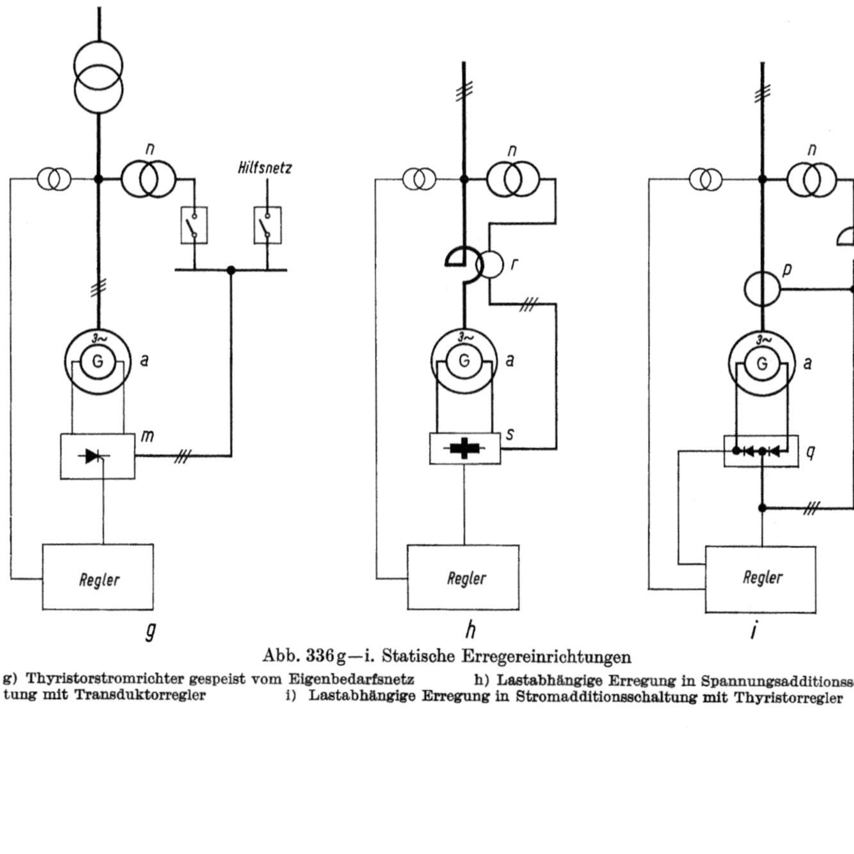

Abb. 336 g—i. Statische Erregereinrichtungen

g) Thyristorstromrichter gespeist vom Eigenbedarfsnetz h) Lastabhängige Erregung in Spannungsadditionsschaltung mit Transduktorregler i) Lastabhängige Erregung in Stromadditionsschaltung mit Thyristorregler

Häufig werden direkt oder über Getriebe an den Turbogenerator gekuppelte Gleichstrom-Erregermaschinen eingesetzt (Abb. 336a und Abb. 337). Die Erregerenergie wird dabei direkt der Maschinenwelle entnommen. Dadurch ist diese Anordnung sehr betriebssicher und vollkommen unabhängig von sonstigen Hilfsspannungsquellen.

Abb. 337. Direkt gekuppelte Gleichstrom-Haupterregermaschine mit Drehstrom-Hilfserregermaschine (Werkbild Siemens)

a Hilfserregermaschine
b Haupterregermaschine
c Stehgleitlager
d Schleifringe
e Radialgebläse
f Grundrahmen

Erregerumformer (Abb. 336c), die ihre Energie aus dem Eigenbedarfsnetz beziehen, müssen demgegenüber — um wenigstens kurzzeitige Ausfälle oder Umschaltungen des Eigenbedarfsnetzes zu überbrücken — mit einem Schwungrad ausgestattet werden. Solche getrennt aufgestellte Drehstrom-Gleichstrom-Umformersätze findet man z. B. häufig in den USA.

Die Gleichstrom-Haupterregermaschine wird je nach Leistung mit verschiedenen Polzahlen ausgeführt, wie dies in Abb. 338 dargestellt ist. Bei höheren Leistungen muß außerdem mit Rücksicht auf die Kommutierung zu niedrigeren Drehzahlen übergegangen werden.

Um die Getriebe, die großen Abmessungen der langsamlaufenden Maschinen und die Kommutatoren zu vermeiden, geht man jetzt bei Generatorleistungen über etwa 300 bis 500 MVA auf direkt gekuppelte Drehstrom-Erregermaschinen über, die entweder über stationäre oder mitrotierende Gleichrichter den Läufer mit Gleichstrom versorgen (Abb. 336d und e und Abb. 339).

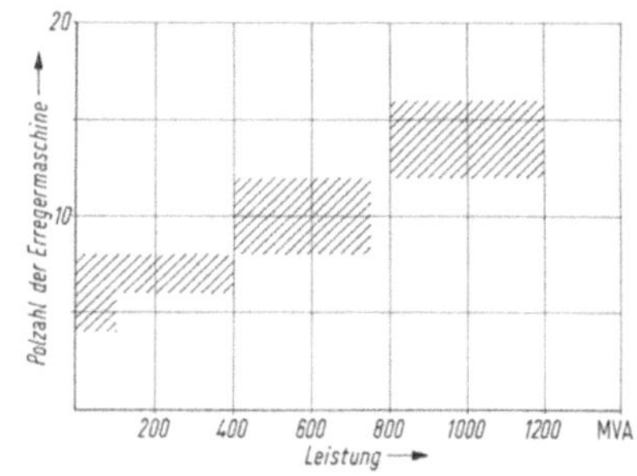

Abb. 338. Polzahl der Gleichstrom-Erregermaschine in Abhängigkeit von Generatorleistung

Abb. 339. Läufer eines Drehstrom-Wellengenerators. Erregung über stationäre Siliziumdioden (Werkbild Siemens)

Für die Wartung sind die Kohlebürsten die unangenehmsten Teile. Die Kohlebürsten auf den Kommutatoren kann man vermeiden, wenn man auf die Erregereinrichtungen mit Drehstrom-Erregermaschine übergeht. Bei der Anordnung mit stationären Gleichrichtern nach Abb. 336d benötigt man aber noch Kohlebürsten an den Schleifringen des Hauptgenerators und der Drehstrom-Haupterregermaschine. Die damit unter Umständen verbundenen Schwierigkeiten entfallen vollkommen bei der schleifring- und kommutatorlosen Anordnung mit rotierenden Gleichrichtern nach Abb. 336e [*51*]. Wartungsfreiheit und die Möglichkeit, praktisch jeden gewünschten noch so großen Erregerstrom liefern zu können, zeichnen diese Anordnung als besonders geeignet für große und größte Erregerleistungen aus. Abb. 340 zeigt den Läufer eines Erregers für einen 400 MVA-Generator.

Für Generatoren, die z.B. Walzenstraßen mit Strom versorgen und eine sehr schnelle Regelung benötigen, kommen Erregereinrichtungen mit steuerbaren Stromrichtern zur Anwendung. Die Steuerung erfolgt hier unmittelbar im Erregerkreis der Synchronmaschine.

Abb. 340. Läufer eines Erregers über mitrotierende Siliziumdioden für 400 MVA-Turbogenerator (Werkbild Siemens)

Die Erregerenergie wird entweder einer direkt gekuppelten Konstantspannungs-Erregermaschine (Abb. 336f) oder dem Eigenbedarfsnetz entnommen (Abb. 336g). Die Einrichtung mit Konstantspannungs-Erregermaschine ist vollkommen autark. Im anderen Fall bei Anschluß an das Eigenbedarfsnetz oder die Generatorklemmen (Abb. 336g) muß eine sehr hohe Übererregung vorgesehen werden, um auch bei Spannungseinbrüchen im Netz eine genügend hohe Erregung aufrechterhalten zu können. Die letztere Ausführung kommt daher in erster Linie bei Anlagen in Frage, bei denen der Anbau von Erregermaschinen nicht möglich ist. Als steuerbare Stromrichter werden neuerdings Thyristoren verwendet. Sie entsprechen in der Wirkungsweise den bisher verwendeten Quecksilberdampf-Stromrichtern und ermöglichen eine praktisch verzögerungsfreie Änderung der Erregerspannung.

Sowohl bei den Erregereinrichtungen mit ungesteuerten Stromrichtern als auch bei denen mit gesteuerten werden je nach der erforderlichen Erregerleistung mehrere Halbleiterbauelemente (Dioden bzw. Thyristoren) parallel oder in Reihe geschaltet.

Für kleinere und mittlere Leistungen werden in der letzten Zeit oft statische Erregereinrichtungen, die die Energie dem Generator selbst entnehmen, verwendet. Um auch im Kurzschlußfall Erregerenergie zur Verfügung zu haben, wird außer der spannungsabhängigen auch eine ständerstromabhängige Komponente zur Bildung der Erregerspannung bzw. des Erregerstromes verwendet. Man unterscheidet zwischen einer Spannungsadditionsschaltung, bei der aus dem Generatorstrom zunächst eine Spannung gebildet wird, die dann zu einer der Klemmenspannung proportionalen Spannung addiert wird (Abb. 336h), und einer Stromadditionsschaltung, bei der Ströme addiert werden (Abb. 336i). Den spannungsabhängigen Strom erhält man dabei über die Drossel zwischen Erregertransformator und Stufentransformator. Bei beiden Schaltungen benötigt man den Regler nur noch zur Feinregulierung. Eine Laständerung beeinflußt unmittelbar die Erregung und wird daher sehr schnell ausgeregelt [*55*]. Diese Einrichtungen werden auch bevorzugt, wenn der Anbau von Erregermaschinen konstruktiv oder räumlich Schwierigkeiten macht.

Ausschlaggebend für die Bemessung einer Erregereinrichtung sind außer der Nennerregerleistung der zu regelnden Maschinen die Forderungen an das dynamische Verhalten. Erregungsgeschwindigkeit, Deckenspannung und zeitlicher Verlauf der Spannung bei Lastabschaltungen sind charakteristische Größen, die die Bemessung und Wahl der Erregereinrichtung beeinflussen. Für normale Anwendungsfälle sind in den Vorschriften (z. B. VDE 0530) teilweise Mindestwerte der Deckenspannung und der Erregungsgeschwindigkeit festgelegt.

c) Spannungsregler

Je nach der Art der Erregereinrichtung (Abb. 336) und deren Steuerleistung werden verschiedene Arten von Spannungsreglern eingesetzt. Statische Erregereinrichtungen bilden gerätegemäß mit dem Spannungsregler meist eine Einheit.

Seit sich Transduktoren und Halbleiterbauelemente auch auf diesem Gebiet bewährt haben, kommen bei Neuanlagen mechanische Regler kaum noch in Betracht. Für kleine Steuerleistungen insbesondere bei Gleichstrom-Erregermaschinen werden häufig Transistorregler verwendet (Abb. 341) [*52*].

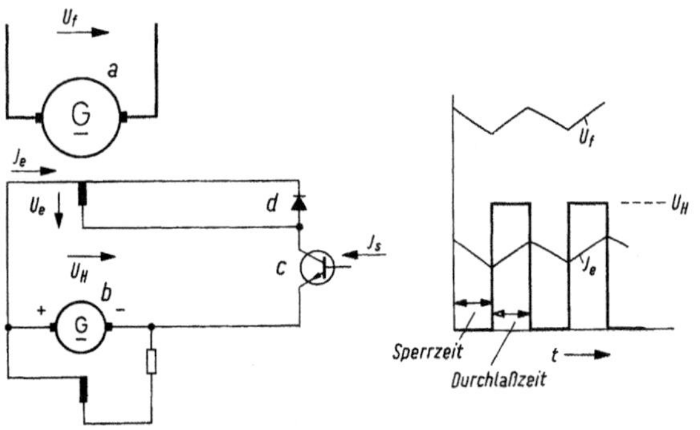

Abb. 341. Transistor-Spannungsregler

- *a* Gleichstrom-Haupterregermaschine
- *b* Gleichstrom-Hilfserregermaschine
- *c* Transistor
- *d* Nulldiode
- U_f Feldspannung des Synchrongenerators
- U_e Erregerspannung der Erregermaschine
- U_H Spannung der Hilfserregermaschine
- J_e Erregerstrom der Erregermaschine
- J_s Steuerstrom

Der Transistor ist ein Halbleiterbauelement, welches in einem Gleichstromkreis durch einen entsprechenden Steuereingriff seinen ohmschen Widerstand zwischen einem sehr kleinen und einem sehr großen Wert ändern kann. Er arbeitet für diese Anwendungen im Schaltbetrieb, d. h. er schaltet periodisch eine Gleichspannung (z. B. die der Gleichstrom-Hilfserregermaschine) auf die Feldwicklung der Erregermaschine. Das Tastverhältnis Durchlaßzeit zu Sperrzeit wird vom Regler gesteuert und bestimmt die Erregung. Während der Sperrzeit fließt der Erregerstrom der Erregermaschine abklingend über eine zur Wicklung parallel liegende Nulldiode.

Das dynamische Verhalten wird durch die Zeitkonstante der Gleichstrom-Erregermaschine und die Leistung der Gleichstrom-Hilfserregermaschine bestimmt. Der Transistorregler selbst arbeitet praktisch verzögerungsfrei.

Für größere Steuerleistungen (ab rd. 1 kW) lösen Transduktor- oder Thyristorregler den Transistorregler ab. Beide können bis zu den höchsten vorkommenden Steuerleistungen gebaut werden.

Der Transduktorregler (Abb. 342) [*53*] arbeitet mit steuerbaren Eisendrosseln, die einen sehr scharfen Sättigungsknick haben. Innerhalb einer Halbwelle der angelegten Wechselspannung kann der Einsatzpunkt der Sättigung durch eine steuerbare Gleichstrommagnetisierung des Kernes geändert werden. Die hohe Verstärkung kommt dadurch zustande, daß der Belastungsstrom nur in einer Richtung über eine Drossel geführt wird, wodurch der Einfluß des Steuergleichstromes vervielfacht wird. Es liegen daher stets Dioden in Reihe mit den paarweise angeordneten Transduktordrosseln. Die wechselnde Spannung ist jedoch Voraussetzung für die hier ausgenutzte physikalische Wirkungsweise einer Eisendrossel. Im Gegensatz zum Transistorregler ist hier eine Wechselspannungsquelle erforderlich. Im Ausgang des Transduktorreglers ergibt sich eine Gleichspannung, die zwischen praktisch Null und einem maximalen Wert gesteuert werden kann. Der Maximalwert richtet sich nach der angelegten Wechselspannung.

Auch hier wird das dynamische Verhalten hauptsächlich durch die Zeitkonstante der Gleichstrom-Hauptmaschine und den Steuerbereich bestimmt. Der Transduktorregler selbst hat eine Verzugszeit von rd. 50 bis 100 ms. Oft wird der Aussteuerbereich durch eine

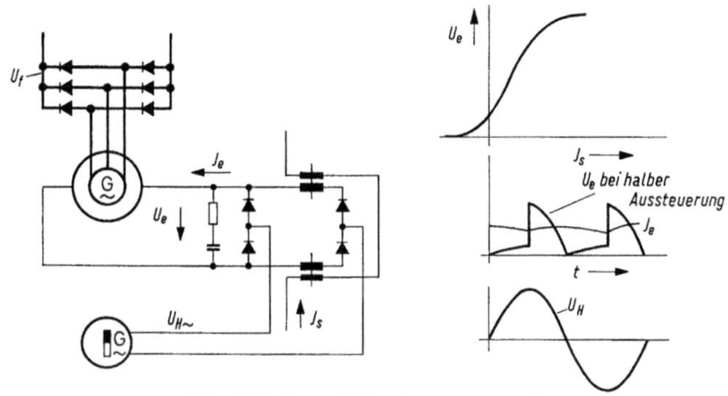

Abb. 342. Transduktor-Spannungsregler

U_f Feldspannung des Synchrongenerators
U_e Erregerspannung der Erregermaschine
U_H Spannung der Hilfserregermaschine
J_e Erregerstrom der Erregermaschine
J_s Steuerstrom

zweite Transduktorendstufe, die in umgekehrter Wirkungsrichtung auf eine zweite Erregerwicklung der Erregermaschine arbeitet, ins Negative erweitert. Dies ermöglicht eine schnellere Ausregelung der Generatorklemmenspannung bei Lastabschaltung.

Thyristoren sind Halbleiterbauelemente, die in einer Stromrichtung sperren und in der anderen durch einen Zündimpuls durchlässig werden [*54*]. Der Zündimpuls kann mit Hilfe der Steuereinrichtung zu einem beliebigen, vom Regler vorgeschriebenen Zeitpunkt innerhalb der positiven Spannungshalbwelle erfolgen. Die Löschung erfolgt erst wieder, wenn der Laststrom praktisch Null erreicht hat. In der Wirkungsweise entsprechen Thyristoren daher den Quecksilberdampfgleichrichtern, wobei jedoch die Erregung für den Lichtbogen entfällt. Gegenüber Transduktoren ermöglichen gesteuerte Stromrichter bei Speisung auf Induktivitäten Wechselrichterbetrieb. Außerdem kann die Steuerung wie bei Transistoren praktisch ohne Zeitverzug erfolgen. Thyristoren sind daher überall dort anzutreffen, wo es bei hohen Leistungen auf höchste dynamische Güte ankommt oder wo man zur besseren Stabilisierung in einem Regelkreis zusätzliche Zeitkonstanten vermeiden muß.

Besondere Vorteile bietet die Möglichkeit des Wechselrichterbetriebes im Steuerkreis von Drehstrom-Haupterregermaschinen (Abb. 343). Hier würde eine Stromumkehr im Feldkreis wegen der Gleichrichter im Haupterregerkreis eine Umkehrung des Regelsinnes bedeuten. Bei Entlastungsvorgängen des Hauptgenerators sollte dieser Erregerstrom der Drehstromerregermaschine jedoch schnell auf Null herabgedrückt werden. Eine vorübergehend angelegte Gegenspannung ist also sehr erwünscht. Nur bei Wechselrichterbetrieb, der z.B. bei einer Drehstrom-Brückenschaltung mit Thyristoren durch entsprechende Steuerung erreicht wird (Abb. 343), entsteht an der Feldwicklung vorübergehend eine Gegenspannung, ohne daß eine Stromumkehr möglich ist.

Bei Verwendung eines Transduktorreglers (Abb. 342) verzichtet man daher im Falle der Drehstrom-Haupterregermaschine auf die Gegenerregungsendstufe. Damit entfällt aber bei dieser Reglerart die Möglichkeit, eine negative Spannung an das Feld anzulegen.

Transduktoren und gesteuerte Stromrichter können auch direkt zur Erregung des Hauptsynchrongenerators eingesetzt werden.

Bei größeren Steuerleistungen enthalten die Regler meist mehrere hintereinandergeschaltete Verstärkerstufen, wobei auch Kombinationen der beschriebenen Grundelemente gebräuchlich sind (z. B. Transduktorregler mit Transistorvorverstärker).

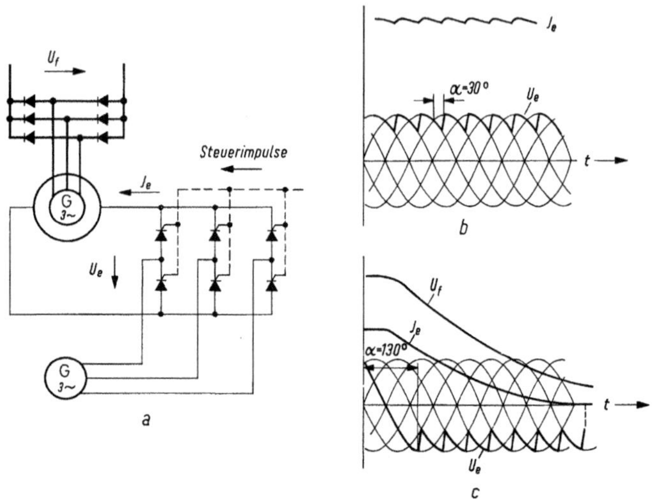

Abb. 343a—c. Erregereinrichtung mit Thyristoren im Erregerkreis der Drehstrom-Erregermaschine
a) Schaltbild b) Gleichrichterbetrieb stationär c) Wechselrichterbetrieb = 130°, vorübergehender Aberregungsvorgang

U_e negativ — J_e positiv
U_f Feldspannung des Synchrongenerators — J_e Erregerstrom der Erregermaschine
U_e Erregerspannung der Erregermaschine — J_s Steuerstrom
U_H Spannung der Hilfserregermaschine

Bei allen modernen Spannungsreglern ist der grundsätzliche Aufbau ähnlich (Abb. 344). Der Regler enthält einen konstanten eingeprägten Spannungswert, der meist mit Hilfe von Zenerdioden gebildet wird. Die entsprechend umgeformte Generatorklemmenspan-

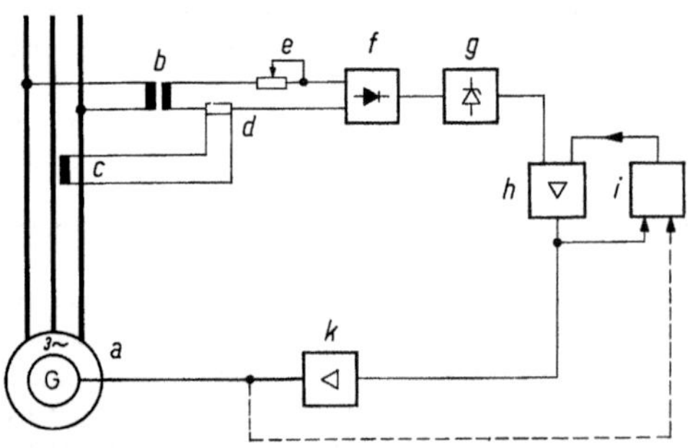

Abb. 344. Allgemeiner Aufbau eines Spannungsregelkreises
a Synchrongenerator
b Spannungswandler
c Stromwandler
d Statikwiderstand
e Sollwerteinsteller
f Meßwertumformer (Gleichrichter)
g Spannungsvergleicher
h Regelverstärker
i Rückführung
k Leistungsverstärker (z. B. Erregermaschine)

nung wird mit diesem festen Wert verglichen. Die Abweichung dient als Steuersignal für die Regelverstärker. Die Beschaltung der Verstärker mit Rückführungen ergibt das für eine optimale Ausregelung und stabilen Betrieb gewünschte zeitliche Verhalten.

Im Meßkreis vor dem Vergleichspunkt liegt der Sollwerteinsteller, der normalerweise eine Einstellung der Generatorklemmenspannung im Bereich $\pm 10\%$ vom Nennwert erlaubt. Dieser weite Bereich wird benötigt, um auch bei einem ungünstigen Netzzustand einwandfrei synchronisieren zu können. In Reihe zum Sollwerteinsteller, jedoch stets auf der Wechselstromseite des Meßkreises liegt ein Statikwiderstand. Über ihn kann die Generatorklemmenspannung blindstromabhängig beeinflußt werden, und zwar so, daß mit steigendem Blindstrom die Spannung um wenige Prozente absinkt. Dies ist bei Sammelschienenparallellauf mehrerer Generatoren nötig, um die Blindleistung gleichmäßig aufzuteilen. Bei einer Regelgenauigkeit von $\pm 0,5\%$ genügt hierzu eine Statik von rd. 5%, bezogen auf den Nennscheinstrom bei $\cos\varphi = 0$. Bei größeren Generatoren wird normalerweise die Generatorspannung dreiphasig über drei Einphasen-Spannungswandler erfaßt. Dabei sind zu einer einwandfreien Statikbildung Stromwandler in zwei Phasen erforderlich.

Zusatzeinflüsse, wie Strombegrenzungen, Blindleistungsregelungen, Polradwinkelbegrenzungen und ähnliches wirken, wenn es sich um langsame Nachregelungen handelt, auf den Sollwerteinsteller über einen entsprechenden Motorantrieb. Muß der Eingriff schnell erfolgen, wird der Einfluß direkt auf die Regelverstärker geschaltet.

d) Entregungseinrichtungen

Bei einem inneren Fehler muß eine Synchronmaschine nicht nur vom Netz getrennt, sondern auch entregt werden, da sie sonst weiter auf die Fehlerstelle speisen würde. Die Entregungseinrichtung hat die Aufgabe, den mit der Läuferwicklung verketteten Luftspaltfluß möglichst schnell abzubauen, um bei einem Kurzschluß auf der Ständerseite des Generators den Kurzschlußstrom, bei leerlaufendem Generator die Generatorspannung, rasch zum Verschwinden zu bringen. Bei Entregung einer belasteten Maschine wird diese immer gleichzeitig vom Netz getrennt, so daß in diesem Falle der Entregungsvorgang dem der leerlaufenden Maschine entspricht.

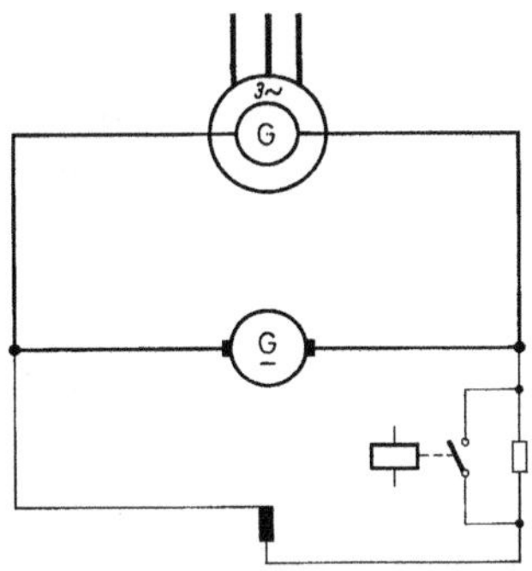

Abb. 345. Entregung bei selbsterregter Erregermaschine (Feldschwächung)

Einfache Entregungseinrichtungen. Bei diesen beschränkt man sich darauf, die speisende Erregerspannung auf Null zurückzunehmen und erreicht dadurch ein Abklingen der Ständergröße mit etwa der Leerlauf- bzw. Kurzschlußzeitkonstante des Generators auf den Remanenzwert.

Dieses Entregungsverfahren wird im allgemeinen bei Niederspannungsgeneratoren angewendet oder bei Er-

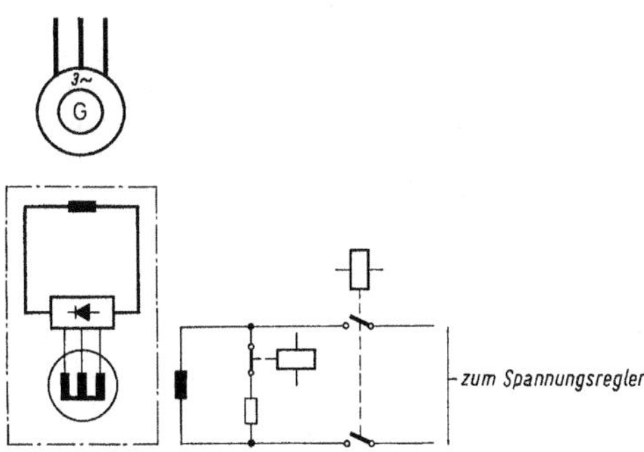

Abb. 346. Entregung einer Maschine mit rotierenden Gleichrichtern

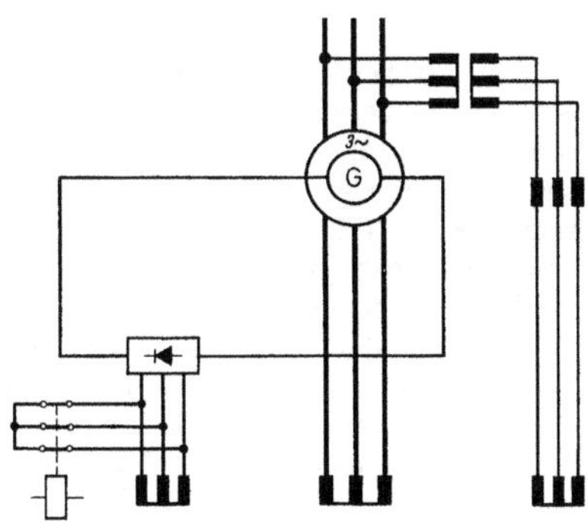

Abb. 347. Einfache Entregung einer Konstantspannungsmaschine

regungsanordnungen, welche kein anderes Verfahren erlauben. Man begnügt sich hierbei mit der sog. Feldschwächung, bei welcher durch Einschalten eines ohmschen Widerstandes in den Feldkreis der Erregermaschine die speisende Erregermaschinenspannung schnell auf Null abklingt (Abb. 345). Eine Feldschwächung der Erregermaschine wird auch bei Erregung über rotierende Gleichrichter angewendet, da ein anderes Entregungsverfahren nicht ohne weiteres möglich ist (Abb. 346). Bei Konstantspannungsmaschinen wird die Einspeisung in den Erregerkreis durch Kurzschließen des Stromtransformators auf der Drehstromseite unterbunden (Abb. 347).

Schnellentregung. Eine Beschleunigung des Entregungsvorganges wird erreicht durch einen direkten Eingriff in den Polradkreis.

Grundsätzlich sind zwei Entregungsverfahren anwendbar:

1. Widerstandsentregung,
2. Gegenspannungsentregung.

Beide Entregungsarten können auf vielfache Weise miteinander kombiniert werden. Eine solche Kombination stellt z.B. die Schwingungsentregung [*56*] dar, die allerdings wegen des besonderen Ablaufs des Entregungsvorgangs eine Sonderstellung einnimmt und daher als weiteres Entregungsverfahren aufgeführt werden soll.

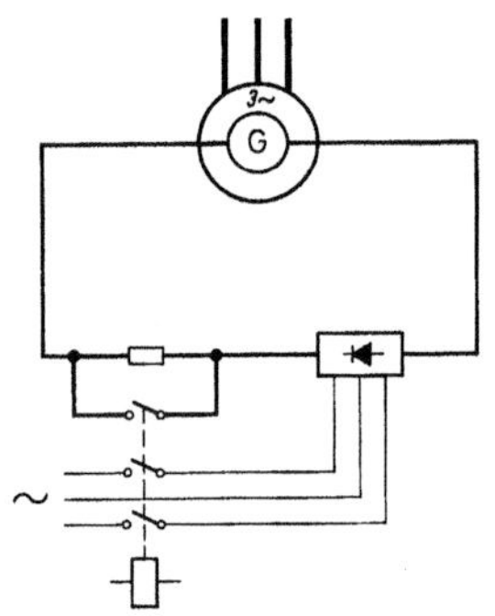

Abb. 348. Widerstands-Entregung einer Maschine mit Transduktorerregung (z. B. bei lastabhängiger Erregung in Spannungsadditionsschaltung)

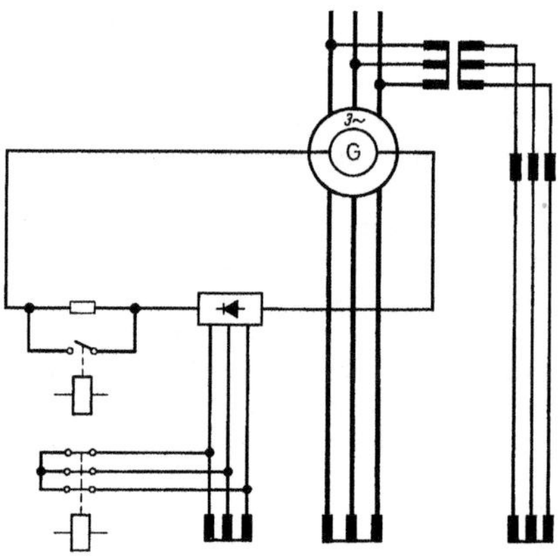

Abb. 349. Schnellentregung einer Konstantspannungsmaschine

Bei der Widerstandsentregung wird die Zeitkonstante des Polradkreises durch Einschalten eines ohmschen Widerstandes verkleinert und somit der Abklingvorgang beschleunigt. Damit der Erregerstrom auf Null abklingt, muß immer gleichzeitig auch die speisende Erregerspannung abgeschaltet werden. Beispiele einer Widerstandsentregung zeigen Abb. 348 und 349, und zwar die Schnellentregung einer Synchronmaschine mit Transduktorerregung und die Schnellentregung einer Konstantspannungsmaschine.

Bei der Gegenspannungsentregung wird die speisende Erregerspannung umgepolt. Hierdurch klingt der Polradstrom sehr schnell auf Null ab und würde ohne Eingriff durch die Entregungseinrichtung auf einen negativen Wert ansteigen, welcher der angelegten Gegenspannung entspricht. Der Entregungsvorgang muß daher abgebrochen werden, sobald der Luftspaltfluß auf Null abgebaut ist. Als Kriterium hierfür wird der Nulldurchgang des Kurzschlußstromes bzw. die Klemmenspannung des Generators herangezogen. Ein Beispiel für eine Gegenspannungsentregung zeigt Abb. 350. Die in der Schaltung enthaltenen Widerstände dienen zur unterbrechungslosen Umschaltung auf Gegenerregung.

Bei der Schwingungsentregung wird die Ankerspannung der umgepolten Erregermaschine als Gegenspannung verwendet. Die Umpolung der Erregermaschine kommt durch Zuschalten eines ohmschen Widerstandes, des sog. Schwingungswiderstandes R_S in Abb. 351, in den Polradkreis zustande. Gleichzeitig verkürzt der Schwingungswiderstand die Zeitkonstante des Polradkreises. Da die Umpolung des Erregerstromes der Erregermaschine und auch des Generatorerregerstromes in Form einer Schwingung verläuft, wurde dieses Entregungsverfahren als Schwingungsentregung bezeichnet. Die Umpolung bewirkt, daß bei einer Kurzschlußentregung der Lichtbogen an der Fehlerstelle infolge des Nulldurchgangs der Wechselstromamplitude erlischt und infolge der geringen wiederkehrenden Spannung nicht mehr zündet. Bei einer Leerlaufentregung wird eine unter 1% der Nennspannung liegende Restspannung erreicht. Bei Erregung durch Haupt- und Hilfserregermaschine wird die Hilfserregermaschine abgetrennt und die Haupterregermaschine auf Selbsterregung umgeschaltet (Abb. 351).

Als Ersatz für den Widerstand des Spannungsreglers wird der sog. „Ersatzwiderstand" R_E eingeschaltet. Die Widerstände R_S und R_E werden bei der konventionellen Schwingungsentregung so eingestellt, daß der Entregungsvorgang ohne weiteren Eingriff zum Endwert Null der Ständerspannung bzw. des Stromes führt. Die sich hierbei zwangsläufig ergebende

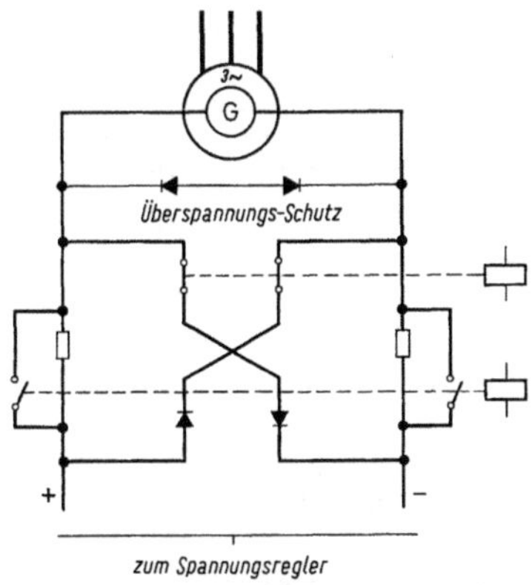

Abb. 350. Gegenspannungsentregung

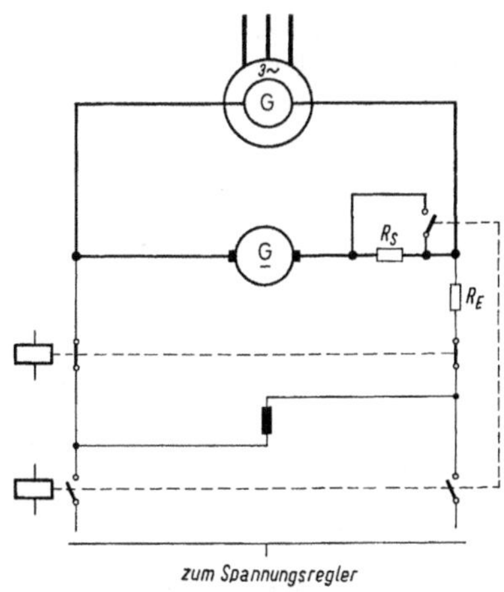

Abb. 351. Schwingungsentregung

Entregungszeit kann wesentlich verkürzt werden, wenn der Ersatzwiderstand während der Entregung mit Hilfe eines Schützes teilweise kurzgeschlossen wird. Seine volle Einschaltung erfolgt kurz vor dem Nulldurchgang der Amplituden von Ständerspannung bzw. Strom.

Bei allen Entregungsverfahren sind einer Verkürzung der Entregungszeit Grenzen gesetzt durch die Höhe der während der Entregung auftretenden Polradspannung, die einen für den Erregerkreis zulässigen Wert nicht überschreiten darf. Aus diesem Grund darf der in den Polradkreis eingeschaltete Widerstand bzw. die angelegte Gegenspannung nicht zu groß gewählt werden.

Bei der Entregung einer leerlaufenden Maschine können sich sehr unterschiedliche Entregungszeiten abhängig von dem verwendeten Entregungsverfahren ergeben. Die Entregungszeit der Leerlaufentregung ist nur beim Ansprechen des Spannungssteigerungsschutzes bzw. beim Ständererdschlußschutz von Bedeutung. (Vgl. auch Dritter Band, Teil A, Vierter Teil, Abschn. E III, S. 724 und 729/31.)

Im Falle eines Kurzschlusses in der Maschine soll durch eine schnelle Entregung die an der Fehlerstelle umgesetzte Energie möglichst klein gehalten werden. Diese hängt nach vorangegangenem Lastbetrieb sowohl von Längs- und Querfeld als auch von der Größe und zeitlichen Dauer des Gleichstromgliedes ab. Da mit der Läuferwicklung nur die Längskomponente des Luftspaltfeldes verkettet ist, kann nur sie durch die Entregung beeinflußt werden. Außerdem wird wegen der Eigenzeit der Schutzeinrichtung bereits vor Einsetzen des Entregungsvorganges Netz- und Eigenenergie an der Fehlerstelle umgesetzt, so daß die Gesamtenergie nicht wesentlich vom gewählten Entregungsverfahren abhängt.

V. Die wichtigsten Angebotskenngrößen

Bei Projektierung eines Kraftwerkes wird der Generator durch eine Reihe von Größen, die in den Angebotsunterlagen genannt werden, festgelegt. Sie umfassen die Generatorgrunddaten, die elektrischen Betriebsgrößen, Gewichte und Abmessungen, Kühlart und Kühlmittel, Verluste und Erwärmungen, Ausführung der Wicklungen, Werkstoffangaben, Erregerwerte und Ausführung der Erregeranordnung, Regelung und Entregungseinrichtung (vgl. Tabelle 16). Die Wahl dieser Größen wird durch die Netzverhältnisse bestimmt. Sie beeinflussen wesentlich die Größe und Ausführung des Generators. Die von VDEW 1965 herausgegebenen Lieferbedingungen für Dampfturbinenanlagen enthalten ein ausführliches Verzeichnis der für das Angebot wichtigen Kenngrößen des Generators.

Tabelle 16. *Die wichtigsten Angebotskenngrößen eines Turbogenerators*

Grunddaten:		*Abmessungen* (im Maßbild enthalten):	
Regeln	VDE 0530/66	Gesamtlänge einschl. Erregermaschinen-Abdeckung	15 m
Leistung	150 MW	Läuferlänge (Kupplung—Kupplung)	9 m
Scheinleistung	187 MVA	Lagerentfernung	7 m
Spannung und Spannungsregelbereich	10,5 kV ±5%	Ständerlänge (Schildflansch—Schildflansch)	6,5 m
Strom	10,35 kA	Breite des Gehäuses	4 m
Leistungsfaktor (cos φ)	0,8	Höhe des Gehäuses	4,5 m
Wasserstoffdruck	2 atü	Länge der Fundamentöffnung	8 m
Kühlungsart im Ständer (vgl. Tabelle 14)	indirekt	Breite der Fundamentöffnung	3,5 m
Kühlungsart im Läufer (vgl. Tabelle 14)	direkt		

Wirkungsgrad, Verluste, Erregerleistung:						*Gewichte* (im Maßbild enthalten):	
Wirkungsgrad	1/4	2/4	3/4	4/4	Last	Ständergewicht komplett mit Kühlern	190 t
bei cos $\varphi = 0{,}8$	96,7	98,1	98,4	98,5	%	Ständertransportgewicht mit Kühlern	170 t
Erregerleistung					600 kW	Größte Kranlast	160 t
Erregerspannung					300 V	Läufergewicht	40 t
Erregerstrom					2000 A	Kühlerzahl	4
Stoßerregung 10 s					450 V/3000 A	Kühlergewicht insgesamt	8 t

Elektrische Betriebsgrößen:

Synchrone Reaktanz X_d	155%	Erwärmung der Ständerwicklung	<60 °C
Leerlaufkurzschlußverhältnis i_{K0}	0,5	Erwärmung der Läuferwicklung	<60 °C
Transient-Reaktanz	20%	Zulässige Schieflast	rd. 8%
Subtransient-Reaktanz	15%	Läuferwiderstand bei 20 °C	0,1 Ω
Spannungsänderungen bei Entlastung bei Nennlast	35%		

Bemerkung: Die Zahlen gelten für das Beispiel eines 150 MW-Generators und zeigen als gerundete Werte nur die entsprechende Größenordnung.

VI. Weitere Entwicklung

Schon seit längerer Zeit verdoppelt sich der Verbrauch an elektrischer Energie in etwa zehn Jahren. Um den Bedarf zu decken, war und ist es notwendig, immer größere Einheiten zur Stromerzeugung zu bauen, die auch noch den Vorteil kleinerer Herstellungskosten pro kVA haben. Deshalb wachsen die Einheitsleistungen der Turbogeneratoren sogar noch etwas schneller als der Energieverbrauch. So hatten in den USA vor zehn Jahren die größten Generatoren Leistungen, die 300 MVA nur wenig überschritten; heute werden Turbosätze mit über 800 MVA in Betrieb genommen. In Bau sind zweipolige Turbogeneratoren für über 900 MVA und vierpolige für rd. 1400 MVA. In Europa lag die Grenzleistung von Turbogeneratoren vor zehn Jahren bei 220 MVA; heute sind in Frankreich 667 MVA-Generatoren in Betrieb. Setzt man einen weiteren gleich großen Anstieg des Verbrauches wie bisher voraus, so werden auch wir in Europa in naher Zukunft Generatoren von 800 MVA und mehr bauen. Nach zehn weiteren Jahren sind Leistungen um 1500 MVA zu erwarten [*11, 13, 57, 58*].

Die technischen Voraussetzungen zur Herstellung solcher Hochleistungsgeneratoren sind bereits heute — und sogar ohne wesentliche Änderung der bewährten Bauweise mit Monoblock-Vollpolläufer — gegeben. Die Hüttenwerke können heute einen Ballen mit

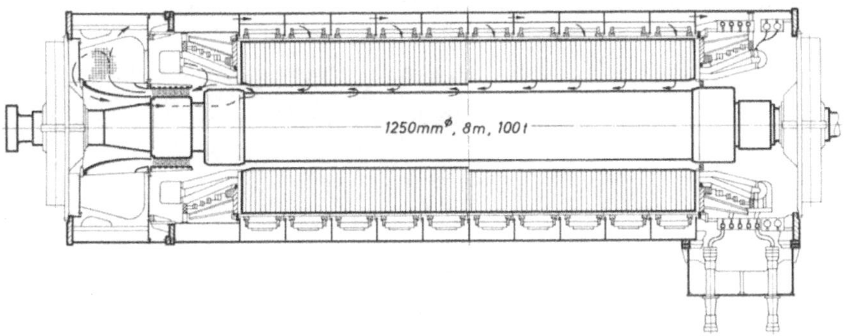

Abb. 352. Derzeit erkennbare Grenzleistungen für zweipolige Turbogeneratoren

	H_2-Gaskühlung		Wasserkühlung	
Leistung in MVA	1200	1600	900	1600
Läuferwicklung	4 atü, 6flutig	4 atü, 8flutig	4 atü, 6flutig	Wasser
Ständerwicklung	4 atü, Kompr.	20/4 atü, Kompr.	Wasser	Wasser
Wirkungsgrad in %	98,95	98,85	99,1	98,9
Transient-Reaktanz in %	35 bis 40	45 bis 50	25 bis 30	45 bis 50
Leistungsgewicht in kg/kVA	0,5	0,4	0,6	0,4

1250 mm Durchmesser und 8000 mm Länge liefern. Ebenso ist das Material für den schwierigsten Teil des Läufers — die Läuferkappe — mit der nötigen Streckgrenze verfügbar. Bei der üblichen Kühlungsart mit Wasserstoff bei 4 atü Druck leistet ein Turbogenerator mit diesem Läufer 1200 MVA. Bei Wasserkühlung der Ständer- und Läuferwicklung sowie der Druckplatten kann die Leistung bei etwa gleichem Wirkungsgrad auf 1600 MVA gesteigert werden (Abb. 352).

Die Kühlung der Läuferwicklung mit Wasser befindet sich noch im Entwicklungsstadium [*59, 60*]. Obwohl bereits seit einigen Jahren kleinere Versuchsläufer betrieben werden, fehlt noch eine Erprobung auf breiterer Basis im praktischen Betrieb der Kraftwerke. Generatoren mit wassergekühlten Wicklungen im Ständer und Läufer bieten jedoch viele Vorteile gegenüber den bisherigen Ausführungen mit Wasserstoffkühlung des Läufers. Das Interesse ist deshalb allgemein so groß, daß die ohne Zweifel schwierigen

Probleme, die bei der Kühlung der Läuferwicklung mit Wasser auftreten, doch in absehbarer Zeit gelöst sein werden.

Abb. 353 zeigt einen Versuchsläufer der Siemens AG. Die Läuferwicklung wird im geschlossenen Wasserkreislauf gekühlt; das Wasser wird den einzelnen Spulen von Verteilerkammern aus über Schläuche aus Isolationsmaterial zugeführt. Eine Kreiselpumpe am Wellenende erzeugt das im Kreislauf benötigte Druckgefälle.

Abb. 353. Versuchsläufer mit wassergekühlter Wicklung (Werkbild Siemens)

Mit Rücksicht auf die Abmessungen und Gewichte wird man den Ständer eines 1600 MVA-Generators zweiteilig ausführen. Das Blechpaket wird bei dieser Bauweise von einem inneren Gerüst aus Ringen und Balken getragen; Federn verbinden den inneren

Abb. 354. Innengehäuse eines Turbogenerators von WEC, gebaut für getrennten Transport von Blechpaket und Gehäuse (Werkbild Westinghouse)

Teil des Ständers mit dem druckfesten Außenmantel. Abb. 354 zeigt das Innengehäuse eines für getrennten Transport von Blechpaket und Gehäuse gebauten Turbogenerators von Westinghouse, Abb. 355 den Zusammenbau.

Abb. 355. Zusammenbau von getrennt transportierbarem Blechpaket und Gehäuse. Ausführung WEC (Werkbild Westinghouse)

Das Gewicht des Blechpaketes mit der eingebauten Ständerwicklung und dem inneren Teil des Gehäuses eines 1600 MVA-Generators wird etwa über 400 t betragen. Fahrzeuge mit einer Tragfähigkeit von über 400 t müssen also noch entwickelt werden.

Die Ausführung der Ständerwicklung auch für diese Leistungen macht keine Schwierigkeiten. Durch die vierfache Parallelschaltung der einzelnen Stränge erreicht man, daß weder der Strom im Ständerstab noch dessen Abmessungen die bereits heute üblichen Werte überschreiten. Die Spannung einer solchen Wicklung beträgt rd. 24 bis 25 kV und der Strom 40 bis 50 kA. Die Ableitungen und Durchführungen werden zwar unbequem stark, sind aber ausführbar. Die relativ niedrige Spannung hat den Vorteil, daß keine neuartige Isolation der Ständerwicklung entwickelt werden muß. Die heutige vakuumgetränkte,

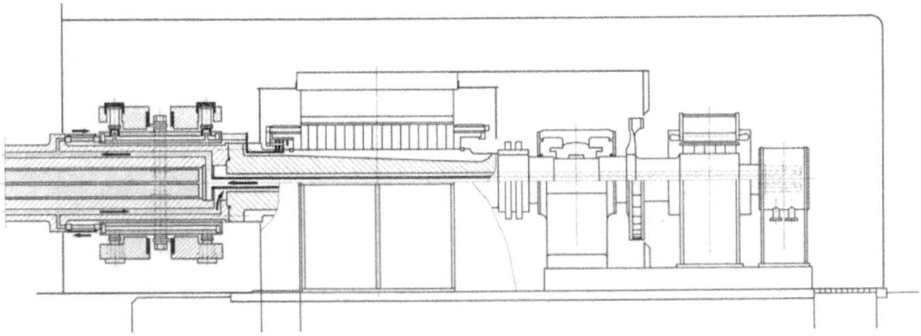

Abb. 356. Entwurf einer bürstenlosen Erregeranordnung für wassergekühlte Turboläufer sehr großer Leistung

mit Harz gebundene Isolation reicht bereits für höhere Spannungen aus. Da die Wicklungen mit Wasser gekühlt werden, wird auch keine höhere Isolationsklasse als Klasse B benötigt.

Die Erregung wird bei der Höhe der für diese Grenzleistungsmaschine zu erwartenden Erregerströme am besten schleifring- und bürstenlos erfolgen. Es fehlen jedoch z.Z. noch leistungsstärkere Dioden, um die Parallelschaltung von zu vielen Dioden zu vermeiden. An ihrer Entwicklung wird bereits gearbeitet. Auch wird man Wasserkühlung für den Gleichrichtersatz vorsehen, wie in Abb. 356 dargestellt.

1600 MVA ist nicht die größtmögliche Leistung dieses Modells. Nimmt man keine Rücksicht auf den Wirkungsgrad und die Reaktanzen und nutzt die Intensität der Wasserkühlung voll aus, so ist aus diesem Modell auch eine Leistung von 2000 MVA herauszuholen. Dabei sinkt der Wirkungsgrad bei gleichem $\cos \varphi$ um rd. 0,5% ab. Die Transientreaktanz erreicht allerdings 60 bis 65%. Dieser Wert würde bei den heutigen Netzen sicher zu Stabilitätsproblemen führen. Welche Bedeutung der Transientreaktanz in Netzen, die solche Turbosätze benötigen, in Zukunft zukommen wird, ist noch nicht abzusehen.

Eine noch höhere Ausnutzung des aktiven Materials bietet die Tiefstkühltechnik. In der letzten Zeit wird ihre Anwendung zur Kühlung von elektrischen Maschinen ziemlich oft diskutiert. Einige kleine Versuchsmaschinen mit supraleitenden stationären Wicklungen sind auch gebaut worden. Die Schwierigkeiten jedoch, die mit den Tiefsttemperaturen verbunden sind, wie Einsatz von Kältemaschinen, Zuführung des tiefstgekühlten Kühlmittels zu rotierenden Teilen, Beschaffung der Wärmeisolation, Beherrschung der mechanischen und der Stromkräfte in den Wicklungen bei 5 bis 10 °K, Betrieb mit Wechselstrom, Stromzufuhr und Kraftübertragung, sind so groß, daß Anwendung der Tiefstkühlung im praktischen Kraftwerksbetrieb heute noch nicht denkbar ist.

C. Die Einphasen-Bahngeneratoren[1]

I. Grundeigenschaften

Auch die Turbinen der Einphasengeneratoren laufen hochtourig. Zwischen der Turbine und dem Generator wird ein Getriebe eingesetzt, um die Drehzahl auf 1000 U/min, entsprechend 16 2/3 Hz, zu reduzieren (Abb. 357).

Die Einphasengeneratoren sind eine Sonderbauart der dreiphasigen Turbogeneratoren. Man kann sie aus dreiphasigen, bei denen ein Strang der Ständerwicklung unbewickelt bleibt und die zwei verbliebenen zu einer Einphasenwicklung zusammengefaßt sind, entstanden denken. Wie bei dem dreiphasigen Generator induziert das rotierende Läuferfeld in der Ständerwicklung eine Spannung; der Strom in der Einphasenwicklung erzeugt

Abb. 357. 62,5 MVA/50 MW-Bahnturbosatz im Kraftwerk Mittelsbüren der Stadtwerke Bremen (Werkbild Siemens)

jedoch kein Drehfeld, sondern ein Wechselfeld. Um die Wirkung dieses Wechselfeldes auf dem Läufer zu erklären, denkt man die Durchflutung der einphasigen Ständerwicklung durch zwei gleichgroße gegenläufige Drehstromkomponenten vom halben Wert der Einphasendurchflutung ersetzt. Die synchron mit dem Läufer umlaufende Komponente stellt, wie bei der Dreiphasenwicklung, die Rückwirkung der Ständerwicklung dar; die gegen die Drehrichtung laufende Komponente erzeugt im Läufer Ströme doppelter Frequenz. Der Läufer muß eine gute Dämpferwicklung haben, um die Gegenkomponente möglichst genau spiegeln und damit abdämpfen zu können. Eine schwache Dämpferwicklung hat Strom doppelter Frequenz im Erregerkreis und Verzerrung der Klemmenspannung zur Folge; mit einer guten Dämpferwicklung versehen, verhält sich der Einphasengenerator wie ein Drehstromgenerator.

II. Der Ständer

Die niedrige Drehzahl und der Einphasenbetrieb vergrößert die Abmessungen und die Gewichte der Einphasengeneratoren. Deshalb werden, um den Transport zu erleichtern, die Ständer größerer Bahngeneratoren waagerecht geteilt (Abb. 358). Diese Art der Teilung bietet sich an, da die Ständerwicklung nur etwa zwei Drittel des Bohrungsumfanges besetzt und die Wickelkopfverbindungen konzentrisch geführt werden. Ein weiterer Vorteil des

[1] Schrifttum [*61 bis 63*].

geteilten Ständers ist die einfachere Montage des Generators. Die beiden Ständerhälften werden, nachdem der Läufer in seine Lager eingelegt ist, durch Zuganker verschraubt und zusammengespannt. In der Trennfuge werden die beiden Hälften des Ständerblechpaketes gegeneinander isoliert.

Abb. 358. Transport einer Ständerhälfte des 62,5 MVA-Bahngenerators mit Spezialwagen (Werkbild Siemens)

Das Drehmoment des Einphasengenerators pulsiert mit der doppelten Netzfrequenz. Um die durch das pulsierende Moment erzeugten Schwingungen des Ständers vom Fundament fernzuhalten, wird der Ständer federnd aufgestellt. Das Ständergehäuse ruht auf

Abb. 359. Federfuß mit Blattfedern für die Bahngeneratoren (Werkbild Siemens)

Federfüßen; das schwingende System ist möglichst tief und resonanzfrei abgestimmt. Eine Ausführung mit Blattfedern zeigt Abb. 359, die schematische Darstellung der Wirkungsweise der Federfüße Abb. 360. Jeder Federfuß hat drei Paare Blattfedern. Die zwei

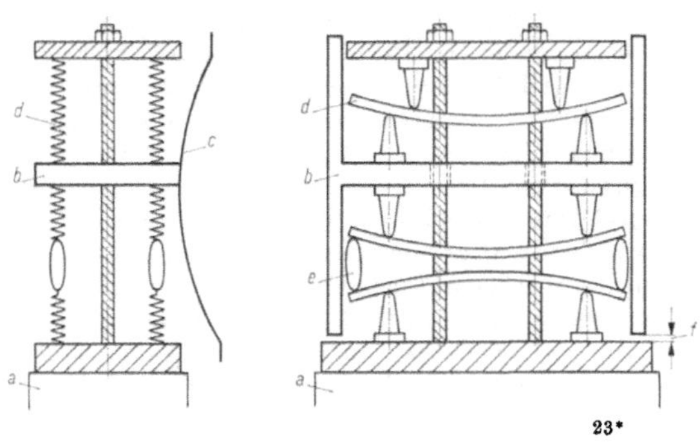

Abb. 360. Schematische Darstellung der Wirkungsweise der Federfüße

a Grundrahmen
b Gehäusefuß
c schwingendes Gehäuse
d Blattfedern
e Gleitstück
f Begrenzung der Durchfederung

unteren Federpaare sind über Gleitstücke in Serie geschaltet. Sie tragen den Generatorständer. Das obere Paar wirkt der Rückfederung soweit entgegen, daß ein Abheben der Federn von Auflageschneiden nicht erfolgen kann. Das obere Paar und die zwei unteren Blattfederpaare werden mit zwei Spannbolzen über den Gehäusefuß auf dem Grundrahmen vorgespannt. Durch Veränderungen im Abstand der Auflageschneiden läßt sich das Schwingungssystem abstimmen. Die Schwingungsamplituden des Ständers sind im Betrieb niedrig; auch die im Kurzschlußfall auftretenden werden noch federnd aufgefangen.

Die Gehäuseschilde sind nur auf dem Grundrahmen verschraubt und nicht mit dem Generatorgehäuse verbunden. Die Schwingungen des Gehäuses werden nicht auf die

Abb. 361. Wickelkopfversteifung der Ständerwicklung (Werkbild Siemens)

Dichtungen der Wellendurchführung und die Anschlußstellen der Luftführung übertragen.

Die Ständerwicklung wird als Zweischicht-Einphasenwicklung ausgeführt. Etwa ein Drittel der Ständernuten bleibt unbewickelt. Durch Sehnen und Abtreppen der Ständerwicklung wird die gewünschte Sinusform der Ständerspannung erreicht. Um Verbindungen über den Teilfugen zu vermeiden, werden die Wickelköpfe der Ständerwicklung konzentrisch ausgeführt. Einfache Montage des Ständeroberteiles und gute Möglichkeiten zur Versteifung der Wicklung sind die Vorteile dieser Bauweise. Die Stromkräfte auf die Wickelköpfe bei Stoßkurzschlüssen werden durch Wickelkopfstützen aus unmagnetischem Stahl und Platten aus Isolationsmaterial in axialer, radialer und tangentialer Richtung abgefangen (Abb. 361).

III. Der Läufer

Die Eigenart des Läufers des Einphasengenerators ist die starke Dämpferwicklung, die er zum Abdämpfen der gegenläufigen Komponente der Ständerdurchflutung braucht. Sonst unterscheidet er sich in seiner Bauart nicht von dem des Drehstromgenerators (Abb. 362). Die Dämpferwicklung wird von Nutenverschlußkeilen und den in den Läufernuten liegenden Dämpferstäben gebildet, die an beiden Enden des Läufers mit schweren zylindrischen Dämpferringen unter der Läuferkappe zu einem Kurzschlußkäfig zusammengeschaltet werden. Die aus den Dämpferringen herausgefrästen, in die Nut hereinragenden Dämpferfinger und die Dämpferstäbe sind überlappt angeordnet. Sie bilden unter der Fliehkraft der darunterliegenden Wicklung einen elektrisch gut leitenden Kontakt und ermöglichen außerdem Wärmedehnungen der Dämpferstäbe und -ringe. Abb. 363 zeigt den Dämpferring eines 62,5 MVA-Bahngenerators von Siemens. Die Oberfläche des Dämpferringes ist genutet. Die durch diese Nuten strömende Luft kühlt den Ring. Wegen der Stromverdrängung ist die tangentiale Stromdichte im Dämpferring an der dem Ballen abgewendeten Seite größer als an der Ballenseite. Der effektive Ringquerschnitt wird deshalb am freien Ende des zylindrischen Dämpferringes durch einen Kreisring verstärkt.

Abb. 362. Untere Ständerhälfte des 62,5 MVA-Bahngenerators mit Läufer und Stehlagern (Werkbild Siemens)

Damit werden die Verluste im Dämpferring reduziert und örtliche Heißstellen vermieden. Die Läuferkappe und der Dämpferring werden voneinander isoliert, da sonst der Strom in die Läuferkappe verdrängt wird. Um die Verluste, die von dem Strom im Dämpferring in der Läuferkappe erzeugt werden, klein zu halten, wird die Läuferkappe aus unmagnetischem Stahl hergestellt und durch einen in der Kappe liegenden Kupferzylinder abgeschirmt. Darüber hinaus ist zu empfehlen, Läuferkappe und Einsatzring aus einem Stück zu schmieden und damit Kontaktflächen zwischen Einsatzring und Kappe zu vermeiden.

Abb. 363. Dämpferring mit Topfboden und Kühlnuten (Werkbild Siemens)

IV. Leistung und Kühlung

Die größten im Betrieb befindlichen Turbosätze mit Einphasengeneratoren haben eine Leistung von 55 MW. Die Leistung der Generatoren beträgt 68,75 MVA. Die Ständerwicklung dieser Generatoren wird indirekt, die Läufer und die Dämpferwicklung direkt mit Luft gekühlt. Mit Wasserstoff statt Luft als Kühlmittel ist eine beträchtliche Steigerung der Einheitsleistung von Bahngeneratoren möglich. Abb. 364 zeigt einen wasserstoffgekühlten 138 MVA-Einphasengenerator, der zur Zeit von Siemens gebaut wird. Die aktiven Bauteile dieses Generators wurden ohne wesentliche Änderung von dem luftgekühlten 68,75 MVA-Bahngenerator übernommen. Der Wasserstoffdruck wurde mit 3 atü gewählt. Die durch Verdoppelung des Ständerstromes entstehenden vierfachen stromabhängigen Verluste werden vom Wasserstoff bei gleicher Erwärmung abgeführt, da dieses Kühlgas bei 3 atü Druck die vierfache Wärmekapazität und nur ein Viertel des Wärmeübergangswiderstandes von Luft hat. Das Stoßkurzschlußmoment und die Stromkräfte im Ständerwickelkopf verbleiben etwa so groß wie bei dem luftgekühlten Generator.

Das Wasserstoffgehäuse ist ein neues, elektrisch nicht aktives Bauteil. Es schließt den Generator wasserstoffdicht ein. Wie Abb. 364 zeigt, überträgt das Wasserstoffgehäuse die pulsierenden Ständermomente nicht auf das Fundament; diese werden vom Federsystem und dem Generatorständer aufgenommen. Die Stirnseiten des vierteiligen Wasser-

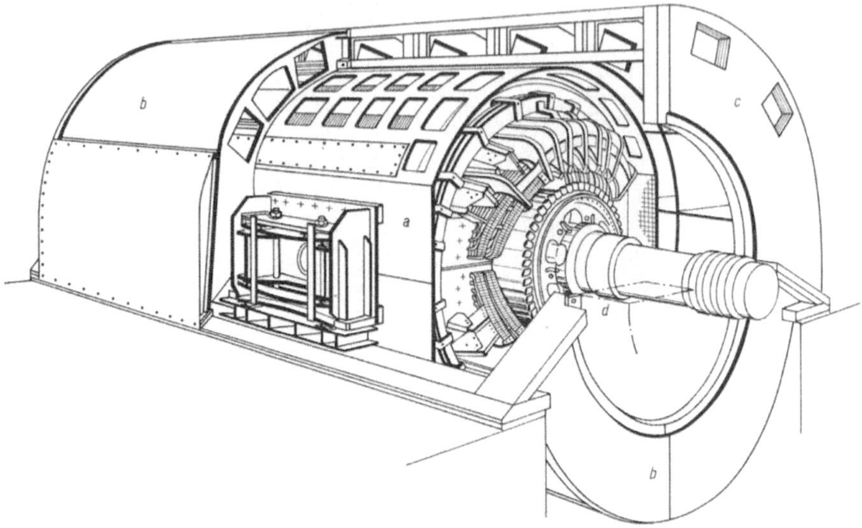

Abb. 364. Wasserstoffgekühlter 138 MVA-Einphasengenerator

a Ständer des Einphasengenerators
b vierteiliges Wasserstoffgehäuse
c Öffnungen zur Aufnahme der Kühler
d angedeutetes Schildlager

stoffgehäuses tragen die zweiteiligen Lagerschilde. Nach Abnahme der oberen Schildlagerhälften und des oberen Gehäuseteiles kann der wasserstoffgekühlte Generator in üblicher Weise kontrolliert werden. Die Konstruktion der Wasserstoffwellendichtungen entspricht genau derjenigen von wasserstoffgekühlten dreiphasigen Turbogeneratoren.

Bedeutung der verwendeten Formelzeichen

A	Strombelag
a	Beschleunigung
B	magnetische Induktion
B_1	Höchstwert der magnetischen Induktion der Grundwelle
C	Ausnutzungszahl
c_p	spezifische Wärme bei konstantem Druck
d	Durchmesser des Läuferballens
F	Kraft
i	Augenblickswert des Stromes
J	Strom
J_K	Dauerkurzschlußstrom
J_K''	Anfangs-Kurzschlußwechselstrom
J_K'	Übergangs-Kurzschlußwechselstrom
L, l	Länge
M, m	Moment
n	synchrone Drehzahl
P	Wirkleistung
p	Polpaarzahl
Q	Blindleistung
R	Widerstand
r	Radius
S	Scheinleistung
s	Schieflast
T_{do}'	Transient-Leerlauf-Zeitkonstante
T_d'	Transient-Kurzschluß-Zeitkonstante
T_d''	Subtransient-Kurzschluß-Zeitkonstante
T_a	Gleichstrom-Zeitkonstante
U, u	Spannung
V	Volumen je Zeiteinheit
X_d	Synchron-Längsreaktanz
X_d'	Transient-Längsreaktanz
X_d''	Subtransient-Längsreaktanz
η	Wirkungsgrad
Θ	Durchflutung pro Pol
ϑ	Temperatur, Polradwinkel
ϱ	Dichte
τ	Polteilung
Φ	magnetischer Fluß pro Pol
φ	Phasenverschiebungswinkel
ω	Winkelgeschwindigkeit

Schrifttum

[1] POLJAK, N. A.: Turbogeneratoren (Übersetzung aus dem Russischen), Berlin: VEB Verlag Technik 1959.
[2] RICHTER, R.: Elektrische Maschinen, Bd. II, Basel/Stuttgart: Birkhäuser 1963.
[3] BÖDEFELD, T., u. H. SEQUENZ: Elektrische Maschinen, Berlin/Göttingen/Heidelberg: Springer 1962.
[4] SCHUISKY, W.: Berechnung elektrischer Maschinen, Berlin/Göttingen/Heidelberg: Springer 1960.
[5] GOTTER, G.: Erwärmung und Kühlung elektrischer Maschinen, Berlin/Göttingen/Heidelberg: Springer 1955.
[6] BECKWITH, S., u. L. T. ROSENBERG: A New Fully Supercharged Generator. AJEE Trans. Bd. 73 (1954), S. 542/50.
[7] BAUDRY, R. A., u. P. R. HALLER: Ventilation of Inner-Cooled Generators. AJEE Trans. Bd. 73 (1954), S. 500/08.
[8] PUTZ, W.: Die Kühlung von Turbogeneratoren. ETZ A Bd. 87 (1966), S. 549/65.
[9] WANKE, K.: Wassergekühlte Turbogeneratoren. AEG-Mitt. Bd. 52 (1962), S. 429/39.
[10] RIEGER, F.: Entwicklung des Turbogenerators zur wassergekühlten Maschine. Elektrizitätswirtsch. Bd. 62 (1963), S. 190/93.
[11] WILHELMS, H.: Entwicklungstendenzen im Elektromaschinenbau. ETZ A Bd. 84 (1963), S. 218/25.
[12] MÜLLNER, F.: Neuzeitliche Entwicklungen im Bau von Turbogeneratoren. Elektrizitätswirtsch. Bd. 57 (1958), S. 689/93.
[13] HAPPOLDT, H., u. K. MERZ: Die Entwicklung der Generatoren seit der Energieübertragung Lauffen-Frankfurt. BBC-Nachr. Bd. 48 (1966), S. 526/34.
[14] Wasserstoffgekühlte Turbogeneratoren. Druckschrift SSW 410/247.
[15] LAMBRECHT, D., u. W. SICKERL: Überblick über den Aufbau moderner wasserstoffgekühlter Generatoren. AEG. Turbogeneratoren 1963.
[16] KELLENBERGER, W.: Zur Festigkeitsberechnung der Rotorkappen von Turbogeneratoren. BBC-Mitt. Bd. 45 (1958), S. 113/27.
[17] BECKER, H.: Über den unwuchtigen Läufer und die erzwungenen Maschinenschwingungen. VDI-Z. Bd. 103 (1961), S. 469/504.
[18] PHILBRICK, D. C., M. RASHEVSKY u. P. J. HAWKHAW: Vibrations in Rotating Systems. Westinghouse Engineer, Nov. 1959, S. 178/81.
[19] UNGRUH, F.: Felder und Stromkräfte in den Wickelköpfen von Turbogeneratoren. ETZ A Bd. 84 (1963), S. 285/91.
[20] Allis-Chalmers Co.: Dynamo Electric Mashine Core Winding. USA-Patentschrift 2714675.
[21] WICHMANN, A.: Micalastic-Isolierung für Hochspannungswicklungen von Turbogeneratoren. Siemens-Z. Bd. 40 (1966), S. 762/69.
[22] MEYER, H.: Die Isolierung großer elektrischer Maschinen, Berlin/Göttingen/Heidelberg: Springer 1962.
[23] BAUDRY, R. A., P. R. HELLER u. L. P. CURTIS: Magnetic Vibrations in A-C Generator Stator. AJEE Trans. Bd. 73 (1954), S. 508/16.
[24] SEQUENZ, H., u. R. STIX: Unmittelbare Leiterkühlung bei Turbogeneratoren. E u. M Bd. 73 (1956), S. 268/78.
[25] RICHARDSON, P.: Developments in Large Turbo-Type Generators. JEEE Trans., Power Apparatus and Systems, Nr. 68, Oct. 1963, S. 639/46.
[26] JONES, N. H., M. TEMOSHOK u. R. L. WINCHESTER: Design of Conductor-Cooled Steam Turbine-Generators and Application to Modern Power Systems. JEEE Bd. 84, Febr. 1965, S. 131/46.
[27] BAUDRY, R. A., u. E. J. KING: Improved Cooling Increases Generator Capabilities. Westinghouse Engineer, Nov. 1964, S. 162/66.
[28] ABOLINS, A., u. U. HAIER: Wie bestimmen Kühlung und Betrieb den Entwurf des Turbogenerators. VDE-Fachber. Bd. 20 (1958).
[29] LEUKERT, W.: 100 Jahre dynamoelektrisches Prinzip — 100 Jahre Elektromaschinenbau. ETZ A Bd. 87 (1966), S. 841/47.
[30] FLEISCHMANN, J. J., u. G. W. STAATS: Present-Day Large Steam Turbine Generator Design Practice. AJEE Trans. Bd. 77 (1959), S. 1348/53.
[31] WINCHESTER, R. L.: Stray Losses in the Armature End Iron of Large Turbine Generators. AJEE Trans. Bd. 74 (1955), S. 381/91.
[32] MÜLLNER, E., u. E. WIEDEMANN: Potential Possibilities in the Construction and the Use of Large Turbo Alternators of the Single Shaft Type. CIGRE, 1958, Ber. Nr. 106.
[33] BAUDRY, R. A., u. L. P. CURTIS: Gland Seal Systems for Modern Hydrogen Cooled Turbine Generators. AJEE Trans. Bd. 76 (1957), S. 328/38.
[34] PLUSCHKE, M.: Erfahrungen mit einem Turbo-Generator mit wassergekühlter Ständerwicklung. Elektrizitätswirtsch. Bd. 65 (1966), S. 195/99.
[35] WOOD, H. J.: The Effect on Steam Turbine Generator Design of Stator Construction, Cooling Methods. Short-Circuit-Ratio and Reactance with Particular Reference to Weight. CIGRE, 1962, Ber. Nr. 149.
[36] ABOLINS, A., u. H. WEISSHEIMER: How Turbogenerator Design is influenced by Short-Circuit-Ratio and Power Factor. CIGRE 1962, Ber. Nr. 107.

[37] Rumpel, D.: Stationäre Betrachtungen zur Stabilität von Synchronmaschinen mit Spannungs- und Winkelregelung im Verbundbetrieb. ETZ A Bd. 82 (1961), S. 135/41.
[38] Canay, M.: Die Möglichkeit zur Erhöhung der statischen Stabilitätsgrenze bei Synchronmaschinen. Bulletin Bd. 50 (1959), S. 1016/19.
[39] Kovacs, K. P., u. J. Racz: Transiente Vorgänge in Wechselstrommaschinen, Bd. I u. II, Budapest: Verlag d. Ungar. Akad. d. Wiss. 1959.
[40] Bonfert, K.: Betriebsverhalten der Synchronmaschine, Berlin/Göttingen/Heidelberg: Springer 1962.
[41] Tittel, J.: Die Ausgleichsvorgänge in Stoßleistungsgeneratoren bei der Prüfung der Hochspannungs-Leistungsschalter. E u. M Bd. 83 (1966), S. 277/89.
[42] Happoldt, H.: Die Schieflast von Drehstromgeneratoren. ETZ A Bd. 72 (1951), S. 6/7.
[43] Ufimzew, A. M., u. A. T. Lebedew: Prüfung von Turbogeneratoren im asynchronen Betrieb. Elektritscheskie Stanzii Bd. 33, Aug. 1962, S. 28/32.
[44] Chalmers, B. J.: Asynchronous Performance Characteristics of Turbo-Generators. Proceedings JEE, Paper Nr. 3940 S, Aug. 1962, S. 301/08.
[45] Report Electricité de France, Contribution to Studies on the Asynchronous Performance of Turbo Generators. CIGRE, 1965 (Tokyo).
[46] Pohl, R.: Belastbarkeit von Generatoren bei Betrieb auf Stromrichter. E u. M Bd. 53 (1935), S. 193/96.
[47] Kulik, J. A.: Über Verluste in Dämpferwicklungen der Synchronmaschinen durch Oberwellen in der Spannungskurve. Elektritschestwo Bd. 81 (1961), Nr. 10, S. 34/37.
[48] Haier, U.: Heißpunkte in Ständerwicklungen großer Turbogeneratoren und ihre Bestimmung. AJM (Liège), Rapport Nr. IV-34, S. 1/20.
[49] Achenbach, H.: Verschiedene Arten der Erregung von Synchronmaschinen. Elektrizitätswirtsch. Bd. 62 (1963), S. 577/90.
[50] Easton, V.: Exitation of Large Turbo-Generators. Electr. Rev. Bd. 174 (1964), S. 483/84.
[51] Abolins, A., u. F. Heinrichs: Bürstenlose Erreger mit rotierenden Gleichrichtern für große Turbogeneratoren. ETZ A Bd. 87 (1966), S. 1/8.
[52] Dirr, R., u. B. Röthlein: Transistor-Spannungsregler für Generatoren. Siemens-Z. Bd. 36 (1962), S. 238/40.
[53] Kümmel, F.: Regel-Transduktoren. Theorie und Anwendung in der Regelungstechnik, Berlin/Göttingen/Heidelberg: Springer 1961.
[54] Hoffmann, A., u. K. Stocker: Thyristor-Handbuch, Siemens-Schuckertwerke AG, Berlin/Erlangen 1965.
[55] Hochstetter, W.: Dynamisches Verhalten von Synchrongeneratoren mit lastabhängigen Erregungssystemen. ETZ A Bd. 86 (1965), S. 577/82.
[56] Zurowski, E.: Schnellentregung eigenerregter Synchrongeneratoren. Siemens-Z. Bd. 29 (1955), S. 282/87 und 368/73.
[57] Schubenko-Schubin, L. A., S. P. Sobolew u. S. M. Linezki: Konstruktive Lösungen für Hochleistungsgeneratoren aus russischer Sicht. Arch. f. Energiewirtsch., Jan. 1967, H. 1 u. 2.
[58] Harms, D.: Turbogeneratoren — Rückblick und Ausblick. ETZ B Bd. 18 (1966), S. 764/70.
[59] Stanislawsky, L. J., u. T. A. Cigirinsky: 500 MW-Generator der Charkow-Werke. Energetik (Moskva), 1966, H. 9, S. 15/18.
[60] Wiedemann, E.: Großturbogeneratoren mit ausschließlicher Wasserkühlung. BBC-Mitt. Bd. 53 (1966), S. 501/12.
[61] Müllner, F.: Einphasengeneratoren für Bahnstrom. Elektr. Bahnen Bd. 23 (1952), S. 222/28.
[62] Petow, W., H. Heinrichs u. A. Abolins: Der 34 MW/40 MVA-Bahnstromturbosatz im Dampfkraftwerk Düsseldorf-Lausward. Elektr. Bahnen Bd. 35 (1964), S. 17/24.
[63] Riedel, P., u. H. Duffert: Große Einphasen-Bahngeneratoren. Elektr. Bahnen Bd. 38 (1967), S. 146/52.

Achter Teil

Leittechnik

Von Karl Ertel und Alfred Stoll

Die wachsende Bedeutung der Energieversorgung für die Gesamtwirtschaft stellt immer mehr Anforderungen an einen sicheren Betrieb der Kraftwerke. Sie beziehen sich in gleichem Maße auf die Regelungs- und Steuerungstechnik, die Überwachung, Automatisierung und Meßdatenverarbeitung. Diese zum „Führen" bzw. „Leiten" des Prozesses erforderlichen Einrichtungen sollen unter dem Begriff „Leittechnik" behandelt werden, dem das im englischen Sprachraum eingebürgerte Wort „control" entspricht.

Das „Leiten" des Prozesses gelangte in den letzten Jahrzehnten zu besonderer Bedeutung. Dies ist schon aus der Entwicklung einer Vielzahl von selbsttätig arbeitenden Geräten für diese Aufgabe zu ersehen. Vom ersten Drehzahlregler einer Dampfmaschine bis zur vollen Automatisierung von heute war ein weiter technischer Weg, der durch das stete Bemühen um die Ausschaltung menschlicher Unzulänglichkeiten gekennzeichnet ist. Dabei erhöhte sich der Kostenaufwand für diese Einrichtungen und erreichte für einen großen Kraftwerksblock etwa 5 bis 10 Mio. DM, während das Bedienungspersonal erheblich verringert wurde und bezogen auf die Einheitsleistung nur noch etwa den zehnten Teil beträgt. Neben den Entwicklungsarbeiten zur Vergrößerung der Blockleistung und zur Verbesserung der thermischen Prozesse, also Maßnahmen zur Verbesserung der Wirtschaftlichkeit, obliegt demnach dem Kraftwerksbauer auch die gründliche Planung der betrieblich bestmöglichen Nutzung seiner Anlage als besondere Aufgabe.

Das westeuropäische Verbundnetz mit einer heute installierten frequenzgleichen Leistung von über 80 000 MW verlangt zwangsläufig in den übergeordneten Kommandostellen und Kraftwerken eine umfangreiche leittechnische Ausrüstung zum planvollen Einsatz und Betrieb. Fragen, ausgehend von den Netzproblemen bis hin zu den Einzelsteuerungen in den Kraftwerken, sind demnach in zunehmendem Maße vom Kraftwerksplaner zu beachten und zu behandeln.

A. Automatisierung und Steuerung des Blockkraftwerkes

Von Alfred Stoll

Weite Bereiche der Leittechnik sind gerade heute in einer intensiven Entwicklung begriffen. Es handelt sich dabei vornehmlich um die Steuerung, Automatisierung und Datenverarbeitung, während der später beschriebene Bereich der Regelungstechnik schon zu einem weitgehend selbstverständlichen Bestandteil des Kraftwerks geworden ist.

I. Informationstheorie und Automatisierung

Dem Energiefluß im Dampferzeuger, in der Turbine und der Umwandlung mechanischer Energie in elektrische muß ein Informationsfluß entsprechen, der Meßwerte, Regelgrößen, Steuerbefehle und ähnliches von der Anlage in die Warte und umgekehrt befördert.

Wie Abb. 365 zeigt, geht eine solche Information verschiedene Wege. Im einen Fall ist der Mensch in den Informationsfluß eingeschaltet und hat die Möglichkeit zur korrigierenden Beurteilung der Signale, die ihm einen physikalischen Sachverhalt beschreiben. Bei der gedanklichen Verarbeitung der Signale zu einer Information und bei der anschließenden Auswahl der an eine Maschine weiterzugebenden Information ist er menschlichen Irrtümern unterworfen.

Bei dem zweiten Weg über eine Automatik ist die irrtümliche Beurteilung und Weitergabe der Information ausgeschlossen. Die Zuverlässigkeit des Signals und der Signalverarbeitung bestimmt hier den Erfolg.

Die Qualität der Information leidet demnach in beiden Fällen unter unterschiedlichen Einwirkungen. Mit fortschreitender technischer Entwicklung wächst aber die Qualität der unter Umgehung des Menschen an die Maschine gegebenen Information, da man Signale und die daraus abgeleiteten Informationen durch technische Maßnahmen leichter verbessern kann als die Irrtümern unterworfene Handlungsweise des Menschen.

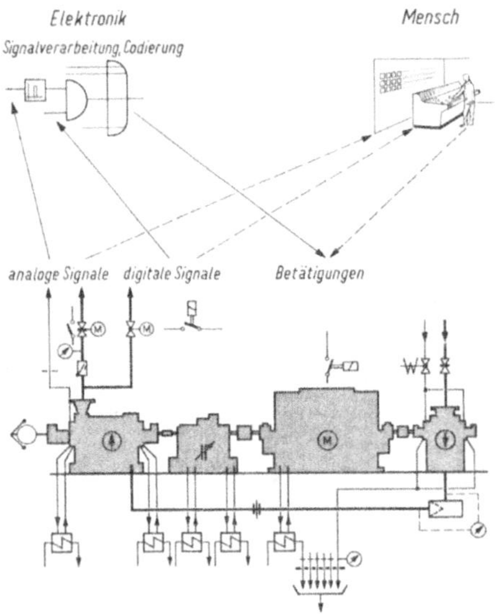

Abb. 365. Informationsfluß im Kraftwerk

Die vorbeschriebene Entwicklung wird unterstützt durch die Tatsache, daß dem Menschen durch seine Aufnahmegeschwindigkeit und sein Fassungsvermögen Grenzen gesetzt sind. Er muß immer die richtige Bildung einer Information und deren Weitergabe auf Grund einer Anzeige oder eines Signals vornehmen, was zum Teil erhebliche Zeit kostet. Eine Automatik kann ein solches Signal entsprechend der erforderlichen Geschwindigkeit für die Weitergabe codieren und durch diese Codierung auch unnötige Gedankengänge ausschalten. Besonders bei schnellen Abläufen ist demnach das codierte und prozeßgekoppelte Signal überlegen. Ein gutes Beispiel für solche Überlegungen ist die seit langem geübte Schutztechnik an Turbogeneratoren und Kesseln.

Wenn man überlegt, daß heute in einer Warte etwa 300 bis 500 Gefahrmeldungen und 100 Anzeigen vorhanden sind, die der Mensch verarbeiten soll, so übersteigt in Störfällen der davon ausgehende Informationsfluß die sekundliche Aufnahme- und Verarbeitungskapazität des Menschen um mindestens fünf Zehnerpotenzen. Da das Aufnahmevermögen eine zahlenmäßig schwer erfaßbare individuelle Größe darstellt und das Informationsangebot von Anlage zu Anlage und von Störfall zu Störfall wechselt, sei hier auf eine Untersuchung der aus der Literatur bekannten noch größeren Differenzen verzichtet. Sicher ist die auch aus der Erfahrung bekannte Tatsache, daß der Mensch vor der Auswertung der Information bereits wählen muß, obwohl das Wesen der Informationstheorie im Auswählenkönnen und Entscheiden auf Grund aller vorliegenden Informationen besteht. Selbst wenn man dieser Vorwahl nur eine geringe Fehlerquote zumißt, sind doch die physischen Möglichkeiten des Menschen überschritten. Die Informationstheorie zeigt hier sehr deutlich, daß besonders beim An- und Abfahren eines Blockkraftwerkes und bei Störungen der Mensch durch eine Automatik unterstützt werden muß, um mehr Sicherheit in die Betriebsführung der Kraftwerke zu bringen.

II. Arbeitsbereiche der Automatik, Definitionen

Der Begriff der Kraftwerksautomatisierung beschäftigt seit Jahren alle Beteiligten im Kraftwerksbau, und es erscheint angebracht, zunächst die vielfältigen Vorstellungen, die sich mit dem Begriff Automatik verbinden, durch einige Definitionen zu klären.

Seit Jahren ist eine Reihe von Einrichtungen im Kraftwerk bekannt, welche die Vorstellung von einer Automatik erfüllen. Es handelt sich dabei z.B. um die Regelung eines Turbosatzes, die Regeleinrichtungen am Dampferzeuger, automatische Steuerungen von Hilfsantrieben, automatische Umschalteinrichtungen und vielfältige Schutzeinrichtungen an den verschiedensten Aggregaten. Auch in den Gefahrmeldeeinrichtungen und in der Fernsteuerung der Anlage von einer zentralen Warte aus sind eine Reihe von automatisch wirkenden Elementen enthalten. Die Gesamtheit dieser zur Leittechnik gehörenden Einrichtungen ist in Abb. 366 dargestellt und in die Gruppen Regelung, Steuerung, Schutz und Meßdatenverarbeitung aufgeteilt. Es zeigt sich dabei in allen Bereichen eine ähnliche Gliederung, die von einer geräteorientierten Logik am einzelnen Anlagenteil bis zur übergeordneten Führung des gesamten Blockes reicht. Man sieht aus dem Bild, daß viele

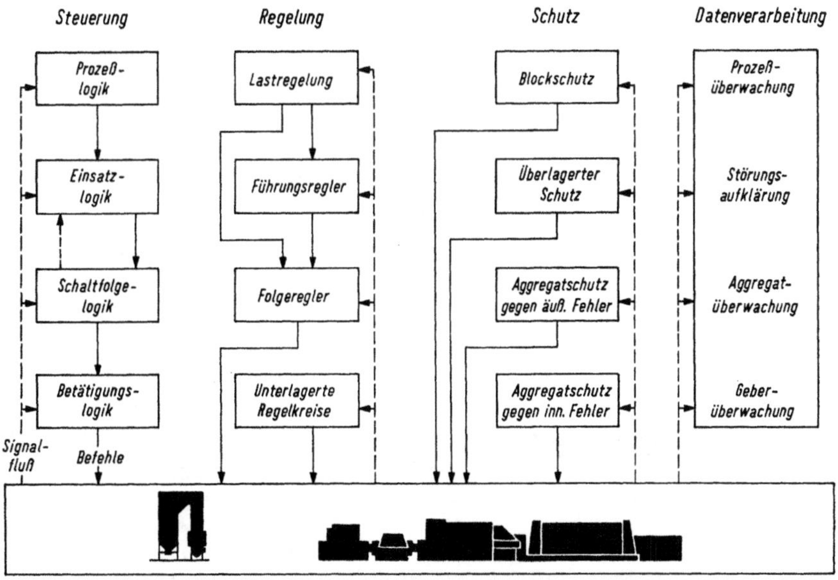

Abb. 366. Arbeitsbereiche und Gliederung automatischer Einrichtungen im Kraftwerk

Bereiche der Automatisierung heute bereits zum normalen Stand der Technik in einem Blockkraftwerk gehören. Als wesentliche Teile werden die Regelungstechnik im Abschn. B und die elektronische Steuerung und Verriegelung im Dritten Band, Teil A, Vierter Teil, Abschn. C, S. 660/84, behandelt. Ein anderer Teil, nämlich die automatische Steuerung des instationären Betriebes und die immer weitergehende Meßdatenverarbeitung wurden erst in den letzten Jahren stärker von der Automatisierung erfaßt. Seit im Jahre 1962 der Zweite Band dieses Buches erschien, in dessen Erstem Teil, Abschn. B V, über den Block als vollautomatische Einheit berichtet wurde, hat sich diese Entwicklung so schnell vollzogen und so viel neue Erfahrungen gebracht, daß bereits heute eine Überarbeitung nötig ist.

Bei der automatischen Steuerung und Meßdatenverarbeitung kommen die verschiedensten Geräte, wie analoge und binäre Geber, elektronische Steuergeräte und Digitalrechner zum Einsatz. Es erscheint deshalb wichtig, Automatiken entsprechend Abb. 366 von der Funktion her zu betrachten. Der aus wirtschaftlichen Gründen angestrebte Automatisierungsgrad einer Anlage und die dabei verwendete Technik lassen sich dann besser beschreiben als bei einer nach den verwendeten Geräten orientierten Behandlung des Themas.

Die angestrebte Stellung des Menschen im Informationsfluß zwischen physikalischem Sachverhalt und Maschinen verhilft am besten zu einer Ordnung der hier besprochenen Automatikeinrichtungen. Soll der Mensch nämlich für übergeordnete Eingriffe freigemacht werden, so benötigt er dazu eine seinem Aufnahmevermögen angepaßte Informationsmenge, die den Betriebsablauf lückenlos beschreibt. Diese Aufgabe erfüllt neben der normalen Wartenausstattung eine eingangsseitig an den Prozeß gekoppelte Datenverarbeitungsanlage, die sich in ihrem Ausgang über Schreiber und Anzeigen an den Menschen wendet und ihn in den Stand setzt, gezielt durch Sollwertvorgaben oder auch längerfristige Entscheidungen in das Geschehen einzugreifen. Die Einzelsteuerung der verschiedenen Anlagenteile und die Zuordnung der dafür notwendigen Handgriffe ist andererseits durch die Planung bereits festgelegt. Hier ist demnach ein von den planenden Ingenieuren festgelegtes Programm sicherlich der individuellen Entscheidung eines Betriebsmannes überlegen und am besten durch eine sowohl eingangsseitig als auch ausgangsseitig prozeßgekoppelte Automatik zu verwirklichen. Die Prozeßautomatisierung im Wärmekraftwerk wendet sich dementsprechend auch mit der Meßdatenverarbeitung an den Menschen, während sie automatische Steuervorgänge ohne menschlichen Eingriff ablaufen läßt.

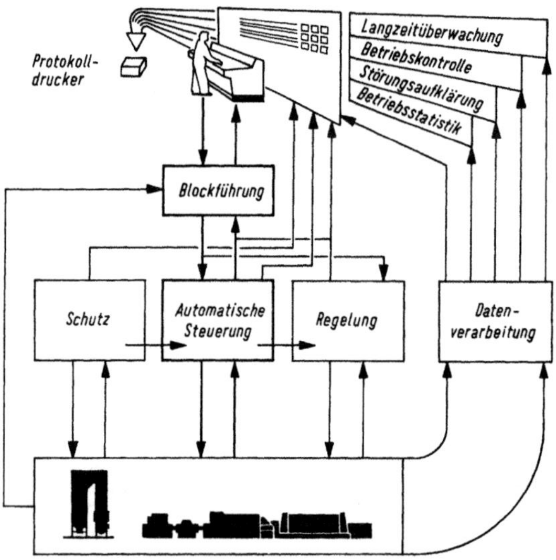

Abb. 367. Struktur eines automatisch arbeitenden Kraftwerkes

Art und Ausbaugrad von Automatikeinrichtungen sind je nach dem gewünschten wirtschaftlichen Erfolg heute wie auch früher sehr unterschiedlich. Bei der Meßdatenverarbeitung begann die Entwicklung mit Störschreibern und Meldedruckern und ist heute allgemein bei digital arbeitenden Prozeßrechnern angelangt. Diese Rechner übernehmen, angefangen von einer einfachen Datenprotokollierung, heute die Reduzierung der Meßdaten und die Vorbereitung von langfristigen Entscheidungen. Zur automatischen Steuerung werden einfache Relaissteuerungen, Verriegelungsschaltungen und elektronische Steuergeräte, meist in zweikanaliger Ausführung, eingesetzt. Auch hier ist der Automatisierungsgrad durch Teilautomatiken für einzelne Anlagenteile, die Kombination solcher Teilautomatiken und schließlich vollautomatisch arbeitende Anlagen gekennzeichnet. Halbautomatisch arbeitende Steuerungen, die noch einzelner Handeingriffe bedürfen, werden dagegen immer seltener gebaut, da die Logik des Menschen und die Logik einer Automatik nur schwer in Einklang zu bringen sind.

Abb. 367 zeigt die Struktur eines automatisch arbeitenden Wärmekraftwerkes und macht die Unterschiede der teilweise offen, teilweise geschlossen arbeitenden Automatikeinrichtungen deutlich.

III. Entwicklungsstand

Die Entwicklung der Automatik im Wärmekraftwerk beginnt ohne Zweifel mit der Entwicklung einer industriell nutzbaren Wärmekraftmaschine durch James Watt im Jahre 1788. Seit dieser Zeit beobachten wir eine stetige Entwicklung der Automatisierungstechnik, zunächst besonders auf dem Gebiet der Regelungstechnik. Hier begann der Weg mit der Drehzahlregelung der Dampfmaschinen. Auch der Schutz dieser Maschinen und später der Generatoren war sehr bald ein Anliegen der Betreiber, die ihre Anlagen dementsprechend mit mechanischen und elektrischen Einrichtungen zu diesem Zweck ausrüsteten. Mit steigender Größe der Dampferzeuger begann auch die Regelung von Druck und Temperatur und der Schutz aller zugehörigen Hilfsaggregate eine Notwendigkeit zu werden. Der Übergang zur Blockbauweise brachte in den letzten zehn Jahren auch entsprechende Einrichtungen zur übergeordneten Regelung und zum Schutz der Gesamtanlage. Für schnell ablaufende Vorgänge, insbesondere Störfälle, wurden schon seit längerer Zeit aktive Automatiken eingebaut, die z. B. die Einschaltung der Hilfsölpumpen von Turbinen und Speisepumpen, die Betätigung von Schnellantrieben an Bypaßeinrichtungen oder die Umschaltung auf Reserve- oder Notantriebe bewirkten. In den letzten Jahren hat sich auch die Automatisierung der instationären Betriebsvorgänge, die beim An- und Abfahren sowie in Störfällen auftreten, durch Teilautomatisierung einzelner Anlagenteile oder auch eine Vollautomatik für den gesamten Block durchgesetzt.

Tabelle 17. *Mit Prozeßrechnern ausgerüstete Blockkraftwerke*

Aufgaben / Land	Anzahl der Anlagen								
	Daten sammeln, sortieren, ausdrucken	Rechnen, Daten reduzieren, einzelne Optimierungsaufgaben	Betriebsanweisungen ausgeben	Teilsteuerung			Direkte Steuerung von mehr als 60% der elektrischen Abzweige	Gesamtanzahl	Aufgaben nicht identifiziert
				Turbosatz	Kessel Reaktor	Kreislauf			
USA[1] [2]									
fossile Kraftwerke	108	93	9	10	8	—	—	180	60
Kernkraftwerke	1	1	1	—	—	—	—	1	—
UdSSR[3]									
fossile Kraftwerke	4	—	—	3	2	2	2	5	—
Kernkraftwerke	—	—	—	—	—	—	—	—	—
Großbritannien[1] [4]									
fossile Kraftwerke	1	—	—	4	4	—	—	7	2
Kernkraftwerke	16	16	—	—	2	—	—	16	—
Frankreich[1] [4]									
fossile Kraftwerke	4	5	—	—	—	—	—	12	2
Kernkraftwerke	4	4	—	—	4	—	—	10	2
Italien[4]									
fossile Kraftwerke	8	8	—	—	—	—	—	8	—
Kernkraftwerke	2	2	—	—	—	—	—	2	—
Bundesrepublik Deutschland									
fossile Kraftwerke	6	5	—	1	1	—	—	7	—
Kernkraftwerke	2	1	—	—	—	—	—	2	—

[1] Bis Ende 1966 gebaute Anlagen. Nach Process computer scorecard. Control Engineering Sept. 1963, S. 79/81; März 1965, S. 61/62; Aug. 1965, S. 57/58; Sept. 1966, S. 78.
[2] Ab 1966 sind nur noch große Blockeinheiten erfaßt. Energy systems design survey. Power Okt. 1966, S. 10.
[3] Bis Mitte 1966 geplante Anlagen. Nach Teploenergetika Bd. 13 (1966), S. 6/7.
[4] Nach Ernst, D.: Brennstoff Wärme Kraft Bd. 17 (1965), S. 471/77.

Tabelle 18. *Wärmekraftwerke mit festverdrahteten automatischen Steuerungen deutscher Hersteller bis 1968*

Nr.	Unternehmen	Kraftwerk	Inbetriebsetzung	Anlagenbereiche: Turbosatz	Turbine Hilfsanlagen	Kesselspeisepumpen	Regenerativ-Vorwärmung	Kessel-Umwälzpumpen	Feuerung	Kesselhilfseinrichtungen	Wasserdampfkreislauf	Kühlwasserversorgung	Vollentsalzungsanlage	Kiesfilter	Reaktor-Lademaschine	Kernkraftwerk Hilfsanlagen
1	Vereinigte Elektrizitätswerke Westfalen AG	Westfalen Block A	1963	1	1	—	—	—	—	—	—	—	—	—	—	—
2	Stadtwerke München	Heizkraftwerk Sendling Block 1 u. 2	1963/65	2	—	—	—	—	—	—	—	—	—	—	—	—
3	Stadtwerke Lemgo	Gasturbinenanlage	1963	1	—	—	—	—	—	—	—	—	—	—	—	—
4	Bergwerks-Gesellschaft Hibernia AG	Scholven A	1964	1	1	—	—	—	—	—	—	1	—	—	—	—
5	Stadtwerke Bremen AG	Mittelsbüren Block 1 u. 2	1964	—	—	—	—	—	2	—	—	—	1	—	—	—
6	Stadtwerke Braunschweig	Heizkraftwerk Nord	1964	1	—	—	—	—	—	—	—	—	—	—	—	—
7	Bergwerks-Gesellschaft Hibernia AG	Datteln	1964/65	1	1	1	1	—	—	—	—	—	—	1	—	—
8	Gemeinschaftskraftwerk Hannover-Braunschweig	Mehrum	1965	1	1	—	—	—	1	—	—	—	1	1	—	—
9	Gesellschaft für Kernforschung	Mehrzweck-Forschungsreaktor	1965	—	—	—	—	—	—	—	—	—	—	—	1	1
10	Technische Hochschule Stuttgart	Pfaffenwald	1965	1	1	—	—	—	—	—	—	1	—	—	—	—
11	Ijsselcentrale N. V., Niederlande	Ijsselcentrale Block 3 u. 4	1965	—	—	—	2	—	—	—	—	—	—	—	—	—
12	Bayernwerk AG	Ingolstadt Block 1 u. 2	1965/66	2	2	2	2	2	2	2	2	—	1	—	—	—
13	Syd Østsjællands Elektricitet-Aktieselskab	Stigsnæs Block I	1966	1	1	—	—	—	—	—	—	—	—	—	—	—
14	Arbeitsgemeinschaft Versuchsreaktor GmbH, Düsseldorf	Jülich	1966	—	—	—	—	—	—	—	—	—	—	—	—	1
15	Nordwestdeutsche Kraftwerke AG	Emden	1966	1	—	—	—	—	—	—	—	—	—	—	—	—
16	Vereinigte Elektrizitätswerke Westfalen AG	Westfalen Block 8	1966	1	1	—	—	—	—	—	—	—	—	—	—	—
17	Deutsche Rhodiaceta AG, Freiburg	Industriekraftwerk Kessel 5	1966	—	—	—	—	—	1	—	—	—	—	—	—	—
18	Stadtwerke Duisburg	140 MW-Block	1966	1	1	1	1	1	—	—	—	—	—	—	—	—
19	Masinimport Bukarest	Fintinele	1966	—	—	1	—	—	1	—	—	—	—	—	—	—
20	Großkraftwerk Mannheim AG	Mannheim Block II	1966	—	—	1	—	1	—	—	—	—	—	—	—	—
21	Commissariat à l'Energie Atomique	Forschungsreaktor Masurca	1966	—	—	—	—	—	—	—	—	—	—	—	—	1
22	Berliner Kraft- und Licht (BEWAG)-AG	Rudow	1966	—	—	—	—	1	—	—	—	—	—	—	—	—
23	Provinciale Limburgische Electriciteits Maatschappij N. V.	Buggenum Block 5	1966/67	1	1	1	—	1	1	1	—	1	—	—	—	—
24	New Brunswick Electric Power Commission, Canada	Belledune Block I	1966/67	1	1	—	—	—	—	—	—	—	—	—	—	—
25	New Brunswick Electric Power Commission, Canada	Courtenay Bay Block I u. II	1966/67	2	2	—	—	—	—	—	—	—	—	—	—	—
26	I. S. Midtkraft, Dänemark	Studstrupværket Block I	1967	1	1	—	—	—	—	—	—	—	—	—	—	—

27	Usinas Eléctricas y los Teléfones del Estado	José y Ordonez	1967	1	1	—	—	—	—	—	—	—	—	—	—	—
28	Saarbergwerke AG	Fenne Block III	1967	1	1	1	1	1	1	—	—	—	1	—	—	—
29	Nordwestdeutsche Kraftwerke AG	Wiesmoor	1967	1	—	—	—	—	—	—	—	—	—	—	—	—
30	Stadtwerke Düsseldorf	Lausward	1967	1	—	—	—	—	—	—	—	—	—	—	—	—
31	Erdölchemie Dormagen	Dormagen	1967	1	—	—	—	—	—	—	—	—	—	—	—	—
32	Neckarwerke AG	Walheim Block II	1967	—	—	—	—	1	—	1	1	—	—	—	—	—
33	Braunschweigische Kohlenbergwerke, Helmstedt	Offleben II Block A u. B	1967	2	2	2	—	—	—	—	—	—	1	1	—	—
34	Fuerzas Eléctricas de Cataluña S. A.	Badalona II Block 1 u. 2	1967	2	2	—	—	—	—	—	—	—	—	—	—	—
35	Badenwerk AG	Rhein. Dampf-Kraftw. Block 5 u. 6	1967	2	2	2	2	2	2	2	—	—	1	—	—	—
36	Stadtwerke Bremen AG	Hafen Block 5	1968	—	—	1	—	1	1	1	1	—	1	1	—	—
37	Kuwait Ministry of Electricity and Water	Shuaiba Gas-Turbine 1 u. 2	1968	2	—	—	—	—	—	—	—	—	—	—	—	—
38	Nordostschweizerische Kraftwerke	Kernkraftwerk Beznau	1968	1	1	—	—	—	—	—	—	—	—	—	—	—
39	Bayernwerk AG	Pleinting	1968	1	1	1	—	1	1	1	1	1	—	—	—	—
40	Kernkraftwerk Obrigheim GmbH	Obrigheim	1968	—	—	—	—	—	—	—	—	—	—	—	—	1
41	Bergwerks-Gesellschaft Hibernia AG	Scholven Block B	1968	—	1	1	—	1	—	1	—	1	—	1	—	—
42	Karlshamnsverket Kraftgrupp Aktiebolag	Karlshamn Block I	1968	1	1	1	—	1	1	1	1	1	—	—	—	—

Zur Meßdatenverarbeitung muß man wohl schon die früheren Maßnahmen rechnen, die beim Ersatz einer Anzeige durch eine Gefahrmeldung (codiertes Signal), bei der Anpassung von Meldungen an den Schaltzustand, bei der Zusammenfassung von zusammengehörigen Meßwerten auf Mehrfachschreibern und durch die Anzeige von Rechenwerten in der Warte getroffen wurden. Die knapp 15 Jahre alte Technik elektronischer Digitalrechner, für die Bedürfnisse wissenschaftlicher und kommerzieller Anwender geschaffen, hat hier die Entwicklung stark beschleunigt.

Ein Überblick über den derzeitigen Entwicklungsstand der automatischen Steuerung und Meßwertverarbeitung in Wärmekraftwerken ist aus allgemeiner Sicht heute kaum mehr möglich. Am besten läßt er sich erreichen, wenn man von einzelnen Geräten, wie z.B. Prozeßrechnern oder Kombinationen festverdrahteter Automatiksteuerungen, ausgeht. Man darf dabei nur nicht vergessen, daß das Ganze ein sehr komplexes Gebilde ist, dessen Stand nicht allein durch Gerätelisten oder an Hand von Literaturhinweisen zu erfassen ist. In Tabelle 17 ist zunächst der Einsatz von Prozeßrechnern zusammengefaßt.

USA. In den Vereinigten Staaten ist der Rechnereinsatz durch militärische Anwendungen stark gefördert worden. Im Jahre 1959 begann man auch im Kraftwerksbereich mit dem Einsatz digitaler Prozeßrechner. Ähnlich wie in anderen Anwendungsbereichen hoffte man mittels des Rechners bei entsprechender Programmierung den Menschen weitgehend hinsichtlich seiner Bedienungs- und Überwachungsfunktionen ersetzen zu können. Die Schwierigkeiten, die diesem Anfang folgten, dürften heute beinahe überwunden sein, wenn man sich auch in der Aufgabenstellung in der Zwischenzeit etwas beschränken mußte. Dafür ist in den USA der Prozeßrechner zur Meßdatenverarbeitung ein normaler Bestandteil vieler neuer Blockkraftwerke geworden. Bei der Größe der in den USA gebauten Blockeinheiten ist dies nicht verwunderlich, da, wie später noch gezeigt wird, der wirtschaftliche Anreiz zu einer solchen Investition mit der Blockgröße zunimmt.

Wenn die Grenze des Prozeßrechners zu festverdrahteten Automatiken auch in den USA sehr fließend ist, so sollte man neben den im Mittelpunkt des allgemeinen Interesses stehenden Digitalrechnern nicht vergessen, daß festverdrahtete automatische Ablaufsteuerungen, „subloops" genannt, in den USA zum normalen Stand einer Kraftwerksausrüstung bei Turbinen, Pumpen, Brennern usw. gehören.

UdSSR. In der Sowjetunion sind zur Zeit mehrere große Blocks mit Leistungen zwischen 200 und 800 MW in Bau, bei denen Prozeßrechner und festverdrahtete Ablaufsteuerungen mit wechselndem Aufgabenbereich zum Einsatz kommen. Nachdem in größerem Maßstab bisher noch keine instationären Betriebsvorgänge automatisiert wurden, versucht man mit diesen Neuanlagen praktische Erfahrungen hinsichtlich Betriebssicherheit und Wirtschaftlichkeit zu sammeln.

Großbritannien. In Großbritannien verlief die Entwicklung seit dem Jahre 1960 ähnlich wie in den USA. Auch hier ergänzten sich festverdrahtete Steuerungen und einfache Datenverarbeitungsmaschinen. Prozeßrechner fanden besonders in den Kernkraftwerken Eingang und dienen dort fast ausnahmslos der Datenverarbeitung. Die Grenze zwischen prozeßgekoppelter Steuerung mit festverdrahteten Automatikbausteinen und dem Prozeßrechner zur Meßdatenverarbeitung ist auch hier nicht völlig eindeutig. Sie spielt sich offensichtlich entsprechend den Anforderungen an die Sicherheit und die Wirtschaftlichkeit noch ein. Neuerdings werden besonders große Turbosätze mit festverdrahteten automatischen Ablaufsteuerungen ausgerüstet.

Frankreich. In Frankreich begann der Einsatz von Prozeßrechnern im Jahre 1962 und diente vornehmlich der Datenerfassung und Datenreduzierung in Kernkraftwerken. Die Rechner greifen hier sehr weit in den Bereich automatischer Steuerungen ein, werden deshalb aber aus Sicherheitsgründen auch oft zweifach installiert, so daß eine sofortige Umschaltung auf den Reserverechner möglich ist. Für Ablaufsteuerungen arbeitet man weitgehend mit festverdrahteten Bausteinen, besonders, wenn nur Teile der Anlage automatisiert werden.

Italien. Auch in Italien ist zu beobachten, daß seit 1961 die meisten großen Kraftwerksblocks mit Prozeßrechnern zur Meßdatenverarbeitung ausgestattet werden. Die Steuerung wird durchweg von festverdrahteten Automatikeinrichtungen oder von Hand erledigt.

Bundesrepublik Deutschland. In Deutschland wurde dem automatischen Betriebsablauf, also der Steuerung, in den Jahren seit 1960 stärkere Bedeutung zugemessen. Bedingt durch die kleineren Netze und die relativ kleinen Blockeinheiten begann die Entwicklung mit Teilautomatiken zur Steuerung einzelner Anlagenteile. Gründliche Prozeßstudien und sorgfältige Instrumentierung aller automatisierten Anlagenteile führten hier zu einer ganzen Reihe von teilautomatisierten Blockkraftwerken. Tabelle 18 zeigt, daß heute kaum ein neues Kraftwerk ohne automatische Steuerungen für verschiedene Anlagenbereiche in Betrieb geht.

Für den Einsatz von Digitalrechnern zur Meßdatenverarbeitung liegen in Deutschland besonders günstige Voraussetzungen vor, da die Hersteller von Digitalrechnern die Technik des Kraftwerksbetriebes aus ihren eigenen Planungsabteilungen für Wärmekraftwerke kennen. So kam es besonders in den letzten Jahren zum Einsatz einer Reihe von Prozeßrechnern zur Meßdatenverarbeitung in größeren neuen Blockkraftwerken.

In fast allen Ländern haben festverdrahtete Automatiksteuerungen und Digitalrechner zur Meßdatenverarbeitung die erste Bewährungsprobe überstanden. Wenn manchmal noch der Eindruck besteht, daß Digitalrechner und festverdrahtete Automatikeinrichtungen sich gegenseitig ausschließen, so kann man aus den Erfahrungen im Wärmekraftwerk schließen, daß sie sich eher zu einem vollautomatischen Betrieb solcher großen Anlagen ergänzen müssen. Beide Mittel der Automatisierung haben ihre Vor- und Nachteile. Ausgehend von Wirtschaftlichkeitsüberlegungen und dem Sicherheitsbedürfnis des Betreibers wird ihnen dementsprechend ihr geeigneter Einsatzraum zugewiesen.

IV. Automatische Steuerungen

Die Logik der Betriebsführung und damit auch der Automatik, die diese Betriebsführung übernehmen soll, ist je nach Aufgabe unterschiedlicher Art. Ohne zunächst an Geräte zu denken, sollte man deshalb diese Logik einer Analyse unterziehen, die das Verständnis für den Aufbau von automatischen Steuerungen erleichtert.

Jeder einzelne fernsteuerbare Teil des Kraftwerkes, der mit einem elektrischen Abzweig verbunden ist, und auch alle handbetätigten Anlagenteile werden logischerweise so betätigt, daß durch eine Ein- und Ausschaltung keine Fehler in der Gesamtanlage entstehen. Die „Betätigungslogik", die auch bei Handbetrieb nicht abschaltbar sein darf, wird durch mehr oder minder aufwendige Verriegelungsschaltungen verwirklicht, wie man sie besonders aus dem Bereich der Kesselverriegelungen kennt. Die Betätigungslogik ist nicht Bestandteil der Automatik, sondern die notwendige Voraussetzung für jeden Hand- oder Automatikbetrieb, meist durch ein mehr oder minder großes Schutzbedürfnis gekennzeichnet.

Zu einem funktionell selbständigen Anlagenteil des Kraftwerkes gehören eine Reihe von Bauelementen, die auf die vorgeschriebene Art betätigt werden. Beim Ein- oder Ausschalten dieser Anlagenteile hält sich der Mensch und damit auch die Automatik an eine feste Folge von Schalthandlungen, die durch die physikalischen Gesetze dieses Anlagenteiles bedingt sind. Die „Schaltfolgelogik" einer funktionell zusammengehörigen Gruppe von elektrischen Abzweigen führt demnach zu Steuerungen, deren wesentliches Kennzeichen der schrittweise Ablauf ist. Dabei kommt es zu einem dauernden Wechselspiel, bei dem die Anlage nach Grenzwerten, Stellungsmeldungen und ähnlichem abgefragt wird und die entsprechenden Fortschaltbefehle mit dem definierten Ziel „Ein" oder „Aus" herausgehen.

Genau wie der Mensch entscheidet die Automatik aber nicht nur über solche Schaltfolgen, sondern auch über den Einsatzzeitpunkt mehrerer gleichartiger oder ähnlicher Aggregate, die sich gegenseitig ergänzen oder ersetzen. Diese „Einsatzlogik" muß sich demnach darüber informieren, wieviel gleichartige Anlagenteile, z.B. Speisepumpen oder Brenner, entsprechend dem übrigen Anlagenzustand in Betrieb sein müssen. Entsprechend dem Lastzustand des Blockes schaltet die Automatik dann einzelne Aggregate zu oder ab bzw. stellt in Störfällen den vorherigen Schaltzustand wieder her. Die Einsatzlogik wendet sich dazu mit entsprechenden Informationen an die unterlagerte Schaltfolgelogik.

Der Einsatzlogik übergeordnet ist eine „Prozeßlogik", die alle Informationen aus dem Block dazu benutzt, die vielfältig vermaschten Prozesse des Kraftwerksbetriebes aufeinander abzustimmen. Die gewünschte Blockleistung und der Schaltzustand der Anlage sowie die materialbedingten Möglichkeiten für Laständerungen müssen auf dieser Automatisierungsebene in Einklang gebracht werden. Außerdem liegt hier ein Speicher für Notprogramme, die in Störfällen Normalprogramme ablösen müssen. Besonders bei großen Störungen ändert sich die Logik, nach der normalerweise elektrische Energie erzeugt wird, in die Forderung nach dem Erhalt des Anlagenwertes. Die Automatik muß dann mit anderen Mitteln und nach anderen Gesetzen eingreifen und wird in diesem Bereich zu einem besonders wertvollen Helfer.

Vorher in Ruhe analysieren und die richtigen Gegenmaßnahmen programmieren, ist, wenn überhaupt, wohl die einzige Möglichkeit zur Schadenverhütung oder Schadenminderung, da eine sekundenschnelle richtige Analyse und die richtige Gegenmaßnahme bei größeren Störungen kaum von einem Menschen zu erwarten sind.

a) Die Funktionsgruppenautomatik als technologisches Konzept der automatischen Steuerung

Der Begriff „Funktionsgruppenautomatik" hat sich im Bereich der Automatisierungstechnik für dezentralisierte Steuerungen durchgesetzt, die logische Entscheidungen in mehreren gestaffelten Logikebenen und für technologisch abgrenzbare Anlagenteile treffen. Systematische Prozeßstudien haben gezeigt, daß besonders im Bereich der Schaltfolgelogik eine Ineinanderschachtelung mehrerer Teilprozesse vor allem bei Berücksichtigung der möglichen Störfälle dazu führt, daß die technische Aufgabenstellung in einem Wirrwarr von Schachtel-, Prioritäts- und Zuordnungsproblemen erstickt. Diese Schwierigkeiten wurden dadurch gelöst, daß man die im Kraftwerk ablaufenden Teilprozesse voneinander abgrenzt und die Funktionen getrennt programmiert. Dabei ergab sich ähnlich wie in der Regelungstechnik, daß ein dezentraler Aufbau ohne Schwierigkeiten möglich ist und man die Verbindungen zwischen den einzelnen Automatik-Steuerungen auf Informationen beschränken kann. Abb. 368 zeigt als Beispiel die Unterteilung eines kohlegefeuerten Blockkraftwerkes in einzelne Funktionsgruppen. Es liegt auf der Hand, daß bei dieser Unterteilung die physikalischen Gesetze einer Funktionsgruppe durchschaubar und damit programmierbar sind und daß keine Fehler durch Programmverflechtungen entstehen können. Gerätemäßig muß zwar ein Teil der elektronischen Bausteine in jeder einzelnen Funktions-

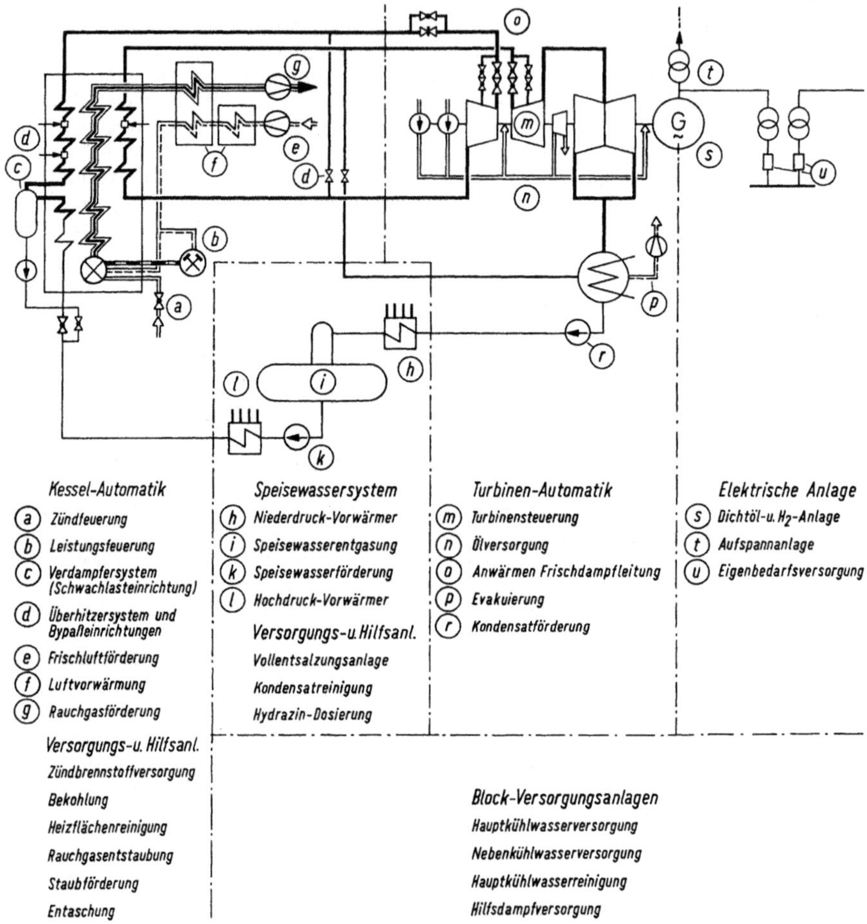

Abb. 368. Unterteilung eines kohlegefeuerten Blockkraftwerkes in Funktionsgruppen

gruppe investiert werden; dieser Aufwand ist jedoch klein gegenüber demjenigen, der bei einer Verflechtung der Programme in einem zentralisierten Automatisierungssystem notwendig ist. Neben diesen programmorientierten Vorteilen läßt ein dezentrales Automatisierungssystem die Entscheidung über den Automatisierungsgrad jedem Betreiber offen und erlaubt auch eine systematische Inbetriebnahme der Automatik parallel zur Inbetriebnahme der einzelnen Anlagenteile.

Der Weg zur automatischen Steuerung führt über ein Team von Ingenieuren, die über die physikalischen Gegebenheiten der zu automatisierenden Anlagenteile bis in die letzte Einzelheit Bescheid wissen und eine Sprache mit dem gleichermaßen beteiligten Elektronik-Ingenieur sprechen. Oft beginnt diese Aufgabe mit einer kritischen Betrachtung der Anlage auf ihre Automatisierungsfähigkeit. Auf der Suche nach dem logischen Betriebsablauf verdrängt die Automatik dann Vorstellungen, die nicht mit den physikalischen Gesetzen übereinstimmen. Besser als eine Reihe von Programmierungsgrundsätzen zeigen vielleicht die später behandelten Programmbeispiele, wie eng die Zusammenhänge zwischen Physik, Meßtechnik und Elektronik sind, wenn man eine Automatik zur richtigen Steuerung von großen Anlagenteilen unter Berücksichtigung der zugehörigen Schutz- und Regeleinrichtungen bringen will.

b) Elektronische Geräte der automatischen Steuerung

Bei der Automatisierung industrieller Prozesse wurde und wird noch heute die Relaistechnik durch elektronische Bauteile abgelöst. Neben preislichen Gründen ist dafür die Vielzahl der Verriegelungseingänge in ein Steuersystem maßgebend, die bei einer Hintereinander- oder Parallelschaltung von Kontakten nicht mehr sicher genug zu beherrschen wären. Das Streben nach Sicherheit führt außerdem zu zweikanaligen Steuerungen, bei denen sich noch einmal die Zahl der notwendigen, meist ohne Belastung geschalteten Kontakte vervielfachen würde. Eine weitgehende Automatisierung des Kraftwerksbetriebes konnte vielleicht auch aus diesen Gründen erst in den letzten zehn Jahren in Angriff genommen werden, nachdem die Elektronik-Entwicklung ausreichend sichere und ent-

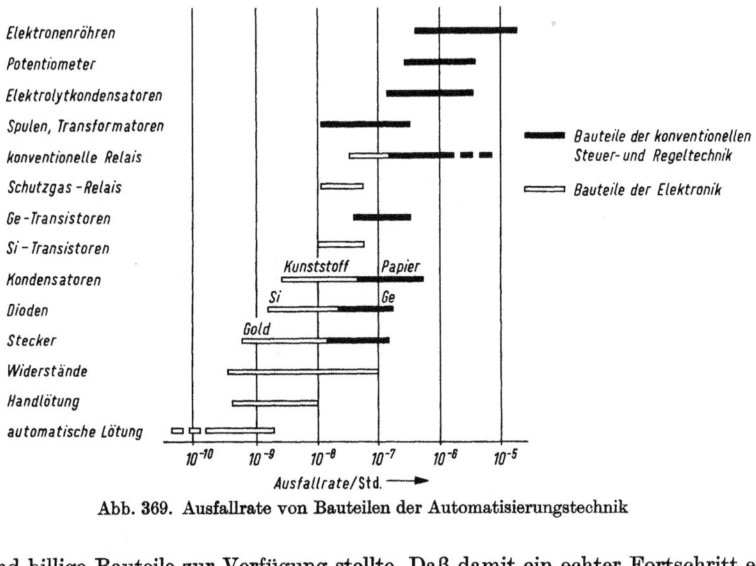

Abb. 369. Ausfallrate von Bauteilen der Automatisierungstechnik

sprechend billige Bauteile zur Verfügung stellte. Daß damit ein echter Fortschritt erzielt wurde, zeigt Abb. 369, in der die Ausfallrate einzelner Bausteine von konventionellen und elektronischen Steuersystemen zusammengestellt ist. Mit den elektronischen Bauteilen moderner Automatiksteuerungen kann demnach eine erheblich geringere Ausfallrate erwartet werden, als mit Relaissteuerungen alter Art. Die Zahlenwerte stammen aus amerikanischen und deutschen Erhebungen und wurden bei Nennbelastung der Bauelemente ermittelt. Es ist erwiesen, daß sich unter der normalen Betriebsbelastung die Ausfallraten nochmals um etwa eine Zehnerpotenz verbessern; man erwartet sogar, daß die Langzeitprüfungen eine um zwei Zehnerpotenzen geringere Ausfallrate ergeben. Wie Abb. 370 zeigt, werden diese Ergebnisse noch durch eine Entwicklung überlagert, die bei gleichen Bauelementen Jahr für Jahr die Ausfallquote senkt.

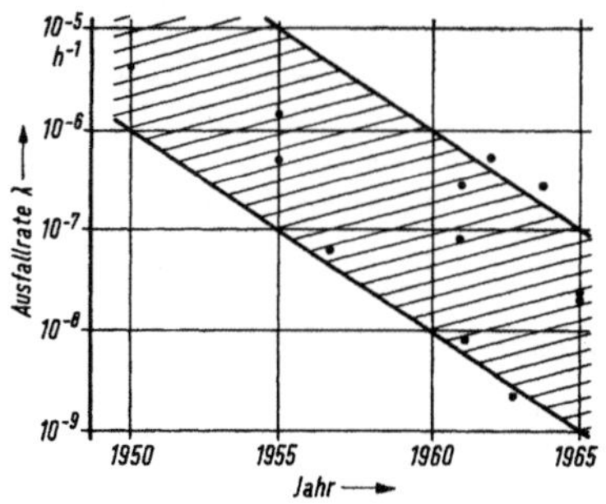

Abb. 370. Zeitliche Entwicklung der Ausfallrate von elektronischen Bauteilen

Die Automatisierungstechnik im Kraftwerk bedient sich aus diesen Gründen fast ausschließlich und in stetig steigendem Maße der Elektronik als dem sichersten zur Verfügung stehenden Hilfsmittel.

1. Betätigungsbausteine

Die im vorigen Abschnitt erläuterte Betätigungslogik fand bei allen Herstellern elektronischer Bauteile zur Automatisierung des Kraftwerksbetriebes ihren Niederschlag in der Entwicklung von mehreren Betätigungsbausteinen für verklinkte Schaltgeräte und

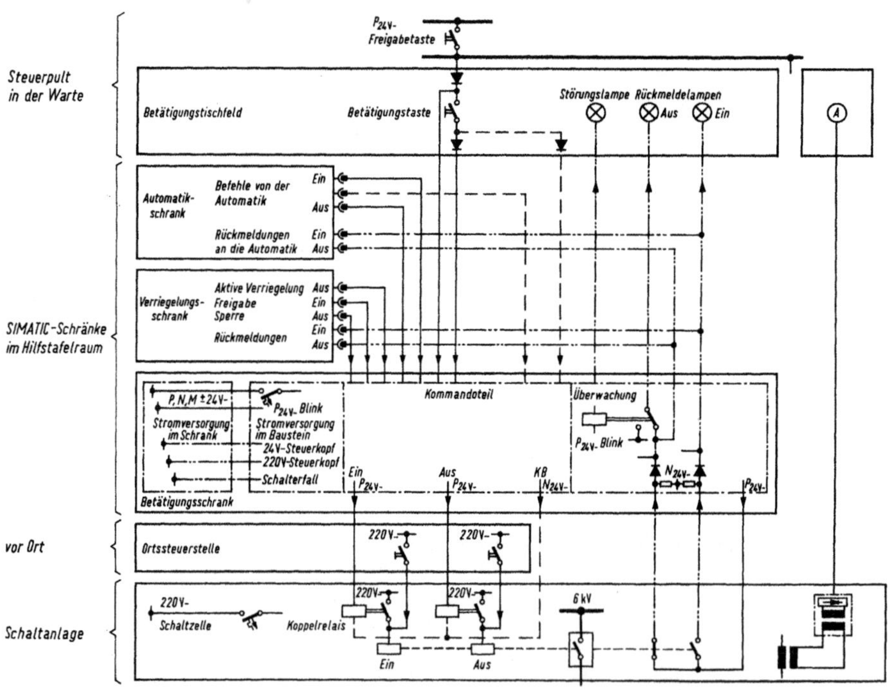

Abb. 371. Vereinfachter Stromlaufplan eines Abzweiges mit SIMATIC-Betätigungsbaustein B 21 (Siemens)

magnetisch verklinkte Schütze, motorbetätigte Stellantriebe sowie Schütze und Magnetventile. Abb. 371 zeigt den Stromlaufplan eines solchen Betätigungsbausteines. Er erfüllt die Forderungen, die sich aus der bereits beschriebenen Logik ergeben:

Verarbeitung der Handbefehle, die von dem Betätigungstischfeld aus der Warte kommen,

Verarbeitung der von der Schaltfolgelogik anstehenden Automatikbefehle,

Verarbeitung der Betätigungslogik selbst, d.h. Sicherstellung aller nicht abschaltbaren Verriegelungs- und Schutzbedingungen, die zu dem betätigten Aggregat selbst gehören oder sich aus dessen Einordnung in das Gesamtgeschehen ergeben.

Die wirtschaftlichste Lösung dieser Aufgaben wird üblicherweise auf einem Spannungsniveau zwischen 12 und 60 V (Gleichspannung) erreicht. Es ist deshalb erforderlich, die ausgehenden Befehle auf ein Leistungsniveau zu verstärken, auf dem die nachgeschalteten Geräte angesteuert werden können.

Bei verschiedenen Fabrikaten solcher Betätigungsbausteine ist naturgemäß ein etwas unterschiedlicher Aufwand zur Sicherung und Überwachung der Funktion festzustellen. Die Befehlsrückmeldung an den Baustein und von dort in das Tischfeld der Warte ist allgemein üblich. Ein zweikanaliger Aufbau ist dagegen nicht allgemein üblich. Maßgebend dafür ist wohl die hohe Sicherheit der elektronischen Bauteile selbst und der bereits in Abb. 370 dargestellte Erfolg bei der Verbesserung solcher Bauteile.

Die Betätigungsbausteine werden steckbar und damit leicht auswechselbar in Schränken untergebracht, die hinter oder unter der Warte stehen und über eine Systemverdrahtung mit dem Rangierverteiler verbunden sind.

2. Folgeschaltungen, Schrittschaltwerke

Die Schaltfolgelogik für eine Gruppe von funktionell zusammengehörigen Anlagenteilen, wie z.B. mehrerer Motoren, Ventile und Regler an einer Pumpe, erfordert den Aufbau

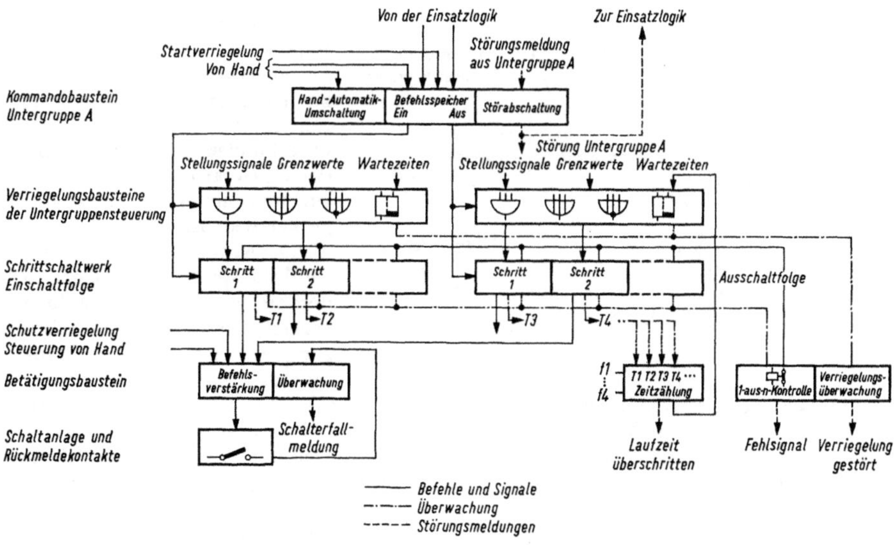

Abb. 372. Folgesteuerung (Siemens-Schrittschaltwerk)

von Schrittschaltwerken, von denen Abb. 372, 373 und 374 einige Ausführungen zeigen. In den Schrittschaltwerken werden die Fortschaltbedingungen für jeden einzelnen Schritt an Hand der aus der Anlage anstehenden Signale gebildet und so an die Betätigungsbausteine weitergegeben, daß immer eine logische Schaltfolge eingehalten wird.

Diese Schaltfolge kann durch Bedingungen gestört werden, die in der Anlage zum Beispiel durch das Klemmen eines Schiebers oder das Versagen eines Endkontaktes auftreten. Um die Information über eine solche Störung nicht noch einmal von den in der Anlage befindlichen Gebern abhängig zu machen, kontrolliert man üblicherweise die für die Ausführung eines Befehles maximal notwendige Zeit und interpretiert eine Zeitüberschreitung als Störung in der Anlage. Die Automatik verharrt dabei in dem bestehenden Betriebszustand, sofern nicht eine Gefahr vorliegt, die ein Ansteuern des Aus-Programmes notwendig macht. Nach Behebung eines solchen Fehlers läuft die Automatik im Programm weiter.

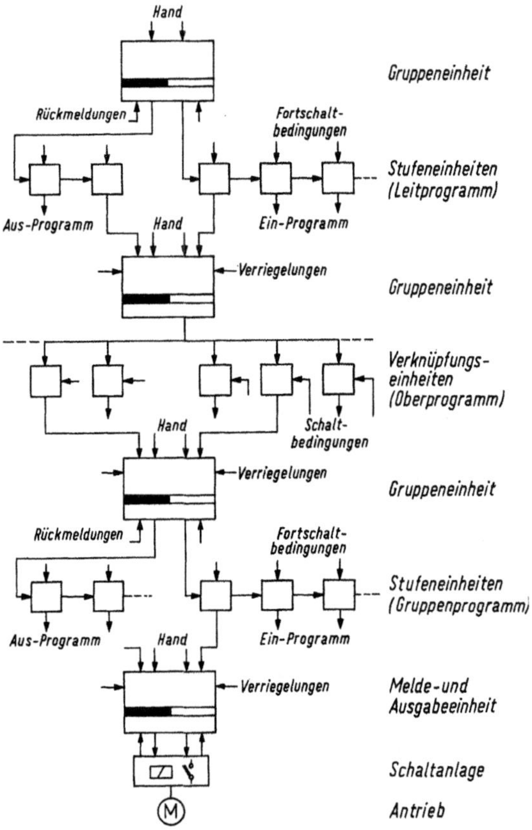

Abb. 373. AEG-Ablaufsteuerung

Das Schrittschaltwerk selbst kontrolliert sich über einen zweiten Kanal oder über ein Sperrsystem für Fehlsignale. Ähnlich wie bei den Betätigungsbausteinen ist der Aufwand verschiedener Hersteller zur Vermeidung aktiver und passiver Fehler dabei unterschiedlich. Der aktive Fehler, der durch Anstehen von entgegengesetzten Befehlen oder durch falsche Befehle aus nicht angesteuerten Schritten gekennzeichnet ist, kann zu ungewollten Schalthandlungen führen und wird deshalb meist unterbunden. Der passive Fehler, der im Gerät ohne sofortige Auswirkung entsteht, ist nicht von so großer Bedeutung.

Der Aufwand für eine dauernde Funktionsprüfung reguliert sich deshalb, wie in den Abbildungen gezeigt, durch die Verbesserung der elektronischen Bauelemente.

Ein wesentliches Kennzeichen der Schrittschaltwerke ist ihre Fähigkeit, bei Einschaltung der Automatik in Millisekunden den bestehenden Betriebszustand informativ zu erfassen und in der befohlenen Richtung (Ein oder Aus) weiterzuschalten. Diese Fähigkeit muß durch entsprechenden Aufbau der Informations- und Befehlswege sichergestellt werden.

Ähnliches gilt für Verzweigungen und Schleifen im Programm, die ohne Handeingriff zur richtigen Führung der Anlage dienen.

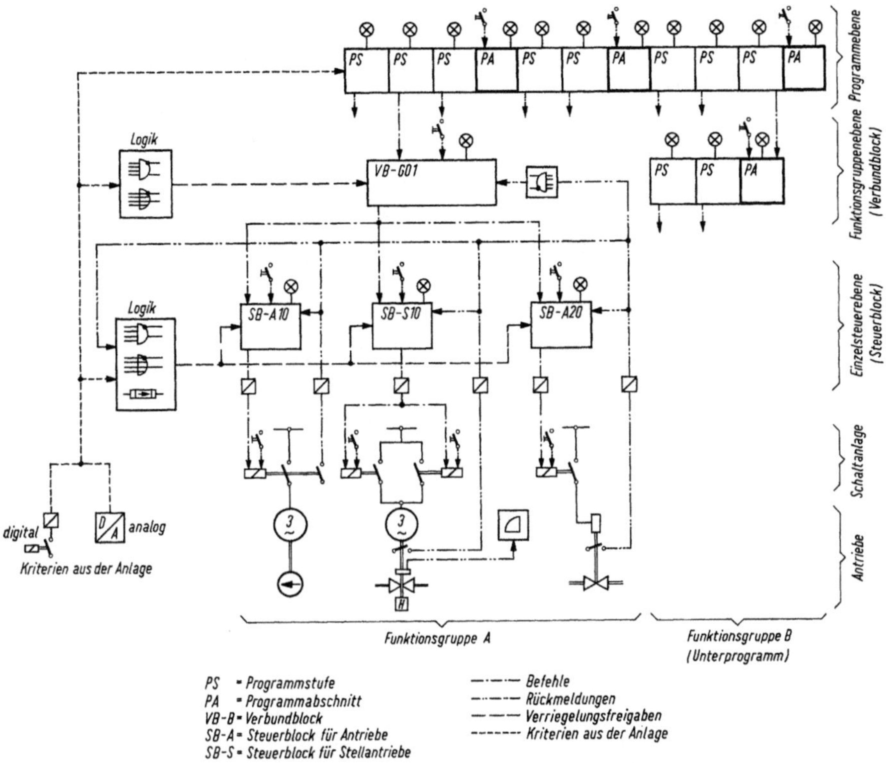

Abb. 374. Schema einer Automatik mit Funktionsblöcken (BBC)

3. Bausteine der Einsatzlogik

In den Bausteinen der Einsatzlogik laufen die Informationen zusammen, die den Sollzustand der Anlage beschreiben und den Istzustand der unterstellten Funktionsgruppen melden. Ein relativ einfaches Bausteinsystem, welches aus Und- und Oder-Gattern zusammengesetzt ist, gibt bei Differenzen zwischen Soll und Ist entsprechende Befehle an die Schrittschaltwerke. Der Aufbau dieses Bausteinsystems hängt stark von der Zahl der unterstellten Schrittschaltwerke ab. Ist diese, wie z.B. bei den Ölbrennern eines Dampferzeugers, groß, so finden Zähl- und andere Systemschaltungen der Elektronik Anwendung. Der Aufwand bleibt dabei jedoch gering, da der Informationsfluß zwischen diesen Bausteinen und den Schrittschaltwerken auf niedrigem Spannungsniveau ohne Zwischenschaltung von Verstärkern erfolgt und die Zahl der Bausteine gegenüber den unterlagerten Automatikebenen sehr gering ist.

4. Bausteine der Prozeßlogik

Die Prozeßlogik ist durch eine Anzahl von analog und digital arbeitenden Geräten gekennzeichnet, die mit der Steuerung und Regelung des gesamten Blockes in Verbindung stehen. Ein Gerätekonzept wurde hier noch nicht so klar herausgearbeitet, wie es z.B. bei den Schrittschaltwerken der Fall ist. Abb. 375 zeigt die Prinzipdarstellung der in diesem Bereich zu verwendenden Geräte an Hand des Konzeptes für eine neue vollautomatische Anlage. In der obersten Ebene steht dabei ein Sollwertführungsgerät, das die

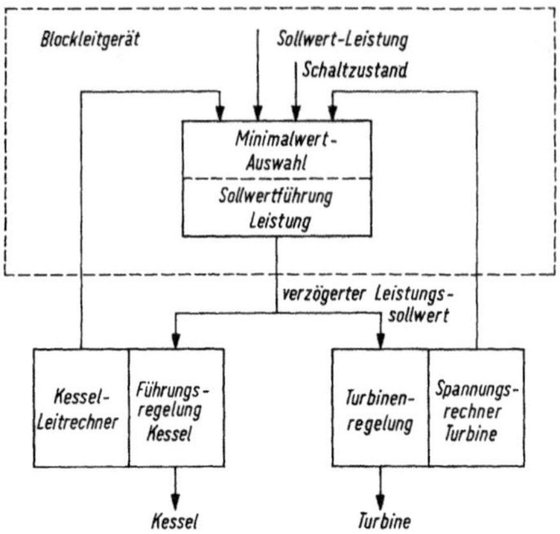

Abb. 375. Geräte der Prozeßlogik

von außen kommenden Lastbefehle entsprechend dem Schaltzustand der Anlage und den Materialspannungen im Dampferzeuger und Turbosatz an diese großen Anlagenbereiche weitergibt. Die Information über den Spannungszustand erfolgt bei Dampferzeuger und Turbosatz über kleine Analogrechner, welche besonders bei Turbinen schon seit längerer Zeit üblich sind. Sofern ein ähnlich arbeitender Analogrechner für den Dampferzeuger ebenfalls die notwendigen Informationen an das übergeordnete Sollwertführungsgerät liefert, kann eine synchrone und logische Fahrweise aller Anlagenteile von dort veranlaßt werden. Die auch als Prozeßlogik bezeichneten Notprogramme, welche der Erhaltung des Anlagenwertes bei größeren Störungen dienen, sind als Schrittschaltwerke aufgebaut und bedürfen deshalb keiner nochmaligen Erläuterung.

c) Gebergeräte und Signalverarbeitung

Meßgeräte und Signalverarbeitung liefern den notwendigen Informationsfluß, gleichgültig, ob der Mensch oder eine Automatik diese Information verwertet. Mit der Automatisierung wächst die Bedeutung der Aussage einer Meßanordnung aber sprunghaft und wird zum wesentlichen Problem, da die Aussage ohne Zwischenschaltung des Menschen direkt mit der Steuerung verknüpft ist. Der Signalverarbeitung kommt dabei dasselbe Gewicht wie den Gebergeräten selbst zu, da eine Automatik keine analogen Werte, sondern nur binäre Signale verwerten kann. Um diese sichere Signalverarbeitung zu erreichen, dürfen die Gebergeräte bei Ausfällen keine Fehlsignale abgeben und müssen immer betriebsbereit sein bzw. mindestens ihre fehlende Funktionsbereitschaft melden. Die Automatisierung erfordert deshalb eine Reihe von Maßnahmen bei Gebergeräten und Signalverarbeitung, die zwingend sind, wenn man im Rahmen der Automatisierung auf die menschliche Beurteilung eines Signales verzichtet.

1. Bewertung der Signale

Um die Sicherheitsanforderungen an einen prozeßgekoppelten Geber mit einem technisch und wirtschaftlich vertretbaren Aufwand erfüllen zu können, ist eine Bewertung seiner Signale notwendig. Dazu ist die Meßanordnung und die zugehörige Signalverarbeitung danach zu beurteilen, welche Stillstandszeit (Ausfallkosten) und welcher Schaden durch ein Fehlsignal oder ein Versagen verursacht werden. Abb. 376 zeigt, wie diese Beurteilung z.B. in einer zweistelligen Bewertungszahl auszudrücken ist. Die erste Ziffer gibt in logarithmischem Maßstab die Schadenskosten, die zweite Ziffer die Ausfallzeit und die damit verbundenen Kosten an. Dieses Bewertungssystem und die daraus sich ergebende Geberauswahl oder die benötigte Geberschaltung verlangen neben der Kenntnis der Geräte vor allem eine genaue Analyse der durch eine etwaige Geberstörung auftretenden Folgen. Die Arbeit erscheint aufwendig, sie entbindet aber letzten Endes den programmierenden Ingenieur von Mutmaßungen und lenkt die Aufmerksamkeit auf die kritischen Stellen der Signalbildung. Sofern nach dieser Analyse die Auswahl der Geräte an Hand von spezifischen Konstruktionsmerkmalen, möglichen Umweltbedingungen und statistischen Unterlagen über die Ausfallwahrscheinlichkeit erfolgt, ist bereits ein wesentlicher Erfolg erzielt.

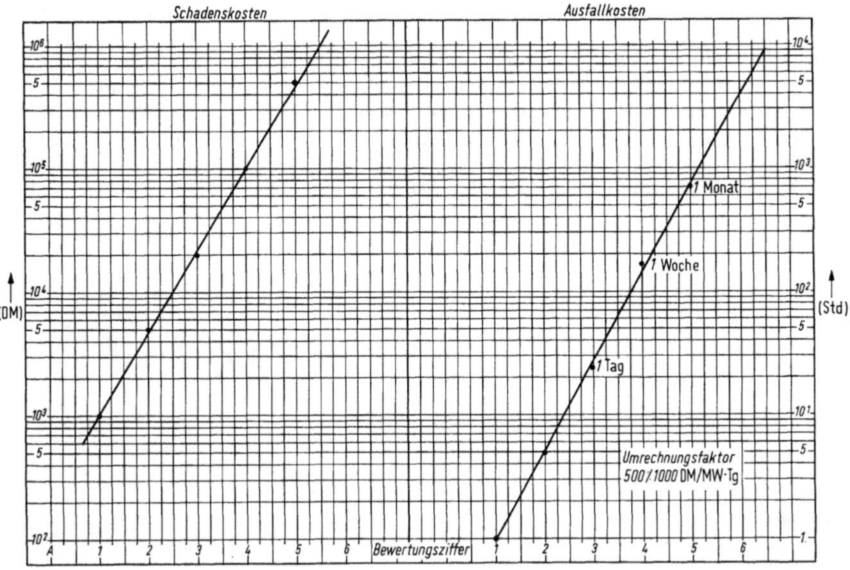

Abb. 376. Geberbewertung anhand der möglichen Schadens- und Ausfallkosten

2. Zuverlässigkeit und Sicherheit der Gebergeräte

Der Begriff der Zuverlässigkeit bezieht sich auf die Bauelemente selbst und ihre Funktion. Die Summe beider Zuverlässigkeitswerte entscheidet über den Erfolg. Ein einfaches Beispiel möge diese Überlegung erläutern: Die Zuverlässigkeit des Bauelementes Festkörperschaltkreis ist nach vielen Untersuchungen höher als die des Transistors. Die Funktionssicherheit hängt jedoch sehr stark vom Leistungsniveau und von der Störbeeinflussung ab. In einer Automatiksteuerung bevorzugt man deshalb den Transistor, im Innern eines Digitalrechners dagegen ist der Festkörperschaltkreis überlegen, da das Leistungsniveau und die Störbeeinflussung als Gesichtspunkte für die Funktionszuverlässigkeit entfallen.

Die Sicherheit ist mit dem Begriff der Zuverlässigkeit eng verwandt, erfaßt aber besonders die Auswirkungen auf die Gesamtanlage. Dabei entscheidet der ohne Risiko erreichbare Erfolg. Dieser kann sowohl durch passive als auch durch aktive Fehler beeinträchtigt werden, da beide ein Versagen zur unsicheren Seite hin zur Folge haben können. Das anzustrebende Ziel ist die Vermeidung der unsicheren Seite, d.h. die Fehler müssen zur sicheren Seite hin abgedrängt werden.

Bei der Auswahl von Gebergeräten und Geräten zur Signalverarbeitung wird man demzufolge zunächst Geräte einsetzen, die in der Regelungstechnik bereits prozeßgekoppelt verwendet wurden und nicht nur Anzeigezwecken dienten. Die Prüfbarkeit und die bevorzugte Defektrichtung solcher prozeßgekoppelter Geräte verdienen besondere Beachtung. Anzustreben, allerdings nur in einem Teil der Fälle zu erreichen, sind solche Gebergeräte, deren Signalrichtung der bevorzugten Defektrichtung entgegenläuft. Der Meßwert eines Schwingungsgebers wird z.B. bei mechanischen oder elektrischen Fehlern auf Grund der Konstruktion immer auf Null gehen. Für ein Maximum-Signal kann dieser Geber ohne Gefahr von Fehlsignalen Verwendung finden, für ein Minimum-Signal ist dies nicht der Fall, da die Ansprechgrenze beim Defektwerden durchlaufen wird. In solchen Fällen muß bei entsprechender Bedeutung des Signales auf redundante Schaltungen, d.h. solche mit ausreichend sicheren Reservesignalen zurückgegriffen werden.

Die Prüfbarkeit einer Meßanordnung beeinflußt die Geberauswahl beträchtlich, wenn hohe Anforderungen an die Signalsicherheit gestellt werden. In solchen Fällen können binär arbeitende Kontaktgeber nicht mehr eingesetzt werden, sondern müssen durch analoge Geber mit möglichst bevorzugter Defektrichtung in Verbindung mit Grenzwertwächtern ersetzt werden. Solche Systeme können einer Funktionsprüfung unterzogen werden, die entweder in einem zyklischen Abfragerhythmus oder vor Beginn einer Steuerungsmaßnahme erfolgt, wie Abb. 377 zeigt. Während der Prüfung wird bei blockiertem Ausgang ein Prüfwert eingeblendet, der den Grenzwertkipper zum Ansprechen bringt.

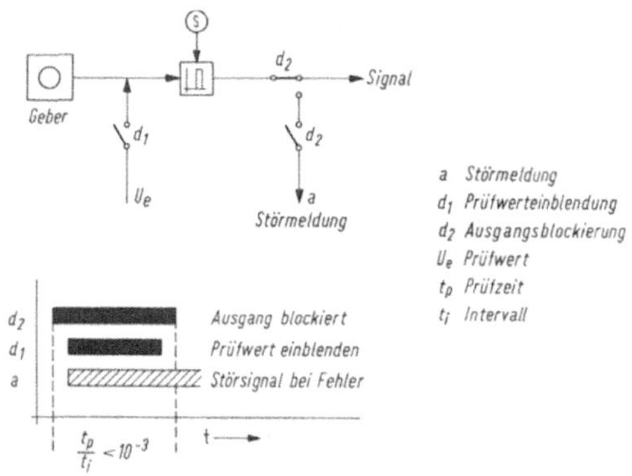

Abb. 377. Analoggeber mit Grenzwertwächtern, Funktionsprüfung

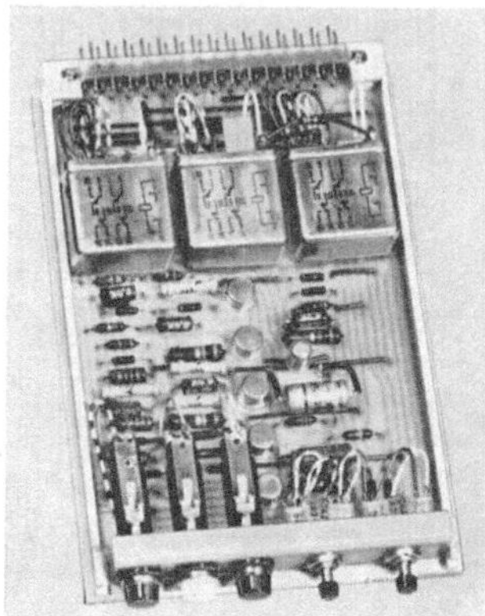

Abb. 378. Prüfbaustein für Analoggeber mit Grenzwertwächter (Werkbild Siemens)

Die Größe des Einblendwertes ist von dem kleinsten im Betrieb auftretenden Meßwert des Gebers abhängig. Geräte mit angehobenem elektrischem Null-Punkt erleichtern das Verfahren, da in der Null-Stellung noch ein definierter Wert abgegeben wird, der erst bei Ausfall der Gerätekombination auf Null zurückgeht. Abb. 378 zeigt einen solchen Prüfbaustein, der gleichzeitig das Gebergerät und den zur Signalverarbeitung notwendigen Grenzwertwächter prüft, kurz bevor die Automatik das entsprechende Signal benötigt.

3. Systemfragen der Signalverarbeitung

Aus Gründen der Verfügbarkeit bevorzugt man im Kraftwerk die Arbeitsstromschaltung und verklinkte Schaltgeräte. Bei Störungen wie Spannungsausfall, Aderbruch oder Kontaktfehlern bleibt damit die Anlage in Betrieb. Die so erreichbare hohe Verfügbarkeit der Anlage wird üblicherweise durch periodische Prüfungen ergänzt, um auch in der Aus-Richtung die notwendige Sicherheit zu haben. Gegenüber Ruhestromschaltungen hat dieses System den Vorteil, daß Defekte nicht in der Auslöserichtung wirksam werden. Das Arbeitsstromprinzip wird deshalb in der Automatisierungstechnik in allen Bereichen vorgezogen, sofern nicht gesetzliche Bestimmungen, wie z.B. bei der Flammenüberwachung von Ölbrennern, dem entgegenstehen.

Da Geräte mit ausgeprägter Defektrichtung nicht für alle Signale verfügbar sind, müssen je nach Sicherheitsanforderung und Verwendungszweck auch redundante Schaltungen angewendet werden. Auch solche Mehrfachschaltungen, die z.B. beim Schutz des Generators zu einer Redundanz des gesamten Schutzsystems führen, setzen funktionierende Geräte voraus. Fehlerbehaftete Geräte in Mehrfachschaltung sind ein schlechter Kompromiß, da sich aus der Vervielfachung der störanfälligen Bauteile keine Verbesserung ergibt. Kann man dagegen die Reparaturzeit der Einfachschaltung mit 1/1000 der fehlerfreien Betriebszeit ansetzen, so zeigt Tabelle 19, daß jeder gefährliche Fehler bei jedem Problem ausschaltbar ist, da alle Mehrfachschaltungen mit Auswahl zu einer exponentiellen Vergrößerung der fehlerfreien Betriebszeit führen. Bei dieser Überlegung dürfen jedoch Preis, Gewicht und Raumbedarf der Mehrfachsysteme nicht vernachlässigt werden.

Tabelle 19. *Sicherheitsgrad von Mehrfachschaltungen*

Auswahlsystem	Fehlerfreie Betriebszeit für gefährliche Fehler (T_g) ($T_g = 10^3 \cdot T_R$[1])	Fehlerfreie Betriebszeit für ungefährliche Fehler (T_u) ($T_u = 10^3 \cdot T_R$[1])
1 von 1	T_g	T_u
1 von 2	$10^3 \cdot T_g$	$^1/_2 \cdot T_u$
2 von 2	$^1/_2 \cdot T_g$	$10^3 \cdot T_u$
1 von 3	$10^6 \cdot T_g$	$^1/_3 \cdot T_u$
2 von 3	$^1/_3 \cdot 10^3 \cdot T_g$	$^1/_3 \cdot 10^3 \cdot T_u$
3 von 3	$^1/_3 \cdot T_g$	$10^6 \cdot T_u$
5 von 5	$^1/_5 \cdot T_g$	$10^{12} \cdot T_u$

[1] Die Zeit zwischen Entstehung und Behebung eines Fehlers (Reparaturzeit T_R) in einem Zweig des Mehrfachsystems ist mit 10^{-3} der Betriebszeit zwischen zwei Fehlern eingesetzt.

Zwischen Einfach- und Mehrfachsystemen liegt ein großer Bereich anderer Möglichkeiten. Neben der bereits erwähnten Funktionsprüfung sollte man auch einfache Maßnahmen, wie die Parallel- oder Reihenschaltung von Goldkontakten zur Erhöhung der Kontaktsicherheit erwägen, bevor man das erste Mehrfachsystem mit echter Verbesserung (2 aus 3) anwendet.

4. Programmierungsfragen

Die Zuverlässigkeit einer Information hängt nicht allein vom Geber, sondern auch von der Fragestellung ab. Ein Anlagenzustand kann meist durch mehrere Kriterien beschrieben werden. Wenn von der Logik her mehrere Informationen den gleichen Wert besitzen, so kommt das beste Kriterium von dem Gebergerät mit der höchsten Zuverlässigkeit. Diese allgemeingültige Regel ist in einer Programmstudie nicht immer leicht zu verwirklichen. Die Erfahrung hat jedoch gezeigt, daß hier sehr viele Möglichkeiten liegen. Neben einer solchen geberorientierten Programmierung ist die Nachahmung der Denkweise des Menschen durch die Automatik von besonderer Bedeutung. Der Mensch informiert sich meist über mehrere Größen, beurteilt deren funktionellen Zusammenhang und schaltet dann. Die Automatik kann diesen Denkvorgang mit Hilfe von Und- und Oder-Gattern leicht nachahmen und auf diese Weise falsche Informationen ausschalten.

5. Aufbau und Anschluß der Geräte

Eine hochentwickelte Technik scheitert oft am primitiven Detail. Mehr als die Hälfte aller Fehler lassen sich durch die Beachtung von Bau- und Montagevorschriften vermeiden, die nachstehend zusammengefaßt sind:

Ein Schild mit der Aufschrift „Prozeßgekoppelter Geber“ an allen Geräten in der Anlage schützt vor Eingriffen während des Betriebes, die ein Fehlsignal zur Folge haben können.

Der Hersteller einer Armatur kann einen Grenzwertschalter systemgerecht und besser aufbauen als ein Monteur, der eine federnde Stahlkonstruktion anschweißt.

Der kürzeste Leitungsweg ist der beste. Unter- und Zwischenverteiler sind Störquellen, an denen ein Schraubenzieher Fehlsignale auslösen kann.

Der Rangierverteiler bedarf in dem betreffenden Bereich genauso wie der Geber selbst des Schildes „Prozeßgekoppelter Geber“.

Dient ein Gebergerät noch anderen Zwecken, wie z. B. der Registrierung oder Anzeige, so müssen die zugehörigen Automaten und Schalter entsprechend beschriftet sein. Andernfalls ist bei Arbeiten an dem Meßgerät die Auswirkung auf die Automatik nicht übersehbar.

Die Stromversorgung der Automatik, der Gebergeräte und der Signalverarbeitung muß einheitlich sein und zentral gegen Umschaltungen oder Spannungsrückgang abgesichert werden. Vermaschte Systeme können schwer aufklärbare Fehlsignale verursachen.

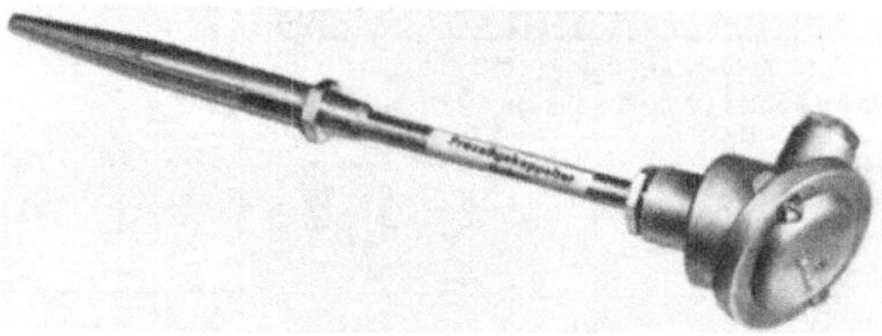

Abb. 379. Prozeßgekoppelter Geber mit Beschriftung (Werkbild Siemens)

Zur Erinnerung sei in Abb. 379 ein richtig gekennzeichnetes Gerät wiedergegeben, dessen Beschriftung den Wert der Reise eines Service-Ingenieurs besitzt.

d) Zusammenarbeit zwischen Automatik und Regelung

Die Regelungstechnik eines Blockkraftwerkes, die im Abschn. B beschrieben wird, bedarf hier keiner näheren Erläuterung. Die Regelkreise leiten den stationären Betrieb im gesamten Lastbereich. Bei instationären Betriebsvorgängen, wie beim An- und Abfahren

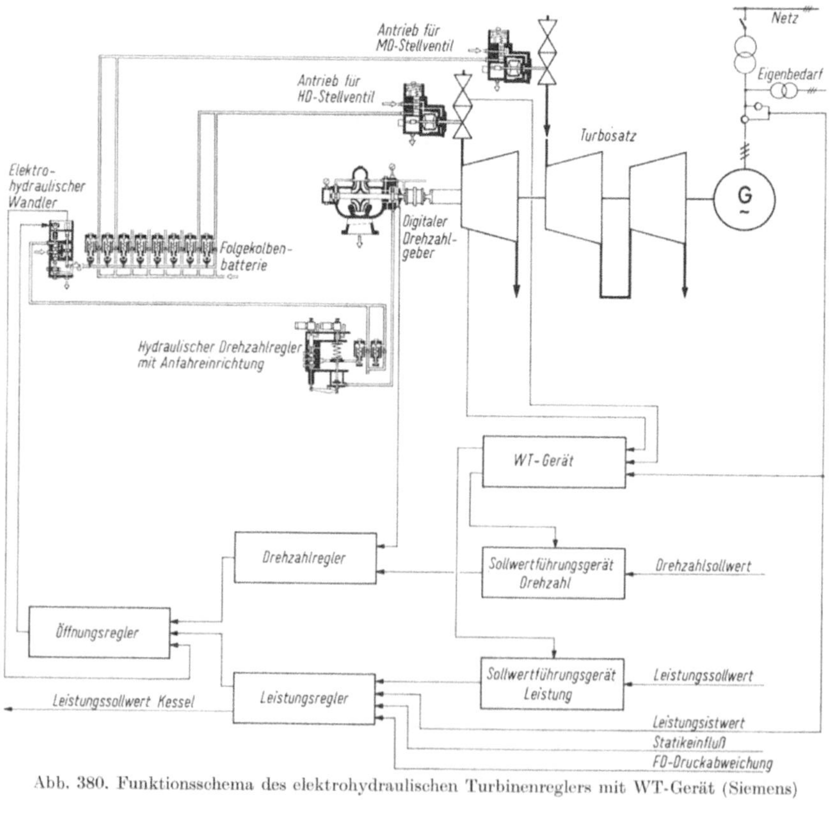

Abb. 380. Funktionsschema des elektrohydraulischen Turbinenreglers mit WT-Gerät (Siemens)

des Blockes, obliegt es der Automatik, die Regler den Erfordernissen entsprechend ein- und auszuschalten, einen unter Umständen notwendigen Selbstabgleich einzuleiten und die Sollwerte der Regelkreise logisch zu führen. Auch Strukturumschaltungen und ähnliche Ja/Nein-Entscheidungen fallen in diesen Bereich. Diese Verknüpfungen zwischen Regelung und Automatik lassen sich am leichtesten herstellen, wenn die Gerätesysteme nach dem gleichen Konzept aufgebaut sind. Ungleiches Leistungsniveau und ungleiche Stromversorgung für diese beiden großen Bereiche führen andernfalls an der Trennlinie der Systeme zu einer Reihe von Trennverstärkern, Kontaktumsetzern und Koppelbausteinen, die abgesehen von den Kosten allein durch ihr Dasein die Sicherheit des Ganzen beeinträchtigen.

Die fortschreitende Automatisierung der Blockkraftwerke hat nicht zuletzt wegen dieser Verknüpfungen zu einer Reihe von Neuentwicklungen bei den Regelgeräten geführt. Ein Beispiel dafür sind die fast an allen Großturbosätzen zu findenden elektrohydraulischen Turbinenregler. Sie vereinigen die Vorzüge der elektrischen Messung und der anpassungsfähigen elektrischen Signalverarbeitung mit der Stellkraft und Geschwindigkeit der hydraulischen Ventilbetätigung. Außerdem lassen sich die Regelschleifen für die Drehzahlregelung, deren Statik durch die Maschine selbst bestimmt ist, und die Leistungsregelung, welche den Netzverhältnissen gerecht werden muß, trennen. Abb. 380 zeigt schematisch einen solchen Regler, der in seiner Genauigkeit und Ansprechempfindlichkeit die älteren hydraulischen Regler um mehrere Zehnerpotenzen übertrifft.

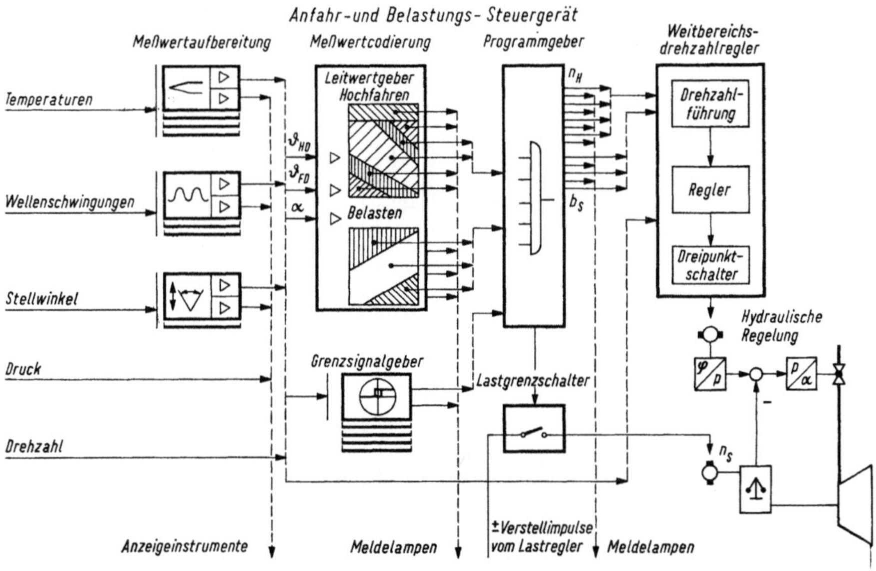

Abb. 381. Analogrechner zur Erfassung und Auswertung der Spannungen von Turbinengehäusen (AEG)

ϑ_{HD} Flanschtemperatur HD-Eintritt; ϑ_{FD} Frischdampftemperatur; α Stellung Regelventile; n_H Sollwerte Haltedrehzahlen; b_S Sollwerte Beschleunigungen; n_S Sollwert Drehzahl; p Öldruck

Die gleichermaßen von der Automatik wie von den Betreibern großer Turbosätze ausgehende Forderung nach einer logischen Information über die möglichen Laständerungen einer Turbine haben viele Hersteller Geräte entwickeln lassen, die über den materialbedingten Spannungszustand der Maschine und die risikofrei zu fahrenden Laständerungen Auskunft geben. Abb. 381, 382 und 383 zeigen mehrere solche Geräte, die als kleine, festverdrahtete Analogrechenwerke diese Aufgabe erfüllen. Zum Teil können diese Geräte

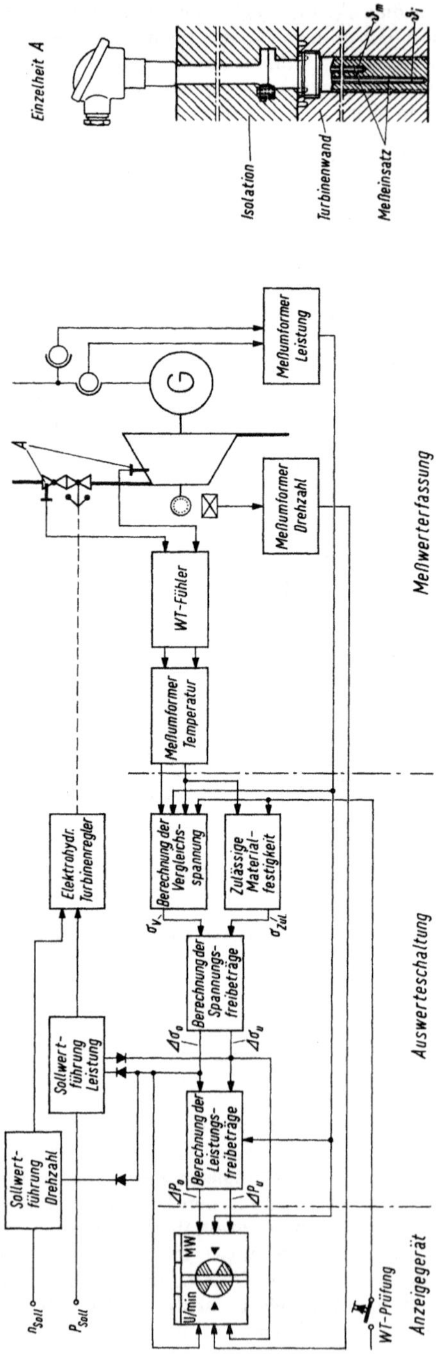

Abb. 382. Wandtemperaturgerät zur Erfassung und Auswertung der Spannungen von Turbinengehäusen (Siemens)

n_{soll} Drehzahlsollwert
P_{soll} Leistungssollwert
ΔP_o Leistungsfreibetrag für Lastanstieg
ΔP_u Leistungsfreibetrag für Lastabsenkung
$\Delta\sigma_o$ Spannungsfreibetrag für Materialtemperatur-Steigerung
$\Delta\sigma_u$ Spannungsfreibetrag für Materialtemperatur-Absenkung
σ_v Vergleichsspannung
σ_{zul} zulässige Spannung
ϑ_m mittlere Wandtemperatur
ϑ_i Innenfasertemperatur

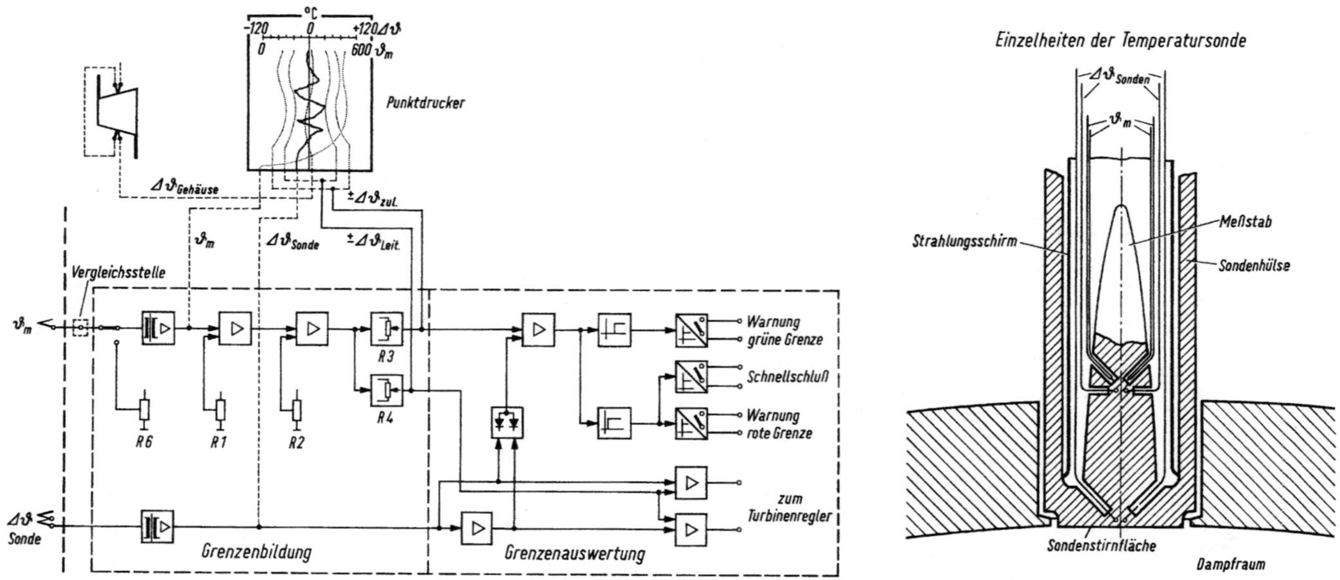

Abb. 383. Überwachungseinrichtung „Turbomax“ für zulässige Temperatur- und Laständerungen bei Dampfturbinen (BBC)

ϑ_m	mittlere Wandtemperatur	$\pm\Delta\vartheta_{Leit}$	Leitlinien für zulässige Temperaturdifferenz an der Sonde
$\Delta\vartheta_{Sonde}$	Temperaturdifferenz an der Sonde	$\pm\Delta\vartheta_{zul}$	Grenzkurven für zulässige Temperaturdifferenz an der Sonde

direkt in die Drehzahl- und Leistungsregelung der Turbine eingreifen. Sie übernehmen auch die Führung des Turbinenreglers beim Hochfahren vom Stillstand aus und ermöglichen damit ohne unzulässige Beanspruchung des Materials den kürzestmöglichen Anfahrvorgang.

Ähnliche Rechenschaltungen dienen auch dem Betrieb von Dampferzeugern und der Führung des gesamten Blockes, ohne daß jedoch bis jetzt Informationen über die Ausführung dieser Geräte bekanntgeworden wären.

e) Zusammenarbeit zwischen Automatik und Schutzeinrichtungen

Während zwischen Regelung und automatischer Steuerung enge Verbindungen bestehen, liegt zwischen Automatik und Schutzeinrichtungen eine harte Trennlinie. Von den Schutzeinrichtungen, die bei Turbine und Generator, Dampferzeuger und Pumpen einen erheblichen Umfang einnehmen, muß gefordert werden, daß sie normalerweise nicht abschaltbar sind, um den Menschen in Notfällen überspielen zu können. Sie greifen deshalb direkt oder über die Betätigungsbausteine in die Anlage ein und sind nicht mit den automatischen Steuereinrichtungen und der Regelung verknüpft. Eine logische Verbindung besteht nur insofern, als jede Schutzauslösung das Schrittschaltwerk des betroffenen Anlagenteiles sofort ins Aus-Programm führt. Die Einsatzlogik bewirkt anschließend eine Umschaltung auf etwa vorhandene Reserveaggregate.

Schutzeinrichtungen verhindern die Gefährdung von Menschen und Schäden am Material oder beschränken sie auf ein Mindestmaß ohne Rücksicht auf den Automatisierungsgrad einer Anlage. Trotzdem ist in vielen Anlagen ein gleichmäßig stärker werdender Ausbau von Automatik- und Schutzeinrichtungen zu beobachten. Dies rührt offensichtlich daher, daß Automatiken so schnell schalten, daß eine Überwachung durch den Menschen unmöglich wird. Die Forderung nach schneller Schaltfolge, besonders in Störfällen, ist durch höhere Wärmebelastung vieler Anlagenteile und den bei größerer Einheitsleistung schneller werdenden Umlauf der Betriebsmittel zu erklären. Es ist also natürlich, daß der Ausbau beider Bereiche Hand in Hand geht, da nur so der Verzicht auf örtliche Bedienung und Überwachung aller Einzelvorgänge in der Warte zu rechtfertigen ist.

f) Ausgeführte Automatiksteuerungen

In europäischen Großkraftwerken ist eine Reihe von automatischen Steuerungen in Betrieb. Sie konzentrieren sich ähnlich wie in den USA auf den Betrieb von Dampfturbosätzen, da die Turbinenautomatik einen wesentlichen Schritt zum vollautomatischen Dampfkraftwerk darstellt.

1. Turbinenautomatik

Zu einer Turbinenautomatik gehört eine Reihe von Schrittschaltwerken, die in Abb. 384 dargestellt sind. Es sind dies:

die Turbinensteuerung,

die Ölversorgung mit den unterlagerten Steuereinrichtungen der einzelnen Hilfsölpumpen,

die Anwärmeinrichtung für die Frischdampfleitung,

zwei Schrittschaltwerke für die beiden Kondensatpumpen, die durch eine Einsatzlogik verbunden sind und

zwei Schrittschaltwerke für die Luftsaugeaggregate zur Evakuierung des Kondensators, die ebenfalls eine gemeinsame Einsatzlogik besitzen.

Als Programmbeispiel für ein Schrittschaltwerk ist in Abb. 385 eine vereinfachte Darstellung des Ein-Programmes „Turbinensteuerung" wiedergegeben. Abb. 386 und 387 zeigen die zugehörigen Diagramme für einen Kalt- und einen Warmstart.

Vor Setzen des ersten Schrittes wird überprüft, ob der Ausgangszustand für das Anfahren der Turbine gegeben ist. Fehlt eine Voraussetzung, so erscheint die Meldung

„Startbedingung nicht erfüllt“. Durch Ansteuern des Aus-Programmes von Hand kann in diesem Ausnahmefall der Ausgangszustand hergestellt werden.

Im Schritt 1 öffnet das Schrittschaltwerk die Entwässerungsventile und steuert nach Erhalt der Rückmeldung den Schritt 2 an. Dort wartet die Steuerung, bis bei entsprechendem Vakuum, eingeschalteter Kondensatpumpe und anstehendem Steueröldruck das Abblseeventil öffnet. Sodann steuert das Schrittschaltwerk den Schritt 3 an, stellt den Sollwert des Impulsbegrenzers geringfügig höher und wartet im Schritt 4 die Auswirkung ab. Danach springt die Steuerung in den Schritt 2 zurück. Dieser Vorgang wiederholt sich

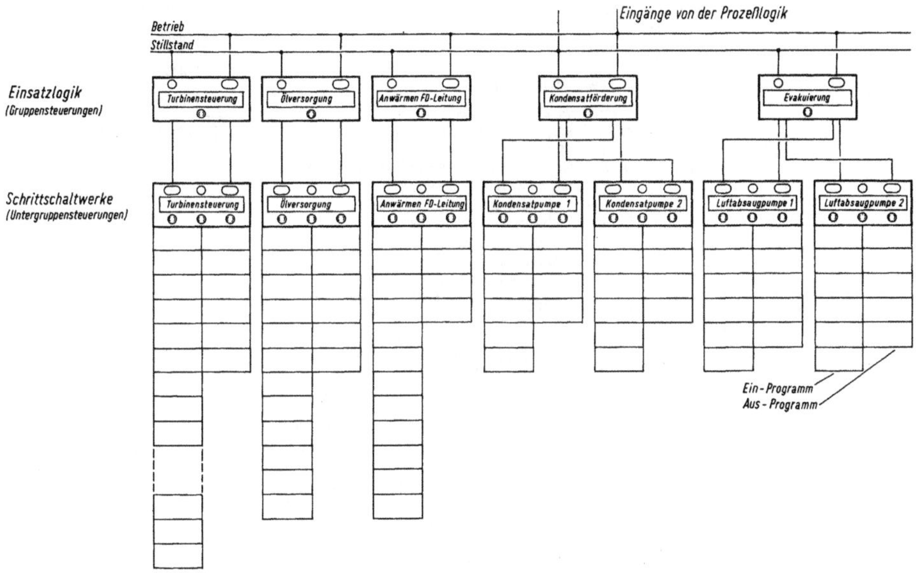

Abb. 384. Aufbau einer Turbinenautomatik (Siemens)

so lange, bis der Sollwert des Impulsbegrenzers den vorgegebenen Wert erreicht hat. Durch freie Wahl der Zeiten in den Schritten 3 und 4 kann der Zwischenüberhitzerdruck wie gewünscht erhöht werden.

Im Schritt 5 wird gewartet, bis der zwischenüberhitzte Dampf eine vorgeschriebene Temperatur erreicht hat und außerdem für das MD-Gehäuse zulässig ist. Dann werden, sofern die Turbine dreht und die Voraussetzungen für das Öffnen der Schnellschlußventile noch gegeben sind (siehe Startbedingungen), in den Schritten 6 und 7 die Schnellschlußventile geöffnet und der Sollwert der Generatorspannung vorgegeben. Danach wartet die Steuerung im Schritt 8, bis die Frischdampfleitung angewärmt, der Frischdampfschieber geöffnet, der Dampf vor den Schnellschlußventilen überhitzt und für das HD-Gehäuse zulässig ist. Sind auch noch die Voraussetzungen für das Anstoßen der Turbine erfüllt (siehe Startbedingungen), so springt das Schrittschaltwerk in den Schritt 9 und stellt die Anfahreinrichtung auf 100%, den Drehzahlsollwert auf 3000 U/min und schaltet den Spannungsregler ein. Nun wird die Drehzahl der Turbine nach Maßgabe des Sollwertführungsgerätes für Drehzahl, das den Spannungsfreibetrag vom WT-Gerät berücksichtigt, erhöht. Mit Erreichen der verlangten Turbinendrehzahl steuert bei anstehendem Spannungssollwert das Schrittschaltwerk den Schritt 10 an und erregt den Generator, schaltet die H_2-Kühlung ein und drosselt die Entwässerungen. Sind beide Hilfsölpumpen außer

Betrieb und steht für den Generator Wasserstoff von entsprechendem Druck zur Verfügung, so schaltet die Steuerung im Schritt 11 die Synchronisiereinrichtung ein. Diese legt den Generator ans Netz. Mit der Rückmeldung „Generatorschalter ein" steuert das Schrittschaltwerk den Schritt 12 an und schaltet den Leistungsregler zu. Das weitere Belasten der Turbine geschieht abhängig vom eingestellten Leistungsgradienten über das Sollwertführungsgerät für Leistung unter Berücksichtigung des Spannungsfreibetrages vom WT-Gerät. Nach Überschreiten der Mindestleistung steuert das Schrittschaltwerk

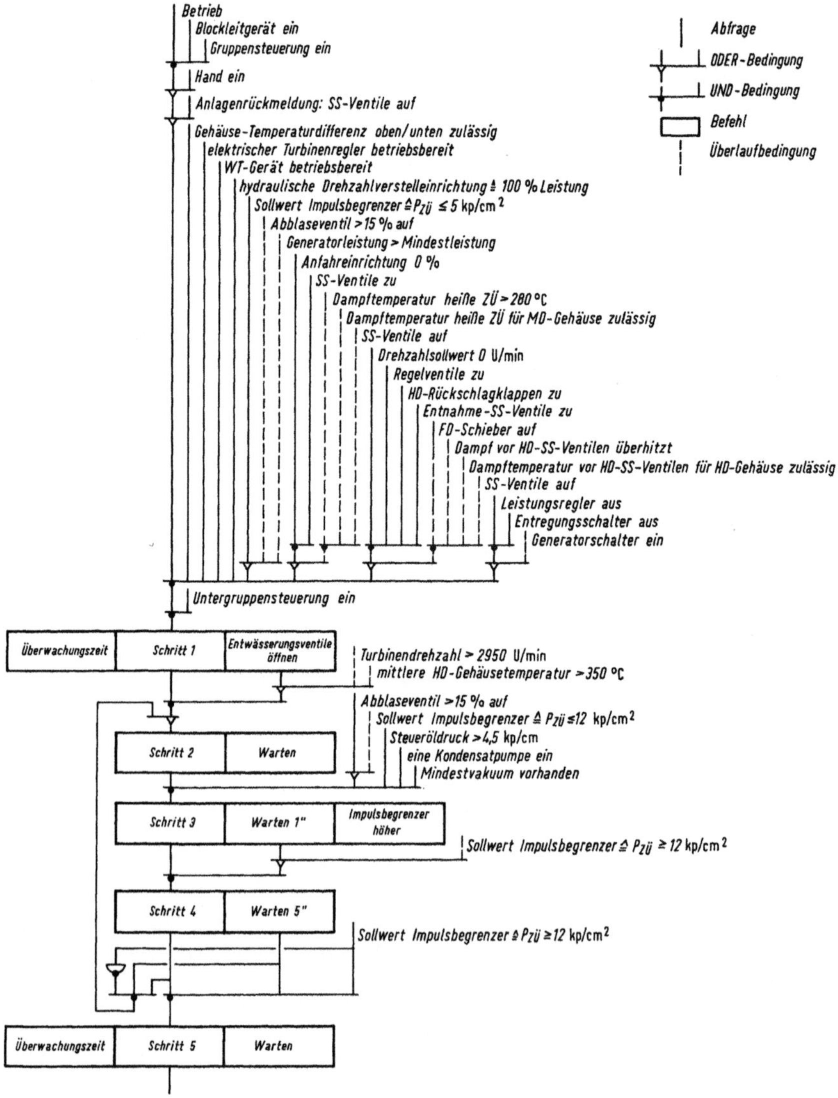

Fortsetzung nächste Seite

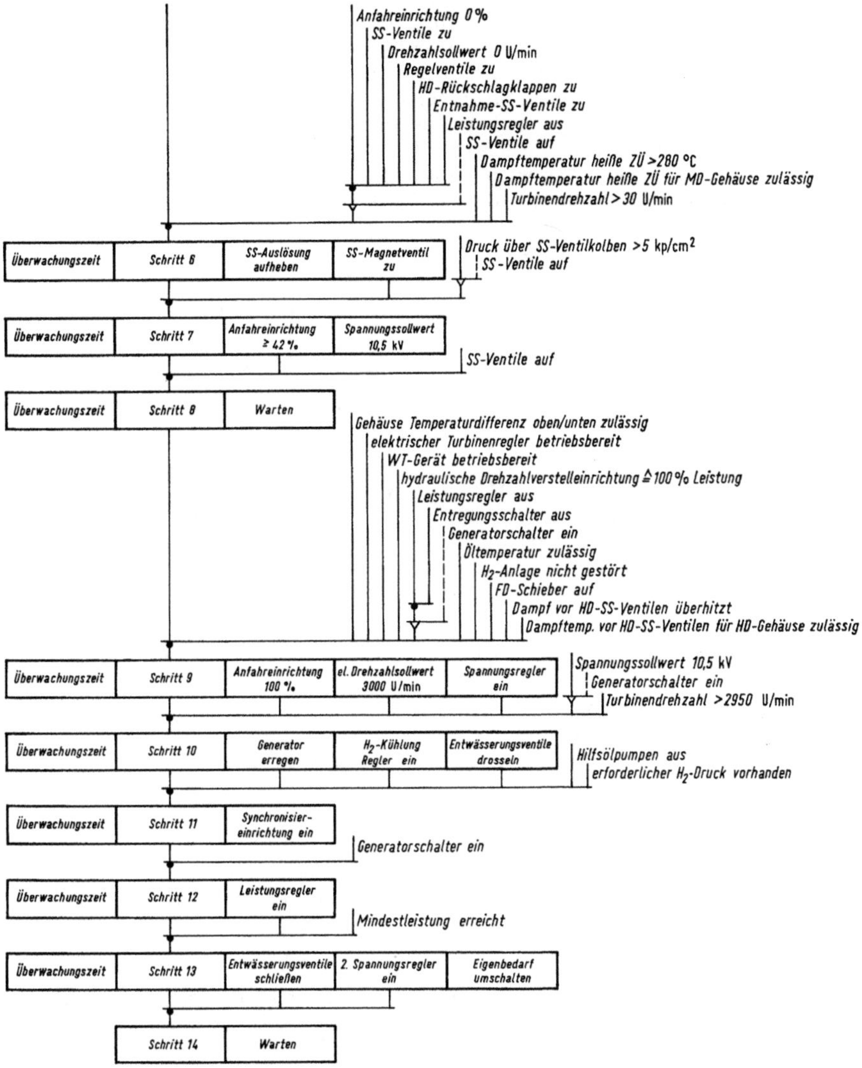

Abb. 385. Vereinfachtes Ein-Programm der Funktionsgruppe „Turbinensteuerung"

den Schritt 13 an, schließt die Entwässerungsventile, schaltet den zweiten Spannungsregler ein und veranlaßt die Eigenbedarfsumschaltung. Mit Schritt 14 ist das Ein-Programm abgeschlossen.

Um ein Einschalten des Schrittschaltwerkes in jeder Betriebsphase zu ermöglichen, sind Überlaufbedingungen (gestrichelt gezeichnet) vorgesehen. Mit ihrer Hilfe kann sich die Automatik beim Einschalten über den Betriebszustand informieren und das Programm immer an der richtigen Stelle weiterführen.

Das Aus-Programm der Turbinensteuerung und die Schrittschaltwerke der übrigen Automatiken sind nach den gleichen Grundsätzen aufgebaut und laufen ähnlich ab. Bei zeitlichem Parallelbetrieb stellen die Wartezeiten den notwendigen Gleichlauf her, ohne daß eine Programmverflechtung Schwierigkeiten bereiten könnte.

Der Ablauf der automatischen Steuervorgänge kann in der Warte an den Tischfeldern und an einem Schrittanzeigegerät abgelesen werden. Dieses zeigt in geeigneter Form die Abfragen der Automatik und alle ausgehenden Befehle an. In Störfällen ermöglicht diese Information eine schnelle Fehlerortung; ansonsten schweigt die Automatik, um das Bedienungspersonal für übergeordnete Aufgaben freizumachen.

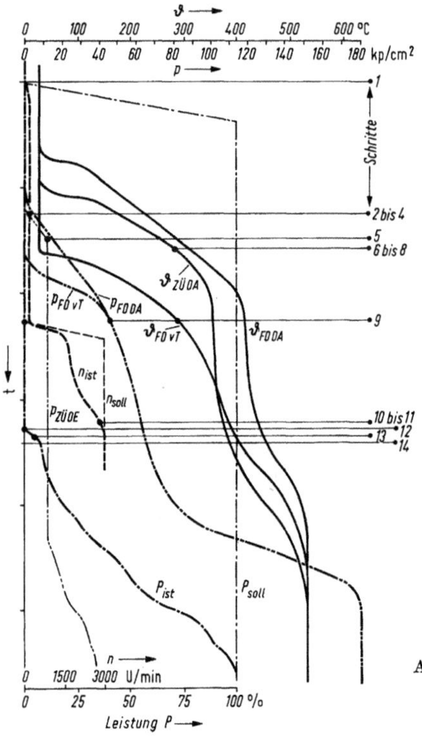

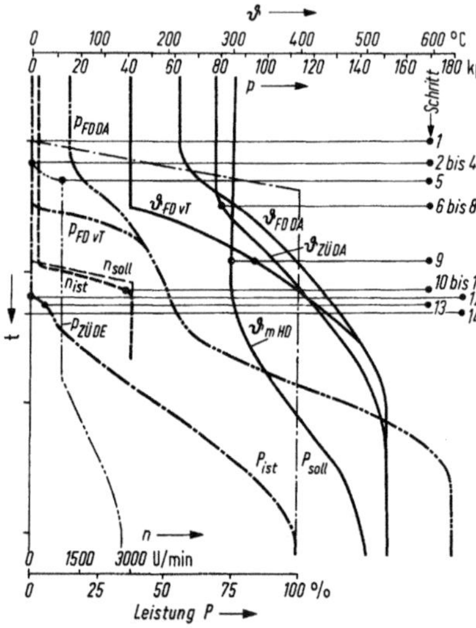

Abb. 387. Diagramm eines Warmstarts

Abb. 386. Diagramm eines Kaltstarts

Eine Reihe von Großturbosätzen mit ähnlichen Automatikeinrichtungen haben ihre Bewährungsprobe längst überstanden. In diesen Anlagen ist kein Schaden bekanntgeworden, der auf einen Bedienungsfehler oder auf ein Versagen der Automatik zurückzuführen gewesen wäre.

2. Automatischer Betrieb von Kesselspeisepumpen

Die Kesselspeisepumpen sind wegen ihrer Bedeutung für feuerungsseitig hochbelastete Dampferzeuger schon längere Zeit Objekt der Automatisierungstechnik. Die schnelle Einschaltung und Umschaltung bei Störungen läßt sich ohne eine Automatik nicht risikolos bewerkstelligen. Abb. 388 und 390 zeigen das vollständige Ein- und Aus-Programm einer elektrisch über eine Turbokupplung angetriebenen Speisepumpe. In das Programm sind als gestrichelte Abfragen auch sämtliche Überlaufbedingungen aufgenommen, die das Einlaufen der Automatik in einen beliebigen Betriebszustand gestatten.

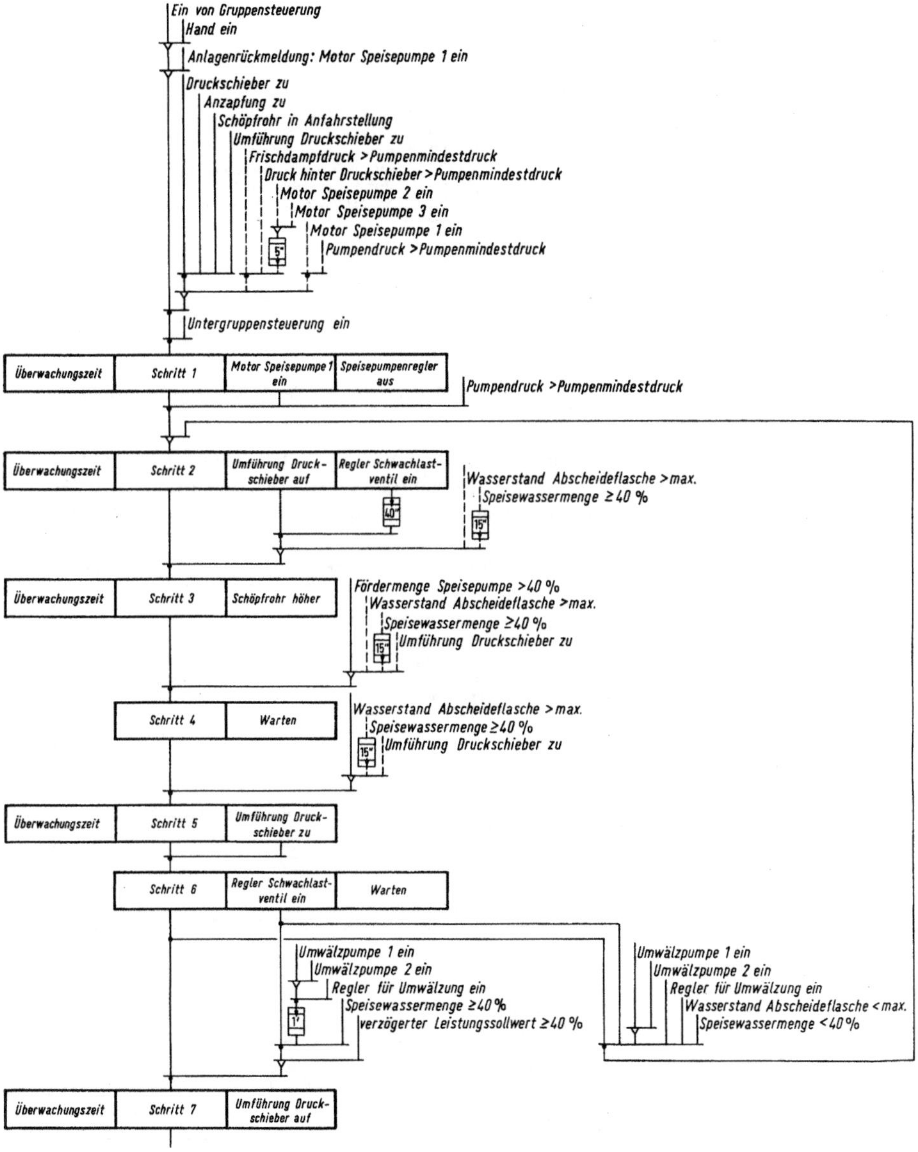

Abb. 388. Ein-Programm für eine von drei elektrisch angetriebenen Kesselspeisepumpen
(Fortsetzung nächste Seite)

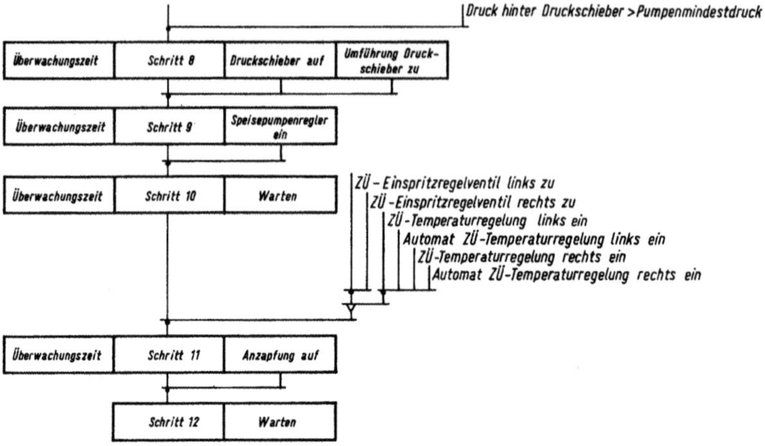

Abb. 388. Ein-Programm für eine von drei elektrisch angetriebenen Kesselspeisepumpen

Die Einsatzlogik für drei Halblastpumpen ist in Abb. 389 wiedergegeben. Sie entscheidet abhängig vom Anlagenzustand, wieviel und welche der drei Pumpen in Betrieb sein sollen und zu welchem Zeitpunkt sie eingeschaltet werden. Aus den Lastbefehlen

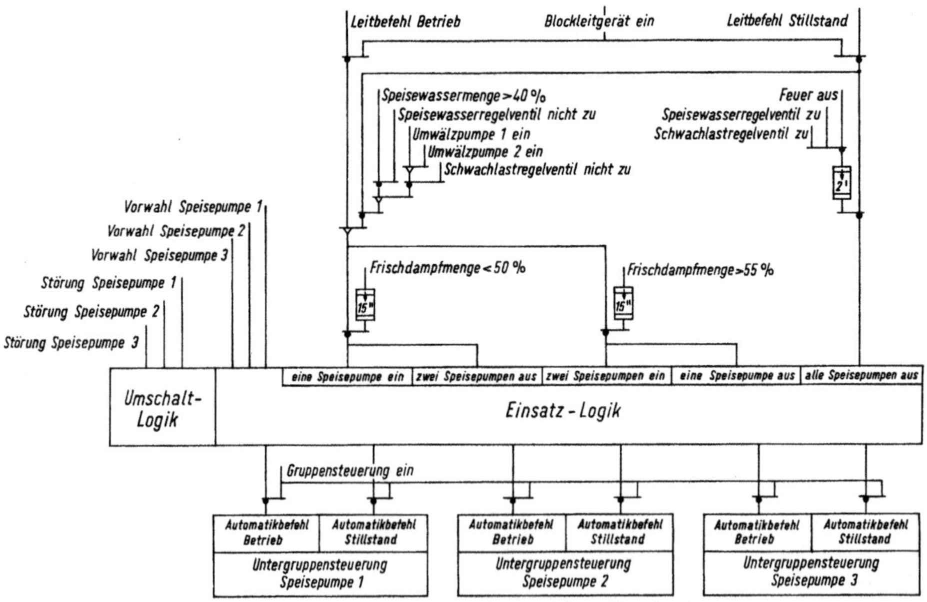

Abb. 389. Einsatzlogik für drei elektrisch angetriebene Kesselspeisepumpen

entstehen in diesem Steuerungssystem die Ein- und Aus-Befehle für die drei Schrittschaltwerke. Außerdem ist darin die Störungsumschaltung und die Bevorrechtigung einzelner Pumpen enthalten.

Als eine Bedingung für das Ausschalten einer Pumpe ist zu Beginn des Aus-Programmes die Information „Störung" angegeben. Diese Information kommt vom Schutz der Speisepumpe, der in Abb. 391 als Auslöseschema dargestellt ist. Eine Vielzahl von sich gegenseitig überdeckenden und ergänzenden Schutzkriterien bilden hier ein redundantes Schutzsystem. In ihm ist besonders die Fahrbereichsüberwachung von Bedeutung, welche sicherstellt, daß der Mindestdurchfluß, der Mindestdruck und die drehzahlabhängige Maximal-

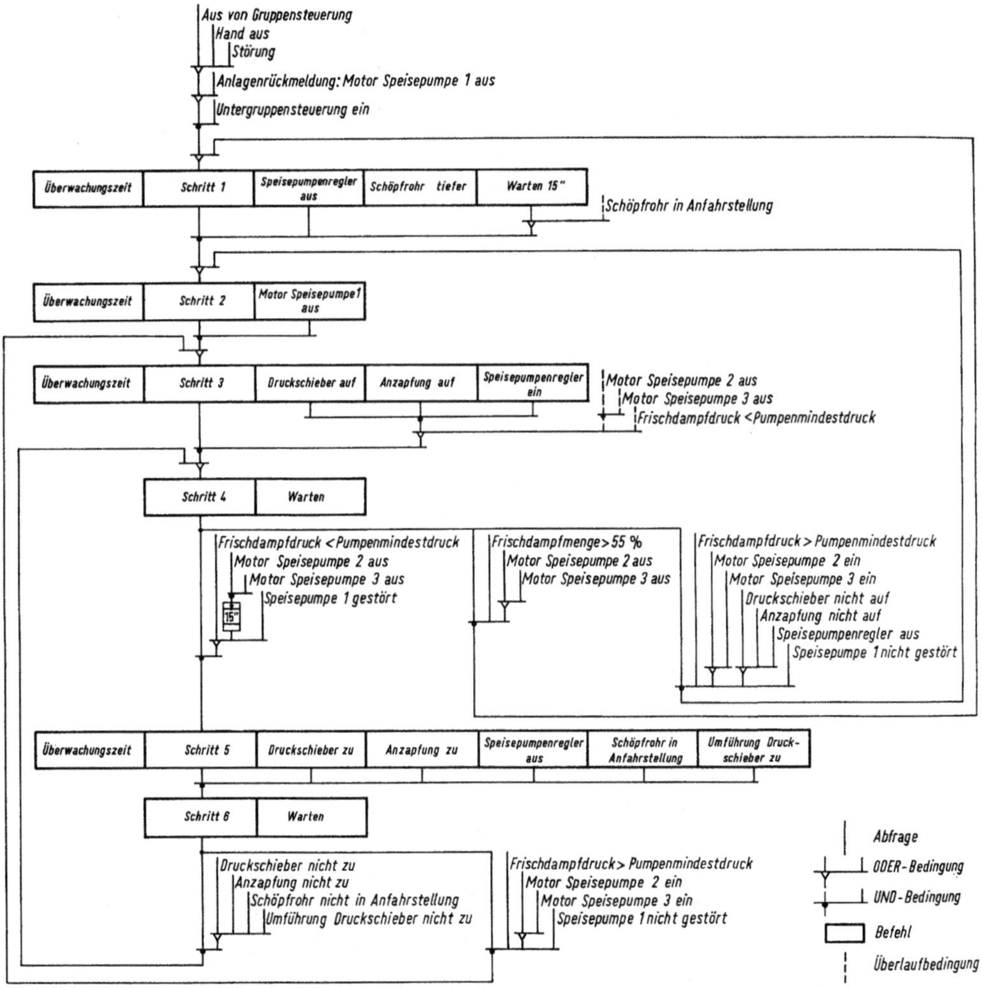

Abb. 390. Aus-Programm für eine von drei elektrisch angetriebenen Kesselspeisepumpen

menge der Pumpe eingehalten werden. Dieses Schutzsystem sei hier nur als Beispiel für den Anlagenschutz erwähnt, da es gut die scharfe Trennung zwischen Automatik und Schutz zeigt. Andererseits ist ein solches Schutzsystem eine der notwendigen Voraussetzungen für eine Automatik. Bei der schnellen Schaltfolge kann von Hand weder in der Warte noch an der Pumpe selbst eine Schutzmaßnahme eingeleitet werden, die Menschen und Material vor Schäden bewahrt.

In ähnlicher Weise, wie hier beschrieben, wurden bereits eine Reihe von Anlagenteilen, wie Gasturbosätze, Öl- und Gasbrenner, Umwälzpumpen, Kohlemühlen mit ihren Zuteilern und die Führung der Kesselregler einer Automatik unterstellt. Die Aufzählung läßt sich über Wasseraufbereitungsanlagen, Regenerativvorwärmer und ähnliche Anlagen in

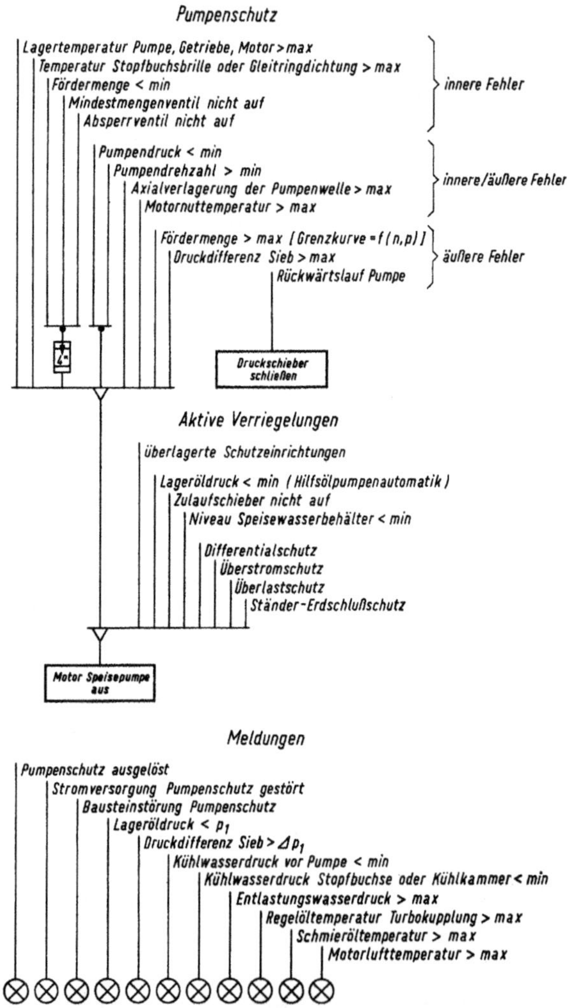

Abb. 391. Auslöseschema für ein Speisepumpenaggregat

Kernkraftwerken bis zu der Lademaschine eines Reaktors fortsetzen. Offensichtlich sind dabei in den letzten Jahren erhebliche Erfolge erzielt worden, da heute kaum ein großes Blockkraftwerk ohne ähnliche Einrichtungen in mehr oder minder großem Umfang in Betrieb genommen wird.

V. Meßdatenverarbeitung

Der umfangreiche Informationsfluß im Kraftwerk zieht eine arbeitsintensive und damit auch fehlerbehaftete Weiterverarbeitung nach sich. Diese Tatsache läßt den Schluß zu, daß eine Meßwertverarbeitung zur Vorbereitung von mittel- und langfristigen Entscheidungen des Betriebes einen wesentlichen Einfluß auf die Verfügbarkeit der Kraftwerke hat. Für die dazu nötige Auswertung einer Vielzahl von Daten nach verschiedenen Gesichtspunkten eignet sich am besten ein Prozeßrechner. Als Gerät entspricht er in seinem heutigen Entwicklungsstand allen Anforderungen des Kraftwerksbetriebes. Die Betriebsvorgänge laufen sogar vergleichsweise so langsam ab, daß die hohe Arbeitsgeschwindigkeit von Digitalrechnern im wesentlichen nur rechnerintern und zur zeitgerechten Bearbeitung mehrerer Programme ausgenutzt wird. Die ausführbare Anzahl der Speicherplätze im Kernspeicher und in externen Speichern erlaubt ohne Einschränkung die Lösung von numerischen und nichtnumerischen Aufgaben, wie sie bei der Meßdatenverarbeitung anfallen. Der Rechner kann seine Überwachungsfunktion ohne zeitliche Lücken und in einem Zyklus erfüllen, wie er vom Prozeß vorgeschrieben wird. Dabei tritt eine wirksame Datenreduzierung ein: Die Datenausgabe läßt sich so übersichtlich gestalten, daß das Ergebnis die menschliche Aufnahmefähigkeit nicht überfordert.

Will man durch den Rechnereinsatz Schäden vermeiden und damit die Verfügbarkeit des Blockes erhöhen, so sind die nachstehenden Aufgaben zu bearbeiten:

Alle Anlagenteile sind zur Erfassung des Verschleißes über lange Zeiträume zu überwachen.

Die Planung der Wartungsarbeiten wird dem Rechner übertragen.

Die Gebergeräte für Anzeigen, Regelung und Steuerung sind bei technischer Notwendigkeit hinsichtlich ihrer Funktion laufend zu prüfen.

Die Meßwerte aus dem Block werden statistisch gesammelt und zur Kontrolle des Betriebes ausgewertet. Man erfaßt dadurch genauso gut schleichende technische Veränderungen wie die für eine kaufmännische Bilanz notwendigen Unterlagen.

Der Rechner kann auch zur Verkürzung von planmäßigen und außerplanmäßigen Stillstandszeiten dienen, wenn man ihm Programme zur Registrierung der Vorgeschichte und des Ablaufs von größeren Störungen eingibt, die wiederum die Störungssuche erleichtern.

a) Die grundsätzlichen Programme eines Prozeßrechners

Aus der vorstehenden Zielsetzung für den Einsatz eines Prozeßrechners im Wärmekraftwerk ergibt sich eine Reihe von Grundsatzprogrammen. Diese erfassen und verwerten den umfangreichen Datenfluß, der in der Warte auf den Menschen zukommt. Das Beispiel einer Schwingungsmessung zeigt, daß im Laufe der vergangenen Jahrzehnte der Wert dieser Informationen erheblich verbessert wurde — aus dem Befühlen des Lagers wurde eine exakte Registrierung der Schwingungsamplituden —, das Auffassungsvermögen des Menschen konnte aber nicht zu einer sofortigen Verarbeitung aller Informationen ertüchtigt werden. Der Rechner kann dies, indem er den Informationsfluß zum Menschen nur freigibt, wenn die routinemäßig abgefragte Information Besonderheiten zeigt. Er wird dabei zum unbestechlichen Ableser und Registrator vieler Meßwerte und übernimmt auch die erforderliche Auswertung, sofern man ihm die entsprechenden Aufgaben gestellt hat.

1. Langzeitüberwachung der Anlagenteile

Ein Großteil der Störungen an den verschiedensten Aggregaten hat den natürlichen Verschleiß als Ursache. Verschleiß und Abnutzung lassen sich meßtechnisch erfassen. Sinn eines entsprechenden Rechnerprogrammes muß es demnach ganz allgemein sein, den fortschreitenden Verschleiß in die Zukunft zu extrapolieren, wo aus dem Verschleiß eine Störung entstehen muß. Diese Vorgänge unterliegen einer mathematischen Gesetzmäßigkeit, die für Dampferzeuger, Turbosatz, Pumpen, Lüfter usw. in sehr ähnlichen Programmen abgebildet werden kann.

Meist fehlt zunächst ein Teil der notwendigen Erfahrungswerte. Man ermittelt deshalb die nötigen Kennwerte in periodischen Zeitabständen und wertet sie statistisch aus. Langsam sich anbahnende Abweichungen vom Ausgangszustand ordnen sich dabei zu einer Kurve. Mit zunehmendem statistischem Material ist es möglich, die grundsätzliche Gesetzmäßigkeit an die speziellen Gegebenheiten der vorliegenden Anlage anzupassen. Die immer wieder durchgeführte zeitliche Extrapolation der Abnutzungserscheinungen liefert dann als Ergebnis den voraussichtlichen Ausfallzeitpunkt des Aggregates bzw. die vorher zu erledigende planmäßige Reparatur.

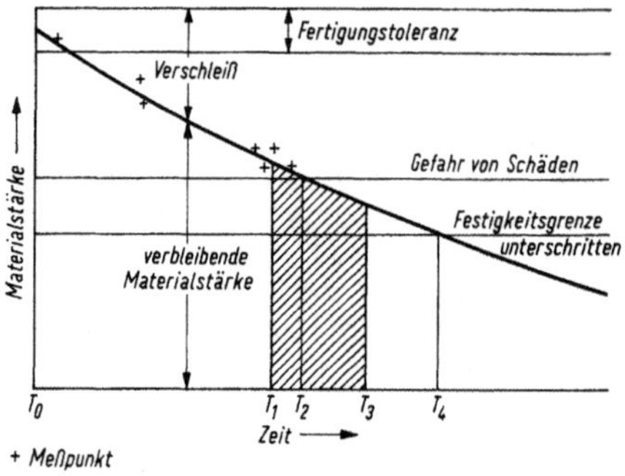

Abb. 392. Extrapolation von Verschleißerscheinungen

Es gibt viele Beispiele solcher Überwachungsprogramme. Man denke nur an die Notwendigkeit, z.B. Kesselheizflächen auf Abzehrung, Turbinen auf Versalzung, Kohlemühlen auf Verschleiß der Schläger oder Gebläse auf Abnutzung der Laufräder zu überwachen. Grundsätzlich wird sich dabei eine Funktion abbilden lassen, wie sie in Abb. 392 dargestellt ist. Sie erlaubt den Blick in die Zukunft, der zu einer rechtzeitigen Revision in einer Zeit niedrigen Leistungsbedarfes, zur rechtzeitigen Ersatzteilbestellung und zur zeitlich richtigen personellen Disposition notwendig ist.

2. Planung der Wartungsarbeiten

Wartungsarbeiten lassen sich nur dann rechtzeitig erledigen, wenn sie entsprechend der technischen Notwendigkeit eingeplant und veranlaßt werden. Der Rechner muß dazu die charakteristischen Daten, wie Betriebsstunden, Schaltspiele und ähnliches, speichern und zum richtigen Zeitpunkt die Wartungsarbeiten veranlassen.

Als Beispiel sei der intermittierende Betrieb von Rußbläserkompressoren erwähnt, der die Übersicht über die tatsächliche Betriebszeit sehr erschwert. Eine Betriebsstundenzählung verbessert diese Übersicht, der Rechner kann das Ergebnis noch mit dem Wartungsprogramm kombinieren und notwendige Ölwechsel und andere Maßnahmen veranlassen. Diese Aufgabe mag einfach erscheinen. Überträgt man sie aber auf die Überwachung eines Leistungsschalters hinsichtlich seiner Schaltspiele mit einer Bewertung der zugehörigen Ausschaltströme oder auf die Schaltspiele von repräsentativen Bauteilen des Steuer- und Regelsystems, so erkennt man die Bedeutung des Prozeßrechners auf einem Gebiet, das bisher dem menschlichen Zugriff völlig entzogen war.

3. Überwachung der Gebergeräte

Die im Zusammenhang mit der Automatisierung sprunghaft ansteigende Bedeutung der Geber und der Geräte zur Signalverarbeitung wurde bereits erwähnt. Durch eine geeignete Programmierung des Prozeßrechners ist es möglich, einen Teil der für Regelung und Automatik notwendigen analogen und binären Geber auf ein Versagen hin zu überwachen und sie im Gefahrenfall vom Prozeß oder von Auswertungsprogrammen zu trennen. Es ist dazu nötig, jeden wesentlichen Meßwert auf seine technische Plausibilität hin dauernd zu prüfen. In den Programmen sind dazu folgende Grundsätze verwertet:

Im Betrieb kann ein Meßwert bestimmte absolute oder lastabhängige Grenzwerte nicht über- und unterschreiten.

Der Gradient der meisten Meßwerte ist vom physikalischen Sachverhalt her begrenzt. Es gibt kaum einen Meßwert, dessen schnelle Änderung nicht an einer anderen Meßstelle auf Grund physikalischer Gesetzmäßigkeiten zu kontrollieren ist.

Hierzu als einfaches Beispiel die Meßstelle „Generatorkaltgas“:

Der untere Grenzwert kann nicht unter der Kühlwassereintrittstemperatur liegen.

Der obere Grenzwert kann nicht über der Warmgastemperatur liegen.

Eine Änderung des Meßwertes um mehr als etwa 10 grd/min ist wegen der Wärmeübergangsverhältnisse nicht möglich.

Jede Änderung der Kaltgastemperatur ist fest an eine Änderung der Warmgastemperatur, der Kühlwassermenge oder der Kühlwassertemperatur gebunden.

Alle außerhalb dieser Gesetzmäßigkeiten liegenden Meßwerte werden vom Prozeßrechner als Fehlmessungen interpretiert.

4. Datenerfassung und Auswertung

Der Prozeßrechner wird auch in Zukunft nicht jede Störung vorhersagen, richtig deuten und ihre Behebung einleiten können. Hier bleibt dem Menschen eine wesentliche Aufgabe. Zur Erfüllung dieser Aufgabe kann der Rechner aber durch Sammeln, Sortieren und Auswerten der anfallenden Daten helfen.

Er erledigt dies einmal durch den Ausdruck des *Betriebsprotokolls*. Dieses Protokoll enthält eine Reihe von Meßdaten und Kenngrößen, die in bestimmten Abständen, z.B. von Stunde zu Stunde, registriert werden. Damit wird ohne Belastung des Personals zeitlich und objektiv der Anlagenzustand festgehalten und einer Kontrolle zugänglich gemacht.

Im *Monatsprotokoll* ist die Summe dieser Daten bereits nicht mehr von Interesse. Dieses Protokoll erfaßt deshalb nur noch etwa drei charakteristische Lastpunkte, bei denen alle Kenngrößen auf den Auslegungszustand und die genaue Leistung umgerechnet sind. Es lassen sich daraus alle schleichenden Veränderungen ablesen, die sonst praktisch unkontrollierbar sind.

Das *Schalt- und Störungsprotokoll* erfaßt alle Schalthandlungen und Gefahrmeldungen auf einem Blattschreiber. Es kontrolliert damit gleichmäßig Menschen und Automatikeinrichtungen. In einer Überprüfung dieses Protokolls liegt eine der wesentlichen, übergeordneten Aufgaben des Führungspersonals, dessen Überblick und Eingriffsmöglichkeiten damit wesentlich verbessert werden.

Für eine Bilanz oder andere kaufmännische Erhebungen sind damit alle Unterlagen im Rechner oder auf Lochstreifen gespeichert. Das Programm zu solchen Untersuchungen kann in jeder Betriebspause eingegeben werden, um den Menschen von zeitraubender Routinearbeit zu entlasten.

5. Störungsaufklärung

Bei Störungen werden Automatik- und Schutzeinrichtungen durch die Meßdatenverarbeitung wirkungsvoll unterstützt. Während der Mensch mit der Behebung der Störung beschäftigt ist, zeichnet der Prozeßrechner das Einlaufen aller Störungsmeldungen zuverlässig auf. Er kürzt damit die Suche nach der Ursache der Störung erheblich ab, indem er die Zeitfolge festhält und subjektive, sich oft widersprechende Aussagen ersetzt. Auch die Vorgeschichte der Störung kann der Prozeßrechner festhalten. Er benutzt dazu die analogen und digitalen Werte, welche für einen bestimmten Zeitraum, z.B. 5 Minuten, im Rechner gespeichert und laufend durch die neuesten Werte ersetzt werden. Zu einer objektiven Analyse der Störung stehen damit alle notwendigen Unterlagen zur Verfügung. Die in der Ausfallzeit oft mit einem erheblichen Anteil enthaltene Fehlersuche läßt sich damit auf ein Minimum zurückführen.

In Abb. 393 ist ein Störungsablaufprotokoll gezeigt, das vom Alarmeingang „Überstromschutz Generator" angeregt wurde. Vorgeschichte und Ablaufprotokoll lassen erkennen, daß der Erregerstrom und damit die induktive Blindleistung im Störungsaugenblick ohne Spannungseinbruch steil anstiegen. Der Grund für die Störung ist also in einem Versagen des Spannungsreglers zu suchen — ohne das Protokoll wäre diese Überlegung nur eine unter vielen. Die Fehlersuche wäre entsprechend zeitraubend.

Uhrzeit	MW	MVar	A	kV	Erreg A	U/min
9.26	99,6	133,1	7309	10,4	716	3000
9.27	99,5	133,2	7310	10,4	715	3001
9.28	99,5	133,0	7305	10,4	717	3001
9.29	99,6	133,1	7312	10,4	716	3000
9.29	99,5	133,0	7309	10,4	718	3002
9.30	99,5	133,1	7308	10,4	718	2999
9.30	99,5	133,0	7310	10,4	717	3001
9.30	99,4	172,0	10910	10,7	1095	2999
9.30	ÜBERSTROM.GEN					
9.30	EB-UMSCHALTUNG I U. II					
9.31	0	0	0	0	0	2950
9.31	0	0	0	0	0	2920
9.31	0	0	0	0	0	2870
9.32	0	0	0	0	0	2820
9.32	0	0	0	0	0	2750
9.33	0	0	0	0	0	2690
9.34	0	0	0	0	0	2560
9.35	0	0	0	0	0	2420

ENTREGUNGSZEIT 3,8 S

Abb. 393. Störungsablaufprotokoll mit Vorgeschichte

b) Prozeßrechner und Peripheriegeräte

Die Prozeßrechner sind Digitalrechner, welche für die Einbindung in den Prozeßablauf entsprechende Ein- und Ausgabegeräte benötigen. Da es kaum möglich ist, die Vielzahl der heute üblichen Rechner hier näher zu beschreiben, sei nur der grundsätzliche Aufbau in Abb. 394 wiedergegeben.

Man sieht auf der Eingabeseite zunächst Analogeingabegeräte, die analoge elektrische Meßgrößen in digitale Werte umsetzen, so daß die Weiterverarbeitung im Rechnerkern möglich wird. Über die Digitaleingabe laufen Binärsignale und Grenzwerte, Meldungen von Endkontakten und ähnliches ein. In der Alarmeingabe sind die Signale zusammengefaßt, die mit Vorrang im Rechner bearbeitet werden müssen und deshalb auch in besonders kurzen Zeitabständen abgefragt werden.

Auf der Ausgabeseite findet man wieder Analog- und Binärausgänge, die mit den Regel- und Steuergeräten in Verbindung stehen. Ähnlich ist auch die Ausgabe von Stellimpulsen aufgebaut, die der Rechner veranlaßt.

Aus der kommerziellen Rechnertechnik stammt eine Reihe anderer Ein- und Ausgabegeräte wie Lochstreifensender und -empfänger, Lochkarten und Drucker, die zum Verkehr des Menschen mit dem Rechner notwendig sind oder den Informationsfluß von der Anlage über den Rechner zum Menschen schließen.

Größe und Ausführung der bisher in Wärmekraftwerken eingesetzten Prozeßrechner sind so unterschiedlich, wie die ihnen übertragenen Aufgaben. Auch die schnelle Entwicklung, die zu immer schnelleren Rechnern führt, deren Speicherplatzbedarf damit gleichzeitig fällt, hat einen wesentlichen Einfluß auf das sich heute bietende Bild. Abb. 395 zeigt einen modernen Prozeßrechner für ein Wärmekraftwerk. Der Rechner ist etwa für den vorstehenden Aufgabenbereich mit einem Arbeitsspeicher von 16 384 Worten zu je 24 Bits und einem Speicherzyklus von 1,5 μs ausgestattet. Das Rechenwerk arbeitet mit Gleitkomma-Arithmetik. Zur Zwischenspeicherung größerer Datenmengen sind Trommelspeicher- und Plattenspeicherelemente vorgesehen.

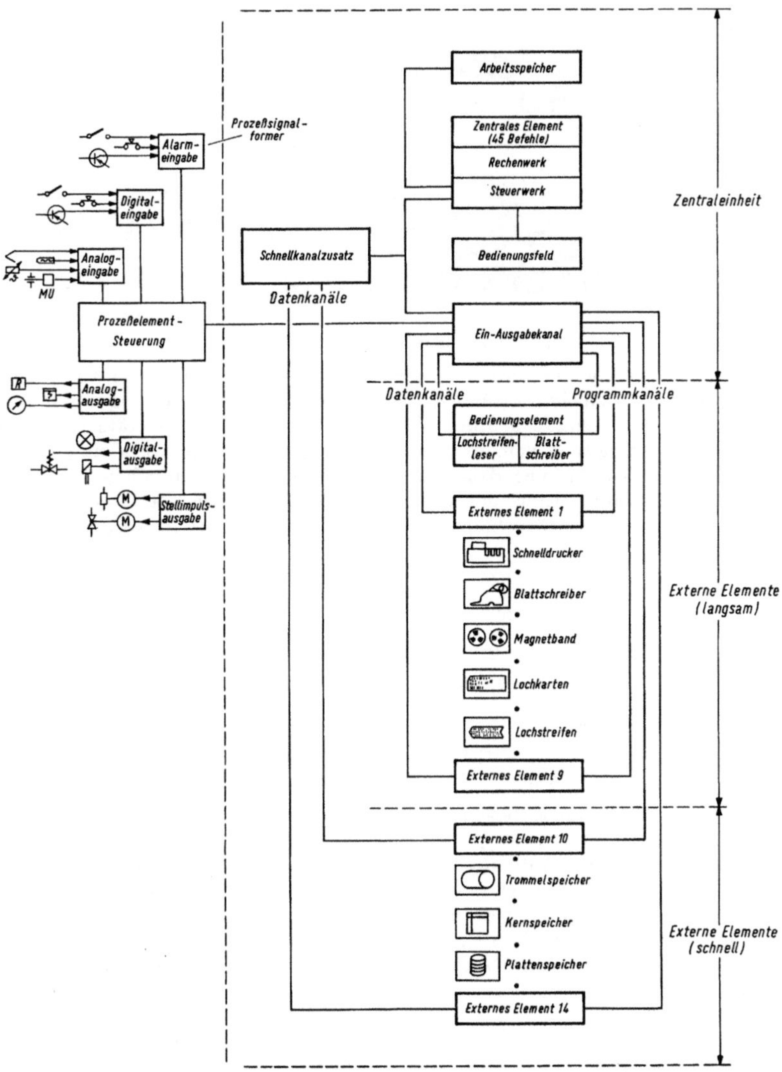

Abb. 394. Grundsätzlicher Aufbau eines Prozeßrechners und seiner Peripheriegeräte

Neben diesen großen Prozeßrechnern beobachtet man besonders in den USA das Vordringen kleinerer Einzweckrechner, deren Erscheinungsbild aber infolge der unterschiedlichen Aufgabenstellung zu vielfältig ist, als daß es in diesem Rahmen beschrieben werden könnte.

Abb. 395. Siemens-Prozeßrechner 305 (Werkbild Siemens)

VI. Kosten und Wirtschaftlichkeit

Die Kosten einer vollautomatischen Steuerung mit Hilfe von dezentral aufgebauten Geräten sowie die Kosten eines Prozeßrechners zur Meßdatenverarbeitung sind in Abb. 396 gezeigt. Sie sind nur geringfügig durch die Art der verwendeten Geräte beeinflußt, im wesentlichen hängen sie von dem Automatisierungsgrad ab, d.h. von dem gewünschten Umfang der durch diese Automatikeinrichtungen zu erfüllenden Aufgaben. Da die prozeßgekoppelte Automatiksteuerung und der Informationsfluß einer Meßdatenverarbeitungsanlage unter verschiedenen Gesichtspunkten wirtschaftlich beurteilt werden müssen, sind

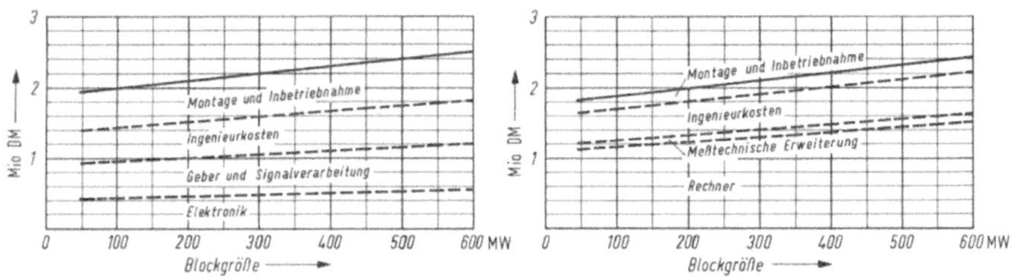

Abb. 396. Kosten einer vollautomatischen Steuerung und eines Prozeßrechners zur Datenverarbeitung

diese beiden Bereiche der Automatisierung nachstehend getrennt. Für den Planer ist damit der bestmögliche Überblick zu gewinnen, da er sich frei von Gerätefragen für den wirtschaftlich richtigen Umfang entscheiden kann. Die gerätetechnische Ausführung einer logischen Schaltung hat auf diese Überlegungen kaum mehr Einfluß, da sie immer mit einer Reihe von elektronischen Bauteilen erfolgt, die sich in der Kombination preislich kaum unterscheiden.

a) Kosten und Wirtschaftlichkeit von dezentral aufgebauten automatischen Steuereinrichtungen

Die vollautomatische Steuerung eines Kraftwerksblockes kostet rund 2 Mio. DM. Dieser Preis wird nur geringfügig durch die Art der Feuerung und die Größe des Blockes beeinflußt. Beschränkt man die Automatisierung auf einzelne Anlagenteile, so sind die Kosten proportional dem Automatisierungsgrad und erreichen bei einer Vollautomatik den vorher angegebenen Wert. Dieser Preis erscheint hoch, solange man auf Mutmaßungen über den Erfolg dieser Einrichtungen angewiesen ist.

Statistisches Erfahrungsmaterial über automatische Steuerungen liegt heute noch nicht vor. Es ist auch kaum zu erwarten, daß jemals zwei nebeneinandergebaute Blocks, von denen der eine mit einer Automatik ausgerüstet, der andere konventionell betrieben wird, einen exakten Vergleich erlauben. Auch dieser Vergleich wäre noch nicht durch das Gesetz der großen Zahl untermauert. In diesem Bereich wird man also auf statistische Unterlagen angewiesen sein, welche die Zuverlässigkeit oder die Ausfallrate der elektronischen Bausteine einer Automatik ausreichend beschreiben. Abb. 369 zeigte bereits nach amerikanischen und deutschen Unterlagen einen solchen statistischen Vergleich für konventionelle Bauteile der Steuerungstechnik und moderne elektronische Bauteile. Es wurde bereits erwähnt, daß für letztere eine so hohe Zuverlässigkeit zu erwarten ist, daß mit Hilfe zweikanaliger Schaltungen aus solchen Bauteilen jeder elektronische Fehler praktisch ausgeschaltet werden kann. In der Signalverarbeitung läßt sich bei entsprechender Sorgfalt ein ähnliches Ergebnis erzielen, so daß insgesamt zumindest falsche Befehle an die Anlage sich selbst blockieren.

Wenn man diese notwendige Voraussetzung, nämlich die Eigensicherheit einer zweikanalig aufgebauten Elektronik gegen aktive Fehler, als Tatsache anerkennt, stellt sich die Frage nach der Wirtschaftlichkeit und dem Nutzen einer Automatik. Sie muß rein nach betrieblichen Gesichtspunkten beantwortet werden, da die Aufgabe der Automatik allein in einer besseren und sichereren Betriebsführung liegt.

1. Verminderung der Ausfallzeit durch automatische Steuerungen

In Deutschland rechnet man üblicherweise pro Tag und installiertem MW mit Ausfallkosten zwischen 600 und 1000 DM. Entsprechend den vertraglichen Bindungen und sonstigen Gegebenheiten eines Energieversorgungsunternehmens sind darin die während der Ausfallzeit nicht zu erwirtschaftende Amortisation und Verzinsung der Gesamtanlage, der eventuell entgangene Gewinn, die teurere Ersatzleistung aus alten Anlagen oder die höheren Leistungs- und Arbeitspreise bei Fremdstrombezug enthalten. In Abb. 397 wird diese Kurvenschar der jährlichen Ausfallkosten je nach der Zahl der Ausfalltage pro Jahr mit den kapitalisierten Kosten einer vollautomatischen Steuerung zum Schnitt gebracht. Der Kapitalbedarf für die automatische Steuerung, die zugehörigen Gebergeräte, die Programmierung, Montage und Inbetriebsetzung sind dabei mit etwa 2 Mio. DM in Rechnung gesetzt.

Zur Ermittlung der vermeidbaren Ausfallzeiten lassen sich verschiedene Wege gehen. Zunächst seien hier die aus verschiedenen Betreiberstatistiken entnommenen Ausfallzeiten infolge von Bedienungsfehlern eingesetzt, die eine Automatik infolge ihrer logischen Programmierung und der sich daraus ergebenden materialgerechten und schonenden Betriebsweise vermieden hätte. Die Statistiken geben für rd. 4% aller Ausfallzeiten Bedienungsfehler als Ursache an. Die Ausfallzeiten selbst betragen, sofern man die Revisionszeiten als „nicht verfügbar" mitrechnet, im Mittel rd. 15 bis 20% der möglichen Betriebszeit. Man kann demnach mit 2,2 bis 2,9 Ausfalltagen pro Jahr rechnen und diese mit einem Wahrscheinlichkeitsfaktor in Abb. 397 einsetzen. Aus dieser Abschätzung ergibt sich eine nur noch an die Blockgröße gebundene Wirtschaftlichkeit der vollautomatischen Steuerung eines Blockes. Die Wirtschaftlichkeit von Teilautomatiken ist ähnlich zu ermitteln und liefert den Wirtschaftlichkeitsnachweis bereits bei sehr kleinen Blockgrößen.

Ein anderer Weg zur Erfassung der vermeidbaren Ausfallzeiten führt über die Abschätzung von in ihrer Auswirkung bekannten Schäden:

Nimmt man zum Beispiel an, daß einmal in 20 Jahren ein Schaden an einem Turbosatz verhindert werden kann, so bedeutet dies, daß die Ausfallzeit von etwa drei Monaten mit umgerechnet 4,5 Ausfalltagen pro Jahr einzusetzen ist.

Ähnlich wirkt sich z.B. eine ungünstige Fahrweise des Turbosatzes aus, wenn infolge plastischer Verformungen nach zwei Revisionen oder vier Jahren ein Abrichten der Teilfugen notwendig wird. Dieses Abrichten kostet einschließlich Demontage und Montage mindestens 14 Tage, also umgerechnet rd. 3,5 Ausfalltage pro Jahr.

Rohrreißer im Kessel, hervorgerufen durch zu langsame Reaktion beim Ausfall einer Speisepumpe oder durch schlechte Feuerführung führen zu rd. 3 Ausfalltagen pro Jahr.

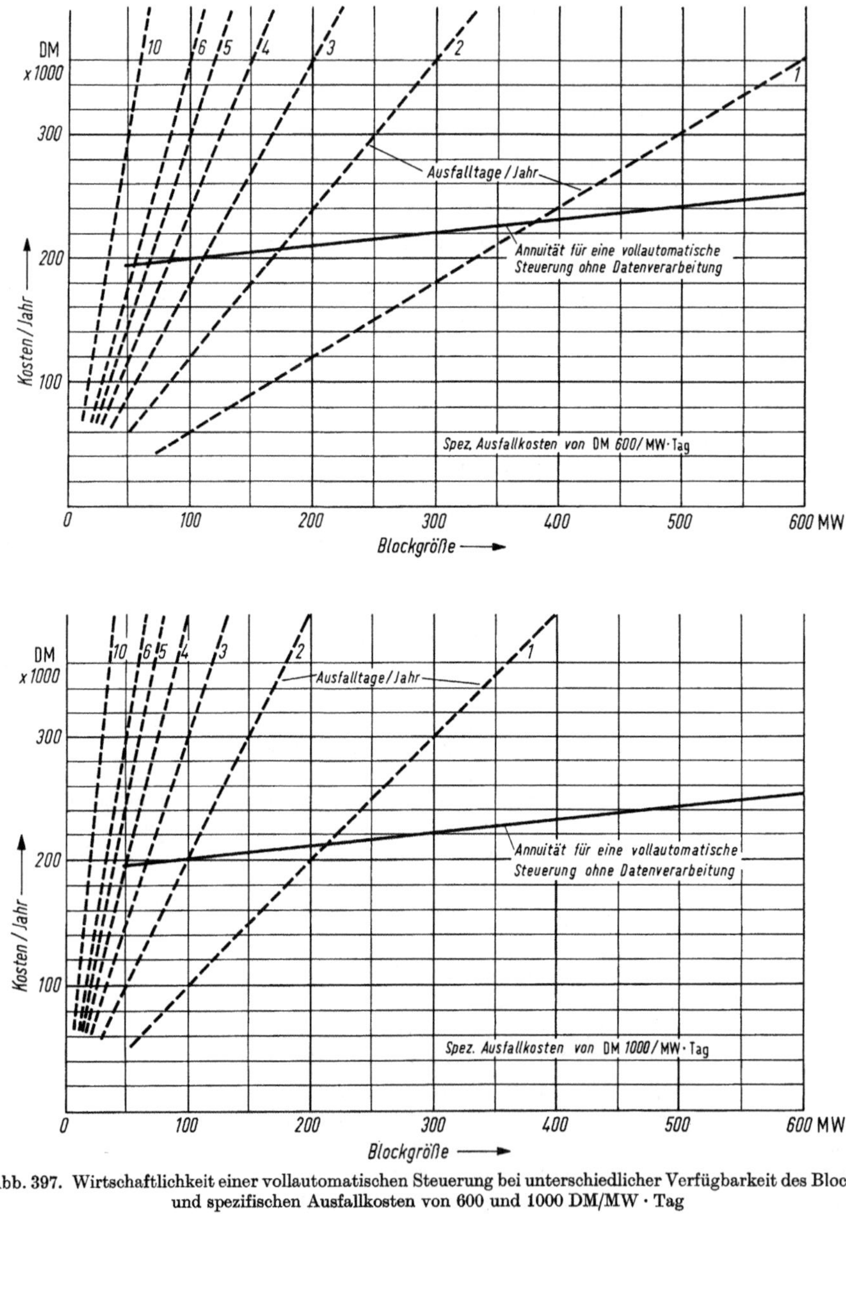

Abb. 397. Wirtschaftlichkeit einer vollautomatischen Steuerung bei unterschiedlicher Verfügbarkeit des Blockes und spezifischen Ausfallkosten von 600 und 1000 DM/MW · Tag

Man kann außerdem unterstellen, daß pro Jahr ein Tag gewonnen wird oder eine entsprechende Lastminderung entfällt, indem Schäden an Pumpen, Gebläsen, Mühlen, Zuteilern und anderen Anlagenteilen vermieden werden.

Als Summe kommt man so auf 12 Ausfalltage pro Jahr. Selbst wenn man dieses Ergebnis nur mit 15% Wahrscheinlichkeit in Abb. 397 berücksichtigt und 600 DM Ausfallkosten pro Tag und MW einsetzt, ist damit die vollautomatische Steuerung in einem 150 MW-Block bereits gerechtfertigt.

2. Personalkosten

Die wesentlichen Personaleinsparungen wurden in der Vergangenheit erzielt, als man die Bedienung und Überwachung des Blockes in einer zentralen Warte zusammenzog. Turbosätze, Pumpen, Gebläse und Brenner kennen seit dieser Zeit in modernen Anlagen keine örtliche Bedienung mehr. Das Bedienungspersonal in der Warte übersieht und steuert den gesamten Prozeß in allen Betriebsphasen, auch im An- und Abfahrbetrieb sowie in Störfällen. Da der Mensch besonders in Störfällen von dieser übergeordneten Funktion nicht entlastet werden kann, kann auch die Automatik nicht zu einer Personaleinsparung führen, solange nicht gleichzeitig örtliches Bedienungspersonal entbehrlich wird. Dies ist aber nur in Hilfsanlagen, wie z.B. in der Wasseraufbereitung oder in Pumpenhäusern, denkbar.

Zur Abschätzung des Erfolges einer Personaleinsparung sei einmal vorausgesetzt, daß pro Schicht ein Mann entbehrlich wird. Bei einem Vierschichtbetrieb führt dies zu einer jährlichen Einsparung von etwa 60 000 DM. Dieser Betrag liegt mehr als eine Zehnerpotenz unter den im vorigen Absatz erörterten Beträgen. Die risikofreie Verwirklichung einer solchen Einsparung beim Wartenpersonal müßte dazu erst noch geklärt werden.

Betrachtet man dagegen die Teilautomatisierung z.B. einer Wasseraufbereitungsanlage, so läßt sich bei ausreichend großem Wasserspeicher zwischen Aufbereitungsanlage und Block sicherlich ein Nachtschichtmann einsparen. Ein eventueller Ausfall führt nicht zu einer Störung des Blockbetriebes und kann am Morgen von der Tagschicht des Labors immer noch frühzeitig genug behoben werden. Bei diesen und ähnlichen Teilproblemen erscheint es deshalb richtig, die risikolos einzusparende örtliche Bedienung in die Rechnung einzubeziehen.

Eine Automatik führt ohne Zweifel zu einer Vermehrung der elektronischen Bauteile innerhalb der Anlage, die wiederum einer Wartung bedürfen. Diese Wartung macht aber keine zusätzlichen Meßtechniker notwendig, da die moderne Bausteintechnik von elektronischen Bauteilen nicht wartungsintensiv ist. In den seltenen Störfällen hilft nur ein Auswechseln des sich als defekt meldenden Bausteins, also eine Aufgabe, die ausbildungsmäßig von jedem Meßtechniker leicht erledigt werden kann. An eine Reparatur wird der Betrieb auch nicht denken, da sie, wenn überhaupt, sicherlich nicht im Kraftwerk durchgeführt wird.

3. Einsparung von Geräten

Mit der Einsparung von Geräten läßt sich die Wirtschaftlichkeit einer Automatik kaum begründen. Sicherlich ist der Informationsfluß in den Kraftwerkswarten oft an einzelnen Stellen zu groß oder unzureichend. Solange man aber in der Warte nicht auf den Menschen verzichten kann oder will, muß man ihm auch eine zweckentsprechende Information über das Betriebsgeschehen geben. Etwaige Zweifel, ob in einem Einzelfall die Information zweckentsprechend ist, haben nichts mit dem Konzept der Automatisierung zu tun, sondern sind ein für sich lösbares Einzelproblem. Das anzustrebende Ziel bleibt dabei, daß immer und an jeder Stelle notfalls ein Handbetrieb möglich ist. Eine nach diesen Überlegungen aufgebaute Warte gibt immer den nötigen Überblick und wird sich besonders während der Inbetriebsetzungszeit und nach Reparaturen bewähren. Auch in diesen Zeiten geht es ja um Zeit und Verfügbarkeit.

Die Geräte, die besonders zur Inbetriebsetzung eines Blockes benötigt werden, sind im übrigen der beste Ansatzpunkt für Einsparungsmöglichkeiten. Sowohl bei den konventionellen Regel- und Steuerkreisen als auch bei den automatischen Steuereinrichtungen läßt sich während der Inbetriebsetzungszeit der beste Überblick gewinnen, wenn man die erforderlichen Anzeigegeräte und Schreiber provisorisch installiert. Eine Anzeige mehr oder weniger stellt dann kein Problem dar, und die Normalausstattung der Warte wird nicht durch Überlegungen über die unbedingt notwendigen Inbetriebsetzungsinstrumente belastet.

4. Brennstoffersparnis

Eine automatische Steuerung ist ohne Zweifel in der Lage, instationäre Betriebsvorgänge abzukürzen und besser zu führen. Im stationären Betrieb gibt es allerdings kaum Ansätze zu einer wirksamen Brennstoffeinsparung, da die thermischen Verhältnisse durch die Auslegung bestimmt sind und die verschiedenen Regelkreise die Anlage dementsprechend führen.

Die erzielbare Brennstoffersparnis hängt demnach von dem Mehraufwand an Zeit ab, die der in den Informationsfluß eingeschaltete Mensch gegenüber einer Automatik notwendigerweise benötigt. Rechnerisch ist dieser Wert nicht zu ermitteln. Zur Abschätzung der Größenordnung kann man aber einmal voraussetzen, daß ein Anfahrvorgang um etwa eine halbe Stunde mittels der Automatik abzukürzen ist. In einem 300 MW-Block entspricht dies einer Brennstoffersparnis von etwa 1500 DM. Multipliziert man diesen Wert mit der Zahl der Anfahrvorgänge pro Jahr, so kommt man erst bei täglichem An- und Abfahren in eine Größenordnung, die neben den unter 1. genannten Zahlen interessant wird.

Wirtschaftlichkeitsüberlegungen an Hand der möglichen Brennstoffersparnisse hängen demnach stark von dem Lastprogramm des betreffenden Blockes ab. Einen wesentlichen Beitrag zur wirtschaftlichen Rechtfertigung automatischer Steuerungen liefern die Brennstoffersparnisse besonders bei Spitzenkraftwerken.

Zusammenfassend läßt sich sagen, daß der wirtschaftliche Anreiz für die Automatisierungstechnik in erster Linie von der Verfügbarkeit herrührt, die durch eine logische und schonende Betriebsweise zu erhöhen ist. Mit steigender Blockgröße wird eine Automatik immer mehr gerechtfertigt; über etwa 200 MW steht die Wirtschaftlichkeit einer vollautomatischen Steuerung außer Frage. Auch die Personal- und Brennstoffkosten können in Sonderfällen einen Beitrag zu den Wirtschaftlichkeitsüberlegungen liefern.

b) Kosten und Wirtschaftlichkeit der Meßdatenverarbeitung

Bei den einzelnen Aufgaben einer Meßdatenverarbeitungsanlage handelt es sich im wesentlichen um eine intensive Überwachung der Anlage auf Verschleißerscheinungen und Fehler, die in der Anlage auftreten. Für den dazu benötigten Prozeßrechner gelten ähnliche Wirtschaftlichkeitsüberlegungen, wie sie für die automatische Steuerung angestellt wurden. Hinsichtlich der Eigensicherheit gelten weniger scharfe Forderungen, solange man die Prozeßkopplung nur auf der Eingangsseite vorsieht und im Ausgang den Menschen zur Beurteilung einschaltet. Falsche und unwiderrufliche Schalthandlungen, die zu einer Beeinträchtigung des Betriebes führen könnten, sind damit von vornherein unmöglich.

1. Verkürzung der Ausfallzeiten

Ähnlich wie bei der automatischen Steuerung lassen sich auch für die Meßdatenverarbeitung keine exakten Wirtschaftlichkeitsbeweise führen. Die Statistik liefert aber auch für diesen Bereich Unterlagen über Ausfallzeiten und Ausfallursachen, die mit einer gewissen Wahrscheinlichkeit durch den Einsatz einer Meßdatenverarbeitungsanlage zu vermeiden sind. In Tabelle 20 sind eine Reihe von Grundsatzprogrammen eines Prozeßrechners zusammengestellt und hinsichtlich ihres wirtschaftlichen Erfolges ausgewertet. Die sehr vorsichtig vorgenommene Bewertung läßt die Vermeidung von zwei Ausfalltagen

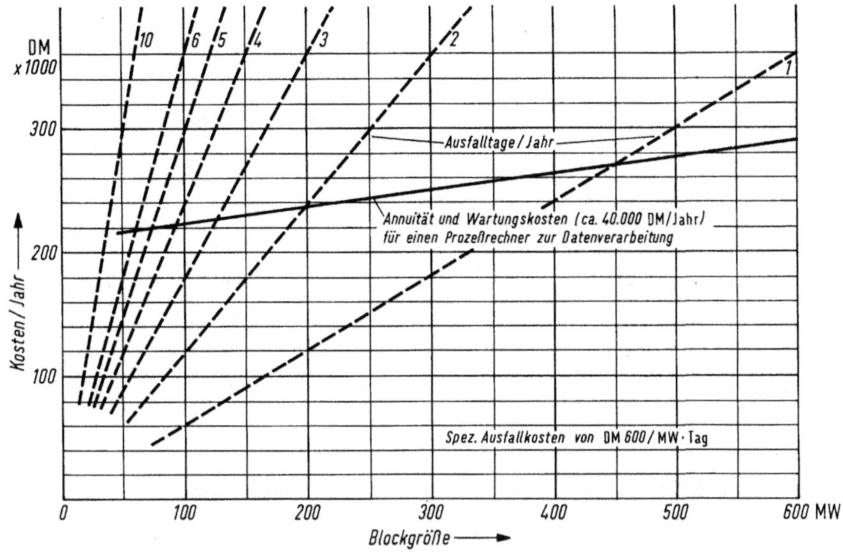

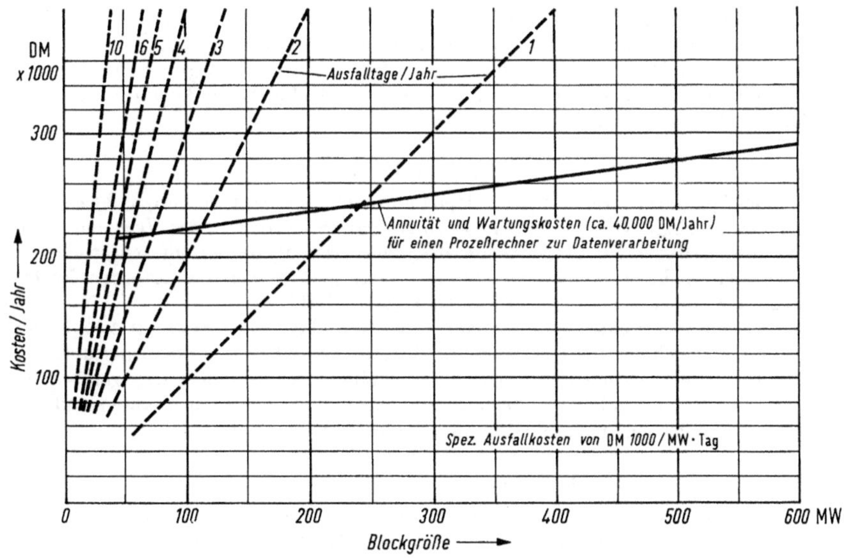

Abb. 398. Wirtschaftlichkeit eines Prozeßrechners bei unterschiedlicher Verfügbarkeit des Blockes und spezifischen Ausfallkosten von 600 und 1000 DM/MW · Tag

pro Jahr erwarten. Sofern keine vertraglichen Abmachungen oder gesetzlichen Vorschriften über die Revisionsintervalle bestehen, wird auch die Revisionszeit im Verhältnis zur Reisezeit eine beeinflußbare Ausfallzeit. Es erscheint durchaus möglich, bei entsprechender Überwachung des Betriebsverhaltens und aller Verschleißerscheinungen die Revisionsintervalle ohne Risiko zu vergrößern. Die so erreichbare höhere Betriebsbereitschaft liegt u.U. weit über den vorgenannten zwei Tagen pro Jahr.

Tabelle 20. *Rechner-Grundsatzprogramme mit Bewertung*

Grundsatzprogramm	Wirtschaftlicher Erfolg	Eingesparte Ausfallzeit
Langzeitüberwachung der Anlagenteile	Vermeiden von Schäden an den Kesselheizflächen	0,5 Tage/Jahr
	Vermeiden von Schäden in der übrigen Anlage	0,1 Tage/Jahr
Planung der Wartungsarbeiten	Vermeiden unvorhergesehener Ausfälle in der Gesamtanlage	1,0 Tage/Jahr
Überwachung der Gebergeräte	Höhere Sicherheit, Bewertung unterbleibt	
Statistische Datenerfassung und -auswertung	Bessere Information, Bewertung unterbleibt	
Störungsaufklärung	Kürzt Störungssuche innerhalb 20 Jahren um insgesamt 8 Tage	0,4 Tage/Jahr
Höhere Verfügbarkeit insgesamt		2,0 Tage/Jahr

Unter den gleichen Voraussetzungen wie bei der automatischen Steuerung ist in Abb. 398 der jährliche Gewinn in Abhängigkeit von der Blockgröße mit den Ausfallkosten pro MW und Tag zum Schnitt gebracht. Bei einer Ausfallzeit von zwei Tagen pro Jahr und einem Preis von etwa 2 Mio. DM für den Prozeßrechner, der den Rechner selbst, seine peripheren Geräte, sämtliche Meßgeber und die zugehörige Verkabelung, die Programmierung sowie Montage und Inbetriebsetzung einschließt, schneiden die vorgenannten Kurvenscharen die Linie der kapitalisierten Kosten für den Prozeßrechner bei Wahrscheinlichkeit 1 im Bereich der heute üblichen Blockgrößen. Es ergibt sich demnach aus der Vermeidung von Ausfallzeiten allein bereits ein wirtschaftlicher Anreiz für den Einsatz einer Meßdatenverarbeitungsanlage.

2. Personalkosten

Von einer Meßdatenverarbeitungsanlage kann nicht erwartet werden, daß sie Personaleinsparungen erbringt. Die ihr übertragenen Aufgaben wurden in der Vergangenheit nur zu einem ganz geringen Prozentsatz von Menschen erledigt, da der wirtschaftliche Erfolg wegen der Vielschichtigkeit der Probleme hochqualifiziertes Personal erfordert hätte und dies wegen der Menge der Daten noch in sehr großer Zahl.

Den Personalbedarf einer Meßdatenverarbeitungsanlage sollte man mit zwei Mann ansetzen. Diese übernehmen die Überwachung der Anlage und Programmierungsarbeiten für Sonderfragen. Die Wartung der Anlage in Störfällen überträgt man dagegen am besten der Lieferfirma, bei der alle gerätetechnischen Erfahrungen zusammenlaufen und bei der Geräte-Spezialisten auch arbeitsmäßig ausgelastet werden können.

3. Einsparung von Geräten

Die in der Kraftwerkstechnik installierten anzeigenden und schreibenden Geräte dienen dem augenblicklichen Informationsfluß und der Darstellung von zeitlichen Abläufen. Diese Aufgabe deckt sich nicht mit der des Prozeßrechners. Außerdem gibt der Prozeßrechner seine Daten meist digital aus, was für eine Uhrzeitangabe vielleicht noch sinnvoll ist, bei Temperaturen, Drücken oder Mengen aber einen intensiveren Denkvorgang auslöst als z.B. die Zeigerstellung auf einer Skala. Ein Ersatz der üblichen Anzeigeinstrumente durch den Prozeßrechner erscheint deshalb im größeren Umfang nicht möglich.

Eine ähnliche Situation besteht bei der optisch-akustischen Gefahrmeldeanlage. Diese wendet sich mit einer intensiven Sofortinformation an den Menschen, der aus der Erfahrung Wesentliches und Unwesentliches unterscheiden gelernt hat und schnell eingreifen kann. Die Meßdatenverarbeitungsanlage registriert gleichzeitig die Reihenfolge des zeitlichen Einlaufs mehrerer Gefahrmeldungen, um den Ablauf einer Störung leichter rekonstruieren zu können. Ein Weglassen der Sofortinformation erscheint fragwürdig, da nicht erwartet werden kann, daß der Mensch auf ein Schreibmaschinenprotokoll oder dessen Anzeige in einem Sichtgerät schnell genug reagiert. In einigen amerikanischen Anlagen hat man zwar den Versuch gemacht, die optisch-akustische Gefahrmeldeanlage durch den Prozeßrechner zu ersetzen, ist aber wegen der mangelhaften Sofortinformation immer wieder zu einer normalen Gefahrmeldeanlage übergegangen.

Neben diesen informationstheoretischen Überlegungen sollte man bedenken, daß die Zentralisierung des Informationsflusses in einem Rechner auch die Gefahr in sich birgt, daß die gesamte Information plötzlich ausfällt. Das redundante System der Anzeigen in der Warte, das jede Änderung an mehreren Instrumenten sichtbar macht, dürfte deshalb auch aus Sicherheitsgründen vorzuziehen sein.

4. Brennstoffersparnis

Da der Wirkungsgrad des Prozesses durch die Planung festgelegt wird, bestehen in einem gut geführten Betrieb nur unwesentliche Eingriffsmöglichkeiten, die den Wirkungsgrad bei vorgegebenen Lastverhältnissen verbessern könnten. Einer Verschlechterung des Prozesses läßt sich allerdings entgegenwirken, wenn der Prozeßrechner einzelne Abnahmemessungen laufend wiederholt und dabei die Ursachen von etwaigen Abweichungen ermittelt. Man sollte diesen Einfluß allerdings nicht zu hoch bewerten, was aus nachfolgender Abschätzung hervorgeht. In einem 300 MW-Block mit 4500 Vollast-Benutzungsstunden pro Jahr und einem Wärmepreis von 8 DM/10^6 kcal ergibt sich aus einer Wärmeverbrauchsverbesserung von 1 kcal/kWh eine Einsparung von etwa 11 000 DM/Jahr.

Unterstellt man, daß der Prozeßwirkungsgrad durchgehend um rd. $^1/_4$% verbessert werden kann, wenn jede Unwirtschaftlichkeit in der Fahrweise sofort gemeldet wird, so kommt man nicht im entferntesten in die Größenordnung des wirtschaftlichen Erfolges, der in einer besseren Verfügbarkeit liegt.

Die erörterten Zahlen zeigen zusammenfassend, daß auch bei vorsichtiger Bewertung ein Prozeßrechner mit einer zweckentsprechenden Aufgabenstellung bei den heute gebauten Blockgrößen wirtschaftlich sinnvoll ist.

VII. Wege der weiteren Entwicklung

Das Streben nach möglichst niedrigen Stromerzeugungskosten lenkt heute den Kraftwerksbau auf immer größere Einheitsleistungen. Die dabei erzielte Degression der Herstellungskosten wird aber nicht geschenkt, sondern durch immer bessere Materialausnutzung und einen fast pufferlosen Umlauf der Betriebsmittel erreicht. Man hat in den USA als Folge bereits festgestellt, daß die Verfügbarkeit solcher großen Einheiten mit wachsender Größe etwas abfällt. Stillstände erhöhen aber die Stromerzeugungskosten. Sie lassen sich nur vermindern, wenn es gelingt, menschliche Unzulänglichkeiten im Betrieb auszuschalten und die Wartung der Anlagen an Hand besserer Informationen über Ermüdungs- und Verschleißerscheinungen des Materials zu verbessern. Der Schutz aller Anlagenteile und die Vermeidung von Folgeschäden wird außerdem in der Zukunft erheblich an Bedeutung gewinnen.

Auf dem Wege zu einem Minimum der Stromerzeugungskosten ist demnach die Betriebssicherheit der Kraftwerke ein entscheidender Faktor. Sieht man in diesem Zusammenhang von Maßnahmen der Planung ab, die natürlich ebenfalls auf dieses Ziel ausgerichtet sind, so läßt sich die Sicherheit nur noch durch einen höheren Automatisierungsgrad bei der Steuerung und den Einsatz von Datenverarbeitungsanlagen verbessern. Die Wirtschaftlichkeit dieser Maßnahmen steht besonders bei großen Einheiten außer Frage. Die heute und in der Zukunft zur Verfügung stehenden elektronischen Geräte werden sich bei der Erfüllung dieser Aufgaben so ergänzen müssen, daß ein Höchstmaß an Sicherheit und Wirtschaftlichkeit erreicht wird. Diesem Ziel wird auch in Zukunft eine sinnvolle Kombination von zentralen Rechnergeräten und dezentralisierten Automatiksteuerungen dienen. Es ist anzunehmen, daß dabei die an einzelne Geräte gebundenen Automatisierungskonzepte verblassen. Auch der Wunschtraum von dem einen Knopf, mit dem das vermaschte Geschehen eines Kraftwerksblockes gesteuert wird, dürfte dabei in den Hintergrund rücken. Genauso, wie heute Regel- und Schutzeinrichtungen zu selbstverständlichen Bestandteilen eines Blockkraftwerkes geworden sind, wird sich die immer weitergehende Automatisierung und Meßdatenverarbeitung von dem Selbstzweckdenken lösen und der möglichst wirtschaftlichen Erzeugung elektrischer Energie dienen.

Neben allen Wirtschaftlichkeits- und Gerätefragen ist im Interesse des Ganzen auch die Funktion des Menschen im automatisierten Kraftwerk von erheblicher Bedeutung. Gäbe es nicht die Gewißheit, daß weder der planende und bauende Automatikingenieur noch das von ihm verwendete Material vollkommen sind, so könnte man glauben, daß der Mensch völlig aus dem Betrieb des Kraftwerkes ausgeschaltet werden soll. Tatsächlich ist aber der schöpferisch denkende Mensch im Betrieb genauso nötig wie in der Planung.

Im Interesse dieser Menschen muß man sich zunächst fragen, wie der Kontakt zwischen Mensch und Automatik geknüpft werden muß, damit das Interesse nicht auf wenige, der Automatik nicht unterstellte Anlagenteile fehlgelenkt wird. Um das Mitdenken mit der Automatik zu ermöglichen und immer wieder anzuregen, sollten automatische Steuereinrichtungen den von ihnen gelenkten Betriebsablauf informativ in die Warte übertragen. Das dabei erzielte betriebliche Ergebnis, das durch eine zeitgerechte Registrierung aller wesentlichen Daten auf Vielfachschreibern abgebildet werden kann, sollte nicht einer „Meßdatenreduzierung“ zum Opfer fallen. Des weiteren kann man sich ruhig fragen, was man nicht automatisieren sollte. Hierfür bietet sich jeder stationäre Betrieb unter abweichenden Bedingungen an, die durch Reparaturen einzelner Anlagenteile erzwungen werden. Solchen zeitlich befristeten und in der Planung kaum erfaßbaren Aufgaben ist der Mensch sicherlich am besten gewachsen. Auch Korrekturen der Belastungsverhältnisse des Blockes sowie langfristige Entscheidungen über Reparaturen und Revisionen sollten immer dem Menschen vorbehalten bleiben. Geräte der Automatisierungstechnik können solche Entscheidungen zwar mit vorbereiten, sie können aber nicht schöpferisch und unternehmerisch denken wie jeder Betriebsmann, der an der unterbrechungslos laufenden Erzeugung elektrischer Energie beteiligt ist.

Aus diesen Aufgaben ergibt sich eine übergeordnete Tätigkeit des Betriebspersonals, die das Verantwortungsbewußtsein stärkt. Für den Menschen zeichnet sich dabei eine Situation ab, in der die „Automation“ trotz des ihr anhaftenden Rufes einen physischen und psychischen Fortschritt am Arbeitsplatz bringt.

Schrifttum

[1] Herbst, H.-C.: Automatisierung im Dampfkraftwerk — ein Mittel zur Rationalisierung. Elektrizitätswirtsch. Bd. 64 (1965), S. 568/73.

[2] Ernst, D.: Die Entwicklung zum automatischen Dampfkraftwerk. Brennstoff Wärme Kraft Bd. 17 (1965), S. 471/77.

[3] Ernst, D.: Entwicklungsbeiträge zur Automatisierung in der Energieversorgung. Siemens-Z. Bd. 39 (1965), S. 473/82.

[4] Reiske, K.: Das automatische Dampfkraftwerk. Siemens-Z. Bd. 38 (1964), S. 125/29

[5] Cleve, U., u. U. Sauerbeck: Automatisierung in Wärmekraftwerken. BBC-Nachr. Bd. 46 (1964), S. 104/12.

[6] Hess, W. T., L. V. Maurin, F. A. Ritchings u. W. A. Summers: Computer starts, runs, stops Little Gypsy. Electr. World Bd. 157 (1962), Nr. 17, S. 54/57. — Little Gypsy uses advanced hardware. Electr. World Bd. 157 (1962), Nr. 18, S. 46/50. — Little Gypsy teaches vital lessons. Electr. World Bd. 157 (1962), Nr. 19, S. 51/56.

[7] CHADWICK, W. L., u. W. R. GOULD: Computer shakedown at Huntington Beach consolidates experience. Electr. World Bd. 158 (1962), Nr. 21, S. 59/62 u. 103 u. 106.
[8] HESS, W. T., u. W. L. CHADWICK: Operating improvements and economics through automation in steam electric plants (as exemplified by Huntington Beach and Little Gypsy plants). Weltkraftkonferenz Melbourne 1962, Bericht 32 III. 32/2.
[9] Successful start, operation of 300 MW-unit verifies computer control. Electr. World Bd. 161 (1964), Nr. 18, S. 64/67 u. 108.
[10] JANON, P.: The use of digital computers in French thermal and nuclear power stations. In: Digital Computer Applications to Process Control (Proc. IFAC/IFIP Conf. Stockholm 1964), New York: Plenum Press 1965.
[11] QUAZZA, G.: On-line digital computers in power stations in Italy. In: Digital Computer Applications to Process Control (Proc. IFAC/IFIP Conf. Stockholm 1964), New York: Plenum Press 1965.
[12] JERVIS, M. W., u. P. R. MADDOCK: Electric power stations start-up and control. In: Digital Computer Applications to Process Control (Proc. IFAC/IFIP Conf. Stockholm 1964), New York: Plenum Press 1965.
[13] QUACK, R.: Digital computers in German power plants and distribution system. In: Digital Computer Applications to Process Control (Proc. IFAC/IFIP Conf. Stockholm 1964), New York: Plenum Press 1965.
[14] SCHALMANN, M. P.: Automatisierung von Wärmekraftwerken in russischer Sicht. Teploenergetica 1966, Nr. 23, S. 6/7.
[15] ROIK, E. M.: Die Bildung des Algorithmus zum Anfahren eines Blockes für ein Steuersystem mit Prozeßrechnern. Teploenergetica 1966, Nr. 9, S. 33/38.
[16] BOLLMANN, H., u. R. SCHMIDT: Die Funktionsgruppensteuerung — ein Bausteinsystem für automatische Steuerungen im Dampfkraftwerk. Siemens-Z. Bd. 38 (1964), S. 67/78.
[17] FREYMEYER, P., u. M. JUNG: Die SIMATIC-Betätigungsebene in Dampfkraftwerken als unterste Steuerebene für die Automatisierung. Siemens-Z. Bd. 38 (1964), S. 129/35.
[18] ERNST, D., A. FOLGMANN, W. FRIEDRICH u. G. SEYFERTH: Elektrohydraulische Regelung von Dampfturbinen. Siemens-Z. Bd. 37 (1963), S. 280/86.
[19] SCHEM, O.: Ermittlung und Anzeige der zulässigen Betriebsweise von Dampfturbosätzen. Siemens-Z. Bd. 37 (1963), S. 126/31.
[20] BROCKHAUSEN, P., H. KÜRTEN u. K. SEITZ: Automatischer Betrieb von Dampfturbosätzen. Siemens-Z. Bd. 40 (1966), S. 483/88.
[21] HOTES, H.: Das Anfahren von Dampfturbinen und Wege zur Automatisierung. Elektrizitätswirtsch. Bd. 63 (1964), S. 293/99.
[22] SACK, M., u. E. GLAHE: Erste Betriebsergebnisse mit den automatisch arbeitenden Dampfturbogruppen. BBC-Nachr. Bd. 46 (1964), S. 157/64.
[23] HANDSCHUH, H., M. JUNG u. J. STERFF: Der automatische Betrieb von Kesselspeisepumpen im Dampfkraftwerk. Siemens-Z. Bd. 39 (1965), S. 1039/45.
[24] RAMSAUER, H., u. A. STOLL: Schutzeinrichtungen für Kesselspeisepumpen. Siemens-Z. Bd. 39 (1965), S. 341/42.
[25] FALKENBERG, E., H. SCHWARZ u. A. STOLL: Erhöhung der Verfügbarkeit von Dampfkraftwerken durch Datenverarbeitungsanlagen. Siemens-Z. Bd. 41 (1967), S. 100/04.
[26] BURDICK, E. J., u. T. J. GLASS: Aufgabe und Wirtschaftlichkeit von digitalen Rechenmaschinen bei der Automatisierung von Dampfkraftwerken. Regelungstechnik Bd. 12 (1964), S. 1/7.
[27] ERNST, D., u. H. KALTENECKER: Einsatz von Prozeßrechnern. Siemens-Z. Bd. 39 (1965), S. 932/39.

B. Regelung und Überwachung des wärmetechnischen Teiles im Blockkraftwerk

Von KARL ERTEL

I. Regelung

a) Überblick und Zweck

Die Anzahl der zu regelnden und zu steuernden Vorgänge ist in den neuzeitlichen Kraftwerken sehr groß und wächst mit der ständigen Steigerung der Einheitenleistungen immer mehr. Durch die räumlichen Abmessungen der gesamten Anlage und der einzelnen Aggregate, insbesondere der Dampferzeuger, der Turbosätze, der für die Wärmerückgewinnung eingesetzten Vorwärmer usw. ergibt sich eine weitverstreute Lage der Meßstellen, der Stellorgane für die Regelung und der Hilfsantriebe im gesamten Block. Der Einsatz des Bedienungspersonals muß aus technischen und wirtschaftlichen Gründen auf die Mindestzahl beschränkt werden. Im Zuge der Entwicklung wurde daher auf eine weitestgehende Anwendung von Steuerungs- und Regelungseinrichtungen, die zur rationellen Betriebsweise der Anlagen beitragen, und auf die zentrale Überwachung bei sparsamem Personaleinsatz übergegangen.

Die Regelungstechnik ist für die Blockkraftwerke noch in ständiger Entwicklung. Die Vorgänge an Turbine, Kessel und im Wasser-Dampf-Kreislauf sind für den stationären und Laständerungsbetrieb in den neuzeitlichen Kraftwerken fast vollständig der selbsttätigen Regelung unterstellt worden. Auch die Regelung der elektrischen Leistung der Blockanlagen mit allen Problemen des elektrischen Netzes ist gelöst und ausgeführt worden. Die Automatisierung der Anfahr- und Abstellvorgänge wird z. Z. unter dem Einsatz der neuesten Erkenntnisse und mit neuen Mitteln geplant. Die Voraussetzung für ein vollautomatisch betriebenes Dampfkraftwerk ist aber eine vollständige regelungstechnische Ausrüstung, mit der alle im Bereich der Möglichkeiten liegenden Betriebsfälle beherrscht werden können. Schon bei der Projektierung der Anlage ist daher dafür zu sorgen, daß

alle regelbaren Vorgänge mit Regelungseinrichtungen ausgerüstet werden,

Vorgänge regelbar gemacht werden, indem der betreffende Anlagenteil entsprechend ausgelegt wird,

die Fernsteuerungseinrichtungen zum Handeingriff durch den Wärter zweckmäßig angeordnet und kontrollierbar sind,

das Handhaben der Steuerungen einfach bleibt,

das Beobachten der Vorgänge durch zweckentsprechende Auswahl der Instrumente und übersichtliche Anordnung leicht möglich ist,

alle Gefahrenzustände und extremen Betriebszustände zur Unterstützung der Aufmerksamkeit des Personals gemeldet werden,

alle notwendigen selbsttätigen Schutzeinrichtungen vorgesehen werden.

Das Einhalten der Betriebsvorschriften ist bei normaler Kontrolle nur durch eine ausreichende, den Erfordernissen des Betriebes entsprechende Regelung und Überwachung möglich. Schnelle Kontrolle muß im Störfalle gewährleistet sein. Die gute Übersicht über die Betriebsvorgänge erfordert zwangsläufig die Zusammenfassung der gesamten wärmetechnischen Überwachungs- und Steuergeräte in einem geeigneten Raum, der Wärmewarte. (Näheres über Warten im Dritten Band, Teil A, S. 684/701.) Auch auf die übersichtliche Verlegung der elektrischen Kabel und Leitungen von den Meß- bzw. Steuerstellen in die Warte ist zu achten, um unverzüglich Prüfungen bei Störungen durchführen zu können.

b) Regelungstechnische Begriffe und Anforderungen

Die im Text verwendeten regelungstechnischen Begriffe sind in den Normen DIN 19 226 [*1*] erklärt und festgelegt. Nachstehend werden daher nur die wichtigsten Begriffe erläutert:

Mit Regelung [*2 bis 4*] wird ein Vorgang bezeichnet, bei dem eine Betriebsgröße — die Regelgröße — fortlaufend durch Stelleingriffe auf Grund von Messungen der Regelgröße auf einen bestimmten Wert — den Sollwert — gebracht und gegen den Einfluß von Störgrößen auf diesem Sollwert gehalten wird. Der dadurch entstehende Wirkungsablauf vollzieht sich in einem geschlossenen Kreis, dem Regelkreis (Abb. 399). Dieser besteht aus der Regelstrecke und dem Regler.

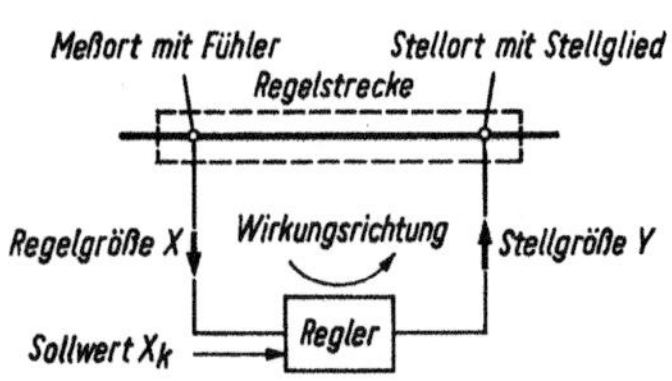

Abb. 399. Regelkreis

Die Regelstrecke ist der Bereich der Anlage, in dem eine Größe durch die Regelung beeinflußt wird. Ihre Eigenschaften sind für den Ablauf der Regelung maßgebend. Am Meßort der Regelstrecke wird der Istwert der Regelgröße X mit einem Meßgerät gemessen. Im Regler wird der Istwert mit einem vorgegebenen Sollwert X_k verglichen und aus der Differenz dieser beiden Größen — der Regelabweichung — eine Stellgröße Y gebildet. Diese beeinflußt das am Stellort der

Regelstrecke angebrachte Stellglied so, daß der Einfluß der Störgrößen auf die Regelgrößen teilweise oder ganz aufgehoben wird, die Regelabweichung also kleiner bzw. zu Null wird.

Bei den meisten Regelstrecken im Kraftwerk folgt die Regelgröße einer Stellgrößenänderung nicht unmittelbar, sondern zeitlich verzögert. Um Regelabweichungen möglichst schnell und möglichst ohne große Überschwingungen beseitigen zu können, muß das Zeitverhalten des Reglers (zeitlicher Verlauf der Stellgröße abhängig von der Regelabweichung) dem Zeitverhalten der Regelstrecke angepaßt werden.

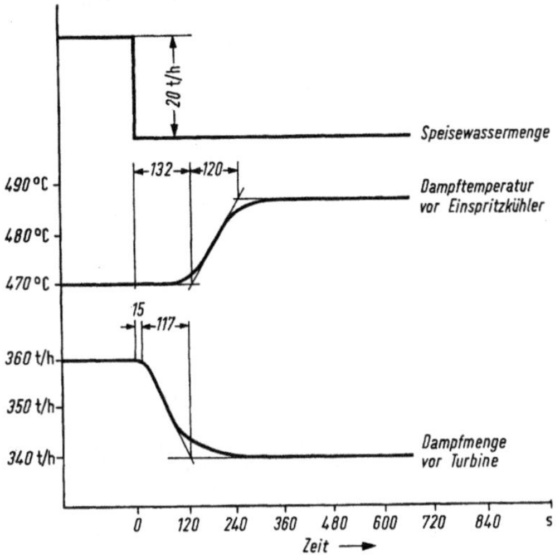

Abb. 400. Übergangsfunktion nach einer Änderung der Speisewassermenge, aufgenommen an einem Bensonkessel mit Steinkohle-Schmelzkammerfeuerung

Das Zeitverhalten von Reglern und von Regelstrecken wird durch ihre Übergangsfunktionen beschrieben. Diese Übergangsfunktionen stellen den zeitlichen Verlauf der Ausgangsgröße des Reglers oder der Regelstrecke dar, der sich ergibt, wenn bei offenem Regelkreis die Eingangsgröße des Reglers oder der Regelstrecke sprungartig um einen bestimmten festen Betrag geändert wird. Eingangsgröße des Reglers ist die Regelgröße, der Regelstrecke die Stellgröße, Ausgangsgröße des Reglers ist die Stellgröße, der Regelstrecke die Regelgröße.

Bemerkenswert sind bei thermischen Prozessen die Übergangsfunktionen mit verhältnismäßig großer Totzeit T_t und Anlaufzeit T_a. Zur Erläuterung sind in Abb. 400, 401, 402 und 403 an Bensonkesseln mit annähernd gleichen Leistungen, jedoch mit verschiedenen Feuerungen aufgenommene Übergangsfunktionen bei Änderung der Speisewasser- bzw. Brennstoffzu-

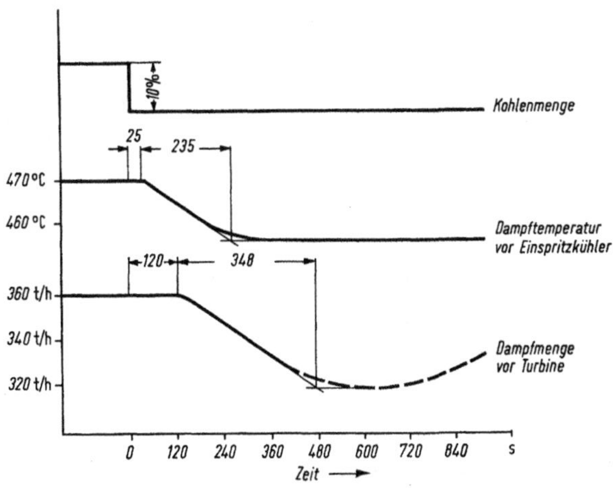

Abb. 401. Übergangsfunktion nach einer Änderung der Brennstoffmenge, aufgenommen an einem Bensonkessel mit Steinkohle-Schmelzkammerfeuerung

fuhr [5] dargestellt. Der Braunkohlenkessel mit trockenentaschter Brennkammer hat eine Dampfleistung von 450 t/h bei einem Frischdampfzustand von 175 atü, 530 °C, der

Steinkohlenkessel mit Schmelzkammerfeuerung 400 t/h bei 180 atü, 530 °C. Die Änderungen der Speisewasser- bzw. der Brennstoffmenge wurden sprunghaft durchgeführt. Beim Steinkohlenkessel wurde während der Aufnahme der Dampfdruck vor der Turbine konstant, beim Braunkohlenkessel die Einlaßventile der Turbine in unveränderter Stellung gehalten. Während beim Braunkohlenkessel die Verzugszeit des Druckes nach einer Änderung des Speisewasserstromes annähernd gleich der Verzugszeit nach der des Brennstoffstromes ist (Abb. 402 und 403), sind beim Steinkohlenkessel für die Verzugszeiten der

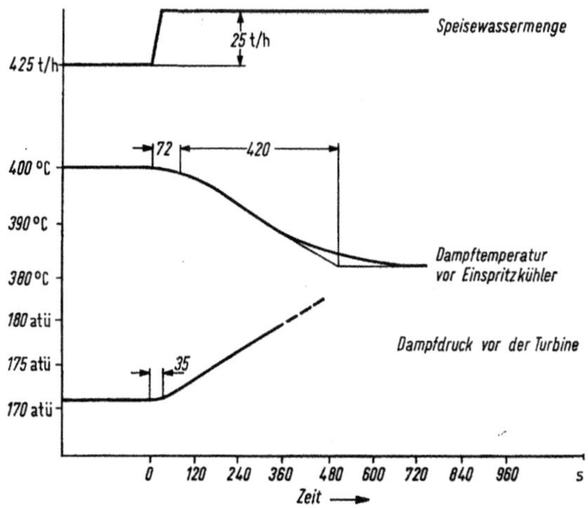

Abb. 402. Übergangsfunktion nach einer Änderung der Speisewassermenge, aufgenommen an einem Bensonkessel mit Braunkohlefeuerung

Dampflußänderungen, die gleichbedeutend mit Druckänderungen sind, erhebliche Unterschiede feststellbar (Abb. 400 und 401). Das verschiedene Verhalten der beiden Kesselanlagen ist auf die feuerungsbedingten Konstruktionsunterschiede zurückzuführen.

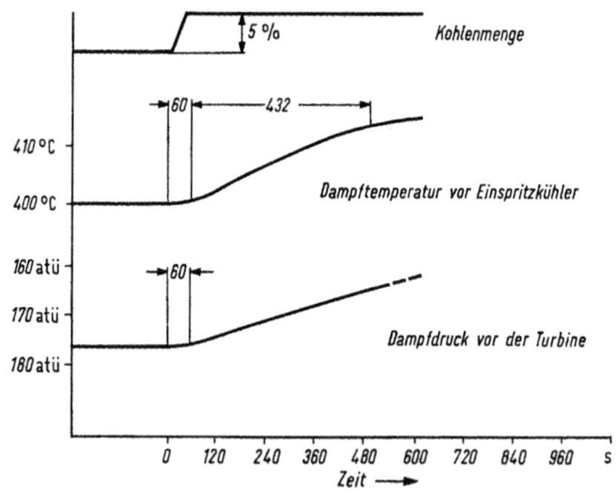

Abb. 403. Übergangsfunktion nach einer Änderung der Brennstoffmenge, aufgenommen an einem Bensonkessel mit Braunkohlefeuerung

Das erzielbare Regelergebnis hängt vom Zeitverhalten der Regelstrecke und von den Eigenschaften des Reglers ab. Zeitliche Verzögerungen machen die Regelung schwieriger, besonders dann, wenn die Totzeit im Verhältnis zur Anlaufzeit lang ist. Deshalb sind bei der Konstruktion der Anlagen nicht nur die betriebstechnischen, sondern auch die regelungstechnischen Bedingungen zu beachten. Das genaue Zeitverhalten der thermischen Regelstrecken im Kraftwerk kann im allgemeinen erst während der Inbetriebsetzung ermittelt werden. Für die Projektierung müssen Annahmen getroffen werden, die sich vielfach auf Erfahrungswerte von ausgeführten ähnlichen Anlagen stützen.

Die Aufgabenstellungen für die Regelungen im Blockkraftwerk ergeben sich aus den im Dampfkraftprozeß einzuhaltenden Betriebsbedingungen. Die Auswahl der Regelgeräte richtet sich nach den Aufgaben, die an das Reglersystem in bezug auf die Regelgenauigkeit und die Regelgeschwindigkeit gestellt werden. Im Kraftwerk sind nahezu alle Reglersysteme anwendbar. Mit Rücksicht auf die Ersatzteilhaltung ist anzustreben, möglichst einheitliche Geräte einzusetzen.

Die Vorteile der selbsttätigen Regelung sind leicht zu erkennen. Das Wartungspersonal wird vom ständigen Steuern der Ventile, Klappen usw. entlastet. Diese Arbeit ist ohnehin von der Geschicklichkeit des Wärters, seiner Reaktionsfähigkeit und seiner Erfahrung abhängig und wird durch die genaueren selbsttätigen Vorgänge der Regelungen ersetzt. Genaues Einhalten der zu regelnden Größen stabilisiert die Vorgänge und hat einen günstigen Einfluß auf den Wirkungsgrad der Anlage. Eine neuzeitliche leistungsfähige Regelung löst die gestellten Regelaufgaben einwandfrei, zuverlässig und betriebssicher. Sie soll vom Betriebspersonal leicht übersehen und bedient werden können. An die Regelungen sind folgende Forderungen zu stellen:

hohe Regelgenauigkeit,
einfache Sollwertstellung, automatisch oder von Hand,
einfaches Anpassen des Reglers an die Regelstrecke (Zeitverhalten),
Betriebssicherheit und einfache Bedienung,
geringer Wartungsbedarf,
einfache Schaltung und leichte Austauschbarkeit der Bauglieder sowie die Möglichkeit der Erweiterung, z.B. nachträgliches Aufschalten zusätzlicher Regelsignale.

c) Arten der Regler

1. Regler ohne Hilfsenergie

Bei Reglern ohne Hilfsenergie wird das Stellglied vom Meßglied direkt beeinflußt. In den meisten Fällen handelt es sich um mechanische Regler. Im Kraftwerk kommen fast nur die stetig wirkenden Systeme dieser Reglertypen vor. Nicht stetig arbeitende werden nur selten und für untergeordnete Zwecke verwendet.

2. Regler mit Hilfsenergie

Arbeitet der Regler mit Hilfsenergie, so kann man nach der verwendeten Hilfsenergie bzw. ihrer Kombination folgende Einteilung treffen:

hydraulische Regler,
pneumatische Regler,
elektrische Regler,
elektrohydraulische Regler,
elektropneumatische Regler.

Bei den Kombinationen werden die Vorteile der elektrischen Messung mit den Vorteilen der hydraulischen oder pneumatischen Stellglieder vereinigt.

d) Zeitverhalten der Regler

1. Zwei-(Drei-)Punktregler

Das Stellglied nimmt nur zwei Stellungen (Punkte) ein, z.B. „ein—aus" oder „stark—schwach". Dadurch kann der Istwert der Regelgröße dauernd um den Sollwert pendeln (Abb. 404). An Regelstrecken mit großen Speichervermögen können mit diesen einfachen

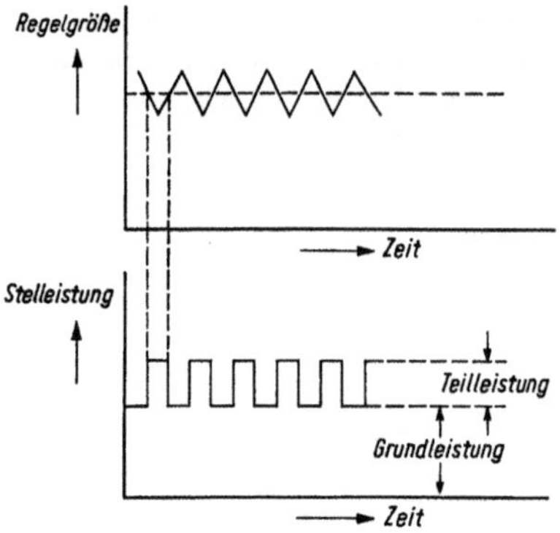

Reglern ausreichende Regelergebnisse erzielt werden. Man läßt durch den Regler meist nicht die ganze Stelleistung schalten, sondern nur eine Teilleistung, während eine Grundleistung dauernd bestehen bleibt, z. B. bei der Temperaturregelung elektrisch beheizter Anlagenteile. Beim Dreipunktregler ist noch eine dritte Schaltstufe vorhanden. Er steuert z. B. nach dem Schema „stark ein—schwach ein—aus".

Abb. 404. Zweipunkt-Regelung (vereinfacht)

2. Stetige Regler

Bei den stetigen Reglern kann das Stellglied jede Zwischenstellung innerhalb des Stellbereiches einnehmen. Dadurch läßt sich ein Beharrungszustand erreichen.

Nach dem Zeitverhalten unterscheidet man folgende Regler:

Integral wirkende Regler (*I-Regler*) (Abb. 405). Jeder Größe der Regelabweichung ist eine bestimmte Änderungsgeschwindigkeit der Stellgröße zugeordnet. Der Wert der Stellgröße ist dem Zeitintegral der Regelabweichung proportional. Der Regler hält im Beharrungszustand den Sollwert ohne bleibende Abweichung ein.

Proportional wirkende Regler (*P-Regler*) (Abb. 406). Jedem Wert der Regelabweichung ist eine bestimmte Stellung des Stellgliedes zugeordnet. Dadurch ergibt sich eine bleibende Regelabweichung, die sog. Proportional-Abweichung.

Bei den Regelungen des thermischen Kraftwerkes kann eine derartige P-Abweichung häufig in Kauf genommen werden. Unter dem Proportionalbereich ist der Bereich zu verstehen, um den sich die Regelgröße ändern muß, damit das Stellglied den vollen Stell-

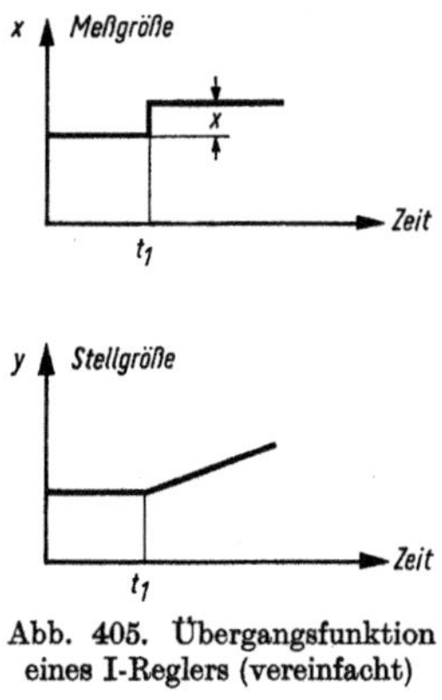

Abb. 405. Übergangsfunktion eines I-Reglers (vereinfacht)

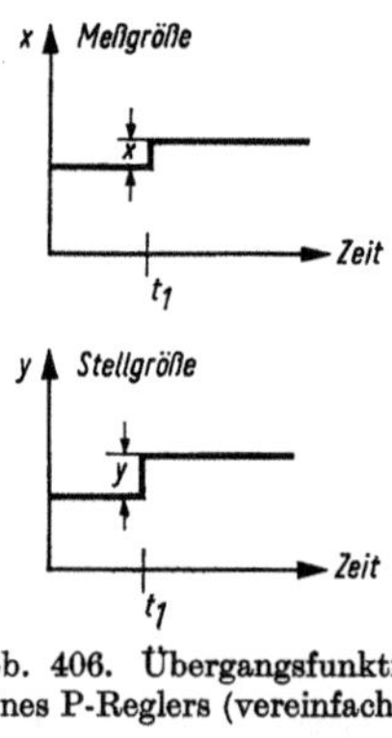

Abb. 406. Übergangsfunktion eines P-Reglers (vereinfacht)

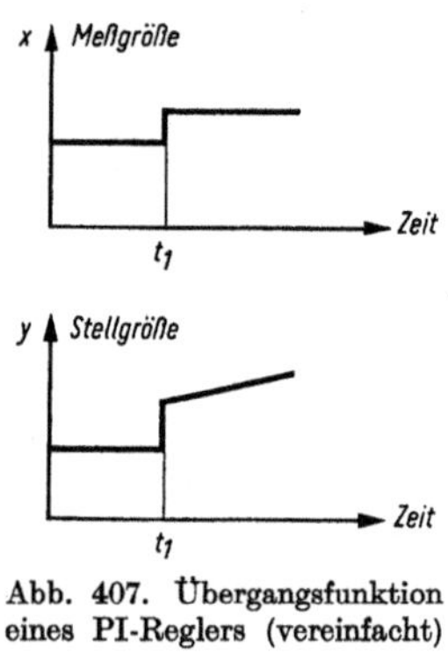

Abb. 407. Übergangsfunktion eines PI-Reglers (vereinfacht)

bereich durchläuft. Der Proportionalbereich ist nicht beliebig wählbar. Er muß so groß eingestellt werden, daß die Regelung nicht schwingt, was vom Zeitverhalten der Regelstrecke abhängig ist. P-Regler werden z. B. bei den Wasserstandsregelungen an den Vorwärmern usw. eingesetzt.

Proportional-integral wirkende Regler (*PI-Regler*) (Abb. 407). Das Stellglied wird durch ein der Regelabweichung und ihrem Zeitintegral proportionales Signal beeinflußt. Der Sollwert wird ohne bleibende Regelabweichung gehalten. Der PI-Regler ist der im Kraftwerk am häufigsten vorkommende Regler.

Proportional wirkende Regler mit Vorhalt (*PD-Regler*) (Abb. 408). Beim PD-Regler wird das Stellglied proportional der Regelabweichung und ihrer Änderungsgeschwindigkeit der Regelgröße, d. h. ihrem Differentialquotienten (D) verstellt. Das Stellglied wird hierdurch vorübergehend übersteuert (Vorhalt).

Proportional-integral wirkende Regler mit Vorhalt (*PID-Regler*) (Abb. 409). Der PID-Regler arbeitet wie der PI-Regler, jedoch wird das Stellglied zusätzlich von der Änderungsgeschwindigkeit der Regelgröße abhängig verstellt. Durch die Vorhaltwirkung wird die Regelabweichung schneller beseitigt.

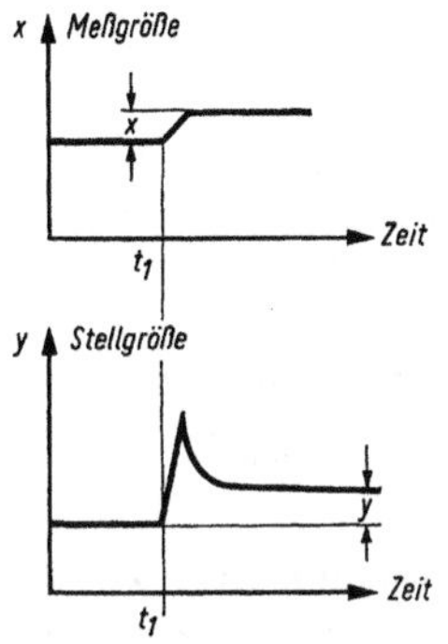

Abb. 408. Übergangsfunktion eines PD-Reglers (vereinfacht)

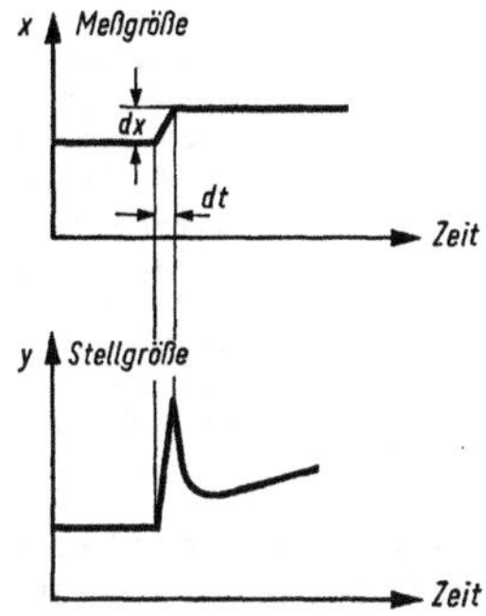

Abb. 409. Übergangsfunktion eines PID-Reglers (vereinfacht)

Aufschaltung von Störgrößen. Das Regelergebnis kann häufig dadurch verbessert werden, daß die Stellgröße direkt von einer Störgröße beeinflußt wird, ohne daß erst deren Auswirkung auf die Regelgröße zur Geltung kommt. Zu diesem Zwecke muß die Störgröße gemessen und dem Regler in geeigneter Weise, z. B. als Tendenz, aufgeschaltet werden.

e) Regelgrößen und Regelstrecken

Nachstehende Zusammenstellung gibt einen Überblick über die wichtigsten im Blockkraftwerk vorkommenden Regelgrößen. Man unterscheidet:

Anlagenteil	Regelgrößen
	im elektrischen Teil:
Elektrisches Netz	Leistung (Netzkennlinien) Frequenz
Generator	Spannung Blindleistung Leistungsfaktor
	im thermischen Teil:
Turbine	Drehzahl Wirkleistung Dampf-Eintrittsdruck (Vordruck oder Grenzdruck) Kondensatablauf (Wasserstand im Kondensator)

Anlagenteil	Regelgrößen
	im thermischen Teil:
Dampferzeuger	Frischdampfdruck
	Frischdampftemperatur
	Zwischenüberhitzer-Dampfdruck
	Zwischenüberhitzer-Dampftemperatur
	Zwischendampfverteilung
	Brennstofffluß
	Brennstoff-Luft-Verhältnis
	Luftfluß
	Mühlensichtertemperatur
	Mühlensichterdruck
	Feuerraum-Unterdruck
	Speisewasserstand (Naturumlauf)
	Speisewasserfluß
	Speisewasserverteilung
	Speisewasser-Mindestfluß
Dampf- und Wassernetz	Druck im Speisewasserbehälter-Entgaser
	Temperatur hinter den Kühlstationen
	pH-Wert
	Leitfähigkeit
	Wasserstand in den Vorwärmern (Kondensatablauf)
	Wasserstand in den Anfahrgefäßen
	Wasserstand in den Behältern und Speichern

Regelgrößen wie Frischdampftemperatur, Feuerraum-Unterdruck usw. werden in den weitaus meisten Fällen über den gesamten Lastbereich unabhängig von der jeweils gefahrenen Blockleistung konstant gehalten. Man bezeichnet diese Regelungen als Festwertregelungen.

Regelgrößen wie Speisewasserfluß, Brennstoff- und Luftfluß stehen zur Blockleistung in einem bestimmten Verhältnis. Sie ändern sich lastabhängig. Man nennt diese Regelungen Verhältnisregelungen.

Die Kenntnis der Aufgabenstellungen und die Beschaffenheit der Regelstrecken sind für die Planung der betreffenden Regelungen Vorbedingung. Die Gliederung der Regelstrecken hat auf die Anzahl der vorzusehenden Regler und die Schaltung der Regelkreise Einfluß. Bei Aufteilung der strömenden Medien auf mehrere parallele Stränge entstehen mehrere Regelstrecken, die die entsprechende Anzahl von Stellgliedern erfordern, die meist im Gleichlauf verstellt werden müssen. Oft sind aber auch Regelventile bzw. Regelklappen nacheinander zu betätigen. Dann wird die Folgeregelung angewandt.

Zur Projektierung der Regelanlagen [7] gehört auch die Kenntnis der erforderlichen Stellzeit der Regelorgane. Schnellwirkende Regelungen sind vornehmlich im elektrischen Teil der Anlage, an den Turbinen und an verschiedenen Druck- und Temperaturregelstrecken notwendig. Die Speisewasserzufuhr an Durchlaufkesseln gehört ebenfalls zu den verhältnismäßig schnell zu regelnden Größen. Dagegen sind für die feuerungsseitigen Regeleinrichtungen verhältnismäßig längere Stellzeiten ausreichend. Das Zusammenwirken der Regelungen, die ohnehin durch den Erzeugungsprozeß in gegenseitiger, mehr oder weniger großer Beeinflussung stehen, muß aufeinander abgestimmt werden, damit das optimale Betriebsergebnis erzielt werden kann.

1. Regelanlagen am Generator und am elektrischen Netz

Die Regelanlagen am Generator und am elektrischen Netz werden im Dritten Band, Teil A, Vierter Teil, Abschn. C, Elektrotechnische Steuerung und Verriegelung, S. 660/84, behandelt.

2. Regelanlagen an der Turbine

Bei den im Blockkraftwerk aufgestellten Turbinen handelt es sich meist um mehrgehäusige Einheiten großer Leistung, heute fast ausschließlich mit einfacher oder doppelter Zwischenüberhitzung. Zu den wichtigsten Regelungseinrichtungen gehören:

Drehzahlregelung. Beim Anfahren des Turbosatzes von Hand wird der Sollwert für die Drehzahl unter Beachtung der zulässigen Spannungsfreigrenze, angezeigt durch ein besonderes Meßgerät, z.B. Wandtemperaturgerät an Siemens-Turbinen, vorgegeben. Beim selbsttätigen Anfahren wird der Drehzahlsollwert durch einen kleinen Analogrechner bestimmt. Ist der Generator mit dem Netz verbunden, also mit anderen Stromerzeugern parallel geschaltet, dann stellt sich die Leistung infolge der statischen Kennlinie der Drehzahlregelung entsprechend der Netzfrequenz ein. Einer bestimmten Drehzahlabweichung ist eine bestimmte Ventilstellung (Dampfdurchsatz) zugeordnet. Der Drehzahlregler hat P-Verhalten.

Bei Außerbetriebnahme des Turbosatzes (Abfahren) oder im Schnellschlußfalle, mit dem eine Trennung vom Netz verbunden ist, wird die Turbine ebenfalls nur dem Drehzahlregler unterstellt. Die ausführliche Beschreibung der Drehzahlregelung ist im Fünften Teil, Abschn. A IV h, Dampfturbinen, S. 74/89, enthalten.

Wirkleistungsregelung. Der Leistungsregler greift in die Sollwert-Verstelleinrichtung der Turbine ein. Der Leistungs-Sollwert wird bei Fahrweise mit langzeitig gleichbleibender Last (Festlastbetrieb) von Hand vorgegeben. Bei zeitlich schnell wechselnden Laständerungen wird der Sollwert durch ein Führungsgerät unter Berücksichtigung des zulässigen Belastungsgradienten (Wandtemperaturgerät) von der Netzregelung oder einer Automatik vorgegeben.

Bei Betrieb mit Leistungsregelung bleibt der Drehzahlregler zwar im Eingriff, hat aber nur bei Änderung der Netzfrequenz Einfluß auf die Verstellung der Regelventile, entsprechend der eingestellten Statik, nach welcher jeder Frequenzänderung eine bestimmte Leistungsänderung zugeordnet wird.

Dampfeintrittsdruckregelung (Vordruck- und Grenzdruckregelung). In leistungsgeregelten Kondensationskraftwerken wird der Dampfeintrittsdruck als Grenzdruck der Turbinenregelung aufgeschaltet, um im Festdruckbetrieb den Kessel gegen zu starke Dampfentnahme und unzulässige Druckabsenkung zu schützen, z.B. in Störungsfällen an der Feuerung.

Bei Anlagen, die ausschließlich mit Vordruckregelung, zwecks Konstanthalten des Frischdampfdruckes, gefahren werden, wird die Kesselleistung von Hand eingestellt[1].

Elektrohydraulische Turbinenregelung. Entsprechend den Aufgaben für das geregelte Fahren der Turbosätze im Verbundbetrieb, beim An- und Abfahren usw. führte die Entwicklung zum elektrohydraulischen Turbinenregler. Die Messungen, einschließlich der Drehzahlmessung, und die Signalverarbeitung werden elektrisch durchgeführt. Als Bindeglied zwischen dem elektrischen Meß- und Signalteil und dem hydraulischen Stellglied der Regelung wird ein elektrohydraulischer Wandler eingesetzt.

Die elektrohydraulische Turbinenregelung erfüllt die Voraussetzungen, die im Hinblick auf die vollautomatische Betriebsweise von Kraftwerksblocks gestellt werden.

Eine ausführliche Beschreibung des Aufbaues und der Wirkungsweise des Reglers wurde bereits im Fünften Teil, Die Dampfturbinenanlage, S. 86/89, gegeben.

Wasserstandsregelung am Kondensator. Diese Regelung gehört zum Turbinenkondensator und hat die Aufgabe, den Wasserstand im Hotwell zu halten. Es werden direktwirkende mechanische, elektrische und bisweilen auch elektropneumatische Regler angewandt.

---

[1] Zweiter Band, Erster Teil, Abschn. B III a, Der Block als regelungstechnische Einheit, S. 164/85.

3. Block-Leistungsregelung

Die Betriebsweise des Turbosatzes ist für die Planung der Leistungsregelung des gesamten Kraftwerksblockes ausschlaggebend. Grundsätzlich bestehen folgende Möglichkeiten:

Betrieb mit Drehzahlregelung, Einstellen der Turbinen- und Kessellast von Hand,

Betrieb mit Vordruckregelung, Einstellen der Kessellast von Hand,

Betrieb mit Leistungsregelung, Frequenzregelung, Regelung der Kessellast
im Festdruckbetrieb (Frischdampfdruck konstant),
im Gleitdruckbetrieb (Frischdampfdruck gleitet mit der Last),
im kombinierten Gleitdruck-Festdruckbetrieb.

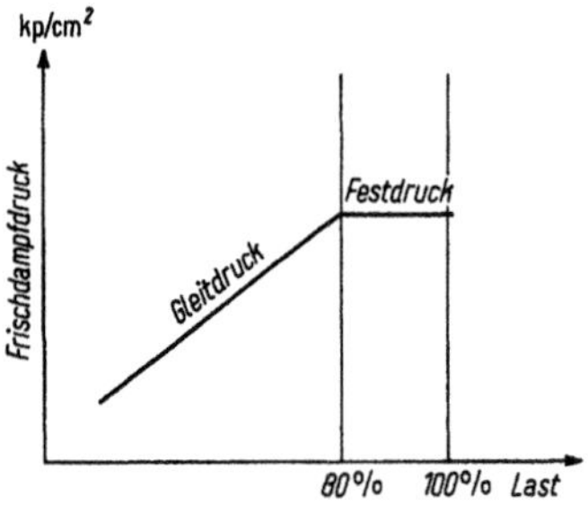

Abb. 410. Blockfahrweise im Gleitdruck-Festdruckbetrieb

Im kombinierten Gleitdruck-Festdruckbetrieb (Abb. 410) wirkt der Eintrittsdruckregler von einem bestimmten Lastpunkt (z. B. 80%) an auf das Überlastventil der Turbine ein. Die Anlage fährt demnach im Teillastbereich mit gleitendem Eintrittsdruck und vom Vollastpunkt aufwärts (z. B. 80 bis 100% Last) mit konstantem Eintrittsdruck an der Turbine.

Ausführliche Beschreibung der Blockregelungen siehe Zweiter Band[1] außerdem [*9 bis 13*].

4. Regelung der Brennstoffzufuhr

Die Brennstoffzufuhr ist lastabhängig. Von Einfluß auf die Regelungsmethode ist nicht nur die Betriebsart der Anlage, sondern auch der Brennstoff und seine Qualität. Die Schaltung der Brennstoffregelung kann daher in den verschiedenen Anlagen sehr unterschiedlich aufgebaut sein. Als Signale für die Brennstoffregelung bieten sich an:

elektrische Wirkleistung,
Frischdampffluß und Frischdampfdruck,
Sekundäröldruck an der Turbine,
Stellung des Einlaßregelventiles.

Bei Blockanlagen ist es zweckmäßig, den Sollwert für die Brennstoffzufuhrregelung in Abhängigkeit von der elektrischen Leistung vorzugeben. Wird der Block mit Festdruck betrieben, dann sind die Signale vom Frischdampfdruck in die Regelung einzubeziehen (siehe auch Zweiter Band[1]).

Die Signale vom Sekundäröldruck und von der Stellung der Einlaßventile sind im Zuge der Entwicklung in Betracht gezogen worden, sie haben sich indessen aus verschiedenen Gründen als nicht zweckmäßig erwiesen.

In Sammelschienenkraftwerken besteht ebenfalls grundsätzlich die Möglichkeit der Brennstoffregelung von der elektrischen Leistung oder bei Heizkraftwerken von der Dampfabgabe in die Heiznetze. Der einfachen Schaltung wegen wird aber der Einzelregelung jedes Kessels mit den Signalen vom Frischdampfdruck und Frischdampffluß der Vorzug gegeben.

In Blockanlagen mit zwei Kesseln, die mit einer Turbine zusammengeschaltet sind, werden normalerweise die Kessel mit gleicher Last gefahren. Unregelmäßigkeiten im Brennstoff oder Störungen in der Brennstoffzufuhr wirken sich jeweils auf die Dampferzeugung des betroffenen Kessels aus. Um gleiche Dampfleistungen zu erzielen, ist es daher notwendig, die Brennstoffzufuhr zu dem betroffenen Kessel entsprechend zu korrigieren. Zu diesem Zweck wird ein besonderer Regelkreis vorgesehen. Die erzeugten Dampf-

[1] Zweiter Band, Erster Teil, Abschn. B III a, Der Block als regelungstechnische Einheit, S. 164/85.

mengen werden an jedem Kessel gemessen und miteinander verglichen. Bei Abweichungen von einem einstellbaren Verhältniswert für die zu erzeugenden Dampfmengen wird die Korrektur auf den Brennstoffregler des betreffenden Kessels gegeben.

Bei Anlagen mit langzeitig gleichbleibender Dampfabgabe, wie es in Heizkraftwerken oft vorkommt, wird der Sollwert für die Feuerungsregelung meist nur von Hand vorgegeben und auf ihre lastabhängige selbsttätige Änderung verzichtet. Der Frischdampfdruck wird durch die Vordruckregelung, die auf den Turbosatz oder die Bypaß-Reduzierstation einwirkt, gehalten.

Bei Verfeuerung minderwertiger Brennstoffe mit starken Beimengungen nicht brennbarer Stoffe ist die Schwankung des auf die gesamte Brennstoffzufuhr bezogenen Heizwertes bisweilen so groß, daß von einer selbsttätigen Regelung abgesehen wird. Auch in solchen Fällen wird der Turbosatz mit Vordruckregelung ausgerüstet.

Die Luftzufuhr wird in Abhängigkeit vom Brennstoffstrom geregelt, wenn die Lastsignale auf den Brennstoffregler geschaltet werden. Dies trifft besonders bei Ölfeuerungen zu. Bei Gasfeuerungen werden die Lastsignale häufig auf den Luftregler gelegt und die Gaszufuhr nach dem Luftstrom geregelt. Bei Kohlenstaubfeuerungen kommen beide Regelungsarten vor. Den Erfordernissen entsprechend werden die betreffenden Regler mit den Verhältnisstellern für das Last/Brennstoff- bzw. für das Luft/Brennstoff-Verhältnis ausgerüstet. Sinngemäß trifft das auch für die Luftregelung zu. Im einzelnen sei zu der Regelung der Brennstoffmengen gesagt:

Kohle. Die Kohlezufuhr wird durch die Änderung der Zuteilerdrehzahl geregelt. Die Drehzahl ist dann bei gleichbleibender Schichthöhe ein Maß für die durchgesetzte Kohlenmenge. Zur Änderung der Zuteilerdrehzahl bestehen verschiedene Möglichkeiten. Die am häufigsten vorkommenden Antriebsarten der drehzahlgeregelten Zuteiler sollen nachstehend erwähnt werden:

a) PIV-Getriebe. Sie werden zwischen dem Zuteiler und dessen Antrieb eingebaut. Mit dem Regler wird der Verstellmotor zur Änderung der Übersetzung des Getriebes betätigt. Das Verstellen ist stufenlos und nur bei laufendem Zuteiler möglich.

b) Flendervariantoren sind ebenfalls mechanische Getriebe mit Regeleingriff in deren Übersetzung.

c) Drehstromkollektormotoren. Durch die Bürstenverstellung wird die Drehzahl des Antriebsmotors des Zuteilers geändert. Der Reglereingriff in die Bürstenverstellung ändert die Zusatzspannung, die der Ständerwicklung zugeführt wird.

d) Thyristorstromrichter. Als Zuteilerantriebe dienen Gleichstrommotoren, deren Drehzahl durch Änderung der Ankerspannung verstellt wird. Die veränderliche Ankerspannung wird dabei einem gesteuerten Stromrichter (Thyristor) entnommen.

e) Frequenzumformer. Durch Änderung der Frequenz nehmen die Kohlezuteiler die entsprechende Tourenzahl an (vgl. Dritter Band, Teil A, Vierter Teil, Abschn. B III b, S. 628).

f) Leonard-Sätze. Als Zuteilerantriebe dienen Gleichstrommotoren. Die Drehzahl der Zuteiler wird durch die Änderung der Gleichspannung erzielt (siehe wie unter e, S. 629).

Die Wahl der Antriebsart hängt von den Anforderungen der Feuerungsanlage in bezug auf Regelbereich, Stellzeit und Steuermöglichkeit ab. Die unter a) bis d) aufgeführten Antriebsarten ermöglichen eine Einzelsteuerung der Zuteiler, während bei den unter e) und f) genannten Antriebsarten alle Zuteiler gleichzeitig in der Drehzahl verstellt werden.

In Blockkraftwerken werden die Einzelsteuerungen der Kohlezuteiler der gemeinsamen Steuerung über elektrische Welle vorgezogen. Die Bedingung, bei Ausfall einer Mühle die vorhandenen Reserven in den übrigen Mühlen sofort auszunutzen, indem deren Leistung gesteigert wird, erfordert die entsprechende Schaltung der Regelungseinrichtungen. Außerdem ist nach längerer Betriebszeit der Abnützungsgrad der Schläger für die Belastung der Mühlen ausschlaggebend, so daß eine wählbare unterschiedliche Beaufschlagung derselben mit Kohle zweckmäßig sein kann. Hierzu sind Anteilsteller vorgesehen. Bei der Einzelsteuerung trat bisher die Verwendung von PIV-Getrieben und Drehstromkollektormotoren mit Bürstenverstellung in den Vordergrund. Abb. 411 zeigt ein vereinfachtes Schema der Kohlezufuhrregelung mit Drehzahländerung durch PIV-Getriebe.

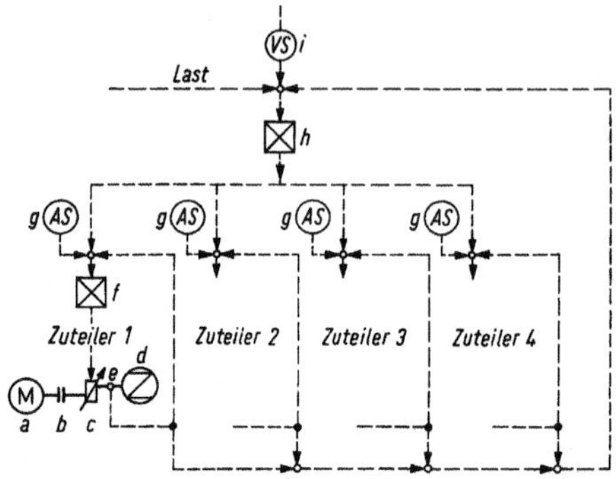

Abb. 411. Vereinfachtes Schema der Kohlezufuhrregelung mit Drehzahländerung durch PIV-Getriebe für Festdruckbetrieb

a Zuteiler-Antriebsmotor
b Rutschkupplung
c Regelgetriebe
d Zuteiler
e Drehzahlmessung
f Kohle-Einzelregler (PI)
g Anteilsteller
h Gesamt-Kohleregler (PI, PID)
i motorisierter Kohle/Last-Verhältnissteller

Neuerdings werden hierfür auch stromrichtergespeiste Gleichstrommotoren eingesetzt. Sie bieten gegenüber den bisherigen Antriebsarten folgende Vorteile:

größter Drehzahlstellbereich (bis 1 : 100),
kurze Stellzeit (nur abhängig vom Schwungmoment der Zuteiler),
erhöhtes Anfahrmoment,
Unempfindlichkeit gegenüber Eigenbedarfs-Umschaltungen,
keine Stell- und Regelgeräte im Kesselhaus.

Der Kohleregler greift über den zugehörigen Anteilsteller und einen Eingangsverstärker auf den Steuersatz ein, dessen Zündimpulse über Gitterübertrager die Aussteuerung der Thyristoren bewirken. Abb. 412 zeigt das vereinfachte Schaltbild der Kohlezufuhrregelung mit Drehzahländerung durch gesteuerte Stromrichter, Abb. 413 den Stromrichterschrank.

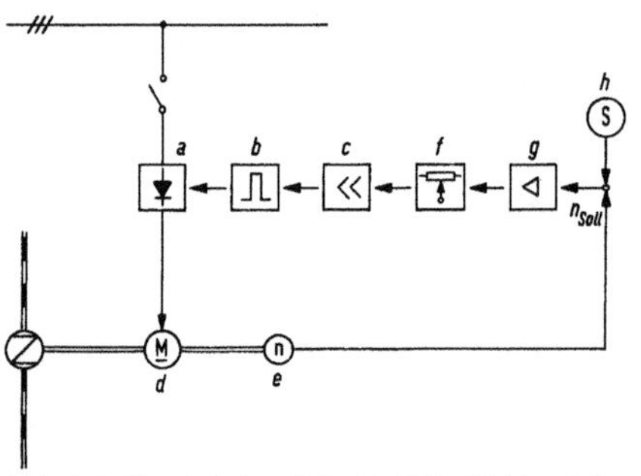

Abb. 412. Vereinfachtes Schaltbild der Kohlezufuhrregelung mit Drehzahländerung durch gesteuerte Stromrichter

a Stromrichter
b Steuersatz
c Verstärker
d Gleichstrommotor
e Drehzahlgeber
f Anteilsteller
g Kohleregler (PI)
h Sollwert

Abb. 413. Stromrichterschrank für Kohlezuteilung (Werkbild Siemens)

Die elektrische Welle kann vorwiegend bei Kohlestaubfeuerungen mit Zentralmahlanlagen angewendet werden, wobei eine größere Anzahl von Staubzuteilern mit gleicher Beaufschlagung laufen. Eine Vertrimmung der einzelnen Zuteiler wird hierbei nicht gefordert, alle laufen mit gleicher Drehzahl. Die Zuteilerantriebe werden von einem Frequenzumformer mit veränderlicher Frequenz gespeist. Dieser Umformer besteht aus einem Drehstrom-Nebenschlußmotor und einem Synchrongenerator. Durch einen Regler, der auf die Bürstenverstellung des Drehstrom-Nebenschlußmotors eingreift, wird die Drehzahl des Umformers und damit die Frequenz verstellt.

Grundsätzlich gilt für die Anwendung von Leonard-Sätzen die gleiche Aufgabenstellung wie bei den Frequenzumformern. Da Gleichstromnebenschlußmotoren für die Zuteiler verwendet werden, ist durch die Änderung der Nebenschlußwiderstände in geringen Grenzen eine unterschiedliche Brennstoffzuteilung auf die einzelnen Brenner möglich. Anstelle von Leonard-Sätzen wurden im Laufe der Entwicklung vielfach Magnetverstärker-Gleichrichter-Aggregate verwendet, die von den Kohlereglern gesteuert werden.

Öl. Die wichtigsten Brenner[1], die bei Hochleistungskesseln in Gebrauch sind, werden wie folgt geregelt:

Öl-Druckzerstäuber mit Rücklauf (Abb. 414). Das gesamte Öl gelangt in den Brennerkopf. Ein Teil des Öles wird durch die Brenneröffnung in den Feuerraum gepreßt, der Überschuß fließt zum Ölbehälter zurück. Der zurücklaufende Ölstrom wird durch das Ölflußregelventil gesteuert. Es können mehrere Ölbrenner an ein Regelungssystem angeschlossen werden.

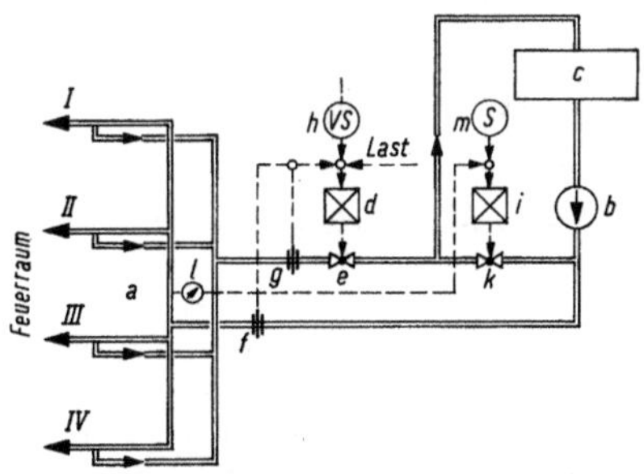

Abb. 414. Vereinfachtes Schema einer Ölzufuhrregelung für Öldruckzerstäuber mit Rücklauf

a Brenner I bis IV
b Ölpumpe
c Ölbehälter
d Ölzufuhrregler (PI)
e Regelventil
f Ölflußmessung in der Zulaufleitung
g Ölflußmessung in der Rücklaufleitung
h motorisierter Öl/Last-Verhältnissteller
i Druckregler (PI)
k Druckregelventil (Bypaß)
l Druckmessung
m Sollwertsteller

Der Ölfluß wird in der Vorlauf- und in der Rücklaufleitung mit Blenden oder Zählern gemessen und in Differenzschaltung in die Regelung einbezogen. Der Öldruck im Vorlauf kann zwischen rd. 70 atü und rd. 90 atü liegen. Der Druck im Brennerkopf schwankt abhängig von der Brennerleistung. Der mögliche Regelbereich beträgt etwa 4 : 1 bis 6 : 1. Überschreitet der Öldruck vor den Brennern den maximal zulässigen Druck, dann wird durch die Druckregelanlage das Öl über den Bypaß in den Behälter zurückgeleitet.

Die Rücklaufbrenner werden in zahlreichen ähnlichen Ausführungen von verschiedenen Firmen hergestellt.

Unter diesen Brennern gibt es Bauarten, z.B. die Peabody-Brenner, die mit konstantem Differenzdruck über den gesamten Regelbereich arbeiten können. Das Regelventil wird dann vor der Ölpumpe in die Zulaufleitung eingebaut. Der Ölfluß wird in der Vorlaufleitung vor Einmündung der Rücklaufleitung gemessen.

Eine weitere Brennerbauart, z.B. der Börger-Brenner, arbeitet mit einer Doppelkegel-Düsennadel im Brennerkopf. Der Öldruck ist konstant. Durch die Doppelkegel-Düsennadel im Brennerkopf werden entsprechend der geforderten Feuerungsleistung die Vor- und Rücklaufquerschnitte für den Ölfluß gleichzeitig verändert. Die Düsennadel hat einen nur

[1] Die Ölbrenner sind bereits im Dritten Band, Teil A, Erster Teil, Abschn. A III b 2, S. 47/50, als Bestandteile der Dampferzeuger behandelt worden, hier wird jedoch die regelungstechnische Seite in den Vordergrund gestellt.

geringen Stellweg. Der Stellmotor greift an einen außen liegenden Hebelarm an. Die drehende Bewegung um rd. 90° wird mit einem Schneckengetriebe in den Stellweg der Nadel übersetzt. Für die Regelung ist ebenfalls das Messen des Ölflusses im Vor- und Rücklauf des Brenners erforderlich. Der Regelbereich kann bei großen Brennern bis 15 : 1 betragen. Bei kleineren Leistungen werden Brenner mit Druckzerstäubung ohne Rücklauf eingesetzt. Die Luftzufuhr kann bei diesen Brennern in Abhängigkeit vom Ölfluß mit Einzelreglern geregelt oder durch eine Verbundsteuerung gemeinsam mit der Änderung des Ölflusses eingestellt werden. Das Öl/Luft-Verhältnis ist in der Verbundsteuerung einstellbar.

Öl-Druckzerstäuber ohne Rücklauf. Der Brenner wird mit Heizöl gespeist, das durch enge, feine und tangential angeordnete Schlitze in die Wirbelkammer eintritt, in der es eine hohe Drehgeschwindigkeit erhält und in Form eines Hohlkegels als feiner Nebel durch eine kleine zentral im Öffnungsblech liegende Bohrung entweicht. Der Druck in der Ölvorlaufleitung kann nach Wahl rd. 30 bis 70 atü betragen. Der Zerstäubungsdruck ändert sich in Abhängigkeit vom Öldurchsatz. Der Regelbereich liegt im Verhältnis von rund 2 : 1.

Im Babcock-Y-Brenner (Abb. 415) wird das Öl mit Sattdampf bzw. leicht überhitztem Dampf oder mit Luft zerstäubt. Die Medien Öl und Dampf oder Öl und Luft werden auf mehrere Kanäle aufgeteilt, die dann jeweils in Form eines „Y" vereinigt werden. Geregelt wird der Ölfluß und der Zerstäuberdampfdruck. Der Regelbereich beträgt etwa 6 : 1 bzw.

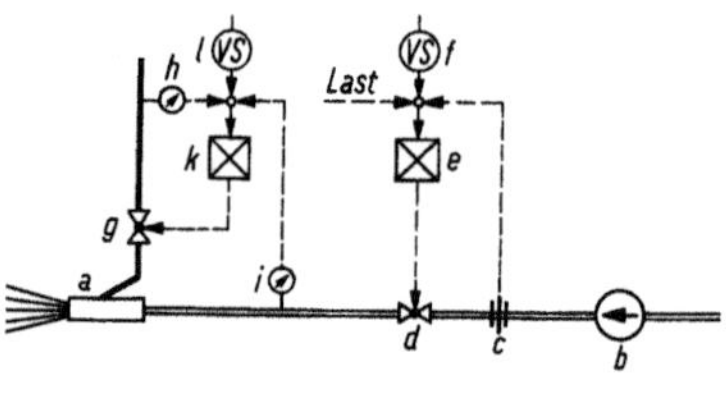

Abb. 415. Vereinfachtes Regelschema für die Öl- und Dampfzufuhr bei Y-Brennern

a Y-Brenner
b Ölpumpe
c Ölflußmessung
d Ölflußregelventil
e Ölzufuhrregler (PI)
f motorisierter Öl/Last-Verhältnissteller
g Dampfdruckregelventil
h Dampfdruckmessung
i Öldruckmessung
k Differenzdruckregler (PI)
l Dampfdruck-Öldruck-Verhältnissteller

4 : 1. Der letztgenannte wird als wirksamster Bereich angesehen. Der Öldruck kann bis rd. 14 atü betragen. Mit der Erhöhung des Druckes kann der Bereich entsprechend gesteigert werden. Der Öldruck steigt mit dem geregelten Durchsatz vor den Brennern. Der Dampfdruck wird mit 1,5 at bis 4 at über dem Öldruck gehalten.

Öl-Drehzerstäuber. Öl- und Luftfluß werden beim Öl-Drehzerstäuberbrenner mit einer mechanischen Verbundsteuerung gemeinsam verstellt. Der Hebel zur Verstellung der Öleintrittsöffnung ist mit dem Lufthebel durch eine mechanische Kupplung verbunden. Am Hebelgestänge greift das Stellgetriebe der Ölzufuhrregelung ein. Das Öl wird mechanisch durch die eingebauten Drehteller zerstäubt. Der Öldruck im Vorlauf ist niedriger als bei den anderen Bauarten. Er beträgt rd. 2 bis 4 atü. Der Ölfluß wird in der Vorlaufleitung gemessen. Der Regelbereich beträgt etwa 6 : 1.

Gas. Der Gasstrom wird mit einer Durchflußmessung erfaßt. Die Gaszufuhr wird durch das Verstellen der Gasregelklappe in der Zuführungsleitung geregelt. Bei Verwendung von Schwenkbrennern wird die Brennerlage in Abhängigkeit von der Kesselleistung und Dampftemperatur eingestellt. Normalerweise wird aus Sicherheitsgründen zuerst die Luft in den Kessel eingesteuert und in Folgeschaltung das Gas. Hierdurch soll sichergestellt werden, daß genügend Luft im Kessel zur Verbrennung ansteht und Verpuffungserscheinungen infolge Luftmangels vermieden werden. Bei Ausfall der Luft spricht die Gasmangelsicherung an. Luft- und Gasdruck werden gegeneinander ausgewogen, so daß bei Ausbleiben der Luft oder des Gases die Gasklappe automatisch schließt. Bei Verheizung von Naturgas wird durch Reduzierung des Gasdruckes auf 1 bis 2 atü in Reduzieranlagen oder Entspannungsturbinen vor Eintritt in den Kessel ein nahezu konstanter Gasdruck gehalten.

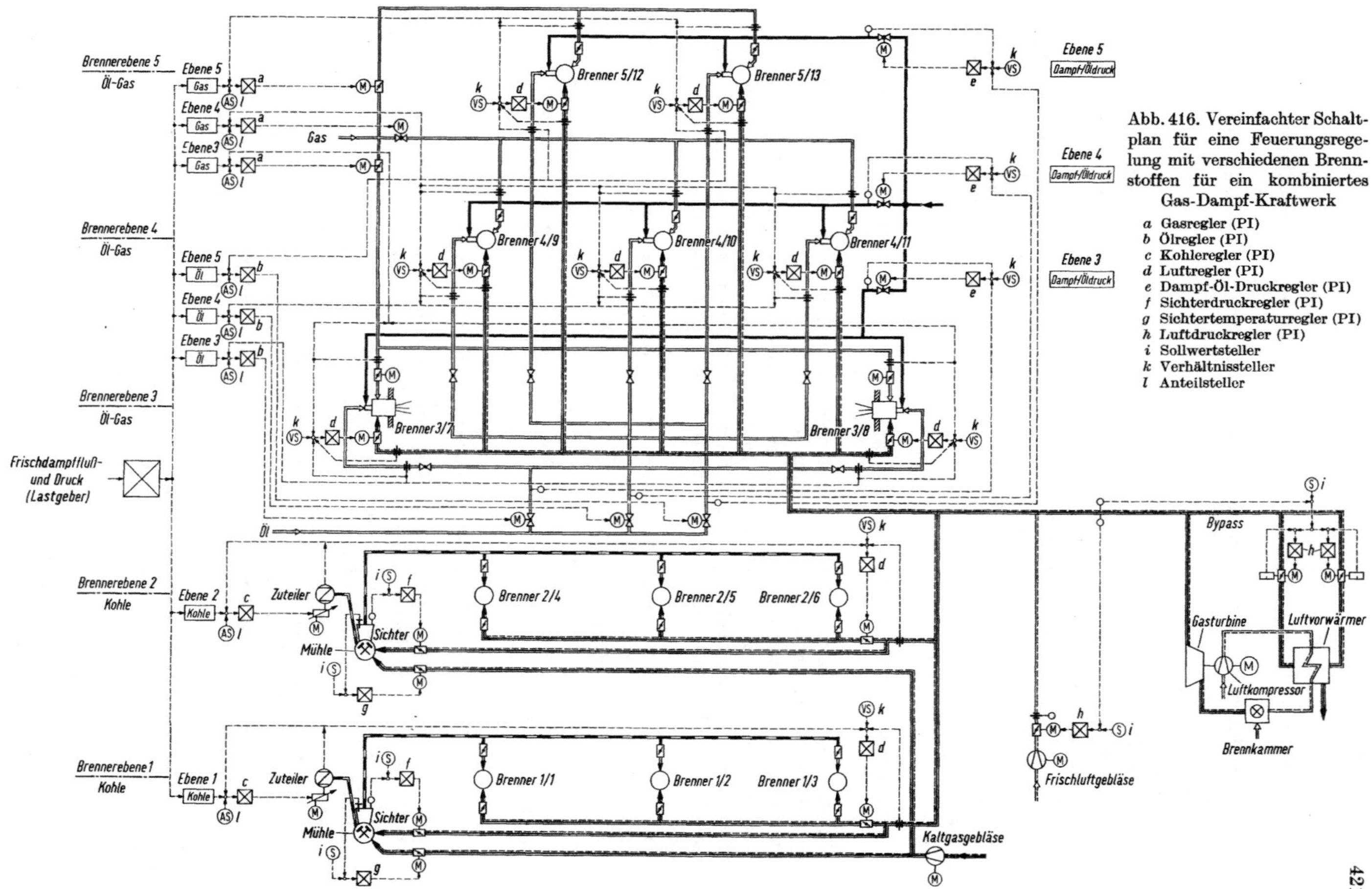

Abb. 416. Vereinfachter Schaltplan für eine Feuerungsregelung mit verschiedenen Brennstoffen für ein kombiniertes Gas-Dampf-Kraftwerk

a Gasregler (PI)
b Ölregler (PI)
c Kohleregler (PI)
d Luftregler (PI)
e Dampf-Öl-Druckregler (PI)
f Sichterdruckregler (PI)
g Sichtertemperaturregler (PI)
h Luftdruckregler (PI)
i Sollwertsteller
k Verhältnissteller
l Anteilsteller

Gleichzeitige Verfeuerung mehrerer Brennstoffe. Bei Verfeuerung von mehreren verschiedenartigen Brennstoffen in denselben Kesseln können folgende Kombinationen vorkommen:

zwei Kohlensorten mit verschiedenen Heizwerten bzw. verschiedenen Analysen,
Kohle und Öl,
Kohle und Gas,
Öl und Gas,
Kohle, Öl und Gas.

Die Schaltung der Brennstoffregelung ist dann so vorzusehen, daß die Anteile der Brennstoffe zweckentsprechend eingestellt werden können. In den meisten Fällen ist es zweckmäßig, einen Brennstoff in bestimmter festeingestellter Menge der Feuerung geregelt zuzuführen (fester Sollwert), während mit dem anderen eine bestimmte Festlast und die Laständerungen (veränderlicher Sollwert) gedeckt werden. Abb. 416 zeigt das Schaltbild für eine kombinierte Feuerung mit Kohle, Gas und Öl für ein kombiniertes Gas/Dampf-Turbinenkraftwerk.

5. Temperaturregelungseinrichtungen für die Brennstofftrocknung bzw. -vorwärmung

Für die Brennstoffaufbereitung in den Mühlen sowie für die Ölvorwärmung sind in Großkraftwerken Temperaturregelungen erforderlich.

Die Sichtertemperatur ist meistens in weiten Grenzen (zwischen 105 und 120 °C) einzuhalten. Bei nasser Kohle mit einem Wassergehalt von 12% (z.B. Braunkohle) und mehr wird mit Rauchgasrücksaugung und Heißluftzusatz gefahren. Bei trockener Kohle wird als Tragluft Heißluft verwendet und Kaltluft zur Einhaltung der Sichtertemperatur zugesetzt.

Zur Steuerung des Luft- bzw. Gaszusatzes werden Regelklappen verwendet, die durch Getriebe in Abhängigkeit von der Sichtertemperatur verstellt werden. Es werden einfache, nach dem Schrittverfahren arbeitende Temperaturregler verwendet.

Das Öl wird mit Dampf vorgewärmt. Die Öltemperatur wird mit einem Ausdehnungsregler (Thermostat), der das Drosselventil in der Dampfleistung verstellt, auf rd. 100 bis 120 °C (rd. 2 °E) geregelt.

6. Regelung der Verbrennungsluftzufuhr

Der Gesamtluftbedarf ist lastabhängig. Das wirtschaftliche Last/Luft- bzw. Brennstoff/Luft-Verhältnis kann im Regler eingestellt werden. Das Signal für die Luftzufuhrregelung wird im Festdruckbetrieb entweder vom Frischdampffluß oder vom Brennstoffstrom genommen. Die Schaltung der Luftregelungseinrichtungen hängt im wesentlichen von der vorgesehenen Feuerungsart ab, wobei verschiedene Bedingungen auftreten können, die zu erfüllen sind. Die wichtigsten Fälle werden nachstehend behandelt:

In den meisten neuzeitlichen Kesselanlagen werden für die Steuerung der gesamten Luftzufuhr die Leit- oder Laufschaufeln der Frischluftgebläse benutzt. Durch die Leitschaufelverstellung ändert sich der Druck hinter dem Gebläse mit dem Frischluftstrom in quadratischer Abhängigkeit.

Sind für die Luftförderung zwei Gebläse vorgesehen, dann wird bei Ausfall eines Gebläses dessen Druckleitung durch eine Klappe selbsttätig geschlossen, um den Betrieb mit Teillast gegebenenfalls noch aufrechterhalten zu können.

Wird dem Heißluftkanal Tragluft für die Mühlen entnommen, dann muß zur Sicherstellung der Tragluftzufuhr im Teillastbetrieb ein bestimmter Mindestdruck im Frischluft-(Heißluft-)Sammelkanal gehalten werden. In solchen Fällen (Abb. 417) wirkt eine Druckregelung auf die Leitschaufeln des Gebläses ein. Die Zweitluftzufuhr wird dann in Abhängigkeit von der Last geregelt, während die Tragluftzufuhr zu den Mühlen konstant gehalten wird oder gegebenenfalls auch vom Kohlestrom zur Mühle in einem bestimmten Bereich variiert wird. In bestimmten Fällen ist auch die Sichterdruckregelung zweckmäßig.

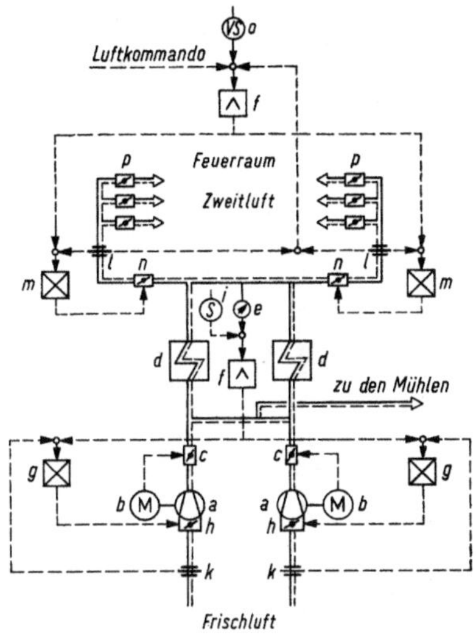

Abb. 417. Vereinfachtes Schema für die Luftzufuhrregelung mit Luftdruckregelung

a Frischluftgebläse
b Antriebsmotor
c Frischluftklappe
d Luftvorwärmer
e Druckmessung
f Vorverstärker
g Luftdruckregler (PI)
h Leitschaufeln
i motorisierter Luftdruck-Sollwertsteller
k Gesamtluftflußmessung
l Zweitluftflußmessung
m Zweitluftregler (PI)
n Zweitluftregelklappen
o Luft/Last-(Luft/Brennstoff-) Verhältnissteller
p Handeinstellklappen

Sorgen Zusatzgebläse für eine Erhöhung des Tragluftdruckes an den Mühlen, so ist keine Druckregelung für die Gesamtluftzufuhr notwendig. Die Regelung des Tragluftstromes (Abb. 418) muß aber vorgesehen werden.

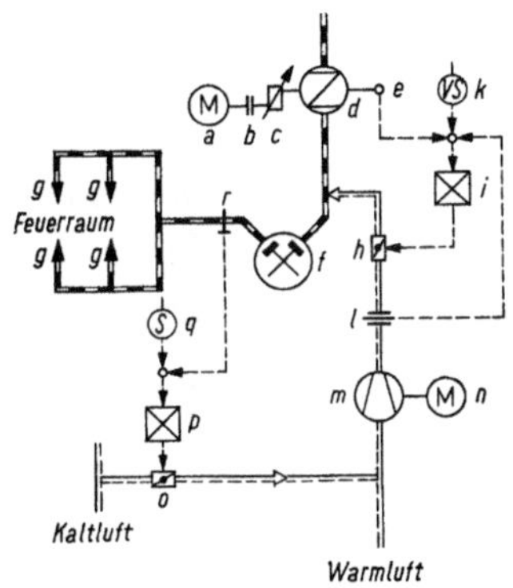

Abb. 418. Vereinfachtes Schema einer Tragluftzufuhrregelung mit Verwendung von Tragluftgebläsen

a Antriebsmotor des Zuteilers
b Rutschkupplung
c Regelgetriebe
d Zuteiler
e Drehzahlmessung
f Mühle
g Brennerecken
h Regelklappe
i Tragluftzufuhrregler (PI)
k Kohle/Tragluft-Verhältnissteller
l Tragluftflußmessung
m Druckerhöhungsgebläse
n Antriebsmotor des Gebläses
o Kaltluftregelklappe
p Sichtertemperatur-Regler (PI)
q Sollwertsteller
r Temperaturmessung

Selbstansaugende Mühlen haben einen eigenen Ventilator. Als Tragluft werden meistens heiße Rauchgase aus dem Kessel bei Unterdruck angesaugt, z.B. bei Verfeuerung von Brennstoffen mit hohem Feuchtigkeitsgehalt (Braunkohle). Eine Regelung der Tragluftzufuhr ist in den meisten Fällen nicht erforderlich. Die Gesamtluftzufuhr wird in Abhängigkeit von der Kessellast geregelt (Abb. 419).

Bei Zyklonfeuerungen liegt der Einblase-Luftdruck mit rd. 800 bis 1000 mmWS verhältnismäßig hoch. Es kommen Zyklonanlagen sowohl mit direkter Einblasung (Abb. 420) als auch mit Zwischenbunkerung vor. In derartigen Fällen wird die Regelung des Luftstromes durch das Einstellen der Zungenklappen in Abhängigkeit von der Last betrieben.

Infolge des hohen Luftdruckes, der zum Einblasen in den Zyklon notwendig ist, ist die Versorgung der Mühlen mit Tragluft bei Anlagen mit direkter Einblasung und auch mit Zwischenbunkerung sichergestellt. Die Tragluftzufuhr wird geregelt. Bei unterschiedlicher

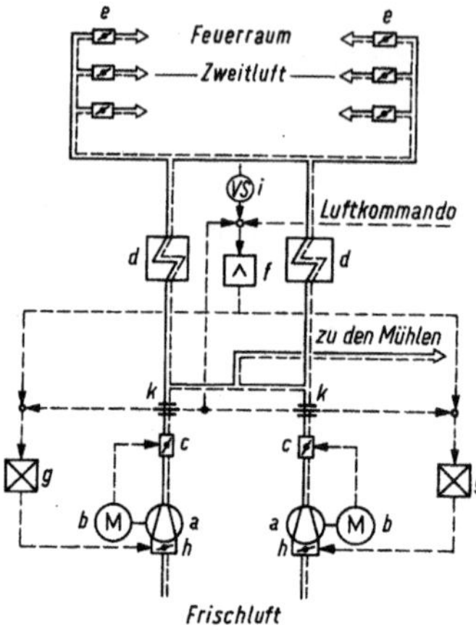

Abb. 419. Vereinfachtes Schema für die Luftzufuhrregelung ohne Luftdruckregelung

a Frischluftgebläse
b Antriebsmotor
c Frischluftklappe
d Luftvorwärmer
e Abgleichklappen
f Vorverstärker
g Luftflußregler (PI)
h Leitschaufeln
i motorisierter Luft/Brennstoff-Verhältnissteller
k Luftflußmessung

Beaufschlagung von Brennergruppen, bedingt durch verschiedene Mühlenbelastung, ist es zweckmäßig, die Zweitluft zu den Brennern in Abhängigkeit von der betreffenden Zuteilerdrehzahl, dem Kohlestrom, zu regeln. Die Zweitluftströme werden dann vor jeder Brennergruppe einzeln gemessen.

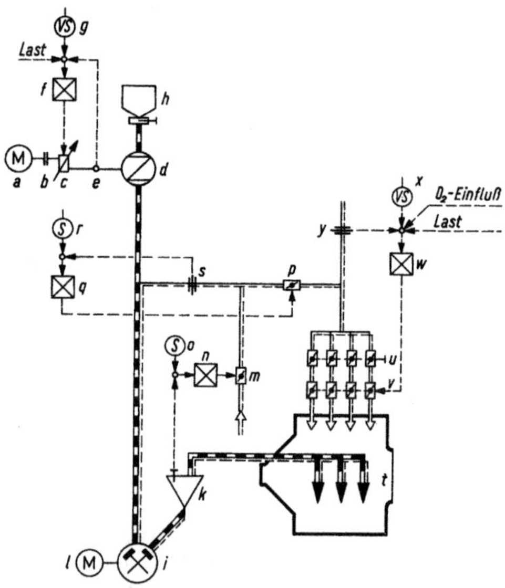

Abb. 420. Vereinfachtes Schema einer Zyklonfeuerung mit direkter Einblasung

a Antriebsmotor des Zuteilers
b Rutschkupplung
c Regelgetriebe
d Zuteiler
e Drehzahlmessung
f Kohleregler (PI)
g motorisierter Kohle-Last-Verhältnissteller
h Kohlebunker
i Mühle
k Sichter
l Antriebsmotor der Mühle
m Kaltluftregelklappe
n Sichtertemperaturregler (PI)
o Sollwertsteller
p Mühlen-Tragluft-Regelklappen
q Tragluftflußregler
r motorisierter Sollwertsteller
s Tragluftflußmessung
t Zyklon
u Handeinstellklappen
v Zweitluftregelklappen
w Zweitluftregler (PI)
x Luft/Last-Verhältnissteller
y Zweitluftflußmessung

Bei Ölfeuerungen wird die Verbrennungsluft in Abhängigkeit vom Ölfluß geregelt, wobei vielfach für jeden Brenner eine besondere Luftzufuhrregelung vorgesehen ist.

Bei Gasfeuerung wird die Schaltung bevorzugt, bei welcher der Gasstrom nach dem Luftstrom geregelt wird.

Bei kombinierten Feuerungen mit verschiedenen Brennstoffen, die zur wirtschaftlichen Verbrennung unterschiedliche Luftüberschußzahlen erfordern, ist es meist zweckmäßig, die Luftzufuhr für jeden Brennstoff getrennt zu messen und zu regeln.

7. Unterdruckregelung (Abb. 421 und 422)

Großkesselanlagen werden mit einem Saugzuggebläse oder mit zwei Gebläsen der halben Leistung ausgerüstet. Die Saugzuggebläse werden ebenfalls mit verstellbaren Leit- oder Laufschaufeln ausgeführt, die zwecks Einhaltung des Unterdruckes im Feuerraum vom Unterdruckregler verstellt werden. Bei zwei Gebläsen ist eine Gleichlaufschaltung erforderlich.

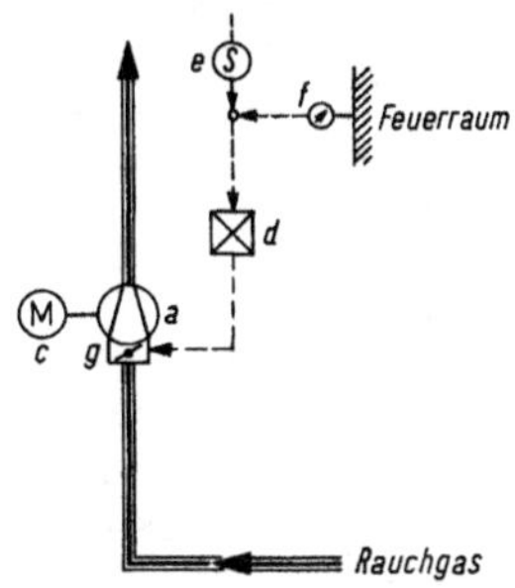

Abb. 421. Vereinfachtes Schema einer Unterdruckregelung mit einem Gebläse mit Leitschaufelverstellung
Legende siehe Abb. 422

Um bei Ausfall eines Gebläses den Betrieb mit dem anderen eine bestimmte Zeit aufrechterhalten zu können, wird die Klappe hinter dem ausgefallenen Gebläse automatisch geschlossen.

Bei Anwendung von Turbokupplungen zur Drehzahlverstellung wird die Regelung folgendermaßen durchgeführt: Abhängig vom Feuerraumdruck, der konstant gehalten

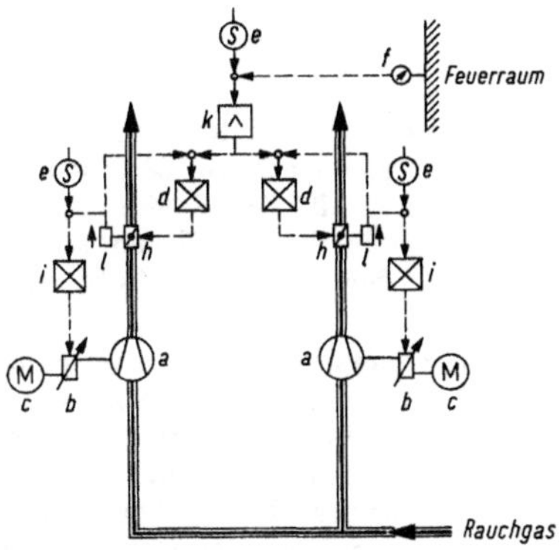

Abb. 422. Vereinfachtes Schema einer Unterdruckregelung mit zwei parallel arbeitenden Gebläsen, Voith-Turbokupplungen und Regelklappen

a Saugzuggebläse
b hydraulische Turbokupplung
c Antriebsmotor
d Unterdruckregler (PI)
e Sollwertsteller
f Unterdruckmesser
g Leitschaufeln
h Regelklappen
i Gebläse-Einzelregler (PI)
k Vorverstärker
l Stellungsferngeber

wird, werden zunächst die Klappen in den Rauchgasleitungen verstellt. In Abhängigkeit von der Klappenstellung wird die Drehzahl der Gebläse solange durch das Nachstellen der Turbokupplung geändert, bis die Klappe wieder in der Mittellage steht. Diese Regelungsschaltung erweist sich besonders bei trägen Kupplungen als vorteilhaft.

8. Speisewasserregelung

Der Speisewasserfluß in den Kessel ist der Dampfabgabe anzupassen. Die Speicherwärme des Kessels wird bekanntlich bei Lastminderungen durch zulässige Absenkung des Frischdampfdruckes nutzbar gemacht, wobei der Frischdampffluß gesteigert wird. Die erhöhte Dampfabgabe erfordert die Erhöhung des Speisewasserstromes. An Bensonkesseln bestehen für die Speisewasserregelung verschiedene Möglichkeiten, von denen die wichtigsten kurz beschrieben werden sollen:

Speisewasserregelung mit Ventilen (Abb. 423). Die Anlage fährt vorwiegend mit hoher Last nach Programm. Für die Steuerung des Speisewasserflusses sind Regelventile in den beiden Strängen vorgesehen. Die Pumpen sind so ausgelegt, daß die Ventile nur eine verhältnismäßig geringe Druckhöhe abzudrosseln haben. Ungleiche Beheizung hat ungleiche Dampferzeugung in den beiden Systemen und ihre ungleiche Speisung zur Folge.

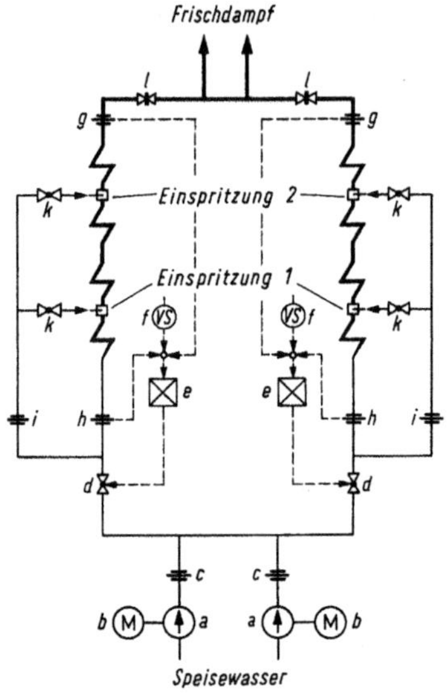

Abb. 423. Vereinfachtes Schema einer Speisewasserregelung mit Regelventilen eines Kessels mit zwei Rohrsystemen

a Speisewasserpumpen
b Antriebsmotor
c Speisewasserflußmessungen
hinter den Pumpen
d Speisewasserregelventile
e Speisewasserregler (PI)
f Verhältnissteller
g Frischdampfflußmessungen
h Speisewasserflußmessungen
i Einspritzwasserflußmessungen
k Einspritzwasserregelventile
l Frischdampfschieber

Dieser Einfluß macht sich in den Dampfströmen bemerkbar und wird durch die Regelung ausgeglichen. Die Verhältnisse E_1/W_1 bzw. E_2/W_2 (Einspritzwasser zu Speisewasser) werden konstant gehalten. Das Verhältnis D_1/W_1 bzw. D_2/W_2 (Dampffluß zu Speisewasserfluß) ist einstellbar. Mit den Speisewasserflußmessungen dürfen hierbei die Einspritzwasserströme nicht erfaßt werden. Das Einspritzwasser wird vor der Speisewasserflußmessung, jedoch hinter dem Regelventil entnommen.

Speisewasserregelung mit drehzahlveränderlichen Speisepumpen und Wasserverteilungsventilen. In neuzeitlichen Kraftwerken werden große dampfgetriebene Speisewasserpumpen immer häufiger aufgestellt. Der Speisewasserregler greift in die Drehzahlverstellvorrichtung der Antriebsturbine ein. Bei den elektrisch getriebenen Speisewasserpumpen überwiegen die Kurzschlußläufer als Antriebe. Zur Änderung der Drehzahl werden ölhydraulische Voith-Turbokupplungen verwendet, in die der Speisewasserregler eingreift. Diese sind im Dritten Band, Teil A, Zweiter Teil, Abschn. A III a 3, S. 259/64, beschrieben.

Schleifringläufermotoren mit Flüssigkeitsanlassern zum Ändern des Läuferwiderstandes und damit der Drehzahl des Motors werden nur vereinzelt verwendet. Mit größer werdenden Blockleistungen und damit größeren Pumpeneinheiten wird in stärkerem Maße der drehzahlregelbare Antrieb eingesetzt, der eine verlustarme Regelung ermöglicht. Die zum Einsatz gekommenen Ausführungen bei E-Speisepumpen seien kurz erläutert:

Drehzahlregelung mit Überlagerungsgetriebe. Ein Hauptantriebsmotor, Käfigläufer, treibt mit nahezu konstanter Drehzahl über das Überlagerungsgetriebe die Pumpe an. Bei festgebremster Welle des Getriebes auf der Regelseite wird die Pumpe mit einer bestimmten Drehzahl, die dem mechanischen Übersetzungsverhältnis des Getriebes entspricht, angetrieben. Die Änderung der Pumpendrehzahl erfolgt durch eine Drehzahlüberlagerung an der Regelseite des Getriebes mit einem steuerbaren Antrieb. Diese Steuerung ist vom Speisewasserfluß abhängig. Der regelbare Antrieb wird hydraulisch bei kleineren und elektrisch bei größeren Regelleistungen ausgeführt.

Die fortschreitende Entwicklung auf dem Gebiete der Thyristoren führt zu neuartigen elektrischen Antrieben, die in der Drehzahl verlustarm steuerbar sind und den Einsatz von kommutatorlosen Maschinen ermöglichen. Eine angewandte Ausführung ist die untersynchrone Stromrichterkaskade (Abb. 424). Als Hauptantriebsmotor wird ein Schleifringläufer *d* vorgesehen, der bis zur kleinsten Drehzahl des Regelbereiches über Widerstände hochgefahren wird. Bei Erreichen der niedrigsten Drehzahl wird auf einen Umrichter umgeschaltet. Mit diesem Umrichter wird die Läuferenergie über Gleichrichter *c* (Dioden-Baustein) gleichgerichtet und über einen Stromrichter *a* (Thyristor-Baustein), der als Wechselrichter arbeitet, in das Netz zurückgeliefert. Das Anpassen des Wechselrichters

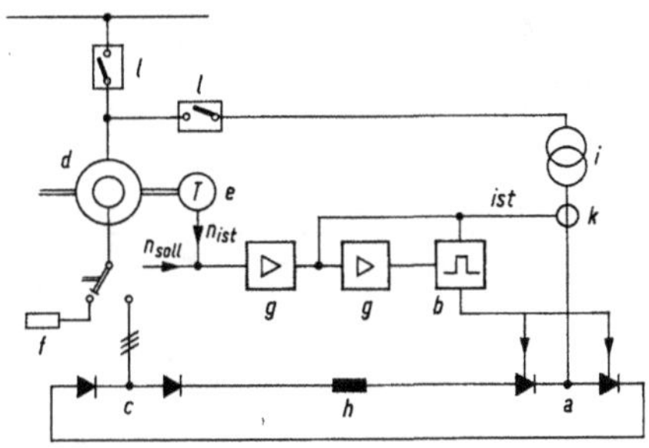

Abb. 424. Prinzipschaltbild einer untersynchronen Stromrichterkaskade

a Stromrichter (Wechselrichter)
b Steuersatz mit Impulsverstärker
c Gleichrichter
d Schleifringläufer
e Drehzahlgeber
f Anlaßwiderstände
g Drehzahl- und Stromregler (PI)
h Glättungsdrossel
i Netztransformator
k Erfassen des Strom-Istwertes
l Einspeiseschalter

an die elektrischen Betriebsverhältnisse, Spannung und Strom, geschieht durch entsprechendes Aussteuern der Thyristoren. Die beim Ansteuern vom Wechselrichter gebildete Gegenspannung wird so gewählt, daß jeweils der für die Momentenbildung notwendige Strom ins Netz zurückgeführt wird.

Das Steuern des Wechselrichters erfolgt über einen Steuersatz mit Impulsverstärker *b*, dem ein Drehzahl- und ein Stromregler *g* vorgeschaltet sind. Der Drehzahlregelung ist der Stromregler unterlagert, der bei Erreichen des maximal einstellbaren Gleichstromes die Steuerung des Wechselrichters auf größere Gegenspannung umstellt und damit eine Stromverminderung bewirkt.

Bei Aufstellung von Halblastpumpen werden normalerweise immer zwei Pumpen parallel betrieben. Wie in Abb. 425 dargestellt, wird dann zweckmäßig jedes Pumpenaggregat durch einen zugeordneten Einzelregler gesteuert. Die Pumpen werden mit gleichen Förderströmen gefahren. Unterschiedliche Speisewasserströme können nur in gewissen Grenzen zugelassen werden. Mit den Anteilstellern kann gegebenenfalls eine Korrektur vorgenommen werden. Ein gemeinsamer vorgeschalteter Vorverstärker gibt das Signal den Einzelreglern auf. Die Messung des Speisewasserstromes wird in die betreffenden Pumpenregler und in den Vorverstärker einbezogen. Das Zeitverhalten wird je nach dem Reglersystem durch Zeitglieder, Rückführung usw. gebildet. Bei Ausfall einer Speisepumpe wird die Reservepumpe automatisch in Betrieb gesetzt. Das ständige Mitregeln der stillstehenden Reservepumpe ist dann sinnvoll, wenn deren Anfahrzeit wesentlich kleiner ist als die Stellzeit des Regelantriebes, z. B. des Schöpfrohres der Voith-Turbokupplung.

Die Verteilung der Speisewasserströme auf die beiden Kesselsysteme wird mit den Speisewasserregelventilen zur Anpassung an eine eventuell in Erscheinung getretene Schieflage der Feuerung vorgenommen. Jedes Ventil wird mit einem Regler verstellt. Die Sollwerte der Regler werden bei Abweichung der Summe des Einspritzwasser- und

Speisewasserdurchflusses, die für die beiden Systeme gleich groß sein sollen, gegensinnig verstellt. Es werden demnach gleiche Anteile auf die beiden Einzelregler als Sollwertänderungen mit entgegengesetzten Vorzeichen vorgegeben. Der Gesamtdurchfluß bleibt daher erhalten. Um den Differenzdruck an den Ventilen konstant zu halten, wird der Sollwert für die Belastung des Dampferzeugers mit der Stellung der beiden Speisewasserregelventile verglichen. Die bei Laständerungen entstehende Regelabweichung wird den beiden Reglern gleichsinnig aufgegeben. Die Ventile werden von den Reglern so verstellt, daß sie über den gesamten Lastbereich immer in eine Stellung gefahren werden, die dem

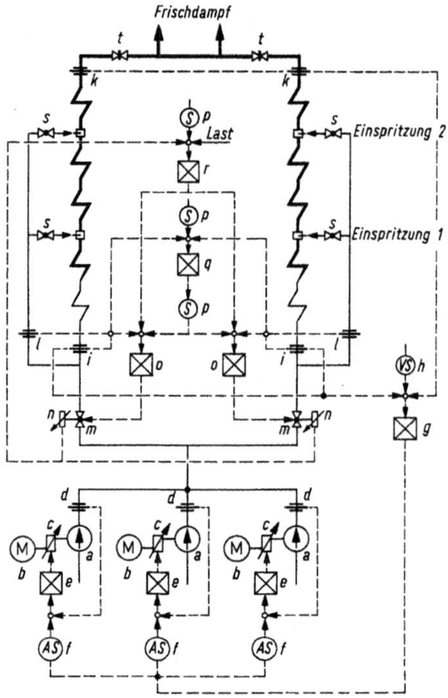

Abb. 425. Vereinfachtes Schema einer Speisewasserregelung mit Voith-Turbokupplungen und Wasserverteilungsventilen eines Kessels mit zwei Rohrsystemen

a Speisewasserpumpen
b Antriebsmotor
c hydraulische Turbokupplung
d Speisewasserflußmessungen hinter den Pumpen
e Speisepumpen-Einzelregler (PI)
f Anteilsteller
g Speisewasserhauptregler (PI)
h Verhältnissteller
i Speisewasserflußmessungen
k Frischdampfflußmessungen
l Einspritzwasserflußmessungen
m Speisewasserregelventile am Verteiler
n Stellungsferngeber
o Schräglagenregler (PI)
p Sollwertsteller
q Sollwertregler (PI)
r Vorverstärker
s Einspritzwasserregelventile
t Frischdampfschieber

konstanten Differenzdruck entspricht. Wird eine Schräglage durch unterschiedliche Wasseraufteilung auf beide Stränge hervorgerufen, so erfolgt bereits über die Speisewasserdurchflußmessungen und die beiden Regler ein Ausgleich, ohne daß der Anteilsteller betätigt wird.

Speisewasserregelung von Bensonkesseln im Gleitdruckbetrieb. In älteren Anlagen, die mit langzeitig gleichbleibender Belastung nach Programm fahren, wird der Sollwert mit dem gemeinsamen Lastgeber für Speisewasser, Brennstoff und Luft von Hand vorgegeben. In den neuzeitlichen Blockanlagen wird der Lastgeber selbsttätig in Abhängigkeit von der Blockleistung eingestellt und damit der Sollwert für den Speisewasserfluß vorgegeben. Auf die Speisewasserregelung wird die Korrektur von Temperatursignalen vor der Einspritzstelle und gegebenenfalls nach dem Restverdampfer aufgeschaltet. Die Aufschaltung des Dampfflußsignales auf den Speisewasserregler scheidet aus.

Speisewasserregelung bei gemeinsamer Speisepumpenanlage. In Blockkraftwerken mit zwei Kesseln je Einheit kommt es oft vor, daß aus wirtschaftlichen Gründen eine gemeinsame Speisepumpenanlage vorgesehen wird. In solchen Fällen wird der Speisewasserfluß in die Kessel mit Ventilen gesteuert. In Abhängigkeit vom Differenzdruck an den Ventilen wird dann die Drehzahl der Speisepumpenanlage durch eine besondere Regelung (Differenzdruckregelung) entsprechend eingestellt. Die Regelgröße ist dann der niedrigste Differenzdruck an den Ventilen der Kessel.

Speisewasserregelung für einen Bensonkessel mit Einrichtungen zum Schwachlastfahren (Abb. 426). Die Speisewasserregelung ist im normalen Betrieb auf das Verhältnis Frischdampf-/Speisewasserfluß (D/W) bei gleichem Verhältnis des Einspritzwasser-/Speisewasserstromes aufgebaut. Zusätzlich ist für Schwachlast ein besonderer Speisewasserregelkreis vorhanden, der mit festem Sollwert, z.B. 30% der Nennlast, fährt. Die in den Kessel gespeiste Speisewassermenge wird konstant gehalten. Es wird hierbei nur so viel Wasser nachgespeist, wie Dampf dem Kessel entnommen wird. Das Hauptspeiseregelventil ist während des Schwachlastbetriebes geschlossen. Der Regler wird erst bei höheren Lasten, z.B. über 30% der Nennlast, in Funktion treten, da der Frischdampffluß

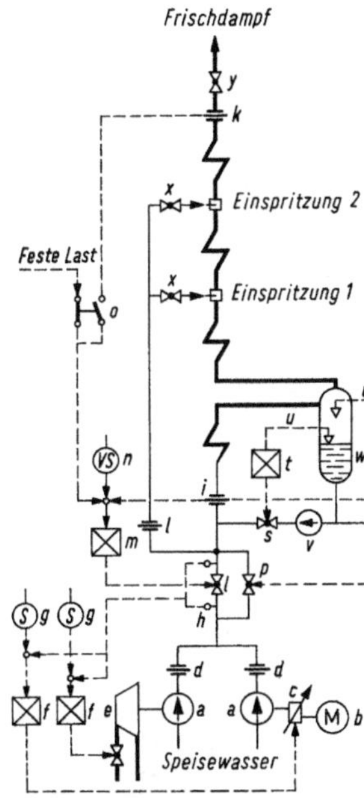

Abb. 426. Vereinfachtes Schema einer Speisewasserregelung eines Bensonkessels mit Schwachlastfahreinrichtung

a Speisewasserpumpen
b Antriebsmotor
c hydraulische Turbokupplung
d Speisewasserflußmessung
e Speisepumpen-Antriebsturbine
f Pumpen-Einzelregler (PI)
g Sollwertsteller für Einzelregler
h Differenzdruckmessung
i Speisewasserdampfflußmessung
k Frischdampfflußmessung
l Einspritzwasserflußmessung
m Speisewasser-Hauptregler (PI)
n Verhältnissteller
o Umschalter „Feste Last" und „Regellast"
p Schwachlast-Speiseregelventil
q Schwachlastregler (PI)
r Sollwertsteller für Schwachlastregler
s Wasserstandsregelventil
t Wasserstandsregler (P)
u Wasserstandsmessungen
v Umwälzpumpe
w Schwachlastflasche
x Einspritzwasserregelventile
y Frischdampfschieber

größer ist, als dem eingestellten Sollwert D/W entspricht. Bei steigendem Speisewasserfluß wird das Schwachlastregelventil immer mehr geschlossen. Eine Umschaltvorrichtung ist für die beiden Regelungen nicht erforderlich. An dem Hauptspeisewasserregler kann auch durch Umschalter eine feste Last eingestellt werden, was in bestimmten Betriebsfällen erforderlich sein kann. Die Speisewasserpumpen werden in Abhängigkeit vom Differenzdruck vor und hinter den Regelventilen mit Einzelreglern zu jeder Pumpe geregelt.

Speisewasserregelung an Sulzer-Einrohrkesseln (Abb. 427 [*14*]). Die Regelung stellt den Speisewasserstrom so ein, daß an einer vorgegebenen Stelle des Durchlaufsystems ein bestimmter Dampfzustand eingehalten wird. Bei Kesseln mit unterkritischem Betriebsdruck ist diese Stelle das Ende der Verdampferheizfläche, bei Kesseln mit überkritischem Betriebsdruck die Heizfläche, in der die Umwandlung vom flüssigen in den dampfförmigen Zustand stattfindet. Bei unterkritischem Druck wird dabei in der Regel eine konstante Dampfnässe von wenigen Prozenten eingehalten. Die Restfeuchte wird durch den Wasserabscheider ausgeschieden. Bei überkritischem Druck wird eine gewisse Temperatur, deren

Wert lastabhängig sein kann, eingehalten. Der erzeugte Dampfstrom ist der Speiseregelung immer als Störgröße aufgeschaltet, in manchen Fällen wird auch der Speisewasserfluß als Störgröße mitbenutzt. Die am Speiseventil wirksame Druckdifferenz wird durch eine besondere Regelung, meist durch Eingriff auf die Pumpendrehzahl zum Einsparen von Pumpenleistung, annähernd konstant gehalten. In besonderen Fällen kann die Speisewasserregelung direkt auf die Pumpen wirken und daher das Speiseregelventil entfallen.

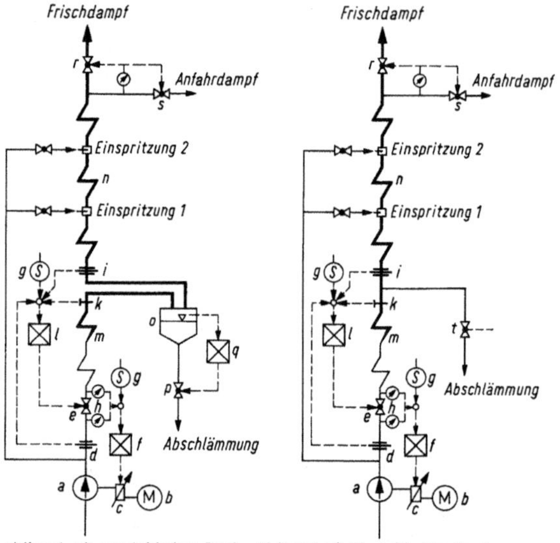

a) Kessel mit unterkritischem Druck b) Kessel mit überkritischem Druck

Abb. 427 a u. b. Vereinfachtes Schema der Speisewasserregelung für Sulzer-Einrohrkessel

a Speisewasserpumpen
b Antriebsmotor
c hydraulische Turbokupplung
d Speisewasserflußmessung
e Speisewasserregelventil
f Differenzdruckregler (PI)
g Sollwertsteller
h Differenzdruckmessung
i Sattdampfflußmessung
k Dampftemperaturmessung
l Speisewasserregler (PI)
m Vorwärmer-Verdampfer
n Überhitzer
o Wasserabscheider
p Wasserstandsregelventil
q Wasserstandsregler (P)
r Dampfabgaberegelventil
s Bypaß-(Anfahr-)Ventil
t Regelventil zur Extraktionsregelung

Sowohl bei unter- wie bei überkritischem Betrieb wird die Messung des Dampfzustandes am Verdampferende auf eine Temperaturmessung zurückgeführt. Dabei wird meist die Temperatur an allen parallel arbeitenden Verdampfungssträngen oder an einer Auswahl derselben gemessen und durch eine besondere Auswahlvorrichtung (Multithermostat,

Abb. 428. Multithermostat (Werkbild Sulzer)

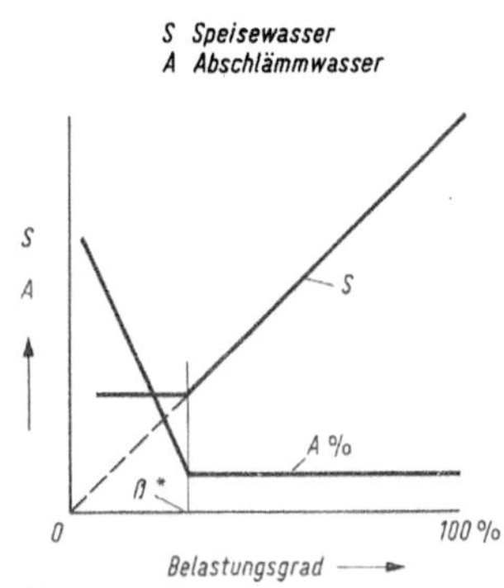

Abb. 429. Abschlämmung und Speisewasser in Abhängigkeit von der Last

Abb. 428) der höchste Meßwert als Regelsignal weitergegeben. Bei unterkritischem Betrieb erhält hierbei ein Strang einen etwas geringeren Durchfluß als die übrigen. Durch Korrektureingriffe, die vom Speisewasserstrom, also von der Belastung, oder von der Abschlämmmenge abgeleitet werden, wird im Sinne einer Sollwertverstellung am Multithermostaten die Wirkung von Verschiebungen der relativen Wärmeaufnahmen der Heizflächen kompensiert.

Eine Hilfsregelung stellt die *Wasserstandsregelung* am Abscheider dar, die die Wasserentnahme durch das Abschlämmventil dem Wasseranfall im Abscheider anpaßt. Sie wirkt insbesondere auch bei Schwachlastbetrieb, wo mit Rücksicht auf die Stabilität der Durchflußverteilung der Speisewasserstrom unterhalb eines bestimmten Belastungsgrades β konstant bleibt (Abb. 429). Ferner erfüllt sie wichtige Funktionen beim Abstellen des Kessels sowie bei Störungsfällen, z. B. bei plötzlichem Ausfall der Feuerung, indem ein Überschwemmen des Überhitzers mit seinen Folgen verhindert wird. Bei überkritischem Druck werden die entsprechenden Aufgaben in sinngemäßer Abwandlung von einer Extraktionsregelung übernommen.

Von Sulzer wird die Speisewasserregelung zur sog. internen Regelung des Kessels gezählt, welche die wasser- bzw. dampfseitigen Regeleingriffe auf das Hochdrucksystem und gegebenenfalls auf den Zwischenüberhitzer umfaßt. Die Leistungsregelung mit den feuerseitigen Eingriffen wird als externe Regelung bezeichnet. Die Temperaturregelungen am Überhitzer und Zwischenüberhitzer werden gesondert behandelt. Zu erwähnen ist im Zusammenhang mit der internen Regelung die Bypaßregelung, die während des Anfahrens und Abstellens den Druck am Kesselaustritt konstant hält. In vielen Fällen wirkt das Druckregelsignal auch auf ein Dampfabgabeventil im Sinne eines Grenzimpulses, wodurch bei übermäßiger Dampfentnahme das Absinken des Kesseldruckes begrenzt werden kann. Abb. 430 zeigt die Kombination von zwei Dampfabgabeventilen mit Bypaßventil (Mitte) für einen zweisystemigen Sulzer-Einrohrkessel.

Abb. 430. Dampfabgabeventile und Bypaßventil (Mitte; Werkbild Sulzer)

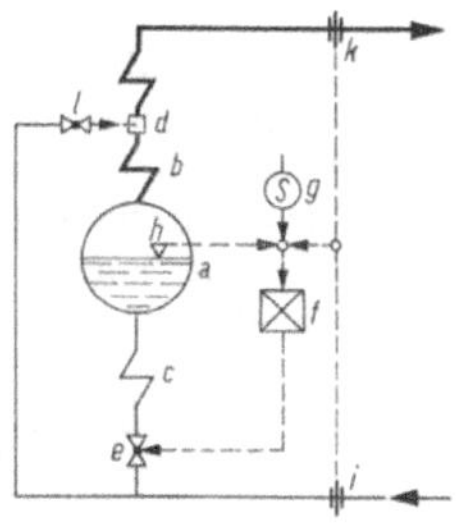

Abb. 431. Vereinfachtes Schema einer Speisewasserregelung für einen Naturumlaufkessel

a Kesseltrommel
b Überhitzer
c Economiser
d Kühler
e Speisewasserregelventil
f Speisewasserregler (PI)
g Sollwertsteller
h Wasserstandsmessung
i Speisewasserflußmessung
k Frischdampfflußmessung
l Einspritzwasserregelventil

Speisewasserregelung am Naturumlaufkessel (Abb. 431). Für alle großen Trommelkessel wird das sog. Dreiimpulsverfahren zur Speisewasserregelung angewandt. Dampf- und Speisewasserfluß sind bei konstantem Trommelwasserstand gleich. Die drei Signale wirken auf den Regler ein. Die einfache mechanische Wasserstandsregelung wurde nur bei kleinen Kesseleinheitenleistungen vorgesehen. Dem Speisewasserregelventil wurde zur Entlastung ein mechanisches Druckregelventil zum Halten eines konstanten Druckes vor dem Speisewasserregelventil oder ein mechanisches Differenzdruckregelventil zum Konstanthalten der Druckdifferenz zwischen Trommel und Speiseleitung vorgeschaltet, wenn die Speisepumpen nicht regelbar waren. Im Gegensatz zum Durchlaufkessel wird beim Naturumlaufkessel der Einspritzwasserfluß mit der Gesamtspeisewasserflußmessung erfaßt. Die Einspritzleistung zweigt daher hinter der Speisewasserflußmessung, aber vor dem Speisewasserregelventil ab.

Speisepumpen-Mindestflußregelung. Der Betrieb der Speisepumpen mit Wasser von hoher Temperatur erfordert bei stark zurückgehender oder völlig ausbleibender Förderung einen Mindestfluß durch die Pumpen, um eine Verdampfung des Wassers zu verhindern und die Pumpe vor Schäden zu schützen (vgl. auch Dritter Band, Teil A, Zweiter Teil, Abschn. A III a 4, S. 264). In Anlagen mit Pumpendrücken unter 200 atü wird hinter der Speisepumpe ein Freilaufrückschlagventil (Abb. 432A) vorgesehen, das mechanisch in Abhängigkeit vom Förderstrom einen Nebenauslaß betätigt, durch den die Mindestmenge in den Speisewasserbehälter abgeleitet wird.

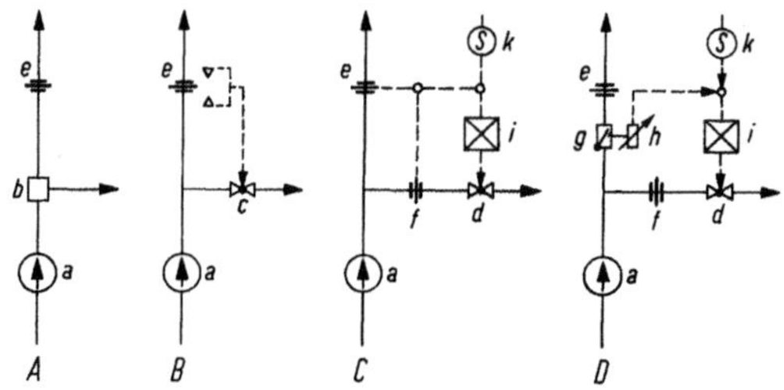

Abb. 432A–D. Speisewassermindestflußregelung

a Speisewasserpumpe
b Freilaufrückschlagventil
c Absperrventil
d Mindestflußregelventil
e Speisewasserflußmessung vor Kessel
f Mindestflußmessung
g Rückschlagklappe hinter der Pumpe
h Fernsender für Hubstellung
i Mindestflußregler (PI)
k Sollwertsteller

Der Mindestfluß kann aber auch in Abhängigkeit vom gemessenen Durchfluß hinter jeder Pumpe derart gesteuert werden, daß bei Unterschreiten einer bestimmten Fördermenge zum Kessel das Absperrventil in der Mindestflußleitung voll geöffnet wird (Abb. 432B). Der Speisewasserflußmesser ist mit Kontakten für das Öffnen und Schließen des Ventiles ausgerüstet. Die Kontakte sind einstellbar. Das Ventil soll schnell öffnen bzw. schließen, um Übergangsschwankungen soweit wie möglich zu vermeiden. Außerdem soll bei Stromausfall das Ventil in jedem Falle die Öffnungsstellung einnehmen. Deshalb wird es pneumatisch oder hydraulisch gesteuert. Für die hydraulischen Steuerungen liegen Ausführungen mit Drucköl und mit Druckwasser als Betriebsmittel vor. Bei Druckwassersteuerung dient das eigene Speisewasser als Hilfskraft.

Für große Pumpeneinheiten und infolge der Forderung im Kraftwerksbetrieb, daß die Kesselspeisepumpen auch bei kleinster Last in Dauerbetrieb gefahren werden müssen, werden Mindestflußregelungen (Abb. 432C) eingesetzt. Der Speisewasserfluß hinter der betreffenden Pumpe und der Mindestfluß zum Speisewasserbehälter werden gemessen. Unterschreitet die Summe der beiden Messungen den durch den Sollwert vorgegebenen Mindestbetrag, dann wird das Regelventil in der Mindestflußleitung entsprechend geöffnet. Im normalen Betrieb ist das Ventil immer geschlossen.

Die Entwicklung führte zu weiteren Verbesserungen, besonders für Speisewasserpumpen mit Enddrücken über 200 atü im Fördermengen-Nullpunkt. Das KSB-System (Abb. 432D) arbeitet mit elektrischem Regler und Stellgetriebe, das den Kegel des Regelventiles bewegt. Als Regelsignal wird die Stellung der Haupt-Rückschlagklappe, die ein Maß für die Förderleistung ist, benützt.

9. Regelung der Heiß- und Frischdampftemperatur

Erfahrungsgemäß wird durch Einspritzung von Speisewasser in den Heißdampf die beste Frischdampftemperaturregelung erzielt. Bei Trommelkesseln wird gelegentlich ein Teilstrom des Dampfes in der Trommel gekühlt und in den Überhitzer zurückgeführt.

Die Dampftemperatur eines trommellosen Durchlaufkessels ist von der Änderung des Verhältnisses zwischen Feuerungsleistung und Speisewasserfluß abhängig. Eine Änderung dieses Verhältnisses läßt jede Temperatur am Kesselaustritt zu. Trotzdem ist eine Regelung der Temperatur nicht allein durch die Änderung des Speisewasserflusses im Bereich der zulässigen Abweichungen vom Sollwert durchführbar. Diese Einschränkung liegt an der mit verhältnismäßig großer Totzeit behafteten Regelstrecke und an den schwankenden Heizwerten der Brennstoffe, insbesondere der festen. Meßtechnisch kann die Heizwertschwankung nicht unmittelbar erfaßt werden. Es kann nur die zeitliche Brennstoffmenge gemessen und in die Regelung einbezogen werden. Bei Gas- und Ölfeuerungen liegen die Verhältnisse günstiger. Man kann aber auch hierbei nicht durch die Feuerungsregelung allein (also ohne Einspritzung) eine befriedigende Temperaturhaltung erreichen.

Bei den Überhitzern macht sich die Speicherwärme im Eisen besonders stark bemerkbar, wodurch die ungünstige Übergangsfunktion mit der langen Totzeit bedingt ist. Änderungen des Einspritzwasserstromes wirken sich erst nach längerer Zeit an der Meßstelle hinter den Überhitzern aus, da die Speicherwärme der dazwischenliegenden Eisenmassen einen stark dämpfenden Einfluß ausübt. Um günstigere Regelergebnisse zu erreichen, ist man bestrebt, die Regelstrecke so kurz wie möglich zu machen. Das führt zu einer Unterteilung des Überhitzers in mehrere Regelstrecken. Normalerweise genügen bei Kohlekesseln zwei Einspritzungen für jedes System. Gelegentlich werden auch drei Einspritzstellen vorgesehen, z. B. bei Kesseln mit Dampftemperaturen von 600 bis 650 °C. Zusätzliche Einspritzstellen werden gegebenenfalls auch zum Materialschutz mit Grenzwertreglern vorgesehen.

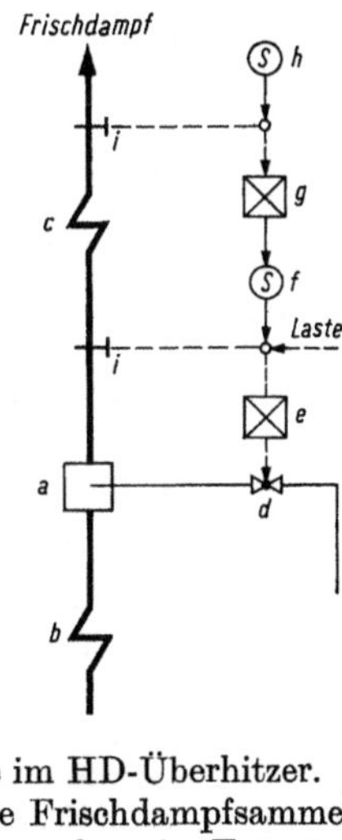

Abb. 433. Vereinfachtes Schema der Heißdampftemperaturregelung in Kaskadenschaltung mit einem Kühler

a Kühler
b Vorüberhitzer
c Endüberhitzer
d Einspritzregelventil
e Folgeregler (PI)
f Sollwertsteller-Folgeregler
g Führungsregler (PI), (PID)
h Sollwertsteller-Führungsregler
i Temperaturmessung

Bei Ölfeuerung genügt bisweilen auch eine Einspritzstelle im HD-Überhitzer.

Die direkte Einspritzung in die außenliegende unbeheizte Frischdampfsammelleitung am Kesselaustritt ist aus Gründen der Materialbeanspruchung abwegig. Ferner muß die völlige Verdampfung des Einspritzwassers sichergestellt sein, weil unverdampftes Wasser nicht in die Turbine gelangen darf.

In Abb. 433 ist die Kaskadenschaltung der Regler für die Frischdampftemperaturregelung eines Bensonkessels mit einem Kühler dargestellt. Die Endtemperatur am Überhitzeraustritt wird lastunabhängig konstant gehalten. Die Temperatur hinter dem Kühler ändert sich lastabhängig. Bei Temperaturänderungen am Kesselaustritt wird vom Führungsregler der Sollwert des Folgereglers entsprechend verstellt. Dieser betätigt das Regelventil. Der lastabhängige Einfluß wird vom Lastsollwertgeber, häufig auch vom Dampffluß, dem Folgeregler aufgeschaltet.

Bei Bensonkesseln im Blockbetrieb mit einem Turbosatz kommt der Einhaltung der Frischdampftemperatur in den zulässigen Grenzen besondere Bedeutung zu. Die Entwicklung führte zu einer kombinierten Frischdampftemperatur-Speisewasserflußregelung [*15*] unter Verknüpfung der betreffenden Regelkreise. Als Beispiel ist in Abb. 434 das vereinfachte Schema einer solchen Regelung für einen zweisystemigen Bensonkessel mit je zwei Einspritzkühlern dargestellt. Vom Frischdampftemperatur-Führungsregler wird

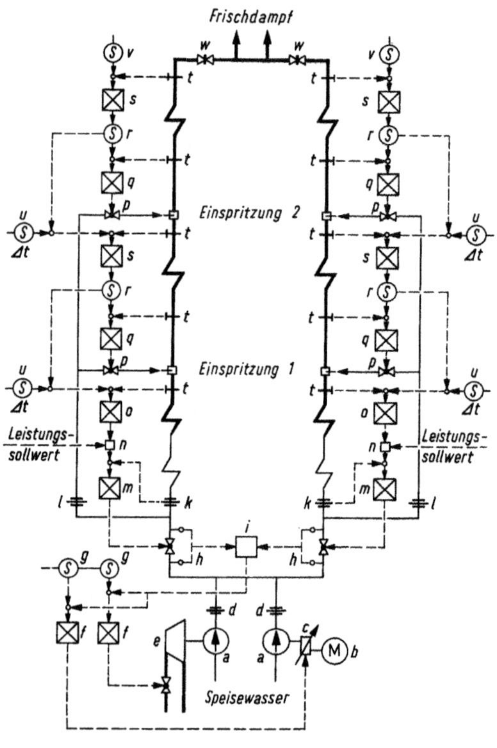

Abb. 434. Vereinfachtes Schema einer kombinierten Heißdampftemperatur-Speisewasserregelung für Bensonkessel

a Speisewasserpumpen
b Antriebsmotor
c hydraulische Turbokupplung
d Speisewasserflußmessung
e Speisepumpen-Antriebsturbine
f Pumpen-Einzelregler (PI)
g Sollwertsteller
h Differenzdruckmessung
i Differenzdruckauswahlgerät
k Speisewasserflußmessung
l Einspritzwasserflußmessung
m Speisewasserregler (PI)
n Multipliziergerät
o Temperaturdifferenz-Regler Einspritzung 1 (Führungsregler) (PI)
p Einspritzregelventil
q Folgeregler (PI)
r Sollwertsteller-Folgeregler
s Führungsregler (PI)
t Temperaturmessung
u Temperaturdifferenz-Sollwertsteller
v Sollwertsteller-Führungsregler
w Frischdampfschieber

der Sollwert für die zu regelnde Temperatur hinter der zweiten Einspritzung vorgegeben. Gleichzeitig wird dieser Temperatursollwert zu dem am Differenztemperaturregler eingestellten Differenzsollwert addiert. Der resultierende Wert ist der Sollwert für den Temperaturdifferenz-Führungsregler am zweiten Einspritzkühler. Dieser Regler kann auch als Regler der Temperatur vor dem zweiten Einspritzkühler bezeichnet werden.

Die Regelung für die Temperaturdifferenz am ersten Kühler ist in der gleichen Art aufgebaut. Dem Temperaturdifferenz-Regler an der zweiten Einspritzung ist ein Folgeregler nachgeschaltet, der das Regelventil zur ersten Einspritzung verstellt. Die Temperatur vor der ersten Einspritzung wird durch einen weiteren Regler, der bereits auf den Speisewasserregler einwirkt, entsprechend dem vorgegebenen Temperaturdifferenz-Sollwert gehalten. Zu diesem Sollwert wird der dem Folgeregler an der ersten Einspritzstelle aufgegebene Sollwert addiert (analog der zweiten Einspritzung).

In Abhängigkeit von den Temperaturen an den Einspritzkühlern wird bei dieser Schaltung der Speisewasserfluß korrigiert. Oft erweist es sich als zweckmäßig, die Temperatur hinter dem Verdampfer nach vorgegebenem Sollwert über einen P-Regler zusätzlich auf die Speisewasserregelung aufzuschalten. Die lastabhängige Speisewasserzufuhr wird proportional dem Leistungssollwert aufgegeben, der von der Turbinenregelung zur Verfügung steht.

Die Regelung ist unabhängig von der Dampfflußmessung, daher für die vorkommenden Betriebsarten der Blockanlagen wie Festdruck-, Gleitdruck-, Stufendruckbetrieb usw., aber auch für den Sammelschienenbetrieb geeignet.

10. Regelung der Temperatur des zwischenüberhitzten Dampfes

Frischdampf- und rauchgasbeheizte Zwischenüberhitzer. In neuzeitlichen Blockkraftwerken werden vielfach mit Primärdampf beheizte Wärmetauscher und Rauchgaszwischenüberhitzer zur Zwischenüberhitzung des Dampfes vorgesehen. Man kann die ZÜ-Temperatur je nach Konstruktion des Zwischenüberhitzers bis zu Teillasten von etwa 50% der Gesamtlast konstant halten. In Abb. 435 ist das vereinfachte Regelschema für einen dreiflutigen Wärmetauscher (Triflux, Patent Sulzer, vgl. auch Dritter Band, Teil A,

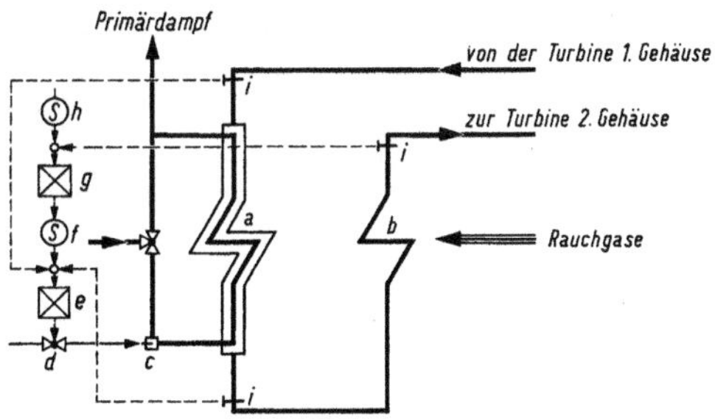

Abb. 435. Vereinfachtes Schema der Zwischenüberhitzer-Temperaturregelung, Triflux (Patent Sulzer)

a dampfbeheizter Zwischenüberhitzer
b rauchgasbeheizter Zwischenüberhitzer
c Einspritzstelle
d Einspritzwasserregelventil
e Folgeregler (PI)
f Sollwertsteller
g Führungsregler (PI)
h Sollwertsteller
i Temperaturmessung

S. 93) dargestellt. Hierbei wird in den Frischdampfteilstrom vor dem Wärmetauscher Speisewasser eingespritzt. Abb. 436 zeigt eine weitere Schaltungsmöglichkeit einer Zwischenüberhitzung, wobei der Heizdampfstrom durch einen Mischschieber eingestellt wird. In beiden Fällen wird für die ZÜ-Temperaturregelung die Kaskadenschaltung angewandt.

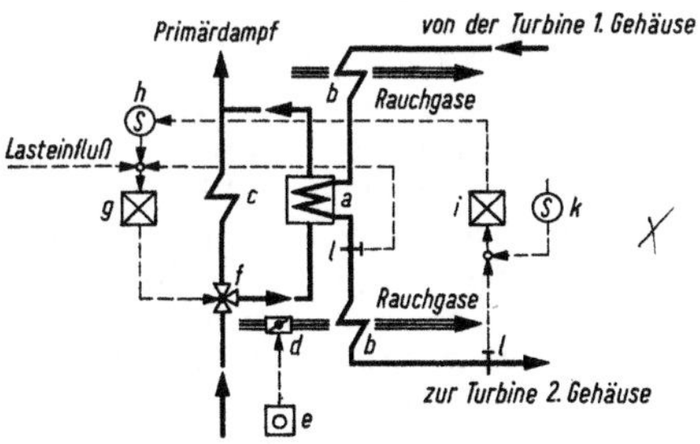

Abb. 436. Vereinfachtes Schema der Temperaturregelung für einen rauchgas- und dampfbeheizten Zwischenüberhitzer

a dampfbeheizter Zwischenüberhitzer
b rauchgasbeheizter Zwischenüberhitzer
c Hochdrucküberhitzerpakete
d Rauchgasregelklappe
e Fernsteuertaste
f Dreiwegeventil
g Folgeregler (PI)
h Sollwertsteller-Folgeregler
i Führungsregler (PI)
k Sollwertsteller-Führungsregler
l Temperaturmessung

Rauchgasbeheizte zweisystemige Zwischenüberhitzer mit Klappensteuerung (Abb. 437). Die Temperatur am Austritt aus dem Zwischenüberhitzer ist meist im Bereiche zwischen 70 und 100% der Nennlast zu regeln. Während in den Hauptzügen links und rechts der größte Teil der Zwischenüberhitzerheizfläche untergebracht ist, werden im Nebenzug in der Mitte die Vorwärmerheizflächen und gegebenenfalls auch das erste Paket des Zwischenüberhitzers angeordnet. Die Klappen in den Hauptzügen werden von Hand eingestellt. Die Regelung wirkt auf die Klappe im Nebenzug ein, wodurch die Rauchgase in entsprechender Menge durch die Hauptzüge geleitet werden.

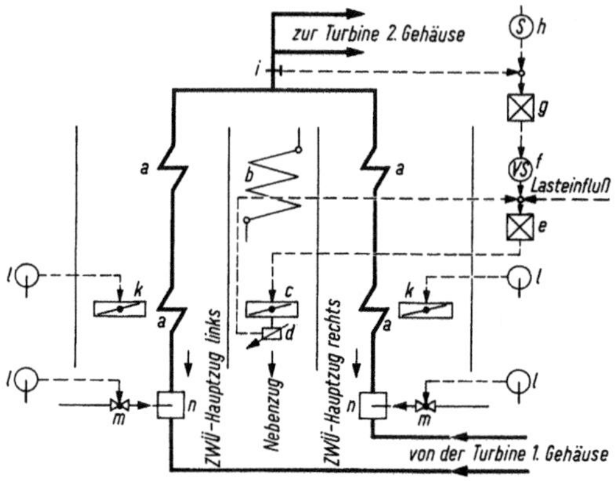

Abb. 437. Vereinfachtes Schema der Zwischenüberhitzer-Temperaturregelung mit Rauchgasklappensteuerung

a Zwischenüberhitzer
b Vorwärmer
c Regelklappe im Nebenzug
d Stellungsfernsender an der Regelklappe
e Folgeregler (PI)
f Verhältnissteller
g Führungsregler (PI)
h Sollwertsteller
i Temperaturmessung
k Klappen in den Hauptzügen
l Fernsteuertasten
m Einspritzwasserregelventile
n Kühler

Abb. 438 zeigt ein vereinfachtes Diagramm der Verteilung der Rauchgasmenge auf die Züge. Eine zusätzliche von Hand zu bedienende Einspritzung ist meist vorgesehen.

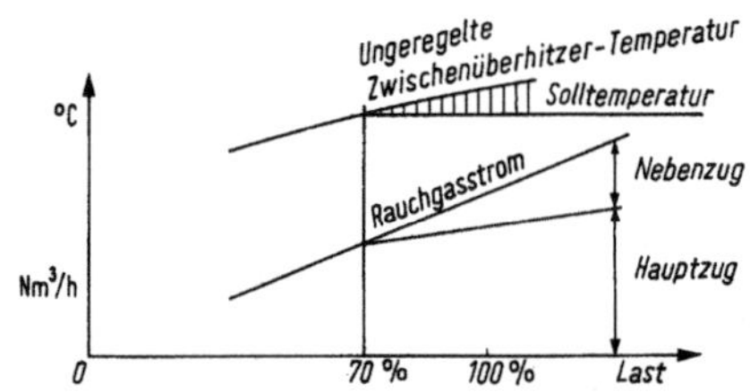

Abb. 438. Vereinfachtes Diagramm für die Regelung der Zwischenüberhitzertemperatur (Verteilung der Rauchgasmengen auf die Züge)

Zwischenüberhitzer mit Speisewassereinspritzung. Die Einspritzstelle liegt bei neuzeitlichen Kesseln innerhalb des Zwischenüberhitzers, gegenüber älteren Ausführungen mit der Einspritzstelle am Eintritt in den Zwischenüberhitzer. Gelegentlich sind aus Materialgründen Einspritzungen schon am Eintritt in die kalte Zwischenüberhitzerleitung notwendig. Die Bedingungen für die Temperaturregelung entsprechen sinngemäß denen der HD-Überhitzer. Man begnügt sich jedoch in den meisten Fällen mit einer Einspritzstelle, da die Zwischenüberhitzer-Austrittstemperatur nur in den oberen Lastbereichen ihren Sollwert überschreiten kann und geregelt werden muß. Der Einspritzwasserdruck kann wesentlich geringer sein als der Druck in der Speiseleitung. Bei Entnahme des Einspritzwassers für den Zwischenüberhitzer aus der Speiseleitung müßte daher ein sehr hohes Druckgefälle gedrosselt werden, wodurch die Einspritzregelventile einer hohen mechanischen Beanspruchung unterliegen würden. In den meisten Anlagen wird daher an den Speisepumpen eine Entnahme für Einspritzwasser bei einer mittleren Druckstufe vorgesehen.

In Abb. 439 ist eine kombinierte ZÜ-Temperaturregelung mit Einspritzung von Speisewasser und mit Rauchgasregelklappen dargestellt. Normalerweise wird mit der Einspritzregelung gefahren. Diese wird in Kaskadenschaltung ausgeführt. Die Rauchgasklappen im Vorwärmerzug werden in Abhängigkeit von der Last eingestellt. Überschreitet der Einspritzwasserfluß einen bestimmten vorgegebenen Wert, dann wird vom Einspritzwasserflußsignal die Klappenstellung entsprechend geändert.

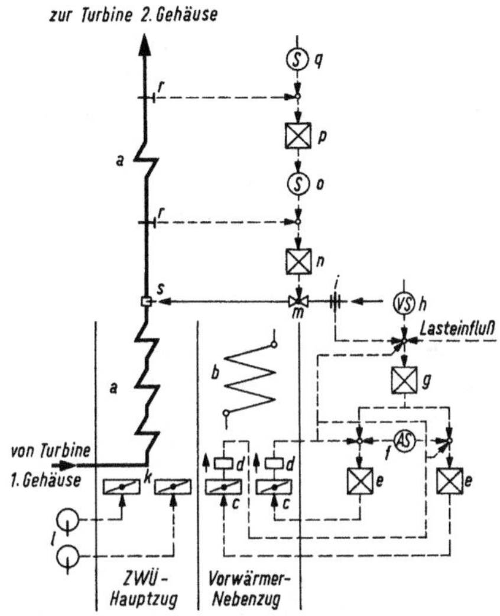

Abb. 439. Vereinfachtes Schema einer Zwischenüberhitzer-Temperaturregelung mit Einspritzung und Rauchgasklappen

a Zwischenüberhitzer	*k* Klappen um ZÜ-Hauptzug
b Vorwärmer	*l* Fernsteuertasten
c Regelklappen um Nebenzug	*m* Einspritzwasserregelventil
d Stellungsfernsender	*n* Folgeregler (PI)
e Folgeregler (PI)	*o* Sollwertsteller-Folgeregler
f Anteilsteller	*p* Führungsregler (PI)
g Führungsregler (PI)	*q* Sollwertsteller-Führungsregler
h Verhältnissteller	*r* Temperaturmessungen
i Einspritzwasserflußmessung	*s* Kühler

Verteilung des zwischenüberhitzten Dampfes beim Blockbetrieb mit zwei Kesseln. Bei Blockbetrieb mit zwei Kesseln werden die Dampfströme auf die Zwischenüberhitzer im Verhältnis der Frischdampferzeugung aufgeteilt. Das geschieht in den meisten Fällen durch Handbetätigung der in die Leitungen eingebauten Dampfverteilungsarmaturen. Diese werden immer so gesteuert, daß sich nur ein Ventil in Drosselstellung befindet, während das zweite ganz geöffnet ist. Hierdurch werden unnötige Druckverluste vermieden. Für die Dampfverteilung können gegebenenfalls auch Regelungseinrichtungen vorgesehen werden.

11. Korrekturregelungs-Einrichtungen zur Kesselregelung

Man versteht unter den Korrekturregelungs-Einrichtungen Geräte zur Änderung von Soll- bzw. Verhältniswerten oder Anteilen in Abhängigkeit von weiteren Messungen zur Verbesserung der betreffenden Regelung. Häufig kommt z.B. die Berichtigung des Brennstoff/Luft-Verhältnisses vom O_2-Gehalt der Rauchgase vor, um eine gute Verbrennung zu erreichen. Auch das Last/Speisewasser-Verhältnis wird bei Bensonkesseln vorübergehenden Änderungen unterzogen, wobei zweckmäßig die Temperaturmessungen vor der ersten Einspritzung oder hinter dem Restverdampfer als Signale aufgeschaltet werden.

12. Regelungen für das An- und Abfahren des Kessels und der Vorwärmer

Abb. 440 zeigt die Prinzipschaltung folgender Regelungen für das An- und Abfahren:

Anfahrdampfdruckregelung. Während des Anfahrens wird der Sollwert der Druckregelstation von Hand betätigt. Im normalen Betrieb liegt der Sollwert um mehrere Atmosphären höher als der Betriebsdruck. Die Druckregelanlage spricht bei zu hohem Frischdampfdruck an, z.B. im Schnellschlußfalle der Turbine. Das Regelventil wird sowohl mit einem Normal- als auch mit einem Schnellantrieb ausgerüstet, um den plötzlichen Druckanstieg möglichst schnell abzubauen. Die Laufzeit des Schnellantriebes beträgt etwa 7 s. Der Schnellantrieb wird von einem Kontakt-Druckmesser ausgelöst. Vielfach wird auf den Schnellantrieb auch ein Kontakt vom Schnellschluß der Turbine geschaltet. Oft ist es nicht erforderlich, daß das Ventil im Schnellgang vollständig öffnet. Bei Teilöffnung wird der Schnellantrieb entsprechend begrenzt. Der Druck zum Auslösen des Schnellganges wird so eingestellt, daß das Ansprechen der HD-Sicherheitsventile verhindert wird.

Temperaturregelung. Zur Kühlung des Anfahrdampfes dient eine Temperaturregelanlage. Das Einspritzwasser wird in den Sitz des HD-Reduzierventiles eingespritzt.

Wasserstandsregelung im Anfahrbehälter. Der reduzierte und gekühlte Dampf wird im Anfahrbehälter bis auf den Druck im Zwischenüberhitzernetz entspannt. Der entweichende Sattdampf gelangt in den Zwischenüberhitzer. Das anfallende Wasser wird von der Wasser-

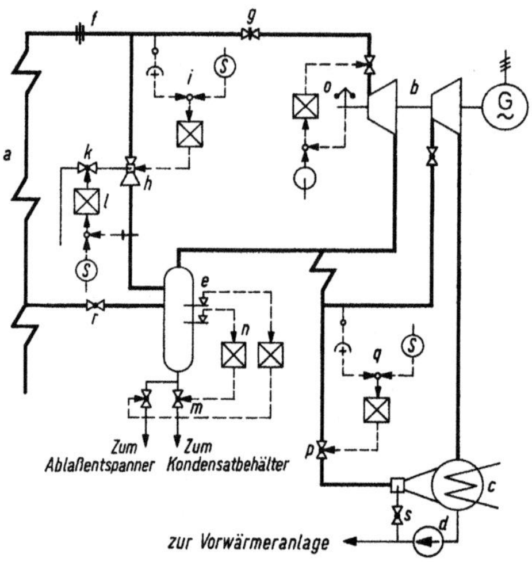

Abb. 440. Vereinfachte Darstellung der Regelungseinrichtungen für das Anfahren

a Kesselanlage
b Turbosatz
c Kondensator
d Kondensatpumpen
e Anfahrbehälter
f Frischdampfflußmessung
g Frischdampfschieber
h Dampfumformventil
i Druckregelanlage (PI)
k Einspritzventil
l Dampftemperaturregelanlage (PI)
m Wasserstandsregelventile
n Wasserstandsregler (P)
o Drehzahlregler (P)
p Dampfabblaseregelventil
q Dampfabblaseregelanlage (PI)
r Hilfsanfahrventil
s Kondensateinspritzventil

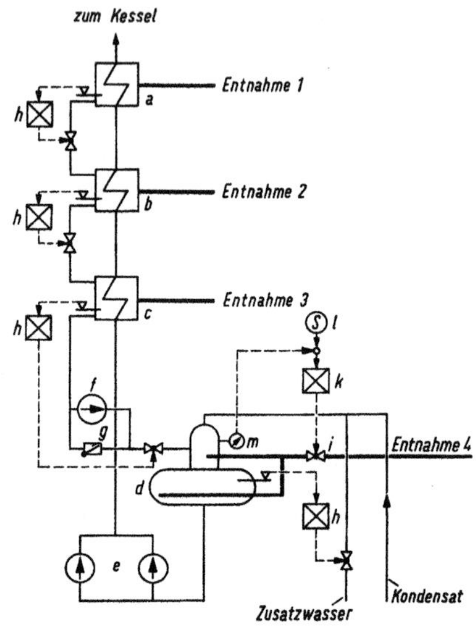

Abb. 441. Vereinfachtes Schema einer HD-Vorwärmeranlage mit Ablaufregelanlagen

a HD-Vorwärmer 1
b HD-Vorwärmer 2
c HD-Vorwärmer 3
d Speisewasserbehälter-Entgaser
e Speisewasserpumpen
f HD-Nebenkondensatpumpen
g Rückschlagklappe
h Niveauregelanlagen (P)
i Dampfdruckregelventil
k Dampfdruckregler (PI)
l Sollwertsteller
m Entgaserdruckmessung

standsregelung abgeführt. Normalerweise wird das Wasser zum Anfahrkondensatsammelbehälter geführt und von dort in den Entgaser-Speisewasserbehälter gepumpt. Zur Speisung nicht mehr verwendbares Wasser dagegen wird über eine zweite Wasserstandsregelanlage in den Ablaßentspanner abgeleitet.

Überströmstation zum Hauptkondensator. Während des Kesselanfahrens bzw. -abfahrens wird der im Zwischenüberhitzer anfallende Dampf durch die Überstromstation in den Turbinenkondensator abgeführt. Nähere Beschreibung der Überströmregelung siehe Fünfter Teil, Abschn. A, Die Dampfturbinen, S. 89.

Abb. 441 zeigt die Anordnung der Kondensatstandsregelanlagen an den HD-Vorwärmeranlagen und dem Speisewasserbehälter sowie die Druckregelanlage für den Entgaser.

Es werden vornehmlich mit Rücksicht auf die sich anbahnende Automatisierung elektrische Geräte für vorstehende Regelungen verwendet. Für die Kondensatablaufregelanlagen werden aber auch pneumatische und direkt wirkende mechanische Regler eingesetzt.

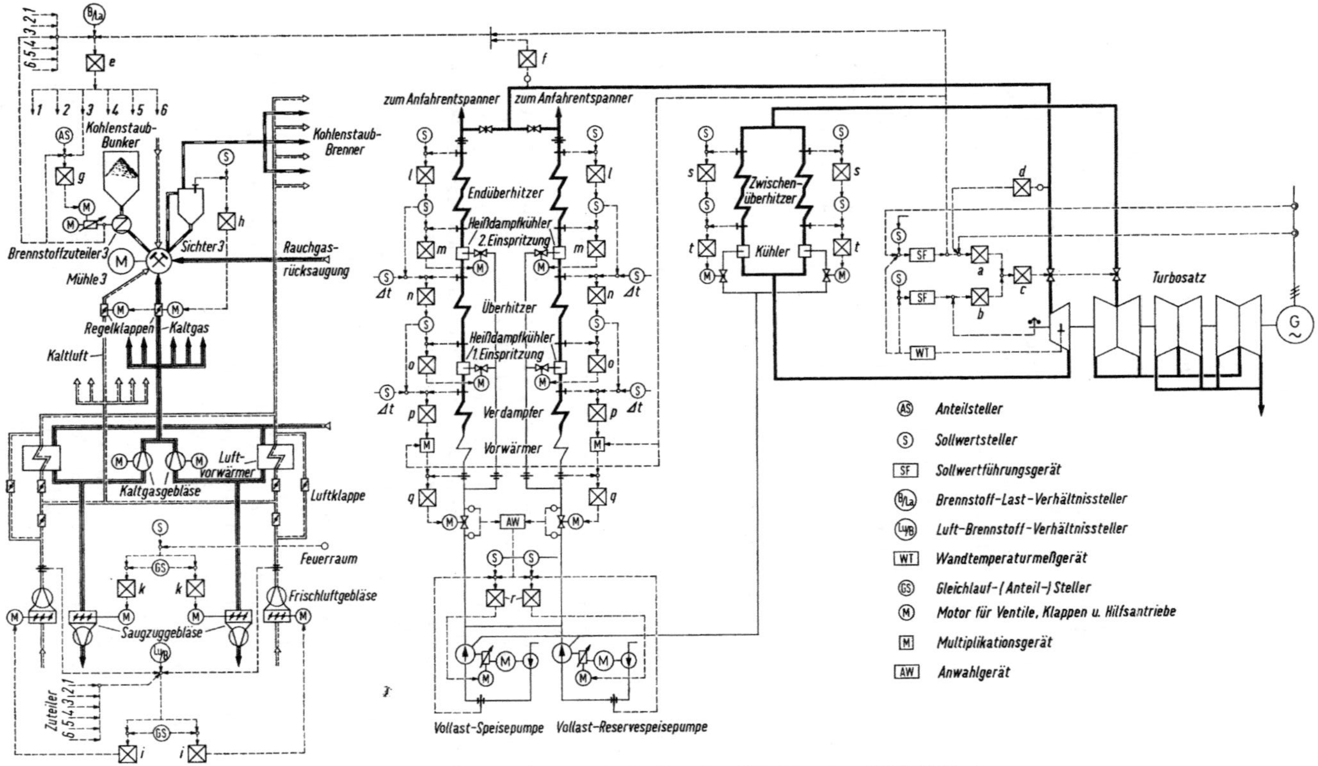

Abb. 442. Vereinfachtes Regelschema für Kessel und Turbine eines 300 MW-Blockes

a Leistungsregler (PI)
b Drehzahlregler (PID/P)
c Öffnungsregler (PD)
d Grenzdruckregler (PI)
e Gesamtbrennstoffregler (PI)
f Frischdampfdruckregler (PID)
g Brennstoff-Einzelregler (PI)
h Sichter-Temperaturregler (PI)
i Frischluftzufuhrregler (PI)
k Unterdruckregler (PI)
l HD-Temperaturregler (Führungsregler) (PI)
m HD-Temperaturregler 2. Einspritzung (Folgeregler) (PI)
n HD-Temperaturdifferenzregler 2. Einspritzung (Führungsregler) (PI)
o HD-Temperaturregler 1. Einspritzung (Folgeregler) (PI)
p HD-Temperaturdifferenzregler 1. Einspritzung (Führungsregler) (PI)
q Speisewasserflußregler (PI)
r Speisepumpenregler (PI)
s Zwischenüberhitzer-Temperaturregelung (Führungsregler) (PI)
t Zwischenüberhitzer-Temperaturregelung (Folgeregler) (PI)

13. Gesamte Regelung eines 300 MW-Blockes

In Abb. 442 sind die wichtigsten Regelkreise für einen Bensonkessel mit Kohlefeuerung und die Turbine eines 300 MW-Blockes vereinfacht dargestellt. Die Anlage wird mit festem Frischdampfzustand gefahren und entsprechend der abzugebenden Leistung geregelt. Die meisten Regelkreise unterliegen den Einwirkungen gemeinsamer Einflüsse, bedingt durch die Energieumwandlungs- und Übertragungsvorgänge des Verfahrens der Dampf- und Stromerzeugung. Eine Verknüpfung von bestimmten Regelungen, wie die der Heißdampftemperatur und des Speisewasserflusses, der Leistungs- und Feuerungsregelung oder der Luft- und Brennstoffregelung, ist zweckmäßig und ergibt bei richtiger Auslegung und Einstellung die besten Regelergebnisse. Bei der Planung werden die Geräte entsprechend den vorliegenden Betriebsbedingungen ausgelegt. Die Zunahme der Fahrweise von großen Einheiten mit Gleitdruck oder mit gesteuertem Gleitdruck bringt auch für den Festdruckbetrieb immer mehr die Abkehr von der Verwendung des Regelsignales vom Frischdampffluß, während das Aufschalten des Leistungssignales, abgegriffen von der elektrohydraulischen Turbinenregelung, immer häufiger angewandt wird.

Das Einstellen und Optimieren der Regler wird nach der Inbetriebnahme der Anlagenteile vorgenommen. Die vollen Betriebsdaten, wie Frischdampfdruck, -temperatur, Leistung, Frequenz usw. müssen erreicht sein. Die Handfahrweise geht zur Ermittlung der erforderlichen Daten dem selbsttätigen Betrieb voraus. Das Fahren verschiedener Lastpunkte gibt über das Verhalten des Kessels Aufschluß, wonach die Leistungsregelung eingestellt werden kann. Weitere Regelschemata siehe Erster Band, S. 656, 755, 866, 963, 1054.

f) Technik ausgeführter Regelanlagen und Fernsteuerungen

1. Regler ohne Hilfsenergie

Bei den herkömmlichen Reglern ohne Hilfsenergie, häufig auch direkt wirkende Regler genannt, befindet sich das Regelventil in unmittelbarer Nähe der Meßstelle. Der Sollwert wird an Ort eingestellt. Eine Fernsteuerungsmöglichkeit von der Warte aus besteht nicht. Der Anwendungsbereich für diese Regler wird daher im modernen Großkraftwerk immer kleiner. Die Regler finden aber noch vereinzelt Verwendung z.B. als

Wasserstands- oder Kondensatstandsregler an Vorwärmern, Gebrauchswasserbehältern usw. Man bezeichnet sie auch als Zu- bzw. Abflußregelanlagen. Der bekannteste Reglertyp ist der Hannemann-Regler mit Schwimmerkörper in einem Meßtopf. Durch Band oder Hebel wird die Bewegung des Schwimmers auf das Regelventil übertragen. Der Regler wirkt stetig und hat P-Verhalten. Die Regelanlagen können auch als Sicherheitsregler an Überläufen von Behältern eingesetzt werden, da sie den Erfordernissen entsprechend schnell öffnen und schließen.

Druck- oder Differenzdruckregler zum Regeln des Dampfdruckes bei der Ölzerstäubung in den Brennern, zur Druckregelung an Entgasern usw. Meßwerk und Regelventil sind zusammengebaut. In den meisten Fällen werden einfache P-Regler eingesetzt. PI-Verhalten kann gegebenenfalls durch Einsatz von Hilfsenergie erreicht werden.

Temperaturregler, z.B. für die Ölvorwärmung in Behältern. Die Regler arbeiten nach dem Prinzip der Flüssigkeitsausdehnung. Es werden Flüssigkeiten mit besonders hohen Ausdehnungskoeffizienten, z.B. Quecksilber, verwendet. Eine Vergrößerung des Volumens wirkt sich durch das Arbeitsrohr auf einen Arbeitskörper aus, der mit dem Ventilkegel starr verbunden ist.

2. Regler mit Hilfsenergie

Hydraulische Regler. Abb. 443 zeigt das Prinzip des hydraulischen Strahlrohrreglers von Askania. Dem um die Drehachse *a* schwenkbar gelagerten Stahlrohr *b* wird über den Zulauf *c* als Hilfsenergie Drucköl zugeführt, das aus der düsenförmig verengten Spitze des Strahlrohres mit großer Geschwindigkeit austritt. Der Strahl trifft auf zwei im Druckaufnehmer *d* unmittelbar nebeneinander liegende Öffnungen *e* und *f* von gleichem Durchmesser. Der Druckaufnehmer ist durch die Leitungen g und h mit den beiden Seiten eines Stellkolbens i verbunden. Die Strömungsenergie des Strahles setzt sich beim Auftreffen auf den Druckaufnehmer wieder in Druck um. Steht das Strahlrohr in der Mittellage, so ist der Druck auf beiden Seiten des Steuerzylinders gleich groß; der Kolben i verharrt in

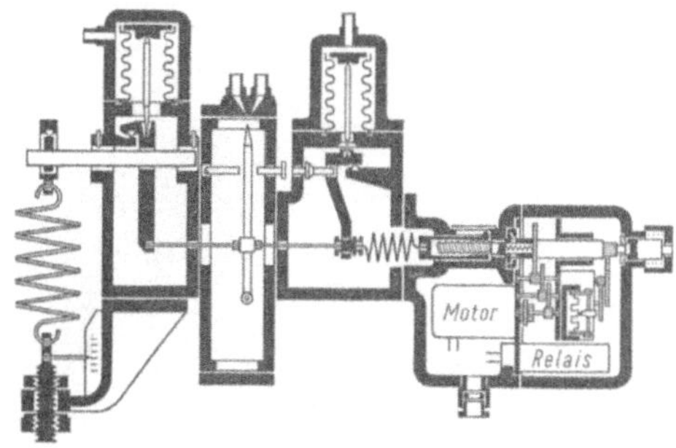

Abb. 444. Turbinenvordruckregler mit Wellrohrsystem und elektrischer Sollwertverstellung

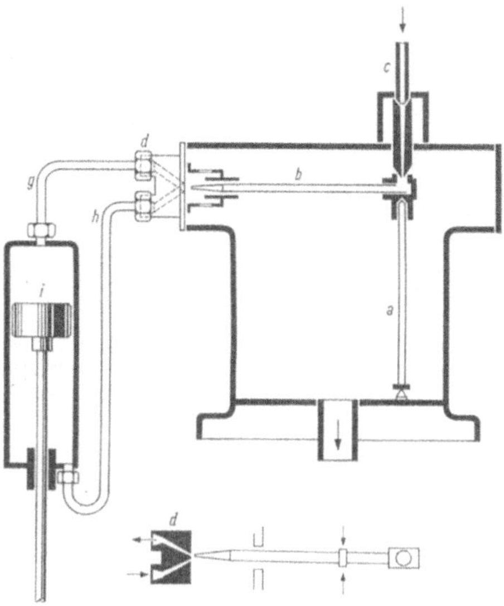

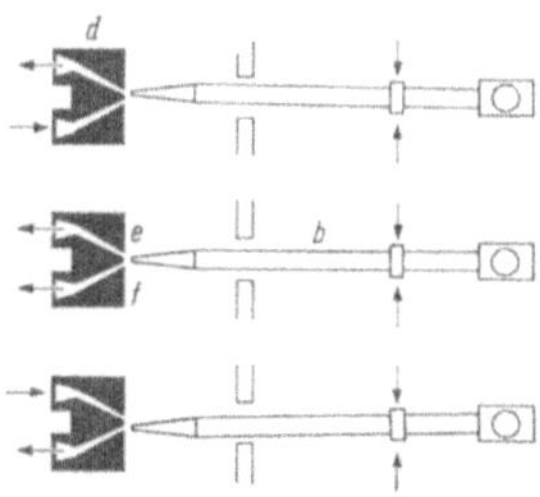

Abb. 443. Wirkungsweise des Askania-Stahlrohrreglers

a Drehachse
b Stahlrohr
c Zulauf
d Druckaufnehmer
e, f Öffnungen
g, h Leitungen
i Stellkolben

Ruhe. Bei Ablenkung des Strahlrohres wird der Druck entsprechend der Abweichung auf der einen Seite größer, auf der anderen kleiner. Es entsteht ein Druckunterschied und damit eine Stellkraft, die den Kolben in dem Maße bewegt, wie Drucköl nachströmt. Das Stellglied wird durch den Kolben solange bewegt, bis die Regelabweichung beseitigt ist und das Strahlrohr wieder in der Mittellage steht.

Das Anwendungsgebiet des Strahlrohrreglers im Kraftwerk ist groß. Er wurde in der Kombination mit den entsprechenden Meßwerten als Zug-, Druck-, Durchfluß-, Drehzahl-, Druckverhältnis-, Durchflußverhältnis-, Grenzwertregler usw. eingesetzt. In Abb. 444 ist ein Vordruckregler mit Wellrohrsystem und elektrischer Sollwerteinstellung dargestellt. Er wirkt auf die Turbineneinlaßventile in Abhängigkeit vom Frischdampfdruck, der konstant gehalten werden soll, ein. Für die Erfassung des Turbinenvordruckes dient das links angeordnete Meßsystem. Das rechte Meßsystem wird vom Öldruck beaufschlagt und ist als spezielles Rückführsystem ausgebildet. Zur Sollwertferneinstellung ist er mit einem Elektromotor mit Getriebe ausgerüstet.

Die Stelleistungen der hydraulischen Antriebsmotoren sind groß, ihre Stellzeiten relativ klein. Die Stellglieder können mit einem hydraulischen Steuerhahn ferngesteuert werden. Bei Vorhandensein einer Warte findet für Kesselregelanlagen eine Kombination der hydraulischen und der elektrischen Elemente Anwendung, wobei die unter Druck stehenden Meß- und Steuerleitungen verhältnismäßig kurz gehalten werden können.

In Abb. 445 ist ein vereinfachter Schnitt durch ein druckgesteuertes Dampfdruckregelventil (Bypaßventil) für einen Sulzerkessel [*14*] dargestellt. Das Bypaßventil öffnet beim Anfahren, Abfahren oder im Schnellschlußfall der Turbine selbsttätig in Abhängigkeit vom Frischdampfdruck.

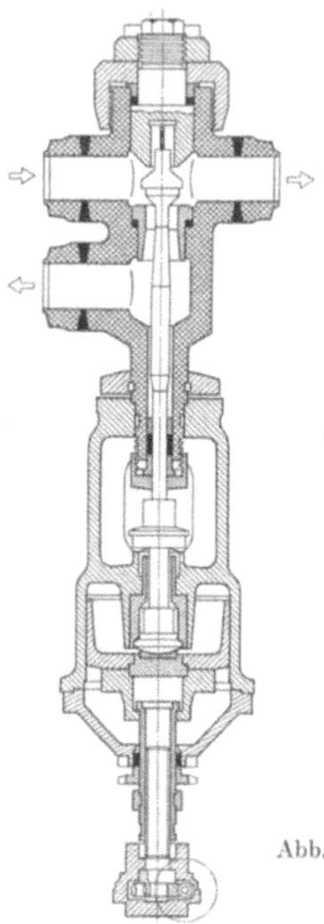

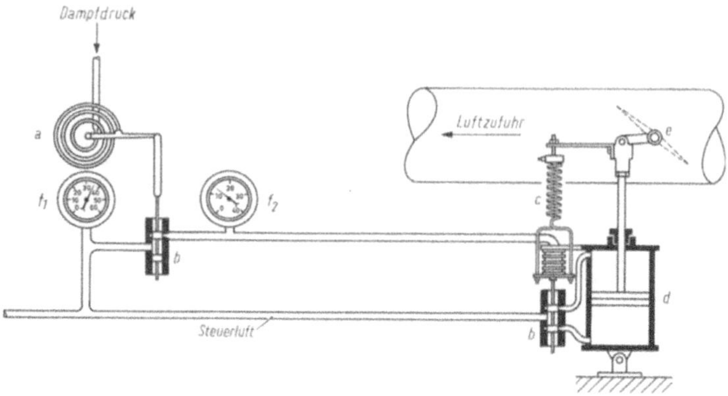

Abb. 446. Pneumatische Luftzufuhrregelung (Bailey)

a Manometer, *b* pneumatisches Relais, *c* Rückführung, *d* Servomotor, *e* Stellglied, f_1, f_2 Druckanzeiger

Abb. 445. Hydraulisches Dampfdruckregelventil (Sulzer)

Pneumatische Regler. Die pneumatischen Regler haben sich in den Blockkraftwerken des Inlandes nur vereinzelt eingeführt, wurden aber im Ausland vielfach angewendet, besonders in den USA und England, wo der weitaus größte Teil der Kessel mit pneumati-

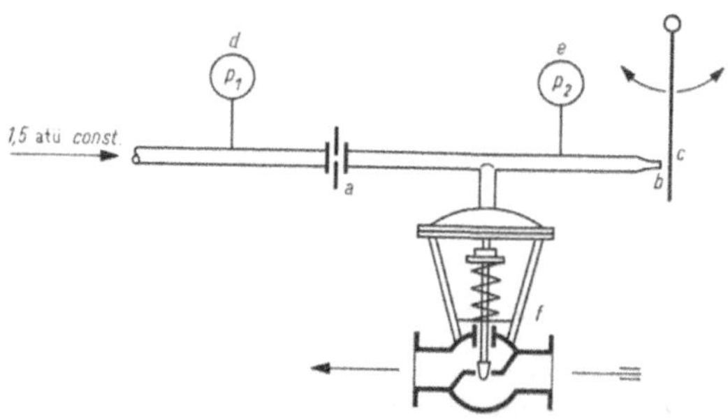

Abb. 447. Pneumatische Regelung mit federbelastetem Ventil (Hannemann)

a **Vordrossel**
b **Auslaßdrossel**
c **Prallplatte**
d **Zuluftdruckmesser**
e **Steuerluftdruckmesser**
f **Stellmotor mit Regelventil**

schen Regelanlagen ausgerüstet ist. Zu den bekanntesten pneumatischen Systemen für Großkesselanlagen gehören die Regelungen der Firmen Bailey, Honeywell und Republic. Im Prinzip werden zum Verstellen der Stellglieder, ähnlich wie bei der hydraulischen Regelung, Stellkolben und Stellzylinder, die mit der Druckluft beaufschlagt werden, verwendet. Abb. 446 zeigt die Anordnung der pneumatischen Geräte, Fabrikat Bailey, für den Luftregelkreis eines Kessels.

Das Schema einer pneumatischen Regeleinrichtung mit federbelastetem Ventil, Fabrikat Hannemann, ist in Abb. 447 dargestellt. Durch Nähern der Prallplatte c an die Luftauslaßöffnung b wird der Steuerdruck größer und das Ventil gegen die Federkraft verstellt.

Elektrische Regler. Auf dem Gebiete der elektrischen Regelungstechnik wurde im letzten Jahrzehnt eine sehr umfangreiche Entwicklungsarbeit geleistet und verschiedene Typen auf den Markt gebracht. Die Wirkungsweise der wichtigsten elektrischen Regler, die in Blockkraftwerken angewandt werden, wird nachstehend beschrieben.

Das Teleperm-Telepneu-System von Siemens. Das Teleperm-Telepneu-System [*16 bis 20*] ist eine Kombination elektrischer, pneumatischer und elektropneumatischer Regelgeräte. Es enthält elektrische Meßumformer und Regler des Telepermsystems, pneumatische Meßumformer und Regler des Telepneusystems sowie elektropneumatische Regler und elektropneumatische bzw. pneumatisch-elektrische Umsetzer, die es ermöglichen, Regelkreise beliebig aus elektrischen und pneumatischen Komponenten aufzubauen (Abb. 448). Elektrohydraulische Kombinationen sind ebenfalls möglich.

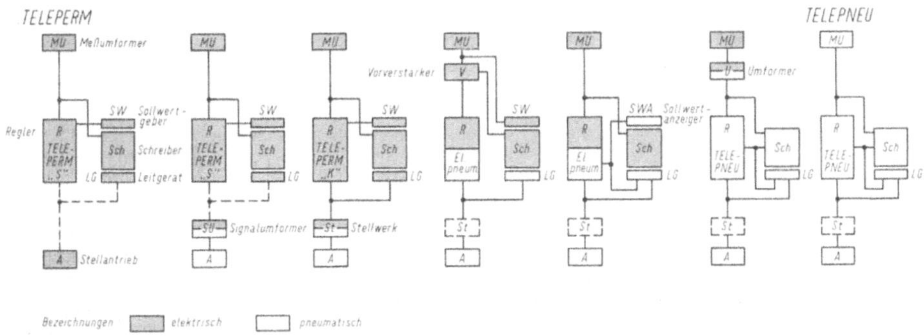

Abb. 448. Schema des Teleperm-Telepneu-Regelsystems

Als Übertragsgrößen (Meßumformerausgang und Reglereingang) werden eingeprägter Gleichstrom von 0 bis 20 mA bzw. 0 bis 50 mA und Luftdruck von 0,1 bis 1 kp/cm^2 verwendet. Für einfache elektrische Regelkreise werden auch Meßumformer mit Wechselstromausgang verwendet (Teleperm Z-System).

Die Stellantriebe werden elektromotorisch, pneumatisch oder elektrohydraulisch betätigt.

Der Telepermregler S wird hauptsächlich für Kesselregelungen, der Telepermregler Z für Dampfdruckreduzier- und Umformstationen sowie für Niveauregelungen an Vorwärmern und Behältern der Dampf- und Wassernetze verwendet. Telepermregler K und Ke werden nur ausnahmsweise für besonders schnelle Regelungen eingesetzt.

Regler des Telepermsystems. Das Telepermsystem enthält die Typen S und Z zum Anschluß von schrittweise betätigten elektromotorischen Stellantrieben und die Typen K und Ke zum Anschluß von zügig verstellbaren elektrohydraulischen oder elektropneumatischen Stellantrieben.

Telepermregler S. Abb. 449 zeigt das Schema des Telepermreglers S. Der Regler besteht aus drei Baugruppen: Meßeinsatz, Regeleinsatz und Rückführeinsatz. Der Meßeinsatz wird für Festwert- oder Verhältnisregelungen ausgeführt. Eingangsgrößen sind eingeprägte Gleichströme, die von Meßumformern geliefert werden.

In der Meßschaltung wird die Regelabweichung als Spannungsabfall der eingeprägten Gleichströme an Widerständen als Differenz von Führungsgrößen (bzw. Sollwert) und zu regelnder Größe (Folgegröße) gebildet.

Der Regeleinsatz enthält in seinem Eingang einen richtungsabhängigen, kontinuierlichen Magnetverstärker, an dessen Eingang die Regelabweichung als Spannungsdifferenz aus der Meßschaltung ansteht. Die durch den Vorverstärker verstärkte Regelabweichung wird auf zwei magnetische Kippverstärker geschaltet, deren Ausgänge je ein Starkstromrelais betätigen. Die Kennlinie der Kippverstärker zeigt Abb. 450. Diese sind stark rück-

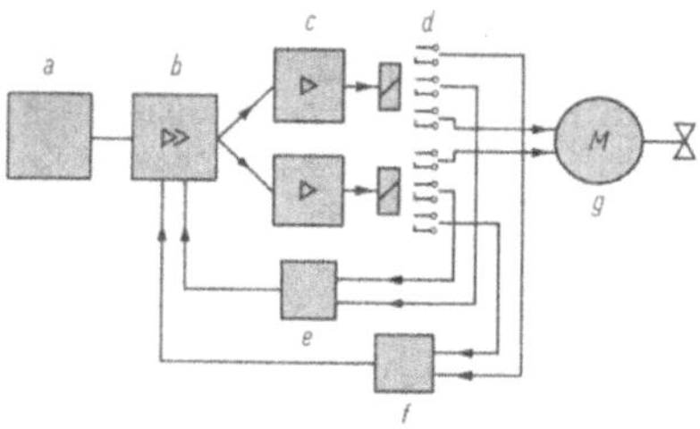

Abb. 449. Telepermregler S

a Meßschaltung
b Vorverstärker
c Endverstärker
d Schaltrelais
e Kurzzeit-Rückführung
f Langzeit-Rückführung
g Stellmotor

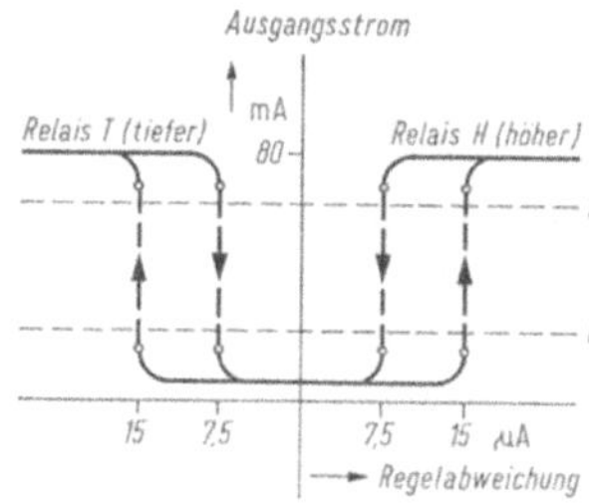

Abb. 450. Kennlinie des Gesamtverstärkers

gekoppelt, so daß ihr Ausgangsstrom nur einen Maximal- oder Minimalwert annehmen kann. Je nach Richtung der Regelabweichung spricht einer der beiden Kippverstärker an und schaltet über das Relais den Stellmotor in der entsprechenden Richtung ein. Gleichzeitig wird über einen zweiten Kontakt des Relais eine aus einer RC-Kombination bestehende Rückführschaltung aufgeladen. Die am Kondensator sich aufbauende Spannung wird an eine getrennte Eingangswicklung des Vorverstärkers gelegt und magnetisiert diesen in entgegengesetzter Richtung wie die Regelabweichung. Wenn die Rückführspannung einen bestimmten Wert erreicht hat, heben sich die Einflüsse von Regelabweichung und Rückführung auf, der Kippverstärker gibt seinen Minimalstrom ab, und das Relais fällt ab. Dadurch wird der Stellmotor wieder ausgeschaltet und der Rückführkondensator über einen zweiten Widerstand entladen. Wenn die Kondensatorspannung so weit abgesunken ist, daß die Regelabweichung am Vorverstärker wieder überwiegt, spricht das Relais wieder an, und das Spiel wiederholt sich. Der Regler gibt impulsfrequenz- und impulslängenmodulierte Stellimpulse ab. Impulslängen und Impulsabstände sind von der Größe der Regelabweichung abhängig (Abb. 451). Bei kleiner Regelabweichung sind die Impulse kurz, die Pausen lang und umgekehrt. Bei steigender Regelabweichung werden die Impulse länger, die Pausen kürzer, bis bei einer bestimmten Regelabweichung ein Dauerimpuls entsteht. Der Regler hat proportional-integrales (PI-) Verhalten. Der erste Stellimpuls, der dem Proportionalanteil entspricht, ist länger als die folgenden. Der Proportionalbereich wird durch den Aufladewiderstand der Rückführung bestimmt. Die weiteren Stellimpulse sind kürzer als der erste, da die Rückführung sich nicht vollständig entlädt. Die Entladezeitkonstante, bestimmt durch den Entladewiderstand der Rückführung, entspricht der Nachstellzeit (Integralanteil). Proportionalbereich und Nachstellzeit sind nicht konstant, sondern nehmen mit steigender Regelabweichung nichtlinear ab (Abb. 452). Hierdurch erhält der Regler eine Wirkung, die dem Vorhalt eines PID-Reglers entspricht. Da die Regelverstärkung mit sinkender Regelabweichung nichtlinear abnimmt, arbeitet der Regler sehr stabil.

Die RC-Rückführung des Reglers ist für Nachstellzeiten bis 40 s dimensioniert. Für trägere Regelstrecken wird eine zusätzliche thermische Rückführung für Nachstellzeiten bis 8 min eingesetzt, deren Wirkung der der RC-Rückführung überlagert wird.

An den Regler können ohne besondere Anpassung über Zwischenschütze Stellantriebe beliebiger Größe angeschlossen werden. Die elektromotorischen Teleperm-Stellantriebe besitzen einen Konusbremsmotor, so daß kein Nachlauf entsteht und eine hohe Stellgenauigkeit erzielt wird. Die Antriebe laufen selbst bei den kürzesten Stellimpulsen mit vollem Drehmoment an.

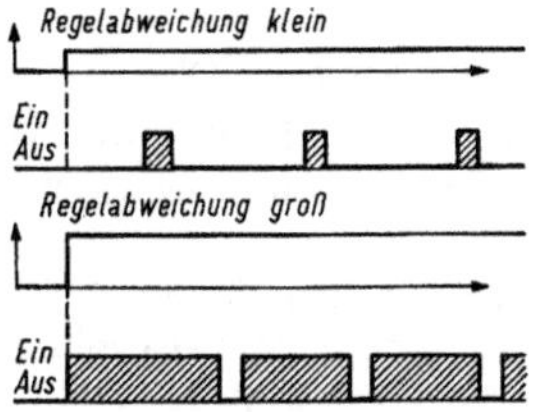

Abb. 451. Impulsschema

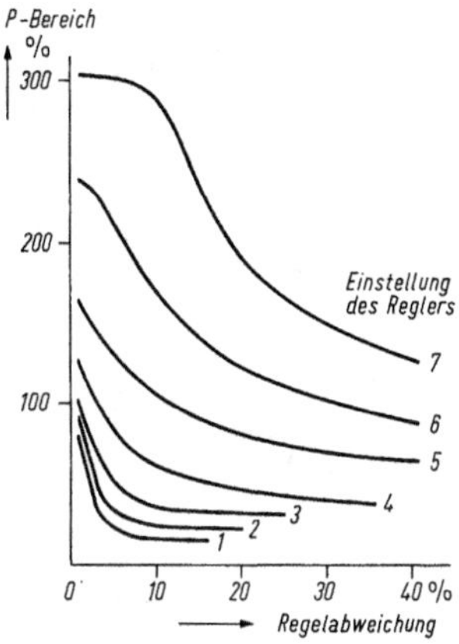

Abb. 452. Regelabweichung, nichtlinearer Proportionalbereich

Die Ansprechgrenzen des Reglers sind durch die Hysterese der Kippverstärker definiert und stets konstant und unabhängig von Reibungskräften am Stellantrieb, da dieser stets mit vollem Drehmoment läuft.

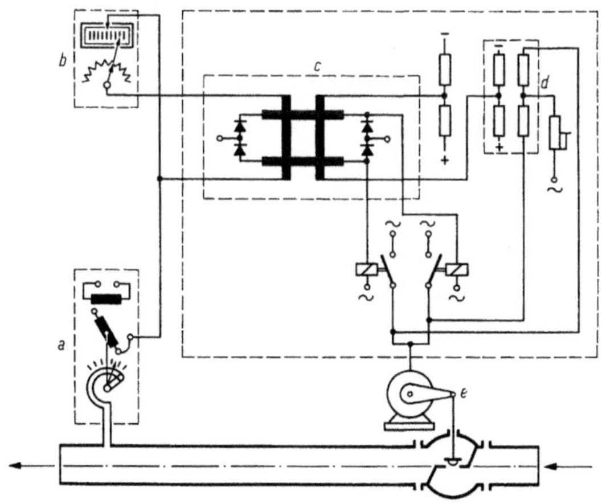

Abb. 453. Schema einer Druckregelanlage mit dem Teleperm ZM

a Meßgeber (Druckgeber mit induktivem Abgriff und Istwertanzeiger)
b Sollwertsteller mit Anzeige der Regelabweichung
c Regelverstärker mit Magnetkippverstärker und thermischer Rückführung
d Rückführung (thermisch, motorisch oder Kondensator)
e Stellantrieb

Telepermregler Z. Der Telepermregler Z (Zeigerregler) [*21 bis 23*] hat ein proportional-integrales (PI-) Verhalten; er ist ein stetig wirkender Dreipunktregler mit zeitlich diskontinuierlichem Ausgang, ähnlich wie der Telepermregler S.

Bei den Regelverstärkern werden zwei Grundtypen unterschieden:

Teleperm ZM, ein magnetischer Regelverstärker, wahlweise mit Kondensator- oder thermischer Rückführung, der hauptsächlich für Druck- und Temperaturregelungen in Dampfverteilungsnetzen der Kraftwerke verwendet wird und

Teleperm ZT, ein Transistor-Regelverstärker mit Kondensatorrückführung, der vorwiegend in Zu- und Ablaufregelungen eingesetzt wird.

Alle zum Teleperm Z-System gehörenden Meßwertgeber — wie z.B. für Druck-, Temperatur-, Niveau- und Winkelgeber — erfassen und verarbeiten die Meßwerte kontakt- und stufenlos.

Abb. 453 veranschaulicht eine Druckregelanlage mit dem Teleperm ZM.

Abb. 454 zeigt die prinzipielle Geräteanordnung in einer Dampfumformregelanlage [*24 bis 26*] zur gleichzeitigen Druck- und Temperaturminderung von Hochdruck-Heißdampf.

In Abb. 455 ist das Schema einer Niveauregelung [*27*] mit dem Transistor-Regelverstärker Teleperm ZT dargestellt. Hier handelt es sich um eine reine P-Regelung. Die Niveaugeber werden in Schwimmerausführung mit induktivem Abgriff, Meßbereich 160 mm, ND 160 (Abb. 456) und in Tauchkörperausführung, mit induktivem Abgriff, Meßbereich bis 2500 mm, ND 16 (Abb. 457) gebaut. In Abb. 458 ist der Siemens-Varivent, eine Spezialregelarmatur für Zu- und Ablaufregelungen mit auswechselbarem Sitz und Kegel, dargestellt.

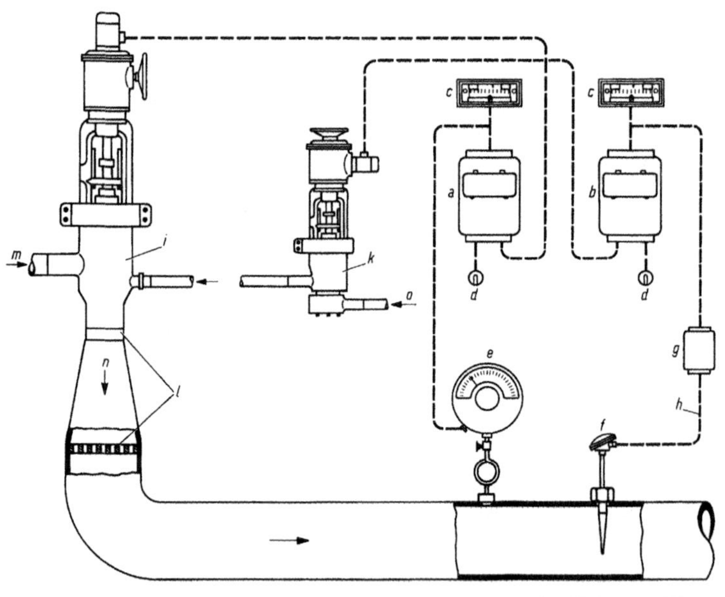

Abb. 454. Prinzipschema einer Dampfumformregelanlage mit dem Teleperm ZM

a Teleperm ZM-Regelverstärker für Druck
b Teleperm ZM-Regelverstärker für Temperatur
c Sollwertsteller mit Anzeige
d Schwenktaster für Handsteuerung
e Druckgeber mit induktivem Abgriff
f Temperaturgeber
g Teleperm ZM-Nullstromverstärker für Thermospannung
h Ausgleichsleitung
i Dampfumformventil in geschmiedeter Eckausführung
k Kühlwasserregelventil
l Vielfachdrosselscheiben
m Hochdruckheißdampf
n reduzierter und gekühlter Dampf
o Kühlwasser

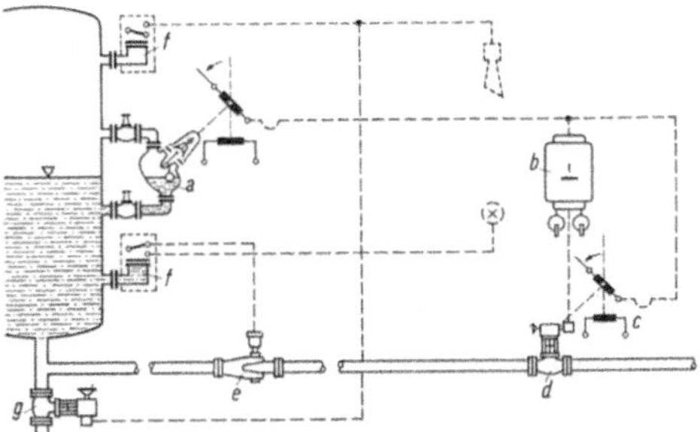

Abb. 455. Schema einer Niveauregelung mit dem Transistor-Regelverstärker Teleperm ZT

a Niveaugeber mit induktivem Abgriff
b Regelverstärker
c P-Aufschaltung
d Ablaufregelventil
e Förderpumpe
f Niveauwächter
g Notablaufventil

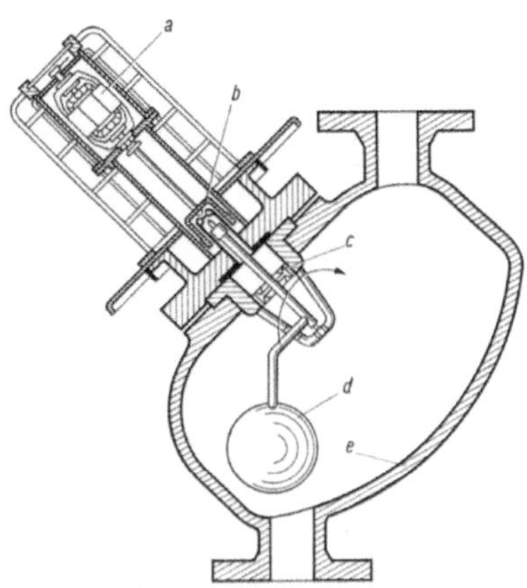

Abb. 456. Teleperm-Niveaugeber in Schwimmerausführung mit induktivem Abgriff

a Induktiv-Winkelgeber
b Magnetkupplung
c Rostfalle
d Schwimmerkugel
e Gebergehäuse

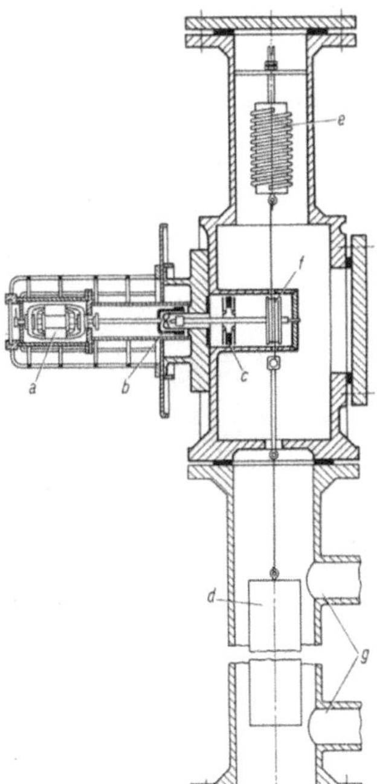

Abb. 457. Teleperm Z-Niveaugeber in Tauchkörperausführung mit induktivem Abgriff

a Induktiv-Winkelgeber
b Magnetkupplung
c Rostfalle
d Tauchkörper
e Meßfeder
f Seiltrommel
g Standrohr

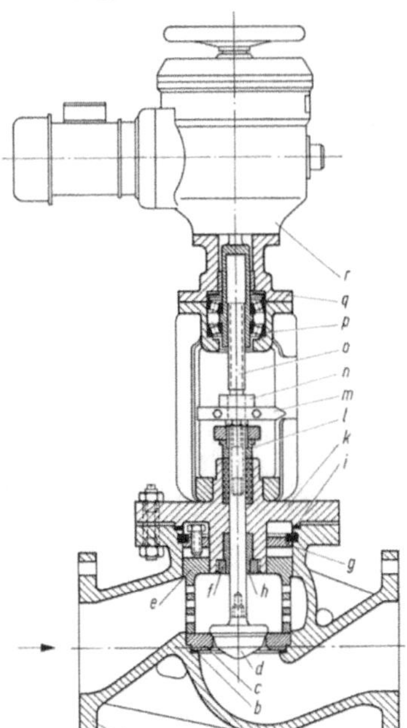

Abb. 458. Siemens-Varivent, eine Spezialarmatur für Z- und Ablauf-Regelungen mit auswechselbarem Sitz und Kegel

a Gehäuse
b Dichtungsring
c Sitzring
d Kegel
e Lochzylinder
f Gewindering
g Druckring
h Führungsbuchse
i Dichtungsring
k Deckel
l Stopfbuchse
m Zeiger
n Begrenzungsteil
o Spindel
p Kugellager
q Bockaufsatz, Oberteil
r Antrieb

Abb. 459 zeigt einige Typen der für die Teleperm-Regelung verwendeten Stellantriebe.

Telepermregler K und Ke. Im Gegensatz zum Telepermregler S sind die Typen K und Ke zügig arbeitende Regler. Sie geben anstelle von Stellimpulsen einen Gleichstrom zum Steuern pneumatischer oder hydraulischer Antriebe mit elektrischem Stellwerk (elektropneumatischem oder elektrohydraulischem Umsetzer) ab. Beide Typen sind lineare PID-

Abb. 459. Stellantriebe für 0,5 bis 2 mkp, 2,5 bis 6 mkp und 8 bis 15 mkp Antriebsdrehmoment (Werkbild Siemens)

Regler. Sie unterscheiden sich durch ihre Zeitkonstanten. Während der Typ K nur für schnelle Regelstrecken geeignet ist, ist der Typ Ke universell auch für träge Regelstrecken verwendbar.

Abb. 460 zeigt den Einschub des Telepermreglers Ke. Der Regler besteht aus fünf Baugruppen: Meßeinsatz, Regeleinsatz, Leitgerät, Rückführeinsatz und Netzgerät. An den

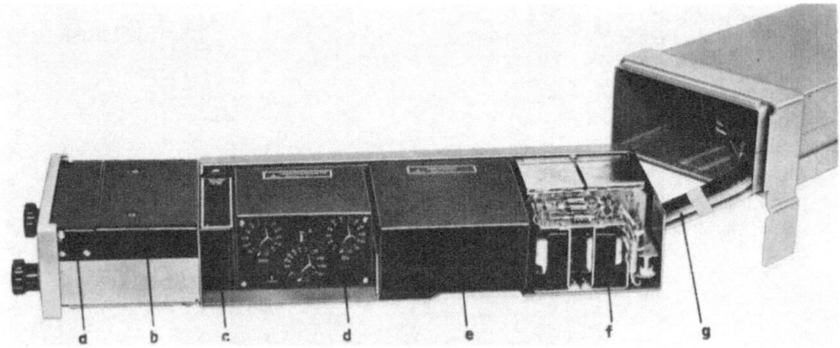

Abb. 460. Ke-Regler (Werkbild Siemens)

a Sollwertsteller
b Leitgerät
c Vergleichereinsatz
d Zeitgliedeinsatz
e Verstärkereinsatz
f Netzgerät
g flexibles Verbindungskabel zu den Anschlußklemmen

Eingang werden Meßumformer mit eingeprägten Ausgangsgleichströmen angeschlossen. Die Meßschaltungen für Festwert und Verhältnisregelungen entsprechen im Prinzip denen des Typs S. Die Regelabweichung wird mit einem Transistorverstärker verstärkt. Durch einen kapazitiven Modulator im Eingangskreis ist der Verstärkereingang so hochohmig, daß hochohmige RC-Rückführungsnetzwerke verwendet werden können. Der Verstärkerausgangsstrom steuert ein elektropneumatisches oder elektrohydraulisches Stellwerk. Die Ausgangsspannung wird über die RC-Rückführung auf den Verstärkereingang gegengekoppelt. Es kann eine PI-Rückführung mit einem Proportionalbereich von 0 bis 350% und einer Nachstellzeit von 1 bis 350 s oder eine PID-Rückführung mit einem Proportionalbereich von 0 bis 200%, einer Nachstellzeit von 0,1 bis 25 min und einer Vorhaltzeit von 0 bis 5 min eingesetzt werden.

Das Leitgerät enthält die Regler-Handumschaltung und ein Anzeigeinstrument, das die Regelabweichung anzeigt und zum stoßfreien Umschalten benutzt wird. Das Netzgerät liefert die stabilisierten Betriebsspannungen.

Zusatzgeräte für Teleperm-Regler. Teleperm-Vorverstärker. Der Teleperm-Vorverstärker dient zum Gleichlaufbetrieb bei Regelstrecken mit mehreren Stellgliedern (z.B. bei der Feuerungsregelung mit mehreren Kohlemühlen). Bei Gleichlaufbetrieb wird vor jedes Stellglied ein Telepermregler S mit einem Meßeinsatz für Gleichlauf geschaltet. Der Teleperm-Vorverstärker enthält einen der Regelaufgabe entsprechenden Meßeinsatz für Festwert- oder Verhältnisregelung, gegebenenfalls mit Summierschaltung der den einzelnen Reglern zugeordneten Meßgrößen, und einen linearen, magnetischen Verstärker, der die im Meßeinsatz gebildete Regelabweichung verstärkt. Der Verstärker gibt einen der Regelabweichung proportionalen Gleichstrom ab, der die in Serie geschalteten Steuerwicklungen der nachgeschalteten Regler durchfließt. In den Gleichlaufmeßeinsätzen der Regler werden die Stellungen der einzelnen Stellglieder oder die gemessenen Stellströme miteinander verglichen. Bei Abweichungen vom Gleichlauf fließen durch die mit den Gleichlaufmeßeinsätzen zusammengeschalteten Hilfssteuerwicklungen der Regler Korrekturströme, die entsprechende Stellimpulse erzeugen. An einen Vorverstärker können zehn Regler angeschlossen werden.

Teleperm-Zeitglied. Das Teleperm-Zeitglied [*28*] kann als Differenzier-, Integrier- oder als Nachlaufglied geschaltet werden. Es enthält eine motorische Selbstabgleichschaltung, die den Differentialquotienten eines eingeprägten Stromes oder das Integral mehrerer Ströme bildet oder eine Strom- oder Widerstandsänderung verzögert weitergibt. Ausgangsgröße ist ein Strom- oder ein Widerstandswert.

Teleperm-Tendenzglied. Das Teleperm-Tendenzglied enthält ein thermisches Zeitglied, das aus den Stellimpulsen eines Telepermreglers S eine Tendenz zur Aufschaltung von Störwerten auf weitere Regler ableitet. Entsprechend der eingestellten Zeitkonstanten differenziert es die Stellimpulse. Ein Magnetverstärker verstärkt den Tendenzstrom.

Teleperm-Mischverstärker. Der Teleperm-Mischverstärker dient in Verbindung mit dem Telepermregler Ke als Mischverstärker zum Addieren mehrerer Einflüsse oder als Trennverstärker zur galvanischen Trennung des Reglerausganges von den Eingangsstromkreisen oder zur Leistungsverstärkung, wenn die zulässige Bürde des Reglers durch die nachgeschalteten Geräte überschritten wird, z.B. durch Anschluß mehrerer Stellglieder. Er besteht aus einer Magnetverstärkervorstufe mit drei galvanisch getrennten Eingängen und einer Transistorendstufe.

Contronic-Regelsystem der Firma Schoppe & Faeser GmbH. Contronic ist die Weiterentwicklung der seit 1950 bewährten Regelung mit Wechselspannung (induktive Regelung) und der Regelung mit eingeprägtem Gleichstrom (UMC-Regelung).

Kennzeichnend für das Contronic-System [*29*] sind:

Gleichstrommeßumformer mit einheitlichem Ausgangssignal,

vollständige, fertig verdrahtete und geprüfte elektronische Regelanlage in Schrank- oder Gestellbauweise mit wenigen Baugruppen, selbst für die Ausführung anspruchsvoller Regelanlagen mit Kaskaden-Regelung und Vielfach-Signalmischung,

kontinuierliche Geschwindigkeitsregelung der robusten Stellgetriebe mit kollektorfreien Induktionsmotoren.

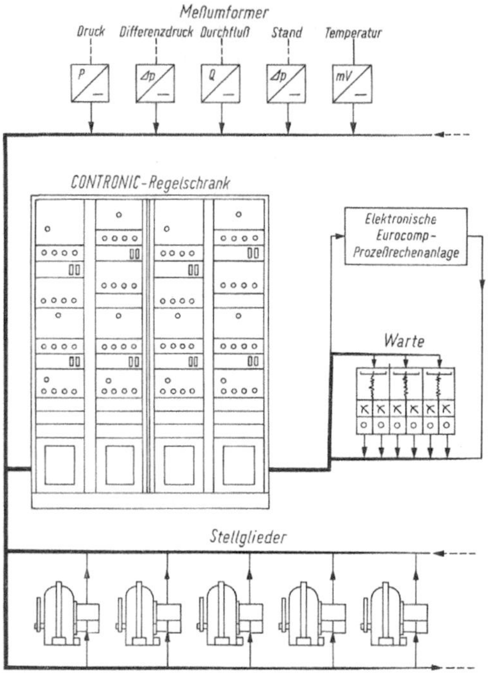

Abb. 461. Allgemeines Schema der Contronic-Regelung

In Abb. 461 ist der Aufbau des Contronic-Regelsystemes schematisch dargestellt. Die Meßumformer der gewünschten Regelanlage, z.B. für Druck, Differenzdruck, Durchfluß, Niveau und Temperatur liefern Gleichstromsignale in einen Reglerschrank. Der Schrank enthält die vollständige, fertig verdrahtete elektronische Regelanlage. Anzeiger, Schreiber, Rechner zur Datenverarbeitung und Optimierung werden in die Stromkreise der Meßumformer im Schrank oder in einem zusätzlichen Rangierverteiler eingeschleift. Die Leitgeräte für die einzelnen Regler und die Stellgetriebe mit ihren Rückführgebern sind ebenfalls im Verteiler angeschlossen.

Nach einem Baukastensystem werden an Differenzdruckmeßwerke, z.B. Bartonzellen (Abb. 462) oder an andere Druckmeßwerke, Umformer (Abb. 463) angeschlossen, die nach dem Prinzip des Kraftvergleiches arbeiten und Gleichstrom von 0 bis 20 mA am Ausgang liefern.

Abb. 462. Schnittbild der Bartonzelle (Werkbild Schoppe & Faeser)

Abb. 463. Meßumformer für Durchfluß- oder Differenzdruck (Werkbild Schoppe & Faeser)

Als Meßumformer mit Millivolt-Eingang, wie z.B. zum Anschluß an Analysengeräte, Thermoelemente oder Widerstandsthermometer, stehen Geräte zur Verfügung, die als selbsttätige Kompensatoren mit Transistorverstärker aufgebaut sind. Die Meßbereiche sind durch steckbare Karten austauschbar.

Die Drehzahlmessung, z.B. an Pumpen oder Kohlezuteilern, erfolgt mit einem sechspoligen, dreiphasigen Drehstromgenerator, der über einen nachgeschalteten Gleichrichter für 0 bis 10 V entsprechend dem Meßbereichsumfang liefert.

Zum Anschluß an die Regler sind alle Meßumformer geeignet, die einen eingeprägten Gleichstrom von 0 bis 20, aber auch von 0 bis 5 oder von 0 bis 50 mA, oder eine Gleichspannung von 0 bis 10 V liefern.

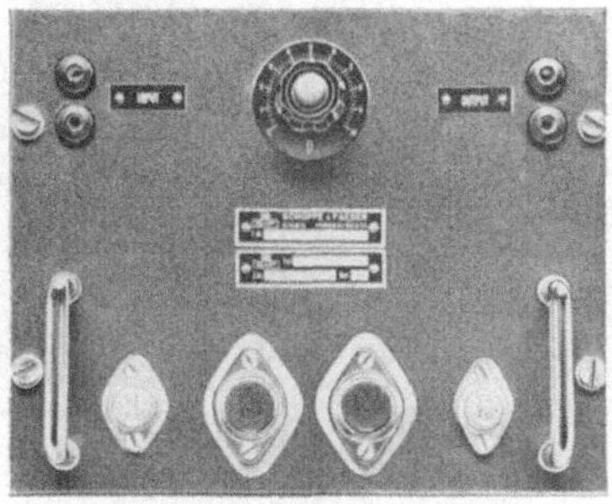

Abb. 465. Leistungsverstärkerteil 30 W (Werkbild Schoppe & Faeser)

Abb. 464. Contronic-Reglerschrank (Werkbild Schoppe & Faeser)

Die Regelverstärker werden in Einheitsgehäusen oder in Reglerschränken untergebracht. Abb. 464 zeigt einen Contronic-Reglerschrank, der mit den verschiedenen Baugruppen bestückt ist.

Jeder Verstärker besteht grundsätzlich aus den drei Baugruppen: Mischteil, Leistungsverstärkerteil und Anschlußteil. Die Signalmischung erfolgt im Mischteil über vier einstellbare Potentiometer. Nach der Spannungskompensation der Eingangssignale wird die Differenz in einem Transistor-Modulator in Wechselspannung umgewandelt und vorverstärkt. Anschließend wird sie dem Leistungsverstärkerteil zugeführt. Dieser wird in Stufen für 6, 30, 80 und 150 W entsprechend den Stellmotoren an den anzuschließenden Stellgetrieben gebaut. Außerdem hat der Verstärkerteil eine geschwindigkeitsproportionale Rückführung aus einer Tachometer-Ersatzschaltung. Dadurch wird die Drehzahl des Stellmotors der Regelabweichung proportional und somit unabhängig von der Belastung der Stellgetriebe. Abb. 465 zeigt den 30 W-Leistungsverstärkerteil und Abb. 466 seine Prinzipschaltung. Im Schaubild Abb. 467 ist die Drehzahl des Stellmotors als Funktion der Verstärkereingangsspannung für verschiedene Dämpfungswerte dargestellt.

In dem Anschlußteil sind im wesentlichen untergebracht:

Je ein Sicherungsautomat für die Regelung und Fernsteuerung,
je ein Starkstromrelais für die Schaltfunktion Rechtslauf—Linkslauf des Stellmotors,
ein Starkstromrelais für die Schaltfunktion „Hand—Regeln".

Von Hand werden die Schütze mit Fernsteuertasten betätigt.

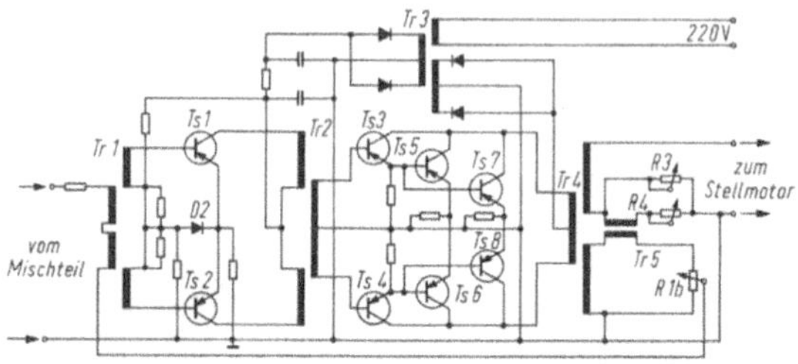

Abb. 466. Prinzipschaltung des Regelverstärkers 30 W

Tr1	Eingangstransformator	*Ts3, Ts4*	Leistungstransistoren der Treiberstufe
Tr2	Zwischenübertrager	*Ts5, Ts6, Ts7, Ts8*	Leistungstransistoren der Verstärkerendstufe
Tr3	Netztransformator	*R1b*	Tandempotentiometer zur Dämpfung
Tr4	Ausgangsübertrager	*R3, R4*	Einstellpotentiometer
Tr5	Übertrager	*D2*	Siliziumdiode zum Schutz gegen Überspannung
Ts1, Ts2	Transistoren in Gegentakt-A-Schaltung		

Der Regelverstärker liefert zusammen mit dem Stellgetriebe bei Verwendung eines induktiven Gebers als Rückführgeber ein der Regelabweichung proportionales Signal.

Um dem Regler ein PI-, PD- oder PID-Verhalten zu geben, wird ein Differential-Quotientengeber in volltransistorisierter Ausführung verwendet. Dieser Geber bildet die

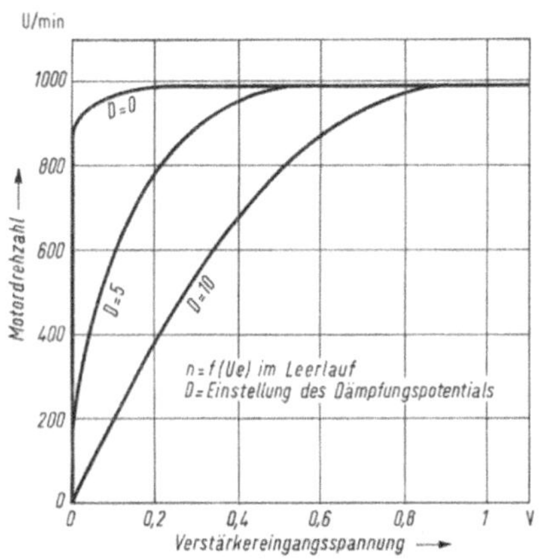

Abb. 467. Diagramm für die Drehzahl des Stellmotors als Funktion der Verstärkereingangsspannung für verschiedene Dämpfungswerte

Abb. 468. Stellgetriebe 400 mkp (Werkbild Schoppe & Faeser)

zeitliche Ableitung der Summe der Regelsignale, die am Eingang über vier Potentiometer anteilmäßig aufgeschaltet sind. Bei Verwendung dieses Differentialquotientengebers in der Rückführung entsteht zusätzlich I-Verhalten, während sich bei der Einschaltung in den Regelabweichungskanal der Differentialquotient bildet. Die Zeitkonstante kann in Stufen bis maximal 20 min verändert werden.

Zum Aufbau von Kaskadenregelungen oder für ähnliche Aufgaben (z. B. Gesamtkohleregler, Gesamtpumpenregler) wird ein Proportionalverstärker eingesetzt, der vier einstellbare Reglereingänge und mehrere galvanisch getrennte Ausgänge besitzt. Die Verstärkung ist in Stufen von 1 bis 150% einstellbar.

Für die Verstellung von Ventilen und Klappen stehen Stellgetriebe bis zu Drehmomenten von 400 mkp (Abb. 468) zur Verfügung. Die Stellmotoren können mit voller Leistung die Getriebe in die Endlage fahren und dort so verharren, ohne daß das Abschalten erforderlich wird.

Die Spannung des zur Stellungsrückführung verwendeten induktiven Gebers wird gleichgerichtet und auf 0 bis 10 V entsprechend dem maximalen Drehwinkel des Stellgetriebes eingestellt. Die Spannung des Rückführgebers ermöglicht gleichzeitig eine Stellungsanzeige ohne besonderen Stellungsgeber.

Die momentane Regelabweichung und die Stellung des Stellgliedes wird, wie bei allen elektrischen Regelungen üblich, mit elektrischen Instrumenten angezeigt.

Abb. 469. Leitgerät für Regelung mit Sollwertsteller (Werkbild Schoppe & Faeser)

Die Sollwertspannung wird mit einem Präzisions-Potentiometer, das von einer zenerdioden-stabilisierten Konstantspannungsquelle gespeist wird, gebildet. Sollwerteinsteller, Schwenktaste „Mehr—Weniger" und „Aus—Hand—Regler" sind in einem Leitgerät (Abb. 469) von der Größe 72 × 72 mm vereinigt.

Der Systemaufbau aus wenigen sich wiederholenden Funktionsgruppen ermöglicht eine möglichst geringe Lagerhaltung für Ersatzteile und senkt den Platzbedarf gegenüber herkömmlichen Anlagen auf rd. 30 bis 50%.

Die elektrische Regelung der Continental Elektroindustrie AG, Askania-Werke. Für die elektrische Regelung bauen die Askania-Werke das Magnetocont-System und in dessen Weiterentwicklung das Transistocont-System in neuzeitlicher Einschubtechnik.

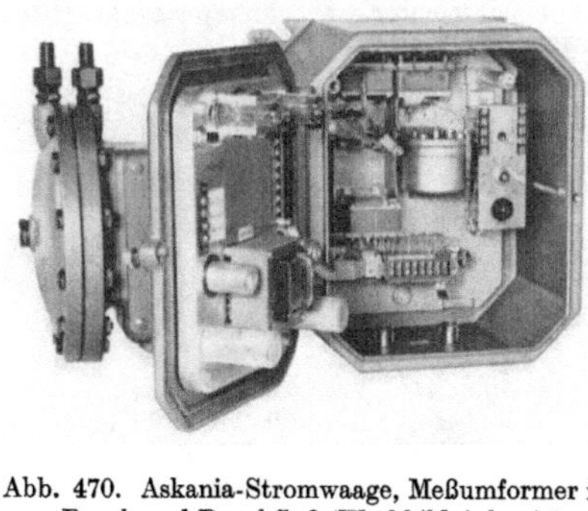

Abb. 470. Askania-Stromwaage, Meßumformer für Druck und Durchfluß (Werkbild Askania)

Abb. 471. Askania-Höchstdruckstromwaage (Werkbild Askania)

Beiden Systemen gemeinsam sind als Eingangsbausteine die Meßumformer, Bauart Askania-Stromwaage, für Druck und Durchfluß bzw. Temperaturmeßumformer und die Stellanordnungen mit Ferrarismotor.

Meßumformer: Die Askania-Stromwaage (Abb. 470 und 471) wandelt den Meßwert in einen eingeprägten Gleichstrom von 0 bis 20 mA bzw. von 0 bis 50 mA um. Sie arbeitet nach dem Prinzip der Kraftkompensation. Für Druck wird eine lineare Bauart mit permanentdynamischem System, für Wirkdruck, also bei Durchflußmessungen, eine elektrisch radizierende Bauart mit elektrodynamischem System verwendet.

Der Temperaturmeßumformer (Abb. 472) für kleine Gleichspannungen ist volltransistorisiert und liefert ebenfalls einen eingeprägten Gleichstrom von 0 bis 20 mA bzw. von 0 bis 50 mA. Er arbeitet nach dem Stromabgleichverfahren in Lindeck-Rothe-Schaltung.

Abb. 472. Askania-Temperaturmeßumformer (transistorisiert) für kleine Gleichspannungen (Werkbild Askania)

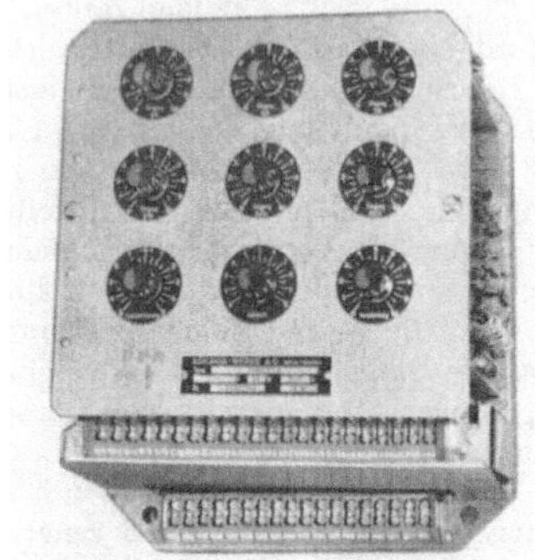

Abb. 473. Askania-Einheitsmischgerät zum Magnetocont-System (Werkbild Askania)

Magnetocont-System. Hierbei wird ein Einheitsmischgerät (Abb. 473) zur Bildung des Stellsignales aus der Regelabweichung eingesetzt. Das Mischgerät ist ein aus vier Drosseln in Brückenschaltung aufgebauter Transduktor. In der Eingangsschaltung werden sämtliche für die Bildung des Stellsignales in Frage kommenden Regel-, Stör- und Rückführgrößen mit dem Sollwert oder einer Führungsgröße verglichen. Die Ausgangsgröße ist eine Wechselspannung. Diese wird in einem zweistufigen Regelverstärker auf die vom Ferrarismotor benötigte Stelleistung gebracht. Der Regelverstärker besteht aus einer Röhreneingangsstufe und einer Magnetverstärkerendstufe.

Abb. 474. Askania-PID-Zusatz, elektronisches Zeitglied für Vorhaltbildung und nachgebende Rückführung (Werkbild Askania)

Zeitglieder zur Bildung des Zeitverhaltens stehen als PID-Zusatz (Abb. 474) in elektronischer Bauart auf RC-Basis und als motorische Integralgeber zur Verfügung.

Transistocont-System. Das Transistocont-System ist ein transistorisiertes, universell anpassungsfähiges Regelsystem in Einschubtechnik (Abb. 475). Im Systemaufbau zwischen

Meßumformer und Stellantrieb ist der Mischer (Abb. 476), ein Transduktor in Selbstsättigungsschaltung, der wichtigste Einschubbaustein. Er erfüllt folgende drei Funktionen:

Bildung des Regelabweichungssignales,

Bildung eines Mischsignales aus der Regelabweichung durch Überlagerung weiterer Hilfsregel-, Störwert- und Rückführgrößen,

zeitliche Beeinflussung des Regelabweichungssignales als Mischsignal oder getrennte zeitliche Beeinflussung des Regelabweichungssignales und anderer Signale mit anschließender Vereinigung zum Stellsignal.

Abb. 476. Askania-Transistocont-Signalmischer mit Zeitverhalten, Baustein (Werkbild Askania)

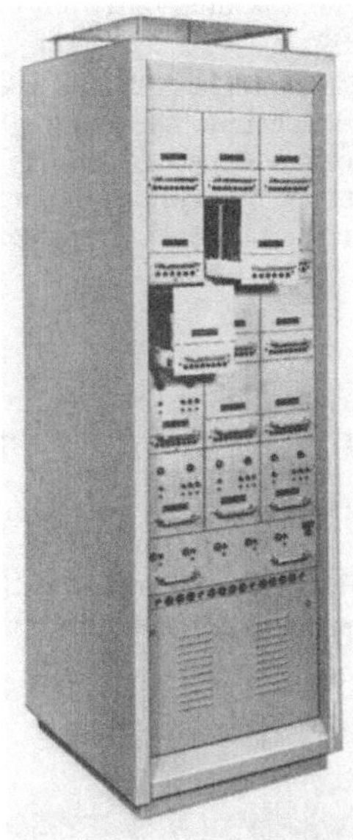

Abb. 475. Askania-Transistocont, Reglereinschubschrank in transistorisierter Technik (Werkbild Askania)

Abb. 477. Elektrohydraulischer Askania-Stellantrieb für große Stellkräfte (Werkbild Askania)

Der Mischer wird fallweise so weit bestückt, wie das funktionsmäßig erforderlich ist. Dabei entstehen je nach Wahl der Funktionsgruppen Signalmischer ohne Zeitverhalten (OZ-Mischer), Signalmischer mit Zeitverhalten (MZ-Mischer) und P-Verstärker zur Aussteuerung eines verstärkten Regelabweichungssignales.

Dem Mischer nachgeschaltet ist der Stellsignalverstärker für die Steuerspannung kontinuierlicher Motorstellantriebe, ebenfalls ein Einschubbaustein. Er enthält einen vierstufigen Transistor-Gegentaktverstärker und eine Gegentakt-Magnetverstärker-Endstufe. Die abgegebene Wechselspannung wirkt als Steuerspannung auf die Stellanordnungen mit Ferrarismotor, dessen Erregerspannung dem Netz entnommen wird.

Stellantriebe für die beiden Regelsysteme stehen in elektromechanischer Bauart mit Getriebeuntersetzung für Drehmomente von 5, 30, 60, 100 und 200 mkp zur Verfügung. Für hohe Stelleistung und kurze Stellzeiten werden außerdem elektrohydraulische Stellantriebe (Abb. 477) eingesetzt, wobei Drehmomente von 200 und 400 mkp bei 3 bis 6 s Stellzeit erzielt werden.

Elektrohydraulische Regelungen. Die elektrohydraulische Regelung findet in thermischen Großkraftwerken bei Regelkreisen mit großen Verstellkräften Anwendung, z.B. bei Leitschaufelregelungen großer Gebläse. Bei großen Turbosätzen hat sich die digitale Drehzahlmessung in Verbindung mit der hydraulischen Steuerung eingeführt.

Mit der digitalen Messung können auch die niedrigen Drehzahlen beim Anfahren der Maschine erfaßt werden (siehe auch Fünfter Teil, Abschn. A, Die Dampfturbinen, S. 91).

Elektropneumatische Regelungen. Auch die elektropneumatischen Regelungen haben sich als Gesamtregelung in den Kraftwerken nicht eingeführt. Sie wurden jedoch an einzelnen Regelstrecken, z.B. für die Unterdruck- oder Luftdruckregelung verwendet. Die Regelgrößen werden mit elektrischen Geräten gemessen, während die Stellglieder pneumatisch betätigt werden. Ein elektropneumatischer Umsetzer bildet das Bindeglied. Zu den bekanntesten Entwicklungen gehören die elektropneumatischen Kombinationen des Teleperm-Telepneu-Systemes [*17*] von Siemens, die Geapneu-Regelung [*30*] von der AEG und das Tric-Regelsystem [*31*] von H & B.

Elektrische Kleinregler, Stabregler usw. Die elektrischen Kleinregler [*32*] sind vornehmlich Zwei- oder Dreipunktregler mit mechanischer Abtastvorrichtung. Die Stabregler sind mechanische Ausdehnungsregler. Sie finden nur an bestimmten Regelstrecken im Kraftwerk vereinzelt Anwendung, z.B. für die Sichtertemperatur der Mahlanlagen oder für die Öltemperatur an den Brennölvorwärmern. Vielfach werden sie auch als Grenzwertgeber zur Meldung von Gefahrenzuständen verwendet.

3. Fernsteuerungen

Alle Vorgänge, die der Steuerung oder Regelung bedürfen, können in allen größeren Dampfkraftwerken von Hand von zentraler Stelle in der Warte über Fernsteuerungseinrichtungen beeinflußt werden. Die Betätigungsorgane, wie Schalter, Taster, Druckknöpfe usw., sind auf dem Steuerpult untergebracht und durch eine ausreichende Beschriftung gekennzeichnet.

Die Stellung der Regelventile und -klappen, deren Hub oder Öffnung, muß beim Handsteuern beobachtet werden können. Sie wird in Prozenten des gesamten Verstell-

Abb. 478. Doppelanzeiger für Regelabweichung und Stellgliedstellung (Werkbild Siemens)

Abb. 479. Vielfachschalter für Bedienungspulte (Werkbild Siemens)

bereiches angezeigt. Abb. 478 zeigt den elektrischen Stellungsanzeiger, Form 72×72 mm, in der Kombination mit der Regelabweichungsanzeige. Die betreffenden Stellorgane werden mit Fernsendern zur elektrischen Übertragung der Öffnungsstellung in die Warte ausgerüstet. Das Fernsteuergerät wird als kombinierter Steuerblock (Abb. 479) mit dem Schalter „Regler—Hand“, dem Schwenktaster „Weniger—Mehr“ und dem Sollwertsteller in koaxialer Anordnung ausgeführt. Ein solcher Steuerblock hat ebenfalls Randabmessungen von 72×72 mm und wird zweckmäßig unmittelbar unter dem Stellungsanzeiger auf dem Pult angeordnet. Beim Handsteuern kann der Regler vom Stellmotor abgeschaltet werden. Die Fernsteuerung der Regelantriebe von Hand hat gegenüber dem Regler den Vorrang, so daß auch bei nicht abgeschaltetem Regler ein Handeingriff zur vollen Wirkung kommt.

Für viele Schieber und andere Armaturen ist die Anzeige der Endstellung „Auf" und „Zu" ausreichend. Wenn es den Betriebsbedingungen entspricht, kann auf die Anzeige von Zwischenstellungen verzichtet werden. In solchen Fällen verwendet man zur Stellungsanzeige Schauzeichen mit drei Stellungen, „Auf", „Zu" für die Endlagen und „Gestört" als Zwischenstellung. Entsprechende Kontakte zum Anschluß der elektrischen Endstellungsanzeiger werden an den Stellgliedern vorgesehen.

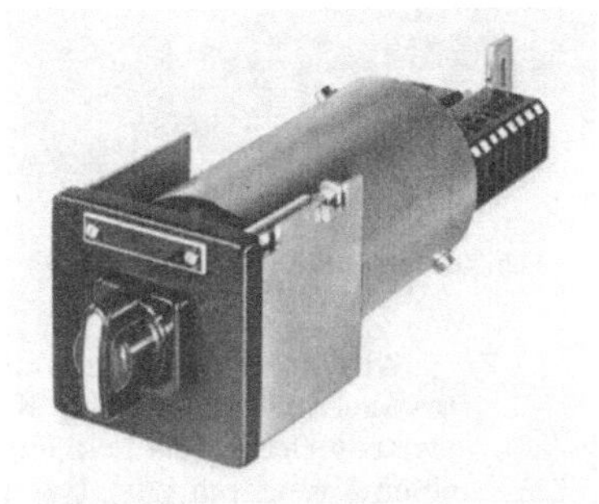

Abb. 480. Steuerquittierschalter (Werkbild Siemens)

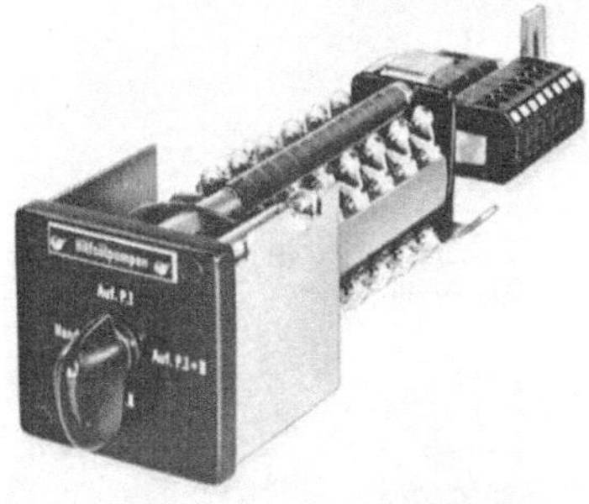

Abb. 481. Automatikschalter (Werkbild Siemens)

Für das Ein- und Ausschalten der Motoren an den Hilfsaggregaten, wie Gebläsen, Pumpen usw., werden Steuerquittierschalter (Abb. 480) verwendet. Im Zuge der fortschreitenden Automatisierung, die zum selbsttätigen Ein- und Ausschalten der Antriebe führt, wurden sie durch Druckknopftaster ersetzt.

Abb. 482. Abgedeckter Druckknopf (Werkbild Siemens)

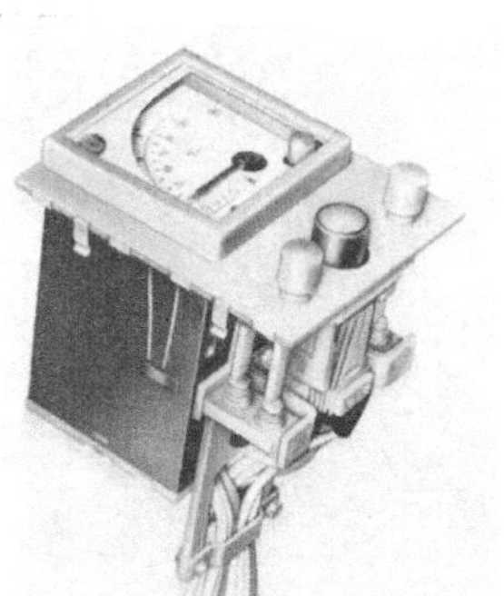

Abb. 483. Instrumentenfeld und Steuerfeld für Regler (Werkbild Siemens)

Für das Zu- und Abschalten von Hilfsaggregaten, z. B. Hilfsölpumpen am Turbosatz, an die Automatik werden Automatikschalter (Abb. 481) oder Druckknöpfe benützt.

Abgedeckte Druckknöpfe (Abb. 482) werden für die Auslösung des elektrischen Schnellschlusses der Turbine, des Schnellantriebes der Anfahrstation usw. verwendet.

Die herkömmlichen Steuer- und Überwachungsgeräte mit den Randabmessungen 72 × 72 mm und größer benötigen bei Großanlagen verhältnismäßig lange Pulte und Tafeln. Das Bestreben, kleine Abmessungen der Steuerpulte zu erreichen, führte zur Neuentwicklung von kleinen Gerätetypen. Die bislang verwendeten Schalter und Taster werden vornehmlich durch platzsparende Einheitsdruckknöpfe ersetzt. Anwahlsteuerungen und Anwahlschaltungen tragen ebenfalls zur Platzersparnis auf der Pultfläche bei. Inzwischen geht jedoch die Entwicklung der Automatik dahin, daß die Direktsteuerung nicht nur für die Regelung, sondern auch für die Steuerung aller Motorabzweige verwendet wird. Neuentwickelte Logikelemente werden eingesetzt, um sichere Steuerungen zu erreichen.

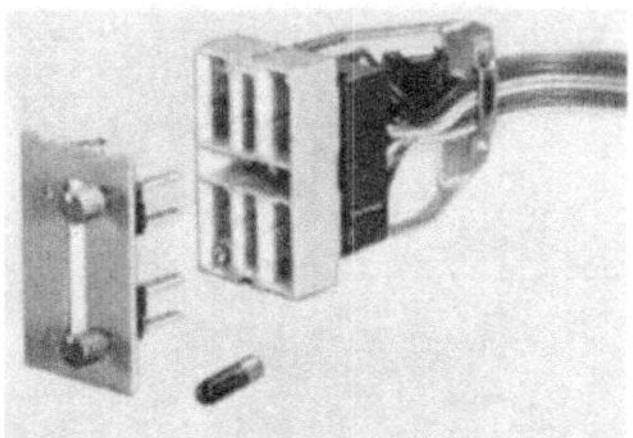

Abb. 484. Steuerfeld für Motorabzweige (Werkbild Siemens)

Abb. 485. Steuerfeld für HD-Schieber (Werkbild Siemens)

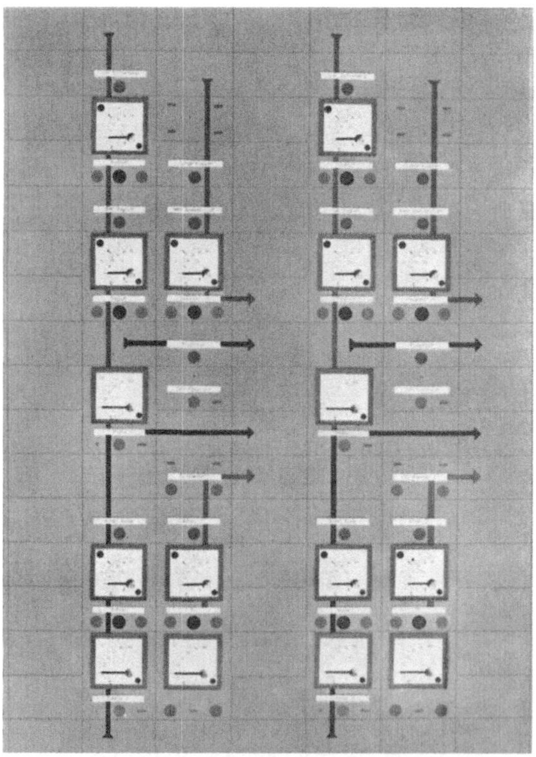

Abb. 486. Anordnung der Fernsteuergeräte für die Brennstoffregelung des Kessels in Kleinwartentechnik (Werkbild Siemens)

Abb. 483 zeigt ein kombiniertes Instrumentenfeld für Kleinwartentechnik. Das Feld enthält einen Anzeiger mit den Randmaßen 48 × 48 mm für Stellgliedstellung und Regelabweichung und den Platz für die Steuertasten. Die äußeren Steuertasten dienen zur Stellgliedbewegung, die Leuchttaste in der Mitte zum Ein- und Ausschalten des Reglers. Oberhalb der Tasten wird der Beschriftungsstreifen angebracht. Abb. 484 zeigt das Druckknopffeld für das Ein- und Ausschalten eines Hilfsantriebes, das anstelle eines Steuerquittierschalters verwendet wird. In Abb. 485 ist ein Druckknopffeld mit drei Druckknöpfen für einen Hochdruckschieber dargestellt. Für das „Öffnen", „Anhalten" und „Schließen" wird jeweils der betreffende Druckknopf betätigt. Die zugeordneten Leuchtschlitze zeigen durch rotes bzw. grünes Licht die Betätigung an. In Abb. 486 ist ein Ausschnitt eines neuzeitlichen Kleinwartenpultes in normaler Bestückung für die Brennstoffzuteilung eines Kessels wiedergegeben.

4. Stellglieder

Im thermischen Teil des Kraftwerkes kommen als Stellglieder vornehmlich Regelventile und Regelklappen in Betracht.

Die Regelventile werden je nach dem Verwendungszweck mit linearer oder logarithmischer Kennlinie ausgeführt. Bei linearer Kennlinie (Abb. 487) ergeben gleiche Stellwege gleiche Änderungen des Durchflusses. Bei der logarithmischen Kennlinie (Abb. 488) ergeben gleiche Stellwege prozentual gleiche Änderungen des jeweiligen Durchflusses. Unabhängig von der jeweiligen Belastung sollen gleiche Änderungen der Stellgröße gleiche

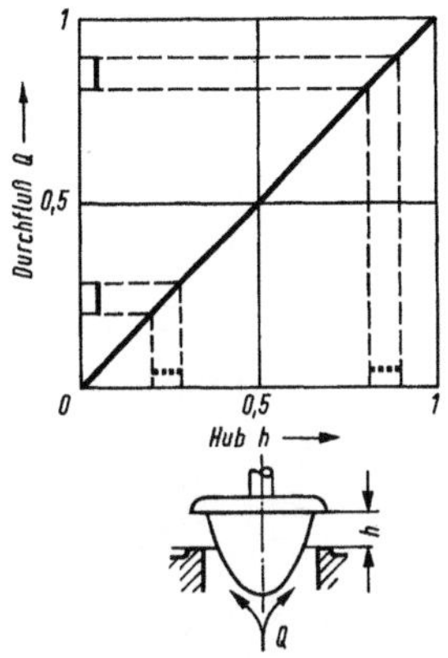

Abb. 487. Geradlinige Kennlinie eines Regelventiles

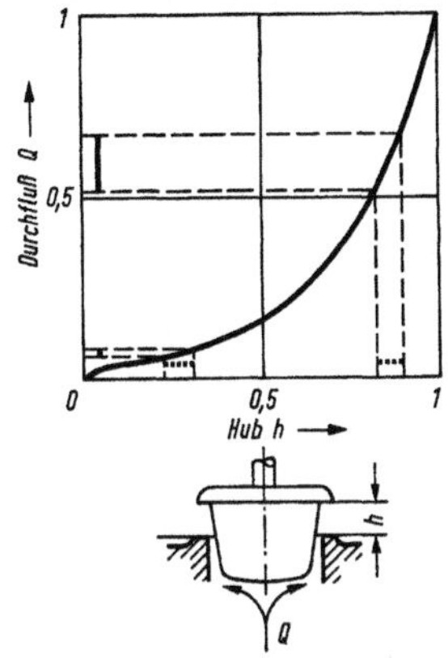

Abb. 488. Logarithmische Kennlinie eines Regelventiles

Änderungen der Regelgröße bewirken. Aus dieser Forderung ergibt sich als zweckmäßige Kennlinie z.B. bei der Durchflußregelung die lineare, bei einer Temperaturregelung durch Einspritzung die logarithmische. Für Klappen als Stellglieder in Regelstrecken gelten hinsichtlich der Kennlinien die gleichen Grundsätze.

In Abb. 489 ist die Kennlinie einer normalen Drosselklappe aufgezeichnet. Im unteren Bereich würde der Verlauf der Kennlinie den regelungstechnischen Bedingungen noch gut entsprechen, im oberen Teil dagegen verläuft sie nicht mehr im gewünschten Sinne. Die

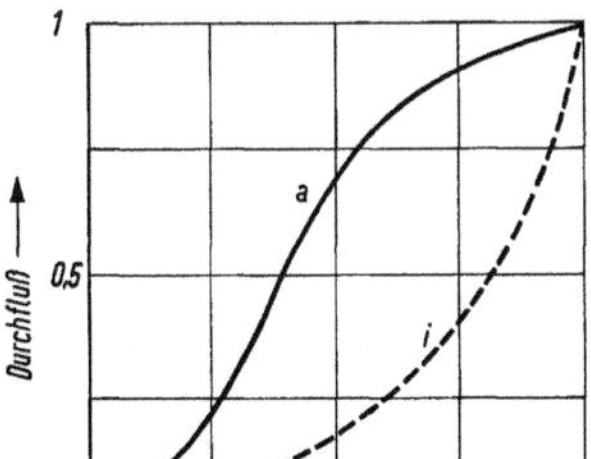

Abb. 489. Kennlinie (*a*) einer Drosselklappe im Vergleich mit einer idealen Kennlinie (*i*)

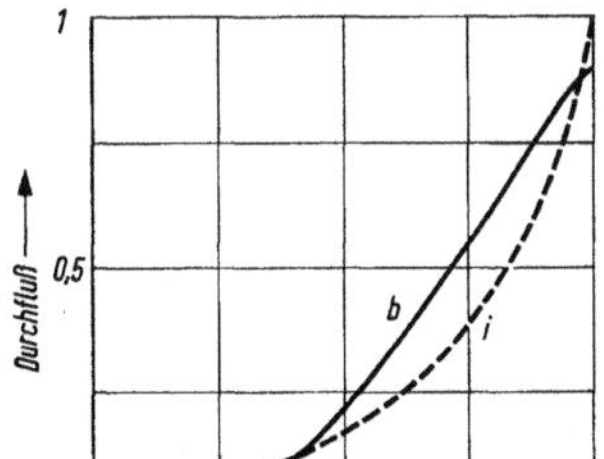

Abb. 490. Verbesserung der Klappenkennlinie (*b*) durch geeignetes Antriebsgestänge (*i* = ideale Kennlinie)

ideale Kennlinie entspricht der Kurve *i*. Um sie annähernd zu erreichen, kann ein entsprechend gestaltetes Gestänge, z.B. mit Gelenkviereck, zwischen Getriebe und Klappe angebracht werden (Abb. 490). Bei Einfachklappen und gegenläufigen Jalousieklappen, die in Schließstellung senkrecht zur Durchflußrichtung stehen, können hiermit günstige Ergebnisse erzielt werden. Dagegen sind gleichläufige Jalousieklappen nicht günstig, weil auch mit Gestängen keine wesentliche Verbesserung der Kennlinien erreicht werden kann.

Für die Speisewasserregelung sind am häufigsten Kolbenschieber-Regelventile und Düsen-Regelschieber [33] im Gebrauch.

Der Innenaufbau eines Kolbenschiebers ist in Abb. 491 dargestellt. Der Steuerkolben mit zwei Kolbenstangen bewegt sich in einer Buchse, die in beide Druckräume hineinragt. Der Durchflußquerschnitt ergibt sich je nach Stellung des Kolbens. Die Kennlinie des

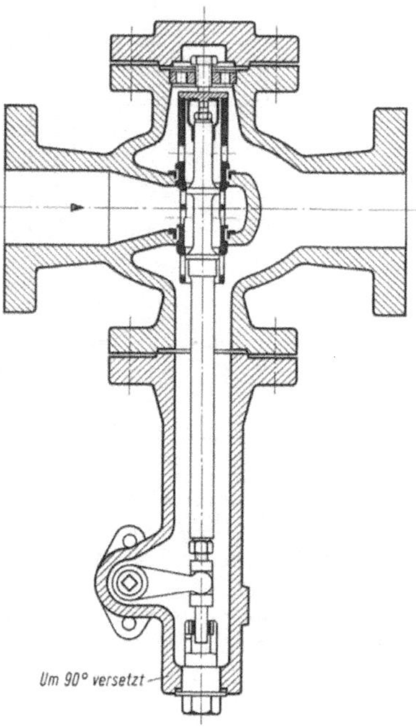

Abb. 491. Kolbenschieber-Regelventil zum Einflanschen

Abb. 492. Kolbenschieber-Regelventil zum Einschweißen

a oberer Verschluß
b Ventilgehäuse
c Lagerungsgehäuse
d elektrischer Ventilantrieb
e Übertragungsgestänge

Ventiles wird durch die Form und Größe der Ausschnitte bestimmt. Speisewasser-Regelventile werden mit geradliniger Charakteristik ausgeführt.

Der Kolben ist weitgehend druckentlastet, da seine beiden Endflächen in einen Raum gleichen Druckes eintauchen. Der Antriebsmotor greift an den Hebel an, mit welchem der Kolben bewegt wird. Die Antriebsachse tritt mit ihren beiden Enden durch Gummidichtungen in die freie Atmosphäre und ist daher ebenfalls keinen einseitigen Kräften ausgesetzt. Zur Verstellung des Kolbenschiebers genügen geringere Verstellkräfte. Abb. 492 zeigt das Kolbenschieber-Regelventil mit Antrieb zum Einschweißen in die Speiseleitung.

Der Düsenregelschieber wird in verschiedenen Ausführungen gefertigt. Abb. 493 zeigt das Schnittbild eines Regelschiebers mit runden Öffnungsquerschnitten, die so angeordnet und bemessen sind, daß sich eine nahezu lineare Öffnungscharakteristik ergibt. Die Öffnung kann aber auch in anderen zweckmäßigen Formen, z.B. in Dreiecksform (Abb. 494) oder mit annähernd T-förmigen Querschnitten, ausgeführt werden, so daß jede beliebige Durchflußcharakteristik erzielt werden kann. Durch Auswechseln der Düsenplatte kann in einfacher Weise die Charakteristik gegebenenfalls den geänderten Betriebsverhältnissen angepaßt werden. Durch den relativ großen Hub und das Vermeiden eines toten Spiels ist eine feinfühlige Durchfluß- oder Druckregelung zu erreichen. Der Schieber ist in der Schließlage dicht. Die Abdichtung erfolgt durch den Betriebsdruck, der die Schieberplatte auf die Dichtplatte preßt. Infolge der Feinbearbeitung und der entsprechenden Formgebung der Dichtfläche auf der Düsenplatte läßt sich der Düsenregelschieber verhältnismäßig leicht betätigen. In Abb. 495 ist die Öffnungscharakteristik einer Platte mit einer größeren Anzahl Bohrungen mit verschiedenen Durchmessern dargestellt.

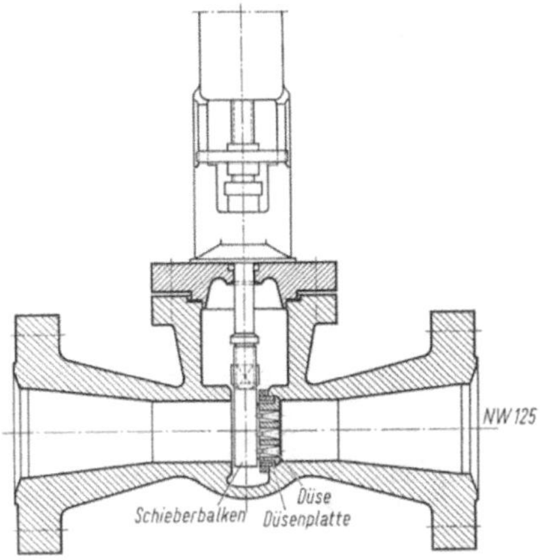

Abb. 496 zeigt ein Einsitzregelventil mit aufgebautem Antrieb für eine Temperaturregelung durch Einspritzung. Zum Antrieb der Regelklappen in Luft- und Gasleitungen werden besondere Stellantriebe verwendet, die zur Zeit für Drehmomente bis zu 400 mkp

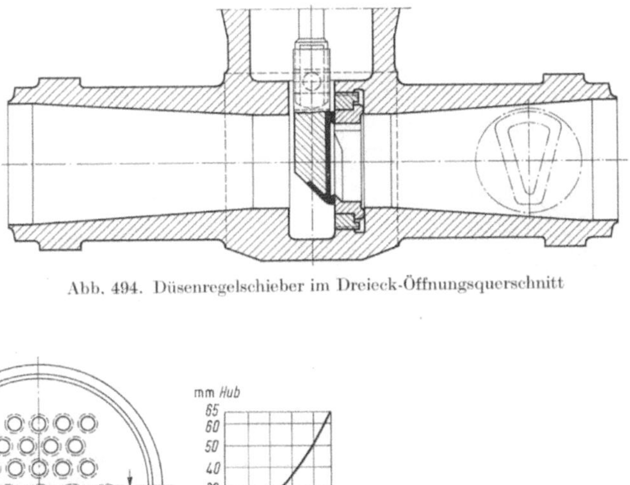

Abb. 494. Düsenregelschieber im Dreieck-Öffnungsquerschnitt

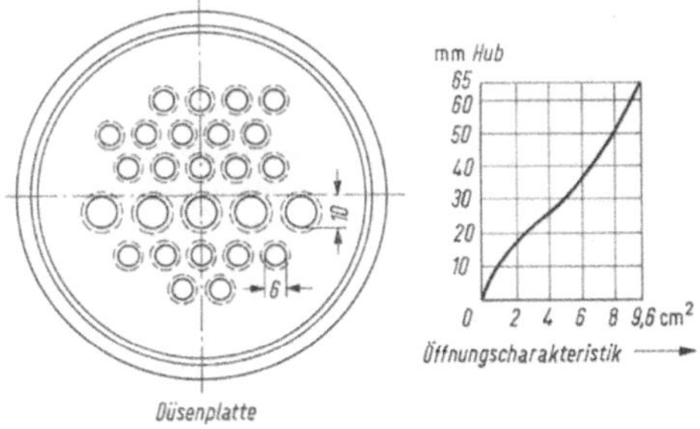

Abb. 495. Öffnungscharakteristik einer Platte mit verschiedenen Lochdurchmessern und größerer Lochzahl

gebaut werden. In Abb. 497 bis 499 sind elektrische Klappenantriebe für schrittweise Stellgrößenänderung für Drehmomente von 3, 100 und 250 mkp dargestellt.

Abb. 496. Einsitzregelventil mit Antrieb, Type A 2 (Werkbild Siemens)

Abb. 497. 3 mkp-Klappenantrieb (Werkbild Siemens)

Abb. 498. 100 mkp-Klappenantrieb (Werkbild Siemens)

Abb. 499. 250 mkp-Klappenantrieb (Werkbild Siemens)

II. Überwachung

Die laufende Betriebskontrolle erfordert eine erhebliche Anzahl von Meßeinrichtungen zur Überwachung der Betriebszustände, wie z. B. von Drücken, Temperaturen, Durchflüssen und chemischen Messungen der umlaufenden Medien an den Maschinensätzen, Kesseln usw.

a) Zweck der Messungen

Die Messungen an den einzelnen Anlageteilen dienen

der Kontrolle der Betriebszustände,
der Kontrolle der Funktion der Regelung,
der Kontrolle der Handeingriffe,
der Feststellung der Wirtschaftlichkeit,
der Meldung von Gefahrenzuständen.

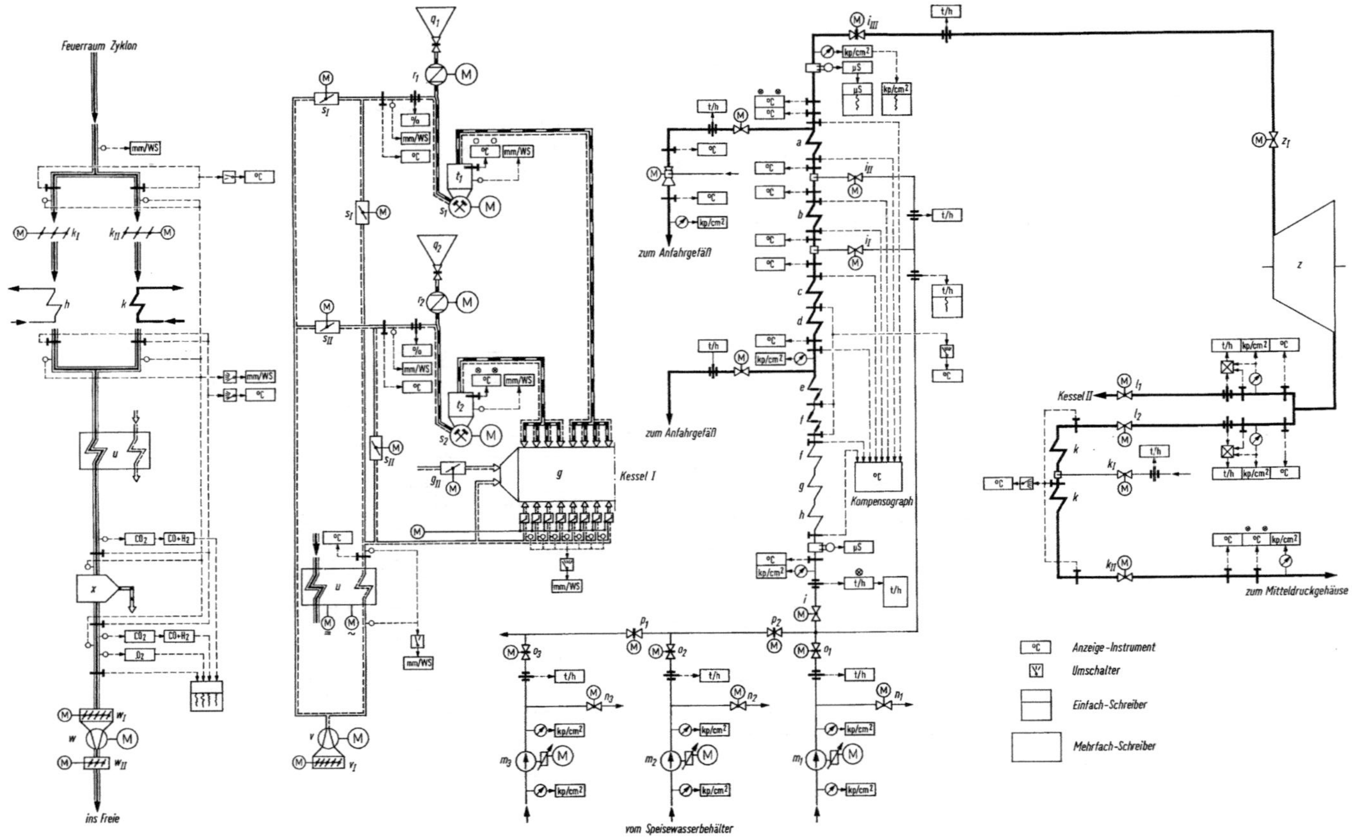

Abb. 500. Betriebsmeßstellen für Bensonkessel

a	Endüberhitzer	h	Vorderwand	m_1, m_2, m_3	Speisepumpensätze	v	Frischluftgebläse
b	Überhitzer 2	i	Speisewasserregelventil	n_1, n_2, n_3	Mindestmengenregelventile	v_I	Leitschaufeln zu v
c	Überhitzer 1	i_I, i_{II}	Einspritzregelventile	o_1, o_2, o_3	Druckschieber	w	Saugzuggebläse
d	Tragrohre	i_{III}	Heißdampfschieber	p_1, p_2	Verbindungsschieber	w_I	Leitschaufeln zu w
e	Restverdampfer	k	Zwischenüberhitzer	q_1, q_2	Bunker	w_{II}	Rauchgasabsperrklappen
f	Sekundär- und Tertiärkammer	k_I	Einspritzregelventil	r_1, r_2	Zuteiler	x	Elektrofilter
g	Zyklon	k_{II}	ZÜ-Dampfabsperrschieber	s_1, s_2	Mühlen	y	Anfahrventil
g_I, g_{II}	Luftregelklappen	k_{III}	ZÜ-Temperatur-Regelklappen	t_1, t_2	Sichter	z	Turbosatz HD-Gehäuse
		l_1, l_2	Dampfverteilungsventile	u	Luftvorwärmer	z_I	Regelventile zum Turbosatz

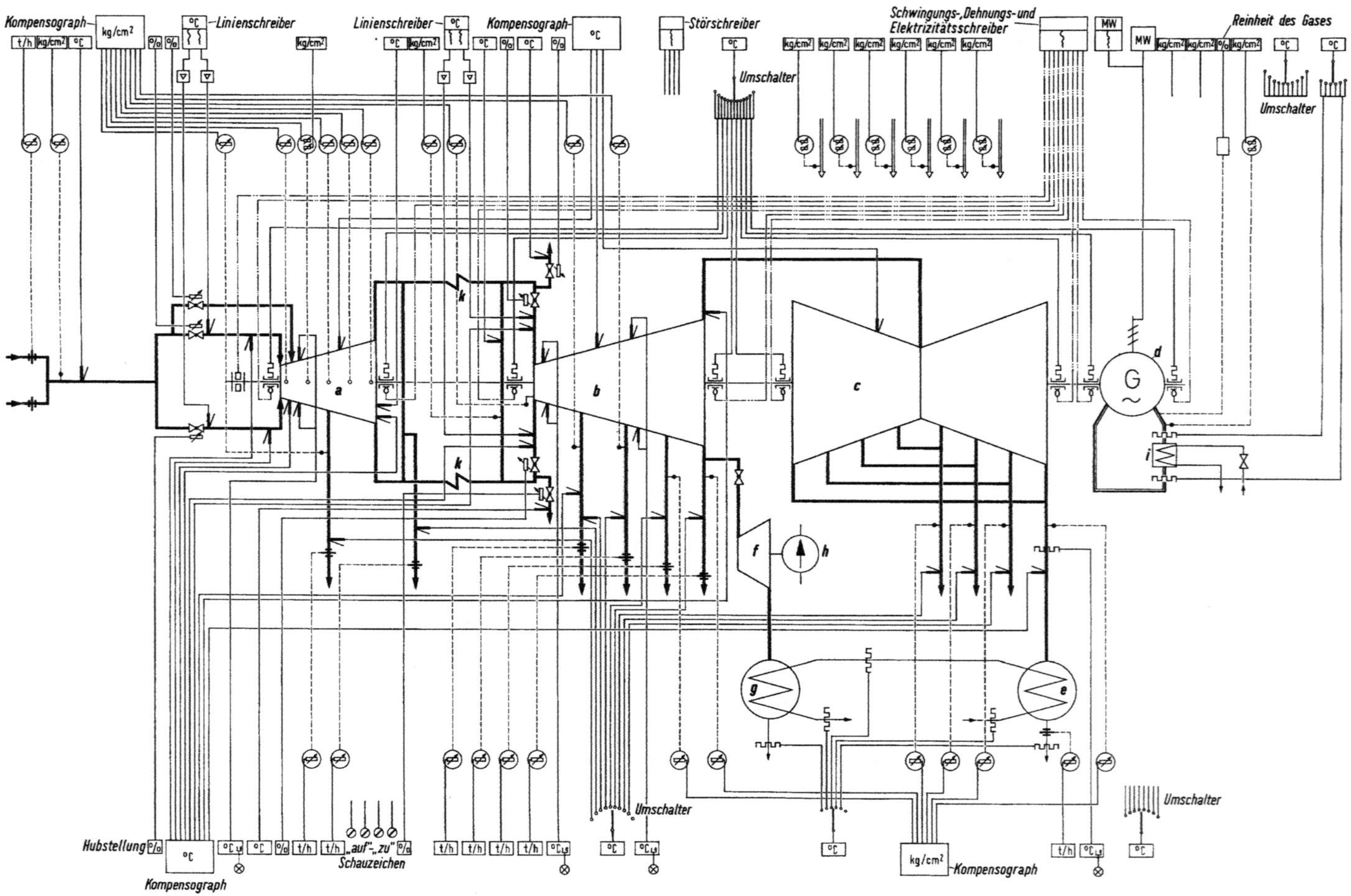

Abb. 501. Meßschema Turbinenüberwachung

a HD-Gehäuse *b* MD-Gehäuse *c* ND-Gehäuse *d* Generator *e* Kondensator *f* Speisepumpenantriebsturbine *g* Kondensator zu *f* *h* Speisepumpe *i* Wasserstoffkühler *k* Zwischenüberhitzer

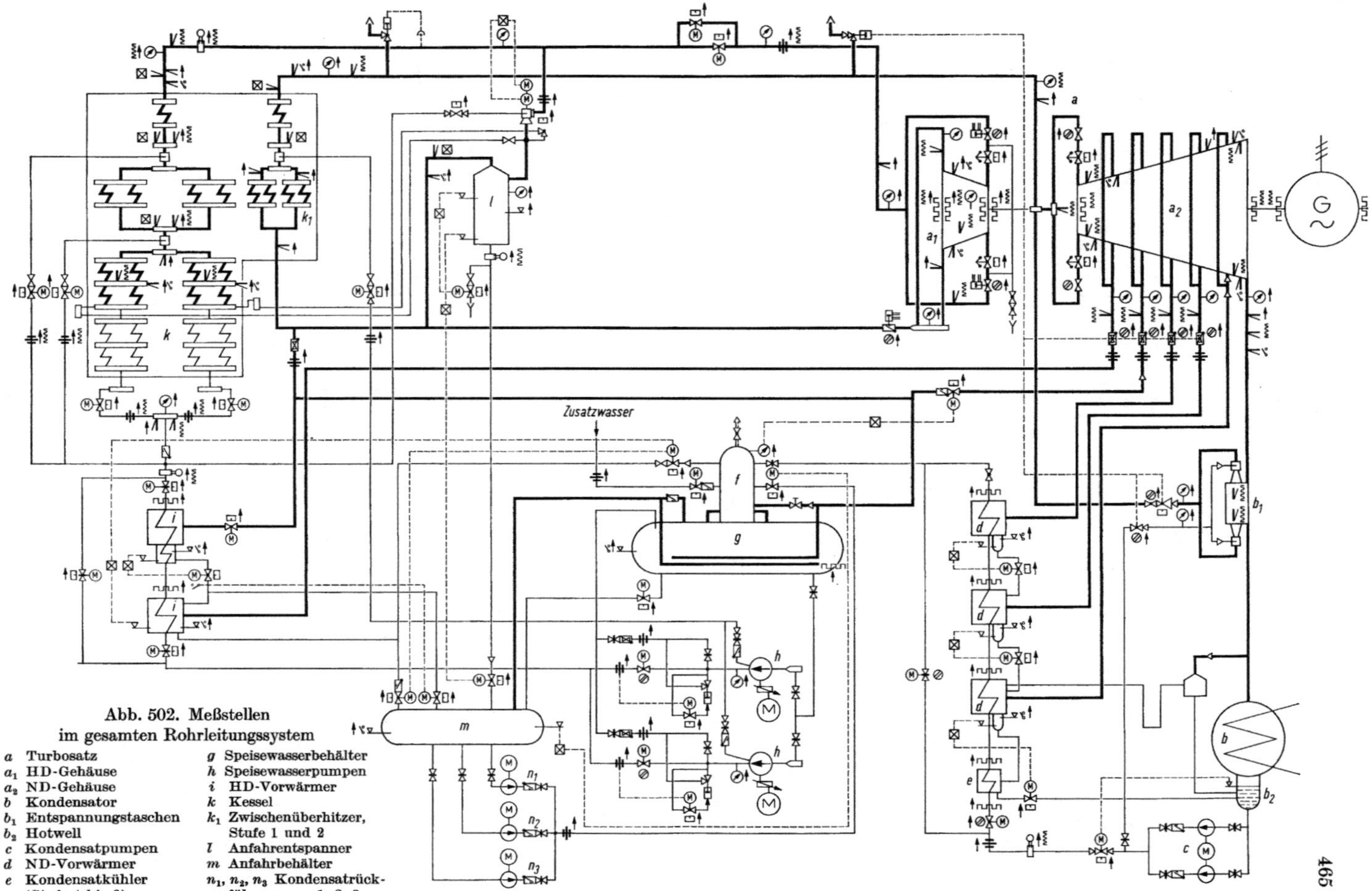

Abb. 502. Meßstellen im gesamten Rohrleitungssystem

a Turbosatz
a_1 HD-Gehäuse
a_2 ND-Gehäuse
b Kondensator
b_1 Entspannungstaschen
b_2 Hotwell
c Kondensatpumpen
d ND-Vorwärmer
e Kondensatkühler (Stufe 4 bis 6)
f Entgaser, Stufe 3
g Speisewasserbehälter
h Speisewasserpumpen
i HD-Vorwärmer
k Kessel
k_1 Zwischenüberhitzer, Stufe 1 und 2
l Anfahrentspanner
m Anfahrbehälter
n_1, n_2, n_3 Kondensatrückführpumpen 1, 2, 3

Die Überwachung des Betriebslaufes erfordert nicht nur Direktmessungen, sondern auch die Anzeige der Tendenzen. Die Geräte zur Kontrolle der Funktion der Regelung werden ergänzt durch die in Abschn. I f 3, Fernsteuerungen, S. 456, erwähnten Öffnungsanzeiger für Regelarmaturen und die Regelabweichungsanzeiger.

Die Feststellung der Wirtschaftlichkeit erfordert Messungen über längere Betriebszeiten. Registrierinstrumente und Zähler sind hierzu notwendig. Die Gefahrmeldungen machen das Betriebspersonal auf Zustände aufmerksam, die häufig das unverzügliche Eingreifen erfordern. Die Rekonstruktion von Schadensfällen ist von erheblicher Bedeutung, wobei die Angaben der schreibenden Meßgeräte meist die Grundlage bilden.

Der Einsatz der Industrie-Fernsehgeräte [*34 bis 36*] wird immer häufiger, z.B. zur Beobachtung des Verbrennungsverlaufs, der Trommelwasserstände und des Rauchgasaustrittes aus dem Schornstein.

In neuester Zeit hat auch schon die elektrische Meßwertverarbeitung im Kraftwerk Eingang gefunden. Die Digitalmeßverfahren haben für die Ermittlung von Wärmeverbräuchen und zur Angabe wichtiger Daten, insbesondere von Betriebszuständen am Kessel und an den Maschinen, besonderen Wert. Die Entwicklung führte zu modernen Meßverfahren und -schaltungen. Die Gerätetechnik wurde dadurch erheblich beeinflußt. Obwohl schon bei den herkömmlichen Meßverfahren fast alle wärmetechnischen Größen in elektrische Größen, Widerstand und Spannung, zurückgeführt werden, ging man der vielen Vorteile wegen dazu über, alle Meßgrößen durch sog. Meßumformer (Transmitter) [*37 bis 39*] in gleichwertige Ströme, jedoch mit höherer Leistung, umzuformen. Um diese Leistung zu erreichen, bedient man sich der elektrischen Verstärker, wie Röhrenverstärker, Schwingkreisverstärker, Magnetverstärker, lichtelektrischen Verstärker, in den weitaus meisten Fällen der Transistorverstärker. Der Verstärkungsgrad ist so groß, daß die Übertragung, Anzeige, Registrierung, Regelung und Meßwertverarbeitung bei Einsatz robuster Geräte betriebssicher bewältigt werden kann. Der Verstärker liefert einen eingeprägten Strom, der in weiten Grenzen unabhängig von Widerstandsänderungen und Temperaturschwankungen in den Zuleitungen zu den angeschlossenen Geräten ist. Mit dem Einsatz der Verstärker wurde es möglich, die Meßumformer für alle Meßgrößen mit einem einheitlichen Bereich des Ausgangsstroms, z.B. von 0 bis 20 mA oder von 0 bis 50 mA, auszuführen, so daß die Meßwerke der elektrischen Anzeiger, Schreiber und Regler viel einheitlicher gebaut werden können. Innerhalb des Kraftwerksbetriebes können bei Verwendung von Meßumformern mit eingeprägten Strömen beliebig weite Entfernungen ohne umfangreiche Abgleicharbeiten in den Übertragungsleistungen überwunden und schwierige Meß- und Regelaufgaben gelöst werden. Das Kompensationsverfahren spielt auch bei den Meßumformern eine große Rolle. Es tritt wie bei den herkömmlichen Verfahren als Widerstands- oder Spannungskompensation und auch als Kompensation von Kräften, Drehmomenten, Ausschlägen und Wegstrecken, die von den Meßgrößen hervorgerufen werden, auf.

Die Meßumformer werden in der Nähe der Meßstellen auf Gestellen in größeren Gruppen zusammengefaßt angeordnet.

Schließlich sind noch die Spezialgeräte für die Abnahmeversuche und die Kontrollmessungen zu erwähnen, die nicht immer an die betrieblichen Dauermeßstellen angeschlossen werden.

Abb. 500 zeigt das Betriebsmeßstellenschema für einen Bensonkessel. In Abb. 501 sind die Meßstellen eines Turbosatzes, in Abb. 502 die Meßstellen im verbindenden Rohrleitungssystem dargestellt. Je nach Art und Zweck der Messungen unterscheidet man örtliche und Fernmessungen.

b) Örtliche und Fernmessungen

Bei den örtlichen Messungen befinden sich die Meßgeräte am Meßort. Zweckentsprechend werden verwendet: mechanische Manometer, Quecksilberthermometer, Durchfluß-, Strömungs- und Flüssigkeitsstandmesser, Durchflußzähler usw. Das Ablesen der

Geräte erfordert Zugänglichkeit zum Meßort. Besondere Beachtung kommt hierbei der Anordnung von Quecksilberthermometern, Strömungswächtern und Durchflußzählern in den Rohrleitungen zu. Oft empfiehlt sich die Zusammenfassung der mechanischen Anzeiger in der Nähe der zu überwachenden Aggregate, z. B. für die Turbinen auf dem Anfahrstand, für die Pumpen auf einer an diesen angebrachten Instrumentenleiste. Auch die Anordnung von Meßgeräten in der Nähe von Schiebern, Klappen u. dgl., die von Hand verstellt oder zum Abgleichen von Strömungen eingestellt werden, ist üblich. An den Kesseln werden häufig die U-Rohre für die mechanischen Zugmessungen an einer zweckmäßigen Stelle in Heizerstandnähe zusammengeführt.

Unter Fernmessungen versteht man die Übertragung der Meßwerte vom Meßort auf die Überwachungstafel und das Pult in der Warte (vgl. Dritter Band, Teil A, Vierter Teil, Abschn. D, Warten, S. 684/98). Der elektrischen Fernübertragung wird der besonderen Vorteile wegen der Vorzug gegeben. Die Anzeigeinstrumente und Schreiber werden in den Warten den technologischen Vorgängen in der Anlage entsprechend zusammengefaßt angeordnet.

c) Arten der Messungen

Nachstehend sollen die wichtigsten Messungen im Kraftwerk behandelt werden:

1. Druckmessungen

Für die Messung der Drücke im Wasser-, Dampf-, Luft- und Rauchgasstrom im Kraftwerk werden fast alle vorkommenden Typen von Druck- und Vakuummessern verwendet. Sie werden mit mechanischen Meßwerken gebaut und für die Fernübertragung mit Zusatzeinrichtungen ausgerüstet. Die Meßbereiche sind gemäß DIN 16 255 genormt. Aus Gründen der Reservehaltung ist man bestrebt, die Manometertypen im Kraftwerk hinsichtlich Ausführung und Meßbereich auf eine Mindestzahl zu beschränken. Bei der Planung werden daher bestimmte Gerätetypen und deren Meßbereiche ausgewählt und ihre Verwendung an den betreffenden Anlageteilen vorgeschrieben. Die mechanischen Druck-, Differenzdruck- und Zugmesser sind durch Armaturen absperrbar. Diese sind genormt und zur Kontrolle des Manometers mit einem Prüfanschluß, Flansch oder Nippel versehen.

Entsprechend dem Verwendungszweck und der Druckstufe unterscheidet man für Federdruck- und Zugmesser verschiedene Ausführungen der Meßwerke:

Rohrfedermeßwerk aus Bronze, Stahl oder korrosionsbeständigem V4A-Stahl. Sie finden Verwendung für die Messungen höherer Drücke im Speisewasser, Frischdampf, Entnahmedampf usw. und können für Drücke bis zu 2500 kp/cm² gebaut werden.

Plattenfedermeßwerke aus Bronze oder Stahl. Sie eignen sich für Drücke bis zu 25 kp/cm². Bei aggressiven Medien erhält die Plattenfeder einen Überzug oder eine Schutzfolie.

Kapselfedermeßwerke aus Bronze können nur für nichtaggressive Gase verwendet werden. Sie werden für Drücke von —4000 mmWS bis rd. +1000 mmWS verwendet.

Bei Feder-Druckmessern soll nach DIN 16 225 der höchste Betriebsdruck bei ruhender Belastung etwa zwei Drittel und bei wechselnder Belastung etwa die Hälfte des Skalenendwertes nicht überschreiten. Für Zugmesser gilt diese Einschränkung nicht. Das Federmaterial der Meßwerke ändert bei Überschreitung eines zulässigen Temperaturbereiches die elastischen Eigenschaften. Bei Dampfdruckmessungen wird daher ein Wassersackrohr zwischen Meßstelle und Manometer angeordnet. Unmittelbar an der Meßstelle wird ein kurzer Stutzen mit Absperrorgan vorgesehen, um das Meßgerät und das Wassersackrohr im Bedarfsfalle, z. B. bei Reparatur oder Austausch, abnehmen zu können. In den Rohrfeder- und Plattendruckmessern lassen sich Überdrucksicherungen einbauen.

Ringwaagemeßwerke [*40*] eignen sich für die Messung niedriger Drücke in den Luftleitungen oder Unterdrücke in den Kesselzügen.

Sie haben wesentlich größere Verstellkräfte als die Federdruckmesser und ermöglichen deshalb auch bei kleinen Meßbereichen den Einbau von Ferngebern. Je nach Meßbereich unterscheidet man Feindruck- und Mitteldruckmesser.

Feindruckmesser mit Waagering aus Messing, Sonderstahl oder Vinidur werden für statische Drücke bis 0,6 kp/cm² gefertigt. Als Sperrflüssigkeit kann Wasser, Spezialöl (Dichte 0,85 kg/l) oder Kunstöl (Dichte 1,5 kg/l) verwendet werden. Je nach eingebautem Waagering kann die Ringwaage bei Wasserfüllung bis 100 oder 160 mmWS, bei Spezialölfüllung bis 85 oder 135 mmWS, bei Kunstölfüllung bis 150 oder 240 mmWS Unterdruck oder Überdruck belastet werden. Mitteldruckmesser haben einen Waagering aus Stahlrohr, der mit Quecksilber gefüllt wird (Füllmenge etwa 3 kg Hg). Der zulässige statische Druck bei Mitteldruck-Ringwaagen beträgt 1 kp/cm². Alle Geräte können als Druck- oder/und Zugmesser oder auch als Differenzdruckmesser ausgeführt werden.

Baromesser mit Magnetschwimmermeßwerk werden zur Bestimmung des absoluten Druckes verwendet. Sie dienen zur Überwachung des Kondensatordruckes des Turbosatzes. Das Gerät wird mit Quecksilber gefüllt. Der Meßbereich von 100 bis 70% Vakuum ist in den meisten Fällen ausreichend.

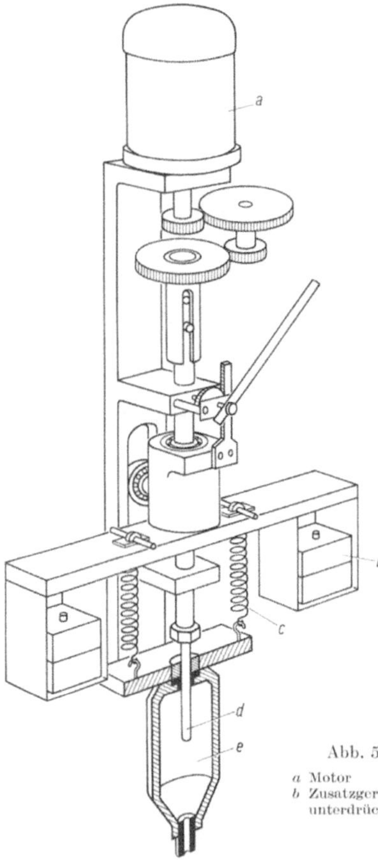

Abb. 504. Magnetoelastisches Druckmeßgerät (Werkbild Siemens)

Abb. 505. Teleperm-Meßumformer für Druck (Werkbild Siemens)

Abb. 503. Kolbenmanometer, schematisch

a Motor
b Zusatzgerät zur Nullpunktunterdrückung
c Meßbereichsfedern
d Kolben
e Ölvorlage

Kolbenmanometer (Abb. 503) sind Druckmeßgeräte mit sehr hoher Meßgenauigkeit. Der zu messende Druck wirkt über eine Ölvorlage auf einen Kolben, der von einem kleinen kollektorlosen Elektromotor ständig langsam gedreht wird, um die Reibung an den Manschetten bei der Auf- und Abwärtsbewegung des Kolbens möglichst klein zu halten.

Die Gegenkraft liefern zwei Schraubenfedern. Ihre Stärke und wirksame Länge sowie der Kolbenquerschnitt sind für den Meßbereich maßgebend. Zur Nullpunktunterdrückung wird der Kolben mit Gewichten vorbelastet. Das Gerät wird der hohen Meßgenauigkeit wegen vornehmlich für die Druckregelanlagen am Kessel, an Reduzierstationen, Vordruckregelungen am Turbosatz u. dgl. verwendet.

Als *Zusatzgeräte* zur Fernübertragung des Meßwertes auf elektrische Anzeiger, Schreiber oder Regler werden Ferngeber mit der Zeigerachse des mechanischen Meßwerkes gekuppelt. Widerstandsferngeber werden als Einfach- und Zweifach-Ferngeber ausgeführt als

Schleifdraht-Ferngeber mit Widerstandswicklung und Schleiffeder-Abgriff in geschlossenem staubdichtem Gehäuse und

Ringrohrferngeber mit quecksilbergefülltem geschlossenem Abgriff und eingeschmolzenem Widerstandsdraht.

Induktive Ferngeber von Schoppe & Faeser bilden den Meßwert als elektrische Spannung ab. Der Geber ist wie ein Elektromotor mit feststehendem dreiphasigem Ständer und einphasigem Läufer mit offener Wicklung aufgebaut. Die dreiphasige Wicklung des Ständers wird mit Einphasen-Wechselspannung erregt. Entsprechend der Schaltung tragen zwei Wicklungen zum Aufbau eines stehenden Wechselfeldes bei, während sich die dritte Wicklung daran nicht beteiligt. Die Läuferstellung ist für die induzierte Meßspannung nach Größe und Richtung maßgebend.

Kraftmeßdosen [*41*] (Abb. 504) haben sich wegen ihrer hohen Meßgenauigkeit ebenfalls im Kraftwerk eingeführt. Sie arbeiten nach dem magnetoelastischen oder induktiven Prinzip oder mit Dehnungsstreifenverbindern. Sie werden häufig für die Messung von Steuerdrücken an den Turbinen benützt. Die Geräte werden an die Rohrleitungen angeflanscht.

Meßumformer. Spezialausführungen von Geräten für Druck-(Differenzdruck-)Messung und Umformung in elektrische Größen sind hauptsächlich für Regelungszwecke entwickelt worden. Zu den wichtigsten Neuentwicklungen gehören die Meßumformer mit Wechselstromausgang (induktive Gebergeräte) und Meßumformer mit Gleichstromausgang (eingeprägter Strom). Sie werden in verschiedenen Typen mit allen mechanischen Druckmeßwerken und den entsprechenden Meßbereichen gebaut.

Meßumformer mit Gleichstromausgang arbeiten vornehmlich nach dem Kraftvergleichsverfahren. Die Meßzelle, das ist der mechanische Teil des Meßwerkes, wird der Druckstufe entsprechend ausgebildet. Auch die wegabhängige Kompensation ist gebräuchlich, wobei der Ausschlag bzw. der Drehwinkel kompensiert wird. Ein bekanntes Grundelement dieses Verfahrens ist der Teleperm-Abgriff. Das Gerät benötigt keine mechanische Durchführung aus dem Druckraum der Meßzelle, wie beim wegabhängigen Verfahren. Abb. 505 zeigt den Teleperm-Meßumformer für Drücke bis zu 250 kp/cm² und Gleichstromausgang von 0 bis 50 mA.

2. Temperaturmessungen

Zu den wichtigsten Temperaturmeßgeräten im Kraftwerk gehören:

Mechanische Berührungsthermometer. Am gebräuchlichsten sind die
- Quecksilber-Glasthermometer,
- Flüssigkeitsdruck-Federthermometer,
- Dampfdruck-Federthermometer und
- Metallausdehnungsthermometer.

Die Wirkungsweise dieser Geräte beruht auf der temperaturabhängigen Ausdehnung der verschiedenen Meßmittel. Die Temperatur des zu messenden Mediums wird durch Berührung auf den Meßfühler übertragen.

Das Ablesen des *Quecksilberthermometers* [*42*] ist nur in unmittelbarer Nähe der Meßstelle möglich. Zur Ermittlung genauer Meßwerte ist besonders bei hohen Temperaturen die Fadenkorrektur notwendig, wenn die Temperaturverteilung im Quecksilberfaden bei der Messung gegenüber dem Zustand bei der Eichung des Thermometers unterschiedlich ist. Das Quecksilberthermometer wird an allen Maschinenlagern, Behältern und den zahlreichen Kontrollstellen in den Rohrleitungen benutzt.

Bei *Flüssigkeitsdruck-Federthermometern* erzeugt der Ausdehnungsunterschied zwischen Flüssigkeit und Temperaturfühlergefäß einen mit der Temperatur linear ansteigenden Druck, der auf ein Rohrfedermeßwerk eines Anzeige- oder Schreibgerätes übertragen wird. Es werden unmittelbar die Temperaturen angezeigt bzw. registriert. Als Füllmittel dienen organische Flüssigkeiten, z.B. Toluol unter einem Druck von 5 bis 50 at oder Quecksilber unter einem Druck von 100 bis 150 at. Die Stahlrohrkapillaren haben 0,5 mm Durchmesser. Das Anzeigegerät kann bis auf Entfernungen von etwa 50 m vom Meßort angebracht werden. Eine nachträgliche Verlängerung der Kapillare nach der Eichung ist nicht möglich. Bei dieser muß auch der Höhenunterschied zwischen Einbauort und Anzeigegerät berücksichtigt werden.

Die *Dampfdruck-Federthermometer* sind ähnlich wie die Flüssigkeitsdruck-Federthermometer gebaut. Das Temperaturfühlergefäß ist nur teilweise mit Flüssigkeit gefüllt, über der der Dampf dieser Flüssigkeit steht. Der Druck steigt deshalb nicht linear, sondern ent-entsprechend der Dampfdruckkurve an, wodurch die nichtlineare Skala des Anzeigegerätes bedingt ist. Die Skala ist im unteren Bereich zusammengedrängt, im oberen auseinandergezogen. Auch mit dem Dampfdruck-Federthermometer besteht die Möglichkeit, die Temperatur in einiger Entfernung von der Meßstelle anzuzeigen.

Bei den *Metallausdehnungsthermometern* ist zwischen Bimetallthermometern und Stabausdehnungsthermometern zu unterscheiden. Die Bimetallthermometer bestehen aus zwei ineinander plattierten Metallen mit unterschiedlichen Dehnungskoeffizienten. Die Bimetallstifte werden meist als Spiralen oder Schraubfedern ausgebildet. Mit steigender Temperatur krümmt sich das Bimetall nach der Seite hin, an der sich das Metall mit dem kleineren Dehnungskoeffizienten befindet. Die Bewegung wird auf einen Zeiger übertragen. Ihr Hauptanwendungsgebiet liegt im wesentlichen in der temperaturabhängigen Selbstschaltung elektrischer Anlagen.

Die Stabausdehnungsthermometer beruhen auf der Messung des Dehnungsunterschiedes eines Rohres gegenüber eines im Boden desselben befestigten Stabes. Das Rohr besteht aus einem Stoff mit großem Dehnungskoeffizienten, z. B. Aluminium, Messing, Nickel oder Nickelchrom, der Stab aus einem Stoff mit geringem Dehnungskoeffizienten, z. B. Invar, Porzellan oder Quarz. Der Längenunterschied wächst mit der Temperaturerhöhung und wird auf das Meßwerk übertragen. Die auftretenden Längenänderungen sind relativ klein. Entfernungen können nicht überbrückt werden. Wegen der großen Verstellkräfte werden die Geräte als Temperaturregler (Zweipunktregler) verwendet.

Elektrische Berührungsthermometer. Bei den elektrischen Berührungsthermometern wird die Temperatur wie bei allen anderen Thermometerarten an den Fühler [*43, 44*], der mit dem Meßobjekt in Berührung steht, übertragen. In Abhängigkeit von der Temperatur ändern sich die elektrischen Eigenschaften (Widerstand, Spannung) der Fühler, das Maß für die Temperaturanzeige. Die Meßwerte können mit Hilfe des elektrischen Stromes auf größere Entfernungen übertragen werden.

Bei den *Widerstandsthermometern* (Abb. 506) dient als Meßgröße der mit steigender Temperatur zunehmende elektrische Widerstand der gebräuchlichen Metalle. Dieser Widerstand ist in Abhängigkeit von der Temperatur für Nickel- und Platinmeßdrähte in Grundwertreihen festgelegt. An die auf Wicklungsträger aus Glas oder Keramik aufgebrachten Widerstandsdrähte wird eine Stromquelle gelegt. Die Anzeigegeräte messen den Strom, an ihren Skalen wird jedoch unmittelbar die Temperatur abgelesen. Zur Verwendung kommen Trockengleichrichter. Die Verbindung des Fühlers mit der Stromquelle und dem elektrischen Anzeige- oder Schreibgerät wird durch elektrische Meßkabel hergestellt, die normalerweise aus Kupferleitungen bestehen. Die Schaltung hängt von der Entfernung des Anzeigers, von der Meßstelle und dem verlangten Meßbereich ab. Die gebräuchlichste Schaltung zeigt der Schaltplan Abb. 506. Mit einem Meßstellenumschalter können mehrere Meßstellen auf ein Anzeigeinstrument (Quotientenmeßwerk) geschaltet werden. Widerstandsthermometer werden in Kraftwerken hauptsächlich bis zu Temperaturen von 300 °C eingesetzt. In besonderen Fällen werden die Thermometer auch für die

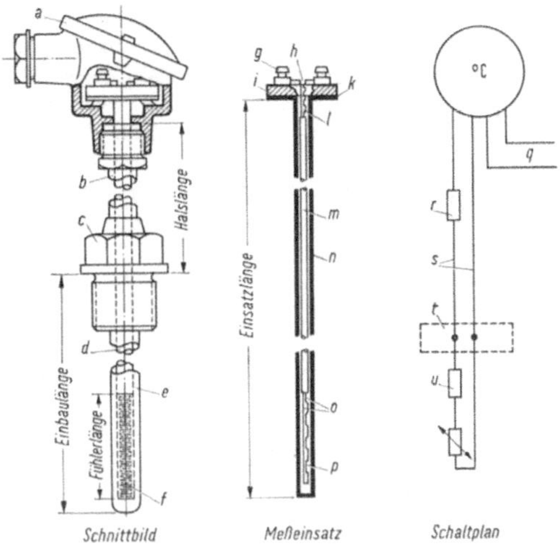

Abb. 506. Widerstandsthermometer

a Anschlußkopf
b Hals
c Einschraubstutzen
d Meßeinsatz
e Schutzrohr
f Temperaturfühler
g Thermometeranschlüsse (Anschlußklemmen)
h Anschlußstelle
i Anschlußsockel
k Befestigungsflansch
l Zusatzwiderstand
m Isolierstab
n Einsatzrohr
o Innenteilung
p Meßwiderstand
q Stromquelle
r Anschlußwiderstand
s Zuleitung
t Anschlußstelle
u Zusatzwiderstand

Messung hoher Temperaturen bis etwa 700 °C verwendet. Sie werden ferner für die Rechengeräte zur Dampfdurchflußkorrektur oder zur Erfassung von Temperatureinflüssen auf verschiedene Meßgrößen, z.B. Leitfähigkeit und pH-Wert, benutzt.

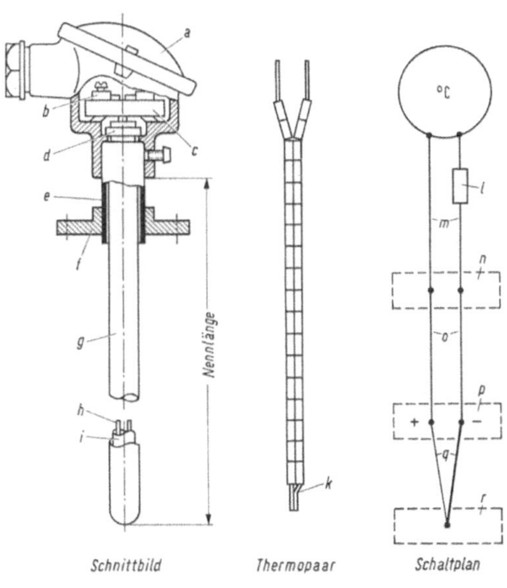

Abb. 507. Thermoelement

a Anschlußkopf
b Anschlußklemme
c Anschlußsockel
d Haltering
e Halterohr
f Anschlagflansch
g keramisches Schutzrohr
h Thermopaar
i gasdichtes keramisches Innenrohr
k Temperaturfühler
l Abgleichwiderstand
m Zuleitung
n Vergleichsstelle
o Ausgleichsleitung
p Anschlußstelle
q Thermopaar mit + und − Thermoschenkel
r Meßstelle

Thermoelemente (Abb. 507) bestehen aus zwei Drähten verschiedener Metalle, die an einem Ende zusammengeschweißt sind (Thermopaar). Die freien Enden des Thermopaares sind dort durch Meßleitungen mit dem Meßwerk des elektrischen Gerätes verbunden.

An den Berührungsstellen der beiden Drähte, das sind die Schweißstelle (heiße Lötstelle) und die Vergleichsstelle (kalte Lötstelle), entstehen Thermospannungen, die einander entgegengerichtet sind. Es kommt also die Differenzspannung zwischen Meßstelle und Anschlußstelle im Meßkreis zur Wirkung. Diese ist ein eindeutiges Maß für die zu messende Temperatur, wenn die Temperatur an der Anschlußstelle konstant gehalten oder Temperaturschwankungen an dieser Stelle kompensiert werden. Da der Einbauort des Thermoelementes starken Temperaturschwankungen unterliegt, werden zweckmäßig die Thermopaare durch Ausgleichsleitungen, die aus den gleichen Materialien wie das Thermopaar selbst bestehen, bis zur Vergleichsstelle verlängert, an der die Temperatur konstant ist oder konstant gehalten wird. Hierzu wird ein Thermostat mit einer Stromquelle verwendet. Temperaturschwankungen an der Vergleichsstelle können aber auch durch eine Kompensationsdose (Abb. 508) ausgeglichen werden. Diese enthält eine von einem kleinen Trockengleichrichter gespeiste Brückenschaltung mit einem temperaturabhängigen Widerstand und liefert eine den Temperaturschwankungen der Vergleichsstelle entsprechende Hilfsspannung.

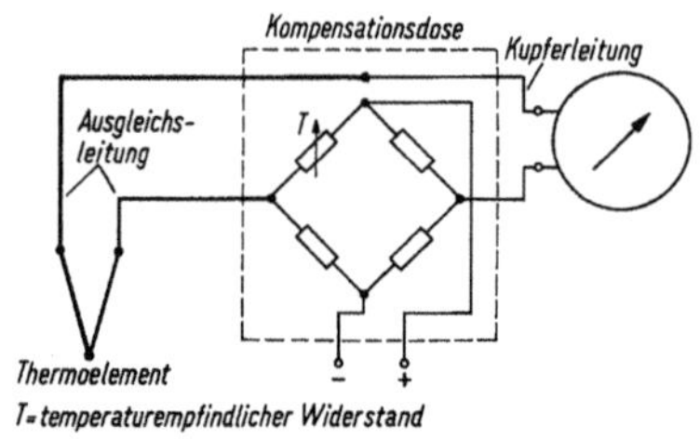

Abb. 508. Thermoelement mit Kompensationsdose

Die gebräuchlichsten Thermoelemente bestehen aus:

Kupfer-Konstantan für Temperaturen bis rd. 400 °C,
Eisen-Konstantan für Temperaturen bis rd. 700 °C,
Nickelchrom-Nickel für Temperaturen bis rd. 1000 °C,
Platinrhodium-Platin für Temperaturen über 1000 °C.

Die Temperaturgrenzen für den Anwendungsbereich können nicht genau festgelegt werden. Die Grundwertreihen für die gebräuchlichsten Thermopaare sind nach DIN 43 710 genormt.

Das Thermoelement hat nur einen punktförmigen Fühler, die Schweißstelle, eine außerordentlich kleine Masse. Sie sind daher nur mit einer geringen Trägheit behaftet und folgen den Temperaturänderungen fast augenblicklich. Im Vergleich dazu haben die Widerstandsthermometer eine erheblich größere Masse und Trägheit. Dort, wo es auf eine schnelle Übermittlung des Meßwertes ankommt, z.B. Heißdampftemperaturregelung, werden die Thermoelemente den Widerstandsthermometern vorgezogen. Der schnellen Anzeige abträglich sind die mit Masse behafteten Schutzrohre. Man preßt daher die Thermoelemente leicht an den Boden der Tauchhülsen an. Dadurch wird die Trägheit wieder etwas gemildert. Auch in dieser Hinsicht sind bei Widerstandsthermometern die Verhältnisse ungünstiger. Die Wärmeabfuhr in Richtung des Anschlußkopfes durch die gut leitenden Tauchhülsenmaterialien wird, um Nachteile zu vermeiden, mit einem keramischen, wärmeisolierenden Einsatz stark gedämpft.

Bei Wandtemperaturmessungen an isolierten Gehäusen, Lagerkörpern und Rohrleitungen entfallen die Tauchhülsen. Die Elemente werden dicht in die Bohrungen eingesetzt.

Liegen mehrere Thermoelemente an einem geschlossenen Meßkreis, z.B. bei der Heißdampftemperaturregelung, dann kann nur ein Thermoelement frei an die Tauchhülse angedrückt werden, alle anderen müssen mit isolierter Spitze ausgeführt werden.

Thermoelemente können in Form und Größe fast immer den gegebenen Forderungen angepaßt werden. Mehrere Elemente können über einen Umschalter an ein Anzeigeinstrument mit Drehspulmeßwerk angeschlossen werden.

Die *Schutzrohre* [*45*] für Thermoelemente und Widerstandsthermometer müssen den mechanischen und chemischen Beanspruchungen standhalten. Die konstruktive Ausführung und die Wahl des Materials hängen vom jeweiligen Verwendungszweck ab. Die gebräuchlichsten Ausführungsformen elektrischer Berührungsthermometer zeigt Abb. 509.

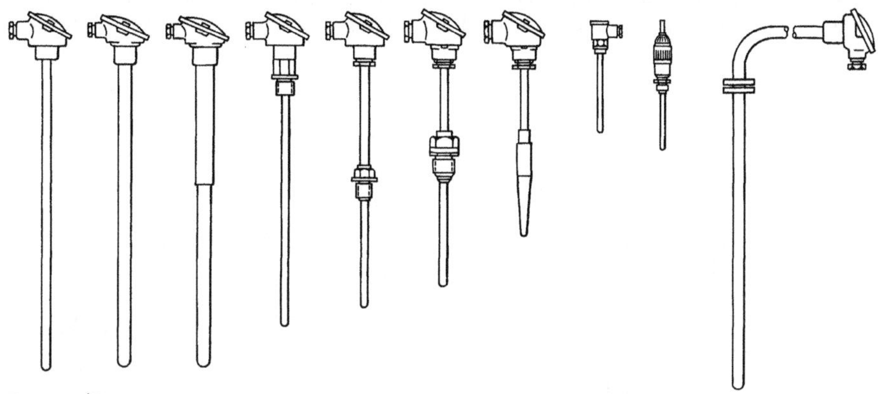

Abb. 509. Übliche Ausführungsformen elektrischer Berührungsthermometer

Die Schutzrohre werden in Rauchgaskanäle eingesteckt, in Wasser- bzw. Dampfleitungen und Behälter niedrigen Druckes eingeschraubt, bei hohen Drücken eingeschweißt. Auch der Einbauort bedarf des Überlegens. Nach Möglichkeit soll der Einsatz nach unten herausziehbar sein, damit in die leere Hülse keine Verunreinigungen gelangen können. Wenn die Einsätze herausgezogen werden, sollten die Hülsen mit einem Stopfen versehen werden.

Meßumformer. Die Temperaturmeßumformer mit Gleichstromausgang sind sowohl für Messungen mit Widerstandsthermometern als auch mit Thermoelementen für Regelungs- und Datenverarbeitungszwecke entwickelt worden. Die Geräte sind im Aufbau gleich und unterscheiden sich nur durch die Meßschaltung. Die Meßumformer bestehen aus drei Bausteinen: Meßeinsatz, Verstärkereinsatz und Trennverstärkereinsatz.

Alle Einsätze sind austauschbar und mit Steckerleisten für den elektrischen Anschluß versehen. Meß- und Trennverstärker enthalten stabilisierte Netztransformatoren. Abb. 510 zeigt einen Teleperm-Meßumformer für Thermoelemente. Die Klemmen im Anschlußkasten des Meßumformers sind die Vergleichsstelle des Thermoelementes. Die Kompensationsleitungen werden bis an den Umformer herangeführt. Die Kompensation geht im Meßeinsatz des Umformers vor sich. Die auf 20 °C abgestimmte Brückenschaltung enthält einen temperaturabhängigen Widerstand. Bei Änderung der Temperatur entsteht in der Brückendiagonale eine positive oder negative Zusatzspannung. In die Meßumformer kann auch zusätzlich eine Thermoelementen-Bruchschutzeinrichtung mit Signalkontakt eingebaut werden.

Strahlungspyrometer. Strahlungspyrometer (Abb. 511) werden meist zur Messung der hohen Temperaturen im Feuerraum eines Kessels verwendet. Sie sind nicht unmittelbar den hohen Temperaturen ausgesetzt und haben daher kaum einen Verschleiß. Die Temperatur wird auf den Fühler nicht durch Berührung, sondern durch Strahlung übertragen. Die gesamte Strahlungsenergie, die ein Maß für die Temperatur ist, wird in einem Linsensystem gesammelt und auf einen geschwärzten Körper vereinigt. Dort setzt sie sich in Wärme um. Diese wirkt auf ein Thermoelement ein. An dem angeschlossenen Meßgerät kann die Temperatur unmittelbar abgelesen werden. Häufig wird eine Thermokette, das sind mehrere hintereinandergeschaltete Thermoelemente, verwendet.

Bei den Teilstrahlungspyrometern ist zwischen Leuchtdichte- und Intensitätspyrometern zu unterscheiden. Die Leuchtdichtepyrometer messen die vom Meßkörper ausgehende Strahlungskomponente, deren Leuchtdichte das Maß für die Temperatur ist.

Abb. 510. Teleperm-Meßumformer für Temperatur (Werkbild Siemens)

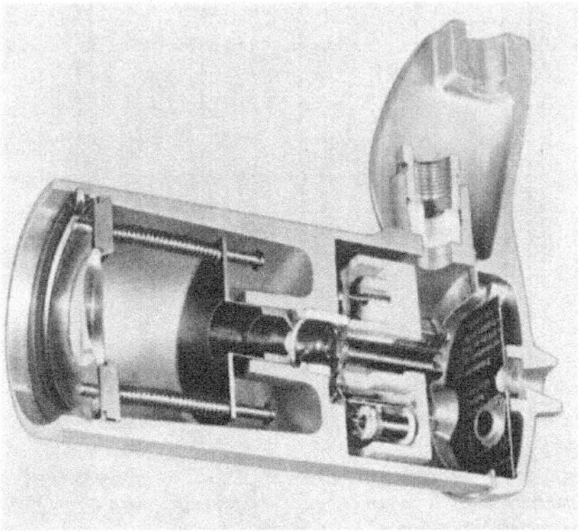

Abb. 511. Strahlungspyrometer (Werkbild Siemens)

Beim Intensitätspyrometer wirkt die Strahlung auf eine Fotozelle ein, die eine Spannung liefert.

Zur überschlägigen Beurteilung von Temperaturänderungen können auch aufgebrachte Farbstoffe verwendet werden, die mit der Temperatur ihre Farbe ändern. Ferner sollen der Vollständigkeit halber die *Segerkegel* erwähnt werden, das sind etwa 50 bis 60 mm hohe, aus geeigneten Tonsorten hergestellte Kegel, die bei Temperaturen von etwa 1000 °C zu schmelzen beginnen. Die dabei auftretende Neigung des Kegels, vor allem auch die Zeit, in der eine bestimmte Neigung erzielt wird, bilden einen Maßstab für die aufgetretenen Temperaturen. In Kraftwerken sind derartige Meßmethoden nicht in Anwendung.

3. Standmessungen

Zu den gebräuchlichsten im Kraftwerk vorkommenden Messungen zählen die Standmessungen

a) in geschlossenen, unter Überdruck stehenden Behältern wie Kesseltrommeln, Anfahrbehältern, Vorwärmern, Speisewasserbehältern mit Entgasung,

b) in geschlossenen drucklosen Behältern wie Speichern für Rohwasser, Zusatzwasser in Kondensatsammelbehältern, Speichern für Säuren und Laugen, Ölbehältern usw.,

c) in offenen drucklosen Behältern für Gebrauchswasser, Kühlwasserbecken usw.,

d) in unter Vakuum stehenden Behältern und Apparaten wie Kondensatoren, Niederdruckvorwärmern,

e) in Kohlenstaubbunkern und Aschebunkern.

Wasserstandsgläser. Zu den einfachsten Geräten zur Flüssigkeitsstandmessung gehören die Wasserstandsgläser, die an allen Behältern mit Wasser- und Kondensatinhalt angebracht werden. Sie müssen für hohe Drücke aus besonders starkem Glas hergestellt sein.

Heruntergezogene Glaswasserstände werden an Trommelkesseln vorgesehen und meistens auf dem Heizerstandflur angeordnet. Sie sind mit einer Meßflüssigkeit gefüllt. Für die Messung des Wasserstandes in Kesseltrommeln ist der Glaswasserstand als „erster Wasserstand" vorgeschrieben.

Hydrostatische Flüssigkeitsstandmesser. Sie kommen in verschiedenen Ausführungen mit Schwimmern und ohne Schwimmer zur Anwendung. Die Geräte mit Schwimmer und Kette können nach dem Schrittschalt- oder auch nach dem Potentiometerverfahren arbeiten. Auch der Anschluß von induktiven Gebern oder Teleperm-Abgriffen ist möglich.

Die Geräte mit Schwimmer und Schrittschaltwerk werden vorwiegend für drucklose Behälter benützt. Sie zeigen oder schreiben den Flüssigkeitsstand in kleinen Schritten auf. Die Stufen können den Erfordernissen entsprechend verschieden groß sein, üblich sind 2,5 cm oder 10 cm. Wird die Messung kontinuierlich gewünscht, so kann anstelle des Schrittschaltwerkes ein kontinuierliches Meßwerk mit Potentiometer eingesetzt werden. Die mechanische Übersetzung zwischen dem vom Schwimmer bewegten Kettenrad und dem Potentiometerabgriff richtet sich nach dem Meßbereich. Große Genauigkeitsansprüche können mit Gebern mit zwei durch eine Übersetzung im Verhältnis 10 : 1 mechanisch gekuppelten Potentiometern erreicht werden.

Für offene drucklose Wasserbehälter genügt in manchen Fällen auch die Standanzeige durch ein Manometer, das an geeigneter Stelle angebracht werden muß.

Das Schwimmermanometer (Abb. 512) wird für die Messung des Flüssigkeitsstandes in druckführenden Behältern verwendet. Es besteht in seiner Grundform aus einem mit Quecksilber gefüllten U-Rohr, mit welchem der Druckunterschied zweier Flüssigkeitssäulen gemessen wird, von denen die eine auf einer konstanten Bezugshöhe gehalten wird und die andere durch den Flüssigkeitsstand des Behälters bestimmt ist. Der veränderliche Quecksilberstand wird durch eine an einen Schwimmer befestigte Zahnstange und ein Zahnrad über eine magnetische Kupplung nach außen übertragen.

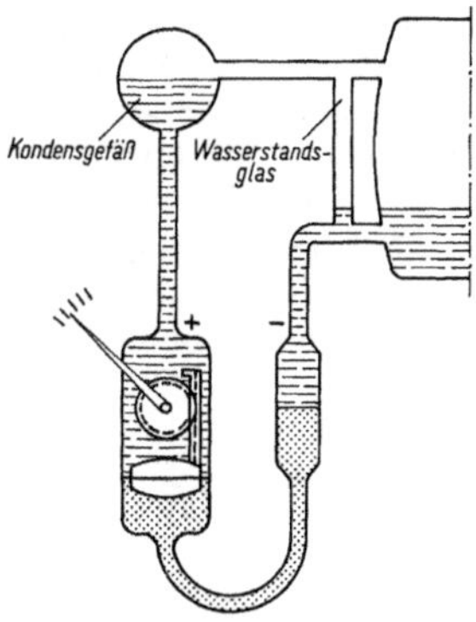

Abb. 512. Hydrostatische Wasserstandsmessung (Prinzipbild)

Das Schwimmermanometer kann in größerer Entfernung unterhalb des Behälters an zugänglicher Stelle angeordnet werden. Zwischen Meßstelle und Gerät werden Wirkdruckleitungen verlegt.

Meßumformer. Das Schwimmermanometer kann wie alle Druck- oder Differenzdruckmesser auch als Meßumformer mit Gleichstromausgang („eingeprägter Strom") ausgebildet werden, z.B. durch Anbau eines Teleperm-Abgriffes.

Im Kraftwerk werden die entwickelten schwimmer- und quecksilberlosen Geräte den herkömmlichen Schwimmergeräten vorgezogen. In diesem Zusammenhang sind die Bartonzellen (Abb. 523) und die Stromwaagen (Abb. 524) zu nennen. Für die Flüssigkeitsstandmessungen können in der gleichen Weise wie bei den Durchflußmessungen (siehe auch unter 4., S. 478) Differenzdruckmesser jeder Art eingesetzt werden.

Kraftmeßdosen. Beim Meßverfahren mit Kraftmeßdosen [*46*] wird die Inhalts- oder Niveaumessung auf eine Wägung zurückgeführt. Dieses Verfahren ist zweckmäßig für große Wasserbehälter, Behälter mit aggressiven Flüssigkeiten, Kohlebunker usw. Die Behälter werden dazu auf zwei oder mehr Kraftmeßdosen gelagert.

Diese haben sich in den Ausführungen nach dem magnetoelastischen, induktiven oder Dehnungsstreifenprinzip eingeführt. Die magnetoelastische Kraftmeßdose besteht aus einem hohlen Körper einer weichmagnetischen Legierung mit einer Wicklung. Wird die Dose belastet, dann bildet sich ein mechanischer Spannungszustand aus, der eine entsprechende Änderung der Permeabilität des ferromagnetischen Werkstoffes hervorruft.

Diese macht sich durch eine Änderung der Induktivität bemerkbar. Die Kennlinie des Leitwertes hat die typische Form einer Sättigungslinie, die im unteren Bereich weitgehend linear ist und für den Meßzweck benutzt wird.

Die induktive Kraftmeßdose ist im Prinzip eine Federwaage. Die Induktivität der Spule ändert sich infolge der Verformung des Drehkörpers, die eine Relativbewegung zwischen Spule und Anker des Meßgerätes bewirkt. Die Kennlinie kommt dem linearen Verlauf näher als die der magnetoelastischen Kraftmeßdose.

Die Kraftmeßdose mit Dehnungsstreifen beruht ebenfalls auf der Elastizität eines Stahlkörpers, wobei seine Dehnung auf einen Konstantandraht übertragen wird, der dadurch seinen Widerstand ändert. Das zwischen dünnen Papierfolien eingebettete mäanderförmige Drahtgitter aus Konstantan wird auf den Stahlkörper mit einer Schicht von Phenol- und Epoxydharz aufgeklebt. Die Kennlinie des Leitwertes ist linear. In einer besonderen Meßschaltung mit Abgleich, die entsprechend der geforderten Meßgenauigkeit ausgebildet wird, können mehrere elektrische Anzeiger gleichzeitig angeschlossen werden. Liegt ein großer Leistungsbedarf vor, z.B. bei Anschluß von Schreibern oder Großinstrumenten, so wird ein Verstärker erforderlich.

Pneumatische Niveaumessungen. Bei schwer zugänglichen Behältern, z.B. bei unterschiedlicher Anordnung, wie es bei Ölbehältern vorkommt, werden die Flüssigkeitsstandmessungen pneumatisch durchgeführt. Zu den bekanntesten Verfahren gehört das Einführen von Luft durch ein Tauchrohr, wobei sich der Luftdruck entsprechend dem Ölstand einstellt. Der Luftstrom wird durch einen Durchflußregler konstant gehalten.

Füllstandsmessungen in Kohlebunkern. Die Funktion einer Bunkerstandsmeßeinrichtung [*47*] ist weitgehend von der Beschaffenheit der zu speichernden Kohle abhängig. Bei feuchter und schmieriger Kohle, die zum Anhaften an den Bunkerwänden neigt, sind

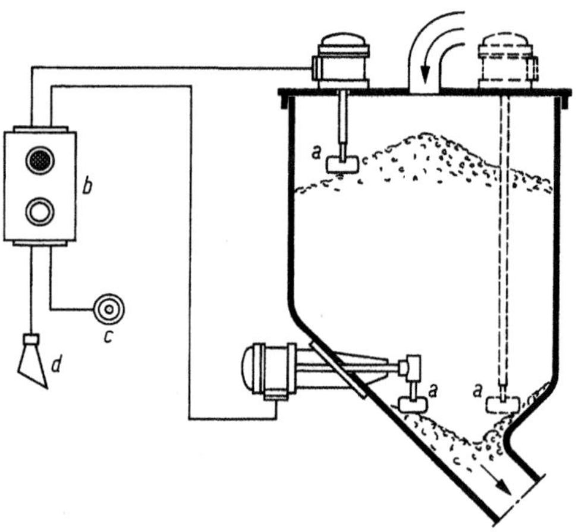

Abb. 513. Bunkerstandsmessung mit Drehfühler (Ausführungsform der Firma Maihak, Hamburg)

a Drehfühler *c* Abstellknopf
b Standanzeiger (voll und leer) *d* Hupe

Gewichtsmessungen mit Kraftmeßdosen zweckmäßig. Bei körniger oder staubförmiger Kohle kann der Bunkerstand auch mit anderen Einrichtungen gemessen werden, die auf mechanischer, pneumatischer, akustischer, elektrischer oder radioaktiver Grundlage arbeiten. Nachstehend sollen von diesen Methoden nur die wichtigsten, die für Bunkerstandsmessungen in den Kraftwerken Verwendung finden, erwähnt werden:

Drehfühler (Abb. 513). Ein Motor treibt über ein Schaltgetriebe den in den Bunkerraum hineinragenden Drehfühler an. Die Drehzahl beträgt etwa 0,6 U/min. Sobald das Füllgut den Drehfühler erreicht, wird er in seiner Drehung behindert und festgehalten. Durch einen Mikroschalter werden der Motor abgeschaltet und die angeschlossenen Signale ausgelöst. Sinkt der Füllstand, so kann der freiwerdende Drehfühler sich wieder drehen. Der Mikroschalter wird durch eine Feder in seine ursprüngliche Lage gebracht, wodurch der Motor wieder eingeschaltet und ein entsprechendes Signal gegeben wird. Da die Drehfühler fest eingebaut werden müssen, können nur die Bunkerstände an bestimmten Stellen erfaßt werden. Hier ist im allgemeinen der höchste und tiefste Bunkerstand von Bedeutung. Die Messung dieser Stände kann zum Aus- und Einschalten der Kohlenförderanlage benutzt werden.

Echolot-Messung. Die Echolot-Messung beruht auf dem Ultraschallverfahren. Ein Schwinger sendet eng gebündelten Ultraschall aus, der von der Kohlenoberfläche reflektiert und von einem zweiten Schwinger wieder aufgefangen wird; die Zeitdifferenz wird elektrisch gemessen. Zur Vermeidung von Falschmeldungen darf der Schallstrahl nicht in den Bereich der fallenden Kohle gelangen. Endwerte und kontinuierliche Anzeige sind an Instrumenten abzulesen. Das Abfragen des Bunkerstandes geht in einem bestimmten Zeitrhythmus vor sich. Für den praktisch kornlosen Kohlenstaub ist dieses Verfahren nicht geeignet.

Elektrostatische Messung. Die Kapazität einer in den Kohlenstaub eingeführten Sonde wird gemessen und mit einem Instrument angezeigt. Änderungen des Bunkerinhaltes bewirken eine Änderung der Kapazität. Mit diesem Gerät kann der Bunkerstand kontinuierlich gemessen werden.

Die Ausführung der Elektroden als Seil- oder Stabelektroden und ihre Formgebung richtet sich danach, ob nur Grenzwerte oder kontinuierliche Anzeigen verlangt werden und

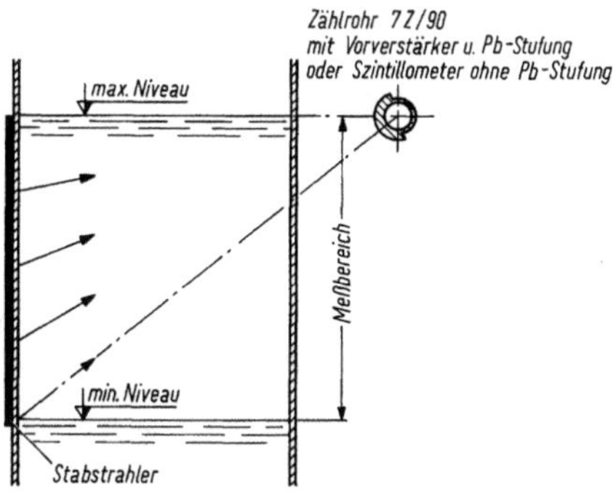

Abb. 514. Kontinuierliche Messung des Füllstandes (nach Prof. BERTHOLD, Wildbad)

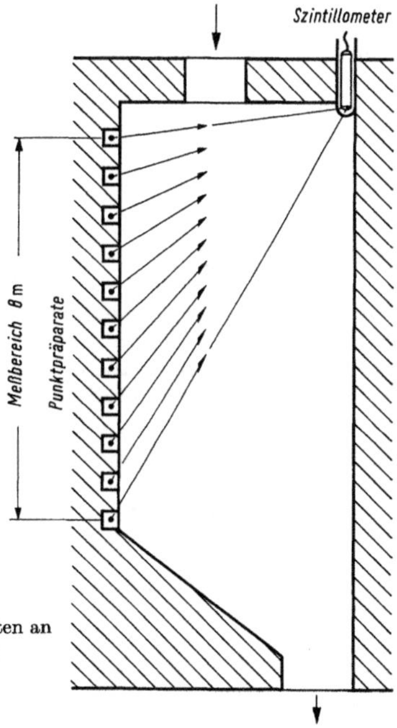

Abb. 515. Füllstandsmessung mit Punktpräparaten an Bunkern (nach Prof. BERTHOLD, Wildbad)

welchen mechanischen Beanspruchungen sie standhalten sollen, wie Schüttgefällen, Abrieb, Druck- oder Zugkräften, sowie besonderen Eigenschaften, z.B. Neigung zum Verkrusten oder Verkleben.

Radioaktive Bunkerstandsmessung. Eine kontinuierliche Messung des Bunkerstandes ist mit einem radioaktiven Stabpräparat (stabförmigem Strahler) möglich, das sich über dem gesamten Meßbereich erstreckt. Die prinzipielle Anordnung des Präparates geht aus Abb. 514 hervor. Die Präparatverteilung längs der Präparatachse ist so ausgelegt, daß die Strahlenanzeige linear von der Füllhöhe abhängt, wobei der Strahlenempfänger, ein Geiger-Müller-Zählrohr oder ein Szintillationszähler, in Höhe des oberen Präparatstandes angeordnet wird.

Werden die zu überwachenden Füllhöhen größer als etwa 3 m, so verwendet man anstelle eines Stab-Präparates eine Reihe von Punkt-Präparaten. Die Anzeige ist dann nicht mehr ganz linear, sondern verläuft stufenartig. Sie kann aber durch die Verwendung einer hinreichend großen Anzahl von Punkt-Präparaten weitgehend dem linearen Verlauf angeglichen werden.

Die Anordnung radioaktiver Präparate zur Füllstandssignalisierung zeigt Abb. 515. In Höhe des maximal zulässigen Füllstandes wird auf der einen Seite des Bunkers ein radioaktives Präparat (CO^{60}) und entsprechend auf der gegenüberliegenden Seite ein Strahlen-Detektor angebracht. Erreicht das Füllgut den zwischen Strahler und Empfänger bestehenden Strahlengang, so tritt ein Sprung in der Strahlenanzeige auf, der durch die Absorption der Strahlung durch das Füllgut verursacht wird.

4. Durchflußmessungen

Bei den Durchflußmessungen in Dampfkraftwerken handelt es sich fast ausschließlich um Messungen in Rohrleitungen oder Kanälen zur Ermittlung des Durchsatzes von Dampf, Wasser, Luft, Gas und Öl.

Gemessen wird der künstlich durch Einbau einer Blende oder Düse erzeugte Druckabfall, der durch die Querschnittsverminderung und das Ansteigen der Strömungsgeschwindigkeit nach dem Kontinuitätsgesetz bedingt ist. Nach dem Bernoullischen Gesetz geht die Zunahme der Geschwindigkeitsenergie mit einer gleichzeitigen Abnahme des statischen Druckes vor sich. Dieser Druckabfall Δp, der sog. Wirkdruck, ist ein Maß für den Durchfluß.

Die Blenden und Düsen sind in ihrer Ausführung nach den VDI-Durchflußregeln DIN 1952 genormt. Für einwandfreie Messungen müssen folgende Bedingungen erfüllt sein:

a) Der zu messende Stoff muß sich beim Durchströmen des Drosselgerätes in reiner Phase befinden. Flüssigkeiten sollen also keine ungelösten Gase und keine festen Stoffe enthalten. Gas- oder Dampfausscheidungen sollen nicht stattfinden, was besonders bei Gasen und Dämpfen in der Nähe des Sättigungspunktes oder bei Flüssigkeiten in der Nähe des Siedepunktes zu beachten ist.

b) Der strömende Stoff muß alle Querschnitte des Drosselgerätes voll ausfüllen. Die Strömung soll mindestens quasistationär sein, d.h. die Strömungsgeschwindigkeit darf sich am gleichen Ort nur langsam mit der Zeit verändern. Schwingungen der Strömung fälschen das Ergebnis der Messungen mit Wirkdruckerzeuger.

Die Durchflußregeln geben genaue Anweisungen für die Berechnung. Als Drosselgeräte sehen die Durchflußmeßregeln die deutsche Normblende 1930, die deutsche Normdüse 1930 und die deutsche Normventuridüse 1939 vor.

Die *Normblende* ist das meistverwendete Drosselgerät. Sie ist für alle Rohrdurchmesser über 50 mm verwendbar. Da die Normblende eine Scheibe mit konzentrischer Bohrung darstellt, ist ihr Einbau und Ausbau einfach. Ihre Einbaulänge ist klein. Die Normblende wird entweder mit Einzelanbohrungen oder mit Ringkammern zur Druckentnahme ausgeführt.

Die Ringkammernormblende (Abb. 516) besteht aus zwei Fassungsringen und der von diesen gehaltenen, auswechselbaren Blendenscheibe. In die Fassungsringe sind Ringkammern eingedreht. Zur Wirkdruckentnahme haben beide Fassungsringe je einen Druckentnahmestutzen.

Bei der Normblende mit Einzelanbohrungen sind Blendenscheibe und Fassungsring aus einem Stück gefertigt. Für die Druckentnahme werden Druckentnahmestutzen an je einer Bohrung vor und hinter der Blendenscheibe vorgesehen.

Außer den genormten Blenden sind auch sog. Steckblenden für normähnliche Druckentnahme insbesondere bei größeren Rohrweiten gebräuchlich.

Die *Normdüse* ist ebenfalls für alle Rohrdurchmesser über 50 mm verwendbar. Der Wirkdruck kann wie bei der Blende entweder durch Einzelanbohrung oder durch Ringkanäle erfaßt werden. Die Normdüse ist weniger empfindlich gegen Verschmutzung als die

Abb. 516. Normblende mit Ringkammern (Werkbild Siemens)

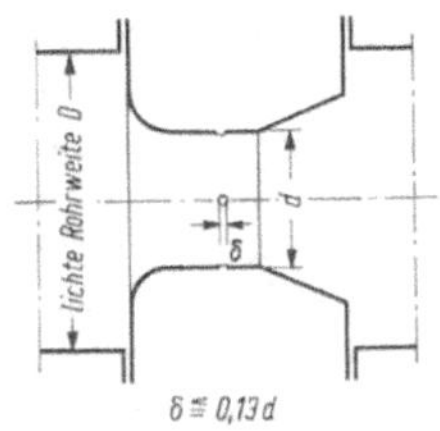

Abb. 517. Normventuridüse kurzer Bauart

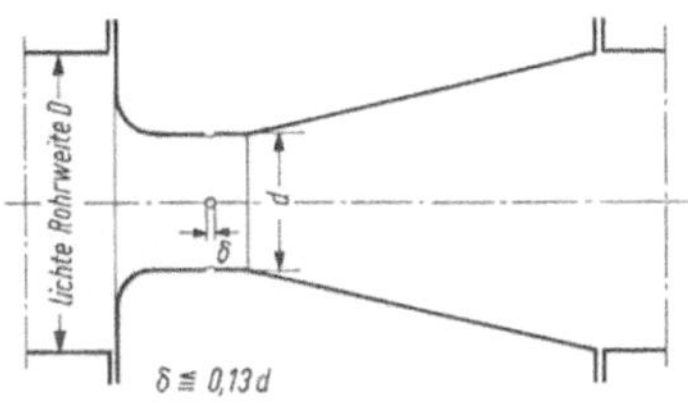

Abb. 518. Normventuridüse langer Bauart

Normblende. Die Rohrrauhigkeit hat einen geringeren Einfluß; die bei der Blende vorauszusetzende Kantenschärfe entfällt bei der Normdüse. So sind die Toleranzen für die Abweichung des Meßwertes allgemein geringer als bei der Normblende.

Der bleibende Druckverlust eines eingebauten Drosselgerätes ist immer kleiner als der Wirkdruck und ist für Normblenden und Normdüsen bei gleichem Wirkdruck für den gleichen Durchfluß gleich groß.

Die genormten *Venturidüsen* sind anwendbar für Rohrdurchmesser von $D = 50$ bis 500 mm. Man unterscheidet Normventuridüsen kurzer Bauart (Abb. 517) und langer Bauart (Abb. 518).

Da sich mit der kurzen Bauart bei zweckmäßiger Bemessung des Auslaufrohres Druckverluste erreichen lassen, die nur bei kleinem Öffnungsverhältnis ($d^2/D^2 = m$) etwas ungünstiger sind als bei der langen Bauart, wird die kurze Bauart in der Praxis bevorzugt.

Die Form der Einschnürung der Venturidüsen ist dem Strömungsverlauf angepaßt. Am engsten Querschnitt schließt das kurze Auslaufrohr (Diffusor) an. Bei der Normventuridüse kurzer Bauart läuft gegenüber der langen Bauart der Diffusordurchmesser am Ende nicht bis auf den Rohrdurchmesser aus.

Meßtechnisch unterscheidet sich die Normventuridüse kaum von der Normdüse. Der Druckverlust wird durch den angebauten Diffusor fast ganz zurückgewonnen, weshalb die Venturidüse besonders dort verwendet wird, wo ein geringer Druckverlust von ausschlaggebender Bedeutung ist, z.B. bei Messungen in Dampf- und Luftleitungen.

Für außergewöhnliche Verhältnisse werden Sonderformen von Blenden verwendet, wie z.B. Segmentblenden für staubhaltige Gase, Multiplikatordüsen für Gas- und Luftkanäle mit großen Abmessungen, oder Staurohre in besonderer Ausführung für Luftkanäle. Ferner werden in Frischluftleitungen häufig Kanaleinschnürungen in venturiähnlicher Ausführungsart als Wirkdruckerzeuger angebracht. Die Entnahmen an den Blenden und Düsen sind ebenfalls genormt. In besonderen Fällen kann aber auch eine normähnliche Entnahme zur Ausführung kommen.

Einbau von Wirkdruckerzeugern. Den VDI-Durchflußregeln entsprechend werden für die Berechnung der Drosselgeräte Durchflußzahlen zugrunde gelegt, die bei einem normgerechten Einbau erreicht werden können. Hierbei ist besonders zu beachten, daß die Rohrleitung vor und hinter der Einbaustelle in einer genügend langen geraden Strecke verläuft. Vor dem Drosselgerät sind Krümmer, Ventile u. dgl. in entsprechender Entfernung anzuordnen, damit etwaige Störungen der Strömung weitgehend abgeklungen sind, wenn der Wirkdruckerzeuger durchflossen wird. Derartige Störungen wirken sich auf die Genauigkeit der Messung vor allem bei Drosselgeräten mit großem Öffnungsverhältnis aus. Je nach der Störungsursache, hervorgerufen durch Krümmer aller Art, teilweise geschlossene Schieber, offene Ventile u. dgl., und der Art des Wirkdruckerzeugers mit seinem Öffnungsverhältnis wird die gerade Rohrstrecke im Vorlauf verschieden lang sein müssen. Entsprechende Angaben sind in den Durchflußmeßregeln DIN 1952 enthalten, wobei die störungsfreie Rohrstrecke als Vielfaches des Rohrdurchmessers angegeben wird. Der Einfluß von Rohrkrümmern und Armaturen hinter dem Drosselgerät ist naturgemäß wesentlich geringer als vor diesem. Nach den Durchflußmeßregeln DIN 1952 genügt es im allgemeinen, wenn diese in einer Entfernung vom fünffachen Rohrdurchmesser eingebaut werden.

In die Niederdruckleitungen werden die Wirkdruckerzeuger vorwiegend eingeflanscht. Zwischen die Flanschen und Blenden werden geeignete Dichtungen eingesetzt. In die Hochdruckleitungen werden Blenden und Düsen eingeschweißt. Hierbei ist darauf zu achten, daß die Schweißnaht innen glatt ist und keine Schweißperlenansätze die Strömung stören. In Speiseleitungen werden noch häufig Blenden in Linsenausführung verwendet.

Auslegung der Wirkdruckerzeuger. Der Wirkdruck an den Drosselgeräten wird bei Betriebsdauermessungen so gewählt, daß der kleinste zu messende Durchfluß noch genügend genau erfaßt werden kann und der bleibende Druckverlust einen zulässigen Wert nicht übersteigt. Der Wirkdruck muß stets kleiner als der Betriebsdruck sein. Der bleibende Druckverlust ist vom Wirkdruck und vom Öffnungsverhältnis abhängig. Kleines Öffnungsverhältnis und somit großer Wirkdruck ergeben einen großen bleibenden Druckverlust, aber auch eine hohe Meßgenauigkeit, da hierbei die Toleranzen für die Durchflußzahl und die Fehler durch Einbaustörungen kleiner werden. Da der bleibende Druckverlust einen ständigen Energieverlust bedeutet, der zwar relativ klein ist, aber während längerer Betriebszeiten doch erhebliche Kosten verursachen kann, muß bei den Dauermessungen im Betrieb auf einen geringen Druckverlust Wert gelegt werden. Bei Abnahmeversuchen kommt es dagegen auf kleine Toleranzen, also auf hohe Meßgenauigkeit an. Die Versuchsblenden werden meist nach den Versuchsmessungen wieder ausgebaut.

Die Wahl des Materials für die Blenden und Düsen ist von Druck, Temperatur und den Eigenschaften des zu messenden Stoffes abhängig. Die Meßscheibenkanten müssen gegen Verschleiß widerstandsfähig sein.

Durchflußmesser. Betriebsdruck und Wirkdruck sind bestimmend für den Typ des Meßgerätes, z.B. Schwimmermanometer, Ringwaage, Tauchglocke usw.

Zur Messung des Durchflusses, d.h. also des Wirkdruckes an einem Drosselgerät, werden im allgemeinen Differenzdruckmesser mit Radiziereinrichtungen verwendet. Die Geräteskalen erhalten dadurch lineare Teilungen.

Erhalten die Skalen der Wirkdruckmesser eine Teilung in Einheiten des Durchflusses, so gelten diese vorwiegend bei Gasen und Dämpfen nur für einen bestimmten Zustand des strömenden Stoffes. Weichen die wirklichen Zustandsdaten des Stoffes im Betrieb von den Auslegungsdaten ab, dann wird die Korrektur der Meßwerte erforderlich. Der Unterschied zwischen den Betriebs- und Auslegungszustandsdaten wird berücksichtigt, indem man den am Gerät abgelesenen Volumendurchfluß mit dem Faktor $\sqrt{\gamma_r/\gamma_b}$ bzw. den Gewichtsdurchfluß bei Dampf und Wasser mit dem Faktor $\sqrt{\gamma_b/\gamma_r}$ multipliziert. Darin ist γ_b die Wichte im Betriebszustand und γ_r die Wichte im Rechenzustand.

Die Druck- bzw. Temperaturkorrekturen (Wichte) können auch durch besondere Messungen selbsttätig vorgenommen werden.

Schwimmerdurchflußmesser (Abb. 519). Bei Schwimmerdurchflußmessern wird das Radizieren entweder durch entsprechende Ausbildung der Gefäßformen des einen U-Rohrschenkels oder durch eine Kurvenscheibe vorgenommen. Das Radizieren durch die Gefäßform ist theoretisch nur bis zu einem gewissen Mindestausschlag ausführbar, der um so tiefer liegt, je größer das Verhältnis des Wirkdruckes zum Schwimmerhub ist.

Die Übertragung der Bewegung des Schwimmers aus dem Druckraum erfolgt durch eine Stopfbuchse oder magnetische Kupplung (vgl. 3. Standmessungen, S. 474).

Ringwaagen (Abb. 520) (vgl. 1. Druckmessungen, S. 467). Ringwaagen sind für die Messung geringer Wirkdrücke besonders geeignet. Sie haben einen verhältnismäßig großen Drehwinkel. Über 3 mWS werden die Baumaße verhältnismäßig groß. Im Gegensatz zu den meisten anderen Wirkdruckmessern ist ihre Anzeige unabhängig von der Wichte der Sperrflüssigkeit und von Änderungen der Sperrflüssigkeitsmenge, wenn der Waagenkörper aus

Abb. 519. Schnitt durch den Schwimmerdurchflußmesser (Werkbild Siemens)

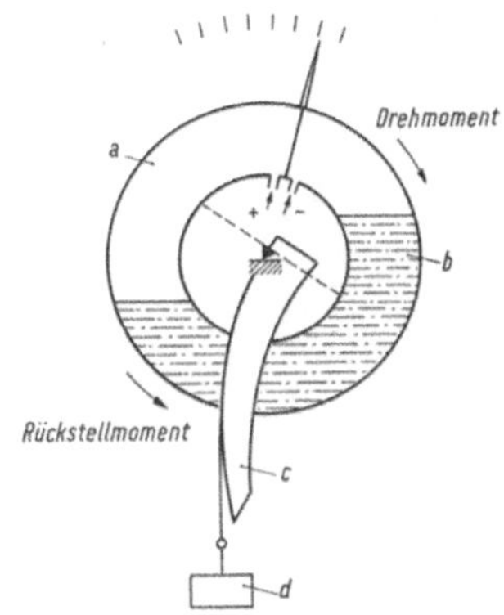

Abb. 520. Schema der Ringwaage mit Kraftradizierung

a Waagekörper *c* Radiziereinrichtung
b Sperrflüssigkeit *d* Gegengewicht

einem achsensymmetrischen geschlossenen Ring mit dünner Trennwand gebildet wird. Der Wirkdruckbereich (Skalenwert) läßt sich durch Auswechseln von Gegengewichten in weiten Grenzen ändern.

Um eine lineare Skala zu erreichen, werden die Ringwaagen ebenfalls mit Radiziereinrichtungen ausgerüstet.

Tauchglocken. Tauchglockengeräte sind bei ihrer einfachen Bauart sehr widerstandsfähig und zuverlässig. Sie werden daher für rauhe Betriebsverhältnisse und ungeübtes Personal auch heute noch verwendet. Ist der in die Sperrflüssigkeit eintauchende Teil der Glocke praktisch volumenlos, so bleiben Änderungen der Wichte und in gewissen Grenzen auch der Menge der Sperrflüssigkeit ohne Einfluß auf die Messung. Bildet dagegen der Auftrieb des mit dem Hub veränderlichen Tauchglockeninhaltes die äußere Richtkraft, so gehen Änderungen der Wichte und der Menge der Sperrflüssigkeit in die Messung ein. Die Tauchglockengeräte werden auch als Wirkdruckwandler für Regelungszwecke verwendet. Abb. 521 zeigt den Wirkdruckwandler von Schoppe & Faeser mit folgender Wirkungsweise:

Die durch den Wirkdruck erzeugte Meßkraft an der Differenzglocke *a* wird von den Meßfedern *b* aus Spezialstahl ausgewogen. Der hierbei entstehende Glockenhub von maximal 5 mm wird mittels des Differentialtrafos *c* in eine proportionale Wechselspannung umgewandelt. Diese Meßspannung (50 Hz) gestattet den Anschluß von Drehspulanzeigern oder -schreibern, von elektrischen Meßwertwandlern und von elektronischen Reglern. Die Füllflüssigkeit, ein Spezial-Füllöl, dient ausschließlich dazu, den Plusdruckraum gegen den Minusdruckraum abzusperren. Bei Überschreitung des Meßbereiches tritt das Gas durch das Öl in den anderen Druckraum über. Das Durchschlagen des Gases ist ein ähnlicher Vorgang (Kurzschluß), wie er bei überlasteten quecksilbergefüllten Differenzdruckmessern vorkommen kann. Dieser Vorgang ist auch bei einseitiger Belastung bis zum vollen statischen Druck unschädlich für das Meßsystem. Neben den Ausführungen der elektrischen Meßwertgeber mit Wechselstromausgängen wurden Tauchglockenmeßwerke mit Gleichstromausgang von 0 bis 5, 0 bis 20 und 0 bis 50 mA entwickelt. Die Meßwerke dieser Geräte entsprechen denen mit Wechselstromausgang.

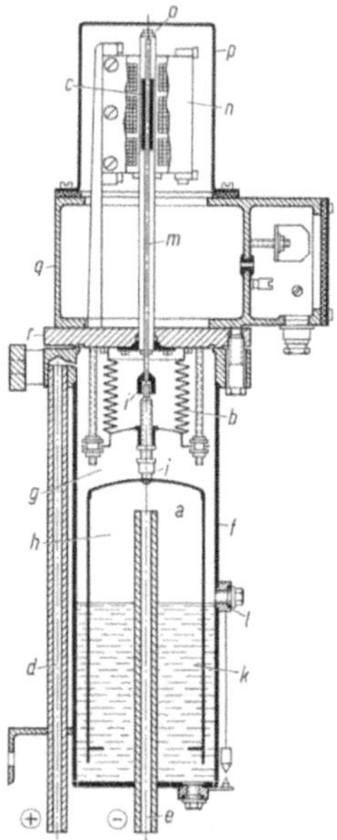

Abb. 521. Wirkdruckwandler (Schoppe & Faeser)

a Differenzglocke
b Meßfedern
c Differentialtrafo
d Plusdruckanschluß
e Minusdruckanschluß
f Druckgehäuse
g Plusdruckkammer
h Minusdruckkammer
i Kugelgelenk
k Sperrstoff, Spezialöl oder Clophen
l Füllstutzen
m Kernträgerstange
n Differentialtransformator
o Nadelführung
p Kappe
q Gehäuse
r Flansch

Membranwirkdruckmesser. Die Membranwirkdruckmesser müssen wegen des nur wenige Millimeter betragenden Membranhubes mit einer Übertragungseinrichtung mit großem Übersetzungsverhältnis versehen werden. Sie haben zur Zeit vorwiegend dort Bedeutung, wo Geräte ohne Sperrflüssigkeit, insbesondere ohne Quecksilber, verwendet werden sollen.

Fernübertragung der Meßwerte. Die Wirkdruckmesser werden zur Übertragung der Meßwerte für elektrische Anzeige oder Registrierung, in älteren Kraftwerken auch für Regelung, mit Widerstandsfernsendern, Schleifdraht- oder Ringrohrfernsender ausgerüstet. Zur Einleitung von Schaltvorgängen oder Meldung von Extremwerten werden in die Wirkdruckmesser elektrische Signalschalter eingebaut.

Durchflußmeßumformer. Die neuzeitliche Entwicklung führte zur Verwendung von Durchflußmeßumformern mit Gleichstromausgang. Sie werden für verschiedene Nenndruckstufen gebaut. Zu den wichtigsten Meßumformern gehören der Teleperm-Durchflußmeßumformer von Siemens, der Meßumformer mit Bartonzelle von Schoppe & Faeser und die elektronische Stromwaage von Askania.

Im Teleperm-Meßumformer (Abb. 522), der nach dem Kraftkompensationsverfahren arbeitet, wird die Meßgröße in einen verhältnisgleichen „eingeprägten" Gleichstrom umgewandelt, der unmittelbar auf Anzeiger, Schreiber oder Regler übertragen wird. Das Verfahren ist unabhängig von Widerstandsänderungen der Zuleitungen sowie in weiten Grenzen von Spannungs- und Frequenzschwankungen des Netzes. Teleperm-Durchflußmeßumformer werden für Meßbereiche zwischen 100 und 6400 mmWS gebaut. Sie sind für statische Drücke bis zu 25 kp/cm² geeignet.

Wirkungsweise: Der zu messende Wirkdruck wirkt auf eine Membran *a*, die an einem Ende eines Waagebalkens *b* angreift. Am anderen Ende ist eine Tauchspule *c* befestigt, sie befindet sich im Feld eines elektrisch erregten Magneten *d* und wird von einem magnetischen Verstärker *e* gespeist. Im Eingang des Verstärkers liegt ein induktiver Abgriff *f*. Dieser steuert bei kleinsten Änderungen der Ruhelage des Waagebalkens den Verstärker

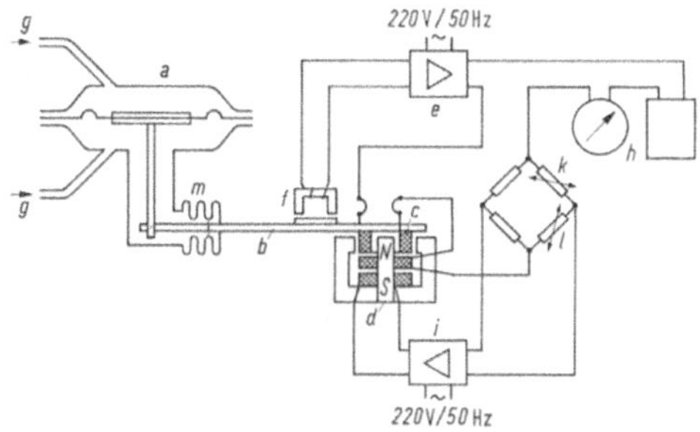

Abb. 522. Schema des Teleperm-Meßumformers für Durchfluß

a Membranmeßwerk
b Waagebalken
c Tauchspule
d elektrisch erregter Magnet
e magnetischer Verstärker
f induktiver Abgriff
g Meßdruckleitung
h Anzeiger, Schreiber oder Regler
i magnetischer Kompensationsverstärker
k Druckferngeber
l Widerstandsthermometer
m Faltenbalg-Durchführung

aus, so daß in der Tauchspule eine Kraft auftritt, die der Wirkung der Membran auf den Hebel das Gleichgewicht hält. Der Tauchspulstrom fließt gleichzeitig durch die Erregerwicklung des Magneten. Die Anziehungskraft auf die Tauchspule ist proportional dem

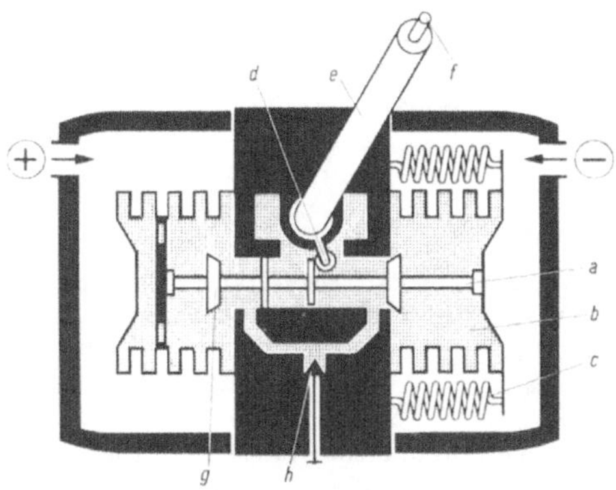

Abb. 523. Bartonzelle

a Ventilstange
b Metallfaltenbälge
c Feder
d Hebel
e Torsionsrohr
f Meßwertwelle
g Überlastventil
h Dämpfungsventil

Quadrat des durchfließenden Stromes. Da auch zwischen Wirkdruck und Durchfluß eine quadratische Beziehung besteht, wird durch das Auswiegen der beiden Drehmomente erreicht, daß der vom Meßumformer abgegebene Strom dem Durchfluß direkt proportional ist, d.h. die Radizierung erfolgt hier elektrisch. Das elektropneumatische Tauchspulsystem kann auch durch ein permanentmagnetisches System mit linearer Kennlinie für Niveau- und Differenzdruckmessungen ersetzt werden.

Der *Differenzdruckmeßumformer mit Bartonzelle* (Abb. 523) arbeitet nach einem Wegvergleichsverfahren und ist für Differenzdruck- und Durchflußmessung von Gasen und Flüssigkeiten bis 500 atü geeignet. Der kleinste Meßbereich liegt bei einem Differenzdruck von 0 bis 600 mmWS, der größte bei einem von 0 bis 28 kp/cm².

Wirkungsweise: Der Differenzdruck bewegt die mit einer Ventilstange *a* verbundenen, mit einer Flüssigkeit gefüllten Metallfaltenbälge *b* gegen die Kraft einer Feder *c*. Diese

Bewegung wird über einen Hebel *d* auf das Torsionsrohr *e* und die Meßwertwelle *f* übertragen.

Der Ausschlag beträgt für den gesamten Meßbereich 8°. Diese Drehbewegung kann zur Betätigung elektrischer oder mechanischer Systeme verwendet werden.

Bei Überschreiten des Meßbereichsendwertes um etwa 25% schließt die Ventilstange ein Überlastventil *g*. Da die Membrankörper mit einer nicht kompressiblen Flüssigkeit gefüllt sind, kann der einseitig wirkende Druck bis zum vollen statischen Druck ansteigen, ohne die Brauchbarkeit der Membrankörper zu beeinträchtigen. Die Dämpfung ist durch ein Ventil *h* einstellbar.

Die *elektronische Stromwaage* (Abb. 524) ist ein Meßgrößenwandler, der eine als Druck oder Wirkdruck auf das Meßwerk am Eingang wirkende mechanische Meßgröße in einen

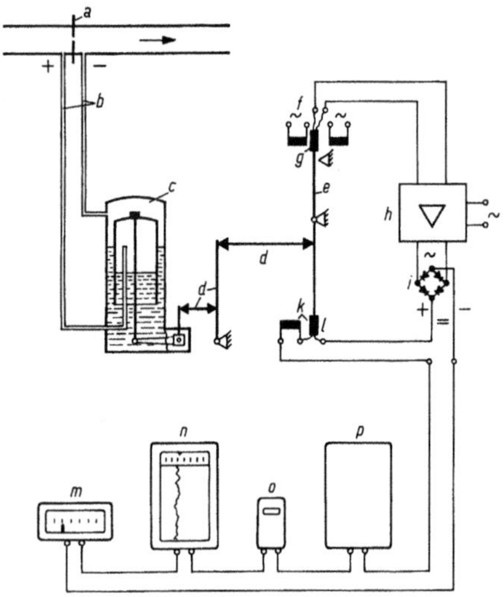

Abb. 524. Schematischer Aufbau einer ND-Stromwaage

a Wirkdruckgeber, Meßblende
b Wirkdruckleitungen
c Tauchglockenmeßwerk
d Hebelsystem
e Waagebalken
f induktiver Geber (Erregerspule)
g Schwenkspule
h Röhrenverstärker
i Gleichrichter
k elektrodynamisches System
l Tauchspule
m Anzeiger
n Schreiber
o Zähler
p Regler

eingeprägten Gleichstromwert am Ausgang umwandelt. Das Gerät arbeitet nach dem Kraftkompensationsverfahren. Die Stromwaage wird in vier Typen gebaut:

mit Tauchglockenmeßwerk für Niederdruck,
mit Membranmeßwerk für Mitteldruck,
mit Wellrohrmeßwerk für Hochdruck,
mit Wellrohrmeßwerk und magnetischer Durchführung für Höchstdruck.

Wirkungsweise: Der an einem Wirkdruckgeber *a* entstehende Differenzdruck wird über die Wirkdruckleitungen *b* auf ein mechanisches Meßwerk *c* geschaltet. Hier wird z.B. ein Tauchglockenmeßwerk verwendet, mit dem Wirkdrücke bis zu 144 mm WS erfaßt werden können. Die vom Meßwerk aufgebrachte Kraft wird über ein Hebelsystem *d* auf den Waagebalken *e* übertragen und durch eine elektrisch erzeugte Gegenkraft aufgewogen. Abweichungen der Waage aus der Nullage werden durch einen induktiven Geber festgestellt, dessen Schwenkspule *g* mehr oder weniger stark in das Feld der Erregerspule *f* gerät, so daß in der Schwenkspule eine der Ablenkung proportionale Spannung induziert wird. Diese Schwenkspulspannung wird an den Eingang eines Röhrenverstärkers *h* gelegt, dort verstärkt, mit einem Gleichrichter *i* gleichgerichtet und dann dem Tauchspulsystem *k* und *l* zugeführt. Dieses elektrodynamische System arbeitet gegen die Kraft, die das Tauchglockenmeßwerk über die Hebelübersetzung auf den Waagebalken ausübt. Bei Abweichung aus der Gleichgewichtslage entsteht in der Schwenkspule *g* eine mehr oder weniger große Spannung, die eine Änderung des Ausgangsstromes der Stromwaage bewirkt. Die Einstellvorgänge verlaufen dabei sehr rasch, da die Verstellung des Waagebalkens sehr klein bleibt. Die Empfängersysteme, also Anzeiger *m*, Schreiber *n*, Zähler *o* und Regler *p*, sind in Reihe mit dem elektrodynamischen System *k* geschaltet und erfassen direkt den Durchfluß. Zur Messung von Druck oder Differenzdruck wird anstelle des elektrodynamischen Systemes *k* mit quadratischer Charakteristik ein permanentdynamisches mit linearer Charakteristik verwendet. In diesem Falle ist der von der Stromwaage ausgesteuerte Gleichstrom der Meßkraft linear zugeordnet.

Zählerwerke und Volumenzähler. Zähler sind für die Wirtschaftlichkeitskontrolle zur Erfassung bestimmter Durchflußmengen in längeren Zeiträumen notwendig. Die Zählwerke, von denen verschiedene mechanische Konstruktionen bekannt sind, integrieren den Durchfluß über die Zeit. Sie können in die Durchflußmesser eingebaut werden, z.B. in Schwimmermanometer, oder als elektrische Zähler an einen entsprechenden Geber, z.B. Meßumformer, angeschlossen werden.

Volumenzähler werden auch dann eingesetzt, wenn die Mengen für Drosselgeräte zu klein werden, z.B. bei ölgefeuerten Kesseln. Die Zähler werden in solchen Fällen mit Gleichstrom- oder Wechselstromgeneratoren ausgerüstet. Die erzeugte Ausgangsspannung ist das Maß für die Drehzahl und damit für den Augenblickswert des Durchflusses. Zähler haben eine hohe Meßgenauigkeit. Zu den bekanntesten im Kraftwerk verwendeten Typen zählen die Ringkolben- und Oralradzähler. Seltener werden Trommel-, Flügelrad- und Woltmannzähler (Geschwindigkeitszähler) verwendet.

Anschluß der Wirkdruckmesser. Die Druckentnahmestutzen an den Drosselgeräten werden durch Wirkdruckleitungen mit dem Durchflußmesser verbunden.

Bei Flüssigkeitsmessungen müssen über den Durchflußmesseranschlüssen gleich hohe Flüssigkeitssäulen in den Wirkdruckleitungen stehen, d.h. also, die Druckentnahmestellen am Drosselgerät müssen ausnivelliert sein. Die Wirkdruckleitungen dürfen nicht isoliert werden und müssen bei Heißwassermessungen so lang sein, daß bei Durchflußänderungen kein heißes Wasser in das Meßgerät gelangen kann. Ferner soll bei Flüssigkeitsmessungen das Drosselgerät höher als der Durchflußmesser angebracht sein, damit sich die Wirkdruckleitungen selbsttätig entlüften. Bei Dampfmessungen füllen sich die Wirkdruckleitungen mit Kondensat. Es sind Abgleich-(Kondens-)gefäße an den Druckentnahmestutzen anzuordnen, die so bemessen sind, daß immer genügend Dampf nachkondensiert und gleich hohe Kondensatsäulen über dem Durchflußmesser stehen. Das überschüssige Kondensat fließt in die Rohrleitung ab.

Bei Gas- und Luftmessungen soll der Durchflußmesser höher als das Drosselgerät angebracht werden, damit Wasserabscheidungen in die Rohrleitung zurück und nicht in den Durchflußmesser fließen können.

5. Überwachung der Verbrennungsvorgänge in Dampferzeugern

Zu den wichtigsten Überwachungseinrichtungen an den Feuerungen der Kessel gehören die Geräte zur Prüfung der Rauchgasbeschaffenheit. Das sind die elektrischen Gasprüfer zur Bestimmung des CO_2-, $CO+H_2$-, CO-, SO_3- und O_2-Gehaltes sowie die Rauchgasdichte-Meßgeräte. Während die CO_2- und $CO+H_2$-Messungen schon seit mehreren Jahrzehnten durchgeführt werden, sind die CO-, SO_3- und O_2-Meßgeräte verhältnismäßig neue Entwicklungen, die mit den steigenden Anforderungen an die Feuerungstechnik im neuzeitlichen Kraftwerk immer mehr an Bedeutung gewonnen haben. Die besonders bei Ölfeuerungen auftretenden Säure-Taupunkterscheinungen und ihr Zusammenhang mit dem Luftüberschuß machen eine genauere Kontrolle der Verbrennung erforderlich.

Um auf den Entstaubungsgrad der Rauchgase schließen zu können, benützt man die Rauchgasdichte-Meßgeräte.

CO_2- und $CO+H_2$-Messung. Die CO_2-Messung [*48*] beruht auf der Messung der Wärmeleitfähigkeit der Gase. In einfachen Gasgemischen lassen sich Änderungen der Anteile eines bestimmten Gases, z.B. von CO_2, dessen Wärmeleitfähigkeit sich von den übrigen unterscheidet, durch Messen der Gesamtleitfähigkeit feststellen. Dabei kommt der technischen Anwendung des Verfahrens zur Rauchgasanalyse zustatten, daß Stickstoff und Sauerstoff, die beiden Hauptbestandteile der atmosphärischen Luft, nahezu die gleiche Wärmeleitfähigkeit aufweisen. Wird die Wärmeleitfähigkeit der Luft gleich 100 gesetzt, dann gelten für die verschiedenen Gase die aus der Abb. 525 zu entnehmenden Werte der relativen Wärmeleitfähigkeit.

Aus dem Schaubild geht hervor, daß man das Auftreten von CO in den Rauchgasen nach der Methode der Wärmeleitfähigkeitsmessung nicht erfassen kann, da seine relative Leitfähigkeit (92%) nur unbedeutend von der von Luft (100%) abweicht. Außerdem würde sein Einfluß durch die noch schlechtere Leitfähigkeit des gleichzeitig auftretenden CO_2 völlig verdeckt werden. Man mißt daher den CO-Gehalt, indem man es katalytisch verbrennt und die dabei freiwerdende Wärmemenge — die *Wärmetönung* — bestimmt.

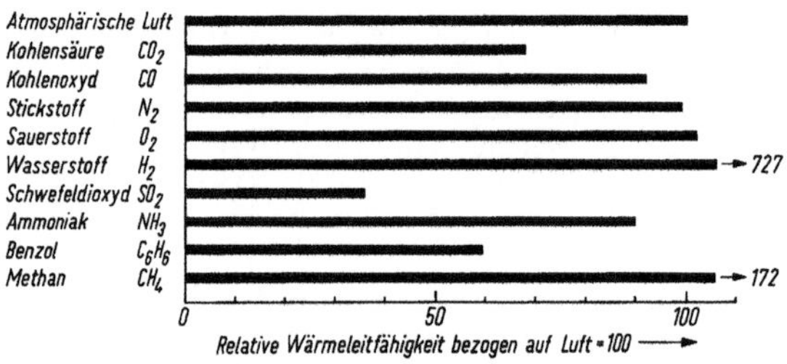

Abb. 525. Wärmeleitfähigkeitswerte verschiedener Gase

Tritt auch H_2 auf, z.B. bei Gasfeuerungen, so wird dies durch die Wärmetönungsmessung miterfaßt.

Zur Bestimmung des CO_2-Gehaltes wird das Rauchgas in zwei Meßkammern und in zwei Vergleichskammern des Gerätes geleitet (Abb. 526), in denen es ausgespannte, elektrisch auf 100 °C erwärmte Platin-Widerstandsdrähte bespült. Gas und Vergleichsluft

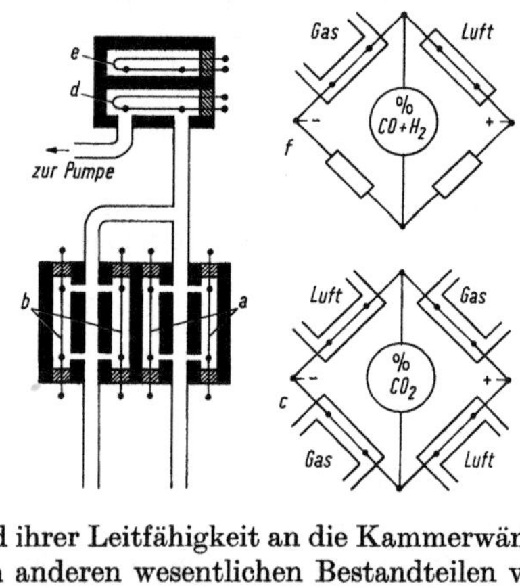

Abb. 526. CO_2 und CO + H_2-Messung

a CO_2-Meßkammern
b CO_2-Vergleichskammer
c CO_2-Meßbrücke
d CO + H_2-Meßkammer
e CO + H_2-Vergleichskammer
f CO + H_2-Meßbrücke

leiten die erzeugten Wärmemengen entsprechend ihrer Leitfähigkeit an die Kammerwände ab. CO_2 hat, wie Abb. 525 zeigt, gegenüber den anderen wesentlichen Bestandteilen von Abgasen (N, O_2 und CO) eine beträchtlich geringere relative Wärmeleitfähigkeit, so daß durch seine Konzentration die Gesamtwärmeleitfähigkeit merklich beeinflußt wird. Die Wärmeleitfähigkeit sinkt mit steigendem CO_2-Gehalt, die Temperatur und damit der Widerstand der Meßkammerdrähte nehmen zu, und im Diagonalzweig der von den vier Kammerdrähten gebildeten Wheatstoneschen Brücke durchfließt ein Strom das in Vol.-% CO_2 geeichte Meßwerk des Anzeige- oder Schreibgerätes.

Zur Bestimmung des $CO+H_2$-Gehaltes (Abb. 526) wird das zu prüfende Rauchgas (Abgas mit Luftzusatz) in eine Meßkammer mit einem auf etwa 500 °C erhitzten Platin-Iridium-Draht geleitet und verbrennt katalytisch. Die Temperatur des Meßkammerdrahtes erhöht sich dadurch verhältnismäßig stark und damit auch sein elektrischer Widerstand. Zum Vergleich wird ein in der zweiten Kammer ausgespannter Platin-Iridium-Draht mit Luft umspült. Die Meßkammerdrähte wurden in einer Zweidrahtbrücke zusammengeschaltet, in deren Diagonale der elektrische Anzeiger oder Schreiber angeschlossen wird.

CO-Messung nach der Absorptionsmethode. Für das Feststellen des CO-Gehaltes in Rauchgasen werden in zunehmendem Maße mehr Analysengeräte, die nach der Infrarot-Absorptionsmethode arbeiten, eingesetzt. Zu den bekanntesten Entwicklungen gehört das Uras-Gerät von Hartmann & Braun.

Der Infrarot-Gasanalysator „Uras" dient zur Messung von Gaskomponenten, die ein bestimmtes Absorptionsspektrum im Infraroten haben, das sich von den Absorptionsspektren der übrigen Gaskomponenten in geeigneter Weise unterscheidet (Abb. 527). Das Meßgas wird durch eine Analysenküvette (Abb. 528) geleitet, die im Strahlenweg eines Infrarotstrahlers liegt. Ein zweiter Strahlenweg enthält eine Vergleichsküvette mit einem Gas, das Infrarot nicht absorbiert. Der am Ende der beiden Strahlenwege vorhandene

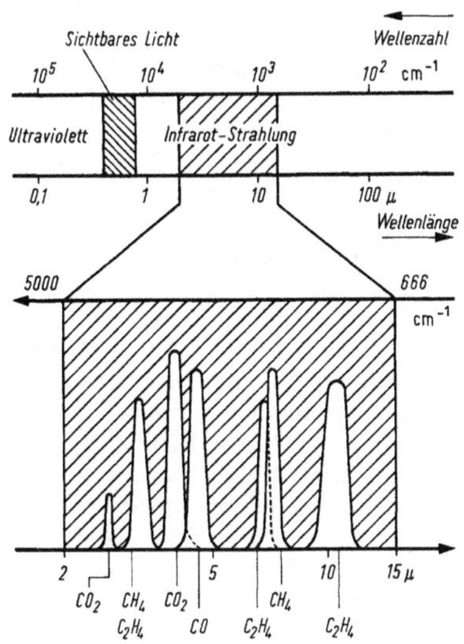

Abb. 527. Absorptionsspektrum im Infraroten

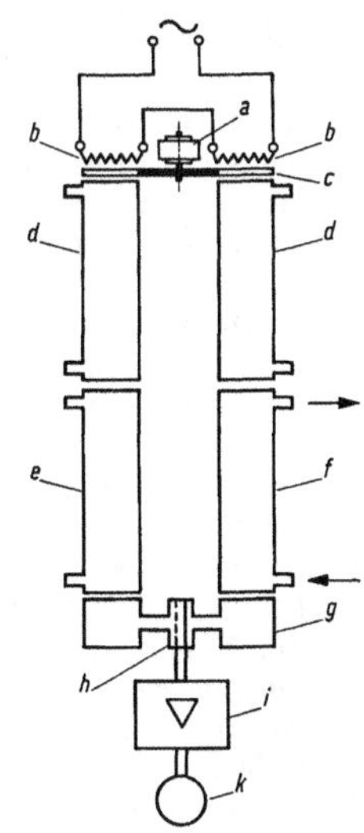

Abb. 528. Prinzip des Infrarot-Gasanalysators Uras

a Synchronmotor
b Strahler
c Blendenrad
d Filterküvette
e Vergleichsküvette
f Analysenküvette
g Empfänger
h Membrankondensator
i Verstärker
k Vol.-%-Anzeiger

Intensitätsunterschied, der durch Schwächung ganz bestimmter Banden des für die Meßkomponente geltenden Absorptionsspektrums gegeben ist, hängt nicht nur von der Konzentration des Meßgases in den Analysenküvetten ab. Der Intensitätsunterschied wird mit einem selektiv wirkenden (auf das Absorptionsspektrum der Meßkomponente abgestimmten) Empfänger festgestellt. Er besteht aus zwei durch einen Membrankondensator getrennten Meßkammerhälften, die beide zur Erzielung der Selektivität mit der zu untersuchenden Meßkomponente gefüllt sind. Entsprechend der Infraroteinstrahlung werden die beiden Hälften verschieden erwärmt, wobei am Membrankondensator eine Druckdifferenz entsteht. Ein umlaufendes Blendenrad unterbricht beide Strahlenwege gleichzeitig, so daß ein periodisch intermittierter Meßeffekt auftritt, der sich von Druckänderungen durch Störeinflüsse (z.B. durch ein Raumtemperaturfeld) deutlich unterscheidet. Die durch den Druckwechsel am Membrankondensator auftretenden Kapazitätsänderungen erzeugen am angeschlossenen Röhrenverstärker eine Wechselspannung. Am Verstärkerausgang liegt das unmittelbar in Vol.-% geeichte Anzeigeinstrument (Schreiber, Regler). Abb. 529 gibt das vollständige Uras-Gerät im geöffneten Gehäuse wieder.

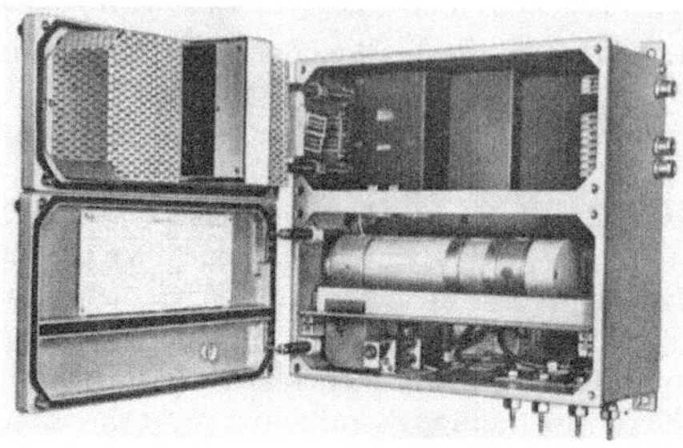

Abb. 529. Infrarot-Gasanalysator Uras (Werkbild Hartmann & Braun)

Der Meßbereich läßt sich durch entsprechende Wahl der Länge der Analysenküvette den gestellten Anforderungen weitgehend anpassen. Die Selektivität des Empfängers kann, wenn die Meßkomponente Teil eines Gasgemisches mit (teilweise) gleichen Absorptionsspektren ist, durch Vorschalten von Filterküvetten — positive und negative Filterung —, durch strömendes Vergleichsgas oder durch eine elektrische Zusatzschaltung gesteigert werden (Beseitigung der „Querempfindlichkeit").

SO_3-Messung. In Kesseln mit Ölfeuerungen oder mit anderen schwefelhaltigen Brennstoffen, die allein oder im Gemisch verfeuert werden, ist neben der Bildung von Schwefeldioxid (SO_2) auch mit der Entstehung von Schwefeltrioxid (SO_3) zu rechnen. Die Oxydation des SO_2 zu SO_3 kann einerseits durch einen zu hohen Sauerstoffgehalt während der Verbrennung, andererseits durch eine nicht einwandfreie Feuerführung hervorgerufen werden. Die Gefahr von Korrosionen im Rohrsystem wird durch das Heraufsetzen der Taupunkttemperatur erhöht. Der schädliche Einfluß des Schwefeltrioxides nimmt mit seinem steigenden Anteil zu. Bei neuzeitlichen Kesselanlagen hat daher die Überwachung des SO_3 immer mehr Bedeutung erlangt. Durch Einhalten des richtigen Brennstoff/Luft-Verhältnisses bei gleichzeitiger optimaler Feuerführung kann die SO_3-Bildung auf ein Minimum reduziert und die Korrosionsgefahr weitgehend unterbunden werden.

Für die kontinuierliche SO_3-Messung ist ein vollautomatisch arbeitendes und registrierendes „SULFOTHERM"[1]-Meßgerät entwickelt worden. Das Prinzip beruht auf der Reaktion der im Rauchgas enthaltenen SO_3-Bestandteile mit kondensierenden Wasserdämpfen zu Schwefelsäure. Teilweise im Kondensat anfallende Schweflige Säure wird anschließend von der Schwefelsäure thermisch getrennt. Die entstehende Schwefelsäure wird durch die Messung der elektrischen Leitfähigkeit bestimmt. Die Leitfähigkeit ist dem SO_3-Gehalt der Rauchgase direkt proportional.

Das SO_3-Überwachungsgerät „SULFOTHERM" (Abb. 530) besteht aus drei Hauptteilen: dem Analysator (rechts), der in unmittelbarer Nähe der Meßstelle am Kessel aufgestellt wird, dem elektrischen Steuergerät (Mitte) und einem Linienschreiber (links). Im Analysator, dem meßtechnischen Teil, wird das SO_3 von den Rauchgasen getrennt und als Schwefelsäure einer elektrischen Leitfähigkeitsmeßzelle zugeführt. Im Steuergerät befinden sich das Leitfähigkeitsmeßgerät mit Anzeiger, die notwendigen Regelungseinrichtungen für den Kondensatablauf, die Gefahrmeldeeinrichtungen und Steuerfunktionen, die überwiegend kontaktlos vorgenommen werden. Der Linienschreiber und eine Fernanzeige über den Betriebszustand des Meßgerätes können in der Wärmewarte eingebaut werden.

Das Meßgasentnahmerohr der Gasentnahmesonde wird bei ölgefeuerten Kesseln mit Rauchgasen beheizt, um Taupunktunterschreitungen vor Eintritt in den Analysator zu

[1] Eingetragenes Warenzeichen.

vermeiden. Die Entnahmestelle befindet sich vorzugsweise im Rauchgastemperaturbereich von 400 bis 500 °C. Die Temperaturen des Meßgases sollen vor Eintritt in den Analysator bei rd. 200 °C oder darüber liegen. Zur Vermeidung einer punktförmigen Probeentnahme kann die Sonde netzartig angeordnet sein oder aus einem Rohrbündel bestehen, wobei die einzelnen Rohre verschieden lang sind.

Die Entnahme von Gasen aus Kohle- oder Gemischfeuerungen geschieht mit einer Elektrosonde, wobei das Entnahmerohr direkt elektrisch auf Temperaturen oberhalb des

Abb. 530. SO_3-Meßgerät „SULFOTHERM" (Werkbild Siemens)

Taupunktes erhitzt wird. Die Filterung der Meßgase erfolgt durch Filterkerzen, die den SO_3-Gehalt im Meßgas nicht beeinflussen.

O_2-Messung. O_2 ist von den technisch interessierenden Gasen allein paramagnetisch [*49*, *50*]. Seine Magnetisierbarkeit nimmt mit zunehmender Temperatur ab. Bei dem üblichen O_2-Meßverfahren werden diese Eigenschaften des Sauerstoffes zweckentsprechend genützt. Man bringt das kalte, mit Sauerstoff durchsetzte Gas in den Feldbereich eines kräftigen Magneten, der die Sauerstoffmoleküle anzieht. In der Nähe der Magnetpole befindet sich ein Heizdraht, der die Gasprobe erwärmt. Durch die steigende Temperatur verliert das O_2 zum Teil die paramagnetischen Eigenschaften und wird vom nachströmenden kalten, stark magnetischen O_2 verdrängt. Es entsteht ein Umlauf des Gases, der „magnetischer Wind" genannt wird. Dieser kühlt zusätzlich zur thermischen Zirkulation den Heizdraht und ändert zusätzlich seinen elektrischen Widerstand.

In Abb. 531 ist die O_2-Meßkammer des Siemens-Sauerstoffmessers „Oxymat" (Abb. 532) dargestellt. Es sind zwei Meßkammern und zwei Vergleichskammern vorhanden, die geometrisch gleich gebaut sind. Es werden aber nur die Meßkammern mit Magneten ausgerüstet, die Vergleichskammern haben unmagnetische Einsätze in Form der Polschuhe, um die geometrische Gleichheit zu erhalten und den Einfluß des thermischen Auftriebes zu kompensieren.

Die auf eine Widerstandsmessung zurückgeführte O_2-Messung (Abb. 533) wird mit einer Wheatstoneschen Brücke, deren vier Widerstände in je einer Kammer untergebracht sind, durchgeführt.

Die Magnos-Geräte von H&B werden in zwei Ausführungen gebaut, Magnos 2 mit Ringkammer und Magnos 5 mit Zylinderkammer. Der Magnos 2 mit Ringkammer (Abb. 534) besteht aus einem Ring mit horizontalem Querverbindungsrohr, dessen linker Teil sich im Magnetfeld befindet und über dessen gesamter Länge sich die Heizdrahtspirale befindet. Die Gase durchströmen den Ring und werden bei Vorhandensein von Sauerstoff in das Querröhrchen eingezogen. Dort geht die Aufwärmung bzw. einseitige Kühlung des Heizdrahtes und dessen Widerstandsänderung vor sich.

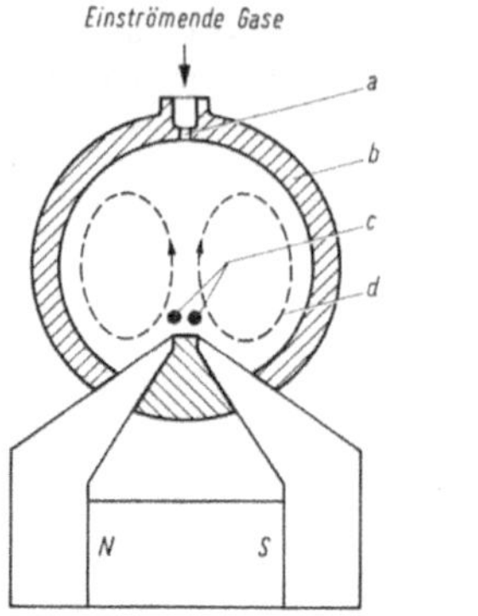

Abb. 531. O_2-Meßkammer, schematisch

a Diffusionsschutz *b* Meßkammer *c* Hitzdrahtschleife *d* magnetischer Wind

Abb. 532. Oxymat mit Durchflußanzeiger (Werkbild Siemens)

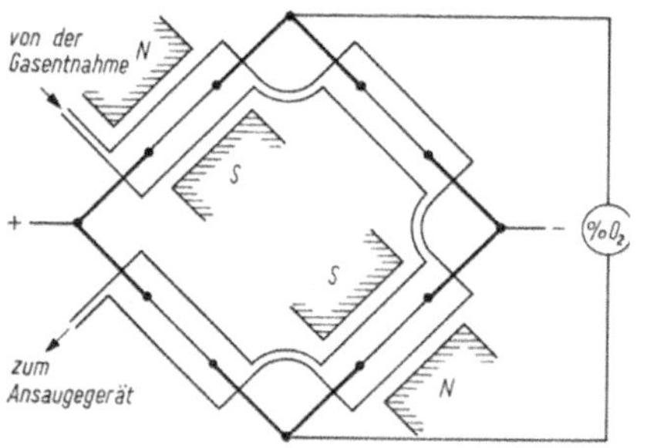

Abb. 533. Elektrische Prinzipschaltung und Gasweg im O_2-Messer

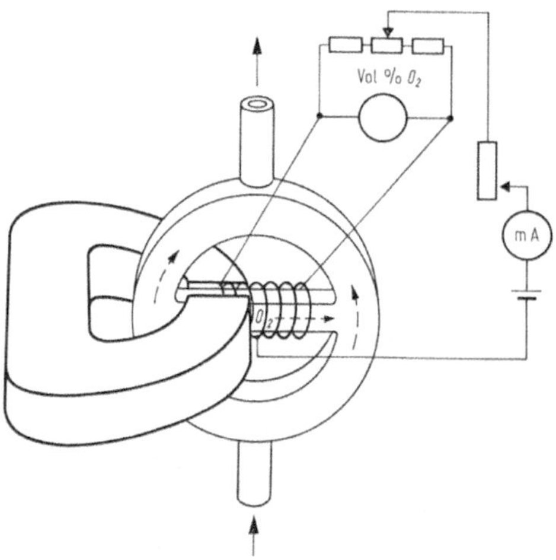

Abb. 534. Magnos 2, Magnetischer Sauerstoffanalysator

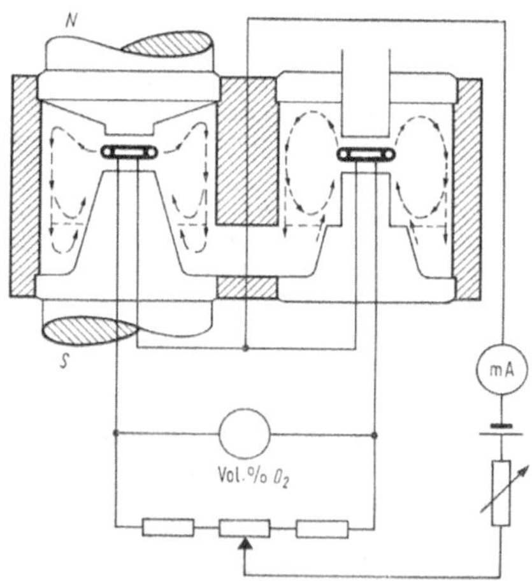

Abb. 535. Magnos 5, Magnetischer Sauerstoffanalysator

Der Magnos 5 mit Zylinderkammer (Abb. 535) hat eine als Ring ausgebildete Heizdrahtwendel in konzentrischer Anordnung zu den runden Polschuhen des Magneten. Ein zweiter, thermisch gleichgearteter Heizdraht ist zwecks Vergleichsmessung eingebaut. Dieser befindet sich nicht im magnetischen Feld. Auch hier tritt bei Vorhandensein von Sauerstoff eine zusätzliche Abkühlung und Änderung des Widerstandsverhältnisses ein. Die Widerstände gehen in eine Brückenschaltung ein, in deren Nullzweig der elektrische Anzeiger angeschlossen ist.

Rauchgasentnahmestellen für gasanalytische Messungen. Um günstige Meßergebnisse erreichen zu können, muß auf die Ausbildung der Entnahmen und die Wahl der Entnahmestelle [*51*, *52*] am Kessel besondere Sorgfalt gelegt werden. Die früher angewandte punktförmige Entnahme am Kesselende ist für die Feuerführung nicht ausreichend. Am Entnahmeort können sich bereits nicht erfaßbare und veränderliche Falschlufteinbrüche bei unterdruckgefeuerten Kesseln auswirken und die Meßergebnisse verfälschen. Die Rauchgase sollen daher an einer Stelle entnommen werden, an der die Verbrennung gerade abgeschlossen ist. Da die Temperaturen hinter der Brennkammer oder im Querzug aber noch sehr hoch sind, sind die Entnahmerohre entsprechend auszubilden. Zudem muß anstelle der punktförmigen Entnahme eine Netzmessung treten, die den gesamten Zugquerschnitt erfaßt.

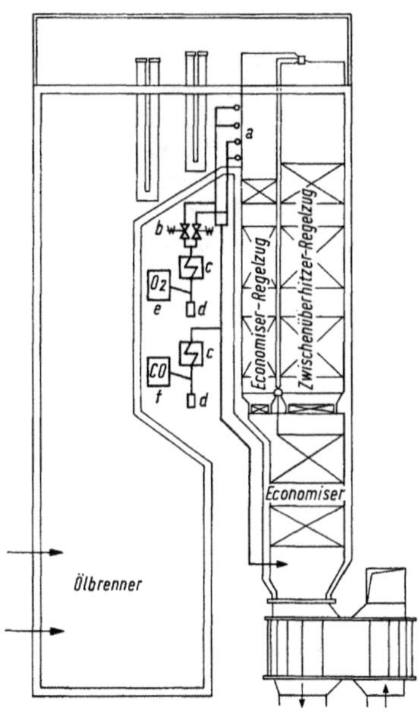

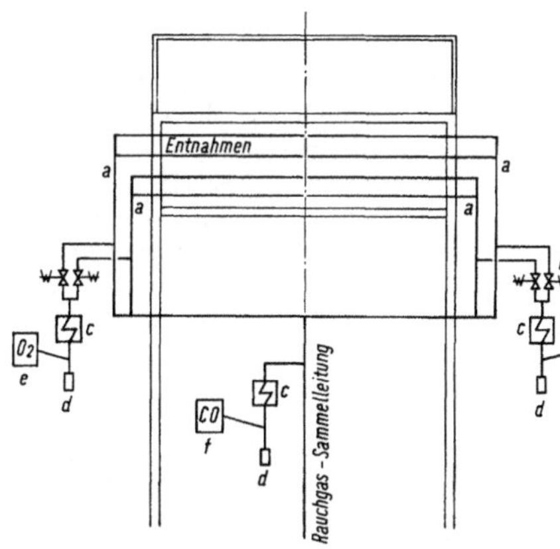

Abb. 536. Anordnung der Entnahmen für O_2- und CO-Gehaltsmessungen

a Entnahmerohre
b Magnetventile
c Kühler
d Kondenstopf
e O_2-Gehaltsmeßgerät
f CO-Gehaltsmeßgerät

In Abb. 536 ist die Meßstellenanordnung für die O_2- und CO-Gehalts-Messungen im Rauchgas schematisch dargestellt. Zur möglichst vollkommenen Erfassung der Zusammensetzung der Rauchgase wurden mehrere Entnahmerohre mit auf der ganzen Länge gleichmäßig verteilten Ansaugbohrungen, die dem Rauchgasstrom entgegengerichtet sind, in den Querzug verlegt. Die Entnahmerohre führen teilweise zusammengefaßt zu den Kühlern an jeder Kesselseite. Das Kondensat aus dem Meßgas wird jeweils über einen Kondenstopf abgeleitet. In die Meßgasleitungen sind Magnetventile eingebaut, die betätigt werden, wenn man Einzelmessungen zur Feststellung von Strähnen durchführen will. Für die

CO-Messung wurden die Entnahmerohre von der linken und rechten Kesselseite zusammengeführt. Es ist ein gemeinsames CO-Meßgerät eingebaut, dem ebenfalls ein Kühler vorgeschaltet ist.

Zum Schutze der Analysengeräte vor Korrosionen ist es vorteilhaft, die in den Rauchgasen enthaltene dampfförmige Schwefelsäure und den Wasserdampf zu kondensieren und abzuscheiden. Um Meßfehler durch wechselnde Feuchte zu vermeiden, soll der Feuchtigkeitsgehalt des Meßgases auf einem bestimmten Wert konstant gehalten werden. Diese Anforderung wird durch Gaskühler, die den Peltier-Effekt ausnutzen, erreicht. Das Gas wird dabei weitgehend getrocknet. Mit dem Peltierkühler kann die Gasfeuchte auf einem konstanten Wert gehalten werden, wenn die Außentemperatur 30 bis 35 °C nicht übersteigt. Das ist dann zweckmäßig, wenn wechselnde Gasfeuchte Meßfehler verursachen kann.

Rauchgasdichtemessungen. Die Messung der Staubdichte [*53*] im Rauchgas gewinnt im Zuge der Kontrolle des Staubauswurfes bzw. der Abscheidefilter wegen der Bestrebungen zur Reinhaltung der Luft in zunehmendem Maße an Bedeutung. Zur Prüfung der ständig strömenden Rauchgase hinter den Filtern haben sich Geräte auf optischer Grundlage weitestgehend eingeführt. Bei den meisten bekannten Ausführungen wird von einem Lichtsender ein Lichtstrahl durch den Rauchgaskanal auf eine im Lichtempfänger befindliche Photozelle gerichtet. Der Lichtstrahl wird durch die Staubpartikel des Rauchgases in seiner Intensität mehr oder weniger geschwächt. Das in der Photozelle entstehende elektrische Signal ist der Rauchgasdichte proportional. Das Signal wird verstärkt und mit elektrischen Meßgeräten angezeigt bzw. registriert. Die Meßstelle muß sorgfältig ausgewählt werden. Bei homogener Strömung werden die besten Meßergebnisse erzielt.

Die Technik der Rauchgasdichtemessungen ist ebenfalls noch in starker Entwicklung.

Eine in ihrer gesamten Konzeption völlig neuartige Rauch- und Staubdichte-Meßeinrichtung wurde von der Firma Erwin Sick, Waldkirch/Breisgau, entwickelt.

Um das Gerät von einem reinen Rauchgasindikator zu einem echten Meßgerät zu erheben, wurde eine Reihe von Störeinflüssen ausgeschaltet. Hierzu gehören die Verschmutzung der Optik, temperatur- und alterungsbedingte Änderungen der Empfindlichkeit sowie Netzspannungsschwankungen.

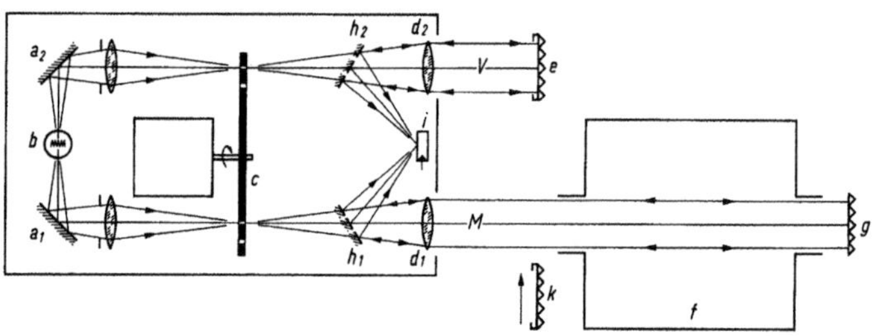

Abb. 537. Prinzip der optisch-elektronischen Rauch- und Staubdichtemeßeinrichtung (System Sick)

a_1, a_2 Umlenkspiegel
b Lampe
c Lochscheibe
d_1, d_2 Frontlinsen
e Vergleichsreflektor
f Rauchgaskanal
g Meßreflektor
h_1, h_2 halbdurchlässige Spiegel
i photoelektrischer Wandler
k Vergleichsreflektor

Die Entwicklung führte zu einem Zweistrahl-Wechsellichtverfahren nach dem Autokollimationsprinzip, das in Abb. 537 dargestellt ist. Hierbei bleibt die relative Lichtschwächung der Meßstrecke durch den Rauch ständig auf die konstante relative Lichtschwäche einer rauchfreien Vergleichsstrecke bezogen. Der von der Lampe *b* ausgehende Lichtstrom wird in zwei optisch symmetrisch angeordnete Wege — Meß- und Vergleichskanal — aufgespalten und durch entsprechende Filter in monochromatisches Licht umgewandelt. Die Lichtbündel beider Kanäle werden durch eine rotierende Lochscheibe *c*, die an ihrem Umfang mit zwei verschiedenen Lochreihen versehen ist, mit unterschiedlichen Frequenzen moduliert. Während der Lichtstrom im Vergleichskanal durch die Linse d_2 über eine rauchfreie Vergleichsstrecke auf den Reflektor e trifft, durchläuft das von der Linse d_1 austretende Licht des Meßkanals den Rauchgaskanal f und trifft auf den Reflektor g. Die von beiden Reflektoren in sich selbst zurückgeworfenen Lichtbündel (Autokollimation) gelangen über die halbdurchlässigen Spiegel h_1 und h_2 auf das gemeinsame Silizium-Element i, welches Lichtimpulse in elektrische Impulse umwandelt.

Die nachgeschaltete Auswerteelektronik ist als Blockschaltbild in Abb. 538 dargestellt. Die vom Photoelement ausgehenden Signalspannungen mit zwei für den Meß- und Ver-

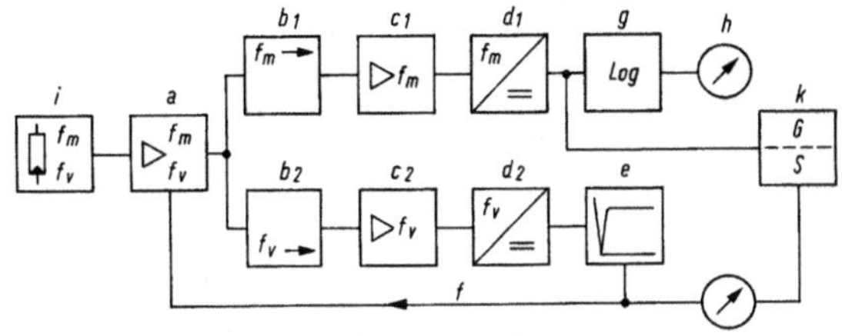

Abb. 538. Blockschaltbild der Auswerteelektronik zur optisch-elektronischen Rauch- und Staubdichtemeßeinrichtung (System Sick)

a Vorverstärker
b_1, b_2 Bandfilter
c_1, c_2 Endverstärker
d_1, d_2 Gleichrichter
e Regelnetzwerk
f Regelleitung
g Logarithmier-Netzwerk
h Meßwertschreiber
i photoelektrischer Wandler
k Grenzwertmelder

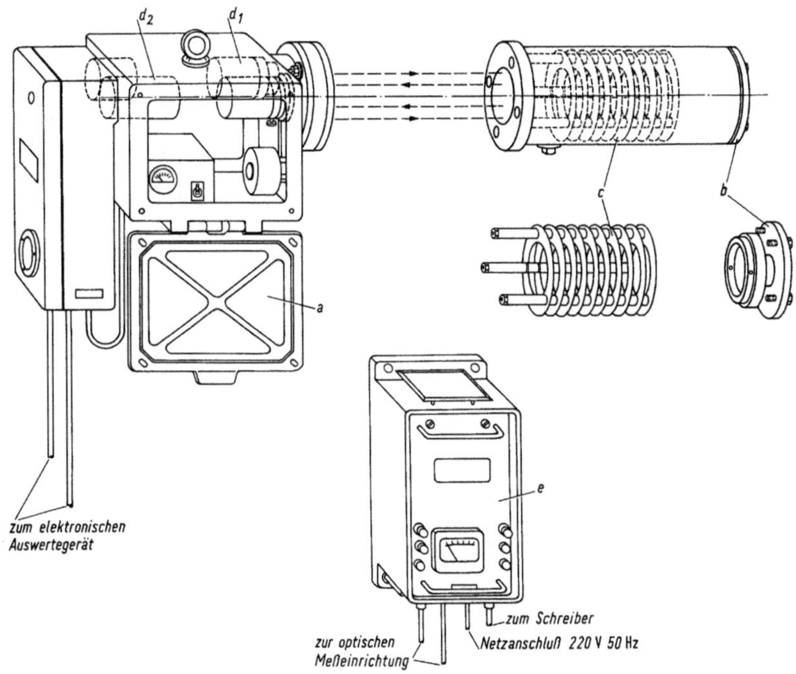

Abb. 539. Gesamtansicht der optisch-elektronischen Rauch- und Staubdichtemeßeinrichtung (System Sick)

a optische Meßeinheit (geöffnet)
b Reflektoreinheit
c Staubschutzkammern
d_1, d_2 Staubschutzrohre
e elektronisches Auswertegerät

gleichskanal jeweils spezifischen Frequenzen werden zunächst gemeinsam durch den geregelten Vorverstärker *a* verstärkt und sodann in einer Frequenzweiche, die aus den Bandfiltern b_1 und b_2 besteht, in den Meß- und den Vergleichskanal selektiert. Über nachfolgende, stark gegengekoppelte Endverstärker c_1 und c_2 gelangen die Signale an die Gleichrichter d_1 und d_2. Die Ausgangsspannung des Gleichrichters d_2 wird einem Regelnetzwerk *e* zugeführt, das über die Leitung *f* den gemeinsamen Vorverstärker so steuert, daß die Ausgangsspannung des Gleichrichters d_2 konstant bleibt. Dadurch werden sämtliche beiden Kanälen gemeinsamen Störeinflüsse auch aus der Meßwertspannung eliminiert. An den Ausgang des Logarithmier-Netzwerkes *g* wird ein Meßwertschreiber *h* angeschlossen. Die Baugruppe *k* umfaßt einen Grenzwertmelder, der einen Signalstromkreis schließt, wenn die Rauchdichte den als zulässig angesehenen Wert überschreitet, sowie einen Störungsmelder, der z. B. bei einem zu hohen Verschmutzungsgrad anspricht. Außerdem kann während des Betriebes jederzeit eine Nullpunkt-Kontrolle durch das Einschwenken des Kontrollreflektors *k* (Abb. 537) mittels eines Drehmagneten vorgenommen werden.

Die Gesamtansicht der optischen Meßeinheit mit Reflektor und Elektronik zeigt Abb. 539.

6. Elektrochemische Messungen

Zu den wichtigsten elektrotechnischen Messungen im Kraftwerk gehört die Untersuchung des Speisewassers, der Kondensate und Dämpfe auf Salzgehalt, pH-Wert und gelösten Sauerstoff. Die Meßverfahren werden im Abschnitt „Anlagen zur chemischen Betriebsüberwachung“, im Zehnten Teil, Abschn. A I, S. 632, behandelt.

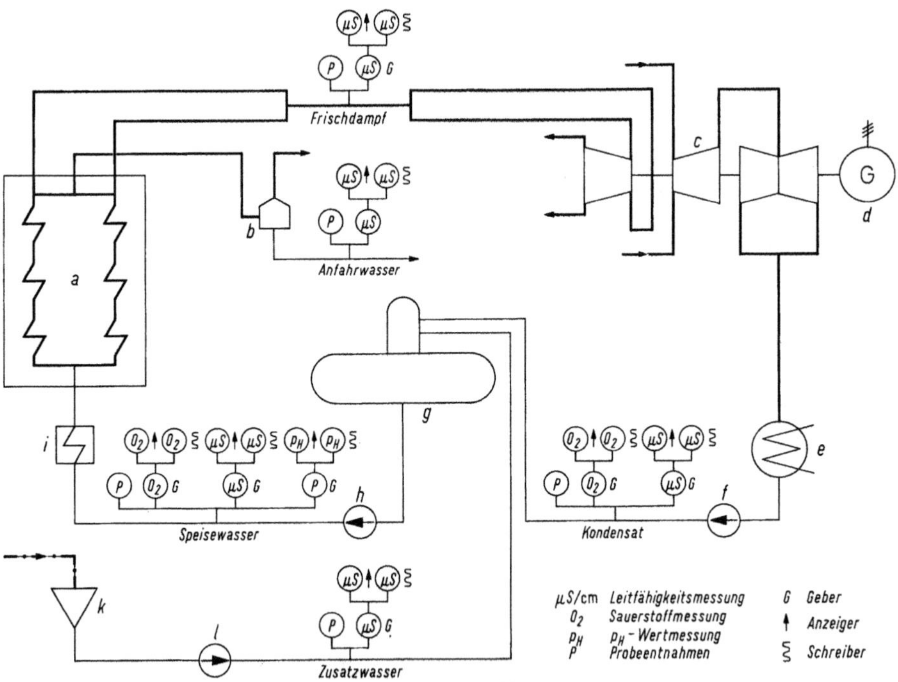

Abb. 540. Leitfähigkeitsmeßstellenschema

a Kessel
b Anfahrentspanner
c Turbine
d Generator
e Kondensator
f Kondensatpumpe
g Speisewasserbehälter
h Speisewasserpumpe
i Vorwärmer
k Vollentsalzungsanlage
l Zusatzwasserpumpe

Zur Feststellung des Salzgehaltes werden die Leitfähigkeitseigenschaften des betreffenden Mediums geprüft, wobei die ständige Kontrolle normalerweise für Speisewasser, Heißdampf, Turbinenkondensat und gegebenenfalls auch für Kessellauge vorgesehen wird. Die Messung der Leitfähigkeit des Frischdampfes ist zwecks Verhütung der Versalzungserscheinungen in den Turbinen besonders wichtig.

Die pH-Wertmessung wird vorwiegend nach der Impfstelle im Speisewasser durchgeführt.

Die Messung der Sauerstoffkonzentration im Speisewasser und Kondensat gewinnt bei neuzeitlichen Kraftwerken immer mehr an Bedeutung, um die Aggressivität des Wassers bzw. den Einbruch von O_2 durch Leckstellen im Leitungssystem feststellen zu können.

In Abb. 540 ist die Lage der wichtigsten Meßstellen für die chemischen Messungen im Wasser und Dampf dargestellt.

Außer den Dauermeßstellen werden Probeentnahmen für chemische Untersuchungen im Laboratorium an den Kesseln und Rohrleitungen vorgesehen. Alle Entnahmestellen für Dauer- und Probemessungen werden mit den erforderlichen Druckminder- und Kühleinrichtungen ausgerüstet. Die Kühler, das Reduzierventil und das Aufnahmegefäß für den Leitfähigkeits- und pH-Wertgeber und Zubehör werden auf einer Tafel zusammengefaßt angeordnet. Das O_2-Meßgerät wird auf einer besonderen senkrechten Grundplatte montiert.

Dampfproben werden ebenfalls als Kondensat entnommen. Die analytischen Ergebnisse können also nicht ohne weiteres auf den Zustand der Dampfphase übertragen werden. Die Art der Entnahme hat auf das Analysenergebnis wesentlichen Einfluß. Das gilt besonders für die Spurenanalyse. Für die Ausführung der Entnahmestellen, der Zuleitungen, des Kühlers, des Reduzierventiles, der Zapfstellen und der Probegefäße sowie die zweckmäßige Wahl des Materials sind von der Vereinigung der Großkesselbesitzer Richtlinien herausgegeben worden.

7. Drehzahlmessungen

Bei Turbinen mit der herkömmlichen hydraulischen Regelung wurde die Drehzahl durch Messung des Sekundäröldruckes mit einem in U/min geeichten Manometer erfaßt. Im Zusammenhang mit der Entwicklung der elektrohydraulischen Regelung an Turbinen großer Leistung kommen digitale Drehzahlmeßeinrichtungen zur Anwendung, mit denen auch die kleinsten Tourenzahlen erfaßt werden können (ausführliche Beschreibung siehe Fünfter Teil, Abschn. A, Die Dampfturbinen, S. 91).

Die Tourenzahlen geregelter Speisepumpen werden ebenfalls gemessen und überwacht. Bei Speisepumpenaggregaten mit Turbinenantrieb wird die Drehzahl in üblicher Weise an der Turbine gemessen. Speisepumpen mit ölhydraulischer Regelkupplung werden meist mit einem direkt angeflanschten oder mit Keilriemen angetriebenen Tourendynamo überwacht.

Die in den Kesseln zur Verfeuerung gelangende Kohlenmenge kann in der Regel nur durch Messung der Tourenzahl der Kohlezuteiler erfaßt werden, wenn die Schichthöhe nicht verändert wird. Da die Messung der Kohlenmenge in die Regelung einbezogen werden muß, kommen je nach Art des vorgesehenen elektrischen Reglersystems Tourendynamos mit Gleichstrom- oder Wechselstromausgang oder Wirbelstromtachometer mit Potentiometerabgriff oder Drehzahl-Meßumformer zum Einsatz. Die Meßumformer für Drehzahl bestehen aus einem Drehstrom-Synchrongenerator und einem Gleichrichter. Der erzeugte Dreiphasen-Wechselstrom ist von der Drehzahl abhängig. In der Gleichrichterschaltung wird dieser Wechselstrom in einen der Drehzahl proportionalen Gleichstrom umgeformt.

Die Geräte werden den Erfordernissen entsprechend für verschiedene Meßbereiche gebaut, z.B. für Kohlezuteiler von 0 bis 62,5 U/min.

8. Überwachung der mechanischen Laufeigenschaften der Turbine

Die Überwachung der mechanischen Laufeigenschaften [*54*] der Turbine großer Leistungen hat in starkem Maße zugenommen, weil an die Betriebssicherheit der Maschinen erhöhte Anforderungen gestellt werden und durch das frühzeitige Erkennen unzulässiger Schwingungen oder Dehnungen umfangreichere Schadensfälle verhindert werden können.

Schwingungspegel-Meßeinrichtungen. Zweck der Schwingungspegel-Meßeinrichtungen ist es, unzulässig große Schwingungen feststellen zu können. In diesem Zusammenhang ergibt sich die Frage, welche Schwingungsamplituden als zulässig und welche als unzulässig anzusehen sind. Die Schwingungstoleranzen für die betreffenden Maschinengruppen sind aus den VDI-Richtlinien 2056, Ausgabe Oktober 1964, ersichtlich.

Schwingungsmesser werden u.a. von den Firmen Philips, Reutlinger und Siemens gebaut. Wirkungsweise und Aufbau dieser Fabrikate sind im wesentlichen gleich.

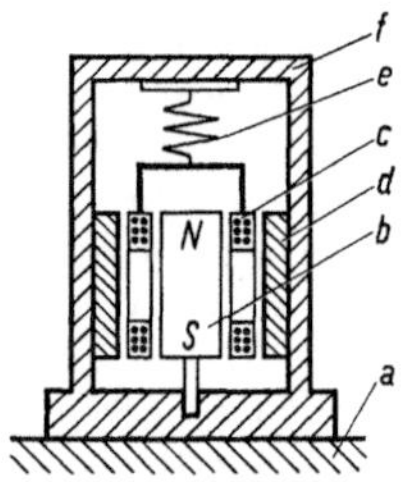

Abb. 541. Schwingungsgeber (Prinzip)

a Schwingerreger
b permanenter Magnet
c Tauchspule
d magnetischer Rückschluß
e Feder
f Gebergehäuse

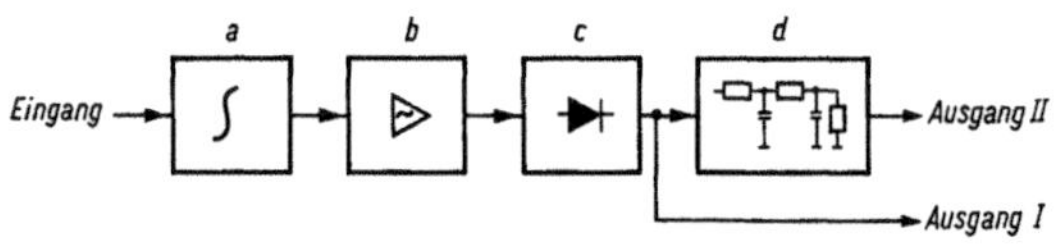

Abb. 542. Blockschaltbild des Schwingungsmeßverstärkers

a Integration
b Wechselspannungsverstärkung
c Gleichrichtung
d Siebung

Im Innern eines zylindrischen Metallgehäuses befindet sich ein schwingungsfähiges System, bestehend aus zwei Meßspulen, die miteinander starr verbunden und an zwei hochelastischen Membranen aufgehängt sind. Die beiden Spulen tauchen in die homogenen Felder zweier Permanentmagnete ein. Abb. 541 zeigt das Prinzip eines permanentdynamischen Tauchspulsystemes für die Schwingungsgeber.

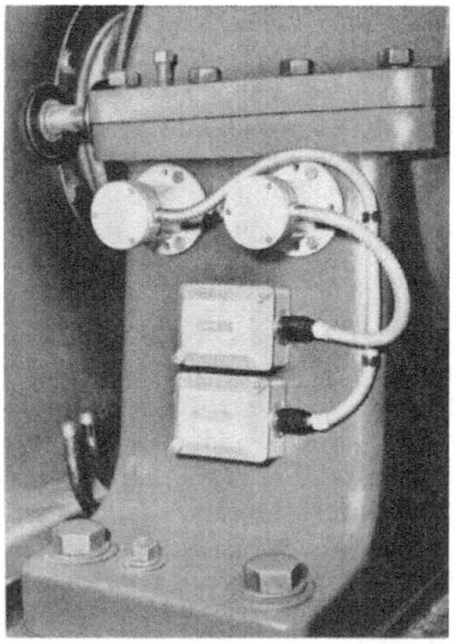

Abb. 543. Anbau eines Schwingungsgebers an einer Turbine (Werkbild Siemens)

Wird von außen in Richtung der Längsachse eine Schwingung auf das Gehäuse übertragen, so bewirkt dies eine Relativbewegung zwischen den Meßspulen und den Magnetfeldern, wodurch in den Spulen eine Wechselspannung induziert wird. Diese der Schwinggeschwindigkeit proportionale Meßspannung wird einem Integrationsglied zugeführt, so daß eine der Amplitude der Schwingung proportionale Ausgangsspannung entsteht. Diese Spannung wird verstärkt gleichgerichtet und geglättet und an das Meß- bzw. Registriergerät gelegt. Das Blockschaltbild des Schwingungsmeßverstärkers ist in Abb. 542 dargestellt.

Die Schwingungsamplituden können am elektrischen Anzeige- bzw. Registriergerät unmittelbar abgelesen werden. Diese werden in μ geeicht. Die Signalisierung unzulässiger Schwingungsamplituden ist möglich.

Die Schwingungsgeber werden in der Regel außen an den Lagern der Maschine (Abb. 543) angebaut. Um auch die Änderungen der Amplituden über längere Zeit beurteilen zu können, werden die Messungen registriert.

Meßeinrichtungen für Exzentrizitäts-, Absolut- und Relativdehnungsmessungen. Zur Überwachung der mechanischen Laufeigenschaften kommt außer den Schwingungsmessungen auch der Messung der Exzentrizität des Rotors, der Absolutdehnung des Turbinengehäuses und der Relativdehnung des Läufers gegenüber dem Gehäuse große Bedeutung zu.

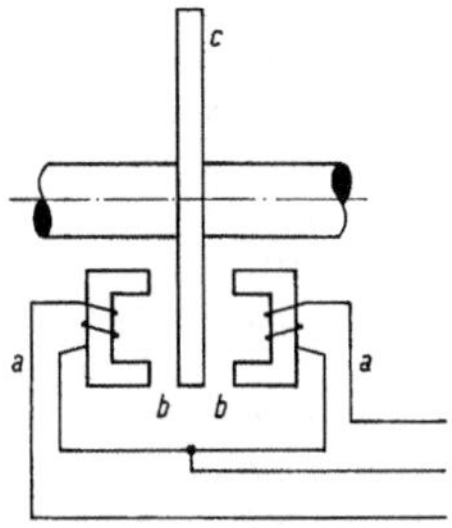

Abb. 544. Meßanordnung für Wellenposition

a Meßwertgeber *c* Wellenbund
b Luftspalte

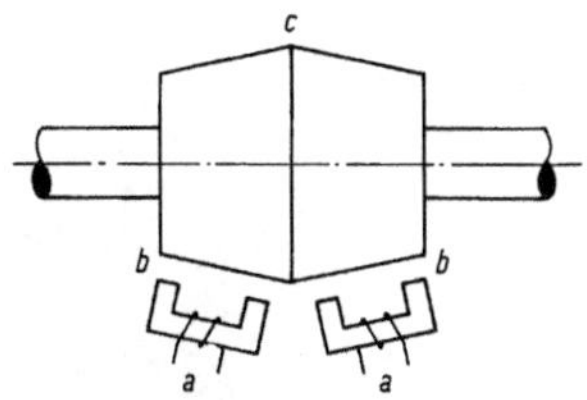

Abb. 545. Meßanordnung für große Dehnungsmeßbereiche

a Meßwertgeber *c* Wellenbund
b Luftspalte

Die Geräte von Siemens und Philips beruhen auf dem Prinzip der Induktivitätsänderung, die die zu messenden Verlagerungen und Dehnungen durch Luftspaltänderungen eines Ankers hervorrufen. Zur Messung der Relativdehnung im Bereich von −2 bis 0 bis

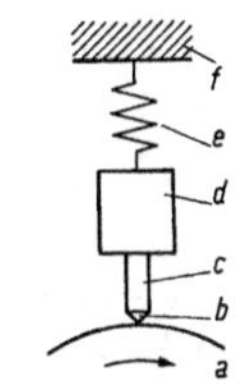

Abb. 546. Taststift für absolute Schwingungsmessung (Prinzip der Anordnung)

a Welle *d* seismischer Meßwertgeber
b Gleitkopf *e* Feder
c Taststift *f* Lagergehäuse

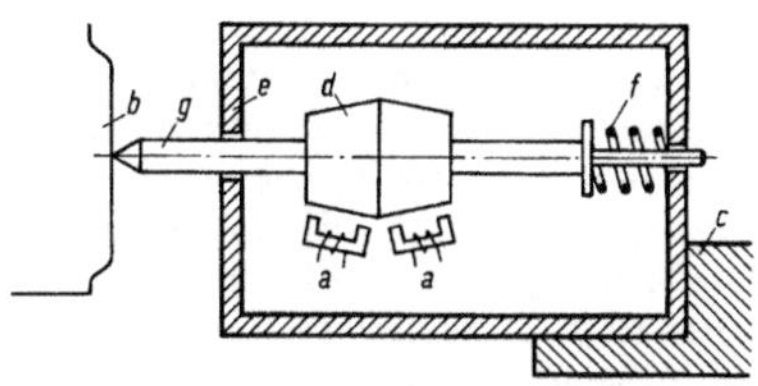

Abb. 547. Aufbau des Gehäusedehnungsmeßwertgebers

a Meßwertgeber *e* Gebergehäuse
b Turbinengehäuse *f* Feder
c Fundament *g* Stößel
d magnetischer Rückschluß

+4 mm und der Wellenlage wird auf die Welle ein Invar- bzw. Permenormring aufgeschrumpft oder ein Bund aus dem normalen Wellenmaterial vorgesehen. Die Geberpaare sind, wie in Abb. 544 dargestellt, um dessen Ring angeordnet. Die Relativdehnung wird also berührungslos gemessen. Verschiebt sich mit dem Läufer der Ring aus der Normallage, so ändert sich die Induktivität der beiden Geberspulen. Diese bilden die eine Hälfte einer Brückenschaltung, deren Gleichgewicht durch die Induktivitätsänderungen der beiden Spulen gestört wird. Die Richtung der Brückendiagonalenspannung wird durch die Bewegungsrichtung bestimmt. Die Messung gibt daher Aufschluß über die Größe und die Richtung der Verlagerung. Die Meßgeberanordnung für große Meßbereiche zeigt Abb. 545.

Die Gehäusedehnung und die Wellenschwingung (Exzentrizität) dagegen werden nicht berührungslos gemessen. Die zu messende Verlagerung wird mit einem Taststift auf den Anker im Innern des Gebers übertragen (Abb. 546 und 547).

Philips hat ferner ein Meßsystem zur berührungslosen Exzentrizitätsmessung entwickelt. Das Prinzip entspricht dem der Relativdehnungsmessung, jedoch werden hier die

Meßgeberpaare radial zu einer Meßscheibe oder zur Welle angeordnet. Ein wesentlicher Vorteil dieses Meßsystemes besteht darin, daß die Läuferverkrümmung bereits bei sehr niedrigen Drehzahlen, z. B. nach Betätigung der Wellendrehvorrichtung, also beim Anwärmen der Turbine, gemessen werden kann.

Meßstellen mit hoher Aussagekraft werden bei größeren und besonders bei automatisch gefahrenen Einheiten zweikanalig ausgerüstet. Philips hat für diesen Zweck eine Zweikanalüberwachungseinheit (Abb. 548) entwickelt, welche die Ausgangssignale der beiden Meßstrecken laufend vergleicht und bei Ausfall einer Meßstrecke die sofortige Betätigung des Schnellschlusses verhindert und gleichzeitig „Kanal defekt" meldet. Während der Fehlersuche kann mit einer Meßstrecke weitergemessen werden, ohne daß die Notauslösung betätigt wird.

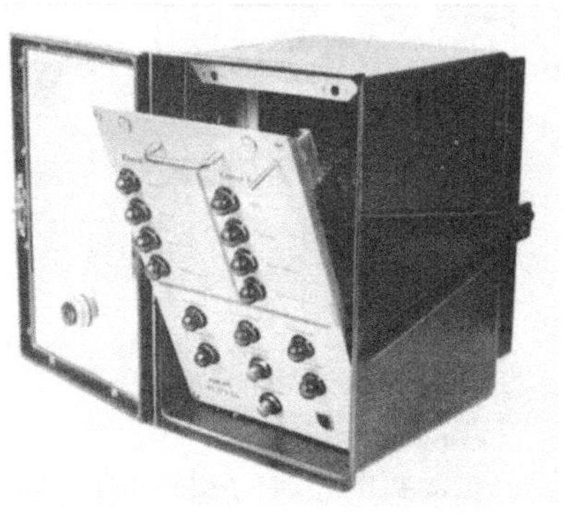

Abb. 548. Zweikanalüberwachungseinheit (Werkbild Philips)

Von der Firma Reutlinger werden für die Messung der Exzentrizität sowie der Absolut- und Relativdehnung kapazitive bzw. Widerstandsgeber verwendet. Für die Messung der Exzentrizität wird auf der Welle ein Meßring aus Wellenmaterial angebracht und entsprechend dazu die beiden gegenüberliegenden Meßsonden angeordnet. Die Messung ist berührungsfrei und beruht auf der Kapazitätsänderung bei einer Verlagerung des Meßringes aus der Normalstellung. Die beiden Meßsonden bilden einen Teil einer Meßbrücke, deren Diagonalspannung ein Maß für die Verlagerung des Meßringes ist. Die Relativdehnungsmessung geschieht ebenfalls berührungslos. Dicht vor den nebeneinander angeordneten winkelförmigen Meßsonden (Abb. 549) des Gebers (Abb. 550), der am Maschinengehäuse angebracht ist, läuft eine Anzahl am Umfang der Welle gleichmäßig verteilter Meßstifte vorbei. Jeder Stift erzeugt hierbei in den beiden Sonden je einen kapazitiven Impuls. Mit diesen Impulsen wird ein elektronischer Schalter abwechselnd geschlossen und geöffnet, wobei über eine konstante Gleichspannungsquelle ein Kondensator aufgeladen und entladen wird. Das Verhältnis der Einschalt- und Ausschaltdauer bestimmt den Ladezustand des Kondensators, d.h. laufen die Stifte an der schmalen Seite der V-Sonde

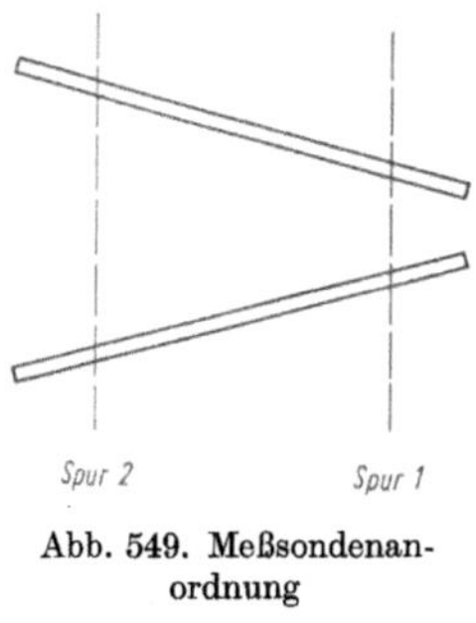

Abb. 549. Meßsondenanordnung

Abb. 550. Relativdehnungsgeber (Werkbild Reutlinger & Söhne)

vorbei (Spur 1), so wird sich eine kleine, laufen sie jedoch mit zunehmender Dehnung an der breiteren Seite vorbei (Spur 2), so wird sich eine große Meßspannung am Kondensator einstellen. Diese Meßspannung ist ein direktes Maß für die relative Dehnung. Bei diesem Verfahren werden reine Digitalwerte übertragen. Das Verfahren ist daher unempfindlich gegen äußere Einflüsse, z. B. Temperatureinwirkungen und Kabeleinstreuungen.

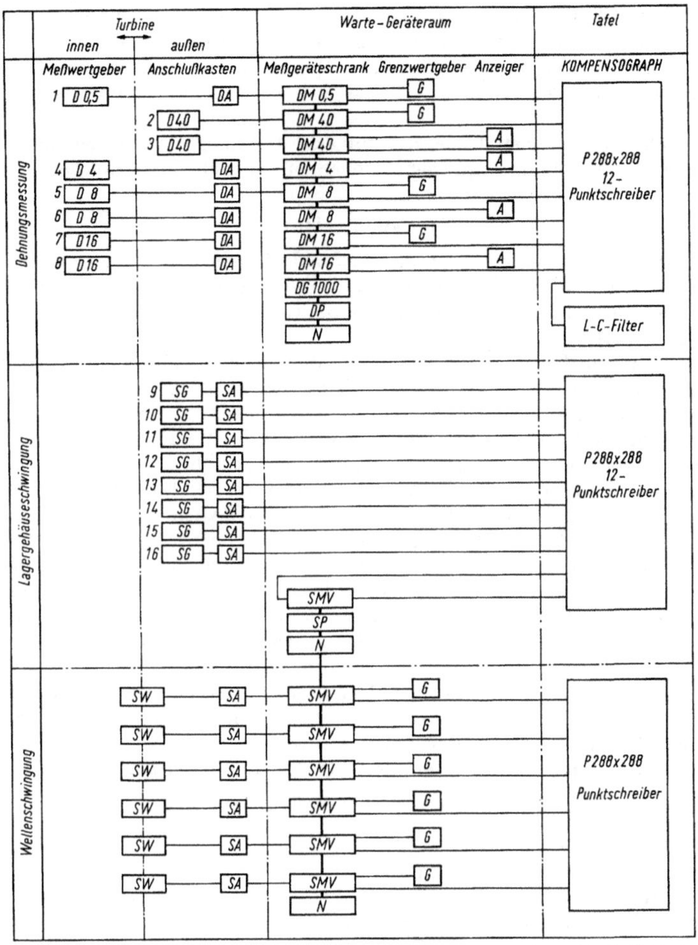

Abb. 551. Aufwand für Schwingungs- und Dehnungsmessungen an einem 300 MW-Turbosatz

D 0,5	Meßwertgeber für Wellenposition, Meßbereich −0,5 bis 0 bis +0,5 mm
D 40	Meßwertgeber für Gehäusedehnung, Meßbereich 0 bis 40 mm
D 4	Meßwertgeber für Relativdehnung, Meßbereich −2 bis 0 bis +4 mm
D 8	Meßwertgeber für Relativdehnung, Meßbereich −4 bis 0 bis +8 mm
D 16	Meßwertgeber für Relativdehnung, Meßbereich −5 bis 0 bis +16 mm
DA	Anschlußkasten für Dehnungsmessung
SG	Meßwertgeber für Lagergehäuseschwingung
SW	Meßwertgeber für Wellenschwingung
SA	Anschlußkasten für Schwingungsmessung
SMV	Schwingungsmeßverstärker
N	Netzeinsatz
SP	Prüfeinsatz für Schwingungsmessung
DM 0,5	Meßeinsatz Wellenposition
DM 40	Meßeinsatz Gehäusedehnung
DM 4	Meßeinsatz Relativdehnung, Meßbereich −2 bis 0 bis +4 mm
DM 8	Meßeinsatz Relativdehnung, Meßbereich −4 bis 0 bis +8 mm
DM 16	Meßeinsatz Relativdehnung, Meßbereich −5 bis 0 bis +16 mm
DP	Prüfeinsatz für Dehnungsmessung
N	Netzeinsatz
DG 1000	Wechselstromgenerator 1000 Hz

Die Messung der absoluten Gehäusedehnung wird nicht berührungslos durchgeführt. Über einen Taststift wird der im Innern des Gebers befindliche temperaturkompensierte Widerstand entsprechend der absoluten Gehäusedehnung verändert.

Bei allen Fabrikaten können sämtliche Meßwerte angezeigt und auf Punkt- und Linienschreibern registriert werden. Unzulässig hohe Meßwerte können auch signalisiert werden.

Die Ausführung für einen Turbosatz mit acht Dehnungs-, acht Lagergehäuseschwingungs- und sechs Wellenschwingungsmeßstellen ist aus Abb. 551 ersichtlich.

d) Gefahrmeldungen

Im Blockkraftwerk werden umfangreiche Meldeeinrichtungen benötigt, die das Bedienungspersonal auf auftretende Gefahren und Störungen hinweisen. Um einen leichten Überblick über die Meldungen zu haben, sind die Gefahrenanzeigen organisch den übrigen Überwachungsgeräten zuzuordnen.

Im neuzeitlichen Kraftwerksbau werden nur noch Gefahrmeldeeinrichtungen mit Leuchtfeldern und davon getrennt Melderelais verwendet. Die einzelnen Leuchtfelder sind entsprechend beschriftet. Auf jede neu eintreffende Meldung wird der Wärter durch ein akustisches Signal aufmerksam gemacht. Die Vielzahl der Meldungen erfordert das Unterscheiden neu ankommender von gegebenenfalls länger anstehenden Signalen. Man bedient sich daher zweckmäßig der Blinklicht-Gefahrmeldesysteme. Einzelheiten über die technische Ausführung der Gefahrmeldeanlagen und deren Bedienung sind im Dritten Band, Teil A, Vierter Teil, Abschn. C III b, Elektrotechnische Steuerung und Verriegelung, S. 676, enthalten. Welche Gefahrmeldungen im wärmetechnischen Teil des Kraftwerkes benötigt werden, hängt von der Betriebsweise der einzelnen Anlagenteile, deren Schaltung und Auslegung und der aus vielen Gründen auftretenden Möglichkeit von Gefahrenzuständen ab. Zum Erfassen der betreffenden extremen Meßwerte werden den Erfordernissen entsprechende Gebergeräte, Kontakte usw. an den Anlagenteilen angebracht. Viele Meldungen werden zweckmäßig auch örtlich gegeben, damit die Ursachen der Störung schnell gefunden werden können. Bestimmte gleichartige Meldungen werden auf einem gemeinsamen Sammelleuchtfeld in der Warte angezeigt.

Nachstehend sollen die wichtigsten Meldungen erwähnt werden.

Meldungen im Bereich der Brennstoff- und Feuerungsanlagen:

Störungen in der Kohlezufuhr:

- geringer Kohleninhalt im Bunker,
- voller Kohlenbunker,
- zu hohe Temperatur im Staubbunker,
- Hängenbleiben der Kohle im Bunkerauslauf,
- Ansprechen der Rutschkupplung,
- Reißen der Zuteiler-Antriebskette,
- Ausfall der Zuteiler-Antriebsmotoren,

Störungen im Mühlenbetrieb:

- zu hohe Sichtertemperaturen,
- zu hohe Lagertemperaturen,
- zu geringer Ölfluß zu den Lagern,
- Ausfall der Mühlen-Antriebsmotoren,

Störungen in der Ölzufuhr:

- zu hohe Öltemperatur hinter den Ölvorwärmern,
- zu niedrige Öltemperatur hinter den Ölvorwärmern,
- Ansprechen der Ölschnellschlußventile,
- Ausfall der Ölpumpen-Antriebsmotoren,

Störungen in der Gasversorgung:

zu geringer Gasdruck vor den Brennern,
Ansprechen der Gasmangelsicherung,
Ansprechen der Gasschnellschlußventile,

Störungen im Feuerraum:

zu hoher Feuerraumdruck bei Unterdruckfeuerungen,
Erlöschen der Flamme,
Schlackenflußstörungen bei flüssigem Schlackenabzug,

Störungen der Luftzufuhr:

Ausfall des Luftvorwärmer-Hauptantriebes,
Ausfall des Luftvorwärmer-Notantriebes,
Ausfall der Frischluftgebläse-Antriebsmotoren,

Störungen in der Rauchgasabfuhr:

zu hohe Lagertemperaturen an den Gebläsen,
Ausfall der Gebläse-Antriebsmotoren,
gestörte Elektrofilteranlagen.

Meldungen im Bereich des Speisewasser- und Dampfteiles des Kessels:

zu kleine Speisewassermenge,
volle Öffnung der Speiseventile,
zu hoher Trommelwasserstand,
zu niedriger Trommelwasserstand,
zu hohe Leitfähigkeit in der Trommellauge,
zu hohe Leitfähigkeit im Speisewasser,
zu hohe Leitfähigkeit im Frischdampf,
zu hohe Frischdampftemperatur,
zu niedrige Frischdampftemperatur,
zu hohe Zwischenüberhitzer-Austrittstemperatur,
zu hohe Rohrwandtemperaturen an gefährdeten Stellen des Überhitzers und Zwischenüberhitzers,
zu hoher Wasserstand im Anfahrbehälter,
zu niedriger Wasserstand im Anfahrbehälter,
zu hoher Druck im Anfahrbehälter,
zu hohe Temperatur hinter dem Anfahrventil.

Meldungen im Bereich der Speisepumpen, Behälter und Vorwärmeranlagen:

zu hohe Lagertemperaturen an den Speisepumpen,
zu hohe Öltemperaturen hinter den Kühlern,
zu hohe Lufttemperaturen an den Antriebsmotoren,
Ausfall der Speisewasserpumpen,
zu hohe Wasserstände in den Vorwärmern,
steigende Wasserstände in den Vorwärmern,
zu niedrige Wasserstände in den Vorwärmern,
Ansprechen der Vorwärmer-Umführungen,
zu hoher Wasserstand im Speisewasserbehälter,
zu niedriger Wasserstand im Speisewasserbehälter,
zu hoher Wasserstand im Zusatzwasserbehälter,
zu niedriger Wasserstand im Zusatzwasserbehälter,
Ausfall der Nebenkondensatpumpen,
Ansprechen von Hilfsantrieben durch Abhängigkeitsschaltung.

Meldungen im Bereich der Turbine:

Ansprechen des Schnellschlusses und dessen Ursachen, wie zu niedriger Öldruck:

Erreichen der Überdrehzahl,
zu hoher Kondensatordruck (schlechtes Vakuum),
Ansprechen der Drucklagersicherungen,
zu hoher Gegendruck hinter dem ersten Gehäuse (beim Zweikesselbetrieb),
zu hohe Abdampftemperatur hinter dem ersten Gehäuse,
Wassereinbruch in die Vorwärmer,
Rückwattschutz u. a. m.,

ferner Störmeldungen:

zu niedriger Steueröldruck,
zu niedriger Lageröldruck,
zu hohe Öltemperatur hinter dem Kühler,
zu hohe Abdampftemperatur hinter dem ersten Gehäuse,
zu hohe Abdampftemperatur im Abdampfstutzen,
zu geringes Vakuum,
zu hohe Temperaturdifferenzen an bestimmten Stellen der Gehäuse oben und unten,
zu hoher Wasserstand im Kondensator,
zu niedriger Wasserstand im Kondensator,
zu hohe Leitfähigkeit im Kondensat,
Ausfall der Ölpumpen,
Ausfall des Öldunstgebläses,
Einschalten der Ölpumpen durch die Abhängigkeitsschaltung,
Ausfall der Strahlwasserpumpen,
Ausfall der Kühlwasserpumpen u. a. m.

Die Funktion der Turbinensteuerung wird mit besonderen Störungsschreibern im Schnellschlußfall registriert. Die Schreiber sind mit Schnell- und Langsamgängen ausgerüstet. Beim Fallen des Schnellschlusses wird der Schnellgang des Schreibers angeregt. Zeitmarken kennzeichnen den Zeitpunkt der Schnellschlußauslösung und geben die Ursache der Auslösung an.

e) Elektrische Anzeiger und Schreiber

Die elektrischen Anzeige- und Schreibgeräte werden in verschiedenen Größen mit weitgehend genormten Abmessungen hergestellt. Die gebräuchlichsten Bauformen und Größen der elektrischen Anzeiger sind in Abb. 552, der elektrischen Schreiber in Abb. 553 bis 559 dargestellt. Die Entwicklung der raumsparenden Kleinwartentechnik führte zu Geräteausführungen mit kleineren Abmessungen und schmalen Frontrahmen in quadratischen und rechteckigen Formen, vornehmlich für den Einbau in Pulte.

Zu den wichtigsten Meßwerken für die im Kraftwerk verwendeten Meßgeräte zählen:

a) Drehspulmeßwerke zum Anschluß an Geber, die die mechanischen Meßgrößen in elektrische Spannungen oder Ströme umwandeln, wie Thermoelemente, Meßumformer für Druck, Temperatur, Durchfluß, O_2-, CO_2-Leitfähigkeitsgeber usw.,

b) Quotientenmeßwerke, Kreuzspul- und Parallelspulmeßwerke zum Anschluß an Geber, die die mechanischen Meßgrößen in elektrische Widerstände umwandeln, wie Widerstandsthermometer, Widerstandsfernsender, Drehspul-Quotientenmeßwerke; diese werden häufig in Kernmagnet-Bauweise angewandt,

	Meßwerk	Skalenlänge	Frontrahmen-maße
	Drehspul-oder Quotientenmeßwerk NUMO-Meßwerk	125 mm 700 mm (270°)	188 mm ∅ 367 mm ∅
	Drehspul-oder Quotientenmeßwerk	105 mm	144 x 144 mm
	Drehspulmeßwerk	63 mm	96 x 96 mm
	Drehspulmeßwerk	47 mm	72 x 72 mm
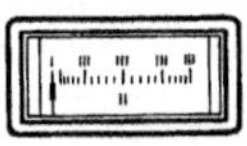	Drehspul-oder Quotientenmeßwerk	130 mm	192 x 96 mm
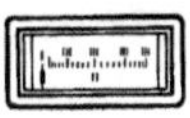	Drehspul-oder Quotientenmeßwerk	95 mm	144 x 72 mm
	Drehspulmeßwerk	70 mm	96 x 48 mm
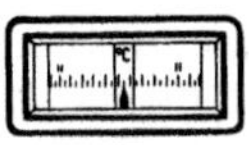	Elektronische Kompensations-schaltung	490 mm	192 x 96 mm
	Pultgeräte für Kleinwartentechnik Drehspulmeßwerk Drehspulmeßwerk	 70 mm 38 mm	 96 x 48 mm 48 x 48 mm

Abb. 552. Bauformen und Größen elektrischer Anzeiger

Abb. 553. Elektrischer Linienschreiber für einen oder zwei Meßbereiche, Frontrahmen 144 × 144 mm (Werkbild Siemens)

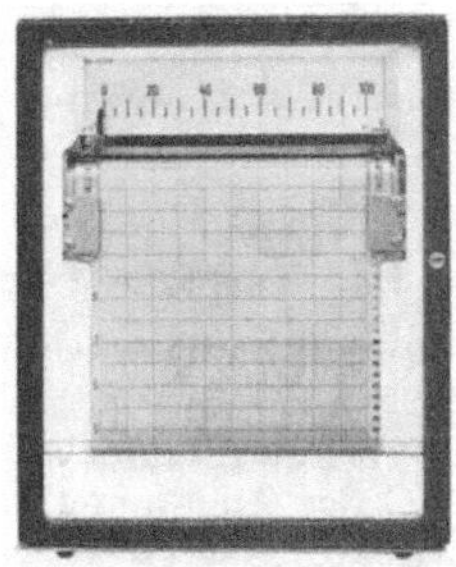

Abb. 554. Elektrischer Linienschreiber für einen oder zwei Meßbereiche, Frontrahmen 192 × 240 mm (Werkbild Siemens)

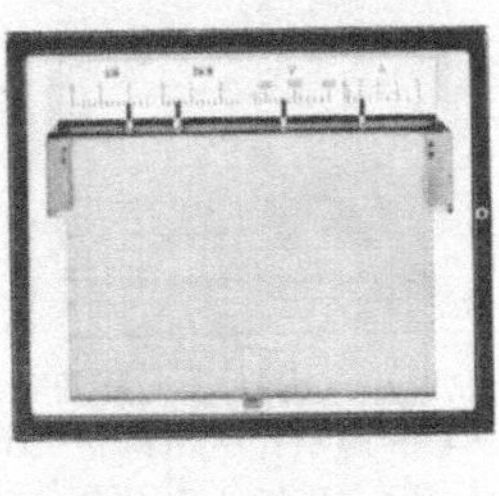

Abb. 555. Elektrischer Linienschreiber für einen bis vier Meßbereiche, Frontrahmen 288 × 240 mm (Werkbild Siemens)

Abb. 556. Elektrischer Punktschreiber für ein bis sechs Meßstellen, Frontrahmen 192 × 240 mm bzw. 192 × 288 mm (Werkbild Siemens)

c) Drehmagnetmeßwerke; sie eignen sich nur für Messungen von Gleichstrom,

d) Dreheisenmeßwerke für Gleich- und Wechselstrom,

e) Bimetallmeßwerke für die Kontrolle von langzeitigen Spitzenströmen; sie werden mit rückstellbaren Schleppzeigern ausgeführt,

f) Elektrodynamische Meßwerke für elektrische Leistungsmessungen.

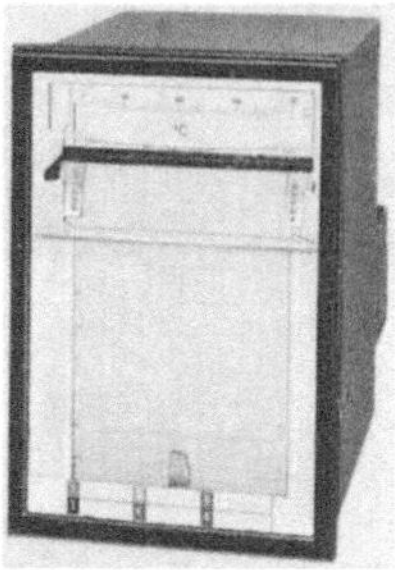

Abb. 557. Elektrischer Kompensograph für ein bis sechs Meßstellen, Frontrahmen 192 × 288 mm (Werkbild Siemens)

Abb. 558. Elektrischer Kompensograph, Punktschreiber für sechs oder zwölf Meßstellen, Frontrahmen 288 × 288 mm (Werkbild Siemens)

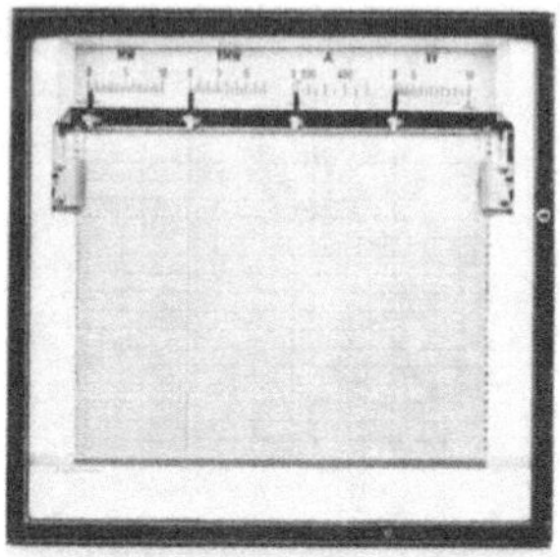

Abb. 559. Elektrischer Kompensograph, Einfach-Linienschreiber oder Punktschreiber für zwölf Kurven, Frontrahmen 398 × 480 mm (Werkbild Siemens)

III. Anordnung der Regelungs-, Steuerungs- und Überwachungsgeräte

In Blockkraftwerken werden die Steuerungs- und Überwachungsgeräte auf Tafeln und Pulten in den Wärme- oder kombinierten Warten zusammengefaßt (vgl. Dritter Band, Teil A, Vierter Teil, Abschn. D, S. 684).

Bei der Anordnung der Geräte geht man systematisch vor und berücksichtigt den Betriebsvorgang im weitestgehenden Sinne. So werden die Geräte für die Hilfsaggregate,

Abb. 560. Wärmewarte (Werkbild Siemens)

wie Saugzüge, Mühlen, Frischlüfter usw. in Gruppen zusammengefaßt auf Pult und Tafel angeordnet. Anschließend folgen gegebenenfalls die Steuer- und Überwachungsgeräte für die Öl- bzw. Gasfeuerung, dann für die Speisepumpen, den Wasser-Dampf-Teil des Kessels, den Anfahrvorgang, die Turbine mit den Hilfsaggregaten und für den elektrotechnischen Teil, wie Generator, Wasserstoffkühler, Eigenbedarf usw. Auf eine gute Übersichtlichkeit wird Wert gelegt.

In Abb. 560 ist die Tafel und das Pult in einer Wärmewarte mit den Geräten dargestellt. In der oberen Reihe der Tafel sind die Großanzeiger für die wichtigsten Meßwerte wie Frischdampfdruck, -temperatur und Frischdampfmenge, Zwischenüberhitzerdruck, -temperatur und elektrische Wirkleistung angebracht. Der Betriebszustand der Anlage kann an diesen Instrumenten sofort übersehen werden. Neben den Großinstrumenten sind die optischen Gefahrmeldetableaus in dem gleichen Feld vorgesehen, in dem sich auch die übrigen Überwachungsinstrumente des betreffenden zu überwachenden Aggregates befinden. In entsprechender Zuordnung werden auch die Schreiber auf der Tafel angebracht.

Bei raumsparender Auslegung der Warten („Kleinwarten", Abb. 561) werden die Gefahrmeldetableaus normalerweise in den Pultaufsatz gesetzt.

Die Steuertaster und Schalter und die Anzeiger der Ventil- und Klappenstellungen sowie eine größere Anzahl der Betriebsüberwachungsinstrumente werden auf der Pultplatte und im Pultaufsatz angeordnet. Auf dem Pult befinden sich ferner die Sollwert-

Abb. 561. Wärmewarte (Kleinwartentechnik) (Werkbild Siemens)

steller für die Regelungen, die Meßstellenumschalter für Messungen, die mit einem gemeinsamen Instrument angezeigt werden, und Druckknöpfe für die Gefahrmeldeanlagen. Durch Blindschaltsymbole wird die Zugehörigkeit der Geräte zu den betreffenden Anlagenteilen kenntlich gemacht.

Gegensprechanlagen und Telephon werden ebenfalls in das Pult, Fernsehschirme und Lichtbandinstrumente in die Tafeln eingebaut.

Die Regler, Relaiskombinationen, Sicherungsautomaten usw. werden in neuzeitlichen Kraftwerken auf Hilfstafeln außerhalb des Wartenraumes untergebracht.

Schrifttum

[1] Normblatt DIN 19 226. Regelungstechnik. Benennungen, Begriffe, 1954.
[2] Soldownikow, W.: Grundlagen der selbsttätigen Regelung, Bd. I u. II, München: Oldenbourg—Berlin: VEB Verlag Technik 1959.
[3] Leonhard, A.: Die selbsttätige Regelung, 2. Aufl., Berlin/Göttingen/Heidelberg: Springer 1957.
[4] Oppelt, W.: Kleines Handbuch technischer Regelvorgänge, 3. Aufl., Weinheim: Verlag Chemie 1960.
[5] Fischer, A.: Dampfdruck- und Dampftemperatur-Regelung an Bensonkesseln. Mitt. Ver. Großkesselbes. 1961, Heft 70, S. 41/48.
[6] Bleisteiner, G., u. W. v. Mangoldt: Handbuch für Regelungstechnik, Berlin/Göttingen/Heidelberg: Springer 1961.

[7] MATUSCHKA, H.: Gesichtspunkte zur Planung wärmetechnischer Regelanlagen. Regelungstechnik Bd. 4 (1956), S. 18/23.

[8] STÖSSINGER, H.: Leistungs- und Frequenzregelung im Verbundbetrieb. Regelungstechnik Bd. 4 (1956), S. 113/17 u. 139/42.

[9] SCHRÖDER, K.: Große Dampfkraftwerke, Zweiter Band, Berlin/Göttingen/Heidelberg: Springer 1962, S. 164/85.

[10] FISCHER, A., M. FRIEBEL u. CHR. KESSLER: Regelungstechnische Aufgaben bei Blockkraftwerken, Siemens-Z. Bd. 34 (1960), S. 623/29.

[11] KRÜSSMANN, A.: Blockregelung mit Frequenzstützung. S & F-Mitt., Heft 3, Nov. 1958, S. 93/98.

[12] FRENSCH, I.: Über das dynamische Verhalten von Bensonkesseln bei Lastschwankungen. Brennstoff Wärme Kraft Bd. 9 (1957), S. 517/23.

[13] MICHEL, R.: Gegenwärtiger Entwicklungsstand des Bensonkessels. Energie Bd. 5 (1963), S. 190/99.

[14] PROFOS, P.: Die Regelung des Sulzer-Einrohrdampferzeugers. Mitt. Ver. Großkesselbes. 1956, Heft 43, S. 258/73.

[15] FRIEDEWALD, W., u. H. ZWETZ: Regelung der Temperatur im Wasser-Dampf-System von Bensonkesseln. Regelungstechnik Bd. 13 (1965), S. 62/68.

[16] SCHLICK, K.: Ein neuer elektrischer Regler. Siemens-Z. Bd. 31 (1957), S. 482/86.

[17] MATUSCHKA, H., u. H. SARTORIUS: Das kombinierte Teleperm-Telepneu-System. Siemens-Z. Bd. 32 (1958), S. 291/96.

[18] FRÜH, K. F.: Die elektropneumatischen Regler des Teleperm-Telepneu-Regelsystems. Regelungstechnik Bd. 7 (1959), S. 25/30.

[19] FUCHS, K.: Ein elektronischer Universalregler im Teleperm-System. Siemens-Z. Bd. 34 (1960), S. 555/61.

[20] FUCHS, K., u. K. SCHLICK: Ein neues Meß- und Regelsystem für die wärmetechnische Verfahrensindustrie. Gaswärme Bd. 9 (1960), S. 76/A 86.

[21] RAMSAUER, H.: Regler mit Dreipunktverstärker in der Antriebstechnik. Siemens-Z. Bd. 34 (1960), S. 644/48.

[22] BÖHNER, A.: Der Dreipunktverstärker als stetiger Regler. Siemens-Z. Bd. 34 (1960), S. 564/69.

[23] SPIESS, R.: Der Magnetkippverstärker als kontaktloser Dreipunktschalter. Siemens-Z. Bd. 34 (1960), S. 575/77.

[24] PONTOW, W.: Die Dampfumformung in Dampfverteilungsnetzen. Braunkohle, Wärme, Energie Bd. 12 (1960), S. 438/44.

[25] PONTOW, W.: 1000 Siemens-Dampfumformanlagen in zehn Jahren. Siemens-Z. Bd. 36 (1962), S. 191/92.

[26] PONTOW, W.: Siemens-Dampfumformventile für große Turbosätze. Siemens-Z. Bd. 37 (1963), S. 186/87.

[27] NODER, H.: Niveauregelanlage mit Teleperm-Z (Zeigerregler). Siemens-Z. Bd. 34 (1960), S. 610/14.

[28] SCHLICK, K.: Teleperm-Zeitglied und elektromechanischer Teleperm-Rechner. Regelungstechnik Bd. 8 (1960), S. 270/73.

[29] GEVATTER, H. J., u. W. QUEST: Das elektronische Regelsystem Contronic. S & F Techn. Mitt. Heft 1, Sept. 1961, S. 1/15.

[30] PLETTENBERG, K.: Regelgeräte Geapneu. AEG-Mitt. Bd. 55 (1965), S. 399/406.

[31] BENDITZ, H.: TRIC, ein PID-Regler in Kleinformat mit stetigem Ausgang. S & F Techn. Mitt. Heft 1, Sept. 1961, S. 30/37.

[32] FELGENTREFF, K., u. A. KNÖCHEL: Der BZT-Regler, ein neuer Druckbügelregler im Tiefprofilgehäuse 144×72, DIN 43 700. Siemens-Z. Bd. 34 (1960), S. 60/63.

[33] HÜBNER, M.: Betriebserfahrungen mit Düsen-Regelschiebern zur Speisewasserregelung. Mitt. Ver. Großkesselbes. 1956, Heft 41, S. 104/07.

[34] WISSEL, R.: Das Fernsehen bei der wärmetechnischen Überwachung von Kesselanlagen, Brennstoff Wärme Kraft Bd. 5 (1953), S. 135/37.

[35] MALTUSCH, C. A., u. G. THIES: Fernsehanlagen zum Überwachen von Hochleistungskesseln und industriellen Öfen. ETZ A Bd. 78 (1957), S. 854/58.

[36] LEIDHOLT, H.: Fernsehen im Dienste der Industrie, Wirtschaft und Forschung. Siemens-Z. Bd. 32 (1958), S. 692/701.

[37] MATUSCHKA, H.: Meßeinrichtungen für wärmetechnische Regler. Siemens-Z. Bd. 29 (1965), S. 222/28.

[38] KRONMÜLLER, H.: Elektrische Meßumformer nach dem Kraftvergleichsverfahren. Siemens-Z. Bd. 31 (1957), S. 486/91.

[39] KRONMÜLLER, H.: Teleperm-Meßumformer. Siemens-Z. Bd. 34 (1960), S. 561/64.

[40] CALAME, H.: Eine neue schreibende Ringwaage. Siemens-Z. Bd. 28 (1954), S. 383/96.

[41] HORN, K.: Elektrische Messung von Kräften und Drücken. VDI-Z. Bd. 103 (1961), S. 1111/19.

[42] OTTE, W.: Temperaturmessungen in Dampfkraftwerken. Brennstoff Wärme Kraft Bd. 13 (1951), S. 227/29.

[43] LIENEWEG, F.: Optimale Bemessung von Einschraub- und Einschweißthermometern. Brennstoff Wärme Kraft Bd. 7 (1955), S. 97/102.

[44] LIENEWEG, F.: Temperaturmessung mit elektrischen Berührungsthermometern. Tonindustrie-Z. Bd. 78 (1964), S. 283/89.

[45] DITTRICH, P.: Berechnung von Schutzrohren für Thermometer zum Einbau in Leitungen und geschlossenen Behältern. Allg. Wärmetechnik Bd. 5 (1954), S. 253/63.

[46] OEMIGK, J.: Über die Anwendung von Kraftmeßdosen. Revista-Siemens Bd. 28 (1960), S. 261/65.

[47] MÜLLER, H.: Möglichkeiten und Grenzen der Verfahren zur Bunkerstandsmessung. Glückauf Bd. 93 (1962), Heft 23, S. 1357/69.

[48] NAUMANN, A., u. E. SCHNEIDER: Verbesserte Gasanalysegeräte nach dem Wärmeleitverfahren. Siemens-Z. Bd. 27 (1963), S. 8/18.

[49] NAUMANN, A.: Ein Sauerstoffmesser auf magnetischer Grundlage. Siemens-Z. Bd. 26 (1952), S. 8/18.

[50] GRIMM, E., u. H. OSTER: Magnetische Sauerstoffmessung. Siemens-Z. Bd. 29 (1955), S. 232/37.

[51] NAUMANN, A.: Die Gasentnahme für industrielle Analysegeräte. Siemens-Z. Bd. 35 (1961), S. 407/15.

[52] SACHTLEBER, H., V. ARNOLD u. H. WILKE: Einsatz von Rauchgasanalyseanlagen zur optimalen Feuerführung ölgefeuerter Dampferzeuger. Mitt. Ver. Großkesselbes. 1964, Heft 93, S. 416/22.

[53] MÜLLER, H.: Photoelektrische Rauch- und Staubdichtemessung nach einer Zweistrahl-Kompensationsmethode. Keram. Z. Bd. 12 (1963), S. 760/62.

[54] HALM, G., u. O. KNAPP: Dehnungs- und Schwingungsmeßgeräte für die Turbinenüberwachung. Siemens-Z. Bd. 38 (1964), S. 360/65.

Neunter Teil

Nebenanlagen

A. Brennstoffzuführung und -lagerung

Feste und flüssige Brennstoffe erfordern Einrichtungen für Lagerung und Zuführung zu den Verbrauchsstellen. Entsprechend der Verschiedenheit der Aggregatzustände unterscheiden sie sich völlig voneinander. Hinzu kommt noch, daß jede Anlage den örtlichen Verhältnissen und den betrieblichen Erfordernissen angepaßt werden muß.

I. Kohle

Von Walter Endler

Im Zweiten Band, Erster Teil, Abschn. D I, Außenanlagen, S. 245/60, sind bereits zwölf Bekohlungsanlagen nach Gesichtspunkten der Kombinationstechnik behandelt worden. Die Beschreibung der dort vorkommenden Anlagenelemente sowie weiterer Einrichtungen war dem Dritten Band vorbehalten worden.

Die Anfuhr der Kohlen erfolgt auf dem Schienen- oder Wasserwege, bei genügender Nähe der Abbaustellen auch mittels Bandanlagen. Die Kohlen sind zu entladen und dann teils den Kesselhausbunkern zuzuführen, teils auf Lagerplätzen zwischenzulagern. Bei Bedarf werden sie von den Halden wieder zurückgeholt und zu den Kesselhausbunkern gefördert. Auf diesem Wege werden je nach Notwendigkeit Einrichtungen zur Absiebung, Vorzerkleinerung, Befreiung von Metallen, Mischung mehrerer Kohlensorten sowie Wiegung zwischengeschaltet. Die Förderanlagen arbeiten dabei entweder intermittierend oder kontinuierlich.

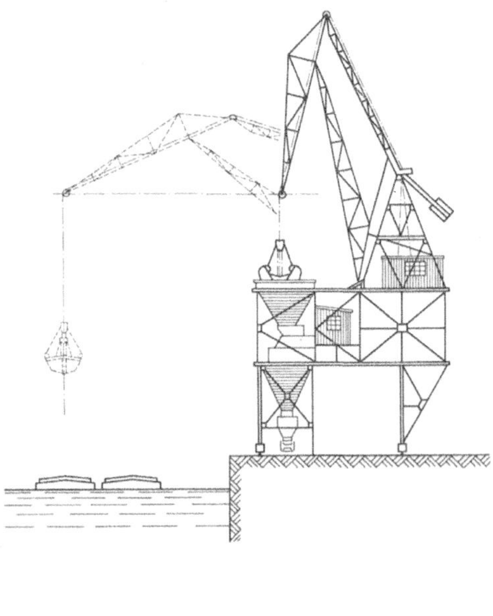

a) Intermittierende Förderung

1. Greiferkrane

Die Bauart von Greiferkranen richtet sich nach dem Verwendungszweck, wobei Drehkrane, Wipp- und Wippdrehkrane, Bockkrane ohne oder mit Halb- bzw. Vollportal u. a. m. zur Auswahl stehen. Bei Wippkranen kommen noch verschiedene Ausführungen der Ausleger wie Einfach- oder Doppellenkersysteme hinzu. Abb. 562 zeigt einen Uferentlader für 5000 kg Tragfähigkeit an den Seilen mit eingebauter Waage und Aufgabevorrichtung auf eine Bandstraße; Auslegerreichweite 13 m über Kaikante.

2. Kübelkrane

Bei der Gewinnung von Kohle fällt ein gewisser Prozentsatz in Form von Staub an, welcher vor dem Verkauf der Kohle abgesiebt werden muß. Sein Transport zur Verfeuerung in Kraftwerken erfolgt in Klappkübeln von etwa 12 m³ Inhalt, welche mit der Bahn zu einer Mischerei gebracht werden können.

Ein Laufkran (Abb. 563) erfaßt mit einem automatischen Geschirr einen der Kübel an zwei Tragpratzen, hebt ihn hoch und läßt ihn nach seitlichem Versetzen innerhalb der

Abb. 563. Kübeltransportkran zum selbsttätigen Aufnehmen und Absetzen von Klappkübeln (Werkbild Mohr & Federhaff)

jeweiligen Bunkerzelle wieder bis dicht über den augenblicklichen Brennstoffspiegel hinab. Unter geringster Staubentwicklung wird der Kübel durch Aufklappen entladen und auf den Waggon zurückgesetzt.

3. Verladebrücken

Zum direkten Bestreichen großer Lagerplatzflächen werden Verladebrücken eingesetzt. Im Hafenbetrieb gilt es, zwischen Masten und Schiffsaufbauten hindurch die verschiedenen Ladeluken zu erreichen. Dafür kann ein wasserseitiger Brückenausleger zum Hochklappen eingerichtet werden, oder es wird auf einem Brückenportal ein horizontal verschiebbarer Träger aufgelagert, welcher samt dem darauf laufenden Kran vor- und zurückgefahren werden kann. Während die Brücken früher durchweg als Fachwerk ausgebildet wurden, wird heute oft die Kastenbauweise verwendet; im Inneren der Kästen können dann Schützenschränke, Widerstände, Kabel und Bedienungswege geschützt untergebracht werden; die Anstricharbeiten werden vereinfacht.

Auf den Trägern der Verladebrücken laufen dann Dreh- oder Wippdrehkrane, Krane mit starrem seitlichem Ausleger oder Laufkatzen. Für letztere können die Fahrschienen auch am Brückenuntergurt angeordnet werden; bei Winkellaufkatzen befindet sich je eine Schiene oben und unten am Brückenträger. Die Laufkatzen werden von Fahrmotoren, Seilzügen oder Lenkersystemen verfahren. Der gesamte Entladevorgang wird dann von einem Führerstand aus gesteuert, welcher entweder mit der Laufkatze verbunden ist, ortsfest am Kranportal angebracht ist oder mit eigenem Fahrantrieb und auf eigener Fahrschiene an die gewünschte Stelle gebracht wird. Eine besonders leichte Bauart stellt der Brückenkabelkran dar, bei welchem die gesamte führerstandslose Katze auf Drahtseilen fährt und mit Drahtseilen bewegt wird. Die Umschlagsleistung von Verladebrücken wird durch die Länge des Katz- oder Kranfahrweges stark beeinflußt. Durch den Einbau von Aufgabebunkern mit Abzugsorganen und ortsfesten bzw. verfahrbaren Transportbändern werden die Greiferwege verkürzt und die Gesamtleistung entsprechend gesteigert. Gelegentlich wird im Brückenportal noch ein Kohlenbrecher eingebaut, welcher bei Bedarf auch noch eine Entstaubungsanlage erhalten kann. Eine Brücke für Schiffs- und Waggonentladung mit Drehkran und eingebauter Bandanlage zeigt Abb. 564.

Die Hauptstromzuführung zu Brücken oder Portalkranen erfolgt über Kabel und Motorkabeltrommeln oder völlig geschlossene Schleifleitungskanäle, welche über Flur an einer Stützmauer mit Abdeckungen geführt werden; gleichzeitig kann diese Mauer den

Abb. 564. Verladebrücke mit eingebauter Bandanlage (Werkbild Pohlig-Heckel-Bleichert)

Kohlenlagerplatz abgrenzen. Von der Brücke greift ein Arm durch einen senkrechten Schlitz in der vorderen Abdeckwand und verschiebt innen einen Abnehmerwagen längs der Stromschienen. Der Schlitz wird durch eine lose hängende Schürze aus Neoprene o.ä. abgedeckt. Berührungen der Stromschienen, Eindringen von Staub und Regenwasser sowie Reifbildung mit allen daraus folgenden Störungen sind dann ausgeschlossen.

Die Stromzuführung zur Laufkatze kann mit offenen Schleifleitungen oder aufgehängten Kabelschleifen bzw. bei höheren Katzfahrgeschwindigkeiten über einen Kabeltender erfolgen. Dieser wird von der Katze verfahren, bewegt sich jedoch nur mit ihrer halben Fahrgeschwindigkeit.

Besonderes Augenmerk ist der Befestigung der Kranschienen z.B. auf der Kaimauer zu schenken. Der früher übliche Verguß mit Beton wurde häufig von Frost zerstört. Hier haben sich Schienenstühle bewährt, welche auch noch ein nachträgliches Ausrichten in gewissen Grenzen gestatten.

4. Greifer

Zur Aufnahme der Kohle aus Schiffen, Waggons und von Lagerplätzen werden Selbstgreifer eingesetzt. Ihre Größe bestimmt die erforderliche Tragfähigkeit des zugehörigen Kranes. Die Waggongrößen begrenzen dabei die Greifer auf etwa 2,5 m^3 Inhalt; bei Rhein- oder Mainkähnen bis zu 1000 t Tragfähigkeit waren bisher 6,5 m^3 die obere Grenze in Hinblick auf die Größe der einzelnen Schotten.

Für die Greifer wurden verschiedene Bauarten entwickelt: Mehrseilgreifer nach Abb. 565a u. b sind die gebräuchlichsten; beim Schließen graben sie sich jedoch in das Erdreich des Lagerplatzes ein und mischen dadurch dem Brennstoff Erde bei. Außerdem beschädigen sie den Bretterbelag von Waggon- und Schiffsböden.

a b

Abb. 565a u. b. Seilgreifer; a) geöffnet, b) beim Schließen in den Untergrund eindringend (Werkbild DEMAG)

Frei von diesem Nachteil sind Trimmgreifer (Abb. 566a—c), deren Schneiden beim Schließen eine gerade Linie beschreiben. Bei Seeschiffen werden sie häufig angewandt, weil der geschlossene Greifer mit seinen geringen Abmessungen leicht durch enge Luken abgesenkt werden kann. Im Inneren des Schiffes greift er vermöge seiner großen Reichweite weit unter die Lukenränder, wodurch das zeitraubende Trimmen von Hand oder mittels

a b c

Abb. 566a—c. Trimmgreifer. Die Schneiden beschreiben beim Schließen eine gerade Linie (Werkbild DEMAG)

Kleinbulldozern stark eingeschränkt wird. Eine Zwischenlösung stellt der Flußtrimmgreifer dar, welcher eine nicht so große Reichweite hat, aber mit seinen seitlichen Auskragungen wenigstens teilweise unter die Schiffsborde greift.

Das Eigengewicht der Greifer beansprucht einen großen Teil der Krantragkraft. Leichtere Greifer würden daher am gleichen Kran zu höherer Nutzlast führen. Man hat deswegen schon Leichtbauarten entwickelt, jedoch sind Ausführungen z.B. in Aluminium hinsichtlich Kosten, Lebensdauer und Reparaturmöglichkeiten bisher noch problematisch.

Für bestimmte Fälle eignen sich Einseil-Motorgreifer. Dort bewirkt ein Motor mit Hochdruckölpumpe das Öffnen und Schließen des Greifers. Das Aggregat sitzt im Greiferkopf und muß über ein Kabel mit Strom versorgt werden, welches parallel zum Hubseil auf- und abgewickelt wird. Für das Hubseil genügt dann eine einfache Winde. Für die Aufhängung der Greifer am Kran ist zu beachten, daß sie sich in Richtung der Längsachse von Waggon und Schiff öffnen, um die Bretterbeläge zu schonen.

5. Scraper

Zum Beschicken und Abtragen von Kohle werden u.U. Scraperanlagen für Lagerplätze eingesetzt. Von einem „Maschinenturm" aus werden Seilzüge zu einem zweiten Turm geführt; damit wird ein Schürfkübel hin- und hergezogen. Größere Flächen können bestrichen werden, wenn der zweite Turm eine geradlinige oder bogenförmige Schienenbahn erhält.

6. Waggonkipper und -wipper

Der schnellen Entladung von Eisenbahnwaggons dienen Kipper und Wipper. Ihre Anwendung setzt jedoch voraus, daß das Achslageröl beim Kippen der Waggons nicht auslaufen kann. Am häufigsten ist der Stirnkipper anzutreffen. Um einen vorderen Drehpunkt wird der Waggon auf etwa 60° angehoben, wobei seine entriegelte Stirnwand aufklappt und die Kohle herausrutscht. Um Waggons mit Bremserhaus nicht mühsam umrangieren zu müssen, wird die Plattform beim Drehscheibenkipper mit dem Waggon um 180° gedreht. Dem gleichen Zwecke dienen Schaukelkipper, bei denen die Plattform wahlweise vorn oder hinten angehoben werden kann. Andere Stirnkipper werden auf Schiebebühnen gesetzt, um verschiedene Kohlesorten zum jeweiligen Aufgabebunker bringen zu können.

Die Kippbewegung wird durch hydraulische Zylinder, Seilwinden mit Winkelhebel, Verdrängerrollen, Spindeln usw. erreicht. Zur Arretierung des Waggons beim Kippen werden Pufferstützen oder Achsfanghaken von Hand, hydraulisch oder elektromotorisch zum Eingriff gebracht. In Deutschland besteht die Vorschrift, daß noch vor Einleitung des Hubvorganges eine Schienensperre einschwenken muß, damit etwa nachrollende Waggons nicht in die offene Kippergrube stürzen können. Hinsichtlich der Gleisführung im Kipperbereich wurden zwei Bauarten entwickelt. Bei der einen werden dabei die Schienen unterbrochen und klappen mit der Plattform auf und ab. Bei der anderen Bauart laufen die Schienen ohne Unterbrechung durch; aus der Plattform werden Stützen ausgefahren, welche sich unter die hintere Achse setzen, den Waggon dort anheben und nach

Abb. 567. Rundkipper (Werkbild Pohlig-Heckel-Bleichert)

seiner Entleerung wieder auf das Gleis zurücksetzen. In Indien muß die Kohle auch in gedeckten Waggons mit kleinen, seitlichen Entladeklappen verladen werden. Dafür wurden „wagon tippler" entwickelt, welche die Plattform mit Waggon seitlich so ankippen, daß z.B. die linken Räder stehen bleiben, während die rechten angehoben werden. Die Kohle rutscht seitwärts aus den offenen, niedrigen Seitentüren teilweise heraus. Dann wird der schrägstehende Waggon mit Seilzügen bis zur völligen Entleerung hin- und herbewegt, was einige Zeit erfordert.

Der Entladung offener Waggons dienen Rundkipper (Kreiselwipper) nach Abb. 567, wobei verstellbare Klemmvorrichtungen die Wagen mit ihren verschieden hohen Seitenwänden während des Überschlages festhalten.

Die Leistung von Kippern ist dadurch begrenzt, daß sich stündlich nur zehn bis zwölf Spiele erreichen lassen, wobei die Waggons schon sehr zügig nachgeschoben werden müssen. Um für diese Verschiebearbeit nicht ständig eine Lokomotive einsetzen zu müssen, baut man Rangierspillanlagen ein. Da die einzelnen Waggons ziemlich genau zurechtgestellt werden müssen, wird ein Spill mit offenem Seil nicht genügen, sondern man wird geschlossene Seilzüge verwenden müssen.

Die Grube unter dem Kipper zur Aufnahme der Kohle wird wesentlich von der Kipperart beeinflußt. Sie kann relativ klein werden, wenn ausschließlich offene Waggons entladen werden. Ist gleichzeitig mit Selbstentladewaggons zu rechnen (Sattelwagen, Kastenkipper, Schrägwandentlader, Flachbodenentleerer), so ergibt sich eine Grubenlänge von etwa 12 m. Fast allen Ansprüchen gerecht wird demnach eine 12 m lange Schüttgrube für Selbstentlader mit je einem Stirnkipper am Grubenende rechts und links.

Im Winter wird besonders die feuchte Feinkohle in den Waggons festfrieren und muß dann von Hand abgestoßen werden. Der besseren Erreichbarkeit wegen werden dafür an geeigneten Stellen über dem Gleis Stocherbühnen errichtet.

b) Kontinuierliche Förderung

1. Gummigurtförderer

Für waagerechte bzw. ansteigende oder abfallende Förderung werden Gurtbänder eingesetzt. Feinkörnige bis kleinstückige Kohle kann von Gurten mit glatter Oberfläche in der Regel bis zu 19° gegen die Horizontale schräg gefördert werden, in einzelnen Fällen auch steiler, besonders dann, wenn das Band an der Aufgabestelle zunächst horizontal geführt wird. Abb. 568 zeigt eine normale Ausführung. An der Unterseite der seitlichen Bänder sind gerade Tragrollenstationen mit aufgesetzten Gummistützringen zu erkennen. Bei groben Kohlestücken besteht die Gefahr des Rückwärtsrollens auf den steigenden Strängen, zumal wenn Feinkohle vorher abgesiebt worden ist; das Band muß dann flacher verlegt werden.

Für steileren Transport stehen Gurte mit aufgesetzten Mitnehmern etwa nach Abb. 569 zur Verfügung; diese können jedoch erhebliche Schwierigkeiten verursachen durch Klebenbleiben von Kohle, welche vom rücklaufenden Bandtrum abfällt, laufend von Hand beseitigt werden muß und den Geradlauf des Gurtes erschweren kann.

Das zu beladende Trum eines Bandförderers kann auf zwei Arten geführt werden: flach oder in Muldenform. Der auf einteilige gerade Tragrollen flach verlegte Gummigurt darf nur in einer bestimmten Breite mit Kohle beladen werden, damit diese während des Laufes nicht seitwärts herunterfällt. Diese Anordnung wird nur noch in wenigen Sonderfällen getroffen.

Meistens werden dreiteilige Rollenstationen verwendet, wobei zu beiden Seiten einer mittleren horizontalen Rolle zwei Außenrollen so schräggestellt werden, daß eine Mulde entsteht. Der Winkel zur Horizontalen beträgt dabei 20 bis 30°. Bei schmalen Gurten unter 650 mm Breite empfiehlt sich eine Muldung von 20°, weil die Gurte zu steif sein können, um sich genügend in eine steilere Mulde schmiegen zu können. Für die Schmierung der Kugellager in den Rollen werden meistens Fettkammern eingebaut, deren Füllung für zwei bis drei Jahre ausreicht. Auf Nippel zum Nachschmieren wird in der Regel verzichtet; die einzelnen Rollen werden dann turnusmäßig herausgenommen und nach Reinigung bzw. Neufüllung mit Fett wieder eingesetzt. Dagegen ist es üblich, eine Vorkammer mit Abdichtung zum Kugellager hin anzuordnen; diese Vorkammer kann über einen Nippel nachgeschmiert werden. Man preßt dabei eingedrungenen Schmutz nicht in das Lager, sondern nach außen.

Die Förderleistung eines Bandes ergibt sich aus Gurtbreite, Gurtgeschwindigkeit und Größe der vom Gurt gebildeten Mulde. Übliche Gurtbreiten für die Förderung in Kraftwerken liegen zwischen 500 und 1400 mm, bei Bedarf können sie bis über 2000 mm hinausgehen. Die Gurte laufen dabei häufig mit den genormten Geschwindigkeiten von 1,68, 2,09 oder 2,62 m/s, bei langen Strecken auch bis 8 m/s.

Abb. 568. Gurtbandförderer üblicher Bauart mit Gummistützringen auf den unteren Tragrollen (Werkbild Pohlig-Heckel-Bleichert)

Abb. 569. Gurtförderer für Steilförderung mit 32° Neigung und zweiteiligen Rollenstationen mit 45° Muldung (Werkbild Pohlig-Heckel-Bleichert)

Das untere — rücklaufende — Trum eines Bandförderers wird über einteilige gerade Tragrollen geführt. Da diese die verschmutzte Seite des Gurtes berühren, kann feuchte, lehmige oder tonige Feinkohle ungleichförmig auf den glatten Rollen anbacken und damit den ganzen Gurt zum Schieflaufen bringen. Daher gehen die Bemühungen um neue Gurtreinigungs- und Geradlaufeinrichtungen immer weiter. Gute Ergebnisse liegen vor für untere Tragrollen mit aufgeschobenen Gummistützringen (Abb. 568). An Gurtreinigern seien hier nur gewichtsbelastete und nachstellbare Abstreicher, Pflugabstreicher im Untertrum, Trommelabstreicher und rotierende Bürstenwalzen erwähnt.

Um größere Antriebsleistungen sicher von der Antriebstrommel zum Gurt übertragen zu können, kann die Trommel mit einem Gummi- oder Keramikbelag überzogen werden. Dem gleichen Zweck dienen Einschnür- oder Andrücktrommeln, welche den Umschlingungswinkel des Gurtes auf der Trommel vergrößern. Diese Trommeln reinigen sich selbsttätig, wenn sie einen Linatexbelag erhalten.

Der Antrieb eines Bandes wird möglichst so verlegt, daß das beladene Trum gezogen wird; nur bei Reversierbändern wird es zwangsweise in der einen Förderrichtung geschoben. Bei größeren Antrieben werden trotz erhöhten Platzbedarfes oft außenliegende Getriebe und Motoren verwendet; bei kleineren und fahrbaren Bändern können Trommelmotoren sehr vorteilhaft sein. Um längere und schwere Bänder bei häufigem Abschalten und Anfahren unter Last vor Stößen durch die schnell anlaufenden Kurzschlußläufermotoren zu schützen, empfiehlt sich der Einbau von Flüssigkeitskupplungen. Handelt es sich dabei um Schrägbänder, so sind noch Rücklaufsperren oder Bandbremsen mit Bremslüftern anzubauen. Letztere können aber auch für horizontale Bänder nötig werden, wenn auf diese ein Schrägband folgt. Wird letzteres unter Last abgeschaltet, etwa vom Metallsuchgerät her, dann wird es schlagartig abgebremst. Das auslaufende Horizontalband kann dann bis zum Stillstand noch so viel Kohle anbringen, daß die Abwurfschurre zum Schrägband überquillt. Für diesen Fall muß auch das Horizontalband eine Bremse erhalten.

Die verschiedenen Bänder einer Anlage müssen untereinander elektrisch in dem Sinne verriegelt werden, daß keines anlaufen kann, ehe nicht das in Förderrichtung dahinter folgende Band, der Brecher o.ä. schon läuft. Fällt in einer Staffel ein Glied aus, etwa durch Ansprechen eines Motorschutzschalters, so müssen alle in Förderrichtung *davor* liegenden Einrichtungen sofort abschalten, während alle hinter der Schadensstelle liegenden Einrichtungen weiterlaufen können. Beim Ausschalten einer Anlage können alle Glieder einzeln abgeschaltet werden, wobei man an der Aufgabestelle beginnt, damit jedes Gerät erst noch leergefahren werden kann. Zur Schaltung und Überwachung der weitläufigen Anlagen wird eine zentrale Steuerstelle geschaffen. Auf einer Tafel wird die Anlage mehr oder weniger symbolisch dargestellt, wobei in jedes Symbol noch ein Leuchtpfeil eingesetzt werden kann, welcher das Laufen des Bandes und seine Förderrichtung durch weißes oder farbiges Dauerlicht anzeigt. Beabsichtigte oder unbeabsichtigte Abschaltungen lösen Blinklicht im betreffenden Symbol aus und markieren gleichzeitig die betroffene Stelle. Eine unbeabsichtigte Abschaltung kann dadurch erfolgen, daß ein Fremdkörper zwischen Gurt und Übergabeführungen eingeklemmt wird. Der Motor zieht den Gurt zwar durch, erwärmt sich aber unzulässig, worauf der Motorschutzschalter anspricht. Weiter ist es möglich, daß sich ein Gummigurt gedehnt hat; weil er nicht rechtzeitig nachgespannt wurde, dreht sich die Antriebstrommel unter dem stehenden Gurt und beschädigt ihn durch die entwickelte Reibungshitze. Zur Vermeidung derartiger Schäden und zum zeitgerechten Ein- oder Ausschalten von Förderern werden Bandwächter eingebaut. Diese bestehen aus einem Anker, welcher in Ruhestellung von einer einstellbaren Feder festgehalten wird. Der anlaufende Gurt treibt über ein Friktionsrad eine Art von Induktionsmaschine an, welche ein elektrisches Drehfeld erzeugt, das den Anker gegen die Federkraft verdreht. Überwindet das Drehfeld das an der Feder eingestellte Gegenmoment, so wird ein Kontakt geschlossen. Dieser schaltet somit das nächste in Förderrichtung folgende Band erst ein, wenn das vom Wächter überwachte Band seine volle Geschwindigkeit erreicht hat. Verlangsamt der Gurt seine Geschwindigkeit durch einen eingeklemmten Fremdkörper oder durch Schlupf zwischen Gurt und Trommel, so wird das Gegenmoment der Feder größer als das Drehfeld, der Kontakt öffnet sich, und der Motor wird abgeschaltet.

Außerdem wird damit sichergestellt, daß jedes Band seinen normalen Betriebszustand nur dann auf dem Leuchtbild durch Dauerlicht meldet, wenn Motor *und* Gurt tatsächlich angelaufen sind.

Abschaltungen können auch durch das Ansprechen eines der in Abschn. d 1, S. 529, erwähnten Metallsuchgeräte hervorgerufen werden. Die abgeschalteten Bänder melden sich durch Blinklicht auf dem Leuchtpult; dort wird auch die Ursache der Abschaltung angezeigt, indem in einem Feld das Wort „Metallsuchgerät" aufleuchtet. Wird der am Suchgerät angebrachte Quittierknopf gedrückt, so erlischt die Störanzeige auf dem Pult und die Anlage kann wieder angefahren werden. Eine Abschaltung kann auch nötig werden, wenn Bedienungsleute einen sich anbahnenden Schaden entdecken. Hierfür würden mehrere gleichmäßig längs des Bandes verteilte Druckknopfschalter ausreichen. Für den Katastrophenfall jedoch, etwa wenn Bedienungspersonal von der Bandanlage erfaßt worden ist, sind Druckknopfschalter ungeeignet. Hier empfiehlt sich folgende Anordnung: Man spannt zu beiden Seiten des Bandes verzinkte Stahlseile aus, die durch eine Umhüllung von rot gefärbtem Protodur noch augenfälliger gemacht werden. Diese Seile sind an Notzugschalter angeschlossen. Damit der Seildurchhang nicht zu groß wird und der Schalter schon durch einen kurzen Zug betätigt werden kann, sollen die beiderseits des Schalters angeschlossenen Seile nicht länger als je 50 m sein. Auch die Betriebsunterbrechung durch Notschalter löst Blinklicht aus, und als Ursachenmeldung erscheint das Wort „Notschalter" auf dem Leuchtpult. Jeder Notschalter soll bei seiner Betätigung fest einklinken und kann nur an Ort und Stelle wieder zurückgestellt werden.

Außerdem dient das Leuchtschaltpult dazu, vor dem Anfahren die gewünschten Wege der Kohle vorzuwählen. Man bestimmt damit, ob bei parallelen Bandstraßen mit dem rechten oder linken Strang gefahren werden soll. Dabei werden Weichen in Form von

Hosenschurren mit Wendeklappen vom Leuchtbild aus mit einem Knebelschalter elektromechanisch fernbetätigt und in die gewünschte Stellung gebracht. Die richtige oder falsche Klappenstellung wird durch Dauer- bzw. Blinklicht im Schaltergriff angezeigt. Auf die gleiche Weise wird auch der weitere Kohleweg über einen Brecher oder unter Umgehung des Brechers bis zum Lagerplatz oder bis zum Kesselbunker vorgewählt und angezeigt.

Ein Anfahrvorgang spielt sich dann wie folgt ab: Nach Betätigung von Hupen längs aller Förderwege zur Warnung des Personals steht für eine bestimmte Zeit (z.B. 3 min) eine Startspannung zur Verfügung. Kann aus irgendeinem Grund innerhalb dieser Zeit nicht gestartet werden, so fällt die Startspannung zusammen, und es muß erneut gewarnt werden, ehe gestartet werden kann. Nunmehr wird das letzte Glied der Förderstaffel ein-

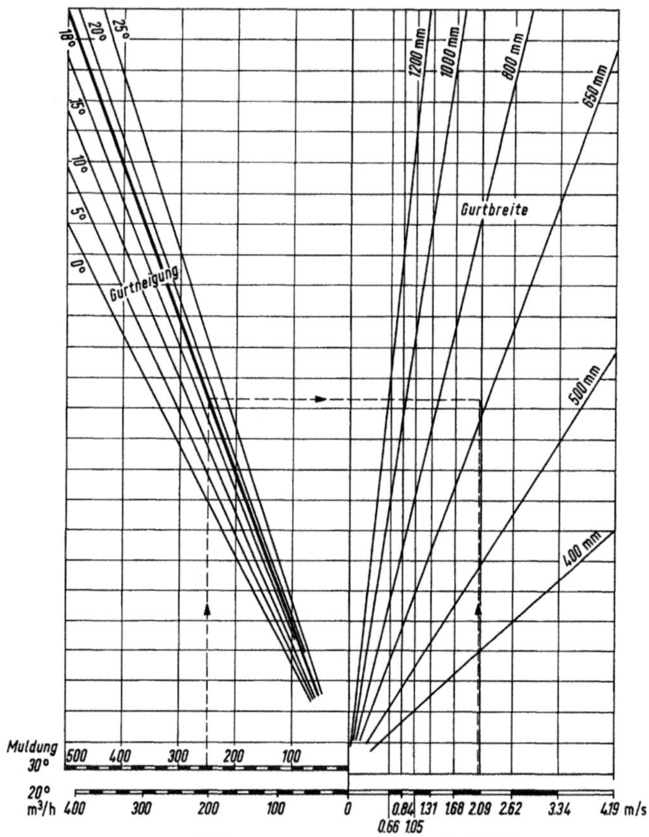

Abb. 570. Auslegung von Muldengurtförderern

geschaltet, meistens also das fahr- und reversierbare Bunkerband. Nach dessen Hochlaufen schaltet der zugehörige Bandwächter das Zubringerband ein, dieses wieder das Schrägband; Brecher, Magnetscheider und weitere Bänder folgen, bis als letztes die Abzugsorgane unter den Kohleaufgabestellen anlaufen.

Einen Anhalt für die Auslegung von Transportbändern gibt die Abb. 570, wo Fördermenge, Gurtgeschwindigkeit, Muldung, Breite und Förderwinkel in Zusammenhang gebracht sind. Beispiel: Gesucht wird die Gurtbreite und -geschwindigkeit für eine Fördermenge von 250 m^3/h bei einer Gurtsteigung von 18° und bei einer Muldung von 30°. Der Schnittpunkt der mit Pfeilen versehenen Linien liegt oberhalb der Linie für 650 mm Gurtbreite, es muß also die nächstgrößere Breite von 800 mm gewählt werden. In den eingetragenen Werten ist noch ein Sicherheitszuschlag von 10% enthalten. Der die Fördermenge vermindernde Einfluß der Gurtsteigung wird teilweise angezweifelt. Will man diesen nicht berücksichtigen, so geht man vom Schnittpunkt der Mengen-Linie für 0° aus waagerecht weiter. Umgekehrt läßt sich aus gegebener Gurtgeschwindigkeit und -breite die maximale Fördermenge für jeden Gurt ermitteln.

Die Fördergurte bestehen aus mehreren Gewebeeinlagen mit Gummizwischenschichten sowie abrieb- und lichtrißfesten und kerbzähen äußeren Gummischichten. Die größten Kräfte in den Gurten stellen die Zugkräfte dar, für deren Aufnahme Baumwoll-, Zellwoll-, Reyon-, Polyamid- und Polyestergewebe verwendet werden. Auch verschiedene Materialien können dabei gleichzeitig verwendet werden, wie Baumwolle für Längsfäden (Kette), Zellwolle für Querfäden (Schuß). Durch Reyon (Kunstseide) können höhere Zugkräfte übertragen werden, während Polyamide (Nylon, Perlon usw.) ihrer guten Dehnungseigenschaften wegen als Querfäden eingesetzt werden. Polyester dagegen (Diolen, Trevira) dient zur Übertragung sehr hoher Zugkräfte und besitzt weitere wertvolle Eigenschaften, wie gute Naßfestigkeit, große Festigkeit gegen Schub, Biegung und Dehnung, chemische Beständigkeit, Sicherheit gegen Bakterien, Termiten und Verrottung; außerdem ist es hoch-hitzebeständig. Für die Konfektionierung der Gurte werden Kurzbezeichnungen verwandt (Tabelle 21).

Tabelle 21. *Kurzbezeichnungen, Material und Festigkeit von Fördergurten*

Kurzbezeichnung	Fasermaterial		Mindest-Zugfestigkeit/Lage	
	Kette	Schuß	längs kp/cm	quer kp/cm
B 50/20	Baumwolle	Baumwolle	50	20
BZ 60/30	Baumwolle	Zellwolle	60	30
BZ 80/35	Baumwolle	Zellwolle	80	35
Z 90/40	Zellwolle	Zellwolle	90	40
EP 100/40	Polyester	Polyamid	100	40
EP 125/50	Polyester	Polyamid	125	50
EP 160/60	Polyester	Polyamid	160	60
EP 200/80	Polyester	Polyamid	200	80
EP 300/80	Polyester	Polyamid	300	80
EP 400/100	Polyester	Polyamid	400	100
EP 500/100	Polyester	Polyamid	500	100
RP 125/50	Reyon	Polyamid	125	50
RP 160/60	Reyon	Polyamid	160	60
RP 200/80	Reyon	Polyamid	200	80
RP 250/80	Reyon	Polyamid	250	80

In der Praxis fehlen bisweilen die Angaben für die Mindestzugfestigkeit in Schußrichtung, so daß man von Geweben BZ 60, Z 90, EP 200 spricht, da zunächst die Zugfestigkeit in Kettrichtung interessiert.

Eine Bezeichnung wie 5 EP 400/100 3:2 bedeutet: 5 Einlagen aus Polyester je 400 kp Festigkeit je cm Breite in Kettrichtung und aus Polyamid je 100 kp Festigkeit je cm Breite in Schußrichtung sowie eine Gummidecke von 3 mm Dicke auf der Tragseite des Gurtes und von 2 mm auf der Laufseite.

Die vorstehenden Bezeichnungen sind in Deutschland gültig. Es laufen jedoch Bestrebungen zu einer internationalen Kennzeichnung des Aufbaues von Gummigurten. Eine endgültige Fassung liegt noch nicht vor, aber nach DIN 22 102 von Januar 1967 wurden folgende Festlegungen veröffentlicht:

Deckplatten können aus Elastomeren (Naturkautschuk, Synthesekautschuk), Plastomeren (z.B. PVC) und anderen Stoffen bestehen.

Die Dicke der Deckplatten auf der Lauf- und der Tragseite ist von der Beanspruchung abhängig und jeweils zu vereinbaren.

Die Einlagen können aus Naturfaser (z.B. Baumwolle) oder aus Chemiefaser (z.B. Polyester) bestehen.

Eine Kennzeichnung ist auf Wunsch des Bestellers durch Einbringen von Kurzzeichen in folgender Reihenfolge vorzunehmen:

1. Hersteller-Kennzeichen (Buchstabe).

2. Kurzzeichen für den Einlagenwerkstoff (Buchstabe): B = Baumwolle, Z = Festzellwolle, R = Festreyon, P = Polyamid, E = Polyester, G = Glas, A = Asbest. Falls für Kette und Schuß verschiedene Werkstoffe verwendet werden, ist dieses durch die Kurzzeichen für Kette und Schuß anzugeben.

3. Der genormte Wert der Nennzugfestigkeit des ganzen Gurtes in kp/cm in Längsrichtung, ergänzt durch die Zahl der Einlagen hinter einem Schrägstrich (Ziffern).

4. Bezeichnung der Grundqualität bzw. Haupteigenschaft der Gummideckplatten (Buchstabe). Mit diesem Buchstaben werden Eigenschaften wie Flammwidrigkeit (F), Wärme- (T), Kälte- (R), Öl- und Fettbeständigkeit (G), antistatische Eigenschaften (K) usw. bezeichnet. Für den Kraftwerksbedarf kommen jedoch überwiegend nur Deckplattenqualitäten mit den Kennzeichen M und N in Frage (Tabelle 22).

Tabelle 22. *Deckplattenqualitäten*

Deckplattenqualität	Kennzeichen M	Kennzeichen N
Minimale Zugfestigkeit in Längsrichtung in kp/cm²	250	200
Minimale Bruchdehnung in Längsrichtung in %	450	400

Bestellbeispiel: Ein Gurt von 100 m stumpfer Länge, 800 mm Breite und 10 mm Dicke mit Gummideckplatten der Qualität M von 2 mm Dicke, mit 4 Einlagen aus Zellwolle und einer Zugfestigkeit von 400 kp/cm erhält die Bestellbezeichnung

100 m Gurt 800×10 Z 400/4M — DIN 22 102.

Bei kilometerlangen Bändern — etwa vom Tagebau zum Kraftwerk — würden zur Übertragung der Zugkräfte bei den meisten Gewebearten so viele Einlagen benötigt, daß der Gurt zu steif für seine Quermuldung werden würde und wegen seiner Dicke nur über Trommeln von sehr großen Durchmessern umgelenkt werden könnte. Hierfür wurden Gurte mit Stahlseilen als Zugorgan entwickelt, welche eine erheblich geringere Dicke aufweisen. Weitere Vorteile sind kurze Nachspannwege, leichte Muldbarkeit, lange Lebensdauer, hohe Laufgeschwindigkeit und kleine Trommeldurchmesser.

Eine besondere Entwicklung für größere Fördermengen und steileren Transport stellen die „*Flexowell*"-Gurte der Firma Scholtz dar. Auf dem ebenen Teil des Gurtes sind seitliche Bordwände aus flexiblen Wellen anvulkanisiert. Beim Umlauf um die Trommeln ziehen sich die Wellen flacher, um den bis zu Seitenwandoberkante sich vergrößernden Umfang auszugleichen.

Für den gleichen Zweck liefert die Firma PAGUAG „*Kastengurte*", bei denen die Gurtränder hochgebogen und von fast senkrecht stehenden Leitrollen geführt werden. Die Biegezone wird durch Verringerung der Anzahl der Gewebeeinlagen flexibel gestaltet. Beim Umlauf um die Trommeln legen sich die Seitenwände flach um, so daß normale Gurtreiniger angebracht werden können. Das rücklaufende Trum wird von einfachen, geraden Rollen getragen. Die Verwendbarkeit dieser Gurte muß fallweise entschieden werden.

Ein weiteres Transportmittel stellt das „*Faltenband*" dar. Das Zugorgan ist eine Rundgliederkette, in welche etwa je laufenden Meter ein Führungsrollenwagen eingebaut ist, der den Lauf von Kette und Band durch horizontale und vertikale Kurven bis herab zu 3 m Radius gestattet. Auf die Kette sind in Querrichtung leichte, gemuldete Tragerippen aufgesetzt, welche eine weiche und einlagenfreie Gummidecke tragen; diese verändert durch ihre Faltenbildung den Außen- oder Innenradius beim Kurvenlauf entsprechend und ermöglicht mit Querrippen einen Steiltransport bis 45° und mehr. Der Abwurf der Kohle kann nicht nur über Kopf erfolgen, sondern auch noch an jeder anderen gewünschten Stelle rechts oder links des Bandes.

2. Stahlplatten- und Stahlkastenbänder

Zum Abziehen von Kohle aus Bulldozer- und Kranaufgabetrichtern sowie aus Schlitzbunkern werden Förderer eingesetzt, welche ein sich schuppenförmig überlappendes Band bilden. Die tragenden Achsen mit Spurkranzrollen werden beiderseits von Doppellaschenketten gezogen. Die Bodenbleche können aus glatten oder aus Buckelblechen bestehen. Beim Kastenband sind noch überlappende Seitenwände entsprechend Abb. 571 sowie Querstege für steileren Transport vorhanden. Trage- und Führungsschienen ermöglichen das Durchfahren von Auf- und Abwärtskurven. Bei großen Plattenbreiten (etwa 2 m und mehr) ist es möglich, die Platten oder Kästen des oberen Trums in der Mitte durch eine dritte Schiene mit Laufrollen zu unterstützen. Durch den Antrieb der Ketten mittels mehreckiger Scheiben erfolgt der Abwurf der Kohle in rhythmischen Intervallen; diese werden um so kleiner und weniger störend, je kleiner die Kettenteilung gewählt wird. Diese Art von Förderern ist schwer, robust und zuverlässig bei entsprechender Wartung der Laufrollen.

Abb. 571. Trogbandförderer
(Werkbild Pohlig-Heckel-Bleichert)

3. Trogkettenförderer

Bei diesen Förderern laufen in einem Kastenquerschnitt ungeschmierte Ketten um (Abb. 572). Die Bauart dieser Ketten richtet sich nach der Beschaffenheit der Kohle, deren Körnung und dem Förderweg. Je nachdem werden Gabellaschenketten in Ein- oder

Abb. 572. Trogkettenförderer
(Werkbild Pohlig-Heckel-Bleichert)

Zweistrangausführung bzw. Doppellaschenketten verwandt bzw. für senkrechte Förderung solche mit U-förmigen Bügeln. Zum Schutz gegen Verschleiß können Trogboden, Wände und Gleitschienen für das rücklaufende Trum mit Schmelzbasalt gepanzert werden. Der Trog wird je nach Verwendungszweck gestaltet. Bei Förderung z. B. von einem

Bunkerauslauf zu einem anderen Förderer fällt die Kohle durch das obere Kettentrum hindurch und wird vom unteren Trum auf dem Trogboden abtransportiert. Besitzt ein Bunker dagegen mehrere Ausläufe hintereinander, so erhält jeder einen Aufgabetisch im Trog. Das obere Kettentrum streicht die Kohle dort ab und läßt sie ins untere durchfallen. Diese Förderer zeichnen sich durch ruhigen Lauf, Staub- und Gasdichtheit sowie Unempfindlichkeit gegen Temperaturen aus. Sie benötigen keine Zuteilerorgane, können in vertikaler Richtung S-Kurven durchlaufen und ermöglichen den Abwurf der Kohle an fast jeder gewünschten Stelle durch Öffnen eines einfachen Schiebers im Trogboden.

4. Becherwerke

Für steile bis senkrechte Förderung wurden früher innerhalb gewisser Leistungsgrenzen Schöpf- und Zellenbecherwerke eingesetzt. Größere Leistungen bei der Waggon- oder Schiffsentladung sind mit Förderern zu erreichen, bei denen die Becher an Rundgliederketten umlaufen; seitlich angebrachte und gegenläufig rotierende große Spiralen an der unteren Kettenumlenkung schieben die Kohle nach der Mitte auf die Becher zu. Diese

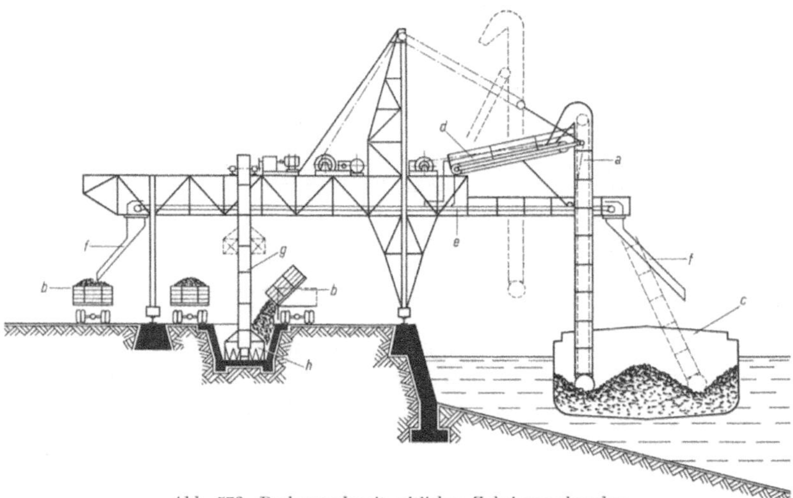

Abb. 573. Becherwerk mit seitlichen Zubringerschnecken

a Becherwerk zur Schiffsentladung
b Kippwagen
c Kohlenschiff
d hochschwenkbarer Lenkarm mit Gurtförderband
e Gurtförderer zur Beladung
f Verladeschurre
g Becherwerk für Grubenbunker
h Zubringerschnecke

Vorrichtung wird von oben her nach Abb. 573 in Waggons, Grabenbunker oder Schiffe abgesenkt und dann von einem portal- oder brückenähnlichen Unterbau in Längsrichtung verfahren. Hinter den oberen Abwurfstellen können fahrbare und stationäre Bänder für den Weitertransport angeordnet werden.

Häufiger sind noch Pendelbecherwerke (Abb. 574) anzutreffen. An langgliedrigen Doppellaschenketten sind muldenförmige Becher drehbar aufgehängt. Zur Aufgabe der Kohle ist eine besondere Füllmaschine erforderlich, welche nur dann eine Auslauföffnung in ihrem rotierenden Trommelmantel freigibt, wenn gerade ein Becher unter ihr hindurchläuft; die Trommel wird von der Becherkette angetrieben. Nach der Hubstrecke kann der Förderer noch waagerecht über ganze Bunkerreihen hinweggeführt werden. Zur selbsttätigen Entladung wird ein „*Frosch*" an die gewünschte Stelle gebracht, durch dessen Auflaufkurve jeder Becher zum Umkippen gebracht wird.

Ein Senkrechtförderer für große Leistungen ist von der Firma Schenck in Darmstadt mit dem Gurttaschenbecherwerk (Abb. 575) herausgebracht worden. Über jeweils zwei glatte Scheiben *a* oben und unten laufen in einem gewissen Abstand geräusch- und verschleißlos zwei Gurte *b* mit Stahlcordeinlagen, welche praktisch dehnungsfrei sind. Tragstäbe *d*, die mittels Gummihalterungen *c* auf den beiden Gurten befestigt sind, tragen ihrerseits einen endlos hineingeschlungenen Gummigurt *e*. Zusammen mit den Seiten-

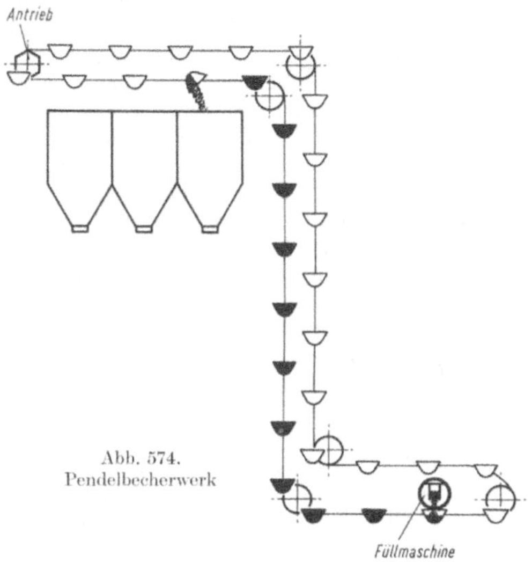

Abb. 574. Pendelbecherwerk

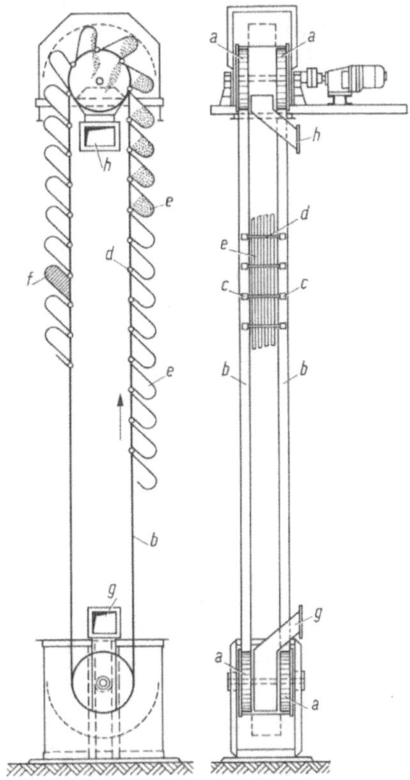

Abb. 575. Gurttaschenbecherwerk (Bauart Schenck-Darmstadt)

a Scheiben *b* Traggurte *c* Halterungen *d* Tragstäbe *e* Gummigurt *f* Seitenbleche *g* Einlauf *h* Auslauf

wänden *f* aus Stahlblech wird so eine endlose Becherkette gebildet. Da keine leeren Zwischenräume überbrückt werden müssen, ist kein Zuteiler am Einlauf erforderlich; jeder kontinuierliche Förderer kann die Kohle über Kopf zwischen die beiden Becherstränge in den Einlauf *g* im Becherwerksfuß stürzen. Beim Umlauf um die oberen Scheiben entleeren sich die Becher in einen Trichter, dessen Schurre *h* zu einem weiteren Förderer geführt werden kann.

c) Kohlenlagerung

Die Lagerung von Kohle erfolgt in Bunkern oder auf freien Plätzen, wobei deren Größe von den jeweiligen Verhältnissen bestimmt wird. Schiffe und Kohlenzüge können in kurzer Zeit große Kohlemengen antransportieren, welche jedoch nur zum Teil unmittelbar von den Kesselhausbunkern aufgenommen werden können. Der Überschuß muß dann zwischengelagert werden. Außerdem ist ein Vorrat anzulegen, welcher so groß sein sollte, daß der Betrieb bei Ausfall oder Einschränkung der Kohleanfuhr — z. B. durch zugefrorene Flüsse — nicht gefährdet wird.

1. Bunker und Bunkerbetrieb

Die Größe von Kesselhausbunkern wird sich danach richten, welche Förderpausen zu überbrücken sind (Nachtschichten, Sonn- und Feiertage) und welcher Platz für den Bunker im Rahmen der Kombinationstechnik zur Verfügung steht. Je nach der Bunkergröße und dem Verbrauch der Kesselanlage ergibt sich die Notwendigkeit zum täglich ein- oder mehrmaligen Beschicken der Bunker durch die Transportanlage. Meistens wird ein Außenbunker vorgelagert, welcher bei Eisenbahntransport so lang ausgebildet wird, daß er ganze Züge, Halb- oder Viertelzüge aufnehmen kann, um Rangierbewegungen weitgehend einzuschränken. Aus der erforderlichen oberen Entladebreite und der nötigen Steilheit der Seitenwände ergibt sich meistens ein so großer Nutzraum, daß der Inhalt von zwei oder mehr Zügen aufgenommen werden kann. Der große Vorteil derartiger Bunker liegt in der kurzen Entladezeit und in ihrer großen Bevorratung, über die man praktisch mit einem Knopfdruck jederzeit verfügen kann. Bei Schiffstransport werden derartige Bunker parallel zum Kai und in Reichweite der Entladekrane angelegt, gegebenenfalls unter Zwischenschaltung von Bandanlagen. Die Bauform als Hochbunker bzw. Tief- oder Grabenbunker wird sich nach den örtlichen Verhältnissen wie Lage, Form und Größe des Grundstückes, Bodenbeschaffenheit, Grundwasser, Bahnanschluß, Wasserweg usw. richten.

Abb. 576. Schaufelradentleerungswagen

Die Art der Entleerung der Bunker beeinflußt weitgehend ihre Formgebung. In der Längsrichtung können viele Einzeltaschen vorgesehen werden, aus denen jeweils durch einen Vibrationsförderer oder ein kurzes Stahltrogband abgezogen wird. Wird ein schmaler, unten offener und lang durchlaufender Schlitz vorgesehen, so wurde früher ein langes, schweres Stahltrogband als Abzugsorgan benötigt. Inzwischen haben sich Schlitzbunker nach Abb. 576 eingeführt: Die Kohle stützt sich unten auf einem horizontalen Tisch ab und kann aus dem offenen Längsschlitz nur unter ihrem natürlichen Böschungswinkel herausrutschen. Längs des Schlitzes fährt ein Ausräumer auf Schienen, wobei sein horizontal arbeitendes Schaufelrad in die locker liegende Kohle einschneidet und sie über die Tischkante hinweg in einer Führungsschurre zum Abzugsband bringt. Nur die abgezogene Menge kann aus dem Bunker nachrutschen. Durch stufenlose Verstellung der Schaufelraddrehzahl kann die Fördermenge in weiten Grenzen verändert werden. Da der Wagen längs des ganzen Bunkers fährt, senkt er die Oberfläche der Bunkerfüllung ebenfalls in ganzer Länge gleichmäßig ab, was der störungsfreien Entladung des nächstfolgenden Zuges wegen erwünscht ist. Durch Abschalten ihres Fahrantriebes können die Schaufelradentleerungswagen den Bunker auch stationär an jeder Stelle räumen.

Neben der in Abb. 576 gezeigten einhüftigen Bauart werden die Schlitzbunker auch mit beiderseitigem Schlitz, doppelt breitem Tisch und je einem Entleerungswagen mit Band rechts und links ausgeführt. Gelegentlich erfolgt das Ausräumen der Kohle durch eine doppelseitige Pflugschar, welche an Seilzügen über die Tischplatte geführt wird. Die Endumkehr kann bei Wagen und Pflug automatisch durch Endschalter und einstellbare Anschläge erfolgen. Der Strom für Motoren und Steuerimpulse der Schaufelradwagen wird über Kabel und Kabeltrommel zugeführt, seltener durch Schleifleitungen.

Bei Grabenbunkern nach Abb. 577 fahren die Selbstentladezüge auf einem auskragenden Gleis über eine Grabenmulde. Auf der gegenüberliegenden Seite laufen Eimerkettenbagger mit verstellbarem Ausleger, nehmen die Kohle auf und übergeben sie an Band-

Abb. 577. Grabenbunker mit Eimerkettenbaggern (Werkbild Buckau R. Wolf)

straßen. Diese Geräte werden besonders bei Rohbraunkohle eingesetzt, da die Tagebaubagger oft umfangreiche Kohlenstücke, Hölzer und Versteinerungen aufgreifen. Diese werden vom Grabenbagger zerschnitten oder beiseite geschoben. Bei Schaufelradentleerern führen derartige große Kohlenstücke und Fremdkörper leicht zu Störungen; zu ihrer Vermeidung erhalten die Schlitzbunker in Gleishöhe entsprechend gestaltete Fangroste.

Zum Räumen von Grabenbunkern können anstelle von Grabenbaggern mit Eimerkette auch Schaufelradbagger mit einem Band im Ausleger eingesetzt werden. Dieser Ausleger kann einschließlich des Schaufelrades gehoben und gesenkt werden, oder er wird zum Vor- und Zurückschieben eingerichtet.

Aus den schon erwähnten Einzelausläufen ganzer Bunkerreihen sowie aus Mischbunkerzellen, Waggonkipper-, Kran- und Bulldozeraufgabetrichtern wird vorteilhaft mit Vibrationsförderern abgezogen, für welche Abb. 578 nur eine von vielen Möglichkeiten zeigt. Die abgebildete elektromagnetisch erregte Abzugsrinne der Fa. Jöst besteht — ebenso wie bei anderen Fabrikaten — aus einer kastenförmig offenen Rinne, gelegentlich auch aus einem Rohrquerschnitt; die Konstruktion ist schwingungs- und biegesteif und steht in kraftschlüssiger Verbindung mit einem elektromagnetischen Vibrator. Durch Änderung der Betriebsspannung kann die Förderleistung kontinuierlich von Maximum bis Minimum geregelt werden. Bei Stillstand ist der Bunkerauslauf abgeschlossen. Die Rinnen werden für die Förderung und Dosierung von Feinkohle über Kohlenschlamm bis zu grober Stückkohle verwandt; sie können aus verschleißarmem, hitzbeständigem, rostfreiem und antimagnetischem Material hergestellt werden. Bei Längen bis etwa 6 m lassen sie sich schwingungsfrei ohne Fundamente an Bunkerausläufe und dgl. anhängen; bei größeren Längen

Abb. 578. Elektromagnetisch erregte Vibrationsrinnen (Werkbild Jöst)

bis etwa 20 m werden die Rinnen von Lenkern geführt und benötigen dann Fundamente. Zur Verlängerung können Einzelrinnen hintereinander aufgestellt werden. Der Kraftbedarf ist ungewöhnlich niedrig — etwa 300 W für 130 t/h Kohle für eine Bunkerabzugsrinne mit einem 1,60 m langen Förderweg. Auch geringe Steigungen lassen sich damit überwinden; bei Abwärtsneigung treten große Steigerungen der Förderleistung ein. Die Arbeitsweise beruht auf dem Mikrowurfprinzip: Durch Selen-Gleichrichter werden etwa 3000 Schwingungen je Minute erzielt; die Schwingweite entspricht dabei der doppelten Amplitude und liegt bei rd. 1 bis 2 mm. Das Einzelkorn hüpft vorwärts und berührt die Rinne stets nur punktförmig, was den geringen Verschleiß erklärt. Rinnen aus Polyester-Glasfaser-Material ermöglichen eine Gewichtsersparnis um ein Drittel und sollen eine mehr als doppelt so hohe Verschleißfestigkeit besitzen wie Stahl.

Eine andere Bauart stellen Vibrationsrinnen mit Unwuchtantrieben dar. Robuste Asynchronmotoren erhalten an beiden Wellenenden exzentrische Gewichte. Diese können bei Stillstand des Motors verstellt werden und erzeugen Schwingungen veränderlicher Amplituden. Die zwei- oder vierpoligen Motoren erzeugen Momente bis zu rd. 300 cmkp. Für größere Leistungen bringt man zwei Erreger nebeneinander an eine Rinne an. Werden sechspolige Antriebe verwendet, so ergibt sich eine um 50% größere Förderleistung durch die Vergrößerung der Schwingweite auf 8 bis 12 mm; gleichzeitig erhöht sich wegen der niedrigeren Drehzahl die Lebensdauer.

2. Lagerplätze und Lagerplatzbetrieb

Lagerplätze können eine beliebige Grundfläche aufweisen. Diese bestimmt weitgehend das Umschlagverfahren und die Transporteinrichtungen. Da jeder Umschlag Zeit und Geld kostet, empfiehlt es sich, auf jedem Platz eine große Halde als inaktiven Teil einzurichten. Die dort gelagerte Kohle wird zur Vermeidung von Heizwertverlusten und von

Bränden fest eingewalzt und möglichst lange nicht wieder bewegt. Eine kleinere aktive Halde dient für kurzzeitigen Zwischenvorrat und zum Ausgleich von Differenzen zwischen Anfuhr und Verbrauch.

Rechteckige Plätze in Verbindung mit Verladebrücken und eingebauten Bandanlagen sind in ihrer Kapazität festgelegt. Die Stapelhöhe wird von dem Freiprofil und die Platzbreite von der Brückenspannweite begrenzt. Eine Erweiterung ist nur in Längsrichtung des Platzes möglich. Unregelmäßige Platzformen erfordern motorisierte Räumgeräte, mit denen man die Kohle bis zu 30 m Höhe stapeln kann. Durch das Befahren mit den schweren Geräten wird die Feinkohle gleichzeitig von ihrem Schüttgewicht 0,8 t/m³ auf 1,1 t/m³ und mehr verdichtet. Die Lagerkapazität wird damit entsprechend groß. Beschickt werden Lagerplätze entweder von Kranen oder von Abwurfwagen in Verbindung mit Lagerplatzbändern. Abb. 579 zeigt einen Abwurfwagen, der mit seinem Auslegerband eine lange

Abb. 579. Abwurfwagen mit 23,5 m langem, schwenkbarem Ausleger (Werkbild Pohlig-Heckel-Bleichert)

Halde anschütten kann. Band und Fahrschienen können ebenerdig auf Schwellen im Schotterbett oder auf Beton verlegt werden bzw. auf einer Pfeiler- oder Kastenhochbahn. Räumgeräte bauen laufend die angeschüttete Halde ab und transportieren die Kohle in die Tiefe des Platzes.

Für die Rückbekohlung kann auf der Hochbahn ein Greiferkran laufen, welcher mit seinem Ausleger einen Teil der Lagerkohle direkt erreichen kann. Die übrigen Kohlemengen müssen von Räumgeräten bis in den Kranbereich gebracht werden. Ist kein Kran vorhanden, dann muß die Kohle von Bulldozern zum Tiefbunker zurückgebracht werden. Bei größeren Lagerplätzen müssen zur Verkürzung der von den Bulldozern zurückzulegenden Wege mehrere ebenerdige Einwurftrichter angeordnet werden, von denen aus die Kohle unter Flur abgezogen und in Bandkanälen weitertransportiert wird.

Kreisförmige Lagerplätze bedingen einen beträchtlichen maschinellen und baulichen Aufwand. In der Mitte einer Kreisfahrbahn wird eine Brücke mit Zubringerband auf einer hohlen Mittelstütze abgestützt. An dieser kreist unterhalb der Zubringerbrücke ein Auslegerband zum Anschütten der Ringhalde. Unter diesem ist an der Mittelstütze ein verstellbarer Ausleger mit Band und Aufnehmerschaufelrad für die Rückverladung angebracht. Die Kohle wird dabei in einen zentralen Ringbunker abgeworfen, welcher die Verbindung zu einem Rückführband herstellt, welches in einer Bandbrücke oder einem unterirdischen Kanal weitergeführt wird. Solche Anlagen sind mit Leistungen von 1000 t/h in Betrieb und können vollautomatisch betrieben werden. Die von diesen Förderanlagen erfaßbaren Kohlemengen sind begrenzt, können aber durch den Einsatz von Räumgeräten vergrößert werden.

Der Bewegung der Kohle auf dem Platz außerhalb fest eingebauter Förderanlagen dienen Räumgeräte verschiedenster Bauart. Der Funktion nach unterscheiden sie sich durch schiebende oder tragende Förderung; sie sind mit starren, heb- und senkbaren oder schwenkbaren Querschilden bzw. mit hydraulisch betätigten Schaufelgefäßen ausgestattet. Die Schaufellader können als Überkopflader ausgebildet werden, wobei die Kohle frontal aufgenommen und über das Fahrerhaus hinweg nach hinten auf einen Lastwagen o.ä. abgeladen wird. Beim Schwenkschaufellader ist noch ein Drehwerk vorhanden. Bei den für Großkraftwerke erforderlichen Leistungen haben sich Fahrzeuge mit Querschild oder Frontschaufel durchgesetzt.

Für alle Räumgeräte stehen zwei verschiedene Bauarten der Fahrwerke zur Verfügung: Raupenketten oder luftbereifte Räder. Da sich beide Fahrwerksarten mit Schaufeln oder mit Schilden ausrüsten lassen, ergeben sich vier Varianten. Jede hat Vor- und Nachteile, die aber nie verallgemeinert werden können. Die zu wählende Bauart der Geräte wird sich nach örtlichen und betrieblichen Gegebenheiten richten müssen, z.B. ob dichtes Einwalzen der Kohle erforderlich wird, ob steile Böschungen zu befahren sind, ob die Transportwege kurz oder lang sind usw. Raupenfahrwerken wird gelegentlich eine größere Reparaturanfälligkeit, eine geringere Lebensdauer sowie ein starker Leistungsabfall auf längeren Schubstrecken nachgesagt. Die Österreichischen Draukraftwerke haben für ihre Braunkohle Vergleichsmessungen über die Förderleistung von Raupen- und Radfahrzeugen mit Querschild angestellt (Tabelle 23). Man erkennt, daß das Raupenfahrzeug fast die doppelte stündliche Förderleistung erbrachte bei fast halbem Kraftstoffverbrauch.

Tabelle 23. *Förderleistungen und spezifischer Kraftstoffverbrauch von Raupen- und Radfahrzeugen bei feuchter Braunkohle*

Schubweg	Raupenfahrzeug 225 PS, Gesamtgewicht 25 t		Radfahrzeug 220 PS, Gesamtgewicht 18 t	
	Förderleistung	Kraftstoffverbrauch	Förderleistung	Kraftstoffverbrauch
m	t/h	l/t	t/h	l/t
50	400	0,088	208	0,166
100	238	0,141	110	0,345
150	180	0,207	110	0,449
175	152	0,246	80	0,477

Die große Leistungsdifferenz war im wesentlichen darin begründet, daß die Haftung der Räder auf der feuchten Braunkohle nicht ausreichte, um eine der Raupenleistung etwa entsprechende Kohlemenge zu verschieben. Die Nutzlast vor dem Schild mußte so stark reduziert werden, daß auch die erheblich höhere Fahrgeschwindigkeit des Radfahrzeuges selbst beim längsten Schubweg keine Verbesserung brachte. Zugunsten des Radfahrzeuges muß noch angeführt werden, daß kein eigentliches Kohleschild, sondern ein Schild für Erdbewegung angebaut war. Die in der Tabelle genannten Förderleistungen sollten für Dauerbetrieb um 30% vermindert werden.

Beim Dichtwalzen der Böschungen konnte das Raupengerät noch Steigungen von 45,5% bewältigen. Wegen starker Neigung dieser Braunkohle zu Selbstentzündung müssen auch die Böschungen abgewalzt werden; da sich auch hierzu das Raupengerät überlegen zeigte, wurde es angeschafft.

Andererseits sind Fälle bekannt, wo Raupen- und Radfahrzeuge lange Zeit zusammen bei Steinkohle in Einsatz waren und wo man später ausschließlich die Radfahrzeuge mit Ladeschaufel verwendete.

Tabelle 24 bringt Angaben von Scheid-Michigan-Radfahrzeugen mit Schild; sie gelten bei „durchschnittlichen Arbeitsbedingungen", welche einen Mittelwert darstellen zwischen günstigen und ungünstigen Bedingungen.

Tabelle 24. *Förderleistungen von Radfahrzeugen mit Schild der Firma Michigan*

Modell ... Nr.	180	280	380
Motorleistung ... PS	162	290	450
Schildbreite ... mm	3650	4876	6090
Schildkapazität ... t	7	14	20,5
Schubweg m	Förderleistung t/h		
50	460	830	1180
100	210	450	640
120	195	395	550
150	—	—	450

Schüttgewicht der Kohle: 0,63 bis 0,87 t/m³.

Einen Caterpillar-Radschaufler zeigt Abb. 580.

In den USA wurde eine besonders leistungsfähige Fördermethode ohne alle Brücken und Bänder entwickelt. Dabei werden Auto-Scraper verwandt, deren Zugmaschine einen Anhänger schleppt, dessen Bodenklappe in Fahrtrichtung nach vorn abgesenkt wird. Während der Fahrt schürft der Anhänger je nach Größe bis zu 60 m³ Kohle in seinen Laderaum hinein, wobei notfalls ein Bulldozer Schubhilfe leistet. Mit geschlossener Klappe

Abb. 580. Schaufellader, Bauart Caterpillar (Werkbild Pohlig-Heckel-Bleichert)

kann der beladene Scraper auch über stark unebene Kohlenstapel mit Geschwindigkeiten bis zu 60 km/h zu einem Aufgabebunker fahren und seine Kohle dort entladen. Zum Auffüllen eines Lagerplatzes wird die Klappe eines fahrenden Scrapers geöffnet, wodurch die Kohle in einstellbaren Schichten ausläuft. Ein nachträgliches Verteilen durch Planiergeräte erübrigt sich.

Abb. 581. Frässcheibenlader mit angehobenem Aufnehmerkopf (Werkbild Salzgitter Maschinen AG)

Zur Rückverladung vom Platz dienen außer den schon genannten Geräten noch Schaufelradbagger auf Raupenfahrwerk oder Schienen mit angebauten Bandauslegern. Für weniger große Leistungen werden selbstfahrende oder in Verladebrücken eingebaute Becherwerke, Schraubenschaufler oder Frässcheibenlader (Abb. 581) eingesetzt. Bei diesen Geräten kann auf die Mitwirkung von Bulldozern nicht verzichtet werden, so daß schon der Personalkosten wegen zu überlegen ist, ausschließlich Bulldozer einzusetzen.

d) Zusatzeinrichtungen

1. Magnetscheider und Metallsuchgeräte

In der Kohle sind Fremdkörper wie Hölzer, Steine oder Metallstücke enthalten, wobei hauptsächlich letztere große Schäden an Gummigurten und Brecheranlagen verursachen können. Fremdkörper aus Eisen treten besonders häufig auf; für ihre Entfernung aus der Kohle werden daher Permanent- oder Elektromagnete verwendet, wobei man letztere bevorzugt, da der Magnetismus von Permanentmagneten mit der Zeit nachläßt.

Die Entwicklung von Eisenabscheidern begann mit Hängemagneten, welche über den Bändern angebracht wurden und das Eisen aus der Kohle herausholten, nach der Seite oder längs ausgefahren wurden, durch Ausschalten des Stromes das Eisen fallen ließen und wieder über das Band zurückgefahren wurden.

Etwas wirksamer sind Rechenmagnete, die ebenfalls über dem Band hängen und in die Kohle hineinragen, wobei sie mitgeführte Eisenteile anziehen, welche in gewissen Zeitabständen von Hand entfernt werden müssen. Ungünstig erfaßte Teile, wie z. B. Laschen, können sich an Rechenmagneten aufrechtstellen und die Gummigurte aufschneiden.

Sehr wirksame Eisenabscheider sind Elektromagnettrommeln nach Abb. 582. Im Inneren eines umlaufenden antimagnetischen Trommelmantels befindet sich ein feststehendes Magnetsystem. Erregerwicklungen erzeugen zwischen den Polscheiben bogen-

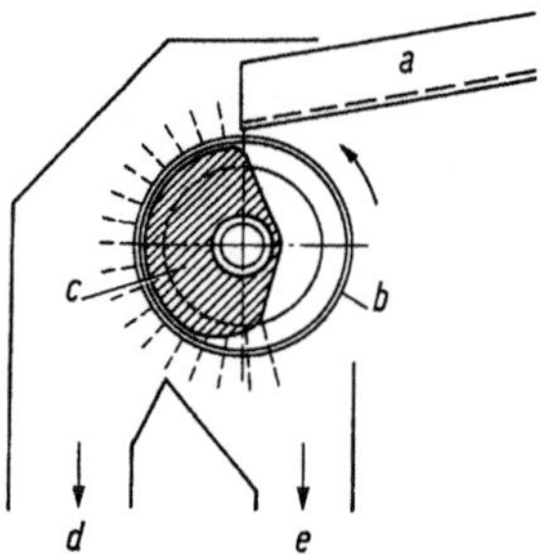

Abb. 582. Elektromagnetischer Trommelscheider

a Aufgabevibrator oder Schurre
b Trommelmantel
c einstellbares Magnetsystem
d Kohle und nichtmagnetisierbare Metalle
e Eisen

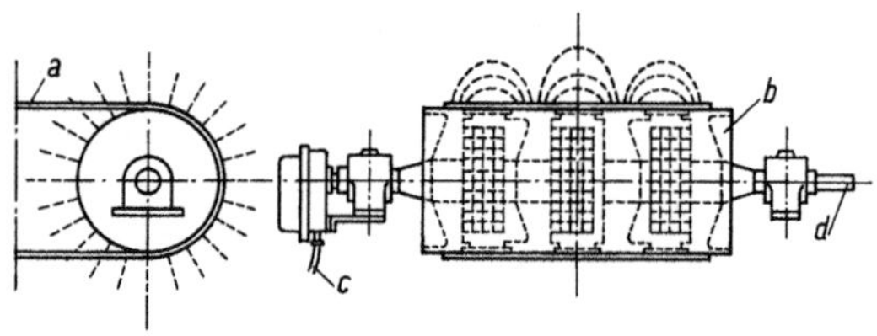

Abb. 583. Elektromagnetrolle

a Gummigurt
b Bandantriebsrolle
c Gleichstromanschluß
d Anschluß von Getriebe und Motor

förmige Magnetfelder, welche den Mantel durchdringen und das in der Kohle enthaltene Eisen an die Trommel heranziehen. Durch deren Drehung wird das Eisen mitgenommen und fällt nach Verlassen der magnetischen Zone in einen Sammelkasten. Die Kohle berührt die Trommel nur kurzzeitig und wird von einer Schurre weitergeleitet. Steht nicht genügend Einbauhöhe für einen Trommelscheider zur Verfügung, so kann der Magnet nach Abb. 583 in die Antriebsrolle eines Bandförderers eingebaut werden. Das Magnetsystem besteht aus zylinderförmigen Polscheiben mit dazwischenliegenden zylindrischen Spulen. Die Verteilung des Magnetfeldes über die Rollenbreite entspricht dabei der Beladung des Gurtförderers, welche in der Mitte am größten ist. Eisenteile werden zum Mantel hin an den Gurt gepreßt und nehmen dabei auch Feinkohle mit. Beim tangentialen Ablauf des Gurtes gelangt beides in schwächere Magnetfelder und fällt schließlich ab. Auch von dem kurz dahinter angeordneten Gurtreiniger fällt die abgestrichene Kohle mit in den Eisensammelkasten. Um das Aussortieren von Hand zu vermeiden, wird ein Schwingsieb vorgeschaltet, welches Eisen und Feinkohle trennt.

Mit sehr gutem Erfolg werden auch Überbandmagnetscheider nach Abb. 584 eingesetzt. Schräg vor Kopf einer Bandantriebstrommel aufgehängt, zieht der Magnet die Eisenteile aus der in der Abwurfparabel aufgelockerten Kohle nach oben an ein umlaufendes glattes Band heran. Band und aufgesetzte Mitnehmerleisten tragen das Eisen aus dem Magnetfeld hinaus und lassen es außerhalb der Kohlenschurre in einen Fangkasten fallen. Weniger günstig ist eine Queranordnung des Überbandmagnetscheiders, wobei dessen Austrageband rechtwinklig zur Bandachse steht. Die Verweildauer des Eisens im Magnetfeld ist dabei geringer als bei einer Längsaufhängung, und es besteht die Gefahr, daß gerade große und schwere Eisenteile nicht erfaßt werden.

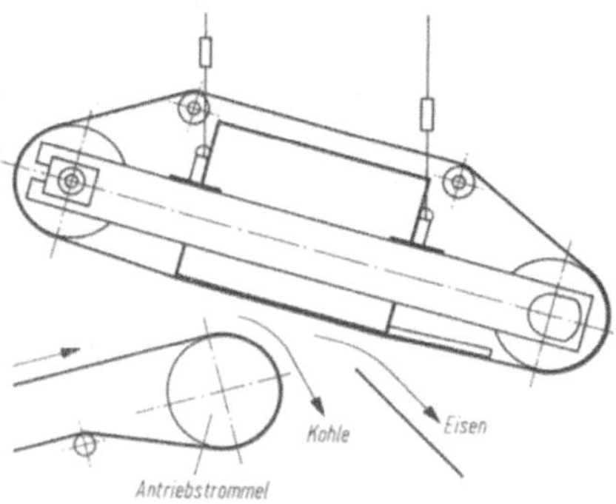

Abb. 584. Überbandmagnetscheider

Abb. 585. Metallsuchgerät, Suchspule und Markiergerät (Werkbild Dr. Hans Boekels, Aachen)

Die Magnete sind jedoch nur in der Lage, Eisen anzuziehen; Buntmetallteile und Manganhartstahl — aus letzterem bestehen u.a. Bohrmeißel sowie Baggerzähne — verbleiben jedoch in der Kohle und gefährden die Bekohlungseinrichtungen. Das Vorhandensein derartiger Metalle kann zunächst nur gemeldet werden; ihre Entfernung aus der Kohle muß in einem weiteren Arbeitsgang durchgeführt werden. Zum Aufspüren und Anzeigen sämtlicher Metallsorten werden Metallsuchgeräte nach Abb. 585 verwendet, welche nach dem Prinzip der Suchgeräte für Landminen arbeiten.

Unter dem Gummigurt eines Förderbandes wird ein waagerechter Rahmen mit Sendespule angeordnet. Ein Empfangsrahmen steht senkrecht darüber und umschließt das Förderband nebst Kohle. Seitwärts wird eine Geräteeinheit aufgestellt, die aus Sender, Kompensation, Verstärker, Relais und Hilfsgeräten besteht. Zwischen Sender und Empfänger wird ein magnetisches Wechselfeld erzeugt, welches die Durchlaßöffnung für das Band durchsetzt. Gerät ein in der Kohle eingeschlossenes Metallteil in dieses Feld, so wird letzteres durch auftretende Wirbelströme geringfügig verzerrt. In bezug auf die felderzeugende Spule ruft eine entkoppelte Spulenanordnung eine kleine Verstimmungsspannung hervor, die mehrstufig verstärkt wird, damit sie für die Betätigung eines Relais ausreicht. Damit kann man u.a. akustische und optische Signale auslösen und den Bandantrieb stillsetzen. Gleichzeitig können auch über dem Band hängende Sandsäckchen freigegeben werden; sie fallen auf das auslaufende Band herab und markieren damit die ungefähre Lage des Metallteiles. Dieses wird aus der Kohle entfernt, und nach Betätigung eines Quittierknopfes kann die Bandstaffel wieder angefahren werden.

Die von der Firma Dr. Hans Boekels & Co. in Aachen hergestellten Suchgeräte werden auch zum Steuern von Elektromagneten verwendet. Die Firma Krupp in Rheinhausen baut in ein Band ein Suchgerät ein, welches in seiner Empfindlichkeit so eingestellt wird, daß es nur Eisenteile von z. B. mindestens 5 kg Gewicht meldet. Kleinere Teile werden von einem entsprechend weit dahinter angeordneten Magneten ausgeschieden, welcher mit einem dauernden Normalstrom von etwa 25 Ampere belastet wird. Beim Durchlauf eines schweren Eisenteiles spricht das Suchgerät an und erhöht für kurze Zeit die Stromaufnahme des Magneten auf 100 Ampere, was auch für den Austrag von schweren Eisenteilen genügt. Durch diese Maßnahme wird Strom gespart und eine übermäßige Erwärmung der Magnetwicklung vermieden, die einen derartigen Stromanstieg in kurzer Zeit verhindern würde. In das auf den Magneten folgende Förderband ist dann noch ein weiteres Suchgerät zum Anzeigen von unmagnetischen Metallen und zum Abschalten des Bandmotors eingebaut.

In einem konkreten Falle war ein Trommelmagnet für 7,15 kW Stromaufnahme bei Dauerbetrieb ausgelegt. Durch Erwärmung der Wicklungen nahm er jedoch nur 4,5 bis 5 kW auf. Er wurde gegen eine Magnetrolle ausgetauscht, welche im Dauerbetrieb nur 1,27 kW aufnahm, für 2,25 kW ausgelegt war, vom Suchgerät aber kurzzeitig mit 4,11 kW belastet werden konnte. Der Preisunterschied zwischen schwächeren und stärkeren Magneten ist ganz beträchtlich, so daß sich der Einbau eines Suchgerätes meistens lohnen wird.

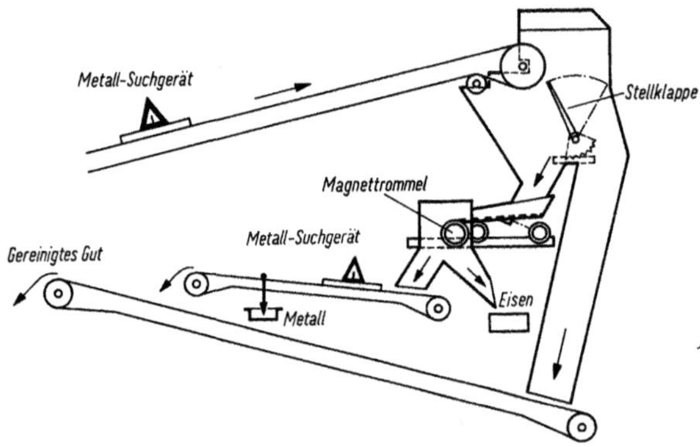

Abb. 586. Metallsuchgerät mit Eisenausscheider

Ist häufiges Abschalten einer Bandanlage durch Suchgeräte unerwünscht, so läßt sich eine von der Klöckner-Humboldt-Deutz AG entwickelte Anordnung nach Abb. 586 treffen. Ein Suchgerät betätigt beim Durchlaufen eines magnetischen oder unmagnetischen Metallteiles eine hinter dem Bandabwurf angeordnete Stellklappe, wodurch das aufgespürte Metall samt der umgebenden Kohle zu einer Magnettrommel geführt wird. Das Eisen wird dort abgeschieden, und die abgezweigte Kohlenmenge wird von einem im Nebenschluß liegenden Band zum Hauptstrang weitergefördert. Unmagnetisches Metall wird auf dem Hilfsband von einem Suchgerät aufgespürt und das Band abgeschaltet. Nach Auslesen des Fremdkörpers gelangt die abgezweigte Kohle wieder zum Hauptband zurück. Die eigentliche Förderung ging nach dem Rückschlagen der Stellklappe inzwischen ungestört weiter.

2. Anlagen zur Vorsortierung und Zerkleinerung

Stein- und Braunkohle werden heute vorwiegend kleingekörnt angeliefert; es können aber auch größere Stücke darin enthalten sein. Dies gilt besonders für Braunkohle, wenn sie dem Kraftwerk als Förderkohle angeliefert wird. Da die Mühlen im Kesselhaus meistens für ein Ausgangskorn von maximal 30 bis 40 mm ausgelegt sind, muß die Kohle gegebenenfalls zerkleinert werden. Dies geschieht durch Vorbrecher verschiedenster Bauart. Abb. 587 zeigt eine Prallhammermühle für Kohle, welche auch Steine enthält. Vom Einlauf fällt das Material in den Schlagbereich eines Rotors. An diesem sind Stäbe mit drehbar aufgehängten Hämmern angebracht, die nach außen geschleudert werden, auf das Mahlgut prallen und dieses gegen die Innenseiten des gepanzerten Brechergehäuses schleudern; von dort prallen die Stücke wieder in den Schlagbereich zurück, bis sie klein genug sind, um an einem quer eingesetzten Schlagbalken vorbei den Brecher unten zu verlassen. Beim Durchgang harter Fremdkörper legen sich die Schläger um, ohne weiter Schaden zu nehmen. Da es sich um eine Vorzerkleinerung handelt, erhalten diese Brecher keine Siebe oder Roste, sondern zerkleinern die Kohle in einem einzigen Durchgang. Die Stückgröße des Aufgabegutes bestimmt den Durchmesser des Schlagwerkes, während die Mühlenbreite von der gewünschten Mahlleistung festgelegt wird. Eine weitere Anpassung an die Leistung erfolgt durch Veränderung der Rotordrehzahl. Für den Antrieb werden Mehrfach-Keilriemen bevorzugt, da sie ein elastisches Zwischenglied darstellen.

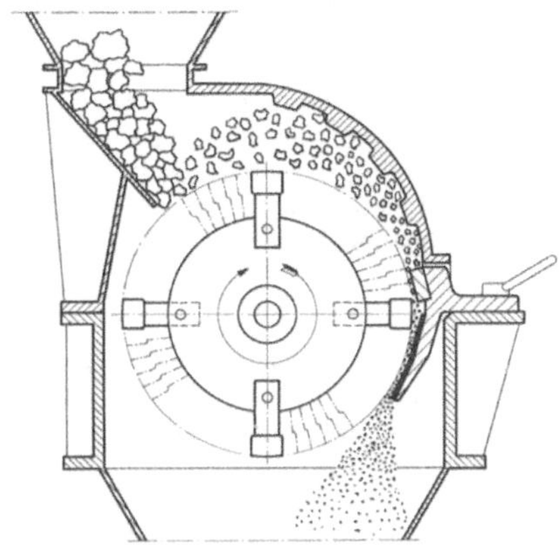

Abb. 587. Prallhammermühle mit verstellbarem Schlagbalken

Für weichere Kohlesorten genügen einfache Hammerbrecher, wobei weitgehend auf die Prallwirkung verzichtet wird. Reine Prallmühlen eignen sich dagegen sehr gut für harte Kohle, besonders wenn diese noch Eisen und Steine enthalten sollte. Der Rotor besteht bei dieser Bauart aus einem glatten Mantel geringeren Durchmessers, an welchem Schlagleisten anstelle von Hämmern angebracht sind. Je nach Konstruktion lassen sich die abgenutzten Leisten bis zu viermal wenden. Mit Umfangsgeschwindigkeiten von mehr als 30 m/s treffen sie auf die Kohle und schleudern sie gegen Prallplatten, welche nachgeben können. Als Anhalt nennt z.B. die Firma HAZEMAG einen effektiven Kraftbedarf von etwa 1,2 kW je t/h Fertiggut.

Walzenbrecher besitzen zwei Walzen mit gleicher oder unterschiedlicher Drehzahl, von denen die eine beweglich gelagert ist, um bei Fremdkörpern ausweichen zu können. Bei niedrigen Drehzahlen erfassen aufgesetzte Nocken oder Zähne die Kohle und bringen sie durch Druckzerkleinerung auf das verlangte Endkorn. Bei höherer Walzendrehzahl tritt eine schnelle Schlagfolge der Nocken ein, und die Zerkleinerung erfolgt durch Druck und Schlag. Die Walzen können Durchmesser bis zu 1600 mm erhalten.

Um bei großen Durchsatzleistungen die Brecher nicht zu groß werden zu lassen, empfiehlt es sich, die Kohle vorher abzusieben. Der meist hohe Anteil an Feinkorn wird unter Umgehung des Brechers weitergeleitet; nur das Grobkorn gelangt in den entsprechend kleineren Brecher. Als einfachste Vorrichtung kann ein Stabrost in die Schurre vor dem Brecher eingeschaltet werden. Er muß nach Neigungswinkel und Spaltweite den Kohleneigenschaften angepaßt werden. Da er sich — besonders bei Braunkohle — leicht zusetzen wird, kann er von einem Exzenter angeschlagen werden. Sehr gut hat sich eine Vorrichtung der Firma Krupp bewährt, bei welcher dicht unterhalb der Roststäbe und parallel zur Stabrichtung Ketten um eine obere und untere Welle umlaufen. Mit ihnen wird ein Reinigungsfinger durch jeden Rostspalt geführt und der Rost dadurch ständig freigemacht. Schwingsiebe sind nur bedingt zur Absiebung geeignet. Bei feuchter Rohbraunkohle ist mit Sicherheit damit zu rechnen, daß die Siebfläche zuwächst. In diesem Falle empfiehlt sich ein Scheibenrost, bei dem sich die Durchgangsöffnungen zwischen den rotierenden Scheiben durch ihre Anordnung und Formgebung selbst reinigen. Sollte die Rohkohle viel Holz und Steine enthalten, so kann über einem Scheibenrost ein Schwenkbrecher aufgehängt werden. Um eine horizontale Achse schwenken mehrere Hebelarme auf und ab, an denen sich vorn je eine gezahnte Messerscheibe befindet; sie werden von der Hauptwelle aus über Ketten angetrieben. In den Antrieb ist eine Voith-Flüssigkeitskupplung eingeschaltet, welche ein bestimmtes Drehmoment übertragen soll. Die großen Kohlebrocken geraten auf dem Rost in die sich darüber drehenden Messerscheiben und werden zertrümmert. Beim Durchgang von Fremdkörpern mit größerer Festigkeit als Braunkohle heben sich die Schwenkarme und lassen die Fremdkörper durch. Wird das am Voith-Getriebe eingestellte Drehmoment überschritten, rutscht die Kupplung durch.

Bei der Rückführung von Lagerplatzkohle können im Winter Schwierigkeiten auftreten, wenn mehr oder weniger große Schollen gefrorener Kohle anfallen und sich in Schurren usw. festklemmen. Soweit in den Bekohlungsanlagen schon Brecher vorhanden sind, wird man Frostschollen enthaltende Kohle wieder über die Brecher leiten. Anderenfalls kann ein Zweiwalzenbrecher ausschließlich für diesen Zweck eingebaut werden. Seine geringe Bauhöhe gestattet vielfach einen nachträglichen Einbau. Sollte dabei die Höhe zur Unterbringung einer Umgehungsschurre fehlen, so wird der Brecher in der warmen Jahreszeit seitlich ausgefahren, damit man ihn nicht unnötig betreiben muß. Gelegentlich lassen sich auch die beiden Walzen soweit auseinanderstellen, daß die Kohle frei hindurchfallen kann.

3. Mischanlagen

Es ergibt sich immer mehr die Notwendigkeit, ballastreiche Kohlen und Abfallprodukte aus Zechen und Wäschen in Kraftwerken zu verfeuern. Einige dieser Brennstoffe eignen sich nicht zur Alleinverfeuerung oder lassen sich mit herkömmlichen Mitteln nicht lagern

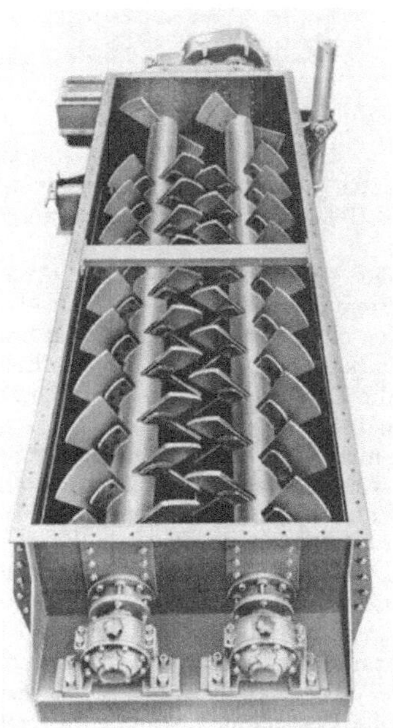

Abb. 589. Drehbunker mit Tellerzuteilern (Werkbild Babcock & Wilcox)

Abb. 588. Doppelwellenmischer (Werkbild Babcock & Wilcox)

oder transportieren, wie z. B. Kohlenstaub. In diesem Falle werden Mischanlagen eingerichtet, in denen einzelne Bunkerzellen die verschiedenen Produkte wie Sichterstaub, Steinkohlenschlämme, Koksgrus, Rohfeinkohle, Mittelgut usw. aufnehmen. Austrageapparate wie Drehteller, Plattenbänder, Vibratoren u. a. m. ziehen die einzelnen Sorten im gewünschten Verhältnis ab, wobei sich verschiedene Schichten auf einem Sammelband übereinanderlegen. In günstigen Fällen genügt die beim Transport und an den verschiedenen Übergabestellen eintretende Durchmischung. Anderenfalls wird dafür eine Doppelwellenmischschnecke in den Förderweg eingeschaltet (Abb. 588). Eine besonders sichere Mischung wird mit einer Anlage erreicht, wie sie im Dritten Band, Teil A, Erster Teil, S. 10, Abb. 4, gezeigt wird. Ein Plattenband läuft unter verschiedenen Bunkerzellen hindurch und trägt die Brennstoffsorten in Schichten übereinander aus. Die Stärke dieser Schichten kann zuverlässig eingestellt werden. Vor dem Abwurf über Kopf gerät der Brennstoffstrang in den Bereich einer Paddelwelle, deren versetzte Arme jeweils kleine Mengen von dem Strang abtrennen und die verschiedenen Sorten dabei verwirbeln.

Das Fördergut Kohleschlamm kann je nach Konsistenz so flüssig sein, daß es selbst über die Seitenwände von stillstehenden Austragekastenbändern oder Vibratoren hinwegfließt. Für solche Fälle werden Tellerzuteiler verwendet, wobei ein verstellbarer Abstreifer den Schlamm von einem rotierenden Teller abstreift bzw. den Bunker dicht verschließt. Der Kohlenschlamm kann aber auch die Ausläufe von herkömmlichen Bunkern völlig verstopfen. Hier bringen rotierende Bunker mit konisch nach unten erweiterten Zylindern Abhilfe. Abb. 589 zeigt zwei dieser Bunker, welche zum Austragen noch mit zwei Tellerspeisern kombiniert sind. Der größeren Haltbarkeit wegen können die stählernen Bunkerwände mit Schmelzbasalt ausgekleidet werden.

4. Waagen

Zur Kontrolle der angelieferten oder der zu verfeuernden Kohlemengen werden Wiegeeinrichtungen benötigt. Je nach örtlichen Verhältnissen werden sie in Gleise, Bänder, Plattenbänder, Becherwerke und seltener in die Seilzüge von Greiferkranen eingebaut. Abb. 590 zeigt eine in ein Schrägband eingebaute mechanische Bandwaage Bauart Schenck mit danebenstehendem Gehäuse für die Anzeige und Registrierung. Abb. 591 zeigt das zugehörige Funktionsschema. Bei einer mechanischen Bandwaage wird in das normale Bandgerüst eine Wiegebrücke samt darauf befindlichen Tragrollenstationen eingefügt. Ihre Länge richtet sich nach der Gurtgeschwindigkeit. Die Last wird mit Hebelgestänge auf einen Neigungshebel übertragen, welcher periodisch von einer Klemmvorrichtung festgehalten wird; sein jeweiliger Ausschlag wird von einem Taster gemessen. Der gemessene Tastweg wird dann auf den Zähler übertragen. Die Klemme wird dabei so gesteuert, daß der Hebel stets nach einem Bandweg festgeklemmt wird, welcher der Brückenlänge entspricht. Der Wägevorgang

Abb. 590. Mechanische Bandwaage (Werkbild Schenck, Darmstadt)

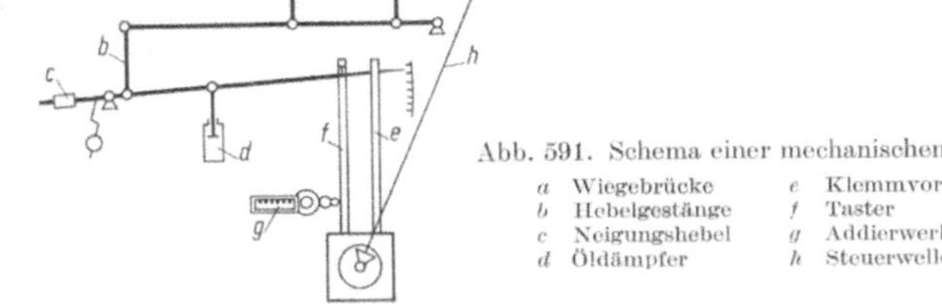

Abb. 591. Schema einer mechanischen Bandwaage

a Wiegebrücke, *b* Hebelgestänge, *c* Neigungshebel, *d* Öldämpfer, *e* Klemmvorrichtung, *f* Taster, *g* Addierwerk, *h* Steuerwelle

unterteilt sich also in ein streckenweises Verwiegen des gesamten Bandförderers mit daraufliegender Kohlemenge, wobei ein Zählwerk alle Einzelwägungen addiert. Maximal können 15 Wägespiele je Minute durchgeführt werden. Die Steuerung wird vom laufenden Untertrum des Bandes angetrieben. Am Wiegeschrank kann die momentane Bandleistung in t/h sowie die Gesamtfördermenge in t abgelesen und von Linienschreibern aufgezeichnet werden. Außerdem können alle Werte elektrisch fernübertragen werden. Als Wiegegenauigkeit gibt die Firma Schenck bei ihren Bandwaagen $\pm 0,5\%$ an, bei Becherwerkswaagen $\pm 1\%$ der stündlichen Höchstmenge. Diese Fehlergrenzen gelten für den Bereich zwischen 50 und 100% der Bandleistung.

Die Firma Kukla in Vöcklabruck (Österreich) baut eine mechanische Bandwaage mit kürzerer Wiegebrücke (Mindestlänge 3 m), bei welcher das Hebelwerk die über die Meßstrecke laufende Gewichtsmenge aufnimmt und auf ein Zeigerpendel im Registrierkopf überträgt. Durch die Belastung erfolgt eine radiale Verschiebung von Kurvenelementen; eine von dem laufenden Band angetriebene Sperrklinke umkreist sie, tastet sie ab und überträgt die Werte laufend auf ein mechanisches Summierzählwerk, von wo sie weiterübertragen werden können. Auch kleine Schwankungen des Materialflusses werden dabei erfaßt. Die Wiegegenauigkeit beträgt mindestens $\pm 0,5\%$, im Durchschnitt 0,1 bis 0,2%. Das Wiegegehäuse mit Anzeige ist sehr schmal und beansprucht wenig Platz neben einem Band, was für die Durchgangsverhältnisse bei schmalen Bandbrücken usw. wichtig sein kann. Erhält diese Waage ein kurzes Wiegeband von 1 bis 2 m Länge (Abb. 592), so beträgt der Fehler nach einem Protokoll des Eichamtes Wien als Durchschnitt von zehn Wägungen 0,065%.

Ist in einem durchlaufenden Förderband keine ausreichende Wiegelänge für den gegebenenfalls nachträglichen Einbau einer Waage unterzubringen, so kann eine mechanische Einrollen-Bandwaage verwendet werden, bei der die Belastung einer einzigen Bandrolle

Abb. 592. Mechanische Bandwaage mit kurzem Wiegeband (Werkbild Kukla, Vöcklabruck/Österreich)

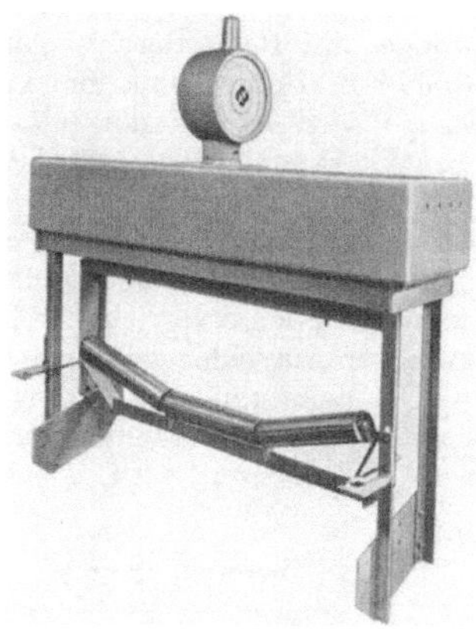

Abb. 593. Elektronische Bandwaage mit Kreiszeigerkopf (Werkbild Schenck, Darmstadt)

angezeigt wird. Als Einbaulänge werden rd. 2 m benötigt, was einer Meßstrecke von 1 m entspricht. Als Fehlergrenze nennt die Firma Kukla 1% und besser; bei gleichmäßigem Materialfluß wurden auch 0,12% erreicht.

Neben mechanischen Einrollen-Waagen werden auch elektrische Bandwaagen gebaut (Abb. 593). Ihre Vorzüge sind die kontinuierliche, nicht abschnittsweise Erfassung der Beladung, das Fehlen von Schneiden und Pfannen sowie die Unempfindlichkeit gegen Verschmutzung. Gemessen wird dabei der Druck einer einzelnen Tragrollenstation mittels einer Kraftmeßdose; die Auswertung erfolgt elektrisch. Als Fehlergrenze werden $\pm 1\%$ genannt für eine Förderleistung zwischen 20 und 110% der Nennfördermenge, gemessen über eine mehr als halbstündige Dauer der Förderung. Gegenüber den Nennwerten soll die angelegte Spannung nicht mehr als $\pm 10\%$, die Frequenz nicht mehr als $\pm 2\%$ abweichen.

Außer zum Verwiegen können Bandwaagen auch zum Dosieren verwendet werden, indem sie z. B. die Drehzahl eines Bandantriebes so verändern, daß trotz Aufgabeschwankungen stets ein bestimmter Kohledurchsatz eingehalten wird.

Bei der Erweiterung eines Braunkohlekraftwerkes ergab sich die Notwendigkeit, von einem neuen Schlitzbunker aus ein neues Kesselhaus mit 615 m^3/h Kohle zu versorgen, zeitweise aber nur 370 m^3/h nach der älteren Anlage zu fördern. Der Schlitzbunker hat zwei Schaufelradentleerungswagen und zwei Bunkerbänder; alle folgenden Bänder sind jedoch nur einmal vorhanden. Es wurde folgende Anordnung getroffen: Von den Drehzahlgebern an den Schaufelrädern werden Spannungen abgegeben, welche den Schaufelraddrehzahlen proportional sind. Sie werden summiert und auf einen Grenzwerteinsteller mit den Grenzwerten 370 und 615 m^3/h gegeben. Diese verhindern, daß die Summe der von beiden Schaufelrädern geförderten Menge die vorgenannten Werte überschreitet. Am Schaufelradwagen und an der Leuchtwarte befindet sich je ein Taster für „Mehr" bzw. „Weniger", womit die Förderleistung beider Schaufelräder unterhalb der Grenzwerte in weiten Grenzen beliebig aufgeteilt werden kann. Dadurch wird ein Überschütten der nur einfach angeordneten folgenden Bänder verhindert. Auch für die Waage werden obige zwei Grenzwerte eingestellt; sie erhalten Umschaltkontakte für den Weg zum neuen oder älteren Kraftwerk. Spricht einer der Grenzwertkontakte an, so wird das Band abgeschaltet. Diese Grenzwerte an der Waage bedeuten eine zweite Sicherheit gegen Überschüttung; sie sind besonders dann wichtig, wenn das ältere Kesselhaus mit seiner geringeren Förderleistung beliefert werden soll.

5. Kohle-Probennehmer

Zur Kontrolle des Heizwertes der Kohle durch das Laboratorium müssen Proben genommen werden. Die Genauigkeit der Messung steigt mit der Anzahl der Probeentnahmen. Letztere können automatisch durchgeführt werden, wobei ein Getriebe mit Zeitwerk sicherstellt, daß die Entnahmen in gleichmäßigen, einstellbaren Zeitabständen durchgeführt werden. Eine derartige Anlage mit besonders weitgehenden Funktionen sei im folgenden beschrieben:

Die Bandanlage fördert 640 t/h Steinkohle mit einer Körnung von 0 bis 50 mm. Vor der Abwurftrommel eines Bandes wird in einstellbaren Zeitintervallen ein Probenlöffel von 15 kg Inhalt durch die herunterfallende Kohle geschwenkt. Nach seinem Rücklauf entleert der Löffel seinen Inhalt in ein Sammelgefäß. Haben sich dort 300 kg angesammelt, so wird über drei Druckmeßdosen ein Abzugsvibrator eingeschaltet, welcher die Kohle einer sieblosen Hammermühle für eine Leistung von 6 t/h zuführt. Die Kohle wird bis auf eine Körnung von 0 bis 6 mm vermahlen. Vom Mühlenauslauf führt ein Vibrator zu einem horizontal umlaufenden Tellerteiler I. In ihm sind so viel Schlitze bestimmter Größe angeordnet, daß von 14 kg aufgegebener Kohle nur 1 kg hindurchfallen kann. Diese Menge bringt ein weiterer Vibrator zum Tellerteiler II, welcher nochmals im Verhältnis 1 : 14 teilt. Die von anfangs 300 kg gewonnene Restmenge von 1,5 kg läuft darauf einem Probentisch zu, auf dessen Drehplatte acht Laborflaschen bereitstehen. Ist eine Flasche mit 3 kg Kohle gefüllt, dreht sich der Tisch zur Füllung der nächsten Flasche um eine Teilung weiter. Die gefüllten Flaschen laufen zur Vermeidung von Austrocknungsverlusten unter ein Deckelblech. Die Kohlenmenge, die auf den Tellern liegengeblieben ist, wird nach einer Umdrehung abgestrichen und über ein Becherwerk dem nächsten Förderband zugeführt. Der Grundflächen- und Raumbedarf einer derartigen Anlage verlangt ein rechtzeitiges Einplanen in den Förderfluß. Die Kosten der geschilderten Anlage betragen etwa das Fünffache gegenüber einer einfacheren Einrichtung.

6. Regenwasser-Abweiser

Horizontalbänder am Lagerplatz oder am Kai müssen vielfach ohne Überdachung verlegt werden. Bei Regen sammeln sich während der Förderpausen beträchtliche Wassermengen in den Gurtmulden an und überfluten beim Anfahren das nächste Übergabebauwerk. Regenwasser-Abweiser können diese Überflutungen verhindern. Bei langsam laufenden Gurten genügt ein Rad mit ballig gedrehtem Umfang, welches mittels Winkelhebels den Gurt von unten her in seiner Mittelachse hochdrückt und ihn so aus der Mulde hebt, daß der größte Teil des Wassers über die nunmehr abwärts gewölbten Gurtränder ablaufen kann. Bei breiten und schnellaufenden Gurten sind umfangreichere Maßnahmen erforderlich. Man ordnet auf einem rd. 1 m langen Tisch dicht nebeneinander liegende Rollen an. Mit einem Hebel wird der Tisch unter dem Gurt angehoben, wodurch sich dieser flach ausbreitet. Gleichzeitig klappt von oben ein Pflug mit Gummileisten herunter und streift das Wasser nach beiden Seiten hin ab. Meistens reicht ein einmaliger Bandumlauf für die Ableitung des Regenwassers aus. Der Pflug muß in die Bandverriegelung so einbezogen werden, daß keine Kohlenförderung möglich ist, solange er in Arbeitsstellung ist.

7. Entstaubung

An den Brechern und Bandübergabestellen kann eine so starke Staubentwicklung entstehen, daß Vorkehrungen dagegen getroffen werden müssen. An Hammerbrechern kann es mitunter zweckmäßig sein, den Sammelrumpf unter dem Brecher mit dessen Einlaufschurre durch einen Luftkanal zu verbinden. Die Staubluft läuft dann in geschlossenem Kreis um. Die Kohleführungskästen für das anschließende Band erhalten eine Absaugehaube und die üblichen nachstellbaren Gummidichtungsleisten an drei Seiten; letztere werden doppelwandig ausgebildet. Der so entstehende Hohlraum wird dann mehrfach an Entstaubungsleitungen angeschlossen.

Die Austrittsseite von Kohleführungskästen oder die Einläufe zu Übergabeschurren können durch lose eingehängte Gummischürzen abgedeckt werden, welche durch Längsschlitze in senkrechte Streifen unterteilt sind; diese passen sich dann der Oberfläche der durchlaufenden Kohleschicht an.

Die von den verschiedenen Absaugeanschlüssen abgehenden Leitungen werden zu Filterschränken geführt, in denen Flächen oder Schläuche aus Stoff den Staub aus der Luft ausfiltern; auf der Reinluftseite befindet sich ein Hochdruckgebläse, das die gereinigte Trägerluft über Dach ins Freie drückt. Da der Filterstoff vom Staub zugesetzt wird, müssen die Filter automatisch gereinigt werden. Der abgeschiedene und der abgereinigte Staub wird aus dem Filtergehäuse ausgeschleust und fällt in einen darunter befindlichen Bunker oder auf eines der Kohlebänder.

Werden Kesselhausbunker durch fahr- und reversierbare Bänder beschickt, so wird der Einwurfschlitz mit einem dünnen, flachliegenden Gummigurt abgedeckt, welcher vom fahrenden Band nur an der jeweiligen Einwurfstelle angehoben oder bei einer anderen Bauart zusammengefaltet wird. Als weitere Möglichkeit läßt sich im Einwurfschlitz ein durchlaufender Blechsattel einbauen; die rechts und links von diesem abrutschende Kohle drückt Gummischürzen zur Seite, welche der Länge nach in einzelne Schüsse unterteilt sind. Bei Stillstand der Förderung hängen die mit Flacheisen beschwerten Schürzen senkrecht herab, legen sich an die Unterkante des Sattels an und schließen dadurch den Bunker weitgehend ab.

Die zu ergreifenden Maßnahmen müssen vor allem den örtlichen Verhältnissen angepaßt werden. So war es bei einem im Zentrum einer Großstadt gelegenen großen Heizkraftwerk nötig, die Kohleentladung völlig staubfrei vorzunehmen. Die Selbstentladezüge werden bis vor ein Entladehaus gebracht, in dem jeweils zwei Waggons in eine diese eng umschließende Mantelröhre eingefahren werden. Elektrisch betätigte Rolltore und zwei starke Absaugungen längs des Tunnels verhindern erfolgreich einen Staubaustritt. Gleichzeitig waren der Lüftergeräusche wegen strenge Auflagen einzuhalten, um Störungen der Anwohner zu vermeiden.

8. Bunkerstandsanzeiger

Der Einbau von Staubabdeckungen an den Einwurfschlitzen bei Kesselhausbunkern verhindert einen direkten Einblick in diese, um ihren Füllungsgrad feststellen zu können. Dies muß durch Anzeige- und Meldevorrichtungen angestrebt werden, wofür zahlreiche Verfahren und Einrichtungen entwickelt wurden. Diese können aber auch bei offenen Schlitzen eingebaut werden und gestatten es gegebenenfalls, den Bunkerwärter einzusparen. Die Anzeige kann kontinuierlich erfolgen, oder es werden nur die beiden Grenzwerte „Voll“ und „Leer“ gemeldet. Mit entsprechenden Einrichtungen lassen sich fahrbare Bänder jeweils dorthin steuern, wo der Kohlenpegel bis zu einer eingestellten Höhe abgesunken ist. Nach Füllung wird das Band automatisch zur nächsten leeren Bunkerstelle weitergefahren und zuletzt abgeschaltet.

Mehrere Bunkerstandsmeßeinrichtungen wurden im Achten Teil, Abschn. B II, S. 476, behandelt.

Schrifttum

[1] AUMUND, H.: Hebe- und Förderanlagen, Berlin/Göttingen/Heidelberg: Springer 1958.
[2] BAHR, J.: Gurtbandförderer im Bergbau, Berlin: VEB Deutscher Verlag der Wissenschaften 1959.
[3] Hütte, II. Band: Förder- und Lagertechnik, Berlin: Ernst & Sohn 1960.
[4] Continental Gummiwerke AG, Hannover: Transportbanddienst.
[5] Pahlsche Gummi- und Asbest-Gesellschaft, Düsseldorf-Rath: Fördergurte für optimale Leistungen.

II. Heizöl

Von ALFRED SCHNEIDER

Je nach den örtlichen Verhältnissen wird das Heizöl auf dem Wasserwege mit Tankschiffen, per Bahn in Tankwagen oder mit Hilfe von festverlegten Fernleitungen an das Kraftwerk herangebracht. Da in den ersten beiden Fällen die Anlieferung intermittierend ist und selbst bei einer zum Kraftwerk führenden Rohrleitung mit Unterbrechungen der Heizöllieferung gerechnet werden muß, sind zur Speicherung dieses flüssigen Brennstoffes entsprechende Behälter nötig. Die Größe der Öltanks hängt davon ab, mit welcher Unterbrechungszeit für die Ölnachlieferung unter ungünstigsten Umständen gerechnet werden muß. Bei Benützung der Wasserwege kann dieses von den Vereisungs-, Hochwasser- oder Trockenzeiten abhängig sein. Bestehen keine besonderen Gründe für einen übermäßigen Vorrat, wird man sich in der Regel doch für zwei bis vier Wochen versorgt wissen wollen, um von unvorhergesehenen Zwischenfällen — wie Streiks oder Katastrophen — unabhängig zu sein.

Zu jeder Öltankanlage gehört eine Übernahmestation, die es ermöglicht, die Tankschiffe oder Tankwagen zu entleeren und das Heizöl über Fülleitungen in die Lagertanks zu pumpen. Vorher muß das zähflüssige Heizöl aufgeheizt werden, was in der Regel mit Dampf geschieht. An der Übernahmestation müssen daher Anschlüsse für das Heizöl und den Heizdampf vorhanden sein. Flexible Schläuche stellen die Verbindungen zu den Transportmitteln her.

Tankschiffe haben eigene Pumpen, die im Stande sind, das Heizöl in die Lagertanks zu fördern. Für die Entleerung der Waggons müssen Pumpstationen vorhanden sein, denen das Heizöl frei zulaufen kann, um von diesen in die Lagertanks gefördert zu werden. Kommt der flüssige Brennstoff in Fernleitungen an, so sind meistens Druckerhöhungspumpen für die Füllung der Lagertanks nötig.

Aus Sicherheitsgründen werden die großen Lagertanks am Rande des Kraftwerksgeländes aufgestellt. Kleinere Behälter für den jeweiligen Tagesbedarf stehen zweckmäßig in unmittelbarer Nähe der Kessel. Eine besondere Pumpstation dient zur täglichen Nachfüllung dieser Tagestanks. Von hier fließt das Öl den Pumpen der Kesselanlagen zu, die es mit höherem Druck (zumeist rd. 30 at) über Vorwärmer und Filter den Brennerdüsen der Feuerungen zuführen. Wichtige Einrichtungen, wie Pumpen, Vorwärmer, Filter und Rohrleitungsstränge, werden doppelt installiert, um bei Ausfall eines dieser Bauteile die Heizölzufuhr sicherzustellen. Die Schaltung der Ölleitungen und Pumpen muß stets ermöglichen, daß bei mehreren Lagertanks der Inhalt eines jeden in die benachbarten umgepumpt werden kann.

Als Heizöle werden stets schwere Sorten mit Viskositäten von 20° bis 60 °E bei 50 °C verwendet, was bedeutet, daß die Öle bei normaler Temperatur unter ihren Stockpunkten liegen. Um sie pumpfähig zu machen, müssen sie daher aufgeheizt werden. Hierfür sind in den Transportmitteln, den Lagertanks und Tagesbehältern Bodenheizschlangen und Einsteckvorwärmer neben oder über den Ausflußöffnungen eingebaut.

Die Bodenheizschlangen müssen ausreichen, den gesamten Behälterinhalt auf rd. 40 bis 50 °C aufzuwärmen, um das Absetzen des Wassers zu ermöglichen. Das Wasser sammelt sich am Boden in einer Grube und wird von dort abgeführt. Die Einsteckvorwärmer heizen das Öl in der Umgebung der Auslaufstelle auf 70 bis 90 °C auf, so daß es gut pumpfähig wird. Zweckmäßigerweise werden die Aufheizvorrichtungen so ausgelegt, daß sie auch im Stande sind, Öle mit höheren Viskositäten ausreichend zu erwärmen.

Um ein Stocken des Öles in den Leitungen zu verhindern, werden sie von Dampfleitungen begleitet und dadurch beheizt. Beide Leitungen sind von einer gemeinsamen Isolierung umgeben. Auch die Ölpumpen, Filter und die besonderen Armaturen, Zählvorrichtungen und ähnliches haben Einrichtungen zum Beheizen mit Dampf. Der Zustand des Dampfes beträgt zumeist rd. 10 atü mit einer maximalen Temperatur bis zu 350 °C. Für die Rückgewinnung des Kondensates sind Kondensatsammelbehälter und Ölabscheider nötig. Das Kondensat muß laufend auf Ölfreiheit hin überwacht werden. Um Öleinbrüche in die Dampf-Kondensatseite so weit wie möglich zu verhindern, ist — soweit durchführbar — ein Dampfdruck höher als der Öldruck zu wählen. In besonderen Fällen wird zum Aufheizen heißes Druckwasser verwendet.

Da die Tagesölbehälter sehr nahe bei den Kesselanlagen stehen, muß für den Brandfall die Möglichkeit gegeben sein, deren Inhalt schnell abzulassen. Hierfür sind unter Terrain Zisternen einzubauen, die den Inhalt der Tagesbehälter aufnehmen. Kleine Pumpen auf den Zisternen können das Öl wieder in die darüberliegenden Tagesbehälter zurückfördern. Zu diesem Zwecke erhalten die Zisternen eine Heizvorrichtung für das Aufwärmen des Öls. Zur weiteren Sicherung gegen die Ausweitung eines Brandes sind die großen Lagertanks mit Ölauffangmauern umgeben, die für die volle Ölfüllung bemessen sein müssen. Zum Löschen dienen fest installierte Schaumlöscheinrichtungen.

Im übrigen sind die jeweils am Aufstellungsort geltenden behördlichen Vorschriften über Heizöllagerung, Feuerschutzmaßnahmen, Gewässerschutz und regelmäßig durchzuführende Prüfungen zu beachten.

Abb. 594 zeigt den Schaltplan des Heizölsystems für zwei 100 MW-Blocks mit den dazugehörigen Heizdampf- und Kondensatleitungen.

Zündöl. In manchen Kraftwerken wird zum Zünden von öl- oder kohlenstaubgefeuerten Dampferzeugern leichtes Heizöl verwendet mit einer Viskosität zwischen 8° und 17 °E bei 20 °C und einem Stockpunkt von —5 °C bis —10 °C. Der Flammpunkt dieses Heizöles liegt bei etwa 55 °C, so daß das Zünden auch ohne besondere Einrichtungen, nur mit brennender Lunte möglich ist (siehe hierzu DIN 51 603).

Das Zündöl wird in Behältern bis zu 50 m³ Inhalt gelagert. Sind mehrere Blocks zu versorgen, kann ein gemeinsamer Behälter, zentral gelegen, diese Aufgabe übernehmen. Als Aufstellungsort wird meist der Kellerraum im Kesselhaus gewählt. Das Öl fließt von dort über Filter den Pumpen zu und wird von letzteren zu den Zündbrennern gedrückt. Eine Vorwärmung des Öles ist nicht nötig.

Für die hierfür notwendigen Sicherheitsvorkehrungen gelten wiederum die örtlich bestehenden behördlichen Vorschriften über Heizöllagerung, Feuerschutzmaßnahmen, Gewässerschutz und die regelmäßig durchzuführenden Prüfungen.

Den prinzipiellen Aufbau einer Zündölanlage zeigt Abb. 595

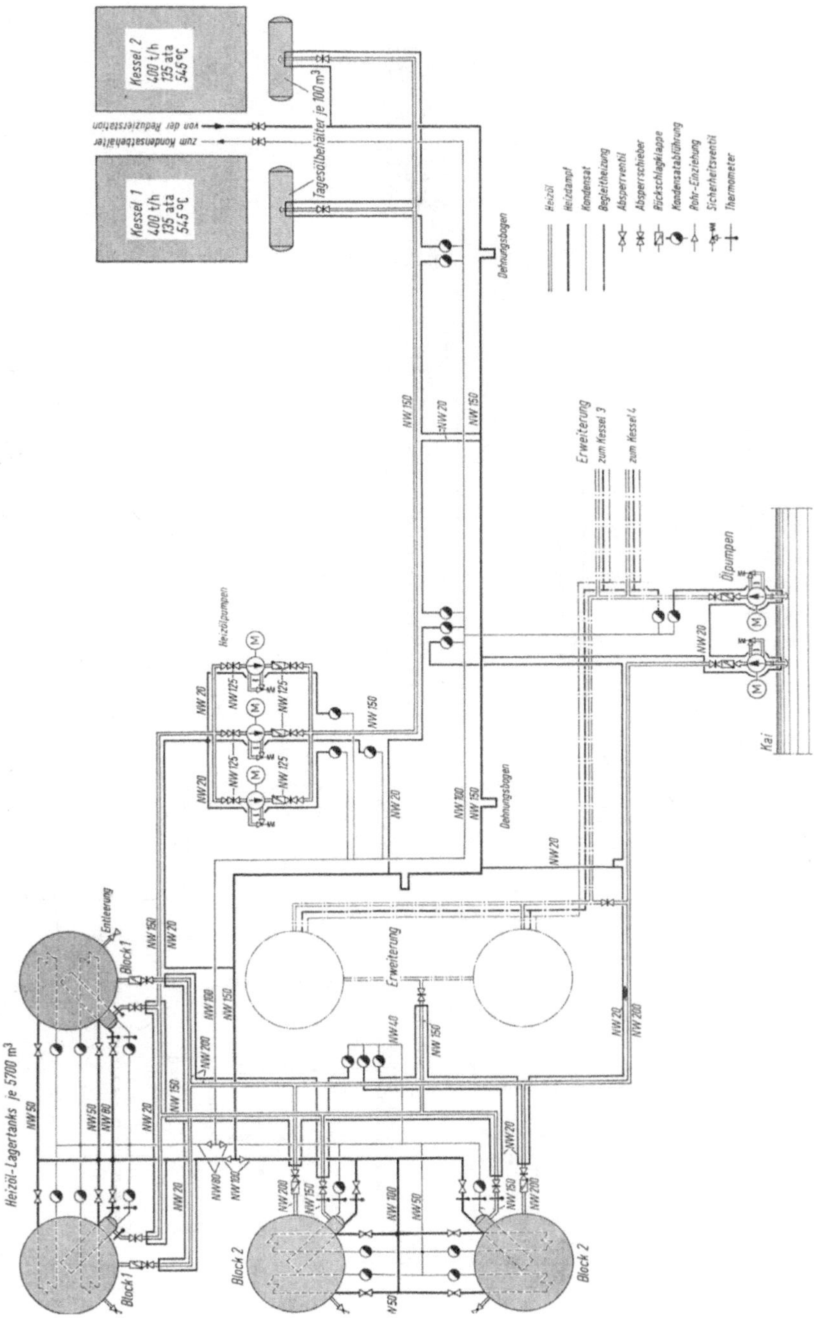

Abb. 594. Schaltplan des Heizölsystems für zwei 100 MW-Blocks

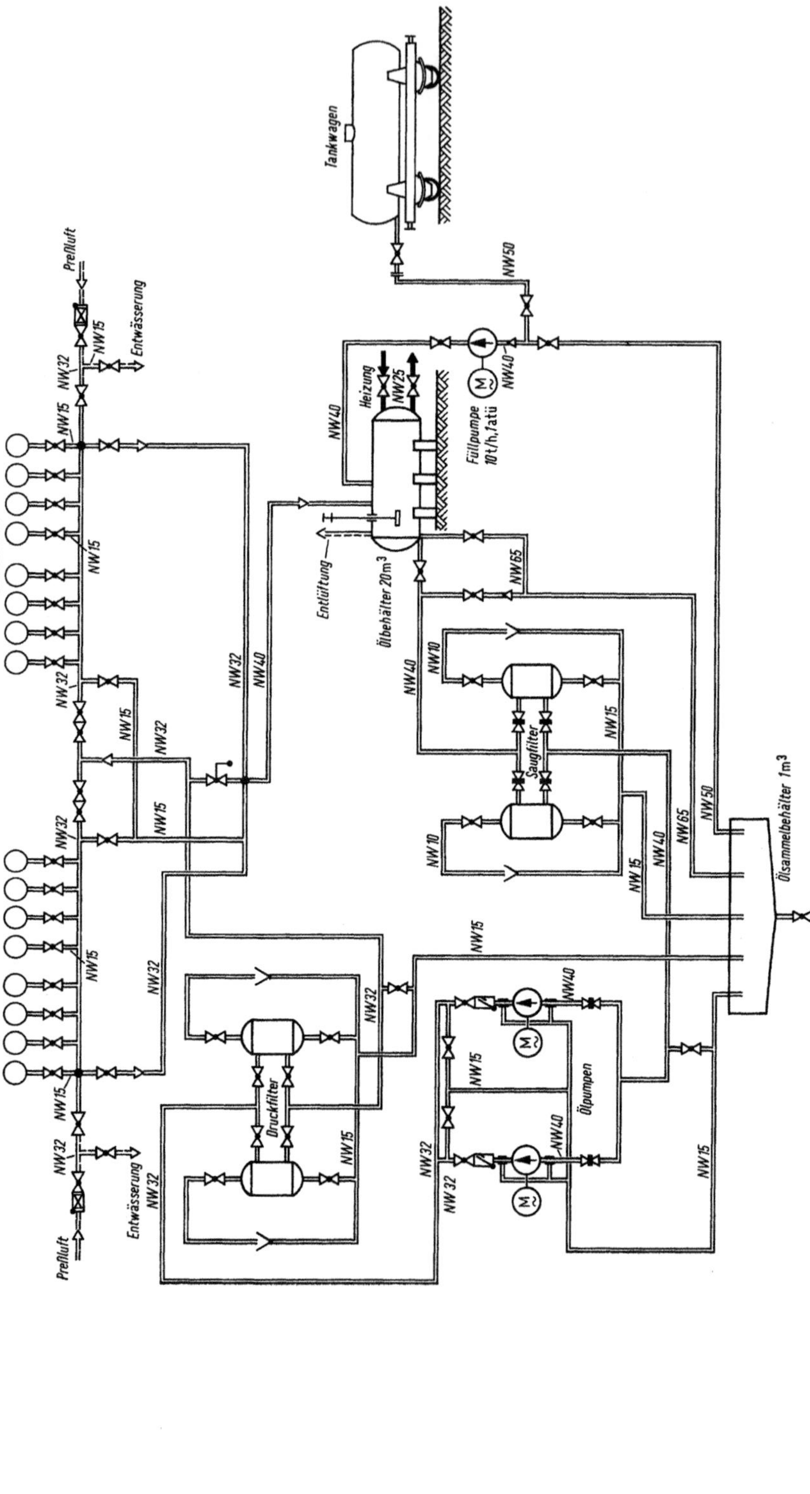

Abb. 595. Schaltplan einer Zündölanlage für ein öl- oder kohlegefeuertes Kraftwerk

B. Entaschungsanlagen

Von Walter Endler

In Kesselanlagen und Entstaubern fallen bei der Verbrennung von Kohle große Mengen von Schlacke und Asche an, welche abzutransportieren sind.

Für dieses Gebiet der Fördertechnik gab es bisher wenig allgemeingültige Literatur, und es mangelte an einer Festlegung von Begriffen wie Asche, Schlacke, Flugasche, Flugkoks usw. Diese Lücke wurde von der Vereinigung der Großkesselbesitzer e. V. (VGB), Essen, geschlossen durch die Herausgabe der „Richtlinien für den Bau und Betrieb von Entaschungsanlagen", 2. Ausgabe 1965. Diese sind in den nachfolgenden Ausführungen weitgehend berücksichtigt worden.

Unter Schlacke im eigentlichen Sinne sind nach den VGB-Richtlinien Verbrennungsrückstände zu verstehen, die aus vielen einzelnen Ascheteilchen zu einer glasartigen Masse zusammengeschmolzen sind, gelegentlich unter Einschluß von Gas und ungeschmolzenen Bestandteilen.

Unter Schlacke als Fördergut sollen alle festen Verbrennungsrückstände verstanden werden, einschließlich der Produkte unvollständiger Verbrennung, wie z.B. Flugkoks, sowie durch Rußbläser oder Kugelregen losgelöste rauchgasseitige Rohransätze.

Alle Verbrennungsrückstände, die unter einem Feuerraum anfallen, werden als Schlacke bezeichnet, beim Anfall unter Aschetrichtern und Entstaubungsanlagen als Flugasche bzw. Flugstaub.

Aus den genannten Richtlinien geht hervor, daß die Kohle hinsichtlich ihres Ballastgehaltes, der brennbaren Substanzen usw. Einfluß auf die Bauart der vorzusehenden Feuerung als Staubfeuerung mit trockenem oder flüssigem Schlackeabzug hat; Rostanlagen kommen für große Kraftwerke nicht in Frage.

Für die nachfolgend häufig verwendeten Begriffe „Granulat" oder „Schmelzgranulat" wurde folgende Definition getroffen:

„Bei Staubfeuerungen mit flüssigem Schlackeabzug erfolgt die Verbrennung des Kohlenstaubes bei geringerem Luftüberschuß als bei Staubfeuerungen mit trockenem Schlackeabzug. Die Feuerraumtemperatur wird dadurch sowie durch zweckentsprechende Konstruktion der Brennkammer so hoch gehalten, daß die in der Kohle enthaltene Asche flüssig anfällt. An den Wänden der Schmelzkammer entsteht ein langsam herabfließender Schlackefilm, in dem auch noch ungeschmolzene ausgeschleuderte Aschebestandteile eingebunden sind.

Die herabfließende Schlacke läuft über eine Ablauföffnung unter der Schmelzkammer einem Wasserbad zu, in dem sie durch Abschrecken erstarrt und durch innere Spannungen in scharfkantige Brocken und Splitter unterschiedlicher Größe zerplatzt. Aus dem Wasserbad wird das *Schmelzgranulat* durch entsprechende Austragvorrichtungen in feuchtem Zustand herausgefördert."

Über die Verteilung der Verbrennungsrückstände auf die verschiedenen Anfallstellen können folgende Angaben Aufschluß geben:

Bei Staubfeuerung mit trockenem Ascheabzug fallen unter dem Feuerraum nur 10 bis 15 Gewichtsprozent der im Brennstoff enthaltenen Asche als Schlacke an. Bei Kohlenstaubfeuerung mit flüssigem Ascheabzug fallen 95 bis 99 Gewichtsprozent der in der Kohle enthaltenen Asche als Schmelzgranulat an, sofern die Flugasche von der Entstaubungsanlage in die Schmelzkammer zurückgeführt wird. Wird die Flugasche nicht in die Schmelzkammer zurückgeführt, so ist der Anfall an Schmelzgranulat dort nur rd. 50 bis 85% je nach Schmelzkammerbauart.

Der Abtransport der Rückstände kann auf drei Arten erfolgen:

mechanisch,
hydraulisch,
pneumatisch.

In besonderen Fällen können diese Transportarten auch kombiniert werden.

I. Mechanische Entaschungsanlagen

Mit mechanischen Einrichtungen lassen sich alle Arten von Rückständen fördern.

a) Bandanlagen

Abgelöschte Rückstände oder Granulat werden von Naßentschlackern (siehe Dritter Band, Teil A, S. 200, Abb. 203) ausgetragen. Im Granulat sind dabei Körnungen in allen Größen vorhanden. Die großen Stücke müssen daher vor dem Weitertransport gebrochen werden. Das Granulat wird dazu auf einen Schrägrost aufgegeben, welcher die größten Stücke zur Seite leitet, wo sie von Hand zerschlagen werden. Das durch den Rost gefallene Gut wird von einem Brecher zerkleinert und fällt auf Transportbänder, welche zu einem Verladebunker führen.

Die Schmelzschlacken können beim Ablöschen in scharfkantige, glasharte und nadelförmige Gebilde zerspringen, welche teilweise in den Gummidecken der Bänder steckenbleiben. Sie beschädigen die Gurte und erschweren deren Lauf über die unteren geraden Tragrollen, weswegen man letztere mit Gummistützringen besetzt. Gewisse Verbesserungen ergeben sich bei nicht zu kurzen Bändern durch das Wenden des Gurtes im unteren Trum, etwa nach Abb. 596. Hinter der Abwurftrommel läuft der Gurt unter Vermeidung

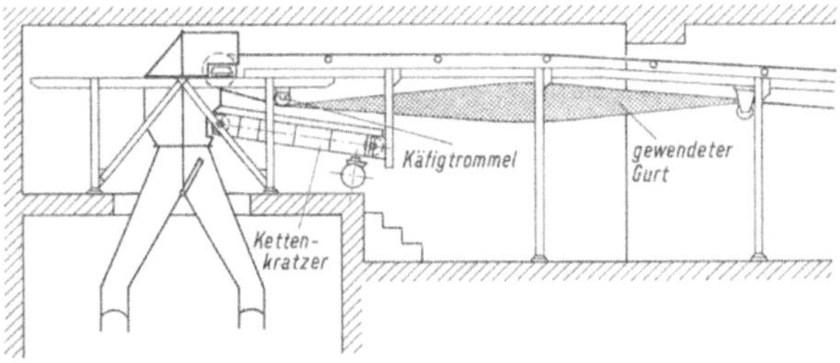

Abb. 596. Schlacketransportband

einer Einschnürtrommel mit seiner sauberen Seite über eine Klopfrolle, deren Rundeisenstäbe anstelle des runden Trommelmantels ein Polygon bilden; viele Schlackennadeln werden dabei abgeschleudert. Ohne weitere Führungsrollen wird der Gurt um 180° gedreht und läuft nun mit seiner sauberen Seite über die unteren Tragrollen. Vor Erreichen der Umlenktrommel muß der Gurt nochmals gewendet werden. Zur Vermeidung einer einseitigen Dehnung des Gurtrandes wird der Gurt um weitere 180° gewendet, so daß er insgesamt eine Wendung von 360° ausführt. Er läuft nun mit seiner sauberen Seite um die Endtrommel und auf den oberen Tragrollen weiter. Jede Gurtwendestelle benötigt eine Länge, welche der zehnfachen Gurtbreite entspricht. Zur Beseitigung der bei der ersten Wendung von der Käfigrolle abgeschleuderten Schlacketeilchen kann ein flachgebauter Kettenkratzer angeordnet werden, welcher die Schlacke mit in die Abwurfschurre bringt. Da der Verschleiß des Kettenförderers jedoch groß ist, kann auch ein Vibrationsförderer eingebaut werden, welcher nur in bestimmten Intervallen zu arbeiten braucht.

Im Interesse geringen Verschleißes empfiehlt es sich, Bandförderer mit einer geringen Gurtgeschwindigkeit zu betreiben. Die sonst in der Fördertechnik üblichen Gurtreiniger lassen sich nicht verwenden, da sie meist innerhalb von Stunden verschleißen. Versuche mit motorgetriebenen Perlon-Walzenbürsten verliefen in einigen Fällen günstig. Die Bürste rotiert im Bereich zwischen Abwurftrommel und der mit einem elastischen Kunststoff versehenen Andrücktrommel. Für Funktion und Lebensdauer der Bürsten ist es wichtig, die richtige Länge und Stärke der einzelnen Borsten sowie eine geeignete Drehzahl zu wählen. Außerdem sind die Bürsten laufend nachzustellen.

Ein Reinigen der Gurte mit Druckwasser kann ausreichende Ergebnisse bringen, doch ist das Ableiten des Wassers und der mitgeführten Schlackemengen mit Schwierigkeiten und einem entsprechend großen Aufwand verbunden.

Eine ebenfalls nicht billige, aber wirksame Reinigung wird mit Druckluft erzielt. Dafür wird nach Abb. 597 hinter der Abwurftrommel ein Rohr rechtwinklig zum Gurt angeordnet und mit Bohrungen für den Luftaustritt versehen. Die Anzahl und Anordnung dieser Bohrungen richtet sich nach der Gurtgeschwindigkeit und -breite, dem Luftdruck sowie dem Verschmutzungsgrad des Gurtes. Die Luftstrahlen sollen in flachem Winkel und entgegen der Laufrichtung auf den Gurt gerichtet werden. Die abgeblasenen Schlacketeile werden vom Luftstrom mit in die Wurfparabel des abgeworfenen Fördergutes getragen. Bei entsprechend ausgebildeter Verkleidung lassen sich saubere Übergabestellen erzielen. Der Luftbedarf kann durch Anschluß an ein vorhandenes Preßluftnetz oder durch gesonderte Kompressoren gedeckt werden. In einem Falle waren mit einer Geschwindigkeit von 2,10 m/s umlaufende Gurte von 650 mm Breite zu reinigen. Es wurden Bohrungen von 1,5 mm Durchmesser bei 10 mm Mittenabstand angeordnet. Der Luftverbrauch wurde gemessen und ergab je Übergabestelle eine Ansaugemenge von 100 m³/h bei 2,5 atü. Bei 3,0 atü ergab sich ein Verbrauch von 127 m³/h und bei 4,0 atü von 154 m³/h. In einem anderen Falle wurden Bohrungen mit 100 mm Mittenabstand angebracht, der Luftdruck betrug dabei 6 bis 7 atü; der aufgetretene Luftverbrauch ist nicht bekannt.

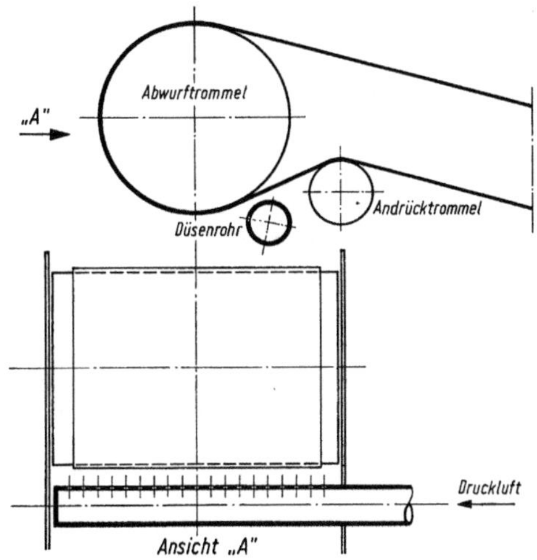

Abb. 597. Druckluftreinigung von Gummigurten

Handelt es sich um Verbrennungsrückstände aus Braunkohle, welche unter den Brennkammern der Kessel anfallen, so werden diese von Naßentschlackern ausgetragen und von Förderbändern zu bereitgestellten Eisenbahn- oder Straßenfahrzeugen transportiert.

b) Kübelaufzüge

Ist die zur Verfügung stehende Entfernung zwischen dem Kesselhaus und dem geplanten Verladebunker nicht groß genug, um mit einer Bandstraße unter 18° Steigung bis auf die erforderliche Bunkerhöhe zu gelangen, so können Kübelaufzüge für Steil- oder Senkrechtförderung verwendet werden. Die Schlacke wird von Band- oder Vibrationsförderern von den Kesseln bis zum Fußpunkt einer Kübelaufzugsanlage herangebracht und in einen Pufferbehälter abgeworfen, welcher auch als Wiegebunker ausgeführt werden kann. Hat die gespeicherte Schlacke ein Gewicht erreicht, welches der Kapazität des Fahrkübels entspricht, so kann ein Vibrator eingeschaltet werden, welcher den Kübel füllt.

Bei größeren Schlackemengen wird die kontinuierlich weiter anfallende Schlacke nach völliger Füllung des Wiegebunkers auf eine gleichartige Anlage umgeschaltet. Inzwischen fährt der erste Kübel mittels Winde und Seilzug in Führungsschienen bis zur Bunkerdecke, wobei die Schienen im letzten Teil der Fahrstrecke so ausgebildet werden, daß der Kübel seinen Inhalt in den Bunker kippt. Mit seiner Rückkehr zur Beladestation ist das Spiel beendet, und der zweite Kübel fährt nach Füllung zur Bunkerdecke. Für geringere Fördermengen genügt eine einfachere Anordnung mit nur einem Kübel. Die Schlacke aus dem Puffergefäß hinter dem letzten kontinuierlichen Förderer läuft über eine Klappschurre in den leeren Kübel, welcher sich in tiefster Stellung auf Druckmeßdosen abstützt. Ist der Kübel gefüllt, so veranlassen die Meßdosen seine Aufwärtsfahrt. Dabei nimmt der Kübel mechanisch die drehbar gelagerte Klappschurre bis in eine aufwärts gerichtete Stellung mit, womit gleichzeitig weiterer Schlackezulauf unterbrochen wird. Während der Fahrzeit des Kübels speichert sich die Schlacke im Puffergefäß und fließt wieder ab, wenn der abwärtsfahrende Kübel die Schurre wieder in Beladestellung gebracht hat.

c) Seilbahnen

Sollen die anfallenden Verbrennungsrückstände über größere Entfernungen bis zu einem geeigneten Gelände transportiert und dort als Halde eingelagert werden, so kann eine Drahtseilbahn eingerichtet werden. In ihrer Linienführung kann sie gut dem Gelände angepaßt werden, Täler und Verkehrswege können ohne Zwischenstützen überbrückt werden; Steigungen können bis 45° betragen. Aus Transportgründen werden die Tragseile in Einzellängen von 200 bis 400 m hergestellt und durch Muffen miteinander verbunden. Derartige Bahnen werden als Ein- oder Zweiseilbahnen ausgeführt. Einseilbahnen haben nur ein umlaufendes Seil, welches gleichzeitig als Trag- und Zugseil dient; ihre Anwendung hat nur bei geringen Leistungen wirtschaftliche Vorteile.

Weiteste Verbreitung fanden Zweiseilbahnen etwa nach Abb. 598 (Bauart Pohlig-Heckel-Bleichert) mit je einem ortsfesten Tragseil auf der Last- und Leerseite und einem stetig umlaufenden endlosen Zugseil, an das die einzelnen Seilbahnwagen mit selbsttätig arbeitenden Klemmvorrichtungen angeklemmt werden.

Die Seile verbinden die Beladestation mit der Entladestation; in der einen werden sie fest verankert, in der anderen durch Gewichte gespannt. Die leeren Wagen kommen mit gekippten Kübeln in der Beladestation an und kuppeln sich automatisch durch Lösen der Klemmvorrichtung vom Zugseil ab. Sie laufen dann auf eine Hängebahnschiene auf, wobei sie von einer Kettenschubbahn zur Beladestelle transportiert werden, nachdem die Kübel von Hand oder automatisch aufgerichtet und arretiert wurden. Am Bunker werden die Wagen durch druckluftbetätigte Klappschieber beladen und von der Kettenschubbahn zur Einkuppelstelle gebracht. Unter Zwischenschaltung eines Abstandsreglers wird der Wagen automatisch an das Zugseil geklemmt und mitgenommen. Auf der Strecke werden die Seile möglichst niedrig geführt, wobei die Stützenhöhe 6 bis 10 m beträgt, bei Bedarf aber auch 70 m und mehr. Die Stützenentfernung beträgt in ebenem Gelände rd. 100 bis 150 m; bei Talüberquerungen sind Spannweiten von 1600 m und mehr möglich.

Das Anschütten der Halde kann auf zweierlei Art erfolgen. Einmal kann der Umkehrmast *am Ende* des zur Verfügung stehenden Geländes errichtet werden. Am Tragseil wird eine Auslösevorrichtung angebracht, welche den fahrenden Wagen umkippt. Die Wagen bleiben beim Umlauf und Kippen an das Zugseil angekuppelt. Durch Weiterrücken des Auslösers wächst die Halde in ihrer Längsrichtung entsprechend mit.

Bei der anderen Methode wird der Umkehrmast *am Anfang* des Lagerplatzes errichtet und in kurzer Zeit ringsum eingeschüttet. Auf der entstehenden schrägen Rampe wird ein Brückenkopf mit Umlenkscheibe mittels Seilwinde auf einem Schwellenrost vorgeschoben; in die entstandene Lücke werden 5 m lange Brückenabschnitte eingebaut. Dieser Vorbau erfolgt innerhalb weniger Stunden; die Halde beginnt in geringer Höhe mit entsprechend niedrigem Turm, was erhebliche Preisvorteile mit sich bringt.

Für eine ausgeführte Seilbahnanlage sind folgende technische Daten bemerkenswert:

Fördergut	Schmelzschlacke
Schüttgewicht	1350 kg/m³
Förderleistung	90 t/h
Länge der Bahn anfangs	585 m
Vorschubstrecke, waagerecht gemessen	350 m
Höhe im Endausbau	120 m
Haldenkapazität nach 20 Jahren	4 000 000 t
Wageninhalt	6,80 hl $\cong$ 920 kg

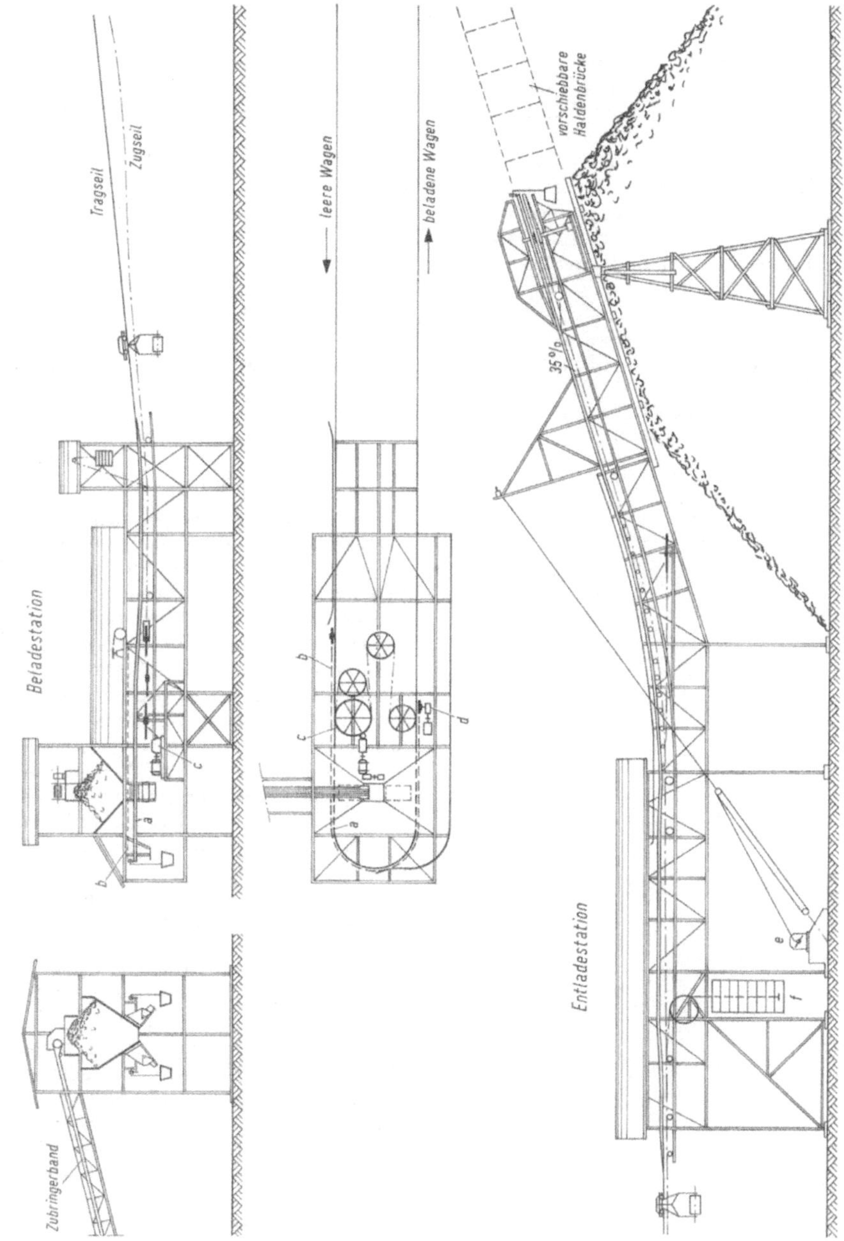

Abb. 598. Schlackenseilbahn

a Hängebahnschiene
b Kettenbahn
c Seilbahnantrieb
d Kettenbahnantrieb
e Vorschubwinde
f Tragseilspannvorrichtung

Zahl der stündlich umlaufenden Wagen		98
durchschnittliche Wagenfolge		36,7 s
Zugseilgeschwindigkeit		1,60 m/s
Abstand zwischen zwei Wagen	rd.	58,5 m
Anzahl der benötigten Wagen		30
davon auf der Strecke		24
auf den Stationen		6
Revisionswagen		1
Leistung des Seilbahnmotors (30% Steigung der Haldenstrecke)		100 PS
Tragseil auf der Lastseite		
Durchmesser		42 mm
Bruchfestigkeit		125 kp/mm²
Tragseil auf der Leerseite		
Durchmesser		26 mm
Zugseil		
Durchmesser		22 mm
Bruchfestigkeit		160 kp/mm²

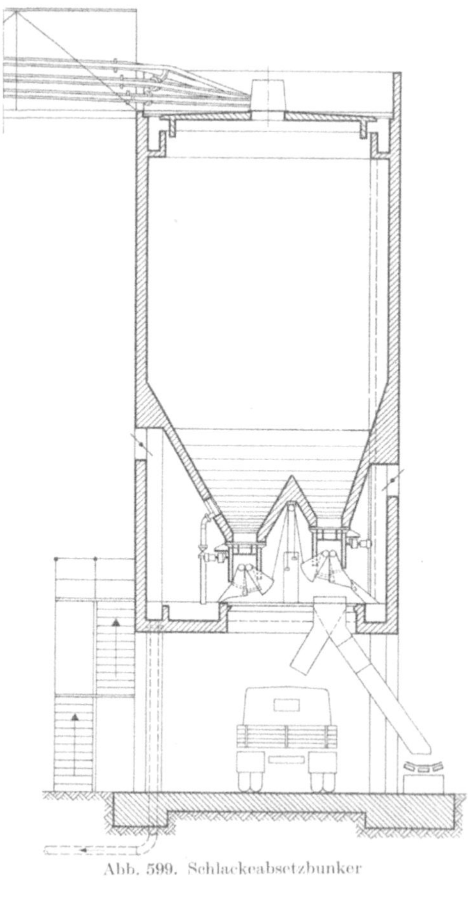

Abb. 599. Schlackeabsetzbunker

d) Bunker

Die von den Förderanlagen antransportierten Verbrennungsrückstände können nur bei der Anlegung von Halden oder beim Auffüllen ehemaliger Kiesgruben usw. mittels Seilbahnen oder rückbaren Bandstraßen kontinuierlich abgesetzt werden. Meistens wird man Verladebunker einrichten müssen, um unvermeidliche Unterbrechungen bei der Abfuhr durch Lastwagen, Eisenbahn, Kähne usw. überbrücken zu können. Die Bunker sind daher nach Möglichkeit an Straßen, Gleisen oder Ufern aufzustellen. Kann dabei von den Bunkern unmittelbar auf Fahrzeuge verladen werden, so können die Bunkerausläufe mit Klappverschlüssen versehen werden. Handelt es sich dabei um die Verladung von Granulat, so ist zu beachten, daß die abgelöschte Schmelzschlacke selbst bei über 20° steilen Bandförderern noch große Mengen von Wasser mit sich führt, welches abgeleitet werden muß. Abb. 599 zeigt einen Bunkerverschluß mit Entwässerung an einem Verladebunker mit zwei Ausläufen je Bunkerzelle. Zwei Klappen mit gerundeten Bodenblechen tragen im geschlossenen Zustand die darüber stehende Schlacke, wobei das Wasser durch die gelochten Bleche abläuft. Darunter befinden sich geneigte und sich überlappende Leitbleche, welche das Wasser zur Seite in ein Sammelbecken mit Überlauf und zur Abflußleitung bringen. Elektromotorisch betätigt, öffnen sich die Klappen mit ihren Leitblechen radial und geben den gesamten Bunkerauslauf-Querschnitt frei. Sollte bei offenen Klappen die Stromversorgung aussetzen, so würde der gesamte Bunkerinhalt auslaufen. Für diesen Fall wird von Hand eine Pendelklappe freigegeben, welche durch ihr Eigengewicht einschwingt und den Schlackefluß absperrt.

Es empfiehlt sich, den Raum um die Bunkerausläufe zu verkleiden und bei kalter Witterung zu beheizen, um das Einfrieren der Schieber, Becken usw. zu verhindern. Bei Bedarf können die Metallteile auch an eine Spannung von wenigen Volt gelegt werden, wodurch sie auf rd. 1 °C erwärmt werden. Diese niedrige Spannung wird einem sog. Auftautransformator entnommen.

Sollen die Verbrennungsrückstände von einem Speicherbunker aus kontinuierlich weitergefördert werden, etwa zu einer Seilbahn-Beladestelle, so kann sich eine Anordnung nach Abb. 600 ergeben. Um ein großes Speichervolumen zu erreichen, sind die Ausläufe

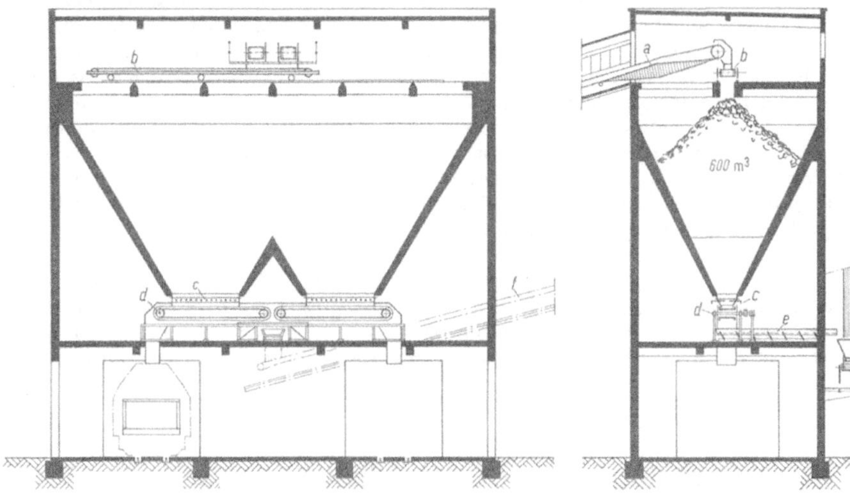

Abb. 600. Schlackebunker mit mechanischer Förderung

a Schrägbänder mit Gurtwendung *c* Nadelwehr *e* Vibrationsförderer
b Fahr- und Reversierband *d* Abzugskastenbänder *f* Band zur Seilbahn

des Bunkers als lange Schlitze ausgebildet. Für den Granulat-Austrag sind reversierbare Stahltrogbänder eingebaut, welche in der einen Richtung Lastwagen oder Waggons beladen, in der anderen Richtung auf einen Schwingförderer aufgeben, von welchem ein Schrägband zu einem Seilbahn-Pufferbunker führt. Für Reparaturen und zur Grobregelung können die Ausläufe durch einen Nadelschieber ganz oder teilweise abgesperrt werden. Zwischen Ober- und Untertrum der Stahltrogbänder sind seitlich geneigte Wasserfangbleche eingebaut, auf denen das reichlich austretende Wasser abgeleitet wird. Diese Wässer können so *aggressiv* sein, daß sie Schäden an den Werkstoffen und Anstrichen der Förderer verursachen. Der Raum unter den Trichterschrägen kann beheizt werden.

Die aus Stahlbeton bestehenden Schrägflächen des Bunkers können von dem darüber hinweggleitenden Granulat *mechanisch* so beschädigt werden, daß in einem Fall die Bewehrungsstähle sichtbar wurden. Erst die Aufbringung von Schmelzbasalt konnte Abhilfe bringen.

Anstelle einer Speicherung in Hochbunkern kann von Bandförderern eine Schlackenhalde aufgeschüttet werden; bei Frost kann dies innerhalb einer Halle geschehen; Schaufellader beladen später die Transportfahrzeuge.

II. Hydraulische Entaschungsanlagen

Für die hydraulische Förderung von Verbrennungsrückständen stehen drei Verfahren zur Verfügung:

Spülwasser-Entaschung (Rinnenförderung),
Druckwasser-Entaschung (Ejektorförderung),
Pumpenförderung (einstufige Kanalrad-Kreiselpumpen).

In bestimmten Fällen können diese Verfahren kombiniert werden. Für die Wahl des anzuwendenden Verfahrens ist es entscheidend, um welche Art von Verbrennungsrückständen es sich handelt; vielfach ist auch der Ablagerungsplatz dafür von Einfluß.

a) Art der Förderung

1. Spülwasser-Entaschung (Rinnenförderung)

Eine Spülwasser-Entaschung ist im Dritten Band, Teil A, S. 201, behandelt. Dort zeigt Abb. 204 eine Sammelkammer für intermittierenden Betrieb nach dem System Rothstein. Es wird bei trockenem Ascheabzug angewandt. Die Weiterförderung zu den Absetzbecken erfolgt in Rinnen. Da diese mit Gefälle von mindestens 2,5% verlegt werden müssen, sind Erweiterungen rechtzeitig einzuplanen. Größere Entfernungen als 100 m sollten nicht vorgesehen werden, da die Becken sonst zu tief liegen würden. Bei geringerem Gefälle werden in gewissen Abständen Treibwasserdüsen in die Rinnen eingebaut, für deren Betrieb ein Wasserdruck von rd. 2 bis 4 atü benötigt wird. Die Rinnen können aus Beton hergestellt und mit Schmelzbasalt ausgekleidet werden. Das Verhältnis von Asche zu Wasser beträgt dabei üblicherweise 1:10 bis 1:20.

2. Druckwasser-Entaschung (Ejektorförderung)

Freizügig in der Gestaltung ist man durch den Einsatz einer Druckwasserentaschung, da man hierbei größere Entfernungen und Steigungen überwinden kann. Die anfallende Schlacke wird von einem Naßentschlacker ausgetragen (Abb. 601, sowie auch Dritter

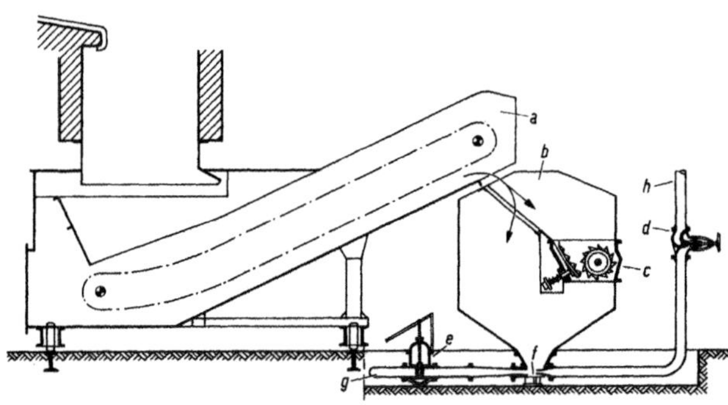

Abb. 601. Hydraulische Fördereinrichtung mit Stapelbunker und Schlackebrecher

a Naßentschlacker, *b* Stapelbunker, *c* Schlackebrecher, *d* Druckwasserventil, *e* Aschebreischieber für Schnellschluß, *f* Förderapparat, *g* Förderleitung, *h* Druckwasserleitung

Band, Teil A, S. 200, Abb. 203), von einem Brecher auf eine maximale Korngröße von 25 mm gebrochen und in einem Zwischenbunker gesammelt. Unter dessen Auslaßschieber befindet sich ein Strahlapparat mit anschließender Förderleitung. In letztere ist ein Aschebreischieber mit Steuerzylinder eingebaut, welcher über eine Steuerleitung mit dem Druckwassernetz verbunden ist. Periodisch wird der Druckwasserschieber geöffnet, wodurch sich der zugehörige Aschebreischieber öffnet. Erst jetzt wird der Bunkerauslaßschieber geöffnet; die Schlacke läuft dann dem Strahlapparat zu. Eine solche Aufgabestelle ist im Dritten Band, Teil A, S. 201, Abb. 205, im Prinzip dargestellt.

Bei der Ejektorförderung beträgt das Mischungsverhältnis zwischen Flugstaub und Wasser 1:4 ; es kann bei Schlacke bis auf 1:10 ansteigen. Gegenüber rotierenden Förderern zeichnen sich die Strahlapparate durch einfache Bauart und schnelle Auswechselbarkeit der Verschleißteile aus. Ihr Wirkungsgrad ist zwar niedriger als der von Kreiselpumpen, der Verschleiß aber entsprechend geringer; auch das Mischungsverhältnis ist dabei günstiger.

Der Druck des Treibwassers vor dem Ejektor wird von dem in der Förderleitung vorhandenen Gegendruck bestimmt, welcher sich seinerseits aus der geodätischen Förderhöhe zwischen Ejektor und Rohrleitungsauslauf sowie dem Rohrreibungswiderstand ergibt. Bei Flugasche können Entfernungen bis zu 3000 m überwunden werden; bei Granulattransport werden die Hochbunker oder Absetzbecken meistens in der Nähe der Kesselhäuser angeordnet, wobei Förderhöhen von 30 m erreicht werden.

3. Pumpenförderung

Eine Pumpenförderung wird fast immer in Kombination mit einem anderen Fördersystem eingerichtet. Gefördert wird dabei aus einem Sammelbehälter, in welchen die Verbrennungsrückstände eingespült werden. Zur Förderung werden gepanzerte Kanalradkreiselpumpen verwendet, welche eine Zulaufhöhe haben sollen. Die Laufradkanäle werden entsprechend groß gehalten, um Verstopfungen durch Aschestücke zu vermeiden.

Der maximale Förderdruck einer einstufigen Pumpe soll 6 atü nicht überschreiten, da sonst die Stopfbüchsen einem zu hohen Verschleiß unterliegen. Mit Rücksicht auf die Lebensdauer der Inneneinrichtungen der Pumpen werden meist vier- bis achtpolige Motoren, also mit Drehzahlen von etwa 1450 bzw. 720 U/min, verwendet.

Für längere Strecken können zwei oder drei Pumpen hintereinandergeschaltet werden. Das Asche/Wasser-Verhältnis liegt für Ascheförderung etwa bei 1:10. Für Granulatförderung sind Pumpen nicht zu empfehlen, da sie des hohen Verschleißes wegen unwirtschaftlich sind. Ihre Stopfbüchsen werden mit sauberem Sperrwasser beaufschlagt, ebenso die Zwischenräume der Verschleißeinsätze.

Bei sehr langen Förderwegen und vielen Anfallstellen empfiehlt sich bei trockenem Ascheabzug eine kombinierte Ejektor- und Pumpenförderung. Die vorgeschaltete Ejektorförderung hat den Vorteil, daß die Rohrleitungen bis zur Pumpstation waagerecht oder ansteigend verlegt werden können. Das Verhältnis Asche zu Wasser kann dann so niedrig gehalten werden, daß es für die anschließende Pumpenförderung bei maximal 1:10 liegt. Bei reiner Flugstaubförderung kann dieser Wert bis auf 1:5 reduziert werden.

b) Förderleitungen

Für die Förderung der Verbrennungsrückstände von den Aufgabestellen zu Absetzbecken oder Verladebunkern werden stählerne Rohrleitungen verwandt. Bei Schmelzschlacken ist mit einem so hohen Verschleiß zu rechnen, daß man die Leitungen mit Schmelzbasalt auskleiden sollte. Wichtige Hinweise für die Verlegung und Anordnung von Leitungen sind den schon erwähnten „Richtlinien für den Bau und Betrieb von Entaschungsanlagen" zu entnehmen. Darüber hinaus ist zu beachten, daß Granulatleitungen nicht senkrecht geführt werden; dies würde eine so hohe Fördergeschwindigkeit bedingen, daß der Kraftaufwand unwirtschaftlich hoch werden würde.

c) Trennung von Fördergut und Wasser

Für den Weitertransport der Verbrennungsrückstände mit Seilbahnen, Straßenfahrzeugen, Waggons usw. muß der anfallende Aschebrei entwässert werden; das zurückgewonnene Wasser muß dabei weitgehend geklärt werden, um es Vorflutern oder einem Kreislauf zu erneuter Ascheförderung zuleiten zu können. Diese Reinigung kann in Absetzbzw. Klärbecken, Filterbecken und dafür eingerichteten Hochbunkern erfolgen.

1. Absetz- und Klärbecken

Feine Asche kann auf zwei verschiedene Arten geklärt werden. Beim Absetzverfahren werden mindestens zwei Becken angeordnet, die wechselweise gefüllt und geleert werden. Die Beckenfüllung bleibt so lange stehen, bis sich auch die feine Asche abgesetzt hat. Beim Durchlaufverfahren werden mehrere Becken so hintereinander geschaltet, daß das noch Verunreinigungen enthaltende Wasser über breite Überlaufwehre in die folgenden Becken gelangt. Dabei werden aber noch so viele Schwebestoffe mitgeführt, daß meistens ein Klärbecken nachgeschaltet werden muß. Die Asche muß unter Wasser von Greifern oder Eimerketten aufgenommen werden. Die Feinheit und geringe Sinkgeschwindigkeit der Asche führen zwangsweise zu umfangreichen Beckenanlagen.

Können die Becken nicht groß genug gestaltet werden, um die Gesamtmenge einer Entaschungsperiode aufzunehmen und das Wasser genügend zu klären, so können Absetz- und Durchlaufbecken kombiniert werden. Das Verhältnis Asche zu Wasser kann von 1:10 bis 1:40 schwanken.

Abb. 602 zeigt eine Absetzbeckenanlage für Schmelzschlacke, welche mit geringen Abmessungen auskommt. Für den Wasserablauf sind Spaltsiebe eingebaut; hat die Schlacke vor den Sieben eine Schichthöhe von 1 bis 2 m erreicht, so fließt das Wasser praktisch frei von Feststoffen ab.

2. Filterbecken

Bei beengten Platzverhältnissen können Becken nach Abb. 603 eingebaut werden, deren gesamte Bodenfläche als Ablauffilter wirkt. Die Filterung wird durch eine Kiesschicht von 3 bis 7 mm Korngröße und 600 mm Höhe erreicht, welche durch eine Lage von Stahlprofilen vor den Verladegreifern geschützt wird. Beim Wasserablauf werden die feinen Schlacketeilchen in die Poren der Kiesfüllung eingeschwemmt und setzen diese fortschreitend zu. Unterhalb der Kiesschicht sind Düsenbodenplatten mit Luftpolsterdüsen eingebaut, über welche Druckluft in einer Menge von 50 m^3/h je m^2 Bodenfläche mit einem Überdruck von 5 m WS eingeblasen wird. Damit wird der Feinschlamm in die über dem Kiesbett anstehende Schlackenschicht gespült; das restliche Wasser kann dann den unter den Düsenplatten liegenden Ablaufrohren zufließen. Die Dauer einer Spülung beträgt etwa 15 min; sie wird in Intervallen vorgenommen. Je nach Schlammgehalt dauert der vollständige Klärvorgang in einem Becken ein bis drei Tage.

Bei der Projektierung kann nach Angabe der Firma Mannesmann mit einer Durchsatzleistung von rd. 5 m^3/h je m^2 Bodenfläche gerechnet werden.

3. Hochbunker

Die Einplanung eines Hochbunkers ist nur bei Anfall von Schmelzschlacke zu empfehlen.

Einen derartigen Verladebunker zeigt Abb. 599 in Abschn. I d, S. 546. Er besteht aus drei getrennten Zellen mit je zwei Ausläufen und den erwähnten Entwässerungsverschlüssen. Außerdem sind in die weniger steil geneigten Bunkerschrägen noch Spaltsiebe eingebaut, über welche große Wassermengen abgeleitet werden. Von den drei Zellen wird umschichtig die eine gefüllt, während die zweite austropft und die dritte zur Verladung bereitsteht. Die Förderleitungen münden auf jeder Bunkerzelle in einem Einlauftopf, welcher ebenso wie die Krümmer der Leitungen mit Schmelzbasalt ausgekleidet ist. Der gesamte Bunkerinhalt wirkt als Filter und kann für die in Abschn. d, S. 553 beschriebene Reinigung von verschmutztem Granulier- oder Hauptkühlwasser verwendet werden. Im Raum unter den Bunkerschrägen sind Entlüftungsklappen zu empfehlen, da von der Schlacke und dem Granulierwasser noch so viel Wärme abgegeben werden kann, daß es zu Schwadenbildung kommt.

4. Haldenförderung

Steht so viel Wasser zur Verfügung, daß man auf seine Rückgewinnung und Wiederverwendung als Treibwasser verzichten kann, so werden die Leitungen bis zu den Ablagerungsplätzen geführt und enden dort frei. Stillgelegte Ton-, Lehm- und Kiesgruben, Baggerlöcher, ausgekohlte Tagebaue usw. können zur Ablagerung von Verbrennungsrückständen benutzt werden, wobei jedoch die Verordnungen zum Schutze des Grundwassers

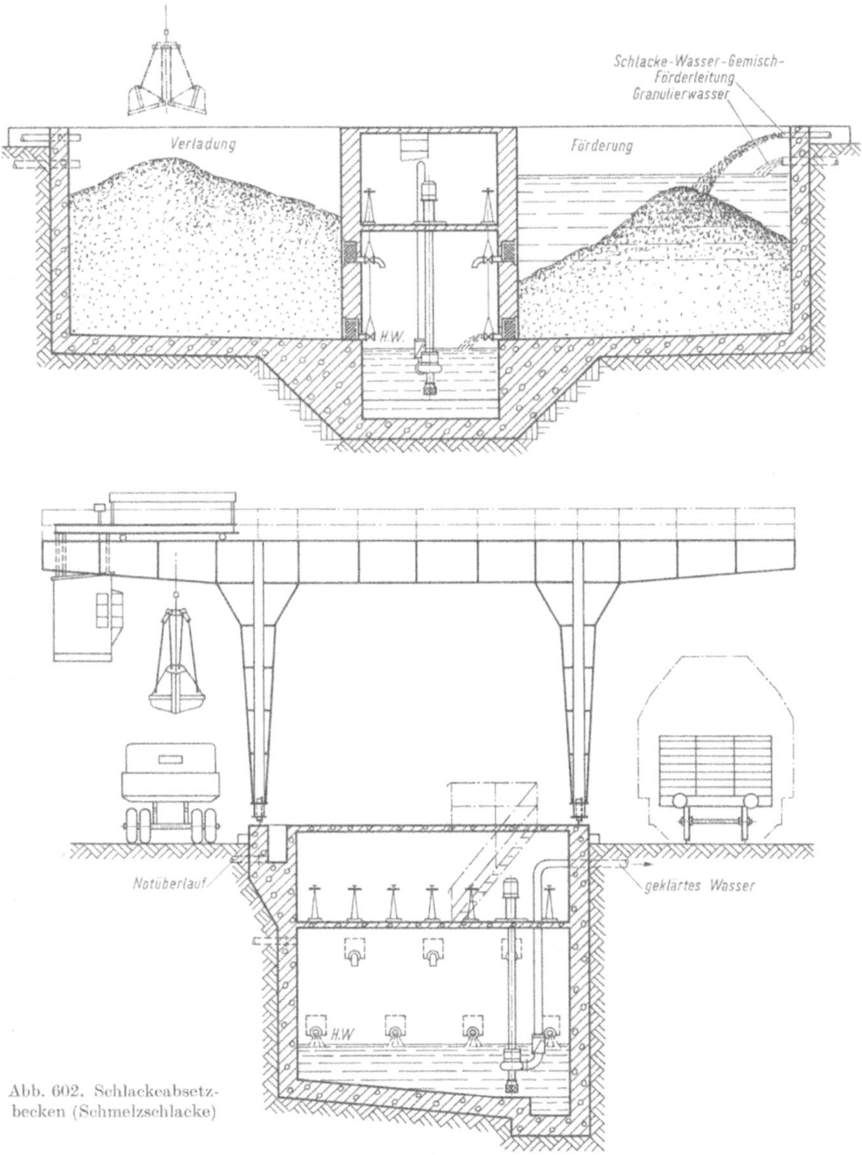

Abb. 602. Schlackeabsetzbecken (Schmelzschlacke)

zu beachten sind. Da der Aufwand für Absetzbecken oder Hochbunker entfällt, ist diese Betriebsweise wirtschaftlich sehr günstig.

Nicht nur bei der Haldenförderung, sondern bei jeder Art von hydraulischer Förderung ist zu beachten, daß Braunkohlenasche zum Zementieren neigt, wenn ihr CaO-Gehalt

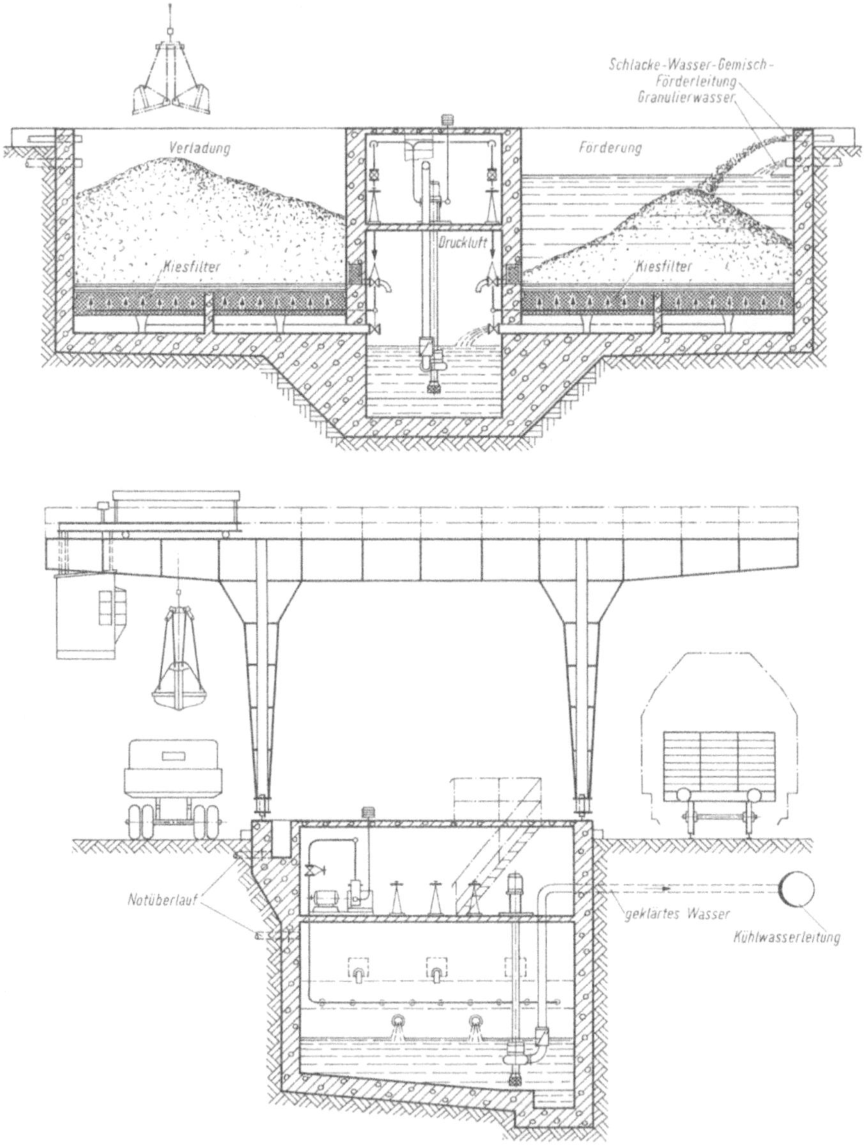

Abb. 603. Schlackeabsetzbecken mit Kiesfilter und Druckluftrückspülung (Schmelzschlacke)

einen gewissen Wert übersteigt. In diesem Falle muß die hydraulische Förderung auf Brennkammer-Rückstände beschränkt werden.

d) Granulierwasser-Reinigung

Beim Anfall von Schmelzgranulat in den Naßentschlackern bei Kesseln mit flüssigem Schlackeabzug werden 10 bis 15 m³ Wasser je t Schlacke zum Granulieren und Abkühlen benötigt. Dabei wird das Wasser erwärmt und leicht verschmutzt. Zur Kühlung und Reinigung dieses Wassers kann eine Anordnung nach dem Schema Abb. 604 getroffen werden. Das Wasser wird dem Kühlwasserkreislauf im Bypaß entnommen und nach der Schlackeförderung und Granulierung einem Filterbecken mit Druckluftrückspülung nach Abb. 603 zugeführt. Der Beckeninhalt und das Kiesfilter befreien auch das verschmutzte Granulier-

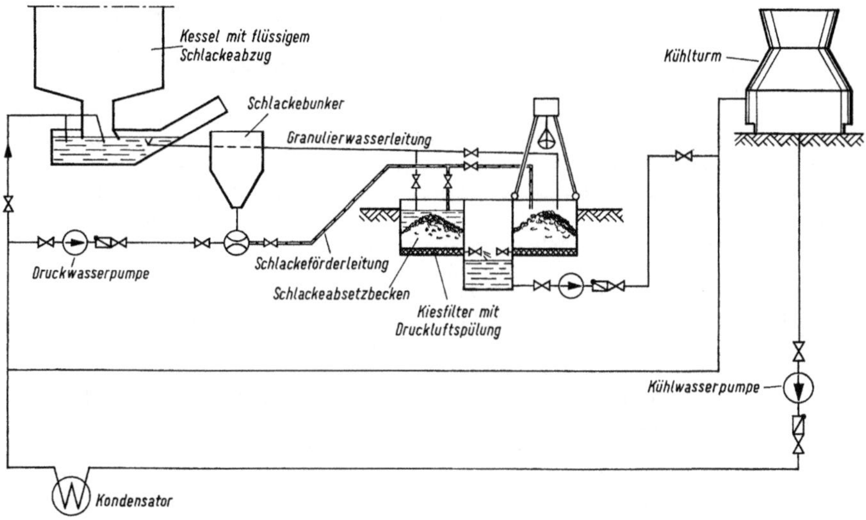

Abb. 604. Hydraulische Schlackeförderung und Granulierwasserreinigung durch Schlackeabsetzbecken mit Druckluftrückspülung

wasser von allen mechanischen Verunreinigungen so weit, daß von der Firma Mannesmann ein Feststoffgehalt von maximal 5 bis 10 mg/l garantiert wird. Messungen ergaben, daß das gefilterte Wasser praktisch feststofffrei ist. Das saubere Wasser wird dann dem Kühlwasserkreislauf wieder zugeführt. Gleichzeitig wird bei dieser Anordnung noch eine Teilstromfilterung des gesamten Kühlwasserkreislaufs erreicht. Normalerweise werden für das Granulieren und Fördern der Schlacke etwa 3% der gesamten Hauptkühlwasser-Kreislaufmenge benötigt.

In Fällen, wo nur Absetzbecken ohne Druckluftrückspülung vorhanden sind, wird das noch nicht genügend gereinigte Abwasser von den Rücklaufpumpen durch eine Druckfilteranlage gepreßt und dort nachgereinigt, ehe es dem Kühlwasserkreislauf wieder zugesetzt werden darf.

In Kraftwerken, welche ohne hydraulische Schlacken- und Aschenförderung arbeiten, muß das Problem der Granulierwasser-Reinigung unter entsprechendem Aufwand anderweitig gelöst werden, z.B. durch Aufstellung von Pumpen und die Verlegung von Rohrleitungen zu einem Schlackehochbunker, dessen Füllung dann als Filtermasse dient. Anderenfalls müssen Klärbecken dafür errichtet werden.

III. Pneumatische Entaschungsanlagen

Nachdem im Dritten Band, Teil A, S. 227 und 228, die pneumatische Förderung nur kurz erwähnt werden konnte, soll nachfolgend mehr auf Einzelheiten eingegangen werden.

a) Allgemeines

Die Verwendung von Luft als Fördermittel setzt den trockenen Anfall von Asche oder gebrochener Schlacke voraus. Grundsätzlich arbeiten pneumatische Anlagen entweder als reine Überdruck- bzw. Unterdruckanlagen, oder man kombiniert sie, wobei der Unterdruck für kurze Zwischenförderung und der Überdruck für Langstrecken verwendet wird. Für die Zwischenförderung werden Ejektoren und pneumatische Rinnen eingesetzt, für die Langstreckenförderung dagegen Staubpumpen.

b) Zwischenförderung

Den Aufbau einer pneumatischen Zwischenförderung (Bauart Johannes Möller) zeigt Abb. 605, wobei die Asche von den einzelnen Anfallstellen zu einem möglichst zentral gelegenen Sammelgefäß gebracht wird, von wo aus die Fernförderung beginnt.

Die größten Flugaschemengen fallen unter den Elektrofiltern oder anderen Staubabscheidern an, deren Auslauftrichter von pneumatischen Rinnen zusammengefaßt werden, welche je nach Beschaffenheit der Asche unter einer Neigung von 6 bis 10% zum Sammelgefäß geführt werden. Diese Rinnen bestehen aus einem rechteckigen Kasten, welcher auf seiner gesamten Länge durch eine waagerechte Trennwand unterteilt wird. Diese Trennwand besteht meistens aus einem porösen Gewebe, dessen Material je nach Staubtemperatur aus Baumwolle, Kunstfasern oder Asbest besteht; es können auch poröse Steine verwendet werden. Mittels Ventilatoren wird Förderluft mit einem Überdruck bis zu 500 mm WS in den unteren — kleineren — Raum der Rinne eingeblasen, wobei sich die Luft vermöge der geringen Durchlässigkeit der porösen Schicht gleichmäßig über die ganze Rinnenstrecke verteilt. Der Luftbedarf beträgt dabei rd. 2 bis 2,5 m^3/min je m^2 nutzbare Rinnenfläche. Diese Art der Förderung ist sehr wirtschaftlich.

Die Luft tritt durch die Trennwand in den oberen Rinnenteil ein und hebt die leichte Asche (rd. 0,5 t/m^3) an. Auf diesem Luftpolster gleitet sie verschleiß- und geräuschlos zum tiefsten Punkt der Strecke, wobei die Rinnen auch beliebig um Ecken herumgeführt werden können. Im Dritten Band, Teil A, S. 227, Abb. 224, ist eine Rinnenanlage dargestellt.

Um die Entstaubung in den Filtern nicht zu beeinträchtigen, werden hinter den Absperrschiebern der einzelnen Filterausläufe meistens gewichtsbelastete Pendelklappen, seltener Austragschleusen (Zellenräder), eingebaut. Auch motorgesteuerte Doppelpendelklappen werden angewendet, womit erreicht wird, daß sich die untere Klappe nur dann öffnen kann, wenn die obere vorher geschlossen ist.

Sind die Filter oberhalb der Kessel aufgestellt, so wird die Flugasche in langen Fallleitungen abwärts geführt.

Weitere Anfallstellen von Flugstaub sind die Sammelrümpfe unter den Kesselnachschaltheizflächen, der Schornsteinfuß usw. Dort werden Düsen-Entleerungsapparate angeordnet, bei denen der Staub in eine Druckschüssel fällt und durch ein mittels Druckluft und Düse erzeugtes Vakuum aus der Schüssel in die Förderleitung gelangt. Diese Düsenförderer arbeiten mit einem Luftdruck von rd. 2,5 atü und werden ihres hohen Energiebedarfes wegen nur für Förderstrecken von 10 bis höchstens 40 m verwendet.

Wegen ihrer unwirtschaftlichen Arbeitsweise werden Düsenförderer nur noch da angeordnet, wo pneumatische Rinnen wegen ungünstiger Einbaumöglichkeiten oder wegen grobkörniger Asche nicht zum Einbau kommen können. Ein Vorteil haftet ihnen insofern an, als durch den Unterdruck in den Entleerungsapparaten der Kesselbetrieb niemals ungünstig beeinflußt werden kann.

Gelegentlich werden auch Brennkammertrichter mit Düsenförderern entascht, wobei der anfallenden heißen Schlacken und Krusten wegen Kühlstrecken und Brecher eingebaut werden müssen, was diese Anlagen verteuert und Verschleiß verursacht.

Von den einzelnen Anfallstellen werden Förderleitungen zum Sammelgefäß geführt, wobei enge Rohrbogen zu vermeiden sind.

Im Sammelgefäß fällt die Asche aus, die staubhaltige Trägerluft wird möglichst zum Rohgaskanal vor einem Filter geleitet. Diese Abluftleitungen sind steil zu führen, damit sie durch abgelagerten Flugstaub nicht zugesetzt werden können. Ist dies räumlich nicht möglich, so kann ein Filter zur Reinigung der Abluft oberhalb des Sammelgefäßes so aufgestellt werden, daß der abgeschiedene Staub in den Behälter zurückfällt.

c) Asche-Rückführung

Eine Rückführung der unter den Umlenktrichtern von Kesseln und den Filterausläufen anfallenden Asche zum Einschmelzen derselben betrifft ausschließlich die Kesselanlage und ist daher bereits im Dritten Band, Teil A, unter „Entaschung" auf S. 227/28 behandelt worden.

d) Fernförderung

Die bisher beschriebenen Anlagen sind nur für kurze Förderwege geeignet. Für längere Strecken müssen andere Einrichtungen verwendet werden.

1. Flugaschetransport mit Staubpumpen; Ascheleitungen

Die Asche fließt zunächst aus dem in Abb. 605 ersichtlichen Sammelgefäß über einen Absperrschieber und einen mechanischen oder pneumatischen Zuteiler einer Staubpumpe

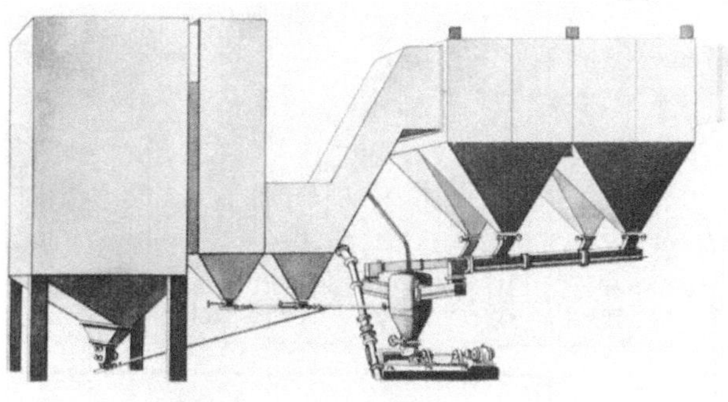

Abb. 605. Prinzipbild einer pneumatischen Zwischenförderung

zu, welche aus einem Schneckenförderer mit nachgeschaltetem Druckluftförderer besteht. Fließt der Flugstaub der Staubpumpe gleichmäßig zu, so kann auf einen Zuteiler verzichtet werden.

Aus Sicherheitsgründen kann eine Zwillingsanordnung getroffen werden, wobei unter einem Sammelgefäß zwei Staubpumpen aufgestellt werden. Jede Pumpe arbeitet dann entweder auf eine besondere Förderleitung, oder es wird nur eine einzige Leitung verlegt, an welche die Pumpen über eine Rohrweiche angeschlossen werden.

Mit den anschließenden Förderleitungen lassen sich der Leitungswiderstände wegen Entfernungen bis zu etwa 250 m überbrücken. Für längere Strecken müssen dann andere Wege beschritten werden.

Auf geraden Strecken werden die Förderleitungen als starkwandiges Rohr ausgeführt; Rohrbogen und anschließende gerade Beruhigungsstrecken werden des starken Verschleißes wegen mit Schmelzbasalt ausgekleidet, oder man setzt die Bogen aus einzelnen Hartgußsegmenten mit verstärkter Außenwand zusammen. Die Fördergeschwindigkeit darf nicht zu gering werden, da sich sonst Ablagerungen in den Leitungen einstellen würden. Andererseits bedingt eine hohe Geschwindigkeit auch einen großen Verschleiß. Im allgemeinen wird sich daher eine Fördergeschwindigkeit zwischen 15 und 18 m/s empfehlen; die Rohrbogen sollten einen Mindestradius von 3 m erhalten.

Bei langen Förderwegen verringert sich der Luftdruck infolge des Rohrwiderstandes, wodurch sich das Luftvolumen vergrößert. Hierdurch entsteht eine erhöhte Fördergeschwindigkeit mit entsprechendem Verschleiß. Einige Herstellerfirmen erweitern daher die Rohrleitungen stufenweise gegen das Ende der Förderstrecke hin, um durch den größeren Querschnitt die Geschwindigkeit wieder herabzusetzen.

Zur Abhilfe gegen den an Rohrbogen besonders starken Verschleiß kann man das Förderrohr in einen zweiten Rohrbogen mit größerem Rohrdurchmesser verlegen. Wenn das Förderrohr durch Verschleiß undicht geworden ist, setzt sich die herausgeblasene Flugasche in den Hohlraum zwischen beiden Rohrbögen und bildet ein sich ständig erneuerndes Aschepolster, welches den äußeren Rohrbogen vor dem Verschleiß durch die Asche schützt.

Die Trägerluft wird in einstufigen Kompressoren erzeugt, wobei ein Luftdruck von etwa 2,5 atü benötigt wird.

2. Flugaschetransport mit Druckgefäßen

Für eine Ascheförderung über Strecken bis zu 1400 m Entfernung werden Druckgefäßanlagen verwendet. Nach Abb. 606 und 607 kann die in zwei Kesseln anfallende Asche

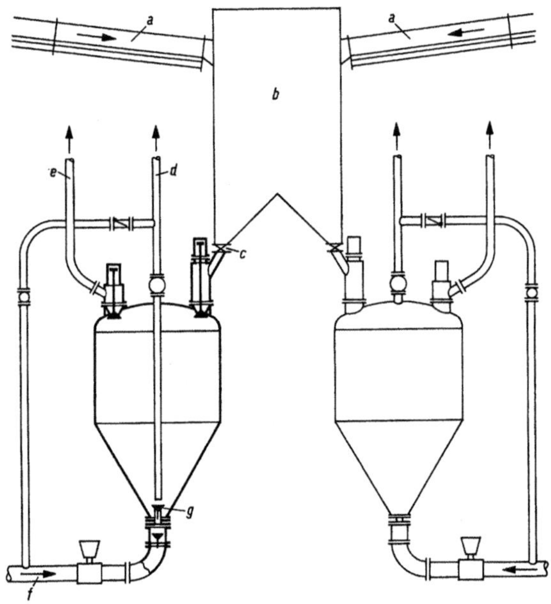

Abb. 606. Druckgefäßförderer
a pneumatische Rinnen
b Einlaufbehälter
c Füllungsregler
d Förderleitung
e Entlüftungsleitung
f Förderluft
g Luftdüsen

mittels Rinnen zu einem Einlaufbehälter gebracht werden, welcher zur Beschickung zweier unabhängiger Anlagen mit besonderen Förderleitungen dient. Über je eine gesteuerte Pendelklappe wird das Druckgefäß gefüllt. Ein Bunkerstandsanzeiger schaltet bei Erreichen des Höchststandes den Aschezulauf ab und öffnet über ein Magnetventil den Drucklufteintritt, worauf sich der Gefäßinhalt über die Förderleitung zum Verladebunker hin entleert. Nach Beendigung der Förderperiode wird die Druckluft abgeschaltet, und mit dem Öffnen der Pendelklappe beginnt ein neues Spiel. Sämtliche Vorgänge können vollautomatisch oder von Hand gesteuert werden. Für die Förderluft wird ein Druck von 2,5 bis 8 atü benötigt.

Die wirtschaftliche Überlegenheit der Druckgefäßförderung gegenüber Aschepumpen beruht darauf, daß die Luft nur während der eigentlichen Förderung benötigt wird und daß der Verschleiß mangels rotierender Teile sehr gering ist.

3. Flugaschetransport mit Schleusgefäßen

Den vorstehend aufgeführten Druckgefäßen haftet der Mangel an, daß sie nur intermittierend betrieben werden können, wodurch die Förderleistung einer Anlage kleiner ist als bei kontinuierlichem Betrieb. Außerdem werden erhebliche Luftmengen verbraucht, um die Förderleitung während der Umschaltvorgänge leerzublasen.

Diese Nachteile vermeidet man beim Einsatz von Schleusgefäßen nach Abb. 608. Dabei wird die Asche aus einem gefüllten Schleusgefäß immer dann automatisch in ein Druck-

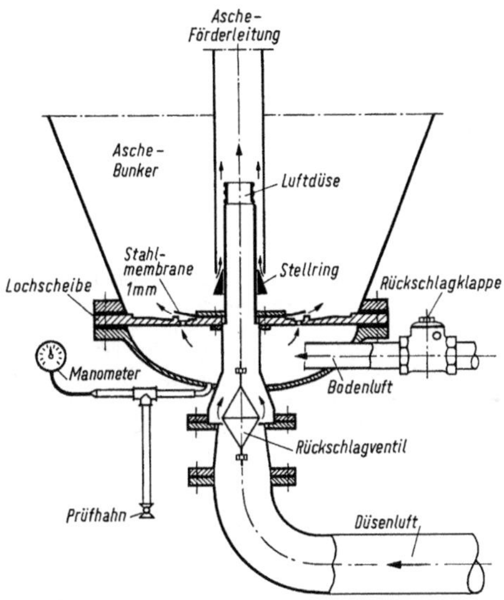

Abb. 607. Unterteil eines Möller-Druckgefäßförderers

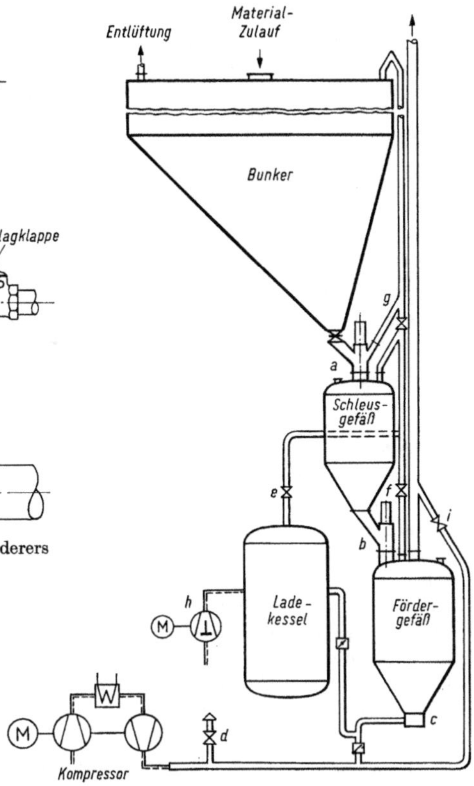

Abb. 608. Kontinuierliche Gefäßförderung (Schleusgefäß; Bauart Möller)

a Doppelglockenventil
b Glockenventil
c Düsenboden mit Servosteuerung
d Überströmventil
e Ladeventil
f Ausgleichventil
g Entlüftungsventil
h Hilfskompressor
i Notventil

gefäß eingeschleust, wenn sich der Luftdruck zwischen beiden Behältern ausgeglichen hat. Die Förderung erfolgt kontinuierlich, wobei z.B. die stündliche Förderung von 50 t Flugasche über einen Kilometer einen Leistungsbedarf von etwa 300 kW erfordert. Die größte Förderlänge betrug bisher 1400 m. Ein wirtschaftlicher Einsatz ist auch schon bei Entfernungen von 100 m möglich, besonders bei ungleichmäßigem Anfall der Asche. Nachteilig ist die größere Bauhöhe, weil die Gefäße übereinander angeordnet werden müssen.

4. Senkrechter Flugaschetransport

Ist es möglich, den Flugaschebunker dicht neben den Hauptanfallstellen, also den Filtern, unterzubringen, so ergibt sich eine vorwiegend senkrechte Förderung, für welche pneumatische Elevatoren eingesetzt werden können.

Die Asche wird nach Abb. 609 über pneumatische Rinnen einem Einlaufbehälter und dem Elevator zugeführt. Für die Arbeitsweise des Elevators ist es erforderlich, daß eine genau ermittelte Aschemenge im Behälter vorhanden ist. Diese dient praktisch als Gegen-

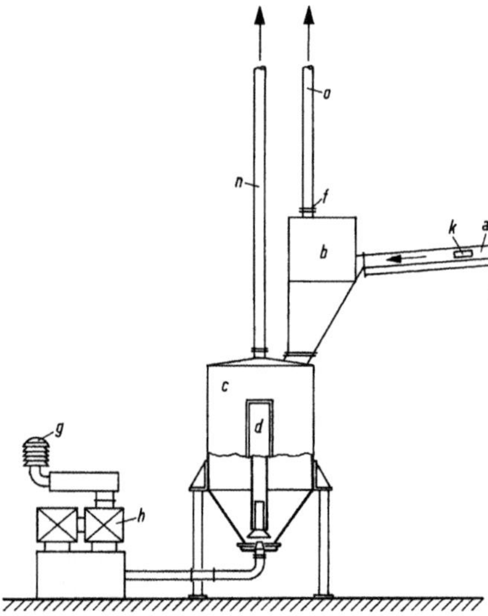

Abb. 609. Pneumatischer Elevator mit Rinnenbeschickung

a Förderrinne	*h* Drehkolbengebläse
b Einlaufbehälter	*i* Absperrklappe
c Elevator	*k* Schauglas
d Schauglas	*l* unterer Handlochdeckel
e Druckluftventilator	*m* oberer Handlochdeckel
f Ringdrosselklappen	*n* Förderleitung
g Ansaugefilter	*o* Abluftleitung

gewicht für den Förderleitungswiderstand, welchem somit Grenzen gesetzt sind. Die Höhe der Aschefüllung im Behälter ist an einem Schauglas ersichtlich.

Bei der Förderung wird die Asche im unteren Teil des Behälters durch Druckluft etwas aufgelockert und von dem Düsenluftstrahl in die Förderleitung gedrückt. So entsteht ein vollkommen gleichmäßiger Aschestrom in der Steigeleitung. Diese endet über dem Bunker in einem Expansionsgefäß, in welchem eine Trennung von Asche und Luft erfolgt; ein Filter reinigt die Abluft.

Diese Förderer erreichen Leistungen bis zu 140 t/h und Förderhöhen bis zu maximal 100 m. Da keine rotierenden Teile vorhanden sind, ist ihr Verschleiß gering. Je nach Förderhöhe werden zur Erzeugung der Tragluft Drehkolbengebläse mit Förderhöhen zwischen 2000 und 5000 mm WS benötigt.

e) Aschebunkerung und -Verladung

Die Förderleitungen werden meistens auf Masten oder Rohrbrücken verlegt und enden in Flugaschebunkern (Erster Band, S. 724, Abb. 35), wobei diese als große Abscheider wirken können. Die Einmündung kann über Rohrbogen erfolgen oder über ein rechtwinkliges Knie, wobei der Aschestrahl auf eine unter einem Winkel von 45° schräg eingebaute und leicht auswechselbare Verschleißplatte prallt.

Die Abluft wird je nach den Ansprüchen an den Reinheitsgrad oder je nach Aggressivität oder Temperatur der Asche von einem Gebläse durch Schlauch- oder Flächenfilter, Zyklone oder kleine Elektrofilter hindurch abgesaugt und gereinigt. Einen hohen Wirkungsgrad erzielen Naßabscheider, jedoch bereitet die Ableitung des Asche-Wasser-Gemisches und seine Klärung oft große Schwierigkeiten.

Die Bunker bestehen aus Oberteilen mit rechteckigen oder kreisförmigen Grundflächen und aus trichterförmigen Unterteilen. Da letztere den Bunkerinhalt sowie die Bau- und

Förderhöhe ungünstig beeinflussen, kann man flachgeneigte Bunkerböden mit einem pneumatischen Auflockerungssystem nach dem Prinzip der Förderrinnen belegen. Die Auflockerungselemente bestehen im wesentlichen aus dem Rinnenunterteil mit einer Bespannung aus Spezialgewebe. Eingeblasene Luft läßt die Asche ohne Brückenbildung zu einem oder mehreren Bunkerauslässen gleiten. Diese können mittig unter dem Bunkerboden oder auch seitwärts zur Außenwand hin angeordnet werden. Für den Ascheaustrag braucht der gesamte Bunkerboden nicht gleichzeitig mit Luft beaufschlagt zu werden, da ein rotierender Verteiler stets nur einzelne Abschnitte des Bunkerbodens mit Förderluft versorgt.

Bunkerstandsmelder verhindern ein Überfüllen sowie ein restloses Leerfahren der Bunker. Bunkerstandsmelde- und -meßvorrichtungen wurden im Achten Teil, S. 476, behandelt.

Zur Regulierung des Ascheabzuges wird nach einem Auslaufschieber eine Abzugsvorrichtung mit angebautem Segment-Schichthöhenregler angebracht.

Soll die Asche trocken verladen werden, so stellt ein Faltenbalg eine dichte Verbindung zu einem Behälterwagen her. Zur Verladung auf offene Fahrzeuge muß die Asche angefeuchtet werden. Der Flugstaub fällt in den geschlossenen Trog einer Einfachschnecke, meistens jedoch nach Abb. 610 einer Doppelmischschnecke. Über Sprühdüsen wird soviel

Abb. 610. Doppelanfeuchtschnecken mit Zuteilern (Werkbild Joh. Möller)

Wasser zugesetzt, daß die Asche nicht mehr staubt, aber auch nicht tropfnaß wird. Magnetventile unterbrechen automatisch die Wasserzufuhr, wenn die Asche ausbleibt.

Doppelanfeuchtschnecken können für Durchsatzleistungen von mehr als 175 t/h gebaut werden. Eine einwandfreie Befeuchtung setzt eine gleichmäßige Aschezufuhr mittels pneumatischer oder mechanischer Zuteiler sowie ein gutes Befeuchtungssystem voraus. Die erforderliche Wassermenge beträgt etwa 15% des durchgesetzten Trockenaschenvolumens in m³. Bei Aschen mit höherem CaO-Gehalt werden etwa bis zu 25% Wasser benötigt, da ein Teil davon zum Ablöschen dient.

Für die Zerstäubung wird gefiltertes Wasser mit einem Druck von 3 atü benötigt, jedoch wurde auch schon Schlammwasser bei entsprechender Gestaltung des Anfeuchtsystems mit gutem Erfolg verwendet.

f) Einspülung

Ascheförderleitungen können anstelle zu einem Verladebunker auch zu leeren Kiesgruben, Tagebauen usw. geführt werden und enden dort ohne baulichen oder sonstigen Aufwand in einem Einspülapparat. Dieser vermischt die Flugasche so intensiv mit Wasser, daß jede Staubbelästigung vermieden wird.

Schrifttum

[1] TRENKLER, H.: Pneumatische Förderung von Asche. Braunkohle, Wärme und Energie, (1960), S. 59/65.

[2] NAGEL, R., u. R. IBING: Vergleich verschiedener Möglichkeiten der pneumatischen Entaschung. Braunkohle, Wärme und Energie, (1960), S. 53/59.

[3] FRENZKE,: Umstellung der pneumatischen Entaschungsanlage des Goldenberg-Werkes, Knapsack, von Druckschneckenförderung auf selbsttätige Druckbehälterförderung und Automatisierung einer hydraulischen Entaschungsanlage. Braunkohle, Wärme und Energie, (1960), S. 69/72.

[4] Vereinigung der Großkesselbesitzer e. V. (VGB): Richtlinien für den Bau und Betrieb von Entaschungsanlagen, 2. Ausgabe 1965.

C. Maschinenhaushebezeuge

Von RUDOLF NEUGEBAUER und HANS EICHWALD[1]

I. Aufgabe und Betriebsweise der Maschinenhaushebezeuge

a) Vorbemerkung

In Dampfkraftwerken sind für Montagezwecke zahlreiche Hebezeuge in den Haupt- und Hilfsbetrieben eingesetzt. Davon unterscheiden sich die Elektrozüge und leichteren Brücken- und Hängekrane nicht von denen, die in anderen industriellen Bereichen verwendet und in standardisierten Baureihen hergestellt werden. In dem einschlägigen Schrifttum (Verzeichnis S. 608) werden diese Hebezeuge ausführlich dargestellt.

Die Gestaltung der sog. Maschinenhauskrane und Hubgerüste hingegen hängt eng mit der Planung, dem Bau und dem Betrieb der im Maschinenhaus aufgestellten Turbosätze und deren Hilfseinrichtungen zusammen und soll hier eingehend erörtert werden.

b) Funktion der Hebezeuge

1. Aufgabenbereich

Die Maschinenhaushebezeuge haben die Aufgabe, die Teile eines Turbosatzes und der zugehörigen Hilfsaggregate zu heben, zu fördern und somit Montage wie Demontage zu ermöglichen. Der Einsatz dieser Hebezeuge beginnt spätestens mit der Anlieferung der zu einem Turbosatz gehörigen Bestandteile. Diese gelangen normalerweise mit Eisenbahn- oder Straßenfahrzeugen in den Arbeitsbereich des Maschinenhauskranes, wobei die schweren Lasten gewöhnlich mit besonderen Tiefladewagen antransportiert werden. Falls die Transporte mit See- oder Binnenschiff erfolgen, müssen zur Entladung geeignete, gegebenenfalls zusätzliche Hebezeuge eingesetzt werden[2]. In deren Arbeitsbereich findet der Umschlag statt, daran anschließend erfolgt der Weitertransport in das Maschinenhaus. Der dort vorhandene Kran hat die Teile vom Transportfahrzeug aufzunehmen, zum Aufstellungsort zu fördern, in die Montageposition zu bringen und alle bis zur abgeschlossenen Montage nötigen Bewegungen der Lasten auszuführen. Die Anforderungen, die sich aus dem Montagevorgang eines Turbosatzes an die Funktion des Kranes ergeben, haben einen entscheidenden Einfluß auf die konstruktive Gestaltung der Triebwerke.

Der spätere Einsatz der Maschinenhauskrane entspricht der Betriebsweise der Turbinen, die in bestimmten Zeitabständen, deren Dauer vielfach von den Gepflogenheiten des Betriebes und auch von den Auflagen der Versicherungsgesellschaften abhängt, einer Revision unterzogen werden müssen. Der Kran wird hierbei zur Demontage und neuerlichen Montage des Turbosatzes eingesetzt. Er steht für diese Arbeiten auch im Falle eines Schadens an den Maschinen zur Verfügung. Der guten Ausnutzung wegen wird der

---

[1] Professor Dr.-Ing. RUDOLF NEUGEBAUER und Dipl.-Ing. HANS EICHWALD, Lehrstuhl für Fördertechnik und Lasthebemaschinen, Technische Hochschule Darmstadt.

[2] Vgl. z. B. Kraftwerk San Nicolàs, Erster Band, S. 1058/59 und Abb. 46.

Kran auch für vielerlei Nebenzwecke, z. B. zur Montage von Vorwärmern und Pumpen, in seinem Arbeitsbereich benutzt. In nicht wenigen Fällen wird der Kran, der schon in einem frühen Baustadium einsatzbereit sein kann, als Lehr- oder Hilfsgerüst bei der Erstellung der Dachkonstruktion verwendet. Ebenso dient er vielfach als Gerüst für Anstreicherarbeiten und bei der Montage der Beleuchtungskörper. Der normale Betriebsablauf in einem Kraftwerk bringt es mit sich, daß nach der Erstmontage das Hebezeug nur noch gelegentlich zum Einsatz gelangt, so daß wochen- oder monatelange Stillstandszeiten eintreten.

2. Die Gewichte der zu fördernden Teile

Die Gewichte der zu fördernden Teile sind maßgebend für die Festlegung der Tragfähigkeit des Kranes und die Aufteilung der Tragfähigkeiten bei der Ausrüstung der Katze mit mehreren Hubwerken. Bei geplanten Kraftwerkserweiterungen werden zweckmäßigerweise die zukünftigen Höchstlasten der Kranbemessung zugrunde gelegt.

Tabelle 25. *Einzelgewichte neuerer Turbosätze in* t

Leistung in MW:	75	150	300
a) *HD-Topfgehäuse,* komplett mit eingebautem Läufer	39	43,5	71
MD-Gehäuse, komplett mit eingebautem Läufer	57,7	68	82
b) MD-Gehäuse, Oberteil	17	19,4	22
c) MD-Gehäuse, Unterteil	16,5	19,5	20
d) MD-Läufer	11	12,4	18
ND-Gehäuse, komplett einschließlich Abdampfstutzen und Läufer	127,6	176	500 (vierflutig, zwei Gehäuse)
e) ND-Innengehäuse, Oberteil	16	25	42
f) ND-Innengehäuse, Unterteil	16	26	45
g) ND-Läufer	24,6	36	50
Generator, komplett ohne Erregersatz	145	194	294
h) Stator ohne Schilde	128	170	252
i) Rotor	33	38	51
Kondensator, komplett verschweißt und berohrt	140	220	500
k) Schwerstes Kondensator-Einzelteil	10	10	10
Kombiniertes HD/MD-Gehäuse, komplett mit eingebautem Läufer	70,3	87	
l) HD/MD-Gehäuse, Oberteil	19	24	
l) HD/MD-Gehäuse, Unterteil	18,5	23,2	
m) HD/MD-Läufer	9	14	
Generator, komplett ohne Erregersatz	137	182	
n) Stator ohne Schilde	120	163	
o) Rotor	24,5	35	

Normalerweise hat der Maschinenhauskran nur Teile der Turbine und des Generators zu heben. Manchmal ist die Kraftwerksanlage so angelegt, daß dem Hebezeug auch die Aufgabe des Transformatorentransportes zugewiesen werden kann.

In Tabelle 25 sind die hauptsächlichsten Einzelgewichte ausgeführter neuerer Turbosätze — drei Beispiele dreigehäusiger Ausführungen mit Leistungen von 75 MW, 150 MW und 300 MW, zwei Beispiele mit kombiniertem HD/MD-Gehäuse und Leistungen von 75 MW und 150 MW — zusammengestellt.

Zur besseren Überschaubarkeit sind die Werte aus Tabelle 25 in Abb. 611 graphisch aufgetragen. Aus dieser Zusammenstellung ist zu ersehen, daß das Gewicht des Generatorständers alle anderen Gewichte um ein Vielfaches übertrifft. Außerdem nehmen die Ständergewichte bei wachsender Größe des Turbosatzes weit schneller zu als die Gewichte der übrigen Teile, die auch bei der heute schon oft gebauten Leistung von 300 MW etwa 70

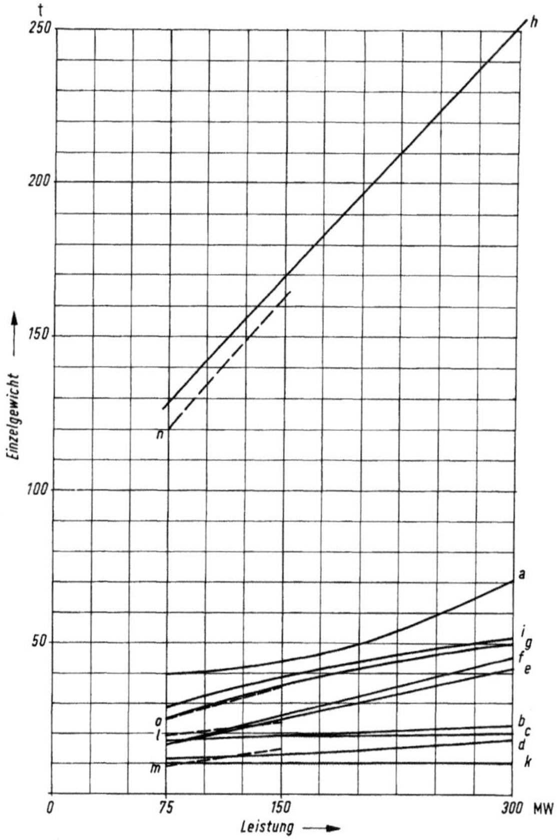

Abb. 611. Einzelgewichte neuerer Turbosätze (nach SSW)

bis 80 t nicht überschreiten. Daraus folgt, daß bei der Kraftwerksplanung geklärt werden muß, ob der Generator bzw. der Generatorständer vom Maschinenhauskran gehoben werden soll oder ob der Einsatz eines besonderen Hubgerüstes technisch und wirtschaftlich vorteilhafter ist. Bei geschickter Planung und geeigneter Konstruktion kann ein derartiges Hubgerüst nacheinander an verschiedenen Baustellen eingesetzt werden, besonders wenn das Gerüst im Besitz des Lieferers ist. Von Bedeutung ist dabei auch, daß der Generatorständer nur in seltenen Fällen von seinem Aufstellungsort wieder entfernt wird. Es erscheint daher überlegenswert, den Kran und damit auch die Kranbahn und Kranbahnstützen nicht für die große Last des nur einmal zu bewegenden Generatorständers, sondern für die übrigen kleineren Lasten zu bemessen.

Die zukünftige Entwicklung der maximalen Transportgewichte von Generatoren in Abhängigkeit von der Art der Kühlung bei der beabsichtigten Steigerung der Maschinenleistungen zeigt Abb. 612, Bereich *e*. Die größten Transportgewichte bereits ausgeführter

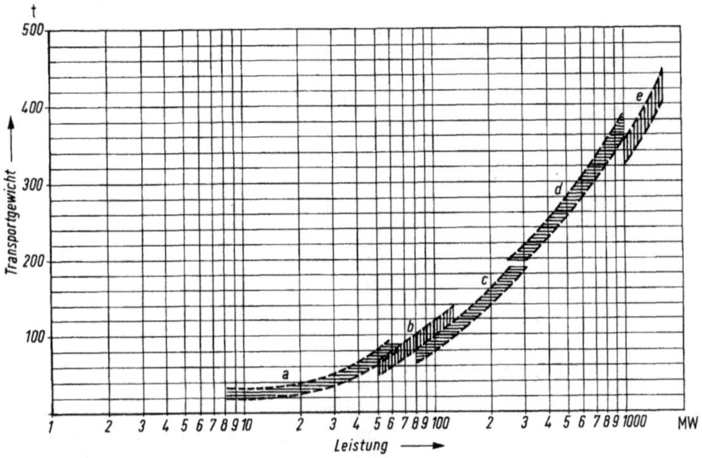

Abb. 612. Transportgewichte von Generatoren, abhängig von Leistung und Kühlung, Bereich *e* geplant (nach SSW)

a indirekte Kühlung der Ständer- und Läuferwicklung mit Luft
b indirekte Kühlung der Ständer- und Läuferwicklung mit Wasserstoff
c indirekte Kühlung der Ständerwicklung und direkte Kühlung der Läuferwicklung mit Wasserstoff
d direkte Kühlung der Ständer- und Läuferwicklung mit Wasserstoff
e direkte Kühlung der Ständer- und Läuferwicklung mit Wasser

Maschinen in der Bauweise gemäß *d* in Abb. 612 liegen im Bereich von 400 t. Krane solcher Tragkräfte sind technisch ohne weiteres ausführbar; wirtschaftliche Überlegungen jedoch lassen gerade bei so großer Last den Einsatz spezieller Schwerlast-Hubgerüste und Maschinenhauskrane geringerer Tragfähigkeit geboten erscheinen.

3. Die Arbeitsweise der Hebezeuge

Die verfahrbaren Maschinenhauskrane sind fast immer mit mehreren Hubwerken ausgerüstet, die eine Abstufung der Tragfähigkeiten und Hubgeschwindigkeiten nach den gegebenen Erfordernissen ermöglichen. Sie sind in der Lage, mit den Haken die ganze im Bereich der Anfahrmaße liegende Fläche des Maschinenhauses freizügig zu bedienen. Stationäre Hubgerüste dagegen besitzen ein verfahrbares Hubwerk. Sie können nur längs einer Geraden arbeiten. Während der Kran zu der zu hebenden Last hinfahren kann, besteht beim Einsatz eines Hubgerüstes diese Möglichkeit nicht.

Abhängig von der Lage der Montageöffnungen ist es manchmal möglich, für die Bewegung der Höchstlast (Generatorständer) einen bestimmten Förderweg vorzuschreiben (Kran- und Katzfahrweg). Dadurch kann die Wirkung der maximal auftretenden Radlasten auf die Bauteile begrenzt werden; hierdurch sind im ganzen geringere Gewichte für Kranbahn und Stützen möglich. In größeren Maschinenhäusern sollten die Lastwege zweckmäßigerweise so angeordnet werden, daß im Betrieb befindliche Maschinen nicht überstrichen werden.

Die Lasten werden mit Seilen an dem Kranhaken angeschlagen, wobei der sog. Haupthub für die großen Gewichte einen Doppelhaken besitzt und die Hilfshübe für die kleineren Gewichte normalerweise mit Einfachhaken ausgestattet sind. An großen Teilen sind oftmals geeignete Aufhängevorrichtungen angebracht.

Falls in einem Maschinenhaus mehrere Krane auf der gleichen Kranbahn vorhanden sind, können zwei Krane gekoppelt werden und direkt oder mit Hilfe einer Traverse die schwere Last gemeinsam heben (Abb. 613). Eine Traverse ist auch dann notwendig, wenn Gleis und Achse des Turbosatzes zueinander senkrecht verlaufen und die von zwei Kranen angehobene Last gedreht werden muß. Durch drehbare Lagerung des Kranhakens wird diese Bewegung der Last ermöglicht. In dem seltenen Fall, daß ein Kran mit zwei Laufkatzen gleicher Tragkraft ausgerüstet ist, wird für das Anschlagen der Höchstlast ebenfalls eine Traverse benutzt.

Abb. 613. Zwei Maschinenhauskrane in Einträgerkastenbauweise mit Winkelkatze, Tragfähigkeit eines Krans 100/10 t, 40 m Spannweite, beim Anheben des Generatorständers mit Traverse (Tabelle 26, Nr. 10; Werkbild MAN)

Bezeichnend für Maschinenhaushebezeuge ist die Steuerung der Geschwindigkeiten; alle oder wenigstens die wichtigsten Antriebe können von ihren normalen Arbeitsgeschwindigkeiten auf sog. Feinganggeschwindigkeiten reduziert werden. Erst diese erlauben die für Montagearbeiten unerläßlichen geringen Zustellbewegungen. Da bei diesen Arbeiten die Lasten häufig längere Zeit am Haken hängen und damit das Hebezeug für weitere Zwecke blockieren, wird bei Aufstellung mehrerer Turbosätze in einem Maschinenhaus oft die Anordnung von zwei Kranen bevorzugt. Meistens erfolgt die Steuerung der Kranbewegungen von einer am Kranträger angebrachten offenen Führerkanzel aus. Bei wichtigen Montagevorgängen ist es wegen der ungünstigen Sichtverhältnisse notwendig, den Kranführer durch Handzeichen einzuweisen. Diese Bedienungsart hat zur Folge, daß bei langandauernden Montagen der Kranführer sich notwendigerweise in der

Abb. 614. Maschinenhauskran als Halbportalkran mit Flurbedienung, Tragfähigkeit 200/10/5 t, Spannweite 19,75 m (Tabelle 26, Nr. 25; Werkbild Heckel)

Führerkanzel aufhalten muß, die meiste Zeit aber untätig ist oder oftmals den umständlichen Aufstieg zum Kran vornehmen muß. Deshalb wird neuerdings häufig statt der Führerkanzel eine Flursteuerung des Kranes mittels Hängedruckknopftafel ausgeführt. Diese kann am Kran längsverfahrbar angeordnet werden (Abb. 614).

c) Die räumliche Zuordnung von Hebezeug und Maschinenhaus

Auf die Gestaltung des Kranes haben folgende Gegebenheiten oder Randbedingungen einen gewichtigen Einfluß:

1. die Festlegung der Tragkraft,
2. die Anordnung der Kranfahrbahn,
3. die Aufstellungsrichtung der Turbosätze.

Zu 1: Vor Festlegung der Tragkraft muß die Entscheidung über die Art des Generatorständertransportes gefällt werden. Beide Möglichkeiten, diese Last mit dem Maschinenhauskran oder mit einem besonderen Hubgerüst zu bewegen, sollten in Betracht gezogen werden.

Zu 2: Die Beschaffungskosten für eine Krananlage teilen sich auf in solche für den Kran und die Kranfahrbahn. Die konstruktive Ausführung des Kranes und die Anordnung der Kranfahrbahnen beeinflussen sich gegenseitig; bei gemeinsamer Gestaltung kann zugunsten der Beschaffungskosten für beide Komponenten ein Optimum erreicht werden. Die am häufigsten verwendeten Brückenkrane benötigen zwei hochliegende Fahrbahnen (Abb. 615). Bei Maschinenhausstützen aus Stahlbeton werden die Kranbahnträger ent-

Abb. 615. Maschinenhauskran in Bauweise mit schmalen Kastenträgern, Tragfähigkeit 130/10 t, Spannweite 22 m, in einer Umformeranlage (Tabelle 26, Nr. 17; Werkbild Pohlig)

weder als bewehrte Betonbalken oder als Stegblechträger aus Stahl ausgeführt (Abb. 615 bzw. 613). Falls Stahlstützen verwendet werden, sind auch die Kranbahnträger aus Stahl (Abb. 621). Bei hochliegenden Fahrbahnen müssen alle Lasten über die Stützen in die Fundamente abgeleitet werden. Da die Stützen des Maschinenhauses an der Seite des Schwerbaues große Gebäudelasten aufzunehmen haben, hat die zusätzliche Belastung durch die Kranbahn einen verhältnismäßig geringen Einfluß auf die Abmessungen. Die Stützen auf der anderen Hallenseite haben die Lasten aus der Dachkonstruktion und der schweren Kranbahn, die hier von erheblicher Bedeutung sind, abzutragen. Daher würde die Ausführung des Maschinenhauskranes als Halbportalkran (Abb. 614 und 616c) einen deutlichen Vorteil in bezug auf diese Stützen und die Zahl der Bauteile des Maschinenhauses mit sich bringen. Ein Halbportalkran trägt seine Last auf einer Seite über eine Pendelstütze ab; die Fahrbahn für die Pendelstütze kann daher in Höhe des Maschinenhausflurs, wo ohnehin Bauglieder vorhanden sind, angeordnet werden. Unter Beachtung der notwendigen Sicherheitsvorkehrungen sind vor allem wegen der geringen Geschwindigkeiten keine betrieblichen Nachteile beim Kranfahren (Unfallgefahr durch Pendelstütze) zu erwarten. Die etwas aufwendigere Krankonstruktion wird bei langen Maschinenhäusern durch die Einsparungen an der Kranbahn mehr als ausgeglichen werden können.

Mitunter sind zwei Krane auf übereinanderliegenden Bahnen vorhanden, wobei dem obenlaufenden Kran die geringere Tragkraft zugeordnet ist[1]. Die dadurch gewährleistete Freizügigkeit in der Verwendung beider Krane dürfte bei den geschilderten betrieblichen Anforderungen an Krananlagen in Maschinenhäusern mit relativ zu hohen Beschaffungskosten für die zweite Kranfahrbahn und die notwendige größere Gebäudehöhe verbunden sein. Bei besonderen klimatischen Verhältnissen ist die Freiluftaufstellung eines Maschinensatzes möglich; hier ist es sinnvoll und notwendig, das dazugehörige Hebezeug entweder als Halbportalkran oder als Portalkran mit ebenerdigen Fahrbahnen auszubilden[2] (Abb. 616d).

Die Konstruktion der normalen Kranbrückenträger kann als Trapezträger oder als Träger mit parallelen Gurten ausgeführt werden (Abb. 616). Die räumliche Lage von

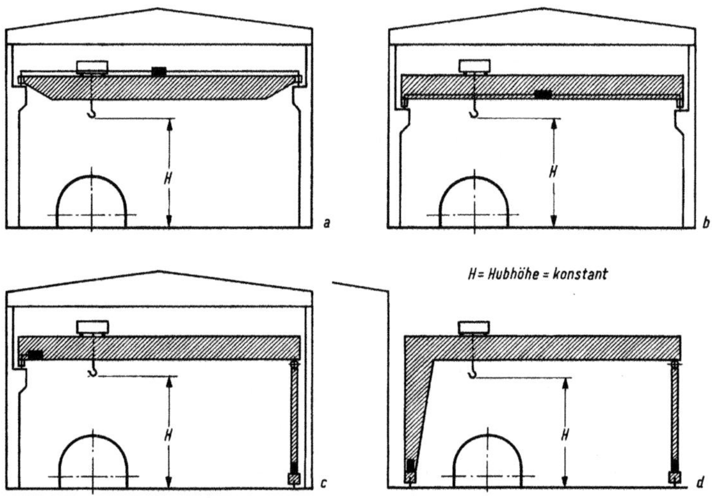

Abb. 616 a—d. Räumliche Zuordnung von Hebezeug und Maschinenhaus

a) Brückenkran mit Trapezträgern und Mittentrieb für Kranfahren

b) Brückenkran mit parallelgurtigen Trägern und Mittentrieb

c) Halbportalkran, Kranfahren mit Einzelantrieben

d) Portalkran für Freiluftbauweise, mit Einzelantrieben

Brückenträger und Kopfträger des Krans — in letzterem sind die Kranlaufräder angeordnet — kann verschiedenartig sein. Üblich ist die Ausführung nach Abb. 616a, bei der die Oberkante der Kopfträger der Oberkante der Brückenträger entspricht. Dadurch ergibt

[1] Vgl. Erster Band, Kraftwerk Eddystone, S. 75, Arrighi, S. 515, Gennevilliers, S. 521, Philo, S. 79.

[2] Vgl. Erster Band, Kraftwerk Joppa, S. 395, Martins Creek, S. 527, Southwestern, S. 581.

sich eine günstige Anordnungsmöglichkeit für Kranfahrwerke mit Mittenantrieb und durchgehender Antriebswelle auf der oberen Bühne. Es ist auch ohne weiteres möglich, den Brückenträger auf die Kopfträger aufzusatteln. Diese Bauweise ergibt in Verbindung mit parallelgurtigen Trägern, die aus wirtschaftlichen Erwägungen den Trapezträgern vorgezogen werden, bei gleicher nutzbarer Hubhöhe eine niedrigere Anordnung der Kranfahrbahnen und damit Einsparungen an den Kosten für die Kranstützen (Abb. 616b).

Zu 3: Die Aufstellung der Maschinensätze kann quer oder längs zur Maschinenhausachse erfolgen. Bei Vorschaltanlagen und Zweiwellensätzen stehen mitunter zwei längs angeordnete Sätze nebeneinander[1]. Die erforderliche Spannweite des Kranes ergibt sich aus der Richtung der Maschinenachsen. Es lassen sich zwei Gruppen unterscheiden:

Anordnung des Turbosatzes:	Spannweite des Krans in m:
längs	20 bis 25
quer	28 bis 40 (47,5)

Die Spannweite ist für das Gewicht und die Kosten des Kranes eine wichtige geometrische Größe.

Bei Verwendung von Hubgerüsten für die Ständermontage sollte der im Maschinenhaus vorhandene Kran die Montage des Hubgerüstes vornehmen können. Dies erfordert neben den entsprechenden baulichen Maßnahmen (ausreichende Hubhöhe für den Kran) die frühzeitige Auslieferung, Montage und Inbetriebnahme des Maschinenhauskrans. Das Hubgerüst wird innerhalb des Maschinenhauses quer zum Generatorstandort aufgestellt, so daß

Abb. 617.
Hubgerüst für Generatorständermontage, Hubvorgang schrittweise, pneumatisch angetrieben (Werkbild Aycock, USA)

es die gegebenen Montageöffnungen überspannt. Es übernimmt die Hub- und Querförderung des Ständers vom Wagen zur Einbaustelle. Mit dem in Abb. 617 dargestellten, durch Autokran montierten Hebegerüst wurde der Generator außerhalb des Maschinen-

[1] Vgl. Erster Band, Kraftwerk Gersteinwerk (4. Erweiterung) S. 183, Portland S. 225, Mannheim II S. 313 und andere.

hauses vom Eisenbahnwagen bis in Höhe Maschinenhausflur gehoben, auf Rollen bis über das Generatorfundament im Maschinenhaus gezogen und anschließend mit dem inzwischen dort errichteten gleichen Hebegerüst auf das Fundament abgesenkt. Der Hubvorgang erfolgt dabei durch schrittweises Anheben der Tragplattform, auf der der Generator steht, Verriegeln der Tragplattform, Nachziehen und Festlegen der Hubwerke, die als pneumatisch angetriebene Spindelhubwerke ausgeführt sind.

d) Technische Daten ausgeführter neuerer Maschinenhauskrane und Hubgerüste

In Tabelle 26 (in der Tasche am Schluß des Buches) wird eine Übersicht der wichtigsten konstruktiven Merkmale von 32 neueren Maschinenhauskranen und zwei Hubgerüsten gegeben. Neben der Möglichkeit des technisch-konstruktiven Vergleiches der gegenwärtig angewandten Bauweisen lassen sich die Konstruktionstendenzen für Maschinenhauskrane erkennen; Abweichungen von den üblichen Bauweisen werden deutlich. Fast alle der aufgeführten Krane sind Maschinenhauskrane für Dampfkraftwerke. Des Vergleichs wegen sind einige Krane aus anderen Betrieben hinzugefügt (Anmerkung in Tabelle 26): ein Kran für eine Turbinenwerkstätte (Tabelle 26, Nr. 23), ein Kran für ein Wasserkraftwerk (Maschinenhaus, Nr. 27), drei Krane für die Reaktorhalle von Kernkraftwerken (Nr. 5, 6 und 26) und ein Kran für eine Umformeranlage (Nr. 17). Der Inhalt der einzelnen Zeilen umfaßt die Daten, welche zwischen dem Besteller eines Maschinenhauskranes und der Herstellerfirma zu vereinbaren sind. Zur Erläuterung von Tabelle 26 (in der Tasche am Schluß des Buches) dienen Abb. 618/1—32 und 619/1—32, die in vereinfachter Form die Kran- und Katzübersichten zeigen.

Eine ausführliche Anfrage sollte zur Vermeidung von Mißverständnissen und Rückfragen noch genauer detailliert werden. Insbesondere wären noch folgende Gesichtspunkte zu berücksichtigen:

Festlegung der Hubhöhen und Anfahrmaße,
Entrostung und Anstrichsystem,
Art des Versandes,
Angabe der Transportgewichte,
Angabe des Transportraumbedarfs,
beabsichtigte Kranmontage,
Ausführung und Anordnung von Puffern und Endschaltern,
Bauungenauigkeiten der Kranbahn,
verwendete Maschinenelemente: Bremsen, Lager, Kupplungen, Getriebe,
Schmierungs- und Wartungsvorschriften,
vorhandene Stromart, Spannung, Frequenz,
Ausführung der elektrischen Ausrüstung:
Motoren, Steuerung, Schützen, Widerstände, Stromzuführung, Bremslüfter.

Ferner muß vereinbart werden:

Leistungs- und Lieferumfang,
Abnahmebedingungen,
Liefertermine,
Gewährleistung.

Die Angabe der Preise — fest oder gleitend — und Gewichte für den vereinbarten Liefer- und Leistungsumfang schließt das Angebot des Herstellers ab.

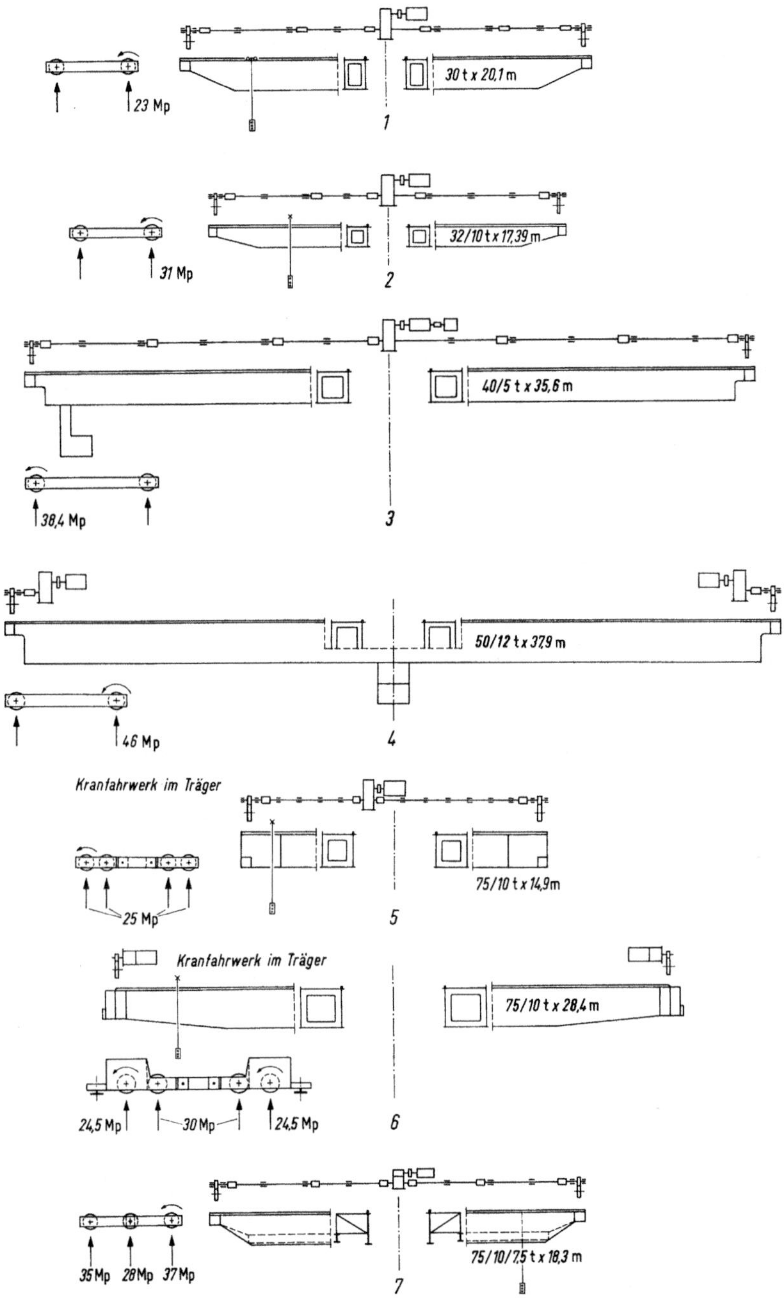

Abb. 618/1—7. Schematische Kranübersichten

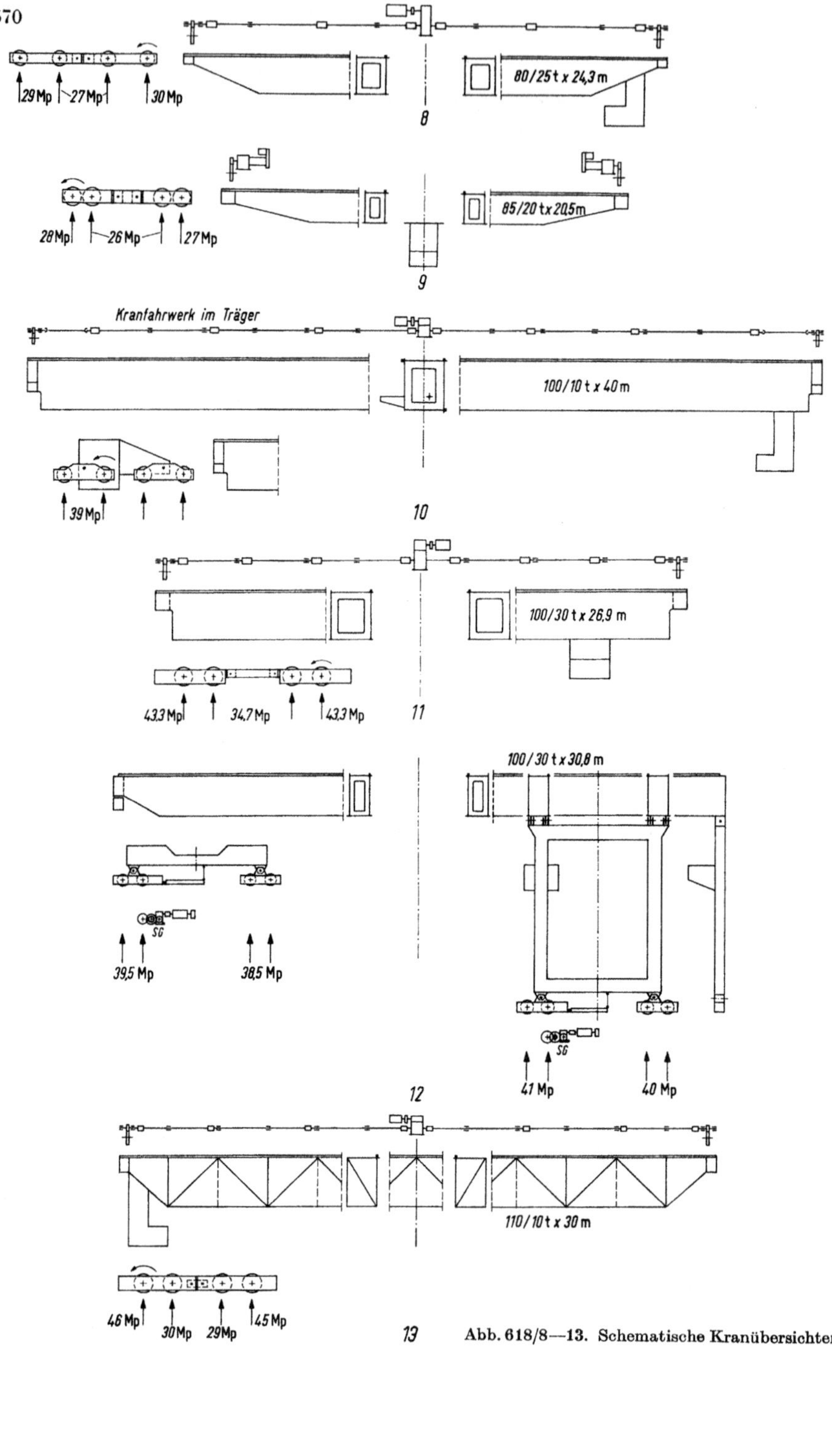

Abb. 618/8—13. Schematische Kranübersichten

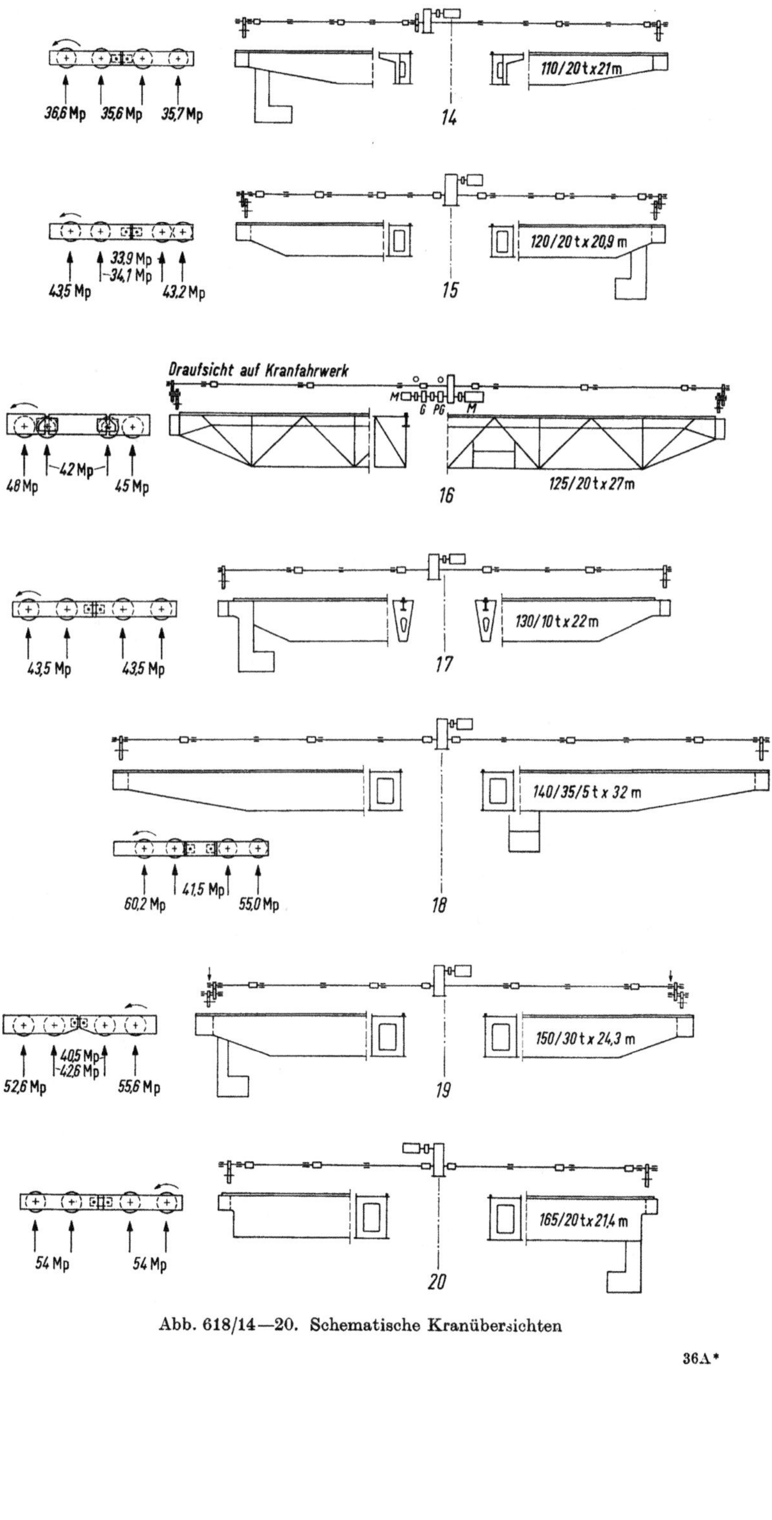

Abb. 618/14—20. Schematische Kranübersichten

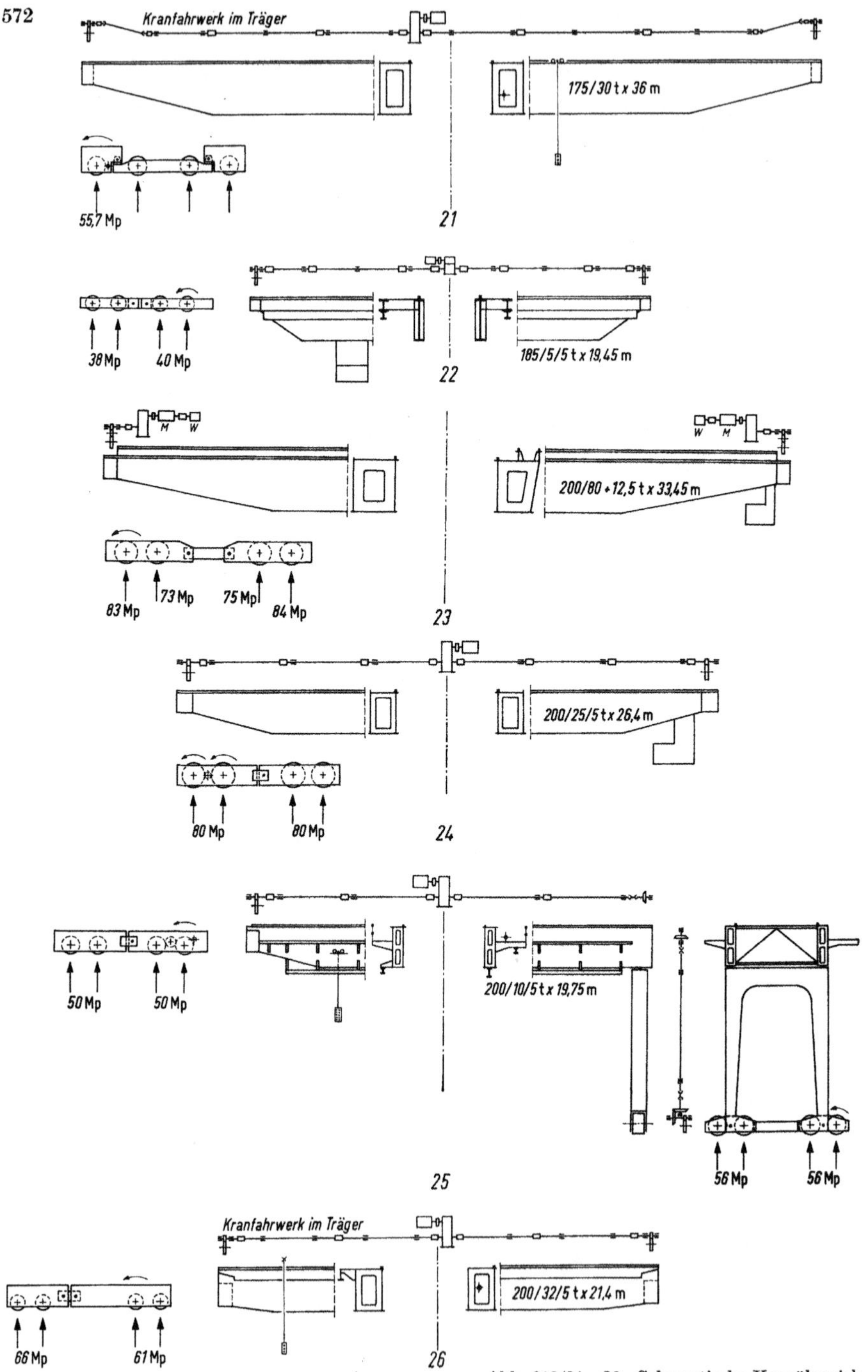

Abb. 618/21—26. Schematische Kranübersichten

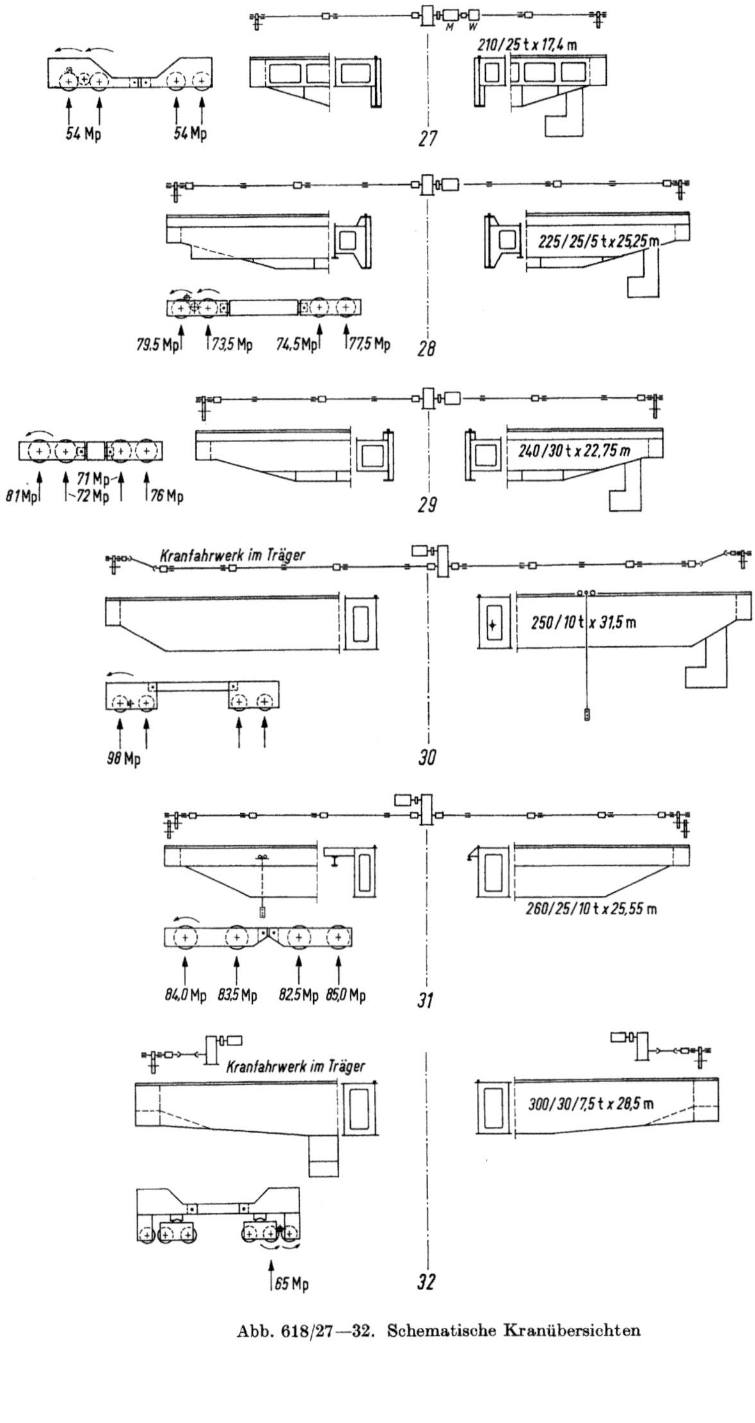

Abb. 618/27—32. Schematische Kranübersichten

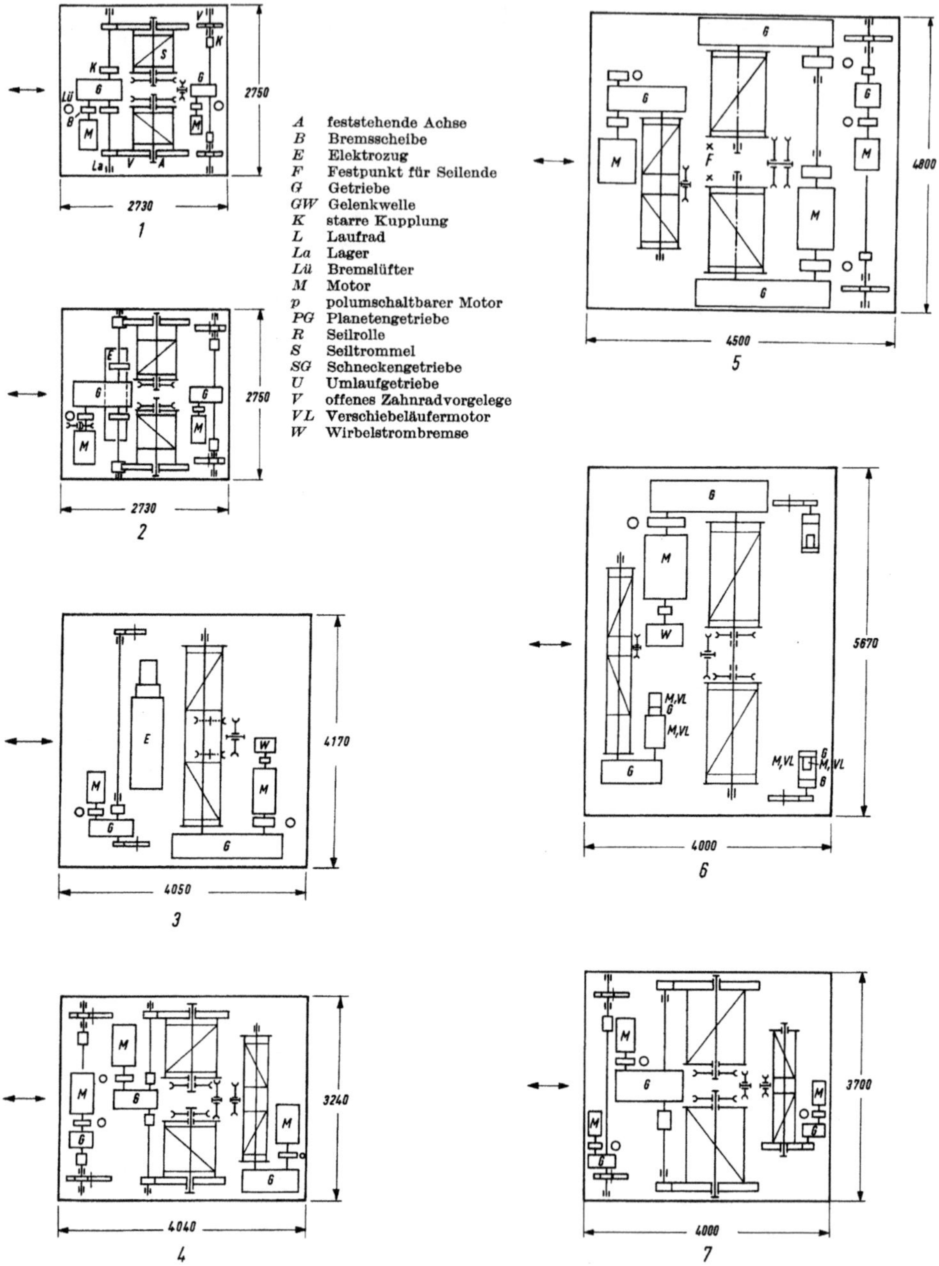

Abb. 619/1—7. Schematische Katzübersichten

Der Pfeil ←→ bedeutet Mitte Katzspur und Bewegungsrichtung der Katze. Alle Katzen haben vier Laufräder, die in der Darstellung weggelassen wurden

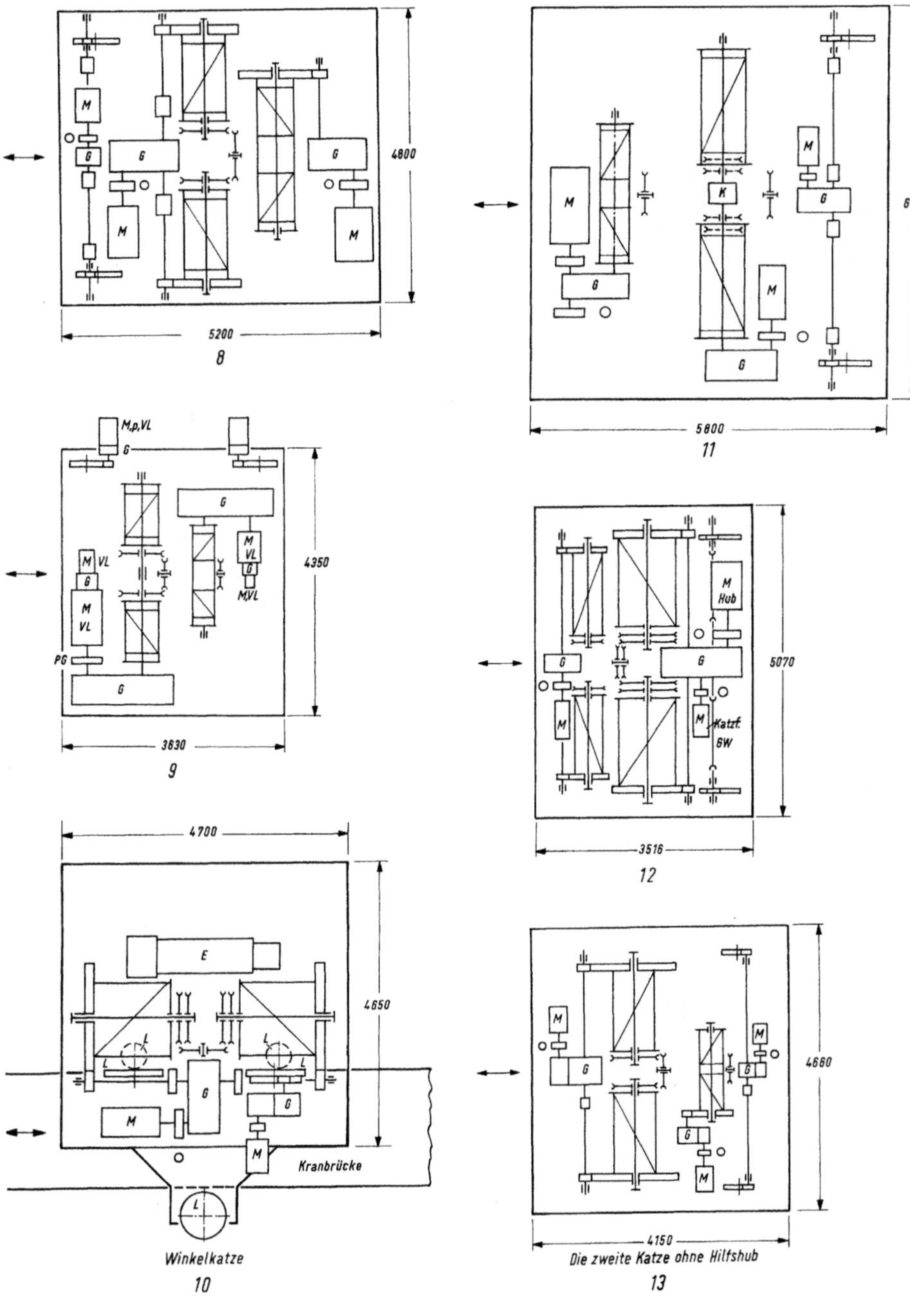

Abb. 619/8—13. Schematische Katzübersichten

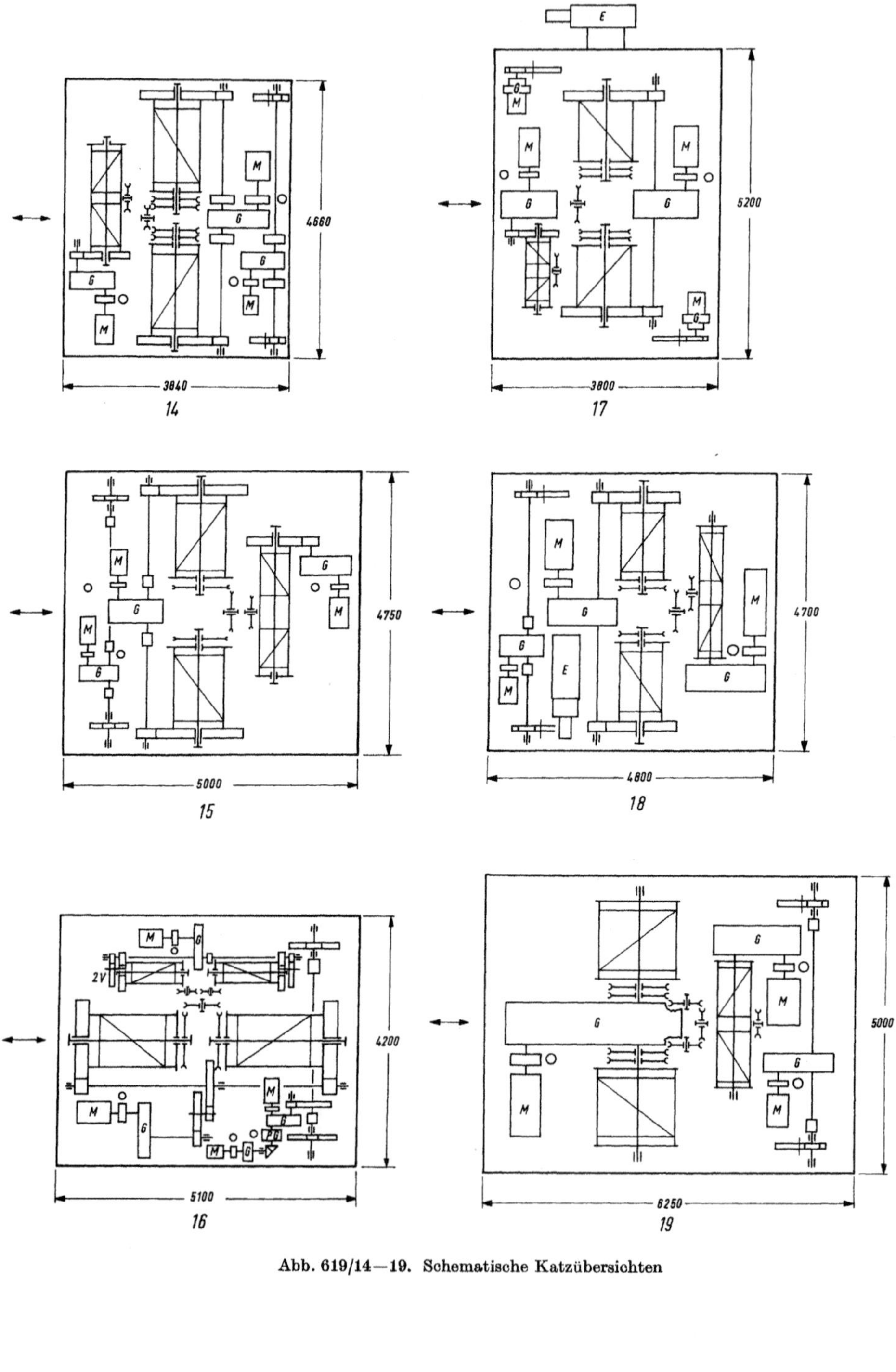

Abb. 619/14—19. Schematische Katzübersichten

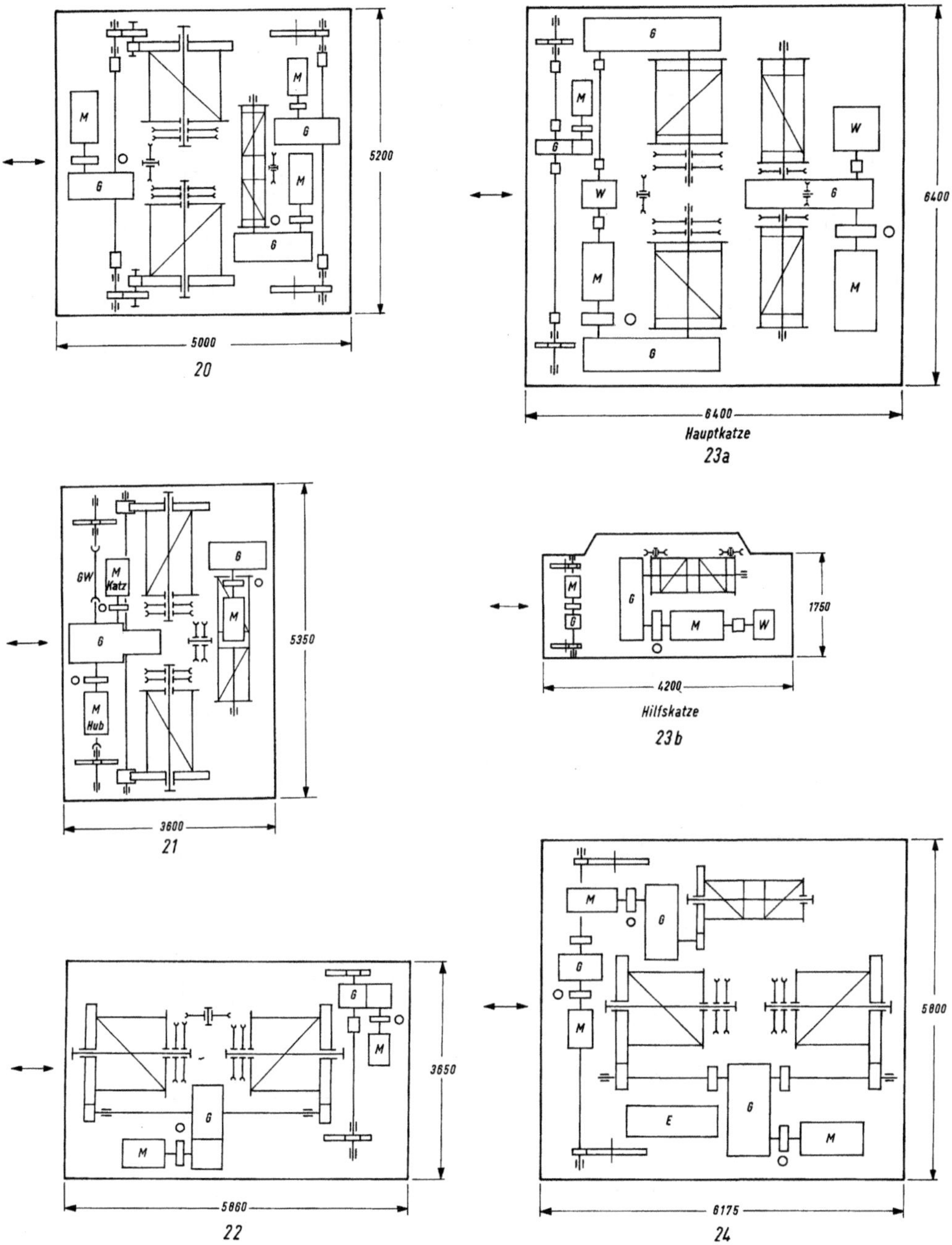

Abb. 619/20—24. Schematische Katzübersichten

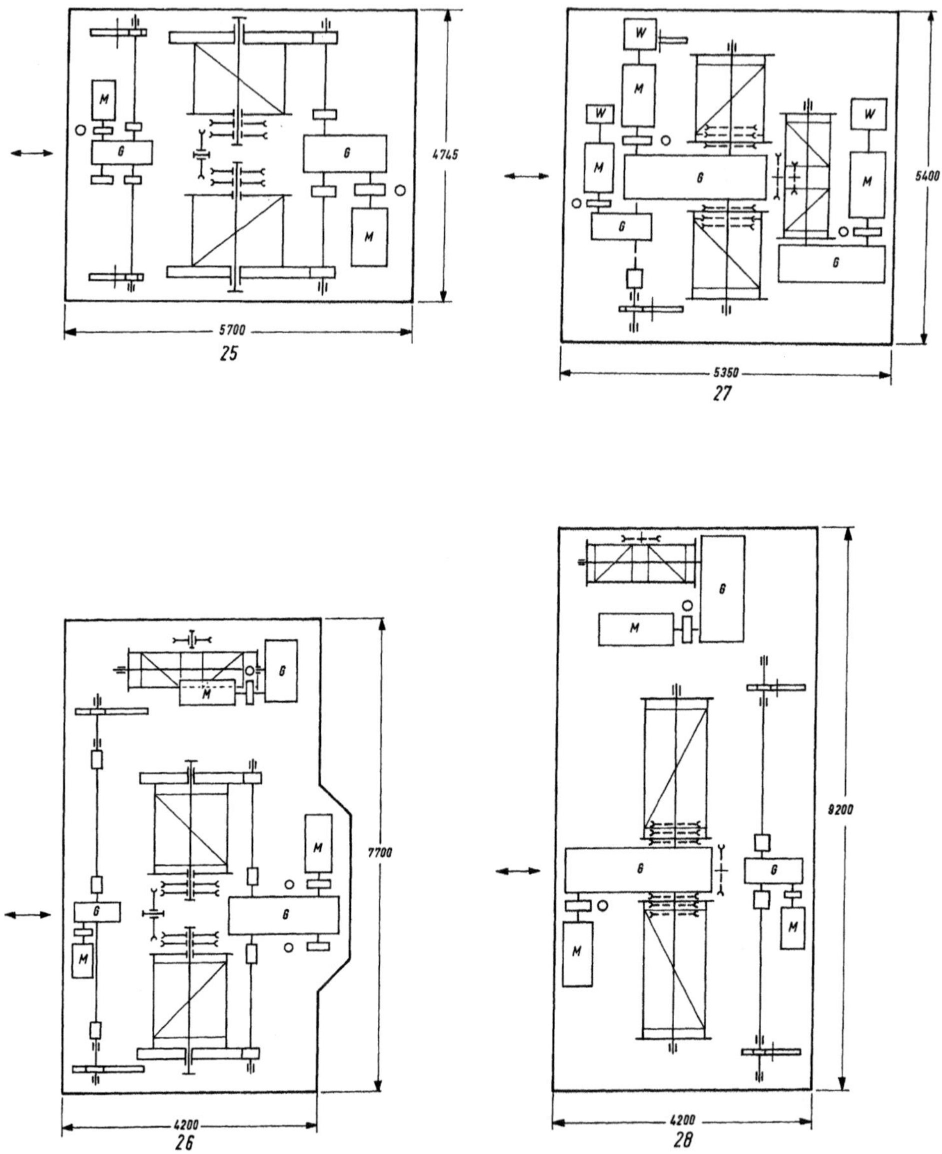

Abb. 619/25—28. Schematische Katzübersichten

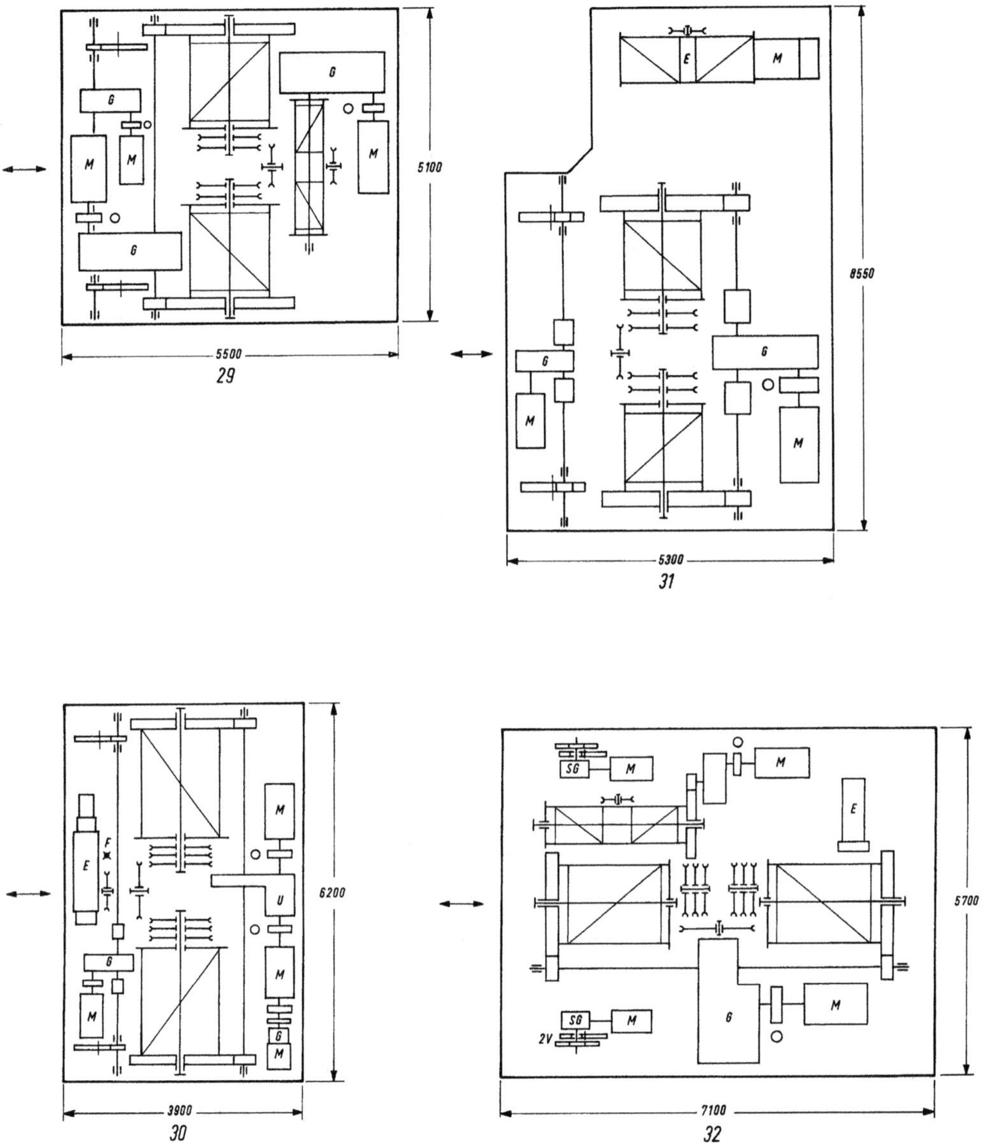

Abb. 619/29—32. Schematische Katzübersichten

II. Konstruktive Gestaltung der Baugruppen von Maschinenhaushebezeugen

a) Tragwerke — Stahlbaulicher Teil

1. Grundlagen

Für Betreiber, Hersteller und Aufsichtsbehörden sind maßgebend für Planung, Ausführung, Abnahme und Prüfung des stahlbaulichen Teiles einer Krananlage im Bereich der Bundesrepublik Deutschland und bei Vereinbarung auch für andere Länder

die *Unfallverhütungsvorschrift* 18.3 Brückenkrane (Laufkrane), in der gültigen Fassung ab 1. 6. 1957,

und die *Normen*

DIN 120 Berechnungsgrundlagen für Stahlbauteile von Kranen und Kranbahnen,

DIN 15 018 Krane — Stahltragwerke — Berechnungsgrundsätze (Entwurf Febr. 1967),

DIN 15 019 Krane — Standsicherheit — Sicherheit gegen Abtreiben durch Wind (Entwurf Okt. 1960),

DIN 4114 Stabilitätsfälle (Knickung, Kippung, Beulung).

In den Unfallverhütungsvorschriften der Berufsgenossenschaften sind bestimmte Fragen der konstruktiven Gestaltung von Kranen — einschließlich der Abnahme und Prüfung — geregelt, die einer angemessenen Unfallsicherheit für das Bedienungspersonal dienen. Von den einschlägigen Bestimmungen für Maschinenhauskrane seien folgende Abschnitte besonders hervorgehoben (Auszüge aus der Unfallverhütungsvorschrift 18.3, s. auch Abb. 620):

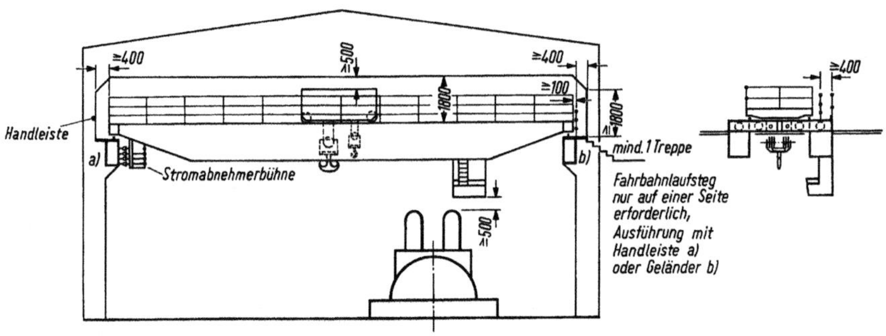

Abb. 620. Sicherheitsabstände, Laufstege, Anordnung der Geländer aus der Unfallverhütungsvorschrift Brückenkrane

Unterer Sicherheitsabstand

§ 6. Die Brücke, einschließlich der Katze und des Führerhauses, muß von begehbaren Gebäudeteilen, Öfen, Maschinen usw. und von Geländern einen lotrechten Abstand von mindestens 500 mm haben. Dies gilt nicht für Krane mit handbetriebenem Kranfahrwerk.

Arbeitsbühnen

§ 8. Bei kraftbetriebenen Brückenkranen müssen maschinelle und elektrische Einrichtungen, die nicht unmittelbar von Fahrbahnlaufstegen oder Kranträgerlaufbühnen aus zugänglich sind, über Arbeitsbühnen erreichbar sein. Die Arbeitsbühnen sollen bei Kranen mit Führerhaus am Kran, bei flurbedienten Kranen und Deckenkranen am Gebäude fest angebracht sein.

Windsicherungen

§ 10. Dem Wind ausgesetzte Brückenkrane müssen für die Kranfahrt Windsicherungen haben, z. B. fest eingebaute Schienenzangen oder Radsperren. Fahrwerksbremsen gelten nicht als Windsicherungen.

(Dies gilt auch für Portalkrane bei Freiluftbauweise.)

Fahrbahnbegrenzungen

§ 11. An den Enden der Fahrbahnen für Kranbrücken und Katzen müssen kräftige und sicher befestigte Anschläge vorhanden sein.

Fahrbahnlaufsteg

§ 19. (1) Brückenkrane müssen neben, oberhalb oder unterhalb der Kranfahrbahn auf der ganzen Länge einen Fahrbahnlaufsteg mit einem freien Durchgang von mindestens 1800×400 mm haben. Der Fahrbahnlaufsteg muß mindestens auf einer Seite ein durchgehendes Geländer oder eine durchgehende Handleiste haben. Ist die dem Kran abgewandte Seite offen, so muß an dieser Seite ein Geländer angebracht sein. An den offenen Seiten müssen Fußleisten angebracht sein, wenn nicht die Kranbahnschienen den gleichen Zweck erfüllen.

(2) Geländer auf der Kranfahrbahnseite müssen mindestens zwei waagerechte Zwischenstäbe haben.

(3) Der Fahrbahnlaufsteg muß so ausgebildet sein, daß in seinem Durchgangsbereich die am weitesten ausladenden Teile des Kranes von festen Gebäudeteilen, Rohrleitungen u. dgl. mindestens 400 mm und vom Geländer mindestens 100 mm Abstand haben.

(4) Ist aus konstruktiven Gründen der Fahrbahnlaufsteg durch Gebäudesäulen geführt, so müssen die Durchgänge mindestens 2000 mm lichte Höhe und 500 mm lichte Weite haben. In diesem Fall kann von Geländern oder Handleisten für den Fahrbahnlaufsteg abgesehen werden, wenn der Laufsteg in Höhe der Kranbahnschienen zwischen zwei Kranbahnen liegt. Für den Abstand zwischen den am weitesten ausladenden Teilen des Kranes und den Gebäudesäulen gilt Abs. 3 nicht.

(5) Der Fahrbahnlaufsteg ist nicht erforderlich, wenn

1. der Boden des Führerhauses nicht höher als 5 m über Flur liegt und

2. für jeden Kran eine über eine Treppe erreichbare, möglichst am Ende der Kranbahn festangebrachte Bühne vorhanden ist, von der aus das Führerhaus leicht und gefahrlos erreicht und verlassen werden kann, und

3. ein Notabstieg am Führerhaus vorhanden ist (z. B. ausziehbare Leiter, Abseilgerät, Knotentau).

(6) Bei Deckenkranen mit beweglichem Führerhaus ist der Fahrbahnlaufsteg nicht erforderlich, wenn Abs. 5, Nrn. 2 und 3 erfüllt sind.

Aufstiege zum Fahrbahnlaufsteg

§ 20. (1) Aufstiege zum Fahrbahnlaufsteg müssen in der erforderlichen Anzahl vorhanden sein. Sie sind vorzugsweise an die Enden der Kranbahn zu legen.

(2) Mindestens ein Aufstieg zum Fahrbahnlaufsteg muß als Treppe ausgeführt sein. Als weitere Aufstiege sind Treppen vor Leitern zu bevorzugen.

(3) Die Aufstiege müssen so angebracht oder verkleidet sein, daß die Benutzer durch fahrende Krane nicht gefährdet werden können.

Kranträgerlaufbühne

§ 22. (1) Wenigstens einer der beiden Kranträger muß eine auf der ganzen Länge durchgehende Kranträgerlaufbühne mit einem freien Durchgang von mindestens 1800×400 mm haben. Bei Kranen mit innen laufender Katze genügt ein freier Durchgang von 1400×400 mm im Kranträger. Bei Deckenkranen ist die Kranträgerlaufbühne nicht erforderlich.

(2) Die Kranträgerlaufbühne muß auf der Außen- und der Innenseite mit Geländern versehen sein, auf der Außenseite außerdem mit Fußleisten. Liegt die Kranträgerlaufbühne in Höhe des Fahrbahnlaufstegs, so darf kein Geländerteil nach dem Fahrbahnlaufsteg hin mehr als 400 mm an feste Gebäudeteile, Rohrleitungen u. dgl. heranreichen.

(3) Geländer auf der Innenseite müssen mindestens zwei waagerechte Zwischenstäbe haben.

Oberer Sicherheitsabstand

§ 24. Der lotrechte Abstand zwischen Kranträgerlaufbühnen, einschließlich ihrer Zugänge, und darüberlaufenden Kranen, festen Gebäudeteilen, Rohrleitungen u. dgl. muß mindestens 1800 mm betragen. Der lotrechte Abstand der höchsten bewegten Kranteile (z. B. Kranträger, Abwehrungen, Katzkonstruktion) von festen Gebäudeteilen, Rohrleitungen u. dgl., bei übereinanderlaufenden Kranen auch der Abstand zwischen ihren bewegten Teilen, muß mindestens 500 mm betragen. Dies gilt nicht für Stromabnehmerstützen.

Schutz an Laufkatzen

§ 25. Betretbare Laufkatzen müssen an den offenen Seiten durch Geländer und Fußleisten gesichert sein. Öffnungen innerhalb der Katzrahmen müssen soweit wie möglich abgedeckt sein.

Kopfträger

§ 26. (1) Die Kopfträger müssen abgedeckt sein. Soweit es ohne Beeinträchtigung des Fahrbereiches der Katze und ohne Quetschgefahr beim Übertreten zum Fahrbahnlaufsteg möglich ist, müssen sie Geländer haben; sonst muß der Zugang von der Kranträgerlaufbühne zum Kopfträger durch eine selbstschließende Schranke gesichert sein.

(2) Haben Geländer von Kopfträgern einen geringeren Abstand als 400 mm von festen Gebäudeteilen, Rohrleitungen u. dgl., so müssen sie zwei waagerechte Zwischenstäbe haben.

(3) Kommen Kopfträger in einem geringeren Abstand als 400 mm an festen Gebäudeteilen vorbei (§ 19 Abs. 4), so dürfen sie keine Aufstiege an den Stirnseiten der Krane haben.

Übergangsbestimmungen

§ 50. (4) Für Brückenkrane, die nur gelegentlich zur Montage von Betriebseinrichtungen benutzt werden (Montagekrane) und die vor dem Inkrafttreten dieser Unfallverhütungsvorschrift in Betrieb waren, gilt § 19 Abs. 1 Satz 1 nicht, vorausgesetzt, daß der Kran mindestens von einer Stelle aus leicht und gefahrlos erreicht und verlassen werden kann.

Als „Berechnungsgrundlage für Stahlbauteile von Kranen und Kranbahnen" ist gegenwärtig die DIN 120 mit dem für die Bemessung von Maschinenhauskranen gewichtigen Ergänzungs-Erlaß vom 9. 11. 1943 gültig. Darin werden die Krane je nach Art und Schwere der Anstrengungen während des Betriebes in vier Gruppen eingeteilt. Als Maßstab für die Eingruppierung gilt die bezogene Betriebsdauer (Lastspielzahl), die bezogene Belastung (Lastkollektiv, wodurch angegeben wird, wie häufig eine bestimmte Größe der Last erreicht oder überschritten wird) und die Größe der während des Betriebes zu erwartenden dynamischen Belastungen (Stoßwirkungen). Maschinenhauskrane können mit Rücksicht auf die in Abschn. I b, S. 560, dargestellte Betriebsweise, die durch kleine bezogene Betriebsdauer und Belastung sowie gewöhnliche Stöße gekennzeichnet ist, normalerweise in Krangruppe I eingeordnet werden. Die für diese Gruppe maßgebende Ausgleichzahl $\psi = 1{,}2$, mit der die Verkehrslast — Katzeigengewicht und Nutzlast — zu multiplizieren ist, berücksichtigt auf Grund von Erfahrungen die Wirkung von Häufigkeit, relativer Größe und Stoßwirkung der Belastung auf das Tragwerk. Bei fahrbaren Kranen sind die ständigen Lasten — Eigengewichte der Kranbrücke — mit einer Stoßzahl φ zu vervielfachen, die den Einfluß der durch Fahrbewegungen über Schienenstöße verursachten Schwingwirkung erfaßt.

Nach dem bereits erwähnten Ergänzungs-Erlaß vom 9. 11. 1943 zur DIN 120 kann bei Maschinenhauskranen, deren Höchstlast dem Gewicht des Generatorständers entspricht, Ausgleichzahl und Stoßzahl gleich Eins gesetzt werden.

In dem Normentwurf DIN 15 018 Blatt 1 „Krane — Stahltragwerke — Berechnungsgrundsätze" vom Februar 1967, der die DIN 120 ersetzen soll, werden für den betrachteten Kran oder das Kranbauteil die dynamischen Wirkungen beim Anheben einer Last und die von einer „Betriebsgruppe" abhängigen zulässigen Spannungen getrennt geregelt. Die Ausgleichzahl, die also die Stoßwirkung berücksichtigt und mit der die Last zu vervielfachen ist, hängt hierbei von der Hubgeschwindigkeit ab und wird für Maschinenhauskrane 1,10 bis 1,20 betragen.

Zur Bestimmung der „Betriebsgruppe", die für die Höhe der zulässigen Spannungen beim Festigkeitsnachweis — Sicherheit gegen Bruch bei veränderlicher Belastung — maßgebend ist, sind der Lastspielbereich und das zutreffende Spannungskollektiv zu bestimmen.

Bei Maschinenhauskranen wird die Anzahl der Lastspiele bei normaler Betriebsweise während der Kranlebensdauer sehr gering sein, so daß die Einordnung in den untersten Lastspielbereich — gelegentliche, nicht regelmäßige Benutzung mit langen Ruhezeiten — meistens gerechtfertigt ist.

Das Spannungskollektiv kennzeichnet, wie häufig in Abhängigkeit von den Betriebsbedingungen und von Art und Lage des Bauteiles eine bestimmte Spannung im Werkstoff erreicht oder überschritten wird. Bei Maschinenhauskranen kann leichtes Spannungskollektiv — Kranteile mit kleiner Häufigkeit der größten Spannungen — oder mittleres Spannungskollektiv — Kranteile mit etwa gleicher Häufigkeit der kleinen, mittleren oder großen Spannungen — vorliegen. Beim Spannungsnachweis werden die zulässigen Spannungen der Betriebsgruppe 0, meist aber der Betriebsgruppe I — siehe auch DIN 15 018 Blatt 1, Tabelle 9 — zu beachten sein.

Bei der konstruktiven Realisierung von Tragwerken sollten statisch bestimmte Systeme und damit eindeutige Lastwege und Spannungsverteilungen angestrebt werden. Nur dadurch wird die wirklichkeitsnahe Ermittlung der auftretenden Schnittkräfte und Spannungen und die zutreffende Beurteilung der rechnerischen Sicherheit gegen plastische Verformungen möglich. Nur unter diesen Bedingungen ist eine gute Ausnutzung des Werkstoffes zur Erzielung günstiger Gewichte und Herstellungskosten für die Krantragwerke bei nur 1,5facher Sicherheit gegen Erreichen der Fließgrenze — gemäß DIN 15 018 zulässige Zugspannung 1600 kp/cm² für St 37 und 2400 kp/cm² für St 52 — vertretbar. Die Erfahrung zeigt, daß diese Regelung auch den erheblichen Gewichten der zu hebenden Teile des Turbosatzes gerecht wird.

Die sorgfältige Beachtung der DIN 4114, einer grundlegenden, mitgeltenden Norm über die Berechnungsgrundlagen für Stabilitätsfälle, stellt sicher, daß in druckbeanspruchten Bauteilen durch Knickung, Kippung, Beulung keine Beeinträchtigung des Tragvermögens eintritt. In Ergänzung zu dieser Norm wind in DIN 15 018 Blatt 1 unter 7.3 Stabilitätsnachweis darauf hingewiesen, daß auf ausreichende Beulsicherheit von Stegen unter Radlasten zu achten ist. Dieser Hinweis gilt wegen der in voller Größe auftretenden Radlasten und der hohen zulässigen Spannungen in besonderem Maße für die Maschinenhauskrane (s. Schrifttum, S. 608). Bei der Berechnung des Tragwerkes wird vorausgesetzt, daß die Kranbahn sorgfältig verlegt sowie senkrecht und waagerecht ausgerichtet ist. Durch diese sinngemäß auch in DIN 15 018 Blatt 1 unter 6.2 enthaltene Bemerkung soll insbesondere auf den Zusammenhang zwischen Fahrbahnunebenheiten und Tragwerksbeanspruchungen hingewiesen werden. Eine allgemeingültige zahlenmäßige Angabe der größtzulässigen Unebenheiten ist wegen der Vielfalt der Tragwerkssysteme nicht möglich. Die Fahrbahnunebenheiten können je nach Wölbsteifigkeit des Tragwerkes die Sicherheitswerte vermindern. Sind wegen besonderer Baugrundverhältnisse Gebäudeabsenkungen und damit Fahrbahnunebenheiten zu erwarten und unvermeidbar, z.B. in Bergschadensgebieten, dann können Sonderkonstruktionen für das Krantragwerk — statisch bestimmte Lagerung von Kran und Katze — oder für die Fahrbahn eine nachstellbare Auflagerung nötig werden.

2. Kranbrücken und Katzgerüste

Unter Beachtung der äußeren Randbedingungen und der Gesamtwirtschaftlichkeit wird eine Ausführung von Kranbrücke und Katzgerüst mit möglichst kleinen Anfahrmaßen und Bauhöhen angestrebt.

Die meisten Maschinenhauskrane sind als Zweiträgerkrane ausgebildet. Das Tragwerk besteht dabei aus zwei räumlich belastbaren Brückenträgern verschiedener Ausführungsform mit je einer Katzfahrschiene für normale Zweischienenkatzen. Die Brückenträger sind durch Kopfträger miteinander verbunden. In diesen werden die Kranlaufräder oder Schwingensysteme so gelagert, daß sich die Auflagerkräfte eindeutig verteilen.

Die Entwicklung der Bauformen dieser Brückenträger beginnt mit den früher fast ausschließlich verwendeten Fachwerkträgern. Diese bauen sich aus zuerst vernieteten, später verschweißten Einzelstäben zu ebenen Fachwerken — Hauptträgern, Nebenträgern, oberen und unteren Horizontalverbänden — auf. Die Hauptträger nehmen hierbei außer ihrem Eigengewicht und den anteiligen Lasten der Horizontalverbände die aus dem Katzeigengewicht und der Nutzlast herrührenden wandernden Radlasten auf. Sie werden meist als Strebenfachwerk ausgebildet, mit zusätzlichen Pfosten zur Verringerung der Biegebeanspruchung des Obergurtes aus den Radlasten der Katze. Die Nebenträger tragen außer ihrem Eigengewicht den ihnen zufallenden Gewichtsanteil der Horizontalverbände, der Maschinenteile und der elektrischen Ausrüstung zu den Kopfträgern ab. Querschnittserhaltende Diagonalen sind nur an den Trägerenden nötig, da der Nebenträger sonst zusätzlich durch die Radlasten der Katze beansprucht wird, was insgesamt keine Verringerung des erforderlichen Konstruktionsgewichtes der Brücke ergibt. Seiten- und Massenkräfte wirken auf die Horizontalverbände, die aus den vorhandenen Gurtungen und fachwerkartigen Verbänden oder Bühnenblechen bestehen. Der Hauptträger kann auch als vollwandiger Stegblechträger ausgebildet sein. Bei diesen heute immer in geschweißter Bauweise ausgeführten Tragwerksteilen sind im Vergleich mit den Fachwerkhauptträgern die geringere Bauhöhe, die Vermeidung der örtlichen Biegebeanspruchungen des Obergurtes und damit die vor allem bei sehr großen Radlasten niedrigeren Gewichte und Herstellungskosten zu nennen. Vielfach ist dabei der fachwerkartige Nebenträger mit Rücksicht auf seine ungünstige architektonische Wirkung durch einen Rahmenträger, den sog. Vierendeelträger[1], ersetzt worden. Eine solche konstruktive Lösung ist nur als Kompromiß zu verstehen, denn diese Trägerform ist im Hinblick auf die statische Wirkung und die Herstellungskosten nicht vorteilhaft.

Bei geringen bis mittleren Spannweiten sind Winkelträger mit Bühnenblechen als oberem Horizontalverband und vollwandigen, relativ niedrigen Nebenträgern geeignet (Abb. 621).

Abb. 621. Maschinenhauskran in Winkelträgerbauweise und zwei Laufkatzen, Tragfähigkeit 70 + 70/10 t, Spannweite 21 m (Werkbild Krupp-Ardelt)

Durch das Fehlen des unteren Horizontalverbandes oder einer im oberen Winkel zwischen Stegblech des Hauptträgers und Bühnenblech angeordneten kleinen Torsionsröhre ist die Verdrehsteifigkeit gering. Dies wirkt ungünstig auf die ruhige Bewegung der Last und schränkt die Anwendbarkeit dieser Trägerform ein.

Mehrere Tatsachen haben zu einer Weiterentwicklung der Bauformen von Kranbrücken geführt, nämlich die inzwischen eingetretene Änderung der Kostenstruktur in der Maschinenbauindustrie, die erzielten technologischen Fortschritte — insbesondere die praktische Beherrschung der Schweißverbindungen — und neue theoretische Erkenntnisse, wie die Berechnung kastenförmiger Tragwerke mit günstiger räumlicher Tragwirkung. Der heute auch für Maschinenhauskrane am meisten verwendete Kastenträger besteht aus innerem und äußerem Stegblech, oberem und unterem Gurtblech, die mit den Schotten oder Querrahmen durch Schweißung zu einem kastenförmigen Tragwerk hoher Torsionsfestigkeit und -steifigkeit vereinigt werden (Abb. 622 und 623). Die Katzfahrschiene wird bei der in Europa üblichen Bauweise meist über dem inneren Stegblech angeordnet und bei Maschinenhauskranen schubfest mit dem Tragwerk verbunden. Das Verhältnis von Breite zu Höhe des Kastenträgers ist nach statischen und konstruktiven Gesichtspunkten — Unterbringung des Kranfahrwerkes und der elektrischen Ausrüstung — frei wählbar.

Im Gegensatz zu den konstruktiven Gepflogenheiten in den USA, wo schmale, hohe Kastenträger mit mittig angeordneter Schiene bevorzugt werden, findet man in Europa inzwischen viele Proportionen von hohen über quadratische bis zu breiten, niedrigen Kästen, auch solche mit mehreren Zellen, vor. Die mittige, auf den ersten Blick wegen der zentrischen Belastung für den Träger günstig erscheinende Anordnung der Schiene wurde hier wegen des dann notwendigen sekundären Tragsystems unter der Schiene, bestehend aus einem von Schott zu Schott gestützten Träger, und wegen des damit, vor

[1] Rahmenträger mit biegesteifen Ober- und Untergurten, die zur Schubübertragung durch ebenfalls biegesteife Pfosten miteinander verbunden sind.

allem bei großen Radlasten, verbundenen Gewichtsaufwandes kaum weiterentwickelt. Durch den zum Schubmittelpunkt des Kastenträgers außermittig liegenden Kraftangriffspunkt bei Anordnung der Schiene über dem inneren Stegblech wird der Kastenträger zusätzlich zur örtlichen Biegung von Schott zu Schott und zur Gesamtbiegung auf Torsion

Abb. 622. Maschinenhauskran in Kastenträgerbauweise, Tragfähigkeit 165/20 t, Spannweite 21,4 m (Tabelle 26, Nr. 20; Werkbild Krupp-Ardelt)

beansprucht. Die dadurch bedingten zusätzlichen Torsionsspannungen können jedoch meist ohne besondere Querschnittsveränderungen vom Kastenträger aufgenommen werden. Diese spezifische Eigenschaft des Kastenträgers hat die in vielen Fällen zweckmäßige Bauform des Einträger-Brückenkranes ermöglicht, bei der die Katze und damit auch die Tragmittel seitlich des Tragwerkes angeordnet sind (Abb. 613). Die Abstützung der Katze

Abb. 623. Zwei Maschinenhauskrane, Tragfähigkeit 150/30 t, Spannweite 24,3 m (Tabelle 26, Nr. 19; Werkbild Fries)

über die Katzlaufräder und Führungsrollen erfolgt auf mindestens zwei Schienen, von denen eine an der oberen Ecke, die andere mit meist vertikaler Schienenkopffläche an der unteren Ecke des Kastens angebracht ist. Da auch hier das auftretende Torsionsmoment aus der erheblich außermittigen Last bei kleinen Schubspannungen vom Kasten aufgenommen wird, entsteht vor allem bei großen Spannweiten und mittleren Lasten durch Einsparung von Gewicht, Einzelbauteilen und damit Herstellungskosten ein wirtschaftlicher Vorteil gegenüber dem üblichen Zweiträgerkran. Über die Anwendungsbereiche dieser Konstruktion ist in verschiedenen Arbeiten berichtet worden (Schrifttum [*7 bis 9*]).

In Sonderfällen sind Maschinenhauskrane ausgeführt worden, bei denen eine normale Zweischienenkatze unter Ausnutzung der für das Tragwerk erforderlichen Bauhöhe zwischen den beiden Brückenträgern läuft (Abb. 624). Dem möglichen Vorteil geringeren Hallenvolumens bei vergleichbaren Hubhöhen steht der Nachteil gegenüber, für die Einleitung der relativ großen Katzradlasten in das Haupttragwerk sekundäre Tragsysteme — Fahrbahnträger entweder auf Konsolen oder kleinen torsionssteifen Kästen — mit zusätzlichen Konstruktionsgewichten anordnen zu müssen. Diese Bauform hat daher bei Bewertung nach technischen Gesichtspunkten einen kleinen Anwendungsbereich, der sich mitunter durch die gegebene günstige optische Wirkung — die Katze tritt neben dem glattflächigen Hauptträger in der Ansicht nicht in Erscheinung — vergrößert.

Abb. 624. Maschinenhauskran mit innenlaufender Katze, Tragfähigkeit 40/15/5 t, Spannweite 21,4 m, mit geringer Gesamtbauhöhe für Katze und Kran (Werkbild Noell)

Als *Schienen* für die Katzfahrbahn werden sowohl Flachstahlschienen als auch Kranschienen mit breitem Flußflansch gemäß Form A nach DIN 536 — beide mit ebenem, an den Ecken abgerundetem Schienenkopf — verwendet. Im allgemeinen erfolgt die Befestigung der Flachstahlschienen durch Schweißung, die der A-Schienen jedoch vorzugsweise mittels hochfester vorgespannter Schrauben (HV-Schrauben). In beiden Fällen ist wegen der bestehenden Schubverbindung zwischen Schiene und Tragwerk der Schienenquerschnitt bei der Berechnung der Querschnittswerte und Spannungen zu berücksichtigen.

Die als Hilfshub eingesetzten *Elektrozüge* und die Hängedruckknopftafel zur Flurbedienung des Kranes laufen, wenn sie ein eigenes Fahrwerk besitzen, auf den Flanschen von I- oder U-Trägern, den sog. Unterflanschfahrbahnen. Je nach Verbindungsart zwischen dieser Fahrbahn und dem Brückenträger — schubfest, verschiebbar oder pendelnd — werden zusätzlich zu den örtlichen Spannungen aus Flansch- und Trägerbiegung bei Unterstützung an diskreten Punkten die Spannungen aus dem Haupttragwerk zu berücksichtigen sein. Hierbei ist die Betriebsweise, ob Haupthubwerk und Elektrozug gemeinsam benutzt werden oder nicht, in Betracht zu ziehen.

Bei der Gestaltung der *Brückenträger* ist neben der zweckmäßigen statischen und konstruktiven Durchbildung auch darauf zu achten, daß alle erforderlichen Betriebseinrichtungen unfallsicher zugänglich sind. Im allgemeinen werden bei den neueren Konstruktionen die oberen Gurtbleche gleichzeitig als Laufbühne ausgebildet. Die hierfür verwendeten glattflächigen Grobbleche erhalten aus diesem Grunde einen rutschfesten Anstrich. Die Bühnen sind zur Sicherung gegen Abstürzen von Personen beiderseits durch Geländer, von denen dasjenige an der Katzseite nach den Unfallverhütungsvorschriften zwei waagerechte Zwischenstäbe haben muß, begrenzt. Das Kranfahrwerk und die elektrische Ausrüstung werden teils auf der Bühne, teils im Inneren des Brückenträgers aufgestellt, wobei das Kranfahrwerk der guten Zugänglichkeit wegen und die Widerstände der Wärmeentwicklung wegen vorzugsweise auf der Bühne angeordnet werden. Für den Ein- und Ausbau aller im Brückenträger aufgestellten Einrichtungen sind entsprechend große Montageöffnungen vorzusehen.

Die Kranbahnschiene, die Tragfähigkeit und Spannweite des Maschinenhauskranes sind für die erforderliche Zahl anzuordnender *Laufräder* und deren Durchmesser maßgebend. In einem Kopfträger können 2, 3, 4, 6 oder 8 Laufräder angeordnet werden.

Wegen der vorliegenden Verhältnisse wird der geteilte und durch Doppelgelenk verbundene Kopfträger mit 2×2 Laufrädern am häufigsten ausgeführt. Da alle diese Ausführungen einer Vierpunktlagerung gleichkommen, sind bei Kranbahnunebenheiten und sehr wölbsteifen Konstruktionen die bereits erwähnten nachteiligen Einflüsse möglich.

Eine in dieser Hinsicht beachtenswerte Ausführung zeigt der unter Nr. 21 in Tabelle 26 aufgeführte Kran. Hier sind je ein Laufrad am Ende des Brückenträgers und zwei weitere Laufräder in dem gelenkig an den Brückenträger angeschlossenen Kopfträgerteil gelagert. Fahrbahnunebenheiten bei dieser Konstruktion können zwar auch zum Abheben eines im Kopfträgerteil gelagerten Laufrades führen, wobei jedoch der für den Antrieb des Kranes erforderliche Reibungsschluß zwischen angetriebenen Laufrädern und Kranschiene nicht beeinträchtigt wird.

Da insbesondere bei Einzelantrieben Biegebeanspruchungen der Kopfträger um deren vertikale Achse entstehen, sind die Doppelgelenke und die Abmessungen der Kopfträger selbst entsprechend zu bemessen.

Die *Katzrahmen* der normalen vierrädrigen Zweischienenkatzen werden meist aus Walzprofilen und Blechen zusammengeschweißt. Maßgebend für die konstruktive Ausbildung dieser Rahmen ist die Anordnung der Triebwerke auf der Katze, für die geeignete Abstützungen und Auflagerungen vorhanden sein müssen. Torsionsweiche Rahmen ergeben einen guten Radlastausgleich, der von Wichtigkeit ist bei den unvermeidbaren Unebenheiten der Katzfahrbahn und den Fertigungsabweichungen der Achsbohrungen. Eine klare und übersichtliche Bauweise der Katzrahmen ist anzustreben (s. auch Abschn. II b 1, S. 589). Die Anordnung der Triebwerke sollte so erfolgen, daß eine gute Zugänglichkeit bei Wartungs- und Reparaturarbeiten gewährleistet ist.

Die *Hubgerüste* dienen dem gleichen Verwendungszweck wie die Maschinenhauskrane und unterliegen, auch wenn sie wie Montagegeräte an verschiedenen Orten zum Einsatz kommen können, den gleichen Vorschriften, Normen und Richtlinien. Bei der konstruktiven Gestaltung wird besonders darauf zu achten sein, daß wegen der verschiedenen örtlichen Gegebenheiten und der anzustrebenden Wiederverwendungsmöglichkeit sowohl die Spannweite der Hauptträger als auch die Länge der Stützen mit einfachen Mitteln verändert werden können. Bei der Bemessung des Stahltragwerkes entstehen durch die fehlende Querbewegung des ortsfesten Hubgerüstes Erleichterungen; Massenkräfte quer zur Katzfahrbahn und Kräftepaare, wie z.B. beim Kranfahren, können nicht auftreten. Werden Hubgerüste zum Entladen schwerer Teile auch im Freien eingesetzt, so ist auf ausreichende Standsicherheit — auch unter Einwirkung von Wind und Sturm — zu achten.

3. Kranbahnen

Tragwerk, Fahrwerk und Fahrbahn für Maschinenhauskrane sind sorgfältig aufeinander abzustimmen, um eine einwandfreie Funktion der Krananlage über eine längere Zeit zu gewährleisten.

Für die sichere Ausbildung einer Kranbahn sind die Größe der Radlasten, die Häufigkeit der Bewegung und das Lastkollektiv neben den klimatischen Bedingungen, z.B. Feuchtigkeit und Frost, von Bedeutung. Bei Maschinenhauskranen treten die größten Radlasten selten auf. Die Witterungseinflüsse mit den damit einhergehenden Schwierigkeiten entfallen bei Hallenkranen. Im Gegensatz zu Kranbahnen für hochbeanspruchte Fabrikations- oder Umschlagskrane, bei denen die Dauerfestigkeit und der Verschleiß die maßgebenden Gesichtspunkte für die Bemessung sind, erlaubt die Betriebsweise der Maschinenhauskrane, die Flächenpressung zwischen Kranlaufrad und Schiene vergleichsweise sehr hoch zu wählen so, daß für die genormten Laufraddurchmesser in Abhängigkeit von Laufradwerkstoff und Kranschiene die relativ größten Radlasten zugelassen werden dürfen (DIN 15 070). Vor allem bei Maschinenhauskranen, bei denen nur während der einmaligen Förderung des Generatorständers die größten Lasten und Beanspruchungen auftreten, kann für die Festlegung der Abmessungen von Rad und Schiene eine noch als ausreichend erachtete Sicherheit gegen übermäßig große plastische Verformung in der Berührungsfläche zugrunde gelegt werden.

Die Kranbahnträger sind fast immer als Durchlaufträger ausgebildet; lediglich in Bergschadensgebieten sind Einzelfeld- oder Gelenkträger vorzuziehen, da diese wegen ihrer statisch bestimmten Lagerung gegenüber ungewollten Stützensenkungen unempfindlich sind. Kranbahnträger aus Stahl werden heute ausschließlich als gewalzte oder geschweißte Vollwandträger ausgeführt. Bei Verwendung einer Flachschiene wird diese mittels durchlaufender Kehlnähte auf den Obergurt geschweißt und gehört somit zum tragenden Querschnitt. Kranschienen nach DIN 536 werden seltener durch Schweißung, meistens durch hochfeste Schrauben schubfest und damit mittragend mit dem Kranbahnträger verbunden. Da bei Maschinenhauskranen ein Auswechseln der Schienen aus Verschleißgründen nicht notwendig wird, ist eine Schienenbefestigung durch Klemmen normalerweise wegen der höheren Gewichte und Herstellungskosten nicht vertretbar. Auf Fahrbahnbalken aus Beton werden aus technischen Gründen nur Schienen mit breitem Fuß verlegt. Eine geeignete Schienenauflagerung zeigt Abb. 625. Die Erfahrungen mit schubfest befestigten

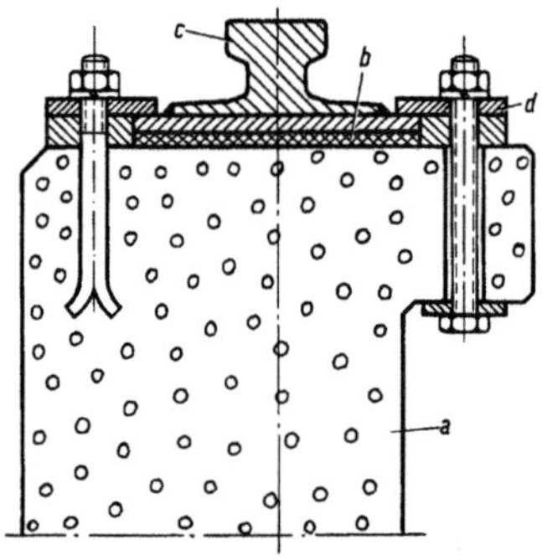

Abb. 625. Schubfreie, längsverschiebliche Kranschienenauflagerungen auf einem Stahlbeton-Fahrbahnträger

a Stahlbetonbalken (Bewehrung nicht dargestellt)
b Elastikplatte, Bitumen- oder Kunststoffschicht
c Schiene DIN 536 Form A mit Kehlnaht auf Lamelle geschweißt
d zweiteilige Führungsplatte im Abstand 1000 bis 2000 mm, befestigt mittels Durchsteck- oder Ankerschrauben

Schienen auf dem Beton zeigen, daß häufig Schäden durch Zerstörungen der oberflächennahen Betonschichten und des Betons in unmittelbarer Nähe der Ankerschrauben eintreten. Unter dem Einfluß großer Radlasten entsteht an der Schienenunterseite ein Normalspannungsgefälle, das — am statischen Modell des elastisch gelagerten Trägers nachweisbar — in der Nähe des Lastangriffspunktes einen Größtwert hat. Dadurch werden in der Fuge zwischen Schienenunterseite und Beton große Haftspannungen und an den als Dübel wirkenden Ankerschrauben große Dübelkräfte wirksam. Beton ist zwar gut geeignet für die Aufnahme hoher örtlicher, vor allem — wie im vorliegenden Fall — mehraxialer Druckspannungen, erlaubt jedoch nur sehr geringe Schub- und Haftspannungen bzw. Kantenpressungen, wie an den Ankerschrauben bei Querbelastung, ohne daß es zu einer Zerstörung kommt.

Bei der für Maschinenhauskrane immer möglichen verschiebbaren Schienenauflagerung entstehen keine zerstörend auf den Beton wirkenden Schubkräfte; die relativ kleinen Längskräfte aus Kranbremsen oder sonstigen quer zur Katzfahrschiene wirkenden Lasten werden durch Reibung sicher in den Beton übergeleitet. Der Schiene kann zur besseren Druckverteilung eine Stahllamelle untergeschweißt oder eine Hartholz-Längsschwelle unterlegt werden. Die Anordnung einer durchlaufenden Elastikunterlage trägt zur Vergleichmäßigung der Druckkräfte bei — die Querbiegebeanspruchung des Schienenfußes ist jedoch zu untersuchen — und ermöglicht darüber hinaus durch die gegebene größere Drehelastizität einen Ausgleich von Fehlern der Kranbahn- und Laufradgeometrie zugunsten einer gleichmäßigen Verteilung der Flächenpressung quer zur Schiene. Die derart gelagerte Schiene wird in größeren Abständen gegen Seitenschub gesichert. Eine Endbefestigung erübrigt sich, da der auf den Schienen stehende Kran gewissermaßen als Fixpunkt angesehen werden kann. Die einzelnen Schienenabschnitte sollten über den gesamten Querschnitt mittels Stumpfnaht nach entsprechendem Vorwärmen elektrisch oder auch nach dem Thermitverfahren verschweißt werden. Offene Schienenstöße würden sich bei den großen Radlasten ungünstig auf die dynamische Beanspruchung des Krantragwerkes (große Stoßzahl) und wegen der gerade an den Schienenenden auftretenden Druckspannungsspitzen nachteilig auf die Haltbarkeit des Betonbalkens auswirken.

Beim geplanten Einsatz von Hubgerüsten werden die Gebäude- und Turbinenfundamente an den Stellen, an denen die Abstützung des Gerüstes erfolgen soll, in geeigneter Weise für die Aufnahme der hohen örtlichen Lasten ausgebildet. Beispielsweise wurden bei dem in Tabelle 26 unter Nr. 34 aufgeführten Hubgerüst Lagergrundplatten aus Stahl verwendet, für die in den Fundamenten entsprechende Aussparungen vorgesehen waren. Diese Platten sind zusammen mit den Stützen ausgerichtet worden. Um eine volle Belastbarkeit in kurzer Zeit zu ermöglichen, erfolgte das Untergießen mit schnell bindendem Mörtel.

b) Triebwerke — Maschinenbaulicher Teil

1. Grundlagen

Während für die Berechnung und konstruktive Gestaltung der Tragwerke von Hebezeugen eine einheitliche und in sich geschlossene Grundlage in Form einschlägiger DIN-Normen besteht, sind für die Triebwerke ebenso umfassende und abgerundete Berechnungsunterlagen nur verstreut in dem einschlägigen Schrifttum vorhanden. Dabei sind viele der angewandten Berechnungsregeln in der wirklichkeitsnahen Erfassung der auftretenden Bewegungen und Beanspruchungen nicht sehr zutreffend, ferner ist eine Reihe von Konstruktionsformen hinsichtlich der Forderung nach eindeutigen Lastwegen nicht befriedigend. Die immer größeren Tragfähigkeiten und die Einführung neuer Konstruktionsformen für Maschinenhauskrane erfordern eindeutige Triebwerkssysteme und eine der physikalischen Wirklichkeit angepaßte Methode des Festigkeitsnachweises in den Triebwerksteilen. Sind diese Gesichtspunkte gebührend berücksichtigt, so kann im Hinblick auf die Betriebsweise und die Wirtschaftlichkeit mit relativ kleinen Sicherheiten gerechnet werden. Im allgemeinen wird mit Ausnahme schnell laufender Antriebsglieder der Nachweis ausreichender statischer Festigkeit oder Zeitfestigkeit genügen.

In der Praxis werden eine ganze Reihe allgemeingültiger Normblätter auf die Triebwerke von Maschinenhauskranen angewandt, die spezielle Bemessungsfragen behandeln, z.B. die Ausführung von Lasthaken, von Seiltrieben und von Laufrädern. Eine Zusammenstellung dieser Normen findet sich in Abschn. IV, S. 607. Die in den meisten Fällen einfach gestalteten Triebwerke von Maschinenhauskranen werden den Betriebserfordernissen vollauf gerecht. So ist die Verwendung offener Vorgelege bei Hubwerken und Fahrwerken üblich. Einzelantriebe für die Fahrwerke, die sich durch eindeutige Lastverteilung auszeichnen, sind noch selten. Von der sich vorteilhaft auswirkenden Möglichkeit, Triebwerksgruppen durch entsprechenden konstruktiven Aufbau statisch bestimmt zu lagern, wird neuerdings häufiger Gebrauch gemacht, z.B. bei der Nabenlagerung von Getrieben (Dreipunktabstützung). Bei statisch unbestimmter Lagerung der Getriebe mit Fußleisten werden die auftretenden Kräfte von der Verformung der Tragwerke — Katzrahmen, Bühne des Kranträgers — und der erreichten Montagegenauigkeit abhängen; eine Unsicherheit, die bei der Bemessung in Betracht gezogen werden muß. Außerdem ist das bei unbestimmt gelagerten Triebwerken notwendige Ausrichten und Unterfüttern von Aggregaten eine zeitaufwendige Arbeit.

Die Lagerung von Getriebewellen in geschlossenen Kästen wird mit Wälzlagern ausgeführt, während auf festen Achsen laufende Teile, wie Seiltrommeln, Seilrollen und Laufräder, gleitgelagert sind. In vielen Fällen ist eine Gleitlagerung konstruktiv einfacher als eine Wälzlagerung, bedingt jedoch infolge höherer spezifischer Widerstände größere Antriebsleistungen. Ebenso ist der Wartungsaufwand zur Sicherstellung ausreichender

Schmierung höher. Krane mit vollständig wälzgelagerten Antrieben sind allerdings infolge der geringeren Dämpfungseigenschaften dieser Lagerungsart schwingungsempfindlicher als Krane mit Gleitlagern. Da es denkbar ist, daß bei Maschinenhauskranen infolge der langen Stillstandszeiten und der nie ganz vermeidbaren Schwingungen im Maschinenhaus Schäden an statisch hoch belasteten Wälzlagerungen auftreten, werden hier Gleitlagerungen vielfach vorgezogen. Der Einbau von Überlastsicherungen ist nach den Unfallverhütungsvorschriften nicht gefordert und auch nicht notwendig, da das Gewicht der schweren zu hebenden Teile genau bekannt und ein unbeabsichtigtes Hängenbleiben der Last unwahrscheinlich ist.

Falls bei einem Hubwerk durch Getriebeumschaltung ermöglicht wird, kleinere Lasten mit größerer Geschwindigkeit zu heben, sollte eine wirksame Sicherheitseinrichtung vorhanden sein, die die Benutzung der kleineren Übersetzung bei der großen Last unmöglich macht. Mit den bei den Hubwerken verwendeten Systemen der Seiltriebe sollten die Lasten möglichst genau senkrecht gehoben und gesenkt werden können. Man nimmt deshalb Zwillings-Rollenzüge mit 4-, 8- oder 12-strängiger Aufhängung der Last; 16- bzw. 24-strängige Aufhängung wird bei Lasten ab 300 t erforderlich. In der Praxis verursacht die Reibungssteifigkeit der Seile (Abb. 626) Abweichungen von der angestrebten senkrechten Bewegung. Die Last wird während des Senk- oder Hubvorganges aus der senkrechten Lage um ein sehr geringes Maß ausgelenkt und fängt an zu pendeln. Dieser Nachteil ist nur völlig vermeidbar bei voll symmetrischer Anordnung des Hubwerkes, wozu aber je Hubwerk vier Seiltrommeln mit entsprechenden Antrieben notwendig wären.

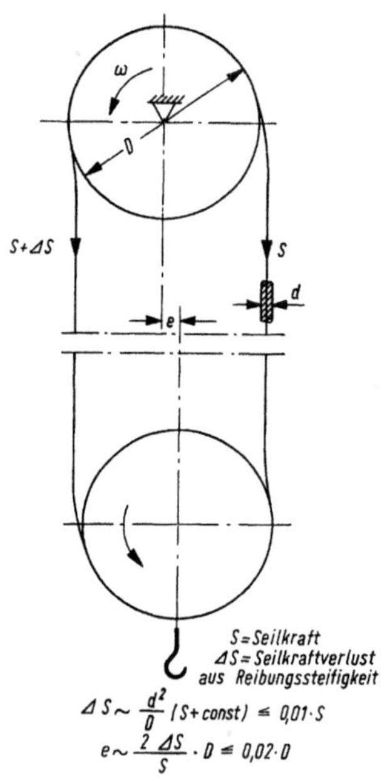

Abb. 626. Auslenkung der Last infolge der Reibungssteifigkeit der Seile

Als Getriebe für Krantriebwerke werden in Deutschland Stirnradgetriebe eindeutig bevorzugt. Beim Einsatz von Schneckengetrieben in Fahrwerken ist darauf zu achten, daß diese Getriebe nicht selbsthemmend sind.

Wenn auch die Zugänglichkeit zu Triebwerksteilen für Wartungs- und Reparaturzwecke nur bei höher beanspruchten Krananlagen von großer Bedeutung ist, sollte dieser Gesichtspunkt auch beim Maschinenhauskran, auch aus Gründen der Unfallsicherheit, nicht vernachlässigt werden.

2. Hubwerke

Auf den Katzen der Maschinenhauskrane sind zwei oder drei Hubwerke — Antriebsmotor, Bremse mit Bremslüfter, Untersetzungsgetriebe, Seiltrommel mit Seilen, Seilrollen und Lasthaken — angeordnet, deren Abstufung in bezug auf Tragfähigkeiten und Hubgeschwindigkeiten Abb. 634 und 635 für die in Tabelle 26 aufgeführten Krane wiedergibt. Das Hubwerk mit der größten Tragfähigkeit wird als Haupthub; die übrigen werden als Hilfshübe bezeichnet.

Bei der Anordnung der Hubwerke auf der Katze ergeben sich zwei Möglichkeiten: Die Achsen der Seiltrommeln können in Richtung der Katzfahrbahn oder senkrecht dazu verlaufen. Die Achsen von Haupt- und Hilfshub wiederum können zueinander parallel oder rechtwinkelig stehen. Abb. 619 zeigt, daß in der Praxis alle diese Kombinationsmöglichkeiten vorkommen, wobei sich meistens aus der Forderung nach bestimmten Anfahrmaßen die Geometrie der Anordnung der Hubwerke ergibt. Bei Zweiträgerkranen laufen die Seile für den Haupthub in dem Raum zwischen den beiden Brückenträgern. Wenn die Seile des Hilfshubes außerhalb eines der beiden Brückenträger ablaufen sollen, ist eine besondere Katzkonstruktion mit Ausleger notwendig; hierbei ist auf ausreichende Standsicherheit zu achten und gegebenenfalls eine Überlastsicherung anzuordnen. Eine besondere Hubwerksbauweise ist der oftmals als Hilfshub eingesetzte Elektrozug. Im folgenden werden die einzelnen Elemente von Hubwerken, wie sie bei Maschinenhauskranen üblicherweise ausgeführt sind, besprochen.

Fast ausnahmslos kommen für Maschinenhaushebezeuge Drehstrom-Asynchronmotoren in der Ausführung als Schleifringläufer zur Anwendung, deren Anfahr- und Bremsverhalten in verschiedener Weise durch geeignete Steuerungen den Betriebserfordernissen — Feinfahren — angepaßt werden kann (s. auch Abschn. c, S. 598, Die elektrische Ausrüstung).

Zur Verbindung von Motorwelle und Getriebeeingangswelle werden elastische Kupplungen eingesetzt, die restliche Ausrichtungsungenauigkeiten, insbesondere Wellenversatz und Winkelfehler, ausgleichen können. Fast immer wird in Baueinheit mit der Kupplung die Bremsscheibe angeordnet. Als Bremse finden die im Hebezeugbau allgemein üblichen, in den Anschlußmaßen genormten Doppelbackenbremsen Verwendung. Die durch Federkraft geschlossene Bremse wird beim Einschalten des Motors mittels eines Bremslüftgerätes geöffnet. Der Bremsvorgang wird durch Abfallen des Lüftgerätes bei Abschaltung des Motorstromes oder Stromausfall eingeleitet. Dabei ist zu beachten, daß die im Betätigungssystem sich unterscheidenden Lüfterbauweisen durchaus unterschiedliche dynamische Triebwerksbeanspruchungen beim Bremsen zur Folge haben.

Bei den geringen Hubgeschwindigkeiten wird die im Triebwerk notwendige Untersetzung zwischen Motor und Seiltrommel größer, als sie mit normalen dreistufigen Getrieben ausführbar ist. Zur Lösung dieser Aufgabe bieten sich zwei Möglichkeiten an. Als erste kann man den Einsatz eines vierstufigen Blockgetriebes erwägen, bei dem die gesamte Übersetzung in einem geschlossenen, öldichten Getriebekasten untergebracht ist. Von der zweiten Möglichkeit, einen Teil der Übersetzung als Endstufe in einem offenen Zahnradvorgelege zu verwirklichen, wird häufig Gebrauch gemacht. Es ist auch die Anordnung zweier offener Getriebestufen zu finden. Über die Verwendung vierstufiger Blockgetriebe oder offener Trommelvorgelege, die den betriebstechnischen Anforderungen in gleichem Maße entsprechen, werden wirtschaftliche Überlegungen, die Wünsche des Betreibers oder die konstruktiven und fertigungstechnischen Möglichkeiten des Herstellers (Normgetriebe) entscheiden. Die hohen Lastmomente zwingen bei Blockgetrieben zur Verdoppelung der letzten Stufen und zum Einsatz hochwertiger Werkstoffe für die Zahnräder (Abb. 627). Offene Trommelvorgelege werden aus geschweißten Rädern oder Stahlgußrädern und mit einer Verzahnung großen Moduls ausgeführt. Die Blockgetriebe werden in Fußbefestigung aufgestellt; die im neuzeitlichen Kranbau oftmals übliche Nabenlagerung der Getriebe hat im Bau von Maschinenhauskranen noch keinen allgemeinen Eingang gefunden. Auch beim Bau von Getrieben speziell für Maschinenhauskrane sollten die allgemeinen konstruktiven Grundsätze Beachtung finden und einfache klare Formen angestrebt werden: Vermeiden schräger Zentralen, Verwirklichung gleicher Stufensprünge.

Eine konstruktiv schwierige Stelle ist die Verbindung von Getriebeausgangswelle und Seiltrommel bei Blockgetrieben. Hierbei werden die Abtriebswellenstümpfe meist mit einer Sonderverzahnung versehen, deren Gegenstück in der Trommelnabe sitzt und aufgeschoben wird, wie bei der Lorenz-Verzahnung, bei der die Zahnhöhe gleich dem Modul ist.

Diese Wellen-Nabenverbindung erlaubt keine Winkelfehler und erfordert daher ein genaues Ausrichten von Getriebe und Trommel. Die Verschleißüberprüfung an dieser Stelle — Feststellung eines gegebenenfalls vorhandenen Spieles beim Drehen der Trommel entgegen der Drehrichtung des Lastmomentes — soll in Abständen von ein bis zwei Jahren erfolgen. Bei entsprechender Überwachung ist die Anordnung von Sonderkupplungen, die trotz der hohen Drehmomente Winkelfehler ausgleichen können, entbehrlich. Bei offenem Vorgelege entfallen die Probleme mit der hochbeanspruchten Wellen-Nabenverbindung, da hierbei die Zahnkräfte aus dem Vorgelegeritzel unmittelbar über das angeflanschte Großzahnrad auf die Trommel übertragen werden.

Abb. 627. Vierstufiges Hubwerksgetriebe für einen 210 t-Maschinenhauskran (Tabelle 26, Nr. 27; Werkbild Mohr & Federhaff)

Eingangsdrehzahl 1185 U/min
Abtriebsdrehzahl 2,12 U/min
Getriebeeingangsleistung 60 kW
Lastmoment 2 × 7,88 tm
Übersetzung $i = 559$

Seiltriebe. Die Zuordnung von Trommel-, Seilrollen-, Ausgleichrollen- und Seilnenndurchmesser in Abhängigkeit von Seilzug, Spielzahl je Stunde — Zahl der Biegewechsel — und Seilkonstruktion zur Sicherstellung einer ausreichenden Seilaufliegezeit ist in Normen, z. B. DIN 15 020, durch Auswertung von Betriebserfahrungen und Versuchsreihen geregelt. Die Seiltriebe der Haupthubwerke können demnach meist in die niedrigste, die der Hilfshubwerke je nach vorliegender Betriebsdauer in eine der nächsthöheren Gruppen eingestuft werden; nach DIN 15 020 umfaßt die Seiltriebgruppe 0 Triebwerke mit bis zu 6 Spielen je Stunde, Seiltriebgruppe 1 Triebwerke mit mehr als 6 bis 18 Spielen je Stunde. Tabelle 26 zeigt, daß am häufigsten Drahtseile nach DIN 655, Ausführung B — Kreuzschlagseile aus Drähten gleichen Durchmessers, mit sechs Litzen und einer Fasereinlage — verwendet werden. In einigen Fällen wurden auch Drahtseile nach DIN 656, Parallelschlagseile unterschiedlicher Machart, verwendet, die infolge ihres konstruktiven Aufbaues eine relativ längere Aufliegezeit gegenüber Seilen nach DIN 655 aufweisen; dies gilt nur, wenn die Ablegereife durch Drahtbrüche infolge häufiger Biegewechsel bedingt ist (s. DIN 15 020). Der Vorteil längerer Aufliegezeit kann jedoch bei Hubwerken von Maschinenhauskranen wegen der seltenen Benutzung — kleine Zahl der Biegewechsel — normalerweise nicht ausgenutzt werden. Da sich Parallelschlagseile zudem schwieriger auflegen lassen — sie neigen zum Aufdrehen, so daß hierbei die konstruktiv gegebene Schlaglänge (die Ganghöhe eines Drahtes in der Litze oder der Litze im Seil) stets überprüft werden muß —, ist die Verwendung normaler Kranseile angebrachter. Die Tragfähigkeit des jeweiligen Hubwerkes und die Zahl der Seilstränge sind somit für den Seildurchmesser maßgebend, dieser bestimmt mit der geforderten Hubhöhe das anzuordnende Trommelvolumen. Die Seile werden fast ausschließlich in einer Lage und nur in Ausnahmefällen bei paralleler Führung in zwei Lagen auf der Trommel aufgewickelt. Für die gute Unterstützung der Seile in der ersten Lage sind in dem Trommelmantel entsprechende Rillen eingearbeitet. Mit Rücksicht auf die erwünschte möglichst genaue senkrechte Bewegung beim Heben der Lasten werden ausschließlich symmetrische oder Zwillingsflaschenzüge angeordnet, bei denen gleichzeitig zwei gegenläufig geschlagene Seile auf die rechts- und linksgängigen Gewinderillen der Seiltrommeln aufgewickelt werden. Für den Haupthub kommen wegen der großen Abmessungen fast immer zwei getrennt angetriebene und unabhängig gelagerte Trommeln zur Anwendung (Abb. 628), während für den Hilfshub auf der Getriebeausgangswelle gelagerte Trommeln bevorzugt werden. Die erforderlichen Seilrollen der Oberflasche sind entweder im Katzrahmen unabhängig von den Triebwerksteilen oder auf dem Trommelbolzen oder der Trommelwelle zwischen den Trommeln ge-

Abb. 628. Laufkatze für einen 110/20 t Maschinenhauskran (Tabelle 26, Nr. 14; Werkbild Jucho)

lagert. Die Ausgleichsrollen liegen entweder unterhalb oder in gleicher Höhe der Trommeln. Für Inspektions- und Wartungsarbeiten sollte die Oberflasche — insbesondere die Ausgleichsrollen und das über diese verlaufende, nur bei Seillängenausgleich bewegte Seilstück gut zugänglich sein.

Die Unterflasche für den Haupthub besteht aus einer heute ausschließlich geschweißten Stahlkonstruktion, welche einerseits die Bolzenlagerung für die unteren Seilrollen und andererseits eine geschmiedete Traverse für die drehbare Lagerung des Lasthakens enthält. Wegen der besseren Anschlagmöglichkeiten für große Lasten werden Doppelhaken verwendet. Die Unterflaschen für den Hilfshub sind meist mit Einfachhaken ausgerüstet und können, sofern es sich um genormte Baugruppen handelt, auch in Stahlgußkonstruktion ausgeführt sein.

Obwohl bei Maschinenhauskranen die Seile weniger durch die Folgen häufiger Biegewechsel, sondern durch Korrosions- oder Witterungseinflüsse — letztere bei Freiluftbauweise — ihre Ablegereife erreichen, sollte die Form der Seilrille dem Seildurchmesser gut angepaßt sein. Ein möglichst kleiner Durchmesserunterschied verringert die Querschnittsdeformation des Seiles beim Durchlaufen der Seilrollen und damit die Verschiebungen der Einzeldrähte im Seil.

Elektrozüge als Hilfshubwerk. Im Elektrozug ist ein Hubwerk zu einer kompakten Baueinheit vereinigt; Motor, Lamellen- oder Konusbremse, Stirnradgetriebe und Hubtrommel sind koaxial angeordnet. Der Motor ist vielfach als Kurzschlußläufer mit Verschiebeanker[1] ausgebildet und übernimmt damit auch die Funktion des Bremslüfters. Falls das Haupthubwerk eine Feingangsteuerung mit Frequenzwandler hat, kann damit auch der Elektrozug feingefahren werden. Ansonsten ist der Anbau eines zusätzlichen Feingangmotors am Elektrozug üblich. Die größte Tragfähigkeit der Elektrozüge beträgt

[1] Verschiebeankermotoren haben konische Ständer und Läufer. Beim Stromeinschalten entsteht eine Kraftkomponente, die eine axiale Verschiebung des Läufers bewirkt und zum Lüften einer Bremse dienen kann.

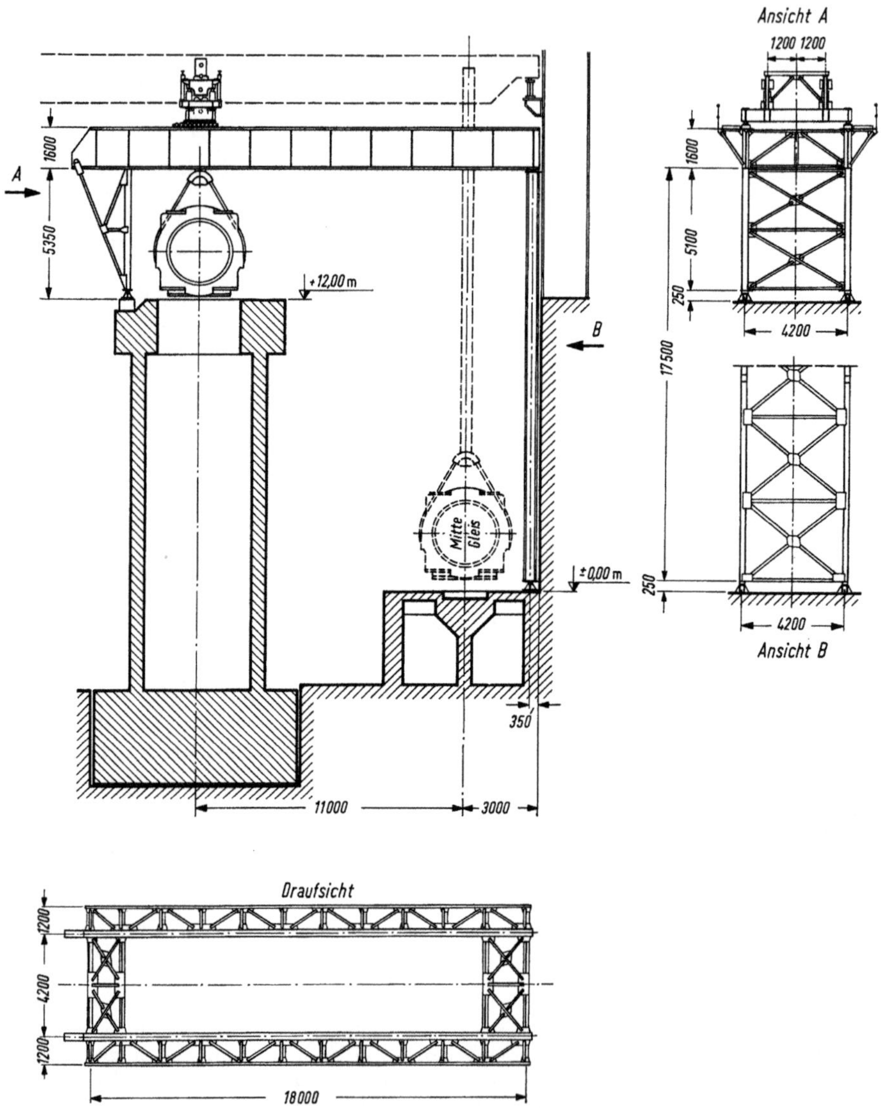

Abb. 629 a

Abb. 629 a u. b. Hubgerüst für Generatorständer (Tabelle 26, Nr. 33)

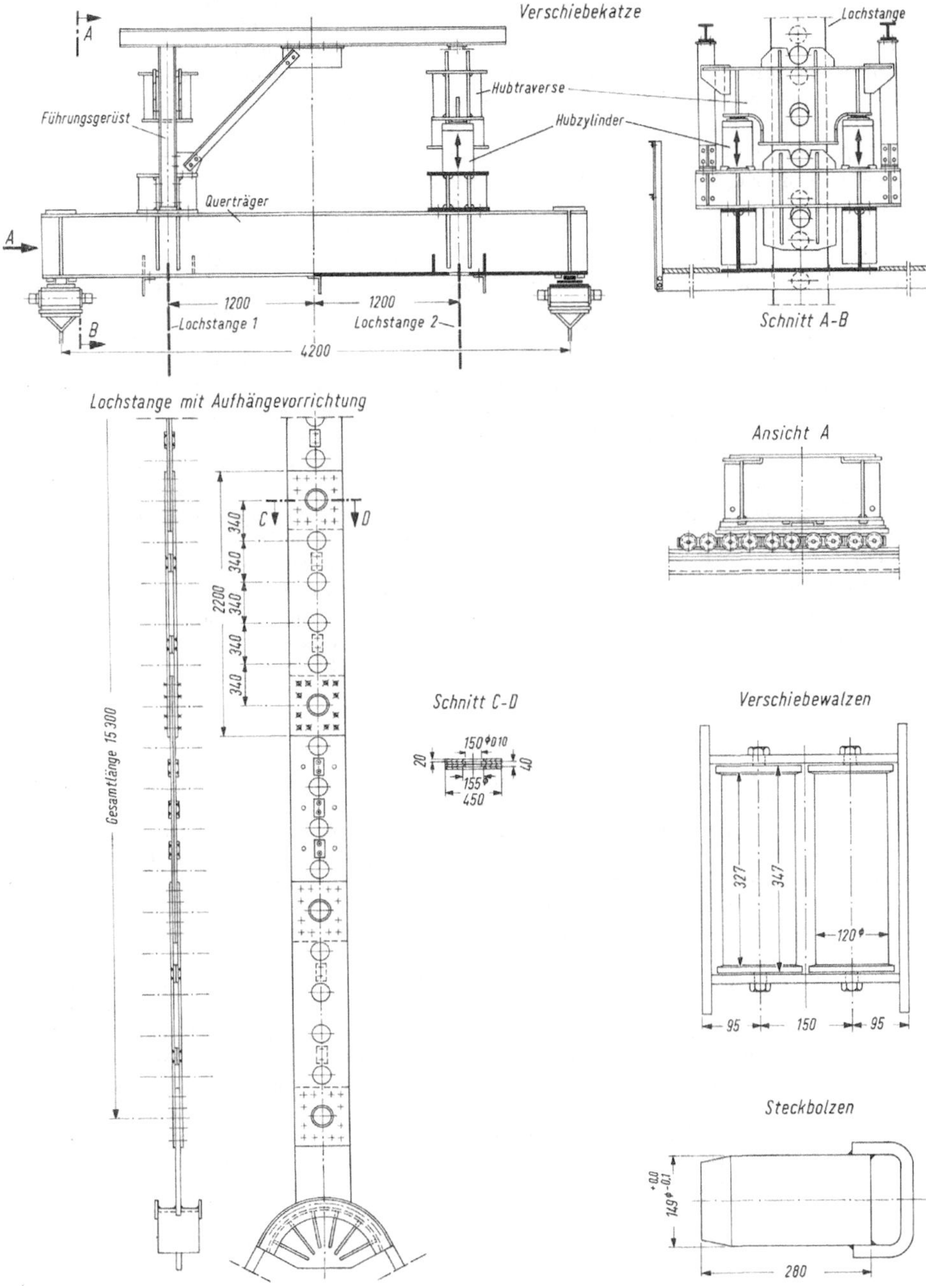
Verschiebekatze
Lochstange
Hubtraverse
Hubzylinder
Führungsgerüst
Querträger
1200
1200
Lochstange 1
Lochstange 2
4200
Schnitt A-B
Lochstange mit Aufhängevorrichtung
Ansicht A
Gesamtlänge 15 300
2200
340
Schnitt C-D
450
Verschiebewalzen
327
347
95
150
95
Steckbolzen
280

Abb. 629 b

normalerweise 10 t, in Sonderausführung als Schwerlastelektrozüge sind 25 t erreichbar. Elektrozüge werden entweder mit gewöhnlicher Fußbefestigung auf der Hauptkatze oder mit einer unabhängigen Hilfskatze fest aufgebaut, aber auch auf einer separaten Unterflanschfahrbahn angeordnet. Diese ist in geeigneter Weise mit dem Brückentragwerk des Krans verbunden. Mit Hilfe des Unterflanschfahrwerks kann der Elektrozug unabhängig von den übrigen Katzen von Hand oder motorisch verfahren werden.

Hubgerüste — Hubwerk. Ausgeführte Hubgerüste (s. Tabelle 26, Nr. 33 und 34) unterscheiden sich grundsätzlich durch die verwendeten Lasttragmittel — Seil, Laschenkette oder geteilte Lochstange — und die Art der Kraftübertragung vom Antriebsmotor zum Lasttragmittel. Dem normalen, kontinuierlich arbeitenden Seiltriebwerk — auf einer fahrbaren Katze oder als Ferntriebsystem in Stützen oder Träger des Hubgerüstes angeordnet — stehen die diskontinuierlich arbeitenden, elektrohydraulisch oder seltener pneumatisch angetriebenen Hubwerke gegenüber. Bei der Bewertung dieser konstruktiven Möglichkeiten sind nicht nur die Herstellungskosten des kompletten Hubgerüstes, sondern auch sein Versandgewicht und Versandvolumen, die erforderliche Zeit für das Aufbauen des Gerüstes, das Bewegen der Last und das Abbauen des Gerüstes, der Anschlußwert der Antriebe, die Zahl und die Lebensdauer der Verschleißteile und das Bauvolumen in Betracht zu ziehen. Im Hinblick auf den an jedem Ort nur einmaligen Hubvorgang für jeden Generatorständer wird das diskontinuierlich arbeitende Hubwerk wegen der übrigen günstigen Eigenschaften — einfacher Aufbau, robuste Bauteile — gegenüber einem normalen Seiltriebwerk durchaus interessant. Bei letzterem geht der eigentliche Hebevorgang zwar schneller vor sich, während das Aufbauen, insbesondere das Auflegen der langen, wegen der großen Seilzüge recht steifen Seile, mehr Zeit in Anspruch nimmt. Bei einem Laschenketten- oder Lochstangenhubwerk kann bald nach der Gerüstmontage mit dem Hebevorgang begonnen werden; dieser erfolgt schrittweise meist mittels hydraulischer Kolbentriebe. Zwischen den einzelnen Hubbewegungen muß die Last jedoch mit dem Gerüst verriegelt und der Kolbentrieb eingefahren und neuerlich angesetzt werden (Abb. 629a u. b).

3. Kranfahrwerke

Die Höhe der zulässigen Flächenpressung an der Berührungsstelle zwischen Rad und Schiene ist ein Maß für gegenseitige Abstimmung von Radlast, Laufraddurchmesser, Laufradwerkstoff und Schienengröße. Als Haupteinfluß bei der Gestaltung von Kranfahrwerken ist die Größe der Radlast anzusehen, die bei den üblichen Tragkräften von Maschinenhauskranen zu der gebräuchlichsten Anordnung von insgesamt acht Laufrädern führt; sie ist für Tragkräfte bis etwa 250 Mp anwendbar. Krane geringerer Tragkraft werden meist mit insgesamt vier oder auch sechs Laufrädern ausgerüstet, wenn nicht eine bauseitige Begrenzung der maximalen Radlast die Anordnung von acht Laufrädern erfordert. Krane mit Tragkräften über 300 Mp erhalten zwölf oder mehr Laufräder. Üblicherweise werden Radlasten bis zu 80 bis 85 Mp von Laufrädern mit 1000 mm Durchmesser auf die Schiene übertragen. Die rechnerische Flächenpressung zwischen Rad und Schiene ist bestimmend für die Wahl des einzusetzenden Laufradwerkstoffes. Wo die Festigkeit von Stahlgußlaufrädern nicht ausreicht, werden heute in immer größerem Umfang statt der hochwertigeren und relativ teueren Bandagenlaufräder solche mit geschweißtem Laufradkörper und einer mit Sonderelektroden hoher Festigkeit hergestellten dicken Panzerung der Lauf- und Spurkranzinnenflächen verwendet. Gegenüber der Verwendung flammgehärteter Laufradflächen hat diese Technologie den Vorteil, die Dicke der verschleißfesten Schicht genau bestimmen zu können. Bei drei und mehr Laufrädern je Kranseite sind entweder die Kopfträger gelenkig unterteilt oder die Räder in Schwingen gelagert, um die Lasten eindeutig auf die Laufräder zu verteilen.

Mit Rücksicht auf die großen Radlasten, den dadurch gegebenen Reibungsschluß und die relativ kleinen Antriebskräfte genügt es normalerweise, von den acht Laufrädern nur die beiden höchstbelasteten anzutreiben; mitunter werden auch vier Räder einer Kranhälfte angetrieben.

Der größte Teil der in Tabelle 26 aufgeführten Krane, auch der Halbportalkrane, haben als Fahrantrieb einen Mittenantrieb. Auf der oberen Bühne, etwa in Kranmitte, sind der Kranfahrmotor mit Kupplung und Bremse sowie das Untersetzungsgetriebe in meist stehender Anordnung mit symmetrischen Abtriebswellen (Abb. 618/1 u. 21) aufgebaut. Zweckmäßigerweise wird bei Maschinenhauskranen mit Führerkanzel die Kranfahrwerksbremse als hydraulische Fußtrittbremse ausgeführt, die es dem Kranführer erleichtert, eine Position genau anzufahren. Der zu den Laufradvorgelegen führende Wellenstrang wird aus einer Anzahl von Teilstücken mittels starrer Scheiben- oder Schalenkupplungen zusammengesetzt und ist auf der oberen Bühne — der Fahrwerksbühne — in gewissen Abständen in Stehlagern gelagert. Das Laufrad wird über ein- oder zweistufige offene Zahnradvorgelege angetrieben, wobei das Vorgelegeritzel üblicherweise zwischen zwei Stehlagern angeordnet ist; das angetriebene Zahnrad kann entweder an das Laufrad angeflanscht werden oder ist integrierter Bestandteil des Laufrades. Der Antrieb zweier benachbarter, im Kopfträger oder in Schwingen gelagerter Laufräder erfolgt über ein Zwischenrad.

In Konkurrenz zum Mittenantrieb ist im modernen Kranbau der Einzelantrieb getreten (Abb. 618/9 u. 32). Bei diesem bilden Laufrad, Motor und Getriebe einen kompakten Antriebsblock. Die Vorzüge des in mannigfachen Varianten ausführbaren Einzelantriebes liegen in der Blockbauweise, den damit verbundenen vielfältigen Anwendungs- und Normungsmöglichkeiten durch die Hersteller und in der einfachen Austauschbarkeit im Reparaturfalle. Die Kranlaufräder übertragen nicht nur die Antriebskräfte, sondern müssen auch den Kran auf der Bahn führen. Die hierbei entstehenden seitlichen Horizontalkräfte werden durch Reibung in der Berührungsfläche zwischen Rad und Schiene oder formschlüssig durch die am Rad vorhandenen seitlichen Spurkränze in die Schienen geleitet. Die bei Kranen in Fabrikationsbetrieben heute oftmals üblichen seitlichen Führungsrollen werden bei Maschinenhauskranen nicht verwendet.

Für das Auftreten dieser betriebsmäßigen horizontalen Seitenkräfte gibt es verschiedene Ursachen, von denen als die wichtigsten die geometrischen Ungenauigkeiten der Laufräder und der Kranfahrbahn — Laufraddurchmesserunterschiede, nicht parallele Laufradbohrungen; Spannweitenunterschiede, Bahnkrümmungen — sowie die Seitenkräfte beim Anfahren und Bremsen des Kranes mit außermittiger Belastung, aber auch der Katze, zu nennen sind. Damit die Größe dieser Kräfte begrenzt und ein ordnungsgemäßer Kranlauf erzielt werden kann, sollte angestrebt werden: Ein günstiges Verhältnis von Radstand zu Spannweite — nicht kleiner als 1 : 6 bis 1 : 7 —, eine genügend genaue Achsparallelität der Laufradbohrungen — 0,3 bis 0,5 mm auf 1000 mm als größte Winkelabweichung der realen von den theoretischen Achsen der Laufradbohrungen —, seitlich verschiebbare Laufräder zum Ausgleich von Spannweitenunterschieden und eine diesem seitlichen Laufradspiel entsprechend genau verlegte Kranbahn. Hinsichtlich der auftretenden Seitenkräfte zeigen Mitten- und Einzelantriebe unterschiedliches Verhalten. Für Maschinenhauskrane der bisher bekannten Spannweiten können beide Systeme angewandt werden. Eine Entscheidung zugunsten des einen oder anderen Fahrwerkssystems wird durch technische Gesichtspunkte — bei Portal- oder Halbportalkranen entfallen beispielsweise durch Verwendung von Einzelantrieben die mechanische Welle und die Kegelradgetriebe — oder die Herstellungskosten beeinflußt werden.

4. Katzfahrantriebe

Die Berechnung und konstruktive Gestaltung von Katz- und Kranfahrwerken erfolgt nach den gleichen Gesichtspunkten; außer den geometrischen Abmessungen bestehen keine grundsätzlichen Unterschiede. Zweischienenkatzen haben vier, höchstens acht Laufräder großen Durchmessers, von denen die Hälfte angetrieben wird. Auch hierfür sind

Mittenantriebe mit Motor, Bremsscheibenkupplung, Untersetzungsgetriebe und anschließender, nach beiden Seiten treibender Welle (Abb. 628) verbreitet; trotz des im Verhältnis zur Wälzlagerung höheren Leistungsbedarfs werden wegen der besseren Dämpfung gleitgelagerte Katzlaufräder bevorzugt, die über offene Vorgelege angetrieben werden. Bei der Festlegung der Triebwerkssysteme, der Lagerung der Getriebekästen, Antriebswellen und Ritzel, ebenso bei der Auswahl der Kupplungen sind die Auswirkungen der unvermeidbaren elastischen Verformungen des Katzrahmens unter der Nutzlast zu berücksichtigen. Wie Abb. 619 zeigt, werden bei Katzfahrantrieben auch Einzelantriebe eingesetzt. Hierfür sind sehr unterschiedliche Bauformen üblich, wobei der Laufradantrieb jedoch immer über offene Vorgelege erfolgt: Getriebemotoren mit Flanschbefestigung, Schneckengetriebe oder koaxiale Sondergetriebe, z.B. Cyclo-Getriebe (mit Kurvenscheiben und Rollen), Anordnungen mit Flansch- oder gesondert aufgestellten Fußmotoren. Meist werden die Laufräder an orthogonal oder diagonal gegenüberliegenden Ecken des Katzfahrwerks angetrieben. Es ist auch gebräuchlich, beide Einzelantriebe auf der gleichen Seite der Katze anzuordnen.

Das Fahrwerk der in Abb. 613 dargestellten Winkelkatzen stützt sich über drei Schienen auf dem Brückenträger ab. Davon nimmt die über dem lastseitigen Stegblech angeordnete Schiene die Vertikallasten auf, während die beiden anderen Schienen das horizontale Kräftepaar aus der Außermittigkeit der Last in die Gurtbleche einleiten. Insgesamt sind fünf Laufräder und Führungsrollen vorhanden. Die senkrechte Abstützung erfolgt durch zwei Laufräder mit beidseitigen Spurkränzen, von denen eines über ein offenes Vorgelege angetrieben wird. Eine spurkranzlose Führungsrolle an der oberen und zwei an der unteren Schiene vervollständigen die formschlüssige fahrbare Lagerung der Winkelkatze. Im einschlägigen Schrifttum wird über weitere Bauformen und Fahrwerke von Winkelkatzen und Einträgerkranen berichtet.

Die Katzen der Ständerhubgerüste sind meist ohne eigenen Antrieb. Im einfachsten Falle werden sie durch ein Seil oder eine Kette mittels Flaschenzügen bewegt. Seltener sind für die Katzfahrbewegung eigene Antriebe — Reibungsantriebe oder Seilzug-Fahrantriebe mit Elektromotor, Getriebe und Treibscheiben oder Seiltrommeln — vorgesehen. Bei Hubgerüsten verfährt die Katze entweder mit normalen Kranlaufrädern auf Kranschienen, oder sie wird auf einer Vielzahl seitlich geführter Rollen relativ geringen Durchmessers, die sich unmittelbar auf dem Obergurt der Brückenträger abwälzen (Abb. 629b), verzogen.

c) Die elektrische Ausrüstung

Bei der Gestaltung der elektrischen Anlagen für Maschinenhauskrane sind die VDE-Vorschriften und die einschlägigen Abschnitte der Unfallverhütungsvorschriften einzuhalten.

1. Motoren und Steuerungen

Üblicherweise werden Maschinenhauskrane für deutsche Kraftwerke mit Drehstromausrüstungen für 380 oder 500 V Netzspannung und der Netzfrequenz von 50 Hz betrieben. Als Antriebsmaschinen finden meist Asynchron-Schleifringläufermotoren Anwendung, deren Drehzahl bei Triebwerken ohne besondere Anforderungen an den Bewegungsablauf durch Vorschaltwiderstände im Läuferkreis gesteuert werden kann. Die im modernen Kranbau gebräuchliche, betriebssichere und für die Handhabung bequeme halbautomatische Schützensteuerung hat auch bei Maschinenhauskranen weite Verbreitung gefunden. Hierbei erfolgt die Leistungsschaltung mit elektromagnetisch betätigten Schützen, durch deren Magnetspulen nur geringe Steuerströme fließen. Als Steuergeräte werden Meisterschalter verwendet, durch welche die einzelnen Kennlinien angewählt werden können. Der Vorgang des stufenweisen Schaltens wird durch Zeitrelais so beeinflußt, daß die Stromspitzen und damit die plötzlich auf das Triebwerk einwirkenden Momente in den gewünschten Grenzen bleiben. Flurgesteuerte Krane werden über Hängedruckknopftafeln bedient, wofür halbautomatische Schützensteuerungen erforderlich sind. Vereinzelt werden bis zu mittleren Antriebsleistungen noch Nockensteuerungen verwendet, bei denen die Leistungsschaltung mechanisch durchgeführt wird (handbetätigte Steuerschalter). In wenigen Fällen werden auch Kurzschlußläufermotoren eingesetzt. Ihre Anwendung in Hubwerken beschränkt sich fast ausschließlich auf Elektrozüge. Fahrwerke mit Kurzschlußläufermotoren sind nur bei kleineren Leistungen bis etwa 5 PS üblich. Triebwerke mit solchen Motoren erfordern eine besonders sorgfältige Untersuchung der Anfahr- und Bremsvorgänge sowie eine Überprüfung des mittleren Temperaturanstieges in der Läuferwicklung, damit ein befriedigender, sicherer Betrieb ermöglicht wird. Die Art der Drehzahlsteuerung der Krantriebwerke hängt von den an sie gestellten betrieblichen Anforderungen ab. Für Asynchron-Schleifringläufermotoren sind Hebezeugschaltungen entwickelt worden, die den unterschiedlichsten Einsatzbedingungen gerecht werden. Bei der Auswahl einer angemessenen Schaltung sind die entstehenden Kosten und die betrieblich notwendigen Erfordernisse sorgfältig aufeinander abzustimmen.

Zum Verständnis und zur Beurteilung der Schaltungen werden die möglichen Steuerkennlinien in einem Drehmoment-Drehzahldiagramm eingetragen. Die anschauliche Deutung der vier Quadranten eines solchen Diagramms, z.B. für Hubwerke, zeigt Abb. 630;

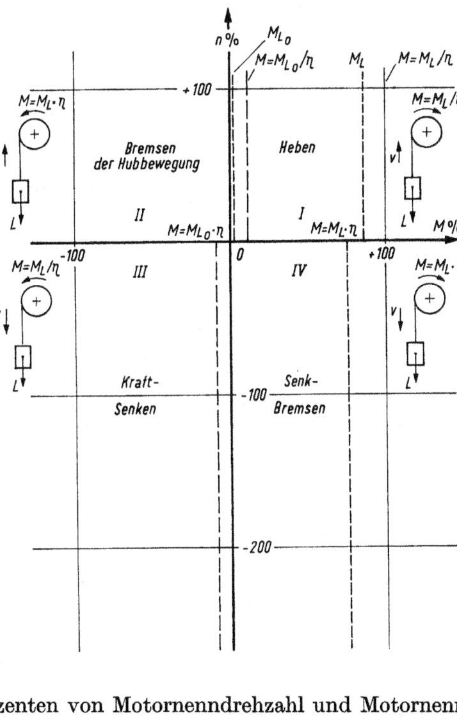

Abb. 630. Drehmoment-Drehzahl-Diagramm für Hubwerke

n Drehzahl an der Motorwelle in % der Motornenndrehzahl
M Antriebsmoment in % des Motornennmoments
L Vollast
L_0 Leerlast
M_L Lastmoment
η mechanischer Wirkungsgrad des Hubwerks (hier $\eta \doteq 0{,}87$ angenommen)
v Hubgeschwindigkeit

Drehzahl und Drehmomente sind in Prozenten von Motornenndrehzahl und Motornennmoment angegeben. Bei Maschinenhauskranen sind für feinfühlige Bewegungen bei Montagearbeiten sehr kleine Hub- und Fahrgeschwindigkeiten unerläßlich. Die mit normalen Widerstandssteuerungen von Asynchron-Schleifringläufermotoren erzielbaren Kennlinien sind jedoch lastabhängig, so daß kleine und mittlere Lasten überhaupt nicht mit stark verringerter Geschwindigkeit bewegt werden können. Deshalb werden besondere

Schaltungen verwendet, die es gestatten, die Nenngeschwindigkeit der Triebwerke erheblich (1 : 5 bis 1 : 10) zu reduzieren. Allerdings gilt für die meisten diesbezüglichen Schaltungen einschränkend, daß die Triebwerke nur eine begrenzte Zeit mit dieser stark verminderten Drehzahl — Feinganggeschwindigkeit — arbeiten können. Dies ist bedingt durch die Beeinträchtigung der Eigenbelüftung der Elektromotoren bei niedriger Drehzahl. Da in der Feingangstellung jedoch nur kurzzeitige Einstellbewegungen notwendig sind, kann man auf eine Zwangsbelüftung der Motoren verzichten. Die Steuerungen sind sämtlich so ausgeführt, daß sowohl beim Schalten auf Heben als auch auf Senken, entsprechend beim Schalten auf Fahren, zuerst die Feingangstufen durchlaufen werden. Das Umgekehrte gilt für das Zurückschalten.

Angewendet werden folgende Maßnahmen:

Erzeugung eines zusätzlichen Lastmomentes, entweder mechanisch durch Regelbremse oder elektrisch durch Wirbelstrombremse,

Veränderung der Drehzahl durch Frequenzwandlung oder durch Polumschaltung,

Veränderung der Gesamtübersetzung mittels Feinganggetriebes.

Wie aus Tabelle 26 zu entnehmen ist, werden die drei ersten Feingangschaltungen am häufigsten eingesetzt. Dabei wird im Regelfalle für alle Triebwerke die gleiche Art der Steuerung eingesetzt, da außer den Hubwerken meist auch die Fahrwerke einen Feingang erhalten.

Falls bei Kran- und Katzfahrantrieben auf besondere Feingangschaltungen verzichtet wird, empfiehlt es sich, an Stelle der einfachen Umkehrschaltung die Konterfahrschaltung einzusetzen. Bei dieser Schaltung ist eine durch Zeitrelais und Drehrichtungsschalter überwachte betriebsmäßige Gegenstrombremsung möglich. Auch bei ungeübten Kranführern entstehen hierbei im Gegensatz zur Umkehrschaltung keine unzulässig großen Ströme und Momentenstöße; die ungewollte Bewegungsumkehr ist blockiert.

2. Die Regelbremse

Bei dieser Schaltung wird durch unvollständiges Lüften der Bremse in der Feingangstufe ein mechanisches Gegenmoment aufgebracht. Wie die Kennlinien in Abb. 631 zeigen, ist der für den Beharrungszustand gültige Drehzahlverlauf in der Feingangstufe in nur geringem Maße lastabhängig. Der Aufwand für diese Schaltung ist sehr klein, da lediglich der Drehstromkurzschlußläufer des Bremslüftgerätes auf die Läuferspannung des Antriebsmotors umgeschaltet zu werden braucht. Die Läuferspannung und Läuferfrequenz sind der Drehzahl des Antriebsmotors umgekehrt proportional und bewirken, daß mit steigender Drehzahl die Lüftkraft des Bremslüftgerätes abnimmt bzw. das Bremsmoment der Bremse und damit die Belastung des Antriebsmotors zunimmt. Es regelt sich eine Drehzahl ein, bei der Motormoment und Lastmoment gleich sind. Durch die Regelbremsung läßt sich im Mittel etwa ein Fünftel der Nenndrehzahl der Antriebsmaschine erreichen. Wird der Bremslüftermotor durch einen vom Hauptmotor angetriebenen Frequenzgeber — eine netzerregte Asynchronmaschine — gespeist, so ist eine mittlere Feingangdrehzahl von etwa einem Zehntel der Nenndrehzahl erzielbar. Diese einfache Art der Feingangsteuerung läßt sich wegen der Erwärmung und des Verschleißes der Bremse nur bei Triebwerken benutzen, die nicht allzu häufig eingesetzt sind. Die Steuerung ist anwendbar für Fahrwerke und Hubwerke. Die bereits erwähnte Abb. 631 gibt die Steuerkennlinien einer Hubwerksschaltung mit Regelbremse wieder. In Stufe 1 ist beim Heben und Senken die Regelbremse wirksam. Im Hubsinn sind darüber hinaus drei normale Stufen vorhanden, bei denen die Drehzahl in der üblichen Weise durch Widerstände gesteuert wird. Im Senksinn ist die Stufe 2 eine untersynchrone, die Stufen 3 und 4 sind übersynchrone Senkstufen. Das zeitgerechte Schalten auf die Stufen 3 und 4 im Hub- und Senksinn wird durch Zeitrelais überwacht, um unerwünschte Momentenstöße vom Antrieb fernzuhalten. Am Hubmotor ist zusätzlich ein Bremswächter angebaut, der beim Senken vor dem Übergang auf die Regelbremsstufe eine zusätzliche automatische Gegenstrom-Bremsstufe wirksam werden läßt, die die mechanische Bremse entlastet.

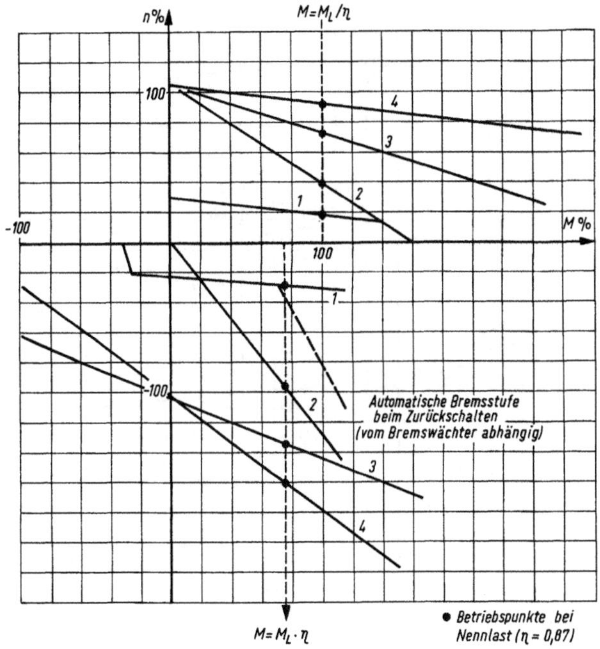

Abb. 631. Steuerkennlinien einer Hebezeugschaltung mit Schleifringläufermotor und Regelbremse

3. Feingangschaltungen mit Wirbelstrombremse

Bei diesen Schaltungen wird durch eine Wirbelstrombremse, die mit der Drehzahl des Antriebsmotors umläuft und von diesem über ein zweites Wellenende angetrieben wird, ein einstellbares Gegenmoment dem Antriebsmoment überlagert. Die Wirbelstrombremse ist eine rotierende Maschine mit einem 12-poligen, gleichstromerregten Ständer und einem massiven Stahlzylinder als Läufer. Bei Drehung des Läufers entstehen in dem Zylinder Wirbelströme, die ein bremsendes Moment zur Folge haben. Bei zunehmender Drehzahl und gleichbleibender Erregung bleibt das Bremsmoment annähernd konstant, während es bei kleiner werdenden Drehzahlen abnimmt und im Stillstand gleich Null ist. Durch verschieden große Erregung sind praktisch beliebig viele Bremsmomentkurven zu erzielen, die in Kombination mit den normalen Steuerkennlinien eine Vielzahl von resultierenden Feingangkennlinien ergeben (Abb. 632). Es bietet sich hier auch die Möglichkeit der geregelten Wirbelstrombremse an, um nahezu lastunabhängige waagerechte Feingangkennlinien zu erzeugen. Die Wirbelstrombremse ist thermisch hoch belastbar, so daß diese Feingangsteuerung auch für hochbeanspruchte Krane gut geeignet ist, sofern die Temperatur in der Läuferwicklung des gegen Last und Bremsmoment auf Stufe 1 arbeitenden Antriebsmotors die zulässigen Werte nicht überschreitet. Bei Feingangsteuerungen mit Wirbelstrombremse muß jedes zu steuernde Triebwerk eine eigene Bremsmaschine erhalten. Die Schaltungen mit Wirbelstrombremse sind sowohl für Fahrwerke als auch für Hubwerke geeignet.

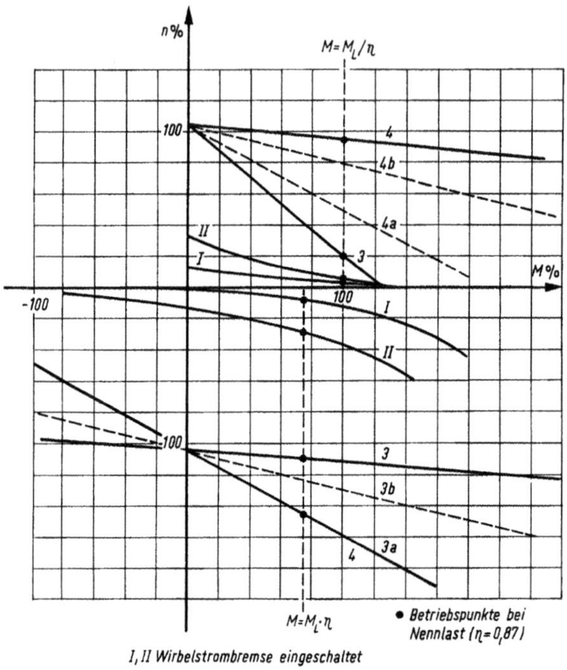

Abb. 632. Steuerkennlinien einer Hebezeugschaltung mit Schleifringläufermotor und Wirbelstrombremse

4. Feingangschaltungen mit Frequenzwandler

Der Antriebsmotor wird hierbei in der Feingangstufe von einem Frequenzwandler gespeist. Dieser rotierende Einanker-Umformer vermindert die Netzfrequenz von 50 Hz auf 6 Hz. Dadurch ändert sich die Drehzahl des Antriebsmotors im Verhältnis 50 : 6, so daß praktisch verlustlos eine Feinganggeschwindigkeit von etwa einem Zehntel der Nenngeschwindigkeit erzielt wird.

Der Antriebsmotor braucht dabei nur die der kleinen Geschwindigkeit entsprechende Leistung abzugeben. Diese wartungsarme Feingangsteuerung eignet sich besonders für Antriebe mit hoher Einschalthäufigkeit der Feingangstufe. Auch diese Steuerung ist anwendbar für Fahrwerke und Hubwerke. Selbst wenn alle Krantriebwerke mit Frequenzwandler-Steuerung ausgerüstet sind, ist nur ein Frequenzwandler erforderlich, dessen Leistung nach dem stärksten Antrieb oder der Summenleistung der gleichzeitig eingeschalteten Triebwerke bemessen wird. Die räumliche Anordnung des Frequenzwandlers ist an beliebiger Stelle der Kranbrücke möglich.

In Abb. 633 sind die Steuerkennlinien einer Konterhubschaltung mit Frequenzwandler und elektrischer Nachlaufbremsung dargestellt. Auf den Feingangstufen 1 für Heben und Senken liegt der Hubmotor am 6 Hz-Netz. Die Stufe 2 für Senken ist ebenfalls noch eine Frequenzwandlerstufe, die einen kontinuierlichen Übergang zu und von den übersynchronen Senkstufen 3 und 4 ermöglicht. Die Stufen 2, 3 und 4 für Heben sind

Widerstandsstufen. Die Schaltvorgänge, einschließlich des Konterns, werden durch Zeitrelais überwacht. Beim Abschalten des Antriebs aus kleiner Drehzahl wird das Bremslüftgerät sofort stromlos. Um ein Durchsacken der Last zu vermeiden, werden die Netzschütze des Hubmotors über Zeitrelais verzögert abgeschaltet.

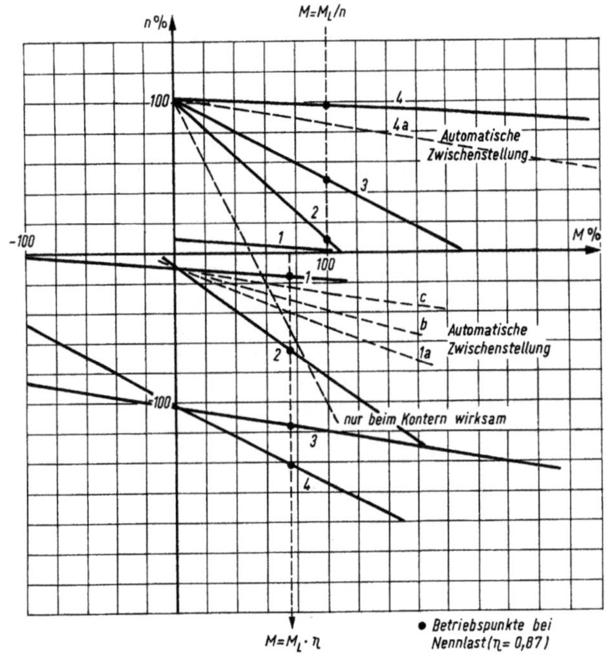

Abb. 633. Steuerkennlinien einer Hebezeugschaltung mit Schleifringläufermotor und Frequenzwandler

5. Feingangstufen durch polumschaltbare Motoren oder Feinganggetriebe

Der alleinige Einsatz ein- oder mehrfach polumschaltbarer Motoren zur Geschwindigkeitsabstufung ist bei Maschinenhauskranen weniger gebräuchlich.

Besonders bei Hilfshubwerken von Maschinenhauskranen wird gelegentlich eine Feingangmöglichkeit ausgeführt, die aus einer Kombination entsprechender Motoren und Antriebselemente besteht; zwei Motoren mit Verschiebeläuferbremse werden unter Zwischenschaltung eines Untersetzungsgetriebes koaxial miteinander verbunden. Bei eingeschaltetem Feingangmotor wirkt dabei die Verschiebeläuferbremse des Hauptmotors als Kupplung und treibt den Läufer des spannungslosen Hauptmotors und damit den Abtriebswellenstumpf mit Feingangdrehzahl an. Bei eingeschaltetem Hauptmotor lüftet sich dessen Bremse und löst damit die Verbindung zum Feingangmotor.

Als Hauptmotoren werden normalerweise Asynchron-Schleifringläufermotoren verwendet; die Anwendung von Kurzschlußläufermotoren, auch in polumschaltbarer Ausführung, ist möglich. Die Feingangmotoren sind Kurzschlußläufermotoren, mit denen zufolge der Übersetzung des Zwischengetriebes (z.B. 1 : 8) und durch entsprechende Wahl der Polpaarzahlen der beiden Motoren eine praktisch lastunabhängige Feingangstufe (bis 1 : 32) erreicht werden kann.

6. Bremslüfter

Zum Lüften der in den Triebwerken verwendeten Doppelbackenbremsen dienen sog. Bremslüfter. Diese werden durch kleine Drehstrommotoren angetrieben und erzeugen entweder auf mechanische (Fliehkraft) oder hydraulische Weise die für das Lüften der Bremse notwendige Kraft. Sobald der Bremslüfter stromlos wird, also auch bei Stromausfall, schließt die Bremsfeder die Doppelbackenbremse. Der Hubweg, die Hubkraft und Abfallzeit der Bremslüfter sind einstellbar, um bei den unterschiedlichen Krantriebwerken einen erwünschten Ablauf des Bremsvorgangs erreichen zu können.

7. Kranschaltkasten

Die Einrichtungen zum Ein- und Abschalten der Spannung und zur Überwachung der Antriebsmotoren werden in einem geschlossenen Kranschaltkasten untergebracht. Ein sog. Kranselbstschalter schützt durch Überstromauslöser und Motorschutzrelais die Kranmotoren vor thermischer Überlastung. Durch Unterspannungsauslösung und Nullstellungszwang der Steuergeräte wird eine sichere Funktion der Krananlage gewährleistet. Ein Trennschalter ermöglicht es, die Kraftstromkreise im Reparaturfalle vom Netz zu trennen.

Die Schützen, Zeitrelais und sonstigen erforderlichen Schalt- und Steuergeräte werden in staubdicht ausgeführten Schränken untergebracht, die sich vorteilhaft auf der Kranträgerbühne oder im Innern des meist geräumigen Kastenträgers anordnen lassen. Die zur Steuerung erforderlichen Widerstandsgeräte sollten der guten Wärmeabgabe wegen offen auf der Kranbrücke aufgestellt werden. Als notwendige Sicherheitseinrichtungen sind für die Begrenzung von Hubbewegungen meist Getriebe-, seltener Hebelendschalter vorhanden. Sie öffnen einen Steuerstromkreis, wobei der Motor über ein Schütz vom Netz getrennt wird (Hilfsstromendschalter), weniger oft wird die Stromzuführung zu den Antriebsmotoren direkt unterbrochen (Hauptstromendschalter).

8. Stromzuführung

Die Stromzuführung zum Kran erfolgt im Regelfall wegen der großen Fahrbahnlänge über Schleifleitungen mit einer Einspeisung. Am Kran selbst sind gut zugänglich und oft abklappbar federnde Stromabnehmer angebracht, die an der fest verlegten Schleifleitung laufen. Für die Stromzuführung zur Katze stehen mehrere Möglichkeiten zur Auswahl. Die früher häufig verwendeten Schleifleitungen — Kupferdrähte oder Kupferkopfschienen wie für die Hallenschleifleitung — sind wegen ihres Platzbedarfes, der relativ größeren Unfallgefahr und der erforderlichen Wartungsarbeit bei vielen Kranbetreibern nicht beliebt. Zweckmäßiger sind Katzstromzuführungen mit Kabelwagen und in Schlaufen herunterhängenden Schleppkabeln, die von der Katze nachgezogen werden. Es werden auch auf dem Brückenträger verfahrbar angeordnete sog. Kabelraupen und Kabelschleppketten verwendet, die mit halber Katzfahrgeschwindigkeit bewegt werden.

Warn- und Beleuchtungseinrichtungen, günstig über den Kran verteilt angeordnete Steckdosen für elektrisch angetriebene Handmaschinen und Heizung und Lüftung geschlossener Kranführerhäuser vervollständigen die elektrische Ausrüstung der Maschinenhauskrane.

III. Schlußbetrachtung

Die Auftragsvergabe für einen Maschinenhauskran setzt eine Reihe von Überlegungen, Entscheidungen und Vereinbarungen zwischen dem Käufer als zukünftigem Betreiber und dem Hersteller voraus. In den voranstehenden Abschnitten wurden nach dem derzeitigen Stand der Technik die wichtigsten Gesichtspunkte herausgestellt und vor allem gezeigt, daß die vorgesehene Lösung der Förderung des Generatorständers von entscheidendem Einfluß auf die Hebezeuge im Maschinenhaus ist. Je größer der einzubauende Turbosatz ist, desto sorgfältiger sollte geprüft werden, welche betrieblichen Vorteile und Kosten-

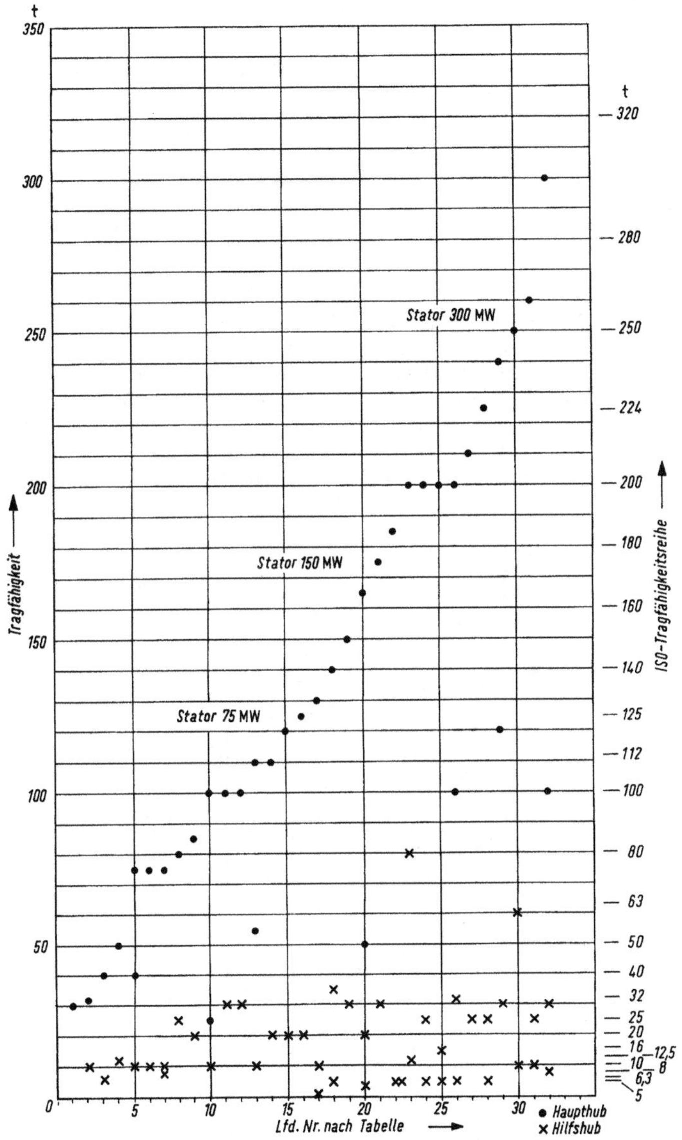

Abb. 634. Tragkräfte ausgeführter Maschinenhauskrane (nach Tabelle 26)

einsparungen der Einsatz eines Hubgerüstes zur Ständermontage bietet. Um die Größenordnung dieser möglichen Einsparungen aufzuzeigen, sollen hier zum Vergleich Zahlen angegeben werden, deren absolute Größe jedoch auf den Vergabetermin zu beziehen ist (Tabelle 27).

Tabelle 27. *Kostenersparnis durch Einsatz eines Hubgerüstes (Stand 1967)*

Blockleistung in MW:	150	300	600
Ersparnis durch leichteren Kran in DM	270 000	280 000	320 000
Ersparnis durch leichtere Stützen in DM	78 000	145 000	190 000
Gesamtersparnis in DM	348 000	425 000	510 000
Krantragfähigkeit ohne Hubgerüst in t	180	250	340
Krantragfähigkeit mit Hubgerüst in t	70	80	100
Spannweite in m	27	29	33

Wenn auch der Maschinenhauskran im Rahmen des Gesamtobjektes eines Kraftwerkes keinen sehr bedeutenden Kostenfaktor darstellt, ist es geboten, für den Kran eine kostengünstige, möglichst vereinheitlichte Ausführungsform unter Beachtung der vorangegangenen Überlegungen anzustreben. Hierdurch ist es dem Kranhersteller gegeben, die Konstruktion des Kranes in wünschenswerter Weise durchzuarbeiten und die Baugruppen zu standardisieren. In erster Linie sollten die Tragkräfte (s. Abb. 634, S. 605) — wenn möglich auch die Geschwindigkeiten (s. Abb. 635) — einer einheitlichen Reihe entnommen

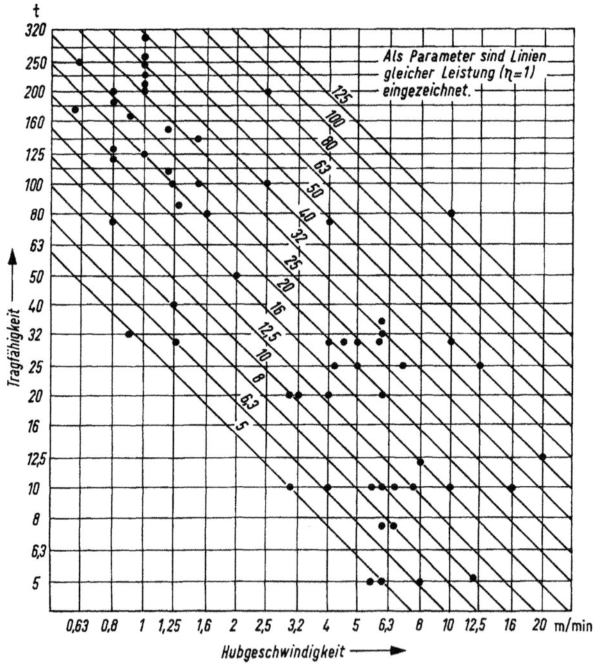

Abb. 635. Hubgeschwindigkeiten und Tragkräfte ausgeführter Maschinenhauskrane (nach Tabelle 26)

werden, wobei die vom ISO/TC 96 vorgeschlagene Tragfähigkeitsreihe für Hebezeuge zugrunde gelegt werden kann. Bis zu 100 t Tragfähigkeit ist dabei die Reihe R 10 mit dem

Stufensprung 1,25, über 100 bis 1000 t die Reihe R 20 mit dem Stufensprung 1,12 gewählt worden. Daraus ergeben sich die in Tabelle 28 genannten Tragfähigkeiten (Vorzugsreihe).

Tabelle 28. *ISO-Tragfähigkeitsreihe für Hebezeuge in t*

	0,125			0,25			0,5		
1			2		3,2		5	6,3	8
10	12,5	16	20	25	32	40	50	63	80
100	125	160	200	250	320	400			
112	140	180	224	280	355	480	usw.		

Für jede Aufgabe kann hieraus eine geeignete Tragfähigkeit gewählt werden. Die Abstufungen zwischen Haupthub und Hilfshub sind bei Maschinenhauskranen nicht einheitlich; aus Abb. 634 geht eine gewisse Zuordnung hervor, die sich wohl nach speziellen betrieblichen Erfordernissen richtet. Die Vereinheitlichung der Tragfähigkeiten im Zusammenhang mit zugeordneten vereinheitlichten Arbeitsgeschwindigkeiten ermöglicht die Verwendung standardisierter Bau- und Antriebselemente. Die daraus resultierenden Vorteile einer kostengünstigen Herstellung, einer einfachen, wirksamen Instandhaltung und Reparatur kommen dem Betreiber und Hersteller gleichermaßen zugute.

IV. Wichtige DIN-Normen des Hebezeugbaues

Tragwerke

DIN 120 Berechnungsgrundlagen für Stahlbauteile von Kranen und Kranbahnen
DIN 15 018 Krane — Stahltragwerke — Berechnungsgrundsätze
DIN 15 019 Krane — Standsicherheit — Sicherheit gegen Abtreiben durch Wind
DIN 4114 Stabilitätsfälle (Knickung, Kippung, Beulung)
DIN 4115 Stahlleichtbau und Stahlrohrbau im Hochbau

Seiltriebe

DIN 655 Drahtseile aus Drähten gleichen Durchmessers
DIN 656 Drahtseile in Seale-, Warrington- und Fülldrahtmachart
DIN 6895 Drahtseile, drehungsfreie Macharten
DIN 15 020 Seiltriebe für Krane; Berechnung und Ausführung
DIN 15 061 Seilrollen, Rillenprofile
DIN 15 062 Seilrollen

Tragmittel

DIN 688 Lasthaken und Doppelhaken, Berechnung, Beanspruchung, Werkstoff, Prüfung und Behandlung

Bremsen

DIN 15 434 Doppelbackenbremsen für Krane, Berechnung
DIN 15 435 Doppelbackenbremsen — Anschlußmaße, Bremsbacken, Bremsbeläge

Laufräder, Schienen

DIN 536 Kranschienen — Form A, Form F
DIN 15 070 Krane — Berechnungsgrundlagen für Laufräder
DIN 15 071 bis DIN 15 084 Krane — Bauformen von Laufrädern mit zugehörigen Lagerungen und Zahnkränzen

Elektrische Ausrüstung

VDE 0240 Leitsätze für die Errichtung von Fahrleitungen für Hebezeuge

Schrifttum

Standardwerke:

[*1*] Ernst, H.: Die Hebezeuge, Band I—III, Braunschweig: Vieweg 1961.
[*2*] Kurth, F.: Fördertechnik, Band I: Grundlagen, Band II: Unstetigförderer, Berlin: VEB Verlag Technik 1964.

Einzeldarstellungen:

[*3*] Neugebauer, R.: Grundzüge einer Norm zur sicheren und wirtschaftlichen Bemessung von Krantragwerken. Dtsch. Hebe- u. Fördertechnik 1966, S. 336/43.
[*4*] Bahke, E.: Funktions- und gestaltungsgerechte Bauweise wirtschaftlicher Krankonstruktionen. Dtsch. Hebe- u. Fördertechnik 1965, S. 693/702.
[*5*] Eckinger, K.: Entwicklungsgrundlage für Kranbrücken. Stahl u. Eisen Bd. 77 (1957), S. 15/23.
[*6*] Schwarz, H.: Verdrehsteife Kastenträger im Hüttenkranbau. Stahl u. Eisen Bd. 77 (1957), S. 24/32.
[*7*] Ernst, H.: Einträger-Krane und Einträger-Verladebrücken mit außermittiger Last. Hansa Bd. 101 (1964), S. 1681/88.
[*8*] Ernst, H.: Leichtbauweise von Laufkranen. Z. VDI Bd. 102 (1960), S. 1089/94.
[*9*] Eckinger, K.: Die Wirtschaftlichkeit der geschweißten Einträger-Kastenbauweise bei Maschinenhauslaufkranen. Stahlbau Bd. 31 (1962), S. 177/82.
[*10*] Schulz, E.: Konstruktion eines Maschinenhauskranes. Fördern u. Heben 1957, S. 217/19.
[*11*] Eickemeyer, H.: 65/15/5 Mp-Laufkran für 47,5 m Spannweite. Z. VDI Bd. 103 (1961), S. 589/90.
[*12*] Wilkesmann, F. W.: Stegblechbeulung bei Längsrandbelastung. Stahlbau Bd. 29 (1960), S. 314/22.
[*13*] Rieve, J. J.: Stabilität I-förmiger Querschnitte unter der örtlichen Lasteinleitung. Bautechnik-Archiv, Heft 7, Berlin 1953.
[*14*] Neugebauer, R.: Stützung und konstruktive Gestaltung der Fahrantriebe von Kranen. Dtsch. Hebe- u. Fördertechnik 1965, S. 703/04; 1966, S. 20/23.
[*15*] Bierett, G.: Berechnung und Gestaltung der Kranbahnen. Stahl u. Eisen Bd. 86 (1966), S. 222/33.
[*16*] Eckinger, K.: Die Befestigung von Kranschienen auf Stahl- und auf Beton-Kranbahnen. Stahl u. Eisen Bd. 74 (1954), S. 1418/24.
[*17*] Kranz, E.: Die Fuge zwischen Kranschiene und Stahlbetonbalken bei Kranbahnen. Stahl u. Eisen Bd. 74 (1954), S. 1424/31.
[*18*] Wolf, A.: Zur Normung von Hüttenkrangetrieben. Stahl u. Eisen Bd. 77 (1957), S. 33/36.
[*19*] Müller, H.: Drahtseile im Kranbau. Dtsch. Hebe- u. Fördertechnik 1966, S. 714/16, 766/73.
[*20*] Enke, H.: Entwicklungslinien für neue elektrische Kransteuerungen. Dtsch. Hebe- u. Fördertechnik 1966, S. 249/57.
[*21*] Vesper, H.: Die Planung der Eldroregelbremse für Drehstromkranantriebe, Wiesbaden: Krausskopf 1962.
[*22*] AEG: Drehstromausrüstungen für Hebezeuge (Lieferprogramm).
[*23*] Siemens-Schuckertwerke AG: Fahr- und Hubwerkschaltungen für Krane, Erlangen 1960.

D. Kühlwasseranlagen

Von Gerd Weydanz

I. Allgemeine Angaben

a) Zweck und Bedeutung des Kühlwassers

Mit dem Kühlwasser werden in einem Dampfkraftwerk die Verlust-Wärmemengen abgeführt, die bei der Kondensation des Turbinen-Abdampfes im Kondensator, bei der Stromerzeugung im Generator, durch Lagerreibung und andere Ursachen entstehen.

Bei großen Kondensationskraftwerken mit Zwischenüberhitzung, deren Frischdampfzustände vorwiegend bei 180 bis 250 atü, 525 bis 565 °C liegen, muß das durch den Kondensator strömende Kühlwasser eine Wärmemenge abführen, die etwa die Hälfte der zur Stromerzeugung insgesamt aufgewandten Wärmemenge beträgt. Die hierfür erforderlichen großen Wassermengen werfen Probleme auf, die — zusammen mit der Frage des Brennstoffes und der Lage in bezug auf die Schwerpunkte des Energieverbrauches — die *Standortwahl* für ein Wärmekraftwerk maßgeblich beeinflussen.

b) Chemische Eigenschaften des Kühlwassers

Den chemischen Eigenschaften des Kühlwassers kommt große Bedeutung zu. Meer- und Brackwasser sind stark aggressiv, so daß alle mit ihm in Berührung kommenden Teile der Reinigungsanlage, Pumpen, Rohrleitungen, Armaturen und Kondensatoren bzw. Kühler aus korrosionsbeständigen Werkstoffen hergestellt werden müssen. Man verwendet Gußeisen für Rohrleitungen, Pumpen- und Armaturengehäuse, für Wasserkammern der Kondensatoren und Kühler, Bronze oder hochlegierten Chromstahlguß für Pumpenlaufzeuge und Spindeln der Absperrarmaturen; Muntzmetall für Rohrböden und Sondermessinge mit hohem Cu-Gehalt für Kühlrohre der Kondensatoren und Kühler. Für Rohrleitungen hat sich auch eine Brennlackierung mit Kunstharz in Stahlrohren bei sorgfältiger Ausführung gut bewährt (siehe Dritter Band, Teil A, Dritter Teil, Abschn. A IV, S. 512, Rohrleitungen). Bisweilen hat auch Flußwasser eine gewisse Aggressivität; in Industriegebieten mit ihrer starken Verunreinigung der Flüsse durch Abwässer kann das Wasser eines Flusses oder Kanals die Aggressivität von Meerwasser erreichen oder gar überschreiten.

c) Kühlungsarten

Es gibt zwei grundsätzlich verschiedene Kühlungsarten: die *Frischwasserkühlung*, bei der das Kühlwasser das Kraftwerk *durchläuft*, und die *Rückkühlung*, bei der das Kühlwasser im Kraftwerk *umläuft*. Im ersteren Falle überträgt das Kühlwasser die im Kraftwerk aufgenommene Wärme an das Gewässer, in das es nach Verlassen des Kraftwerkes wieder eintritt, während im zweiten Falle die aufgenommene Wärme an einen Luftstrom abgegeben wird, mit dem man das Kühlwasser in Berührung bringt. Dieser Vorgang des Rückkühlens kann auf verschiedene Arten erfolgen: durch Versprühen des Wassers in Kühltürmen mit natürlichem oder künstlich erzeugtem Luftzug, durch Versprühen mittels einer offenen oder geschlossenen Sprühdüsenanlage, durch Oberflächenverdunstung in Kühlteichen oder durch Oberflächenkühlung in einem geschlossenen Kühler. Für die verschiedenen Arten der Rückkühlung kann man bei gleicher Wärmeleistung etwa folgende Vergleichszahlen des Grundflächenbedarfes annehmen:

Ventilatorkühler	1,
Naturzugkühler	2,7,
geschlossene Sprühdüsenanlage	10,
offene Sprühdüsenanlage	35,
Kühlteich	670.

Man erkennt, daß die Frischwasserkühlung und die Rückkühlung sich überschneiden können: Bei einem Kühlteich z. B. entsprechen die technischen Einrichtungen zwar denen einer Frischwasserkühlung, das Kühlsystem selbst jedoch ist der Rückkühlung zuzuordnen.

Alle Arten der Rückkühlung, bei denen das Wasser in direkte Berührung mit der Kühlluft kommt, weisen mehr oder weniger große *Kreislaufverluste* auf, die durch die Verdunstung und durch das Versprühen entstehen. Eine weitere Verlustquelle bildet die Abschlämmung, die eine zu hohe Eindickung des Kühlwassers infolge seines Gehaltes an Salzen und Härtebildnern zu verhindern hat. Diese Verluste müssen durch eine entsprechend große Zusatz-Kühlwassermenge ausgeglichen werden. Bisweilen kommt es vor, daß an dem gewählten Standort des Kraftwerkes auch diese Zusatz-Kühlwassermenge nicht oder nur zu unwirtschaftlich hohen Kosten verfügbar ist. Hieraus ergibt sich dann die Notwendigkeit, die Rückkühlung des Kühlwassers aufzugeben und zur Luftkühlung überzugehen. Hierbei kann der Dampf entweder in luftgekühlten Oberflächenkondensatoren oder in Einspritzkondensatoren mit luftgekühlten Wärmetauschern (System Heller) niedergeschlagen werden. Das letztere System wurde in Deutschland anfangs der vierziger Jahre erstmals durch Siemens bei kleineren Einheiten für Spezialzwecke angewandt. Beide Arten der Luftkühlung sind bereits im Fünften Teil, Abschn. B III und IV, S. 198 bis 230, behandelt worden.

d) Kühlwassertemperatur

Die Eintrittstemperatur des Kühlwassers ist von den klimatischen Verhältnissen am Aufstellungsort des Kraftwerkes und von der Kühlungsart abhängig. Sie wird im allgemeinen als mittlere Jahrestemperatur festgelegt und der thermodynamischen Berechnung der Turbine zugrunde gelegt. Gebräuchliche Werte für Mitteleuropa sind 10 bis 15 °C für Frischwasserkühlung, 19 bis 22 °C für Rückkühlung durch Ventilatorkühler, 26 bis 28 °C für Rückkühlung durch Naturzugkühler. In der warmen Jahreszeit können die Eintrittstemperaturen erheblich über die Jahresmittelwerte hinaus ansteigen, was eine Verschlechterung des Vakuums und eine Erhöhung des spezifischen Dampfverbrauches zur Folge hat.

e) Kühlwasserbedarf

Die für ein *Kondensationskraftwerk* erforderliche Kühlwassermenge wird im wesentlichen durch die niederzuschlagende Abdampfmenge und die Auslegung des Kondensators der Turbine bestimmt. Die übrigen Kühlwasserverbraucher benötigen nur einen kleinen Bruchteil der für den Kondensator erforderlichen Kühlwassermenge. Diese wird als Vielfaches der zum Kondensator strömenden Dampfmenge, bezogen auf den Auslegungs-(Best-)Punkt der Turbine, angegeben. Nähere Angaben sind bereits im Fünften Teil, Abschn. B, Die Kondensatoren, auf S. 154 u. S. 161 gemacht worden. Gebräuchliche Werte sind das 70- bis 80fache der Dampfmenge bei Frischwasserkühlung und das 55- bis 60fache der Dampfmenge bei Rückkühlung in Ventilatorkühlern und Naturzugkühlern (vgl. auch Fünfter Teil, Abschn. B II c 4, S. 161). Die Aufwärmung des Kühlwassers im Kondensator beträgt hierbei im ersten Falle rd. 6,5 bis 8,5 °C, im zweiten Falle rd. 9 bis 10,5 °C, ebenfalls im Auslegungspunkt der Turbine. Bei sehr großen Blockleistungen (z.B. 300 bis 600 MW und darüber) kann es vorteilhaft sein, auf wesentlich geringere Werte des Kühlwasser-Vielfachen zu gehen (vgl. Zweiter Band, Anhang, Abschn. E, S. 683/96). Bei der maximalen Dauerleistung erhöht sich die Aufwärmung bei gleichbleibender Kühlwassermenge etwa entsprechend der Zunahme der Abdampfmenge.

Außer dem Kondensator müssen die Generatorkühler, die Luftkühler der Motoren für die Kesselspeisepumpen sowie die Ölkühler der Turbinen und Hilfsmaschinen mit Kühlwasser versorgt werden, ferner Lager und Stopfbüchsen von Heißwasserpumpen, Lager von Saugzugventilatoren, Kohlemühlen und etwaigen anderen Maschinen, deren Wellen mit heißen Medien in Berührung kommen. Schließlich kann auch Kühlwasser zum Ablöschen der aus dem Kessel austretenden Schlacke, als Rohwasser für das Zusatzspeisewasser und als Werkwasser verwendet werden. Alle diese Nebenverbraucher haben einen Gesamtbedarf, der auch im ungünstigsten Falle 10% der Kühlwassermenge des Kondensators nicht überschreitet. In günstigen Fällen — niedrige Eintrittstemperatur, großes Kühlwasser-Vielfaches beim Kondensator, geringe Zahl von Nebenverbrauchern — kann der zusätzliche Kühlwasserbedarf weniger als 5% der Kühlwassermenge des Kondensators betragen.

Bei aggressivem Kühlwasser werden die Nebenverbraucher häufig in einem geschlossenen Sekundärkreislauf gekühlt. Hierbei gibt das Sekundärkühlwasser seine Wärme in einem Oberflächen-Wärmetauscher an das Primärkühlwasser ab. In diesem Falle wird der Sekundärkreislauf mit Kondensat oder gleichwertigem Wasser aufgefüllt, so daß an ihn auch empfindliche Kühlstellen, z.B. Wellenabdichtungen von Kesselspeisepumpen, angeschlossen werden können. Bei direkter Leiterkühlung des Generators ist dieser Sekundärkreislauf stets erforderlich.

Als Anhaltswerte für den Kühlwasserbedarf je installiertes Kilowatt mögen die folgenden Zahlen dienen, die sich bei neuzeitlichen Kraftwerken mit Zwischenüberhitzung und den eingangs genannten Frischdampfzuständen etwa ergeben:

Kühlwasser als Vielfaches der Abdampfmenge:	55 bis 60		70 bis 80
Eintrittstemperatur in °C:	20	12	27
Kühlwasserbedarf je installiertes Kilowatt in l/h:	120 bis 140	150 bis 175	160 bis 185.

Bei *Industriekraftwerken* mit Kraft-Wärme-Kupplung spielt die Kühlwasserfrage häufig eine untergeordnete Rolle. Jedoch können auch hier größere Wassermengen erforderlich sein, wenn Entnahme-Kondensationsturbinen aufgestellt werden. In jedem Falle, also auch bei reinen Gegendruckanlagen oder Heizkraftwerken mit Heizkondensator, müssen die weiter oben erwähnten Nebenverbraucher mit Kühlwasser versorgt werden.

Oft hat der industrielle Prozeß einen großen Kühl- oder Werkwasserbedarf. In diesem Falle werden die Einrichtungen zur Förderung, Reinigung und gegebenenfalls Rückkühlung des benötigten Wassers oft gemeinsam für die Prozeßanlage und das Kraftwerk erstellt, bzw. wird das Kraftwerk an die Wasserversorgung der Prozeßanlage angeschlossen.

II. Der Umlauf des Kühlwassers im Kraftwerk

a) Allgemeines

Der Weg, den das Kühlwasser im Kraftwerk nimmt, ist in erster Linie von der Kühlungsart abhängig. Bei Frischwasserkühlung — und in gewissem Sinne auch bei der Rückkühlung mittels Kühlteichen — vollzieht das Wasser einen Durchlauf, während es bei allen anderen Arten der Rückkühlung einem geschlossenen Kreislauf unterworfen ist. Demgemäß unterscheiden sich auch die Kühlwasser-Schaltbilder für die beiden Kühlungsarten in wesentlichen Punkten voneinander. In Abb. 636 sind die grundlegenden Schaltungen dargestellt, wie sie im allgemeinen angewandt werden.

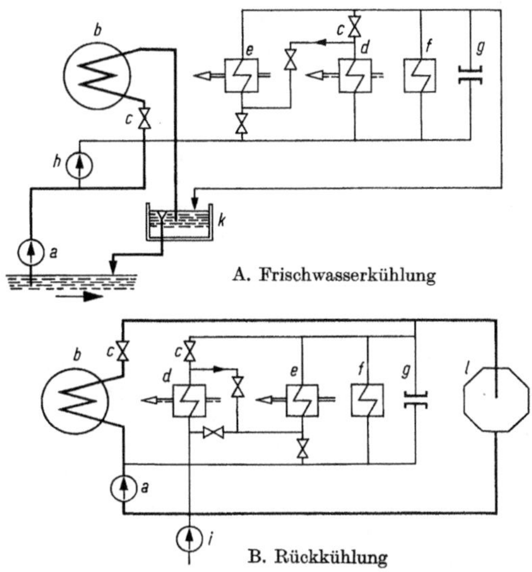

A. Frischwasserkühlung

B. Rückkühlung

Abb. 636 A u. B. Gebräuchliche Grundschaltungen der Kühlwasserversorgung

a Kühlwasserpumpe
b Kondensator
c Regulierschieber
d Generatorkühler
e Turbinen-Ölkühler
f sonstige Kühler
g Lager mit Wasserkühlung
h Druckerhöhungspumpe
i Zusatz-Kühlwasserpumpe
k Kraftschlußbecken
l Kühlturm

Bei der *Frischwasserkühlung* (Abb. 636A) fördert die Kühlwasserpumpe — der unter Umständen eine Vorpumpe vorgeschaltet ist — das Wasser aus dem Gewässer zum Kondensator mit einem Druck, der eben ausreicht, um es mit Hilfe der Heberwirkung in der Ablaufleitung über den höchsten Punkt des Systems fließen zu lassen. Ist der Höhenunterschied zwischen diesem höchsten Punkt und dem freien Wasserspiegel größer als die in m WS ausgedrückte Differenz zwischen dem Barometerstand und der Summe aus dem Sättigungsdruck des Wassers bei der höchsten Austrittstemperatur und den Rohrleitungsverlusten, so muß in den Ablauf ein Kraftschlußbecken eingeschaltet werden, damit keine Ausdampfung auftritt (s. Dritter Band, Teil A, Zweiter Teil, Abschn. A III b, S. 268, Kühlwasserpumpen). Sind mehrere Einheiten an eine Sammelversorgung angeschlossen, so wird die ausreichende Versorgung jedes Kondensators durch Einstellen des zugehörigen

Regulierschiebers erreicht. Dieser muß stets vor dem Eintritt in den Kondensator eingebaut werden, weil in der Ablaufleitung Unterdruck herrscht und eine Drosselung oder Undichtheit an dieser Stelle ein Abreißen des Kraftschlusses zur Folge haben würde.

Wenn die übrigen Kühlwasserverbraucher oberhalb des höchsten Punktes der Hauptkühlwasserleitung liegen oder einen höheren Durchflußwiderstand als der Kondensator haben, ist, wenn kein Sekundärkreislauf für diese Verbraucher vorgesehen ist, die Aufstellung einer *Druckerhöhungspumpe* (Boosterpumpe) für ihre Versorgung erforderlich. Generator- und Ölkühler des Turbosatzes kann man, wenn ihre Kühlwassermengen in der gleichen Größenordnung liegen, wahlweise auch hintereinander schalten, da das Lageröl auch mit wärmerem Wasser noch ausreichend gekühlt wird. Durch Betätigung des Ablaufschiebers am Generatorkühler (in Abb. 636A ebenfalls als Regulierschieber gekennzeichnet) kann man dem nachgeschalteten Ölkühler die zur Einhaltung der vorgeschriebenen Lageröltemperatur erforderliche Wassermenge zuteilen.

Kommt das Kraftwerk in einer Gegend zur Aufstellung, wo im Winter mit Vereisungsgefahr am Kühlwassereinlauf zu rechnen ist, so muß Vorsorge getroffen werden, daß ein Teil des aufgewärmten Kühlwassers zur Einlaufstelle zurückgeleitet werden kann, um dort Eisbildung zu vermeiden.

Bei der *Rückkühlung* (Abb. 636B) muß der Enddruck der Kühlwasserpumpe so hoch liegen, daß das Wasser die Einlaufhöhe des Rückkühlers erreicht und bei Vorhandensein von Sprühdüsen den vor diesen erforderlichen Überdruck aufweist. Nach der Abkühlung fließt das in einem Sammelbecken aufgefangene Wasser der Pumpe wieder zu. Der Druck im System ist also in jedem Fall so hoch, daß alle Kühlwasserverbraucher an die Hauptleitung hinter der Kühlwasserpumpe direkt angeschlossen werden können. Einzige Voraussetzung hierfür ist, daß kein Verbraucher einen höheren Durchflußwiderstand als der Kondensator aufweist.

Zur Deckung der Verdunstungs-, Versprühungs- und Abschlämmverluste muß dem Kreislauf ständig *Zusatzwasser* zugeführt werden. Der Zusatzwasserbedarf bei Kühlturmbetrieb liegt in der Größenordnung von 1,5 bis 2,5% der Kühlwassermenge; er ist von der Konstruktion des Kühlers und von der chemischen Beschaffenheit bzw. der Aufbereitungsart des Zusatzwassers abhängig. Da die Temperatur des Zusatzwassers niedriger als die des rückgekühlten Wassers ist, wird es normalerweise dem Generatorkühler zugeleitet, ehe es in den Kreislauf eintritt. Hierdurch kann man diesen Kühler kleiner ausführen und trotzdem auch in der heißesten Jahreszeit die Kühlgastemperatur des Generators unterhalb der zulässigen Grenze halten. Die bei der Frischwasserkühlung erwähnte Hintereinanderschaltung von Generator- und Ölkühler läßt sich hier, wie aus Abb. 636B hervorgeht, noch variieren, indem man das Zusatzwasser in die Schaltungsmöglichkeiten einbezieht. Bei der dargestellten Schaltung sind folgende Betriebsarten möglich:

1. Generatorkühler: Frischwasser, Ölkühler: Kreislaufwasser;
2. Generatorkühler und nachgeschalteter Ölkühler: Frischwasser;
3. Generatorkühler: Frischwasser, parallel geschalteter Ölkühler: teils Frisch-, teils Kreislaufwasser;
4. Generatorkühler: teils Frisch-, teils Kreislaufwasser, Ölkühler: Kreislaufwasser.

Die durch die Kreislaufverluste festgelegte Zusatzwassermenge kann also jederzeit unter Beachtung der zulässigen Kühlgas- und Öltemperaturen bestmöglich zur Kühlung ausgenutzt werden.

Eine gewisse Verbesserung des thermischen Kreislaufes kann man erreichen, wenn man eine Stufe des Generatorkühlers mit Turbinenkondensat beschickt, welches hierdurch einen Teil der Verlustwärme des Generators aufnimmt. Dieser Kondensatstufe des Generatorkühlers muß im allgemeinen noch eine Frisch- bzw. Zusatzwasserstufe nachgeschaltet werden, um das umlaufende Kühlgas weit genug rückkühlen zu können.

Für große Kondensationskraftwerke mit Rückkühlung werden allgemein Kühltürme angewandt; bisweilen kann bei Lage des Kraftwerkes an einem Fluß, dessen Wasserführung für die Frischwasserkühlung nicht oder nicht zu allen Jahreszeiten ausreicht, mittels einer vorhandenen oder künstlich zu schaffenden Vergrößerung der Wasserfläche (z.B. in Verbindung mit einem Stausee) eine *Kombination* aus *Frischwasser*- und Oberflächen-*Rückkühlung* vorteilhaft sein. Bei wachsender Größe der Kraftwerke und steigendem Kühlwassermangel rückt eine Kombination der Frischwasserkühlung mit der leistungsfähigeren Rückkühlung durch Kühltürme in den Vordergrund, und zwar nicht nur in Europa, sondern auch in den USA (vgl. Zweiter Band, Erster Teil, Abschn. D II, S. 260/61).

Bei der kombinierten Frischwasser- und Rückkühlung (Abb. 637) mittels Kühltürmen kann man je nach dem Anteil des Frischwassers an der Gesamt-Kühlwassermenge eine Parallel- oder Serienschaltung der beiden Wasserströme wählen. Auch Kombinationen beider Schaltungen sind möglich.

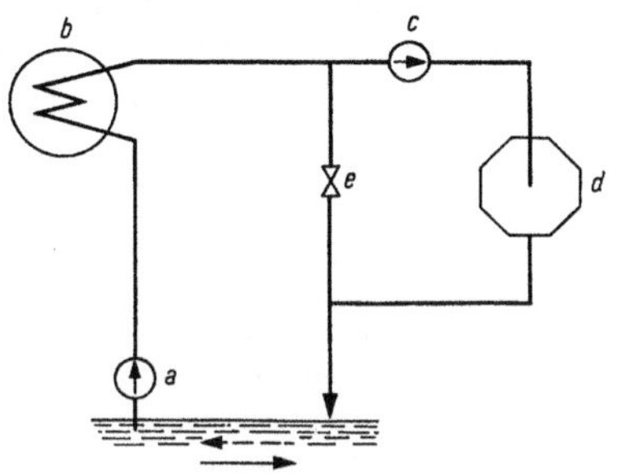

A. Parallelschaltung

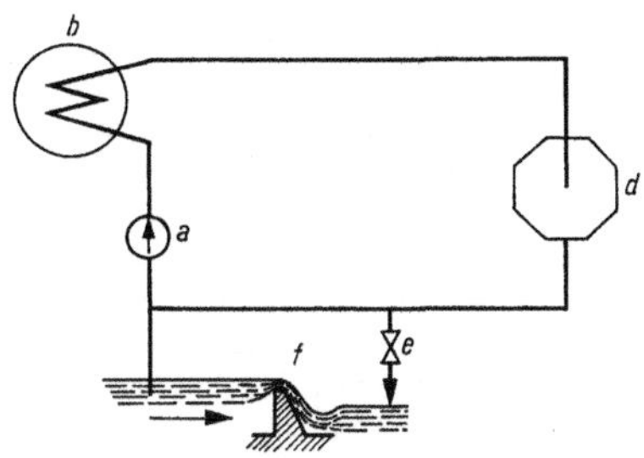

B. Serienschaltung

Abb. 637A u. B. Kombinierte Frischwasser- und Rückkühlung
a Kühlwasserpumpe *b* Kondensator *c* Kühlturmpumpe *d* Kühlturm *e* Regulierarmatur *f* Überlaufwehr

Soll der Kühlturm hauptsächlich in der warmen Jahreszeit bei verringerter Wasserführung des Flusses arbeiten, so empfiehlt sich die *Parallelschaltung* nach Abb. 637A. Bei größeren Niveauunterschieden kann durch Anordnung einer besonderen Druckerhöhungspumpe für den Kühlturmkreislauf in den Zeiten, in denen nur mit Frischwasserkühlung gefahren wird, Pumpenleistung eingespart werden. Bei Parallelbetrieb wird der Anteil der Rückkühlung entsprechend der Warmwassertemperatur mittels einer Regulierarmatur eingestellt. Die Strömungsrichtung des Flusses kann sich hierbei umkehren, wobei die Möglichkeit einer zusätzlichen Oberflächenkühlung im Fluß bei genügend großer Kühlfläche besteht. Bei entsprechenden Baugrundverhältnissen ist es möglich, die Kühltürme direkt über den Fluß zu setzen, so daß dieser die Funktion des Kühlturm-Sammelbeckens übernimmt.

Ist die Wasserführung des Flusses zu allen Jahreszeiten für den Kühlwasserbedarf des Kraftwerkes zu gering, so ist die *Hintereinanderschaltung* der beiden Kühlungsarten nach Abb. 637B vorteilhafter. Diese Schaltung stellt bereits einen Übergang zur reinen Rückkühlung mit Zusatzwasserversorgung aus einem Fluß dar. Die Leistung der Kühlwasserpumpe kann hier beträchtlich hoch werden, da sie sowohl den vollen Höhenunterschied zwischen Fluß und Kondensator als auch die zusätzliche Höhe bis zum Kühlturmeinlauf überwinden muß. Liegt das Kraftwerk wesentlich höher als der Flußwasserspiegel, so wird eine regelbare Vorpumpe für das Flußwasser empfehlenswert sein, um die Förderhöhe der Kühlwasserpumpe zu verringern. Ein Rückfluß des ablaufenden Wassers, dessen Menge durch einen Schieber — bei offenem Kanal durch ein Verstellschütz — eingestellt wird, muß hier verhindert werden (vgl. auch Zweiter Band, Erster Teil, Abschn. D II, S. 260/61).

Bei kombinierter Frischwasser- und Rückkühlung kann es notwendig werden, dem Frischwasser Kohlensäure zuzusetzen, um das beim Rieselvorgang im Kühlturm ausgetriebene CO_2 zu ersetzen, damit das Gleichgewicht mit der Karbonathärte wiederherzustellen und Karbonat-Ablagerungen im Kühlturm und im Kondensator zu vermeiden. Näheres über die chemische Behandlung des Kühlwassers ist im Dritten Band, Teil A, S. 387ff., Chemische Wasseraufbereitung, ausgeführt.

b) Frischwasserkühlung

1. Der Anschluß an das natürliche Gewässer

Das Kühlwasser wird aus einem fließenden oder stehenden Gewässer entnommen und im allgemeinen auch in dieses zurückgeleitet. Der Einlauf des Kühlwassers soll an einer Stelle des Ufers liegen, wo die Anschwemmung von Sand, Schlamm oder sonstigen Verunreinigungen möglichst gering ist. Bei langsam strömenden Gewässern oder bei Flüssen, deren Wasserführung ganz oder überwiegend durch das Kraftwerk gepumpt wird, muß ein Zurückfließen des warmen Kühlwassers von der Auslauf- zur Einlaufstelle vermieden werden. Dies kann durch Einbauten zur Lenkung der Strömung in eine bestimmte Richtung, wie Dammbalken, Molen, Buhnen und dergleichen erfolgen, unter Umständen auch durch Anlage eines Stauwehres, wobei das warme Kühlwasser unterhalb des Wehres in den Fluß zurückgeleitet wird. Der zulässigen höchsten Aufwärmtemperatur des Flußwassers muß in solchen Fällen besondere Beachtung geschenkt werden, desgleichen dem Mindest-Sauerstoffgehalt des Ablaufwassers, der unter Umständen nur durch ausreichende Belüftung in besonderen Einrichtungen erreicht werden kann. Die etwa vorhandene Schiffahrt darf durch die entstehenden Strömungen nicht behindert werden. Eine Zusammenarbeit mit dem zuständigen Wasserbauamt ist bei allen diesen Fragen unerläßlich.

2. Das Einlaufbauwerk

An der Entnahmestelle des Kühlwassers befindet sich das Einlaufbauwerk, das gleichzeitig die Vorrichtungen für die Reinigung des Wassers und meist auch die Kühlwasserpumpen oder — falls vorhanden — die Vorpumpen aufnimmt (vgl. Zweiter Band, Dritter Teil, Abschn. C II d, S. 593/94). Das Einlaufbauwerk muß so konstruiert sein, daß das Wasser allen Pumpen möglichst gleichmäßig zugeführt wird. Am vorteilhaftesten sind einzelne Einlaufkammern für jede Pumpe. Muß eine gemeinsame Einlaufkammer für mehrere Pumpen vorgesehen werden, so müssen bei senkrechten, unter dem Wasserspiegel angeordneten Pumpen gegebenenfalls Einbauten in der Einlaufkammer vorgesehen werden, die eine drallfreie, radiale Zuströmung zu jeder Pumpe sicherstellen. Die Unterkante der Einlauföffnungen muß so hoch über dem gewachsenen Grund des Gewässers liegen, daß kein aufgewirbelter Sand oder Schlamm mit dem Wasser angesaugt wird.

Im übrigen gibt es infolge der Vielfalt der örtlichen Gegebenheiten natürlich mannigfache Möglichkeiten für die Ausführung dieses Bauwerkes, von denen hier nur der grundsätzliche Aufbau zweier charakteristischer Bauformen im Schnitt dargestellt werden soll.

Abb. 638 zeigt ein Einlaufbauwerk, das besonders für Gewässer mit nicht zu großen Unterschieden zwischen Hoch- und Niedrigwasser geeignet ist. Jeder zu einer Kühlwasserpumpe führende Wasserzug ist an der Außenwand des Bauwerkes absperrbar. Das Wasser passiert nach dem Eintritt in das Gebäude die Reinigungsanlagen und eine Verteilungskammer, welche die Querverbindungen enthält. Diese sind notwendig, um Reparaturen an den Reinigungsanlagen oder in den trockengelegten zugehörigen Kammern eines Wasserzuges ohne Beeinträchtigung des Kraftwerksbetriebes ausführen zu können. Aus der Verteilungskammer läuft das Wasser durch ein Rohr der trocken aufgestellten Kühlwasserpumpe zu, die hier mit lotrechter Welle gedacht ist. Sie kann natürlich auch eine waagerechte Welle haben, wenn die örtlichen Verhältnisse dies als zweckmäßig erscheinen lassen, wobei sie entweder auf dem unteren Flur mit Zulaufhöhe oder auch über der Verteilerkammer mit Saughöhe aufgestellt werden kann.

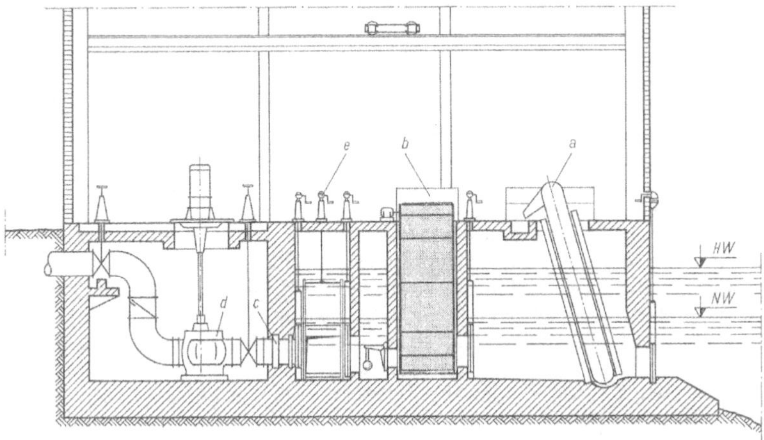

Abb. 638. Einlaufbauwerk mit trockener Pumpenkammer

a umlaufender Siebrechen *b* Siebbandmaschine *c* Mauerrohr *d* Kühlwasserpumpe *e* Absperrung der Querverbindung

Die in Abb. 639 dargestellte Bauform wird man vorzugsweise bei großen Wasserspiegeldifferenzen anwenden. Hier wird das Wasser nach Durchfließen eines Rechens von einer

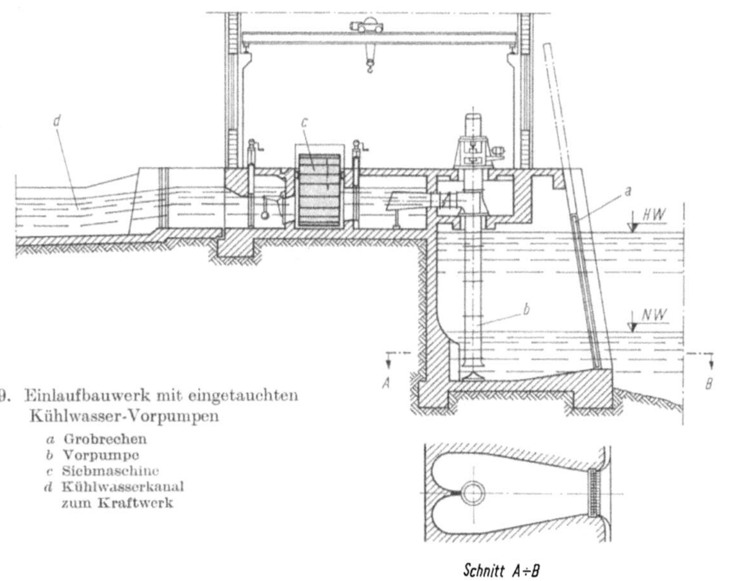

Abb. 639. Einlaufbauwerk mit eingetauchten Kühlwasser-Vorpumpen

a Grobrechen
b Vorpumpe
c Siebmaschine
d Kühlwasserkanal zum Kraftwerk

regelbaren Vorpumpe etwa auf Geländehöhe gefördert. Die Vorpumpe ist als eingetauchte Propellerpumpe ausgeführt. Man erkennt den Einlaufkegel unter der Einlaufglocke und die nach hydrodynamischen Erkenntnissen ausgebildete Grundrißform der Einlaufkammer, die zur Erzielung einer allseits radialen Zuströmung zur Einlaufglocke dient. Der Einlaufkegel bewirkt eine stoßfreie Umlenkung des Wasserstromes in die axiale Richtung. Der vor der Vorpumpe angeordnete Rechen kann zur Vornahme von Reparaturen hochgezogen werden. In diesem Falle kann man in die Führungsschienen Dammbalken einsetzen und den Zulauf dadurch absperren. Nach Passieren der Siebmaschine tritt das Wasser durch den Austrittskanal in den zum Kraftwerk führenden offenen Zulaufkanal ein. Die Querverbindung zwischen den einzelnen Wasserzügen entsteht bei dem dargestellten Beispiel durch Vereinigung der einzelnen Austrittskanäle zum gemeinsamen Zulaufkanal. Diese Austrittskanäle können bei Bedarf durch je einen Dammbalkenverschluß abgesperrt werden. Es ist aber natürlich auch die Anordnung einer Querverbindung ähnlich wie in Abb. 638 möglich. Diese letztere Anordnung wird man besonders dann wählen, wenn außer den Vorpumpen auch die Hauptpumpen im Einlaufbauwerk aufgestellt werden müssen, weil z. B. das Wasser dem Kraftwerk vom Einlaufbauwerk nicht mit natürlichem Gefälle zufließen kann. Weitere Ausführungsmöglichkeiten für Einlaufbauwerke siehe Erster Band, Dritter Teil, Ausführungsbeispiele S. 861/62 und S. 1043/45.

Je nach Bedarf oder örtlichen Voraussetzungen wird man im Einlaufbauwerk auch Roh- oder Werkwasserpumpen, unter Umständen auch eine Feuerlöschpumpe, aufstellen. In Gegenden mit Frostgefahr muß das Einlaufbauwerk auch die Auslaufvorrichtung für die Auftauleitung, d. h. für denjenigen Teilstrom des Warmwassers enthalten, der den Einlauf eisfrei zu halten hat.

3. Das Auslaufbauwerk

Auslaufbauwerke dienen lediglich dazu, das Kühlwasser so in das Gewässer zurückzuführen, daß die Ausströmung keine Auswaschungen des Ufers oder des Untergrundes verursacht und auch sonstige Beeinträchtigungen vermieden werden. Einrichtungen zur Belüftung des Kühlwassers werden im Ablaufkanal oder auch an geeigneter Stelle des Auslaufbauwerkes eingebaut.

c) Rückkühlung des Kühlwassers

1. „Nasse" Kühltürme

In der überwiegenden Mehrzahl der Fälle wird das Kühlwasser dadurch rückgekühlt, daß die von ihm im Kraftwerk aufgenommene Wärme in einem Kaminkühler an einen Luftstrom durch direkte Berührung abgegeben wird. Man spricht daher von einem „nassen" Kühlturm, zum Unterschied vom „trockenen" Kühlturm, der geschlossene, luftgekühlte Kühlelemente aufweist (vgl. Fünfter Teil, Abschn. B IV, S. 219 u. 226). Beim nassen Kühlturm erhebt sich über einem Sammelbecken, dessen Grundriß bei kleinen Einheiten quadratisch oder rechteckig ist, bei größeren Kühlern die Form eines regelmäßigen Vielecks oder Kreisform hat, ein schachtartiger Aufbau, der in seinem unteren Teil die Rieselflächen enthält. In diesen Rieselflächen, die in mannigfacher Form ausgeführt werden, wird das Kühlwasser in feinste Bestandteile aufgelöst, damit es in innige Berührung mit der Luft treten kann.

Die Wärme wird dem Kühlwasser hierbei zum größten Teil durch Verdampfen einer kleinen Teilmenge, zum kleineren Teil durch Konvektion mit der Luft, entzogen. Die Kühlluft tritt unterhalb der Rieseleinbauten durch Öffnungen im Umfang des Kühlturmmantels ein und durchströmt die Rieselflächen im Gegenstrom zum Wasser (Abb. 640A) oder im Quer-Gegenstrom (Abb. 640B). Auch reiner Querstrom wird ausgeführt, wobei die Höhe der Rieselflächen nach der Mitte zu abnimmt und die Luft nach Verlassen der Rieseleinbauten aus der waagerechten in die senkrechte Richtung umgelenkt wird (vgl. Abb. 651). In den USA werden Querstrom-Zellenkühler gebaut, bei denen die Rieselflächen und der Lufteintritt die ganze Höhe der Zelle einnehmen und die Luft in dem freien Mittelteil der Zelle aufsteigt (Abb. 640C, vgl. auch Abb. 647). Beim Querstrom setzen die fallenden Wassertropfen der durchströmenden Luft den geringsten Widerstand entgegen.

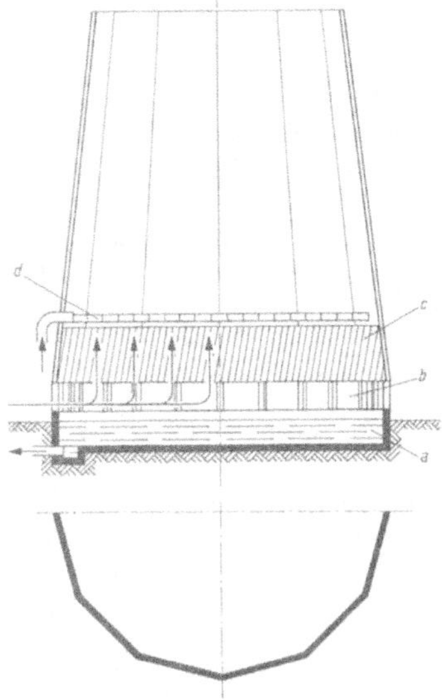

A. Gegenstromkühler

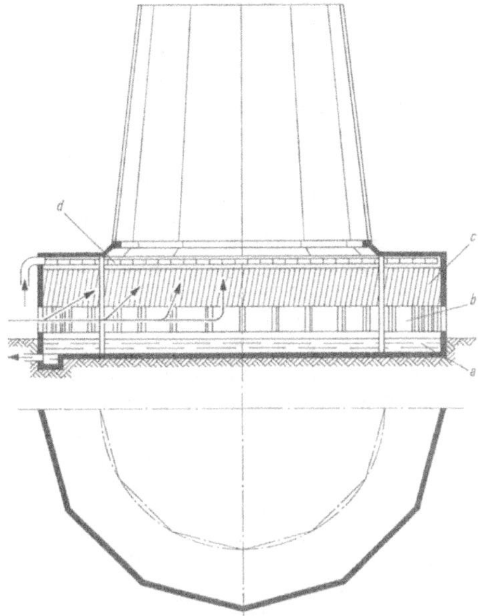

B. Quer-Gegenstromkühler

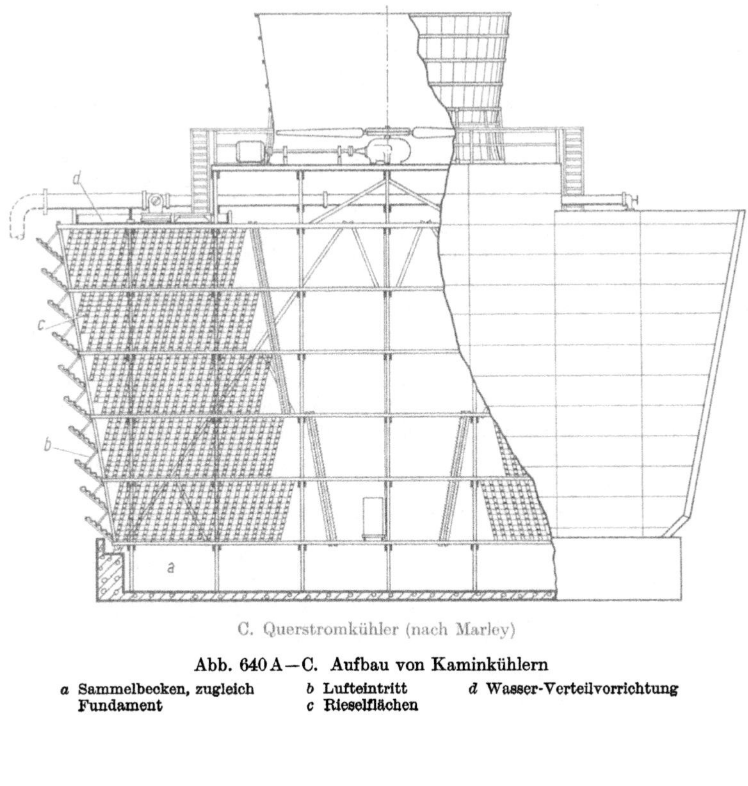

C. Querstromkühler (nach Marley)

Abb. 640 A—C. Aufbau von Kaminkühlern

a Sammelbecken, zugleich Fundament *b* Lufteintritt *c* Rieselflächen *d* Wasser-Verteilvorrichtung

Die Kühlluft entweicht durch die Austrittsöffnung des Kühlturmes infolge des natürlichen Auftriebes, wenn es sich um einen *Naturzugkühler* handelt. Beim *Ventilatorkühler* wird der Luftzug durch einen eingebauten Lüfter verstärkt und der Wärmeaustausch infolge höherer Luftgeschwindigkeit intensiviert, so daß die Abmessungen des Kühlers kleiner und die Wassertemperaturen niedriger werden. Das abgekühlte Wasser sammelt sich in dem Kühlturmbecken, das gleichzeitig das Fundament des Kühlers bildet.

Für die *Auslegung* der Kaminkühler sind Kenntnisse in der Psychrometrie, d.h. dem Teil der Physik, der sich mit den atmosphärischen Bedingungen, insbesondere mit der Luftfeuchtigkeit, befaßt, und umfangreiche Erfahrungen erforderlich. Für ein spezielles Studium steht ein neueres Buch[1] zur Verfügung, in dem die Theorie und praktische Ausführung der Kühltürme erstmalig zusammenfassend und erschöpfend behandelt wurde. Es wird auch auf die deutschen Abnahmevorschriften[2] sowie auf die Ausführungen im Zweiten Band, S. 683/96, verwiesen. Die nachstehenden Ausführungen bringen daher nur die für den Kraftwerksingenieur wichtigsten Grundlagen.

Die Differenz zwischen der Warm- und Kaltwassertemperatur, die durch die Aufwärmung des Kühlwassers im Kraftwerk gegeben ist, wird als *Kühlzonenbreite* bezeichnet. Sie ist vom Verhältnis der Kühlwassermenge zur niederzuschlagenden Dampfmenge im Kondensator abhängig (vgl. Abschn. B, S. 154 u. 172). Je kleiner dieses Verhältnis ist, um so größer wird bei gleicher abzuführender Wärmemenge die Kühlzonenbreite. Die Lage der Kühlzone in bezug auf Temperatur und relative Feuchtigkeit der Kühlluft ist von der Größe und auch von der Konstruktion des Kühlers abhängig.

Der relativen Luftfeuchtigkeit kommt große Bedeutung bei der Auslegung des Kühlturms zu, da die Kühlwirkung zu rd. 75% durch Verdunstung einer Teilmenge des Wassers erzielt wird und der hierbei entstehende Wasserdampf von der Luft nur bis zu ihrer Sättigung aufgenommen werden kann. Die relative Luftfeuchtigkeit stellt das Verhältnis des tatsächlichen zum maximal möglichen Wassergewicht in 1 kg oder 1 m^3 Luft bei einer bestimmten Temperatur dar. Je niedriger die Lufttemperatur ist, um so niedriger ist bei 100% relativer Luftfeuchte der absolute Gehalt an Wasserdampf. Kühlt sich also gesättigte Luft ab, so scheidet sie Feuchtigkeit aus; erwärmt sie sich, so kann sie Feuchtigkeit aufnehmen. Statt der Angabe der Lufttemperatur und der relativen Luftfeuchtigkeit wird bei Ventilatorkühlern die Anzeige des *„feuchten Thermometers“* vorgezogen. Sie gibt diejenige Temperatur an, bei der die Luft mit dem vorhandenen absoluten Wassergehalt gesättigt wäre, d.h. ihren Taupunkt erreicht hätte. Steigt bei gleicher Lufttemperatur die relative Luftfeuchtigkeit, so steigt auch die Anzeige des feuchten Thermometers. Die Werte sind im einzelnen aus dem Diagramm Abb. 641 ersichtlich. Bei einem Luftzustand von 15 °C, 70% relativer Luftfeuchte, der in Mitteleuropa der Auslegung von Kühltürmen üblicherweise als Jahresmittel zugrunde gelegt wird, ergibt sich z.B. eine Anzeige des feuchten Thermometers von 12 °C. Die Werte des Diagramms gelten für einen Luftdruck von 760 mm Hg; bei nicht wesentlich abweichenden Luftdrücken ändern sie sich so geringfügig, daß man diese Änderung vernachlässigen kann. Die zur Berechnung eines Kühlturmes ebenfalls erforderlichen Werte der Enthalpie feuchter Luft können dem i,x-Diagramm feuchter Luft nach Mollier oder aus Tabellen entnommen werden.

Der Abstand der Kühlzone von der Anzeige des feuchten Thermometers wird als *Kühlgrenzabstand* bezeichnet. Seine Größe bestimmt die erreichbare Kaltwassertemperatur, die bei niedriger relativer Luftfeuchte auch unterhalb der (trockenen) Temperatur der Kühlluft liegen kann. Der Kühlgrenzabstand ist vom Mengenverhältnis der Kühlluft zum Kühlwasser, der Geschwindigkeit der Kühlluft und somit von der Größe und Art des Kühlers abhängig. Stehen mehrere Kühlergrößen bzw. -typen zur Wahl, so ist derjenige Kühler am wirtschaftlichsten, bei dem die Gesamtkosten, bezogen auf die nutzbar abgegebene elektrische Arbeit, am niedrigsten sind. Diese Gesamtkosten setzen sich

[1] McKelvey u. Brooke: The Industrial Cooling Tower, Amsterdam: Elsevier Publ. Co. 1959.

[2] VDI-Kühlturmregeln DIN 1947, Juni 1959, Beuth-Vertrieb GmbH, Berlin 30 und Köln.

zusammen aus dem leistungsabhängigen Anteil, d.h. dem Kapitaldienst für die Rückkühlanlage und den Kondensationsteil der Turbine, und aus dem arbeitsabhängigen Anteil, d.h. den Brennstoffkosten, jeweils je Nutz-kWh ermittelt. Die beiden Kostenkomponenten

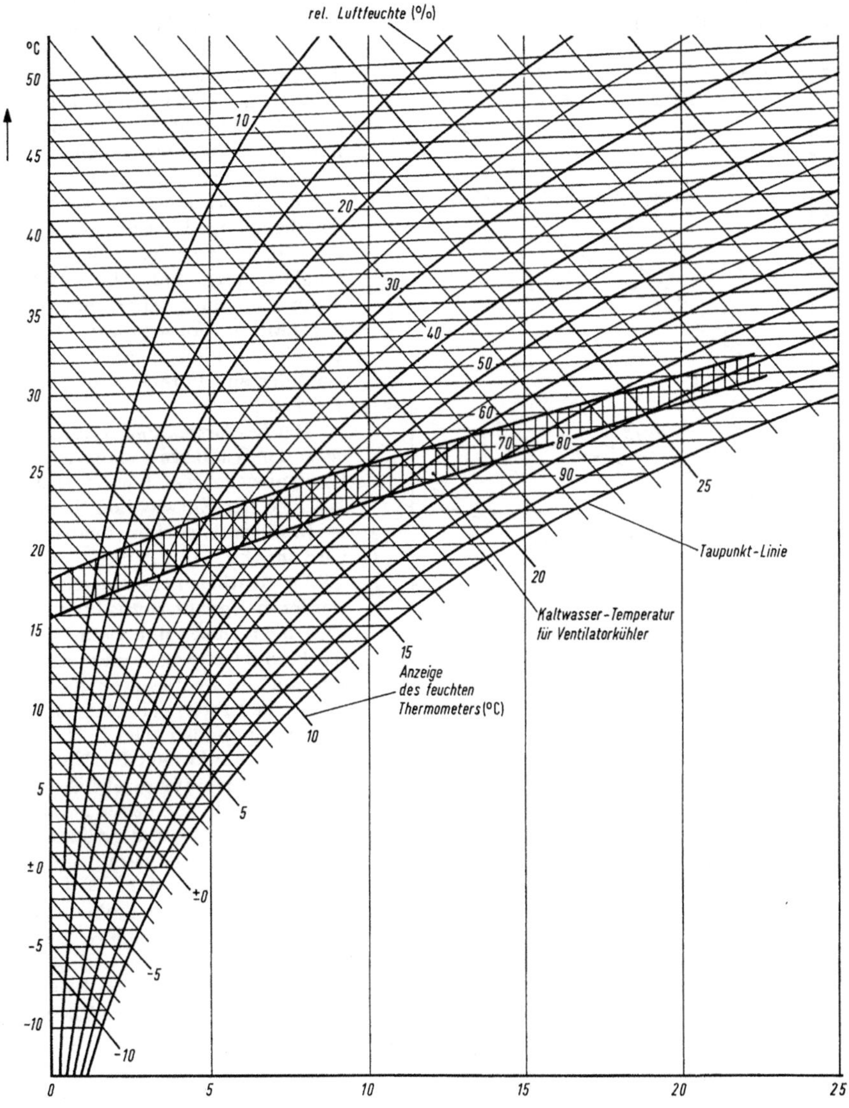

Abb. 641. Temperaturen des trockenen und feuchten Thermometers für Luft von 760 mm Hg

haben gegenläufige Tendenzen: Bei einer Herabsetzung der Kühlwassertemperatur z.B. steigen einerseits die Investitionskosten, andererseits fallen die Brennstoffkosten wegen des geringeren Wärmeverbrauchs; der durch das vergrößerte Wärmegefälle gewachsenen Klemmenleistung steht meist ein erhöhter Eigenbedarf gegenüber, so daß die Rückwirkung auf die Nutzleistung beachtet werden muß.

Im Kraftwerksbau übliche Kühlgrenzabstände für Ventilatorkühler und die sich daraus ergebenden Kühlwassertemperaturen können aus dem Diagramm Abb. 641 abgelesen werden, indem man auf der Linie der Temperatur des feuchten Thermometers bis in den gekennzeichneten Bereich geht und dann an der Ordinate die Temperatur abliest. Aus Abb. 642 ist u. a. ersichtlich, wie sich der Kraftverbrauch des Ventilators bei Erhöhung der Luftgeschwindigkeit, d. h. bei Verkleinerung des Kühlers, vergrößert. Die Angaben dieser Abbildung gelten nur für die angeführten Auslegungswerte; die Relationen bleiben aber auch bei veränderten Voraussetzungen die gleichen.

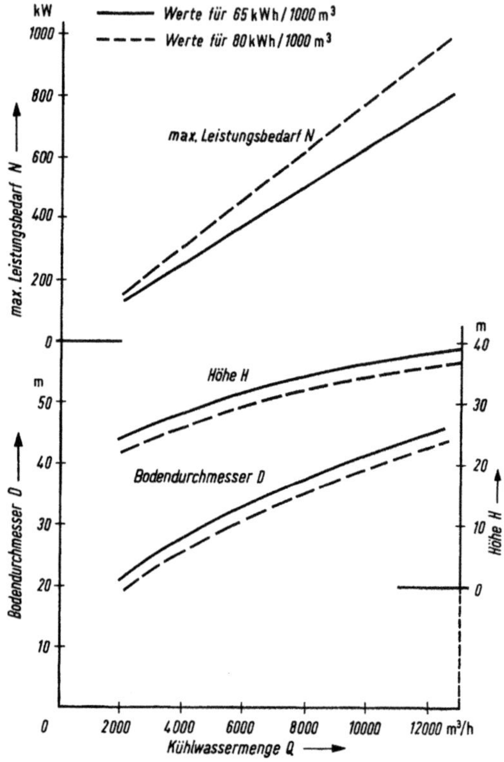

Abb. 642. Hauptabmessungen und maximaler Kraftbedarf vor Ventilatorkühlern für eine Kühlzone von 30/20 °C bei Luft von 15 °C trocken, 12 °C feucht

Die *Bauformen und Ausführungsarten* der Kühltürme sind vielgestaltig, wobei gewisse Länder sich mit Vorliebe der Entwicklung bestimmter Bauformen gewidmet haben. Dies wird in Abb. 643 für die Ventilatorkühler deutlich gemacht. Natürlich werden in den hier erwähnten Ländern heute nicht nur die dargestellten Bauformen angewandt; so haben z. B. auch in Deutschland die Zellenkühler in letzter Zeit steigende Beachtung gefunden. Die in Abb. 640 gezeigten Bauformen für Naturzugkühler werden für große Einheiten mehr und mehr zugunsten hyperbolischer (Abb. 644) und zylindrischer Ausführungen verlassen, die dem Wind einen geringeren Widerstand bieten und daher eine größere Standsicherheit haben. Der Naturzugkühler ist besonders vorteilhaft in Ländern mit gemäßigtem Seeklima (geringere Temperaturunterschiede zwischen Sommer und Winter) anzuwenden, in denen er zu hoher Vollkommenheit entwickelt worden ist. So haben die 1958 im Kraftwerk Rugeley in England für eine Kühlwassermenge von je 23 500 m³/h errichteten, seinerzeit größten Naturzugkühler der Welt die Form eines Hyperboloids mit einer Höhe von 111 m und einem Bodendurchmesser von 88 m. Jeder von ihnen gehört zu einem 125 MW-Turbosatz. In den USA war der Naturzugkühler bis vor kurzem wegen der dort herrschenden klimatischen Verhältnisse unbekannt, da man sich mit dem in viele Einheiten aufgeteilten Ventilatorkühler großen Temperaturunterschieden besser anpassen kann. Der erste Naturzugkühler, ebenfalls in hyperbolischer Bauart, wurde dort 1962 für einen 265 MW-Turbosatz im Kraftwerk Big Sandy der American Electric Power Co. in Betrieb genommen. Die rasche Erhöhung der Einheitenleistung in den USA wirkte sich auch auf die Kühltürme aus. So bestellte die Tennessee Valley Authority 1965 für das

Kraftwerk Paradise zwei Naturzugkühler für je 95 000 m³/h Wasserdurchsatz, von denen einer dem 1150 MW-Block 3 zugeordnet ist. Diese Kühltürme haben eine Höhe von 132 m bei einem Bodendurchmesser von 100 m. Abb. 644 zeigt einen ausgeführten Kühler gleicher Art für einen Wasserdurchsatz von 64 000 m³/h.

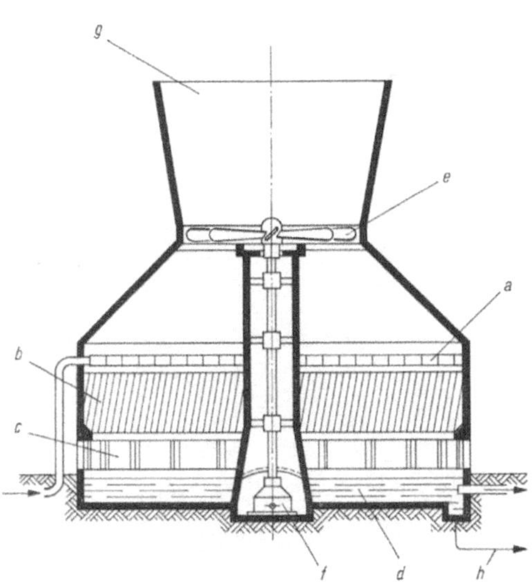

A. zylindrisch-konisch (vorwiegend deutsche Entwicklung)

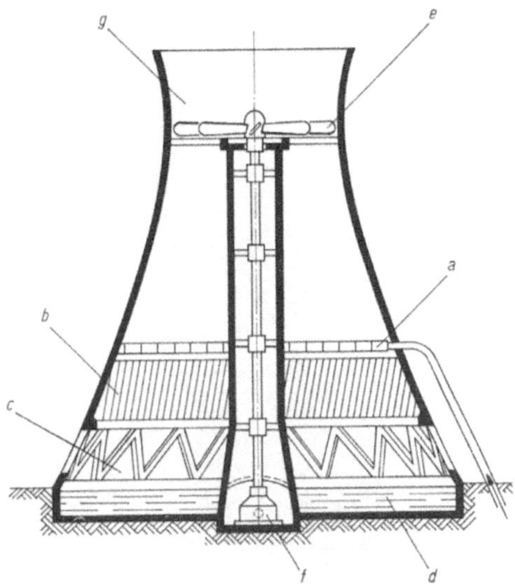

B. hyperbolisch (vorwiegend britische Entwicklung, insbesondere Naturzugkühler)

Abb. 643 A–C. Vorherrschende Bauweisen von Ventilatorkühlern (halbschematische Darstellung)

a Wasser-Verteilungsvorrichtung
b Rieseleinbauten
c Lufteintritt
d Sammelbecken
e Ventilatoren
f Antriebsaggregat
g Ausblaseschlot
h Abschlammung

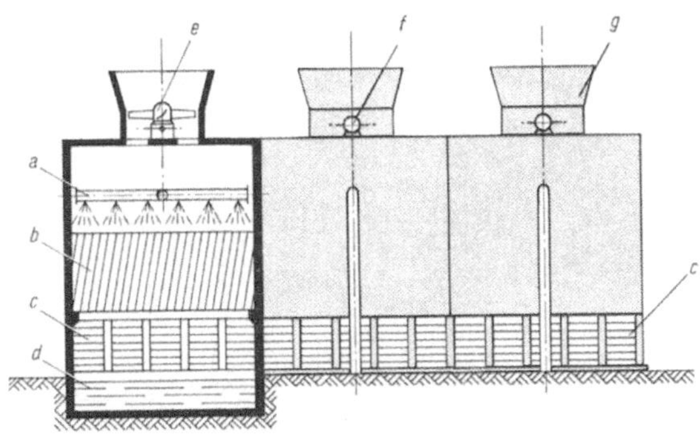

C. Zellenkühler (vorwiegend amerikanische Entwicklung)

Alle Bauarten haben ein aus Beton hergestelltes Sammelbecken, das gleichzeitig als Fundament dient. Es trägt auf einem System von Stützen die Rieseleinbauten und die Mantelkonstruktion. Für die letztere kann man drei Hauptbauweisen unterscheiden: ein aus Stahlprofilen aufgebautes Gerüst mit Verkleidung aus imprägniertem Holz, Asbestzement oder ähnlichen Baustoffen (Abb. 645) oder ein aus Fertigbetonteilen erstelltes Gerüst mit Verkleidung aus gleichem Material, Holz oder Asbestzement oder schließlich den Betonmantel, der meist mit Gleit- oder Kletterschalung in einem Guß erstellt wird (vgl. Abb. 644, 648 u.a.). Die Bauweise mit Fertigbetonteilen wird hauptsächlich für Zellenkühler, aber auch für große Hyperboloidkühler angewandt; letztere werden z.B. in Frankreich erstellt.

Abb. 644. Hyperbolischer Querstrom-Naturzugkühler für 64 000 m^3/h (Werkbild Marley)

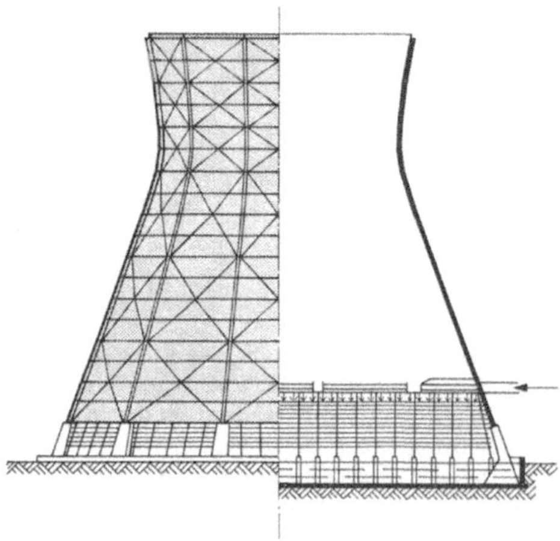

Abb. 645. Hyperbolischer Naturzugkühler mit Gerüst aus Stahlkonstruktion (nach Bischoff)

Die Verteilungsvorrichtung und die Rieseleinbauten stellen den aktiven Teil des Kühlers dar. Das Wasser tritt oberhalb der Rieselflächen in ein z.B. aus offenen Rinnen bestehendes Verteilungssystem ein und wird hierbei auf den gesamten Kühlerquerschnitt gleichmäßig verteilt (Abb. 646). Bei einer der gebräuchlichen Konstruktionen gelangt es

Abb. 646. Wasser-Verteilungsvorrichtung eines Ventilatorkühlers (Werkbild Balcke)

durch Bodenöffnungen der Verteilungsrinnen in ein System von Spritztellern und Riesellatten mit quadratischem oder dreieckigem Querschnitt, wobei die Latten auf einer Kante stehend angeordnet sind. Beim Auftreffen auf die Spritzteller wird das Wasser in feine Tröpfchen verteilt. Die an den Latten sich bildenden Wasserfäden werden durch weitere Lagen von Spritztellern erneut zerstäubt und so fort, bis das Wasser die Unterkante der Rieselfläche erreicht hat. Statt der Rieselteller und Riesellatten verwenden andere Konstruktionen hochkant stehende Bretter, an deren senkrechten Flächen sich dünne Wasserfilme bilden. Diese Bretter werden so eingebaut, daß ein Durchfallen von Wassertropfen ohne mehrfaches Auftreffen auf die Bretter nicht möglich ist. Auch Kombinationen beider Systeme sind möglich. Bei manchen Bauarten von Zellenkühlern wird das Versprühen des Wassers auch dadurch bewirkt, daß es unter Überdruck aus den mit Düsen versehenen Verteilerrohren austritt. Fast jeder Hersteller hat hier nach seinen Erfahrungen eigene Systeme entwickelt. Das Montagebild (Abb. 647) zeigt die Anordnung des Lufteintritts und der Rieselflächen in einem Querstrom-Zellenkühler.

Verteilungsvorrichtungen und Rieselflächen werden entweder aus imprägniertem Holz oder auch aus Asbestzement hergestellt. Im letzteren Falle werden vorwiegend größere, senkrecht angeordnete Platten verwendet. Da die Kühlwirkung an dem sich ausbildenden Wasserfilm geringer als beim Versprühen des Wassers mittels Latten und Spritztellern ist, muß eine wesentlich größere Kühlfläche vorgesehen werden. Die Spritzteller sind aus Porzellan oder Kunststoff mit hoher Oberflächenhärte. Oberhalb der Rieselflächen ist,

Abb. 647. Querstrom-Zellenkühler in der Montage (Werkbild Marley)

Abb. 648. Gruppe von Zellenkühlern mit saugenden Ventilatoren (Werkbild Balcke)

insbesondere bei den gedrängt gebauten Zellenkühlern mit Versprühung des Wassers unter Überdruck, ein Tropfenfang erforderlich, um das Mitreißen von Wassertröpfchen durch den intensiven Luftstrom und damit die Sprühverluste zu verringern.

Abb. 649. Gruppe von Zellenkühlern mit saugenden Ventilatoren (Werkbild Marley)

Fast alle Ventilatorkühler sind äußerlich an dem diffusorartig ausgebildeten Luftaustrittsschacht erkenntlich. Dieser ist insbesondere bei Kühlern geringer Bauhöhe wichtig, um ein erneutes Ansaugen der absinkenden Schwaden (Rezirkulation) zu vermeiden. Die Gefahr der Rezirkulation besteht besonders dann, wenn mehrere Zellenkühler mit saugenden Ventilatoren zu einem geschlossenen Block vereinigt werden und der Wind auf diesen Block frontal auftrifft, so daß sich auf der Rückseite ein Windstau ausbildet, oder wenn der freie Luftzutritt durch ein benachbartes Bauwerk beeinträchtigt wird. Durch den Sog der Ventilatoren wird dann bei zu geringer Höhe des Ausblaseschachtes das Absinken der Schwaden und ihr Wiedereintritt in den Kühler begünstigt. Die Abb. 648 und 649 zeigen je eine Gruppe von Ventilatorkühlern in Zellenbauweise als Beispiel für die richtig bemessene Höhe des Diffusorschachtes. Dem zylindrisch-konischen und hyperbolischen Ventilatorkühler sind der am Boden angeordnete radiale Einstiegtunnel, der auch das Antriebsaggregat des Lüfters aufnehmen kann, und der senkrechte Wellenschacht mit aufgesetzter Plattform für den Ventilator gemeinsam (Abb. 650). Bei der in Abb. 651 gezeigten Bauart

Abb. 650. Modell der Inneneinbauten eines Ventilatorkühlers (Werkbild Balcke)

dient der radiale Tunnel nur dem Zugang zu dem direkt unterhalb des Ventilators angeordneten Antriebsaggregat. Tunnel und Wellenschacht werden neben dem Fundament und dem Stützensystem in jedem Falle aus Beton hergestellt. Der Antrieb der Ventilatoren von Zellenkühlern, sofern jene saugend angeordnet sind, befindet sich auf der Decke des Kühlers (Abb. 652, vgl. auch Abb. 640 C). In die Seitenwände eingesetzte drückende Ventilatoren sind mit dem Antriebsmotor entweder zu einem Aggregat vereinigt oder über ein Untersetzungsglied verbunden (Abb. 653). Hier entfällt ein ausgeprägter Austrittsdiffusor.

Die Ventilatoren, deren Durchmesser bis zu 20 m betragen kann, erhalten profilierte Flügel aus Leichtmetall (Abb. 650), damit ihr Gewicht möglichst gering gehalten wird.

Bei Temperaturen unterhalb des Gefrierpunktes besteht die Gefahr der Eisbildung sowohl an den Lufteintrittsöffnungen als auch an den Ventilatoren, wodurch die Leistung der Kühler vermindert und unter Umständen ihr Betrieb gefährdet wird. Durch Anordnung einer Rohrleitung oberhalb des Lufteintrittes, aus der man Warmwasser durch Öffnungen austreten läßt, kann man im allgemeinen eine Vereisung vermeiden.

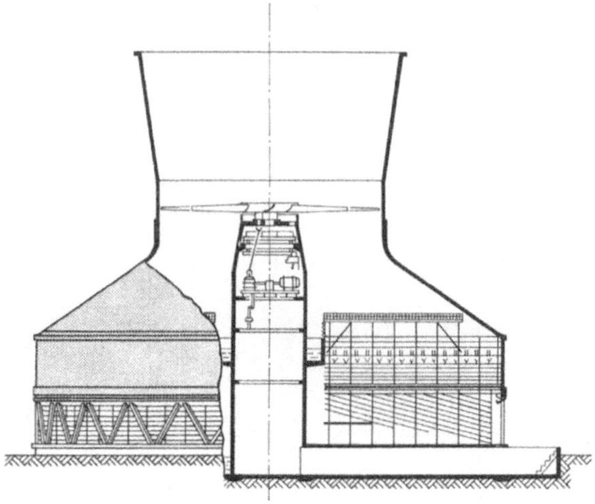

Abb. 651. Querstrom-Ventilatorkühler (nach Bischoff)

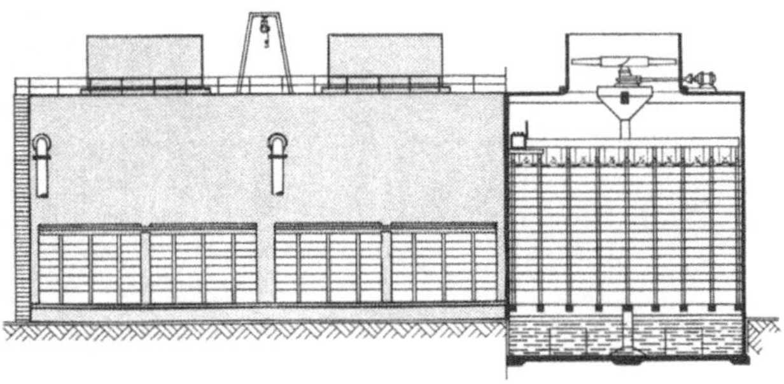

Abb. 652. Zellenkühler mit saugenden Ventilatoren (nach Bischoff)

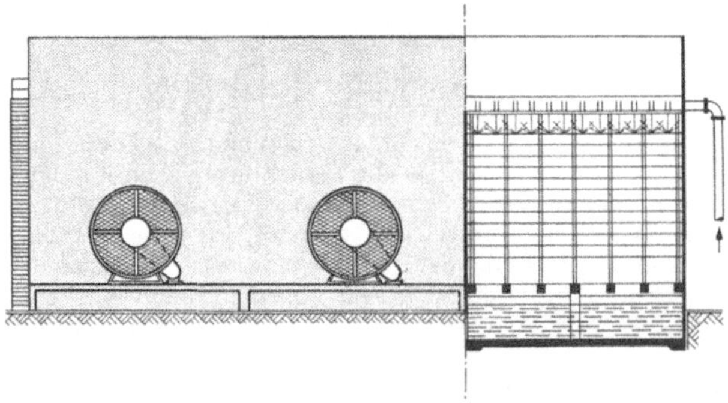

Abb. 653. Zellenkühler mit drückenden Ventilatoren (nach Bischoff)

Die Wasserbecken der Kühltürme müssen innen einen wasserdichten Putz und zweckmäßig auch einen wasserabweisenden Schutzanstrich erhalten. Die Oberfläche muß den Dauerbeanspruchungen durch das Spritzen der Wassertropfen gewachsen sein. Bei Aufstellung der Kühler in Bergschädengebieten muß Vorsorge getroffen werden, daß Rißbildungen im Sammelbecken nach Möglichkeit vermieden oder durch geeignete Isolierung und Behandlung der Innenoberfläche unschädlich gemacht werden.

Bei Aufstellung mehrerer großer Kühler ist wegen der Windbeanspruchung auf ausreichenden Abstand der Kühltürme voneinander zu achten, da bei zu engen Zwischenräumen unkontrollierbare dynamische Beanspruchungen infolge Einengung der Luftströmung entstehen, die unter Umständen den Einsturz von Kühlern verursachen können[1].

Die Ventilatorkühler erhalten meist eine *Leistungsregelung*. Die einfachste Regelungsart, vorwiegend bei den Ventilatoren kleinerer Leistung der Zellenkühler angewandt, ist der polumschaltbare Drehstrommotor, der einen Betrieb mit zwei oder drei Drehzahlen gestattet. Das Zu- und Abschalten der Ventilatoren einzelner Zellen oder Zellengruppen gibt weitere Regelungsmöglichkeiten. Diese Regelungsarten gestatten bei geschickter Handhabung und einer genügend großen Zahl von Zellen eine feinstufige, verlustarme Anpassung der Lüfterleistung an die jeweils erforderliche Kühlerleistung. In letzter Zeit ist eine automatische Regelung entwickelt worden, die sowohl durch Verändern der Lüfterdrehzahl als auch durch Zu- und Abschalten einzelner Lüfter stets das optimale Vakuum bei geringstem Leistungsaufwand aufrechterhält.

Die in Europa vorherrschenden großen Ventilatorkühler erhalten meist Ventilatoren mit stufenloser Drehzahlregelung, entweder durch Schleifringläufer-Motor oder Käfigläufer-Motor mit Schlupfkupplung (siehe Dritter Band, Teil A, Vierter Teil, Abschn. B III b, S. 626ff.). Diese Regelungsarten weisen Schlupfverluste auf, lassen sich aber andererseits automatisch steuern, z. B. von der Warmwassertemperatur. Auch in diesem Falle herrscht im Kondensator stets das optimale Vakuum, so daß die Turbine unabhängig von Leistung und klimatischen Verhältnissen mit demjenigen Abdampfdruck gefahren werden kann, für den sie ausgelegt ist und bei dem sie den besten thermodynamischen Wirkungsgrad hat. Hierin liegt ein Vorteil des Ventilatorkühlers, der seine Mehrkosten gegenüber dem Naturzugkühler aufzuwiegen vermag.

Für die Abnahme von Kühltürmen findet in Deutschland die jeweils neueste Ausgabe der VDI-Kühlturmregeln DIN 1947 Anwendung.

2. Kühlteiche

Die Rückkühlung aus *Kühlteichen* wird anlagetechnisch wie eine Frischwasserkühlung ausgeführt. Zur Bemessung von Kühlteichen bzw. zur Ermittlung der maximalen Rückkühlleistung werden zunächst Wärmebilanzen für den unbeheizten See aufgestellt. Die Summe aus der vorhandenen Speicherwärme des Sees (Masse des Seewassers, multipliziert mit seiner Temperatur) und der zugeführten Wärmemenge, bestehend aus der Sonneneinstrahlung und der Wärme etwaiger zuströmender Wassermengen, muß gleich der abgeführten Wärmemenge sein, die sich aus der Verdunstungs- oder Kondensationswärme, der von der Oberfläche des Sees durch Abstrahlung oder Berührung an die Luft und die Umgebung abgegebenen Wärme und der Wärme etwaiger abströmender Wassermengen zusammensetzt. Die Wärmemengen werden in kcal/h eingesetzt.

Nachträglich, wenn die Wärmebilanzen ausgewogen sind, werden dann noch die Wärmezufuhr und die Wärmeabfuhr durch das Kraftwerk eingerechnet. Aus diesen erweiterten Wärmebilanzen ergeben sich dann die Kühlwassertemperaturen in Abhängigkeit von verschiedenen Parametern, wie Jahreszeiten u. a. Abgekürzte Verfahren beruhen meistens auf bestimmten klimatischen Voraussetzungen und tragen daher und wegen sonstiger Vernachlässigungen im allgemeinen hohe Ungenauigkeiten in sich[2].

Die meisten der aufgeführten Wirkungsgrößen sind durch die Natur gegeben und müssen aus den Klimadaten (langjährige Meßwerte, z. B. für 100 Jahre) ermittelt werden.

[1] Doganoff, J.: Kühlturmeinsturz in England. Bautechnik Bd. 43 (1966), S. 98/99.

[2] Schmidt, K. R.: Nutzenenergie aus Atomkernen, Bd. II, Berlin: de Gruyter 1960, S. 983.

Besondere Schwierigkeiten bereitet dabei die Wärmeschichtung innerhalb des Sees und die ungleichmäßige Verteilung der durch ein Kraftwerk zugeführten Wärme, die sich insbesondere an der Seeoberfläche konzentriert.

Durch eine günstig gewählte Anordnung von Ein- und Auslauf sowie durch geeignete Einbauten innerhalb des Sees lassen sich die Kühlwirkungen beträchtlich verbessern. Maßgeblich ist jedoch immer die Oberflächen-Wärmebelastung, die bei stehenden Gewässern rd. 200 bis maximal 450 kcal/m²h nicht überschreiten sollte. Dies entspricht einer spezifischen Kühlfläche von rd. 2,6 bis 6 m²/kW für moderne Kraftwerksblocks.

3. Sprühdüsen

Steht keine genügend große Wasserfläche zur Verfügung, so intensiviert man bei kleineren Anlagen die Kühlwirkung mittels einer Sprühdüsenanlage. Diese kann man offen oder geschlossen — letztere in der Art eines Kühlturmes ohne Rieselflächen — ausführen. Die geschlossene Anlage hat geringere Versprühungsverluste als die offene. Bei dieser Kühlungsart wird das warme Wasser durch Düsenrohre fein zerstäubt und in einem Sammelbecken aufgefangen. Der Wärmeaustausch findet wie bei einem Kühlturm durch die innige Berührung feinster Wasserteilchen mit der Luft statt. Infolge der kurzen Verweilzeit der Wassertröpfchen im Luftstrom ist die Kühlwirkung nur begrenzt. Sprühdüsenanlagen werden daher nur für kleine Leistungen verwendet, z.B. für den Kondensationsteil von Entnahmeturbinen mit Kraft-Wärme-Kupplung, wo die Verschlechterung des Wärmeverbrauches infolge des verhältnismäßig großen Kühlgrenzabstandes keine große Rolle spielt. Die offene Anlage wird zweckmäßigerweise mit einem Sprühschutz umgeben, um ein Hinaustragen größerer Mengen des versprühten Wassers durch den Wind zu vermeiden. Dieser Sprühschutz kann aus einem den Sammelteich umgebenden Zaun bestehen, an dem das auftreffende Wasser in den Teich hinabrieseln kann.

4. Dampfstrahlkühler

Wenn in Ländern mit hoher Lufttemperatur und -feuchtigkeit die maximal zulässigen Kaltwassertemperaturen für Öl- und Generatorkühler mit einem Kühlturm nicht mehr erreicht werden können, kann man eine Rückkühlung mittels Dampfstrahlern vorsehen. Das Warmwasser wird in diesem Falle in einem geschlossenen Behälter einem der verlangten Kaltwassertemperatur entsprechenden Vakuum ausgesetzt, das mittels Dampfstrahlern erzeugt wird. Die bei der Entspannung auf den Dampfdruck des Kaltwassers verdampfende Teilmenge des Kühlwassers muß ersetzt werden. Das Zusatzwasser wird vor dem Eintritt des Kühlwassers in den Entspannungskühler zugesetzt. Zur Niederschlagung der Entspannungsbrüden und des Treibdampfes der Strahler sind Kondensatoren nötig, die z.B. mittels Turbinenkondensat gekühlt werden können.

E. Mechanische Wasserreinigung

Von Gerd Weydanz

I. Allgemeines

Alles Wasser, das einem natürlichen Gewässer entnommen wird, muß zunächst mechanisch gereinigt werden, einerlei, ob es sich um Kühlwasser handelt, das wieder in das Gewässer zurückgeleitet wird, oder um Zusatzwasser, das im Betrieb verbraucht wird. Die Reinigung, wie sie in diesem Abschnitt behandelt wird, umfaßt nur die Ausscheidung von Fremdkörpern und groben mechanischen Verunreinigungen in dem Ausmaß, daß mechanische Beschädigungen der Pumpen oder Verstopfungen von Rohrleitungen bzw. Rohrsystemen in Kondensatoren oder Kühlern mit Sicherheit vermieden werden. Die Befreiung des Wassers von feinsten mechanischen und organischen Verunreinigungen mittels Filtern ist bereits im Dritten Band, Teil A, Zweiter Teil, Abschn. C, S. 387ff., im Zusammenhang mit der dort behandelten chemischen Wasseraufbereitung erörtert worden, die sich auf sämtliche in Frage kommenden Betriebswässer bezieht. Ergänzend sei hier noch bemerkt, daß Frischwasser, wenn es klar und chemisch nicht angreifend ist, im allgemeinen ohne weitere Vorbehandlung als Werks- und Feuerlöschwasser sowie für sanitäre Zwecke benutzt werden kann. Eine Verwendung von Brunnenwasser als Trinkwasser ist bisweilen möglich, wenn es entkeimt wird und sein Geschmack sowie seine Zusammensetzung dieses zulassen.

II. Die Anlagen

Die mechanische Reinigung des Wassers wird durch *Siebanlagen* bewirkt. Man unterscheidet Siebrechen, als Grob- und Feinrechen ausgeführt, und umlaufende Siebmaschinen. Gewöhnlich werden mehrere Einrichtungen miteinander kombiniert. Zahl und Art der vorzusehenden Siebanlagen hängen vom Verschmutzungsgrad des Wassers ab.

a) Grob- und Feinrechen

Grobrechen mit Spaltweiten von rd. 15 bis 100 mm werden mit leichter Neigung und herausziehbar angeordnet (vgl. Abschn. D, S. 615, Abb. 639). In die Führungsschienen kann man bei herausgezogenem Rechen Dammbalken einsetzen und damit den Kühlwassereinlauf, z.B. zu Reinigungs- oder Überholungsarbeiten, absperren. Große Unterschiede zwischen Hoch- und Niedrigwasser verursachen starke Änderungen des Durchtrittsquerschnittes und der Durchflußwiderstände. Da der Rechen für annähernd konstanten Wasserdurchsatz bestimmt ist, unterteilt man ihn in solchen Fällen zweckmäßig in mehrere übereinanderliegende und gegeneinander versetzte Einzelrechen, von denen jeweils nur derjenige in Funktion ist, der bei dem gerade vorhandenen Wasserstand den verlangten Wasserdurchsatz ermöglicht. Die tiefer gelegenen Sektionen werden dann hochgezogen und die Öffnungen gegebenenfalls verschlossen.

Feinrechen mit Spaltweiten von rd. 2 bis 10 mm unterscheiden sich konstruktiv meist nicht von den Grobrechen; es gibt aber auch Ausführungen mit umlaufenden Sektionen (vgl. Abschn. D, S. 615, Abb. 638). Unter Umständen werden auch noch Mittelrechen mit Spaltweiten von rd. 10 bis 25 mm eingebaut.

Die Siebrechen werden im allgemeinen aus Stahlprofilen zusammengesetzt. Die Siebstäbe erhalten Spezialprofile, um den Durchflußwiderstand und damit den Gefälleverlust gering zu halten. Die Reinigung der Rechen erfolgt von Hand oder mechanisch durch eingebaute, hin- und hergehende oder umlaufende Bürsten; die Reinigung der Bürsten geschieht mittels Druckwasser, das den Belag in eine Spülrinne befördert. Bei Frostgefahr ist eine Beheizung der oberen Rechenpartie erforderlich, um ein Festfrieren der Reinigungsbürsten zu verhindern, wenn sie aus dem Wasser in die kältere Luft eintreten. Durch Einkapselung des Rechenkopfes mit der Heizvorrichtung wird der Heizeffekt verbessert. Das Wasser selbst wird durch Einleitung eines Teilstromes des Kühlwasser-Rücklaufes vor die Rechenanlage vor dem Einfrieren bewahrt.

b) Siebmaschinen

Die Siebmaschinen dienen der Ausscheidung von Fremdkörpern feinerer Struktur. Sie bestehen aus bandförmig aneinandergereihten oder in eine Trommel eingesetzten umlaufenden Siebfeldern mit Maschenquerschnitten zwischen etwa 0,3 und 1 mm^2. Das Siebgewebe wird vorzugsweise aus Phosphorbronzedrähten oder aus Kunstfaser hergestellt. Die Siebflächen sind eben oder zur Vergrößerung der Oberfläche gewölbt. Das Wasser tritt, wie aus Abb. 654 ersichtlich ist, an der Stirnseite in den Innenraum der Maschine ein und seitlich durch die Siebe aus. Die auf der Innenseite der Siebe sich ablagernden Verunreinigungen werden beim Passieren des Scheitelpunktes in eine Fangrinne abgespritzt und nach der Seite herausgespült. Für das Abspritzen ist ein Wasserdruck von 3 bis 5 atü erforderlich. Meist wird eine gesonderte Abspritzpumpe aufgestellt, die auch die Abspritzvorrichtung der Reinigungsbürsten an den Rechen versorgt.

Die *Siebbandmaschine* besteht aus einer Vielzahl von Siebfeldern, die zu einer endlosen Kette beweglich miteinander verbunden sind. Die Kette wird am Umfang durch in Vieleckform ausgebildete Räder getragen und angetrieben (vgl. Erster Band, S. 1043).

In der *Siebtrommelmaschine*, die nur für beschränkte Eintauchtiefen und geringe Wasserspiegelschwankungen geeignet ist, sind die Siebfelder auf dem Umfang einer Trommelkonstruktion mit waagerechter Achse fest eingebaut. Die Außenringe der Trommel werden in ihrem oberen Teil von Laufrollen getragen. Einer dieser Außenringe wird angetrieben. Bei beiden Ausführungsarten werden die Siebkonstruktionen an den Stirnseiten in U-Profilen geführt, die in der Wand angeordnet sind, und gegen die Wand mittels Gummi oder ähnlicher Stoffe abgedichtet.

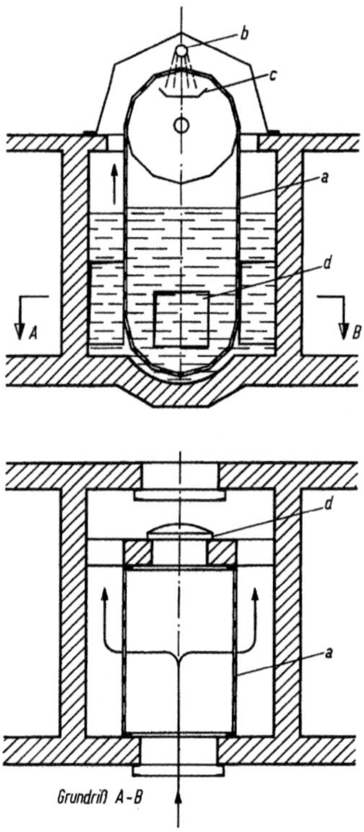

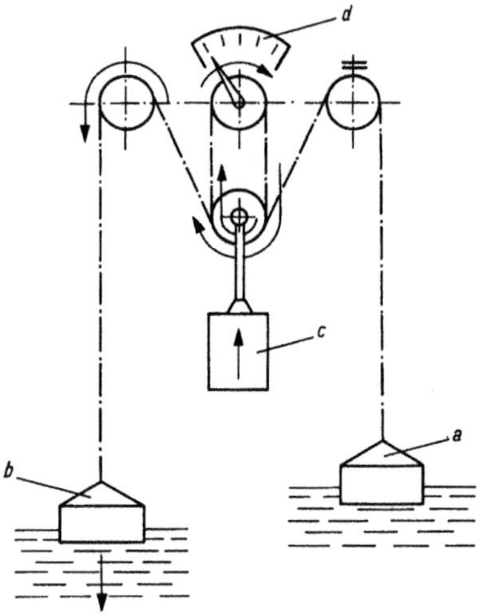

Abb. 655. Schema der Spiegeldifferenz-Schwimmerschaltung (DBP Passavant)
a Schwimmer vor dem Sieb
b Schwimmer hinter dem Sieb
c Gegengewicht
d Anzeige- und Schaltvorrichtung

Abb. 654. Arbeitsprinzip der Siebmaschine
a umlaufendes Sieb
b Abspritz-Düsenrohr
c Schlammfangrinne
d Notauslaß mit Sicherheits-Überdruckklappe

c) Überwachung und Regelung

Die Verengung des Durchtrittsquerschnittes im Rechen oder Sieb bewirkt, daß der Wasserspiegel hinter der Einrichtung etwas niedriger als vor dieser ist. Dieser Stau wird um so größer, je stärker die Belegung durch Verunreinigung ist. Die *Stauhöhe* wird daher überwacht und kann auch in die Kraftwerkswarte signalisiert werden. In der in Abb. 655 dargestellten Vorrichtung ist die obere der in der Mitte angeordneten Seilrollen mit einer Anzeigevorrichtung und einem Schalter verbunden. Ändern sich beide Wasserspiegel gleichzeitig bei unverändertem Stau, so hebt oder senkt sich nur das Gegengewicht; die mittlere der oberen Rollen führt indessen keine Bewegung aus. Vergrößert sich hingegen der Stau, so werden die durch Pfeile angegebenen Bewegungen ausgeführt, wodurch auch die obere in der Mitte liegende Rolle eine Drehbewegung ausführt. Bei Erreichen eines einstellbaren Wertes für den Stau schließt der Schalter einen Stromkreis, durch den die Siebmaschine oder auch der Antrieb umlaufender Reinigungsbürsten an Siebrechen selbsttätig in Betrieb gesetzt und bei Rückgang des Staus wieder abgeschaltet werden kann. Abgesehen von der Ersparnis der Antriebsenergie gegenüber einem im allgemeinen nicht notwendigen kontinuierlichen Betrieb kann hierdurch auf eine ständige Überwachung der meist abseits gelegenen Siebanlage verzichtet werden.

Bei stark wechselndem Schmutzgehalt des Wassers kann für den Antrieb auch ein polumschaltbarer Motor vorgesehen werden, so daß die Maschine mit zwei verschiedenen Geschwindigkeiten laufen kann. Die Umschaltung erfolgt von Hand; es ist aber auch eine selbsttätige Umschaltung, etwa mittels eines zweiten Schalters an der Spiegeldifferenz-Schalteinrichtung, denkbar.

d) Schutz- und Sicherheitseinrichtungen

Überschreitet der Stau der Siebmaschine infolge unvorhergesehener Vorkommnisse den höchstzulässigen Wert, so läßt eine *Sicherheits-Überdruckklappe* das Wasser aus dem Innenraum der Maschine direkt in den Reinwasserraum eintreten. Diese Klappe wird normalerweise durch ein an einem Hebelarm befestigtes Gegengewicht geschlossen gehalten (s. auch Abschn. D, S. 615, Abb. 638 und 639). Bei Überschreiten der zulässigen Spiegeldifferenz überwindet der höhere Wasserdruck auf der Innenseite die Schließkraft des Gegengewichtes und öffnet die Klappe.

Ist das zu reinigende Wasser aggressiv, so kann man die Korrosionsgefahr an den Stahlprofilen der Rechen und Siebmaschinen durch Einbau von *Anoden* aus Magnesium, Zink oder anderen geeigneten Metallen vermeiden. Diese Anode taucht in das Wasser ein und wird mit dem Pluspol einer Gleichstromquelle verbunden, während das zu schützende Material als *Kathode* an den Minuspol gelegt wird. Es bildet sich so ein galvanisches Element, bei dem das gegenüber Eisen unedlere Metall der Anode in Lösung geht und zur Kathode wandert. Hierdurch wird das Eisen vor Korrosion geschützt. Wie bereits bekannt, können wassergekühlte Oberflächenkondensatoren in gleicher Weise geschützt werden (vgl. Fünfter Teil, Abschn. B II k, S. 197).

Zehnter Teil

Hilfseinrichtungen

A. Anlagen zur chemischen Betriebsüberwachung

Von Hans-Günter Heitmann

I. Überwachung des Wasser-Dampf-Kreislaufes

a) Kontrollgeräte

Für die anzeigende und registrierende Überwachung des Wasser-Dampf-Kreislaufes dienen in erster Linie Leitfähigkeitsmeßgeräte. Diese bestehen aus einem Geber, einem Meßzusatz und einem Anzeigegerät oder Schreiber. Die Geber können bei kaltem Meßgut direkt in die Rohrleitung eingebaut werden. Bei höheren Temperaturen (etwa ab 90 °C) muß dem Geber eine Kühleinrichtung vorgeschaltet werden. Bei Wässern, die dampfflüchtige Alkalisierungsmittel enthalten, wird durch diese Chemikalien ein nicht vorhandener Salzgehalt vorgetäuscht. In diesem Falle ist es notwendig, dem Leitfähigkeitsgeber zur Eliminierung der Alkalisierungsmittel ein Kationenfilter vorzuschalten. Gleichzeitig werden dabei alle im Wasser vorhandenen Salze in die entsprechenden Säuren überführt. Da diese gegenüber den ursprünglichen Salzen eine höhere Leitfähigkeit aufweisen, wird die Empfindlichkeit der Messung wesentlich erhöht. Alkalien werden dabei allerdings der Messung entzogen, da z.B. aus NaOH Wasser entsteht. Gebundene Kohlensäure wird ebenfalls in Freiheit gesetzt und trägt zur Leitfähigkeitserhöhung bei. Gegebenenfalls muß dem Geber noch eine Entgasungseinrichtung vorgeschaltet werden.

Der Aufbau einer kompletten Probenahmeeinrichtung ist aus den Abb. 656 und 657 zu ersehen. Das Meßgut tritt unter vollem Betriebsdruck von oben in den Probenahmekühler ein und wird nach Kühlung, die durch ein Thermometer kontrolliert werden kann, über ein Feinregulierventil auf Atmosphärendruck entspannt. Der Hauptstrom des gekühlten Meßgutes geht über ein Absperrventil von oben in die Kationenaustauschsäule und von dort durch die Leitfähigkeitsmeßzelle ins Freie. Ein Teilstrom kann über ein weiteres Absperrventil zur chemischen Untersuchung direkt entnommen werden. Die Kationenfilter werden zweckmäßigerweise aus Plexiglas hergestellt. Sie werden mit einem stark sauren Kationenaustauscher gefüllt, der mit einem Farbindikator versehen werden kann, um eine Erschöpfung des Austauschers auf optischem Wege zu ermöglichen. Wichtig ist eine ausreichende Länge der Austauschersäule von mindestens 250 mm. Das Filter wird durch einen Bügel zusammengehalten und kann durch Lösen dieses Bügels leicht zur Regeneration im Laboratorium abgenommen werden. Eine Regeneration mit Säure ist bei kontinuierlicher Messung normalerweise alle 2 bis 4 Wochen erforderlich.

Die Leitfähigkeitsmessung ist bei möglichst gleichbleibender Temperatur durchzuführen, da die Leitfähigkeit stark temperaturabhängig ist. Geringe Temperaturunterschiede werden durch eine Temperaturkompensation ausgeglichen. Der Geber wird durch ein abgeschirmtes Kabel über den Meßzusatz mit dem Anzeigegerät oder Schreiber verbunden. Das Anzeigegerät kann mit einem Maximalkontakt zur optischen und akustischen

Signalgebung versehen werden. Normale Farbenschreiber können bis zu sechs, elektronische Kompensographen bis zu zwölf Meßstellen aufnehmen.

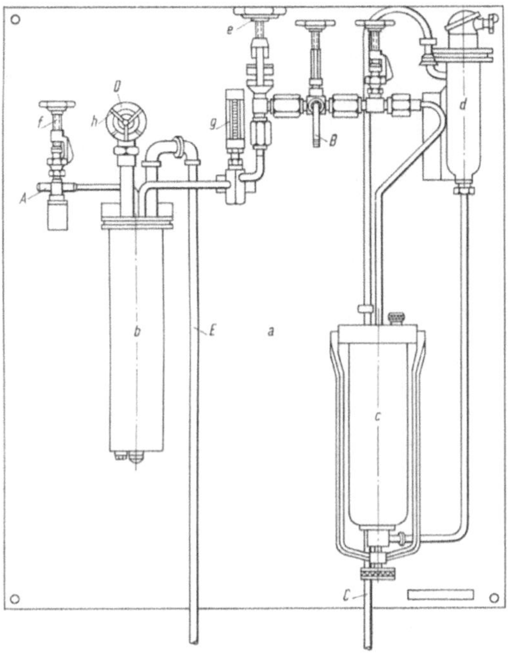

Abb. 656. Aufbau einer Probenahmeeinrichtung mit Kationenfilter und Leitfähigkeitsgeber (Bauart Dr. Thiedig & Co.)

a Aufbautafel
b Probenahmekühler
c Kationenaustauschfilter
d Leitfähigkeitsgeber
e Nadelventil
f Absperrventil
g Meßgutthermometer
h Muffenabsperrventil

A Meßguteintritt
B direkte Probenahme
C Meßgutaustritt
D Kühlwassereintritt
E Kühlwasseraustritt

Die Messung und Registrierung der elektrischen Leitfähigkeit zur kontinuierlichen Überwachung des Kreislaufes ist bei Anlagen mit Bensonkesseln an folgenden Stellen zweckmäßig:

1. Speisewasser,
2. Heißdampf,
3. Turbinenkondensat,
4. Zusatzspeisewasser.

Zur Überwachung des Anfahrvorganges ist am Ablauf des Anfahrentspanners eine weitere Leitfähigkeitsmeßeinrichtung mit Anzeigegerät vorzusehen. Bei Sulzerkesseln ist außerdem am Ablauf und gegebenenfalls am Dampfaustritt der Sulzerflasche eine registrierende Meßeinrichtung einzubauen. Bei Trommelkesseln kann noch die Leitfähigkeitsmessung des Kesselwassers und des Sattdampfes von Bedeutung sein. Wird das Zusatzspeisewasser über Verdampfer erzeugt, so muß auch der Salzgehalt des Verdampferdestillats und der Verdampferlauge durch Leitfähigkeitsmessung überwacht werden. Darüber hinaus sind inner-

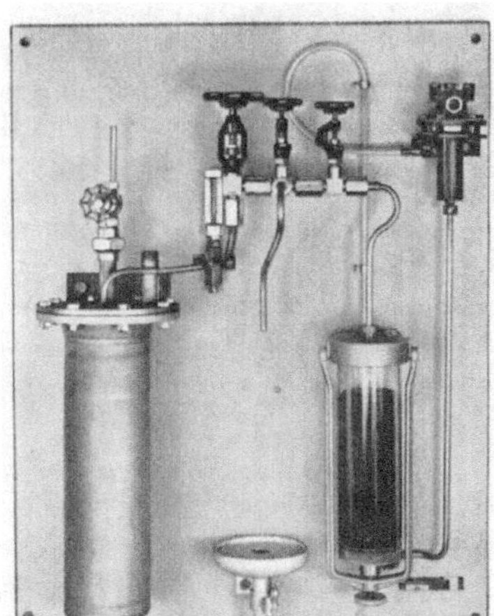

Abb. 657. Ansicht einer Probenahmeeinrichtung mit Kationenaustauschfilter und Leitfähigkeitsgeber (Bauart Dr. Thiedig & Co.)

halb des Wasser-Dampf-Kreislaufes alle Stellen mit Leitfähigkeitsmeßeinrichtung auszurüsten, an denen durch äußere Einflüsse eine Erhöhung des Salzgehaltes vorkommen kann.

Eine weitere Möglichkeit der automatischen Überwachung bietet die pH-Wertmessung. Diese wird normalerweise nur vom Kesselspeisewasser und vom Kesselwasser durchgeführt. Bei Vorhandensein einer Kondensatentsalzung ist darüber hinaus die pH-Wertmessung in der Kondensatdruckleitung zweckmäßig, um die pH-Werteinstellung durch flüchtige Alkalisierungsmittel überwachen und gegebenenfalls regeln zu können. Zur Abkühlung des Meßgutes auf rd. 20 °C kann die Entnahmeeinrichtung mit der für die Leitfähigkeitsmessung kombiniert werden. Als Geber dienen bei salzarmen Wässern ausschließlich Glaselektroden, für Wässer höheren Salzgehaltes sind auch die weniger empfindlichen Antimonelektroden geeignet. Glaselektrodenketten benötigen einen Verstärker, z. B. einen gegengekoppelten Modulationsverstärker. Für die Anzeige und Registrierung werden normale Anzeigegeräte, mitunter mit Maximal- oder Minimalkontakt, und Farbenschreiber verwendet.

Zur kontinuierlichen Überwachung des Sauerstoffgehaltes im Kesselspeisewasser und im Turbinenkondensat sind verschiedene Sauerstoffmeßgeräte entwickelt worden. Bei den in Deutschland üblichen Geräten wird an einer Meßelektrode (Kathode) ein Potential aufrechterhalten, das im Diffusionsgrenzstrom der Stromspannungskurve liegt. Im Wasser vorhandener Sauerstoff erzeugt in diesem Grenzstromgebiet einen Depolarisationsstrom, der bei ausreichender Leitfähigkeit des Wassers ($> 2\ \mu S/cm$) direkt proportional dem Sauerstoffgehalt ist. Die Depolarisation kommt dadurch zustande, daß sich auf der Kathode eine monomolekulare Wasserstoffschicht ausbildet, die durch den Sauerstoff im Meßgut laufend entfernt wird.

Eine andere überwiegend im Ausland übliche Sauerstoffmessung beruht auf den Reaktionen

$$2\,NO + O_2 \rightarrow 2\,NO_2\,,$$
$$2\,NO_2 + H_2O \rightarrow HNO_2 + HNO_3\,.$$

Der im Meßgut gelöste Sauerstoff reagiert mit Stickoxid und Wasser zu salpetriger Säure und Salpetersäure. Dadurch erfolgt eine Erhöhung der elektrischen Leitfähigkeit, die dem Sauerstoffgehalt des Meßgutes direkt proportional ist. Die Leitfähigkeitserhöhung kann gemessen und registriert werden. Stickoxid selbst reagiert nicht mit Wasser. Die Reaktion ist für Sauerstoff spezifisch. Mit diesem Gerät sind nach Angabe des Lieferwerks (Cambridge, London) noch reproduzierbare Sauerstoffmessungen bis zu 1 $\mu g/l$ durchführbar. Weitere Meßmethoden beruhen auf der Verwendung von Trägergasen, z. B. Wasserstoff, Helium, Propan u. a., wobei der im Wasser gelöste Sauerstoff ausgetrieben und die Sauerstoffaufnahme des Trägergases auf physikalischem Wege, z. B. durch Wärmeleitfähigkeitsänderung des Trägergases, gemessen wird.

In neuerer Zeit ist einerseits von Beckman, andererseits von Siemens ein O_2-Meßgerät entwickelt worden, das auf der Reaktion von Thallium mit Wasser bei Gegenwart von Sauerstoff beruht:

$$4\,Tl + 2\,H_2O + O_2 \rightarrow 4\,Tl^+ + 4\,OH^-\,.$$

Das entstehende Thalliumhydroxid ist praktisch vollständig dissoziiert. Die dadurch bedingte Leitfähigkeitserhöhung ist der Thalliumhydroxid- und damit der Sauerstoffkonzentration direkt proportional.

Beim Beckman-Gerät[1], dessen schematischer Aufbau in Abb. 658 wiedergegeben ist, wird ein Teilstrom des Meßgutes durch eine mit Thalliumkörnern gefüllte Reaktionszelle einer Leitfähigkeitsmeßzelle zugeführt. Der andere Teilstrom geht direkt durch eine zweite Leitfähigkeitsmeßzelle. Der Sauerstoffgehalt ergibt sich aus der Differenzleitfähigkeit der

[1] Bohnsack, G.: Über ein neues Sauerstoffmeßgerät, VGB-Speisewassertagung 1964, S. 38/44.

beiden Teilströme. Letztere müssen von Hand eingestellt und von Zeit zu Zeit nachreguliert werden, da sich der Druckverlust in der Thalliumzelle infolge Thalliumverbrauchs ändert.

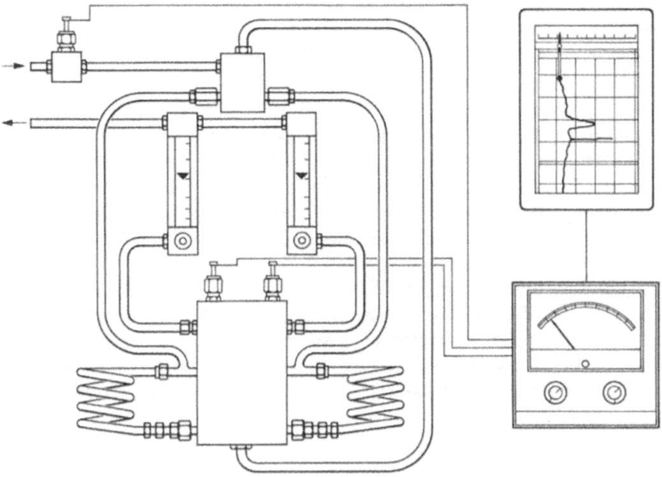

Abb. 658. Schematischer Aufbau des Sauerstoffregistriergerätes (Bauart Beckman)

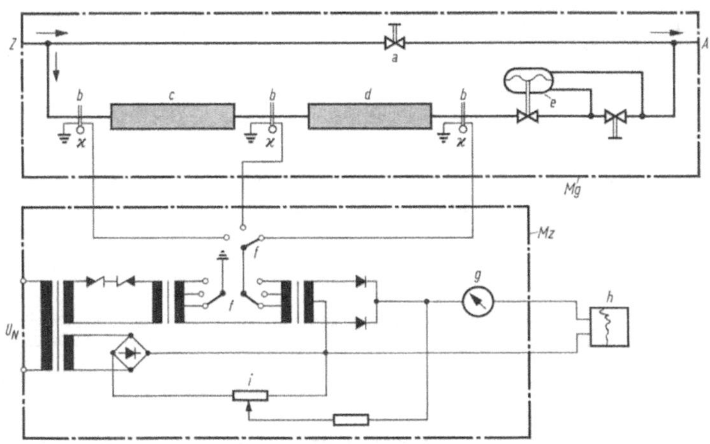

Abb. 659. Prinzipschaltbild des Sauerstoffregistriergerätes (Bauart Siemens)

a Bypaß
b Leitfähigkeitselektroden
c Ionenaustauscher
d Thalliumpatrone
e Durchflußregler
f Bereichsumschalter
g Anzeiger
h Schreiber
i Nullpunkteinsteller
Z Zulauf
A Ablauf
U_N Netzspannung
Mg Meßgeber
Mz Meßzusatz

Bei dem von Siemens entwickelten O_2-Meßgerät[1], dessen Prinzipschaltbild in Abb. 659 dargestellt ist, wird dagegen das ganze Meßgut über eine Thalliumpatrone geführt, nachdem eventuelle Salzspuren oder Alkalisierungsmittel vor der Reaktionszelle durch eine mit Ionenaustauscher gefüllte Mischbettzelle beseitigt worden sind. Dadurch ist die ge-

[1] Lück, W.: Praktische Erfahrungen mit Thallium-Sauerstoffmeßeinrichtungen bei verschiedenen Betriebsbedingungen, VGB-Speisewassertagung 1967, S. 58/64.

messene Leitfähigkeitserhöhung dem Sauerstoffgehalt des Meßgutes direkt proportional. Ein Durchflußregler sorgt dabei für konstanten Durchfluß. Die in einem abziehbaren Metalldruckschutzmantel untergebrachten Ionenaustauscher- und Thalliumpatronen aus Kunststoff werden bei Erschöpfung durch neue ersetzt.

Von besonderem Wert ist die Erfassung des Wasserstoffgehaltes im Kreislauf, insbesondere im Heißdampf bzw. nach einzelnen Abschnitten des Kessels. Bei der Reaktion des Eisens mit dem Wasser bzw. Wasserdampf

$$3\,Fe + 4\,H_2O \rightarrow Fe_3O_4 + 4\,H_2$$

entsteht Wasserstoff. Die bei einem neuen Kessel auftretende Wasserstoffentwicklung nimmt mit der Bildung einer Schutzschicht laufend ab und geht auf einen minimalen Restwert zurück. Treten während des Betriebes wieder höhere Wasserstoffmengen auf, muß eine Zerstörung der Schutzschicht vorausgegangen sein, so daß die obige Reaktion ihren Fortgang nimmt. Wasserstoffmessungen gestatten daher eine zusätzliche Kontrolle des Betriebsverhaltens von Kesselanlagen[1].

Die chemische Bestimmung des im Wasser gelösten Wasserstoffs ist mit großen Schwierigkeiten verbunden. Auf Grund der hohen Wasserlöslichkeit ist auch die gasvolumetrische Bestimmung schwierig und zeitraubend. Demgegenüber ist die gaschromatographische Messung[2] des Wasserstoffgehaltes wesentlich einfacher und vorteilhafter. Der in der abgekühlten Probe enthaltene Wasserstoff wird in einer Glasapparatur gemäß Abb. 660

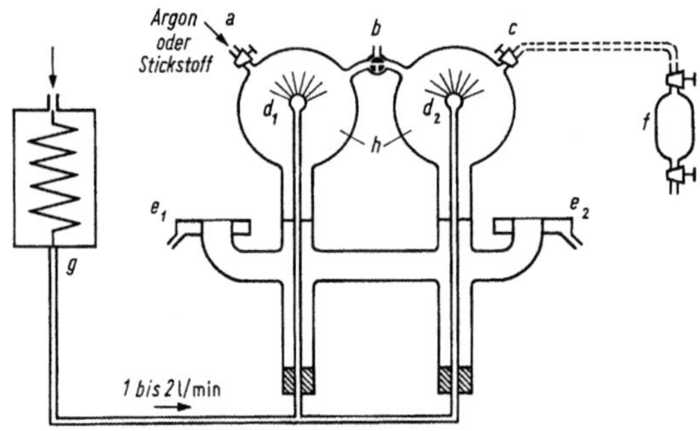

Abb. 660. Apparatur zum Auswaschen von Wasserstoff aus Wasserproben

a Gaseintritt
b Dreiwegehahn
c Gasaustritt
d Sprühraum
e Probeablauf
f Gasprobenbehälter
g Kühler
h Gaswaschgefäße

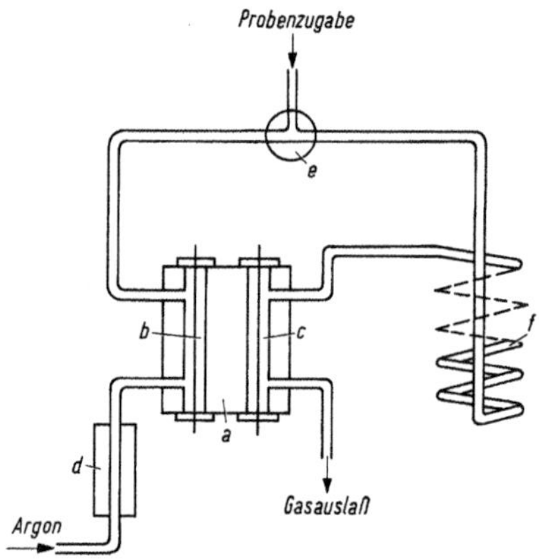

Abb. 661. Fließbild eines Gaschromatographen (Bauart Beckman)

a Wärmeleitfähigkeitsmeßkammer
b Vergleichszelle
c Meßzelle
d Strömungsmesser
e Hahn
f Trennzelle

durch ein Trägergas, z.B. Argon, kontinuierlich ausgewaschen. Das sich gemäß dem HENRYschen Gesetz über die Löslichkeit von Gasen in Flüssigkeiten einstellende Gleichgewicht zwischen dem Wasserstoffgehalt in der Wasserprobe und im Trägergas ist nach 1 bis 2 Stunden erreicht. Danach kann etwa alle 15 Minuten eine Wasserstoffmessung durchgeführt werden. Das Fließbild des transportablen Gaschromatographen ist in Abb. 661 wiedergegeben. Das Trägergas durchläuft eine Wärmeleitfähigkeitsmeßzelle, die als Bezugsquelle dient. Über ein Probeeinlaßventil tritt alle 15 Minuten eine Probe des zu untersuchenden Gasgemisches in den Chromatographen ein und wird vom Trägergas durch

[1] SIEHT, J., u. H. G. HEITMANN: Durchführung von Wasserstoffmessungen zur Klärung des Betriebsverhaltens von Dampfkesseln. Mitt. Ver. Großkesselbes. 1965, Heft 94, S. 21/26.

[2] BERGER, A., J. PIROTTE u. L. BORYN: Kontrolle einer Hochdruckkesselanlage durch Wasserstoffbestimmung. Bulletin trimestriel du Cebedeau 1957, Nr. 37, S. 140/156.

eine Adsorptionskolonne geführt. Dabei erfolgt eine Trennung in die einzelnen Gaskomponenten, die dann die zweite Leitfähigkeitsmeßzelle passieren. Aus der Differenz der Wärmeleitfähigkeiten von Meßgut und Bezugsgas ergibt sich die Menge der einzelnen Gase.

Die Meßwerte werden durch einen elektronischen Linienkompensographen mit einem Meßbereich von 1 mV registriert. Ein damit aufgenommenes Chromatogramm zeigt Abb. 662. Der Wasserstoffgehalt ergibt sich aus der durch die Spitzen begrenzten Fläche.

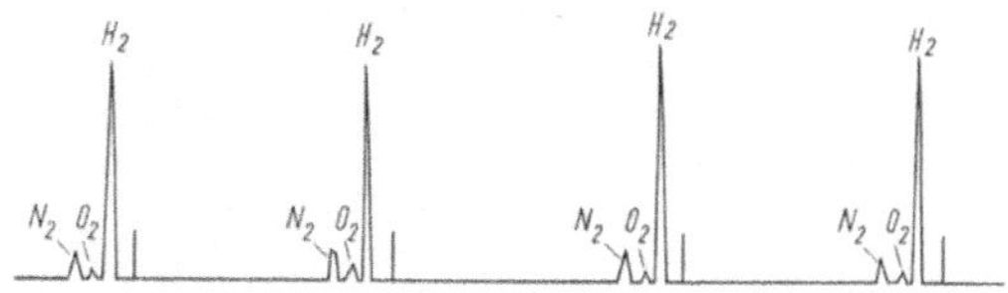

Abb. 662. Chromatogramm einer Wasserstoffmessung im Heißdampf. Trägergas: Argon

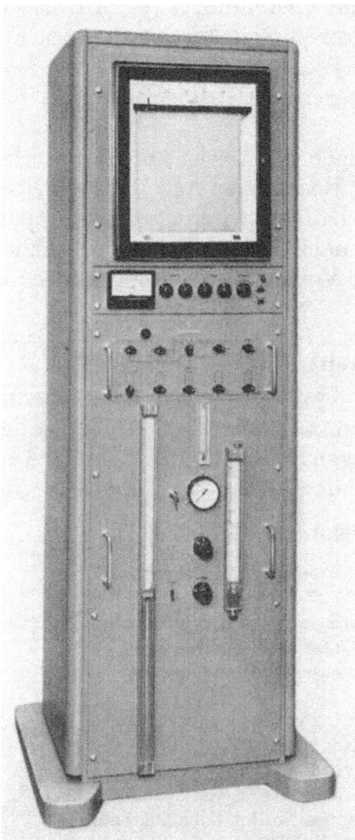

Abb. 663. Universalchromatograph (Werkbild Siemens)

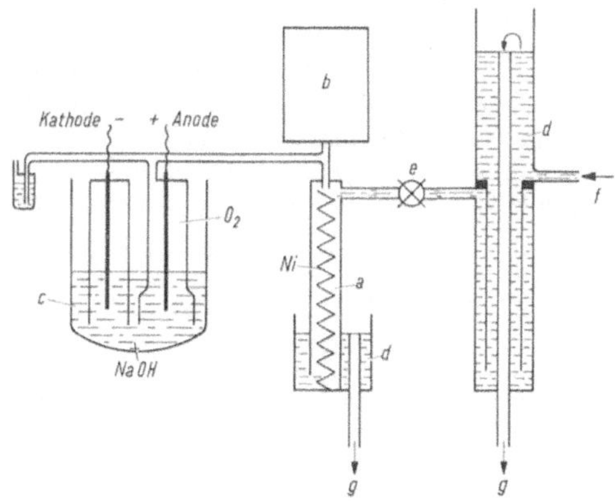

Abb. 664. Schematische Darstellung der Wasserstoffmeßapparatur (Bauart Cambridge)

a Kontaktturm mit Ni-Spirale
b Wärmeleitfähigkeitsmeßzelle
c Elektrolysezelle
d Wasserkonstanthalter
e Absperrhahn
f Probenzulauf
g Probenablauf

Vor Einsatz des Gerätes muß eine Eichung mit bekannten Wasserstoffmengen durchgeführt werden. Die Ventilbetätigung zur Zuführung der Gasprobe wird von Hand vorgenommen. Bei einem festeingebauten Betriebschromatographen (Abb. 663) erfolgt die gesamte Messung und Auswertung vollautomatisch. Dieser Chromatograph ist auch zur Analyse anderer Gasgemische, z. B. von Rauchgasen oder von Gasgemischen in Kernkraftwerken, geeignet.

Für kontinuierliche Wasserstoffmessungen eignet sich das von der englischen Firma Cambridge hergestellte Meßgerät (Abb. 664). Dieses arbeitet nach dem gleichen Prinzip der Messung der Wärmeleitfähigkeit. Es hat die Vorteile, daß es kontinuierlich arbeitet, nicht ständig überwacht zu werden braucht und eine kurze Ansprechzeit besitzt. Als Vergleichsgas für die Wärmeleitfähigkeitsmessung dient Sauerstoff, der elektrolytisch in der Zelle *c* erzeugt wird. Mit ihm wird der Nullpunkt des Gerätes bei abgestelltem Wasserfluß eingestellt. Das Wasserstoff enthaltende Wasser fließt bei *f* in einen mit einem Überlauf versehenen Zylinder, so daß ein gleichmäßiger Wasserstrom durch die Apparatur gewährleistet ist. Die Gleichgewichtseinstellung zwischen Wasserstoff und Wasser wird mit Hilfe einer Nickelspirale im Kontaktturm *a* beschleunigt. Von dort fließt das Probegut über einen kleinen, mit Überlauf ausgestatteten Behälter *d* ab. Der ausgetriebene Wasserstoff strömt in die Wärmeleitfähigkeitsmeßzelle *b* und wird gegen Sauerstoff als Vergleichsgas gemessen. Auf einem Anzeigegerät lassen sich die Wasserstoffgehalte ablesen und können auf einen Schreiber übertragen werden. Es besteht die Möglichkeit, das Gerät mit Meßbereichen von 0 bis 20 und von 0 bis 200 μg H_2/kg Dampf ausstatten zu lassen.

Auf Grund der verhältnismäßig schnellen Gleichgewichtseinstellung ist es mit diesem Gerät möglich, verschiedene Probenahmestellen in relativ kurzer Zeit durchzumessen. Für die Registrierung anderer nicht direkt auf elektrischem Wege erfaßbarer Werte, z.B. Kieselsäure, Eisen, P_2O_5-Gehalt u. a., lassen sich auch die bereits im Dritten Band, Teil A, S. 405, näher beschriebenen Geräte verwenden.

Von der Firma Technicon (USA) ist für diese Messungen ein Gerät im Handel, bei dem die für eine kolorimetrische Messung erforderlichen Reagenzien mit Hilfe kleiner Pumpen dem Meßgerät kontinuierlich zugegeben werden. Durch Zwischenschaltung entsprechender Verlängerungsglieder gelangt das Meßgut erst nach Ablauf der erforderlichen Reaktionszeit in den Strahlungsgang der Photozellen. Der Vorteil dieses Gerätes liegt in der kontinuierlichen Messung und Registrierung.

b) Chemische Betriebsüberwachung

Für die Entnahme von Wasserproben ist innerhalb des Kraftwerkes eine ausreichende Anzahl von Probenahmestellen vorzusehen. An allen Stellen, an denen eine Änderung der Wasserzusammensetzung auftreten kann, müssen den jeweiligen Druck- und Temperaturverhältnissen entsprechende Probenahmeeinrichtungen eingebaut werden. Die Tabelle 29 gibt

Tabelle 29. *Probenahmestellen eines Blockkraftwerkes*

Blockkraftwerk mit Durchlaufkessel	Blockkraftwerk mit Umlaufkessel
Zusatzspeisewasser vor Blockeinführung	Zusatzspeisewasser vor Blockeinführung
Kesselspeisewasser nach Entgasung	Kesselspeisewasser nach Entgasung
Kesselspeisewasser vor Kesseleintritt	Kesselspeisewasser vor Kesseleintritt
Kesselspeisewasser hinter Restverdampfer bzw. Absalzflasche	Kesselwasser
Frischdampf vor Turbine	Sattdampf, Trommelaustritt
Zwischenüberhitzerdampf vor Turbine	Frischdampf vor Turbine
Turbinenkondensat hinter Kondensatpumpe	Zwischenüberhitzerdampf vor Turbine
Anfahrentspanner, Ablauf	Turbinenkondensat hinter Kondensatpumpe
Nebenkondensatbehälter	Nebenkondensatbehälter

eine Übersicht über die unbedingt notwendigen Probenahmestellen. Je nach Zweck der Meßstelle sind dabei die in den Abb. 665 bis 667 wiedergegebenen Schaltungen gebräuchlich.

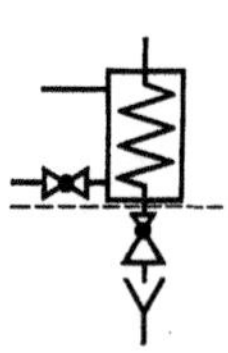

Abb. 665. Probenahme für Laborproben

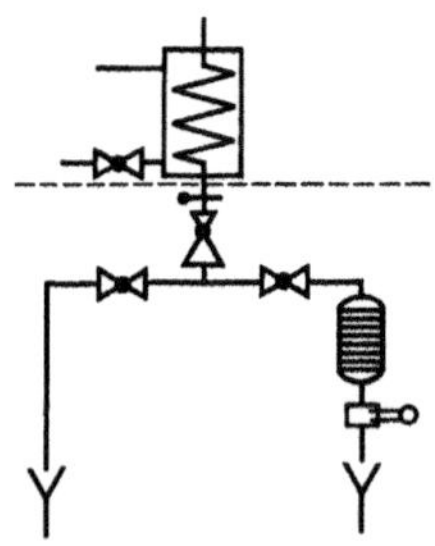

Abb. 666. Probenahme für Laborproben mit kontinuierlicher Leitfähigkeitsmessung nach Kationenfilter

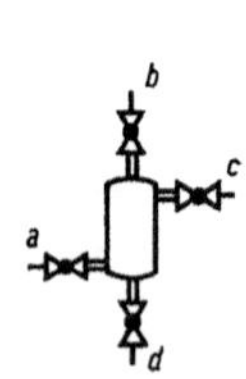

Abb. 667. Diskontinuierliche Probenahme im Vakuum
a Eingangsventil *c* Belüftungsventil
b Ausgangsventil *d* Entnahmeventil

Um die Ursache von Schäden bzw. Störungen klären zu können, ist es vorteilhaft, darüber hinaus an folgenden Stellen weitere Probenahmeeinrichtungen vorzusehen:

a) am Kessel zwischen den einzelnen Rohrpaketen und nach Einspritzungen,
b) an den Entnahmestufen der Turbine,
c) an den Vorwärmern nach Kondensation des Heizdampfes,
d) Turbinenkondensat vor Kondensatpumpe (bei unterteilten Kondensatoren).

Dabei können jeweils mehrere Entnahmestellen auf einer gemeinsamen von Hand umschaltbaren Kühleinrichtung zusammengefaßt werden.

Bei Gegendruckkraftwerken sind ferner zur Überwachung der in den Kreislauf zurückgeführten Kondensate entsprechende Probenahmeeinrichtungen anzuschließen. Wird das Zusatzspeisewasser über Verdampfer in den Kreislauf eingespeist, müssen noch an folgenden Stellen Probenahmekühler vorgesehen werden:

a) für das Verdampferspeisewasser, hinter Weichwasserentgaser,
b) für die Verdampferlauge, Laugeabschlämmleitung,
c) für die Verdampferbrüden, Dampfleitung Verdampferaustritt,
d) für das Brüdenkondensat, Ablaufleitung Brüdenkondensator.

In gewissen Abständen zu untersuchende Proben müssen kontinuierlich abgezogen werden. Nach Stillständen kann bei Wiederinbetriebnahme der Probenahmeeinrichtungen erst nach 1 bis 2 Stunden eine einwandfreie Probe entnommen werden. Die Entnahmemenge soll mindestens 50 kg/h betragen, wobei das Meßgut auf 20 bis 30 °C abgekühlt werden muß.

Abb. 668. Ansicht einer Gruppe von Probenahmeeinrichtungen (Werkbild Dr. Thiedig & Co.)

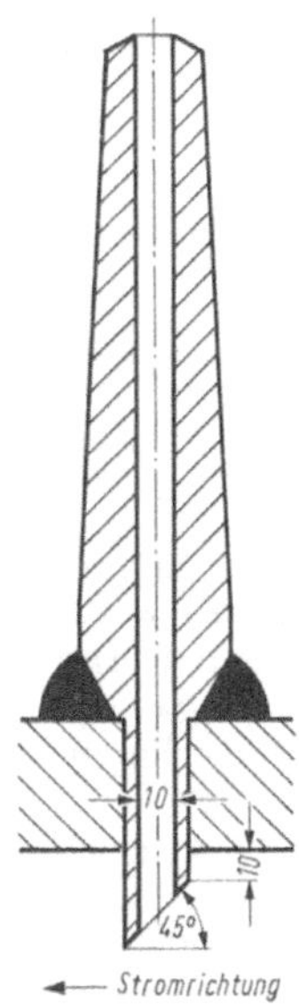

Abb. 669. Entnahmesonde für Wasser- und Dampfproben

Zweckmäßig ist die Aufstellung der Kühlvorrichtungen in der Nähe der Entnahmestellen. Mehrere örtlich nahe beieinander liegende Entnahmestellen können auf einer zentral gelegenen Gruppe von Probenahmekühlern zusammengefaßt werden, um die Rohrleitungsführung für das zu- und mit dem Meßgut zusammen ablaufende Kühlwasser zu vereinfachen. Abb. 668 zeigt eine Gruppe von Probenahmekühlern mit Leitfähigkeitsmeßeinrichtungen. Bei Aufstellung im Raum können zusätzlich auch auf der Rückseite des Gestells Kühler angebracht werden. Mitunter werden auch alle Probenahmeleitungen in das Laboratorium geführt. Diese Zentralisierung bedeutet zwar eine Erleichterung für das Laborpersonal, hat jedoch den Nachteil zeitlicher Verzögerung der Probenahme infolge des größeren Rohrleitungsvolumens. Bei An- und Abfahrvorgängen und Störungen müssen jedoch auch örtlich Proben entnommen werden können. Eine Kombination der Probenahmeeinrichtungen mit den im Kraftwerk eingebauten registrierenden Meßgeräten ist möglich. Die Entnahme von Wasser- und Dampfproben soll nach den VGB-Richtlinien[1] durch eine einheitliche Entnahmesonde erfolgen, wobei diese direkt in die Rohrleitung gemäß Abb. 669 eingebaut wird. Diese Sonde ist aus einem Stück zu fertigen, wobei als Material aus schweißtechnischen Gründen der Rohrwerkstoff zu verwenden ist. Die Sonde wird unmittelbar mit einem Absperrventil verbunden.

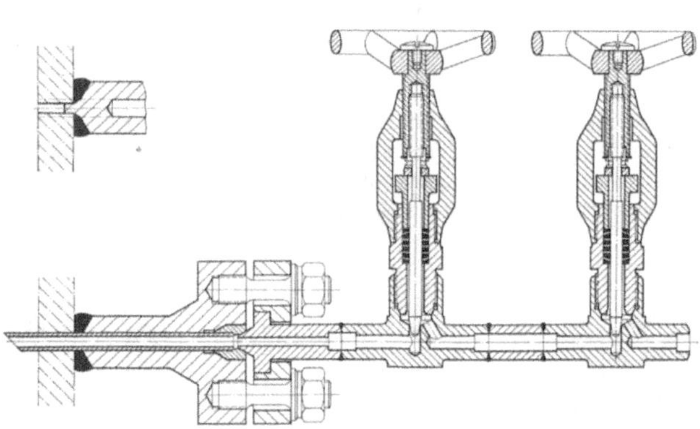

Abb. 670. Entnahmesonde (Bauart Dr. Thiedig & Co.)

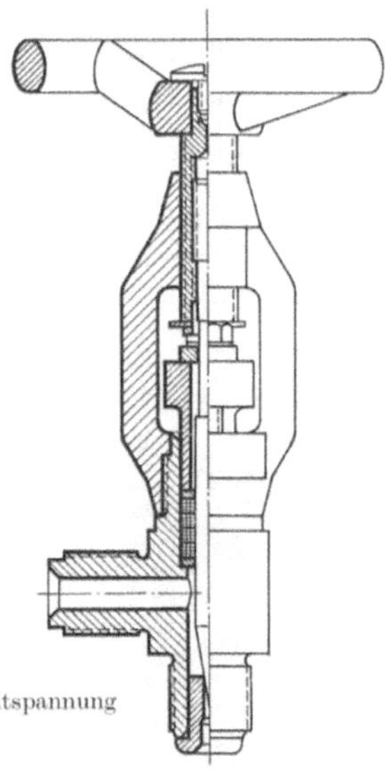

Abb. 671. Feinregulierventil zur Einstellung und Entspannung des Meßgutes (Bauart Dr. Thiedig & Co.)

Eine universell einsetzbare Entnahmesonde ist in Abb. 670 wiedergegeben. Hierbei besteht der in die Rohrleitung einzuschweißende Flansch der Entnahmesonde aus dem gleichen Werkstoff wie die Rohrleitung. Nach Anschweißen des Flansches an die Rohrwandung erfolgt die Durchbohrung zur Aufnahme der Sonde. Diese wird aus dem Werkstoff der Verbindungsleitung gefertigt und mit dem Ventilstutzen des Absperrventils verschweißt.

Problematischer ist die exakte Probenahme aus Naßdampf führenden Rohrleitungen bzw. aus dem Dampfraum einer Kesseltrommel. Salze werden sich vorwiegend in den letzten Flüssigkeitstropfen ansammeln. In Rohrleitungen kann daher in einem zunächst noch vorhandenen Flüssigkeitsfilm an den Rohrinnenflächen ein höherer Salzgehalt vorhanden sein als in der Rohrmitte. Bei der Anordnung der Probenahmestellen und Begutachtung der Meßergebnisse ist dieser Punkt zu berücksichtigen.

[1] VGB-Richtlinien für die Untersuchung von Wasser im Kraftwerk — Probeentnahme. Mitt. Ver. Großkessel 1963, Heft 83, S. 127/30.

Die Kühlung von Wasser- bzw. Dampfproben sollte grundsätzlich unter Druck erfolgen. Wird der Dampf bereits vorher gedrosselt, so können sich insbesondere an Wirbelstellen leicht Salze ablagern, die sich dann der Messung entziehen. Diese Gefahr besteht insbesondere dann, wenn die Löslichkeit dampflöslicher Stoffe bei der Druckabnahme überschritten wird. Ähnliche Fehler sind auch bei der Entspannung von unter Druck stehenden Wasserproben höherer Temperatur durch Dampfbildung möglich. Die Kühler müssen daher für den Betriebsdruck der Entnahmestelle ausgelegt sein. Die Probenahmemenge wird am Kühlwasseraustritt durch ein Reduzierventil eingestellt. Für diesen Zweck haben sich feinregulierbare Hochdrucknadelventile gemäß Abb. 671 besonders bewährt. Als Kühler wird von der VGB eine Einrichtung gemäß Abb. 672 empfohlen, wobei der Kühlwasser-

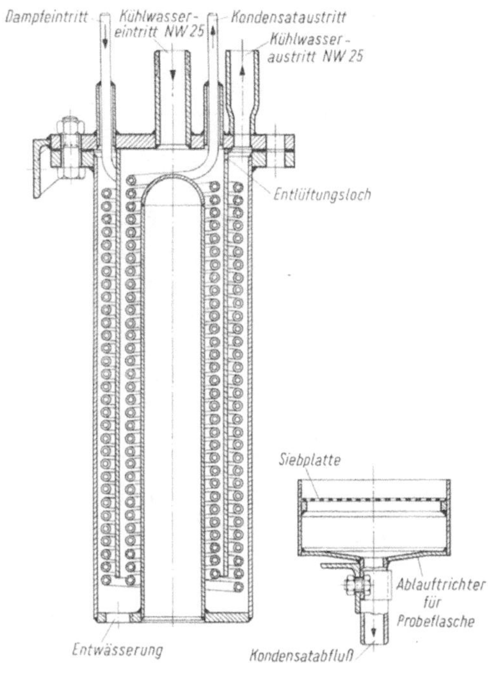

Abb. 672. Ausführung eines Probenahmekühlers (Bauart Hamburgische Electricitäts-Werke AG, Hersteller Dr. Thiedig & Co.)

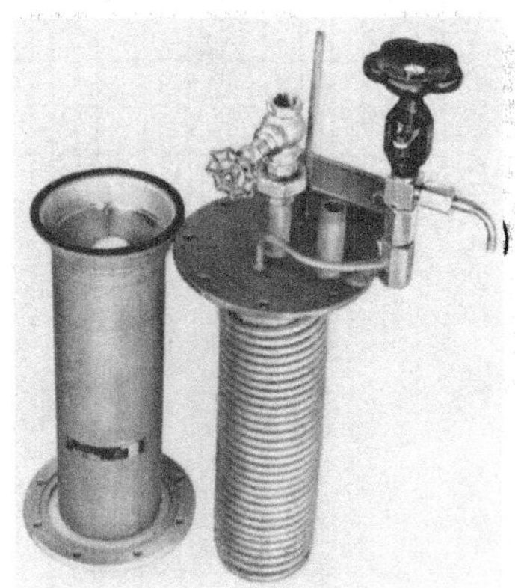

Abb. 673. Ansicht eines Probenahmekühlers, geöffnet (Werkbild Dr. Thiedig & Co.)

mantel zur Reinigung der Rohrschlangen abgenommen werden kann. Der geöffnete Probenahmekühler ist aus Abb. 673 zu ersehen. Um Kalkablagerungen zu vermeiden, soll die Karbonathärte des mechanisch reinen Kühlwassers 6 °dH möglichst nicht übersteigen. Anderenfalls ist eine häufige Reinigung der Kühlschlangen notwendig. Die erforderliche Kühlwassermenge kann aus dem in Abb. 674 wiedergegebenen Diagramm entnommen werden. So ergibt sich z. B. bei einer Dampftemperatur von 420 °C, einem Dampfdruck von 100 kp/cm^2 und einer gewünschten Probemenge von 40 kg/h eine abzuführende Wärmemenge von 28 800 kcal/h. Diese Wärme entspricht bei einer Kühlwassererwärmung von 50 °C einer Kühlwassermenge von 580 l/h.

Die Probeentnahmeleitungen und Kühlrohre werden aus Edelstahl X 10 CrNiTi 1810 (Werkstoff-Nr. 4571) oder X 8 CrNiNb 1613 (Werkstoff-Nr. 4961), bei hohem Chloridgehalt des Kühlwassers auch aus Reinnickel hergestellt. Kupfer und niedrig legierte Stähle sind ungeeignet, da diese Werkstoffe zu Meßfehlern führen können.

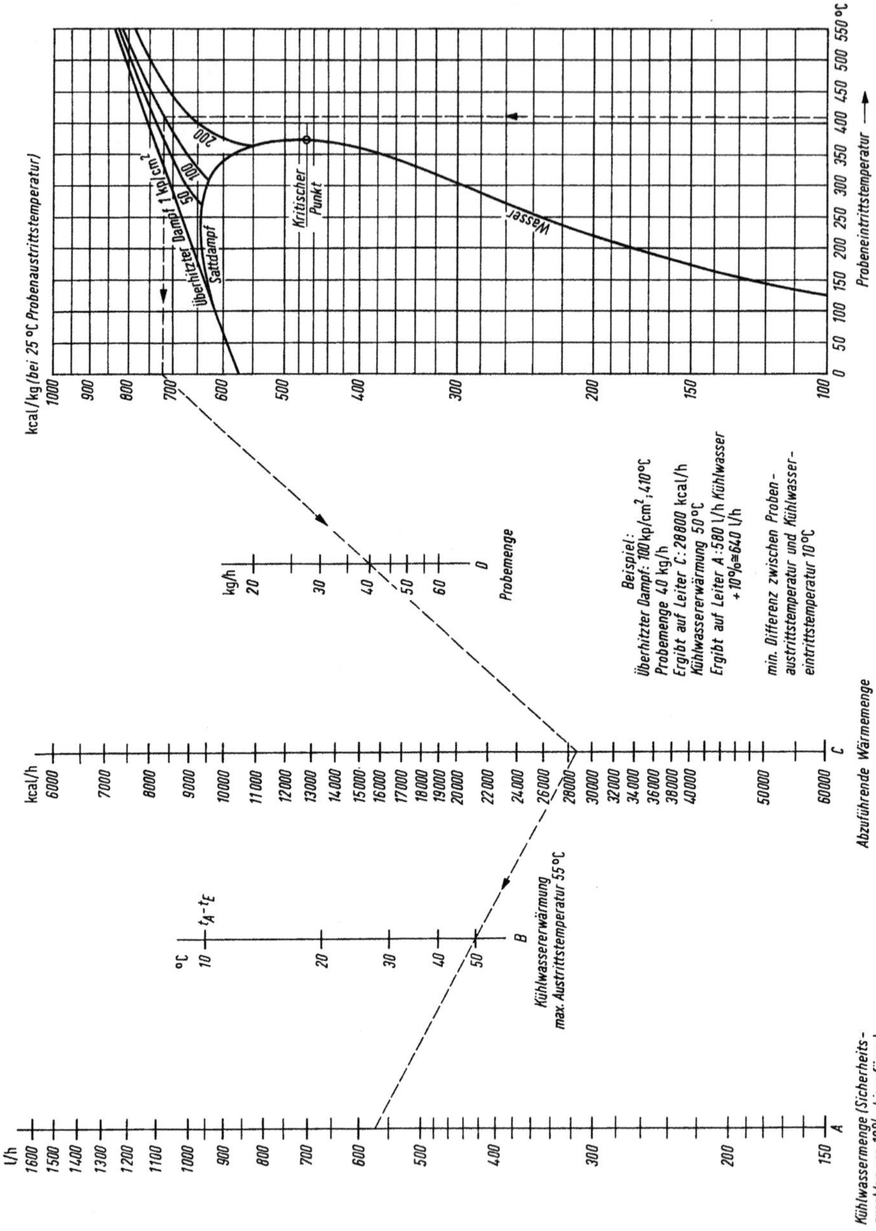

Abb. 674. Diagramm zur Ermittlung der Kühlwassermenge bei der Kühlung von Wasser- und Dampfproben

Über den Umfang und die Häufigkeit der chemischen Untersuchungen zur Überwachung eines Kraftwerkes lassen sich keine allgemeingültigen Richtlinien geben. Diese sind im wesentlichen von folgenden Gesichtspunkten[1] abhängig:

1. Art des dem Werk zur Verfügung stehenden Rohwassers,
2. Art und Umfang der Wasseraufbereitung,
   a) für Zusatzspeisewasser,
   b) für Kühlwasser,
3. Aufbau des Werkes,
   a) Art und Betriebsdruck des Kessels,
   b) Art und Anordnung der Entgasung,
   c) Kondensations- oder Gegendruckbetrieb,
4. Fahrweise des Werkes,
5. Ausstattung des Werkes mit registrierenden Untersuchungsgeräten,
6. Personelle Fragen,
   a) Zahl und Ausbildungsstand des Bedienungspersonals der Wasseraufbereitungsanlagen,
   b) Ausbildungsstand des Führungspersonals,
   c) Aufgaben des Laboratoriums außerhalb der Wasserfragen,
7. Neubau oder Ausbau des Kraftwerkes.

Es ist einleuchtend, daß bei schwankenden Betriebs- und Wasserverhältnissen wesentlich mehr Untersuchungen durchzuführen sind als bei einem konstanten Zustand. Die Art und Häufigkeit der Messungen ist daher von Fall zu Fall festzulegen. Die in der Tabelle 30 genannten Probenahmestellen und Analysenarten sollen daher nur als Anhaltspunkt für die chemische Überwachung eines Kraftwerkes dienen. Diese Untersuchungen müssen unter den günstigsten Voraussetzungen — konstante Betriebsweise und ziemlich konstante Rohwasserbeschaffenheit — als Mindestforderungen angesehen werden. Die Häufigkeit der Messungen richtet sich nach der Betriebsweise des Werkes und den Wasserverhältnissen. Bei einem normal verlaufenden Betrieb sollten die Untersuchungen mindestens einmal täglich, in der Wasseraufbereitung an den Betriebsablauf des Aufbereitungsvorganges angepaßt jedoch öfter erfolgen. Nur durch eine einwandfreie und gewissenhafte chemische Überwachung des Kraftwerksbetriebes lassen sich Störungen in der Wasser-Dampf-Führung rechtzeitig erkennen und auf chemische Ursachen zurückzuführende Schäden vermeiden.

c) Ermittlung von Fremdstoffbilanzen im Wasser-Dampf-Kreislauf[2]

Zur Erfassung und Begutachtung von Ablagerungen und Korrosionserscheinungen, die auf Salzspuren zurückzuführen sind, ist die Ermittlung von Fremdstoffbilanzen während des Betriebes von großer Bedeutung. Einzelmessungen können nur Anhaltspunkte über eventuelle Unstimmigkeiten innerhalb des Kreislaufes geben. Um quantitative Erkenntnisse zu erhalten, müssen die Proben über einen längeren Zeitraum kontinuierlich untersucht werden können. Dieses ist nur durch Anreicherung möglich, die z.B. mit Hilfe von Ionenaustauschern erreicht werden kann. Dabei reichern sich die Fremdstoffe gegenüber den Proben an und können anschließend durch Eluierung mit Säure bzw. Lauge auf üblichem Wege chemisch bestimmt werden.

---

[1] Töller, W.: Betriebliche Überwachung des Speisewassers und Kühlwassers. Mitt. Ver. Großkesselbes. 1959, Heft 58, S. 21/25.

[2] Heitmann, H. G., u. G. Donath: Spurenanreicherung und Ermittlung von Salzbilanzen in Kraftwerkswässern. Vom Wasser, Jb. 1963, S. 293/320.

Tabelle 30. *Chemische Überwachung von Wasseraufbereitungsanlagen und Wasser-Dampf-Kreisläufen*

Meßgröße	Flockung		Schnell-entkarbonisierung		Fällungsanlage		Neutralaustausch		H-Austausch		Vakuumentgasung bzw. Rieseler		Schwacher OH-Austauscher	Starker OH-Austauscher	Mischbett	Verdampfer-Speisewasser	Verdampfer-Lauge	Kondensate und Destillate	Speisewasser für Durchlaufkessel	Speisewasser für Trommelkessel	Kesselwasser	Heißdampf	Kühlwasser-Durchlauf	Kühlwasser-Kühlturmbetrieb
Temperatur	+		+		+	+	(+)		+		(+)	(+)	+		+	siehe Speisewasser für Trommelkessel	siehe Kesselwasser	+					+	+
Trübung		+		+		+	+											+	+	+	+	+	+	+
Schwebestoffe		+		+		+	+																	
Dichte																					+			
Leitfähigkeit		+							(+)	(+)			+	+	+			+	+	+		+		
pH-Wert														(+)	(+)			+	+	+		+	+	+
p- und m-Wert	+	+	+	+	+	+	+	+	+	+			+	+				+	+	+	+	+	+	+
$KMnO_4$-Zahl	+	+	+	+	+	+			(+)	(+)			(+)	+	+									
SiO_2	(+)	(+)	(+)	(+)	+	+								+	+			+	+	+	+	+	(+)	(+)
O_2												(+)							+	+				
CO_2												+								+			(+)	(+)
Härte			+	+	+	+	+	+										+	+	+			+	+
SO_4																								+
Cl	(+)	(+)					(+)	(+)					(+)					(+)		(+)	(+)			+
PO_4						(+)														+	+		(+)	+
NO_3																								+
SO_2																		+						
Ca			(+)																					
Mg			(+)																					
Cu																		+	+	(+)		+		
Fe bzw. Al		+				(+)	(+)	(+)	(+)	(+)			(+)	(+)	(+)			+	+	(+)		+		
Na										(+)					(+)			(+)	(+)			(+)		
NH_4																		+	+	+		+		(+)
N_2H_4																		+	+	+				
Öl																		+	+	(+)				

+ laufende Überwachung, (+) gelegentliche Überwachung.

Bei unterteilten Spalten bedeutet das linke Zeichen Messung vor und das rechte Zeichen Messung nach dieser Stufe.

Die zur Anreicherung von ionogenen Spuren entwickelte Apparatur ist in Abb. 675 wiedergegeben. Das auf mindestens 40 °C abgekühlte Probegut tritt bei *a* in die Apparatur ein. Der Durchfluß wird mit Hilfe des Regulierhahns *b* und des Turboströmungsmessers *i* auf rd. 4 l/h eingestellt, wobei das überschüssige Probegut über den Hahn *b* abläuft. Zunächst wird über den Abfluß *h* nur der Kationenaustauscher durchströmt, um mit Sicherheit die letzten Chloridspuren auszuwaschen. Nachdem etwa 1 l durchgeflossen ist,

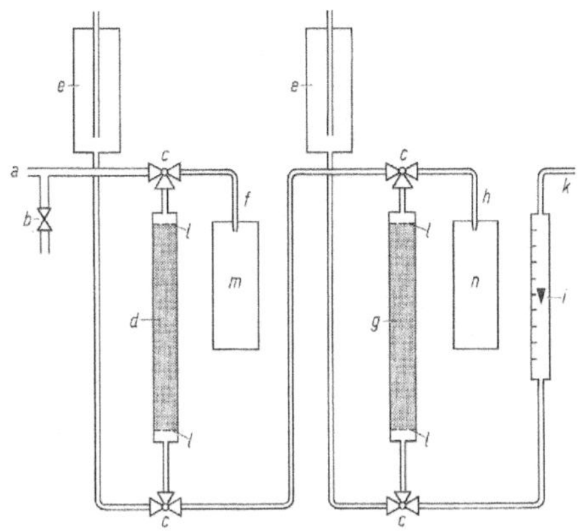

Abb. 675. Schaltung der Anreicherung mit Hilfe von Ionenaustauschern

a Wassereintritt
b Wasserregulierventil
c Dreiwegeventil
d Kationenaustauschsäule
e Regeneriervorratsgefäß
f Eluatablauf
g Anionenaustauschsäule
h Eluatablauf
i Turboströmungsmesser
k Ablauf zur Mengenmeßapparatur
l Siebeinsätze
m Auffanggefäß für Säureeluat
n Auffanggefäß für Laugeeluat

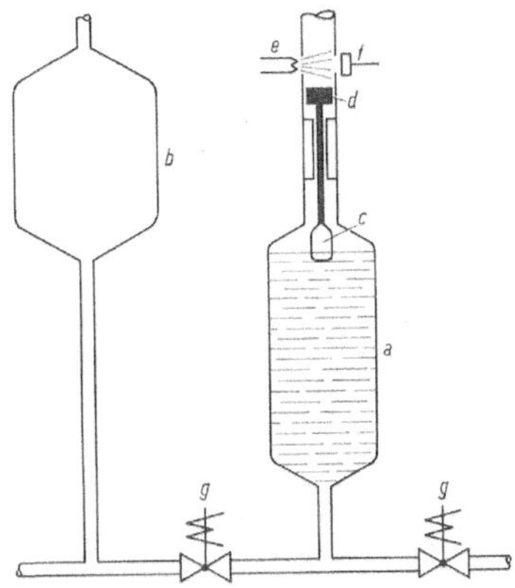

Abb. 676. Schaltung der Mengenmeßapparatur für die Durchführung von Spurenanreicherungen

a Meßgefäß
b Ausgleichgefäß
c Schwimmer
d lichtundurchlässiger Korken
e Lichtquelle
f Photozelle
g Magnetventil

wird das Meßgut über den Dreiwegehahn durch den Anionenaustauscher in die Mengenmeßapparatur *k* geleitet. Insgesamt werden je nach den Erfordernissen 50 bis 500 l Meßgut durch die Anreicherungsapparatur geschickt. Für den Aufbau der Anreicherungsapparatur werden grundsätzlich nur Säulen und Verbindungsleitungen aus Plexiglas bzw. Polyäthylen verwendet. Die Hähne bestehen aus Teflon.

Die eigentlichen Austauschsäulen sind mit einem Heizmantel umgeben, mit dessen Hilfe über einen Thermostaten die Eluierung notfalls auch bei höheren Temperaturen vorgenommen werden kann. Zur Fixierung der Austauscher dient an beiden Enden der Säulen ein Kunststoffgewebe mit 0,2 mm Maschenweite.

Der Durchsatz durch die Anreicherungsapparatur ist während der Anreicherung geringen Schwankungen unterworfen, da sich infolge schwankender Betriebszustände des Kraftwerkes und zunehmenden Beladungszustandes der Austauscher die Druckverhältnisse ändern können. Um jedoch eine genaue Bilanz zu ermöglichen, muß der Gesamtdurchsatz durch die Apparatur während einer Anreicherung genau bekannt sein.

Zu diesem Zweck wurde eine Mengenmeßapparatur entwickelt, die in Abb. 676 schematisch wiedergegeben ist. Bei geöffnetem Magnetventil *g* (links) fließt das aus der Anreicherungsapparatur eintretende Meßgut in das Meßgefäß *a*. Sobald das Meßgefäß gefüllt ist, steigt der Schwimmer *c* mit seinem lichtundurchlässigen Korken *d* in den Strahlengang des durch das Lämpchen *e* erzeugten Lichtstrahls. Durch die Unterbrechung des Lichtstrahles wird von der Photozelle *f* ein Kontakt ausgelöst. Dieser Kontakt bewirkt eine Öffnung des rechten Magnetventils *g* und eine gleichzeitige Schließung des linken Ventils *g*. Das Meßgut kann jetzt ablaufen, während das weiter zufließende Wasser zunächst in das Ausgleichgefäß *b* eintritt. Nach einer durch ein Potentiometer einzustellenden Zeitspanne wird das rechte Ventil *g* wieder geschlossen und das linke Ventil *g* geöffnet. Das im Ausgleichgefäß gesammelte Meßgut fließt dann zusammen mit der laufenden Probe in das Meßgefäß.

Gleichzeitig mit dem Schaltkontakt der Photozelle wird die Schaltung durch ein Zählwerk registriert. Die elektrische Schaltung und Zählung erfolgt durch ein elektronisch gesteuertes Gerät, bei dem die Anzahl der Füllungen des Meßgefäßes ermittelt wird. Das Volumen des Meßgefäßes wird durch mehrere hintereinander folgende Füllungen volumetrisch bestimmt. Es beträgt im Mittel 260 ml.

Abb. 677. Apparatur zur Anreicherung von Salzspuren (Werkbild Siemens)

Abb. 677 zeigt den Aufbau der Anreicherungsapparatur mit der nachgeschalteten Mengenmeßeinrichtung und dem elektrischen Steuergerät. Bei den gezeigten Geräten sind jeweils zwei Apparaturen in einem Kasten zusammengebaut.

II. Laboratoriumseinrichtung

a) Aufgaben und Aufbau

Das Kraftwerkslaboratorium dient vorwiegend zur Untersuchung der Betriebsmittel Wasser, Kohle und Öl. Gelegentlich sind auch Werkstoffe, Korrosionsprodukte, Salzablagerungen, Korrosionsschutzmittel, Chemikalien und Gase zu untersuchen. Spezielle Laborräume für diese Arbeiten werden normalerweise nur von Unternehmen vorgesehen, die für mehrere Kraftwerke eine zentrale Untersuchungsstelle einrichten. Wasser-, Kohle- und Öluntersuchungen sind dagegen für jedes einzelne Kraftwerk zur laufenden Betriebskontrolle unerläßlich. Die Größe der Laborräume sowie die Anzahl und die Art der Möbeleinrichtungen ist im wesentlichen von den jeweiligen betrieblichen Erfordernissen abhängig. Ein minimaler Platzbedarf von 100 m^2 sollte jedoch nicht unterschritten werden. Außerdem ist eine Aufteilung des Laboratoriums in wenigstens drei verschiedene Räume (Hauptlaborraum, Wäge- und Meßgeräteraum, Kohlevorbereitungs- und Lagerraum) erforderlich. Zweckmäßig ist eine noch weitergehende Unterteilung mit gesondertem Wägezimmer, Lagerraum, Dunkelkammer usw. Die Abb. 678 und 679 zeigen die Aufteilung und Einrichtung eines größeren Zentrallaboratoriums und eines normalen Kraftwerkslaboratoriums. Die Möbeleinrichtung muß auf die gegebenen örtlichen Verhältnisse zugeschnitten werden, sollte jedoch als Mindestausstattung folgende Einrichtungsgegenstände enthalten:

1 Doppelarbeitstisch,
1 Abzugsschrank,
1 Titriertisch,
1 Meßgerätetisch,
1 Spültisch,
1 Wägetisch,
1 Chemikalienschrank,
Regale,
Spezialtische oder Gestelle für Kohlemühlen.

Im folgenden soll die Ausrüstung eines Kraftwerkslaboratoriums mit den unbedingt erforderlichen Meßinstrumenten und deren wesentlichsten Aufgaben in großen Zügen beschrieben werden.

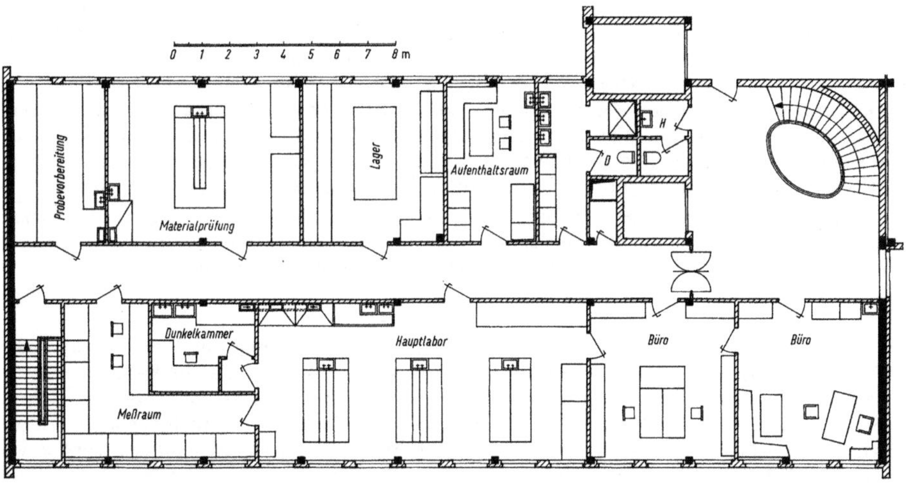

Abb. 678. Grundriß eines chemischen Zentrallaboratoriums für mehrere Kraftwerke

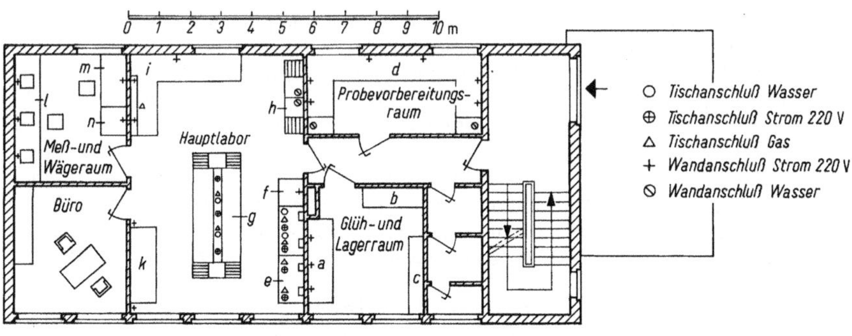

Abb. 679. Grundriß eines chemischen Kraftwerkslaboratoriums

a Heizgerätetisch
b Chemikalienschrank
c Regal
d Wandarbeitstisch
e Abzugsschrank
f Abstelltisch
g Doppelarbeitstisch
h Spültisch
i Wandarbeitstisch
k Titriertisch
l Wägetisch
m Mikroskopiertisch
n Schreibtisch

b) Meßgeräte für Wasseruntersuchungen

1. Elektrophotometer

Zahlreiche Bestandteile des Wassers, die durch Zusatz bestimmter Chemikalien Farbreaktionen ergeben, werden mit Hilfe von kolorimetrischen bzw. photometrischen Meßverfahren bestimmt. Mit einem Elektrophotometer kann die Lichtdurchlässigkeit einer gefärbten Lösung direkt zur Konzentrationsbestimmung herangezogen werden. Eine quantitative Bestimmung der verschiedenen im Wasser gelösten Stoffe wird dadurch möglich, daß nach dem LAMBERT-BEERschen Gesetz die Lichtabsorption in verdünnten Lösungen proportional der Färbung und der Schichtdicke ist. Die Färbung ist wiederum proportional der Konzentration der im Wasser vorhandenen Bestandteile. Dieses Gerät erlaubt insbesondere von solchen Stoffen eine schnelle und genaue Analyse, die nur in Spuren im Wasser enthalten sind.

2. Leitfähigkeitsmeßgerät

Mit diesem Gerät wird der Widerstand einer Flüssigkeit zwischen zwei in bestimmten Abstand angeordneten Elektroden gemessen. Der Widerstand ist der Leitfähigkeit umgekehrt proportional. Für den Kraftwerksbetrieb ist die Eichung des Gerätes in Mikrosiemens ($1\ \mu S \cdot cm^{-1} = 10^{-6}\ \Omega^{-1} \cdot cm^{-1} \sim 0{,}5$ mg NaCl/l) und eine Ausstattung mit Temperaturkompensation zweckmäßig. Das Leitfähigkeitsmeßgerät dient zur Überwachung der Leitfähigkeit an denjenigen Stellen des Wasser-Dampf-Kreislaufes oder der Wasseraufbereitungsanlage, an denen sich kein fest installiertes Meßgerät befindet. Außerdem können mit diesem Gerät die eingebauten Betriebsgeräte kontrolliert werden.

Transportable Meßgeräte mit robuster Elektrodenausführung und Tragkasten sind für örtliche und Labormessungen gleichsam geeignet. Mit verschiedenen Leitfähigkeitsgebern können Leitfähigkeiten von 0,05 bis zu 10 000 μS/cm ermittelt werden.

3. pH-Meßgerät

Der pH-Wert ist ein wichtiger Anhaltspunkt zur Beurteilung der Korrosivität einer Flüssigkeit. Mit dem pH-Meßgerät wird die Spannungsdifferenz, die der H-Ionenkonzentration proportional ist, zwischen einer Meß- und einer Bezugselektrode gemessen. Neben den pH-Messungen im Wasser-Dampf-Kreislauf kann dieses Gerät auch für andere analytische Zwecke wie potentiometrische und konduktometrische Untersuchungen verwendet werden. Es ist daher bei der Anschaffung wichtig, von vornherein ein vielseitig verwendbares Gerät vorzusehen.

4. Trockenschrank

Der Trockenschrank wird hauptsächlich zur Ermittlung des Abdampfrückstandes von Wasserproben und zur Feuchtigkeitsbestimmung in der Kohle verwendet. Außerdem können mit diesem Gerät auch alle anderen Trocknungsprozesse durchgeführt werden. Der Trockenschrank soll bis 220 °C stufenlos regelbar sein und eine Vorrichtung zur Luftumwälzung und zum Luftaustausch enthalten.

5. Muffelofen

Dieses Gerät dient zur Feststellung von Glührückständen, zur Bestimmung flüchtiger Bestandteile und des Aschegehaltes in festen Brennstoffen sowie zur Durchführung anderer gravimetrischer Analysen. Geeignet sind Geräte mit Temperaturregelung bis 1200 °C.

6. Präzisionswaage

Für gröbere bzw. mittelfeine Gewichtsbestimmungen sind Präzisionswaagen gebräuchlich. Diese Waagen sind für einen hohen Belastungsbereich geeignet, besitzen jedoch eine verhältnismäßig geringe Empfindlichkeit (30 bis 200 mg). In Kraftwerken werden öl- oder magnetgedämpfte Waagen mit einer Tragkraft von 1 bis 5 kg benutzt.

7. Analysenwaage

Zur Durchführung analytischer Gewichtsbestimmungen sind Analysenwaagen mit einer Tragkraft von 100 bis 200 g und einer Empfindlichkeit von 0,1 mg erforderlich. Zur Abkürzung der Wägezeit sind besonders Waagen mit mechanischer Gewichtsauflage geeignet, bei denen die Bedienung von außen erfolgt.

8. Mikroskop

Das Mikroskop dient insbesondere zur Untersuchung von Korrosionsprodukten, Ablagerungen, Ionenaustauschern, Algen u. a. Für diesen Zweck ist vorwiegend ein Stereo-Mikroskop geeignet.

9. Sonstige Geräte

Außer den genannten Geräten müssen in jedem Wasserlaboratorium Heizplatten, Magnetrührer, Wasserbäder, Sandbäder, Vakuum- und Druckpumpe u.a.m. vorhanden sein. Darüber hinaus sind alle zur Durchführung von Wasseranalysen notwendigen Glasgeräte und Chemikalien erforderlich.

c) Meßgeräte für Brennstoffuntersuchungen

Verschiedene der für Wasseranalysen erforderlichen Instrumente wie Trockenschrank, Muffelofen und Waagen können gleichfalls für einige Bestimmungen bei Kohle- und Öluntersuchungen verwendet werden. Zusätzlich zu den bereits aufgeführten Geräten müssen für Brennstoff-Analysen noch folgende Spezialgeräte herangezogen werden:

1. Kalorimeter

In dieser Apparatur wird der Heizwert von Kohle oder Öl ermittelt. Eine Kohle- oder Ölprobe wird in einem geschlossenen Gefäß (Verbrennungsbombe) in reinem Sauerstoff unter Druck verbrannt. Die bei der Verbrennung freiwerdende Wärme wird auf eine bestimmte Wassermenge übertragen und der Temperaturanstieg gemessen. Aus der Temperaturerhöhung ist der Heizwert zu berechnen.

2. Verbrennungsofen

In diesem Gerät werden Kohle- oder Ölproben bis zur Zersetzung erhitzt und die dabei entstehenden gasförmigen Produkte quantitativ bestimmt. Zur Verfügung stehen Geräte für Makro-, Halbmikro- und Mikroanalysen. Zur Durchführung von Serienanalysen sind automatische Öfen nach der Halbmikromethode anderen Geräten vorzuziehen.

3. Erhitzungsmikroskop

Mit dem Erhitzungsmikroskop lassen sich die einzelnen Phasen des bei höheren Temperaturen auftretenden Erweichens und Schmelzens von Brennstoffaschen und Schlacken beobachten und photographisch registrieren. Die zu untersuchende Probe wird in einen Schmelzofen eingebracht und langsam bis maximal 1600 °C erhitzt. Eine eingespiegelte Temperaturskala ist zur Auswertung der photographischen Ergebnisse vorteilhaft. Das Schmelzverhalten kann in oxydierender oder reduzierender Atmosphäre untersucht werden.

4. Sonstige Geräte

Vor der chemischen Untersuchung von Kohlenproben muß das Probegut mit Hilfe von Kohlemühlen bis auf Analysenfeinheit zerkleinert werden. Die Grobzerkleinerung erfolgt mit Brechern oder Prallmühlen, während die weitere Zerkleinerung auf Analysenfeinheit (Korngröße <0,2 mm) hauptsächlich mit Hilfe von Hammermühlen, Kugelmühlen, Scheibenschwingmühlen oder Mörsermühlen vorgenommen wird. Einen besonders günstigen Mahlbereich besitzt die Scheibenschwingmühle (Korngrößenzerkleinerung von 10 mm auf 0,2 mm). Zum Sichten des Probegutes leisten Siebmaschinen verschiedener

Konstruktion gute Dienste und sollten in keinem Laboratorium fehlen. Zweckmäßig ist die Wahl einer Sieb- und Schüttelmaschine, bei der außer den Probesieben noch Haltevorrichtungen für andere Glasgeräte angebracht werden können. Bei Öluntersuchungen sind ferner Geräte zur Bestimmung der Viskosität, des Tropfpunktes, des Stockpunktes, des Flammpunktes, der Oberflächenspannung und des Dampfdruckes unentbehrlich.

B. Feuerlöscheinrichtungen

Von Alfred Schneider

Die polizeilichen Sicherheitsvorschriften und auch die Vorschriften der Unfallversicherungen verpflichten die Betriebe zur Ausrüstung mit ausreichenden Feuerlöscheinrichtungen und zu besonderen Vorkehrungsmaßnahmen in der baulichen Gestaltung neu zu errichtender Kraftwerksanlagen. Abgesehen von den üblichen Feuerlöscheinrichtungen müssen z.B. besonders gefährdete Räume zwei Ausgänge und alle Gebäude, insbesondere das Kesselhaus, ausreichende Fluchttreppen besitzen; für Feuermauern mit feuerfesten Türen und Ölauffangmauern um Öltanks herum muß gesorgt werden. Der Feuerschutz liegt außerdem im eigenen Interesse der Betriebe, da die Folgeschäden durch Produktionsausfall erheblich sein können.

Erhöhte Brandgefahr ist in Kraftwerksanlagen überall da gegeben, wo Brennstoffe gelagert oder transportiert werden, wo Schmieröle in größeren Mengen vorkommen und sonstige brennbare Materialien Verwendung finden. Die Entzündung kann u. a. durch Funkenflug, mechanische und elektrische Funkenbildung und elektrische Kurzschlüsse zustande kommen. Zu hoch gestapelte Kohle entzündet sich leicht von selbst.

I. Verhütung von Bränden

Eine dauernde, verantwortungsbewußte Kontrolle aller Anlagen und Räume, insbesondere der weniger begangenen Gebäudeteile und Winkel, sollte zu den Aufgaben der Betriebsüberwachung gehören. Wird in einer Anlage auf Sauberkeit geachtet, so ist der erste Schritt für den Feuerschutz getan. Angesammelter Kohlenstaub, Ölflecke, herumliegende ölige Putzlappen und Verpackungsmaterialien haben schon sehr oft zur Ausbreitung eines Brandherdes beigetragen.

Ein weiterer Schritt zur Verhütung von Feuer- und Explosionsschäden ist das Unterlassen des Rauchens und des Hantierens mit offenem Licht in Räumen mit feuergefährlichen Stoffen und Gasen. Ferner sollten Ölleckagen gleich nach deren Bemerken behoben werden. Kreuzungen zwischen Dampf- und Ölleitungen sind von vornherein zu vermeiden. Kabelbündel gehören nicht in die Nähe von heißen Dampfleitungen und Apparaten.

II. Bekämpfung von Bränden

Ist trotz aller Vorsichtsmaßnahmen doch ein Brand entstanden, so ist es wichtig, je nach Art des Schadenfeuers das zweckmäßigste Löschmittel zur Verfügung zu haben und einzusetzen.

Das wichtigste Löschmittel ist das Wasser. Seiner großen Verdampfungswärme wegen entzieht es dem brennenden Gut eine große Wärmemenge und kühlt dadurch den Flammenherd unter seinen Entzündungspunkt, so daß die Flammen zum Erlöschen kommen. Wasser wird man deshalb immer dann zum Löschen verwenden, wo nicht besondere Gründe dagegen sprechen. Besonders geeignet ist es zum Löschen von Glut- und Glimmbränden, wie sie z.B. bei Bränden von Holz, Faserstoffen und Kohlen auftreten. Ferner ist bei Bränden aller Art wichtig, die benachbarten feuergefährdeten Anlagen durch Bespritzen vor der Strahlungshitze zu schützen.

Unzweckmäßig wäre es dagegen, brennende Flüssigkeiten wie Öle, Benzin, Benzol, Teer, Lackfarben und auch Gase mit Wasser löschen zu wollen. Brennende Flüssigkeiten sind wasserabweisend, meistens auch leichter als Wasser und schwimmen somit obenauf. Die Wucht eines Wasserstrahles könnte die brennende Flüssigkeit verspritzen und den Brandherd noch vergrößern. Brennende Gase lassen sich mit Wasser kaum löschen. Brände in elektrischen Anlagen darf man der Kurzschlußgefahr und der damit verbundenen Lebensgefährdung des Löschpersonals wegen ebenfalls nicht mit Wasser bekämpfen. Eine Einschränkung für den Einsatz des Wassers gilt auch dort, wo damit verbundene Wasser- oder Frostschäden nicht in Kauf genommen werden können.

In diesen besonderen Fällen bedient man sich zur Brandbekämpfung spezieller Kohlendioxid- und Trockenlöscher oder einer Luftschaumanlage.

III. Das Löschwassernetz

Je nach Art und räumlicher Aufgliederung der Kraftwerksanlagen sorgt man dafür, daß an allen feuergefährdeten Stellen Löschwasser zur Verfügung steht. Die unter Terrain verlegten Leitungen sind der Betriebssicherheit wegen am besten als Ringleitungen auszuführen. Von ihnen gehen Stichleitungen zu Unterflur-Hydranten im Gelände und zu den Wandhydranten mit Schläuchen in den Gebäudeteilen. Die Feuerlöschleitung dient auch zur Lieferung des Wassers für die Berieselungseinrichtungen über den Kohlenbunkern, den Freilufttransformatoren und für die Schaumerzeugung stationär aufgestellter Luftschaumlöschanlagen.

Vom gleichen System werden Dachberieselungen für Lager- und Tages-Öltanks versorgt. Die Kühlung soll die Gasbildung und damit Verdunstungsverluste bei starker Sonneneinstrahlung vermeiden. Gebrauchswasser für die verschiedensten Zwecke wird meistens ebenfalls aus dem Löschwassernetz entnommen.

Gespeist wird das Feuerlöschnetz von selbstansaugenden Pumpen, von denen mindestens eine von einer unabhängigen Energiequelle angetrieben werden soll. Pumpen mit Dieselmotorantrieb haben sich sehr gut bewährt. Eine kleine Druckhaltepumpe sorgt dafür, daß in dem Netz stets der erforderliche Druck erhalten bleibt. Mit rund 10 atü Betriebsdruck bei Höchstverbrauch muß bei Auslegung gerechnet werden. Ein Druckbehälter ist unerläßlich. Sinkt der Druck ab, so schaltet eine Automatik erst die Druckhaltepumpe und bei weiterem Absinken die übrigen Pumpen nacheinander ein. Ein kleiner Kompressor dient zum Nachfüllen des Luftpolsters im Druckbehälter. Die Größe der Pumpen ist für jede Kraftwerksanlage besonders zu ermitteln. Die Gesamtleistung aller Pumpen kann zwischen 250 und 1000 m^3/h liegen.

Das Löschwassernetz kann in Brandfällen nur dann genügend wirksam sein, wenn schnell genug Schläuche und auch Leitern zur Einsatzstelle gebracht werden können. Deshalb empfiehlt sich die Anschaffung eines Löschfahrzeuges mit Schiebeleiter. Ob für den Notfall noch ein Hand-Schlauchwagen für 150 bis 300 m Schläuche in Reserve stehen soll, ist von Fall zu Fall zu entscheiden. Abb. 680, S. 652 zeigt ein Löschwassernetz für ein Kohle- und ölgefeuertes Kraftwerk in schematischer Darstellung.

IV. Kohlendioxid-Löschgeräte

Kohlendioxid-Löschgeräte eignen sich besonders für die Bekämpfung von Bränden in elektrischen und feinmechanischen Anlagen. Sie sind in den Fällen vorzuziehen, in denen selbst geringste Rückstände des Löschmittels unerwünscht sind. Kohlendioxid verdampft rückstandslos und ist elektrisch nicht leitend.

Gegen Brände flüssiger Brennstoffe und unter Druck austretender Gase läßt sich CO_2 ebenso erfolgreich einsetzen. Eine ideale Anwendung bietet sich in geschlossenen Räumen. Ein weiterer Vorteil des CO_2 ist die Funktionssicherheit auch bei Tieftemperaturen bis zu $-20\,°C$; es hat eine unbegrenzte Haltbarkeit und ist ungiftig.

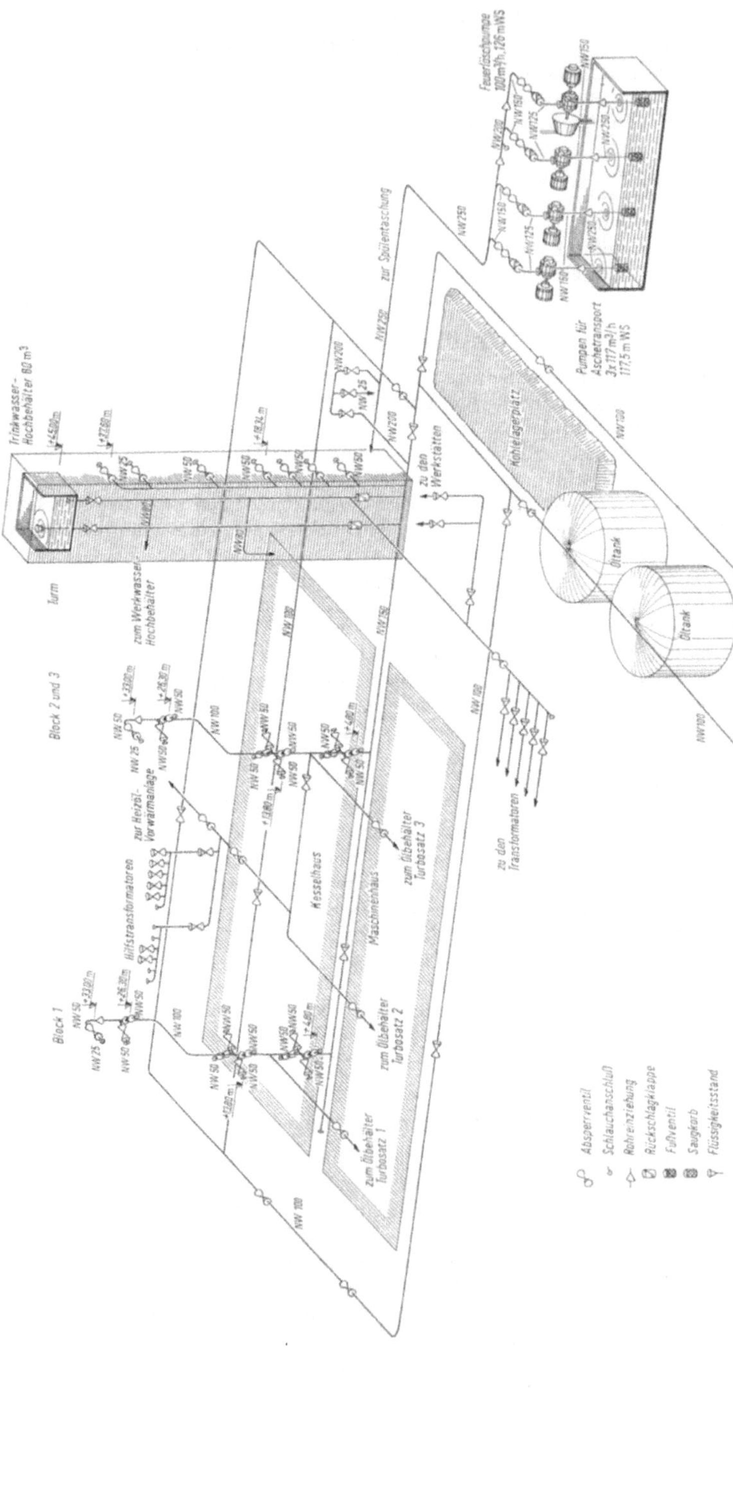

Abb. 680. Feuerlöschnetz eines kohle- und ölgefeuerten Kraftwerkes mit verschiedenen Verbrauchern

Zu beachten ist jedoch, daß CO_2 geruch-, geschmacklos und unsichtbar ist; es ist 1,5mal schwerer als Luft und sammelt sich über dem Boden an. Die Beimischung einiger Prozent zur Luft wirkt bereits erstickend.

Automatische stationäre CO_2-Löschanlagen sind in feuergefährdeten, geschlossenen Räumen zu empfehlen, in denen sich normalerweise kein Personal aufhält. Bewegliche Geräte sind entweder fahrbar oder als Handfeuerlöscher ausgebildet.

In Kraftwerksanlagen installiert man CO_2-Löscheinrichtungen häufig bei Transformatoren, Kohlenmühlen, Dichtölanlagen für Wasserstoffkühlung der Generatoren und nach Ermessen an weiteren gefährdeten Stellen.

V. Trockenlöschmittel

Trockenlöschmittel auf Bikarbonat-Basis sind vielseitig anzuwenden. Mit ihnen können brennende Flüssigkeiten und Gase, Brände an elektrischen Anlagen und festen Stoffen gelöscht werden. Ihre Löschkraft ist sehr gut. Die Trockenlöschmittel sind elektrisch nicht leitend, greifen Metalle nicht an, schmirgeln nicht, sind weitgehend frostsicher und ungefährlich für das Personal. Nachteilig ist der verbleibende Rückstand der Löschmittel.

Trockenlöschanlagen werden ebenfalls ortsfest, fahrbar und als Handlöscher ausgeführt. Im Kraftwerk finden sie meistens nur als Handfeuerlöscher Verwendung.

VI. Luftschaumlöscher

Luftschaum eignet sich zur Bekämpfung von Bränden flüssiger und fester organischer Stoffe. Das Schaummittel ist eine neutral reagierende kolloidale Lösung von Polypeptiden, die, mit 3 bis 5% dem Löschwasser zugemischt, die sechs- bis achtfache Schaummenge ergibt. Die Löschwirkung beruht einerseits auf der Kühlung durch Wasserabgabe aus dem Schaum und andererseits auf dem Luftabschluß durch die Schaumdecke. Dem Schaummittel kann Wasser aus dem Löschwassernetz oder auch See- oder Kesselspeisewasser beigemengt werden.

Löschanlagen für Luftschaum werden fahrbar und ortsfest ausgeführt.

In Kraftwerken werden diese Anlagen stationär in der Regel neben Kohlezuteilern und in Heizöltank-Anlagen eingebaut, wobei die Pumpenräume für Heizöl- und Anfahrölanlagen Deckenschaumstrahler erhalten. Wenn die vor Brand zu schützenden Anlagen nicht zu weit auseinander liegen, können an zentralen Punkten Schaummittel-Vorratsbehälter aufgestellt werden, die mehreren Verbrauchern gemeinsam dienen.

C. Drucklufterzeugungsanlagen

Von Alfred Schneider

Druckluft findet in den Kraftwerksanlagen für die verschiedensten Aufgaben Verwendung. Sie wird herangezogen zur Betätigung elektrischer Schalter und zur Lichtbogenlöschung bei Schaltvorgängen, zum Abblasen verschmutzter Kesselheizflächen, zum Spülen von Filtern und Basenaustauschern, zur Schaffung des Luftpolsters in Druckwasserspeichern und dergleichen mehr. Ferner werden mit Druckluft viele Preßluftwerkzeuge, wie Meißel, Bohrer, Niethämmer, rotierende Reinigungsbürsten, Sandstrahler und Lackspritzgeräte betätigt. Selbstverständlich bedient man sich auch beim Ausblasen von Maschinenteilen und staubiger, schlecht zugängiger Ecken vorhandener Preßluft.

Diese Vielfalt der Anwendungsmöglichkeiten rechtfertigt — abgesehen von Druckluftanlagen für besondere Zwecke — die Installation einer zentralen Drucklufterzeugungsanlage mit dem dazugehörigen Rohrleitungsnetz, das ähnlich den Feuerlöschleitungen zu allen wichtigen Verbrauchsstellen in den Gebäuden und Außenanlagen führt. Der Betriebsdruck beträgt rd. 6 bis 8 atü, so daß den Verbrauchern ein Arbeitsdruck von 5 atü zur Verfügung steht. Die Leistung der Drucklufterzeuger richtet sich nach der jeweiligen Inanspruchnahme und muß stets nach den vorliegenden Verhältnissen ermittelt werden. Abb. 681 zeigt das Druckluftnetz im Kraftwerk Città di Roma.

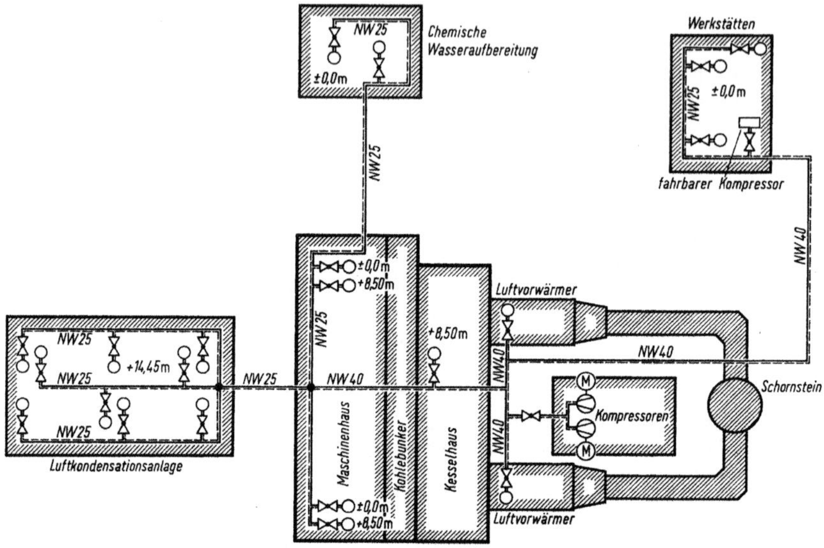

Abb. 681. Druckluftnetz im Kraftwerk Città di Roma

I. Bauarten und Arbeitsweise der Drucklufterzeuger

In Kraftwerksanlagen werden in der Regel nur Kolben- und Rotationskompressoren zur Drucklufterzeugung eingesetzt, da ihre wirtschaftlichen Baugrößen mit dem in Kraftwerken anfallenden Bedarf übereinstimmen. Turboverdichter dagegen eignen sich nur für sehr große Luftmengen, wie sie in Kohlengruben und Hüttenbetrieben benötigt werden. Aus Abb. 682 kann man die Arbeitsbereiche der drei genannten Bauarten ersehen.

Beim Kolben- und Rotationsverdichter wird die im Zylinder oder im sichelförmigen Arbeitsraum eingeschlossene Luft zusammengepreßt. Die Ansaugemengen sind vom Gegendruck nahezu unabhängig.

a) Kolbenverdichter

Kolbenverdichter werden von den kleinsten Ansaugeleistungen bis etwa 12 000 m^3/h gebaut. Je nach dem gewünschten Enddruck der Luft arbeiten sie ein-, zwei- oder mehrstufig. Sie finden außer der stationären Aufstellung auch in transportablen Aggregaten Verwendung. Ihre Vorteile zeigen sich in der Unempfindlichkeit gegen stark verunreinigte Luft, dem sehr geringen Schmierölverbrauch und der Lieferung fast ölfreier Druckluft.

Ihr Lauf ist wegen der hin- und hergehenden Massen trotz der Schwungräder unruhiger als der der Rotationskompressoren. Da das Austreten der komprimierten Luft aus den Zylindern stoßweise nach Öffnen der Auslaßventile erfolgt, sind nicht unerhebliche Betriebsgeräusche unvermeidbar. Die Kolbenkompressoren erfordern schwerere Fundamente als die Rotationsverdichter und nehmen bei gleichen Leistungen auch etwas mehr Raum ein.

b) Rotationsverdichter

Rotationsverdichter werden ein- und mehrstufig für Ansaugeleistungen von 200 bis 5000 m^3/h gebaut. Bis zu 3 atü Enddruck geht man bei der einstufigen Bauweise, bis 8 atü bei der zweistufigen; auch sie werden stationär und transportabel ausgeführt.

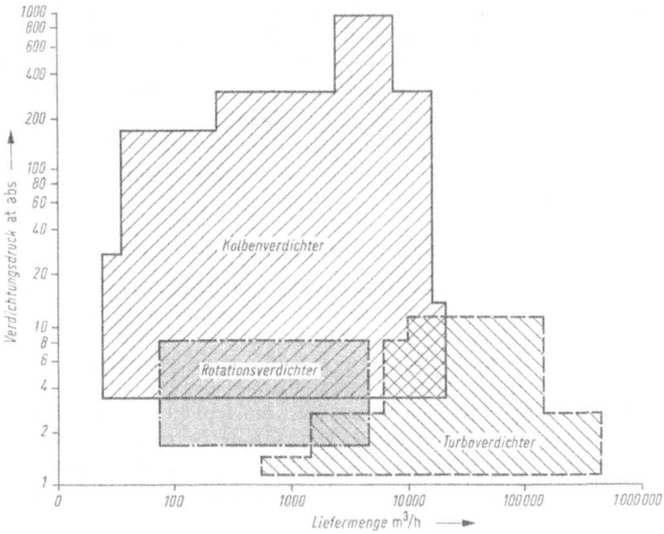

Abb. 682. Normale Arbeitsbereiche der Kolben-, Rotations- und Turboverdichter

Ihre besonderen Vorteile zeigen sich im erschütterungsfreien Lauf, in den geringen Betriebsgeräuschen, im geringeren Raumbedarf und den leichteren Fundamenten. Das Anfahrdrehmoment ist sehr klein. Der fehlenden Ventile wegen sind sie weniger störanfällig; die Wartung ist gering. Die Wirkungsgrade stehen denen der Kolbenkompressoren nicht nach.

Nachteilig wirkt sich die ölhaltigere Luft aus und der damit zusammenhängende hohe Ölverbrauch; ein Ölabscheider — meist mit dem Wasserabscheider kombiniert — ist daher unerläßlich.

II. Regelung der Druckluftlieferung

In den seltensten Fällen wird die erzeugte Druckluftmenge mit dem Verbrauch übereinstimmen, schon gar nicht in Kraftwerken, wo sie als Arbeitsmittel nur zeitweilig je nach Bedarf Verwendung findet. Um die Druckluftmengen dem Verbrauch anzugleichen, werden die Kompressoren entsprechend geregelt. Die Regelungsart muß den vorhandenen Betriebsverhältnissen angepaßt werden.

Bei Kolbenverdichtern kann die Fördermenge durch Anheben der Saugventile über einen Teil des Druckhubes oder durch Zuschalten schädlicher Räume stufenlos geregelt werden. Da hierbei die Drehzahl konstant bleibt, ist es unwesentlich, welche Antriebsart gewählt wird.

Weitere Arten von Regelungen der Fördermenge, wie sie für Kolben- und Rotationsverdichter angewendet werden, sind:

a) Zeitweiser Leerlauf durch Absperren des Saug- oder Druckstutzens bei gleichzeitigem Öffnen einer Umführung, wobei die Drehzahl konstant bleibt.

b) Änderung der stündlichen Fördermenge durch Verminderung der Drehzahl. Bei Kolbenverdichtern kann auf diese Weise die Fördermenge bis auf 50% der Auslegungsmenge verringert werden. Bei den Rotationsverdichtern wird die untere Grenze der Drehzahlverminderung von der Eigenart des Antriebes und der erforderlichen Fliehkraft bestimmt, um die Arbeitsschieber in ihrer Stellung zu halten.

c) Zeitweiliges Abschalten des Verdichters unter Heranziehung des Speichervermögens des Druckluftkessels. Der Speicher muß so groß gewählt werden, daß die zulässige Schalthäufigkeit des gewählten Schaltgerätes nicht überschritten wird. Im allgemeinen ist dies nur mit Niederspannungsmotoren und Schützen als Schaltgeräten möglich.

Es ist naturgemäß auch eine kombinierte Anwendung der obengenannten Regelungsarten möglich. Bei großem Preßluftbedarf kann die Leistung auf Grund- und Spitzenlastverdichter aufgeteilt werden, wobei die einzelnen Aggregate nach einer der oben angeführten Arten geregelt werden.

III. Abführung der Verdichtungswärme

Bei der Kompression der Luft geht ein wesentlicher Teil der aufgewendeten Arbeitsleistung in Wärme über. Führt man während der Kompression keine Wärme ab, muß mehr Arbeitsleistung für die gleiche Förderleistung angewendet werden. Aus diesem Grunde ist man bemüht, die entstehende Wärme so schnell wie möglich aus dem Kompressor und der Luft abzuleiten. Hierbei bedient man sich entweder der Luft- oder der Wasserkühlung. Bei zwei- und mehrstufigen Kompressoren wird die Druckluft nach jeder Verdichtungsstufe gekühlt, um mit möglichst niedriger Temperatur die nächste Verdichtung durchzuführen. Auf diese Weise können etwa 10% Antriebsleistung gespart werden.

Abb. 683 zeigt den unterschiedlichen Arbeitsaufwand zwischen isentroper und isothermischer Verdichtung. In der Praxis lassen sich isothermische Verdichtungsvorgänge nicht erreichen, sie verlaufen polytropisch.

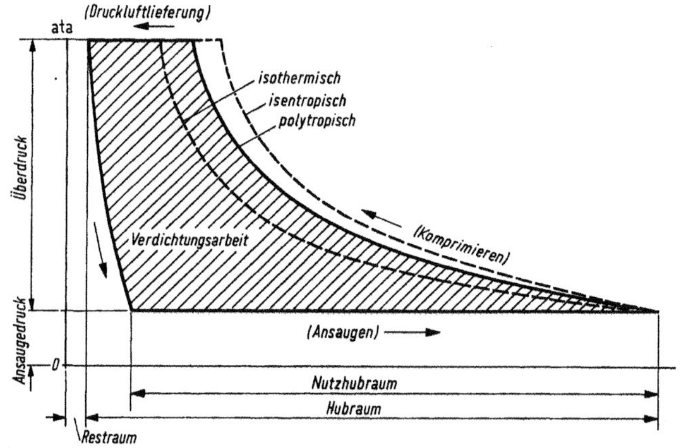

Abb. 683. Arbeitsdiagramm eines einstufigen Kolben- oder Rotations-Kompressors

Das Kriterium für die zulässigen Endtemperaturen der Druckluft an den Stufenaustritten bildet die damit verbundene Aufheizung des Schmieröles. Es darf seine Schmierfähigkeit nicht verlieren, nicht zu schnell altern, auch nicht verdunsten oder verkoken; die Zerstörung der Aggregate wäre die Folge. Ölablagerungen und Öldünste können sogar zu Explosionen führen. Mitgerissene Ölteilchen müssen daher möglichst unmittelbar hinter dem Kompressor mit der ausfallenden Feuchtigkeit ausgeschieden werden, um Ablagerungen in den Rohrleitungen zu verhindern. Das wirksamste Mittel zur Vermeidung zu hoher Temperaturen ist die Unterteilung des Verdichtervorganges in mehrere Stufen. Das Druckgefälle in jeder Stufe wird so weit ausgenützt, daß der Temperaturanstieg für das Schmieröl ungefährlich ist.

IV. Druckluftkessel, Luftfilter und Rohrleitungen

Als Speicher für die erzeugte Preßluft und zum Ausgleich der stoßweisen Lieferung aus Kolbenkompressoren schaltet man Druckluftkessel zwischen Drucklufterzeuger und Verbraucher. Bei normalen Verhältnissen kann für seine Bemessung rd. 2% des Ansaugevolumens des Kompressors angenommen werden. In ihm beruhigt sich die Luft und scheidet aus der Luftfeuchtigkeit stammendes Wasser und mitgerissenes Öl ab.

Die genaue Größe des Druckluftkessels muß jedoch entsprechend den Betriebsverhältnissen und der gewählten Regelungsart von Fall zu Fall bestimmt werden.

Ist die Ansaugeleitung länger als 5 m, kann das Ansaugegeräusch durch einen kleinen Stoßwindkessel vor dem Saugstutzen des Kompressors wesentlich vermindert werden. Stoßwindkessel werden auch hinter Kolbenkompressoren in langen Druckleitungen zu den Druckluftkesseln eingebaut, um Stöße auf die Rohrleitungen zu vermeiden.

Die Leitungen werden am besten aus nahtlosen Stahlrohren hergestellt, die an den Verbindungsstellen geschweißt werden. Auf genügendes Gefälle zur Entwässerungsstelle hin ist bei der Verlegung zu achten. Asphaltierte oder geteerte Rohre dürfen nicht verwendet werden.

D. Werkstätten und Lager

Von Alfred Schneider

I. Aufgaben des Werkstattpersonals

In einer Kraftwerksanlage sind naturgemäß viele Teile einem Verschleiß unterworfen und müssen nach gewisser Zeit entweder repariert oder durch neue Teile ersetzt werden. Bei betriebswichtigen Aggregaten wie Dampferzeugern, Kohlenmühlen, Turbosätzen, Gebläsen, Behältern und anderen Anlageteilen führt man deshalb turnusmäßige Revisionen durch, um nach Möglichkeit die nächste Betriebsperiode ohne Unterbrechung durchstehen zu können. Die Verschleißteile, insbesondere die Lager und die Kupplungen, werden hierbei überprüft und bei Bedarf nachgearbeitet. Bei dieser Gelegenheit empfiehlt es sich auch, die sich drehenden Aggregatgruppen auf Verlagerungen hin zu untersuchen, die durch Fundamentsetzungen oder durch den Betrieb selbst zustande gekommen sein können. Verlagerungen haben in der Regel unruhigeren Lauf zur Folge. Ein Nachrichten muß in solchen Fällen unbedingt erfolgen. Behälter und Becken müssen bei Bedarf gereinigt werden. Neben den oben angeführten Revisionsarbeiten, die während einer geplanten oder erzwungenen Stillstandsperiode durchgeführt werden, fallen Reparaturen an, die während einer Betriebsperiode ohne Unterbrechung des Betriebes erledigt werden können. Hierzu gehören die Reparaturen oder Revisionen an wichtigen Organen, wie Pumpengruppen, Vorwärmern, elektrischen Anlagenteilen, Sonderarmaturen und anderen Elementen, die als Reserve fest installiert sind oder durch Umführungsleitungen abgeschaltet werden können, um bei Ausfall eines dieser Aggregate nicht den Betrieb unterbrechen zu müssen.

Schließlich gehören noch zu den Aufgaben der Werkstattmannschaft alle Arbeiten, die durch nachträglich sich ergebende Ergänzungen und Änderungen der Anlagen anfallen.

Die auftretenden Defekte müssen je nach ihrer Dringlichkeit mehr oder weniger schnell behoben werden. Besonders bei unvorhergesehenen Defekten will man die ursprüngliche Betriebssicherheit oder Wirtschaftlichkeit der Anlage schnellstens wieder herstellen oder damit verbundene Betriebsunterbrechungen beheben. Alle diese oben angeführten Aufgaben fallen den Werkstätten zu, und hierin liegt ihre für die Kraftwerksanlage geradezu lebenswichtige Bedeutung.

Zu diesen mit dem technischen Betrieb des Kraftwerkes zusammenhängenden Aufgaben kommen noch die Pflege- und Reparaturarbeiten am werkseigenen Fahrzeugpark. Hierfür ist in der Regel eine besondere Werkstatt eingerichtet.

II. Anordnung der Werkstätten und Lager

In den wenigsten Fällen wird es aus Platzgründen möglich sein, die verschiedenartigen Lagerräume, wie sie für die Werkzeuge, Materialien, Ersatzteile, Schmiermittel, Gasflaschen und brennbaren Stoffe nötig sind, in einem gemeinsamen Gebäude mit den Werkstätten zusammenzufassen. Stets gilt jedoch die Forderung, zumindest das Lager für Werkzeuge und das Lager für Materialien, die in den Werkstätten verarbeitet werden, im Werkstättengebäude unterzubringen. Abb. 684 zeigt ein solches Werkstättengebäude.

Das Lager für die Ersatzteile und das Lager für die Schmiermittel können den örtlichen Gegebenheiten entsprechend angeordnet werden, sollten jedoch stets in der Nähe der Werkstätten liegen.

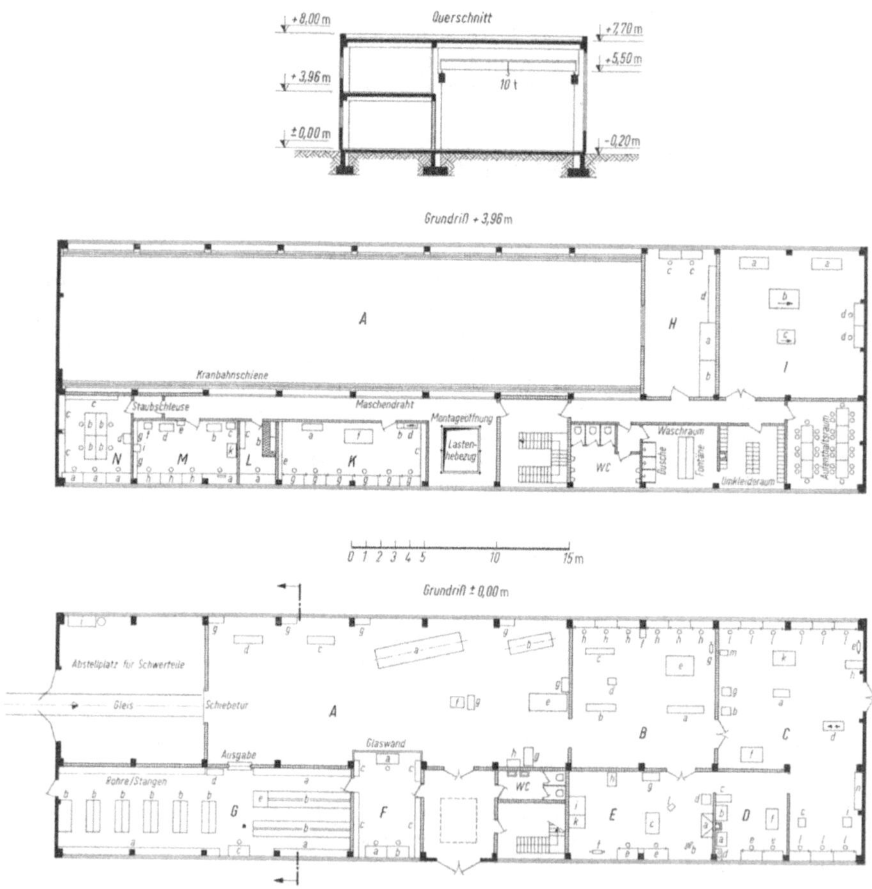

Abb. 684. Werkstattgebäude mit Werkzeug- und Materiallager

Die Lager für die Gasflaschen und brennbaren Flüssigkeiten ordnet man der Explosions- und Brandgefahr wegen so an, daß im Katastrophenfall die Beschäftigten und der übrige Betrieb nicht gefährdet werden. Ein freistehendes Gebäude hierfür an abgelegener Stelle im Kraftwerksgelände stellt die sicherste Lösung dar.

Hat der Planer freie Hand, wird er zweckmäßig das Werkstättengebäude mit dem Lagergebäude in einer Flucht zusammenbauen, so daß eine durchlaufende Kranbahn beide Gebäudeteile verbindet. Eine 2,5 m hohe Mauer mit Tor genügt als Trennung.

Ist man aber gezwungen, das Werkstätten- mit dem Lagergebäude im rechten Winkel zusammenzubauen, wird man die schweren Werkzeugmaschinen in dem gemeinsamen Eckraum aufstellen. Man kann dann auch bei dieser Anordnung mit dem gleichen Kran die Lagerräume bedienen und schwere Werkstücke unmittelbar auf die Werkzeug-

---

Legende zu Abb. 684

A Maschinenhalle
- *a* Drehbank 4000 × 350 mm
- *b* Drehbank 1500 × 250 mm
- *c* Fräsmaschine
- *d* Hobelmaschine
- *e* Ausleger-Bohrmaschine
- *f* Senkrecht-Flächenschleifmaschine
- *g* Werkzeug-Aufbewahrungsschrank
- *h* hydraulische Presse 20 t
- *i* Drucklufterzeuger

B Klempner-Isolierer-Werkstatt
- *a* Tafelschere
- *b* Abkantmaschine
- *c* Rundmaschine
- *d* Sicken-Bördelmaschine auf Ständer
- *e* Zuschneidetisch
- *f* Tischbohrmaschine
- *g* Ständer-Doppelschleifmaschine mit Staubabsauger
- *h* Werkbank mit Schraubstock und Hocker

C Schlosserei
- *a* Rohrbiegemaschine
- *b* Dornpresse 2 t
- *c* Gewindeschneidmaschine
- *d* Bügelsäge mit Kühlmitteleinrichtung
- *e* Ständer-Doppelschleifmaschine mit Staubabsauger
- *f* Richtplatte
- *g* Schleifmaschine für Armaturendichtflächen
- *h* Säulenbohrmaschine
- *i* Rohrschraubstock
- *k* Montagetisch für Armaturen
- *l* Werkbank mit Schraubstock und Hocker
- *m* Prüfpumpe (Handpreßpumpe)
- *n* Kleinmaterialschrank

D Schweißerei
- *a* Autogen-Schweißtisch
- *b* Elektro-Schweißtisch
- *c* Schweißumformer
- *d* Gasflaschen mit Schutz
- *e* Werkbank mit Schraubstock und Hocker
- *f* Richtplatte

E Schmiede
- *a* Schmiedeherd
- *b* Amboß
- *c* Richtplatte
- *d* Loch- und Gesenkplatte
- *e* Schmiede-Werkbank mit Schraubstock
- *f* Ständer-Doppelschleifmaschine mit Staubabsauger
- *g* Universal-Werkzeugschleifmaschine
- *h* Ständer-Bohrmaschine
- *i* Glüh-, Härte- und Einsatzofen
- *k* Weißmetall-Schmelzofen
- *l* Tiefspann-Schmiedeschraubstock

F Meisterbüro
- *a* Schreibtisch mit Stuhl
- *b* Schreibmaschinentisch mit Stuhl
- *c* Schrank

G Materiallager, Werkzeug- und Geräteausgabe
- *a* Kleinmaterialschrank
- *b* Regal
- *c* Schreibtisch mit Stuhl
- *d* Metallbügelsäge, fahrbar
- *e* Ringschneider mit Schneidtisch für Dichtungsmaterialien

H Lackiererei
- *a* Spritzkabine für Kunstharzlacke
- *b* Trockenschrank
- *c* Werkbank mit Hocker
- *d* Materialschrank

I Schreinerei
- *a* Hobelbank
- *b* kombinierte Abricht-, Füge-, Kehl- und Dickenhobelmaschine
- *c* kombinierte Kreissäge-, Fräs- und Langlochbohrmaschine
- *d* Werkbank mit Hocker

K Elektriker-Werkstatt
- *a* Drehbank
- *b* Tischbohrmaschine
- *c* Kleinmaterialschrank
- *d* Tischschleifmaschine mit Staubabsauger
- *e* Meß- und Prüftafel
- *f* Montagebock
- *g* Werkbank mit Schraubstock und Hocker

L Quecksilberraum mit Quecksilbersumpf
- *a* Arbeitstisch mit Hocker
- *b* Becken mit Absaugung
- *c* Eich-Manometertafel

M Feinmechaniker-Werkstatt
- *a* Uhrmacher-Drehbank auf dem Tisch
- *b* Universal-Feinmechaniker-Werkstattgerät
- *c* Zubehörschrank zu *b*
- *d* Gravier-Fräsmaschine
- *e* Zubehörschrank zu *d*
- *f* Präzisions-Tischbohrmaschine
- *g* Kleinmaterial- und Ablageschrank
- *h* Feinmechaniker-Arbeitstisch mit Installation
- *i* Spulenwickelmaschine auf dem Tisch
- *k* Skalenzeichenmaschine

N „Eisenfreier" Feinarbeitsraum
- *a* Mechaniker-Arbeitstisch
- *b* Prüf- und Eichtische mit Installation
- *c* Ablage- und Aufbewahrungsschrank
- *d* Trockenofen auf dem Tisch

maschinen absetzen. Das Hub- und Katzfahrwerk des Kranes müssen eine ausreichende Feinregulierung hierfür besitzen.

Ein Beispiel dieser Bauweise ist im Ersten Band auf S. 1061 zu finden, wo der Grundriß des Werkstattgebäudes des Kraftwerks San Nicolàs in Argentinien gezeigt wird. Die Kranbahn verläuft dort vom Eckraum des Werkstättengebäudes über die schweren Werkzeugmaschinen in das Lagergebäude.

Die Tragfähigkeit des Kranes ist mit 10 t auch für die größten Kraftwerkseinheiten ausreichend bemessen. Elektrozüge mit 2 t Tragkraft besorgen den Transport der Werkstücke zu den leichten Werkzeugmaschinen und den übrigen Werkstätten.

In der Regel sind im Werkstattgebäude die schweren und leichten Werkzeugmaschinen, die Schlosserei, Schmiede, Gas- und Elektroschweißerei, Elektrowerkstatt, feinmechanische Werkstatt und die Tischlerei unterzubringen. Das Büro für den Meister und das Werkzeuglager mit der Werkzeugausgabe sind möglichst zentral einzuplanen. Hat das Gebäude ein Obergeschoß, so wird man dort die Werkstätten für leichte Werkstücke, wie z. B. die feinmechanische Elektrowerkstatt, einrichten. Die Werkstatt für den Kraftfahrzeugpark kann mit den Fahrzeugen in einem getrennten Gebäude untergebracht sein.

Bei der Projektierung sollte ferner darauf geachtet werden, daß im Werkstattgebäude selbst Toiletten und Waschräume für das Werkstattpersonal eingebaut werden. Um den feuerpolizeilichen Vorschriften zu entsprechen, müssen genügend Fluchtwege vorhanden sein. Die zulässige Deckenbelastung des Obergeschosses sollte mindestens 1,5 t/m² betragen.

Legt man Wert darauf, die feinmechanische Werkstatt für Präzisionsinstrumente zu klimatisieren, kann diese auch in die Nähe einer bereits für andere Zwecke vorhandenen Klimaanlage in das Kraftwerks- oder Wartengebäude gelegt werden.

Eine Transformatorenwerkstatt unter Kranbereich mit Anschluß an die Trafogleise ergänzt die Werkstatteinrichtungen. Für diesen Zweck das Maschinenhaus mit seinem Kran zu benutzen, ist der Brandgefahr wegen nicht zu empfehlen. Geschieht es doch, so sind besondere bauliche Maßnahmen, wie feuerfeste Wände und Verschluß des Raumes durch Betonplatten in der Decke unerläßlich. Gleisverbindungen zu allen wichtigen Kraftwerksanlagen sind die zweckmäßigsten Beförderungswege für die reparaturbedürftigen Teile.

III. Die Werkstätten und ihre Ausrüstung

An *schweren Werkzeugmaschinen* sollte man in der Regel aufstellen:

1 große Spitzendrehbank, Spitzenhöhe rd. 550 mm, Spitzenweite rd. 4000 mm,
1 Schnelldrehbank, Spitzenhöhe rd. 250 mm, Spitzenweite rd. 1500 mm,
1 Universal-Fräsmaschine, Tischgröße rd. 1200 × 300 mm,
1 Schnellhobelmaschine (Shaping), Hobellänge rd. 700 mm, Hobelbreite rd. 800 mm,
1 Säulen-Radialbohrmaschine, Ausladung bis 1000 mm, Bohrleistung 28/32 mm,
1 Doppelständer-Hobelmaschine, Hobellänge rd. 1000 mm, Hobelbreite bis 650 mm,
1 Bügelsägemaschine,
1 Gewindeschneidmaschine.

Die größten und daher kostspieligsten Werkzeugmaschinen werden am wenigsten ausgenutzt. Es lohnt sich zu prüfen, ob in erreichbarer Nähe bereits derartige Maschinen in anderen Industriewerken vorhanden sind, die man gegen Leihgebühren in Anspruch nehmen kann. In solchen Fällen kann man die Anschaffung der einen oder anderen großen Maschine sparen.

Die Gruppe der *leichten Werkzeugmaschinen*, wie Abkant- und Rundmaschine, Bördelmaschine, Kreisschere, Tafelblechschere und Handspindelpresse, steht am besten zentral im Gebäude. Hier werden zum größten Teil Blecharbeiten ausgeführt. Leichte Zugängigkeit von den übrigen Werkstätten her ist sehr wichtig, da des öfteren Arbeitsgänge anderer Werkstätten über diese leichten Werkzeugmaschinen laufen.

Die *Schlosserei* mit ihren Werkbänken, den Handwerkzeugen, leichten Bohrmaschinen, Schleifböcken, Richtplatte, Tuschierplatte und Rohrwerkzeugen, räumlich mit den Werkzeugmaschinen verbunden, bietet allen mechanischen Reparaturarbeiten gute Hilfestellung.

Die *Schmiede* soll des Hämmerns wegen abseits von den übrigen Abteilungen liegen. Die Ambosse sind auf besondere Fundamente zu stellen, um die Stöße und den Schall nicht auf das Gebäude zu übertragen. Die Trennwände müssen auch entsprechend ausgeführt werden. Auf guten Rauchabzug ist zu achten.

Die *Gas- und Elektroschweißerei* sind zweckmäßig so neben die Schmiede zu legen, daß große Stücke im Schmiedefeuer angewärmt oder ausgeglüht werden können. Diese beiden Abteilungen sollten durch Wände getrennt werden, um gegenseitige Störungen durch Schweißlichter zu vermeiden. Auch die Wände zu den Nachbarräumen müssen undurchsichtig sein. Ein Glühofen zum Vorwärmen größerer Maschinenteile ist von Vorteil.

Zum *Biegen von Rohren* ist ein hydraulischer Rohrbiegeapparat zu empfehlen. Am günstigsten steht dieser in der Nähe der Schmiede und der Schweißerei.

Die *Elektrowerkstatt* dient zur Prüfung und Reparatur von kleineren und mittleren Elektromotoren, Schaltgeräten und anderen elektrischen Ausrüstungen. Im Bereich der stromführenden Meßgeräte ist der Boden zu isolieren.

Einrichtungen zum Prüfen und Eichen von Meßinstrumenten sollten vorhanden sein.

Für die *feinmechanische Werkstatt* ist ein völlig störungsfreier Platz zu wählen. Ein schwingungsdämpfender Fußboden ist unerläßlich, da hier die Reparatur- und Überholungsarbeiten an den empfindlichen Meß- und Überwachungsinstrumenten durchgeführt werden.

Die *Tischlerei* ist von den anderen Werkstätten unabhängig. Man ist daher bei der Festlegung des Ortes freizügiger. Es sollte darauf geachtet werden, daß beim Bearbeiten langer Bretter auf dem Kreissägetisch oder der Hobelmaschine genügend freier Raum auf beiden Seiten zur Verfügung steht. Notfalls muß diese Möglichkeit zumindest bei geöffnetem Tor der Tischlerei gegeben sein. Eine Holzstaub- und Luftabsaugevorrichtung ist zu empfehlen; zumindest ist bei der Planung auf die Möglichkeit eines späteren Einbaues zu achten.

Das *Meisterbüro* ist möglichst in die Mitte des Gebäudes zu legen, um zu den einzelnen Arbeitsplätzen kurze Wege zu erhalten. Haben die Wände große Glasfenster, ermöglicht dies dem Meister eine bequeme Beobachtung. Bewährt hat sich auch die Höherlegung des Fußbodens um rd. 75 cm über den Flur der Werkstätten. Sind im Obergeschoß ebenfalls Werkstätten, ist in unmittelbarer Nähe des Meisterbüros eine Treppe vorzusehen.

IV. Lager

a) Werkzeuglager

Das Werkzeuglager mit der Werkzeugausgabe sollte in der Mitte des Werkstattgebäudes liegen. Es enthält die Maschinenwerkzeuge, wie Bohrer, Fräser, Dreh-, Hobelstähle und Spezialwerkzeuge aller Art und Meßwerkzeuge, wie Mikrometer, Bohr-, Rachenlehren und dergleichen.

b) Materiallager

Im gleichen Gebäude — wie oben bereits erwähnt — sollte das Materiallager untergebracht sein. In ihm sollten zusammengefaßt sein: *Halbzeuge,* wie Walzstahlprofile in verschiedenen Querschnitten und Materialgüten; *Rohre,* nach Nennweiten, Nenndrücken und Materialsorten; *Verbrauchsmaterialien,* wie z.B. Schrauben, Nieten, Schweißmaterial, Hart- und Weichlot, Lagermetalle, Quecksilber, Chemikalien, Putzlappen, Reinigungsmittel, Anstrichmaterialien und anderes Kleinmaterial.

c) Ersatzteillager

Eine weitere Abteilung bildet das Ersatzteillager. Hier findet man alle Reserveaggregate und Verschleißteile wie dies im Elften Teil, Abschn. C II und C III, S. 688, noch beschrieben ist.

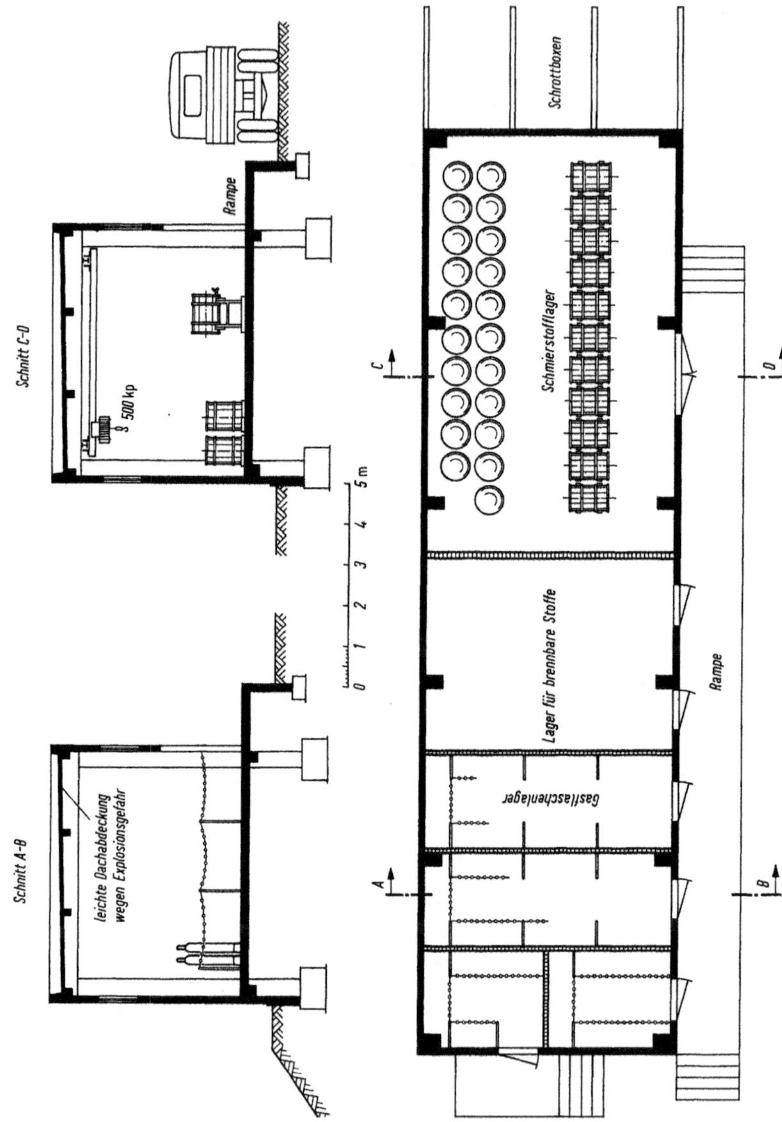

Abb. 685. Gasflaschen- und Schmiermittellager in einem Großkraftwerk

d) Schmiermittellager

Lagerräume für Schmieröle und -fette sind der Feuergefahr wegen möglichst abseits in einem getrennten Bau unterzubringen. Will man sie jedoch aus betriebstechnischen

Gründen in der Nähe der Kraftwerksanlage unterbringen, sind besondere Sicherheitsvorkehrungen bei der Planung vorzusehen. Feuerhemmende, selbsttätig schließende Türen müssen die Lagerräume für Schmiermittel von den übrigen Räumen trennen. Feuerlöschgeräte, die mit Kohlendioxidgas löschen, müssen dort vorhanden sein. Näheres über die Lagerung der Schmiermittel ist im Elften Teil, Abschn. B V, S. 686, beschrieben. Dort ist auch ein Gebäude, das nur der Lagerung von Schmiermitteln dient, abgebildet (Abb. 686).

e) Gasflaschenlager und Lager für brennbare Stoffe

Auch die verschiedenen Gase, die für den Kraftwerksbetrieb benötigt werden, müssen in entsprechenden Mengen gelagert werden. Es handelt sich dabei um Druckflaschen für Wasserstoff, Sauerstoff, Stickstoff, Argon und Propan. Der hierfür notwendige Raum läßt sich meistens mit dem Schmiermittellager und dem Lager für brennbare Stoffe baulich verbinden. Abb. 685 zeigt eine solche Lösung.

V. Platzbedarf

Für ein Werkstattgebäude mit Obergeschoß, wie es hier beschrieben wurde, ist eine Grundfläche von 1000 bis 1200 m^2 erforderlich. Für das Materiallager ist eine Grundfläche zwischen 100 und 200 m^2 ausreichend. Der Platzbedarf für das Schmiermittellager, Gasflaschenlager und das Lager für brennbare Stoffe beträgt zusammen etwa 150 m^2.

Elfter Teil

Wartung der Anlagen

Von ALFRED SCHNEIDER

Ist eine Kraftwerksanlage erstellt und in Betrieb gesetzt, gilt es, sie möglichst viele Jahre hindurch mit den wirtschaftlichsten Mitteln betriebstüchtig zu halten. Der Dauerhaftigkeit der Anlagenteile wirken jedoch die Korrosion und der Verschleiß entgegen. Gegen Korrosion schützt man die Oberflächen der Metallteile durch geeignete Rostschutzanstriche. Verschleiß ist in vielen Fällen durch sachgemäße Schmierung der Verschleißteile und Pflege der Schmiermittel in wirtschaftlichen Grenzen zu halten. Darüber hinaus ist aber damit zu rechnen, daß trotz aller vorsorglichen Maßnahmen Teile einer Alterung unterliegen und dadurch unbrauchbar werden oder sogar zu Bruch gehen. Schneller Ersatz dieser Teile ist nur dann gewährleistet, wenn sie nicht erst im Zeitpunkt des Unbrauchbarwerdens bei dem Lieferwerk bestellt werden müssen. Die Haltung eines nach wirtschaftlichen und technischen Gesichtspunkten geführten Reserveteillagers ist aus diesen Gründen unerläßlich.

A. Rostschutzanstriche

Der Rostschutzanstrich soll die Anlagenteile vor der Zerstörung durch Korrosion bewahren. Versuchte man früher nach Möglichkeit alle Kraftwerkselemente in Gebäuden unterzubringen, so zwingen heute die stetig ansteigenden Herstellungskosten und die damit verbundenen Rationalisierungsbestrebungen, immer mehr Anlagenteile im Freien aufzustellen. Der Schutz vor Rostschäden durch Witterungseinflüsse verbleibt dort allein dem Anstrich, der gerade im Freien besonders hohen Beanspruchungen ausgesetzt ist. Weiter dient der Anstrich der Verschönerung und besseren Orientierung wie auch der Kennzeichnung von Rohrleitungen, Gefahrenstellen und sonstigen Anlagen- oder Gebäudeteilen.

I. Allgemeines

Im allgemeinen besteht ein Anstrichaufbau aus zwei Grundanstrichen, dem ersten und dem zweiten Deckanstrich. Nur bei wenig beanspruchten Teilen wird nur ein Grundanstrich unter die zwei Deckanstriche aufgetragen. Es handelt sich in der Regel um lufttrocknende oder kalthärtende Anstrichmittel. Eine Ausnahme machen die Anstriche an heißen Teilen, wo ofentrocknende Bindemittel eingesetzt werden müssen. Das Auftragen geschieht entweder mit Pinsel von Hand oder mit Hilfe von Spritzpistolen, die das Anstrichmaterial unter Druck aufspritzen.

Die Haltbarkeit und Schutzintensität eines Rostschutzanstriches hängt neben der Güte und Eignung des aufgetragenen Farbfilms von der Behandlung des metallischen Untergrundes, der Verarbeitung des Materials, den dabei herrschenden Witterungsverhältnissen und den äußeren Beanspruchungen, denen er im fertigen Zustand ausgesetzt ist, ab. Was den Farbfilm selbst betrifft, so muß er gut haften, bei genügender Festigkeit die richtige Zähigkeit besitzen und nach außen völlig dicht sein, um das Eindringen von Feuchtigkeit zu verhindern. Er muß ferner wasserabweisend sein und darf bei Feuchtigkeit nicht aufquellen. Hygroskopische Anstrichfilme eignen sich deshalb nicht als Rostschutz für Anlagen im Freien oder in feuchten Räumen. Die Kohäsions- und Adhäsionskräfte müssen aufeinander so abgestimmt sein, daß sich im Film keine Risse bilden, wobei die Adhäsion weitgehend vom Zustand der zu streichenden Oberfläche abhängt. Die Teile müssen metallisch rein und trocken sein, so daß die Grundfarbe mit dem Kristallgitter des Metalles in engste Berührung kommen und in die mikroskopisch feinen Vertiefungen der Oberfläche eindringen kann.

Die Grundfarbe muß passivierende Eigenschaften haben, d. h. sie muß die blanke Metalloberfläche mit einer Schutzschicht überziehen, ähnlich dem Schutzoxid bei Aluminium, der Patina des Kupfers oder dem Brünieren des Stahles. Da das Eisenoxid nicht durch direkte Oxidation entsteht, sondern durch Hydrolyse und deshalb wasserhaltig ist, bildet es im Gegensatz zu den Oxidschichten anderer Metalle keinen schützenden Überzug. Diese gewünschten Eigenschaften finden wir aber in den Pigmenten der bewährten Grundanstrichfarben, wie Bleimennige, Bleicyanamid, Zinkchromat, Zinktetraoxichromat und Calciumplumbat.

Die Aufgabe der Grundanstriche ist also die Unterbindung des Oxidationsprozesses, die der Deckanstriche allein der Schutz der Grundanstriche und der Farbgebung. Dies erklärt auch, weshalb die übereinanderliegenden Farbfilme stets fetter werden, der Bindemittelanteil immer größer wird. Die Pigmente sollen den Farbfilm verdichten, vollkommene Porenfreiheit läßt sich jedoch nie erreichen. Je mehr Schichten aber übereinander aufgetragen werden, desto dichter wird der gesamte Farbfilm.

Die Schichtdicke eines einzelnen Anstriches liegt zwischen 30 und 60 μ, die des Gesamtanstriches zwischen 120 und 200 μ. Sie hängt von der Anzahl der aufgebrachten Anstriche, der Art des Materials und der Art des Aufbringens ab. Aufgespritzte Systeme sind in der Regel dünner als aufgestrichene. Der gesamte Farbfilm soll mindestens dreimal so stark sein wie die Rauhigkeit der zu schützenden Metalloberfläche.

Um die einzelnen Anstriche leichter kontrollieren zu können, empfiehlt es sich, die Materialien in voneinander abweichenden Farbtönen herzustellen. Außerdem läßt sich dann später der Zerfall des obersten Deckanstriches leichter feststellen.

Die Dauer der Haltbarkeit des Anstrichfilmes hängt neben der Qualität und Verarbeitung auch von den äußeren Einflüssen ab, wie sie durch die Witterung bedingt sind. Im tropischen Klima treten hier die größten Anforderungen auf: Mit einer relativen Luftfeuchtigkeit bis 100% bei sehr hohen Tagestemperaturen und intensiver Sonnenbestrahlung, dazu mit oft großen Temperaturunterschieden zwischen Tag und Nacht, muß gerechnet werden.

Diese Farbfilme müssen deshalb besonders wasserabstoßend und dicht sein, dürfen nicht quellen, müssen unbedingt licht-, temperaturbeständig und elastisch sein. Außer diesen Bedingungen muß unter Umständen Säurefestigkeit oder Beständigkeit gegen Salzablagerungen verlangt werden.

Alle vorhandenen Anstriche sollten in bestimmten zeitlichen Abständen überprüft werden, um rechtzeitig notwendige Ausbesserungen zu veranlassen. Ist der Deckanstrich durch Alterung zerstört, der Grundanstrich aber noch unversehrt, brauchen nur die Deckanstriche erneuert zu werden.

Im abschließenden Abschn. VI, S. 676, sind die einschlägigen DIN-Normen, Vereinbarungen und Vorschriften zusammengestellt, die bei Abschn. II bis IV beachtet werden müssen.

II. Die Anstrichmittel

a) Lacke auf Ölbasis

Natürliche Öle, wie Leinöl, Holzöl u. a., dienten schon von jeher zum Einbinden der verschiedenen Pigmente. Trägt man sie in dünner Schicht auf, trocknen sie an der Luft zu einem festen Film. Die Trocknung und Erhärtung beruht auf dem Vorgang der Oxidation. Ungesättigte Ölanteile verbinden sich mit dem Luftsauerstoff. In den ersten vier Wochen ist die Sauerstoffaufnahme am stärksten, geht danach in schwächerer Form unaufhaltsam weiter und führt schließlich zur Versprödung. Der Lackspiegel zerfällt durch den fortdauernden Oxidationsabbau, verliert seinen Glanz und damit seine Geschlossenheit. Es entstehen Haarrisse, und die Mikrokrater werden immer tiefer, bilden schließlich einen porösen, mit Kapillaren durchsetzten Lackfilm, der hygroskopisch ist. Solche Lackfilme quellen bei Feuchtigkeit auf.

Eine Temperaturbeständigkeit bis 70 °C ist bei Lacken auf Ölbasis gegeben. Bei 80 bis 90 °C tritt ein Vergilben und Verspröden des Bindemittels ein, das mit höherer Temperatur zunimmt.

Die Eigenschaften des Leinöles lassen sich durch Kochen wesentlich verbessern. In dieser Form führt es die Bezeichnung „Standöl". Für tropenfeste Lacke auf Ölbasis gibt man dem Leinöl der größeren Beständigkeit wegen chinesisches Holzöl oder Rizinusöl bei. Zu hoher Holzölgehalt führt zu harten Anstrichen, die zur Versprödung neigen.

Die Trockenzeit bis zur völligen Durchhärtung beträgt bei 20 °C 6 bis 7 Tage. Will man den Trockenprozeß beschleunigen, erreicht man dies durch Zusetzen von sog. Trockenstoffen (Sikkative). Dazu zählen Bleiverbindungen, Salze des Kobalts oder Mangans, die auf die Sauerstoffaufnahme eine katalytische Wirkung ausüben.

Lacke auf Leinölbasis sind nicht chemikalienbeständig.

b) Lacke auf Kunstharzbasis

1. Alkydharz- oder Phtalatharzlacke

Alkydharze in ihren verschiedensten Kombinationen gehören zu den wichtigsten Lackrohstoffen. Besondere Bedeutung haben die Alkydharze auf Phtalatsäurebasis. Ein Lösungsmittel macht das Bindemittel flüssig, so daß Pigmente eingemischt werden können. Um dem Anstrichfilm nach der Trocknung die gewünschte Elastizität zu geben, kommen als sehr wichtiger Bestandteil 40 bis 65% trocknende Öle dazu.

Diese Kunstharzlacke sind lufttrocknend und kalthärtend, die Fettsäuren der Öle leiten die Trocknung durch Sauerstoffanreicherung ein. Der oxidative Abbau des Ölanteils arbeitet der dauernden Haltbarkeit des Kunstharzes entgegen. Dieser Alterungsprozeß geht aber wesentlich langsamer vor sich als bei Ölanstrichen, der Glanz erhält sich länger, und dementsprechend nachhaltiger ist auch die Schutzintensität gegen Korrosion für die darunterliegenden Eisenteile. Der Kunstharzlackfilm ist wasserabweisend und quillt nicht auf.

Eine Temperaturbeständigkeit bis 140 °C kann bei diesen Lacken erwartet werden. Bei dieser Temperatur tritt höchstens eine leichte Vergilbung besonders lichter Farbtöne auf; der Farbfilm erreicht aber noch nicht die unzulässige Spröde.

Alle Kunstharzlacke sind Schnelltrockner und bei normaler Temperatur in 48 Stunden völlig durchgehärtet. Sie liefern Überzüge von guter Haltbarkeit, gegen Chemikalien sind sie nicht genug widerstandsfähig.

2. Phenolharz- und Harnstoffharzlacke

Kunstharzlacke auf Phenol- und Harnstoffharzbasis sind ölfrei. Die Trocknung bei normaler Temperatur hat physikalischen Charakter; erst bei Erhitzung der gestrichenen Teile über 100 °C oder bis 200 °C setzt der Härtungsprozeß durch Polymerisation ein und erreicht hierbei gleich seine Endstufe. Die Härtung ist ähnlich der Phenoplaste beim Spritzgußverfahren. Die Zähigkeit läßt sich durch Alkydharz-Zusätze verbessern. Diese ofentrocknenden Lacke, auch Einbrennlacke genannt, sind bis 250 °C temperaturbeständig, dabei hart und schlagfest. In der Kombination mit Alkydharzen lassen sich auch harte, gleichzeitig elastische und auch reinweiße Lacke herstellen.

Die physikalische Trocknung ist je nach Art des Lösungsmittels in ein bis zwei Stunden beendet, das Einbrennen dauert je nach den gewünschten Eigenschaften 20 Minuten bis etwa eine Stunde bei Temperaturen zwischen 60 und 200 °C. Diese Lacke sind chemikalienfest.

3. Chlorkautschuklacke

Naturkautschuk wird chloriert, dabei verbindet sich das Chlor mit dem Kautschuk zu löslichem Chlorkautschuk. Die Widerstandsfähigkeit des neuen Produktes übertrifft die des Naturkautschuks um ein Wesentliches. Chlorkautschuklacke erhalten Zusätze verschiedenster Kunstharze, Bitumen oder Öle, die als Weichmacher oder Stabilisatoren wirken und die Qualität in viele Richtungen beeinflussen.

Entsprechende Qualitäten von Chlorkautschuklacken bewähren sich bei Unterwasseranstrichen und ergeben einen gegen Chemikalien beständigen Schutz. Temperaturen dürfen sie dagegen nur bis 80 °C ausgesetzt werden.

Diese Lacke erfordern einen völlig metallreinen, fettfreien und trockenen Untergrund. Jeder Anstrich soll zwei Tage durchtrocknen, bevor die nächste Schicht aufgetragen wird. Wegen des geringen Festkörpergehaltes werden für ein Anstrichsystem ein bis zwei Anstriche mehr erforderlich, um auf die Dicke eines normalen Anstrichfilms zu kommen.

c) Lacke auf Kunststoffbasis

1. Additions- oder Polyurethanlacke

Polyurethane kennen wir von der Nylon- und Perlonfaser her. Als Anstrichmaterial müssen sie aber kalthärtend sein und müssen deshalb in zwei Komponenten angeliefert werden, als Lack und Härter, die erst vor der Verarbeitung im bestimmten Verhältnis gemischt werden. Hierzu kommt das Lösungsmittel. Der nun angesetzte Lack muß in den nächsten 8 bis 10 Stunden verarbeitet werden, da der einmal angelaufene Erstarrungsprozeß sich nicht rückgängig machen läßt.

Anstriche mit Additionslacken zeichnen sich durch eine besondere Widerstandsfähigkeit gegen mechanische und chemische Beanspruchungen aus, sind seewasserfest und temperaturbeständig bis 80 °C.

Bei der Wahl der Grundierung ist zu beachten, daß sich auf Stahl Bleimennige nicht eignet. Brauchbare Grundierungen sind z. B. Polyurethan-Zinkchromat und Haftgrundierungen.

Bei der Bearbeitung ist zu beachten, daß manche Lösungsdämpfe Hustenreiz und Übelkeit auslösen können. In geschlossenen Behältern ist die Anwendung nur mit Frischluftmasken möglich. Handschuhe sind zu empfehlen, da die Reinigung der Hände schwierig ist.

Die Trockenzeit beläuft sich auf etwa 8 Stunden.

2. Epoxidharzlacke

Eine andere Gruppe der Kunststoffharze sind die Epoxidharze. Durch Kombination mit entsprechenden Reaktionspartnern erhält man ofen-, lufttrocknende oder kalthärtende Anstriche. Selbst bei den kalthärtenden Zwei-Komponenten-Epoxidlacken lassen sich Beschichtungen erzielen, die der chemischen Resistenz von Gläsern gleichkommen.

Reaktionslacke mit Aminen, Polyaminen u. a. zählen zu den kalthärtenden Epoxidlacken, die Eigenschaften zeigen, wie man sie sonst nur bei Einbrennlacken erzielen kann.

Neben der guten Haftfähigkeit zeichnen sie sich durch besondere chemische Widerstandsfähigkeit, außergewöhnliche Elastizität und Abriebfestigkeit aus.

Diese Lacke bewähren sich besonders dort, wo aggressive Industrieabgase auftreten und gleichzeitig sehr wetterfeste, wasser- und säurebeständige Anstriche nötig sind. Ferner eignen sie sich besonders gut für Innenanstriche von Behältern und Rohren für Wasser, Öle, Chemikalien und Gas.

d) Anstrichmittel auf bituminöser Basis

Bitumen oder Naturasphalt werden mit Leinöl verkocht, mit Schuppenpigmenten vermengt und mit Hilfe eines Lösungsmittels auf die streichfähige Konsistenz gebracht. Eingemischte neutrale Füllstoffe bewirken eine größere Schichtdicke.

Nach der physikalischen Trocknung des Lösungsmittels setzt die Härtung durch Oxidation im Leinölanteil ein.

Diese Anstriche sind sehr wetterfest, wasser- und säurebeständig und gegen vielerlei Industrieabgase unempfindlich bei gleichzeitiger Temperaturbeständigkeit bis 180 °C. Sie eignen sich vorzüglich für Unterwasseranstriche in Süßwasser und haben eine hohe mechanische Widerstandsfähigkeit.

Nicht beständig sind sie dagegen bei Einwirkungen von Ölen aller Art, Benzinen und Benzolen, Salzen und alkoholischen Flüssigkeiten. Gegen Säuren und Laugen sind sie ebenfalls empfindlich.

Eine Einschränkung für ihre Anwendung bedeutet die Herstellungsmöglichkeit nur einiger weniger, meist dunkler Farbtöne.

Die Trockenzeit beträgt ein bis zwei Tage. Unterwasseranstriche und solche für trockene Hitze über 100 °C dürfen erst nach 10 bis 14 Tagen ihren zukünftigen Beanspruchungen ausgesetzt werden.

III. Die Planung der Arbeiten

Die Festlegung der Arten und Qualitäten der einzelnen Rostschutzanstriche beginnt meist zu spät. Sie sollte bereits getroffen sein, bevor die ersten Aufträge an die Unterlieferanten vergeben werden, denn auf die richtige Vorbehandlung und den richtigen Grundanstrich kommt es bereits an. Es ist z.B. nutzlos, Teile mit einem mangelhaften Grundanstrich auf die Baustelle liefern zu lassen, die später im montierten Zustand unter schwierigsten Verhältnissen nochmals entrostet werden müssen, um einen dauerhaften Grundanstrich zu erhalten. Im Herstellerwerk ist es dagegen einfach und billig, selbst die wirksamsten Entrostungsmethoden, wie Sandstrahlen, anzuwenden. An der aufgestellten Anlage läßt sich dieses Verfahren des anfallenden Sandes wegen nur in den wenigsten Fällen anwenden und erfordert erhebliche Kosten. Wenn die Anlagenteile bei den einzelnen Lieferanten mit dem Grundanstrich bestellt werden, ist es unerläßlich, ihm die Entrostungsart, den Entrostungsgrad und die Güte des Grundanstrichmaterials vorzuschreiben. Auf die fachmännische Durchführung dieser Arbeiten ist besonders hinzuweisen. Im anderen Fall wird man diese Arbeiten und das Material doppelt bezahlen.

Je nach dem Klima des Standortes des Kraftwerkes und der speziellen Beanspruchung der einzelnen Anlagenteile werden die Qualitäten des Anstrichmaterials in möglichst wenigen Gruppen festgelegt. In der Tabelle 31 wird versucht, für die verschiedenen Beanspruchungen das zweckmäßigste Material vorzuschlagen. In einer weiteren Spalte sind die Anlagenteile der Kraftwerke aufgeführt, bei denen die genannten Beanspruchungen auftreten, wodurch das jeweils geeignetste Anstrichmittel bestimmt ist.

Öltanks streicht man unten am besten schwarz, den obersten Schuß und die Decke mit einer hellen, die Sonnenstrahlen reflektierenden Farbe, wie z.B. Aluminiumbronze. So wird erreicht, daß unten Sonnenwärme vom Öl aufgenommen werden kann, oben dagegen übermäßige Gasbildung vermieden wird.

Kohlenmühlen soll man gleich im Lieferwerk mit hitzebeständiger Aluminiumbronze streichen, die nach der Montage als erster Deckanstrich bleiben kann. Oft wird nur ein Reiseanstrich aufgebracht, der auf der Baustelle nach der Montage vollkommen entfernt werden muß, bevor die Mühlen ihren endgültigen hitzebeständigen Anstrich erhalten.

Mechanische Kühlwasserreinigungsanlagen werden am wirtschaftlichsten mit wasserfester Bitumenfarbe gestrichen. Bevor die Anlagen unter Wasser gesetzt werden, muß der Anstrich die vorgeschriebene Trockendauer erfahren haben.

Chemische Wasseraufbereitungsanlagen, in denen mit Säuren und Laugen gearbeitet wird, sind mit chemikalienfesten Anstrichen zu versehen. Kunstharzlacke sind zwar ein genügender Rostschutz, die Farben bleichen aber leicht aus oder verändern sich. Entsprechende Epoxidharzlacke sind hierfür geeignet.

Tabelle 31. *Anwendungsbereich der Anstrichmaterialien*

Beanspruchung	Anstrichmaterial	Anlagenteile
Unter Dach, europäisches Klima, trocken, keine Dämpfe, keine Öle	Leinöl-Lacke, Standöl-Lacke	Stahlkonstruktionen, Schalttafeln, Krane, isolierte Behälter und Rohrleitungen und ähnliche Teile
Im Freien oder unter Dach, europäisches Klima	Bitumen- und Naturasphaltlacke, Leinöl- und Holzöllacke, Kunstharzlacke	Stahlkonstruktionen, Rohrleitungen, Behälter, Öltankanlagen, Bekohlungsanlagen, Kabelpritschen
Im Freien oder unter Dach, europäisches Klima, schädliche Dämpfe, Salze, dauernde Feuchtigkeit	Standöl- und Holzöllacke, Kunstharzlacke, Epoxidharzlacke	Stahlkonstruktionen, Kesselanlagen, Rohrleitungen, Behälter, Öltankanlagen, Bekohlungsanlagen, Maschinen
Im Freien oder unter Dach, tropisches Klima, Temperaturen bis 100 °C	Kombinationen der Natur- und Kunstharzlacke	Stahlkonstruktionen, Kesselanlagen, Rohrleitungen, Behälter, Öltankanlagen, Bekohlungsanlagen, Maschinen, Kabelpritschen
Im Freien oder unter Dach, tropisches Klima, hohe Temperaturen bis 250 °C	Phenol- und Harnstoffharzlacke, Epoxidharzlacke	Kohlenmühlen, heiße Rohrleitungen, heiße Kesselteile, heiße Maschinenteile
Im Freien oder unter Dach, mechanische Beanspruchungen, wie Stöße, Schwingungen, Dehnungen, Kratzen; bei Normaltemperatur	Kombinationen der Additions- und Polyurethanlacke mit Chlorkautschuk, Epoxidharzlacke	Handräder, Griffe, Handläufe an Geländern, Steuerpulte, Meßgerätegehäuse
Dauernd im Süß- oder Seewasser, Laugen, Säuren, Benzin u. a. Chemikalien	Chlorkautschuklacke, Epoxidharzlacke	Innenwände von Behältern und Kühlwasserrohrleitungen, chemische Wasseraufbereitungsanlagen, Bunkertrichter, mechanische Wasserreinigungsanlagen
Dauernd im Süßwasser oder in feuchten Räumen	Bitumen- und Naturasphaltlacke, Epoxidharz-Bitumen-Lacke	mechanische Wasserreinigungsanlagen, Kabelpritschen, kaltbleibende Anlagenteile, Innenwände von Behältern und Kühlwasserrohrleitungen

Kabelpritschen können mit Bitumenfarben sehr wirtschaftlich gestrichen werden. In Kanälen mit ungenügender Durchlüftung sind Bitumenfarben der starkriechenden Lösungsmittel wegen nicht zu verwenden.

Leichtmetalle müssen vor dem Streichen leicht aufgerauht werden, was durch Beizen oder Aufrauhen mit Glaspapier oder Stahlbürsten erfolgen kann. Wo die Möglichkeit besteht, sollte man sich vorhandene Sandstrahleinrichtungen zunutze machen. Die Oberflächen müssen vollkommen fettfrei sein. Schon Schweißabsonderungen der Haut beeinflussen das Haften des Farbfilms. Im übrigen gilt der gleiche Anstrichaufbau wie bei Eisen.

Außenschutz für erdverlegte Rohrleitungen für Wasser, Gas und Öle kann auf verschiedene Weise erreicht werden. Bewährt haben sich Heißteer- und Heißasphaltüberzüge, auch Heißaufträge von Paraffinen und Wachsen. In den gleichen Massen getränkte Jutebinden geben dem Schichtaufbau die mechanische Festigkeit. Ebenso haben Überzüge mit Teer-Epoxidharz-Systemen ihre Bewährung bestanden. Ferner werden noch Polyvenyl und Polyäthylenbinden wie auch Polyäthylenüberzüge über eine Butadienmastixklebeschicht neben anderen Abarten der hier aufgezählten Produkte verwendet. Zu beachten

Pos.	Anlagenteil	Herstellerfirma	Einfache Fläche (Gewicht)[1] m² (t)[1]	Mit folgender Vorbehandlung auf Baustelle angeliefert: Grundanstrich	I. Deckanstrich	II. Deckanstrich	Basis des obersten Anstrichs
1	*Kesselanlage:*						
	Kesselgerüst, Tragroste und Blechaschentrichter, Treppen, Bühnen, Pendelschurren	Steinmüller/ Babcock	13 050	Zinkoxid mit Zinkchromat	—	—	Kunstharz
				Eisenoxidrot Zinkoxid	—	—	Leinöl-Kunstharz
	Luvo-Bühnen u. Gerüste bis +7,5 m	Stm./Babc.	(200 t)	Zinkoxid	—	—	Leinöl-Kunstharz
	Blechverkleidung	Stm./Babc.	4 920	Zinkoxid mit Zinkchromat	—	—	Kunstharz
2	Frischluftgebläse mit Druckstutzen	Stm./Babc.	680	—	Ja	—	Kunstharz
	Gasfeuerungsanlage mit Gasleitung	Stm./Babc.	2 280	Alu-Bronze	—	—	Kunstharz
	Ablaß- u. Entlüftungsleitungen	Stm./Babc.	120	—	—	—	—
	Entaschungsanlage	Stm./Babc.	120	Zinkoxid mit Zinkchromat	—	—	Kunstharz
	Ölfeuerung u. Tagesölbehälter	Stm./Babc.	520	—	—	—	—
	Saugzug mit Kanälen u. Schornstein	Stm./Babc.	3 680	Alu-Bronze	—	—	Kunstharz
	Unisolierte Teile für Ljungström-Luvo	Howden	200	—	—	—	—
	Handläufe der Geländer u. Handräder der Armaturen	Stm./Babc.	300	—	—	—	Kunstharz
	Isolierflächen an Kesseln u. Rohrleitungen	Stm./Babc.	8 000	verzinkt	—	—	—
		Summe:	33 870				
3	Kohlenförderanlagen	Fredenhagen	1 440	Bleimennige	—	—	Leinöl
4	Chem. Speisewasseraufbereitung	WABAG	700	Bleimennige	—	—	Kunstharz
	Schieber im Neutralisationsbecken	Stuehlen	2	—	—	—	—
5	Turbosätze 3×25 MW	Siemens	300 (zusammen mit Generatoren)	Spachtel	Ja	—	Kunstharz
	Generatoren 3×25 MW	Siemens		Spachtel	Ja	—	Kunstharz
	Kondensationsanlagen	Siemens	810	Spachtel	Ja	—	Kunstharz
6	Turbogebläse 4×12 MW	GHH	2 600 (zusammen mit Kondensationsanlagen)	Eisenmennige	—	—	Kunstharz
	Kondensationsanlagen	GHH		Eisenmennige	—	—	Kunstharz
7	Gegendruckturbosatz 3 MW	GHH	100 (zusammen mit Generator)	Spachtel	—	—	Kunstharz
	Generator 3 MW	Siemens		Spachtel	Ja	—	Kunstharz
8	Vorwärmeranlagen für Turbosätze 25 MW 4 Vorwärmanlagen für Gebläsesätze Speisewasserbehälter mit Entgaser 2 Zusatzwasserbehälter mit Entgaser Weichwassertank, Rückspeisebehälter	Atlas	1 000	verzinktes Isolierblech	—	—	—
9	Speisepumpen	KSB	350	LESONAL GX 01678 rotbraun	Ja	Ja	Kunstharz
	Kühlwasser-Rückspeisepumpen, Hilfspumpen	KSB			Ja	Ja	Kunstharz
10	Kühlwasserpumpen	KSB					
	6 Kanalschieber	Passavant	90	—	Ja	—	Leinöl
11	Kühlturmanlagen	Balcke	2 500	Bleimennige	Ja	—	Kunstharz
	Silumingußflügel u. Radnaben	Balcke	—	Haftgrund	Ja Metallgrund	Ja	Chlorkautschuk

[1] Auf Stahlkonstruktion bezogen.

Erforderliche Farbmengen für die Behandlung in Indien nach Temperaturzonen geordnet (Mengen in [ ] werden vom Hersteller mitgeliefert)									Bei Errechnung der Mengen angenommene Ergiebigkeit m²/kg (t/kg)[1]	Farbton (* bereits im Herstellerwerk gestrichen)		Bemerkungen
bis 140 °C, innen oder 100 °C, außen			bis 250 °C			wasserbeständig						
Grundanstrich kg	I. Deckanstr. kg	II. Deckanstr. kg	Grundanstrich kg	I. Deckanstr. kg	II. Deckanstr. kg	Gr.-A. kg	I. D.-A. kg	II. D.-A. kg				
3 265	1305	1305	—	—	—	—	—	—	4/10	Alu-Bronze	RAL[2]9006	Teile, die mit Hitze in Berührung kommen, dürfen keinen Grundanstrich erhalten.
—	700	700	—	—	—	—	—	—	(0,28)[1]	rot	RAL 3002	
—	—	—	—	495	495	—	—	—	10	Alu-Bronze	RAL 9006	Grundanstriche werden nicht ausgebessert
170	68	68	—	—	—	—	—	—	4/10	Alu-Bronze	RAL 9006	
570	230	230	—	—	—	—	—	—	4/10	Alu-Bronze	RAL 9006	
—	—	—	—	12	12	—	—	—	10	Alu-Bronze	RAL 9006	
30	12	12	—	—	—	—	—	—	4/10	Alu-Bronze	RAL 9006	
130	52	52	—	—	—	—	—	—	4/10	Alu-Bronze	RAL 9006	
—	—	—	740 Zinkstaub m. Kunsth.	370 Alu-Bronze	370	—	—	—	5/10	Alu-Bronze	RAL 9006	Hitze- und wetterbeständige Alu-Bronze verwenden
—	—	—	—	—	—	—	—	—	—	Alu-Bronze	RAL 9006	
—	50	50	—	—	—	—	—	—	6	schwarz	RAL 9005	Schlag-, kratz- u. ölfester Lack
—	—	—	—	—	—	—	—	—	—	verzinkt		
360	200	200	—	—	—	—	—	—	4/7,5 (0,17)[1]	schwarz	RAL 9005	Ergiebigkeit 0,17 t Stahlkonstruktion je kg
—	95	95	—	—	—	—	—	—	7,5	grün	RAL 6000	
—	—	—	—	—	—	1	1	1	—	schwarz	INERTOL	muß säurefest sein
[20]	Spachtel		—	—	—	—	—	—	7,5	grün	RAL 6000	grün oberhalb der Flures + 7,5 m, Alu-Bronze unterhalb der Flures
—	40	40	—	—	—	—	—	—	7,5	grün	RAL 6000	
200	105	105	—	—	—	—	—	—	4/8	Alu-Bronze	RAL 9006	
[20]	Spachtel		—	—	—	—	—	—	4/7,5	grün	RAL 6000	über 7,5 m grün, unterhalb Alu-Bronze
500	350	350	—	—	—	—	—	—	4/7,5	Alu-Bronze	RAL 9006	
—	15	15	—	—	—	—	—	—	4/7,5	grau	RAL 7031	wie Dieselaggregate
—	15	15	—	—	—	—	—	—	7,5	grau	RAL 7031	
—	—	—	—	135	135	—	—	—	7,5	Alu-Bronze	RAL 9006	
—	—	—	—	—	15	—	—	—	8	*Alu-Bronze	RAL 9006	Ausbesserung der Deckanstriche
—	45	45	—	—	—	—	—	—	8	*hellgrau	RAL 7032	
—	—	—	—	—	—	—	20	20	5	schwarz	INERTOL	
630	335	335	—	—	—	—	—	—	4/7,5	schwarz	RAL 9005	Alle Stahlteile u. Geländer schwarz, Türen u. Fenster grau RAL 7033 Zargen der Türen u. Fenster rot RAL 3002
—	—	—	—	—	—	—	—	—	—	*grau	RAL 7005	

[2] RAL-Farbregister (Ausschuß für Lieferbedingungen und Gütesicherung beim Deutschen Normen-Ausschuß).

Pos.	Anlagenteil	Hersteller-firma	Einfache Fläche (Gewicht)[1] m² (t)[1]	Mit folgender Vorbehandlung auf Baustelle angeliefert			
				Grundanstrich	I. Deck-anstrich	II. Deck-anstrich	Basis des obersten Anstrichs
12	Kühlwasserleitungen (nicht isoliert)	VRB	1 000	—	—	—	—
	Dampf- u. Kondensatleitungen	Seiffert	10 000	verzinkt	—	—	—
13	Dieselsätze 2×500 kW	MAN	22 (für beide)	Bleimennige	Ja	Ja	Leinöl
	Generatoren 2×500 kW	Siemens		Bleimennige	Ja	Ja	Leinöl
14	Maschinenhauskran 60 t	Noell	670	Bleimennige	—	—	Leinöl
	Maschinenhauskran 15 t Kühlwasserpumpenkran 10 t Werkstattkran 10 t	DEMAG	240	Bleimennige	—	—	Leinöl
	Maschinenteile u. Geräte zu DEMAG-Kränen	DEMAG	15	Bleimennige	Ja	Ja	Kunstharz
	Last- u. Personenaufzug 3 t	Eggers	120	Bleimennige	—	—	Leinöl
15	Klimaanlage für Wärmewarte Klimaanlage für E-Warte	LTG	280	Bleimennige	—	—	Leinöl
16 17 18	Kompressorenanlage für Kraftwerk Feuerlöschpumpen Schmutzwasserpumpen	KSB		LESONAL GX 01678	Ja	Ja	Kunstharz
19	*Elektrotechnischer Teil:*						
	Kabelpritschen	Siemens		Bleimennige	—	—	Leinöl
	33 kV-Anlage	Siemens		Bleimennige	Ja	Ja	Leinöl
	6 kV-Eigenbedarf	Siemens		Bleimennige	Ja	Ja	Leinöl
	400 V-Eigenbedarf N 1820	Siemens		Bleimennige	Ja	Ja	Leinöl
	400 V-Gußverteilungen	Siemens		Bleimennige	Ja	Ja	Leinöl
	Druckluftanlagen	Siemens		Bleimennige	Ja	Ja	Leinöl
	Motoren	Siemens		Bleimennige	Ja	Ja	Leinöl
	E-Warte	Siemens		Bleimennige	Ja	Ja	Leinöl
	Wärmewarte	Siemens		Bleimennige	Ja	Ja	Leinöl
	Kessel- und Hilfstafeln	Siemens		Bleimennige	Ja	Ja	Leinöl
	Erdungsanlagen	Siemens		—	—	—	—
	Generatorableitungen Phase R	Siemens		—	—	—	—
	Phase S	Siemens		—	—	—	—
	Phase T	Siemens		—	—	—	—
20	Transformatoren 32 MVA	AEG		Bleimennige	Ja	Ja	Leinöl
	Transformatoren 16 MVA	AEG		Bleimennige	Ja	Ja	Leinöl
	Transformatoren 1,6 MVA	AEG		Bleimennige	Ja	Ja	Leinöl
	Transformatoren 0,4 MVA	AEG		Bleimennige	Ja	Ja	Leinöl
21	*Stahl-Bauteil:*						
	Kessel-, Maschinenhaus, Schwerbau	Peiner	70 000 (3000 t) (für die fünf Zeilen)	Bleimennige	—	—	Leinöl
	Horizontale Riegel u. Pfetten	Peiner		Bleimennige	—	—	Leinöl
	Dachüberstände	Peiner		Bleimennige	—	—	Leinöl
	Ascheturm, Ecktürme für Bekohlung	Peiner		Bleimennige	—	—	Leinöl
	Bandbrücken u. Stützen	Peiner		Bleimennige	—	—	Leinöl
	Kohlenbunker mit Schurren	Peiner	1 300	Bleimennige	—	—	Leinöl
	Türen, Tore, Lüftungsklappen u. feststehende Jalousien Zargen der Türen, Tore u. ähnl.	HSPL	200	—	—	—	—
		Summe:	rd. 92 500				

[1] Auf Stahlkonstruktion bezogen.

Erforderliche Farbmengen für die Behandlung in Indien nach Temperaturzonen geordnet (Mengen in [ ] werden vom Hersteller mitgeliefert)									Bei Errechnung der Mengen angenommene Ergiebigkeit m²/kg (t/kg)[1]	Farbton (* bereits im Herstellerwerk gestrichen)	Bemerkungen
bis 140 °C, innen oder 100 °C, außen			bis 250 °C			wasserbeständig					
Grundanstrich kg	I. Deckanstr. kg	II. Deckanstr. kg	Grundanstrich kg	I. Deckanstr. kg	II. Deckanstr. kg	Gr.-A. kg	I. D.-A. kg	II. D.-A. kg			
—	—	—	250	135	135	—	—	—	4/7,5	Alu-Bronze RAL[2] 9006	Alle Rohrleitungen erhalten Markierungen mit genormten Kennfarben nach DIN 2403
—	—	—	—	1350	1350	—	—	—	7,5	Alu-Bronze RAL 9006	
—	3	3	—	—	—	—	—	—	7,5	*grau RAL 7031	
—	3	3	—	—	—	—	—	—	7,5	*grau RAL 7031	
170	90	90	—	—	—	—	—	—	4/7,5	Alu-Bronze RAL 9006	Katze rot RAL 3002
										Alu-Bronze RAL 9006	Katze rot RAL 3002
65	35	35	—	—	—	—	—	—	4/7,5	Alu-Bronze RAL 9006	Katze rot RAL 3002
										Alu-Bronze RAL 9006	Katze rot RAL 3002
—	—	—	—	—	—	—	—	—	4/7,5	Alu bzw. rot	
30	16	16	—	—	—	—	—	—	4/7,5	grau RAL 7033	Türen-Zargen rot RAL 3002
70	28	28	—	—	—	—	—	—	7,5	Alu-Bronze RAL 9006	
Die Farbmengen sind bereits in Pos. 10 mitenthalten									—	*hellgrau RAL 7032	
2 000	1100	1100	—	—	—	—	—	—	4/7,5	schwarz RAL 9005	
—	—								6,5	*patinagrün 565 073[3]	
—	—	[50] (für Ausbesserung d. Vorderseiten)							6,5	*hellgrau RAL 7002	
—	—								6,5	*patinagrün 565 073	
—	—	[25] (für Ausbesserung d. Rückseiten)							—	*patinagrün Z 6400[3]	*Allgemein zu beachten:* Gefahrenkennzeichnung, Sicherheitsfarben und Sicherheitszeichen nach DIN 4818 vornehmen
—	—								—	*patinagrün Z 6400	
—	—	[20] (für Ausbesserung)							—	*hellgrau RAL 7032	
—	—	[10] (für Ausbesserung)							—	*patinagrün Z 6400	
—	—	[10] (für Ausbesserung)							—	*patinagrün Z 6400	
—	—	[10] (für Ausbesserung)							—	*patinagrün Z 6400	
—	—	100	—	—	—	—	—	—	6,5	schwarz RAL 9005	
—	50	—	—	—	—	—	—	—	6,5	gelb RAL 1012	
—	50	—	—	—	—	—	—	—	6,5	grün RAL 6010	
—	50	—	—	—	—	—	—	—	6,5	lila RAL 4001	
—	—	—	—	—	—	—	—	—	—	grau *RAL 7033	
—	—	—	—	—	—	—	—	—	—	grau *RAL 7033	
—	—	—	—	—	—	—	—	—	—	grau *RAL 7033	
—	—	—	—	—	—	—	—	—	—	grau *RAL 7033	
										grau RAL 7033	alle senkrechten Stützen
										hellgrau RAL 7032	
17 500	8500	8500	—	—	—	—	—	—	4/7,5	grau RAL 7033	
										grau RAL 7033	
										grau RAL 7033	
—	180	180	—	—	—	—	—	—	7,5	Alu-Bronze RAL 9006	
50	30	30	—	—	—	—	—	—	—	grau RAL 7033	
										rot RAL 3002	

[2] RAL-Farbregister (Ausschuß für Lieferbedingungen und Gütesicherung beim Deutschen Normen-Ausschuß). [3] Werksnormen.

ist hierbei, daß bei schweren Rohren mit großen Durchmessern und starkem Druck auf das Überzugmaterial und gegebenenfalls Aufheizung von innen her die Schutzschicht nicht zum Fließen neigen darf. Auch Bodenbakterien sind häufig die Ursache von Zerstörungen.

Innenschutz für Erdöl- und Erdgasleitungen bieten bewährte eingebrannte Phenolharzlacke und Epoxid-Phenolharzlacke. Lufttrocknende Lacke der gleichen Gruppen werden am Einbauort für die Stellen an den Schweißnähten verwendet.

Innenschutz für Kühlwasserleitungen erreicht man durch Beschichten mit Heißteer oder Heißasphalt oder durch Anwendung der obengenannten Einbrennlacke. Bei besonders aggressiven Wässern besteht die Möglichkeit, die Innenwände mit einer aufvulkanisierten Kautschukbeschichtung zu versehen. Um Bearbeitung von Verbindungen auf der Baustelle zu verhindern, werden in solchen Fällen Flanschverbindungen angewandt. Sollen die Rohre miteinander verschweißt werden, so sind die Stoßstellen mit streichbarem Gummi zu schützen.

Im Einzelfall sollte man eine Aufstellung anlegen, aus der übersichtlich für jede Anlagengruppe die Art des gelieferten Grundanstriches, die vorgesehenen Deckanstriche mit den geschätzten Mengen und Flächen, unterteilt nach Temperaturzonen, Wasser- und Chemikalienbeständigkeit, zu ersehen sind. In einer zweiten Rubrik werden die nach ästhetischen oder farbtechnischen Gesichtspunkten gewählten Farbtöne eingetragen.

Ist diese Aufstellung in Zusammenarbeit mit einem Fachmann entstanden, ist sie die wichtigste Unterlage für die Kalkulation der Anstrichkosten, die Bestellung des Farbmaterials und spätere Durchführung der Arbeiten auf der Baustelle. Tabelle 32 zeigt eine solche Aufstellung für das Kraftwerk Rourkela, Indien.

IV. Die Durchführung der Arbeiten

In den meisten Fällen gilt für Innen- und Außenanstriche, wie bereits einleitend in Abschn. I erwähnt, der Aufbau aus einem oder zwei Grund- und zwei Deckanstrichen. Aluminiumanstriche im Freien bestehen stets aus zwei Grund- und zwei Deckanstrichen. Alu-Anstriche für Temperaturen bis 250 °C in Gebäuden genügen mit dreifachem Aufbau.

Bitumenfarben erhalten oft keinen besonderen Grundanstrich, dafür zwei- oder dreifachen Anstrich mit dem gleichen Material.

Über die einzelnen Arbeiten und den Arbeitsschutz sei folgendes bemerkt:

a) Entrostung

Die Stahlbauteile müssen vor dem Auftragen des Grundanstriches metallblank gemacht werden. Jeglicher Rost, Zunder oder Walzhaut, Reste von Bohrölen, Signierungen durch fette Kreide und Verschmutzungen müssen sorgfältig entfernt werden. Ebenso wichtig ist die vollkommene Austrocknung der Oberfläche. Es ist völlig zwecklos, wertvolle Anstrichmaterialien auf unsachgemäß vorbereitete Oberflächen aufzutragen. Eine Unterrostung wäre die Folge, der Anstrichfilm würde sich abheben und aufbrechen.

Die Entrostung kann auf mechanischem, chemischem oder thermischem Wege durchgeführt werden. Mechanisch geschieht sie mit Hilfe von Stahlbürsten, Schlag- und Schabwerkzeugen oder durch Strahlen mit Sand oder Stahlkies. Die wichtigste chemische Oberflächenvorbehandlung ist das Beizen. Die verschiedenen Rostumwandler haben bisher noch keine Bedeutung gewonnen. Thermisch lassen sich die Oberflächen mit einer heißen Azetylen-Sauerstoff-Flamme reinigen. Die Farbreste und sonstigen organischen Stoffe verbrennen dabei, Rost und Zunder werden abgesprengt, die Oberfläche vollständig ausgetrocknet. Eine mechanische Nachreinigung ist aber unerläßlich. Die Flammstrahl-Entrostung bietet die beste Gewähr für die Haltbarkeit der Anstriche in feuchten Räumen, sofern gleich auf die warmen Teile der erste Grundanstrich aufgebracht wird.

In Kraftwerksanlagen werden bisher fast ausschließlich die Reinigungsverfahren von Hand mit Stahlbürsten, Schlag- und Schabwerkzeugen und das Sandstrahlen angewendet.

Dem Sandstrahlen ist nach Möglichkeit stets der Vorzug zu geben. Obwohl es teuer ist, bürgt die Gründlichkeit der Entrostung für größere Wirtschaftlichkeit.

Sollen die Entrostungsarbeiten ihre Wirkung nicht verlieren, darf der metallblanken, nun schutzlosen Metalloberfläche keine Zeit gegeben werden, neuen Rost und Feuchtigkeit ansetzen zu können. Der Grundanstrich soll am besten sofort nach dem Blankmachen aufgetragen werden. Der Zeitraum dazwischen darf in Deutschland bei trockenem Wetter nicht länger als 7 bis 8 Stunden betragen, da sich sonst bereits Flugrost und Feuchtigkeit ansetzen. In feuchten, tropischen Gebieten darf diese Zwischenzeit mitunter nur 3 Stunden dauern. Werden diese Zeiten überschritten, muß die entrostete Fläche vorübergehend einen dünnen Leinölfilm erhalten. Außenarbeiten sind nur bei trockenem Wetter über 5 °C durchzuführen. Herrscht Nebel oder Tau, muß die vollkommene Trocknung abgewartet werden. Das Metall darf dabei nicht zu kalt sein. Die Kosten für die Entrostung betragen rd. 40% der Gesamtkosten.

b) Beizung

Erhalten verzinkte Bleche oder Aluminiumteile einen Anstrich, müssen ihre Oberflächen vorher aufgerauht werden. Dies geschieht auf der Baustelle am zweckmäßigsten durch Beizen mit Säuren oder Laugen.

Verzinkte Oberflächen werden mit 3- bis 5%iger Salzsäurelösung behandelt, Aluminiumteile dagegen mit 2%iger Kalilauge oder 2%iger Salpetersäure. Nachher müssen die behandelten Teile mit Wasser gründlich nachgespült und getrocknet werden.

c) Grundanstriche

Werden giftige Bleiverbindungen für die Grundierung verwendet, kommt eine Verarbeitung nur mit dem Pinsel in Frage. Grundanstrichmittel mit harmlosen Pigmenten wie die Chromate des Zinks und Bariums können auch aufgespritzt werden. Die Pinselverarbeitung hat den großen Vorteil, die letzten Spuren von Feuchtigkeit in den Leinölanteil einzuemulgieren.

Versieht man Anlagenteile im Herstellerwerk mit einem Grundanstrich, der von der Auslieferung bis nach Beendigung der Montage wirksam bleiben soll, muß dieser Zeitdauer entsprechend die Fettigkeit des Grundanstrichmaterials gewählt werden. Nach Ablauf dieser Zeit ist dann der Grundanstrich so weit ausgemagert, daß er den richtigen Untergrund für die weiteren Anstriche gibt.

Durch den Transport und die Montage wird ein Teil des Grundanstriches verletzt, der ausgebessert werden muß. Diese Menge muß bei der Kalkulation berücksichtigt werden. Erfahrungsgemäß beträgt sie für Baustellen in Deutschland etwa 20%, für solche in Übersee bis zu 50%.

Rohrleitungen, Vorwärmer und Behälter, die später isoliert werden, erhalten im Herstellerwerk einen billigen Reiseanstrich, der, soweit möglich, auch im Tauchverfahren aufgebracht werden kann.

d) Deckanstriche

Obwohl angegeben wird, daß Grundanstriche bis zu drei Monaten ungeschützt bleiben dürfen, ist es doch besser, die nach außen schützenden Deckanstriche gleich im Anschluß an die Trocknung der Grundanstriche aufzutragen.

Die Verarbeitung der Deckanstrichmaterialien geschieht am wirtschaftlichsten im Spritzverfahren, soweit sich hierfür genügend große Flächen bieten. Konstruktionen aus kleinen Profilen z.B. wird man zur Vermeidung des Materialverlustes besser mit Pinseln streichen. Für große glatte Flächen bewährte sich das Auftragen mit Walzen.

Daß die Bindemittel der Decklacke auf der gleichen Basis wie die der Grundfarben beruhen müssen, ist in der Regel notwendig oder von Vorteil. Muß aus besonderen Gründen auf eine Grundfarbe eine andersartige Deckfarbe gestrichen werden, ist vorher zu untersuchen, ob sich die beiden Bindemittel auch vertragen.

Als Pigmente oder Farbkörper werden hauptsächlich verwendet: Bleiweiß, Sulfatbleiweiß, Bleimennige, Zinkchromat, Schwerspat, Eisenoxidrot, Eisenoxidschwarz, Zinkoxid, Titandioxid, Chromoxidgrün, Berlinerblau, Ocker, Aluminiumbronze, Eisenglimmer, Ruß, Graphit u. a.

Bei der Wahl der Farbtöne sollte man sich auch im klaren darüber sein, daß die chemisch beständigsten Titandioxid und Ruß sind und daß blaue und grüne Pigmente leicht ausbleichen, rote, gelbe und weiße Töne dagegen nachdunkeln oder vergilben. Die Materialkosten und die Lohnkosten betragen ungefähr je 30% der Gesamtkosten.

e) Arbeitsschutz

Beim Entrosten und Sandstrahlen entsteht Staub, der gesundheitsgefährdend sein kann. Ebenso sind alle Lösungsmittel und Staub von Anstrichmitteln gesundheitsschädlich. Manche Lösungsmittel oder Beimischungen erzeugen Hautausschläge. Ein Einatmen ist in jedem Fall durch geeignete Schutzmaßnahmen zu verhindern. Bei Luftabsaugung ist zu berücksichtigen, daß alle Lösungsmitteldämpfe schwerer als Luft sind, sich deshalb am Boden ablagern. Die Schutzvorschriften der zuständigen Berufsgenossenschaft sind zu beachten (vgl. Abschn. VI).

Bei Arbeiten auf den Gerüsten sind ebenfalls alle Schutzmaßnahmen zu beachten, wie sie in der Gerüstordnung DIN 4420 festgelegt sind.

V. Vergleichen von Angeboten

Nicht ganz einfach ist es, aus einer Reihe von Angeboten das wirtschaftlichste auszuwählen. Zum Vergleichen können die Preise und die Ergiebigkeiten der Farbmaterialien, auf Liter umgerechnet, herangezogen werden. Dieser Vergleich ist aber auch nur dann möglich, wenn bereits in den Anfragen die Qualitäten festgelegt wurden oder die zu erwartenden Beanspruchungen durch die genaue Beschreibung eindeutig auf eine bestimmte Qualität hinweisen. Verschiedene Verbände haben auf Grund langjähriger Erfahrungen in ihren Vorschriften für den Rostschutz von Stahlbauwerken alle wichtigen Bedingungen festgelegt, die man bei den Auftragsvergaben berücksichtigen und zugrunde legen kann (Näheres anschließend in Abschn. VI). Bei tropenfesten Anstrichen sind die darüber hinaus geforderten Bedingungen in den Angeboten noch besonders aufzuführen.

VI. DIN-Normen, Vereinbarungen und Vorschriften

a) DIN-Normen

DIN 4 760	Begriffe für die Gestalt von Oberflächen
DIN 4 761	Begriffe, Benennung und Kurzzeichen für den Oberflächencharakter
DIN 18 364	Oberflächenschutzarbeiten an Stahl und Oberflächenschutzarbeiten (Anstrich) an Aluminiumlegierungen
DIN 50 010	Werkstoff-, Bauelemente- und Geräteprüfung; Klimabeanspruchung, Allgemeines, Begriffe
DIN 50 013	Werkstoff-, Bauelemente- und Geräteprüfung; Temperaturstufen
DIN 50 014	Werkstoff-, Bauelemente- und Geräteprüfung; Normalklimate
DIN 50 015	Werkstoff-, Bauelemente- und Geräteprüfung; Konstantklimate
DIN 50 016	Werkstoff-, Bauelemente- und Geräteprüfung; Beanspruchung im Feucht-Wechselklima
DIN 50 900	Korrosion der Metalle; Begriffe
DIN 50 901	Korrosion der Metalle; Korrosionsgrößen bei ebenmäßigem Angriff; Begriffe, Formelzeichen, Einheiten
DIN 50 905	Korrosionsversuche; Richtlinien für die Durchführung und Auswertung
DIN 50 906	Korrosionsprüfung in kochenden Flüssigkeiten (Kochversuch)
DIN 50 907	Korrosionsprüfung auf Meerklima- und Meerwasserbeständigkeit, für Leichtmetalle
DIN 50 909	Korrosionsversuche im Erdboden in Abwesenheit von elektrischen Erdströmen
DIN 50 912	Korrosionsprüfung bei Druck- und Temperaturerhöhung (Druckgefäßversuch)
DIN 50 930	Vornorm. Korrosion der Metalle; Beurteilung des korrosions-chemischen Verhaltens kalter Wässer gegenüber unverzinkten Eisenwerkstoffen, Richtlinien

DIN 50 931	Vornorm. Beurteilung des korrosions-chemischen Verhaltens warmer Wässer gegenüber unverzinktem und verzinktem Stahl und Eisen; Richtlinien
DIN 50 940	Prüfung von chemischen Entrostungsmitteln und Sparbeizzusätzen (Inhibitoren) für Stahl und Eisen; Laboratoriumsversuche
DIN 50 942	Phosphatieren von Stahlteilen; Richtlinien
DIN 53 150	Bestimmung des Trockengrades von Anstrichen (abgewandeltes Bandow-Wolff-Verfahren)
DIN 53 151	Prüfung von Anstrichstoffen; Gitterschnitt-Prüfung von Anstrichen
DIN 53 152	Dorn-Biegeversuch an Anstrichen
DIN 53 153	Eindruckversuch an Anstrichen nach BUCHHOLZ
DIN 53 154	Kugelstrahlversuch an Anstrichen
DIN 53 155	Spanprüfung von Anstrichen
DIN 53 156	Prüfung von Anstrichstoffen; Tiefung an Anstrichen (nach ERICHSEN) mit optischer Beurteilung
DIN 53 157	Vornorm. Prüfung von Anstrichstoffen; Schwingungsversuch mit dem Pendelgerät (nach KÖNIG) zur Beurteilung der Härte von Anstrichen
DIN 53 159	Prüfung von Anstrichstoffen; Bestimmung des Kreidens von Anstrichen nach KEMPF
DIN 53 169	Allgemeine Prüfungen von Lösungsmitteln
DIN 53 170	Prüfung von Anstrichstoffen; Bestimmung der Verdunstungszahl von Lösungsmitteln und Verschnittmitteln
DIN 53 182	Bestimmung des Trockenrückstandes und des Einbrennrückstandes von Harzen, Harzlösungen und dergleichen
DIN 53 183	Prüfung von einfachen Alkydharzen für Anstrichstoffe
DIN 53 189	Bestimmung des Trockenrückstandes von Kunststoff-Dispersionen
DIN 53 190	Prüfung von Pigmenten; Bestimmung des Farbstrichs von Weißpigmentpulver im Hohlkegel
DIN 53 191	Bestimmung des Aufhellvermögens von Weißpigmenten (visuelles Angleichverfahren)
DIN 53 193	Prüfung von Pigmenten; Bestimmung der Dichte
DIN 53 195	Prüfung von Pigmenten und wäßrigen Pigmentpasten; Bestimmung des Siebrückstandes mit Wasser als Spülflüssigkeit
DIN 53 196	Prüfung von Pigmenten und nichtwäßrigen Pigmentpasten; Bestimmung des Siebrückstandes mit organischen Lösungsmitteln als Spülflüssigkeit
DIN 53 197	Prüfung von Pigmenten; Bestimmung des Gehaltes an wasserlöslichen Anteilen
DIN 53 198	Prüfung von Pigmenten und Pigmentpasten; Bestimmung des Feuchtigkeitgehaltes von Pigmenten und des Wassergehaltes von Pigmentpasten
DIN 53 199	Prüfung von Pigmenten; Bestimmung der Ölzahl (Spatelverfahren)
DIN 53 200	Prüfung von Pigmenten; Bestimmung des pH-Wertes von wäßrigen Pigment-Suspensionen
DIN 53 202	Entwurf. Prüfung von Pigmenten; Bestimmung der Acidität oder Alkalität
DIN 53 210	Bezeichnung des Rostgrades von Anstrichen
DIN 53 211	Bestimmung der Auslaufzeit mit dem Auslaufbecher
DIN 53 213	Prüfung von Anstrichstoffen und ähnlichen lösungsmittelhaltigen Erzeugnissen; Bestimmung des Flammpunktes in geschlossenem Tiegel
DIN 53 249	Anstrichstoffe, Dipenten; Anforderungen, Prüfung
DIN 55 900	Anstrichstoffe, Heizkörper-Grundanstrichfarbe; technische Lieferbedingungen
DIN 55 901	Trockenstoffe, Sikkative; technische Lieferbedingungen
DIN 55 907	Entwurf. Pigmente; Ultramarin-Pigmente, Anforderungen, Prüfung
DIN 55 908	Pigmente; Zinkweiß, Analysen-Verfahren
DIN 55 909	Pigmente; Farbenzinkoxid, Analysen-Verfahren
DIN 55 910	Pigmente; Lithopone, Analysen-Verfahren
DIN 55 911	Anstrichstoffe, Schwerspat; technische Lieferbedingungen
DIN 55 912	Pigmente; Titandioxid und Titanweiß; Analysen-Verfahren
DIN 55 913	Pigmente; Eisenoxid-Pigmente; Analysen-Verfahren
DIN 55 914	Entwurf. Pigmente; Bleiweiß, Analysen-Verfahren
DIN 55 915	Entwurf. Anstrichstoffe; Bleiweiß-Pigmentpasten und -Anstrichfarben, Analysen-Verfahren
DIN 55 916	Entwurf. Pigmente; Bleimennige, Analysen-Verfahren
DIN 55 917	Blanc Fixe, technische Lieferbedingungen
DIN 55 928	Schutzanstrich von Stahlbauwerken; Richtlinien
DIN 55 930	Anstrichstoffe; Rohleinöl (rohes Leinöl), technische Lieferbedingungen
DIN 55 931	Anstrichstoffe; Leinöl-Standöl, technische Lieferbedingungen
DIN 55 932	Anstrichstoffe; Leinölfirnis, technische Lieferbedingungen
DIN 55 933	Anstrichstoffe; Lackleinöl, technische Lieferbedingungen
DIN 55 934	Leinöl und verwandte Erzeugnisse (Rohleinöl, Leinöl-Standöl, Leinölfirnis, Lackleinöl); Prüfverfahren
DIN 55 935	Kolophonium für Anstrichstoffe
DIN 55 936	Rohes Holzöl für Anstrichstoffe; technische Lieferbedingungen
DIN 55 937	Holzöl-Standöl für Anstrichstoffe; technische Lieferbedingungen
DIN 55 944	Farbmittel; Einteilung

b) RAL[1]-Vereinbarungen

RAL 840 HR Farbregister
RAL 840 A2 Farben und Lacke, Einfache Prüfung
RAL 844 A Bleiweiß (bas. Bleikarb.), Trockenfarbe und Ölpaste zu Anstrichzwecken, Lieferbedingungen und Prüfverfahren
RAL 844 B Bleimennige, Lieferbedingungen und Prüfverfahren
RAL 844 C2 Zinkweiß und Zinkoxid, Lieferbedingungen und Prüfverfahren
RAL 844 E Eisenocker, Lieferbedingungen und Prüfverfahren
RAL 844 H2 Titandioxid und Titanweiß, Gütebedingungen für die Pigmente
RAL 848 C2 Terpentinöl und Kienöl
RAL 848 E Testbenzin (Lackbenzin), Lieferbedingungen und Prüfverfahren
RAL 849 A Lackspachtel, handelsüblicher, Lieferbedingungen
RAL 849 B2 Reiner Leinölkitt, Gütebedingungen und Bezeichnungsvorschriften

c) Sonstige Vorschriften

Polizeiverordnung über den Verkehr mit brennbaren Flüssigkeiten
Bundesminister der Arbeit: Lösungsmittel-Verordnung v. 26. 2. 59
Bundesminister für Verkehr, Abteilung Wasserbau: Richtlinien für Anstriche im Stahlwasserbau W 9/1-662/50
Deutscher Ausschuß für Staubschutzgeräte: Staubschutzmerkblatt
Deutsche Bundesbahn: Vorschriften für den Rostschutz von Stahlbauwerken der Deutschen Bundesbahn RoSt 807
Technische Lieferbedingungen für Anstrichstoffe TL 918 300
Technische Lieferbedingungen der Anstrichstoffe für Fahrzeuge TLA
Deutscher Verein von Gas- und Wasserfachmännern: Empfehlungen für Eisenanstrich in Gas- und Wasserwerken, insbesondere für Gasbehälter
Zentralverband der elektrotechnischen Industrie e. V.: Technische Lieferbedingungen für Transformatoren ab 2000 kVA aufwärts
Technische Richtlinien für Freiluftgeräte
Vorschriften über die zum Schutz von Leitungsmasten, Transformatoren, Schaltgeräten und sonstigen Eisen-Konstruktionen zugelassenen Anstrichstoffe
Oberbergamt Dortmund: Lieferbedingungen für Farben, Lacke und Bautenschutzmittel
Vereinigung der Großkesselbesitzer e. V.: Korrosionsschutz für Speise- und Kühlwasseranlagen in Wärmekraftwerken
Verein deutscher Eisenhüttenleute e. V.: Schutzanstrich von Stahlkonstruktionen, technische Richtlinien

Schrifttum

[1] Waeser, B.: Rostschäden und Rostschutz, Berlin: Wilh. Pansegrau Verlag 1956.
[2] van Oeteren, K. A.: Korrosionsschutz durch Anstrichstoffe, Stuttgart: Wissenschaftl. Verlagsanst. 1961.
[3] Weigel, K.: Epoxidharzlacke, Stuttgart: Wissenschaftl. Verlagsanst. 1965.

B. Schmiermittel

I. Allgemeines über Schmieröle und -fette

Die Wartung und Pflege aller antreibenden und auch angetriebenen Maschinenaggregate besteht in sehr hohem Maße in der geregelten Schmiermittelversorgung. Von der sachgemäßen Schmierung hängt die Lebensdauer vieler Verschleißteile ab und beeinflußt somit die Höhe der anfallenden Betriebskosten.

Der heutige Stand der Technik stellt an die Eigenschaften der Schmiermittel sehr hohe Ansprüche. Trotz langer Laufzeiten der Maschinensätze darf das Öl in seiner Güte nicht verlieren; es soll also möglichst wenig altern, nicht oxidieren, mit Wasser nicht emulgieren, nicht schäumen und gute Grenzreibungseigenschaften zeigen.

Die Schmiermittel werden in Form von Ölen und Fetten angewendet, wobei die Öle in jedem nur möglichen Bedarfsfalle vorzuziehen sind.

Die Vorteile der Öle liegen neben der besseren Schmierfähigkeit in ihrer mannigfaltigen Anwendung, wie dies z.B. bei der Handschmierung mit Ölkanne, bei den Docht-, Nadel-

[1] Ausschuß für Lieferbedingungen und Gütesicherung beim Deutschen Normenausschuß (DNA).

oder Tropfölern, den Polster-, Ring- oder Umlaufschmierungen der Fall ist. Weitere Vorteile der Ölschmierung sind in der Wärmeabfuhr und Kühlung hochbeanspruchter Maschinenteile auch in Verbindung mit ölhydraulischen Steuerungsvorgängen zu finden. Dazu kommt noch der besondere Vorteil, daß in Umlaufschmierungen Ölkühler und Ölreiniger eingebaut werden können.

Die Fettschmierung ist wiederum dort besser anzuwenden, wo das Schmiermittel an offenen, sich drehenden oder sich hin- und herbewegenden Teilen haften bleiben soll oder da, wo empfindliche Wälzlager gleichzeitig gegen äußere Einwirkungen, wie Staub und Dämpfe aller Art, geschützt werden müssen. Das Fett wird in einfachen Fällen mit der Hand mittels Spachtel, Schmierpresse oder Fettbüchse den Schmierstellen zugeführt; in besonderen Fällen geschieht dies mit Fettkammern oder einer zentralen Druckschmiereinrichtung.

Die Richtlinien über den sachgemäßen Einsatz der Schmiermittelsorten, die Prüfmethoden zur Feststellung ihrer Eigenschaften und sonstige damit im Zusammenhang stehende Grundkenntnisse liegen in DIN-Normen fest.

Eine Zusammenfassung findet man im DIN-Taschenbuch Band 20, „Mineralöl- und Brennstoffnormung“.

II. Eigenschaften der Schmiermittel und ihre Auswirkungen

a) Viskosität

Für die Qualitätsbestimmung eines Öles ist die Viskosität von großer Bedeutung. Sie beinhaltet die grundlegende physikalische Eigenschaft, aus der die Tragfähigkeit eines Ölfilmes in einem Lager rechnerisch erfaßt werden kann; sie ist gleichzeitig das Maß der inneren Reibung.

Die Viskosität nimmt mit steigender Temperatur ab, weshalb neben dem Viskositätsmaß auch die Meßtemperatur angegeben werden muß.

Als die gebräuchlichsten konventionellen Viskositätsmaße sind in Deutschland die Englergrade (°E) in Gebrauch, die angeben, wievielmal zähflüssiger ein Öl als Wasser ist (siehe DIN 51 560). In den USA mißt man mit Saybolt-Sekunden (S″) und in England mit Redwood-Sekunden (R″) (vgl. auch Dritter Band, Teil A, Erster Teil, Abschn. A I b 3, S. 5).

Das Maß für die kinematische Viskosität wird in Stoke (St) [cm^2/s], für die dynamische Viskosität in Poise (P) [$g/cm \cdot s$] angegeben (siehe DIN 1342).

Zur Qualitätsbeurteilung eines Öles genügt jedoch die Angabe der Viskosität bei *einem* Temperaturpunkt noch nicht. Ein Öl ist nämlich um so besser, je langsamer es bei Temperaturerhöhung dünnflüssiger wird; ihm soll ein möglichst flacher Viskositäts-Temperaturverlauf eigen sein. Die *Viskositätspolhöhe* ist ein Kennzeichen dafür. Ein Öl mit niedriger Polhöhe ist besser als das mit einer hohen Polhöhe.

Ein ähnliches Maß für das Temperatur-Viskositätsverhalten ist der *Viskositätsindex*. Hierbei gilt das umgekehrte wie bei der Polhöhe; je höher der Viskositätsindex, desto besser ist das Öl.

Die Maße der Viskosität sind genormt. In den folgenden Normblättern sind die Viskositätsmerkmale und deren Messungsmethoden festgelegt:

DIN 1 342	Viskosität bei Newtonschen Flüssigkeiten
DIN 51 550	Bestimmung der Viskosität; Allgemeines
DIN 51 560	Prüfung von Mineralölen, flüssigen Brennstoffen und verwandten Flüssigkeiten; Bestimmung der relativen Ausflußzeit mit dem Engler-Gerät
DIN 51 561	Messung der Viskosität mit dem Vogel-Ossag-Viskosimeter
DIN 51 562	Viskosimetrie; Messung der kinematischen Viskosität mit Ubbelohde-Viskosimeter
DIN 51 563	Schmieröle, flüssige Brennstoffe und verwandte Flüssigkeiten; Bestimmung des Viskosität-Temperatur-Verhaltens
DIN 51 569	Entwurf. Prüfung von Mineralölen, flüssigen Brennstoffen und verwandten Flüssigkeiten; Messung der Viskosität mit dem Vogel-Ossag-Viskosimeter bei Temperaturen unterhalb 10 °C

DIN 53 015 Messung der Viskosität mit dem Kugelfall-Viskosimeter nach HÖPPLER
DIN 53 016 Messung mit dem Freifluß-Viskosimeter
IP 70/57[1] Redwood-Viskosimeter (England)
ASTM D 88[2] Saybolt-Viskosimeter (USA)

b) Stockpunkt und Fließpunkt

Der *Stockpunkt* ist die Temperatur, bei der das Öl erstarrt, also nicht mehr fließt. Er wird sehr stark vom Restgehalt der Paraffine beeinflußt. Eine auftretende Trübung vor dem Erstarren zeigt Ausscheiden von Paraffinteilchen an. Gut entparaffinierte Öle und auch synthetische Öle erstarren dagegen ohne vorherige Trübung; der Stockpunkt liegt bei solchen Ölen auch tiefer. Geeignete Zusätze können den Stockpunkt erniedrigen. Durch die Feststellung des Stockpunktes erhält man einen Hinweis auf das Verhalten und die Schmierfähigkeit der Öle bei tieferen Temperaturen.

Der *Fließpunkt* gibt die Temperatur an, bei der die Schmierfette ihre gewünschte Konsistenz verlieren und zu fließen beginnen. Hieraus lassen sich für die Fette die temperaturabhängigen Einsatzbereiche erkennen.

Die Regeln für die Bestimmung des Stock- und Fließpunktes sind in folgenden DIN-Normblättern festgelegt:

DIN 51 351 Bestimmung des Flockpunktes von Kältemaschinenölen
DIN 51 583 Bestimmung des Trübungspunktes und des Stockpunktes
DIN 51 801 Bestimmung des Tropfpunktes; ASTM-Verfahren für Schmierfette

c) Neutralisations- und Verseifungszahl

Die *Neutralisationszahl* gibt die Menge von Kalilauge (KOH) in mg an, die benötigt wird, um die freien Säuren in 1 g des Öles zu neutralisieren. Setzt man weitere Kalilauge bis zur restlosen Verseifung der noch vorhandenen Ester hinzu, so erhält man die *Verseifungszahl*. Bei reinmineralischen Ölen läßt sich aus diesen Messungen der Gehalt an tierischen und pflanzlichen Fetten bestimmen.

Vergleicht man bei einem gebrauchten Öl die Neutralisations- und Verseifungszahl mit den Werten des ungebrauchten Öles, so kann man durch den Anstieg der Neutralisations- und Verseifungszahl auf die eingetretene Veränderung dieser natürlichen Fettstoffe und damit auf den entstandenen Alterungszustand schließen.

Die Bestimmungsmethoden der Neutralisations- und Verseifungszahl sind in folgenden DIN-Normblättern festgelegt:

DIN 51 558 Bestimmung der Neutralisationszahl
DIN 51 559 Bestimmung der Verseifungszahl
DIN 51 809 Bestimmung der Neutralisationszahl von Schmierfetten; Farbindikator-Titration
DIN 51 812 Bestimmung der Neutralisationszahl von Schmierfetten; potentiometrische Titration

d) Hartasphaltgehalt

Hartasphalte finden sich im Rohöl, können aber auch als Reste besonders in den schwereren Destillatölen enthalten sein und bilden sich schließlich nach längerem Einsatz eines Öles aufs neue.

Erwünscht sind sie in Schmierölen dort, wo das Öl gut haften muß, eine Verstopfung des Systems jedoch nicht zu befürchten ist.

In Druckumlaufschmierungen und anderen empfindlichen Öl-Systemen führen die Hartasphalte dagegen zu Störungen, z. B. zum Verkleben feinbeweglicher Teile. Es kommt ferner zu Verharzungen und unter übermäßiger Wärmeeinwirkung zur schnelleren Alterung des Schmieröles.

Für die Bestimmung des Hartasphaltgehaltes sind folgende DIN-Normblätter maßgebend:

DIN 51 557 Bestimmung des Gehaltes an Hartasphalt
DIN 51 595 Prüfung von Schmierstoffen und flüssigen Brennstoffen; Bestimmung des Gehaltes an Asphaltenen, Fällung mit n-Heptan

---

[1] Institute of Petroleum (London). American Society for Testing Materials.

e) Wasserabscheidefähigkeit und Emulgierbarkeit

Verrührt man verschiedene Öle mit Wasser zu einer Emulsion, so wird man feststellen, daß sich die einzelnen Ölsorten verschieden schnell wieder vom Wasser trennen. Das Wasserabscheidevermögen ist nämlich stark von den Grenzflächenspannungen zwischen den beiden Flüssigkeiten abhängig.

Die Grenzflächenspannung wiederum wird geringer, je mehr kolloidale Stoffe, wie z. B. Seifen, Harze, gewisse Schleimstoffe oder andere staubförmige Verunreinigungen im Öl oder Wasser enthalten sind. Durch die genannten Verunreinigungen können sogar beständige Emulsionen entstehen.

Stark raffinierte und synthetische Öle haben ihres hohen Reinheitsgrades wegen eine sehr gute Wasserabscheidefähigkeit und eignen sich daher für wertvolle Maschinensätze mit komplizierten schmier- und ölhydraulischen Steuerungssystemen. Neigt dagegen ein Öl zum Emulgieren, kommt es leicht zum Schäumen und dadurch zu Verstopfungen in den engen Leitungen und zu größeren Störungen des Betriebes.

Siehe hierzu:

DIN 51 582 Bestimmung des Wassergehaltes von Mineralöl und Mineralölprodukten durch Destillation (sog. Xylolmethode)
DIN 51 589 Bestimmung des Wasserabscheidevermögens nach Dampfbehandlung
DIN 51 807 Verhalten gegenüber Wasser

f) Flammpunkt und Brennpunkt

Die Temperatur, die beim Erwärmen eines Öles in einem offenen Tiegel gerade so viel Dämpfe austreibt, daß letztere bei Annäherung einer Zündflamme erstmalig aufflammen, ist der *Flammpunkt*.

Der *Brennpunkt* liegt meist 40 bis 50 °C über dem Flammpunkt und bezeichnet die Temperatur, bei der der Öldampf nach der Entzündung selbsttätig weiterbrennt.

Schmieröle mit hohen Flammpunkten werden überall da notwendig, wo sehr hohe Betriebstemperaturen auftreten, wie dies z. B. bei Verbrennungsmotoren, Dampfzylindern oder auch Kompressoren der Fall ist.

Die Methoden für die Bestimmung des Flamm- und Brennpunktes sind in folgenden DIN-Normblättern festgelegt:

DIN 51 584 Bestimmung des Flammpunktes im offenen Tiegel, nach MARCUSSON
DIN 51 755 Prüfung von Mineralölen und anderen brennbaren Flüssigkeiten; Bestimmung des Flammpunktes im geschlossenen Tiegel, nach ABEL-PENSKY
DIN 51 758 Prüfung von Mineralölen und anderen brennbaren Flüssigkeiten; Bestimmung des Flammpunktes im geschlossenen Tiegel, nach PENSKY-MARTENS

g) Dichte und Farbe

Obwohl der Ölchemiker aus dem Vergleich der Dichten zweier qualitativ gleicher Öle auf ihre inneren chemischen Unterschiede schließen kann, ist es bei der Wahl des geeigneten Öles ohne besondere Bedeutung.

Ähnliches gilt für die Farbe eines Öles; auch diese ist nur ein sehr begrenztes Qualitätsmerkmal. So kann ein helles klares Öl schlechter sein als ein trübes.

Es gilt eben für die Wahl der geeigneten Ölsorte nicht nur einzelne Merkmale zu beachten, sondern das Zusammenwirken aller Kennwerte zu berücksichtigen.

Siehe hierzu:

DIN 1 306 Dichte; Begriffe
DIN 51 578 Prüfung von Mineralöl-Kohlenwasserstoffen und ähnlichen Erzeugnissen; Bestimmung der Farbe (ASTM-Farbzahl)
DIN 51 757 Bestimmung der Dichte

III. Einteilung der Schmiermittel

Die Schmiermittel lassen sich nach mehreren Gesichtspunkten einteilen. Man kann sie z. B. nach ihrer Herkunft bzw. Zusammensetzung oder nach ihren Anwendungsgebieten unterteilen. Diese beiden Einteilungen werden hier aufgezeigt, um die gebräuchlichen Bezeichnungen der Schmiermittel erläutern zu können.

a) Einteilung nach Herkunft bzw. Zusammensetzung

1. Natürliche Mineralöle

Diese werden aus dem Erdöl gewonnen. Das Rohöl ist äußerlich eine bräunlich-grüne Flüssigkeit und besteht aus einem Gemisch verschiedenster Kohlenwasserstoffverbindungen.

Durch Destillation, Raffination und Entparaffinierung wird es in verschiedene Gruppen aufgetrennt. So entstehen Benzin, Petroleum, Gasöle, Schmieröle, Paraffin und Bitumen.

Die Gruppe der Schmieröle wird nun mit Hilfe der fraktionierten Destillation nach Siedepunkten und Viskositäten weiter zerlegt. Solche Destillate sind bereits gebrauchsfähige Schmieröle für geringere Beanspruchung.

Schmieröle für hochwertige Maschinen müssen jedoch noch die verschiedenartigsten Raffinations- und Vergütungsprozesse durchlaufen. Sind Destillation und Entparaffinierung einfache Trennungsvorgänge, so greift die Raffination in die chemische Struktur des Destillates ein und verändert letztere. Eine weitere Verbesserung der Öleigenschaften wird durch Zusätze (Additives) erreicht.

2. Synthetische Öle

Synthetische Öle werden entweder aus Erdöl-Produkten oder aus Kohle gewonnen. Die Rohstoffe werden mit Hilfe besonderer Verfahren in andersartige Kohlenwasserstoffgruppen zerlegt, die dann neue Verbindungen miteinander eingehen. Die auf diese Weise entstehenden synthetischen Öle sind einheitlicher in ihrem chemischen Aufbau und zeichnen sich durch besonders hohe Alterungsbeständigkeit und ein sehr gutes Viskositäts-Temperaturverhalten aus. Da aber die Herstellungskosten gegenüber den natürlichen Mineralölen beträchtlich höher liegen, können die synthetischen Öle nur in besonderen Fällen wirtschaftlich eingesetzt werden.

3. Wirkstofföle

Durch bestimmte Zusätze (Additives) ist es möglich, die Eigenschaften eines Öles zu verbessern oder auch ganz neue Eigenheiten zu wecken. So sucht man z.B. die Schmierkraft und die Haftfähigkeit zu erhöhen, das Viskositäts-Temperaturverhalten und -Druckverhalten zu verbessern oder das Schäumen einzudämmen. Bei großen und dadurch sehr teueren Ölfüllungen geht es außer den genannten Verbesserungen noch um die Verlängerung der Lebensdauer, um das Reinigungsvermögen des Öles und nicht zuletzt um die Korrosionsverhütung an den mit dem Öl in Berührung kommenden Maschinenteilen.

Wirkstofföle verschiedener Herkunft dürfen in der Regel nicht miteinander vermischt werden, da sich die Wirkungen mancher Zusätze gegenseitig aufheben oder ungünstig beeinflussen.

4. Schmierfette

Schmierfette entstehen, indem man Schmieröle in Metallseifen einmischt. Der Ölanteil bewirkt die Schmierfähigkeit, die Seife dient nur als Verdickungsmittel oder als Schwamm. Die Viskosität und Menge des gewählten Mineralöles gibt dem Fett seine Konsistenz; die gewählte Metallseifenart dagegen bestimmt die übrigen Eigenschaften.

So sind Kalkseifenfette sehr wasserabweisend, ihres niedrigen Tropfpunktes wegen (unter 100 °C) aber nicht in hohen Temperaturbereichen anzuwenden. Kali- und Natronseifenfette sind dagegen wasserempfindlich, eignen sich aber gut für temperaturmäßig höher beanspruchte Schmierstellen (Tropfpunkt bis 200 °C). In den Lithiumseifenfetten vereinigen sich geringe Wasserempfindlichkeit mit guter Wärmestabilität. Zusätze von Blei- oder Aluminiumseifen bewirken z.B. eine verbesserte Tragfähigkeit des Schmierfilmes.

Neben den obengenannten Metallseifen eignen sich auch andere Stoffe wie Aerogel, bestimmte Silikate und verschiedene organische Verbindungen als Verdickungsmittel. Die flüssige Komponente kann entweder Mineralöl oder synthetisches Öl sein.

Siehe hierzu:

DIN 51 801 Bestimmung des Tropfpunktes; ASTM-Verfahren für Schmierfette
DIN 51 803 Bestimmung der Asche von Schmierfetten

DIN 51 804 Prüfung von Schmierstoffen; Bestimmung der Konuspenetration von Schmierfetten mit Hohlkonus und Vollkonus. Bl. 2 Bestimmung von Schmierstoffen; Bestimmung der Konuspenetration von Schmierfetten mit Viertelkonus
DIN 51 806 Mechanisch-dynamische Prüfung von Wälzlagerfetten
DIN 51 808 Entwurf. Bestimmung der Oxidationsbeständigkeit von Schmierfetten; Sauerstoff-Verfahren
DIN 51 811 Entwurf. Prüfung der Korrosionswirkung von Schmierfetten auf Kupfer, Kupferstreifenprüfung
DIN 51 818 Schmierstoffe, Konsistenz-Einteilung von Schmierfetten
DIN 51 823 Schmierfette, Gleitlagerfett (Staufferfett); Mindestanforderungen
DIN 51 825 Schmierstoffe, Wälzlagerfette; Mindestanforderungen

b) Einteilung nach Anwendungsgebieten

1. Spindelöle

Spindelöle sind die dünnflüssigsten Schmieröle. Bei der Destillation fallen sie gleich nach den Gasölen an. Ihre Viskosität liegt zwischen 1,2 und 3,6 °E bei 20 °C, der Flammpunkt zwischen 55 und 205 °C, der Stockpunkt etwa zwischen —5 und —32 °C.

Spindelöl wird bei schnellaufenden Maschinen und Lagern mit engen Passungsspielen und geringeren Belastungen verwendet. Als Destillat wird es für Preßluftwerkzeuge, Ventilatoren, Separatoren, Druckerei-, Textil-, Papiermaschinen, Fahrräder, Luftfilter u. a. angewandt. Raffinate des Spindelöles finden darüber hinaus bei allen feinmechanischen Instrumenten, Meßgeräten, Uhren, Büro-, Nähmaschinen u. ä. Verwendung.

2. Maschinenöle

Bei den Maschinenölen werden die leichten, die mittelschweren und die schweren unterschieden. Alle Gruppen kommen als Destillate und Raffinate in den Handel. Raffinate wird man überall dort bevorzugen, wo größere Ölfüllungen eine gute Alterungsbeständigkeit voraussetzen. Auch hier gilt, daß die leichten Maschinenöle für schnellaufende Maschinen, die schwereren für langsamlaufende, stark belastbare Lager mit höheren Temperaturen brauchbar sind. Die mittelschweren Maschinenöle liegen mit ihrem Anwendungsbereich zwischen den beiden Extremen und können je nach ihren individuellen Eigenschaften anstelle von leichten und auch schweren Ölen eingesetzt werden. Eine genaue Abgrenzung läßt sich aus diesen Gründen zwischen den einzelnen Ölgruppen nicht durchführen. Die Viskositäten bei 50 °C liegen bei den leichten Maschinenölen zwischen 1,8 und 4,0 °E, bei den mittleren zwischen 4 und 7,5 °E und bei den schweren über 7,5 °E.

Die leichten Maschinenöle verwendet man bei Elektromotoren, Kugellagern aller Art, Werkzeugmaschinen, Separatoren u. ä.

Die mittelschweren Maschinenöle werden je nach ihren Eigenschaften entweder wie die leichten Maschinenöle eingesetzt oder dort bevorzugt, wo höhere Drücke und Temperaturen an den Schmierstellen auftreten, wie z. B. für Kolben- und Rotationskompressoren, Pumpen, Elektromotoren, Vakuumpumpen, Transmissionen usw.

Die schweren Maschinenöle finden z. B. bei Kolben- und Rotationskompressoren mit höheren Arbeitsdrücken, größeren Elektromotoren und Pumpwerken, Spurlagern, Getrieben, ölhydraulischen Antrieben, Ölkabeln und anderen Maschinen Verwendung.

Siehe hierzu:

DIN 51 503 Schmierstoffe, Kältemaschinenöle; Mindestanforderungen
DIN 51 504 Schmierstoffe, Schmieröle D; Mindestanforderungen
DIN 51 505 Schmierstoffe, dunkle Schmieröle; Mindestanforderungen
DIN 51 506 Schmierstoffe, Schmieröl für Luftverdichter
DIN 51 508 Schmierstoffe, Schmieröle für Großgasmaschinen
DIN 51 509 Schmierstoffe, Normal-Schmieröle für Getriebeschmierung; Richtlinien für die Verwendung
DIN 51 510 Schmierstoffe, Zylinderöle für Dampfmaschinen; Mindestanforderungen
DIN 51 512 Schmierstoffe, SAE[1]-Viskositätsklassen für Kraftfahrzeug-Getriebeöle

3. Öle für Verbrennungsmotoren

Die Motorenöle werden für die Schmierung von Diesel-, Ottomotoren und Freikolbengaserzeugern verwendet. Dabei werden an die Qualität des Öles die Forderungen gestellt, daß es für alle Lagerarten im Motor und die Zylinderwände geeignet ist. Da das Schmieröl im Zylinder mit hohen Temperaturen in Berührung kommt, muß die Viskositätspolhöhe niedrig sein, etwa 2,1 betragen, während der Flammpunkt nicht unter 200 °C liegen darf. Der Stockpunkt soll möglichst unter —15 °C liegen, um mit dem gleichen Öl im Sommer und im Winter einen leichten Start zu ermöglichen.

Die Viskositäten reichen von den leichten Motorenölen mit 3,1 °E bei 50 °C bis zu 18 °E bei den schweren Ölen gleicher Sorte.

Die Alterungsbeständigkeit ist bei diesen Ölen ein wichtiger Faktor, weshalb nur gut ausraffinierte Mineralöle diesen Beanspruchungen standhalten.

DIN 51 511 Schmierstoffe, SAE[1]-Viskositätsklassen für Motoren-Schmieröle

4. Turbinenöle

Schmieröle für Dampf- und Gasturbinen sind eigens für diesen Zweck hergestellte Raffinate mit Viskositäten von rd. 2,9 bis 6,6 °E bei 50 °C und Flammpunkten von 210 bis 245 °C. Zugesetzte Antioxidations- und Antikorrosionsmittel hemmen das Altern des Öles und schützen die Maschinen vor Korrosion. Die Wasserabscheidefähigkeit ist bei diesen Ölen hoch, um die Gefahr des Schäumens einzudämmen.

Die Ölfüllungen werden so bemessen, daß sie zwischen 8- und 10mal in der Stunde umgewälzt werden und betragen z. B. bei einem 100 MW-Dampf-Turbosatz 20 m^3 oder bei einem 250 MW-Turbosatz rd. 40 m^3.

Die Reinheit des Öles wird in der Regel durch eingebaute Ölsiebe und nebengeschaltete Ölfilter im Druckumlaufsystem sichergestellt. Außerdem wird die gesamte Ölfüllung in bestimmten Zeitabständen mit Hilfe von Separatoren von eingedrungenem Wasser und anderen Verunreinigungen befreit. Turbinen-Ölfüllungen können bei guter Pflege 40 000 bis 50 000 Betriebsstunden verwendet werden, bis sie den Grenzwert der Alterung erreichen.

Siehe hierzu:

DIN 51 352 Entwurf. Prüfung von Schmierstoffen; Bestimmung des Alterungsverhaltens von Schmierölen
DIN 51 515 Schmierstoffe, Dampfturbinenöle; Mindestanforderungen
DIN 51 585 Prüfung der Korrosionsschutz-Eigenschaften von wirkstoffhaltigen Dampfturbinenölen
DIN 51 587 Bestimmung des Alterungsverhaltens von wirkstoffhaltigen Dampfturbinenölen

IV. Schmierstoffwirtschaft und Ölpflege im Kraftwerk

Bei Neuerstellung einer Kraftwerksanlage werden in der Regel die ersten Schmieröl- und Schmierfettfüllungen von den Lieferanten mitgeliefert. Die benützten Schmiermittel stammen dabei von verschiedenen Herstellern und weichen in ihren technischen Daten, auch bei gleicher Verwendung, voneinander ab. Um für die Nachbestellung und Lagerhaltung eine möglichst geringe Anzahl von Sorten zu erhalten, wird man für gleichartige oder artverwandte Schmierstellen eine gemeinsame Sorte wählen, sofern dies ohne Nachteil möglich ist.

Um über den Schmieröl- und Schmierfettbedarf eine genaue Übersicht zu erhalten, ist es nötig, einen Schmierplan über sämtliche Schmierstellen der Kraftwerksanlage anzufertigen.

Aus diesem Schmierplan müssen die Schmierstellen, die dazugehörigen Schmiermittelsorten, die zeitlichen Abstände der Schmierungen, Ölwechsel und Nachfüllungen und der jährliche Verbrauch an Schmiermitteln zu ersehen sein. In einer weiteren Zusammenstellung wird der jährliche Verbrauch der einzelnen Schmiermittelsorten zusammengefaßt, nach der die Nachbestellungen getätigt werden.

Zur Ölpflege gehört neben der regelmäßigen Überwachung der teueren Ölfüllungen in den großen Maschinensätzen und der Vielzahl der kleineren Ölfüllungen in den verschiedenartigsten Aggregaten die Aufbereitung gebrauchter oder rückgewonnener Öle.

Zur regelmäßigen Überwachung zählten die Kontrolle und Pflege der Ölfilter in Umlaufsystemen der großen Maschinensätze, Entnahmen von Ölproben und deren Untersuchung im Laboratorium und das Reinigen von Ölfüllungen, die akute Wassereinbrüche erlitten

[1] Society of Automotive Engineers.

haben. Ferner sind alle Ölfüllungen auf Grund der Maschinen-Pflegekarte zu überprüfen, ob sie nachzufüllen oder zu erneuern sind. Die Überwachung des Schmierdienstes für alle vorhandenen Schmierstellen zählt ebenfalls zu diesen Aufgaben.

Die Aufbereitung gebrauchter Öle kann im eigenen Betrieb durchgeführt werden, soweit es sich um physikalische Verunreinigungen wie Wasser und Schmutz handelt. Hierfür können Absetzbehälter, verschiedene Filter oder Separatoren eingesetzt werden.

Ist ein Öl dagegen stark gealtert, muß die Ausscheidung der Alterungsrückstände auf chemischem Weg herbeigeführt werden. Hierfür können entweder adsorptiv wirkende Reinigungsanlagen eingesetzt werden, die mit Bleicherde gefüllt sind, oder solche, die auf chemischem Wege, z.B. mit Hilfe von Schwefelsäure, eine Reinigung erzielen.

Im eigenen Betrieb lassen sich rein mineralische Öle gut regenerieren. Bei gefetteten Ölen (Compoundöle) und Wirkstoffölen gehen bei der Wiederaufbereitung die Zusätze verloren, so daß das gereinigte Produkt in seiner Qualität dem ursprünglichen Schmierzweck nicht mehr genügen kann. Handelt es sich bei der Aufbereitung um größere Mengen kostspieligen Wirkstofföles, lohnt es sich, eine Raffinerie damit zu beauftragen.

Weitere DIN-Vorschriften im Zusammenhang mit Schmierstoff-Fragen sind:

DIN 21 258	Entwurf. Tränkungsmittel und Schmierstoffe für Treibscheiben-Förderseile
DIN 51 354	Entwurf. Mechanische Prüfung von Getriebeölen in einer Zahnrad-Verspannungs-Prüfmaschine nach dem FZG-Verfahren
DIN 51 355	Entwurf. Prüfung von Getriebeölen auf korrosionsverhindernde Eigenschaften gegenüber Stahl in Gegenwart von Wasser
DIN 51 356	Entwurf. Destillation von Erdölerzeugnissen unter vermindertem Druck nach GROSSE-OETRINGHAUS
DIN 51 359	Bl. 1 Entwurf. Prüfung von Schmierstoffen; Prüfung auf korrosionsverhindernde Eigenschaften in der Feuchtigkeitskammer (Schwitzwassergerät mit Luftzufuhr), Korrosionsschutzöle und Schmieröle
DIN 51 361	Entwurf. Prüfung von Schmierstoffen; Prüfung von Motorenschmierölen im MWM-Prüfdieselmotor, Verfahren zur Prüfung der Kolbensauberkeit
DIN 51 500	Schmierstoffe; Ermittlung des Bedarfs und Verbrauchs, Begriffe. Bl. 2 Rechnungsgang
DIN 51 501	Schmierstoffe, Normalschmieröle N; Mindestanforderungen
DIN 51 568	Fließvermögen von Schmierölen im U-Rohr (U-Rohr-Methode)
DIN 51 574	Probenahme von Schmierölen aus Verbrennungskraftmaschinen
DIN 51 575	Bestimmung der Asche von Mineralölen
DIN 51 581	Bestimmung des Verdampfungsverlustes von Schmierölen (nach NOACK)
DIN 51 588	Bestimmung der benzinunlöslichen und der benzolunlöslichen Anteile in gebrauchten Motorenschmierölen
DIN 51 592	Bestimmung des Gehaltes an festen Fremdstoffen
DIN 51 593	Prüfung auf Kältemittel-Beständigkeit von Kältemaschinenölen (Philipp-Test)
DIN 71 420	Zentralschmierung für Kraftfahrzeuge; Übersicht

V. Lagerung der Schmiermittel

Die Vorratsmenge an Schmiermitteln sollte in einem Kraftwerksbetrieb so groß sein, daß sie für etwa drei Monate den Bedarf deckt.

Die Lagerung derselben hat grundsätzlich nur unter Dach zu erfolgen. Sollten aber einige Behälter doch einmal für kürzere Zeit im Freien gelagert werden, so sind sie so aufzustellen, daß sich an den Spundverschraubungen oder sonstigen Dichtstellen kein Wasser ansammeln kann, um das Einsaugen von Wasser bei Temperaturschwankungen zu verhindern. Bei Spezialölen wirken sich geringe Mengen eingedrungenen Wassers nicht immer schädlich aus, wenn die Wasserabscheidefähigkeit gut ist. Bei anderen Ölsorten kann dagegen schon eine geringe Feuchtigkeitsmenge von weniger als 1% die Schmierfähigkeit merklich herabsetzen oder das Öl für den eigentlichen Verwendungszweck unbrauchbar machen. Ähnliche Gefahren bestehen auch für einige Schmierfette. So sind natronverseifte Fette sehr feuchtigkeitsempfindlich, kalkverseifte Fette können sich bereits durch starke Sonneneinstrahlung zersetzen und damit unbrauchbar werden.

Bei der Projektierung einer Kraftwerksanlage muß bereits auf eine geschickte Anordnung der Lagerung und der Ausgabe der Schmiermittel geachtet werden. Ein geeignetes

Hebezeug sollte die Fässer und Behälter direkt vom Transportmittel — ohne Berührung des Bodens — in das Lager schaffen können. Hier werden entweder werkseigene Behälter aufgefüllt oder bei Ölsorten mit geringerem Verbrauch die angelieferten Fässer an Ölausgabegeräte angeschlossen.

Beim Umfüllen von Ölen ist darauf zu achten, daß verzinkte Fässer nur für rein mineralische Öle verwendet werden dürfen, da gefettete Öle darin Zinkseife bilden.

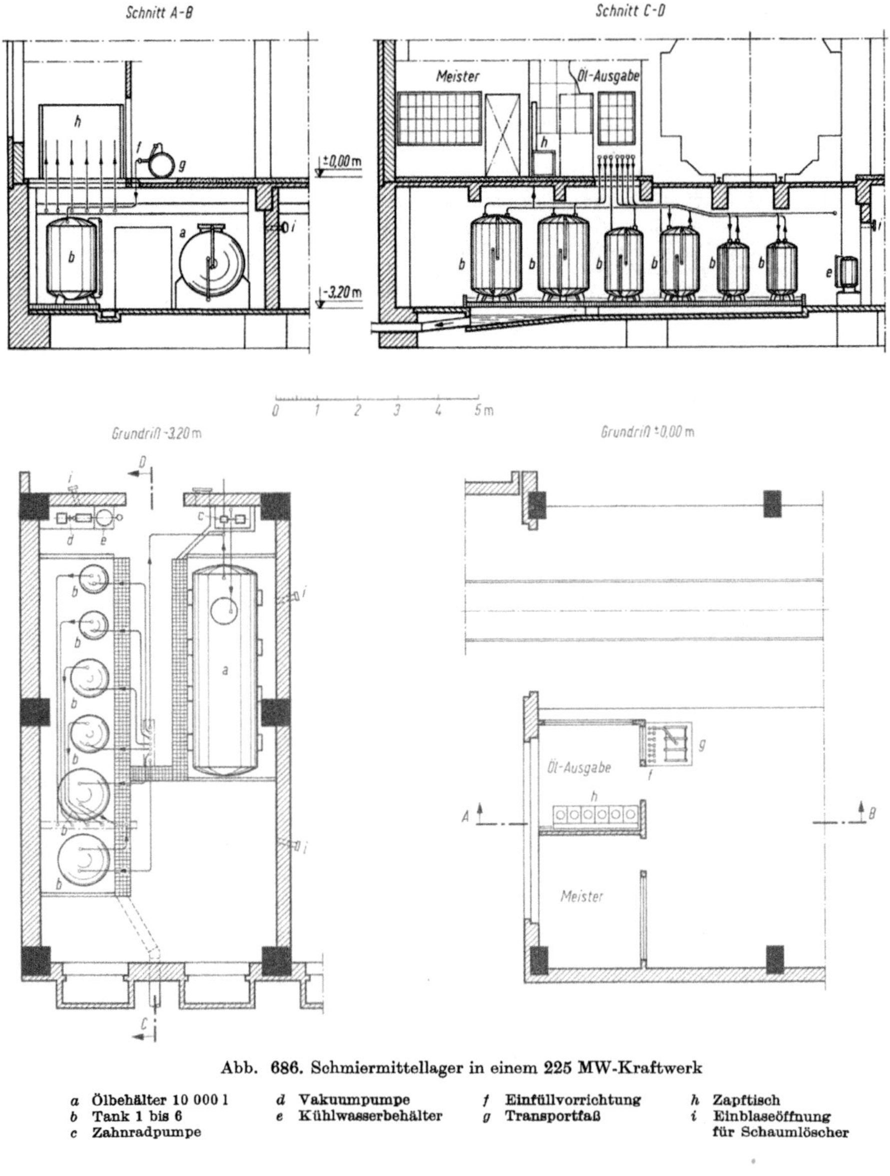

Abb. 686. Schmiermittellager in einem 225 MW-Kraftwerk

a Ölbehälter 10 000 l
b Tank 1 bis 6
c Zahnradpumpe
d Vakuumpumpe
e Kühlwasserbehälter
f Einfüllvorrichtung
g Transportfaß
h Zapftisch
i Einblaseöffnung für Schaumlöscher

Die Fässer und sonstigen Ölgefäße müssen einwandfreie Kennzeichnungen tragen. Eine Verwechslung von Ölsorten muß vermieden werden.

Bei der Handhabung mit Schmierstoffen ist Sauberkeit oberstes Gebot. Verunreinigungen setzen die Schmierfähigkeit und damit den Wert jedes Schmiermittels beträchtlich herab.

Abb. 686 zeigt ein vorbildlich eingerichtetes Schmiermittellager in einem deutschen Großkraftwerk. Die Ölfüllungen der Turbosätze werden durch Verbindungsleitungen mit den Lagerbehältern entleert und aufgefüllt.

Ein kombiniertes Gasflaschen- und Schmiermittellager wurde bereits in Abb. 685 gezeigt.

C. Reserveteile

I. Allgemeines

Um die Stillstandszeiten der Kraftwerksanlagen möglichst kurz zu halten, sollten wichtige defekt gewordene oder verbrauchte Teile durch *bereitstehende* neue ersetzt werden können. Die Reparaturdauer soll sich also nur auf die kurze Zeit beschränken, die für das Austauschen notwendig ist. Wollte man die Ersatzteile erst bei Bedarf beschaffen, so könnte durch die erforderliche Lieferzeit ein länger dauernder Ausfall eines Blocks oder sogar des gesamten Kraftwerks entstehen, der entsprechend hohe finanzielle Verluste mit sich bringt. Letztere sind in der Regel ein Vielfaches des Anschaffungswertes der zu ersetzenden Teile. Aus diesem Grund werden bei betriebswichtigen Aggregaten, wie Antriebsmotoren, Pumpen, Armaturen, Meß-, Regel- und Schaltgeräten oder anderen, gleiche komplette Aggregate als Reserveteile auf Lager gehalten. Dasselbe gilt für Teile, die einem besonderen Verschleiß unterworfen sind und erfahrungsgemäß nach einer bestimmten Anzahl von Betriebsstunden erneuert werden müssen.

Das Ausmaß der Reservehaltung wird davon abhängen, ob bereits Reserveaggregate in der Anlage fest installiert sind, ob der Ausfall eines dieser Teile die Unterbrechung der Stromlieferung oder nur eine Verschlechterung der Wirtschaftlichkeit des Betriebes für die Reparaturdauer zur Folge hat und, nicht zuletzt, welchen Kapitalwert die einzelnen Reserveteile darstellen.

Ein weiterer Gesichtspunkt für das Ausmaß der Reservehaltung tritt bei der Erstellung von Kraftwerken in fernen und noch in der Entwicklung begriffenen Ländern hinzu, wo lange Transportzeiten und komplizierte Abwicklungsverfahren des Import- und Devisengeschäftes eine Nachlieferung erheblich erschweren können.

In jedem Falle ist zu empfehlen, die erforderlichen Reserveteile gleichzeitig mit der Auftragsvergabe des Kraftwerkes in ausreichendem Maße zu bestellen. Sind diese bei der Inbetriebnahme bereits vorhanden, so können dabei auftretende Schäden sofort behoben werden.

Außerdem kann der Fall eintreten, daß nach jahrelanger Laufzeit die Beschaffung von Ersatzteilen infolge inzwischen eingetretener Typen- oder Fertigungsänderung erhebliche Schwierigkeiten bereitet, die sich in langen Lieferzeiten und erhöhten Kosten durch Sonderherstellung ausdrücken.

Als Größen des Kapitalaufwandes für die Reservehaltung sind im Inland rd. 1,5 bis 2%, in Überseeländern bis 3,5% des Lieferwertes des mechanischen und elektrotechnischen Teiles der gesamten Kraftwerksausrüstung anzusetzen. Dieser Anteil kann sich mit dem betrieblichen Zustand im Laufe der Zeit verändern.

Da bereits bei der Planung der einzelnen Anlagengruppen im Kraftwerk der künftig notwendige Umfang an Reserveaggregaten und Reserveteilen in höchstem Maße beeinflußt wird, sollten die Planer ganz besonders auf eine Vereinheitlichung und Beschränkung auf wenige Typen immer wieder vorkommender Teile oder Aggregate achten. Letzteres läßt sich erzielen bei Motoren, Pumpen, Armaturen, Schaltern, Meß- und Registriergeräten, Rohrleitungen, Schrauben und vielen anderen Geräten und Einbauteilen. Auf einheitliche Gewindearten, Nennweiten, Nenndrücke und Werkstoffe ist zu achten. Den Lieferanten ist vorzuschreiben, welche Typen, Größen und Fabrikate für vereinheitlichte Bauteile zu liefern sind. Die DIN-Normen müssen bei diesen Festlegungen jedoch stets die Grundlage bilden.

Die Reserveteile lassen sich in drei Gruppen aufteilen. Die erste Gruppe bilden die kompletten *Reserveaggregate*, die zweite Gruppe sind die *Verschleißteile*, und als die dritte Gruppe sind die *Halbzeuge* und *Verbrauchsmaterialien* zu nennen.

II. Reserveaggregate

Kommen in den einzelnen Blocks einer Kraftwerksanlage immer wieder die gleichen Pumpen, Gebläse oder andere kostspielige Aggregate vor, bei deren Ausfall entweder der Block stillgesetzt werden muß oder nur mit einem Teil seiner vollen Last betrieben werden kann, ist es angebracht, ein komplettes Reserveaggregat für die schnelle Auswechslung im Bedarfsfalle zur Verfügung zu haben. Bei Aggregatsgruppen mit fest installierten Reserveaggregaten — wie dies z.B. bei Speisepumpen, Kondensatpumpen, Kühlwasserpumpen, Ölpumpen, Entaschungskompressoren usw. in der Regel der Fall ist — kann bei Ausfall eines Aggregates das in Reserve stehende den Betrieb sofort übernehmen und ohne merkliche Unterbrechung weiterführen. Die Reparatur des defekt gewordenen Aggregates kann in diesem Fall am Ort ausgeführt werden; ein komplettes Reserveaggregat ist hier nicht unbedingt erforderlich.

Ob man ein vollständiges Reserveaggregat oder nur komplette Laufzeuge und dazugehörige Verschleißteile auf Lager hält, hängt schließlich von den Kosten der Anschaffung, den Kosten der Lagerhaltung und dem Umfang der Aus- und Einbauarbeiten ab. Bei großen und kostspieligen Aggregaten wird man sich in den meisten Fällen auf die Reservehaltung von Laufzeugen beschränken müssen. Der Betriebssicherheit ist dann nach Möglichkeit durch eine Aufteilung in Halblast-Aggregate Rechnung zu tragen.

Im allgemeinen werden folgende komplette Aggregate auf Lager gehalten:
Motoren, Pumpen, Kompressoren, Kupplungen, Schalter, Armaturen, Meß- und Regelgeräte u. ä.

III. Verschleißteile

Unter Verschleißteilen versteht man solche Teile, die während des Betriebes der Abnutzung unterliegen. Die häufigste Ursache hierfür ist die Materialabtragung an den Berührungsflächen sich bewegender Teile. Weitere Ursachen sind Brüche, hervorgerufen durch Ermüdung der Materialien, durch nicht entdeckte Materialfehler und schließlich durch Überlastung einzelner Teile.

Der jährliche Verbrauch läßt sich auf Grund von Erfahrungswerten ziemlich genau errechnen und liegt daher in seiner Größe fest.

Die Lagerhaltung sollte folgende Verschleißteile umfassen:
Rohre der verschiedenen Sorten, wie sie im Dampferzeuger eingebaut wurden, und zwar für die Feuerraum-, Überhitzer- und Nachschaltheizflächen,
Schläger und Panzerungen für Kohlemühlen,
Brennereinbauten für Kohle-, Öl- und Gasfeuerungen in Dampferzeugern,
Rohre und Rohrbogen für Kohlestaub- und Ascheförderleitungen,
Schamotteauskleidungen und Formsteine für die Dampferzeuger,
Turbinenläufer, zumindest einen Satz Schaufeln zur Neubeschaufelung je nach Zustand der Turbosätze,
Laufzeuge für Lüfter,
für alle Pumpentypen je einen Läufer mit Lagern, Laufrädern, Zwischenhülsen, Entlastungsscheiben und anderen Verschleißteilen,

für alle sonstigen sich drehenden Teile je einen vollständigen Satz, dazu noch einzelne Teile mit besonderem Verschleiß,
Rohrbündel für Vorwärmer, gegebenenfalls mit Einbauten,
Rohre für Kondensatoren und Ölkühler,
Verschleißteile für den elektrotechnischen Teil,
Rohrteile für die verschiedenen Nenndrücke und Nennweiten,
Flanschverbindungen mit Schrauben und Dichtungen für die verschiedenen Nenndrücke und Nennweiten,
Stopfbuchspackungen aller vorkommenden Qualitäten und Abmessungen
und ähnliches mehr.

IV. Halbzeuge, Verbrauchsmaterialien und Betriebsmittel

Die *Halbzeuge* bilden das Rohmaterial für die Fertigung einzelner Teile in der eigenen Werkstatt. Sie beinhalten Walzstahlprofile verschiedener Querschnitte und Materialgüten.

Verbrauchsmaterialien sind z. B. Schrauben, Nieten, Schweißmaterial, Hart- und Weichlot, Lagermetalle, Quecksilber, Dichtungsmaterial am Stück, Putzlappen, Reinigungsmittel, Anstrichmaterialien und anderes Kleinmaterial, das für die laufenden Reparaturarbeiten benötigt wird.

Eine besondere Gruppe der Verbrauchsmaterialien bilden die sog. *Betriebsmittel.* Darunter versteht man Stoffe, die für den Betrieb des Kraftwerkes fortlaufend benötigt werden, wie z. B. Schmiermittel und die verschiedenen Chemikalien für die Aufbereitung des Kühl- und Speisewassers sowie für die Dosiereinrichtungen des Speisewasser-Dampf-Kreislaufes. Auch Wasserstoff für die Generatorkühlung zählt zu dieser Gruppe.

Anhang

Neuzeitliche Kraftwerksanlagen[1]

Von PAUL HAACK

A. Beispiele

Die im Ersten Band wiedergegebene Vielzahl von Kraftwerksbeispielen wurde im Zweiten Band durch einige neuere Anlagen ergänzt. Seit der Drucklegung des Zweiten Bandes vor etwa sechs Jahren haben die technische Entwicklung bei den Einzelaggregaten sowie in der Kombinationstechnik und energiewirtschaftliche Gesichtspunkte die Gesamtkonzeption der Blockkraftwerke weiter geprägt.

Von 25 Kraftwerksblocks aus 15 Kraftwerken in der Bundesrepublik Deutschland, den USA, Frankreich, Großbritannien und Österreich (Tabelle 33), die überwiegend in den Jahren 1965 bis 1969 in Betrieb gingen bzw. gehen, werden der grundsätzliche innere und äußere Aufbau vorgestellt und neuere technische Lösungen sowie einige Planungsideen erläutert. Die Beschreibung erfolgt in der Reihenfolge, wie die Kraftwerke in Tabelle 33 aufgeführt sind. Ergänzt werden diese Ausführungen durch eine Zusammenstellung der Gesamtansichten (Abb. 687 bis 701), Wärmegrundschaltpläne (Abb. 702 bis 719), elektrischen Übersichtsschaltpläne (Abb. 720 bis 734), Lagepläne (Abb. 735 bis 749), Querschnitte und Grundrisse (Abb. 750 bis 764) der einzelnen Anlagen. Abschließend wird auf einige Entwicklungslinien hingewiesen, wie sie sich neuerdings im Kraftwerksbau abzeichnen.

I. Scholven B

Die Hibernia AG plant die Erweiterung ihres alten Kraftwerkes Scholven um vier Kraftwerksblocks mit einer Leistung von je 370 MW. Die einzelnen Blocks werden in einem Abstand von rd. 30 m als vollkommen getrennte Betriebseinheiten angeordnet. Dieses Konzept läßt folgende Vorteile gegenüber einer fortlaufenden und zusammenhängenden Bauweise erwarten:

a) Die Blocks werden zeitlich in Abständen von etwa einem Jahr errichtet. Eine gegenseitige Behinderung bei Bau, Montage, Inbetriebsetzung und Betrieb ist durch die getrennte Aufstellung ausgeschlossen.

b) Die Zuordnung der einzelnen Anlagenteile kann ohne Einschränkung optimal mit niedrigstem Kostenaufwand gewählt werden. (Die Rauchgase von je zwei Blocks werden über einen gemeinsamen 245 m hohen Kamin abgeleitet.)

c) Die Blocks sind in allen Einzelheiten zeichnungsgleich; die Anlagenteile sind austauschbar. Hierdurch lassen sich wesentliche Einsparungen bei Konstruktion, Planung, Einkauf und Ersatzteilhaltung erzielen.

d) Durch eine geringe seitliche Versetzung kann das Montagegleis für die nächsten Blocks jeweils am Maschinenhaus vorbeigeführt und der Gleisanschluß jedes Blocks auf eine Zufahrt in den Maschinenhauskranbereich beschränkt werden.

[1] Bei den in diesem Abschnitt angegebenen Drücken handelt es sich immer — soweit nichts anderes vermerkt ist — um Überdrücke.

Es ist nicht anzunehmen, daß während der Bauzeit dieser Blocks die technische Entwicklung auf dem Gebiet der Kraftwerkstechnik und der zu erwartende Fortschritt andere preisgünstigere Lösungen als vorteilhaft erscheinen läßt.

Von seiten der Betriebsführung wird in dieser Anordnung kein Nachteil gesehen, da die Kraftwerksblocks betrieblich voneinander unabhängig sind und teilweise sogar in verschiedene Netze speisen. Im Hinblick auf die Zuordnung der Kühltürme zu den einzelnen Blocks dürfte sich durch die getrennte Aufstellung der Platzbedarf nur geringfügig vergrößern.

Die nachfolgende Erläuterung bezieht sich auf das Kraftwerk Scholven B, sie gilt in gleicher Weise für die Blocks C bis E.

Die Kohle wird per Bahn antransportiert. In unmittelbarer Nähe des Zechenbahnhofs Scholven werden die Spezialwaggons in einen Tiefbunker entleert. Ein Absetzer gibt die vom Tiefbunker über Bänder ankommende Kohle entweder auf den Reservekohlenlagerplatz oder den Blockkohlenlagerplatz. Die Verteilung auf dem Reservekohlenlagerplatz bzw. die Rückgabe der Kohle zum Absetzer erfolgt mit Schaufelladern und Lastwagen. Kratzkettenbagger bringen die Kohle vollautomatisch vom Blocklagerplatz über ein Bandsystem in die relativ klein gehaltenen aus Stahl gefertigten Kesselbunker.

Der für einen Dampfdurchsatz von 1080 t/h ausgelegte Dampferzeuger ist mit vier Mühlen und einer Zündölfeuerung für 35% der Feuerleistung ausgerüstet. Die Asche aus dem Feuerraum wird trocken abgezogen.

Je eine einsträngige Frischdampf- sowie eine kalte und eine warme Zwischenüberhitzerleitung verbinden Dampferzeuger und Turbosatz.

Bemerkenswert sind die beiden über ein Verzweigungsgetriebe direkt vom Turbosatz angetriebenen und über je eine Turboregelkupplung drehzahlregelbaren Halblast-Kesselspeisepumpen, die vor Kopf der Turbine stehen. Zum Anfahren des Blockes sind zwei weitere elektrisch angetriebene und ebenfalls über Turboregelkupplungen drehzahlregelbare Viertellast-Kesselspeisepumpen vorgesehen.

Das Vakuum hinter der Beschaufelung des vierflutigen Niederdruckteils beträgt 0,056 at bei einer Kühlwassertemperatur von 22,9 °C. Die Rückkühlung des Kühlwassers erfolgt in einem Naturzugkühlturm von 114 m Höhe.

Das schwerste zu hebende Teil, der Generatorständer, wird mit einem Montagehubgerüst vom Waggon auf das Fundament umgesetzt. Zwei 65 t-Maschinenhauskrane mit je einem 15/5 t-Hilfshub ermöglichen eine zügige Montage und sollen die Revisionszeiten verkürzen helfen.

Die Hochspannungs-Schaltanlagen sind mit im Maschinenhaus unter Maschinenhausflur im Bereich der Generatorableitung untergebracht. In der zentralen Warte, die an der Stirnseite des Maschinenhauses über dem 500 V-Schalthaus auf +12,5 m angeordnet ist, sind die für den laufenden Betrieb des Blockes erforderlichen Geräte auf einem Pult von etwa 2 m Länge zusammengefaßt. Die Geräte für den An- und Abfahrvorgang sowie für Eingriffe bei Störungen befinden sich in den Wandtafeln.

Kessel- und Maschinenhaus sind mit gewellten Asbestzementplatten verkleidet. Auf eine Freiluft- bzw. Halbfreiluftbauweise wurde unter den gegebenen klimatischen Verhältnissen und Umweltbedingungen bewußt verzichtet.

II. Farge

Block 301, der erste Block des Kraftwerks Farge der Nordwestdeutschen Kraftwerke AG, wird neben dem Kraftwerk Unterweser direkt an der Weser erstellt. Während für das Kraftwerk Unterweser die Kohle per Hochseeschiff ankommt, ist für das Kraftwerk Farge der Kohleantransport nur per Bahn vorgesehen.

Die Wände des Dampferzeugers mit überkritischem Frischdampfzustand bei Nennlast bestehen aus zusammengeschweißten Rohren. Die Decke wurde aus Rohren in enger Teilung mit dahinterliegender gasdichter Blechhaut erstellt. Der Dampferzeuger ist durchgehend einsystemig und für trockenen Ascheabzug aus dem Feuerraum ausgelegt.

Tabelle 33. *Zusammenstellung der wichtigsten*

a) Dampfkraftwerke

		Drehzahl der Turbine(n) [U/min]	Leistung an den Generator-klemmen [MW]	Dampfdruck vor Turbine [at]	Dampftemperaturen vor Turbine [°C]
Bundesrepublik Deutschland					
1. Scholven B		3000	370	185	530/530
2. Farge, Block 301		3000	320	241	540/540
3. Niederaußem, Block A		3000	150	140	525/525
Block B		3000	150	140	525/525
Block C		3000	300	185	525/525
Block D		3000	300	165	525/525
4. Franken II, Block 1		3000	220	266	530/540/540
Block 2		3000	220	266	530/540/540
5. Staudinger, Block 1		3000	270	225	535/535
Block 2		3000	270	225	535/535
6. Wedel, Block 3		3000	214	250	540/540/540
7. GKW Mannheim,	Masch. 1	3000	90	259	530
Werk II, Block 3	Masch. 2	3000	70	18	530
	Masch. 3	1000	40	18	530
8. München-Nord, Block 1		3000	68	180	535/535
Block 2		3000	110	180	535/535
Frankreich					
9. Porcheville B		3000	600	163	565/565
Großbritannien					
10. Drax, Block 1		3000	660	161	565/565
USA					
11. Bull Run, Block 1		3600/1800	900	245	537/537
12. Keystone, Block 1		3600/1800	900	245	537/537
Block 2		3600/1800	900	245	537/537
13. Paradise, Block 1[3]		3600/1800	650	169	565/537
Block 2[3]		3600/1800	650	169	565/537
Block 3		3600/1800	1130	245	537/537

b) Kombiniertes Gas-Dampf-Kraftwerk

Österreich				
14. Hohe Wand (Dampfturbine)	3000	68	180	530/530
(Gasturbine)	4500	11	Weitere technische Daten siehe unter 14a.	

c) Gasturbinenanlagen

	Drehzahl der Turbine [U/min]	Wellenzahl	Leistung an den Generator-klemmen [MW]	Verdichtungs-verhältnis
Bundesrepublik Deutschland				
15. München-Sendling, Block 1	3000	1	23,4	1:6,1
Block 2	3000	1	25,8	1:6
Österreich				
14a. Hohe Wand (Gasturbine)	4500	1	11	1:6

[1] F = Frischwasserkühlung
N = Naturzug
R = Rückkühlung
V = Ventilator

[2] Oberer Heizwert.

[3] Bereits im Zweiten Band, S. 398/400, behandelt.

Kenndaten der in Abschn. A beschriebenen Kraftwerke

Auslegung Dampferzeuger [t/h]	Druck im Kondensator gemäß Auslegung [at (abs)]	Kühlwassertemperatur [°C]	Art der Kühlung[1]	Brennstoff	Unterer Heizwert [kcal/kg bzw. kcal/Nm^3]	Spez. Nettowärmeverbrauch des Blockes [kcal/kWh]	Jahr der Inbetriebnahme
1080	0,056	22,9	R, N	Steinkohle	6100 bis 6700	rd. 2250	1968
930	0,025	10	F	Steinkohle	7000	rd. 2110	1969
490	0,047	21	R, V	Braunkohle	1500 bis 1900	—	1963
490	0,047	21	R, V	Braunkohle	1500 bis 1900	—	1963
2×545	0,05	21	R, V	Braunkohle	1500 bis 1900	—	1965
960	0,05	21	R, N	Braunkohle	1500 bis 1900	—	1968
600	0,024	10	F + R	Steinkohle	7000 bis 7500	rd. 2050	1966
600	0,024	10	F + R	Steinkohle	7000 bis 7500	rd. 2050	1967
2×416	0,0271	12	F + R	Steinkohle	7000 bis 7200	rd. 2250	1965
2×416	0,0271	12	F + R	Öl	9600	rd. 2250	1965
570	0,024	11	F	Steinkohle	5800 bis 7500	rd. 2080	1965
650	—	—	—				1966
—	0,028	12	F	Steinkohle	—	rd. 2050	1966
—	0,028	12	F	Öl	—		1966
2×110	0,022	6	F	Steinkohle	7000	rd. 2350	1964
365	0,022	6	F	Hausmüll	rd. 1500	—	1966
1810	—	—	F	Öl	—	—	1967
2000	0,045/0,053/ 0,062	20	R, N	Steinkohle	5800	rd. 2170	—
2900	0,052	13	F	Steinkohle	6310 bis 7130[2]	rd. 2110	1965
2880	0,053/0,073	21	R, N	Steinkohle	6800[2]	—	1967
2880	0,053/0,073	21	R, N	Steinkohle	6800[2]	—	1968
2230	0,053	17	F	Steinkohle	—	rd. 2210	1963
2230	0,053	17	F	Steinkohle	—	rd. 2210	1963
3630	0,051/0,074	22,2	R, N	Steinkohle	—	rd. 2190	1969
215	0,023	8	F	Erdgas oder Heizöl oder Steinkohle	8815 9900 4500	rd. 2100 (Kombination)	1964

Luftansaugezustand [°C]	Luftansaugezustand [Torr]	Gastemperaturen Eintritt [°C]	Gastemperaturen Austritt [°C]	Abgasmenge [kg/s]	Brennstoff	Unterer Heizwert [kcal/kg bzw. kcal/Nm^3]	Prozeßwirkungsgrad [%]	Jahr der Inbetriebnahme
15	760	720	395	185,0	Erdgas oder leichtes Heizöl	8 600	30,3	1963
15	760	750	420	185,9		10 200	30,9	1964
10	760	750	420	81,0	Erdgas	8 815	29,8	1964

Die drei Halblast-Kesselspeisepumpen mit einer Antriebsleistung von je 6,5 MW werden mit einer untersynchronen Stromrichterkaskade angetrieben und in ihrer Drehzahl geregelt.

Der mit Drosselventilen ausgerüstete Turbosatz mit einer Generatorleistung von 320 MW im Bestpunkt fährt im Gleitdruckbetrieb.

III. Niederaußem

Das Kraftwerk Niederaußem der Rheinisch-Westfälischen Elektrizitätswerk AG steht, wie alle großen Braunkohlekraftwerke, direkt im Abbaugebiet der Braunkohle [*1*], so daß die Brennstoffversorgung ohne nennenswerte Zwischenlagerung durch Werksbahn oder Transportband direkt von der Grube bzw. vom Tagebau her möglich ist. Bei der Konstruktion der Kessel für diese Anlage wurde auf die Eigenschaften des Brennstoffes, der mitunter einen hohen Aschegehalt — überwiegend Sand — aufweisen kann, besondere Rücksicht genommen. Diese Asche der ballastreichen Kohle führt bei jeder Umlenkung der Rauchgase zu Verschleiß an den Kesselrohren. Der Konstruktion verschleißarmer Kessel muß daher der Gedanke zugrunde liegen, die Rauchgasgeschwindigkeit niedrig zu halten und die Rauchgase möglichst wenig umzulenken; ferner soll die Asche möglichst frühzeitig ausgeschleudert werden. Aus diesen Überlegungen heraus wurden die Kessel der ersten drei Blocks (A bis C) mit Deckenfeuerung in L-Form erstellt, und zwar für die beiden 150 MW-Blocks (A und B) je ein Vollast- und für den 300 MW-Block (C) zwei Halblastkessel. Die Anzahl der konstruktiven Varianten zur Lösung dieses Problems ist jedoch groß und führt bei den einzelnen Ausbaustufen der verschiedenen Braunkohlekraftwerke zu den unterschiedlichsten Lösungen. So wird im Kraftwerk Niederaußem im vierten Block (D) mit 300 MW Leistung ein Vollastkessel in Zweizugbauweise errichtet. Auch für Block E, ebenfalls mit 300 MW Leistung, ist ein Vollastkessel in Zweizugbauweise geplant. Das Kraftwerk wird nach Fertigstellung von Block E über eine Leistung von 1200 MW verfügen.

Während die Blocks A bis C mit Ventilatorkühltürmen ausgerüstet sind, werden für Block D und E je ein Naturzugkühlturm mit einer Höhe von 117,5 bzw. 103 m und einem Durchmesser der Kühlturmtassen von 86 bzw. 73 m errichtet.

IV. Franken II

Im Kraftwerk Franken II der Großkraftwerk Franken AG wurden in der ersten Ausbaustufe zwei 220 MW-Blocks erstellt [*2*]. Die Dampferzeuger mit flüssigem Schlackeabzug wurden für eine Befeuerung mit Steinkohle ausgelegt. Es besteht aber auch die Möglichkeit, 60% der Feuerleistung mit Öl zu fahren. Die günstige Lage des Kraftwerks am Rhein-Main-Donau-Kanal, an der Autobahn sowie der bestehende Bahnanschluß erleichtern die Transporte und ermöglichen die Brennstoffzufuhr außer per Bahn auch per Schiff.

Da die Anlage vorzugsweise im Grundlastbetrieb gefahren werden soll — ein Pumpspeicherwerk der Großkraftwerk Franken AG bietet hierfür günstige Voraussetzungen — und mit hohen Brennstoffkosten gerechnet werden mußte, bot es sich an, die thermodynamischen Möglichkeiten des Wärmekreislaufes weitestgehend auszuschöpfen. Der Frischdampfzustand mit überkritischem Druck, die doppelte Zwischenüberhitzung und die Ricard-Schaltung bei der Speisewasservorwärmung sind die wesentlichen Maßnahmen in dieser Richtung.

Um das Wasser der Regnitz in den zulässigen Grenzen voll zur Kondensatorkühlung nutzen zu können, erstellte man zusätzlich Ventilatorkühltürme, so daß in allen Kombinationen Frischwasser- bzw. Rückkühlbetrieb gefahren werden kann.

V. Staudinger

Das Kraftwerk Staudinger der Preußischen Elektrizitäts AG, das in der ersten Ausbaustufe aus zwei 270 MW-Blocks besteht, ist für den Mischbetrieb von Steinkohle und Öl in jedem beliebigen Mischungsverhältnis ausgelegt [*3*, *4*].

Für beide Brennstoffe wurde eine entsprechende Lagerhaltung vorgesehen. Während der Kohletransport sowohl auf dem Wasser- als auch auf dem Schienenweg durchgeführt werden kann, ist die Ölversorgung des Kraftwerks nur per Schiff vorgesehen. Jeder Block wurde mit zwei Halblastkesseln ausgerüstet, um den Teillastanforderungen gerecht zu werden. Die Erweiterung um vier Blocks wurde bei der Geländeaufteilung und in der Auslegung der Versorgungsanlagen berücksichtigt. Ein dritter Block mit einer Leistung von 300 MW ist zur Zeit in Planung.

Im Main darf nach dem Wiedereinleiten des Kühlwassers eine maximale Mischtemperatur von 28 °C nicht überschritten werden. Das ablaufende Kühlwasser wird deshalb in der warmen Jahreszeit über Kühltürme rückgekühlt.

Die Entscheidung für zwei Brennstoffe, verschiedene Möglichkeiten des Antransports sowie der Zwang zu einem kombinierten Kühlsystem haben eine umfangreiche Gesamtanlage zur Folge.

VI. Wedel

Das Kraftwerk Wedel der Hamburgischen Electricitäts-Werke AG liegt im Westen Hamburgs an der Unterelbe, auf der der Brennstoff (Steinkohle) per Hochseeschiff antransportiert wird. Block 3 mit einer Leistung von 214 MW wurde als letzte Ausbaustufe aus Gründen der Montage von Block 4 (150 MW) zwischen Block 2 (125 MW) und Block 4 angeordnet.

Der in Halbfreiluftbauweise erstellte Durchlaufkessel kann sowohl mit Steinkohle als auch mit Heizöl allein und im Gemisch betrieben werden. Aus einer Vielzahl von Planungsvarianten hat sich der Betreiber für die doppelte Zwischenüberhitzung mit einem Dampfzustand von 250 at/540 °C/540 °C/540 °C gegenüber den Varianten mit hohen Dampftemperaturen um 600 °C als wirtschaftlichste Lösung entschieden [*5*]. Die Anlage wird im Gleitdruckbetrieb gefahren. Bemerkenswert ist noch, daß Anfahr-, Abfahr- und Überproduktionsdampfströme direkt in die Elbe geleitet werden.

VII. Mannheim

Block 3 im Werk II des Großkraftwerkes Mannheim der Großkraftwerk Mannheim AG wurde wie die beiden vorhergehenden Ausbaustufen mit einer Turbogruppe in Mehrwellenanordnung ausgerüstet [*6*]. Es wurden ein 90 MW-Vorschaltturbosatz und ein 70 MW-Kondensationsturbosatz für Drehstrom sowie ein 40 MW-Kondensationsturbosatz für Einphasenstrom installiert. Über eine 18 at-Heißdampfsammelschiene ist die Anlage mit Block 1 und 2 verbunden.

Der Dampferzeuger ist als überkritischer, zweisträngiger Zwangdurchlaufkessel mit doppelter Zwischenüberhitzung in Dreizugbauweise mit einer gasdichten Blechverkleidung ohne Mauerwerk ausgeführt. 60% der Feuerleistung des kohlegefeuerten Dampferzeugers mit flüssigem Schlackeabzug können auch mit schwerem Heizöl gefahren werden. Der Block ist mit vier Halblast-Kesselspeisepumpen ausgerüstet, von denen zwei von einer Kondensationsturbine und zwei von Elektromotoren angetrieben werden. Die beiden elektrisch angetriebenen Pumpen mit einer Antriebsleistung von je 5,3 MW sind in ihrer Drehzahl über Leistungsverzweigungsgetriebe zwischen 1490 U/min und 4150 U/min regelbar.

VIII. München-Nord

Die Aufgabe, Müll in Höchstdruckkesseln zu verbrennen und dabei Heizwärme und elektrische Energie zu erzeugen, wird im Heizkraftwerk München-Nord der Stadtwerke München, Elektrizitätswerke, gelöst [*7*, *8*]. Das Kraftwerk besteht aus zwei Blocks von 68 MW und 110 MW. Der erste Block ist mit zwei Halblastkesseln, der zweite mit einem Vollastkessel ausgerüstet.

Die Dampferzeuger des ersten Blocks haben für Müllverbrennung und Kohlestaubfeuerung gesonderte Brennkammern. Der Dampferzeuger von Block 2 erhielt eine gemeinsame Brennkammer. Während die Müllfeuerung, ausgerüstet mit Martin-Rückschubrosten, der ersten Ausbaustufe so bemessen wurde, daß etwa 40% der Dampfleistung (32 t/h Müll je Kessel) mit Müll erzeugt werden, beträgt in der zweiten Ausbaustufe der Müllanteil — verursacht durch die Kessel- und damit auch Rostbreite — nur mehr 20% (40 t/h Müll). Die Frischdampfzustände vor Turbineneintritt sind 180 at/535 °C mit einfacher Zwischenüberhitzung auf 535 °C.

Die Kohlebunker stehen zwischen den Kesseln; der Müllbunker ist frontal vor der Kesselhausfront angeordnet. Abb. 742 und 757 lassen den erheblichen Aufwand für die Müllanfuhr, -bunkerung und -verbrennung sowie die Entfernung der Verbrennungsrückstände erkennen.

IX. Porcheville B

Für den Ausbau des französischen Netzes wählte die Electricité de France im wesentlichen einheitliche Blockgrößen dreier verschiedener Leistungsstufen. Der 125 MW-Serie folgte die 250 MW-Serie; in jüngster Zeit ging man auf die 600 MW-Serie über. Zu dieser gehört das neue Kraftwerk Porcheville der EdF, Porcheville B, das neben dem Kraftwerk Porcheville A westlich von Paris an der Seine erbaut wurde. Es sind vier Ausbaustufen gleicher Größe geplant. Die Inbetriebnahme des ersten Blocks von Porcheville B dürfte 1968 erfolgen. In Anlehnung an das vorhergehende Ausbauprogramm der EdF mit 250 MW-Blocks wurde für den ersten 600 MW-Block des Kraftwerks Porcheville B ein Frischdampfzustand von 163 at/565 °C bei einfacher Zwischenüberhitzung auf 565 °C gewählt. Der ölgefeuerte Naturumlaufdampferzeuger wird mit Überdruck im Feuerraum gefahren. Die Rauchgase zweier Blocks werden in einen Schornstein von 220 m Höhe zusammengeführt.

X. Drax

Der britische Central Electricity Generating Board (C.E.G.B.) hat bisher 50 Blockeinheiten mit je 500 MW bei gleichen Dampfverhältnissen in Betrieb bzw. in Auftrag gegeben. Von einer gleichartigen Bauserie mit 660 MW sind die ersten Einheiten bestellt worden. Hierzu gehört das Kraftwerk Drax, das vorerst für drei 660 MW-Blocks geplant ist. Der Frischdampfdruck wurde mit 161 at so gewählt, daß — wie bei den 500 MW-Blocks — Naturumlaufkessel eingesetzt werden können. Die Frischdampf- und Zwischenüberhitzungsdampftemperatur beträgt 565 °C. Der Antransport der Steinkohle erfolgt per Bahn. Bemerkenswert ist die diagonale Aufstellung der Turbosätze im Maschinenhaus sowie die Abführung der Rauchgase sämtlicher (im Endausbau sechs) Kessel in einem gemeinsamen Beton-Schornsteinschaft mit getrennten Rauchgasrohren. Wie in Großbritannien üblich, wird das Kühlwasser in Naturzugkühltürmen rückgekühlt.

Die dampfseitige Schaltung der Anlage erlaubt es nicht (s. Abschn. B IX, S. 765), daß sich der Block bei Ausfall des Netzes von diesem trennt und nur zur Deckung des Eigenbedarfs weiterfährt. Um den Block bei Netzausfall sicher abfahren bzw. unabhängig vom Netz wieder anfahren zu können, wird jedem Block noch ein 17,5 MW-Gasturbosatz zugeordnet.

XI. Bull Run

Die Tennessee Valley Authority erbaute in der Nähe von Oak Ridge, Tennessee, als erste Ausbaustufe des Kraftwerkes Bull Run einen 900 MW-Block [*9*]. Der Frischdampfzustand von 245 at/537 °C mit Zwischenüberhitzung auf 537 °C hat sich bei den in den USA in jüngster Zeit erstellten Zwangdurchlaufkesseln schon fast als Normaldampfzustand eingeführt [*10*] (Tabelle 34, S. 758—760).

Der im Feuerraum mit Überdruck betriebene Dampferzeuger mit gasdicht verschweißten Wänden ist im druckführenden Teil zweisystemig und mit einem besonderen Schwachlastsystem ausgerüstet. Der Feuerraum ist in zwei Brennkammern unterteilt.

Die Kondensatoren des zweiwelligen Turbosatzes sind auf Maschinenhausflur seitlich neben den Niederdruckteilen angeordnet. Die Höhe des Turbinenfundamentes beträgt 11,6 m.

Die beiden turbinenangetriebenen Halblast-Kesselspeisepumpen werden beim Anfahren des Blockes aus Hilfskesseln mit Dampf versorgt. Nach Inbetriebnahme des Turbosatzes werden die Antriebsturbinen der Speisepumpen aus der Anzapfung 1 gespeist.

XII. Keystone

Das aus zwei 900 MW-Blocks bestehende Kraftwerk Keystone wird in der Nähe von Pittsburgh in Pennsylvania erstellt [*11*]. Eigentümer sind vier Gesellschaften: die Baltimore Gas and Electric Company, die Jersey Central Power and Light Company, die Pennsylvania Power and Light Company und die Philadelphia Electric Company. Das Kraftwerk liegt im Bereich von Kohlevorkommen, die noch lange nicht voll für den Abbau erschlossen sind. Um dem Kühlwassermangel an diesem Standort zu begegnen, wird jeder der beiden Blocks mit zwei Naturzugkühltürmen zur Rückkühlung des Kühlwassers ausgerüstet. Jeder Kühlturm wird 100 m hoch; die Wassertassen haben einen Durchmesser von 80 m. Der Frischdampfzustand beträgt auch bei dieser Anlage 245 at/537 °C mit einer Zwischenüberhitzung auf 537 °C. Jedem Block sind ein Zweiwellen-Turbosatz sowie ein Zwangdurchlaufkessel mit besonderer Schwachlasteinrichtung zugeordnet. Die mit Überdruck im Feuerraum betriebenen Dampferzeuger mit druckdicht verschweißten Wänden besitzen je zwei getrennte Brennkammern. Jedem Dampferzeuger ist ein Elektrofilter mit 99,5% Abscheidegrad nachgeschaltet. Die beiden turbinenangetriebenen Halblast-Kesselspeisepumpen werden beim Blockanfahren von den Hilfskesseln gespeist.

XIII. Paradise

Der erste Ausbau des Kraftwerks Paradise der Tennessee Valley Authority besteht aus zwei 650 MW-Blocks mit Dampfzuständen von 169 at/565 °C/565 °C. Diese Anlage wird um einen 1130 MW-Block mit überkritischem Dampfzustand von 245 at/537 °C/537 °C, der 1969 zur Inbetriebnahme vorgesehen ist, erweitert. Hoch- und Niederdruckteil des zweiwelligen Turbosatzes laufen mit verschiedenen Drehzahlen, nämlich mit 3600 bzw. 1800 U/min [*12*].

Der in Freiluftbauweise erstellte 3600 t/h-Kessel ist in Zweizugbauweise mit dichtgeschweißten, mauerwerkslosen Membranrohrwänden ausgeführt und wird druckgefeuert [*13*]. Die Schlacke wird flüssig abgezogen. Der aktive Teil des Elektrofilters mit 98% Abscheidegrad ist in zwei Hälften unterteilt, die zueinander im Winkel von etwa 110° angeordnet sind, um bei möglichst klein gehaltenen Kanal- und Filterabmessungen eine günstige Anströmung zu erzielen. Die unter dem Elektrofilter angeordneten drei Frischluftgebläse werden jeweils von einer 5000-tourigen Kondensationsturbine mit 8,8 MW Wellenleistung angetrieben.

Jeder der drei drehzahlgeregelten Kondensatpumpen ist eine Vorpumpe mit konstanter Drehzahl zugeordnet. Die achtstufige Speisewasservorwärmung besteht aus einer dreistufigen, zweisträngigen Niederdruckvorwärmanlage, einem Mischvorwärmerentgaser mit Speisewasserbehälter, dessen Inhalt bei fehlender Kondensatzufuhr für 4,5 min zur Nachspeisung ausreicht und einer vierstufigen, zweisträngigen Hochdruckvorwärmanlage.

Drei Vorpumpen fördern das Wasser aus dem Speisewasserbehälter unmittelbar in zwei turbinenangetriebene Halblast-Kesselspeisepumpen. Reservepumpen wurden nicht aufgestellt. Die Kesselspeisepumpen-Antriebsturbinen mit je 20 MW Antriebsleistung laufen mit maximal 5450 U/min und werden aus der Hochdruckanzapfung zusammen mit den Hochdruckvorwärmern der obersten Stufe gespeist. Zwei Anzapfungen der Antriebsturbinen arbeiten auf die Hochdruckvorwärmstufen 5 und 6, der Abdampf tritt in den Mischvorwärmerentgaser bzw. Speisewasserbehälter.

Wegen der dampfangetriebenen Speisepumpen und Rauchgas-Rezirkulationsgebläse kann der Block nur mit einer Hilfskesselanlage oder Fremddampf von Block 1 und 2 angefahren werden. Bei Spitzenlastanforderungen übernimmt die Hilfskesselanlage ebenfalls die Dampfversorgung dieser Aggregate, wodurch die Blockleistung um weitere 40 MW gesteigert werden kann.

Beim Bau von Paradise 1 und 2 — beide Blocks wurden für Flußwasserkühlung erstellt — stand bereits fest, daß in den Sommermonaten einige Betriebseinschränkungen in Kauf genommen werden müssen, um den Green River nicht über die zulässigen Grenzen zu erwärmen. Paradise 3 mußte also von vornherein für Rückkühlbetrieb ausgelegt werden. In der Zwischenzeit wurden aber die Bestimmungen für die zulässige Erwärmung von Gewässern verschärft. Man entschloß sich deshalb, zwei Naturzugkühltürme mit 100 m Durchmesser und 132 m Höhe, die das Kühlwasser auf 22,2 °C rückkühlen (Kühlzonenbreite 15,1 grd bei 11,3 °C am feuchten Thermometer), zu erstellen.

An diese Kühltürme wurden die Blocks 1 und 2 mit angeschlossen, jedoch so, daß sie in beliebigem Mischungsverhältnis mit Frischwasser und rückgekühltem Wasser versorgt werden können, während Block 3 nur im Rückkühlbetrieb gefahren werden kann. Dieser Anschluß der Blocks 1 und 2 wurde nachträglich dadurch ermöglicht, daß das Kühlwasser in Tunnels, die unter den Gebäudefundamenten hindurch verlaufen, geführt wird. Der Baugrund ist Sandstein. In der Sammelleitung, einem Tunnel von 4,25 m Durchmesser, werden den beiden Kühltürmen insgesamt 190 000 m^3/h Kühlwasser von sieben Kühlwasserpumpen zugeführt. Aus den Sammeltassen fließt es mit natürlichem Gefälle durch die Kondensatoren. Ob noch ein dritter Kühlturm erstellt wird, hängt von noch laufenden Wirtschaftlichkeitsuntersuchungen ab.

XIV. Hohe Wand

Eine im letzten Jahrzehnt viel diskutierte Einsatzmöglichkeit der Gasturbine besteht in der Kopplung mit einer Dampfkraftanlage (vgl. auch Sechster Teil, Abschn. D IV, S. 282). Zehn solche Kraftwerke sehr unterschiedlicher Ausführungsart wurden bisher in allen Ländern gebaut. Bemerkenswert ist hierunter das Kraftwerk Hohe Wand der Niederösterreichischen Elektrizitätswerke AG (NEWAG), das als das erste kombinierte Gas-Dampf-Kraftwerk in Europa angesehen werden kann [*14*]. Durch die Kombination des 68 MW-Dampf- und des 11 MW-Gasturbosatzes wird bei einem Dampfzustand von 180 at/530 °C/530 °C mit dieser relativ kleinen Einheit ein Nettowärmeverbrauch von 2100 kcal/kg erzielt. Bei den drei vorhandenen Brennstoffen — Kohle, Öl und Erdgas — sowie knappen Kühlwasserverhältnissen bot sich diese Lösung direkt an. Die Anlagenkonzeption läßt es zu, daß sowohl der Dampf- als auch der Gasturbosatz allein betrieben, aber auch jede der beiden Einheiten zur anderen, wenn diese bereits in Betrieb ist, zugeschaltet werden kann. Beim Start der kombinierten Anlage kann die Gasturbine bereits nach 10 min ihre volle Leistung abgeben, während der Dampfturbosatz entsprechend seiner Durchwärmung später an das Netz geschaltet wird.

XV. München-Sendling

Als Beispiel einer Gasturbinenanlage sei hier das Gasturbinenheizkraftwerk München-Sendling aufgeführt, in dem zwei Einwellen-Gasturbosätze von je 25 MW installiert sind [*15*] (vgl. auch Sechster Teil, Abschn. E IIIc, S. 294). Bemerkenswert an dieser Anlage ist die Wärmeschaltung. Sie erlaubt es, die bei der Stromerzeugung anfallende Abwärme des Gasturbosatzes durch Einschaltung von Verdrängungsspeichern zeitlich unabhängig vom Bedarf an elektrischer Energie als Heizwärme verwenden zu können. Andererseits kann die Heizwärme unabhängig vom Turbinenbetrieb über Zusatzbrenner erzeugt werden.

Schaubilder

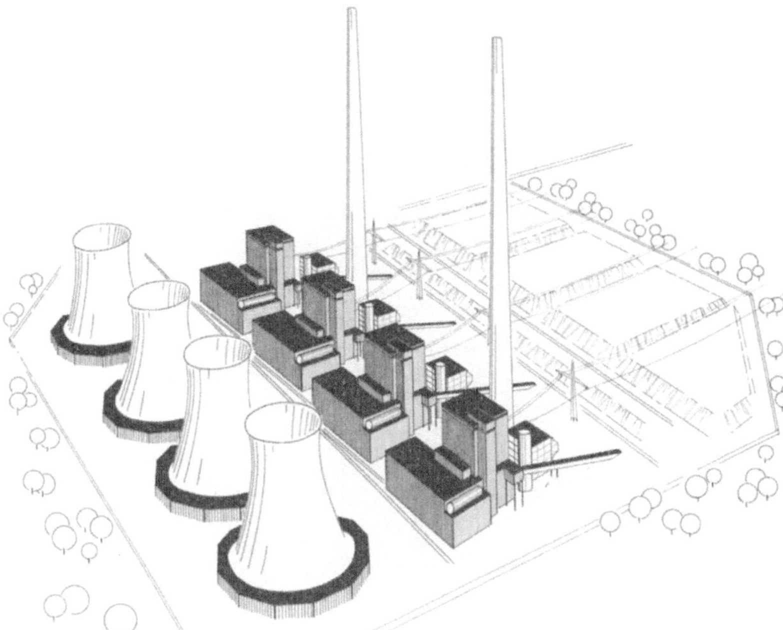

Abb. 687. Kraftwerk Scholven, Block B bis E

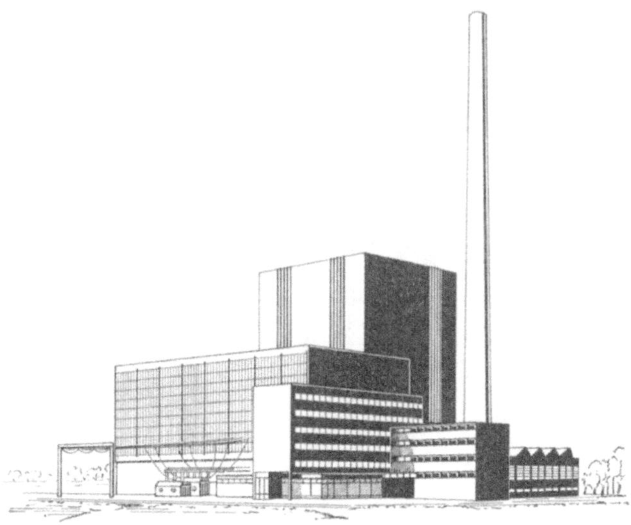

Abb. 688. Kraftwerk Farge, Block 301

Schaubilder

Abb. 689. Kraftwerk Niederaußem, Block A bis D

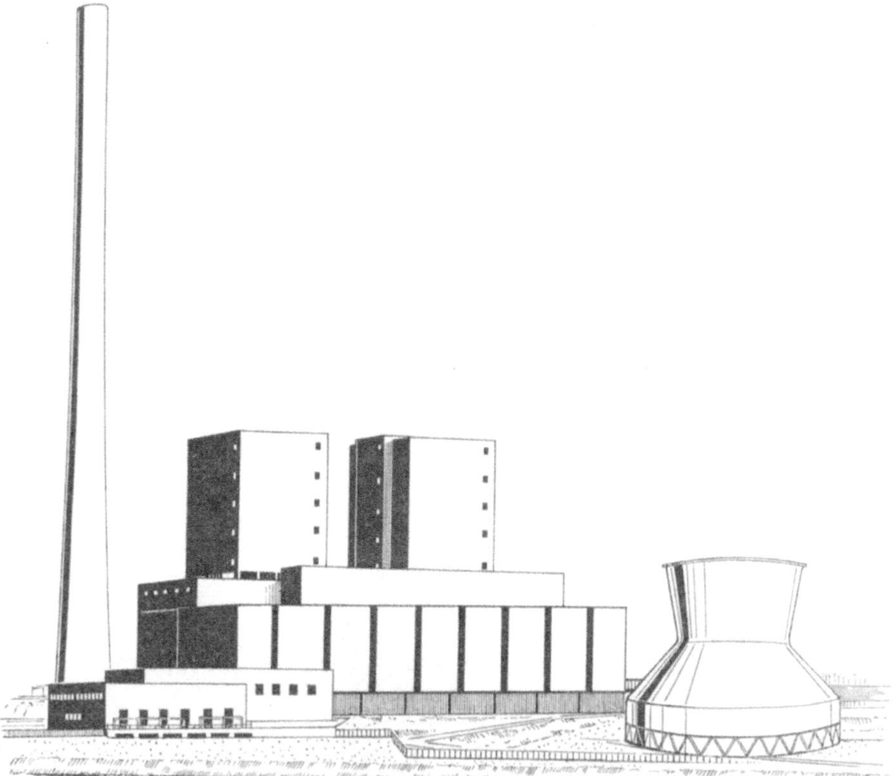

Abb. 690. Kraftwerk Franken II, Block 1 und 2

Schaubilder

Abb. 691. Kraftwerk Staudinger, Block 1 und 2

Schaubilder

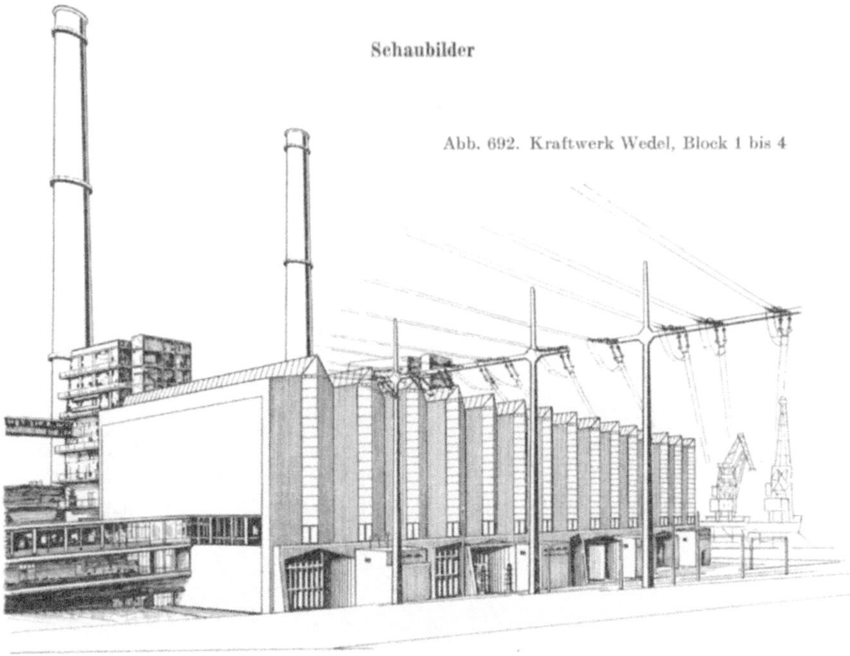

Abb. 692. Kraftwerk Wedel, Block 1 bis 4

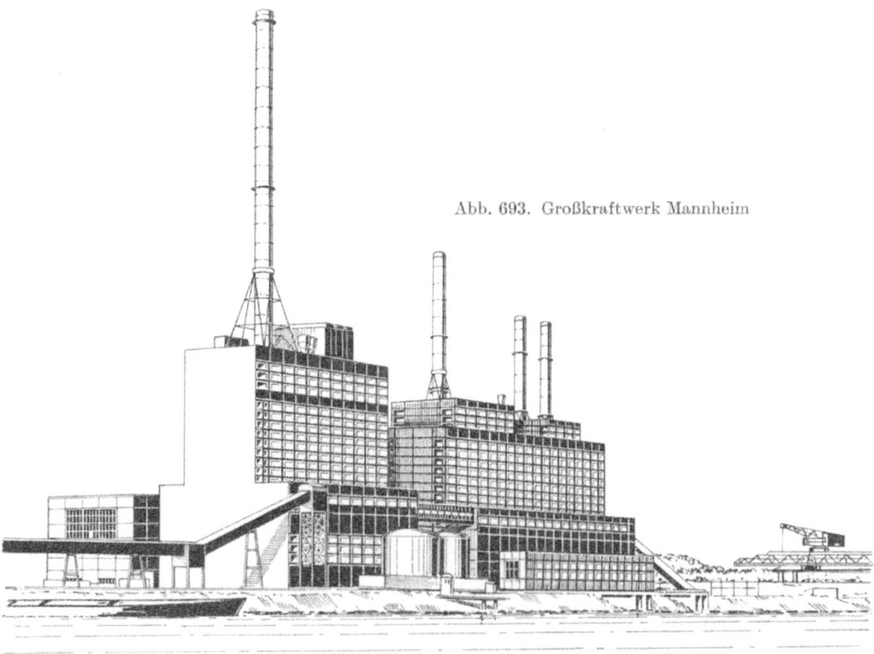

Abb. 693. Großkraftwerk Mannheim

Schaubilder

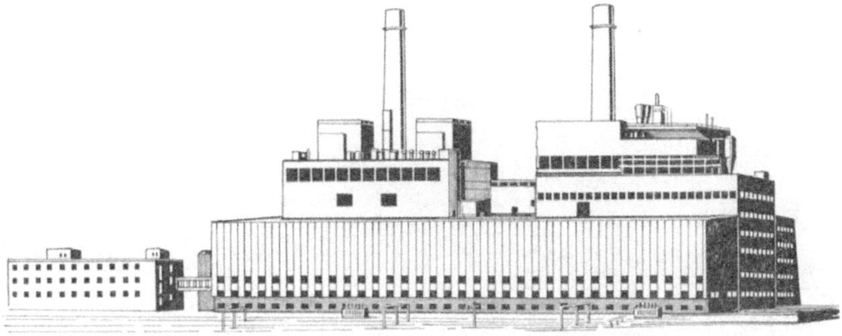

Abb. 694. Kraftwerk München-Nord, Block 1 und 2

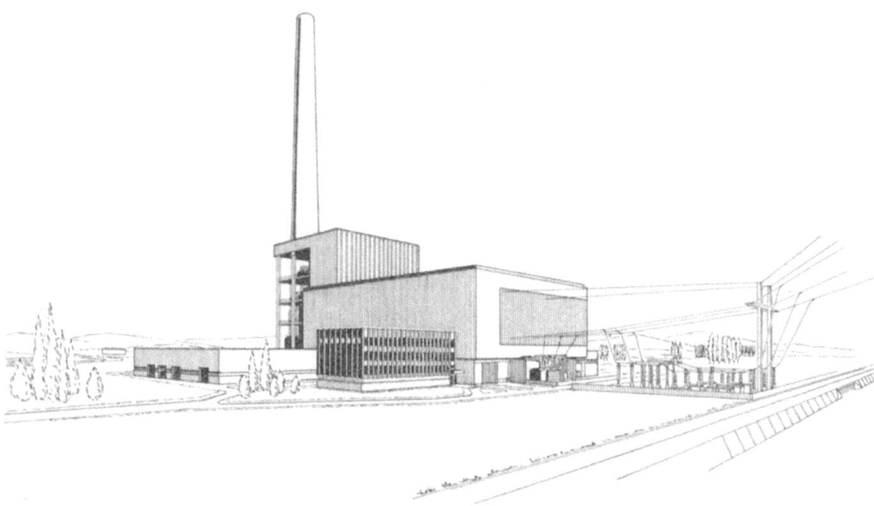

Abb. 695. Kraftwerk Porcheville B

Schaubilder

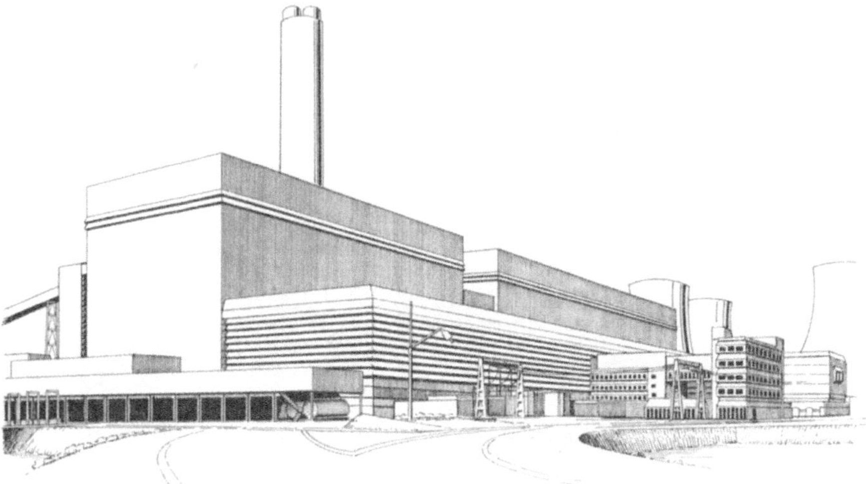

Abb. 696. Kraftwerk Drax

Abb. 697. Kraftwerk Bull Run, Block 1

Schaubilder

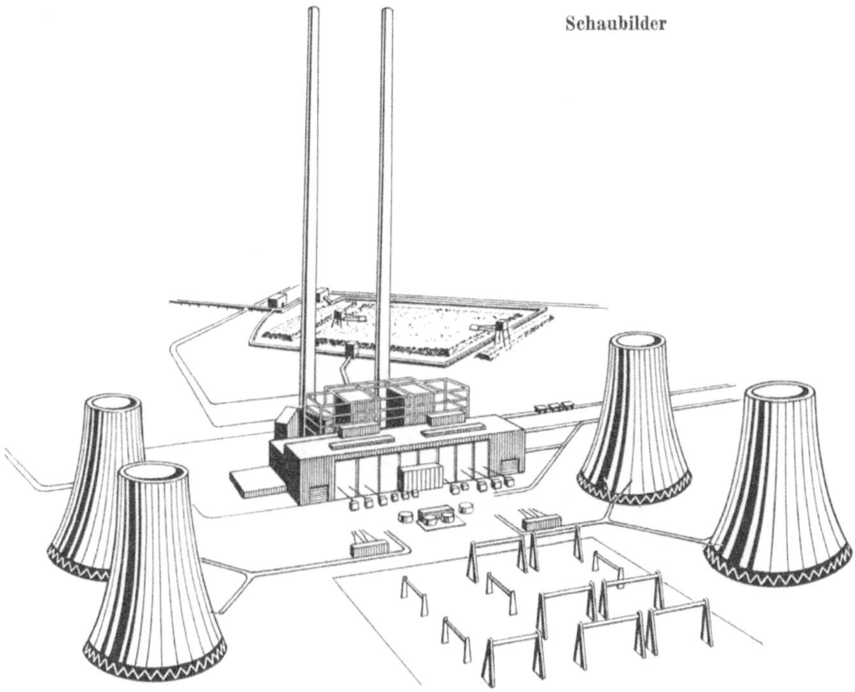

Abb. 698. Kraftwerk Keystone, Block 1 und 2

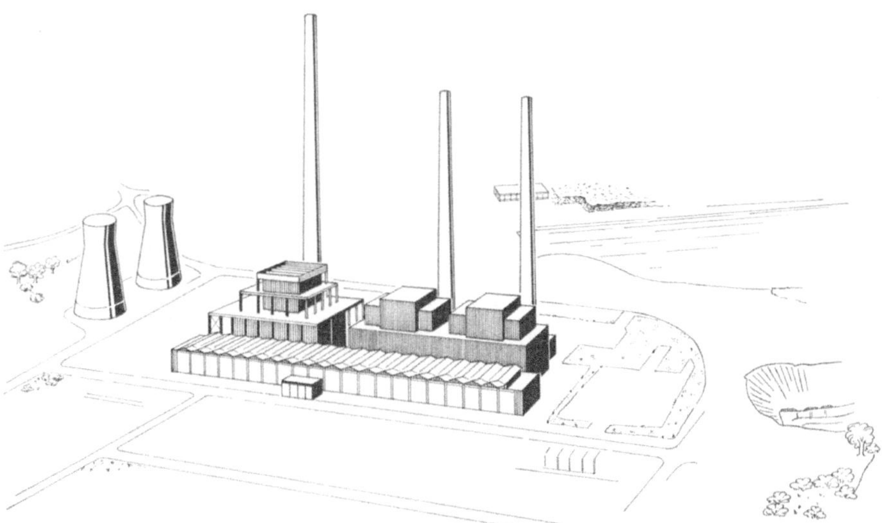

Abb. 699. Kraftwerk Paradise, Block 1 bis 3

Schaubilder

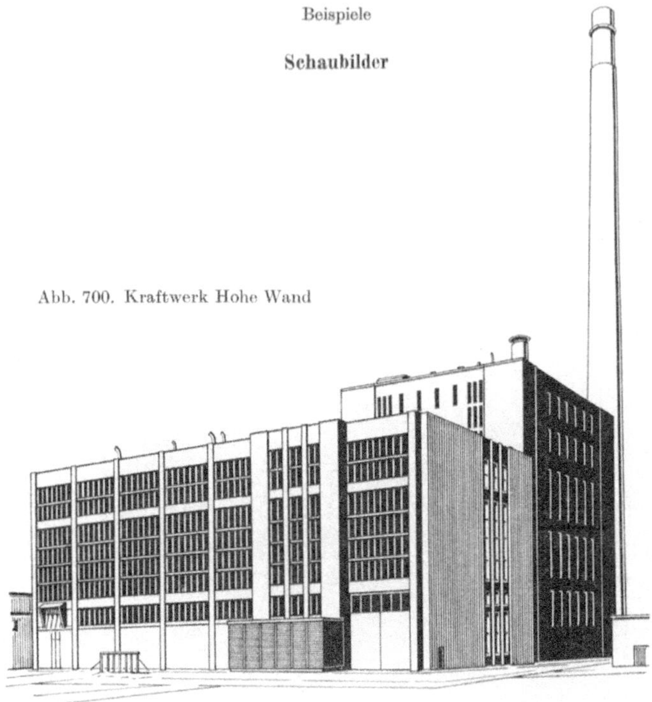

Abb. 700. Kraftwerk Hohe Wand

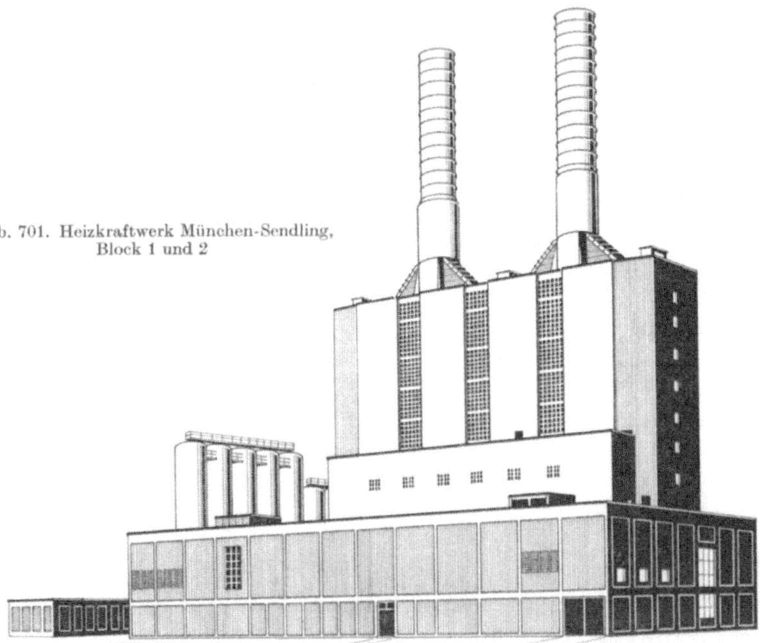

Abb. 701. Heizkraftwerk München-Sendling, Block 1 und 2

Wärmegrundschaltpläne

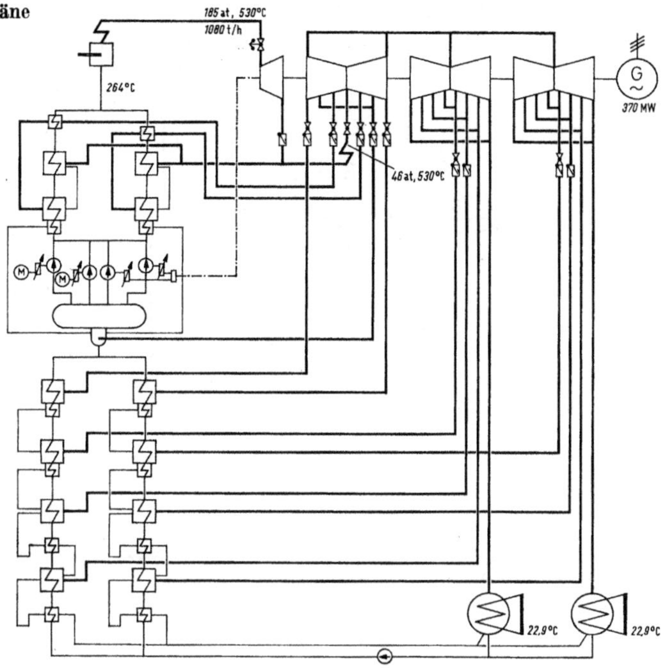

Abb. 702.
Kraftwerk Scholven B

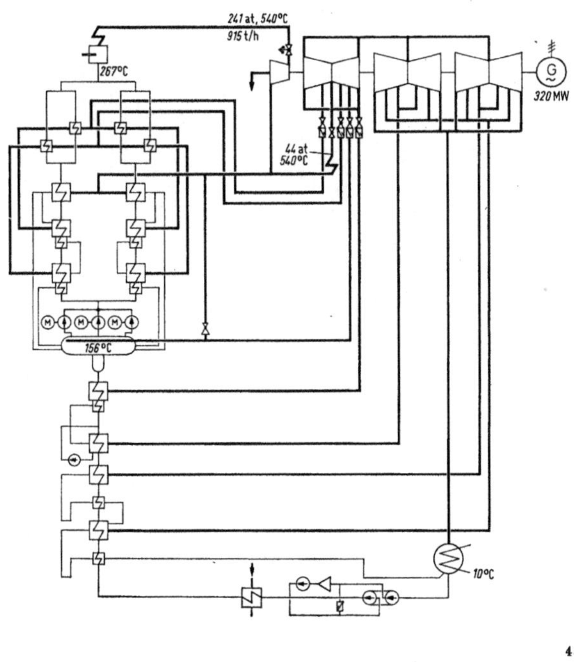

Abb. 703.
Kraftwerk Farge,
Block 301

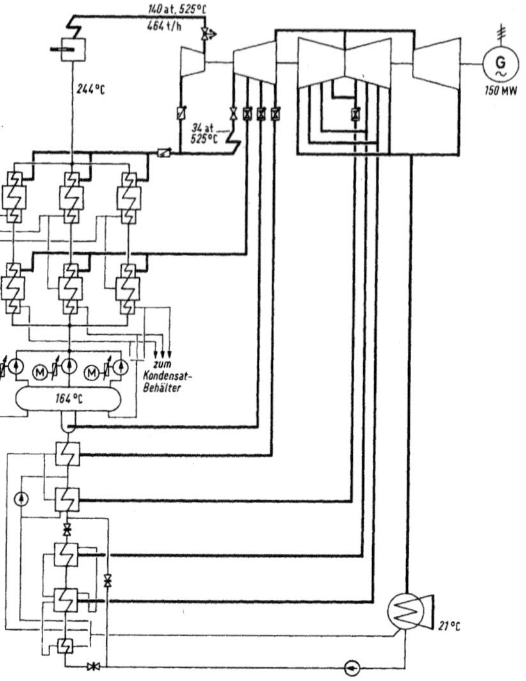

Abb. 704.
Kraftwerk Niederaußem,
Block A und B

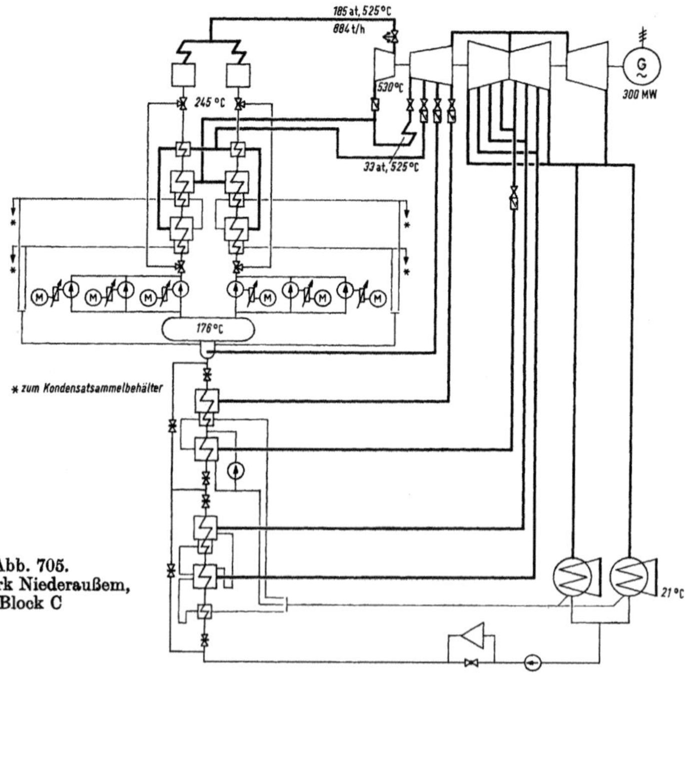

Abb. 705.
Kraftwerk Niederaußem,
Block C

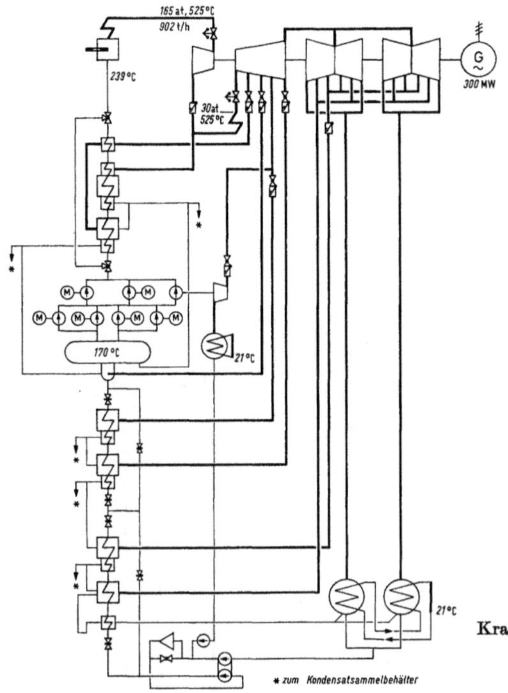

Abb. 706.
Kraftwerk Niederaußem, Block D

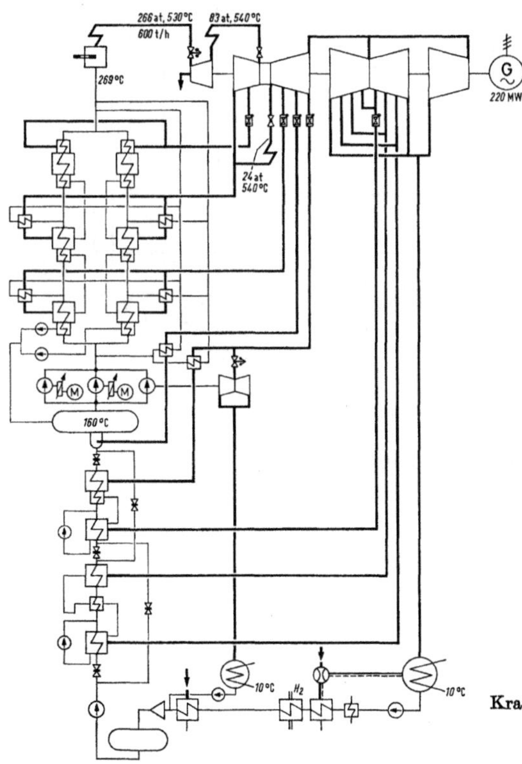

Abb. 707.
Kraftwerk Franken II, Block 1

Wärmegrundschaltpläne

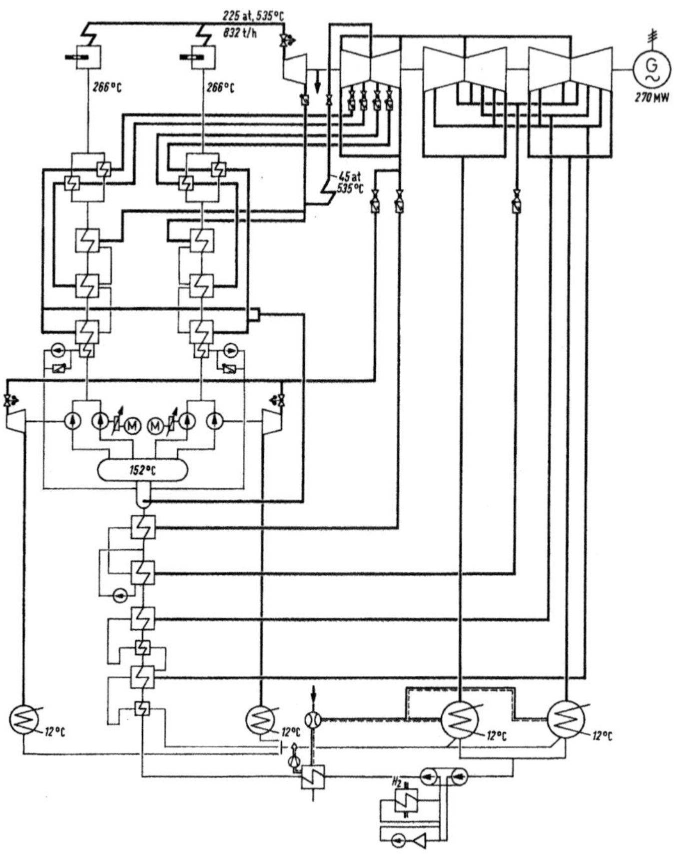

Abb. 708. Kraftwerk Staudinger, Block 1 und 2

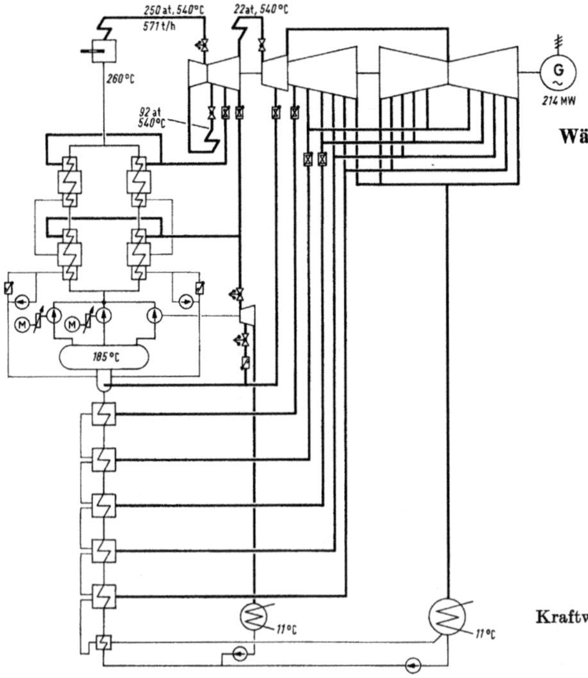

Abb. 709.
Kraftwerk Wedel, Block 3

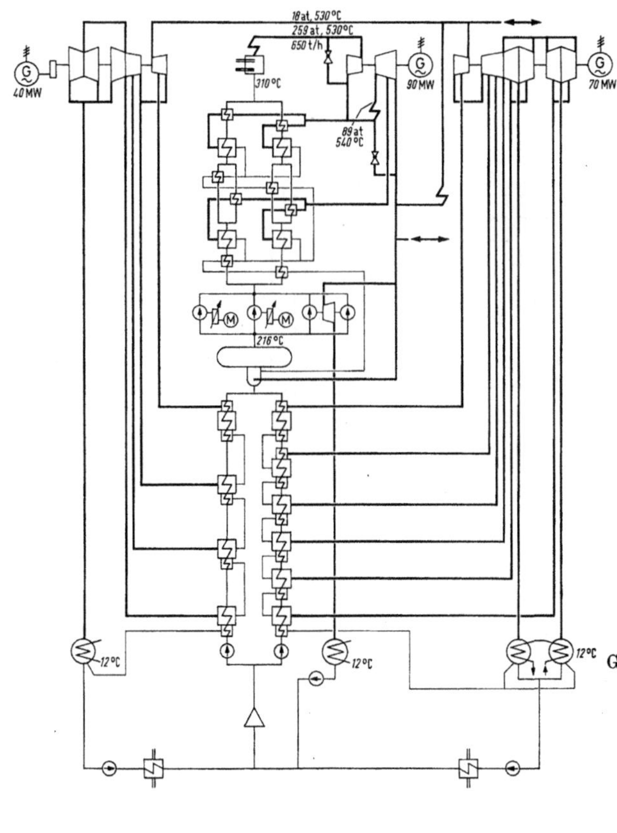

Abb. 710.
Großkraftwerk Mannheim,
Werk II, Block 3

Wärmegrundschaltpläne

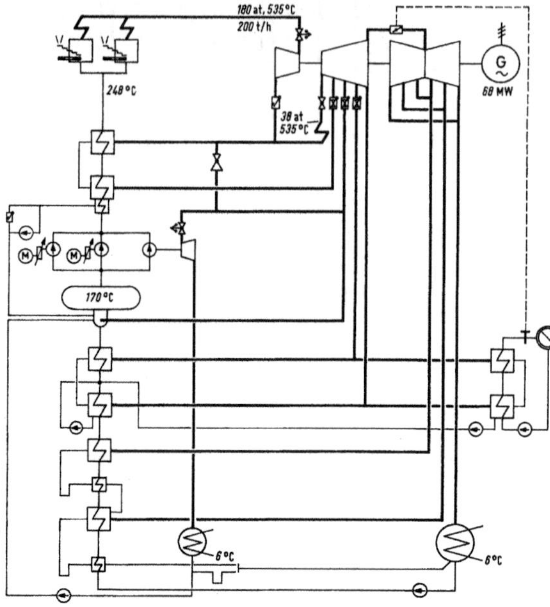

Abb. 711.
Kraftwerk München-Nord,
Block 1

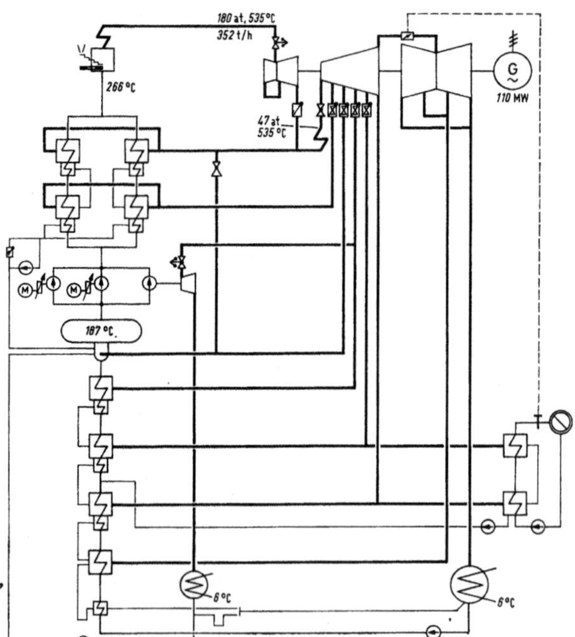

Abb. 712.
Kraftwerk München-Nord,
Block 2

Wärmegrundschaltpläne

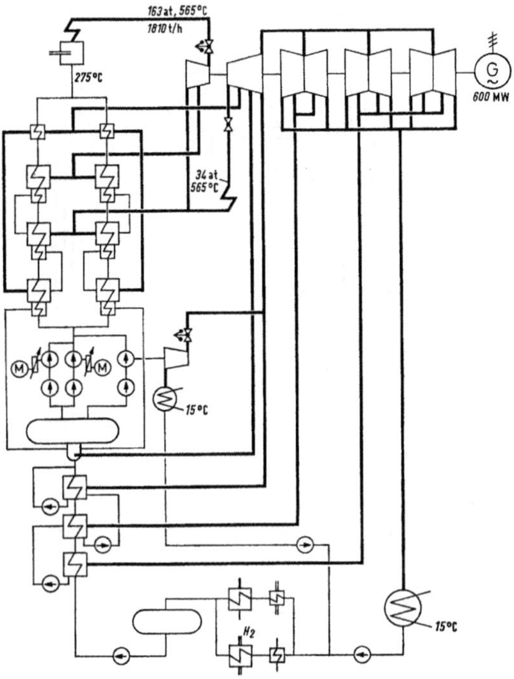

Abb. **713.**
Kraftwerk Porcheville B

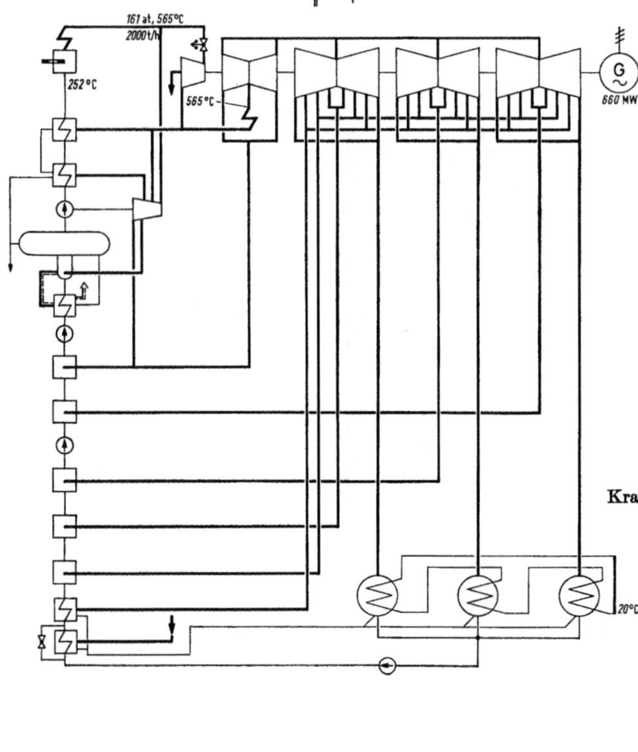

Abb. **714.**
Kraftwerk Drax, Block 1

Wärmegrundschaltpläne

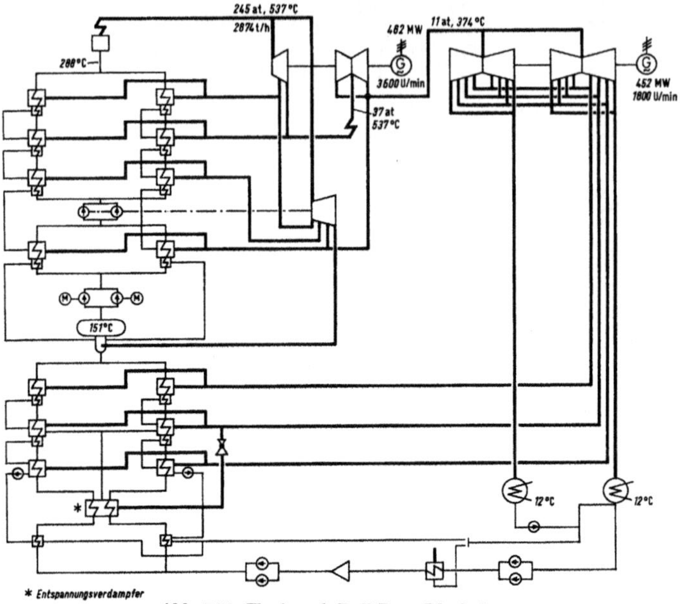

Abb. 715. Kraftwerk Bull Run, Block 1

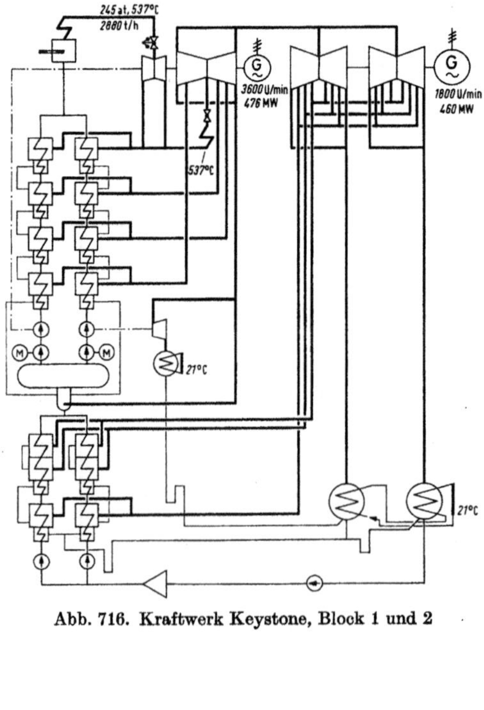

Abb. 716. Kraftwerk Keystone, Block 1 und 2

Wärmegrundschaltpläne

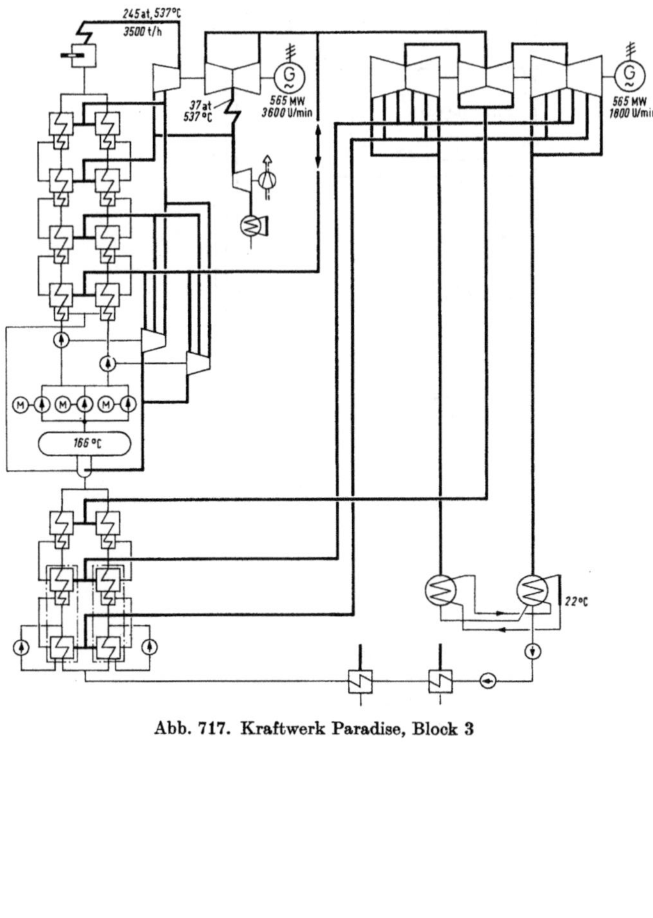

Abb. 717. Kraftwerk Paradise, Block 3

Wärmegrundschaltpläne

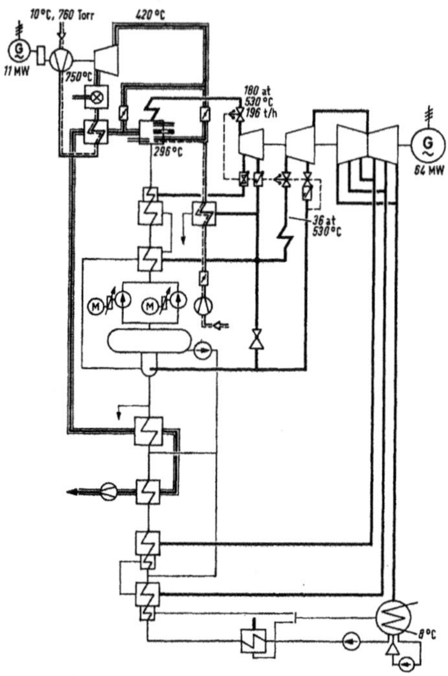

Abb. 718. Kraftwerk Hohe Wand

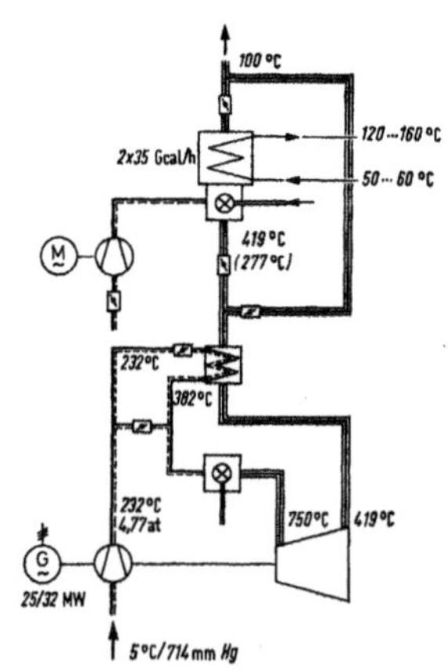

Abb. 719. Heizkraftwerk München-Sendling, Block 1 und 2

Elektrische Übersichtsschaltpläne

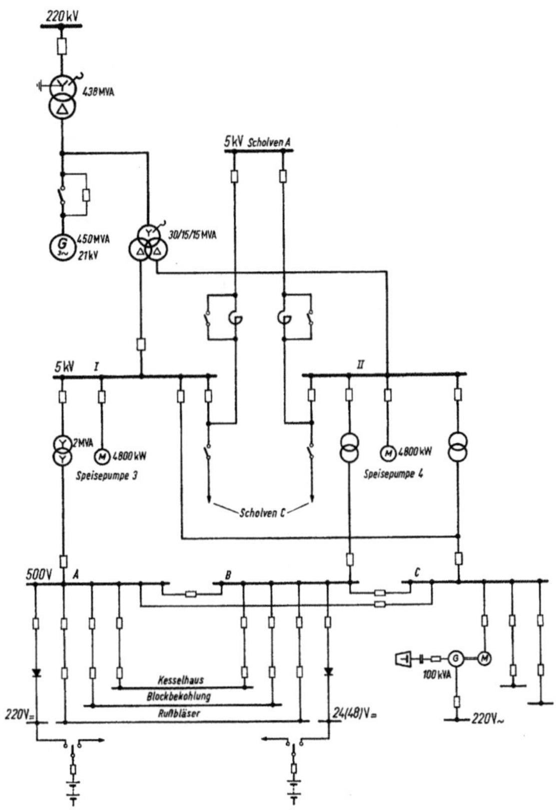

Abb. 720. Kraftwerk Scholven B

Elektrische Übersichtsschaltpläne

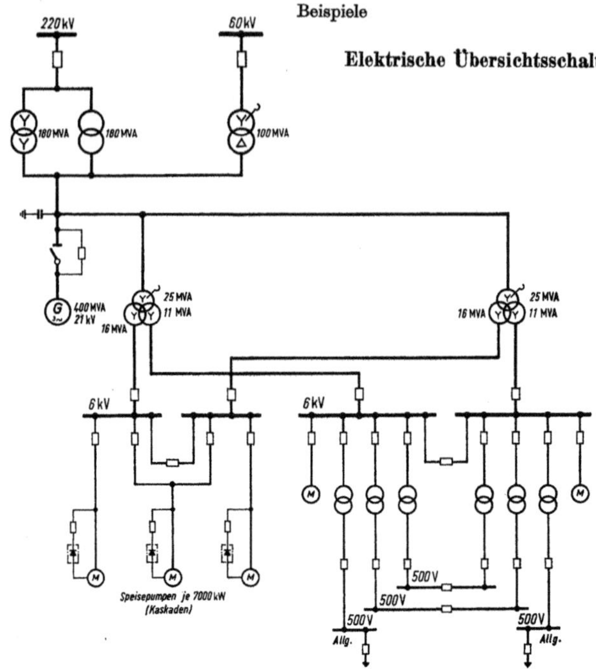

Abb. 721. Kraftwerk Farge, Block 301

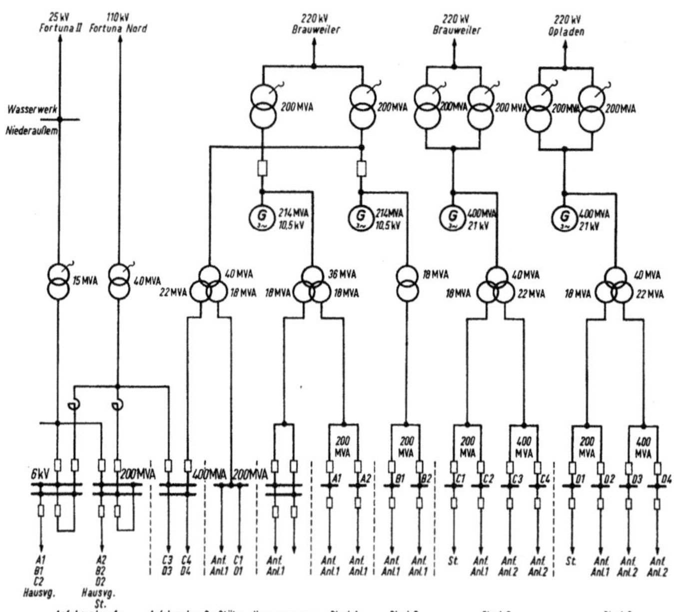

Abb. 722. Kraftwerk Niederaußem, Block A bis D

Elektrische Übersichtsschaltpläne

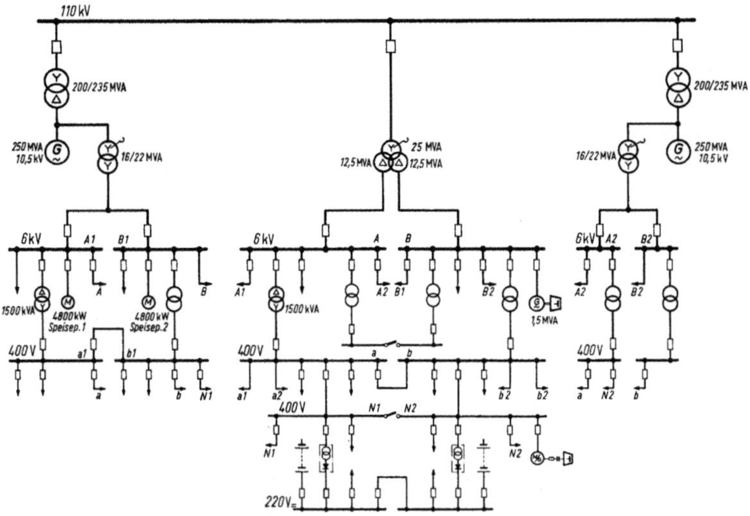

Abb. 723. Kraftwerk Franken II, Block 1 und 2

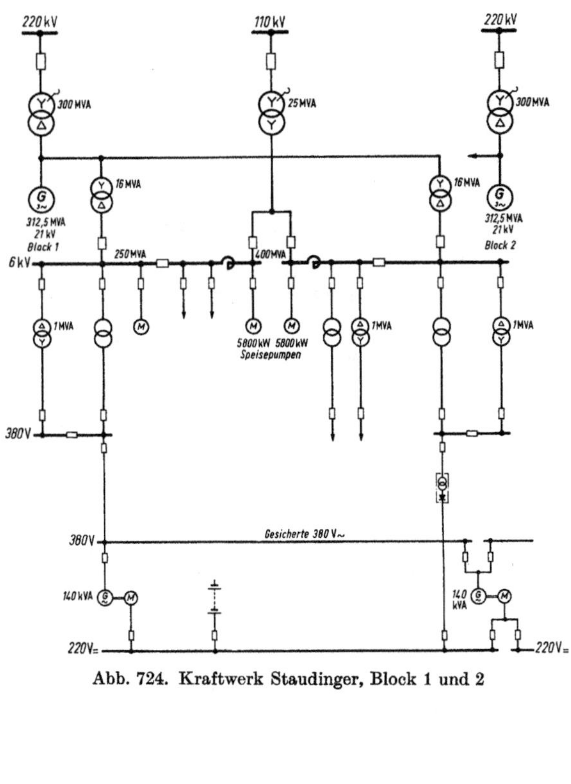

Abb. 724. Kraftwerk Staudinger, Block 1 und 2

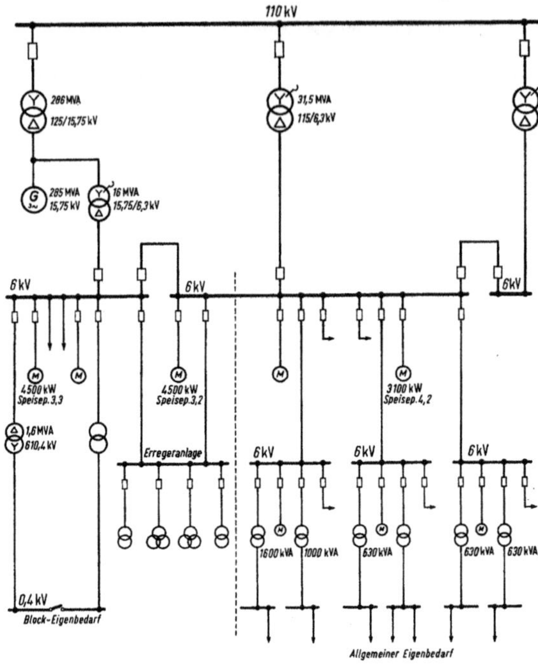

Abb. 725.
Kraftwerk Wedel, Block 3

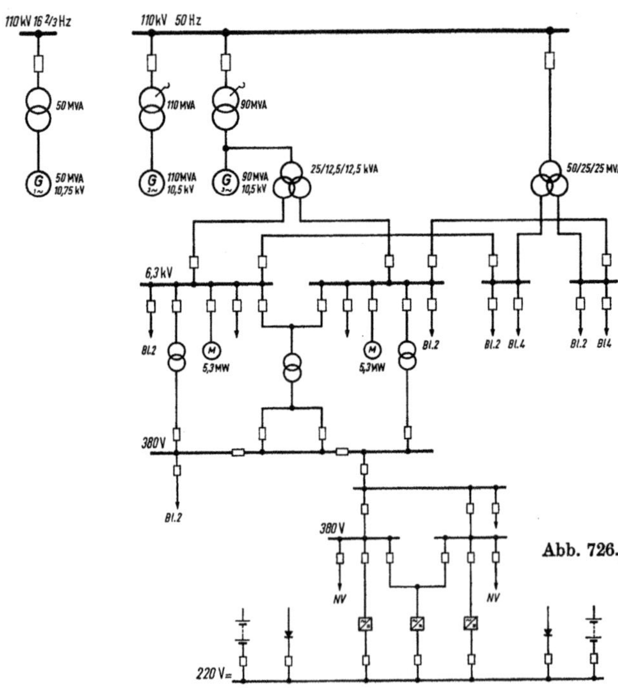

Abb. 726. Großkraftwerk Mannheim, Werk II, Block 3

Elektrische Übersichtsschaltpläne

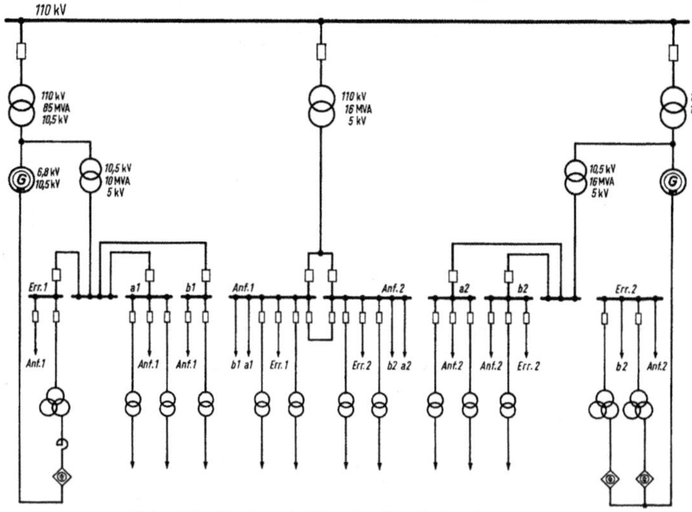

Abb. 727. Kraftwerk München-Nord, Block 1 und 2

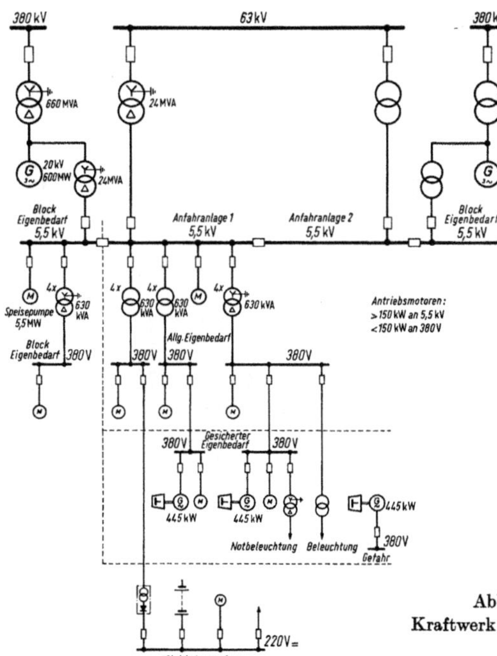

Abb. 728.
Kraftwerk Porcheville B

Elektrische Übersichtsschaltpläne

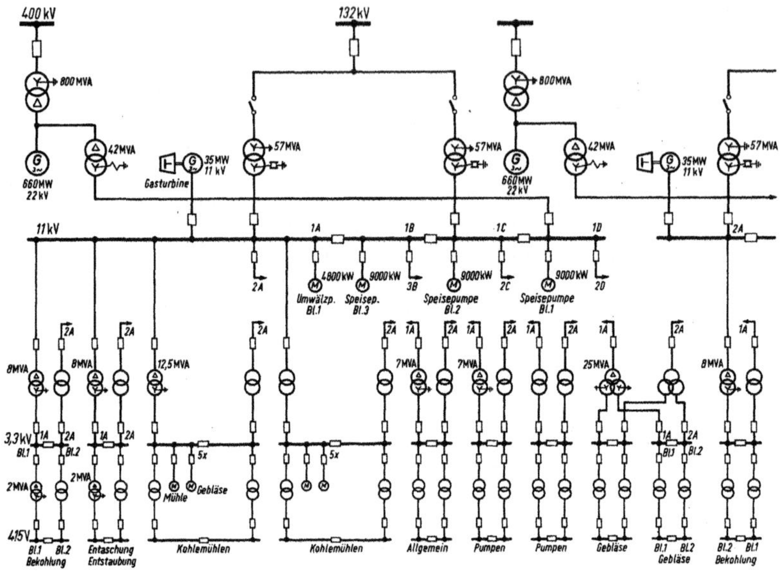

Abb. 729. Kraftwerk Drax

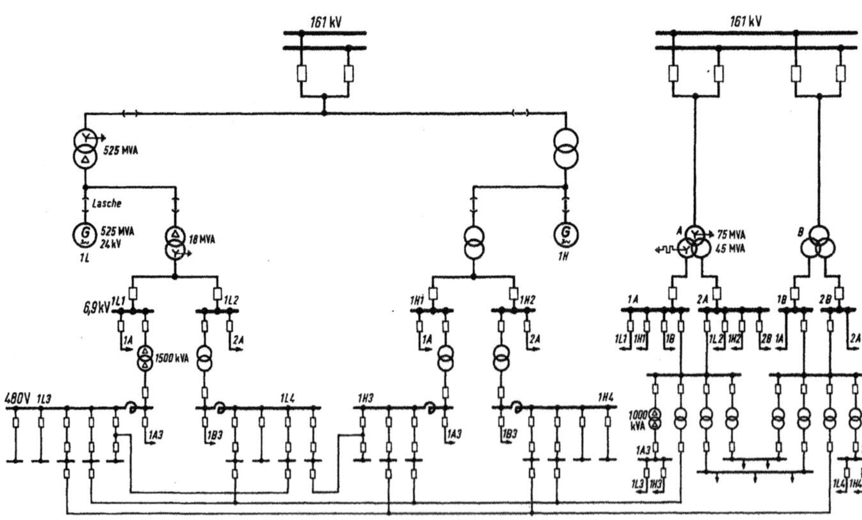

Abb. 730. Kraftwerk Bull Run, Block 1

Elektrische Übersichtsschaltpläne

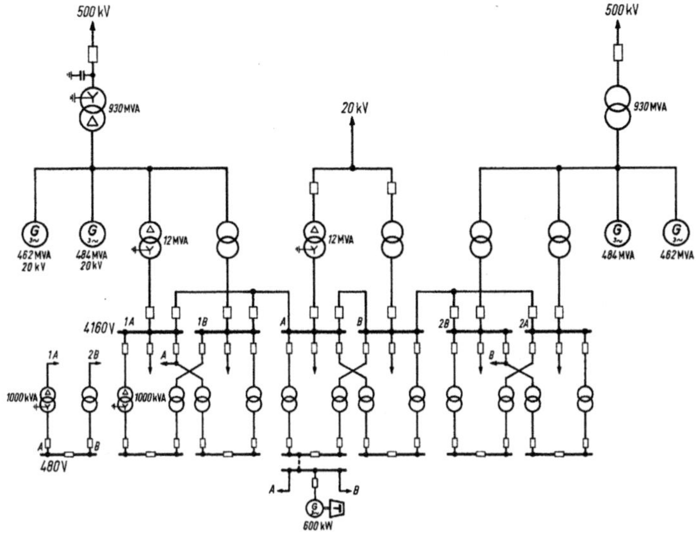

Abb. 731. Kraftwerk Keystone, Block 1 und 2

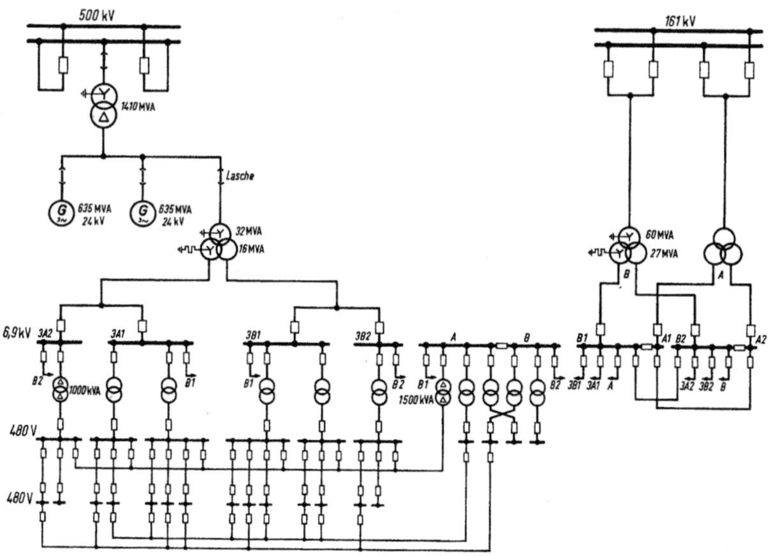

Abb. 732. Kraftwerk Paradise, Block 3

Elektrische Übersichtsschaltpläne

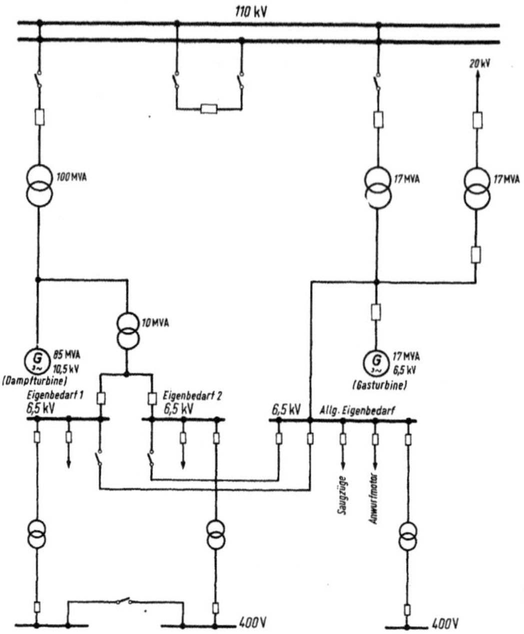

Abb. 733. Kraftwerk Hohe Wand

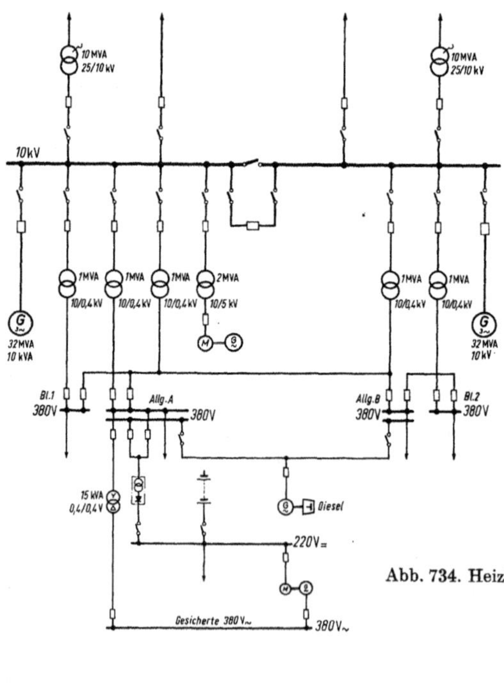

Abb. 734. Heizkraftwerk München-Sendling, Block 1 und 2

Lagepläne

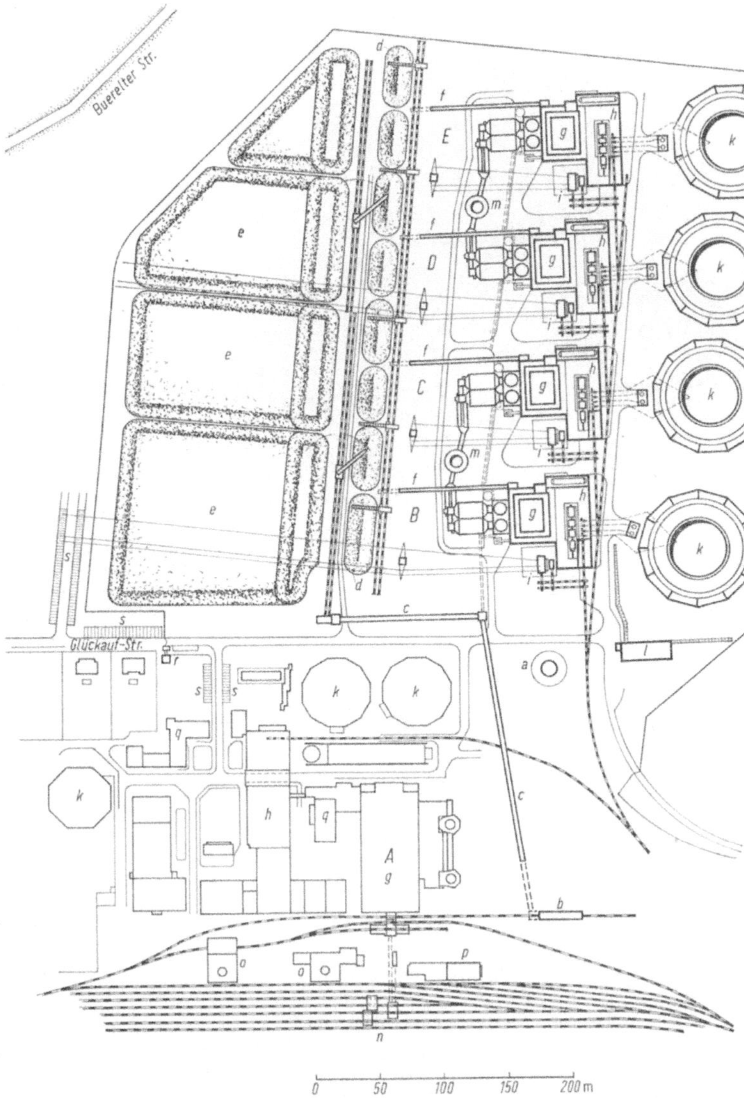

Abb. 735. Kraftwerk Scholven

a	Zündöltanklager	*g*	Kesselhaus	*n*	Zechenbahnhof Scholven
b	Kohleentladestation	*h*	Maschinenhaus	*o*	Schachtanlagen
c	Kohleförderanlage	*i*	Aufspannanlage	*p*	Umspannwerk
d	Blockkohlenlager	*k*	Kühlturm	*q*	Bürogebäude
e	Reservekohlenlager	*l*	Entkarbonisierungsanlage	*r*	Pförtner
f	Schrägbandbrücke	*m*	Schornstein	*s*	Parkplatz

Lagepläne

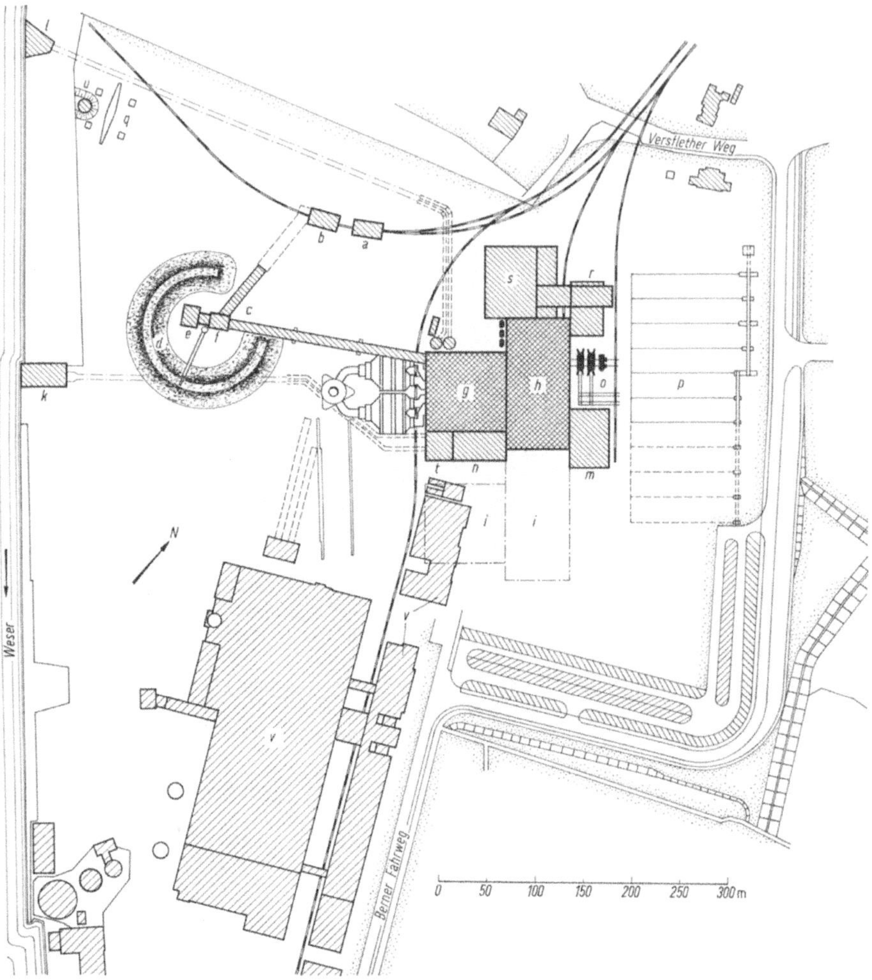

Abb. 736. Kraftwerk Farge, Block 301

- *a* Auftauhalle
- *b* Kohletiefbunker
- *c* Bandbrücke
- *d* Kohlelagerplatz
- *e* Aufgabebunker
- *f* Brecheranlage
- *g* Dampferzeuger
- *h* Maschinenhaus
- *i* Erweiterungsraum
- *k* Kühlwasser-Einlaufbauwerk
- *l* Kühlwasser-Auslauf
- *m* chem. Wasseraufbereitungsanlage
- *n* Eigenbedarf-Schaltanlage
- *o* Aufspannanlage
- *p* Freiluft-Schaltanlage
- *q* Überland-Abspannmast
- *r* Verwaltungs- und Betriebsgebäude
- *s* Werkstatt
- *t* Kompressoranlage
- *u* Kläranlage
- *v* Kraftwerk Unterweser

Lagepläne

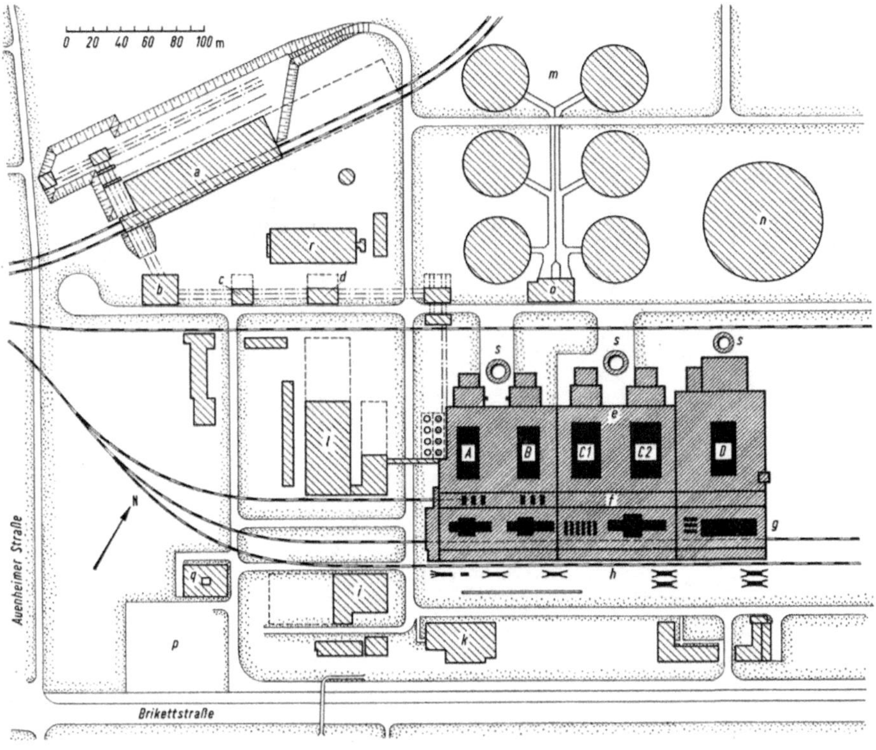

Abb. 737. Kraftwerk Niederaußem, Block A bis D

a Grabenbunker
b Kohlenförderanlage
c Eisenausscheidung
d Brecheranlage
e Dampferzeuger
f Bunkerbau
g Maschinenhaus
h Aufspannanlage
i chem. Wasseraufbereitungsanlage
k Kantine
l Werkstatt und Lager
m Ventilator-Kühltürme
n Naturzug-Kühlturm
o Kühlwasser-Pumpenhaus
p Parkplatz
q Pförtner
r Rückhaltebecken
s Schornstein

Lagepläne

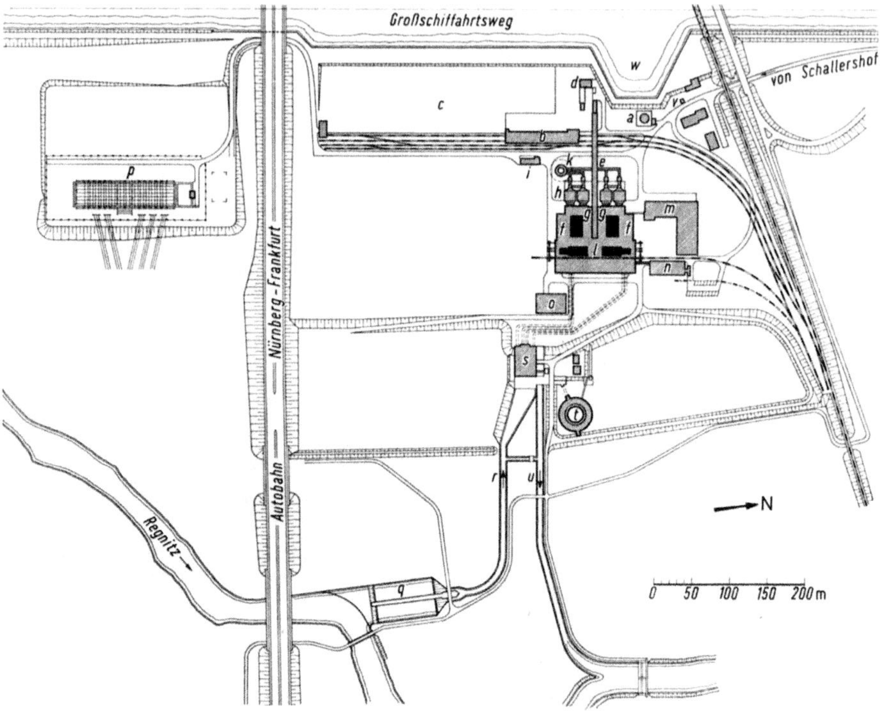

Abb. 738. Kraftwerk Franken II

a	Zündöltanklager	*m*	Werkstätten und Lager
b	Kohletiefbunker	*n*	Betriebsgebäude
c	Kohlelagerplatz	*o*	chem. Wasseraufbereitungsanlage
d	Brecheranlage	*p*	Freiluft-Schaltanlage 110 kV
e	Schrägbandbrücke	*q*	Sandfang
f	Bunkerbau	*r*	Kühlwasser-Zulauf
g	Dampferzeuger	*s*	Kühlwasser-Einlaufbauwerk
h	Elektrofilter	*t*	Kühlturm
i	Granulatbunker	*u*	Kühlwasser-Auslauf
k	Schornstein	*v*	Pförtner
l	Turbinen- und Pumpenhaus	*w*	Wendebecken

Lagepläne

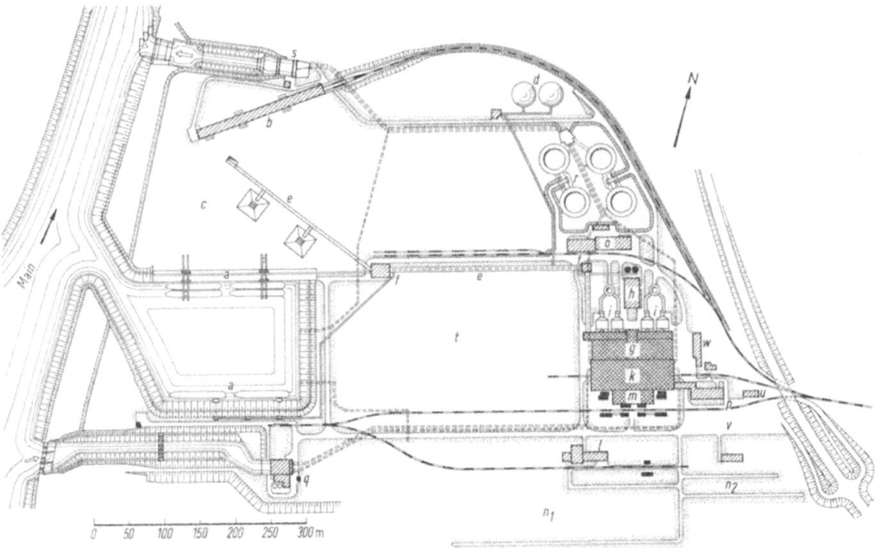

Abb. 739. Kraftwerk Staudinger

- *a* Schiffsentladestation
- *b* Eisenbahnentladestation (Kohletiefbunker)
- *c* Kohlelagerplatz
- *d* Öltanklager
- *e* Kohleförderanlage
- *f* Eckturm
- *g* Kesselhaustrakt
- *h* Hilfskesselhaus
- *i* Rauchgas-Entstaubungsanlage
- *k* Maschinenhaus
- *l* Elektrowarte
- *m* Eigenbedarf-Schaltanlage und Aufspannanlage
- n_1 Freiluft-Schaltanlage 220 kV
- n_2 Freiluft-Schaltanlage 110 kV
- *o* Werkstatt und Lager
- *p* Verwaltungs- und Betriebsgebäude
- *q* Kühlwasser-Einlaufbauwerk
- *r* Kühltürme
- *s* Kühlwasser-Auslaufbauwerk
- *t* Erweiterungsraum
- *u* Pförtner und Zufahrt
- *v* Parkplatz
- *w* Garagen

Lagepläne

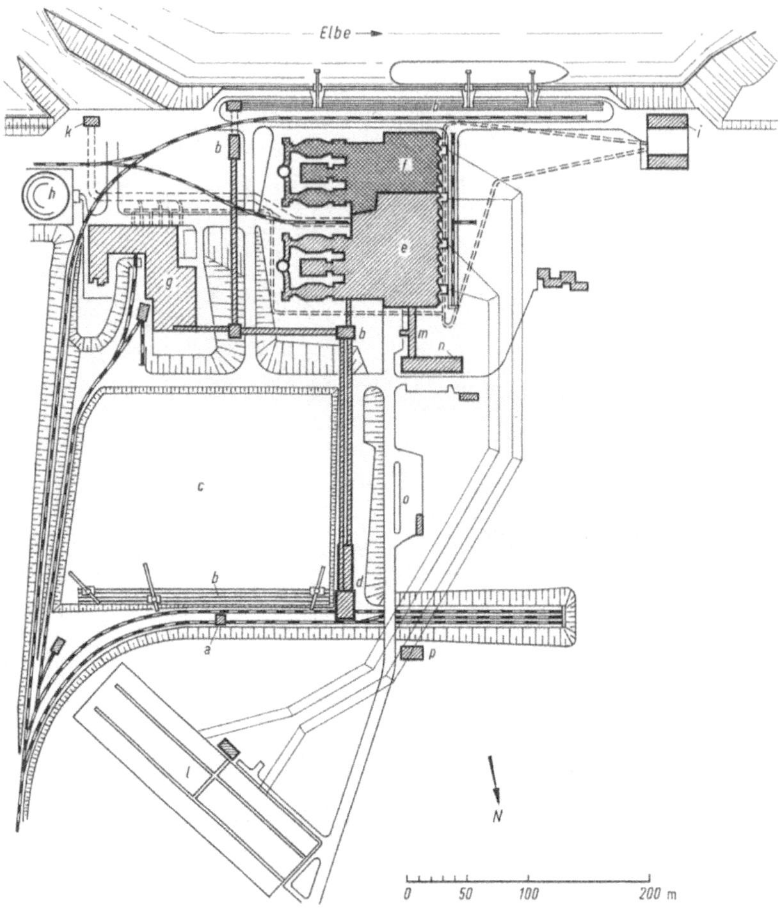

Abb. 740. Kraftwerk Wedel

a Waggonkipper
b Kohleförderanlage
c Kohlelagerplatz ca. 90 000 t
d Brecheranlage
e Kraftwerks-Blocks 1 und 2
f Kraftwerks-Blocks 3 und 4
g Kraftwerk Schulau
h Öltanklager
i Kühlwasser-Einlaufbauwerk
k Kühlwasser-Auslaufbauwerk
l Freiluft-Schaltanlage
m Werkstatt und Lager
n Betriebsgebäude
o Parkplatz
p Pförtner

Lagepläne

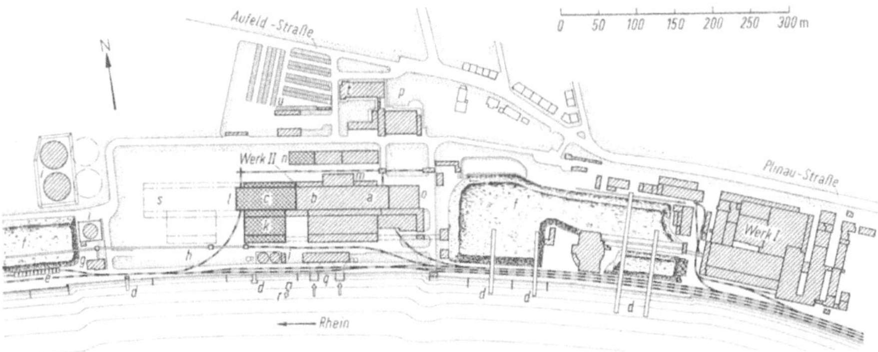

Abb. 741. Großkraftwerk Mannheim

a Kraftwerks-Block 1
b Kraftwerks-Block 2
c Kraftwerks-Block 3
d Schiffsentladestation
e Kohletiefbunker
f Kohlelagerplatz
g Brecheranlage
h Kohleförderanlage
i Öltankanlage
k Kesselhaustrakt
l Maschinenhaustrakt
m Elektrowarte
n Schalthaus 100 kV
o Werkstatt und Lager
p Verwaltungs- und Betriebsgebäude
q Kühlwasser-Einlaufbauwerk
r Kühlwasser-Auslauf
s Erweiterungsraum
t Pförtner
u Parkplätze und Garagen

Lagepläne

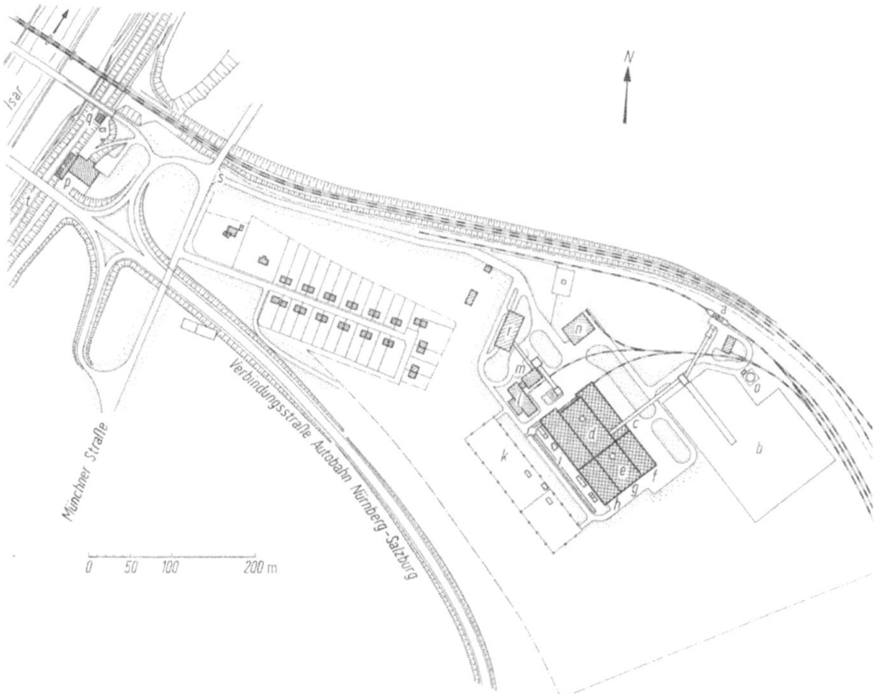

Abb. 742. Kraftwerk München-Nord

a Waggonkipper
b Kohlelagerplatz
c Schrägbandbrücke
d Kraftwerks-Block 1
e Kraftwerks-Block 2
f Müllbunkeranlage
g Dampferzeuger
h Maschinenhaus
i Aufspannanlage
k Freiluft-Schaltanlage 110 kV
l Betriebsgebäude
m Werkstatt
n Lagerhalle
o Öltankanlage
p Kühlwasser-Einlaufbauwerk
q Kühlwasser-Auslaufbauwerk
r Schlackeverladehalle
s Zufahrt und Werkstraße
t Werkkanal

Lagepläne

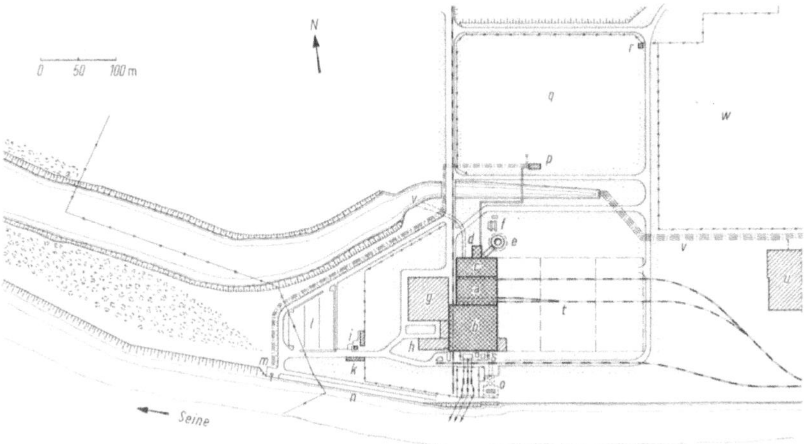

Abb. 743. Kraftwerk Porcheville B

a Dampferzeuger
b Maschinenhaus
c Luftvorwärmer
d Brennöl-Vorwärmstation
e Schornstein
f Hilfskessel
g Werkstatt
h Verwaltungsgebäude
i Pförtner
k Garage
l Parkplatz
m Brennöl-Entladestation
n Schiffslände
o Kühlwasser-Einlaufbauwerk
p Brennöl-Pumpenhaus
q Brennöl-Tanklager
r Zufahrt- und Werkstraße
s Aufspannanlage
t Erweiterungsraum
u Kraftwerk A
v Kühlwasser-Auslauf
w Freiluftschaltanlage 220 kV

Lagepläne

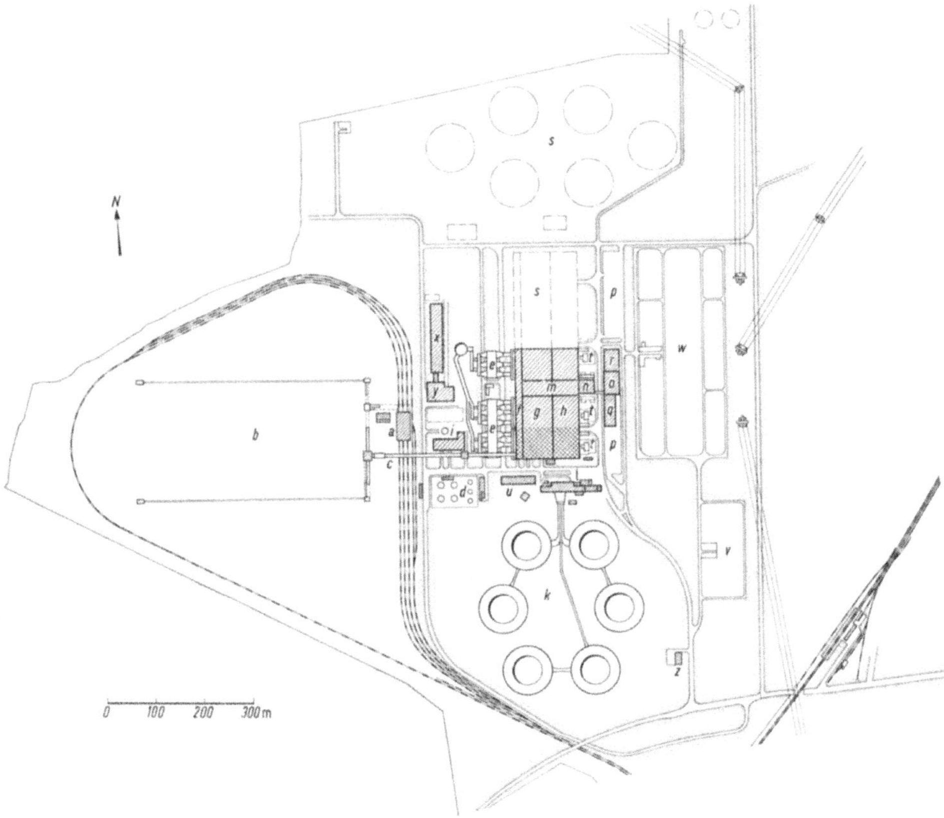

Abb. 744. Kraftwerk Drax

- *a* Kohleentladestation
- *b* Kohlelagerplatz
- *c* Schrägbandbrücke
- *d* Öltanklager
- *e* Elektrofilter
- *f* Bunkerbau
- *g* Kesselhaus
- *h* Maschinenhaus
- *i* Gasturbinenstation
- *k* Kühltürme
- *l* Kühlwasser-Pumpenhaus
- *m* Lager
- *n* Werkstatt
- *o* Warte
- *p* Parkplatz
- *q* Verwaltungsgebäude
- *r* Wasseraufbereitungsanlage
- *s* Erweiterungsraum
- *t* Aufspannanlage
- *u* Kompressorstation
- *v* Freiluft-Schaltanlage 132 kV
- *w* Freiluft-Schaltanlage 400 kV
- *x* Aschelager
- *y* Schaltwarte der Bekohlungs- und Entaschungsanlage
- *z* Haupteingang mit Pförtnerhaus

Lagepläne

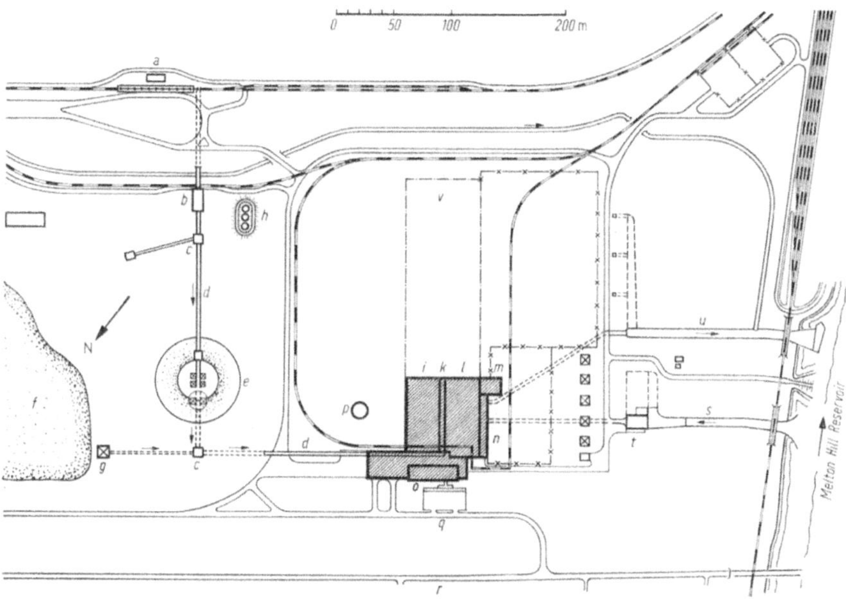

Abb. 745. Kraftwerk Bull Run

a Waggonentladung
b Brecheranlage
c Förderstation
d Förderbänder
e Kohlezwischenlager 35 000 t
f Kohlelagerplatz 577 000 t
g Aufgabetrichter
h Brennöl-Lagertanks
i Dampferzeuger
k Bunkerbau
Maschinenhaus
m Wartengebäude
n Aufspann- und Freiluftschaltanlage
o Büro- und Betriebsgebäude
p Schornstein
q Zufahrt- und Werkstraße
r Staatsstraße
s Kühlwasser-Einlauf
t Kühlwasser-Pumpenhaus
u Kühlwasser-Auslauf
v Erweiterungsraum

Lagepläne

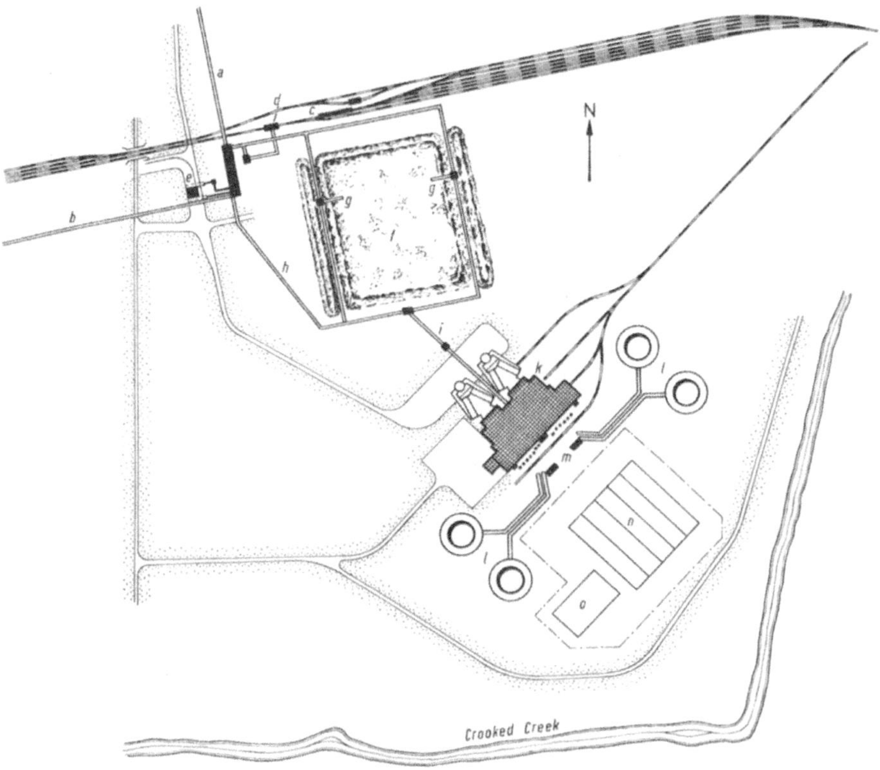

Abb. 746. Kraftwerk Keystone

a Transportband von Schacht A
b Transportband von Schacht B
c Auftauhalle
d Waggonentladung
e Lastwagenentladung
f Kohlelagerplatz 500 000 t
g Kohleaufgabe
h Transportband
i Schrägbandbrücke
k Kraftwerk
l Kühltürme
m Kühlwasserpumpenhaus
n Freiluft-Schaltanlage 500 kV
o Freiluft-Schaltanlage 230 kV

Lagepläne

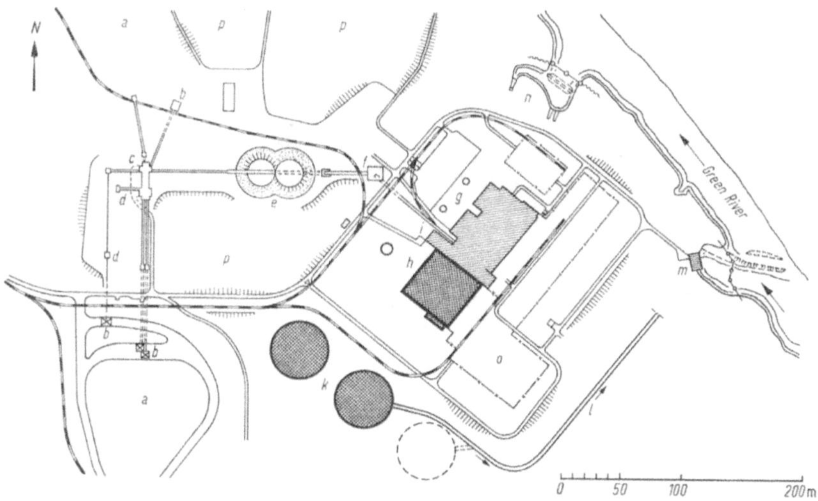

Abb. 747. Kraftwerk Paradise

a Kohlelagerplatz
b Aufgabebunker
c Kohleförderanlage
d Brecheranlage
e Zwischenlager
f Leitstand der Kohleförderanlage
g Kraftwerks-Blocks 1 und 2
h Kraftwerks-Block 3
i Betriebsgebäude
k Kühltürme
l Kühlwasser-Auslaufkanal
m Kühlwasser-Einlaufbauwerk
n Kühlwasser-Auslaufbauwerk
o Aufspannanlage
p Aschelagerplatz

Lagepläne

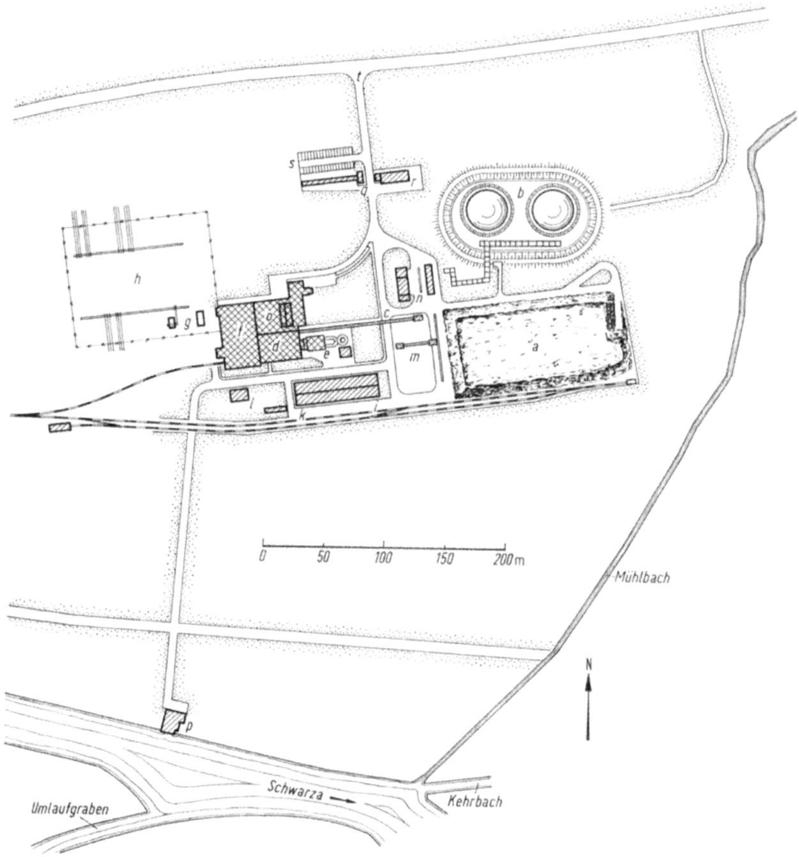

a Kohlelagerplatz
b Öltanklager
c Kohleförderanlage
d Kesselhaus und Bunkerbau
e Rauchgas-Entstaubungsanlage
f Maschinenhaus
g Aufspannanlage
h Freiluft-Schaltanlage
i Werkstatt und Lager
k chem. Wasseraufbereitungsanlage
l Gasregelstation
m Entaschungsanlage
n Heizzentrale
o Betriebsgebäude
p Kühlwasser-Einlaufbauwerk
q Pförtner
r Garagen
s Parkplatz
t Zufahrt und Werkstraße

Lagepläne

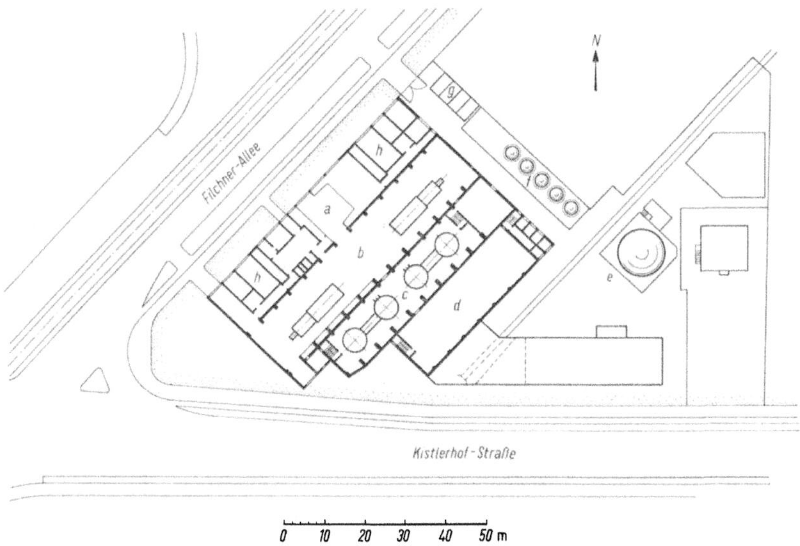

Abb. 749. Heizkraftwerk München-Sendling

a Warte	*e* Öltankanlage
b Maschinenhaus	*f* Heißwasserspeicher
c Wärmeaustauscher	*g* Garagen
d Pumpen- und Schalthaus	*h* Blocktransformator 20/25 MVA

Querschnitte und Grundrisse

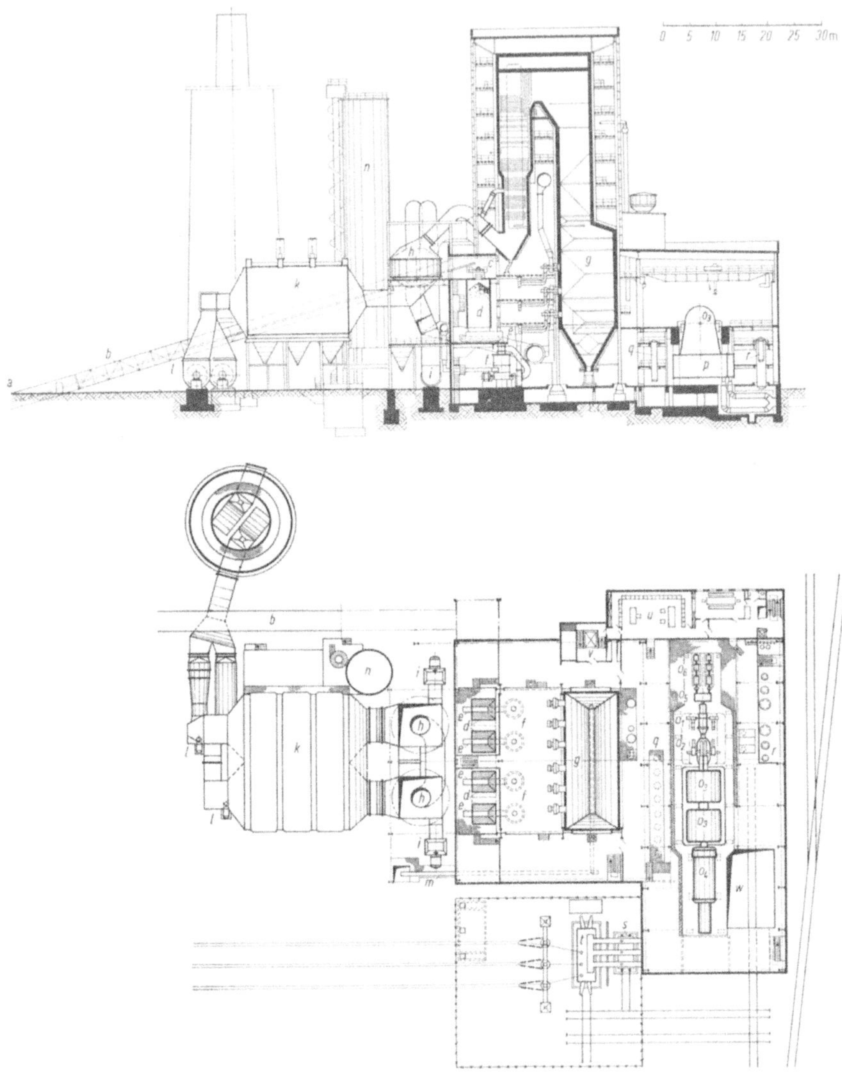

Abb. 750. Kraftwerk Scholven B

a vom Blockkohlelager
b Schrägbandbrücke
c Bekohlungsanlage
d Kohlebunker
e Kohlezuteiler
f Kohlemühlen
g Dampferzeuger
h Luftvorwärmer
i Frischluftgebläse
k Elektrofilter
l Saugzuggebläse
m Entaschungsanlage
n Aschebunker
o_1 Hochdruckteil der Turbine
o_2 Mitteldruckteil der Turbine
o_3 Niederdruckteil der Turbine
o_4 Generator
o_5 Getriebe
o_6 Speisepumpenaggregate (2 × 50%)
p Kondensator
q Niederdruck-Vorwärmer
r Hochdruck-Vorwärmer
s Eigenbedarf-Transformator
t Block-Transformator
u Blockwarte
v Aufzug
w Montageöffnung

Querschnitte und Grundrisse

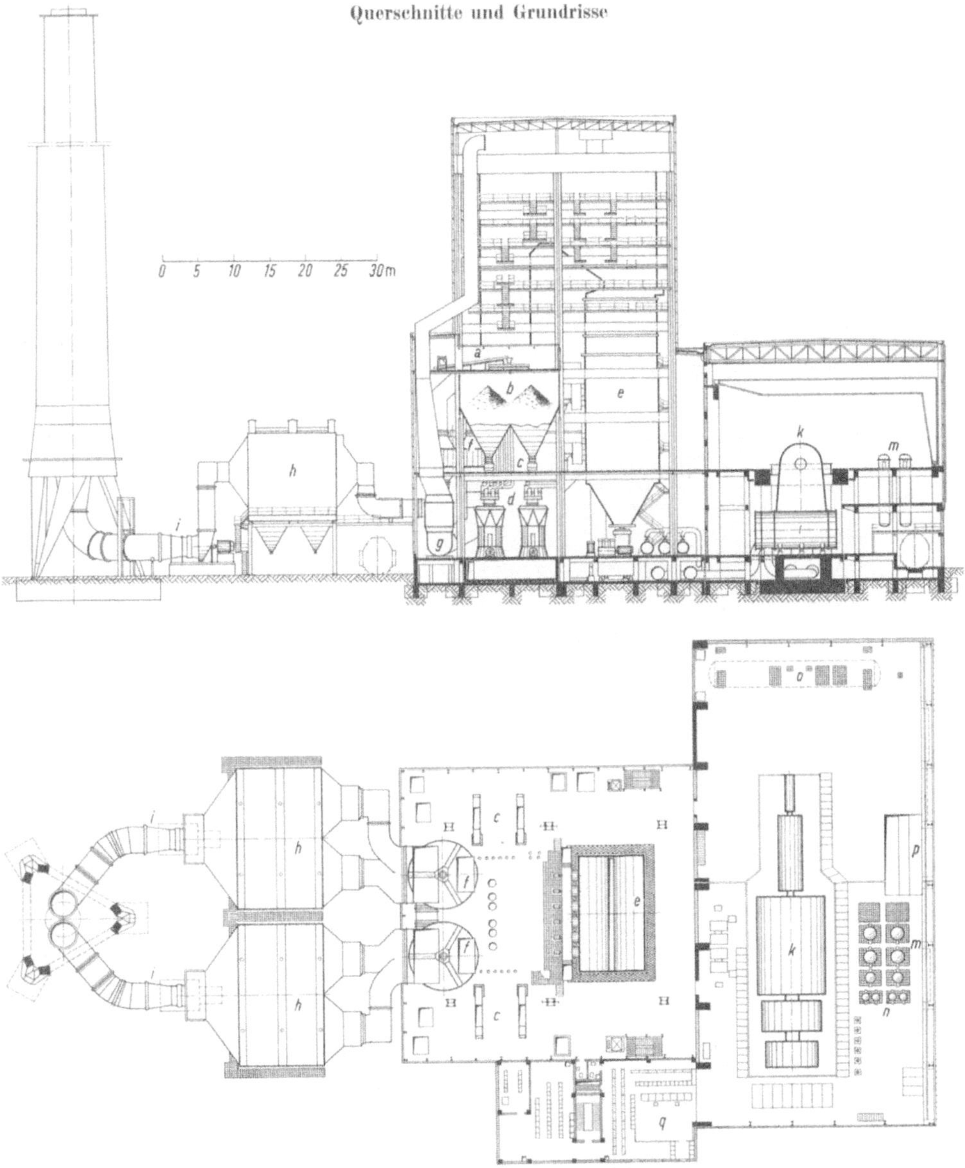

Abb. 751. Kraftwerk Farge, Block 301

a Kohleförderanlage
b Kohlebunker
c Kohlezuteiler
d Kohlemühlen
e Dampferzeuger
f Luftvorwärmer
g Frischluftgebläse
h Elektrofilter
i Saugzuggebläse
k Turbosatz
l Kondensator
m Hochdruckvorwärmer
n Enthitzer
o Speisewasserbehälter mit Entgaser
p Montageöffnung
q Wartengebäude mit Eigenbedarf-Schaltanlage

Querschnitte und Grundrisse

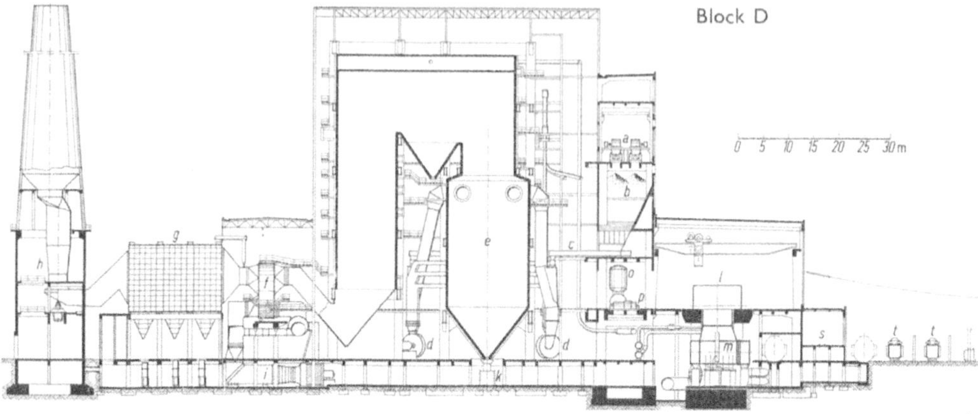

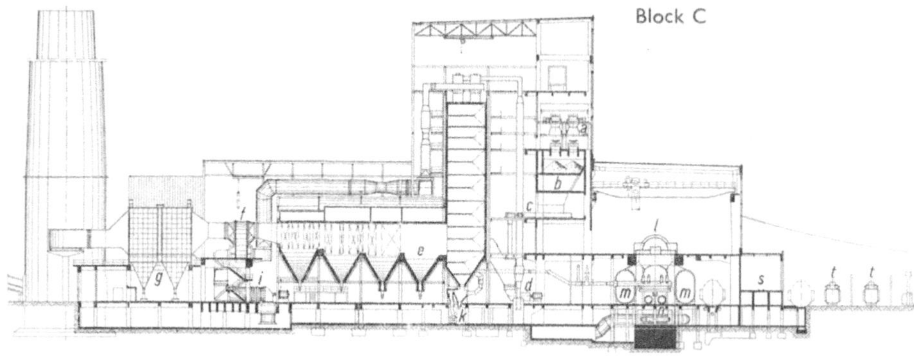

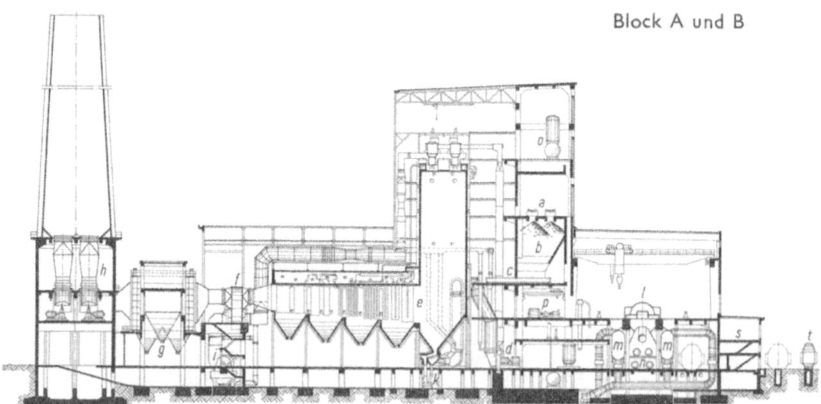

(zu Abb. 752)

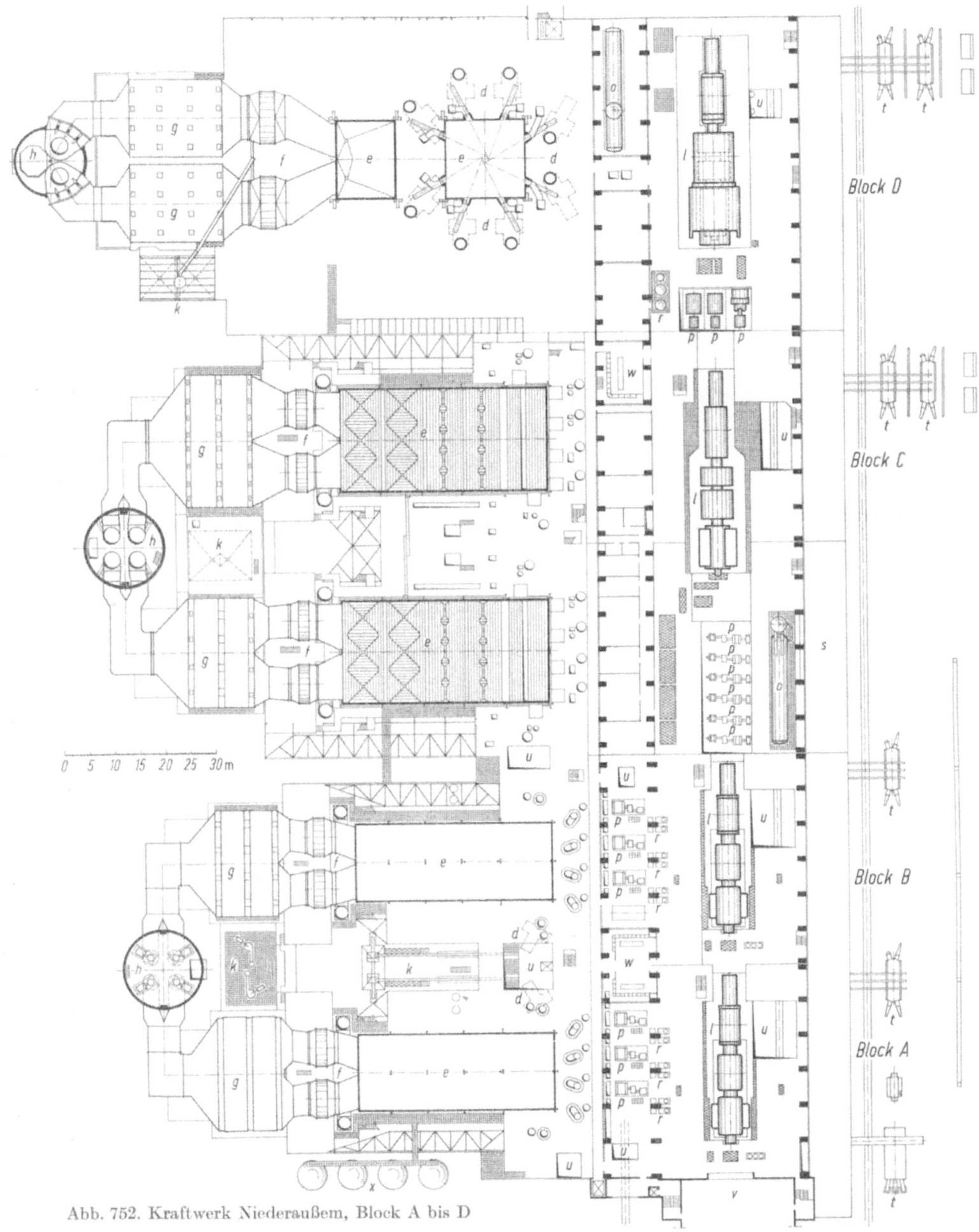

Abb. 752. Kraftwerk Niederaußem, Block A bis D

a	Bekohlungsanlage	*g*	Elektrofilter	*n*	Niederdruckvorwärmer	*s*	Eigenbedarf-Schaltanlage
b	Kohlebunker	*h*	Saugzuggebläse	*o*	Speisewasserbehälter mit Entgaser	*t*	Transformatoren
c	Kohlezuteiler	*i*	Frischluftgebläse			*u*	Montageöffnung
d	Kohlemühlen	*k*	Entaschungsanlage	*p*	Elektro-Kesselspeisepumpen	*v*	Zentralwarte
e	Dampferzeuger	*l*	Turbosatz	*q*	Turbo-Kesselspeisepumpe	*w*	Wärmewarte
f	Luftvorwärmer	*m*	Kondensator	*r*	Hochdruckvorwärmer	*x*	Notkondensatspeicher

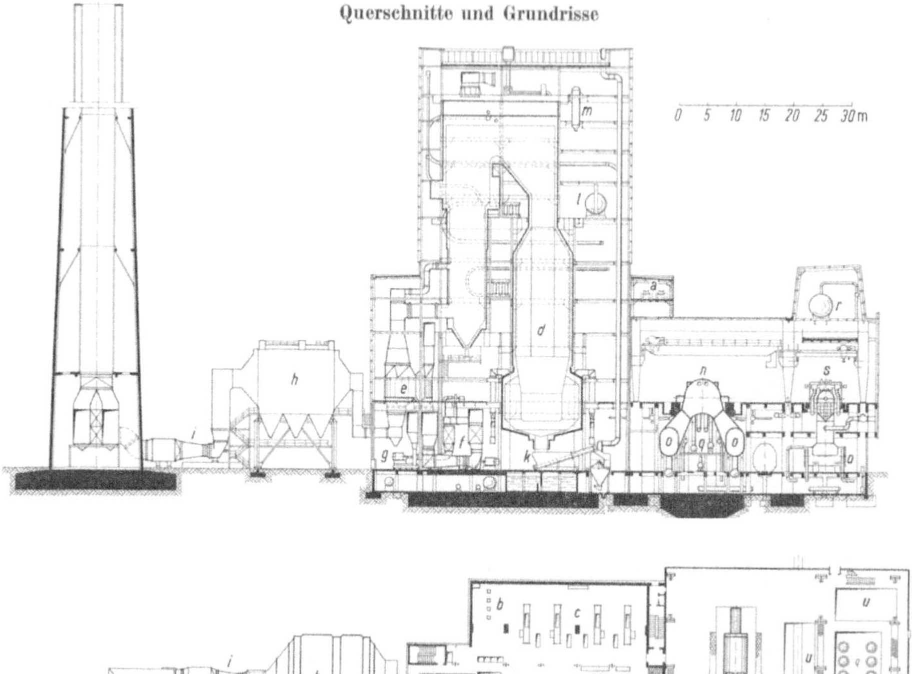

Abb. 753. Kraftwerk Franken II

a Kohleförderanlage
b Bunkerbau
c Kohlezuteiler
d Dampferzeuger
e Luftvorwärmer
f Frischluftgebläse
g Mühlenluftgebläse
h Elektrofilter
i Saugzuggebläse
k Entschlackungsanlage (Granulierbad)
l Werkwasserbehälter
m Anfahrentspanner
n Turbosatz
o Kondensator
p Niederdruckvorwärmer
q Hochdruckvorwärmer
r Speisewasserbehälter mit Entgaser
s Turbo-Kesselspeisepumpe
t Elektro-Kesselspeisepumpe
u Montageöffnung
v Wartengebäude mit Eigenbedarfs-Schaltanlage

Querschnitte und Grundrisse

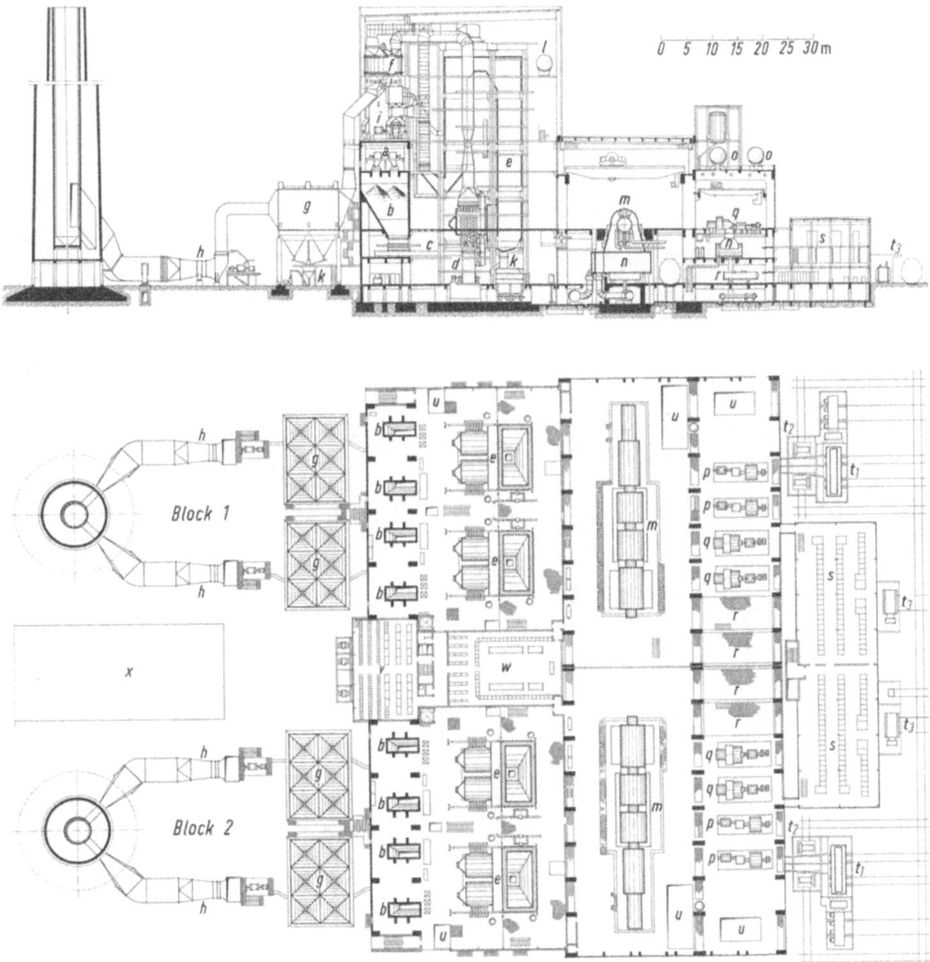

Abb. 754. Kraftwerk Staudinger

a Bekohlungsanlage
b Kohlebunker
c Kohlezuteiler
d Kohlemühle
e Dampferzeuger
f Luftvorwärmer
g Elektrofilter
h Saugzuggebläse
i Frischluftgebläse
k Entaschungsanlage
l Werkwasserbehälter
m Turbosatz
n Kondensator
o Speisewasserbehälter mit Entgaser
p Elektro-Kesselspeisepumpe
q Turbo-Kesselspeisepumpe
r Vorwärmeranlage
s Eigenbedarf-Schaltanlage 6 kV
t_1 Block-Transformator
t_2 Eigenbedarf-Transformatoren
t_3 Anfahr-Transformator
u Montageöffnung
v Reglerraum
w Wärmewarte
x Hilfskesselhaus

Querschnitte und Grundrisse

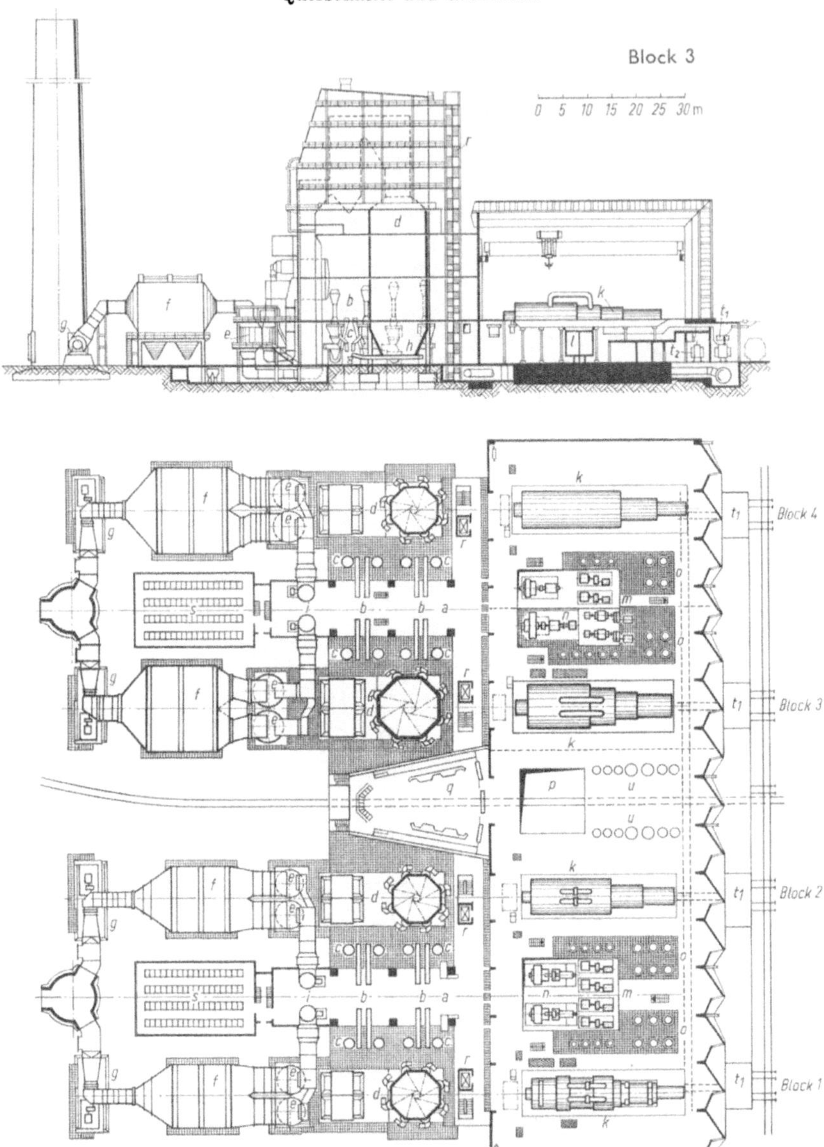

Abb. 755. Kraftwerk Wedel

a **Bunkerbau**
b **Kohlezuteiler**
c **Kohlemühlen**
d **Dampferzeuger**
e **Luftvorwärmer**
f **Elektrofilter**
g **Saugzuggebläse**
h **Entaschungsanlage**
i **Frischluftgebläse**
k **Turbosatz**
l **Kondensator**
m **Elektro-Kesselspeisepumpen**
n **Turbo-Kesselspeisepumpen**
o **Vorwärmeranlage**
p **Montageöffnung**
q **Warte**
r **Aufzug- und Treppenturm**
s **Eigenbedarf-Schaltanlage**
t_1 **Block-Transformator**
t_2 **Eigenbedarf-Transformator**

Querschnitte und Grundrisse

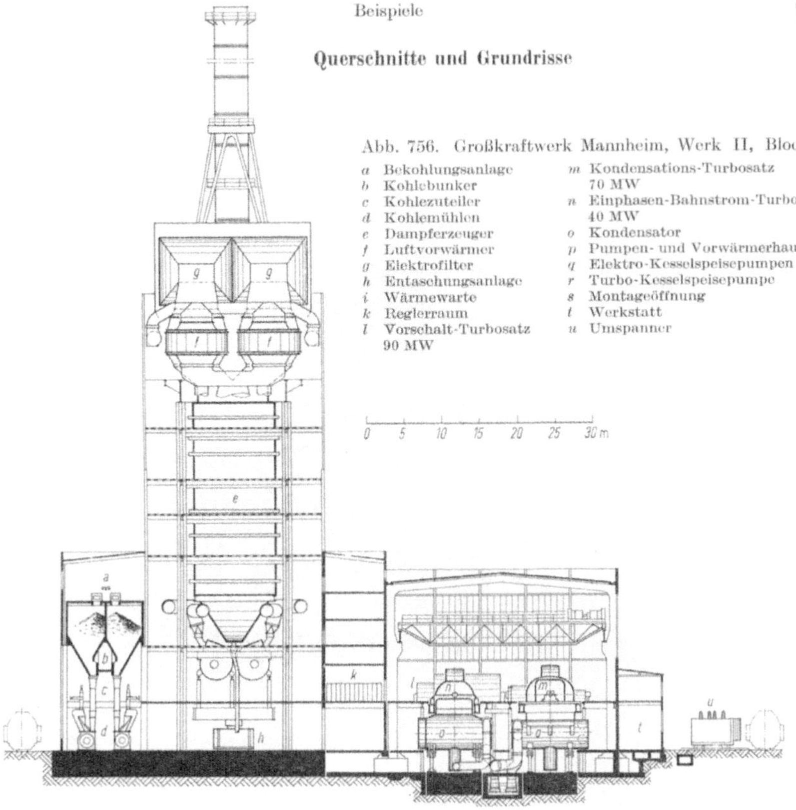

Abb. 756. Großkraftwerk Mannheim, Werk II, Block 3

a Bekohlungsanlage
b Kohlebunker
c Kohlezuteiler
d Kohlemühlen
e Dampferzeuger
f Luftvorwärmer
g Elektrofilter
h Entaschungsanlage
i Wärmewarte
k Reglerraum
l Vorschalt-Turbosatz 90 MW
m Kondensations-Turbosatz 70 MW
n Einphasen-Bahnstrom-Turbosatz 40 MW
o Kondensator
p Pumpen- und Vorwärmerhaus
q Elektro-Kesselspeisepumpen
r Turbo-Kesselspeisepumpe
s Montageöffnung
t Werkstatt
u Umspanner

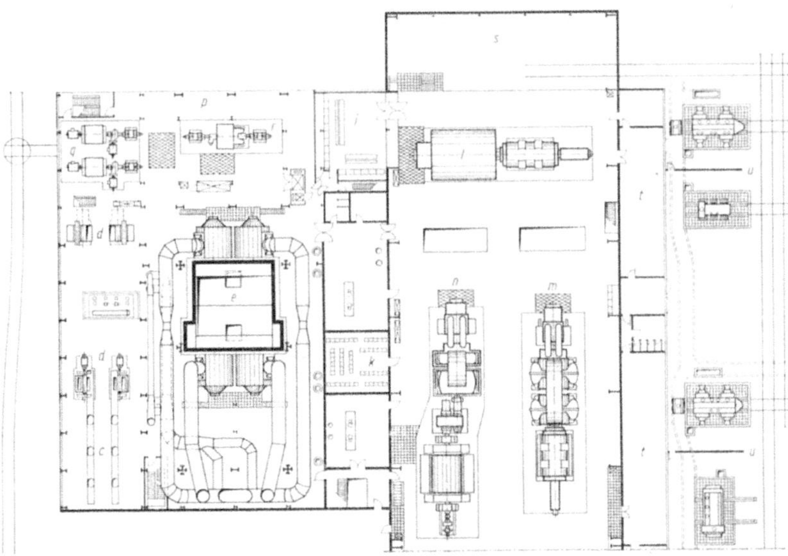

Querschnitte und Grundrisse

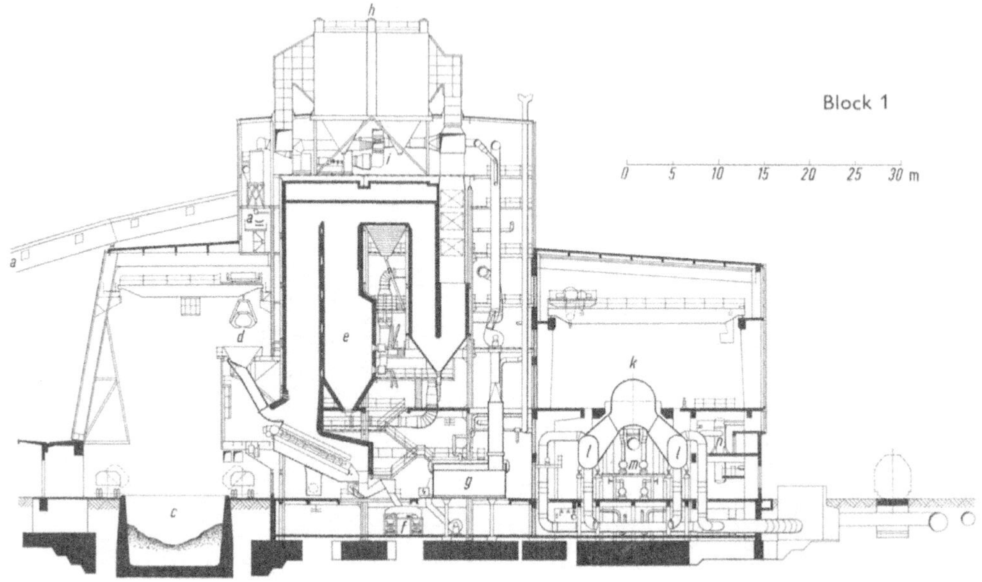

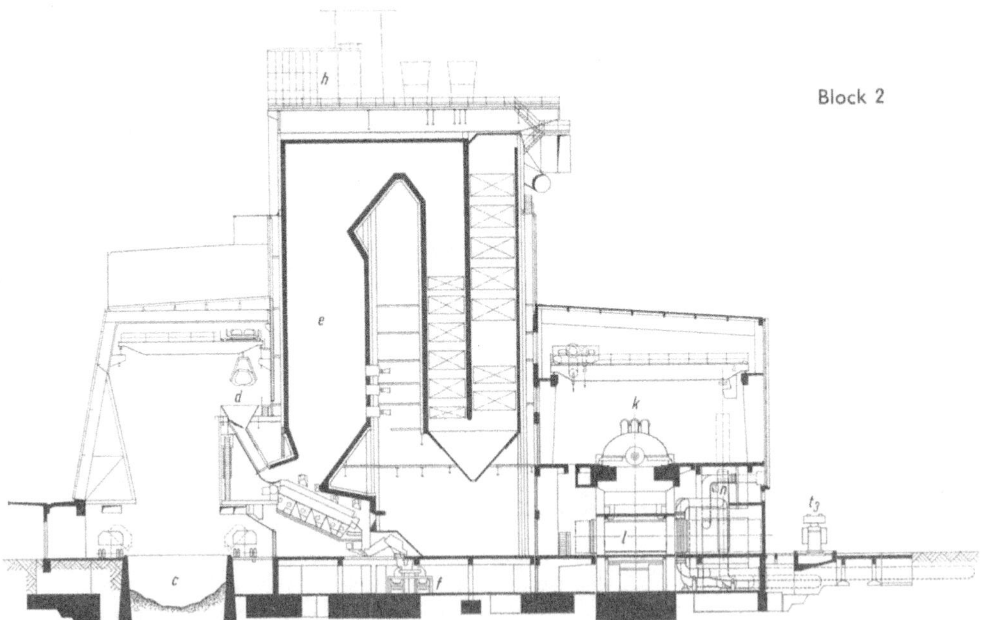

(zu Abb. 757)

Querschnitte und Grundrisse

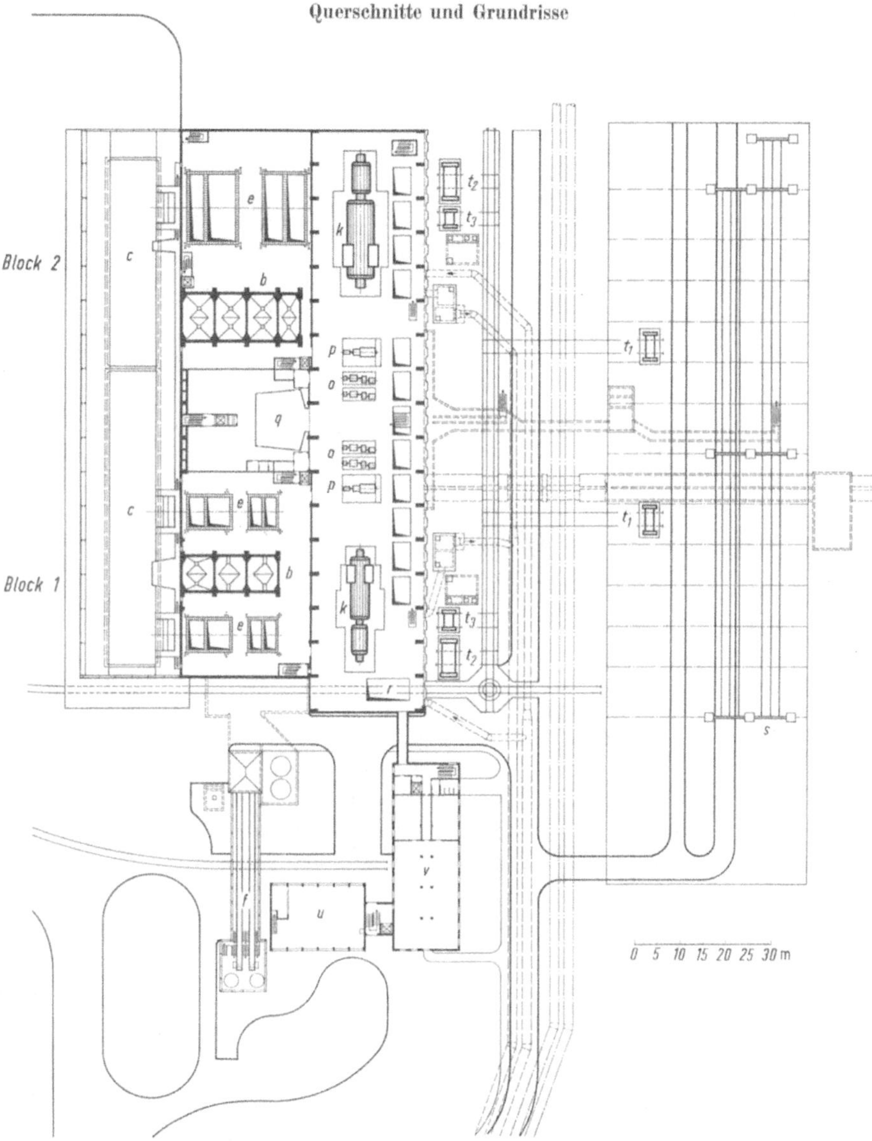

Abb. 757. Kraftwerk München-Nord, Block 1 und 2

a Bekohlungsanlage
b Kohlebunker mit Flugaschebunker
c Müllbunker
d Mülleinwurf
e Dampferzeuger mit Rückschubrost für Müllverbrennung
f Entschlackungsanlage
g Spitzenkessel
h Elektrofilter
i Frischluftgebläse
k Turbosatz
l Kondensator
m Niederdruckvorwärmer
n Hochdruckvorwärmer
o Elektro-Kesselspeisepumpe
p Turbo-Kesselspeisepumpe
q Wartengebäude mit Eigenbedarf-Schaltanlage
r Montageöffnung
s Freiluft-Schaltanlage 110 kV
t_1 Anfahr-Transformator
t_2 Block-Transformator
t_3 Eigenbedarf-Transformator
u Werkstatt
v Betriebsgebäude

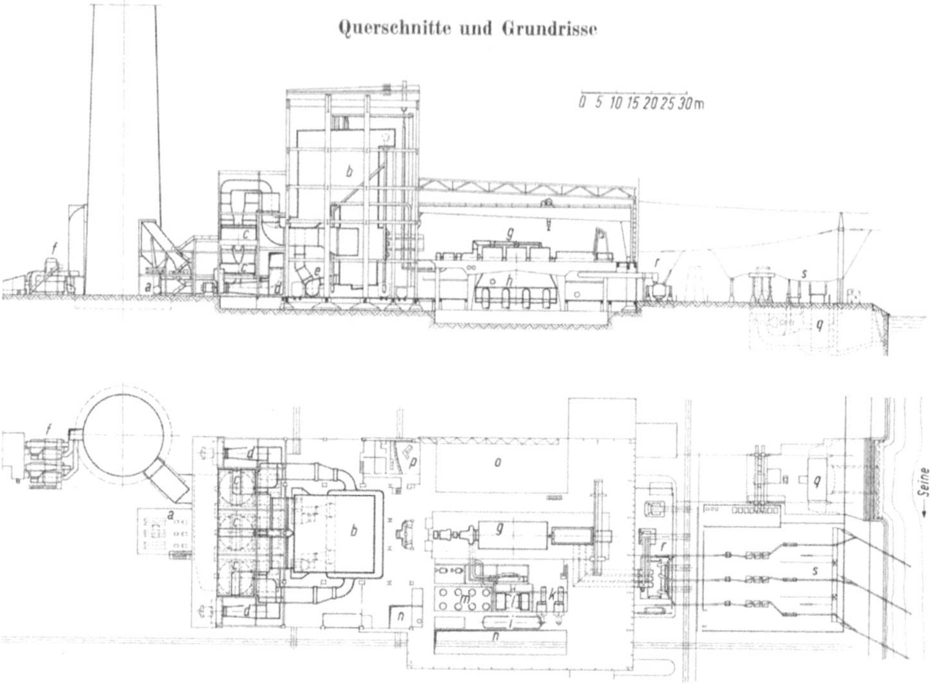

Abb. 758. Kraftwerk Porcheville B

a Ölvorwärmstation
b Dampferzeuger
c Luftvorwärmer
d Frischluftgebläse
e Rezirkulationsgebläse
f Hilfskessel
g Turbosatz
h Kondensator
i Speisewasserbehälter mit Entgaser
k Elektro-Kesselspeisepumpe
l Turbo-Kesselspeisepumpe
m Vorwärmeranlage
n Montageöffnung
o Abstellraum
p Warte
q Kühlwasser-Einlaufbauwerk
r Aufspannanlage
s Freiluft-Schaltanlage 380 kV

Abb. 759. Kraftwerk Drax →

a Bekohlungsanlage
b Kohlebunker
c Kohlemühlen
d Mühlengebläse
e Frischluftgebläse
f Dampferzeuger
g Luftvorwärmer
h Elektrofilter
i Saugzuggebläse
k Rauchgas-Rückführgebläse
l Warte mit Relaisraum
m Turbosatz
n Kondensator
o_1 Evakuierungsanlage
o_2 Kondensatpumpen
p Hauptkesselspeisepumpe mit Antriebsturbine
q Anfahr- und Reservekesselspeisepumpen
r Speisewasserbehälter mit Entgaser
s Werkwasserbehälter
t Speisewasser-Reservetanks
u Verdampferanlage
v Hochdruckvorwärmer
w Eigenbedarf-Schaltanlage
x Lagerräume und Werkstätten

Querschnitte und Grundrisse

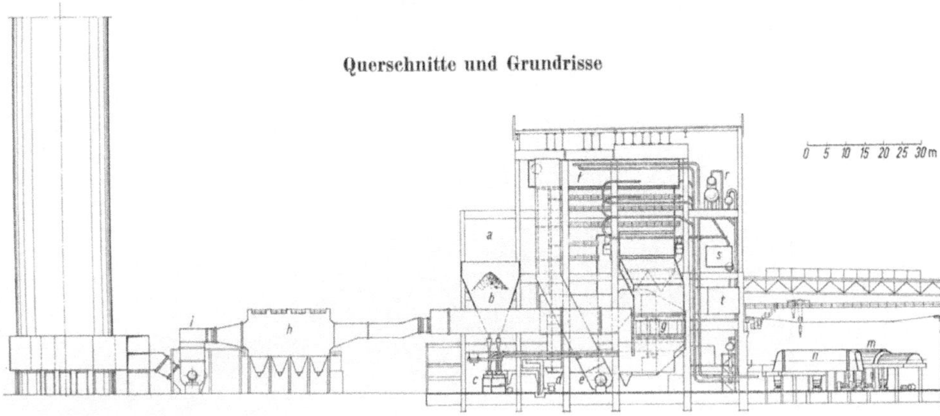

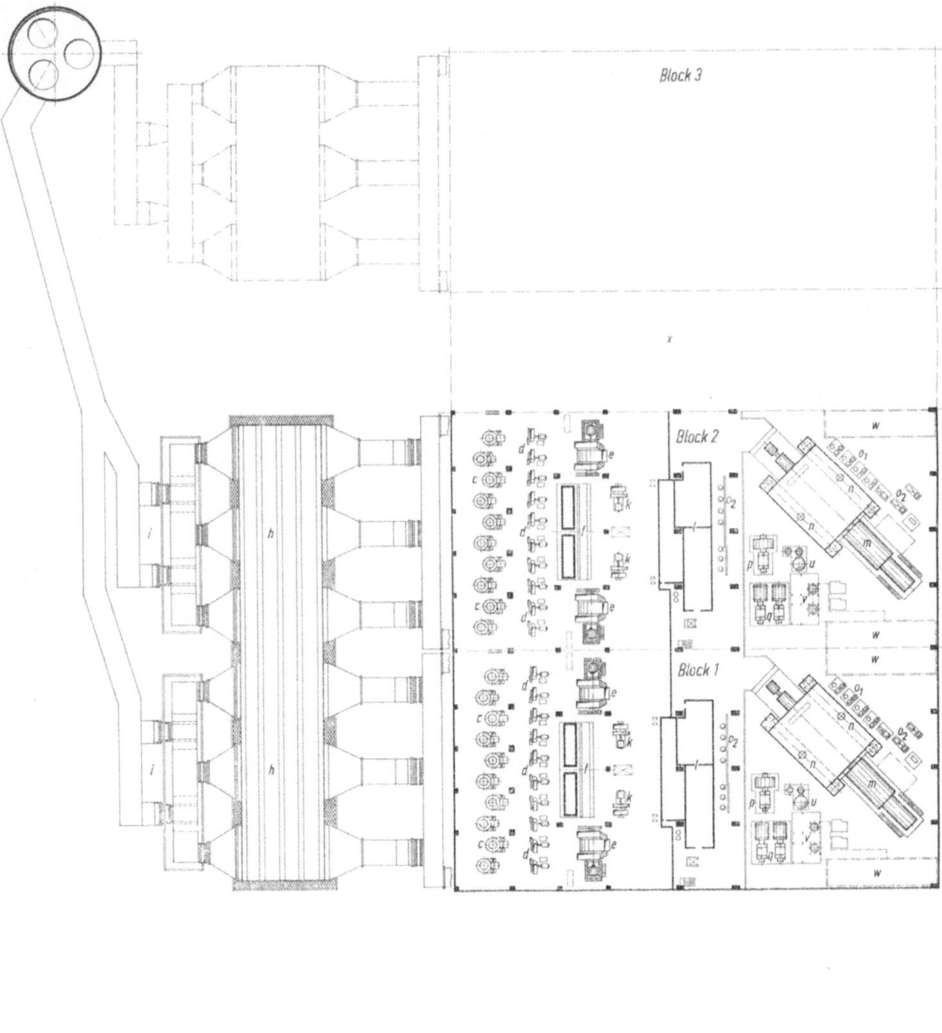

Querschnitte und Grundrisse

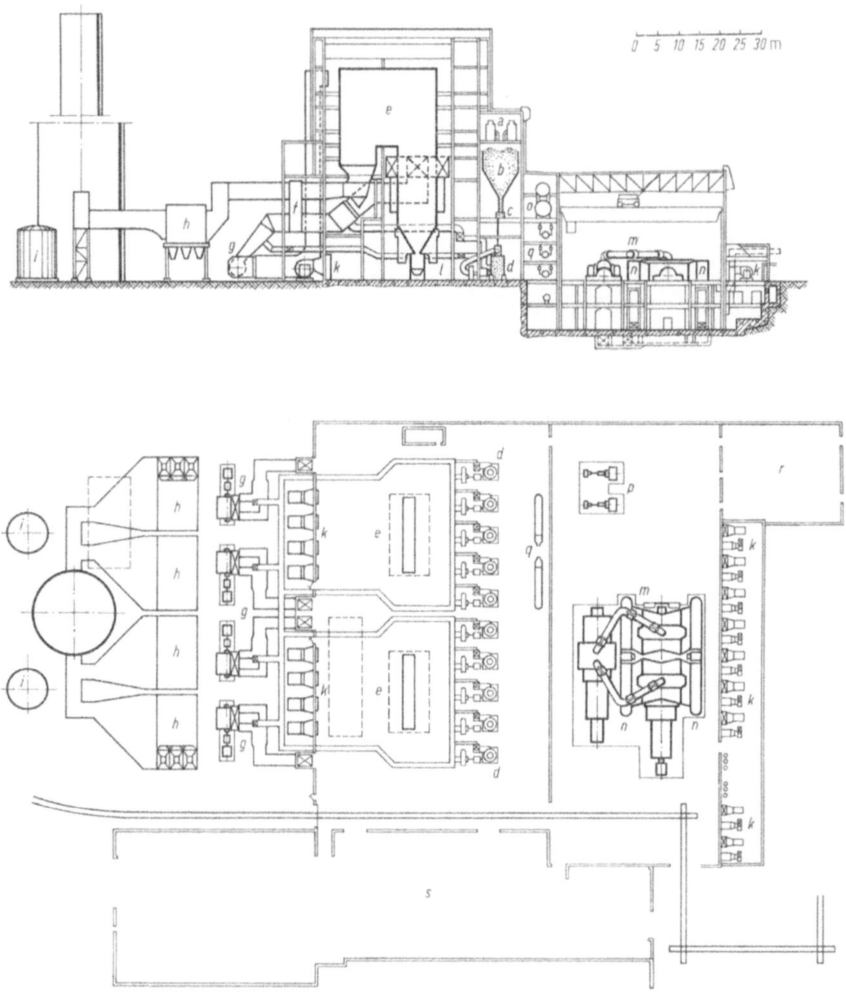

Abb. 760. Kraftwerk Bull Run, Block 1

a	Bekohlungsanlage	*g*	Frischluftgebläse	*n*	Kondensator
b	Kohlebunker	*h*	Elektrofilter	*o*	Speisewasserbehälter mit Entgaser
c	Kohlezuteiler	*i*	Reinwasserbehälter	*p*	Kesselspeisepumpen
d	Kohlemühle	*k*	Gebäudebelüftung	*q*	Vorwärmeranlage
e	Dampferzeuger	*l*	Entaschungsanlage	*r*	Wartengebäude
f	Luftvorwärmer	*m*	Zweiwellen-Turbosatz	*s*	Betriebsgebäude

Querschnitte und Grundrisse

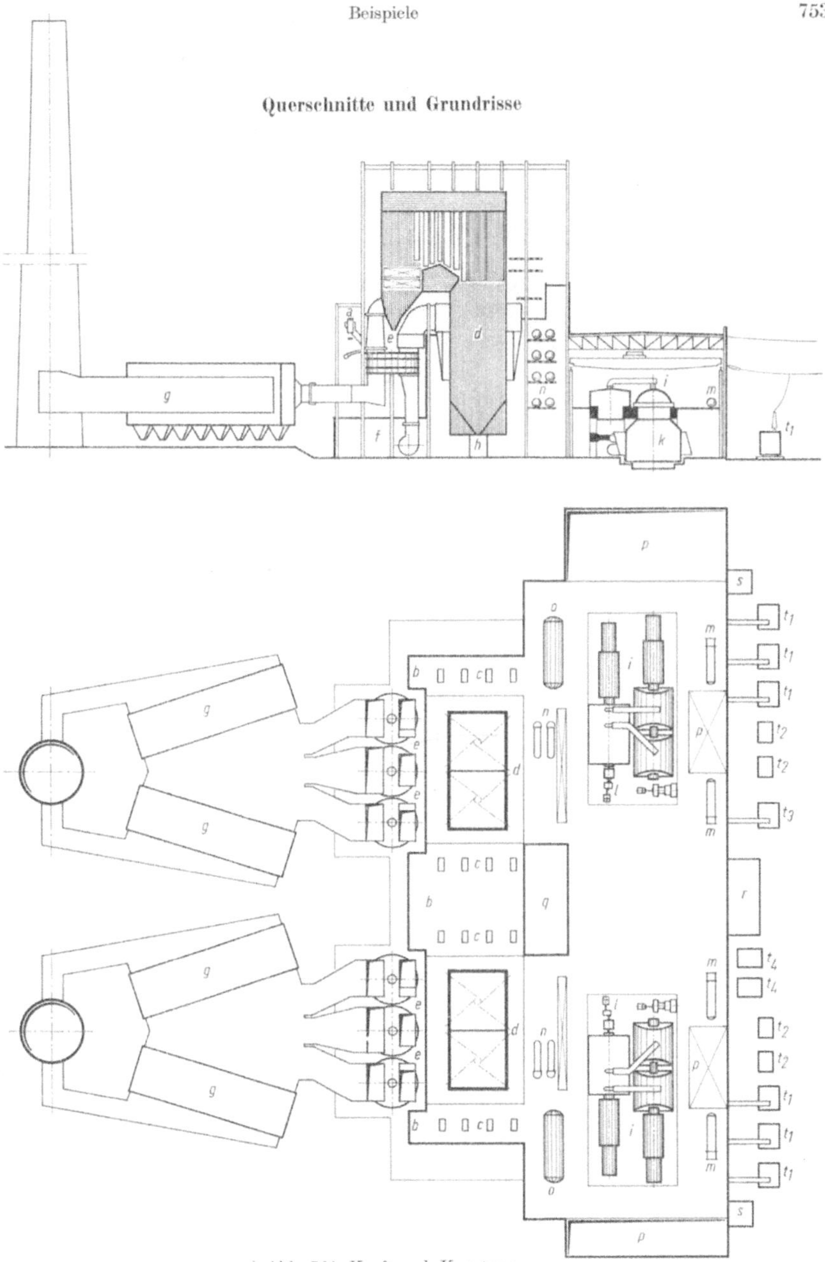

Abb. 761. Kraftwerk Keystone

a Bekohlungsanlage
b Bunkerbau
c Kohlemühlen
d Dampferzeuger
e Luftvorwärmer
f Frischluftgebläse
g Elektrofilter
h Entaschungsanlage
i Zweiwellen-Turbosatz
k Kondensator
l Kesselspeisepumpen
m Niederdruckvorwärmer
n Hochdruckvorwärmer
o Speisewasserbehälter mit Entgaser
p Montageöffnung
q Warte
r Chemikalienlager
s Wasserstofflager
t_1 Block-Transformator
t_2 Eigenbedarf-Transformator
t_3 Reserve-Transformator
t_4 Anfahr-Transformator

Querschnitte und Grundrisse

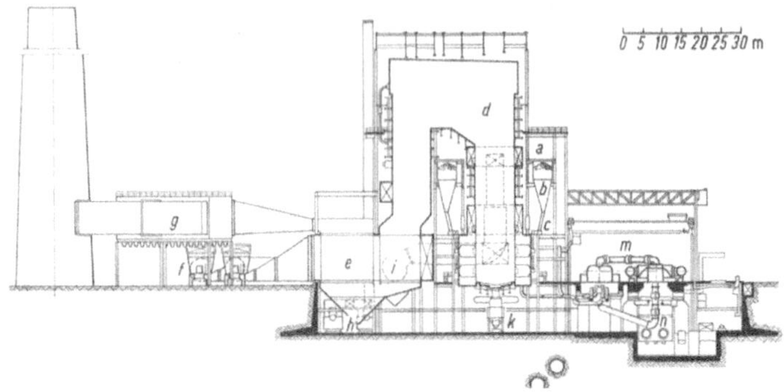

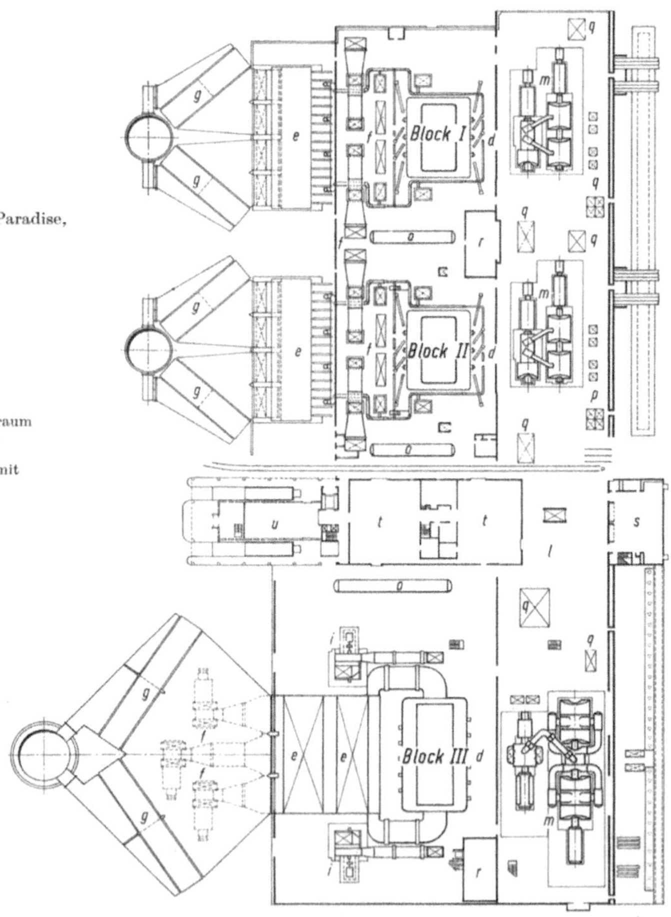

Abb. 762. Kraftwerk Paradise, Block 3

a Bekohlungsanlage
b Kohlebunker
c Kohlezuteiler
d Dampferzeuger
e Luftvorwärmer
f Frischluftgebläse
g Elektrofilter
h Hilfskessel
i Rezirkulationsgebläse
k Entaschungsanlage
l Montage- und Abstellraum
m Zweiwellen-Turbosatz
n Kondensator
o Speisewasserbehälter mit Entgaser
p Vorwärmeranlage
q Montageöffnung
r Wärmewarte
s Elektrowarte
t Werkstatt
u Lager

Querschnitte und Grundrisse

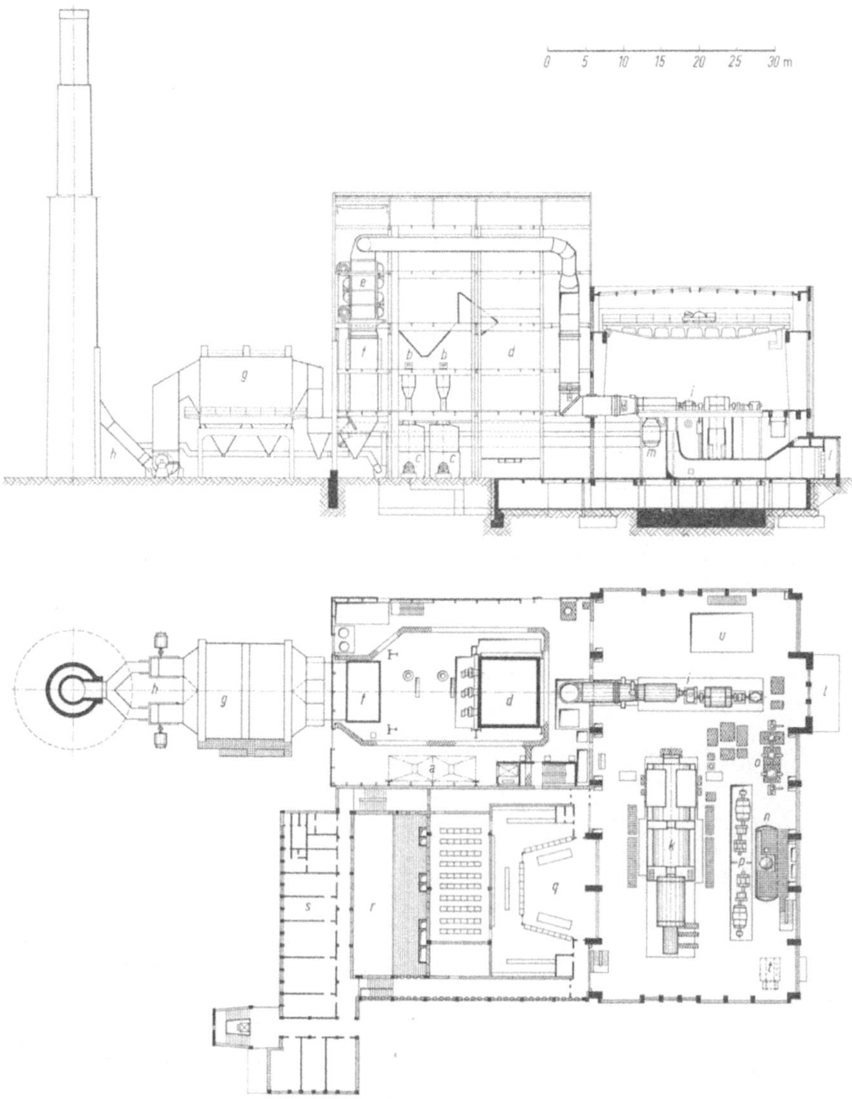

Abb. 763. Kraftwerk Hohe Wand

a **Kohlebunker**
b **Kohlezuteiler**
c **Kohlemühle**
d **Dampferzeuger**
e **Luftvorwärmer**
f **rauchgasbeheizter Speisewasservorwärmer**
g **Elektrofilter**
h **Saugzuggebläse**
i **Gasturbosatz**
k **Dampfturbosatz**
l **Lufteintritt und Filter**
m **Brennkammer**
n **Speisewasserbehälter mit Entgaser**
o **Vorwärmeranlage**
p **Kesselspeisepumpen**
q **Wartengebäude mit Eigenbedarf-Schaltanlage**
r **Lichthof**
s **Betriebsgebäude**
t **Transformator**
u **Montageöffnung**

Querschnitte und Grundrisse

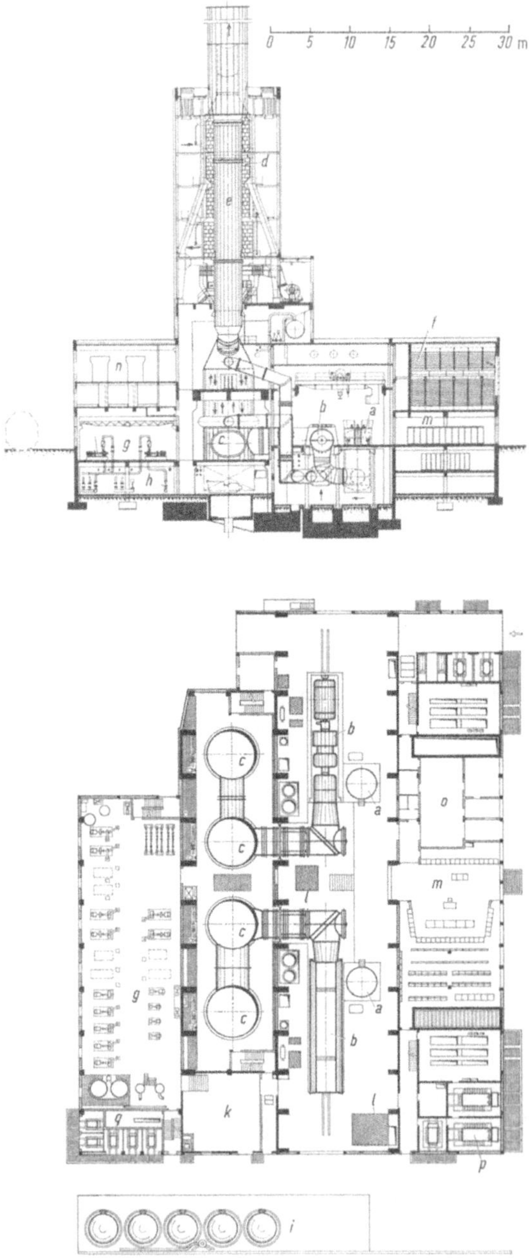

Abb. 764. Heizkraftwerk München-Sendling

a **Brennkammer**
b **Gasturbosatz**
c **Luftwärmetauscher**
d **Wasserwärmetauscher**
e **Abgas-Umführung**
f **Luftfilter**
g **Heizungspumpen**
h **Rohrleitungskeller**
i **Heißwasserspeicher**
k **Werkstatt**
l **Montageöffnung**
m **Warte**
n **Eigenbedarf-Schaltanlage 10 kV**
o **Büroräume**
p **Block-Transformatoren**
q **Eigenbedarf-Transformatoren**

B. Entwicklungstendenzen

Anhand der vorstehend sowie im Ersten und Zweiten Band beschriebenen Kraftwerke sollen nun einige neuere Entwicklungstendenzen der Kraftwerkstechnik[1] aufgezeichnet werden.

Die Kernkraftwerke, denen heute der Durchbruch zur wirtschaftlichen Stromerzeugung gelungen ist, werden in absehbarer Zeit den ihnen gebührenden Marktanteil bei der Stromerzeugung einnehmen. Obwohl eine natürliche Auslese die Vielzahl der möglichen Reaktor-Bauarten weitgehend eingeschränkt hat, sind die ausgeführten Kernkraftanlagen in ihrer Erscheinungsform doch noch sehr unterschiedlich, so daß sie zunächst einmal aus dieser Betrachtung ausgenommen werden sollen.

I. Allgemeines

Auf die Gesamtkonzeption des Kraftwerkes wirken sich äußere Einflüsse wie die Entwicklung auf dem Markt der Primärenergieträger und die Strategie der Energieversorgungsunternehmen beim Ausbau ihrer Versorgungsnetze ganz wesentlich aus.

In den letzten Jahrzehnten ist ein zunächst langsamer, dann sich jedoch immer mehr beschleunigender Übergang vom insularen zum globalen Denken bei Stromerzeugungsproblemen — Zusammenschlüsse zu Verbundnetzen größten Ausmaßes in kontinentalen Bereichen — festzustellen. Bei Netzen mit einigen wenigen im Verbund arbeitenden Kraftwerken mußte jedes einzelne Kraftwerk allen Anforderungen gewachsen sein, die diese Netze stellten, z. B. auch der Spitzendeckung, Reservehaltung usw. Heute jedoch, und in Zukunft noch mehr, ist auch bei größten Blockeinheiten eine Vielzahl von Kraftwerken zur Bedarfsdeckung in den größeren und ausgedehnteren Verbundnetzen erforderlich. Das ermöglicht sowohl den Einsatz einer größeren Anzahl typisierter Blocks wie auch den Einsatz von Anlagen, die speziell auf die spezifischen Bedingungen ausgerichtet sind, die sie erfüllen sollen.

Das führt zu einer neuen Denkweise bei der Kraftwerksplanung. Aus übergeordneten Gesichtspunkten sollen künftig Richtlinien, z. B. für die Standortwahl, die Leistung, die Art der bei den einzelnen Kraftwerken zu verwendenden Primärenergie, die Bau- und Einsatzweise jeder neuen Stromquelle usw., erarbeitet werden. Es handelt sich hierbei um eine strategische Aufgabe. Der in dieser Weise vorbestimmte Einsatz der Stromerzeugungsanlagen verschiedener Art soll einer möglichst guten „Durchmischung“ der Stromquellen mit ihren speziellen Vor- und Nachteilen dienen. Deshalb muß auf jeden Fall aus einer Rechnung für das gesamte Netz ermittelt werden, wie eine neue Anlage auszulegen ist [*16*].

Man wird mehr denn je bestrebt sein, in ihrem Aufbau einfache und betriebssichere Kraftwerksblocks mit niederen spezifischen Herstellungskosten zu erstellen, die schnell einsatzbereit sind. Überspitzte Forderungen in bezug auf die Einhaltung von Auslegungsdaten im Teillastbereich sowie Brennstoff- und Wasserreserven usw. können entfallen.

In dem Bestreben, die Herstellungskosten der Kraftwerke weiter zu senken, wird man — gerade bei großen Blockeinheiten — konsequent die Monotechnik, also den jeweiligen Einsatz nur eines Aggregates in der Kette der Anlagenteile je Block, verfolgen müssen. Dabei kann eine Ersparnis nicht nur aus der Kostendegression mit wachsender Einheitsgröße, sondern auch durch den Wegfall von Querverbindungen mit den zugehörigen Armaturen erwartet werden.

Andererseits werden an das neue Kraftwerk heute und in Zukunft immer mehr erschwerende allgemeine Forderungen gestellt, die zur Verteuerung des Kraftwerkes führen können bzw. gewisse Standorte ausschalten. Hierbei ist insbesondere an die behördlichen Vorschriften in bezug auf Luft- und Wasserreinheit sowie die Geräuschdämpfung zu denken.

[1] Die zur VII. Volltagung der Weltkraftkonferenz in Moskau, im August 1968, eingereichten Berichte bestätigen die vom Verfasser in Abschn. B wiedergegebenen Gedanken auf breiter Basis.

Tabelle 34. *Dampferzeuger mit überkritischen Frischdampfzuständen in den USA*

Nr.	Hersteller[1]	Kraftwerk	Betreiber	Leistung [MW]	Dampfzustand Druck [at]	Dampfzustand Temperatur [°C]	Leistung [t/h]	Auftragsjahr	Jahr der Inbetriebnahme
1	B&W	Philo No. 6	American Electric Power	125	320	620/565/537	304	1953	1957
2	C-E	Eddystone No. 1	Philadelphia Electric Co.	325	350	650/565/565	904	1954	1959
3	C-E	Avon	Cleveland Electric Ill. Co.	250	245	593/565	780	1956	1959
4	C-E	Eddystone No. 2	Philadelphia Electric Co.	340	245	565/565/565	980	1956	1960
5	B&W	Breed No. 1	American Electric Power	475	245	565/565/565	1350	1956	1960
6	B&W	Philip Sporn No. 5	American Electric Power	475	245	565/565/565	1350	1956	1960
7	B&W	Hudson No. 1	Public Service of New Jersey	400	245	537/551/565	1180	1960	1963
8	C-E	Bull Run No. 1	Tennessee Valley Authority	900	245	537/537	2903	1961	1965
9	B&W	Tanners Creek No. 4	American Electric Power	580	245	537/551/565	1740	1961	1965
10	B&W	Chalk Point No. 1	Potomac Electric Power Co.	350	245	537/565/537	1130	1961	1965
11	B&W	Chalk Point No. 2	Potomac Electric Power Co.	350	245	537/565/537	1130	1961	1965
12	B&W	Wagner No. 3	Baltimore Gas & Electric Co.	300	245	537/537/537	970	1962	1966
13	B&W	Sioux No. 1	Union Electric Co.	500	245	537/537	1490	1962	1966
14	B&W	Los Alamitos No. 5	Southern California Edison	475	245	537/537	1570	1963	1966
15	B&W	Los Alamitos No. 6	Southern California Edison	475	245	537/537	1570	1963	1966
16	B&W	Moss Landing No. 6	Pacific Gas & Electric Co.	700	245	537/537	2060	1963	1966
17	B&W	Moss Landing No. 7	Pacific Gas & Electric Co.	700	245	537/537	2060	1963	1966
18	C-E	Keystone No. 1	P.J.M. Interchange	900	245	537/537	2880	1963	1967
19	C-E	Keystone No. 2	P.J.M. Interchange	900	245	537/537	2880	1963	1967
20	B&W	Haynes No. 5	City of Los Angeles	330	245	537/551/565	935	1963	1968
21	B&W	Haynes No. 6	City of Los Angeles	330	245	537/551/565	935	1963	1966
22	B&W	Cardinal No. 1	American Electric Power	600	245	537/551/565	1830	1963	1967
23	B&W	Cardinal No. 2	American Electric Power	600	245	537/551/565	1830	1963	1968
24	B&W	Bacliff No. 1	Houston Lighting & Power Co.	475	245	537/537	1540	1963	1968
25	C-E	Fort Martin No. 1	Allegheny Power System	575	245	537/537	1815	1963	1966
26	B&W	Bacliff No. 2	Houston Lighting & Power Co.	475	245	537/537	1540	1964	1967
27	B&W	Bailly No. 8	Northern Indiana Public Service	370	245	537/537	1170	1964	
28	B&W	Sioux No. 2	Union Electric Co.	500	245	537/537	1490	1964	
29	B&W	Redondo No. 7	Southern California Edison	475	245	537/537	1570	1964	1968
30	B&W	Redondo No. 8	Southern California Edison	475	245	537/537	1570	1964	1967
31	B&W	J. H. Campbell No. 2	Consumers Power Co.	375	245	537/537	1150	1964	1967
32	C-E	Baxter Wilson No. 1	Missouri Power & Light Co.	500	245	537/537	1725	1964	
33	C-E	Robert E. Ritchie No. 2	Arkansas Power & Light Co.	500	245	537/537	1725	1964	1967

[1] B&W = Babcock and Wilcox Company
C-E = Combustion Engineering, Inc.

Tabelle 34 (Fortsetzung)

Nr.	Hersteller[1]	Kraftwerk	Betreiber	Leistung [MW]	Dampfzustand Druck [at]	Dampfzustand Temperatur [°C]	Leistung [t/h]	Auftragsjahr	Jahr der Inbetriebnahme
34	C-E	Mountain Creek No. 8	Dallas Power & Light Co.	550	245	537/537	1805	1964	1967
35	B&W	R. F. Peck No. 1	Northern States Power Co.	500	245	537/537	1570	1964	
36	B&W	Canal Plant	New England Gas & Light Co.	570	245	537/537/537	1690	1964	
37	FW	Michoud No. 3	New Orleans Public Service Co.	550	245	537/537	1805	1964	
38	C-E	Parish No. 4	Houston Lighting & Power Co.	550	245	537/537	1805	1964	1967
39	B&W	Valley Station	Texas Power & Light Co.	550	245	537/537	1805	1964	
40	FW	Nine Mile	Louisiana Power & Light Co.	550	245	537/537	1805	1964	
41	FW	Hudson No. 2	Public Service of New Jersey	600	245	537/551/565	1770	1965	
42	C-E	Brunner Island No. 3	Pennsylvania Power & Light Co.	750	245	537/537	2590	1965	1968
43	B&W	Harlee Branch No. 3	Georgia Power Co.	480	245	537/537	1530	1965	
44	B&W	Fort Martin No. 2	Allegheny Power System	575	245	537/537	1815	1965	
45	B&W	Sammis No. 6	Ohio Edison Co.	600	245	537/537		1965	
46	C-E	Marshall No. 3	Duke Power Co.	650	245	537/537/537	1910	1965	1969
47	C-E	Marshall No. 4	Duke Power Co.	650	245	537/537/537	1910	1965	1970
48	B&W	Brayton Point No. 3	New England Power Co.	600	245	537/551/565	1840	1965	
49	B&W	Four Corners	Southern California Edison	750	245	537/537	2550	1965	
50	FW	Willow Glen No. 3	Gulf States Utilities	550	245	537/537		1965	
51	FW	Bacliff No. 3	Houston Lighting & Power Co.	585	245	537/537		1965	
52	B&W	Paradise No. 3	Tennessee Valley Authority	1130	245	537/537	3630	1965	
53	B&W	Sibley No. 3	Missouri Public Service Co.	375	245	537/537		1965	
54	B&W	Muskingum	Ohio Power Co.	650	245	537/551/565		1965	
55	C-E	Genoa No. 3	Dairyland Power Corp.	350	245	537/537/537	1040	1965	1969
56	B&W	Aberdeen No. 1	Dayton Power & Light Co.	600	245	537/537	2105	1965	
57	FW	Homer City	New York State Electricity & Gas	640	245	537/537	2040	1965	
58	FW	Homer City	New York State Electricity & Gas	640	245	537/537	2040	1965	
59	B&W	Harlee Branch No. 4	Georgia Power Co.	480	245	537/537	1530	1966	
60	FW	Big Sandy	American Electric Power	800	245	537/551/565		1966	
61	FW		American Electric Power	800	245	537/551/565		1966	
62	FW		American Electric Power	800	245	537/551/565		1966	
63	C-E	Conemaugh No. 1	P.J.M. Interchange	900	245	537/537	2900	1966	
64	C-E	Conemaugh No. 2	P.J.M. Interchange	900	245	537/537	2900	1966	
65	B&W	Plant X	Gulf States Utilities	530	245	537/537	1800	1966	

[1] B&W = Babcock and Wilcox Company
C-E = Combustion Engineering, Inc.
FW = Foster Wheeler Company

Tabelle 34 (Fortsetzung)

Nr.	Hersteller[1]	Kraftwerk	Betreiber	Leistung [MW]	Dampfzustand Druck [at]	Dampfzustand Temperatur [°C]	Leistung [t/h]	Auftragsjahr	Jahr der Inbetriebnahme
66	B&W	Stuart No. 2	Dayton Power & Light Co.	600	245	537/537	2100	1966	
67	B&W		Texas Power & Light Co.	575	245	537/537	1840	1966	
68	B&W	Avon Lake No. 9	Cleveland Electric Ill. Co.	680	245	537/537	1980	1966	
69	B&W	Hatfield No. 1	West Pennsylvania Power Co.	540	245	537/537	1815	1966	
70	B&W	Hatfield No. 2	West Pennsylvania Power Co.	540	245	537/537	1815	1966	
71	C-E	Mohave No. 1	Southern California Edison	750	245	537/537	2450	1966	
72	C-E	Mohave No. 2	Southern California Edison	750	245	537/537	2450	1966	
73	B&W	X 69 No. 2	Southern California Edison	750	245	537/537	2550	1966	
74	B&W	Northeastern No. 2	Public Service Co. of Oklahoma	475	245	537/537	1300	1966	
75	RSC	Canadys	South Carolina Electricity & Gas	350	245	537/537	1105	1966	
76	C-E	Morgantown No. 1	Potomac Electric Power Co.	625	245	537/537	1930	1966	
77	C-E	Morgantown No. 2	Potomac Electric Power Co.	625	245	537/537	1930	1967	
78	B&W	Monroe	Detroit Edison Co.	750	245	537/537		1967	
79	B&W	Monroe	Detroit Edison Co.	750	245	537/537		1967	
80	B&W		Ohio Edison Co.	600	245	537/537	2100	1967	
81	B&W	Cedar Bayon No. 1	Houston Lighting & Power Co.	750	245	537/537	2360	1967	
82	B&W	Cedar Bayon No. 2	Houston Lighting & Power Co.	750	245	537/537	2360	1967	
83	C-E			750	245	537/537	2450	1967	
84	B&W	Hatfield No. 3	West Pennsylvania Power Co.	540	245	537/537	1805	1967	
85	FW		Appalachian Power Co.	760	245	537/537		1967	
86	B&W		Tennessee Valley Authority	1300	245	537/537	3610	1967	
87	C-E	Nine Mile Point No. 4	Louisiana Power & Light Co.	750	245	537/537	2110	1967	
88	C-E	Montour No. 1	Pennsylvania Power & Light Co.	750	245	537/537	2590	1967	
89	C-E	Big Brown No. 1	Industrial Generating Co.	575	245	537/537	1830	1967	
90	C-E	Big Brown No. 2	Industrial Generating Co.	575	245	537/537	1830	1967	
91	C-E	Barry No. 2	Alabama Power Co.	700	245	537/537	2130	1967	
92	C-E	Etowah No. 1	Georgia Power Co.	700	245	537/537	2110	1967	
93	FW	X 71 No. 1	Southern California Edison	750	245	537/537	2540	1967	

Anmerkung: Diese Tabelle, die einer Aufstellung überkritischer Dampferzeuger der Fa. Combustion Engineering entnommen ist, wird nicht mehr weiter ergänzt, da überkritische Anlagen in den USA heute als Standardtechnik angesehen werden und ihnen keine besondere Beachtung mehr geschenkt wird.

[1] B&W = Babcock and Wilcox Company
C-E = Combustion Engineering, Inc.
FW = Foster Wheeler Company
RSC = Riley Stoker Corporation

Tabelle 35. Dampferzeuger mit überkritischen Frischdampfzuständen in Europa

Nr.	System[1]	Hersteller[2]	Land	Kraftwerk	Betreiber	Leistung [MW]	Dampfzustand am Turbineneintritt: Druck [at]	Dampfzustand am Turbineneintritt: Temperatur [°C]	Leistung [t/h]	Auftragsjahr	Jahr der Inbetriebnahme
1	B	EE	Großbritannien	Rugby	Siemens-Schuckertwerke					1923	
2	B	SSW	Deutschland	Nonnendamm	Siemens-Schuckertwerke		220	450	7,5	1925	1926
3	B	SSW	Deutschland	Kabelwerk	Siemens-Schuckertwerke		225[4]	450	37,5	1926	1927
4	B	SSW	Deutschland	Versuchsanlage	TH Berlin		225	500	3,0	1926	1927
5	B	SSW	Belgien	Langerbrügge	Société des Centrales Electriques de Flandres	3/1,5[3]	225[4]	470/470	125,0	1929	1930
6	B	Dürr	Deutschland	Hüls II	Chemische Werke Hüls	80	300	600/560/560	250,0	1954	1956
7	B	St	Deutschland	Belecke			300	620	3,0	1954	1956
8	B	Dürr	Deutschland	Hattingen	Vereinigte Elektrizitätswerke Westfalen	107	225	600/525	350,0	1956	1958
9	B	Dürr	Deutschland	Hattingen	Vereinigte Elektrizitätswerke Westfalen	107	225	600/525	350,0	1956	1958
10	B	VKW	Deutschland	Uerdingen	Farbenfabriken Bayer	18[3]	300	525/525	175,0	1957	1959
11	B	Dürr	Deutschland	Hüls II	Chemische Werke Hüls	40[3]	300	555/560	255,0	1958	1960
12	B	SC	Großbritannien	Margam B	Steel Co. of Wales	10[3]	232	572/447	110,0	1956	1960
13	B	Dürr/MAN	Deutschland	Gebersdorf II	Großkraftwerk Franken	100	250	525/535/535	350,0	1960	1962
14	B	B&W Ltd.	Großbritannien	Drakelow C	C.E.G.B. of Great Britain	375	245	593/565	1135,0	1960	1963
15	B	VKW	Deutschland	Uerdingen	Farbenfabriken Bayer	18[3]	300	525/525	175,0	1961	1963
16	S	IC	Großbritannien	Drakelow C	C.E.G.B. of Great Britain	375	245	593/565	1135,0	1960	1964
17	B	B&W	Deutschland	Staudinger	Preußische Elektrizitäts AG	270	225	540/535	2×416,0	1962	1965
18	S		Frankreich		Electricité de France		290	410	16,0	1962	1965
19	B	B&W	Deutschland	Mannheim II	Großkraftwerk Mannheim AG	200	259	530/530	650	1963	1965
20	B	Dürr	Deutschland	Wedel (Bl. 4)	Hamburgische Electricitäts-Werke	214	250	540/540/540	570	1962	1965
21	B	VKW/B&W	Deutschland	Staudinger	Preußische Elektrizitäts AG	270	225	540/535	2×416,0	1962	1965
22	B	B&W USA	Italien	La Spezia (Bl. 3)	Edisonvolta	600	245	537/551/565	1863	1962	1966
23	B	Dürr	Deutschland	Hüls II	Chemische Werke Hüls	58[3]	300	577/565	250	1964	1966
24	B	Dürr	Deutschland	Franken II (Bl. 1)	Großkraftwerk Franken	220	266	530/540/540	600	1964	1966
25	C-E	C-E	Italien	La Spezia (Bl. 4)	Edisonvolta	600	245	537/551/565	1863	1962	1967
26	B	Dürr	Deutschland	Franken II (Bl. 2)	Großkraftwerk Franken	220	266	530/540/540	600	1964	1967
27	B	St	Deutschland	Fenne	Saarbergwerke	160	260	530/530	2×250	1964	1967
28	B	VKW	Deutschland	Uerdingen	Farbenfabriken Bayer	46,6[3]	294	525/525	270	1965	1967
29	B	B&W	Deutschland	Robert Frank	Preußische Elektrizitäts AG	300	260	535/535	2×500	1965	1967
30	B	B&W	Deutschland	Farge	Nordwestdeutsche Kraftwerke	320	241	540/540	930	1966	1969
31	B	St	Deutschland	Westfalen	Vereinigte Elektrizitätswerke Westfalen	320	226	550/550	980	1966	1969
32	B	B&W	Deutschland	Kiel	Nordwestdeutsche Kraftwerke	320	241	540/540	930	1967	1970

[1] Durchlaufkesselsysteme:
B = Benson
S = Sulzer
C-E = (Combustion Engineering) Combined Circulation

[2] B & W Babcock and Wilcox Company
C-E Combustion Engineering, Inc.
Dürr Dürr-Werke
EE English Electric Company
IC International Combustion, Ltd.
MAN Maschinenfabrik Augsburg-Nürnberg
SC Simon-Carves
SSW Siemens-Schuckertwerke
St Steinmüller
VKW Vereinigte Kesselwerke

[3] Gegendruckanlagen.

[4] Der Dampfdruck wurde vor Austritt aus dem Dampferzeuger auf 190 at reduziert.

II. Wärmekreislauf

Die im Konkurrenzkampf mit der Kernenergie sinkenden Preise der fossilen Brennstoffe finden bereits ihren Niederschlag in der thermodynamischen Auslegung des Wärmekreislaufes. Die hohen Dampftemperaturen von 600 bis 650 °C, wie sie in der Zeit der steigenden Brennstoffpreise, insbesondere bei Gegendruckanlagen in der chemischen Industrie, Eingang fanden, wo sie auch heute noch wirtschaftlich angewandt werden, konnten sich bei den reinen Kondensationskraftwerken nicht durchsetzen. Dort führten Wirtschaftlichkeitsüberlegungen zu Dampfzuständen von etwa 180 bzw. 250 at und von etwa 535 bzw. 565 °C bei ein- bzw. zweifacher Zwischenüberhitzung auf die gleichen Temperaturstufen und zu sechs- bis achtstufiger Vorwärmung des Speisewassers auf 260 bis 290 °C. Wir befinden uns mit diesen Frischdampf- und Zwischenüberhitzungstemperaturen im materialbedingten Grenzbereich heutiger technologischer und wirtschaftlicher Möglichkeiten (Austenit). Je nach Brennstoff und Kühlwasser liegt der dabei erzielbare spezifische Wärmeaufwand zwischen 2000 und 2400 kcal/kWh. Diese Werte werden auch in absehbarer Zeit nicht unterschritten werden. In den USA scheint, wie Tabelle 34 zeigt, bei großen Blockeinheiten der überkritische Frischdampfzustand von 250 at und 538 °C bevorzugt zu werden [*10*]. Bei den dortigen niederen Brennstoffpreisen dürfte die Wahl solch hoher Dampfparameter weniger durch die Wirtschaftlichkeit von der thermodynamischen Seite her, als vielmehr durch die Möglichkeit, große Mengenströme in wirtschaftlich dimensionierten Leitungssystemen zu beherrschen, bestimmt werden. Bis heute sind in den USA Blockeinheiten von über 40 000 MW Gesamtleistung mit Frischdampfdrücken von 235 bis 245 at in Betrieb oder in Bau. In der UdSSR haben umfangreiche Versuche mit Durchlaufkesseln und die Entwicklung spezieller Kesseltypen zu Frischdampfdrücken vor Turbine von 240 at geführt. Bis heute sind bereits über 25 300 MW Kraftwerksleistung dieser Druckstufe in Betrieb, während 500 und 800 MW-Blocks in Auftrag gegeben wurden [*17*]. Ob man in Europa auf breiter Basis auf dieses Druckniveau gehen wird, ist bei den heutigen Primärenergiepreisen — es sei denn bei sehr großen Blockeinheiten — nicht abzusehen, obwohl mehrere überkritische Anlagen in etlichen europäischen Ländern (Tabelle 35), zu denen u. a. die ersten überkritischen Anlagen der Welt gehören, ihre Betriebszuverlässigkeit bewiesen haben.

III. Turbosätze

Bei der Entwicklung einzelner Anlageteile für große Blockeinheiten steht der Turbosatz im Mittelpunkt der Betrachtungen. Die in Tabelle 33 aufgeführten amerikanischen Kraftwerke lassen leicht den Schluß zu, daß sehr große Blockeinheiten nur mit Turbosätzen in Zweiwellenausführung ausgerüstet werden. Dies stimmt nur bedingt. Zwar werden die jeweils größten Blockeinheiten wegen der technischen Grenzen, die der Austrittsquerschnitt der Turbine setzt, in Zweiwellenausführung gebaut, aber auch in der amerikanischen Kraftwerkstechnik setzt sich der Gedanke durch, daß ein wirtschaftlicher Fortschritt mit steigender Blockleistung nur bei Blocks mit Einwellenturbosätzen und Monokesseln zu erzielen ist. Tabelle 36 zeigt dieses Bestreben anhand der neuen Kraftwerke der American Electric Power Company.

Tabelle 36. *Die neuesten Kraftwerke der American Electric Power Co. (A.E.P.) (Stand 1967)*

Kraftwerke	Turbinenleistung [MW]	Wellenzahl des Turbosatzes	Kesselleistung [t/h]	Dampfzustand am Turbineneintritt		Jahr der Inbetriebnahme
				Druck [at]	Temperatur [°C]	
Philo No. 6	125	1	304	320	620/565/565	1957
Breed/Philip Sporn No. 5	2×475	2	2×1320	245	565/565/565	1960
Tanners Creek No. 4	600	2	1740	245	537/551/565	1964
Cardinal	2×615	1	2×1815	245	537/551/565	1967
Big Sandy	832	1	2400	245	537/551/565	1969
West Virginia	832	1	2900	245	537/551/565	1970
West Virginia	832	1	2400	245	537/551/565	1971

Die Weiterentwicklung des Blocks geht heute fast ausschließlich in Richtung wachsender Einheitsleistungen bei gleichbleibender thermischer Auslegung des Wasserdampfprozesses. Es ist somit wahrscheinlich, daß im Laufe der achtziger Jahre die jetzigen Blockleistungen von 500 bis 1000 MW auf 1000 bis 2000 MW steigen werden (Abb. 765). Die Möglichkeit, solche großen Einheiten zu bauen, besteht auch heute schon z. B. bei Dampferzeugern durch Übergang zu noch größeren Breiten, bei Dampfturbinen durch noch längere Endschaufeln und Erhöhung des Gegendrucks und bei den Generatoren durch Wasserkühlung von Stator und Rotor.

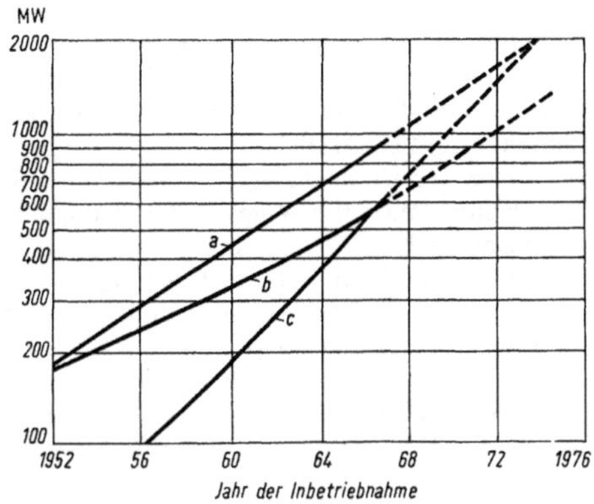

Abb. 765. Leistung der jeweils größten Blockeinheit

a fossiler Brennstoff; Zweiwellenanordnung mit 3600/1800 U/min
b fossiler Brennstoff; Einwellenanordnung mit 3600 U/min
c nuklearer Brennstoff; Einwellenanordnung mit 1800 U/min

Man ist bei der obengenannten amerikanischen Gesellschaft der Überzeugung, daß auch im Bereich der Blockgrößen von 1000 bis 2000 MW die spezifischen Herstellungskosten noch weiter sinken werden. Auch spielt die spezifisch kürzere Bauzeit bei der Entscheidung zu großen Blockeinheiten eine wesentliche Rolle.

IV. Kondensation

In den Verbundnetzen großer Ausdehnung wird es zweckmäßig sein, nicht nur an großen Strömen oder am Meer, sondern auch in wasserarmen Gebieten Kraftwerke zu betreiben. Im letzteren Fall bieten sich Luftkondensationsanlagen an. Wo jedoch genügend Zusatzwasser zum Betrieb von Kühltürmen vorhanden ist, werden bei großen Einheiten Kühltürme mit Naturzug wegen ihrer großen erzielbaren Einheitsleistung den Ventilatorkühltürmen wirtschaftlich überlegen sein, zumal bei solchen Einheiten sowieso der Trend bestehen wird, den Kondensatordruck im Hinblick auf den Austrittsquerschnitt der Niederdruckteile der Turbine zu erhöhen.

V. Dampferzeuger

Mit der Entwicklung zu größeren Blockeinheiten vollzog sich bei den Dampferzeugern der Übergang zu gasdicht verschweißten Kesselkonstruktionen. Unter Fortfall des Mauerwerks wurde zunächst bei der Blechwandkonstruktion (skin-casing) hinter dichtliegenden Wandrohren eine gasdichte Blechverkleidung angebracht. Der nächste Schritt war die Membrankonstruktion, bei der die Heizflächenwandrohre über Stege dicht verschweißt werden, so daß die gasdichten Wände des Kessels aus dem Druckkörper selbst gebildet werden. Die maschinell verschweißten Wände werden heute in erster Linie aus Normalrohren mit zwischenliegenden Stegen, zum Teil aber auch aus stranggepreßten Flossenrohren hergestellt. Zur Wärmedämmung genügt bei solchen Anlagen eine Isolierung aus Mineralwolle.

Die wichtigsten Gründe für diese Entwicklung sind die Erwartung, die Verfügbarkeit der Anlagen durch Vermeidung des verschleißenden Mauerwerks zu erhöhen und der

Wunsch, die Kesselteile weitgehend maschinell fertigen zu können, um so eine bessere Gewähr für eine gleichmäßige Fertigungsqualität zu erhalten. Daß bei gasdicht verschweißten Kesselkonstruktionen Lufteinbrüche in den Kessel nicht auftreten und die Möglichkeit besteht, druckgefeuerte Anlagen unter Fortfall der Saugzüge zu bauen, bedeutet außerdem eine Verbesserung des Wirkungsgrades.

Bei dieser Entwicklung werden sich Dampferzeuger, die nach dem Durchlaufprinzip arbeiten, mehr und mehr durchsetzen.

VI. Kesselspeisepumpen

Die zum Antrieb der Kesselspeisepumpen erforderlichen Leistungen kommen in Größenordnungen, die die Grenzen der herstellbaren Elektromotoren erreichen. Bei großen Blocks steht deshalb der Antrieb durch eine Zweigturbine im Vordergrund, während bei kleineren Einheiten und bei Halblastpumpen Turbinenantriebe und Elektroantriebe mit verschiedenen Arten der Drehzahlregelung sich den Markt teilen. Das Kesselgesetz der Bundesrepublik Deutschland läßt neuerdings Lösungen bezüglich der Speisepumpenreserve zu, wie sie im Ausland schon länger gebräuchlich sind. Ein Versorgungsunternehmen in den USA verzichtet z. B. vollkommen auf Reservepumpen und fährt den Block auch mit der turbinenangetriebenen Vollastkesselspeisepumpe über einen Hilfskessel an, wobei der Hilfskessel von den Hauptkondensatpumpen gespeist wird. Wie weit andere Betreiber von dieser Lösung in dieser oder ähnlicher Form Gebrauch machen, bleibt abzuwarten. Wellenangetriebene Kesselspeisepumpen bleiben bei den neu projektierten Anlagen, wie die Entwicklung in den USA zeigt, auf Einzelfälle beschränkt [*18*].

VII. Rauchgasfragen

Während man die Entstaubung der Rauchgase mit Elektrofiltern weitgehend beherrschen kann, ist es noch nicht möglich, SO_2 aus den Rauchgasen mit wirtschaftlich vertretbarem Aufwand zu entfernen. Als einziger Ausweg bleibt, die SO_2-haltigen Rauchgase in hochliegende Luftschichten zu fördern, so daß sie sich entsprechend verteilen und keine Belästigung von Mensch und Vegetation darstellen. Tabelle 37 zeigt die Schornsteinhöhen

Tabelle 37. *Die höchsten Schornsteine von Kraftwerken in den USA*

Anzahl	Höhe [m]	Blockleistung [MW]	Kraftwerk	Betreiber	Bauzustand
1	245	900	Bull Run	Tennessee Valley Authority	in Betrieb
1	245	1130	Paradise No. 3	Tennessee Valley Authority	im Bau
2	245	1280 (2×640)	Homer City	New York Electric & Gas Corp. und Pennsylvania Electric	im Bau
2	245	1800 (2×900)	Keystone	Keystone Group	in Betrieb
1	245	590	Allen King	Northern States Power	in Betrieb
1	254	615	Muskingum No. 5	Ohio Power	in Betrieb
2	254	1230 (2×615)	Cardinal	Ohio Power und Buckeye Power	in Betrieb
1	254	1080 (800 + 280)	Big Sandy	Kentucky Power	in Betrieb
1	260	900 (300 + 600)	Sammis PH	Ohio Edison	in Betrieb
2	307	1800 (2×900)	Conemaugh	Keystone Group	in Planung
1	368	1600 (2×800)	Mitchell	Appalachian Power	in Planung

einiger moderner amerikanischer Kraftwerke [*19*]. Es wurde errechnet, daß ein Schornstein mit einer Höhe von 150 bis 180 m die spezifischen Herstellungskosten mit etwa 5 DM/kW inst. belastet. Für einen Schornstein von z. B. 370 m Höhe steigen diese spezifischen

Kosten auf rd. 8,50 DM/kW. Berücksichtigt man, daß in einer mit einem solchen Schornstein ausgerüsteten Anlage schwefelhaltige Kohle verbrannt werden kann, die sonst schwer absetzbar und deshalb preisgünstig ist, so bleibt die Belastung der Stromkosten durch steigende Schornsteinhöhen in vertretbaren Grenzen.

VIII. Freiluftbauweise

Wenn auch die reine Freiluftbauweise, wie es scheint, wärmeren Zonen vorbehalten bleibt, so tritt doch die Teilfreiluftbauweise, insbesondere bei einzelnen Anlageteilen, in den klimatisch nicht so begünstigten Zonen mehr und mehr in den Vordergrund. So sind z. Z. in den USA 60% der neueren Kesselanlagen in Teilfreiluftbauweise bestellt bzw. erbaut worden.

IX. An- und Abfahrschaltung

Erwähnenswert ist die in Europa und hier speziell in Deutschland entwickelte und erprobte An- und Abfahrschaltung (Abb. 766), die eine Dampfkühlung des Zwischenüberhitzers während des An- und Abfahrens zuläßt. Hoch- sowie Mittel- und Niederdruckteil

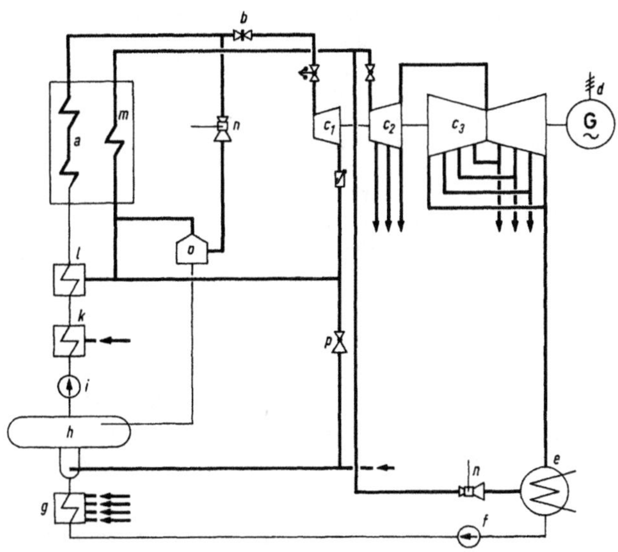

Abb. 766. Schematische Darstellung der An- und Abfahrschaltung

a Dampferzeuger (Verdampfer und Überhitzer)
b Frischdampfschieber
c_1 Hochdruckteil der Turbine
c_2 Mitteldruckteil der Turbine
c_3 Niederdruckteil der Turbine
d Generator
e Kondensator
f Hauptkondensatpumpe
g Niederdruckvorwärmer
h Speisewasserbehälter mit Entgaser
i Speisepumpe
k Hochdruck-Vorwärmer 2
l Hochdruck-Vorwärmer 1
m Zwischenüberhitzer
n Dampfumformstationen
o Anfahrentspanner
p Druckminderstation

des Turbosatzes werden dabei dampfseitig umführt und der Dampf im Kondensator niedergeschlagen. Über die Kondensatpumpen, den Speisewasserbehälter und die Kesselspeisepumpen wird der Dampf-Kondensat-Speisewasserkreislauf geschlossen. Ein wesentlicher Vorteil dieser Schaltung ist z. B., daß bei einem Netzzusammenbruch sich der Kraftwerksblock vom Netz trennen und im den Eigenbedarf deckenden Betrieb weiterfahren kann. Sobald die Netzstörung beseitigt ist, kann der Block sofort wieder an das Netz geschaltet und belastet werden. Diese Schaltung hat sich wegen ihrer Vorzüge in Europa weitgehend durchgesetzt. Bei andersgearteten Schaltungen ist ein nicht unerheblicher anlagentechnischer Aufwand erforderlich, um den Block bei einem Netzzusammenbruch ohne Fremdenergie wieder starten und somit am Aufbau des Netzes mit beteiligen zu können.

Voraussetzung für den Erfolg obengenannter Schaltung ist die Abschaltsicherheit des Turbosatzes, d. h. der Turbosatz darf bei Trennung vom Netz auch bei Vollast nicht über die den Schnellschluß auslösende Drehzahl hochlaufen. Elektrohydraulische Turbinenregler tragen zur Verbesserung der Abschaltsicherheit entscheidend bei. Diese Turbinenregler mit einer Ansprechempfindlichkeit unter 5 mHz sind gleichzeitig die geeigneten sowie auch erforderlichen Regler für Turbosätze in einem großen Netzverband. Da durch immer mehr im Gleitdruckbetrieb betriebene Maschinen die Erzeugerstatik und durch kapazitive und induktive Verbraucher auch die Verbraucherstatik ständig steiler wird, wird der Selbstregeleffekt des Netzes laufend schlechter, d. h. kleine Laständerungen des Netzes drücken sich in großen Frequenzänderungen aus, die rasch ausgeregelt werden müssen. Es ist zu erwarten, daß sich der Selbstregeleffekt des Netzes weiterhin verschlechtert. Deshalb müssen sich alle Blocks an der Frequenzregelung beteiligen. Die Anforderungen an die Schnelligkeit der Regelung werden weiter steigen.

X. Spitzendeckung

Gasturbosätze in konventioneller Bauart sowie auch mit Triebwerken der Bauart, wie sie in der Luftfahrt Verwendung finden, werden zur Spitzendeckung weiterhin von Interesse sein. Die Entwicklungsarbeiten in diesem Bereich sind dahin ausgerichtet, daß die Leistungsgröße der Gasturbosätze mit den wachsenden Verteilernetzen möglichst Schritt hält.

Die Kombination mit Dampfturbosätzen bietet ebenfalls im Hinblick auf die Spitzendeckung interessante Möglichkeiten. Der Trend zu einfachen Lösungen und zu großen Blockeinheiten dürfte sich jedoch auf diese Entwicklung hemmend auswirken.

Eine zweckmäßige Art der Spitzenlastdeckung scheint die Auslegung von Grundlasteinheiten für eine bestimmte Überlastung durch Maßnahmen wie z. B. die Abschaltung der Hochdruckvorwärmer, die Einleitung von Zusatzdampf in die Mittel- und Niederdruckteile des Turbosatzes usw. zu sein. Eine Leistungssteigerung des Blockes in der Größenordnung von 30 % kann damit bei prozentual geringeren Mehrinvestitionskosten erzielt werden. Eine Wirkungsgradminderung während des Überlastbetriebes um einige Punkte wird man dabei in Kauf nehmen. Der Vorteil dieser Art Spitzenlastdeckung wird hauptsächlich in der Sofortreserve gesehen, d. h. die Mehrleistung kann zur Deckung der Lastspitze erzeugt werden, ohne erst die Anfahrzeit eines Spitzenlastkraftwerks abwarten zu müssen. Außerdem wird kein zusätzliches Personal benötigt. Bis heute liegen jedoch noch keine nennenswerten Betriebserfahrungen mit solchen universell einsetzbaren Blocks vor.

XI. Müllkraftwerke

Die Müllkraftwerke werden keinen entscheidenden Anteil an der Großstromversorgung haben. Sie entstehen weniger unter wirtschaftlichen Gesichtspunkten als unter dem Zwang, den großstädtischen Müll zu beseitigen.

XII. Schlußbemerkung

Es wurde versucht, einige der heute aktuellen Probleme bei der Entwicklung der fossil gefeuerten Kraftwerke dem Leser vor Augen zu führen. Wie die Erfahrung zeigt, verlagert sich diese Aktualität durch äußere Einflüsse meist sehr rasch auf immer wieder andere Probleme. Auch weiterhin wird hier der Kraftwerksbau für wendige und anpassungsfähige Ingenieure ein umfangreiches und interessantes Aufgabengebiet sein.

Schrifttum

[1] Müller, J., O. Schneider, F. Tochtrop u. H. Lüneburg: Das Braunkohlen-Kraftwerk Niederaußem der Rheinisch-Westfälischen Elektrizitätswerk AG. Energiewirtsch. Tagesfr. Bd. 14 (1964), Nr. 120/21.

[2] Eydam, H., H. Novak u. F. Stiepel: Das Dampfkraftwerk Franken II. Brennstoff Wärme Kraft Bd. 17 (1965), S. 275/322.

[3] Schäfer, H.: Das Kraftwerk Staudinger der Preußenelektra. Energiewirtsch. Tagesfr. Bd. 15 (1965), Sonderheft Kraftwerk Staudinger.

[4] Apelt, O., u. K. Hartmann: Kraftwerk Staudinger der Preußischen Elektrizitäts-Aktiengesellschaft. Siemens-Z. Bd. 40 (1966), S. 591/603.

[5] STANGE, E.: Erfahrungen mit vier Blockanlagen des HEW-Kraftwerkes Wedel mit Steinkohlentrockenfeuerung. Mitt. Ver. Großkesselbes. Heft 103, August 1966, S. 227/37.
[6] ROGGENDORF, A., u. W. SCHOCH: Leistungserhöhung des Großkraftwerkes Mannheim um 40%. Elektrizitätswirtsch. Bd. 65 (1966), S. 725/32.
[7] ANDTRITZKY, M.: Müllkraftwerk München. Brennstoff Wärme Kraft Bd. 14 (1962), S. 232/33.
[8] ANDTRITZKY, M.: Zweiter Ausbau des Müllkraftwerkes München. Brennstoff Wärme Kraft Bd. 16 (1964), S. 403.
[9] GEORGE, G. P., W. F. EMMONS u. R. M. GARDNER: TVA's Bull Run Steam Plant. Bericht vorgelegt anläßlich der American Power Conference, Chicago, März 1963.
[10] SCHRÖDER, K., u. P. HAACK: Dampfkraftwerke im heutigen werkstofftechnisch-wirtschaftlichen Grenzbereich. Brennstoff Wärme Kraft Bd. 18 (1966), S. 585/93.
[11] ESTRADA, H., u. A. F. SMITH III: The Keystone Station—General Design. Bericht vorgelegt anläßlich der American Power Conference, Chicago, April 1964.
[12] SPENCER, R. C., u. Y. S. HARGETT: The 1 130 000 KW steam-turbine-generator for the Paradise station of TVA. Bericht vorgelegt anläßlich der American Power Conference, 26. April 1966.
[13] HEYBRUN, D. E.: The steam-generator for Paradise Unit No. 3. Bericht vorgelegt anläßlich der American Power Conference, 26. April 1966.
[14] GOEBEL, K.: Das Gasturbinen-Dampfturbinen-Kraftwerk „Hohe Wand". Siemens-Z. Bd. 40 (1966), S. 102/12.
[15] BACHL, H., u. C. DICHTEL: Spitzenstrom aus Wasserkraft und Erdgas. Brennstoff Wärme Kraft Bd. 13 (1961), S. 308/13.
[16] SCHRÖDER, K., u. E. BRÜNECKE: Planung, Bau und Einsatz von Kraftwerken in großen Verbundnetzen. Brennstoff Wärme Kraft Bd. 20 (1968), S. 362/67.
[17] VII. Volltagung der Weltkraftkonferenz in Moskau, August 1968, General Report, Section C 1, Thermal Power Stations, und General Report, Section C 5, Power Systems.
[18] 1967 Energy Systems Design Survey. Power, October 1967.
[19] SPORN, PH.: Air pollution control needs taller stacks. Electrical World, November 1967, S. 105/07.

Sachverzeichnis

[1] Die Namen der beschriebenen 15 Kraftwerke finden sich auf S. XIX im Inhaltsverzeichnis.
[2] Die einzelnen Gesichtspunkte sind gleichfalls auf S. XIX im Inhaltsverzeichnis aufgeführt.

Berichtigung

S. 302, Tabelle 13, Spalte 5, Zeile 4:	statt 4 **lies** 3
S. 335, Gleichung (13):	**lies** $\ldots \cdot \left(\frac{(2\,A)^{1,8}}{\sqrt{2}} + F^{1,8}\right) \cdot (1 - \cos \omega t)$
S. 385, Zeile 6:	**lies** Abblaseventil
S. 680, Fußnote:	**lies** [2] American Society for Testing Materials.

Schröder, Große Dampfkraftwerke, Bd. III B

Additional information of this book

(Die Kraftwerksausrüstung; 978-3-662-24064-9) is provided:

EXTRA MATERIALS extras.springer.com

http://Extras.Springer.com

GPSR Compliance

The European Union's (EU) General Product Safety Regulation (GPSR) is a set of rules that requires consumer products to be safe and our obligations to ensure this.

If you have any concerns about our products, you can contact us on ProductSafety@springernature.com

In case Publisher is established outside the EU, the EU authorized representative is:

Springer Nature Customer Service Center GmbH
Europaplatz 3
69115 Heidelberg, Germany

Batch number: 10682269

Printed by Printforce, the Netherlands